Evolução

R545e Ridley, Mark

Evolução / Mark Ridley ; tradução Henrique Ferreira, Luciane Passaglia, Rivo Fischer. – 3. ed. – Porto Alegre : Artmed, 2006.

752 p. : il. ; 25 cm.

ISBN 978-85-363-0635-3

1. Biologia – Evolução. I. Título.

CDU 575.8

Catalogação na publicação: Júlia Angst Coelho – CRB 10/1712

Mark Ridley
Department of Zoology, University of Oxford, UK

EVOLUÇÃO

3ª Edição

Tradução:

Henrique Bunselmeyer Ferreira
Professor Adjunto, Departamento de Biologia Molecular e Biotecnologia e
Centro de Biotecnologia, UFRGS. Doutor em Genética e Biologia Molecular, UFRGS.

Luciane Passaglia
Professora Adjunta, Departamento de Genética, UFRGS.
Doutora em Genética e Biologia Molecular, UFRGS.

Rivo Fischer
Licenciado em História Natural. Mestre em Genética. Doutor em Ciências.
Professor Adjunto Aposentado, Instituto de Biociências, UFRGS.
Professor Colaborador Convidado, Departamento de Genética, UFRGS.

Consultoria, supervisão e revisão técnica desta edição:

Aldo Mellender de Araújo
Professor Titular, Departamento de Genética, UFRGS.
Doutor em Genética.

Reimpressão 2022

artmed®

2006

Obra originalmente publicada sob o título *Evolution*, Third Edition
ISBN 1405103450

Capa: *Mário Röhnelt*

Imagem da capa: mariposa esfingídea (*Xanthopan morgani*) polinizando uma orquídea (*Angraecum sesquipedale*), em Madagascar. Fotografia cortesia de Dr. I.T. Wasserthal.

Preparação do original: *Bianca Pasqualini*

Leitura final: *Bianca Zanini*

Supervisão editorial: *Letícia Bispo de Lima*

Editoração eletrônica: *Laser House*

Unidade São Paulo
Av. Embaixador Macedo Soares, 10.735 – Pavilhão 5 – Cond. Espace Center
Vila Anastácio – 05095-035 – São Paulo – SP
Fone: (11) 3665-1100 Fax: (11) 3667-1333

SAC 0800 703-3444 – www.grupoa.com.br

IMPRESSO NO BRASIL
PRINTED IN BRAZIL

Prefácio

A teoria da evolução é notadamente a mais importante das teorias biológicas e, sob todos os aspectos, é sempre um prazer fazer parte da classe dos que têm a sorte de estudá-la. Em biologia, nenhuma outra idéia é tão poderosa cientificamente ou tão estimulante do ponto de vista intelectual. A evolução pode acrescentar uma dimensão extra de interesse às faces mais atraentes da história natural – veremos, por exemplo, como os biólogos evolucionistas modernos tendem a considerar que a existência do sexo é o maior de todos os quebra-cabeças e muito possivelmente seja um erro que ocorre em metade das criaturas viventes no planeta, as quais estariam muito melhor sem ele. A evolução também empresta significado aos fatos mais áridos da vida, e um dos aspectos prazerosos do assunto é verificar as idéias e os fatos que existem nas desorientadoras tecnicidades do laboratório de genética e como arrojadas teorias sobre a história da vida podem depender das medidas da largura de uma região da concha larval de um caracol, chamada "prodissoconcha II", ou do número de "costelas" da cauda de um trilobito. A profundidade e a abrangência da biologia evolutiva são tão grandes que qualquer outra sala de aula do *campus* deve sentir-se (como você pode perceber) confinada por materiais mais superficiais e efêmeros.

Do modo como a organizei neste livro, a teoria da evolução tem quatro componentes principais. A genética de populações proporciona o fundamento teórico para o assunto. Se soubermos como é o controle genético de alguma propriedade da vida, a genética de populações pode ser aplicada diretamente a ela. Temos esses conhecimentos, principalmente em relação a moléculas (e também quanto a algumas propriedades dos organismos, sobretudo morfológicas), e assim a evolução molecular e a genética de populações estão bem-integradas. A Parte 2 considera-as em conjunto. O segundo componente é a teoria da adaptação, que é o assunto da Parte 3. A evolução também é a chave para o entendimento da diversidade da vida e, na Parte 4, abordamos tópicos tais como o que é uma espécie, como surgem espécies novas e como classificar e reconstituir a história da vida. Finalmente, a Parte 5 trata da evolução em grande escala – em uma escala de tempo de dezenas e centenas de milhões de anos. Examinamos a história da vida, dos pontos de vista genético e paleontológico, as taxas de evolução e as extinções em massa.

Lidar com controvérsias em um texto introdutório sempre é arriscado, e a biologia evolutiva tem muito mais controvérsias do que o normal. Ao atingir um tópico controverso, meu primeiro objetivo era explicar as idéias em confronto, de modo que pudessem ser compreendidas em seus próprios termos. Em alguns casos (como o da classificação cladística), acho que a controvérsia está quase resolvida e tomei uma posição. Em outros (como no da importância empírica relativa das mudanças graduais e pontuadas em fósseis) eu não o fiz. Estou bem consciente de que nem todo mundo concordará com as posições que tomei ou mesmo com a minha decisão de não tomar posição em certos casos; mas, de certo modo, essas são questões secundárias. O sucesso do livro depende, acima de tudo, de como ele permite que um leitor que não conhecia o assunto anteriormente possa entender as várias idéias e formar um ponto de vista acerca delas.

O maior (ou, de qualquer modo, um dos maiores) acontecimento(s) em biologia evolutiva, enquanto a 3ª edição estava sendo escrita, é o modo como a genética está tornando-se um assunto macroevolutivo, além de microevolutivo. Historicamente, havia uma distinção clara entre a pesquisa evolutiva de curto prazo e a de longo prazo – entre a pesquisa microevolutiva e a macroevolutiva. Essa distinção não era simplesmente quanto às escalas de tempo, mas quanto aos métodos de pesquisa e mesmo quanto a disciplinas acadêmicas instituídas. A genética e os métodos experimentais em geral eram usados para estudar evolução durante o período de tempo de um projeto de pesquisa – no máximo, uns poucos anos. Esse trabalho era feito principalmente em departamentos de biologia. A evolução em longo prazo, de 10 a 1.000 milhões de anos, aproximadamente, era estudada por meio de morfologia comparada em formas fósseis e viventes. Esse trabalho era feito mais em museus e em departamentos de geologia ou de ciências da terra do que em departamentos de biologia.

Vejo o desaparecimento da distinção entre pesquisa microevolutiva e macroevolutiva de três modos, talvez. Um é por meio do uso da filogenética molecular. Uma filogenia é uma árvore de um grupo familial de espécies, e estas, classicamente, eram inferidas pelas evidências morfológicas. A evidência molecular começou a ser usada na década de 1960, mas, de algum modo, "deu um tiro no próprio pé" (isso é uma brincadeira) por causa de seu comportamento obsessivo durante 20 anos, em que um pequeno número de estudos de casos – sobretudo sobre evolução humana – era reapresentado interminavelmente. A filogenética molecular irrompeu de vez na vida durante a década de 1980, resultando em um enorme crescimento do número de espécies cujas relações filogenéticas conhecemos ou temos evidências.

O programa de pesquisas sobre filogenética molecular pode estar estipulado para cerca de uma geração acadêmica, e certamente é florescente, mas recém começou. De acordo com uma estimativa recente, apenas cerca de 50 mil das cerca de 1,75 milhão de espécies descritas já foram incluídas em algum tipo de "miniárvore" – isto é, em uma árvore filogenética com suas parentas mais próximas. Sydney Brenner destacou que a próxima geração de biólogos tem a perspectiva de encontrar a árvore da vida, algo com que sonharam todas as gerações de biólogos pós-darwinianos. No Capítulo 15, examinamos como esse trabalho está sendo feito. Os novos conhecimentos sobre filogenética não são interessantes apenas por si, mas também têm permitido a realização, antes impossível, de outros tipos de trabalhos. Veremos como as genealogias estão sendo exploradas em estudos de coevolução e de biogeografia, entre outros tópicos.

Os outros dois modos de uso da genética molecular na pesquisa da macroevolução são mais recentes. Acrescentei capítulos sobre a genômica evolutiva (Capítulo 19) e sobre "evo-devo" (Capítulo 20). A adição desses dois capítulos à Parte 5 do livro é uma pequena indicação do modo como a macroevolução se tornou genética, além de paleobiológica: nas duas edições anteriores, a Parte 5 era quase exclusivamente paleontológica. A introdução de novas técnicas no estudo da macroevolução cria um excitamento por si mesmo. Ela também resultou em várias controvérsias em que os dois métodos (o da genética molecular e o da paleontologia) parecem apontar para conclusões conflitantes. Examinaremos várias dessas controvérsias, inclusive a natureza da explosão do cambriano e o significado da extinção em massa do cretáceo-terciário.

Este livro trata da evolução como uma ciência "pura", mas ela tem aplicações práticas – em questões sociais, em negócios, em medicina. Recentemente, Stephen Palumbi estimou que as mudanças evolutivas provocadas por ação humana custam cerca de 33 a 50 bilhões de dólares por ano à economia dos Estados Unidos (Palumbi, 2001a). Esses custos resultam do modo como os micróbios desenvolvem resistência a drogas, de como as pragas desenvolvem resistência aos pesticidas e de como os peixes se desenvolvem frente aos nossos métodos de pesca. Essa estimativa de Palumbi é uma aproximação preliminar e, provavelmente, uma subestimativa.

Qualquer que seja o valor exato, porém, as conseqüências econômicas da evolução devem ser enormes. Os benefícios econômicos da compreensão da evolução também poderiam ser proporcionalmente enormes. Nesta edição, acrescentei vários quadros especiais sobre "Evolução e problemas humanos" aos capítulos. Os exemplos discutidos são apenas amostras que se coadunam com os temas do texto. Bull e Wichman (2001) discutem vários outros exemplos de "evolução aplicada", desde a evolução direta de enzimas até a computação evolutiva.

O livro pretende ser um compêndio introdutório, e subordinei todos os demais objetivos a esse fim. Pretendi explicar os conceitos, sempre que possível por meio de exemplos e com mínimo jargão profissional. Creio que o principal interesse da teoria da evolução é o conjunto de idéias para meditar e, por isso, em todos os casos, tentei atingir essas idéias o mais rápido possível. O livro não é uma enciclopédia de fatos nem (em princípio) um trabalho de referência para biólogos pesquisadores. Não faço muitas referências no texto principal, mas, nesta edição, referi as fontes dos exemplos em formato "científico" formal de referências. Para leitores não-familiarizados com esse formato, devo dizer que as referências são feitas do modo como referi "Palumbi (2001a)" e "Bull e Wichman (2001)" no parágrafo anterior. A referência tem o nome do autor (ou autores) e uma data. Na lista de referências, ao final, você encontrará os detalhes bibliográficos completos e os autores listados em ordem alfabética. Também há uma convenção para artigos com vários autores. Quando o artigo tem mais de dois autores (ou de três, para alguns editores) ele é referido com o nome do primeiro autor acompanhado de um "*et al.*" e a data: por exemplo, Losos *et al.* (1998). O "*et al.*" significa "e outros". É um meio de economizar espaço e é abreviado para evitar problemas com as declinações latinas. Por exemplo, se o tema da frase é a referência, a versão completa seria "Losos *et alii* (1998) estudaram lagartos...". Outras frases, porém, exigem outras versões completas: "o trabalho de Losos *et alliorum* (1998)..." ou "o trabalho realizado por Losos *et alliis* (1998)". Ao todo, o "*al.*" serviria para substituir 12 a 18 formas completas. De qualquer modo, na lista das referências completas geralmente todos os autores são listados – digo "geralmente" porque alguns grupos de autoria ficaram tão numerosos que não são nomeados por inteiro.

Embora tenha referido os trabalhos específicos discutidos no texto, não dou as referências gerais ali. O motivo é não querer prejudicar as posições textuais mais enfáticas como um fim de parágrafo ou de uma seção, com uma lista de leituras adicionais. Em meu entendimento, essas posições textuais podem ser ocupadas por sentenças de síntese e outros assuntos mais úteis. A seção da "leitura adicional", no fim de cada capítulo, é o veículo principal para as referências gerais e para referências de outros estudos similares aos que aparecem no texto. Quando existem trabalhos de revisão recentes, eu os refiro, e a bibliografia histórica sobre um tópico pode ser traçada por meio deles.

Em resumo, esta nova edição contém:

- **dois tipos de quadros** – um tipo apresentando aplicações práticas, e o outro, informações correlatas que proporcionam maior profundidade, sem interromper a fluência do texto
- **comentários nas margens das páginas** – que parafraseiam e esclarecem os conceitos-chave
- **questões para estudo e revisão** – para ajudar os estudantes a revisarem sua compreensão ao final de cada capítulo, enquanto as novas perguntas preparam os estudantes para sintetizar os conceitos do capítulo, a fim de reforçar seu aprendizado em um nível mais profundo
- **dois novos capítulos** – um sobre genômica evolutiva e o outro sobre evolução e desenvolvimento, acrescentam informações sobre os últimos avanços nessas áreas à cobertura sobre o estudo da evolução.

Há também o **endereço na internet <www.blackwellpublishing.com/ridley>** (em inglês) que proporciona uma experiência interativa com o livro, com ilustrações que podem ser visualizadas no PowerPoint e informações complementares sobre o tema. **Ícones** ao longo do livro indicam onde há informações relevantes no referido endereço.

Finalmente, meus agradecimentos às muitas pessoas que me ajudaram com as muitas dúvidas e revisões, quando da preparação desta nova edição – Theodore Garland, da Universidade de Wisconsin; Michael Whiting, da Universidade Brigham Young; William Brown, da SUNY Fredonia; Geoff Oxford, da Universidade de York; C.P. Kyriacou, da Universidade de Leicester; Chris Austin, da Universidade de North Dakota; David King, da Universidade de Illinois; Paul Spruell, da Universidade de Montana; Daniel J. O´Connell, da Universidade do Texas – Arlington; Susan J. Mazer, da Universidade da Califórnia – Santa Bárbara; Greg C. Nelson, da Universidade do Oregon, e àqueles estudantes (agora "Evil Syst" de Oxford em vez da ANT 362 ou da BIO 462 de Emory) que, talvez sem querer, inspiraram muito do que foi escrito.

Mark Ridley

Sumário Resumido

Sumário

Parte 1

Introdução

Quando Darwin divulgou a sua teoria da evolução por seleção natural, ele não dispunha de uma teoria de herança satisfatória. Assim, a importância da seleção natural foi muito questionada até ser demonstrado, nas décadas de 1920 e 1930, como ela podia operar junto com a herança mendeliana. Os dois principais eventos da história do pensamento evolutivo são, portanto, a descoberta da evolução por seleção natural, feita por Darwin, e a síntese das teorias de Darwin e de Mendel – uma síntese chamada, alternativamente, de síntese moderna, de teoria sintética da evolução ou de neodarwinismo. O Capítulo 1 discute historicamente o surgimento da teoria evolutiva e introduz alguns dos seus principais personagens. Durante o século XX, as ciências da biologia evolutiva e da genética desenvolveram-se em conjunto, e alguns conhecimentos de genética são essenciais para a compreensão da teoria moderna da evolução. O Capítulo 2 apresenta uma revisão elementar dos principais mecanismos genéticos. No Capítulo 3, passamos a considerar as evidências da evolução – evidências de que espécies evoluíram a partir de outras espécies ancestrais, em vez de terem tido origens separadas e permanecido para sempre em formas fixas. A defesa clássica da evolução foi feita por Darwin no seu *On the Origin of Species* (*Sobre a Origem das Espécies*) e seus argumentos gerais aplicam-se até hoje; mas agora é possível a utilização de evidências moleculares e genéticas mais recentes para ilustrá-los. O Capítulo 4 introduz o conceito de seleção natural. Ele considera as condições necessárias para a operação da seleção natural e os principais tipos de seleção natural. Uma condição essencial é a de que a população seja variável, isto é, que os indivíduos sejam diferentes uns dos outros; o capítulo mostra que a variação é comum na natureza. Novas variantes são originadas por mutações. O Capítulo 2 revisa os principais tipos de mutação e como as taxas de mutação são medidas. O Capítulo 4 examina como as mutações contribuem para a variação e discute por que se pode esperar que as mutações não sejam adaptativamente dirigidas.

1 O Surgimento da Biologia Evolutiva

O primeiro capítulo define evolução biológica e a compara a alguns conceitos relacionados, mas diferentes. Ele, então, discute historicamente o surgimento da biologia evolutiva moderna: consideramos os principais precursores de Darwin; a própria contribuição de Darwin; como as idéias de Darwin foram recebidas; e o desenvolvimento da moderna "teoria sintética" da evolução.

1.1 Evolução significa mudança em seres vivos por descendência com modificação

A biologia evolutiva é uma grande ciência, e está ficando maior. A lista de suas várias áreas de concentração chega a ser intimidadora. Os biólogos evolucionistas agora desenvolvem pesquisas em algumas ciências, como a genética molecular, que são jovens e avançam rapidamente, e em outras, como a morfologia e a embriologia, que vêm acumulando descobertas a uma velocidade mais ou menos estável ao longo de períodos muito mais longos. Os biólogos evolucionistas trabalham com materiais tão diversos como compostos químicos puros em tubos de ensaios, comportamento animal na selva ou fósseis coletados de rochas inóspitas e estéreis.

A evolução é uma grande teoria da biologia

A evolução por seleção natural – uma idéia de beleza singela e de fácil compreensão – pode ser testada cientificamente em todas essas áreas de conhecimento. Ela é uma das idéias mais poderosas em todas as áreas da ciência e é a única teoria que pode seriamente reivindicar a condição de unificar a biologia. Ela é capaz de dar sentido a fatos que ocorrem no mundo invisível de uma gota de água da chuva, nos encantos coloridos de um jardim botânico ou em manadas tonitruantes de grandes animais. A teoria é utilizada também para a compreensão de tópicos como a geoquímica das origens da vida e as proporções gasosas da atmosfera moderna. Como afirmado por Theodosius Dobzhansky, um dos biólogos evolucionistas mais eminentes do século XX, em uma frase freqüentemente citada e dificilmente exagerada, "nada na biologia faz sentido, exceto à luz da evolução" (Dobzhansky, 1973).

Evolução pode ser definida...

Evolução significa mudança, mudança na forma e no comportamento dos organismos ao longo das gerações. As formas dos organismos, em todos os níveis, desde seqüências de DNA até a morfologia macroscópica e o comportamento social, podem ser modificadas a partir daquelas dos seus ancestrais durante a evolução. Entretanto, nem todos os tipos de mudanças biológicas estão incluídos nessa definição (Figura 1.1). Alterações ao longo do desenvolvimento durante a vida de um organismo não representam evolução em seu senso estrito, pois a definição refere-se à evolução como uma "mudança entre gerações", de modo a excluir aspectos inerentes ao desenvolvimento. Uma mudança na composição de um ecossistema, que é formado por várias espécies, também não seria normalmente considerada como evolução. Imagine, por exemplo, um ecossistema contendo 10 espécies. No momento 1, os indivíduos de todas as 10 espécies têm, em média, tamanhos pequenos. O membro médio do ecossistema é, portanto, "pequeno". Várias gerações depois, o ecossistema ainda pode conter 10 espécies, mas somente cinco das espécies pequenas originais permanecem; as outras cinco foram extintas e substituídas por cinco espécies de indivíduos de tamanho grande, que imigraram de outro lugar. O tamanho médio de um indivíduo (ou espécie) no ecossistema mudou, mesmo que não tenha havido mudança evolutiva em qualquer uma das espécies.

A maioria dos processos descritos neste livro diz respeito a mudanças entre gerações de uma população de uma espécie, e é a esse tipo de mudança que chamaremos de evolução. Quando os membros de uma população se reproduzem e a geração seguinte é produzida, podemos imaginar uma *linhagem* de populações, formada por uma série de populações ao longo do tempo. Cada população é ancestral de sua população descendente na geração seguinte: uma linhagem é uma série "ancestral-descendente" de populações. A evolução é, então, mudança entre gerações de uma linhagem de populações. Darwin definiu evolução como "descendência com modificação", e a palavra "descendência" refere-se ao modo como a modificação evolutiva tem lugar na série de populações que são descendentes uma da outra. Recentemente, Harrison (2001) definiu evolução como "mudança ao longo do tempo por meio de descendência com modificação".

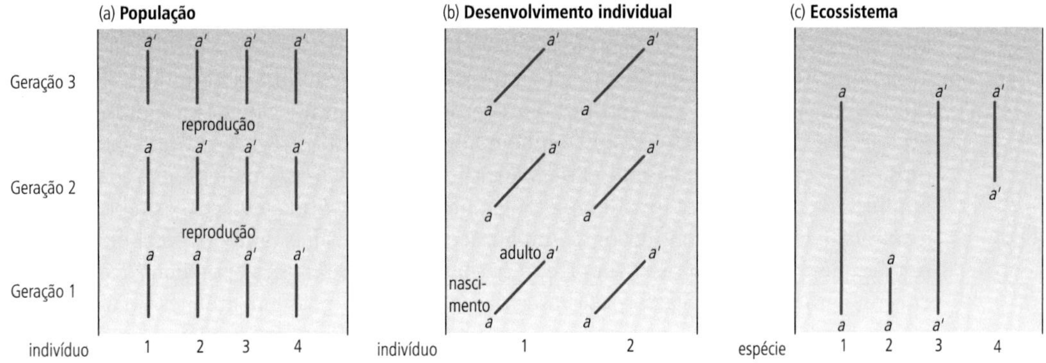

Figura 1.1

Evolução refere-se à mudança em uma linhagem de populações entre gerações. (a) Evolução, no senso estrito da palavra. Cada linha representa um organismo individual, e os organismos de uma geração são reproduzidos a partir de organismos da geração prévia. A composição da população mudou evolutivamente ao longo do tempo. A letra *a'* representa uma forma diferente do organismo *a*. Por exemplo, os organismos *a* podem ter tamanhos menores do que os organismos *a'*. A evolução está ocorrendo, então, na direção do aumento de tamanho corporal. (b) Mudanças de desenvolvimento individual não constituem evolução no senso estrito. A composição da população não mudou entre gerações, e as mudanças de desenvolvimento de cada organismo (de *a* para *a'*) não são evolutivas. (c) Mudanças no ecossistema não são evolutivas no senso estrito. Cada linha representa uma espécie. A composição média do ecossistema muda ao longo do tempo: de 2*a*: 1*a'*, na geração 1, para 1*a*: 2*a'*, na geração 3. Mas, em cada espécie, não há evolução.

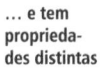

... e tem propriedades distintas

A modificação evolutiva em seres vivos tem algumas propriedades distintas adicionais. A evolução não prossegue ao longo de um curso grandioso e previsível. Em vez disso, os detalhes da evolução dependem do ambiente no qual uma população vive e das variantes genéticas que surgem (por um processo quase aleatório) naquela população. Mais do que isso, a evolução da vida vem ocorrendo em um padrão de árvore, ramificado. A variedade moderna de espécies foi gerada pela bipartição repetida de linhagens desde um único ancestral comum de todos os seres vivos.

Mudanças que acontecem na política, na economia, na história, na tecnologia e mesmo em teorias científicas humanas são às vezes descritas, com algum grau de liberdade, como "evolutivas". Nesse sentido, evolutivo significa principalmente que houve mudança com o passar do tempo e, talvez, não em uma direção preordenada. As idéias e as instituições humanas podem, às vezes, ser divididas durante suas histórias, mas essas histórias não apresentam um padrão de árvore, claramente ramificado, como a história da vida. Mudança e bipartição constituem dois dos principais temas da teoria evolutiva.

1.2 Seres vivos apresentam adaptações

A adaptação é um outro conceito fundamental da teoria evolutiva. De fato, ela é um dos principais instrumentos da biologia evolutiva moderna para explicar as formas de adaptação encontradas entre os seres vivos. *Adaptação* refere-se à concepção da vida – àquelas propriedades dos seres vivos que os tornam capazes de sobreviver e de se reproduzirem na natureza. O conceito é mais facilmente compreendido por meio de um exemplo. Diversos atributos de um organismo vivo poderiam ser utilizados para ilustrar o conceito de adaptação, pois muitos detalhes da estrutura, do metabolismo e do comportamento de um organismo são concebidos adequadamente para a vida.

Existem exemplos de adaptação

O pica-pau era um dos exemplos favoritos de Darwin para a adaptação. A adaptação mais óbvia do pica-pau é o seu bico poderoso e característico. Ele permite que o pica-pau abra buracos nas árvores. Assim, ele pode alimentar-se, ao longo de todo ano, de insetos que vivem sob a casca das árvores, de insetos que perfuram a madeira e da seiva da própria árvore. Buracos nas árvores também constituem sítios seguros para a construção de ninhos. Os pica-paus possuem várias outras características específicas além de seus bicos. No interior do bico, está uma língua longa, própria para sondagem, que está bem-adaptada à extração de insetos do interior de um buraco de árvore. Eles também possuem uma cauda rígida, que é utilizada como suporte, e pernas curtas. Suas patas possuem dedos longos e curvos, para poderem agarrar-se à casca das árvores; eles possuem até mesmo um tipo especial de muda, na qual os pares centrais de penas fortes (que são cruciais para sustentação) são preservados e trocados em último lugar. As concepções do bico e do corpo do pica-pau são adaptativas. O pica-pau tem uma probabilidade maior de sobrevivência no seu *habitat* por possuí-las.

A camuflagem é um outro claro exemplo de adaptação. Espécies camufladas possuem padrões de cor e detalhes de forma e comportamento que as tornam menos visíveis em seus ambientes naturais. A camuflagem auxilia na sobrevivência do organismo, tornando-o menos visível para seus inimigos naturais. A camuflagem é adaptativa. A adaptação, contudo, não é um conceito isolado, referindo-se apenas a algumas poucas propriedades especiais dos seres vivos – ela se aplica a quase qualquer parte do corpo. No homem, as mãos estão adaptadas à preensão, os olhos para a visão, o canal alimentar para a digestão de alimento e as pernas para movimentação: todas essas funções ajudam-nos a sobreviver. Embora a maioria das coisas óbvias que notamos sejam adaptativas, nem todo detalhe da forma e do comportamento de um organismo necessariamente o é (Capítulo 10). As adaptações são, contudo, tão comuns que devem ser explicadas. Darwin considerou a adaptação como o problema central que qualquer teoria da evolução tinha de resolver. Na teoria de Darwin – assim como na biologia evolutiva moderna – o problema é solucionado pela seleção natural.

A adaptação tem de ser explicada...

...e é, pela seleção natural

Seleção natural significa que alguns indivíduos da população tendem a contribuir com uma descendência maior para a próxima geração do que outros. Considerando-se que a prole lembra seus pais, qualquer atributo de um organismo que o leve a deixar mais descendentes do que a média terá freqüência maior na população com o passar do tempo. A composição da população irá, então, mudar automaticamente. Essa é a idéia simples, mas extremamente poderosa, cujas conseqüências exploraremos neste livro.

1.3 Uma pequena história da biologia evolutiva

Começaremos com um breve resumo do surgimento histórico da biologia evolutiva, em quatro etapas principais:

1. Idéias evolutivas e não-evolutivas antes de Darwin.
2. A teoria de Darwin (1859).
3. O eclipse de Darwin (1880-1820).
4. A síntese moderna (das décadas de 1920 a 1950).

1.3.1 A evolução antes de Darwin

A história da biologia evolutiva começa realmente em 1859, com a publicação de *On the Origin of Species* (*Sobre a Origem das Espécies*), de Charles Darwin. Entretanto, muitas das

Existiram pensadores evolucionistas antes de Darwin, mas eles ou não apresentaram argumentos...

idéias de Darwin têm uma origem mais antiga. A afirmativa mais imediatamente controversa da teoria de Darwin é a de que as espécies não têm uma forma fixa e de que uma espécie evolui em outra. ("Fixa", aqui, significa sem mudança.) A linhagem ancestral humana, por exemplo, passa por uma série contínua de formas, que leva de volta a um estágio unicelular. A fixidez das espécies era a crença ortodoxa na época de Darwin, embora isso não significasse que ninguém a tivesse questionado até então. Naturalistas e filósofos de um século ou dois antes de Darwin chegaram a especular sobre a transformação de espécies. O cientista francês Maupertuis discutiu a evolução, assim como o fizeram enciclopedistas, como Diderot. O avô de Darwin, Erasmus Darwin, é um outro exemplo. Contudo, nenhum desses pensadores elaborou qualquer idéia que pudesse ser reconhecida hoje como uma teoria satisfatória para explicar por que as espécies mudam. Eles estavam interessados principalmente na possibilidade fatual de que uma espécie poderia transformar-se em outra.

A questão foi trazida para discussão pelo naturalista francês Jean-Baptiste Lamarck (1744-1829). O trabalho crucial foi o seu *Philosophie Zoologique* (1809), no qual ele argumentou que as espécies mudam ao longo do tempo e transformam-se em outras espécies. O modo pelo qual ele imaginava que as espécies mudavam diferia de maneira importante das idéias de Darwin ou da moderna da evolução. Os historiadores preferem a palavra contemporânea "transformismo" para descrever as idéias de Lamarck.[1]

... ou propuseram mecanismos insatisfatórios como determinantes da evolução

A Figura 1.2 ilustra a concepção de evolução de Lamarck e como ela diferia do conceito de Darwin e de nosso conceito moderno. Lamarck supunha que as linhagens de espécies persistiam indefinidamente, mudando de uma forma para outra; no seu sistema, as linhagens não se ramificavam nem se extinguiam. Lamarck tinha uma explicação de duas partes para explicar porque as espécies mudam. O principal mecanismo era uma "força interna" – algum tipo de mecanismo desconhecido no interior do organismo que o levava a produzir uma prole levemente diferente de si próprio. Assim, quando as mudanças se tivessem acumulado ao longo de muitas gerações, a linhagem estaria visivelmente transformada, talvez o suficiente para tornar-se uma nova espécie.

O segundo mecanismo de Lamarck (e possivelmente o de menor importância para ele) é aquele pelo qual ele é lembrado hoje: a herança de caracteres adquiridos. Os biólogos utilizam a palavra "caráter" como uma abreviatura estenográfica para "característica". Um caráter é qualquer propriedade distinguível de um organismo; o termo não se refere, aqui, a caráter no sentido de personalidade. À medida que um organismo se desenvolve, ele adquire muitos caracteres individuais, nesse sentido biológico, devido à sua história particular de acidentes, doenças e exercícios musculares. Lamarck sugeriu que uma espécie poderia ser transformada se essas modificações adquiridas individualmente fossem herdadas pela progênie do indivíduo. Em sua famosa discussão sobre o pescoço da girafa, ele argumentou que as girafas ancestrais haviam se esticado para atingir folhas mais altas nas árvores. O esforço fez com que seus pescoços se tornassem levemente maiores. Seus pescoços mais longos foram herdados pela sua prole, a qual iniciou sua vida com uma propensão a ter pescoços mais longos do que os de seus progenitores. Depois de muitas gerações de alongamento de pescoço, o resultado foi o que

[1] A mudança histórica do significado do termo "evolução" já constitui por si só uma história fascinante. Inicialmente, ele significava mais algo como o que hoje queremos dizer com desenvolvimento (como no processo de crescimento que vai de um óvulo fecundado até o adulto) do que com evolução: um desdobramento de formas previsíveis em uma ordem pré-programada. O curso da evolução, no sentido moderno, não é pré-programado; ele é tão imprevisível como a história humana. A mudança de significado ocorreu aproximadamente na época de Darwin; ele não utilizou a palavra em *The Origin of Species* (1859), exceto na sua forma "evoluiu", que foi utilizada por ele uma única vez, como a última palavra do livro. Entretanto, ele efetivamente a utilizou em *The Expression of the Emotions* (1872). Muito tempo se passou até que o novo significado passasse a ter uma ampla aceitação.

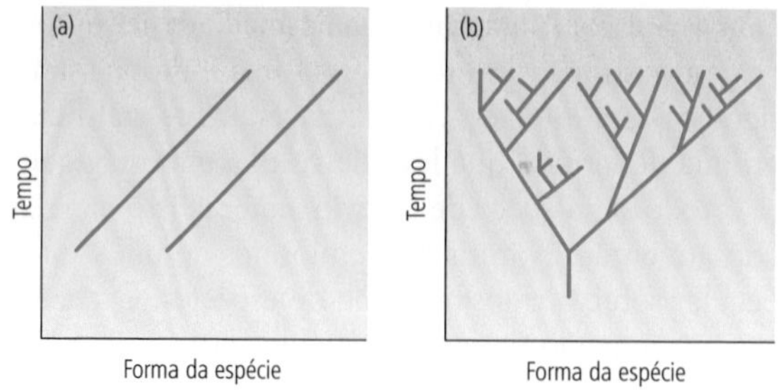

Figura 1.2

(a) "Transformismo" lamarckiano, o qual difere em dois aspectos fundamentais da evolução imaginada por Darwin. (b) A evolução Darwiniana é como uma árvore, pois as linhagens se bipartem e pode ocorrer extinção.

vemos hoje. Lamarck descreveu o processo como sendo determinado pelo "esforço" da girafa, e ele freqüentemente descrevia os animais como "desejando" ou "querendo" mudanças em si próprios. A sua teoria foi, por isso, muitas vezes caricaturada, pois sugeria que a evolução acontecia de acordo com a vontade do organismo. Entretanto, a teoria não exige qualquer esforço consciente por parte do organismo – somente alguma flexibilidade no desenvolvimento individual e a herança dos caracteres adquiridos.

Lamarck não inventou a idéia da herança dos caracteres adquiridos. Essa idéia é antiga – ela foi discutida na Grécia Antiga por Platão, por exemplo. Entretanto, o pensamento mais moderno sobre o papel desse processo na evolução foi inspirado por Lamarck e, por isso, a herança de caracteres adquiridos é agora chamada, mais por convenção do que por motivos históricos, de herança lamarckiana.

Nos anos que antecederam Darwin, a maioria dos biólogos aceitava que as espécies não evoluíam

Como pessoa, Lamarck não possuía um gênio muito amigável, e seu principal rival, o anatomista Georges Cuvier (1769-1832), sabia como conduzir uma controvérsia. Lamarck possuía outros interesses além da biologia, como a química e a meteorologia, mas as suas contribuições nem sempre recebiam a atenção que ele achava que mereciam. Em 1809, Lamarck já estava convencido de que havia uma conspiração de silêncio contra as suas idéias. Os meteorologistas ignoravam o seu sistema de previsão do tempo, os químicos ignoravam o seu sistema químico e, quando o seu *Philosophie Zoologique* (Lamarck, 1809) foi finalmente publicado, Cuvier assegurou-se de que ele também fosse saudado com silêncio. Esse livro, porém, exerceu grande influência. Foi pelo menos em parte devido a uma reação contra Lamarck que Cuvier e sua escola adotaram a idéia da fixidez de espécies e a tornaram uma ortodoxia entre biólogos profissionais. A escola de Cuvier estudou a anatomia de animais para descobrir os vários planos fundamentais de acordo com os quais os diferentes tipos de organismos eram concebidos. Desse modo, Cuvier estabeleceu que o reino animal possuía quatro ramos principais (chamados de *embranchements*, em francês): vertebrados, articulados, moluscos e radiados. Um conjunto de grupos principais um pouco diferente é reconhecido pela biologia moderna, mas os agrupamentos modernos não contradizem radicalmente o sistema de quatro partes de Cuvier. Ele também estabeleceu, contrário às idéias de Lamarck, que espécies já se haviam extinguido (Seção 23.2, p. 666).

As idéias de Lamarck tornaram-se conhecidas na Grã-Bretanha principalmente por meio de uma discussão crítica feita pelo geólogo britânico Charles Lyell (1797-1875). O livro de Lyell, *Principles of Geology* (1830-1833), exerceu grande influência e incidentalmente criticou Lamarck (embora o lamarckismo não fosse o principal tema do livro). A influência de Cuvier veio mais por intermédio de Richard Owen (1804-1892), que estudou com Cuvier em Paris antes de regressar à Inglaterra. Owen era considerado o principal anatomista britânico. Em meados do século XIX, a maioria dos biólogos e geólogos aceitava a visão de Cuvier de que cada espécie tinha uma origem separada e depois permanecia constante em sua forma até a sua extinção.

1.3.2 Charles Darwin

Enquanto isso, Charles Darwin (Figura 1.3) estava formando suas próprias idéias. Darwin, após graduar-se em Cambridge, viajou pelo mundo como naturalista, a bordo do *Beagle* (1832-37). Depois, ele viveu um breve período em Londres, antes de estabelecer-se, permanentemente, no campo. Seu pai foi um médico de sucesso e seu sogro controlava a empresa de porcelanas Wedgwood; Charles Darwin era um cavalheiro de posses. O período crucial de sua vida, para os nossos propósitos, foi o ano posterior à viagem do *Beagle* (1837-38). Ao trabalhar com sua coleção de pássaros das Ilhas Galápagos, ele se deu conta de que devia ter registrado de qual ilha vinha cada espécime, pois eles variavam de ilha para ilha. Ele havia inicialmente suposto que os tentilhões das Galápagos pertenciam todos a uma espécie, mas, depois, ficou claro que cada ilha possuía a sua própria e distinta espécie. Daí, foi fácil imaginar que todos haviam evoluído de um tentilhão ancestral comum! Ele ficou igualmente impressionado pela maneira como as emas, aves similares a avestruzes, diferiam de uma região para outra na América do Sul. É provável que essas observações de variação geográfica tenham levado Darwin a aceitar inicialmente que as espécies podiam mudar.

Darwin desenvolveu visões evolutivas...

A próxima etapa importante era criar uma teoria para explicar por que as espécies mudam. Os cadernos de notas de Darwin desse período ainda existem. Eles revelam como ele considerou várias idéias, inclusive o lamarckismo, mas rejeitou-as porque todas elas falhavam em explicar um fato crucial – a adaptação. A sua teoria teria que explicar não somente porque as espécies mudam, mas também por que elas são bem-adaptadas à vida. Nas próprias palavras de Darwin (em sua autobiografia):

Figura 1.3
Charles Robert Darwin (1809-82), em 1840.

... procurou por um mecanismo...

> Era igualmente evidente que nem a ação das condições ambientais nem a vontade dos organismos [uma alusão a Lamarck] poderiam explicar os inúmeros casos nos quais organismos de todo tipo são belamente adaptados a seus hábitos de vida – por exemplo, um pica-pau ou uma rã arborícola, para subirem em árvores, ou uma semente, para dispersão por ganchos ou plumas. Sempre fiquei muito impressionado com essas adaptações, e, até que elas possam ser explicadas, parece quase inútil o empenho em provar, com base em evidências indiretas, que as espécies se modificaram.

Darwin encontrou a explicação ao ler *Essay on Population* (*Ensaio sobre Populações*), de Malthus. Ele continuou:

...e descobriu a seleção natural

> Em outubro de 1838, isto é, 15 meses depois de eu começar minha investigação sistemática, li por divertimento o *Essay on Population* e, estando preparado para apreciar a luta pela vida que acontece em todo lugar, graças à longa e contínua observação dos hábitos de animais e plantas, subitamente me ocorreu que, sob essas circunstâncias, variações favoráveis tenderiam a ser preservadas e variações desfavoráveis, a serem destruídas. O resultado disso seria a formação de uma nova espécie.

Devido à luta pela vida, formas que são mais bem-adaptadas à sobrevivência deixam uma progênie maior e automaticamente aumentam em freqüência de uma geração para a outra. Como o ambiente muda ao longo do tempo (por exemplo, de úmido para árido), diferentes formas de uma espécie estarão mais bem-adaptadas a ele do que as formas do passado. As formas mais bem-adaptadas terão sua freqüência aumentada, enquanto as formas mal-adaptadas terão sua freqüência diminuída. À medida que o processo continua, ele acaba (nas palavras de Darwin) "por resultar na formação de uma nova espécie". Esse processo deu a Darwin o que ele chamou de "uma teoria pela qual trabalhar". E ele iniciou o seu trabalho. Ele ainda continuava esse trabalho, adequando os fatos a seu esquema teórico, 20 anos depois, quando recebeu uma carta de um naturalista britânico, Alfred Russel Wallace (Figura 1.4). Independentemente, Wallace havia chegado a uma idéia bastante similar à da seleção natural de Darwin. Charles Lyell e Joseph Hooker (Figura 1.5a), amigos de Darwin, arranjaram o anúncio simultâneo das idéias de Darwin e de Wallace na Linnean Society de Londres, em 1858. Darwin já estava então escrevendo um resumo de todas as suas descobertas: esse resumo é o clássico científico *On the Origin of Species* (*Sobre a Origem das Espécies*).

1.3.3 A recepção de Darwin

As reações às duas teorias de Darwin – evolução e seleção natural – diferiram. A idéia da evolução criou controvérsia, embora mais na esfera popular do que entre os biólogos. A evolução parecia contradizer a Bíblia, na qual é dito que os vários tipos de seres vivos foram criados separadamente. Na Inglaterra, Thomas Henry Huxley (Figura 1.5b) particularmente defendeu a nova visão evolutiva contra o ataque religioso.

A evolução foi menos controversa entre os cientistas profissionais. Muitos biólogos aceitaram a evolução quase imediatamente. Em alguns casos, a nova teoria fez muito pouca diferença no dia-a-dia da pesquisa biológica. O tipo de anatomia comparada praticada pelos seguidores de Cuvier, inclusive Owen, adequou-se igualmente bem à busca pós-darwiniana por genealogias , que substituiu a busca pré-darwiniana por "planos" da natureza. Os anatomistas mais importantes estavam nessa época principalmente na Alemanha. Carl Gegenbauer (1826-1903), um dos mais renomados, logo reorientou seu trabalho para a busca de relações evolutivas entre grupos de animais. O famoso biólogo alemão Ernst Haeckel (1834-1919) investigou vigorosamente o mesmo problema, aplicando a sua "lei biogenética" – a teoria da recapitulação (da qual trataremos na Seção 20.2, p. 594) – para revelar genealogias filogenéticas.

Embora pelo menos algum tipo de evolução fosse aceito pela maioria dos biólogos, poucos tinham a mesma idéia de evolução que Darwin. Na teoria de Darwin, a evolução não é intrín-

Figura 1.4

Alfred Russel Wallace (1823-1913), fotografado em 1848.

A evolução foi aceita, mas passou a ser freqüentemente confundida com mudanças progressivas

seca ou automaticamente progressiva. As condições locais em cada estágio essencialmente determinam como uma espécie evolui. A espécie não possui uma tendência intrínseca de ascender a uma forma superior. Se, de algum modo, a evolução darwiniana segue de maneira progressiva, isso é apenas porque esse foi o modo como as coisas acabaram por acontecer. Muitos evolucionistas do final do século XIX e do início do século XX tinham uma concepção de evolução diferente dessa, imaginando-a como unidimensional e progressiva. Eles muitas

Figura 1.5

Apoiadores britânicos de Darwin: (a) Joseph Dalton Hooker (1817-1911) em uma expedição botânica em Sikkim, em 1849 (pintura baseada em um esboço de William Tayler), e (b) Thomas Henry Huxley (1825-95). Darwin chamava Huxley de "meu agente geral".

vezes se preocupavam com a elaboração de mecanismos para explicar por que a evolução deveria ter um padrão de desdobramento progressivo e previsível (Figura 1.6).

Enquanto a evolução estava, até certo ponto, sendo aceita, a seleção natural estava sendo fortemente rejeitada. As pessoas não gostaram da teoria da seleção natural por diversas razões. Este primeiro capítulo não vai explicar os argumentos em profundidade. O que se segue aqui é somente uma introdução à história das idéias que iremos considerar mais detalhadamente em capítulos posteriores.

A seleção natural foi amplamente rejeitada...

Uma das objeções mais sofisticadas à teoria de Darwin foi a de que ela não incluía uma teoria satisfatória para a hereditariedade. Havia várias teorias de hereditariedade na época, e hoje se sabe que todas eram incorretas. Darwin preferia uma teoria de hereditariedade "de miscigenação", para a qual a prole é uma mistura dos atributos dos progenitores; por exemplo, se um macho vermelho se acasalasse com uma fêmea branca e a herança fosse misturada, a prole deveria ser cor-de-rosa. Uma das críticas que calava mais fundo na teoria da seleção natural apontava para o fato de que ela dificilmente poderia operar se a herança fosse uma mistura (Seção 2.9, p. 61).

Muitas outras objeções contra a seleção natural também surgiram em um nível mais popular. Uma delas era a de que a seleção natural explicava a evolução pelo acaso. Isso era (e ainda é) um erro de compreensão da seleção natural, que não é um processo aleatório. Quase todos os capítulos deste livro, a partir do Capítulo 4, ilustram como a seleção natural não é aleatória, mas esse tópico é particularmente discutido nos Capítulos 4 e 10. Os Capítulos 6 e 7 discutem um processo evolutivo chamado de deriva aleatória. A deriva é aleatória, mas é um processo completamente diferente da seleção natural.

Uma segunda objeção vinha da existência de lacunas entre as formas existentes na natureza – lacunas que não poderiam ser superadas se a evolução fosse movida apenas pela seleção natural. O anatomista St. George Jackson Mivart (1827-1900), por exemplo, em seu livro *The Genesis of Species* (*A Gênese das Espécies*) (1871), listou vários órgãos que não seriam (segundo ele) vantajosos em seus estágios iniciais. Na teoria de Darwin, os órgãos evoluem gradualmente e cada estágio sucessivo deve ser vantajoso para que possa ser favorecido pela seleção natural. Mivart retrucava que, por exemplo, uma asa completamente formada é vantajosa para um pássaro, mas que o seu primeiro estágio evolutivo – uma pequena proto-asa – poderia não ser.

Os biólogos que aceitaram as críticas buscaram contornar a dificuldade imaginando que outros processos, além da seleção, poderiam operar durante os estágios iniciais da evolução de

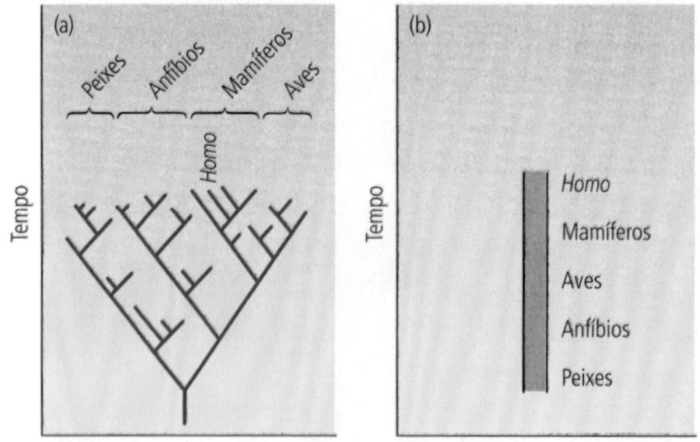

Figura 1.6

(a) A teoria de Darwin sugere que a evolução ocorreu em um padrão de árvore, ramificado; note que a posição na qual o gênero *Homo* está colocado no topo do diagrama é arbitrária. O gênero *Homo* costuma ser colocado na extremidade direita do diagrama, mas não tem de estar necessariamente lá. A árvore deve ser comparada com a idéia popular de que (b) a evolução é um processo progressivo de ascensão unidimensional da vida. A evolução darwiniana é mais como uma árvore do que como uma escada (conforme a Figura 1.2).

...levando a teorias de variação dirigida

um novo órgão. A maioria desses processos pertence à classe das teorias de "mutação dirigida" ou de variação dirigida. Essas teorias sugerem que a prole, por alguma razão não especificada e relacionada ao mecanismo hereditário, tende a diferir consistentemente de seus progenitores em uma certa direção. No caso das asas, a explicação dada pela variação dirigida diria que os ancestrais sem asas das aves de alguma maneira tendiam a produzir filhotes com proto-asas, mesmo que isso não oferecesse qualquer vantagem. (O Capítulo 10 trata dessa questão geral e o Capítulo 4 discute variação.)

A herança lamarckiana foi a teoria de variação dirigida mais popular. A variação é "dirigida" nessa teoria porque a prole tende a diferir de seus progenitores na direção das características adquiridas por eles. Se todas as girafas parentais possuem pescoços curtos e adquirem pescoços mais longos por alongamento, a prole gerada por elas já começa com pescoços mais longos, antes de qualquer outro alongamento adicional. Darwin aceitava que caracteres adquiridos pudessem ser herdados. Ele próprio elaborou uma teoria da hereditariedade ("minha hipótese equivocada da pangênese", como ele a chamava) que incorporava essa idéia. Na época de Darwin, o debate era sobre a importância relativa da seleção natural e da hereditariedade de características adquiridas; mas, na década de 1880, o debate passou para um novo estágio. O biólogo alemão August Weismann (1833-1914) apresentou fortes evidências e argumentos teóricos de que as características adquiridas não eram herdadas. Depois de Weismann, a influência da herança lamarckiana na evolução passou a ser questionada. No início, Weismann sugeriu que praticamente toda a evolução era movida por seleção natural, mas, posteriormente, ele recuou dessa posição.

Weissman foi um dos raros apoiadores iniciais da teoria da seleção natural

Por volta da virada do século, Weismann era uma personalidade muito influente, mas poucos biólogos compartilhavam de sua crença na seleção natural. Alguns, como o entomologista britânico Edward Bagnall Poulton, estavam estudando a seleção natural. Entretanto, a visão da maioria era a de que a seleção natural necessitava ser suplementada por outros processos. Uma influente história da biologia, escrita por Erik Nordenskiöld, em 1929, inclusive dava como provada a incorreção da teoria de Darwin. Sobre a seleção natural, ele concluiu: "deve-se certamente considerar como provado que ela não opera da forma imaginada por Darwin"; a única questão pendente para Nordenskiöld era "ela existe mesmo?"

As idéias de Mendel foram redescobertas por volta de 1900

Nessa época, a teoria da hereditariedade de Mendel havia sido redescoberta. O *mendelismo* (Capítulo 2) passou a ser a teoria da hereditariedade geralmente aceita a partir da década de 1920 e a base da genética moderna. O mendelismo acabou por reviver a teoria de Darwin, mas seu efeito inicial (em torno de 1900-1920) foi exatamente o oposto. Os primeiros mendelianos, como Hugo de Vries e William Bateson, eram todos contra a teoria da seleção natural de Darwin. Eles pesquisavam principalmente sobre a herança das grandes diferenças entre os organismos e generalizavam suas descobertas para a evolução como um todo. Eles sugeriam que a evolução prosseguia em grandes saltos, por meio de macromutações. Uma *macromutação* é uma grande mudança entre progenitor e prole, que é herdada geneticamente (Figura 1.7a). (Os Capítulos 10 e 20 discutem várias perspectivas sobre a questão se a evolução ocorre por pequenos ou grandes passos.)

Os biometristas rejeitaram a teoria de Mendel

Entretanto, o mendelismo não era aceito universalmente no início do século XX. Os membros da outra escola principal, a qual rejeitava o mendelismo, autodenominavam-se *biometristas*; Karl Pearson foi um dos líderes dessa escola. Os biometristas estudavam pequenas diferenças entre indivíduos, deixando de lado as grandes, e desenvolveram técnicas estatísticas para descrever como as distribuições de freqüências de caracteres mensuráveis (como a altura) passavam de uma população parental para a sua prole. Eles viam a evolução mais em termos de fixação de uma mudança em toda a população do que da produção de um novo tipo a partir de uma macromutação (Figura 1.7b). Alguns biometristas foram mais simpáticos à teoria de Darwin do que os mendelianos. W. F. Weldon, por exemplo, era da escola biométrica e tentou medir a quantidade de seleção em populações de caranguejo à beira-mar.

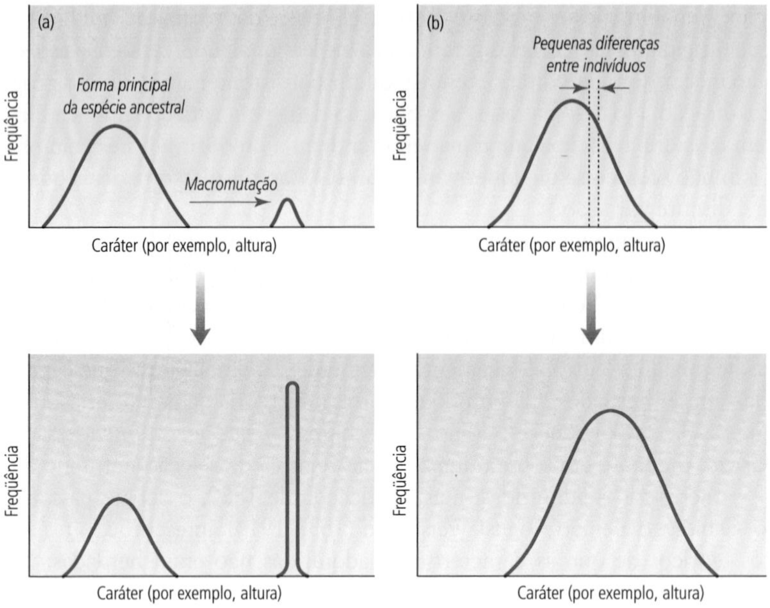

Figura 1.7

Mendelianos e biometristas pioneiros. (a) Mendelianos pioneiros estudavam grandes diferenças entre os organismos e acreditavam que a evolução ocorria quando uma nova espécie surgia a partir de uma "macromutação" ocorrida em seu ancestral. (b) Os biometristas estudavam pequenas diferenças entre os indivíduos e explicavam a mudança evolutiva pela transição de populações inteiras. Os mendelianos estavam menos interessados nas razões das pequenas diferenças individuais. A figura é uma simplificação – nenhum debate histórico entre dois grupos de cientistas, que durou três décadas, pode ser completamente representado em um único contraste diagramático.

1.3.4 A síntese moderna

Na segunda década do século XX, as pesquisas sobre a genética mendeliana já se haviam tornado um empreendimento de maiores proporções. As pesquisas preocupavam-se com muitos problemas, a maioria dos quais tinha mais a ver com genética do que com biologia evolutiva. Mas, na teoria da evolução, o principal problema era reconciliar a teoria atomística mendeliana da genética com a descrição biométrica da variação contínua em populações reais. Essa conciliação foi conseguida por vários autores em muitos estágios, mas, nesse contexto, um artigo de 1918, de R. A. Fisher, foi particularmente importante. Fisher demonstrou que todos os resultados conhecidos pelos biometristas poderiam ser derivados de princípios mendelianos.

Fisher, Haldane e Wright criaram a síntese do darwinismo e do mendelismo. A síntese começou com a genética de populações...

O próximo passo era mostrar que a seleção natural poderia operar com a genética mendeliana. O trabalho teórico foi feito principalmente e de maneira independente por R. A. Fisher, J. B. S. Haldane e Sewall Wright (Figura 1.8). A síntese da teoria da seleção natural de Darwin com a teoria mendeliana da hereditariedade, feita por eles, estabeleceu o que é conhecido como *neodarwinismo*, *teoria sintética da evolução* ou *síntese moderna*, segundo o título de um livro de Julian Huxley, *Evolution: the Modern Synthesis* (1942). A velha disputa entre mendelianos e darwinistas havia terminado. A teoria de Darwin agora possuía aquilo que careceu por meio século: uma fundação firme em uma teoria da hereditariedade bem-testada.

As idéias de Fisher, Haldane e Wright são conhecidas principalmente com base em suas grandes obras de síntese, todas escritas por volta de 1930. Fisher publicou seu livro *The Genetical Theory of Natural Selection* (*A Teoria Genética da Seleção Natural*), em 1930. Haldane

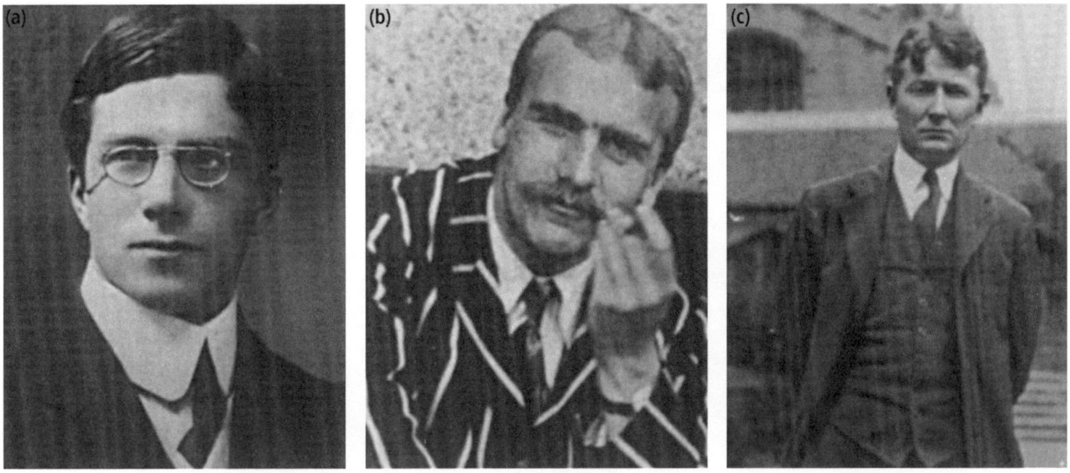

Figura 1.8

(a) Ronald Aylmer Fisher (1890-1962) em 1912, como um organizador da Primeira Conferência Eugênica Internacional.
(b) J. B. S. Haldane (1892-1964) em Oxford, na Inglaterra, em 1914.
(c) Sewall Wright (1889-1988) em 1928, na Universidade de Chicago.

publicou um livro mais popular, *The Causes of Evolution* (*As Causas da Evolução*), em 1932; ele continha um longo apêndice sob o título de "*A mathematical theory of artificial and natural selection*" (*Uma teoria matemática da seleção natural e artificial*), resumindo uma série de artigos publicados a partir de 1918. Wright publicou um longo artigo sobre evolução em populações mendelianas (*Evolution in Mendelian populations*) em 1931; ao contrário de Fisher e Haldane, Wright viveu para publicar um tratado de quatro volumes (1968-1978), no final de sua carreira. Esses trabalhos clássicos de genética de populações demonstraram que a seleção natural poderia operar com os tipos de variações observáveis nas populações naturais e com as leis da herança medeliana. Nenhum outro processo é necessário. A herança de caracteres adquiridos não é necessária. Macromutações não são necessárias. Essa visão foi incorporada em todo pensamento evolutivo posterior, e o trabalho de Fisher, Haldane e Wright é a base para boa parte do material nos Capítulos 5 a 9.

... e inspirou pesquisas a campo e em laboratório...

A reconciliação entre mendelismo e darwinismo logo inspirou novas pesquisas genéticas a campo e em laboratório. Theodosius Dobzhansky (Figura 1.9), por exemplo, começou investigações clássicas sobre a evolução de populações de moscas-das-frutas (*Drosophila*) depois de ter-se mudado da Rússia para os Estados Unidos, em 1927. Dobzhansky foi influenciado pelo renomado geneticista de populações russo Sergei Chetverikov (1880-1959), que possuía um importante laboratório em Moscou até ser preso, em 1929. Depois de ter imigrado, Dobzhansky trabalhou com suas próprias idéias e também em colaboração com Sewall Wright. O principal livro de Dobzhansky, *Genetics and the Origin of Species* (Genética e a Origem das Espécies), foi publicado inicialmente em 1937, e as suas edições sucessivas (até 1970 [com novo título]) estão entre os livros mais influentes da síntese moderna. Encontraremos vários exemplos do trabalho de Dobzhansky com moscas-das-frutas em capítulos posteriores.

E. B. Ford (1901-1988) começou, na década de 1920, um programa comparado de pesquisa na Inglaterra. Ele estudou a seleção natural em populações, especialmente de mariposas, e chamou o seu assunto de "genética ecológica". Ele publicou um resumo do seu trabalho no livro intitulado *Ecological Genetics*, publicado inicialmente em 1964 (Ford, 1975). H. B. D. Kettlewell (1901-1979) estudou o melanismo na mariposa *Biston betularia*, e essa é a pesquisa

Figura 1.9

Theodosius Dobzhansky (1900-1975) em uma foto de grupo em Kiev, em 1924; ele é o segundo sentado à esquerda, com as botas grandes.

de genética ecológica mais famosa até hoje (Seção 5.7, p. 138). Ford foi um colaborador próximo de Fisher. O estudo conjunto mais conhecido desses dois pesquisadores foi uma tentativa de mostrar que o processo aleatório enfatizado por Wright não poderia explicar as mudanças evolutivas observadas na mariposa-tigre escarlate *Panaxia dominula*. Julian Huxley (Figura 1.10a) exerceu a sua influência por meio da sua capacidade de sintetizar o trabalho de muitas áreas do conhecimento. O seu livro *Evolution: the Modern Synthesis* (1942) introduziu os conceitos teóricos de Fisher, Haldane e Wright para muitos biólogos, aplicando-os a grandes questões evolutivas.

A partir da genética de populações, a síntese moderna espalhou-se por outras áreas da biologia evolutiva. A questão de como uma espécie se divide em duas – o evento chamado de especiação – foi um exemplo inicial. Antes que a síntese moderna tivesse permeado esse assunto, a especiação era muitas vezes explicada por macromutações ou pela herança de caracteres adquiridos. Um importante livro, *The Variation of Animals in Nature* (*A Variação dos Animais na Natureza*), de autoria de dois sistematas, G. C. Robson e O. W. Richards (1936), não aceitava nem o mendelismo nem o darwinismo. Robson e Richards sugeriam que as diferenças entre as espécies não eram adaptativas e que elas nada tinham a ver com a seleção natural. Richard Goldschmidt (1878-1958), mais famoso pelo seu livro *The Material Basis of Evolution* (*A Base Material da Evolução*) (1940), argumentou que a especiação era produzida por macromutações e não pela seleção de pequenas variações.

... e levou a um novo entendimento da especiação...

A questão de como as espécies se originam está estreitamente relacionada com as questões de genética de populações discutidas por Fisher, Haldane e Wright. Dobzhansky e Huxley enfatizaram o problema ainda mais. Todos eles argumentaram que os tipos de mudanças estudadas por geneticistas de populações, se acontecerem em populações separadas geograficamente, poderiam levá-las a divergir e a evoluir para espécies diferentes (Capítulo 14). O trabalho clássico, contudo, foi o de Ernst Mayr: *Systematics and the Origin of Species* (*Sistemática e a Origem das Espécies*) (1942). Como muitos livros clássicos da ciência, ele foi escrito como uma polêmica contra um ponto de vista específico. A sua publicação foi desen-

Figura 1.10

(a) Julian Huxley (1887-1975) em 1918. (b) Ernst Mayr (1904–), à direita, em uma expedição ornitológica na Nova Guiné, em 1928, com seu assistente malaio.

cadeada pelo livro *Material Basis*, de Goldschmidt, mas criticava esse autor a partir do ponto de vista de uma teoria completa e diferente – a síntese moderna –, em vez de meramente refutá-lo. Por isso, ele teve uma importância muito mais ampla. Tanto Goldschmidt como Mayr (Figura 1.10b) nasceram e foram educados na Alemanha e, mais tarde, emigraram para os Estados Unidos. Mayr emigrou em 1930, quando ainda jovem, mas Goldschmidt já tinha 58 anos e já havia construído uma sólida carreira quando deixou a Alemanha nazista, em 1936.

Um desenvolvimento relacionado é freqüentemente chamado de "nova sistemática", segundo o título de um livro editado por Julian Huxley (1940). Ele se refere ao exagero do que Mayr chamou de conceito "tipológico" de espécie e sua substituição por um conceito de espécie mais adequado à genética de populações moderna (Capítulo 13). Os dois conceitos diferem no sentido que cada um faz da variação entre indivíduos de uma mesma espécie. No conceito tipológico, espécie foi definida como um conjunto de organismos mais ou menos similares em sua aparência, sendo a semelhança medida em relação a uma forma-padrão (ou "tipo") da espécie. Uma espécie contém, então, alguns indivíduos do tipo-padrão e outros indivíduos que se desviam desse tipo. Os indivíduos-tipo são conceitualmente privilegiados, enquanto os que se desviam desse padrão apresentam algum tipo de erro.

...e da classificação biológica...

Entretanto, o conceito de espécie como um tipo, mais os que se desviam dele era inapropriado na teoria da genética de populações. As alterações das freqüências gênicas analisadas pelos geneticistas de populações acontecem dentro de um "conjunto gênico" – isto é, um grupo de organismos que se acasalam entre si e trocam genes quando se reproduzem. A unidade fundamental é agora o conjunto de formas que se intercruzam, independentemente de quão similares elas são entre si. A idéia de um "tipo" para uma espécie fica sem sentido em um conjunto gênico contendo muitos genótipos. Um genótipo específico não pode mais representar a forma-padrão para a espécie, pois ele tem a mesma relevância do que qualquer outro genótipo. Um conjunto gênico não contém um ou poucos "genótipos-tipo" que representam a forma-padrão para a espécie, com os outros genótipos sendo aqueles que se deviam do "tipo". Não existe uma forma-tipo que possa ser usada como um ponto de referência para a definição da espécie. Por isso, os geneticistas de populações acabaram por definir os membros de uma espécie pela capacidade que eles têm de se intercruzarem, e não pela similaridade morfológica apresentada com uma forma-tipo. A síntese moderna chegou à sistemática.

...e da pesquisa sobre fósseis

Um tratamento similar foi dado à Paleontologia por George Gaylord Simpson (Figura 1.11) em *Tempo and Mode in Evolution* (*Tempo e Modo em Evolução*) (1944). Na década de 1930, muitos paleontologistas ainda insistiam em explicar a evolução em fósseis pelos chamados processos ortogenéticos – isto é, alguma tendência intrínseca (e inexplicada) de uma espécie evoluir em uma certa direção. A ortogênese é uma idéia relacionada ao conceito pré-mendeliano da mutação dirigida e às forças internas mais místicas que vimos no trabalho de Lamarck. Simpson argumentava que nenhuma observação do registro fóssil requeria esses processos. Todas as evidências eram perfeitamente compatíveis com os mecanismos de genética de populações discutidos por Fisher, Haldane e Wright. Ele também demonstrou como tópicos, como as taxas de evolução e a origem dos principais grupos novos, podiam ser analisados por técnicas derivadas dos pressupostos da síntese moderna (Capítulos 18 a 23).

A síntese moderna foi estabelecida por volta da década de 1940

Em meados da década de 1940, portanto, a síntese moderna já havia permeado todas as áreas da biologia. Os 30 membros de um "comitê para problemas comuns à genética, à sistemática e à paleontologia", que se reuniu (com alguns outros especialistas) em Princeton, em 1947, representava todas as áreas da biologia. Eles compartilhavam um ponto de vista em comum, o ponto de vista do mendelismo e do neodarwinismo. Uma unanimidade similar de 30 figuras proeminentes da genética, da morfologia, da sistemática e da paleontologia seria difícil de ser conseguida antes daquela data. O simpósio de Princeton foi publicado como *Genetics, Paleontology, and Evolution* (*Genética, Paleontologia e Evolução*) (Jepsen *et al.*, 1949) e é, hoje, um dos bons símbolos representativos do ponto no qual a síntese se espalhou por meio da biologia. É claro, contudo, que continuaram existindo controvérsias em relação à síntese dentro de seu corpo de seguidores, bem como uma contracultura fora desse círculo. Em 1959, dois eminentes biólogos evolucionistas – o geneticista Muller e o paleontologista Simpson – celebraram, ambos, o centenário de *The Origin of Species* com ensaios com (quase) o mesmo título memorável: *One hundred years without Darwinism are enough* (*Cem anos sem darwinismo já são o suficiente*) (Muller, 1959; Simpson, 1961a).

Neste livro, veremos em detalhes as principais idéias da síntese moderna e como elas vêm desenvolvendo-se a partir de pesquisas recentes.

Figura 1.11
George Gaylord Simpson (1902-1984) com um guanaco jovem na Patagônia central, em 1930.

Resumo

1 Evolução significa descendência com modificações ou alteração da forma, da fisiologia e do comportamento de organismos ao longo de muitas gerações de tempo. As mudanças evolutivas dos seres vivos ocorrem em um padrão arbóreo ramificado de linhagens.

2 Os seres vivos possuem adaptações: isto é, eles são bem-ajustados em forma, fisiologia e comportamento para a vida no ambiente natural.

3 Muitos pensadores precursores de Darwin discutiram a possibilidade de as espécies transformarem-se, ao longo do tempo, em outras espécies. Lamarck é o mais conhecido deles. Porém, em meados do século XIX, a maioria dos biólogos acreditava que as espécies tinham formas fixas.

4 A teoria da evolução por seleção natural de Darwin explica mudanças e adaptações evolutivas.

5 Os contemporâneos de Darwin em geral aceitaram a idéia de evolução, mas não a sua explicação com base na seleção natural.

6 Darwin não postulou uma teoria da hereditariedade. Quando as idéias de Mendel foram redescobertas na virada do século XX, pensava-se, inicialmente, que elas contrariavam a teoria da seleção natural.

7 Fisher, Haldane e Wright demonstraram que a herança mendeliana e a seleção natural são compatíveis; a síntese dessas duas idéias é chamada de neodarwinismo ou de teoria sintética da evolução.

8 Durante as décadas de 1930 e 1940, o neodarwinismo gradualmente se espalhou por todas as áreas da biologia e tornou-se amplamente aceito. Ele unificou a genética, a sistemática, a paleontologia, a morfologia comparativa clássica e a embriologia.

Leituras adicionais

Um ensaio popular sobre as adaptações de pica-paus é o de Diamond (1990). Bowler (1989) apresenta uma história geral da idéia de evolução. Para ler sobre Lamarck e seu contexto, ver Burkhardt (1977) e Barthélemy-Madaule (1982); e Rudwick (1997), para Cuvier. Existem muitas biografias de Darwin; Browne (1995-2002) é uma das tantas biografias modernas que podem ser consideradas como "padrão". A autobiografia de Darwin é uma fonte interessante. Uma maneira agradável (embora mais trabalhosa) de seguir a vida de Darwin é acompanhar a sua correspondência: uma edição para estudiosos está a caminho (Burkhardt e Smith, 1985–). Bowler (1989) discute e fornece referências a respeito da recepção e do destino das idéias de Darwin. Berry (2002) é uma antologia de leitura agradável a respeito da obra de Wallace. Sobre a síntese moderna, ver também Provine (1971), Mayr e Provine (1980), Bowler (1996) e Gould (2002b). Numbers (1998) trata da recepção americana ao darwinismo.

Existem biografias de muitos dos personagens mais importantes: Box (1978), para Fisher; Clark (1969), para Haldane; Provine (1986), para Wright. Huxley (1970-1973) e Simpson (1978) escreveram autobiografias. Laporte (2000) é uma biografia intelectual de Simpson. Ver Adams (1994), para Dobzhansky, e Powell (1997), para as contribuições do "modelo de *Drosophila*" para a evolução. Ver os artigos da edição especial de *Evolution* (1994), volume 48, páginas 1-44, para Mayr. Ver a edição especial dos *Proceedings of the National Academy of Sciences USA* (2000), volume 97, páginas 6941-7055, para Stebbins.

A evolução é, provavelmente, a teoria científica mais bem coberta por escritores científicos populares. Dawkins (1986, 1989a, 1996) apresenta muitas das idéias da evolução, sobretudo aquelas relacionadas à adaptação e à seleção natural. Os ensaios populares de Gould, que apareceram inicialmente na revista *Natural History* de 1977 a 1990, foram reunidos em uma antologia de vários volumes, que apresenta muitos aspectos da biologia evolutiva (Gould, 1977b, 1980, 1983, 1985, 1991, 1993, 1996, 1998, 2000, 2002a). Jones (1999) é uma atualização popular do *Origin of Species*, de Darwin: ele mantém a estrutura original de Darwin e utiliza exemplos modernos. Mayr (2001) é uma visão geral do assunto para um leitor não-especializado e também apresenta as idéias atuais de um escritor competente.

Pagel (2002) e a enciclopédia das ciências da vida (www.els.com) são enciclopédias de evolução e de biologia, respectivamente. A enciclopédia das ciências da vida é abrangente no que diz respeito à evolução. A evolução é coberta em muitas páginas da rede, para as quais existem conexões a partir da página associada a este livro (www.blackwellscience.com/evolution). Zimmer (2001) é um livro popular sobre evolução, que acompanha uma série da PBS TV. *Trends in Ecology and Evolution* é uma boa fonte para, a partir de um único periódico, acompanhar uma ampla gama de pesquisas evolutivas.

Questões para estudo e revisão

1 Revise como a evolução biológica difere do desenvolvimento individual, de mudanças na composição de espécies de um ecossistema e de alguns outros tipos de alterações que você possa imaginar.

2 Qual é a propriedade da natureza que qualquer teoria da evolução deve obrigatoriamente explicar, sob pena de, caso contrário, ser (nas palavras de Darwin) "quase inútil"?

3 Como o principal conceito popular de evolução no final do século XIX e no início do século XX difere do conceito de evolução da teoria de Darwin?

4 Quais são as duas teorias que estão combinadas na teoria sintética da evolução?

2 Genética Molecular e Mendeliana

O capítulo é uma introdução à genética, o que necessitamos para a compreensão da biologia evolutiva contida neste livro. Ele começa com o mecanismo molecular da hereditariedade e, em seguida, passa para os princípios mendelianos. Depois considera como a teoria de Darwin quase exige que a herança seja mendeliana, pois a seleção natural dificilmente operaria no contexto de um mecanismo de herança por mistura.

2.1 A herança é causada por moléculas de DNA, que são fisicamente passadas dos progenitores para a sua prole

A molécula chamada de DNA (ácido desoxirribonucléico) proporciona o mecanismo físico de herança em quase todas as criaturas vivas. O DNA é o portador da informação utilizada para a construção de um novo corpo e para diferenciá-lo em várias partes. As moléculas de DNA existem no interior de quase todas as células do corpo e em todas as células reprodutivas (ou gametas). A sua localização precisa na célula depende do tipo celular.

Células procarióticas e eucarióticas apresentam o DNA organizado de maneiras diferentes

Existem dois tipos principais de células: as *eucarióticas* e as *procarióticas* (Figura 2.1). As células eucarióticas possuem uma estrutura complexa, incluindo organelas internas e uma região distinta, envolta por uma membrana, chamada de núcleo. O DNA eucariótico está no interior do núcleo. As células procarióticas são mais simples e não possuem núcleo. O DNA procariótico fica no interior da célula, mas não em uma região particular. Todos os organismos multicelulares complexos, inclusive todos os vegetais e animais, são constituídos por células eucarióticas. Fungos também são eucariotos; alguns fungos são multicelulares (como os cogumelos), e outros são unicelulares (como a levedura *Saccharomyces cerevisiae*). Os protozoários, a maioria dos quais (como as amebas) são unicelulares, constituem o outro grupo principal de eucariotos. As bactérias e as arqueobactérias são os dois tipos de seres vivos cujas células são procarióticas.

No interior do núcleo de uma célula eucariótica, o DNA está fisicamente organizado em estruturas chamadas de *cromossomos*. Os cromossomos podem ser visualizados por meio de um

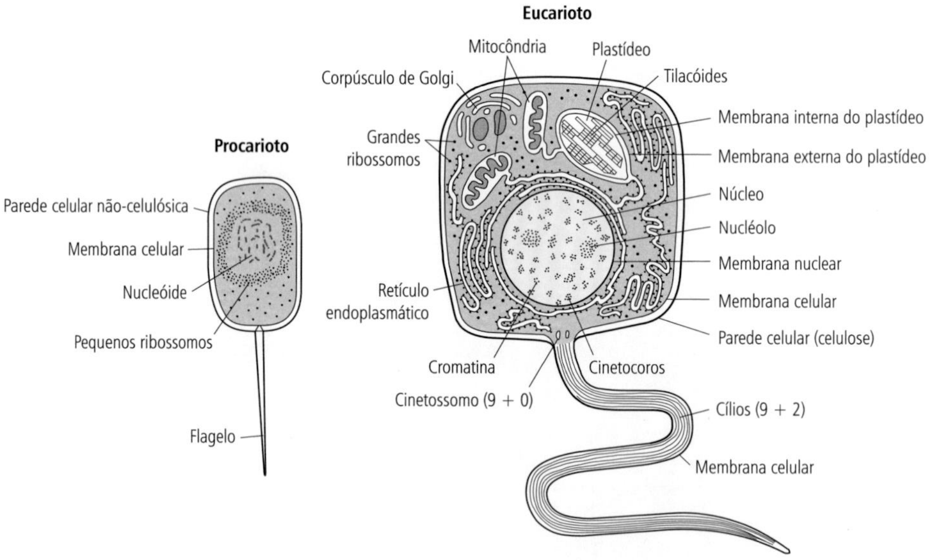

Figura 2.1

As células de um corpo possuem uma estrutura fina (ou "ultra-estrutura") formada por várias organelas. Nem todas as organelas ilustradas aqui ocorrem em todas as células. Células de animais e fungos, por exemplo, não possuem os plastídeos, que todos os organismos fotossintetizantes possuem. Eucariotos (isto é, todos os vegetais e animais) possuem células complexas, com um núcleo separado. O DNA é ilustrado aqui, no interior do núcleo, em uma forma difusa, chamada de cromatina; quando as células se dividem, a cromatina coalesce em estruturas chamadas de cromossomos. Procariotos são organismos mais simples, particularmente bactérias, que não possuem um núcleo distinto; o seu DNA fica solto no interior da célula.

microscópio óptico em certos estágios do ciclo celular. Indivíduos de espécies diferentes apresentam, caracteristicamente, números diferentes de cromossomos – o homem, por exemplo, possui 46, enquanto a mosca-das-frutas *Drosophila melanogaster* possui oito. Outras espécies apresentam outros números. A estrutura mais fina do DNA é muito pequena para ser visualizada diretamente, mas pode ser inferida a partir do método de difração de raio X. A estrutura molecular do DNA foi elucidada por Watson e Crick, em 1953.

A molécula de DNA consiste em uma seqüência de unidades; cada unidade, chamada de *nucleotídeo*, consiste em um fosfato e em um açúcar, com uma *base* ligada a ele. Os grupos de fosfato e açúcar alternados de nucleotídeos sucessivos formam o arcabouço da molécula de DNA. A molécula de DNA completa consiste em duas fitas complementares pareadas, cada uma delas formada por uma seqüência de nucleotídeos. Os nucleotídeos de fitas opostas são unidos quimicamente uns aos outros. As duas fitas existem como uma hélice dupla (Figura 2.2).

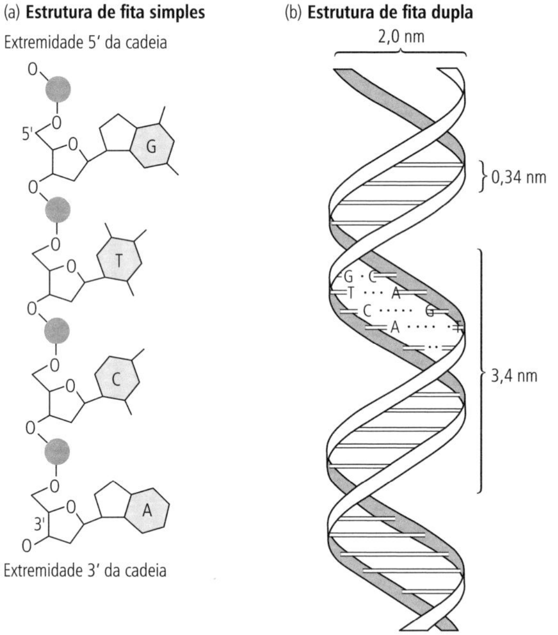

Figura 2.2

A estrutura do DNA. (a) Cada fita de DNA é formada por uma seqüência de unidades nucleotídicas. Cada nucleotídeo consiste em um fosfato (P), um açúcar e uma base (das quais existem quatro tipos, aqui chamados de G, C, T e A). (b) A molécula de DNA completa possui duas fitas complementares, arranjadas em uma hélice dupla.

2.2 O DNA codifica estruturalmente a informação utilizada para formar as proteínas do corpo

Como o DNA codifica a informação para construir um corpo? O DNA de uma célula individual humana contém em torno de 3×10^9 unidades nucleotídicas. Essa extensão total pode ser dividida em *genes* e em vários tipos de DNA *não-codificador*. Inicialmente, iremos considerar os genes. Alguns genes estão posicionados na vizinhança imediata de outros genes; outros estão separados por regiões de extensão variável de DNA não-codificador. Os genes contêm a informação que codifica as proteínas.

Uma maneira pouco abrangente mas didática de descrever a biologia de proteínas é afirmar que os corpos são construídos a partir de proteínas e são regulados, mantidos e defendidos também por proteínas. Diferentes partes do corpo possuem características diferentes porque são formadas por proteínas diferentes. A pele, por exemplo, é formada principalmente por uma proteína chamada de queratina; o oxigênio é transportado nas células vermelhas do sangue por uma proteína chamada de hemoglobina; os olhos são sensíveis à luz devido a proteínas pigmentares como a rodopsina (na realidade, a rodopsina é formada por uma proteína chamada de opsina, combinada com um derivado da vitamina A); e os processos metabólicos são catalisados por toda uma bateria de proteínas chamadas de enzimas (por exemplo, o citocromo *c* é uma enzima respiratória, e a álcool-desidrogenase é uma enzima digestiva). Outras proteínas, como as imunoglobulinas, defendem o corpo contra parasitas. A expressão dos genes é regulada por outros tipos de proteínas, como os fatores de transcrição codificados pelos genes *Hox*, que serão discutidos no Capítulo 20.

A maioria dos genes codifica proteínas...

As proteínas são formadas por seqüências particulares de aminoácidos. Vinte aminoácidos diferentes são encontrados na maioria dos tipos de seres vivos. Cada aminoácido comporta-se quimicamente de maneira distinta, de modo que diferentes seqüências de aminoácidos resultam em proteínas com propriedades bastante diferentes. A seqüência de aminoácidos exata de uma proteína determina a sua natureza. A hemoglobina, por exemplo, é formada por duas moléculas de α-globina, que têm uma extensão de 141 aminoácidos, no homem, e duas moléculas de β-globina, que têm 144 aminoácidos de extensão; a insulina possui uma outra seqüência, de 51 aminoácidos. A hemoglobina liga-se ao oxigênio no sangue, enquanto a insulina estimula as células (particularmente as musculares, mas também outras) a absorver glicose do sangue. Os diferentes comportamentos da hemoglobina e da insulina são causados pelas propriedades químicas de seus diferentes aminoácidos, arranjados em suas seqüências características. (Como discutido em maiores detalhes nos Capítulos 4 e 7, a seqüência de uma determinada proteína pode variar em uma espécie ou entre espécies. Assim, a hemoglobina de peru difere da humana, embora ela se ligue ao oxigênio em ambas as espécies. Existem também variantes de hemoglobina dentro de uma espécie, uma condição chamada de *polimorfismo protéico*. Entretanto, as seqüências de todas as variantes de hemoglobina de uma mesma espécie ou de espécies diferentes são similares o suficiente para que elas sejam reconhecidas como hemoglobinas.)

... mas existem complicações, como a junção alternativa

A idéia de que um gene codifica uma proteína é uma simplificação. Algumas proteínas são montadas a partir de produtos de mais de um gene. Por exemplo, a hemoglobina é montada a partir de quatro genes, localizados em duas posições principais no DNA. Além disso, um gene pode ser utilizado para produzir mais de uma proteína. O processo de junção (*splicing*) alternativa, por exemplo, gera várias proteínas a partir de um gene. A junção (*splicing*) alternativa pode ser ilustrada pelo gene *slo*, cuja função é importante para o desenvolvimento de nosso sistema sensório acústico. Somos sensíveis a uma gama de freqüências porque possuímos uma série de pêlos minúsculos em nossos ouvidos internos; alguns desses pêlos são curvados por sons de alta freqüência, enquanto outros se inclinam por sons de baixa freqüência. A freqüência a que o pêlo é sensível depende das propriedades químicas das proteínas pelas quais ele é formado. O gene *slo* é um dos genes essenciais para esse processo, pois ele codifica uma proteína das células que originam os pêlos. Seria possível imaginar que deveríamos ter uma série de genes, codificando uma série de proteínas, que produzem uma série de células pilosas, cada uma delas com um grau de sensibilidade sonora. Na realidade, o que ocorre é que o *slo* é lido de várias maneiras. Esse gene é formado por várias subunidades, que podem ser combinadas de várias maneiras diferentes. Não se sabe exatamente de quantas maneiras diferentes *slo* pode ser lido, mas a sua junção alternativa é responsável por parte da diversidade molecular por trás de nossa sensibilidade auditiva. Assim, não é estritamente correto dizer que um gene codifica uma proteína. Apesar disso, para muitos propósitos, não é um erro grave descrever o DNA como sendo formado por genes (e regiões não-codificadoras) e os genes como codificadores de proteínas.

Como, exatamente, os genes no DNA codificam proteínas? A resposta é que a seqüência de nucleotídeos em um gene especifica a seqüência de aminoácidos na proteína. Existem quatro tipos de nucleotídeos no DNA. Eles diferem entre si apenas na porção correspondente à base; o açúcar e o grupo fosfato são os mesmos em todos os quatro. As quatro bases são adenina (A), citosina (C), guanina (G) e timina (T). A adenina e a guanina pertencem ao grupo químico chamado de purinas; a citosina e a timina são pirimidinas. Na hélice dupla, um nucleotídeo de A, em uma fita, sempre pareia com um nucleotídeo de T na outra; e uma C sempre pareia com uma G (como na Figura 2.2b). Se a seqüência nucleotídica de uma fita é ...AGGCTCCTA..., então a fita complementar será ...TCCGAGGAT... Como o açúcar e o fosfato são constantes, é muitas vezes mais conveniente imaginar a fita de DNA como uma seqüência de bases, como a seqüência ...AGGCTCCTA... mencionada.

2.3 A informação no DNA é decodificada pela transcrição e pela tradução

Existem quatro tipos de nucleotídeos, mas 20 aminoácidos distintos. Um código de um para um, com um nucleotídeo codificando um aminoácido seria, portanto, impossível. Na realidade, uma trinca de bases codifica um aminoácido; a trinca de nucleotídeos para um aminoácido é chamada de *códon*. Os quatro nucleotídeos podem ser arranjados em 64 (4 x 4 x 4) trincas diferentes e cada uma delas codifica um único aminoácido. A relação entre trinca e aminoácido foi decifrada e é chamada de *código genético*.

A informação codificada no DNA...

O mecanismo pelo qual a seqüência de aminoácidos é lida a partir da seqüência nucleotídica do DNA é compreendido em seus detalhes moleculares. Para nossos propósitos, o detalhamento completo é desnecessário, mas devemos distinguir os dois estágios principais. O RNA (ácido ribonucléico) é uma classe de moléculas que possui composição similar à do DNA. O RNA mensageiro (mRNA) é uma das formas principais do RNA. O RNA mensageiro é transcrito a partir do DNA, e esse processo é chamado de *transcrição*. O RNA mensageiro é de fita simples e, ao contrário do DNA, utiliza uma base chamada de uracila (U) em vez de timina (T). A seqüência de DNA AGGCTCCTA teria, portanto, um mRNA com a seguinte seqüência transcrita a partir dela: UCCGAGGAU. O código genético é geralmente expresso em termos dos códons do mRNA (Tabela 2.1). A seqüência de mRNA UCCGAGGAU, por exemplo, codifica três aminoácidos: serina, ácido glutâmico e ácido aspártico. O início e o final de um gene são sinalizados por seqüências de bases distintas que (em um certo sentido) pontuam a mensagem de DNA. Como mostrado na Tabela 2.1, três das 64 trincas do código genético são para "parada". Somente 61 das 64 codificam aminoácidos.

...é primeiramente transcrita em mRNA...

A transcrição acontece no núcleo. Depois de a molécula de mRNA ter sido montada com base no gene, ela deixa o núcleo e viaja até uma das estruturas do citoplasma chamadas de ribossomos (ver Figura 2.1); os ribossomos são formados por outro tipo de RNA, o RNA ribossômico (rRNA). O ribossomo é o sítio do segundo estágio principal da produção de proteínas. É aí que a seqüência de aminoácidos é lida a partir da seqüência de mRNA e que a proteína é montada. O processo é chamado de *tradução*. Na realidade, a tradução é feita por um outro tipo de RNA, o RNA de transferência (tRNA).[1]

...e depois traduzida em proteína

[1] Isso completa os três tipos principais de RNA: mRNA, rRNA e tRNA. A propósito, tanto as moléculas de rRNA como as de tRNA originam-se da transcrição de genes no DNA. Portanto, não é sempre verdade que os genes codificam proteínas, como afirmado anteriormente – alguns genes codificam RNA.

Tabela 2.1

O código genético. O código é aqui expressado para o mRNA. Cada trinca codifica um aminoácido, exceto para o caso dos três códons de "parada", que sinalizam o final de um gene

Primeira base do códon	Segunda base do códon: U	C	A	G	Terceira base do códon
U	Fenilalanina	Serina	Tirosina	Cisteína	U
	Fenilalanina	Serina	Tirosina	Cisteína	C
	Leucina	Serina	Parada	Parada	A
	Leucina	Serina	Parada	Triptofano	G
C	Leucina	Prolina	Histidina	Arginina	U
	Leucina	Prolina	Histidina	Arginina	C
	Leucina	Prolina	Glutamina	Arginina	A
	Leucina	Prolina	Glutamina	Arginina	G
A	Isoleucina	Treonina	Asparagina	Serina	U
	Isoleucina	Treonina	Asparagina	Serina	C
	Isoleucina	Treonina	Lisina	Arginina	A
	Metionina	Treonina	Lisina	Arginina	G
G	Valina	Alanina	Ácido aspártico	Glicina	U
	Valina	Alanina	Ácido aspártico	Glicina	C
	Valina	Alanina	Ácido glutâmico	Glicina	A
	Valina	Alanina	Ácido glutâmico	Glicina	G

A molécula de tRNA possui um sítio de reconhecimento formado por uma trinca de bases, que se liga à trinca complementar no mRNA, e possui o aminoácido apropriado ligado à sua outra extremidade (a Figura 3.7, p. 80, mostra a estrutura do tRNA). As células utilizam menos do que o número máximo teórico de 61 tipos diferentes de tRNA. Um único tRNA pode ser utilizado para mais de um códon, como, por exemplo, em casos nos quais o mesmo aminoácido é codifi cado por dois códons estreitamente relacionados. A capacidade de um único tRNA ligar-se a mais de um códon é chamada de "oscilação". De fato, as células utilizam em torno de 45 tipos de tRNA. Resumindo, a montagem de proteínas consiste em moléculas de tRNA alinhando-se sobre o mRNA em um ribossomo. Outras moléculas são também necessárias para suprir energia e para permitir a ligação correta dos RNAs. A Figura 2.3 resume a transferência de informação na célula.

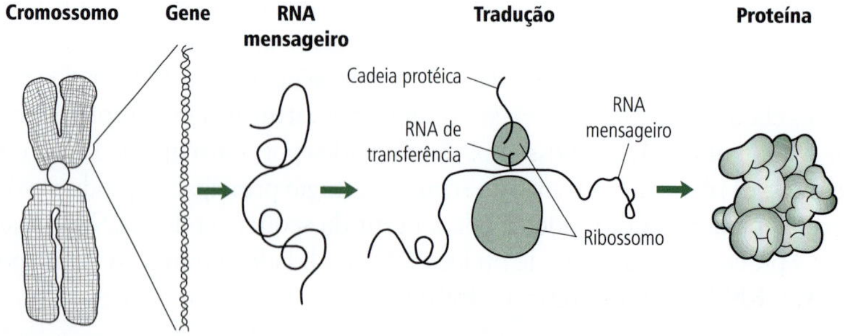

Figura 2.3
A transferência de informação na célula.

Além do DNA em cromossomos no núcleo, existem quantidades muito menores de DNA em certas organelas no citoplasma (ver Figura 2.1). As mitocôndrias – as organelas que controlam a respiração – possuem algum DNA, e, em vegetais, as organelas chamadas de cloroplastos, as quais controlam a fotossíntese, também possuem o seu próprio DNA. O DNA mitocondrial é herdado maternamente: as mitocôndrias são transmitidas de uma geração para outra pelos óvulos e não pelos espermatozóides.

2.4 Existem grandes quantidades de DNA não-codificador em algumas espécies

Muito do DNA não codifica genes

O genoma humano possui em torno de 3 bilhões (3×10^9) de nucleotídeos de extensão. O projeto genoma humano fez uma estimativa primária do número de genes em um ser humano como sendo em torno de 30.000 (3×10^4). A extensão média de um gene humano é de aproximadamente 5.000 (5×10^3) nucleotídeos. Assim, somente em torno de 5% ($1,5 \times 10^8/3 \times 10^9$) do DNA humano codifica genes. Ainda que a estimativa preliminar de 30.000 genes subestimasse o número real por um fator de dois, somente 10% do nosso DNA codificaria genes. A maior parte do DNA humano não é utilizada para codificar proteínas ou moléculas que controlam a produção de proteínas. A maior parte do DNA humano é "não-codificador".

A fração de DNA não-codificador varia de espécie para espécie. Bactérias e vírus apresentam pouco DNA não-codificador; genomas bacterianos e virais estão organizados de maneira econômica. Por outro lado, no outro extremo, algumas salamandras contêm 20 vezes mais DNA do que os seres humanos. Como é difícil acreditar que salamandras possuem mais genes do que nós, podemos inferir que mais de 99% do DNA de salamandras é não-codificador.

A função do DNA não-codificador é incerta. Alguns biólogos argumentam que ele não tem função e referem-se a ele como "DNA-lixo". Outros argumentam que ele possui funções estruturais ou reguladoras. Alguma coisa se sabe a respeito da seqüência do DNA não-codificador. A sua maior parte é repetitiva. Parte dele consiste em segmentos de repetições de uma unidade de seqüência (por exemplo, ...ACCACCACC...) curta (de 2 a 20 nucleotídeos) posicionadas lado a lado (ou "em tandem"). Outra parte consiste em repetições de seqüências mais longas (de até cem ou poucas centenas de nucleotídeos). Poderemos compreender parcialmente como o DNA não-codificador se origina depois de termos considerado o nosso próximo tópico: a mutação.

2.5 Erros mutacionais podem ocorrer durante a replicação do DNA

Diferentes tipos de mutação podem ser distinguidos, como as...

Quando uma célula se reproduz, o seu DNA e seus genes são replicados fisicamente. Em geral, uma cópia exata do DNA parental é produzida, mas alguns erros de cópia podem ocorrer. O conjunto de enzimas que replica o DNA inclui enzimas de revisão e de reparação. Essas enzimas detectam e corrigem a maioria dos erros de cópia, mas alguns deles persistem mesmo após a revisão e a reparação. Esses erros são chamados de mutações. A nova seqüência de DNA que resulta de uma mutação pode codificar uma forma diferente de uma proteína, com propriedades diferentes da original. As mutações podem acontecer em qualquer célula, mas as mutações mais importantes para a teoria da evolução são as que ocorrem na produção dos gametas. Essas mutações são passadas para a prole, que pode diferir dos progenitores devido às mutações.

...mutações pontuais...

Vários tipos de mutação podem ocorrer. Um desses tipos é a *mutação pontual*, na qual uma base na seqüência de DNA é trocada por outra base. O efeito de uma mutação pontual depende do tipo de troca de base (Figura 2.4a-c). Mutações sinônimas ou silenciosas (Figura 2.4a) são mutações entre duas trincas que codificam o mesmo aminoácido e não têm efeito sobre a seqüência da proteína. Mutações pontuais não-sinônimas ou significativas alteram o aminoácido. Devido à estrutura do código genético (Tabela 2.1), a maioria das mutações sinônimas ocorre na terceira posição de base do códon. Em torno de 70% das trocas na terceira posição são sinônimas, ao passo que todas as trocas na segunda e a maioria (96%) daquelas na primeira posição são significativas. Uma outra distinção para mutações pontuais é entre transições e transversões. Transições são trocas de uma pirimidina por outra ou de uma purina por outra: entre C e T e entre A e G. Transversões substituem uma base de purina por uma pirimidínica ou vice-versa: de A ou G para T ou C (e de T ou C para A ou G). A distinção é interessante, pois trocas transicionais são mais comuns na evolução do que transversões.

...mutações de mudança de fase...

Aminoácidos sucessivos são lidos a partir de trincas de bases consecutivas. Portanto, se uma mutação insere um par de bases no DNA, isso pode alterar o significado de cada base "à jusante" da mutação (Figura 2.4d). Essas mutações são chamadas de *mutações de mudança de fase* e irão, em geral, produzir uma proteína completamente sem sentido e não-funcional. Um outro tipo de mutação ocorre quando uma trinca codificadora é mutada em um códon de parada (Figura 2.4e); os fragmentos de proteína resultantes serão, mais uma vez, provavelmente não-funcionais.

...deslizamento...

Alguns segmentos de DNA não-codificador consistem em repetições de unidades de seqüência curtas. Essas seqüências são particularmente vulneráveis a um tipo de erro chamado de *deslizamento* (Figura 2.5). No deslizamento, a fita de DNA que está sendo copiada desliza

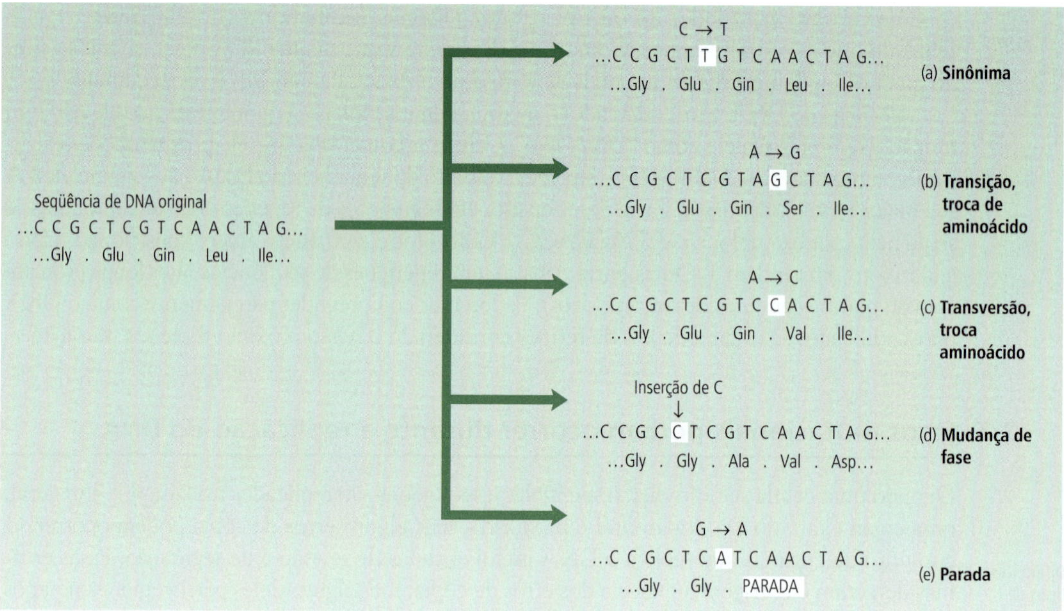

Figura 2.4

Diferentes tipos de mutação. (a) Mutações sinônimas – as bases são trocadas mas não os aminoácidos codificados. (b) Transição – uma troca entre tipos de purina ou tipos de pirimidina. (c) Transversão – uma troca de uma purina por uma pirimidina ou vice-versa. (d) Mutação de mudança de fase – uma base é inserida. (e) Mutação de parada – uma trinca codificadora de aminoácido é mutada em um códon de parada. Os termos transição e transversão podem ser aplicados a mutações sinônimas ou àquelas que alteram o aminoácido, mas eles foram iliustrados aqui apenas para mutações que alteram aminoácidos. A seqüência de bases aqui é a do DNA. O código genético é escrito, por convenção, para a seqüência de mRNA; assim, G tem de ser transcrito em C, etc., quando comparando a figura com a Tabela 2.1 (o código genético). (A figura não é convencional do ponto de vista estereoquímico, porque a extremidade 3' foi colocada à esquerda e a 5', à direita, mas esse detalhe não é importante aqui.)

em relação à nova fita que está sendo criada. Um segmento nucleotídico curto é então perdido ou copiado duas vezes. O deslizamento contribui para a origem de DNA não-codificador contituído de repetições de unidades de seqüência curtas. O deslizamento pode, contudo, ocorrer também em outro DNA que não DNA não-codificador repetitivo. O deslizamento pode causar mutações de mudança de fase (Figura 2.4d), por exemplo.

...transposição...

Os mecanismos mutacionais que consideramos até agora dizem respeito a nucleotídeos únicos ou a segmentos nucleotídicos curtos. Outros mecanismos mutacionais são capazes de influenciar porções maiores do DNA. A *transposição* é um importante exemplo disso. Elementos transponíveis – informalmente conhecidos como "genes saltadores" – podem copiar a si mesmos de um sítio do DNA para outro (Figura 2.6a). Se um elemento transponível se insere em um gene existente, ele o interromperá; se ele se insere em uma região de DNA não-codificador, ele pode causar menor dano ou até não causar qualquer dano ao organismo. Elementos transponíveis podem, além de copiarem a si mesmos, também copiar um pequeno segmento de DNA em um novo sítio de inserção. A transposição geralmente altera a extensão total do genoma, pois ela cria um novo segmento duplicado do DNA. Isso contrasta com a simples cópia incorreta de um nucleotídeo, na qual a extensão total do genoma permanece inalterada. A permuta genética (*crossing-over*) desigual é um outro tipo de mutação que pode duplicar (ou, ao contrário da transposição, deletar) um longo segmento de DNA (Figura 2.6b).

...e mutações cromossômicas

Finalmente, mutações podem influenciar grandes porções de cromossomos ou mesmo cromossomos inteiros (Figura 2.7). Uma porção de um cromossomo pode ser translocada para um outro cromossomo ou para outro local dentro do mesmo cromossomo ou, ainda, ser invertida. Cromossomos inteiros podem ser fusionados, como aconteceu durante a evolução humana; chimpanzés e gorilas (nossos parentes mais próximos) possuem 24 pares de cromossomos, enquanto possuímos 23. Alguns ou todos os cromossomos podem ser duplicados. Os efeitos fenotípicos dessas mutações cromossômicas são mais difíceis de generalizar. Se os pontos de quebra da mutação dividem uma proteína, ela será perdida no organismo mutante. Mas se a quebra é entre duas proteínas, qualquer efeito dependerá de a expressão do gene ser ou não sensível à sua posição no genoma. Teoricamente, pode não importar a partir de qual

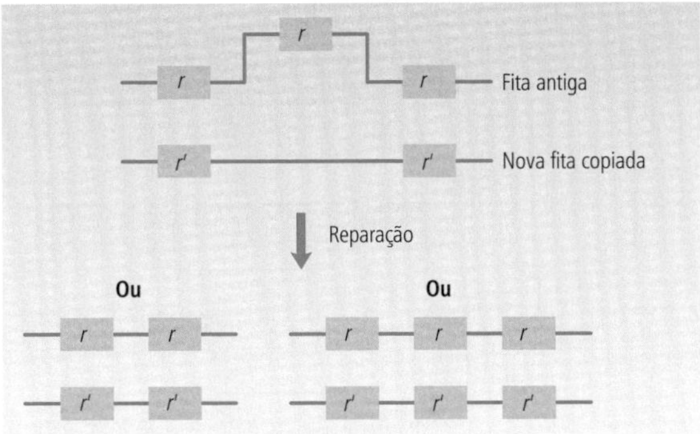

Figura 2.5

O deslizamento ocorre quando um segmento do DNA é copiado duas vezes ou não é copiado. Na figura, *r* é uma certa seqüência de DNA. Ela se repete três vezes em uma região da molécula de DNA. Essa molécula de DNA está sendo copiada, e *r'* refere-se à mesma unidade de seqüência, mas na nova molécula de DNA. Nesse caso, a DNA-polimerase deslizou sobre uma repetição, e a nova molécula possui apenas duas repetições, em vez de três. É também possível que a polimerase deslize para trás e copie uma unidade de repetição duas vezes; nesse caso, a nova molécula fica com quatro repetições. A cópia antiga e a nova terão números diferentes de repetições. Elas podem ser reparadas para criar um DNA mutante (com duas ou quatro repetições) ou para restaurar o número original de três repetições. Seções de DNA com muitas repetições de uma seqüência similar podem ser particularmente vulneráveis a deslizamentos.

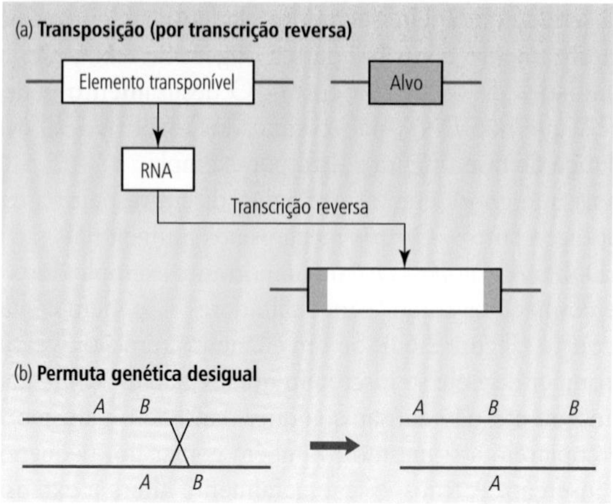

Figura 2.6

A transposição e a permuta genética desigual são mecanismos de mutação que afetam segmentos de DNA mais longos do que um ou dois nucleotídeos. Eles duplicam o DNA lateralmente ao longo do genoma. (a) A transposição pode ocorrer por mais de um mecanismo. Aqui, a transposição ocorre por um intermediário de RNA, que é copiado de volta no DNA por transcrição reversa. Elementos transponíveis desse tipo são chamados de retroelementos. (b) A permuta genética desigual acontece quando as seqüências dos dois cromossomos são mal-alinhadas na recombinação (para recombinação, ver Figura 2.9). No caso simples ilustrado aqui, cromossomos com três e com uma cópia de um gene podem ser gerados a partir de dois cromossomos, cada um deles com duas cópias do gene. Na prática, o alinhamento incorreto tem uma probabilidade de ocorrência maior quando existe uma longa série de cópias de seqüências similares.

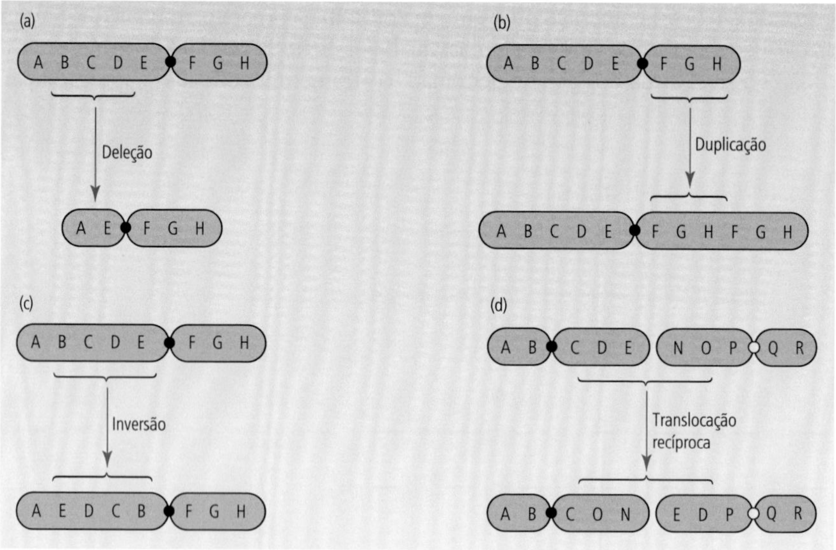

Figura 2.7

Os cromossomos podem sofrer mutações por: (a) deleção; (b) duplicação de uma parte; (c) inversão; ou (d) translocação. A translocação pode ser "recíproca" (na qual os dois cromossomos trocam extensões iguais de DNA) ou "não-recíproca" (na qual um cromossomo ganha mais do que o outro). Além disso, cromossomos inteiros podem ser fusionados e cromossomos completos (ou todo o genoma) podem ser duplicados.

cromossomo a proteína é transcrita; entretanto, na prática, a expressão gênica é pelo menos parcialmente regulada por relações entre genes vizinhos, e uma mutação cromossômica acaba tendo conseqüências fenotípicas.

As mutações também podem deletar ou duplicar todo um cromossomo. Mutações na maior escala possível podem duplicar todos os cromossomos de um genoma. A duplicação de todo o genoma é chamada de *poliploidia*. Por exemplo, suponha que os membros de uma espécie diplóide possuem 20 cromossomos (10 de cada progenitor). Se todos os 20 forem duplicados em uma mutação, a prole terá 40 cromossomos. A poliploidia vem tendo um papel importante na evolução, particularmente na evolução de vegetais (Capítulos 3, 14 e 19).

Isso conclui nossa revisão dos principais tipos de mutação. Essa revisão não é uma lista completa de todos os mecanismos de mutação conhecidos, mas é suficiente para uma compreensão dos eventos evolutivos descritos mais adiante neste livro.

2.6 As taxas de mutação podem ser medidas

O que é a taxa de mutação? A taxa de mutação pode ser estimada a partir da freqüência em que novas variantes genéticas detectáveis surgem em populações de laboratório. Novas variantes genéticas são geralmente detectáveis apenas quando influenciam um fenótipo visível do organismo. Agora também dispomos de métodos rápidos de seqüenciamento de DNA, que também podem ser utilizados para a detecção de diferenças nucleotídicas entre progenitores e prole.

A medição das taxas de mutação é problemática...

As condições para a realização de medidas devem ser adequadas para minimizar ou, idealmente, eliminar a ação da seleção natural. As razões são as seguintes. As mutações podem ser vantajosas (se aumentam a sobrevivência do mutante portador), neutras (se não têm efeito no mutante portador) ou desvantajosas (se diminuem a sobrevivência do mutante portador). Em condições naturais, muitas mutações são desvantajosas e seus portadores morrem antes de elas serem detectadas. Assim, a taxa de mutação acaba sendo subestimada. Portanto, as condições de medição devem ser ajustadas de modo a neutralizarem o dano causado pelas mutações desvantajosas. Todos os portadores de mutações sobrevivem, e a taxa de mutação subjacente pode ser detectada. Entretanto, a seleção natural geralmente não pode ser neutralizada por completo, e as estimativas feitas para as taxas de mutação são apenas aproximações.

...e elas podem ser expressas por nucleotídeo...

As taxas de mutação podem ser expressas por nucleotídeo, por gene ou por genoma. Elas também podem ser expressas por replicação molecular, por geração do organismo ou por ano. A Tabela 2.2 apresenta alguns números. A taxa de mutação por nucleotídeo por replicação molecular é o número mais básico, que depende da molécula hereditária e da maquinaria enzimática utilizada pelo organismo. Vírus de RNA, como o HIV, utilizam RNA como sua molécula hereditária; eles possuem uma enzima replicase (chamada de transcriptase reversa), mas não possuem enzimas de revisão e de reparação. Vírus de RNA possuem uma taxa de mutação relativamente elevada, da ordem de 10^{-4} por nucleotídeo. Todas as formas de vida celulares, inclusive bactérias e seres humanos, possuem um conjunto similar de enzimas de revisão e de reparação e utilizam o DNA como molécula hereditária. O DNA é menos mutável que o RNA, em parte porque o DNA é uma molécula de fita dupla, e as enzimas de revisão e reparação reduzem ainda mais a taxa de mutação. Bactérias e seres humanos têm uma taxa de mutação de aproximadamente 10^{-9} a 10^{-10} por nucleotídeo por replicação molecular (ou por ciclo celular, nessas formas de vida celulares). A taxa de mutação por nucleotídeo por ciclo celular parece ser quase constante em formas de vida celulares, pelo menos em relação aos valores muito mais elevados em vírus de RNA. Mas ela pode não ser exatamente constante. Algumas evidências sugerem que a taxa de mutação é uma ordem de magnitude maior em bactérias do que em seres humanos (Ochman *et al.*, 1999), mas as medidas são duvidosas. A

Tabela 2.2

Taxas de mutação em várias formas de vida. Os tamanhos dos genomas são valores diplóides. O "verme" é *Caenorhabditis elegans*. Vírus de RNA não possuem ciclos celulares literalmente, mas o número na coluna refere-se ao número de vezes que o RNA é replicado por geração. Todos os números são aproximados. Nos casos de vírus de RNA e bactérias, existem muitas espécies com uma ampla gama de tamanhos de genoma. De acordo com várias fontes, ver Ridley (2001).

Forma de vida	Taxa de mutação por nucleotídeo por replicação	Tamanho total do genoma (nucleotídeos)	Ciclos celulares por geração	Taxa de mutação por genoma por geração
Vírus de RNA	10^{-4}	$\approx 10^{-4}$	1	≈ 1
Bactérias	10^{-9} a 10^{-10}	$\approx 2 \times 10^{6}$	1	$\approx 10^{-3}$
Verme		2×10^{8}	10	≈ 2
Mosca-das-frutas		$3{,}6 \times 10^{8}$	20	≈ 4
Ser humano		$6{,}6 \times 10^{9}$	200	≈ 200

tendência, se é que existe alguma, na taxa de mutação por evento de cópia de nucleotídeo ainda é desconhecida para formas de vida celulares.

...por genoma...

A taxa de mutação por genoma varia entre bactérias e seres humanos, apesar da constância aproximada da taxa por evento de cópia de nucleotídeo. Isso ocorre devido aos efeitos do tempo de geração e porque temos genomas maiores. Em seres humanos, por exemplo, o número de divisões celulares por geração em um homem (desde a sua concepção até os seus espermatozóides, quando é adulto) aumenta com a idade, em um ritmo de 23 divisões por ano. Os espermatozóides de um homem de 20 anos de idade têm, atrás de si, em torno de duzentas divisões celulares, enquanto os espermatozóides de um homem de 30 anos de idade, por sua vez, têm 430 divisões celulares atrás deles. O número de divisões celulares por geração em uma mulher (da concepção até seus óvulos) é constante e fica em torno de 33, independentemente da idade. O número médio de divisões celulares em uma geração humana é, portanto, de 100 a 200 ou mais, dependendo da idade do pai.

...e por gene

As taxas de mutação são às vezes expressas por gene por geração. A taxa dependerá do tamanho do gene e da duração da geração do organismo. Mas, com taxas de mutação por evento de cópia de nucleotídeo de 10^{-9} a 10^{-10} gerações durando de 1 a 100 divisões celulares (10^{0}-10^{2}) e genes com tamanhos variando entre 10^{3} e 10^{4} nucleotídeos, as taxas de mutação por gene por geração podem variar de 10^{-3} a 10^{-7}. Uma estimativa clássica memorável da taxa de mutação por gene por genoma é de uma em 1 milhão (10^{-6}).

As taxas de mutação por ano também podem ser úteis, em especial quando utilizando o relógio molecular para a datação de eventos evolutivos – o que é um dos grandes temas da biologia evolutiva moderna (Capítulos 7 e 15 e muito da Parte 5 deste livro). As taxas de mutação por nucleotídeo por ciclo celular podem ser traduzidas em taxas por ano. A tradução depende da espécie, particularmente porque as espécies diferem na duração de suas gerações, como discutido no Capítulo 7. Em capítulos posteriores, utilizaremos estimativas por ano para determinadas espécies, em vez das estimativas mais gerais, como as apresentadas na Tabela 2.2.

Os números que vimos aqui são médias. Algumas regiões do DNA possuem taxas mais altas ou mais baixas do que a média. Por exemplo, vimos que repetições curtas (como ... ACCACCACC...) são vulneráveis a deslizamentos. Essas regiões expandem-se e contraem-se por mutação, de modo que um progenitor com três repetições da unidade de seqüência pode gerar uma prole com duas ou quatro dessas repetições. As taxas de mutação são elevadas, de até 10^{-2} (Jeffreys *et al.*, 1988). As altas taxas de mutação tornam essas regiões do DNA úteis para datiloscopia genética.

2.7 Organismos diplóides herdam um conjunto duplo de genes

Seres humanos e muitas outras criaturas possuem dois conjuntos de genes, um herdado de cada progenitor

Os cromossomos são os portadores físicos do DNA. Os seres humanos, como visto anteriormente, possuem 46 cromossomos. Entretanto, os 46 consistem em dois conjuntos de 23 cromossomos distintos. (Para sermos exatos, um indivíduo possui um par de cromossomos sexuais – que são similares [XX] em fêmeas, mas claramente diferentes [XY] em machos – e um conjunto duplo de 22 cromossomos não-sexuais, chamados de *autossomos*.) A condição de possuir dois conjuntos de cromossomos (e, portanto, dois conjuntos dos genes neles contidos) é chamada de *diploidia*. O valor de 3×10^9 nucleotídeos para o genoma humano é apenas para um dos conjuntos de 23 cromossomos: a biblioteca de DNA total de uma célula humana possui em torno de 6×10^9 nucleotídeos (e $6{,}6 \times 10^9$ é uma estimativa mais exata).

A diploidia é importante na reprodução. Um indivíduo adulto possui dois conjuntos de cromossomos. Seus gametas (óvulos na fêmea e espermatozóides ou pólen no macho) possuem apenas um conjunto: um óvulo humano, por exemplo, possui apenas 23 cromossomos antes de ser fecundado. Os gametas são *haplóides*. Eles são formados por um tipo especial de divisão celular, chamada de *meiose*; na meiose, o conjunto duplo de cromossomos é reduzido para resultar em um gameta com apenas um conjunto. Quando os gametas masculino e feminino se fundem na fecundação, o *zigoto* resultante (a primeira célula do novo organismo) tem o conjunto duplo de cromossomos restaurado e desenvolve-se para produzir um adulto diplóide. O ciclo da gênese pode então ser repetido. (Em algumas espécies, os organismos são permanentemente haplóides; mas, neste livro, preocuparemo-nos principalmente com espécies diplóides. A maioria das espécies não-microscópicas familiares é diplóides.)

Vários termos técnicos aplicam-se a organismos diplóides

Como cada indivíduo possui um conjunto duplo de cromossomos, ele também possui um conjunto duplo de seus genes. Qualquer gene considerado está localizado em um local determinado de um cromossomo, chamado de *loco genético*. Diz-se, portanto, que um indivíduo possui dois genes em cada loco genético do seu DNA. Um gene vem do seu pai e o outro vem da sua mãe. Os dois genes de um loco são chamados de *genótipo*. As duas cópias de um gene em um indivíduo podem ser idênticas ou levemente diferentes (isto é, as seqüências de aminoácidos das proteínas codificadas pelas duas cópias podem ser idênticas ou ter uma ou duas diferenças). Se elas são as mesmas, o genótipo é um *homozigoto*; se elas diferem, ele é um *heterozigoto*. As formas diferentes do gene que podem estar presentes em um loco são chamadas de *alelos*. Genes e genótipos são geralmente simbolizados por letras alfabéticas. Por exemplo, se existem dois alelos em um loco genético sob consideração, podemos chamá-los de A e *a*. Um indivíduo pode então ter um de três genótipos: ele pode ser AA, A*a* ou *aa*.

O genótipo de um loco deve ser distinguido do *fenótipo* que ele produz. Se existem dois alelos em um loco em uma população, eles podem ser combinados em três genótipos possíveis: AA, A*a* ou *aa*. (Se existirem mais de dois alelos, haverá mais de três genótipos.) Os genes influenciarão alguma propriedade do organismo, e a propriedade poderá ou não ser facilmente visualizada. Suponha que eles influenciem a cor. O gene A poderia codificar um pigmento preto, e indivíduos AA seriam pretos; indivíduos *aa*, sem o pigmento, seriam (digamos) brancos. A coloração é, então, o fenótipo controlado pelo genótipo daquele loco: o fenótipo de um indivíduo é o seu corpo e o seu comportamento como os observamos.

A dominância complica a relação entre genótipo e fenótipo.

Se considerarmos apenas os genótipos e os fenótipos AA e *aa* desse exemplo, existe uma relação de um para um entre genótipo e fenótipo. Mas essa relação não tem de ser necessariamente de um para um, como pode ser ilustrado considerando-se duas possibilidades para o fenótipo do genótipo A*a*. Uma das possibilidades é a de que a cor de indivíduos A*a* seja intermediária entre as dos dois homozigotos – eles são cinzentos. Nesse caso, existem três fenótipos para os três genótipos e ainda há uma relação de um para um entre eles. A segunda possibilidade é a de que os heterozigotos A*a* lembrem um dos homozigotos; eles poderiam ser pretos, por exemplo. O alelo A é então chamado de *dominante* e o alelo *a*, de *recessivo*. (Um alelo é dominante se o fenótipo do heterozigoto tem a aparência do fenótipo do homozigoto daquele alelo; o outro alelo no heterozigoto é chamado de recessivo.) Se existe dominância, haverá apenas dois fenótipos para os três genótipos e deixará de existir uma relação de um para um entre eles. Se tudo que você sabe é que um organismo tem o fenótipo preto, você não conhece seu genótipo.

Em diferentes locos genéticos podem existir diferentes graus de dominância. A dominância completa, na qual o heterozigoto lembra um dos homozigotos, e a ausência de dominância, na qual ele é um intermediário entre os homozigotos, são casos extremos. O fenótipo do heterozigoto poderia ser qualquer um entre os dos dois homozigotos. Em vez de ser simplesmente preto ou cinzento, ele poderia apresentar um tom diferente de cinza. A dominância é apenas um dos diversos fatores que complicam a relação entre genótipo e fenótipo. O mais importante desses fatores é o ambiente no qual um indivíduo se desenvolve (Capítulo 9).

2.8 Os genes são herdados em proporções mendelianas características

O mendelismo explica as proporções dos genótipos na prole de progenitores específicos

As *proporções mendelianas* expressam as freqüências de diferentes genótipos na prole de progenitores com combinações particulares de genótipos. O caso mais simples é o de um cruzamento entre um macho AA e uma fêmea AA (Figura 2.8a). Após a meiose, todos os gametas do macho contêm o alelo A, o mesmo acontecendo com todos os gametas da fêmea. Eles se combinam para produzir uma progênie AA. A proporção mendeliana é, portanto, de 100% de progênie AA.

Agora considere um cruzamento entre um homozigoto AA e um heterozigoto *Aa* (Figura 2.8b). De novo, todos os gametas do indivíduo AA contêm um único gene A. Quando um heterozigoto se reproduz, metade dos seus gametas contém um gene A e metade contém um *a*. O par irá produzir uma progênie AA:*Aa* em uma proporção de 50: 50.

Finalmente, considere um cruzamento entre dois heterozigotos (Figura 2.8c). Tanto o macho como a fêmea produzem metade de gametas *a* e metade de gametas A. Se considerarmos os gametas da fêmea (óvulos), metade deles é *a* e, destes, metade será fecundada por espermatozóides *a* e metade por espermatozóides A; a outra metade é A, e metade será fecundada por espermatozóides *a* e metade por espermatozóides A. A proporção resultante na prole é 25% AA:50% *Aa*:25% *aa*.

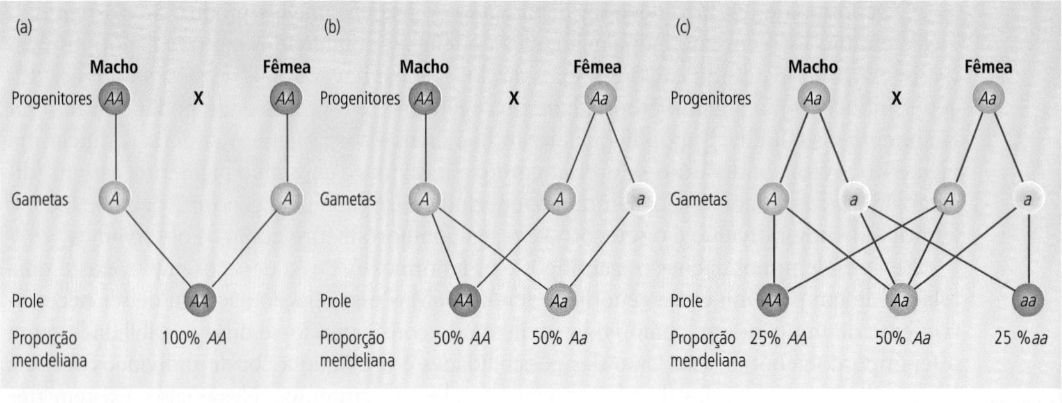

Figura 2.8

Proporções mendelianas para: (a) um cruzamento *AA* x *AA*, (b) um cruzamento *AA* x *Aa* e (c) um cruzamento *Aa* x *Aa*.

A separação de dois genes de um loco de um indivíduo na sua prole é chamada de *segregação*. As proporções dos tipos de prole produzida por diferentes tipos de cruzamentos são exemplos de proporções mendelianas. Elas foram descobertas por Gregor Mendel entre 1856 e 1863. Mendel era um monge e, mais tarde, abade, no Mosteiro Augustiniano de São Tomás, na então Brünn, na Austro-Hungria (hoje Brno, na República Tcheca).

As proporções mendelianas para combinações de genes dependem de os genes estarem ou não ligados

As proporções mendelianas também podem ser calculadas para mais de um loco genético. Se os alelos de um loco forem A e *a* e os de um segundo loco forem *B* e *b*, então um indivíduo terá um genótipo duplo, como *Ab*/*Ab* (homozigoto duplo) ou *Ab*/*ab* (heterozigoto simples). O indivíduo possui um conjunto duplo de genes para cada loco, cada um deles derivado de um progenitor. As taxas de segregação agora dependem de os locos genéticos estarem no mesmo cromossomo ou em cromossomos diferentes. Lembre que um ser humano possui um número haplóide de 23 cromossomos e aproximadamente 30 mil genes. Isso significa que devem existir, em média, cerca de 1.300 genes por cromossomo. Diferentes genes no mesmo cromossomo são descritos como *ligados* um ao outro. Genes que estão muito próximos um do outro estão estreitamente ligados, genes mais distantes estão ligados frouxamente. Genes que não estão no mesmo cromossomo não estão ligados.

O caso mais simples é o de dois locos não-ligados; nesse caso, os genes dos dois locos segregam independentemente. Imagine inicialmente um cruzamento no qual apenas um dos locos é heterozigoto, como um cruzamento entre um macho *Ab*/*Ab* e uma fêmea *Ab*/*ab*. Todos os genes no loco *B* são os mesmos, enquanto no loco A o macho é AA e a fêmea é A*a*. A freqüência da prole será de 50% AA*bb* e 50% A*abb*, uma simples extensão do caso de um loco.

Um cruzamento mais complicado é aquele entre um macho AB/*ab* e uma fêmea AB/*ab*. Ambos os progenitores são heterozigotos para pelo menos um dos locos. De novo, as freqüências dos genótipos do loco *B* associados a cada genótipo do loco A são aquelas preditas pela aplicação dos princípios de Mendel independentemente para cada loco. Um cruzamento entre dois heterozigotos *Bb* produz freqüências de prole de 25% *BB*:50% *Bb*:25% *bb*, e essas freqüências serão as mesmas para cada genótipo do loco A. Assim, no cruzamento entre um macho AB/A*b* e uma fêmea AB/*ab*, haverá 50% AA e 50% A*a* na prole. Da metade que é AA, 25% são AB/AB, 50% são AB/A*b* e 25% são A*b*/A*b*. O mesmo ocorre para os 50% de genótipos A*a*. Com a adição dos dois genótipos A, temos as seguintes freqüências para a prole:

AB/AB	AB/A*b*	A*b*/A*b*	AB/*a*B	AB/*ab*	A*b*/*ab*
1/8	1/4	1/8	1/8	1/4	1/8

As proporções da prole para outros cruzamentos podem ser calculadas a partir do mesmo princípio. A segregação de genótipos não-ligados é chamada de *segregação independente*.

Para genes ligados, a herança depende de recombinação...

Quando os locos estão ligados no mesmo cromossomo, eles não segregam independentemente. Na meiose, quando são formados os gametas haplóides a partir de um adulto diplóide, ocorre um processo adicional, chamado de *recombinação*. Os pares de cromossomos alinham-se fisicamente e, em certos locais, as suas fitas unem-se e recombinam-se (Figura 2.9). A recombinação altera as combinações de genes. Se um indivíduo herda AB de sua mãe e *ab* de seu pai e ocorre recombinação entre os dois locos, ele produzirá as combinações de genes A*b* e *a*B nos seus gametas. A recombinação é um processo aleatório; ela pode "atingir" ou não qualquer ponto do DNA. Ela ocorre com uma certa probabilidade, geralmente simbolizada por r, entre dois pontos quaisquer de um cromossomo. r pode ser definido entre sítios nucleotídicos ou genes. Se os locos A e B estão ligados, a chance de recombinação entre eles em um indivíduo é r e a chance de não ocorrer recombinação é $(1 - r)$. Em qualquer indivíduo, a recombinação

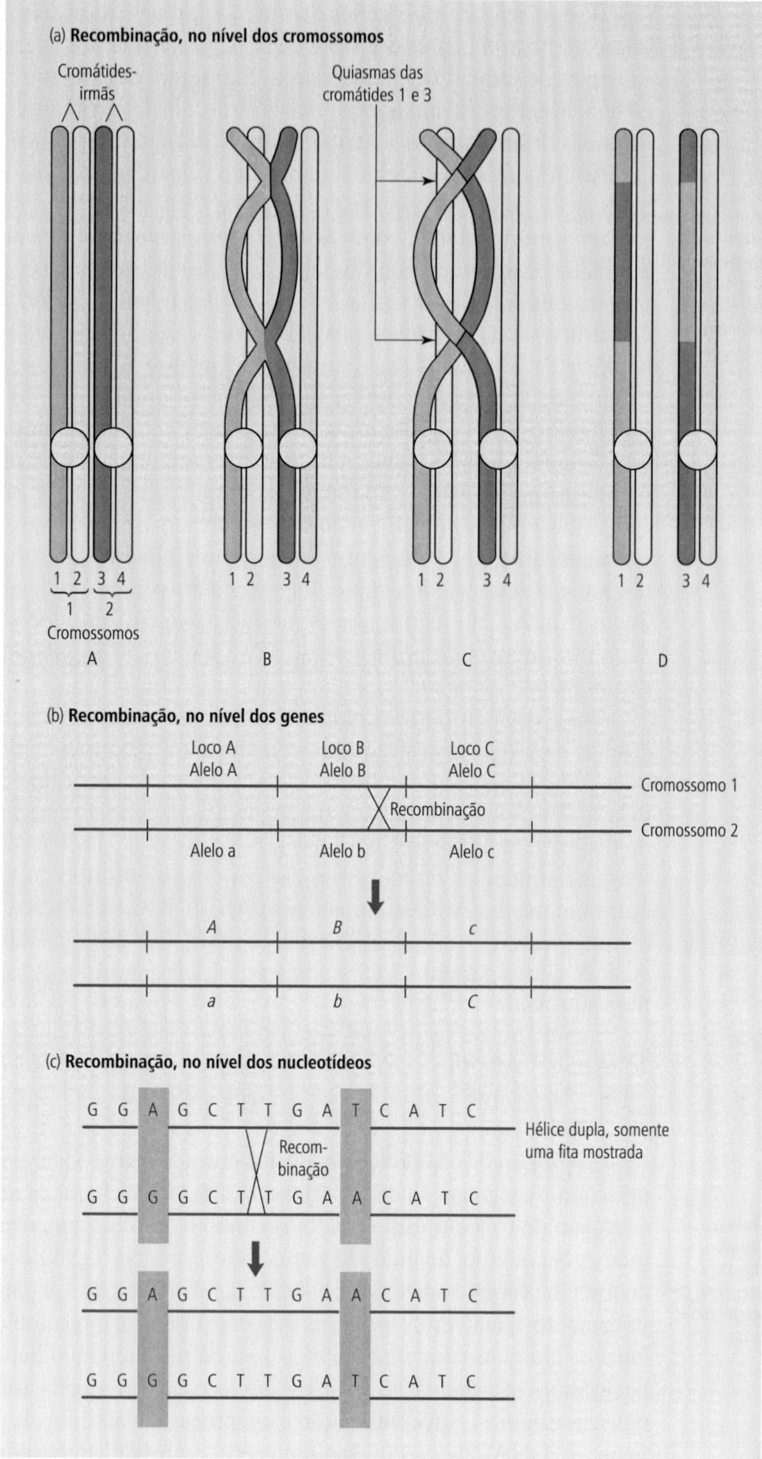

Figura 2.9

A recombinação vista no nível dos: (a) cromossomos, (b) genes e (c) nucleotídeos. Na recombinação, as fitas de um par de cromossomos quebram-se no mesmo ponto e recombinam-se. A seqüência de genes ou nucleotídeos pós-recombinação combina uma fita, de um lado do ponto de quebra, com a outra fita, do lado oposto. Em (b), a seqüência do gene no cromossomo 1 muda de ***ABC*** para ***ABc***; em (c), a seqüência nucleotídica do cromossomo com bases A e T (nucleotídeos grifados) muda para A e A. (Para a seqüência nucleotídica, somente uma das fitas da hélice dupla é mostrada: cada membro do par de cromossomos possui uma hélice dupla completa, com pares de bases complementares, como na Figura 2.2.)

acontece ou não, mas a chance de ocorrer recombinação determina as freqüências genotípicas nos gametas produzidos por uma população. Se considerarmos um grande número de indivíduos *AB/ab*, eles produzirão gametas nas seguintes proporções:

Gametas	*AB*	*Ab*	*aB*	*ab*
Proporção	$\frac{1}{2}(1-r)$	$\frac{1}{2}r$	$\frac{1}{2}r$	$\frac{1}{2}(1-r)$

...e as proporções mendelianas podem ser calculadas

Essas frações podem ser utilizadas da maneira usual para calcular as proporções mendelianas para um cruzamento envolvendo um indivíduo *AB/ab*. O princípio é logicamente fácil de ser entendido, mas o cálculo das proporções pode ser bastante trabalhoso na prática. O caso de segregação independente corresponde a $r = 0,5$. Isto é, quando os locos A e *B* estão em cromossomos separados, $r = (1 - r) = 0,5$ e o progenitor *Ab/aB* produz gametas *Ab*, *aB*, *AB* e *ab* nas proporções de 1:1:1:1. Para genes no mesmo cromossomo, o valor de *r* varia de pouco acima de 0, para dois sítios que estão próximos um do outro, até 0,5, para dois sítios em extremidades opostas do cromossomo.

A recombinação pode ocorrer mais de uma vez entre dois genes quaisquer em um mesmo indivíduo (isso é chamado de "impacto múltiplo"). Se dois eventos recombinantess ocorrem entre um par de locos, eles cancelam um ao outro. O cromossomo acaba com a mesma combinação de genes nesses dois locos que teria se a recombinação não tivesse ocorrido. É mais exato dizer que a probabilidade de recombinação *r* é igual à probabilidade de ocorrência de um número ímpar de impactos e que a probabilidade $(1 - r)$ é a chance de ausência de impactos mais a chance de ocorrência de um número par de impactos.

As freqüências mendelianas, com as quais genes diplóides pareados segregam em gametas haplóides e gametas de diferentes indivíduos combinam-se aleatoriamente, são a base de toda a teoria de genética de populações, discutida nos Capítulos 5 a 9.

2.9 A teoria de Darwin provavelmente não funcionaria se existisse um mecanismo de mistura não-mendeliano para a hereditariedade

Como descrito no Capítulo 1, a teoria da hereditariedade de Mendel preencheu uma lacuna importante da teoria original de Darwin, e as duas teorias acabaram por formar, juntas, a teoria sintética da evolução ou o neodarwinismo. O problema de Darwin era a falta de uma teoria da hereditariedade consistente, pois, na sua época, foi demonstrado que a seleção natural não funcionaria se a hereditariedade fosse controlada da maneira que a maioria dos biólogos imaginava antes de Mendel. Antes de Mendel, a maioria das teorias da hereditariedade eram teorias de *mistura*. Podemos ver a distinção entre as duas teorias nos mesmos termos que foram recém-utilizados para explicar o mendelismo (Figura 2.10). Suponhamos que existe o gene A, que faz com que seus portadores desenvolvam a cor verde-escura, e o gene *a*, que faz com que os seus portadores desenvolvam a cor branca. Podemos imaginar que, no nosso mundo teórico da hereditariedade por mistura, assim como no mundo real do mendelismo, os indivíduos são diplóides e possuem duas cópias de cada "gene". Um indivíduo poderia então herdar um genótipo *AA* de seus progenitores e ter um fenótipo verde-escuro, herdar um genótipo *aa* e ter um genótipo branco ou herdar um genótipo *Aa* e ter um fenótipo verde-claro. (Na versão mendeliana do sistema, diríamos que não existe dominância entre os genes A e *a*.)

A herança por "mistura" é uma alternativa (teórica) à herança mendeliana

Os indivíduos interessantes para essa discussão são aqueles que herdaram um genótipo *Aa* e desenvolveram a cor verde-clara. Eles poderiam ter sido produzidos em um cruzamento entre um progenitor verde-escuro e um branco: então, a prole seria verde-clara tanto no caso da herança ser mendeliana (sem dominância), como no caso dela ser por mistura. Mas consideremos agora a geração seguinte. Sob a herança mendeliana, o heterozigoto *Aa* verde-claro passa os genes A e *a* herdados de seu pai e de sua mãe intactos para a sua prole. Sob um regime de hereditariedade por mistura, isso não é verdadeiro. Um indivíduo não passaria os mesmos genes que ele herdou. Se um indivíduo herdou um gene A e um gene *a*, os dois iriam misturar-se fisicamente de alguma maneira para formar um novo tipo de gene (digamos A'), que causa a coloração verde-clara. E, em vez de produzir 50% de gametas A e 50% de gametas *a*, ele produziria apenas gametas A'. Isso faz uma diferença na segunda geração. Enquanto na herança mendeliana as cores verde-escura e branca segregam novamente em um cruzamento entre dois heterozigotos, no cruzamento análogo com hereditariedade por mistura isso não acontece – todos os netos são verde-claros (ver Figura 2.10).

A hereditariedade mendeliana conserva a variação genética

O mendelismo é uma teoria atomística da hereditariedade. Além de existirem genes discretos que codificam proteínas discretas, os genes também são preservados durante o desenvolvimento e transmitidos inalteradamente para a próxima geração. Em um mecanismo de mistura, os "genes" não são preservados. Os genes que o indivíduo herda de seus progenitores são fisicamente perdidos quando os dois conjuntos parentais são misturados. No mendelismo, é perfeitamente possível que os fenótipos dos progenitores sejam misturados na prole (como eles são no cruzamento inicial AA x *aa*, na Figura 2.10), mas os genes não se misturam. De fato, os fenótipos de mães e pais reais freqüentemente se misturam na prole, e é por isso que a maioria dos estudiosos da hereditariedade anteriores a Mendel acreditava que a herança devia ser controlada por algum mecanismo de mistura. Entretanto, o caso dos heterozigotos

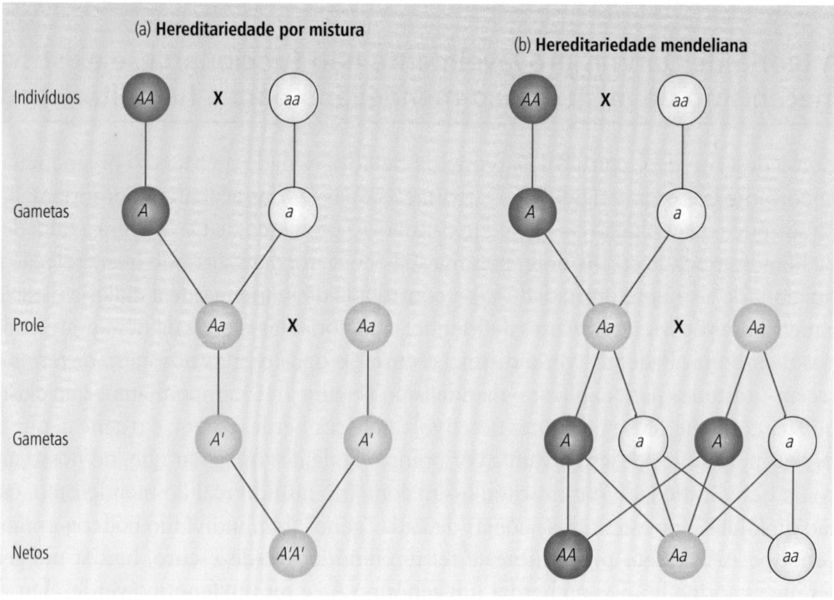

Figura 2.10

(a) Herança por mistura. Os genes parentais para cor verde-escura (*A*) e branca (*a*) misturam-se na prole, que produz um novo tipo de gene (*A'*) codificando a cor verde-clara. (b) Herança mendeliana. Os genes parentais são transmitidos sem alteração pela prole.

que são intermediários entre dois homozigotos (isto é, sem dominância) mostra que a mistura de fenótipos não implica necessariamente a mistura de genótipos. Na realidade, os genes subjacentes são preservados.

Uma maneira de expressar a importância do mendelismo para a teoria de Darwin é dizer que ela preserva com eficiência a variabilidade genética. Na herança por mistura, a variação é rapidamente perdida, à medida que tipos extremos se acasalam e seus vários "genes" são misturados e passam a existir em alguma forma geral média. Na herança mendeliana, a variação é preservada porque os tipos genéticos extremos (mesmo que disfarçados em heterozigotos) são transmitidos de uma geração para outra.

A seleção natural é mais poderosa com a herança mendeliana do que com a herança por mistura

Por que essa preservação de genes interessa para o darwinismo? Nossa discussão completa da seleção natural acontece em capítulos posteriores, e alguns leitores podem preferir retornar a este ponto depois de terem lido mais detalhadamente sobre ela; mas mesmo com apenas as noções elementares da seleção natural apresentadas no Capítulo 1, é possível compreender por que Darwin, por assim dizer, precisava de Mendel. A Figura 2.11 ilustra a argumentação.

Suponha que uma população de indivíduos de cor branca possui o genótipo *aa* e tem heditariedade por mistura (como na Figura 2.10). Por alguma razão, é vantajoso para indivíduos dessa população ter cor verde-escura: indivíduos verde-escuros sobreviveriam melhor e deixariam uma prole maior. Além disso, é melhor ser um pouco verde (isto é, verde-claro) do que ser branco. Suponha agora que um único novo indivíduo verde-claro surja de alguma maneira por mutação e que o seu genótipo é *Aa*. Esse indivíduo *Aa* sobreviverá melhor do que os membros *aa* da população e produzirá uma prole maior. Entretanto, o gene vantajoso não poderá durar muito em uma situação de mistura. Na primeira geração, ele produzirá gametas A'; estes se combinarão com gametas *a* (porque todos os demais indivíduos da população são brancos) e produzirão uma prole A'*a*. Podemos supor que esses indivíduos terão uma cor verde um pouco mais clara do que a do mutante *Aa* original; eles ainda terão uma vantagem, mas ela será menor.

Os genes do indivíduo A'*a* também serão, por sua vez, misturados, de modo que todos os seus gametas terão um gene A". Quando esse gene se unir a um gameta *a* (porque quase todos os demais indivíduos ainda são brancos), a prole resultante será A"*a* e terá uma cor verde ainda mais clara. Será apenas uma questão de tempo até que a mutação favorável original seja misturada a ponto de não mais existir (Figura 2.11a). O melhor resultado possível seria o de uma população que fosse um pouco menos branca do que era inicialmente. Uma população de indivíduos verde-escuros não poderia ser produzida a partir da mutação original. Aquela mutação original, que era potencialmente capaz de produzir indivíduos verde-escuros, deixaria de existir após uma geração. Essa objeção à teoria da seleção natural era conhecida por Darwin. Ele, apesar de sua preocupação com o assunto, nunca foi capaz de encontrar uma maneira satisfatória de contornar esse problema.

Era do mendelismo que ele necessitava. No exemplo que acabou de ser apresentado, a mutação original verde-clara estaria em um heterozigoto *Aa*, e toda uma metade da sua prole seria igualmente verde-clara – pois, nessa metade, todos os indivíduos também seriam heterozigotos *Aa*. Haveria muito tempo para que a seleção natural aumentasse a proporção de indivíduos verde-claros, e, mais cedo ou mais tarde, haveria um número suficiente de heterozigotos para haver uma chance de acasalamento entre eles para a produção de alguns homozigotos *AA* na respectiva prole. Uma população de indivíduos *AA* verde-escuros poderia, assim, ser teoricamente produzida (Figura 2.11b). Portanto, a seleção natural é um processo poderoso quando associada à hereditariedade mendeliana, porque genes mendelianos são preservados ao longo do tempo; enquanto isso, ela é, na melhor das hipóteses, um processo fraco quando associada à herança por mistura, porque genes potencialmente favoráveis são diluídos antes de poderem ser estabelecidos.

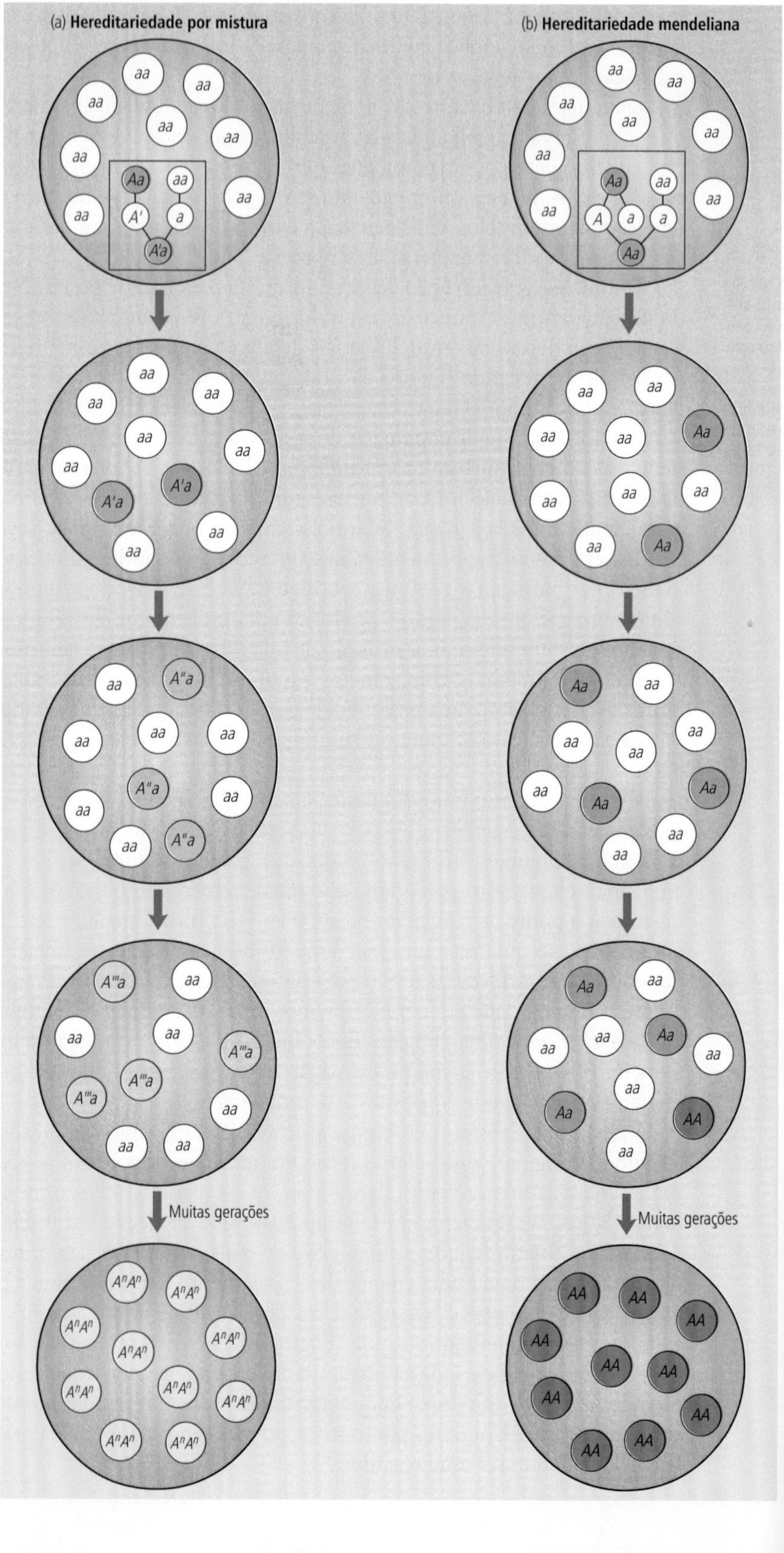

Figura 2.11

Duas populações com 10 indivíduos cada (populações reais teriam muito mais membros), uma com hereditariedade por mistura e outra com hereditariedade mendeliana. (a) Em uma situação de hereditariedade por mistura, um novo e raro gene vantajoso é logo misturado e perdido. (b) Em uma situação de hereditariedade mendeliana, um novo e raro gene favorável pode ter a sua freqüência aumentada e pode acabar estabelecendo-se na população. Ver texto para explicação.

Resumo

1 A hereditariedade é determinada por uma molécula chamada de DNA. A estrutura e os mecanismos de ação do DNA são conhecidos em detalhes.

2 A molécula de DNA pode ser divida em regiões chamadas de genes, os quais codificam proteínas. O código no DNA é lido para produzir uma proteína em duas etapas: transcrição e tradução. O código genético já foi decifrado.

3 O DNA está fisicamente organizado em estruturas chamadas de cromossomos. Cada indivíduo possui um conjunto duplo de cromossomos (um herdado de seu pai e outro herdado de sua mãe) e, portanto, dois conjuntos de todos os seus genes. Uma combinação particular dos genes de um indivíduo é chamada de genótipo.

4 Novas variações genéticas originam-se por alterações mutacionais no DNA. As taxas de mutação podem ser estimadas por observação direta.

5 Quando dois indivíduos com determinados genótipos se acasalam, as proporções dos genótipos da respectiva prole aparecem em proporções mendelianas previsíveis. As proporções exatas dependem dos genótipos no cruzamento.

6 Diferentes genes são preservados ao longo das gerações no sistema de herança mendeliana, e isso permite que a seleção natural opere. Antes de Darwin, pensava-se (incorretamente) que os materiais hereditários materno e paterno se misturavam em um indivíduo, em vez de serem preservados. Se a hereditariedade fosse por mistura, a seleção natural seria muito menos poderosa do que em uma situação de herança mendeliana.

Leituras adicionais

Qualquer texto de genética, como Lewin (2000); Griffiths *et al.* (2000) ou Weaver e Hedrick (1997), explica o assunto em detalhes. Incluo uma discussão sobre medidas de taxas de mutação em um livro popular (Ridley, 2001); ver também as revisões referidas no Capítulo 12 adiante. A afirmação clássica de por que o darwinismo requer o mendelismo e não funciona com a hereditariedade por mistura está no primeiro capítulo de Fisher (1930), o qual foi reimpresso, reduzido editorialmente, em Ridley (1997). Graveley (2001) explica a junção alternativa.

Questões para estudo e revisão

1 Revise a sua compreensão a respeito dos seguintes termos genéticos: DNA, cromossomo, gene, proteína, código genético, transcrição, tradução, mRNA, tRNA, rRNA, mutação, sinônimo, não-sinônimo, mudança de fase, inversão, loco genético, meiose, genótipo, fenótipo, homozigoto, heterozigoto, dominante, recessivo, ligado, não-ligado e recombinação.

2 Quais são as proporções mendelianas para os seguintes cruzamentos: (i) *AA* x *AA*, (ii) *AA* x *Aa*, (iii) *Aa* x *Aa*, (iv) *AB*/*AB* x *AB*/*AB*, quando *A* e *B* são locos não-ligados, e (v) *AB*/*AB* x *AB*/*AB*, quando *A* e *B* são locos estreitamente ligados ($r = 0$)?

3 Quais são as proporções ou frações de gametas (de acordo com as respectivas combinações de genes) produzidas por um indivíduo com o genótipo de dois locos *AB*/*ab* se: (i) os locos *A* e *B* não são ligados, e (ii) os locos *A* e *B* são ligados e a taxa de recombinação entre os dois locos é r?

3 As Evidências da Evolução

Como se pode demonstrar que as espécies mudam ao longo do tempo e que as espécies modernas têm um ancestral comum? Começamos com observações diretas de mudanças em pequena escala e passamos para evidências inferenciais de mudanças em maior escala. Depois, examinaremos o que é, provavelmente, o argumento geral mais poderoso a favor da evolução: a existência de certos tipos de semelhanças (chamadas de homologias) entre espécies – semelhanças cuja existência não seria esperada se cada espécie tivesse se originado independentemente. As homologias podem ser classificadas em agrupamentos arranjados de modo hierárquico, uma vez que evoluíram por meio de uma árvore da vida, e não independentemente em cada espécie. A ordem na qual os principais grupos de animais aparecem no registro fóssil faz sentido quando se considera que ela surgiu por evolução, mas o seu surgimento seria muito improvável de qualquer outra maneira. Finalmente, a existência de adaptação nos seres vivos não possui qualquer explicação não-evolutiva, embora o modo exato como a adaptação pode ser utilizada para sugerir evolução dependa da alternativa contra a qual se pretende argumentar.

3.1 Distinguimos três teorias possíveis da história da vida

A vida pode ter tido vários tipos de história

Neste capítulo, questionaremos se, de acordo com as evidências científicas, uma espécie evoluiu em outra no passado ou se cada espécie teve uma origem separada e permaneceu fixa na sua forma desde então. Para fins de argumentação, é útil ter-se algumas alternativas articuladas para o debate entre elas. Podemos discutir três teorias (Figura 3.1): (a) a evolução; (b) o "transformismo", no qual as espécies mudam, mas houve um número de origens de espécies equivalente ao número de espécies; e (c) a criação separada, na qual as espécies se originaram separadamente e permaneceram fixas. O capítulo buscará evidências para duas alegações evolutivas. Uma delas é a de que as espécies mudaram no sentido da "descendência com modificação" de Darwin. A outra é a de que todas as espécies possuem um ancestral em comum – de que as mudanças ocorreram ao longo de uma história com padrão semelhante a uma árvore.

Se as espécies tiveram origens separadas e se elas mudaram depois de suas origens são duas questões separadas; alguns tipos de evidência, portanto, podem dizer respeito a uma questão, mas não à outra. Nesse estágio, não precisamos ter qualquer mecanismo em mente para explicarmos como as espécies surgem tão facilmente nas teorias do transformismo e da criação separada (Figura 3.1b-e) ou como elas mudam em forma nas teorias da evolução e do transformismo (Figura 3.1a,b). Apenas suporemos que isso poderia acontecer por algum mecanismo natural e verificaremos qual dos três padrões é sustentado pelas evidências.

Consideraremos várias linhas de evidência biológica. Faremos isso porque as pessoas têm diferentes opiniões a respeito de qual seria a principal objeção à idéia de evolução e também porque diferentes tipos de evidências ou de argumentos são persuasivos para diferentes pessoas. Por exemplo, alguém que nunca pensou sobre o assunto poderia supor que o mundo sempre foi como ele é hoje, porque as plantas e animais não parecem mudar muito de ano para ano no seu jardim – ou no jardim do vizinho, considerando o mesmo aspecto. Para uma pessoa assim, a mera demonstração de animais bizarros já extintos, como dinossauros ou os animais de Burgess Shale*, já sugeriria que o mundo não foi sempre o mesmo e já a tornaria aberta à idéia de evolução.

A existência de espécies fósseis diferentes de qualquer ser vivo atual, contudo, não distingue entre as três teorias da vida na Figura 3.1. Uma espécie extinta poderia ter sido também criada separadamente, assim como qualquer espécie moderna. A teoria da criação separada pode ser facilmente modificada para explicar a ocorrência de formas extintas. Pode ter

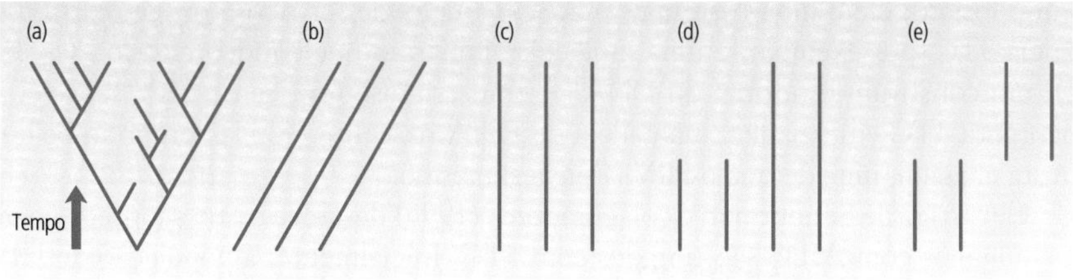

Figura 3.1

Três teorias da história da vida: (a) evolução, (b) transformismo e (c-e) criacionismo. (a) Na evolução, todas as espécies têm uma origem comum e podem mudar ao longo do tempo. (b) No transformismo, as espécies têm origens separadas, mas elas podem mudar. (c-e) Na criação separada, as espécies têm origens separadas e não mudam. São apresentadas diferentes versões da teoria da criação separada, que podem ser propostas para explicar formas fósseis extintas; elas não diferem em seus dois aspectos fundamentais (as espécies têm origens separadas e não mudam). Cada linha representa uma espécie ao longo do tempo. Se a linha se move verticalmente para cima, a espécie é constante; se ela se desvia para a esquerda ou para a direita, a espécie está tendo a sua forma modificada.

* N. de T. Sítio rico em fósseis bem preservados do período Cambriano, situado na Colúmbia Britânica, Canadá.

havido um período no qual todas as espécies originaram-se separadamente e algumas delas posteriormente foram extintas (Figura 3.1d) ou pode ter havido ciclos de extinção seguidos de ciclos de criação (Figura 3.1e). Todas as três versões da criação separada (Figura 3.1c-e) pressupõem que as espécies se originaram separadamente e que não sofreram modificações de forma após suas origens. Alguns paleontologistas pioneiros, que trabalharam antes de a teoria da evolução ter sido aceita, tinham conhecimento do quanto as faunas do passado diferiam da atual. Eles sugeriam que a história da vida se pareceria com o padrão da Figura 3.1e. A história da vida era vista como uma sucessão de ciclos de extinção seguidos pela criação de novas espécies.

Concentramo-nos aqui em evidências que podem ser utilizadas para testar comparativamente as três teorias representadas na Figura 3.1. Começamos com a observação direta, em pequena escala. Se alguém duvida que as espécies são capazes de se modificar, essas evidências serão úteis. Outras pessoas aceitam que as mudanças ocorrem em pequena escala, mas duvidam que elas possam acumular-se para produzir mudanças em grande escala, como em uma nova espécie ou em um novo grande grupo, como o dos mamíferos. Começaremos a partir de mudanças em pequena escala para vermos como o caso das mudanças evolutivas em escala maior pode ser analisado.

3.2 Em pequena escala, a evolução pode ser observada em ação

O HIV ilustra a evolução, em uma escala de tempo de dias

O vírus que causa a AIDS – vírus da imunodeficiência adquirida (HIV) – utiliza RNA como seu material hereditário. Na sua reprodução, é feita uma cópia de DNA a partir de seu RNA, no interior de uma célula humana. A maquinaria de transcrição normal da célula então produz múltiplas cópias da versão de RNA do vírus. A maior parte do processo reprodutivo é executada por enzimas supridas pela célula hospedeira, mas o vírus fornece a enzima transcriptase reversa, que produz a versão de DNA do vírus a partir da sua versão de RNA. A transcriptase reversa não costuma estar presente em células humanas, pois seres humanos normalmente não convertem RNA em DNA. A transcriptase reversa é um dos alvos favoritos dos fármacos anti-HIV. Se a transcriptase reversa pode ser inativada por um fármaco, a reprodução viral é interrompida sem quaisquer efeitos colaterais prejudiciais à célula.

Já foram desenvolvidos muitos fármacos contra a transcriptase reversa. Uma grande classe dessas substâncias consiste em inibidores nucleosídicos. (Um nucleosídeo é um nucleotídeo sem o fosfato; ele é uma base mais o açúcar, que pode ser ribose ou desoxirribose.) A substância 3TC, por exemplo, é uma molécula similar ao nucleotídeo citosina (simbolizado por C), um constituinte normal do DNA. A transcriptase reversa do HIV sensível ao fármaco incorpora 3TC em vez de C na cadeia de DNA nascente. A 3TC então inibe a reprodução futura e, assim, impede que o HIV copie a si mesmo.

Um artigo de Schuurman e colaboradores (1995) descreve o que acontece quando pacientes humanos com AIDS são tratados com 3TC. Inicialmente, a população de HIV no corpo humano decresce bastante. Porém, depois de alguns dias, linhagens de HIV resistentes à 3TC começam a ser detectadas. A freqüência do HIV resistente à substância então aumenta. Em oito de cada 10 pacientes, as linhagens resistentes tiveram a freqüência aumentada para 100% da população viral no corpo do paciente dentro de três semanas a contar do início do tratamento com o fármaco (isso levou 7 e 12 semanas nos outros dois pacientes). Essa mudança, de uma população viral que era suscetível à 3TC para uma população viral que era resistente a ela, é um exemplo de evolução por seleção natural. A evolução acontece no interior do corpo de um ser humano e é excepcionalmente rápida em relação à maioria dos exemplos de evolução. Mas esse processo, observável ao longo de poucas semanas em um paciente com AIDS, é um microcosmo do processo responsável por muito da diversidade da vida na Terra.

O HIV evolui para formas resistentes a substâncias

A evolução da resistência a substâncias pode ser acompanhada em nível molecular. A mudança do HIV suscetível à 3TC para o HIV resistente é conseguida pela mudança de um códon no gene que codifica a transcriptase reversa. O aminoácido metionina é trocado por um de três outros aminoácidos. A metionina está em uma parte da transcriptase reversa que interage com os nucleosídeos. Provavelmente, o que está acontecendo é que a transcriptase reversa normal é uma enzima relativamente indiscriminadora, que não distingue entre C e 3TC. A troca torna a enzima mais discriminadora, de modo que ela se liga à C, mas não à 3TC. O vírus pode então se reproduzir na presença de 3TC (Figura 3.2). O custo da maior discriminação é uma reprodução mais lenta e, por isso, a versão do HIV resistente à 3TC fica em desvantagem quando a substância não está presente. Em sua presença, ela é adaptativa, pois o HIV se reproduz lenta, mas cuidadosamente. Na ausência da substância, o que é adaptativo é uma reprodução mais rápida, de uma maneira menos cuidadosa do ponto de vista molecular.

Existem também outros exemplos

A resistência no HIV é um dos muitos exemplos nos quais a evolução foi observada em uma pequena escala. Em outros exemplos, as mudanças evolutivas foram detectadas não em períodos de dias, mas de anos. Na Seção 5.7 (p. 138) discutimos o famoso exemplo de evolução da mariposa *Biston betularia*. Na Seção 9.1 (p. 251) discutimos as mudanças no tamanho médio dos bicos de uma população de uma espécie de tentilhão das Ilhas Galápagos. Na Seção 13.4.1 (p. 387) discutimos as variações geográficas de pardais domésticos (*Passer domesticus*) na América do Norte. Esse é um outro exemplo de evolução em uma escala de tempo humana. As diferenças entre pardais da Califórnia (onde eles são menores, com uma extensão de

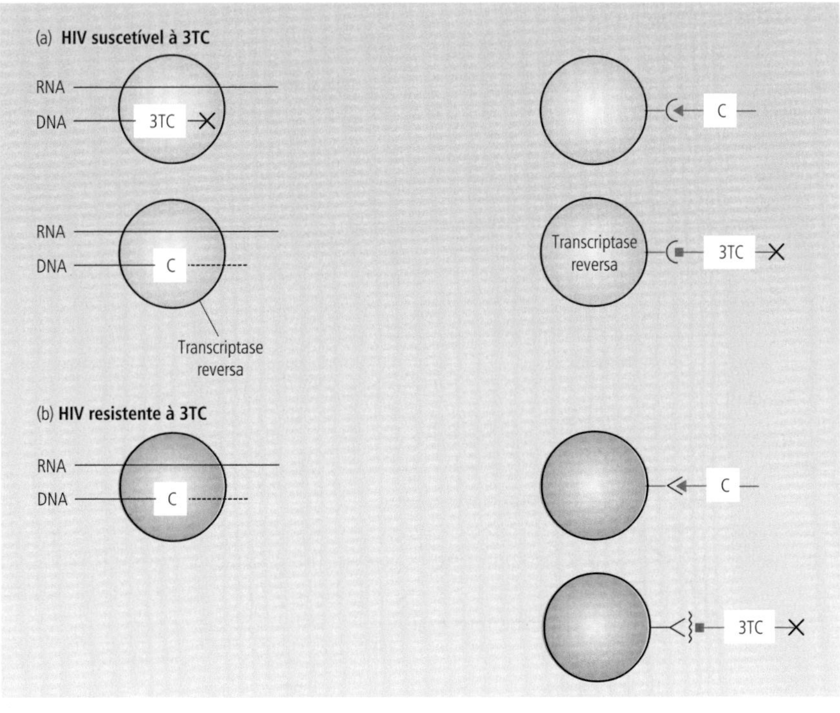

Figura 3.2

A evolução da resistência a fármacos no HIV. A 3TC é um inibidor nucleosídico que lembra a C. (a) A transcriptase reversa suscetível ao fármaco liga-se tanto à 3TC como à C. Quando a 3TC é incorporada a uma cadeia de DNA nascente, ela inibe a replicação subseqüente. (b) A resistência ao fármaco é conseguida a partir da evolução da transcriptase reversa para uma forma que se liga somente à C, e não à 3TC.

asa com média de 2,96 pol [76 mm]) e do Canadá (onde eles são maiores, com uma extensão de asa com média de 3,08 pol [79 mm]) evoluíram todas a partir de uma colônia de pardais que foi introduzida no Brooklyn, em Nova York, em 1852. As diferenças já haviam surgido pelo menos na década de 1940, o que significa que elas evoluíram em menos de cem gerações (Johnston e Selander, 1971). A maioria das espécies não evolui tão rápido quanto os pardais domésticos norte-americanos, as mariposas britânicas ou o HIV em países onde o tratamento com fármacos tem custo acessível, mas todos esses exemplos são úteis para ilustrar que a evolução é um fato observável.

3.3 A evolução também pode ser produzida experimentalmente

A seleção artificial produz mudanças evolutivas

Em um experimento típico de seleção artificial, uma nova geração é formada permitindo-se que somente uma minoria selecionada da geração corrente se reproduza (Figura 3.3). Em quase todos os casos, a população responderá: a média da próxima geração se moverá na direção selecionada. O procedimento é rotineiramente utilizado na agricultura – a seleção artificial tem sido utilizada, por exemplo, para alterar o número de ovos postos por galinhas, as propriedades da carne de bovinos e a produção de leite de vacas. Veremos vários outros exemplos de experimentos artificiais mais tarde (Seção 9.7, p. 264), mas podemos considerar, aqui, uma curiosidade a título de ilustração (Figura 3.4). Em um experimento, foram selecionados ratos para maior e menor suscetibilidade a cáries dentárias sob uma dieta controlada. Como mostra o gráfico, os ratos puderam ser selecionados com sucesso para desenvolverem dentes melhores ou piores. As mudanças evolutivas podem, portanto, ser geradas artificialmente.

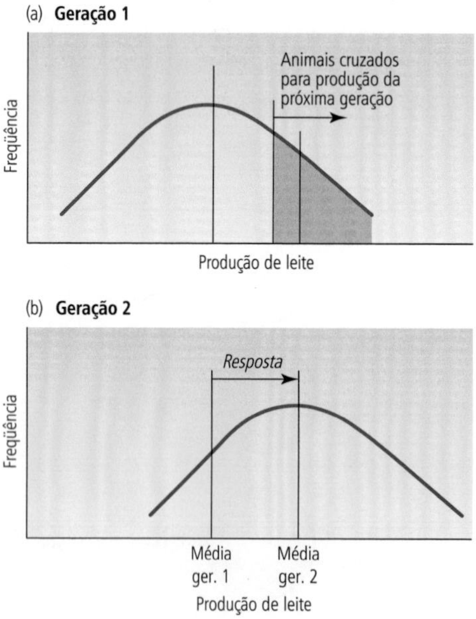

Figura 3.3

Um experimento de seleção artificial. A geração 2 é formada por acasalamento de uma minoria selecionada (área sombreada) de membros da geração 1. Aqui, por exemplo, imaginamos uma população de bovinos seletivamente cruzados para gerar animais que produzem mais leite. Em quase todos os casos, a média da segunda geração muda em relação à da primeira na direção selecionada.

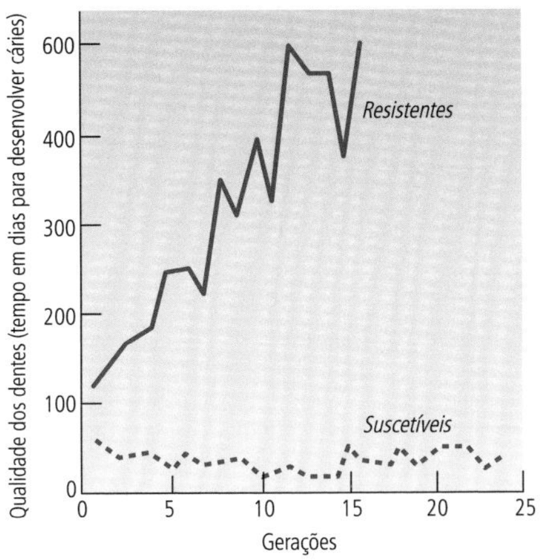

Figura 3.4

Seleção de dentes melhores e piores em ratos. Hunt e colaboradores (1955) cruzaram seletivamente cada geração sucessiva de ratos descendentes de ratos parentais que desenvolveram cáries mais tarde (resistentes) ou mais cedo (suscetíveis) durante a vida. A idade (em dias) na qual os descendentes dos cruzamentos desenvolveram cáries foi medida.

A seleção artificial pode produzir mudanças dramáticas, se continuar por um tempo suficientemente longo. Um tipo de seleção artificial gerou, por exemplo, quase todas as nossas plantações agrícolas e animais domésticos. Não restam dúvidas de que, nesses casos – alguns deles iniciados milhares de anos atrás – foram empregadas técnicas menos formais do que as que seriam hoje empregadas por um melhorista moderno. Entretanto, o longo tempo decorrido levou a alguns resultados marcantes. Darwin (1859) ficou impressionado com as variedades de pombas domésticas, e o Capítulo 1 de *On the Origin of Species* inicia com uma discussão a respeito daquelas aves. A razão desses e de outros exemplos é ilustrar adicionalmente como se pode demonstrar de modo experimental, em uma pequena escala, que as espécies não têm formas fixas.

3.4 O intercruzamento e a semelhança fenotípica estabelecem dois conceitos de espécie

Estamos agora próximos do estágio da discussão no qual podemos considerar as evidências da evolução de novas espécies. A maioria das evidências até agora foi de mudanças em pequena escala dentro de uma mesma espécie. As quantidades de mudanças selecionadas artificialmente em pombas e outros animais domésticos limita-se à espécie, mas, para decidirmos se a barreira específica foi ou não ultrapassada, necessitamos de um conceito do que é uma espécie biológica.

As criaturas vivas são classificadas em espécies e táxons superiores

Todas as criaturas são classificadas em uma hierarquia lineana. A espécie é o nível importante mais baixo dessa hierarquia. As espécies, por sua vez, são agrupadas em gêneros, os gêneros em famílias e assim por diante, ao longo de uma série de níveis. A Figura 3.5 mostra uma classificação lineana razoavelmente completa do lobo, como um exemplo. Se toda a vida descendeu de um único ancestral comum, a evolução deve ser capaz de produzir novos grupos em todos os níveis da hierarquia, de espécies a reinos. Veremos as evidências disso no restante deste capítulo. Aqui, contudo, estamos no estágio de espécie. O que significa dizer que a evolução gerou uma nova espécie?

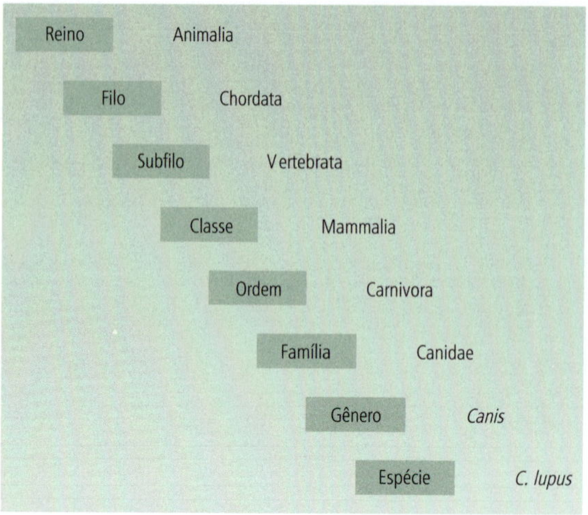

Figura 3.5

Cada espécie em uma classificação biológica é um membro de um grupo em cada um dos níveis de uma sucessão de níveis hierárquicos mais inclusivos. A figura ilustra uma classificação razoavelmente completa do lobo cinzento *Canis lupus*. Essa maneira de classificar os seres vivos foi inventada pelo biólogo sueco do século XVIII que escreveu sob o nome latinizado de Carolus Linnaeus.

Infelizmente, essa questão não tem uma resposta simples, que possa satisfazer a todos os biólogos. Discutiremos esse tópico a fundo no Capítulo 13 e lá veremos que existem vários conceitos de espécie. O que podemos fazer aqui é tomar dois dos conceitos mais importantes de espécie e, para cada um deles, verificar quais são as evidências para a evolução de uma nova espécie. Ao argumentarmos a favor da evolução não temos que dizer o que é uma espécie. Se alguém disser "quais são as evidências de que a evolução pode produzir uma nova espécie", podemos responder "você me diz o que você entende por espécie e eu lhe direi quais são as evidências".

Espécie pode ser definida por intercruzamento

Um importante conceito de espécie é reprodutivo e define uma espécie como um conjunto de organismos que se intercruzam, mas não cruzam com membros de outra espécie. Os seres humanos (*Homo sapiens*) constituem uma espécie reprodutiva separada do chimpanzé comum (*Pan troglodytes*): qualquer humano pode intercruzar com outro humano (do sexo apropriado), mas não com um chimpanzé.

ou por semelhanças na aparência

O segundo conceito importante utiliza a aparência fenotípica: ele define uma espécie como um conjunto de organismos que são suficientemente similares entre si e suficientemente diferentes dos membros de outras espécies. Essa é uma definição menos objetiva do que a definição reprodutiva – é claro quando os membros de duas populações se intercruzam ou não, mas não é tão claro se as duas populações são suficientemente diferentes para serem consideradas duas espécies fenotípicas. A resposta final geralmente fica com um especialista que estudou as formas em questão por anos e adquiriu um bom conhecimento da diferença entre espécies; existem também métodos formais para a resposta da questão. Entretanto, para animais relativamente familiares todos temos um conceito fenotípico intuitivo de espécie. Mais uma vez, seres humanos e chimpanzés comuns pertencem a espécies diferentes e são claramente distintos em suas aparências fenotípicas. Pássaros suburbanos comuns, como pintassilgos, *mockingbirds** e estorninhos, são espécies separadas, e pode ser observado que eles

* N. de T. Pássaro canoro americano que imita os trinados de outras aves; *Mimus polyglottus*.

apresentam colorações distintas. Assim, sem tentarmos buscar uma resposta geral e exata para a questão de quão diferentes devem ser dois organismos para pertencerem a espécies diferentes, podemos ver que a aparência fenotípica pode fornecer um outro conceito de espécie, além do fornecido pela reprodução.

Como alguns biólogos rejeitam um ou outro conceito, devemos buscar evidências para a evolução de novas espécies que estejam de acordo com ambos. À medida que subimos na hierarquia lineana, para categorias acima do nível específico, os membros de um grupo tornam-se cada vez menos similares. Dois membros de uma mesma espécie, como dois lobos, são mais similares entre si do que dois membros do mesmo gênero, mas de espécies diferentes, como um lobo e um chacal de dorso prateado (*Canis mesolemas*); e dois membros da mesma classe (Mammalia) podem ser tão diferentes como um morcego, um delfim e uma girafa.

A seleção artificial produziu diferenças maiores do que aquelas entre espécies naturais

Qual é o grau de diferença, nesses termos taxonômicos, que foi produzido por seleção artificial em animais domésticos? Todas as pombas domésticas podem intercruzar-se e, por isso, são membros da mesma espécie no sentido reprodutivo. A resposta é diferente para a aparência fenotípica desses animais. Especialistas de museus freqüentemente têm de classificar aves a partir de espécimes mortos, de hábitos reprodutivos desconhecidos, e, para tanto, eles utilizam caracteres fenotípicos dos ossos, dos bicos e das penas. Darwin mantinha muitas variedades de pombas e, em abril de 1856, quando Lyell foi visitá-lo, foi capaz de mostrar-lhe como as 15 variedades de pombas que ele possuía na época diferiam o suficiente para formarem "três bons gêneros e em torno de 15 espécies, de acordo com o modo de formação de espécies e gêneros recebido dos melhores ornitologistas".

A variedade de cães (*Canis familiaris*) é comparável. Para a maioria dos observadores humanos, as diferenças entre formas extremas, como entre um pequinês e um São-Bernardo, são muito maiores do que aquelas entre duas espécies na natureza, como entre um lobo e um chacal, ou mesmo aquelas entre duas espécies de gêneros diferentes, como entre um lobo e um cão caçador africano (*Lycaon pictus*). Entretanto, a maioria dos cães domésticos é interfértil e pertence à mesma espécie no sentido reprodutivo. As evidências obtidas a partir de animais domésticos sugerem que a seleção artificial pode produzir extensas mudanças na aparência fenotípica – o suficiente para produzir novas espécies ou mesmo novos gêneros. Contudo, ela não produziu muitas evidências para o surgimento de novas espécies reprodutivas. Chegaremos a evidências a respeito da evolução de novas espécies reprodutivas em uma seção posterior.

3.5 "Espécies" em anel mostram que as variações dentro de uma espécie podem ser extensas o suficiente para produzirem uma nova espécie

Duas salamandras californianas se intercruzam em alguns lugares...

Em qualquer tempo e lugar, parece existir um arranjo de distintas espécies na natureza. Por exemplo, um naturalista do sul da Califórnia poderia notar que existem duas formas da salamandra *Ensatina*. Uma das formas, a espécie *Ensatina klauberi*, apresenta uma cor fortemente manchada, enquanto a outra, a espécie *E. eschscholtzii*, é pigmentada mais leve e uniformemente. Desde o trabalho de Stebbins, na década de 1940, suspeitou-se de que essas duas formas constituíam duas boas espécies, no sentido de que tinham formas distintas e não se intercruzavam onde elas coexistiam. Para um sítio, situado a uma altitude de 4.600 pés (1.400 m) nas montanhas Cuyamaca, no condado de San Diego, Wake *et al.* (1986) confirmaram que as duas formas efetivamente se comportavam como espécies separadas.

...mas não em outros

Naquele sítio, chamado de Camp Wolahi, as duas espécies coexistiam; não foram encontradas formas híbridas entre elas, e as diferenças genéticas entre as duas espécies lá sugeriam que elas não se haviam intercruzado em um passado recente. Naturalistas interessados em salamandras que visitassem Camp Wolahi não teriam dúvidas de que eles estariam observando duas espécies diferentes comuns.

Entretanto, se aqueles naturalistas procurassem as duas espécies de salamandra também em outras áreas do sul da Califórnia, elas não pareceriam tão distintas como as de Camp Wolahi. Wake *et al.* colheram amostras de salamandras de três outros sítios próximos e, em todas elas, uma pequena proporção (de até 8%) dos indivíduos da amostra era de híbridos entre *E. eschscholtzii* e *E. klauberi*. O quadro fica mais claro quando expandimos a escala geográfica. As salamandras podem ser encontradas, para oeste, desde Camp Wolahi até a costa e, para o norte, ao longo da região montanhosa (ver Lâmina 1, oposta à p. 92). Porém, em qualquer das direções, somente uma das salamandras está presente. Ao longo da costa, existe *E. eschscholtzii*, a forma levemente pigmentada e sem manchas, ao passo que, no interior, existe *E. klauberi*, a forma manchada. Ambas as espécies podem ser encontradas até o norte da Califórnia, mas suas formas variam à medida que se avança nessa direção; as várias formas receberam uma série de nomes taxonômicos, como pode ser visto na Lâmina 1. Elas se encontram novamente no norte da Califórnia e no Oregon, onde apenas uma forma é encontrada; as formas do leste e do oeste parecem ter-se fundido completamente.

As salamandras são um exemplo de uma espécie em anel,...

A interpretação clássica do padrão geográfico das salamandras é a seguinte. Existia originalmente uma espécie, que vivia na parte norte da área de distribuição atual. A população então se expandiu em direção ao sul e, assim, dividiu-se em dois ramos, um em cada lado do Vale de San Joaquin, que ficou ao centro. A subpopulação do lado do pacífico evoluiu para o padrão de cores e a constituição genética característicos da *E. eschscholtzii* costeira, enquanto a subpopulação do interior evoluiu para o padrão manchado e a constituição genética característicos de *E. klauberi*. Ao longo da Califórnia, em vários pontos, as subpopulações atravessaram o vale e encontraram a outra forma. Em algumas dessas áreas de encontro, híbridos podem ser encontrados, pois as duas formas se intercruzaram em certo grau: lá, elas não evoluíram para formas separadas o suficiente para se tornarem espécies reprodutivas separadas. Mas, na extremidade sul da Califórnia, as duas linhagens da população evoluíram para formas suficientemente separadas, de modo que, quando elas se encontram, como em Camp Wolahi, não há intercruzamento: elas são duas espécies normais. Portanto, as duas espécies de Camp Wolahi estão conectadas por um conjunto de populações intermediárias, que formam um círculo em torno do vale central.

...embora haja complicações

O quadro detalhado é mais complicado, mas estudos recentes sustentam em essência a mesma explicação. Uma das complicações pode ser vista na Lâmina 1, que mostra que o conjunto de populações pode não ser perfeitamente contínuo: o mapa mostra uma lacuna na parte sudeste do anel. Jackman e Wake (1994) mostraram que as populações de salamandras de cada lado da lacuna não são mais diferentes do ponto de vista genético do que salamandras separadas por uma distância equivalente em qualquer outra região do anel. Eles sugerem duas interpretações. Uma é a de que as salamandras teriam vivido na lacuna até recentemente, mas agora estão extintas lá; a outra é a de que as *Ensatina* manchadas estão lá e esperando para serem encontradas "nas inóspitas montanhas de San Gabriel".

As espécies de salamandra *E. eschscholtzii* e *E. klauberi* do sul da Califórnia são um exemplo (não o único) de uma *espécie em anel*. Uma espécie em anel pode ser imaginada como resumido a seguir. Primeiramente, imagine uma espécie distribuída geograficamente mais ou menos em uma linha reta no espaço, digamos de leste para oeste nos Estados Unidos. Poderia acontecer que as formas no leste e no oeste fossem tão diferentes que seriam incapazes de se intercruzarem; mas é improvável sabermos disso, porque as duas formas não se encontram. Agora imagine que tomamos essa linha e a curvamos para formar um círculo, de modo que os pontos extremos (inicialmente no leste e no oeste) venham a se sobrepor no espaço. Será então possível verificar se os dois extremos se intercruzam ou não. Se eles se intercruzarem, então a distribuição geográfica das espécies terá a forma de um anel, mas as duas formas não serão uma "espécie em anel" no sentido técnico.

Uma espécie em anel propriamente dita é uma na qual os extremos não se intercruzam na região de sobreposição. Uma espécie em anel tem um conjunto quase contínuo de intermediários entre duas espécies distintas e esses intermediários estão arranjados em um anel. Na maioria dos pontos do anel existe apenas uma espécie; mas existem duas em que os pontos extremos se encontram. (A afirmação de que os extremos se intercruzam ou não é muito categórica para casos reais, que são, tipicamente, mais complicados. Nas salamandras, por exemplo, há hibridização em alguns sítios, mas não em outros no sul da Califórnia, onde o anel se fecha. A situação real não é, portanto, a de um anel simples, mas a espécie pode ser reconhecida como uma espécie em anel, desde que concedidas as devidas permissividades para as complicações do mundo real.)

As espécies em anel demonstram que não existe nada de especial sobre as diferenças entre espécies

As espécies em anel fornecem importantes evidências para a evolução, pois elas mostram que as diferenças intra-específicas podem ser grandes o suficiente para produzirem uma diferença interespecífica. As diferenças entre espécies são, portanto, do mesmo tipo (embora não do mesmo grau) das diferenças entre indivíduos e populações de uma mesma espécie. Esse argumento pode ainda ser analisado melhor.

A variação natural acontece em todos os graus. No nível mais baixo, estão as pequenas diferenças entre indivíduos. As populações de uma espécie mostram diferenças um pouco maiores, e as espécies são ainda mais diferentes. Em uma espécie normal, cujos membros estão talvez distribuídos como na linha que imaginamos anteriormente, as formas extremas podem ser muito diferentes uma da outra; mas não sabemos se elas são diferentes o suficiente para considerá-las espécies diferentes no sentido reprodutivo. Algum adepto da teoria da criação separada poderia então argumentar que, embora os indivíduos de uma espécie variem, essa variação é sempre muito limitada para permitir a origem de uma nova espécie. A origem de uma nova espécie não seria, portanto, uma extensão ampliada do tipo de variação que vemos dentro de uma espécie. Mas, em espécies em anel, os extremos se encontram, e podemos ver que eles formam duas espécies. É, então, quase impossível negar que a variação natural pode, pelo menos às vezes, ser grande o suficiente para gerar duas espécies. Portanto, pelo menos algumas espécies surgiram sem criação separada.

A variação natural acontece em todos os graus

Há um aclive escorregadio da variação interindividual até a diferença entre duas espécies. Sabemos que pequenas diferenças individuais surgem pelos processos regulares de reprodução e desenvolvimento: podemos *ver* que um indivíduo não é criado separadamente. Na mesma linha de raciocínio, as diferenças um pouco maiores entre populações locais podem ser facilmente vistas como tendo surgido sem a criação separada. No caso da espécie em anel de salamandra, pode ser visto que esse processo estendeu-se o suficiente para produzir uma nova espécie. Negar esse fato exigiria uma decisão arbitrária, que definisse onde a evolução pára e a criação separada inicia.

Suponha, por exemplo, que alguém alegue que todas as salamandras a oeste de um ponto no norte da Califórnia foram criadas separadamente como uma espécie diferente de todas as outras a leste dela (mas aceite que as variações dentro de cada espécie, de cada lado do ponto, surgiram por processos evolutivos naturais comuns). A alegação é claramente arbitrária e absurda. Se a evolução produziu a variação entre as salamandras do norte da Califórnia e as da região costeira da Califórnia central e entre as do norte da Califórnia e as do interior da Califórnia central, é um absurdo sugerir que as populações do leste e do oeste ao norte da Califórnia tenham sido criadas separadamente. A variação entre dois pontos quaisquer do anel é essencialmente do mesmo tipo. Assim, a variação entre os pontos arbitrariamente estabelecidos será apenas como aquela entre dois pontos à direita ou à esquerda dele. As espécies em anel mostram que há uma continuidade da variação interindividual para a interespecífica. A variação natural é suficiente para romper com a idéia de limites entre espécies distintas.

Veremos que o mesmo argumento pode ser aplicado a grupos maiores do que espécies e, por extensão, a toda a vida. A idéia de que a natureza vem em grupos discretos, sem variação entre eles, é uma percepção ingênua. Se toda a gama de formas naturais, no tempo e no espaço, é estudada, todos os limites aparentes tornam-se fluidos.

3.6 Espécies novas, distintas reprodutivamente, podem ser produzidas de modo experimental

Novas espécies já foram produzidas experimentalmente

A barreira entre espécies também pode ser quebrada de modo experimental. As variedades de animais domésticos e plantas produzidas artificialmente podem diferir em aparência pelo menos tanto quanto espécies naturais; mas elas podem ser capazes de se intercruzarem. Raças caninas que diferem muito em tamanho provavelmente se intercruzam pouco na prática, mas ainda é interessante saber se é possível a produção de espécies que claramente não se intercruzam. O intercruzamento reduzido entre duas formas pode ser diretamente selecionado (Seção 14.6.3, p. 427).

Exemplos mais extremos e mais abundantes de novas espécies reprodutivamente isoladas vêm de plantas. O procedimento típico é o seguinte. Começamos com duas espécies distintas, mas relacionadas. O pólen de uma é colocado sobre o estigma da outra. Se uma prole híbrida é gerada, ela é geralmente estéril: as duas espécies são isoladas reprodutivamente. Entretanto, pode ser possível tratar-se o híbrido de modo a torná-lo fértil. O composto químico colchicina pode restaurar a fertilidade do híbrido. Ele faz isso por causar a duplicação do número de cromossomos do híbrido (uma condição chamada de poliploidia). Os híbridos assim produzidos podem ser interférteis com outros híbridos como eles, mas não com as espécies parentais. Eles são então uma nova espécie reprodutiva. Eles fornecem uma evidência clara de que novas espécies no sentido reprodutivo podem ser produzidas. Se as adicionamos aos exemplos de cães e pombas, concluímos que temos agora evidências da evolução de novas espécies de acordo tanto com o conceito fenotípico de espécie como de acordo com o conceito reprodutivo.

A prímula Kew foi o primeiro exemplo

A primeira espécie poliplóide híbrida criada artificialmente foi uma prímula, *Primula kewensis*. Ela foi formada pelo cruzamento de *P. verticillata* e *P. floribunda*. *P. kewensis* é uma espécie distinta: um indivíduo de *P. kewensis* irá cruzar-se com outro indivíduo da mesma espécie, mas não com membros de *P. verticillata* ou *P. floribunda*. *P. verticillata* ou *P. floribunda* possuem 18 pares de cromossomos cada, e híbridos simples entre elas também possuem 18 cromossomos. Esses híbridos são estéreis. *P. kewensis* possui 36 cromossomos e é uma espécie fértil. A duplicação de cromossomos nesse caso não foi induzida artificialmente por tratamento com colchicina, mas sim ocorreu espontaneamente em uma planta híbrida.

O mesmo mecanismo ocorre na natureza

A hibridização, seguida pela indução artificial de poliploidia, é agora um método comum para a produção de novas variedades agrícolas e hortícolas. A maioria das variedades de jardim de íris, tulipas e dálias, por exemplo, são espécies criadas artificialmente. Mas o número dessas espécies chega a parecer pequeno quando comparado ao número imenso de espécies híbridas de orquídeas, o qual, estima-se, cresce a uma velocidade de trezentas novas espécies a cada mês. A hibridação poliplóide é também importante na evolução natural de plantas. A Seção 14.7 (p. 430) discute adicionalmente a especiação híbrida em plantas e lá veremos o exemplo de *Tragopogon*, na região de Washington-Idaho. Nessas plantas, duas novas espécies originaram-se no século passado, por hibridização e poliploidia naturais.

O método mais poderoso para mostrar que uma espécie natural origina-se como um híbrido é recriá-la a partir dos seus ancestrais, hibridizando-se as espécies parentais conjeturais de modo experimental. Isso foi feito inicialmente para uma planta herbácea européia comum, *Galeopsis tetrahit*, a qual Müntzing criou com sucesso em 1930, a partir da hibridização de *G. pubescens* e *G. speciosa*. A *G. tetrahit* gerada artificialmente pode ser intercruzada com sucesso com os membros dessa espécie que ocorrem naturalmente. Esse método é mais demorado do que a simples contagem de cromossomos e só foi utilizado com um pequeno número de espécies. Concluindo, é possível a produção de novas espécies isoladas reprodutivamente utilizando-se um método que foi muito importante para a origem de novas espécies naturais.

3.7 Observações em pequena escala podem ser extrapoladas para períodos mais longos

A observação humana é feita em períodos curtos demais para testemunhar toda a história da vida

Vimos que a evolução pode ser observada diretamente em pequena escala. As formas extremas de uma espécie podem ser tão diferentes quanto duas espécies distintas e, na natureza e experimentalmente, as espécies evoluem para formas bastante diferentes daquelas formas das quais partiram. Seria impossível, contudo, observar da mesma maneira direta toda a evolução da vida a partir de seu ancestral unicelular comum de poucos bilhões de anos atrás. A experiência humana é muito breve. À medida que estendemos a discussão de observações em pequena escala, como as descritas para o HIV, para cães e para salamandras, à história de toda a vida, devemos passar da observação para a inferência. É possível imaginar, por extrapolação, que, se os processos em pequena escala que vimos continuassem por um período de tempo suficientemente longo, eles poderiam produzir a variedade moderna da vida. O princípio racional aqui é chamado de *uniformitarianismo*. Em um sentido modesto, o uniformitarianismo quer dizer simplesmente que os processos cuja operação foi observada pelo homem poderiam também estar operando quando os seres humanos não os estavam observando; mas ele também se refere ao postulado mais controverso, de que os processos operando no presente podem explicar a evolução da Terra e da vida por extrapolação para períodos longos. Por exemplo, a persistência a longo prazo dos processos que vimos em mariposas e salamandras poderia resultar na evolução da vida. Esse princípio não é peculiar à evolução. Ele é utilizado em toda a geologia histórica. Quando a ação persistente da erosão de um rio é utilizada para explicar a escavação de desfiladeiros profundos, o princípio racional é, de novo, o uniformitarianismo.

No entanto, observações na escala humana podem ser extrapoladas

Pode-se argumentar que as diferenças podem ser tanto de tipo como de grau. Por exemplo, muitos criacionistas acreditam que a evolução pode operar em uma espécie, mas que não é capaz de produzir uma nova espécie. A razão disso é o fato de acreditarem que espécies diferentes não são simplesmente uma versão aumentada das diferenças que vemos entre indivíduos. Na realidade, esse argumento em particular é falso. Para as salamandras (*Ensatina*) da Califórnia, vimos o suave e crescente *continuum* de diferenças da variação entre salamandras individuais de uma região à variação regional e à especiação. Alguém que permite a extrapolação uniformitariana somente até um certo ponto desse *continuum* estará inevitavelmente fazendo uma decisão arbitrária. As diferenças imediatamente acima e abaixo desse ponto serão exatamente como as diferenças por meio dele.

E muitos fatos se ajustam com essas extrapolações.

Argumentos contrários análogos àquele sobre espécies são às vezes utilizados para níveis taxonômicos mais elevados. Pode-se dizer, por exemplo, que a evolução somente é possível em "tipos" definidos (um tipo poderia ser algo como "cães" ou "gatos" ou mesmo "aves" ou "mamíferos"). Porém, o evolucionista utilizará o mesmo contra-argumento utilizado para espécies. A natureza somente parece estar dividida em tipos discretos em um determinado tempo ou lugar. Estudos adicionais acabam com essa impressão. O registro fóssil contém um conjunto contínuo de intermediários entre os mamíferos e os répteis, e esses fósseis destroem a impressão de que "mamíferos" são um tipo discreto (Seção 18.6.2, p. 563). O *Archaeopteryx* faz o mesmo com o tipo ave, e há muitos outros exemplos. Em qualquer dos casos, se alguém tentar argumentar que as diferenças de tipo surgem em um certo nível da hierarquia taxonômica, ele será confrontado com esses tipos de contra-exemplos. Se obtivermos espécimes suficientes do tempo e do espaço, pode ser elaborada uma argumentação consistente de que a variação orgânica é contínua, indo desde a menor diferença entre um par de gêmeos à toda a história da vida.

A argumentação a favor da evolução não tem de se basear somente em observações em pequena escala e no princípio do uniformitarianismo. Outros tipos de evidências também sugerem que os seres vivos descendem de um ancestral comum. As evidências vêm de certas semelhanças entre espécies e do registro fóssil.

3.8 Grupos de seres vivos têm semelhanças homólogas

Se considerarmos duas espécies vivas quaisquer, elas apresentarão algumas semelhanças em suas aparências. Aqui precisamos distinguir dois tipos de semelhanças: semelhança homóloga e semelhança análoga.[1] Uma semelhança análoga nesse sentido não-evolutivo pré-darwiniano é aquela que pode ser explicada por um modo de vida compartilhado. Tubarões, golfinhos e baleias possuem uma forma hidrodinâmica que pode ser explicada por seus hábitos de natação através da água. Suas formas são análogas; a forma é uma exigência funcional. Da mesma forma, as asas de insetos, aves e morcegos são todas necessárias para o vôo: elas também são estruturas análogas.

Criaturas vivas apresentam semelhanças que não seriam esperadas se elas tivessem origens independentes

Outras semelhanças entre espécies são menos facilmente explicadas por necessidades funcionais. O membro pentadáctilo (de cinco dígitos) de tetrápodes é um exemplo clássico (Figura 3.6). (Tetrápodes são o grupo de vertebrados com quatro pernas. Anfíbios, répteis, aves e mamíferos são tetrápodes; peixes não são.) Os tetrápodes ocupam uma ampla variedade de ambientes e utilizam os seus membros para muitas funções diferentes. Não há uma razão funcional ou ambiental clara que justifique por que todos eles necessitariam um membro de cinco dígitos, em vez de um com três, sete ou 12. Apesar disso, todos eles necessitam desse tipo de membro; ou, melhor, todos os tetrápodes modernos necessitam – são conhecidos tetrápodes fósseis, do período Devoniano no qual os tetrápodes estavam evoluindo a partir dos peixes, que possuíam membros de seis, sete ou oito dígitos (ver Figura 18.1, p. 546, para referência sobre períodos geológicos como o Devoniano). Alguns tetrápodes modernos, na sua forma adulta, não parecem ter membros de cinco dígitos (Figura 3.6). As asas de aves e morcegos são, de diferentes maneiras, sustentadas por menos de cinco dedos, e os membros de cavalos e de alguns lagartos também possuem menos de cinco dígitos. Entretanto, todos esses membros desenvolvem-se de forma embriológica a partir de estágios precursores com cinco dígitos, mostrando que eles são fundamentalmente pentadáctilos. Mesmo as nadadeiras posteriores sem ossos de baleias guardam vestígios do padrão tetrápode característico de cinco dígitos. Nas palavras de Darwin (1859),

> O que poderia ser mais curioso do que a mão do homem formada para segurar, do que a de uma toupeira, para cavar, a perna de um cavalo, a nadadeira de uma toninha e a asa de um morcego, todas sendo construídas com base no mesmo padrão e incluindo ossos similares e nas mesmas posições relativas?

O membro pentadáctilo é uma homologia no sentido pré-darwiniano: ele é uma semelhança entre espécies que não é necessária funcionalmente. Morfologistas pré-darwinianos acreditavam que homologias indicavam um "plano da natureza", em algum sentido mais ou menos mestiço. Para biólogos evolucionistas, elas eram evidências de ancestralidade comum. A explicação evolutiva do membro pentadáctilo é simplesmente a de que todos os tetrápodes

[1] Neste capítulo, esses termos possuem um significado não-evolutivo, que era comum antes de Darwin. Eles não devem ser confundidos com os significados evolutivos (Seção 15.3, p. 450). O uso não-evolutivo é necessário aqui para evitar uma argumentação circular: conceitos evolutivos não podem ser utilizados como evidências da evolução.

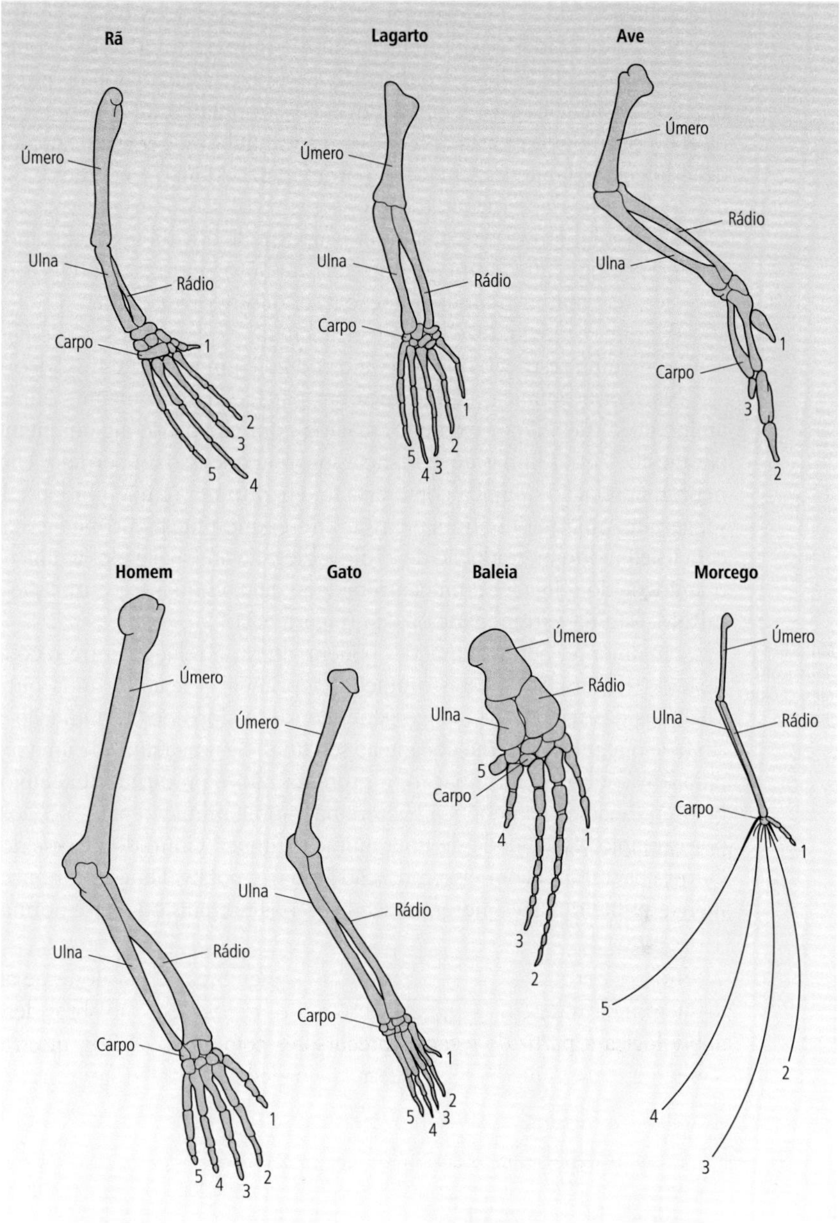

Figura 3.6

Todos os tetrápodes modernos possuem uma estrutura de membro básica pentadáctila (de cinco dígitos). Os membros anteriores de uma ave, de um ser humano, de uma baleia e de um morcego são todos construídos a partir dos mesmos ossos, mesmo que executem funções diferentes. Adaptada com permissão de Strickberger (1990). © 1990 Boston: Jones & Bartlett Publishers.

descendem de um ancestral comum que possuía um membro pentadáctilo e tornou-se mais fácil a evolução de variações da forma de cinco dígitos do que a recomposição da estrutura dos membros. Se as espécies descendem de ancestrais comuns, as homologias fazem sentido; mas se todas as espécies originaram-se separadamente, é difícil entender por que elas devem compartilhar semelhanças homólogas. Sem a evolução, não há nada que force todos os tetrápodes a terem membros pentadáctilos.

O código genético é uma homologia universal

O membro pentadáctilo é uma homologia morfológica. Ela tem uma distribuição ampla, sendo encontrada em todos os tetrápodes; mas, em nível molecular, existem homologias que têm a mais ampla distribuição possível: elas são encontradas em todos os seres vivos.

O código genético é um exemplo (Tabela 2.1, p. 50). A tradução entre trincas de bases do DNA e aminoácidos das proteínas é universal para toda a vida, como pode ser confirmado, por exemplo, pelo isolamento do mRNA para a hemoglobina de um coelho e sua injeção na bactéria *Escherichia coli*. Células de *E. coli* normalmente não produzem hemoglobina, mas, quando injetadas com o mRNA, elas sintetizam hemoglobina de coelho. A maquinaria para a decodificação da mensagem deve, portanto, ser comum a coelhos e *E. coli*; e, se ela é comum a eles, é razoável inferir que todos os seres vivos possuem o mesmo código. (A tecnologia do DNA recombinante é baseada no pressuposto de que há um código universal.) Variantes menores do código, que foram encontradas em mitocôndrias e no DNA nuclear de umas poucas espécies, não afetam a argumentação a ser desenvolvida aqui.

Por que o código deve ser universal? Duas explicações são possíveis: ou a universalidade resulta de uma restrição química ou o código é um acidente histórico.

Na teoria química, cada trinca em particular teria alguma afinidade química pelo seu aminoácido. GGC, por exemplo, reagiria com glicina de alguma maneira que manteria esse par unido. Várias linhas de evidência sugerem que isso está errado. Uma delas é o fato de que nenhuma relação química como essa foi encontrada (e não por falta de procura), e acredita-se, geralmente, que nenhuma exista. Em segundo lugar, a trinca e o aminoácido não interagem fisicamente na tradução do código. Eles são ambos ligados a uma molécula de tRNA, mas o aminoácido é ligado a uma extremidade dela, enquanto o sítio que reconhece o códon no mRNA está na extremidade oposta (Figura 3.7).

Mutações podem alterar o código genético

Finalmente, certas mutações podem alterar a relação entre o código de trincas e o aminoácido (Figura 3.8). Estas mutações suprimem a ação de uma outra classe de mutantes. Algumas das trincas do código genético são códons de "terminação": elas atuam como um sinal de que uma proteína chegou ao seu final. Se uma trinca de uma região codificadora muta para um códon de terminação, a proteína não é produzida. Exemplos dessas mutações são bem-conhecidos na genética bacteriana, e uma mutação para o códon de terminação UAG, por exemplo, é chamada de uma mutação âmbar. Contudo, depois de ter sido formada uma cultura bacteriana com uma mutação âmbar, é possível encontrar outras mutações que suprimem a primeira: estes mutantes são bactérias normais ou quase normais. Mutantes supresso-

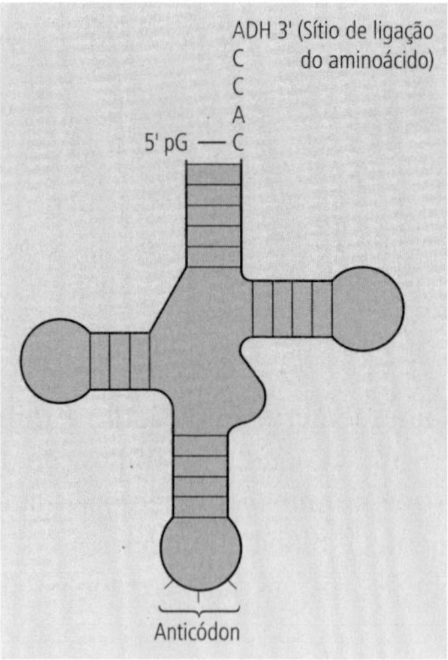

Figura 3.7

Molécula de RNA de transferência. O aminoácido é mantido na extremidade da molécula oposta à alça do anticódon, onde o código de trinca da molécula de mRNA é lido.

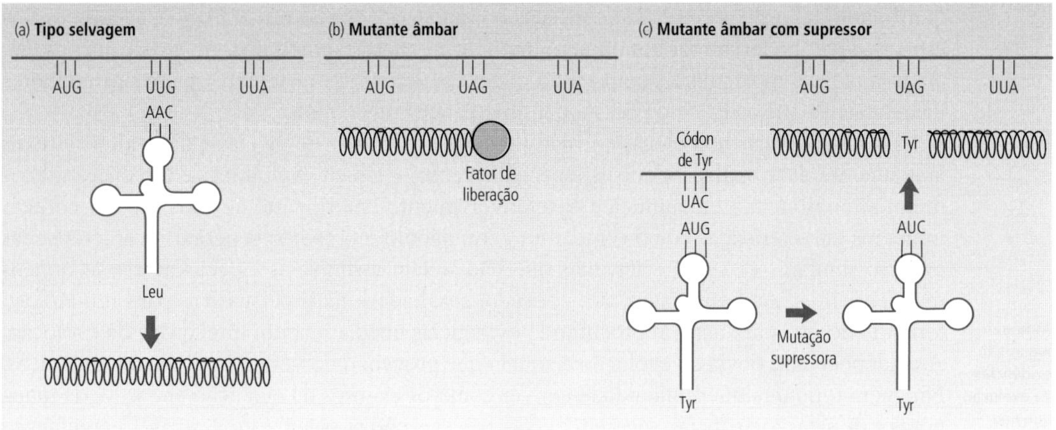

Figura 3.8

Mutações que suprimem mutações âmbar sugerem que o código genético é alterável quimicamente. Por exemplo, (a) o códon normal é UUG e codifica leucina. (b) O UUG muta para o códon de terminação UAG (o que é chamado de mutação âmbar). (c) Um tRNA para tirosina muta de AUG para AUC (que reconhece UAG) e suprime a mutação âmbar, inserindo uma tirosina.

res de âmbar funcionam alterando a trinca codificadora em uma classe de tRNAs portadores de aminoácidos, fazendo com que eles se liguem a UAG. O códon UAG passa então a codificar um aminoácido, ao invés de causar o término da tradução. O fato de que a relação entre aminoácido e códon pode ser alterada dessa maneira mostra que a utilização do mesmo código genético em todas as espécies não foi forçada por alguma restrição química inalterável.

Se o código genético não é determinado quimicamente, porque ele é o mesmo em todas as espécies? A teoria mais popular é a seguinte. O código é arbitrário, da mesma maneira que a linguagem humana é arbitrária. Em inglês, a palavra para cavalo é *horse*, em espanhol, é *caballo*, em francês, é *cheval* e na Roma Antiga era *equus*. Não há qualquer razão para justificar que uma dessas seqüências de letras seja utilizada em detrimento das outras para significar aquele mamífero perissodáctilo que nos é tão familiar. Portanto, se encontramos mais de uma pessoa utilizando a mesma palavra, isso implica que ambas a aprenderam de uma mesma fonte. Isso implica ancestralidade comum. Quando a espaçonave *Enterprise* audaciosamente desce sobre um daqueles planetas extragalácticos onde os alienígenas falam inglês, a inferência correta é a de que os habitantes locais possuem uma ancestralidade em comum com um dos povos de língua inglesa da Terra. Se eles tivessem evoluído independentemente, não estariam utilizando o inglês.

O código genético é um exemplo de um acidente congelado

Todas as espécies vivas utilizam uma linguagem comum, mas igualmente arbitrária, no código genético. Acredita-se que isso ocorre porque o código genético evoluiu cedo na história da vida e uma das formas iniciais acabou tornando-se o ancestral comum de todas as espécies surgidas posteriormente. (Note que dizer que toda a vida compartilha um ancestral comum não é o mesmo que dizer que toda vida evoluiu uma única vez.) O código é então o que Crick (1968) chamou de "um acidente congelado". Isto é, as relações codificadoras originais teriam sido acidentais, mas, após a evolução do código, ele foi fortemente mantido. Qualquer desvio do código seria letal. Um indivíduo que lesse GGC como fenilalanina em vez de glicina, por exemplo, geraria incorreções em todas as suas proteínas e provavelmente morreria no estágio de ovo.

A universalidade do código genético é uma importante evidência de que toda a vida compartilha uma origem única. No tempo de Darwin, homologias morfológicas como o membro pentadáctilo já eram conhecidas; mas elas são compartilhadas por grupos muito limitados de espécies (como todos os tetrápodes). Cuvier (Seção 1.3.1, p. 30) arranjou todos os animais em quatro grandes grupos de acordo com suas homologias. Por essa razão, Darwin sugeriu que as espécies vivas poderiam ter um número limitado de ancestrais comuns, em vez de apenas um. As homologias moleculares, como a do código genético, agora se constituem nas melhores evidências de que toda a vida possui um único ancestral comum.

As semelhanças homólogas entre as espécies constituem-se na classe de evidências mais amplamente distribuídas de que as espécies viventes e fósseis evoluíram de um ancestral comum. A anatomia, a bioquímica e o desenvolvimento embrionário de cada espécie contêm inúmeras características como o membro pentadáctilo e o código genético – características que são similares entre espécies, mas que não seriam assim se as espécies tivessem origens independentes. As homologias são, contudo, geralmente mais persuasivas para um biólogo formado do que para alguém procurando evidências imediatamente inteligíveis da evolução. A evidência mais óbvia da evolução é aquela que provém da observação direta de mudanças. Ninguém teria qualquer dificuldade em ver como os eventos da evolução em ação, de mariposas e de seleção artificial, sugerem que as espécies não possuem formas fixas. O argumento da homologia é inferencial e exige mais para a sua compreensão. Você tem de entender algo de morfologia funcional ou de biologia molecular para perceber que os tetrápodes não compartilhariam membros pentadáctilos ou que todas as espécies não compartilhariam o código genético se tivessem se originado independentemente.

As homologias são evidências de evolução que não requerem a observação direta de modificações a longo prazo

Mas algumas homologias são imediatamente persuasivas, como os órgãos vestigiais, nos quais a forma compartilhada parece ser positivamente ineficiente. Se continuamos a considerar os membros de vertebrados, mas passamos de suas extremidades para as juntas que os unem à coluna vertebral, encontramos outro conjunto de ossos – nas articulações peitorais e pélvicas – que são reconhecidamente homólogos em todos os tetrápodes. Na maioria das espécies, esses ossos são necessários para que o membro seja capaz de moverse. Mas, em algumas poucas espécies, os membros foram perdidos (Figura 3.9). As baleias modernas, por exemplo, não possuem membros traseiros com suportes ósseos. Se dissecarmos uma baleia, encontraremos, nos locais apropriados ao longo da coluna vertebral, um conjunto de ossos que claramente são homólogos à pelve de qualquer outro tetrápode. Eles são vestigiais, no sentido de que eles não são mais utilizados como articulação para o membro traseiro. Sua manutenção sugere que as baleias evoluíram a partir de tetrápodes, em vez de terem sido criadas independentemente. As cobras modernas também possuem membros traseiros vestigiais, embora os ossos mantidos na forma vestigial difiram daqueles de baleias.

Órgãos vestigiais são exemplos adicionais de homologia

Um órgão descrito como vestigial pode, mesmo assim, ter uma função. Alguns órgãos vestigiais podem ser verdadeiramente não-funcionais, mas é sempre difícil confirmar afirmações negativas universais. Baleias fósseis chamadas de *Basilosaurus*, que viveram há 40 milhões de anos, possuíam ossos pélvicos funcionais (Gingerich *et al.*, 1990), possivelmente utilizados durante a cópula; e a pelve vestigial das baleias modernas é ainda possivelmente necessária para a sustentação dos órgãos reprodutivos. Entretanto, essas possibilidades não contam como argumentos contra a homologia: porque as baleias, se tivessem se originado independentemente de outros tetrápodes, deveriam utilizar ossos adaptados para a articulação de membros para sustentar seus órgãos reprodutivos? Se elas fossem verdadeiramente independentes, algum outro tipo de suporte seria provavelmente utilizado.

Em homologias como o membro pentadáctilo e o código genético, a semelhança entre espécies não é ativamente desvantajosa. Uma forma de código genético seria provavelmente tão boa quanto qualquer outra, e nenhuma espécie sofre por utilizar o código genético real, encontrado na natureza. Entretanto, algumas homologias efetivamente parecem ser desvantajosas (Seção 10.7.4, p. 309). Um dos nervos cranianos, como veremos, vai do cérebro até a laringe através de um tubo próximo ao coração (Figura 10.12, p. 310). Em peixes, essa é uma rota direta. Mas o mesmo nervo segue a mesma rota em todas as espécies e, na girafa, isso resulta em um desvio absurdo, para baixo e depois para cima do pescoço, de modo que o animal tem de desenvolver em torno de 10 a 15 pés (3 a 4,5 m) a mais de nervo do que deveria caso a conexão fosse direta. O nervo laríngeo recorrente, como é chamado, é certamente ineficiente. E é fácil explicar tal ineficiência admitindo-se que as girafas evoluíram em pequenas etapas a partir de um ancestral similar a um peixe. Mas é difícil imaginar por que as girafas deveriam ter tal nervo caso elas tivessem se originado independentemente.

A homologia é a base de argumentos biogeográficos da evolução

As homologias podem ser utilizadas para argumentar a favor da evolução de diversas maneiras. Darwin ficou particularmente impressionado com uma versão biogeográfica da argumentação da homologia. As espécies em uma área biogeográfica tendem a ser relativamente similares. Espécies que vivem em diferentes áreas tendem a diferir mais entre si, mesmo que elas ocupem um nicho ecológico semelhante. Assim, espécies ecologicamente diferentes de uma área compartilharão semelhanças que não existirão entre espécies ecologicamente similares em áreas diferentes. Isso sugere que as espécies de uma área qualquer são descendentes de um ancestral comum. Esse argumento é válido para semelhanças homólogas entre espécies. Na próxima seção, veremos uma maneira adicional por meio da qual as semelhanças homólogas podem ser utilizadas na argumentação a favor da evolução.

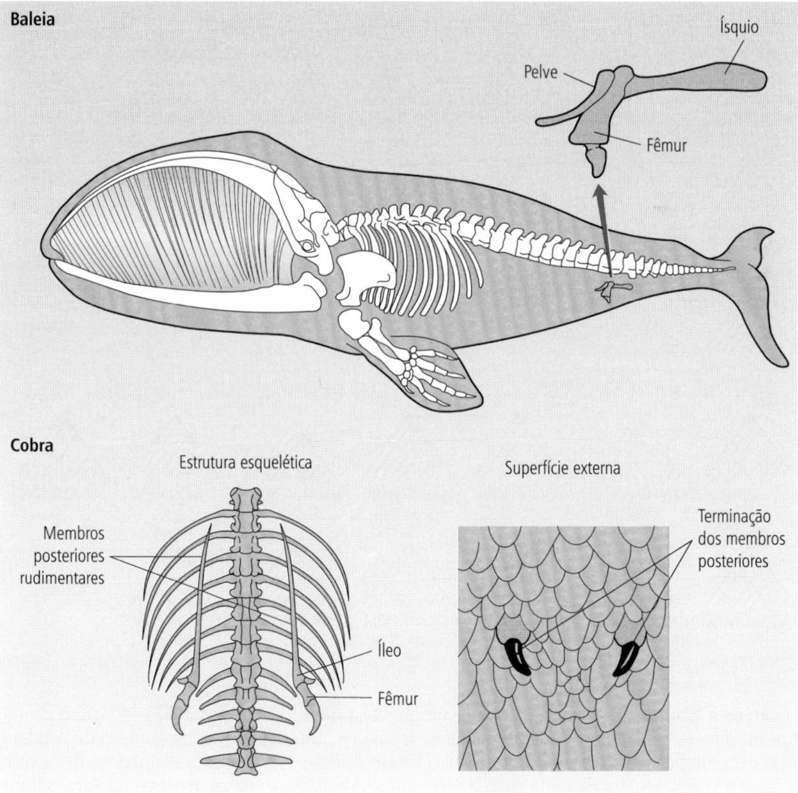

Figura 3.9

As baleias possuem um anel de ossos pélvicos vestigiais, apesar de não possuírem membros posteriores ósseos. Os ossos pélvicos são homólogos aos de outros tetrápodes. As cobras possuem ossos de membros posteriores vestigiais, homólogos aos de outros tetrápodes – mas as cobras não os utilizam para locomoção.

3.9 Diferentes homologias estão correlacionadas e podem ser classificadas hierarquicamente

Diferentes espécies compartilham homologias, o que sugere que elas descendem de um ancestral comum. Mas essa argumentação pode ser ainda mais reforçada e tornar-se mais reveladora. Semelhanças homólogas são a base das classificações biológicas (Capítulo 16): grupos como "plantas com flores", "primatas" ou "gatos" são formalmente definidos por homologias. A razão pela qual as homologias são utilizadas para a definição de grupos é o fato de elas formarem um padrão cumulativo, hierárquico, de grupos dentro de outros grupos; e diferentes homologias encaixam-se consistentemente dentro do mesmo padrão.

Algumas semelhanças moleculares entre espécies são homólogas

Um estudo molecular feito por Penny *et al.* (1982) ilustra o assunto e mostra como ele serve de argumento a favor da evolução. Diferentes espécies podem ter maior ou menor semelhança quanto às seqüências de aminoácidos de suas proteínas, assim como elas podem ser mais ou menos similares quanto às suas morfologias. A distinção pré-darwiniana entre analogia e homologia é mais difícil de ser aplicada a proteínas. Nossa compreensão funcional das seqüências protéicas é menos avançada do que a da morfologia, o que torna às vezes difícil especificar a função de um aminoácido da maneira como podemos fazê-lo para o membro pentadáctilo. Na realidade, as funções de muitas seqüências de proteínas são conhecidas, mas a química exige muitas explicações. Para a presente discussão, deve-se aceitar apenas que

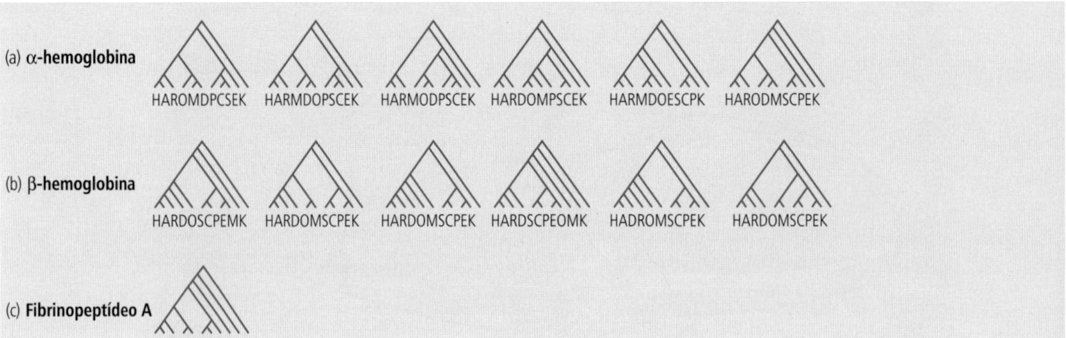

Figura 3.10

Penny *et al.* construíram as melhores estimativas da árvore filogenética para 11 espécies utilizando cinco proteínas diferentes. A "melhor estimativa" da árvore filogenética é aquela árvore que exige o menor número de mudanças evolutivas na proteína. Para (a) a α-hemoglobina e (b) a β-hemoglobina foram obtidas seis estimativas igualmente boas da árvore para as 11 espécies. Todas as seis árvores de cada caso exigem o mesmo número de mudanças. (c) Para o fibrinopeptídeo A, houve uma árvore melhor; (d) para o fibrinopeptídeo B foram obtidas oito árvores igualmente boas; e (e) para o citocromo **c** foram obtidas seis árvores igualmente boas. O importante é a semelhança entre essas árvores para todas as cinco proteínas, considerando-se o grande número de árvores possíveis para 11 espécies. A, símio (*Pan troglodytes* ou *Gorilla gorilla*); C, vaca (*Bos primogenios*); D, cão (*Canis familiaris*); E, cavalo (*Equus caballus*); H, homem (*Homo sapiens*); K, canguru (*Macropus conguru*); M, camundongo (*Mus musculus*) ou rato (*Ratus norvegicus*); O, coelho (*Oryctolagus ainiculus*); P, porco (*Sus scrofa*); R, macaco rhesus (*Macaca mulatta*); S, ovelha (*Ovis amnion*). Redesenhada, com permissão da editora, a partir de Penny *et al.* (1982). © 1982 Macmillan Magazines Ltd.

algumas semelhanças de aminoácidos entre espécies não são funcionalmente necessárias, da mesma maneira que se aceita que nem todos os tetrápodes necessitam ter membros de cinco dígitos. Existe um grande número de aminoácidos em uma proteína, de modo que isso não precisa ser controverso. Se aceitarmos que alguns aminoácidos são homólogos no sentido pré-darwiniano, poderemos ver como sua distribuição entre espécies sugere a evolução.

Penny *et al.* (1982) examinaram seqüências protéicas em um grupo de 11 espécies. Eles utilizaram o padrão de semelhanças de aminoácidos para determinar a "árvore" para essas espécies. Algumas espécies tinham seqüências protéicas mais semelhantes do que outras, e as espécies com maiores semelhanças foram agrupadas mais proximamente na árvore (Capítulo 15). A observação que sugere a evolução é a seguinte. Começamos por estabelecer a árvore para uma proteína. Podemos, depois, determiná-la para uma outra proteína e então comparar as duas árvores. Penny *et al.* determinaram a árvore para as 11 espécies utilizando cinco proteínas separadamente. A observação fundamental foi a de que as árvores para todas as cinco proteínas foram muito semelhantes (Figura 3.10). Para as 11 espécies, haveria 34.459.425 árvores possíveis, mas as cinco proteínas sugeriram árvores que formam uma pequena subclasse desse grande número.

Espécies que são mais semelhantes em uma proteína também são mais semelhantes em outras proteínas...

As semelhanças e as diferenças nas seqüências de aminoácidos das cinco proteínas são correlacionadas. Se duas espécies apresentam mais homologias de aminoácidos para uma das proteínas, elas também são mais semelhantes em relação às outras proteínas. É por isso que duas espécies quaisquer são provavelmente agrupadas da mesma maneira em relação a qualquer das cinco proteínas. Se as 11 espécies tivessem origens independentes, não haveria razão para que as suas homologias fossem correlacionadas. Em um grupo de 11 espécies criadas separadamente, algumas mostrariam, sem dúvida, mais semelhanças do que outras para qualquer proteína em particular. Mas por que duas espécies que são similares, por exemplo, para o citocromo *c*, deveriam também ser similares em relação à β-hemoglobina e ao fibrinopeptídeo A? O problema é mais difícil do que isso, porque, como mostra a Figura 3.10, todas as proteínas apresentam um padrão de ramificação similar em todos os níveis da árvore de 11 espécies. É fácil ver como um conjunto de objetos criados independentemente poderia mostrar padrões hierárquicos de semelhança quanto a qualquer aspecto. Mas essas espécies foram classificadas hierarquicamente para cinco proteínas diferentes, e as hierarquias em todos os cinco casos foram semelhantes.

...o que sugere que as espécies evoluíram a partir de um ancestral comum

Se as espécies descendem de um ancestral comum, o padrão observado é exatamente o que esperado. Todas as cinco proteínas evoluíram dentro do mesmo padrão de ramificação evolutiva e, portanto, espera-se que elas mostrem o mesmo padrão de semelhanças. O padrão hierárquico de homologias e as correlações entre elas são evidências da evolução.

Uma analogia com as construções humanas ilustra o argumento.

Considere uma analogia. Considere um conjunto de 11 prédios, cada um dos quais foi independentemente projetado e construído. Poderíamos classificá-los em grupos, de acordo com suas semelhanças; alguns poderiam ser construídos com pedras, outros com tijolos e outros com madeira; alguns poderiam ter tetos arqueados, outros, tetos forrados; alguns poderiam ter janelas arqueadas, outros, janelas retangulares, e assim por diante. Seria fácil classificá-los hierarquicamente com base em uma dessas propriedades, como o material da construção. Essa classificação seria análoga, no estudo de Penny *et al.* (1982), à elaboração da árvore das 11 espécies para uma proteína. Os mesmos prédios poderiam então ser classificados com base em outra propriedade, como a forma das janelas; isso seria análogo à classificação das espécies com base em uma segunda proteína. Haveria, provavelmente, algumas correlações entre as duas classificações devido a fatores funcionais. Talvez fosse mais provável que prédios com janelas arqueadas fossem construídos de pedra do que de madeira. Contudo, outras semelhanças seriam apenas associações não-funcionais casuais entre alguns dos prédios da amostra. Talvez, dentre os 11, prédios de cor branca também tivessem garagem, o que não aconteceria com prédios da cor vermelha. A argumentação a favor da evolução concentra-se nesses padrões de semelhança sem base funcional e não-essenciais.

A analogia do resultado de Penny e colaboradores com o caso dos prédios seria a seguinte. Classificaríamos os 11 prédios com base em cinco conjuntos diferentes de características.

Veríamos então se todas as cinco classificações agrupariam os prédios da mesma maneira. Se os prédios tivessem sido construídos de forma independente, não haveria razão para que eles apresentassem correlações funcionalmente desnecessárias. Não haveria razão para esperar-se que prédios semelhantes, por exemplo, quanto à forma das janelas, também o fossem quanto ao número de capelos de chaminés, à angulação do teto ou ao arranjo das cadeiras em seus interiores.

É claro que alguma explicação inocente poderia ser encontrada para qualquer dessas correlações. (De fato, se essas correlações fossem encontradas em um caso real, deveria haver alguma explicação.) Talvez elas pudessem ser todas explicadas pela classificação quanto ao proprietário, à região ou aos arquitetos em comum. Mas esse é outro assunto; é justo dizer que os prédios não foram, na realidade, criados de forma independente. Se eles tivessem sido criados independentemente, seria bastante intrigante o fato de eles apresentarem semelhanças hierárquicas sistemáticas em características não-relacionadas funcionalmente.

No caso de espécies biológicas, encontramos esse tipo de correlação entre características. A Figura 13.10 mostra o quanto são similares os padrões de ramificação para as cinco proteínas, e a mesma conclusão poderia ser tirada a partir de qualquer classificação biológica bem-pesquisada. As classificações biológicas são, portanto, um argumento a favor da evolução. Se as espécies tivessem tido origens independentes, não deveríamos esperar que, quando várias características diferentes (e funcionalmente sem relação) fossem utilizadas para classificá-las, todas produzissem classificações notavelmente semelhantes.

3.10 Existem evidências fósseis da transformação de espécies

Diatomáceas são organismos unicelulares fotossintéticos que flutuam no plâncton. Muitas espécies desenvolvem belas paredes celulares vítreas, que podem ser preservadas como fósseis. A Figura 3.11 ilustra o registro fóssil de diatomáceas do gênero *Rhizosolenia* entre 3,3 e 1,7 milhões de anos atrás. Em torno de 3 milhões de anos atrás, uma única espécie ancestral dividiu-se em duas, e há um registro fóssil bastante completo da mudança que ocorreu na época da divisão.

O registro fóssil é completo o suficiente em alguns casos para ilustrar transformações evolutivas contínuas

As diatomáceas da Figura 3.11 mostram que o registro fóssil pode ser completo o suficiente para revelar a origem de uma nova espécie; mas exemplos tão bons quanto esse são raros. Em outros casos, o registro fóssil é menos completo e existem grandes lacunas entre amostras sucessivas (Seção 21.4, p. 622). Existem então apenas evidências menos diretas de transições suaves entre espécies. Contudo, as lacunas são geralmente longas (talvez de 25 mil anos em um bom caso e de milhões de anos em registros mais incompletos). Há tempo suficiente em uma lacuna para grandes mudanças evolutivas, não havendo surpresa quando amostras de ambos os lados da lacuna no registro fóssil apresentam alterações.

Em outras situações, como vimos no início do capítulo (Seção 3.1), o registro fóssil fornece importantes evidências da evolução. Contra outras alternativas que não a criação separada ou o transformismo, o registro fóssil é valioso porque mostra que o mundo vivo não foi sempre como é agora. A existência dos fósseis mostra, sozinha, que existiu algum tipo de mudança, embora ela não tenha de ter sido necessariamente no sentido da descendência com modificação.

3.11 A ordem dos principais grupos do registro fóssil sugere que eles possuem relações evolutivas

Os principais subgrupos de vertebrados são, em uma classificação convencional peixes, anfíbios, répteis, aves e mamíferos. É possível deduzir que a ordem de evolução desses grupos deve

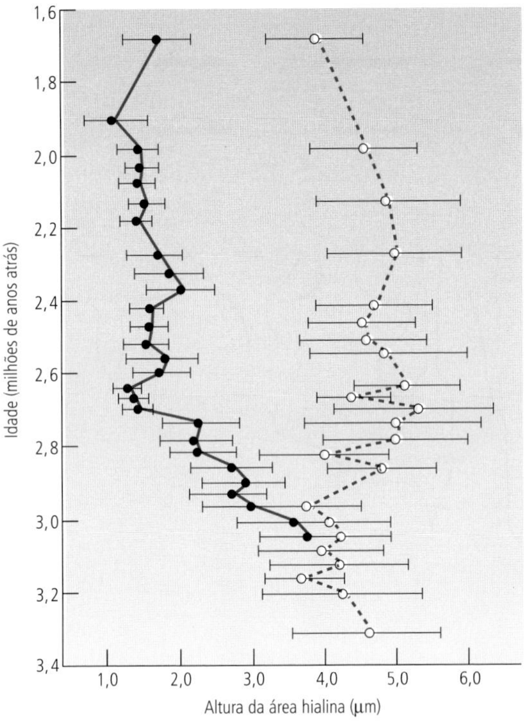

Figura 3.11

Evolução da diatomácea *Rhizosolenia*. A forma da diatomácea é medida pela altura da área hialina (vítrea) da parede celular. Os círculos abertos indicam formas classificadas como *R. praebergonii* e os círculos fechados indicam *R. bergonii*. As barras indicam a gama de formas encontradas a cada momento. Redesenhada, com permissão da editora, de Cronin e Schneider (1990).

Grupos de animais podem ser arranjados em uma série de acordo com suas semelhanças

ter sido peixes, depois anfíbios, depois répteis e depois mamíferos; e não, por exemplo, peixes, depois mamíferos, depois anfíbios e depois répteis (Figura 3.12a). A dedução é feita a partir da observação de que um anfíbio, como uma rã, ou um réptil, como um aligátor, são formas intermediárias entre peixes e mamíferos. Anfíbios, por exemplo, possuem brânquias, como os peixes, mas possuem quatro patas, como répteis e mamíferos, e não nadadeiras. Se os peixes tivessem evoluído para mamíferos e, depois, os mamíferos tivessem evoluído para anfíbios, as brânquias teriam sido perdidas durante a evolução dos mamíferos e teriam reaparecido durante a evolução dos anfíbios. Isso é muito menos provável do que os anfíbios terem evoluído a partir dos peixes, mantendo as suas brânquias, que teriam então sido perdidas na origem dos mamíferos. (O Capítulo 15 discute esses argumentos mais aprofundadamente.) As brânquias e as patas são apenas dois exemplos: uma lista completa de características que colocam anfíbios (e répteis, por argumentos análogos) entre peixes e mamíferos seria, de fato, muito longa. As formas dos vertebrados modernos permitem, portanto, que deduzamos a ordem na qual eles evoluíram.[2]

A inferência, a partir das formas modernas, pode ser testada contra o registro fóssil. O registro fóssil a sustenta: peixes, anfíbios, répteis e mamíferos aparecem no registro fóssil na

[2] Estritamente falando, a argumentação feita aqui poderia também indicar que os mamíferos vieram primeiro e evoluíram para répteis, que os répteis evoluíram para anfíbios e que os anfíbios evoluíram para peixes. Podemos, contudo, estender a argumentação incluindo mais grupos de animais, até voltarmos ao estágio unicelular; os peixes seriam então revelados como um estágio intermediário entre anfíbios e animais mais simples.

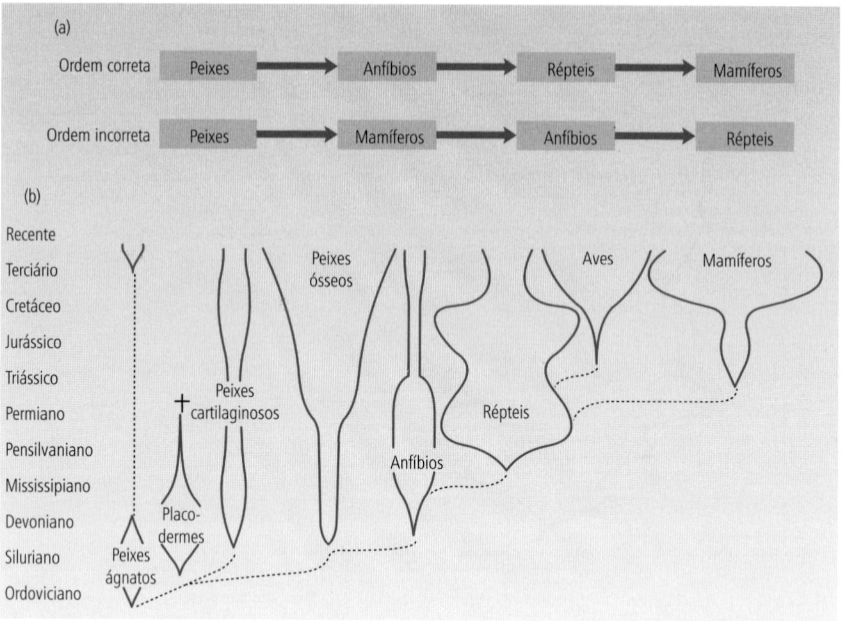

Figura 3.12

(a) A análise anatômica de formas modernas indica que os anfíbios e os répteis são intermediários evolutivos entre os peixes e os mamíferos. Essa ordem é coerente com (b) a sucessão geológica dos principais grupos de vertebrados. A largura da representação de cada grupo corresponde à sua diversidade naquele momento. Redesenhada, com permissão da editora, de Simpson (1949).

Os grupos aparecem na mesma ordem no registro fóssil

mesma ordem em que eles devem ter evoluído (Figura 3.12b). Essa concordância é uma boa evidência da evolução porque se peixes, anfíbios, répteis e mamíferos tivessem sido criados separadamente, não seria esperado que eles aparecessem no registro fóssil na ordem exata de suas aparente evolução. Peixes, rãs, lagartos e ratos provavelmente apareceriam em alguma ordem, se não aparecessem ao mesmo tempo; mas não há razão para supor que eles apareceriam em qualquer ordem determinada, em detrimento de outra. O fato de eles estarem na ordem evolutiva é, portanto, uma coincidência reveladora. Análises similares foram feitas com outros grandes e bem-fossilizados grupos de animais, como os equinodermos, e chegaram ao mesmo resultado.

Haldane discutiu sobre um coelho do pré-cambriano

A argumentação pode ser feita de outra maneira. Haldane uma vez disse que desistiria de sua crença na evolução se alguém encontrasse um coelho fóssil no pré-cambriano. A razão disso é que o coelho, um mamífero inteiramente formado, deve ter evoluído por estágios reptilianos, anfíbios e pisciformes e não deveria, portanto, aparecer no registro fóssil 100 milhões de anos ou mais antes de seus ancestrais fósseis. Os criacionistas apreciaram a força dessa argumentação. Várias alegações foram feitas de pegadas humanas fósseis contemporâneas com rastros de dinossauros. Porém, sempre que uma dessas alegações foi adequadamente investigada, ela foi desmentida: algumas foram esculpidas fraudulentamente, outras foram esculpidas para servir de atração turística e outras eram pegadas de dinossauros. Mas o princípio da argumentação é válido. Se a evolução está correta, os humanos não poderiam ter existido antes da irradiação principal de mamíferos e primatas, o que só ocorreu depois dos dinossauros já terem sido extintos. O fato de que nenhum fóssil humano contemporâneo a dinossauros foi encontrado – de que a ordem de aparecimento dos principais grupos fósseis é coerente com a respectiva ordem evolutiva – é a maneira pela qual o registro fóssil fornece boas evidências a favor da evolução.

3.12 Resumo das evidências a favor da evolução

Vimos três classes principais de evidências a favor da evolução: as provenientes da observação direta em pequena escala; as provenientes de homologias; e as provenientes da ordenação dos principais grupos no registro fóssil. As observações em pequena escala geram argumentos mais fortes contra a idéia da fixidez das espécies; por si só, elas são evidências quase igualmente boas para a evolução e para o transformismo (ver Figura 3.1a,b). Elas mostram, por extrapolação uniformitarianista, que a evolução poderia ter, teoricamente, produzido toda a história da vida. Argumentos mais fortes a favor da evolução em grande escala vêm da classificação biológica e do registro fóssil. A sucessão geológica dos principais grupos e a maioria das homologias morfológicas clássicas sugerem fortemente que esses grandes grupos têm um ancestral comum. As homologias moleculares, descobertas mais recentemente, como o código genético universal, estendem a argumentação para toda a vida – e favorecem a evolução (Figura 3.1a), em detrimento tanto do transformismo como do criacionismo (Figura 3.1b-e).

Essa é a argumentação-padrão a favor da evolução. Além disso, a teoria da evolução pode ser também utilizada para analisar e racionalizar uma ampla gama de fatos adicionais. À medida que estudarmos as diferentes áreas da biologia evolutiva, será importante termos em mente o assunto deste capítulo. Como, por exemplo, poderíamos explicar o relógio molecular (Seção 7.3, p. 194), se as espécies tivessem origens independentes? Ou as dificuldades na hora de decidir se formas estreitamente relacionadas são espécies diferentes ou não (Capítulo 13)? Ou o padrão de ramificação único das inversões cromossômicas das moscas-das-frutas havaianas (Seção 15.14, p. 487)? Ou como as novas espécies de moscas-das-frutas havaianas tendem a ser mais estreitamente relacionadas a espécies de ilhas vizinhas (Seção 17.6, p. 527)?

3.13 O criacionismo não oferece qualquer explicação para a adaptação

Qualquer teoria da vida deve explicar a adaptação

Uma outra razão importante pela qual os biólogos evolucionistas rejeitam o criacionismo é o fato de ele não oferecer qualquer explicação para a adaptação. Os seres visos são bem-projetados, em inúmeros aspectos, para a vida em seus respectivos ambientes naturais. Eles possuem sistemas sensórios para encontrar seus caminhos, sistemas de alimentação para captar e digerir o alimento e sistemas nervosos para coordenar suas ações. A teoria da evolução possui uma teoria científica mecânica para explicar a adaptação: a seleção natural.[3]

O criacionismo, ao contrário, não possui explicação para a adaptação. Quando cada espécie teve sua origem, ela já devia estar equipada com adaptações para a vida, pois a teoria mantém que as espécies têm formas fixas após suas origens. Uma versão petulantemente religiosa do criacionismo atribuiria a adaptabilidade dos seres vivos ao gênio de Deus. Entretanto, mesmo isso não explica realmente a origem da adaptação; apenas empurra o problema para um estágio anterior (Seção 10.1, p. 284). Na versão científica do criacionismo (ver Figura 3.1c-e), com a qual nos preocupamos aqui, eventos sobrenaturais não acontecem, e somos deixados sem qualquer teoria para explicar a adaptação. Como constatado por Darwin (Seção 1.3.2, p. 33), sem uma teoria para a adaptação, qualquer teoria da origem dos seres vivos não poderia nem começar a ser proposta.

[3] O criacionismo de "concepção inteligente" da escola moderna nega que a seleção natural explique a adaptação – abrindo a possibilidade de que alguma outra força (sobrenatural?) possa estar operando. Os criacionistas de concepção inteligente não estão preocupados em negar a evolução ou em argumentar que as espécies tiveram origens separadas e são fixas em forma. Por isso, eles não foram incluídos neste capítulo. No Capítulo 10, veremos como a seleção natural explica bem a adaptação.

3.14 O "criacionismo científico" moderno é cientificamente insustentável

O fato de que a vida evoluiu é um das grandes descobertas da história da ciência, sendo, por isso, interessante conhecer os argumentos a seu favor. Na biologia evolutiva moderna, a questão de a evolução ter acontecido ou não já não é mais um tópico de pesquisa, porque essa questão já foi respondida; mas ela ainda é controversa fora da ciência. Fundamentalistas cristãos dos Estados Unidos – alguns deles politicamente influentes – vêm sustentando várias formas de criacionismo e têm tentado introduzi-las no currículo escolar de biologia desde a década de 1920, algumas vezes com sucesso.

A evidência científica vai contra o criacionismo

Qual a relevância dos argumentos deste capítulo para essas formas de criacionismo? Para a forma puramente científica do criacionismo, esses argumentos têm impacto direto. O criacionismo da Figura 3.1c-e, que simplesmente sugere que as espécies tiveram origens separadas e são fixas desde então, foi assunto de todo o capítulo e vimos que ele é refutado pelas evidências. O criacionismo científico da Figura 3.1c-e não diz nada a respeito do mecanismo pelo qual as espécies se originaram e, portanto, não precisa afirmar que as espécies foram criadas por Deus. Um defensor da Figura 3.1c-e poderia meramente dizer que as espécies se originaram por algum mecanismo natural, cujos detalhes ainda não são compreendidos. Contudo, é improvável que alguém hoje sustente seriamente a teoria da Figura 3.1c-e, a não ser que também acredite que as espécies tenham tido uma origem sobrenatural. Portanto, não estamos lidando com uma teoria científica.

Este capítulo restringiu-se a recursos científicos de argumentação lógica e observação pública. Argumentos científicos apenas empregam observações que qualquer pessoa é capaz de fazer, excluindo revelações privadas, e considera somente causas naturais, em detrimento das sobrenaturais. De fato, dois bons critérios para distinguir argumentos científicos de religiosos são verificar se a teoria invoca apenas causas naturais ou se necessita de causas sobrenaturais e se as evidências estão publicamente disponíveis ou se exigem algum tipo de fé. Sem essas duas condições, não há restrições para a argumentação. É, no final, impossível mostrar que as espécies não foram criadas por Deus e não permaneceram fixas em forma, porque, para Deus (um agente sobrenatural), tudo é permitido. Da mesma forma, não é possível mostrar que o prédio (ou o jardim) onde você está e que a cadeira na qual você está sentado não foram criados sobrenaturalmente por Deus, a partir do nada, há 10 segundos – naquele instante, Ele teria também de ter ajustado a sua memória e a de todos os outros observadores, mas um agente sobrenatural é capaz disso. É por isso que agentes sobrenaturais não têm lugar na ciência.

Os cientistas ignoram agentes sobrenaturais

Dois pontos ainda merecem discussão. O primeiro é que, apesar de o "criacionismo moderno" lembrar muito a teoria da criação separada da Figura 3.1c-e, ele ainda possui a característica adicional de especificar o momento em que todas as espécies foram criadas. Teólogos que trabalharam após a Reforma foram capazes de deduzir, a partir de alguma teoria astronômica plausível, e não a partir de conhecimento bíblico menos plausível, que os eventos descritos em Gênesis, Capítulo 1, aconteceram há cerca de 6 mil anos; e fundamentalistas de nosso tempo mantiveram essa crença na origem recente do mundo. Uma declaração do criacionismo no final da década de 1970 (e aquela legalmente defendida em uma corte do Arkansas, em 1981) incluiu, como um princípio criacionista, que houve "um início relativamente recente da terra e dos seres vivos". Os cientistas aceitam uma grande idade para a Terra devido à datação radioativa e a inferências cosmológicas baseadas na radiação de fundo. Períodos cosmológicos e geológicos são importantes descobertas científicas, mas os ignoramos neste capítulo porque nosso assunto foi o caso científico da evolução: fundamentalismo religioso é um outro assunto.

Resumo

1 Várias linhas de evidência sugerem que as espécies evoluíram a partir de um ancestral comum, em vez de terem forma fixa e terem sido criadas separadamente.

2 Em uma pequena escala, a evolução pode ser observada enquanto acontece na natureza, como no caso dos padrões de coloração de mariposas e no dos experimentos de seleção artificial, como aqueles utilizados no cruzamento de variedades agrícolas.

3 A variação natural pode ultrapassar a fronteira da espécie, como, por exemplo, nas espécies em anel de salamandras, e novas espécies podem ser criadas artificialmente, como no processo de hibridização e de poliploidia, pelo qual muitas variedades agrícolas e hortícolas foram criadas.

4 A observação da evolução em pequena escala, combinada com o princípio extrapolativo do uniformitarianismo, sugere que toda a vida poderia ter evoluído a partir de um único ancestral comum.

5 Semelhanças homólogas entre espécies (entendidas como semelhanças que não teriam que existir necessariamente por qualquer pressão funcional), sugerem que as espécies descendem de um ancestral comum. Homologias universais – como o código genético – encontradas em todos os seres vivos sugerem que todas as espécies são descendentes de um único ancestral comum.

6 O registro fóssil fornece algumas evidências diretas da origem de novas espécies.

7 A ordem de sucessão dos principais grupos no registro fóssil é prevista pela evolução e contradiz a origem separada dos grupos.

8 A criação independente de espécies não explica a adaptação; a evolução, pela teoria da seleção natural, oferece uma explicação válida.

A ciência e a religião, quando compreendidas adequadamente, podem coexistir pacificamente

Finalmente, é importante também reforçar que não há necessidade de conflito entre a teoria da evolução e a crença religiosa. Essa não é uma controvérsia de "e/ou", na qual aceitar a evolução significa rejeitar a religião. Nenhuma crença religiosa importante é contradita pela teoria da evolução, de modo que a religião e a evolução deveriam ser capazes de coexistir pacificamente no conjunto de crenças sobre a vida de qualquer pessoa.

Leituras adicionais

Eldredge (2000), Futuyma (1997) e Moore (2002) escreveram livros sobre o criacionismo e o caso da evolução. A última versão do criacionismo é o criacionismo do "planejamento inteligente", que não questiona a evolução no sentido deste capítulo: sobre ele, ver o Capítulo 10 deste livro e Pennock (2000, 2001). Os Capítulos 10 a 14 de *Sobre a Origem das Espécies* (*On the Origin of Species*) (Darwin, 1859) são o levantamento clássico das evidências a favor da evolução. Jones (1999) reconstitui a argumentação de Darwin utilizando exemplos modernos, incluindo a resistência a fármacos contra o HIV.

Palumbi (2001a, 2001b) descreve muitos exemplos de evolução em resposta a alterações ambientais causadas pelo homem, incluindo a evolução do HIV; ele também faz um interessante somatório dos custos econômicos dessa evolução. Reznick *et al.* (1997) descrevem um outro bom exemplo da evolução em ação: mudanças nas histórias de vida de *guppies** em Trinidad.

* N. de T. Pequenos peixes tropicais, comuns em aquários.

Ver Ford (1975), Endler (1986) e as referências em Hendry e Kinnison (1999) para mais exemplos. Huey *et al.* (2000) discutem um outro exemplo de evolução rápida de uma clina em uma espécie, como o exemplo do pardal doméstico no texto, mas com a adição de que a nova clina formada na América do Norte é paralela a uma na Europa.

Irwin e colaboradores (2001b) revisam espécies em anel, inclusive a salamandra Californiana. Sobre plantas poliplóides, ver as referências no Capítulo 14. Sobre o código genético, ver Osawa (1995). Zimmer (1998) descreve baleias e tetrápodes fósseis. Ahlberg (2001) inclui material sobre tetrápodes do Devoniano com membros não-pentadáctilos. Gould (1989) descreve os animais de Burgess Shale. Wellnhofer (1990) descreve *Archaeopteryx*. Sobre adaptação, ver Dawkins (1986). Sobre o contexto mais amplo, ver Numbers (1992), para a história, Antolin e Herbers (2001), para o contexto educacional, e Larson (2003), para o contexto legal.

Questões para estudo e revisão

1 A diferença média entre dois indivíduos aumenta à medida que são amostrados a partir da mesma população local, de duas populações separadas, de duas espécies, de dois gêneros e assim por diante, até dois reinos (como vegetais e animais). Até qual estágio, nessa seqüência, aproximadamente, a evolução pode ser observada em um período de vida humano?

2 Em que sentido a gama de formas de vida da terra (i) está arranjada ou (ii) não está arranjada em "tipos" distintos?

3 Quais das seguintes comparações correspondem a homologias e quais correspondem a analogias no sentido pré-darwiniano destes termos? (a) Uma barbatana de delfim e uma nadadeira de peixe. (b) A estrutura esquelética de cinco dígitos da barbatana do delfim e da pata de uma rã. (c) A coloração branca do ventre de gaivotas, albatrozes e águias-pescadoras (todas as quais são aves pescadoras e capturam peixes em mergulhos aéreos). (d) O número de vértebras no pescoço de camelos, de camundongos e do homem (todos possuem sete vértebras).

4 O código genético é chamado de "acidente congelado". Em que sentido ele é um acidente e por que ele foi congelado?

5 Imagine vários conjuntos de aproximadamente 10 objetos cada um: como 10 livros, 10 pratos de jantar, 10 pedras preciosas, 10 veículos, 10 políticos ou quaisquer outros elementos que você preferir. Para cada conjunto, imagine duas ou três maneiras diferentes de classificar seus elementos em grupos hierárquicos. (Por exemplo, 10 políticos poderiam ser classificados primeiramente em dois grupos, como de esquerda ou de direita; depois, aqueles grupos poderiam ser divididos por critérios como o tempo médio dos discursos, o número de escândalos por ano, o gênero, a região representada, etc.) Essas diferentes classificações hierárquicas reconhecem os mesmos conjuntos de grupos, ou conjuntos semelhantes de grupos, ou elas não são relacionadas? Pense sobre por que para alguns conjuntos de grupos e para alguns critérios classificatórios, as diferentes classificações são similares, enquanto para outros elas diferem.

6 Por que Haldane teria desistido de sua crença na evolução se alguém tivesse descoberto um coelho fóssil no pré-cambriano?

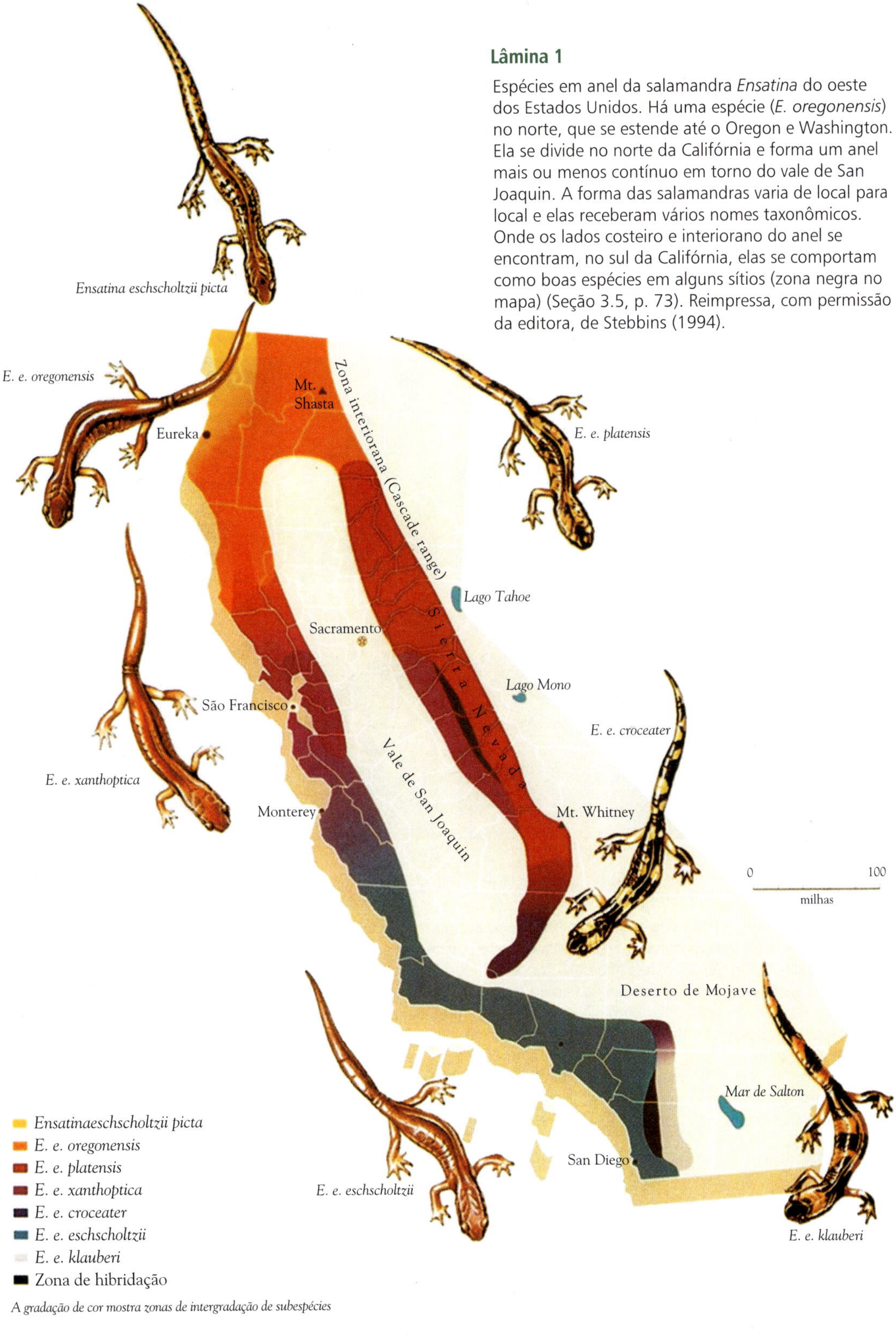

Lâmina 1

Espécies em anel da salamandra *Ensatina* do oeste dos Estados Unidos. Há uma espécie (*E. oregonensis*) no norte, que se estende até o Oregon e Washington. Ela se divide no norte da Califórnia e forma um anel mais ou menos contínuo em torno do vale de San Joaquin. A forma das salamandras varia de local para local e elas receberam vários nomes taxonômicos. Onde os lados costeiro e interiorano do anel se encontram, no sul da Califórnia, elas se comportam como boas espécies em alguns sítios (zona negra no mapa) (Seção 3.5, p. 73). Reimpressa, com permissão da editora, de Stebbins (1994).

Lâmina 2

Formas de bico grande (à esquerda) e de bico pequeno (à direita) do tentilhão africano, formalmente denominadas de *Pyrenestes ostrynus* e informalmente conhecidas como quebradora de sementes de barriga preta. O polimorfismo é um exemplo de seleção disruptiva (Seção 4.4, p. 106). (Cortesia de T. B. Smith.)

(m)

Lâmina 3

Aqui, na fileira inferior, estão seis das muitas formas de *Papilio memnon*, sob a espécie-modelo que cada uma delas mimetiza. (a-f) Seis modelos suspeitos: (a,b) duas formas da fêmea *Losaria coon*; (c) *L. aristolochiae*; (d) *Triodes helena*; (e) *T. amphrysus*; (f) *Atrophaneura sycorax*. (g-l) Seis formas de Papilio memnon. Três das formas (g-i) mimetizam espécies (a-c) que possuem caudas, e três (j-l) mimetizam espécies que não possuem caudas. (m) Uma outra forma de *P. memnon*, a rara provável forma recombinante *anura*, de Java. Ela é como a forma mimética normal, chamada de *achates* (ilustrada em g-i), mas não possui a sua cauda. Ela pode ser uma forma recombinante entre *achates* e uma forma sem cauda, como as em (d-f) (Seção 8.1, p. 223). De Clarke *et al.* (1968) e Clarke e Sheppard (1969).

(a)

(b)

(c)

(d)

Lâmina 4

(a) *Geospiza magnirostris* em Daphne, Ilhas Galápagos. (b) *G. fortis*, também em Dafne. Essas duas espécies são estreitamente relacionadas, embora *G. magnirostris* tenha um bico maior e seja mais eficiente para comer sementes maiores. (c) A cratera em Dafne, nas condições climáticas normais de 1976. As aves em primeiro plano são atobás. (d) A mesma cratera em Dafne no ano do El Niño de 1983. A vegetação distinta consiste principalmente em *Heliotropium angiospermum* e *Cacabus miersii*. (Ver Seções 9.1, p. 251, e 13.7.3, p. 400.) (As fotos são cortesia de Peter Grant [a-c] e Nicola Grant [d].)

(a)

(b)

Lâmina 5

Essas moscas de olhos pedunculados da Malásia possuem uma envergadura de olhos que é maior do que seus corpos. (a) *Cyrtodiopsis dalmanni*. Há uma relação alométrica entre a envergadura dos olhos e o comprimento do corpo, e Wilkinson selecionou artificialmente as moscas para alterar a inclinação da relação alométrica. (b) A espécie estreitamente relacionada *C. whitei*. (Seção 10.7.3, p. 308.) (As fotos são cortesia de Jerry Wilkinson.)

Lâmina 6

A gralha dos arbustos da Flórida (*Aphelocoma coerulescens*) se reproduz em grupos cooperativos de um par parental e um número de "auxiliares". A seleção de parentesco é provavelmente a razão pela qual o auxílio altruísta é favorecido nesta espécie da Flórida (seção 11.2.4, página 324)

Lâmina 7

Isolamento pré-zigótico por diferenças de coloração em dois ciclídeos. (a) Em iluminação normal, as duas espécies diferem em coloração. *Pundamilia nyererei* (em cima) possui cores avermelhadas e *P. pundamilia* possui coloração azul (veja, por exemplo, as nadadeiras caudais). As fêmeas vermelhas acasalam-se somente com machos vermelhos, e as fêmeas azuis, somente com machos azuis. (b) Em um experimento com luz monocromática alaranjada, as duas espécies são indistinguíveis. Nessa situação, as fêmeas vermelhas acasalaram-se indiscriminadamente com machos vermelhos e azuis, bem como as fêmeas azuis. A prole foi toda viável e fértil. O experimento mostra que as duas espécies são mantidas separadas por preferências de acasalamento baseadas na coloração. Ele também sugere que as espécies evoluíram muito recentemente, pois não há isolamento pós-zigótico (Seção 13.3.3, p. 385). (As fotos são cortesia de Ole Seehausen.)

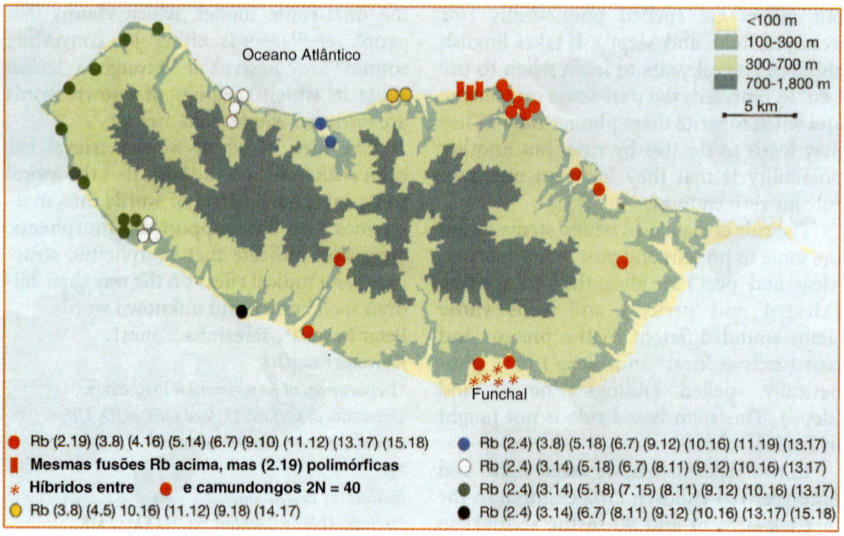

Lâmina 8

Raças cromossômicas do camundongo doméstico (*Mus musculus*) em Madeira. Círculos e quadrados representam amostras e os diferentes símbolos representam diferentes formas cromossômicas. Rb representa fusão robertsoniana, que é a fusão entre dois cromossomos que (antes da fusão) possuíam centrômeros em suas extremidades. Os números entre parêntese são dos dois cromossomos fusionados. Os números diplóides (2N) e os tamanhos das amostras (*n*) são os seguintes: ponto vermelho, 2N = 22, *n* = 43; retângulo vermelho, 2N = 23-24, *n* = 5; asterisco vermelho, 2N = 24-40, *n* = 38; ponto amarelo, 2N = 28-30, *n* = 5; ponto azul, 2N = 25-27, *n* = 10; ponto branco, 2N = 24-26, *n* = 11; ponto verde, 2N = 24-27, *n* = 25; ponto preto, 2N = 24, *n* = 6. (Ver Seção 13.4.2, p. 388.) Reproduzida, com permissão da editora, de Britton-Davidian *et al.* (2000).

(a)

(b)

Lâmina 9

Especiação híbrida em íris. (a) As três espécies "parentais": *Iris hexagona* (à esquerda), *I. fulva* (ao centro) e *I. brevicaulis* (à direita). (b) Essas espécies parentais contribuíram para a origem recente de *I. nelsonii*, mostrada aqui nos bosques da Louisiana (Seção 14.7, p. 431). (As fotos são cortesia de Mike Arnold.)

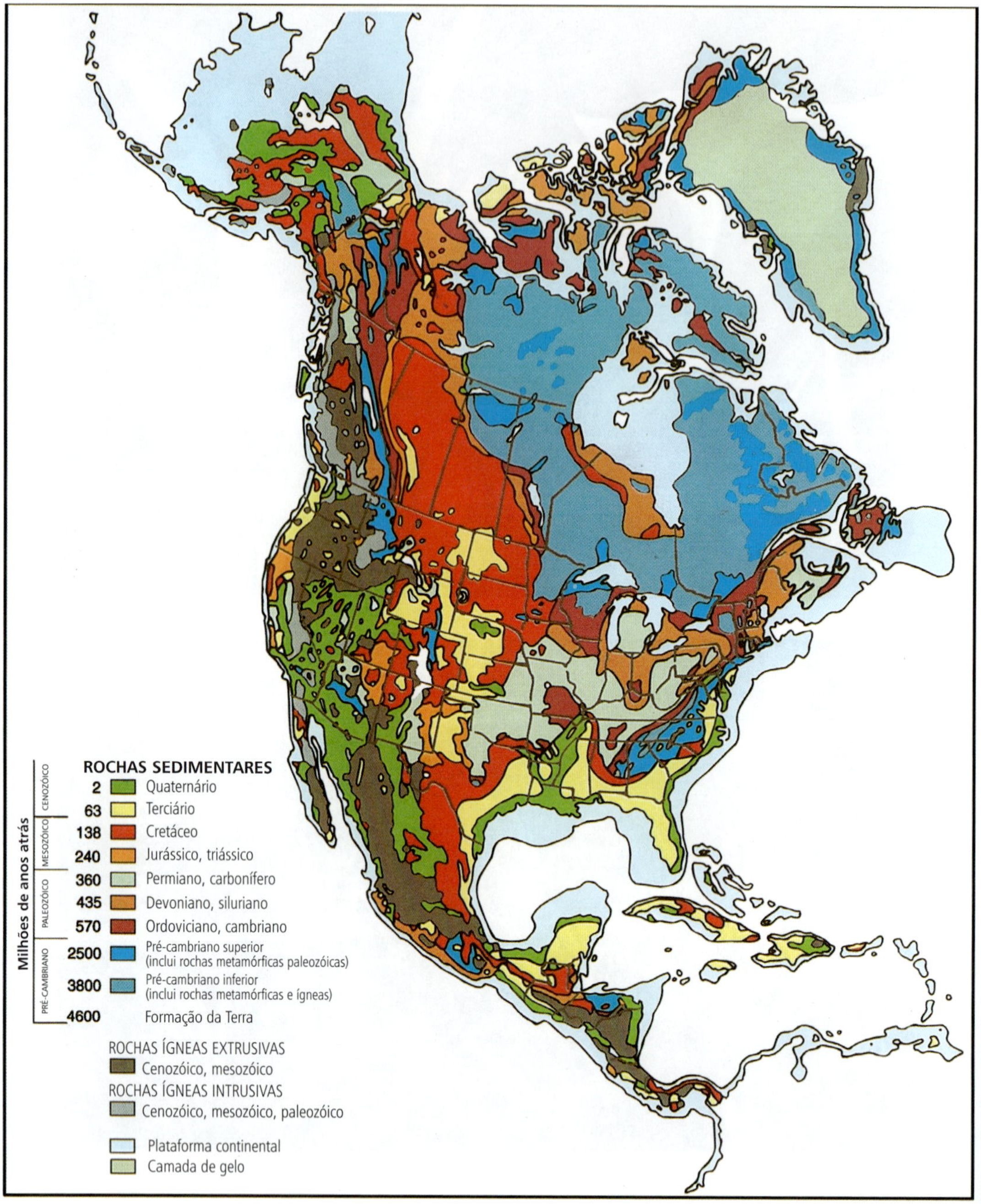

Lâmina 10

Mapa geológico da América do Norte, mostrando a idade do leito rochoso (as rochas que estão na superfície da terra ou imediatamente abaixo do solo). (Seção 18.1, p. 547.)

4 Seleção Natural e Variação

Este capítulo primeiramente estabelece as condições para que a seleção natural possa operar e distingue as formas direcional, estabilizadora e disruptiva de seleção. Consideramos, depois, o quão comuns na natureza são essas condições e revisamos as evidências a favor da ocorrência de variação dentro de espécies. A revisão começa em nível de morfologia geral e vai até variações moleculares. As variações originam-se por recombinação e mutação e, assim, finalizamos por discutir os argumentos que mostram que novas variações, quando surgem, não são "direcionadas" para uma melhora adaptativa.

4.1 Na natureza, há uma luta pela sobrevivência

O bacalhau produz muito mais ovos do que o necessário para propagar a população

O bacalhau do Atlântico (*Gadus callarias*) é um grande peixe marinho e uma importante fonte de alimento para o homem. Eles também produzem uma grande quantidade de ovos. Uma fêmea de 10 anos de idade produz, em média, 2 milhões de ovos em um período reprodutivo e grandes indivíduos são capazes de produzir mais de 5 milhões (Figura 4.1a). A fêmea ascende à superfície, vinda de águas profundas para pôr seus ovos; mas, tão logo eles são liberados, já começam a ser predados. A camada de plâncton é um lugar perigoso para os ovos. Os bilhões de ovos de bacalhau liberados são devorados por inúmeros invertebrados planctônicos, por outros peixes e por larvas de peixes. Em torno de 99% dos ovos de bacalhau morrem em seu primeiro mês de vida e outros 90%, aproximadamente, dos sobreviventes morrem antes de atingir a idade de um ano (Figura 4.1b). Uma porção ínfima dos aproximadamente 5 milhões de ovos liberados por uma fêmea ao longo de sua vida irá sobreviver e se reproduzirá - uma fêmea de bacalhau produzirá, em média, uma progênie de apenas dois indivíduos bem-sucedidos.

Este quadro, de sobrevivência até a idade reprodutiva para apenas dois ovos por fêmea, não é o resultado de uma observação. Ele é derivado de um cálculo lógico. Somente dois podem sobreviver, porque qualquer outro número seria insustentável em longo prazo. Um par de indivíduos é necessário para que a reprodução aconteça. Se, em média, um par em uma população produz menos de dois indivíduos na sua prole, a população logo será extinta; se ele produz mais de dois, a população rapidamente atingirá o infinito – o que é insustentável. Ao longo de um pequeno número de gerações, uma fêmea em uma população pode produzir, em média, mais ou menos dois indivíduos bem-sucedidos na sua prole, com a população aumentando ou diminuindo de acordo. Em longo prazo, a média deve ser de dois. Podemos inferir que, dos 5 milhões de ovos produzidos por uma fêmea de bacalhau ao longo de sua vida, 4.999.998 morrem antes de se reproduzirem.

Uma tabela de vida pode ser utilizada para descrever a mortalidade de uma população (Tabela 4.1). Uma tabela de vida começa no estágio de ovo e traça qual proporção dos 100% de ovos originais morre a cada estágio sucessivo da vida. Em algumas espécies, a mortalidade está concentrada no início da vida, em outras, a mortalidade é mais ou menos constante ao longo de toda a vida. Mas em todas as espécies há mortalidade, o que reduz o número de ovos produzidos, de modo a resultar em um número mais baixo de adultos.

Assim como fazem todas as formas de vida

A condição de "excesso" de fecundidade – na qual as fêmeas produzem uma prole maior do que o número de indivíduos que vai sobreviver – é universal na natureza. Em todas as

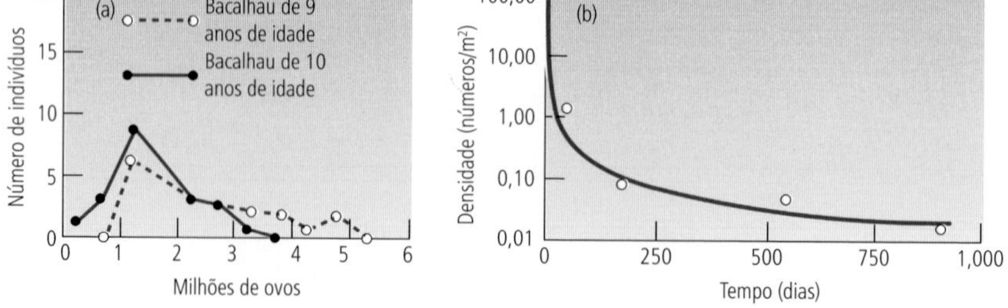

Figura 4.1

(a) Fecundidade do bacalhau. Note os valores elevados e a variabilidade desses valores entre indivíduos. O bacalhau mais fértil produz talvez cinco vezes mais ovos do que o menos fértil; muito dessa variação associa-se ao tamanho, pois indivíduos maiores produzem mais ovos. (b) Mortalidade do bacalhau em seus dois primeiros anos de vida. Redesenhada, com permissão da editora, de May (1967) e Cushing (1975).

Tabela 4.1

Uma tabela de vida para a planta anual *Phlox drummondii* em Nixon, Texas. A tabela de vida apresenta a proporção de uma amostra original (coorte) que sobrevive em várias idades. Uma tabela de vida completa também apresenta a fertilidade dos indivíduos em cada estágio. Reproduzida, com permissão da editora, de Leverich e Levin (1979).

Intervalo de idade (dias)	Número de sobreviventes ao final do intervalo	Proporção da coorte original que sobreviveu	Proporção da coorte original que morreu durante o intervalo	Taxa de mortalidade por dia
0–63	996	1,000	0,329	0,005
63–124	668	0,671	0,375	0,009
124–184	295	0,296	0,105	0,006
184–215	190	0,191	0,014	0,002
215–264	176	0,177	0,004	0,001
264–278	172	0,173	0,005	0,002
278–292	167	0,168	0,008	0,003
292–306	159	0,160	0,005	0,002
306–320	154	0,155	0,007	0,003
320–334	147	0,148	0,043	0,021
334–348	105	0,105	0,083	0,057
348–362	22	0,022	0,022	1,000
362–	0	0	–	–

espécies, são produzidos mais ovos do que o número capaz de sobreviver até o estágio adulto. O bacalhau representa dramaticamente a questão, devido ao fato de apresentar fecundidade e mortalidade tão elevadas; mas Darwin representou dramaticamente a mesma questão de outro ponto de vista, considerando o tipo oposto de espécie – um tipo de espécie que possui uma taxa reprodutiva extremamente baixa. A fecundidade dos elefantes é baixa, mas mesmo eles produzem prole em número maior do que o capaz de sobreviver. Nas palavras de Darwin:

> O elefante é reconhecido como o reprodutor mais lento dentre todos os animais e eu tive o trabalho de estimar a sua taxa mínima provável de incremento natural; seria seguro assumir que ele começa a reproduzir-se aos trinta anos de idade, que continua a fazê-lo até os seus noventa anos, produzindo quarenta e seis filhotes neste intervalo, e que sobrevive até os cem anos de idade; se isso é assim, após um período de 740 a 750 anos, haveria próximo de dezenove milhões de elefantes vivos, descendentes do primeiro par.[1]

O excesso de fecundidade resulta em competição, para reprodução e sobrevivência

Com elefantes, assim como com o bacalhau, acontece que muitos indivíduos morrem entre o estágio de ovo e o adulto; ambos apresentam excesso de fecundidade. Esse excesso de fecundidade existe porque o mundo não contém recursos suficientes para sustentar a todos os ovos que são produzidos e a todos os filhotes que nascem. O mundo contém apenas quantidades limitadas de alimento e espaço. Uma população pode expandir-se até um certo ponto, mas, logicamente, haverá um ponto a partir do qual o suprimento de alimento deverá limitar uma expansão adicional. À medida que os recursos são utilizados, a taxa de mortalidade na

[1] Os detalhes numéricos são questionáveis, mas os números exatos de Darwin podem ser obtidos ao assumir-se a sobreposição de gerações. Ver Ricklefs & Miller (2000, p. 300). De qualquer maneira, a validade da idéia geral permanece.

população aumenta e, quando a taxa de mortalidade iguala-se à de natalidade, a população pára de crescer.

Portanto, em um sentido ecológico, os organismos competem para sobreviverem e reproduzirem-se – tanto diretamente, defendendo territórios, por exemplo, como indiretamente, como no caso de consumir alimentos que poderiam ser comidos por outro indivíduo. Os fatores efetivamente competitivos que limitam os tamanhos de populações naturais constituem uma das principais áreas dos estudos ecológicos. Vários desses fatores já tiveram sua operação demonstrada. O que importa aqui, contudo, é a idéia geral de que os membros de uma população e os membros de diferentes espécies competem entre si para que possam sobreviver. Essa competição resulta das condições de limitação de recursos e excesso de fecundidade. Darwin referiu-se a essa competição ecológica com "a luta pela sobrevivência". A expressão é metafórica: ela não implica uma luta física pela sobrevivência, embora as lutas às vezes aconteçam.

A luta pela sobrevivência refere-se à competição ecológica

A luta pela sobrevivência acontece em uma rede de relações ecológicas. Acima de um organismo na cadeia alimentar ecológica haverá predadores e parasitas, que buscam alimentar-se dele. Abaixo desse organismo haverá recursos alimentares que ele deverá consumir para permanecer vivo. No mesmo nível da cadeia estão concorrentes que podem estar competindo pelos mesmos recursos de alimento ou de espaço. Um organismo compete mais diretamente com outros membros de sua própria espécie, porque eles possuem necessidades ecológicas mais similares à sua. Outras espécies, em uma ordem decrescente de semelhança ecológica, também competirão com ele e exercerão uma influência negativa sobre as suas chances de sobrevivência. Em resumo, os organismos produzem uma prole em número maior do que o capaz de sobreviver – devido à disponibilidade limitada de recursos – e, por isso, competem pela sobrevivência. Somente os competidores bem-sucedidos se reproduzirão.

4.2 Para que a seleção natural opere, são necessárias algumas condições

O excesso de fecundidade e a conseqüente competição pela sobrevivência em cada espécie fornecem as pré-condições para que ocorra o processo que Darwin chamou de seleção natural. A seleção natural é mais fácil de ser abstratamente compreendida como um argumento lógico, que leva das premissas a uma conclusão. O argumento, na sua forma mais geral, requer quatro condições:

A teoria da seleção natural pode ser entendida como um argumento lógico

1. Reprodução. As entidades devem se reproduzir para formarem uma nova geração.
2. Hereditariedade. A progênie deve tender a lembrar os seus progenitores: grosseiramente falando, "similar deve produzir similar".
3. Variação entre caracteres individuais entre os membros da população. Se estivermos estudando a seleção natural sobre o tamanho corporal, então diferentes indivíduos na população devem ter diferentes tamanhos corporais. (Ver Seção 1.3.1, p. 30, sobre o modo como os biólogos utilizam a palavra "caráter".)
4. Variação da *aptidão* do organismo de acordo com seu estado quanto a um caráter herdável. Na teoria evolutiva, a aptidão é um termo técnico, que significa o número médio de descendentes diretos deixado por um indivíduo em relação ao número de descendentes diretos deixado por um membro médio da população. Portanto, essa condição significa que um indivíduo da população com alguns caracteres deve ter uma maior probabilidade de reproduzir-se (i.e, ter uma maior aptidão) do que outros. (O significado evolutivo do termo aptidão difere do seu significado atlético.)

Se essas condições existirem para qualquer propriedade de uma espécie, automaticamente haverá seleção natural. E se qualquer uma delas não existir, não haverá seleção natural. Assim, entidades como planetas, que não se reproduzem, não podem evoluir por seleção natural. Entidades que se reproduzem, mas nas quais os caracteres parentais não são herdados pelos descendentes, também não podem evoluir por seleção natural. Mas quando essas quatro condições existem, as entidades com a propriedade que confere maior aptidão deixarão um número maior de descendentes e a freqüência daquele tipo de entidade aumentará na população.

O HIV ilustra o argumento lógico

A evolução da resistência a drogas no HIV ilustra o processo (vimos esse exemplo na Seção 3.2, p. 68). A forma usual do HIV possui uma transcriptase reversa que se liga tanto a drogas chamadas de inibidores nucleosídicos como aos próprios constituintes do DNA (A, C, G e T). Um inibidor nucleosídico em particular, a 3TC, é um análogo molecular de C. Quando a transcriptase reversa coloca uma molécula de 3TC ao invés de uma C em uma cadeia de DNA que está sendo replicada, o alongamento da cadeia é interrompido e a reprodução do HIV também. Na presença da droga 3TC, a população de HIV em um corpo humano evolui de modo a produzir uma forma discriminadora de transcriptase reversa – uma forma que não se liga a 3TC, mas que ainda se liga a C. O HIV evolui, então, uma forma de resistência à droga. A freqüência do HIV resistente à droga aumenta de uma freqüência praticamente indetectável, quando a droga é ministrada pela primeira vez ao paciente, até 100%, em torno de três semanas depois.

O aumento da freqüência do HIV resistente à droga é quase que certamente causado pela seleção natural. O vírus satisfaz todas as quatro condições para que a seleção natural opere. O vírus se reproduz; a capacidade de resistir à droga é herdada (porque essa capacidade é devida a uma mudança genética no vírus); a população do vírus no corpo de um paciente humano apresenta variação genética na capacidade de resistência à droga; e as diferentes formas de HIV possuem diferentes aptidões. Em um paciente com AIDS humano que está sendo tratado com uma droga com a 3TC, os HIV com a alteração correta de aminoácido nas suas transcriptases reversas se reproduzirão melhor, produzirão uma maior prole viral do mesmo tipo resistente e aumentarão em freqüência. A seleção natural os favorece.

4.3 A seleção natural explica tanto a evolução como a adaptação

A seleção natural leva a mudanças evolutivas...

Quando o ambiente do HIV muda, como no caso da célula hospedeira passar a conter inibidores nucleosídicos, como a 3TC, além de recursos valiosos, como a C, a população viral altera-se ao longo do tempo. Em outras palavras, a população do HIV evolui. A seleção natural produz evolução quando o ambiente muda; ela também produzirá modificações evolutivas em um ambiente constante, caso surja uma nova forma que sobreviva melhor do que a forma corrente da espécie. O processo que opera em qualquer paciente com AIDS sob tratamento com drogas vem operando em todas as formas vivas por 4 bilhões de anos, desde o surgimento inicial da vida na Terra, tendo sido o responsável por mudanças evolutivas muito maiores ao longo desse extenso período de tempo.

A seleção natural não é apenas capaz de produzir mudanças evolutivas, ela também pode fazer com que uma população se mantenha constante. Se o ambiente é constante e não surge uma forma superior na população, a seleção natural manterá essa população como está. A seleção natural pode explicar tanto as mudanças evolutivas como a ausência de mudanças.

... e gera adptação

A seleção natural também explica a adaptação. A resistência a drogas do HIV é um exemplo de adaptação (Seção 1.2, p. 29). A enzima transcriptase reversa discriminadora permite que o HIV se reproduza em um ambiente contendo inibidores nucleosídicos. A nova adaptação era necessária devido à mudança ambiental. No paciente com AIDS tratada com a droga, uma transcriptase reversa mas não-discriminadora não é mais adaptativa. A ação da seleção natural para aumentar a freqüência do gene codificador de uma transcriptase reversa discriminadora resultou na adptação do HIV ao seu ambiente. Ao longo do tempo, a seleção natural gera adaptação. A teoria da seleção natural passa, portanto, pelo teste fundamental estabelecido por Darwin (Seção 1.3.2, p. 33) para uma teoria da evolução satisfatória.

4.4 A seleção natural pode ser direcional, estabilizadora ou disruptiva

Muitos caracteres possuem distribuições contínuas

No HIV, a seleção natural ajustou as freqüências de dois tipos distintos (suscetível ou resistente à droga). Entretanto, muitos caracteres em muitas espécies não existem como tipos distintos. Ao invés disso, esses caracteres apresentam uma variação contínua. O tamanho corporal humano, por exemplo, não vem na forma de dois tipos distintos, "grande" e "pequeno". O tamanho corporal tem distribuição contínua. Uma amostra de seres humanos apresentará uma gama de tamanhos, distribuídos em uma "curva em forma de sino" (ou distribuição normal). Em biologia evolutiva, é muitas vezes útil pensar-se na evolução de caracteres contínuos, como tamanho corporal, em termos um pouco diferentes daqueles utilizados na consideração da evolução de caracteres discretos, como a resistência e a suscetibilidade a drogas. Entretanto, não existem diferenças profundas entre os dois tipos de pensamento. Variações discretas confundem-se com variações contínuas e, em todos os casos, elas são devidas a alterações na freqüência de tipos genéticos alternativos.

A seleção natural altera a forma das distribuições contínuas: ela pode ser direcional...

A seleção natural pode agir de três maneiras sobre um caráter, como o tamanho corporal, que é distribuído continuamente. Assuma que indivíduos menores possuem uma maior aptidão (isto é, produzem uma prole maior) do que indivíduos maiores. A seleção natural então é *direcional*: ela favorece indivíduos menores e irá, se o caráter for herdável, produzir um decréscimo no tamanho corporal médio (Figura 4.2a). A seleção direcional poderia, obviamente, também produzir um aumento evolutivo do tamanho corporal médio, caso indivíduos maiores possuíssem uma maior aptidão.

Por exemplo, o salmão rosado (*Onchorhynchus gorbuscha*), do noroeste do Pacífico, vem apresentando um decréscimo do seu tamanho em anos recentes (Figura 4.3). Em 1945, os pescadores começaram a ser pagos pelo peso, uma vez de por indivíduo, de salmão apanhado e, por isso, aumentaram o uso de um tipo de rede que seletivamente apanha peixes maiores. A seletividade dessa técnica de pesca (*gill netting*) pode ser demonstrada comparando-se o tamanho médio dos salmões apanhados por esse método com aquele dos salmões apanhados por uma técnica de pesca não-seletiva: a diferença variou de 0,3 a 0,48 lb. (0,14 a 0,22 kg). Portanto, depois que essa técnica de pesca foi introduzida, salmões menores passaram a ter uma chance maior de sobrevivência. A seleção favorável ao menor tamanho na população do salmões foi intensa, pois o esforço de pesca é altamente eficiente – em torno de 75 a 80% dos salmões adultos nadando em rios sob investigação foram capturados nestes anos. O tamanho médio do salmão diminuiu em torno de um terço nos 25 anos seguintes (O Quadro 4.1 descreve a aplicação prática desse tipo de evolução.)

Uma segunda possibilidade (mais comum na natureza) é a da seleção natural ser *estabilizadora* (Figura 4.2b). Os membros médios da população, com tamanhos corporais intermediários, possuem uma aptidão maior do que os tipos extremos. A seleção natural agora age contra mudanças no tamanho corporal e mantém a população constante ao longo do tempo.

... ou estabilizadora...

Estudos do peso no nascimento em seres humanos são bons exemplos de seleção estabilizadora. A Figura 4.4a ilustra um caso clássico de uma amostra de Londres, Reino Unido, entre 1935 e 1946, e resultados similares foram encontrados em Nova Iorque, na Itália e no Japão. Bebês mais pesados ou mais leves do que a média sobrevivem menos do que bebês com peso médio. A seleção estabilizadora provavelmente vem operando sobre o peso no nascimento em

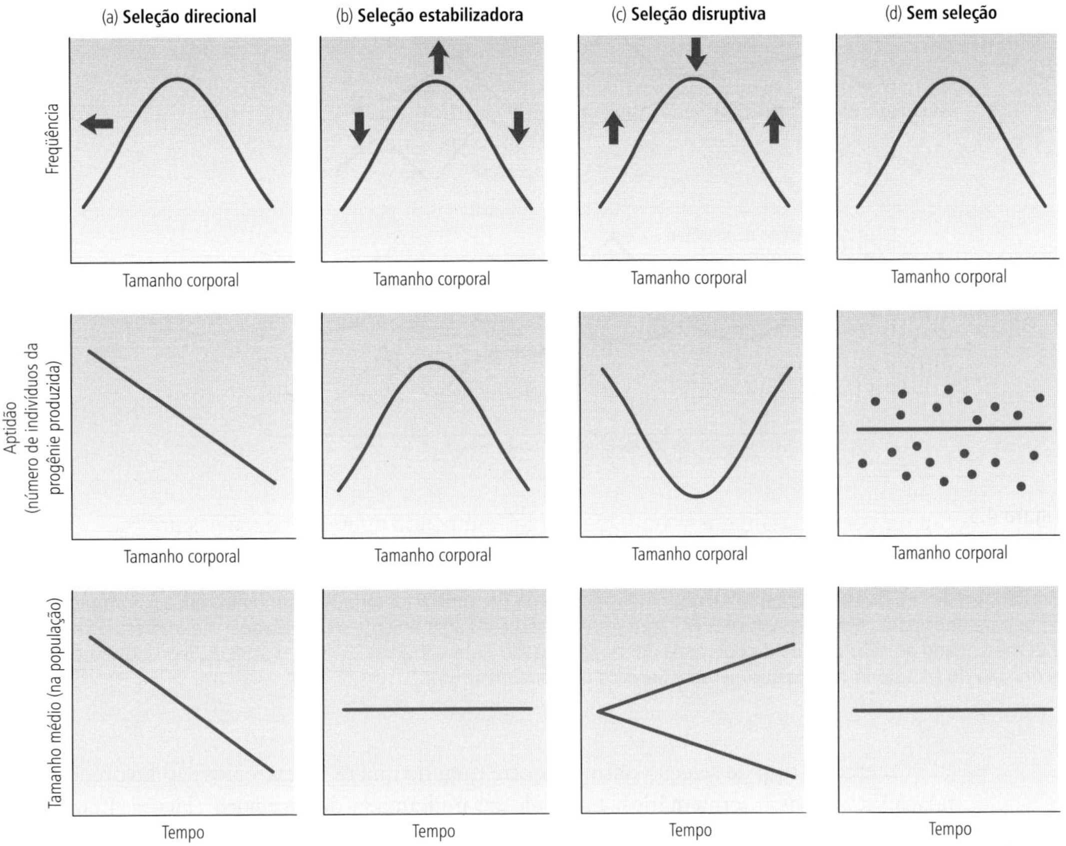

Figura 4.2

Os três tipos de seleção. A linha superior mostra a freqüência de distribuição do caráter (tamanho corporal). Para muitos caracteres na natureza, essa distribuição possui um pico central, próximo à média, e é menor nos extremos. (A distribuição normal, ou "curva em forma de sino", é um exemplo particular desse tipo de distribuição.) A segunda linha mostra a relação entre o tamanho corporal e a aptidão, em uma geração, e a terceira mostra a alteração esperada na média do caráter ao longo de muitas gerações (se o tamanho corporal é herdável). (a) Seleção direcional. Indivíduos menores têm uma maior aptidão, e a espécie tem o seu tamanho corporal médio diminuído ao longo do tempo. A Figura 4.3 é um exemplo. (b) Seleção estabilizadora. Indivíduos de tamanho intermediário têm uma maior aptidão. A Figura 4.4a é um exemplo. (c) Seleção disruptiva. Ambos os extremos são favorecidos e, se a seleção é forte o suficiente, a população divide-se em duas. A Figura 4.5 é um exemplo. (d) Nenhuma seleção. Se não há relação entre o caráter e a aptidão, a seleção natural não age nesse caso.

populações humanas desde a época da expansão evolutiva de nossos cérebros, em torno de 1 a 2 milhões de anos atrás, até o século XX. Na maior parte do mundo ela ainda continua a operar. Entretanto, nos 50 anos decorridos desde o estudo de Karn e Penrose (1951), a força da seleção estabilizadora sobre o peso no nascimento foi relaxada em países ricos (Figura 4.4b) e, no final da década de 1980, quase desapareceu. O padrão aproximou-se àquele da Figura 4.2d: a porcentagem de sobrevivência passou a ser quase a mesma para todos os pesos no nascimento. A seleção foi relaxada devido à melhora no cuidado a partos prematuros (a principal causa de bebês mais leves) e ao aumento da freqüência de partos por cesariana para bebês grandes em relação a suas mães (a menor sobrevivência de bebês mais pesados era principalmente devida a lesões no bebê ou na mãe durante o parto). Na década de 1990, a seleção estabilizadora, que vinha agindo sobre o peso humano no nascimento por milhões de anos, praticamente desapareceu nos países ricos.

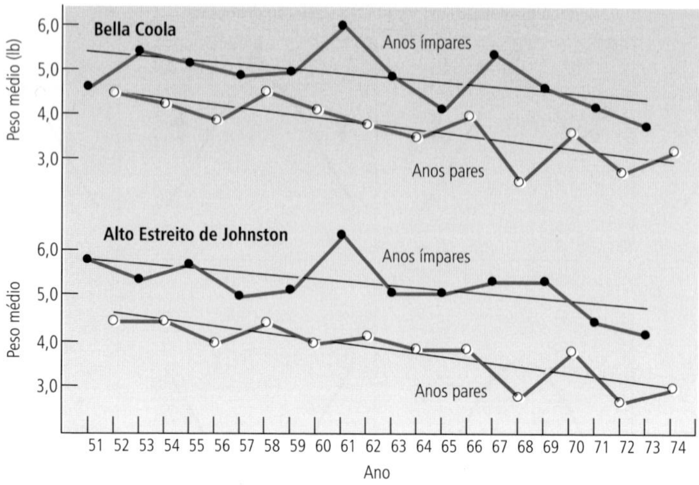

Figura 4.3

Seleção direcional pela pesca do salmão rosado, *Onchorhynchus gorbuscha*. O gráfico mostra o decréscimo do salmão rosado apanhado em dois rios da Colúmbia Britânica desde 1950. O decréscimo foi provocado pela pesca seletiva de indivíduos maiores. Duas linhas estão representadas para cada rio: uma para salmões apanhados em anos ímpares e a outra para anos pares. Peixes apanhados em anos ímpares são consistentemente mais pesados, o que presumivelmente está relacionado ao ciclo de vida de dois anos do salmão rosado (5 lb ≈ 2,2 kg). De Ricker (1981). Reproduzida com permissão do Ministério de Abastecimento e Serviços do Canadá, 1995.

... ou disruptiva

O terceiro tipo de seleção natural ocorre quando ambos os extremos são favorecidos em relação aos tipos intermediários. Essa seleção é chamada de *disruptiva* (Figura 4.2c). T. B. Smith descreveu um exemplo desse tipo de seleção no tentilhão africano *Pyrenestes ostrynus*, popularmente chamado de quebrador de sementes de barriga preta (Smith & Girman, 2000) (ver Lâmina 2, p. 94). Esses pássaros são encontrados na maior parte da África central e se especializaram em comer sementes de ciperáceas. A maioria das populações contém formas grandes e pequenas, que são encontradas tanto em machos como em fêmeas; este não é um exemplo de dimorfismo sexual. Como ilustrado na Figura 4.5a, este é um caso no qual o caráter não está distribuído claramente nem de maneira discreta, nem contínua. As categorias de variação discreta e contínua misturam-se entre si e os bicos desses tentilhões estão na zona intermediária. Veremos mais sobre o significado de variação contínua no Capítulo 9, mas, aqui, estamos usando o exemplo somente para ilustrarmos a seleção disruptiva, não importando se a variação representada na Figura 4.5a é chamada de discreta ou contínua.

Várias espécies de ciperáceas ocupam o ambiente dos tentilhões e as suas sementes variam em dureza, determinando diferentes dificuldades para que sejam quebradas e abertas. Smith mediu quanto tempo um tentilhão leva para abrir uma semente, dependendo do tamanho do bico. Ele também mediu a aptidão, em função do tamanho do bico, ao longo de um período de sete anos. A Figura 4.5c resume os seus resultados e mostra dois picos de aptidão. Os picos gêmeos existem primariamente porque existem duas espécies principais de ciperáceas. Uma das espécies produz sementes duras, nas quais os tentilhões maiores são especializados; a outra espécie de ciperácea produz sementes macias, nas quais os tentilhões menores são especializados. Em um ambiente com uma distribuição bimodal de recursos, a seleção natural determina que a população de tentilhões tenha uma distribuição bimodal de tamanhos de bico. A seleção natural é, portanto, disruptiva. A seleção disruptiva é de particular interesse teórico, porque pode aumentar a diversidade genética de uma população (por seleção dependente de freqüência – Seção 5.13, p. 156) e também porque pode promover especiação (Capítulo 14).

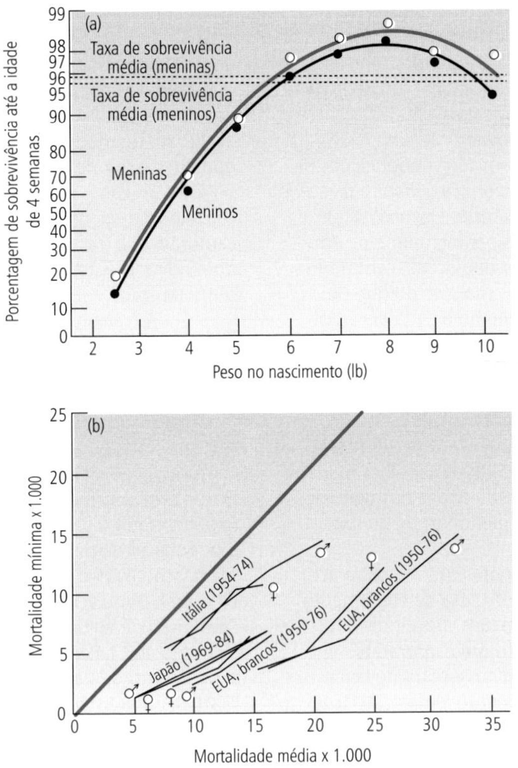

Figura 4.4

(a) O padrão clássico da seleção estabilizadora sobre o peso de recém-nascidos humanos. Crianças pesando 8 lb (3,6 kg) ao nascer têm uma taxa de sobrevivência maior do que crianças mais pesadas ou mais leves. O gráfico é baseado em 13.700 crianças nascidas em um hospital em Londres, no Reino Unido, de 1936 a 1946. (b) Relaxamento da seleção estabilizadora em países ricos na segunda metade do século XX. O eixo das abscissas representa a mortalidade média em uma população; o eixo das ordenadas representa a mortalidade de crianças na população que tiveram peso ótimo no nascimento (e, portanto, a mortalidade mínima atingida naquela população). Em (a), por exemplo, as meninas têm uma mortalidade mínima de aproximadamente 1,5% e uma mortalidade média em torno de 4%. Quando a média se iguala ao mínimo, deixa de haver seleção: isso corresponde à linha com inclinação de 45° (o caso "sem seleção" da Figura 4.2d geraria um ponto sobre essa linha). Note a maneira como, na Itália, no Japão e nos Estados Unidos, os dados aproximam-se da linha de 45° ao longo do tempo. No final da década de 1980, a população italiana atingiu um ponto que não era significativamente diferente da ausência de seleção. De Karn e Penrose (1951), e Ulizzi e Manzotti (1988). Redesenhada com permissão da Cambridge University Press.

Quadro 4.1
Evolução de recursos pesqueiros

Quando peixes grandes são apanhados seletivamente, a população evolui para tamanhos menores. A Figura 4.3, neste capítulo, mostra um exemplo do salmão do noroeste do Pacífico. A resposta evolutiva das populações sob pressão pesqueira foi objeto de um estudo adicional feito por Canover e Munch (2002). Eles avaliaram o rendimento obtido a longo prazo de populações de peixes exploradas de várias maneiras.

A pesca seletiva de indivíduos maiores pode estabelecer uma seleção não apenas a favor do tamanho pequeno, mas também

(continua)

(*continuação*)

a favor do crescimento lento. A vantagem (para o peixe) do crescimento lento é facilmente observável em uma espécie na qual (ao contrário do salmão) cada indivíduo produz ovos repetidamente ao longo de um período de tempo. Um indivíduo que cresce lentamente terá um período reprodutivo mais longo, antes de atingir o tamanho no qual ele se torna vulnerável à pesca. O crescimento lento pode ser também vantajoso em uma espécie cujos indivíduos se reproduzem apenas uma vez. Os indivíduos de crescimento lento podem (dependendo dos detalhes do ciclo de vida) ser menores no momento da reprodução e, por isso, têm menor probabilidade de serem capturados.

A evolução do crescimento lento tem conseqüências comerciais. O suprimento de peixes que atingem o tamanho passível de captura irá diminuir, e o mesmo acontece com a produção total a partir desse recurso pesqueiro. A produção pesqueira é maior quando os peixes crescem rapidamente, mas a pesca seletiva de indivíduos grandes tende a fazer com que a evolução proceda na direção oposta.

Conover e Munch (2002) mantiveram várias populações de *Menidia menidia* (*Atlantic silverside*) em laboratório. Eles realizaram a pesca experimentalmente em algumas populações, capturando indivíduos maiores do que um certo tamanho a cada geração. Em outras populações, foi feita a captura de indivíduos menores do que um certo tamanho a cada geração e, em um terceiro grupo de populações, os peixes foram capturados ao acaso. Eles mediram várias propriedades das populações de peixes ao longo de quatro gerações.

A Figura Q4.1a mostra a evolução da taxa de crescimento. As populações cujos indivíduos grandes foram capturados evoluíram no sentido de taxas de crescimento lentas. Isso teve o efeito previsto sobre o sucesso total do rendimento da pesca experimental. A Figura Q4.1b mostra como o rendimento total de peixes diminuiu. À medida que os peixes passaram a ter um crescimento mais lento, eles evoluíram de modo a haver um número menor de peixes disponível para ser pescado. Na população cujos indivíduos pequenos foram capturados, a evolução e o sucesso do rendimento da pesca foram na outra direção.

Conservacionistas e cientistas da indústria pesqueira têm-se preocupado com a manutenção de recursos pesqueiros sustentáveis. Eles têm recomendado regulamentos que resultam na captura de indivíduos maiores. O que tem sido muitas vezes negligenciado é a maneira como a população de peixes evoluirá em relação às práticas de pesca. Em geral, populações exploradas "evoluirão de volta", dependendo de como elas forem exploradas. O experimento de Canover e Munch ilustra essa questão e mostra como uma prática de pesca comumente recomendada também pode fazer com que a evolução determine reduções na produtividade.

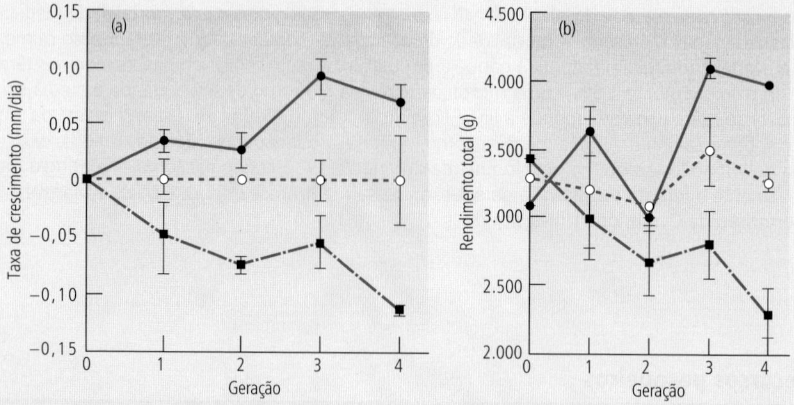

Figura Q4.1

Evolução em recurso pesqueiro experimental. (a) Taxas de crescimento em populações nas quais peixes grandes (quadrados), pequenos (círculos pretos) ou de tamanho aleatório (círculos abertos) foram removidos experimentalmente a cada geração. (b) Rendimento total da atividade pesqueira experimental. O rendimento total é o número de peixes capturados multiplicado pelo seu peso médio (1 lb ≈ 450 g.) De Canover e Munch (2002).

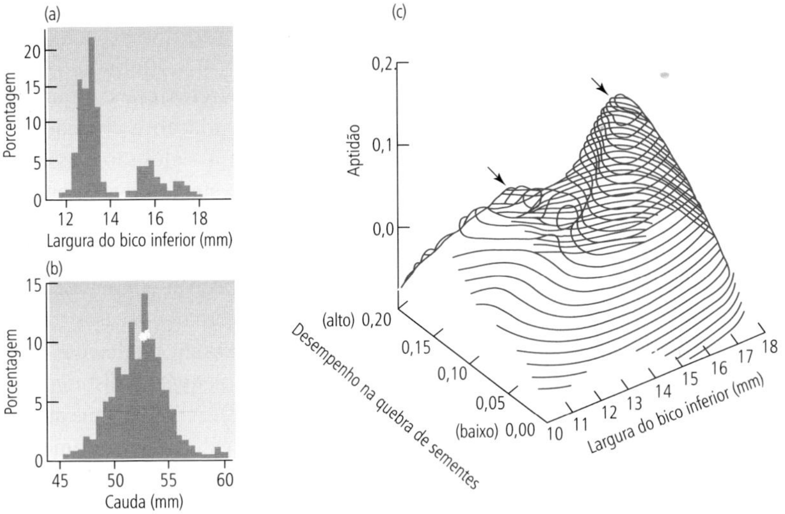

Figura 4.5

Seleção disruptiva no tentilhão quebrador de sementes *Pyrenestes ostrinus*. (a) O tamanho do bico não está distribuído como uma curva em forma de sino; existem formas grandes e pequenas, mas com alguma sobreposição entre elas. A distribuição bimodal só é encontrada para o tamanho do bico. (b) O tamanho geral do corpo, medido, por exemplo, pelo tamanho da cauda, mostra uma distribuição normal clássica. As distribuições mostradas são para machos. (c) A aptidão apresenta dois picos. Note que os picos e os vales da aptidão correspondem aos picos e aos vales da freqüência de distribuição em (a). A aptidão foi medida pela sobrevivência de indivíduos jovens marcados ao longo do período de 1983 a 1990. O desempenho foi medido como o inverso do tempo gasto na quebra de sementes (1 in ≈ 25 mm.) Modificada de Smith e Girman (2000).

Uma possibilidade teórica final é a de não existir relação entre a aptidão e o caráter em questão: então *não há seleção natural* (Figura 4.2d; a Figura 4.4b apresenta um exemplo, ou um quase-exemplo).

4.5 A variação é amplamente difundida em populações naturais

A seleção natural irá agir sempre que as quatro condições da Seção 4.2 forem satisfeitas. As duas primeiras condições dispensam maiores comentários. É bem-sabido que os organismos se reproduzem: esta é uma das propriedades geralmente apresentadas para definir um organismo vivo. Também é bem-sabido que os organismos apresentam herança. A herança é produzida pelo processo mendeliano, que já é compreendido até o nível molecular. Nem todos os caracteres dos organismos são herdáveis; e a seleção natural não ajusta a freqüência de caracteres não-herdáveis. Porém, muitos são herdáveis e a seleção natural pode, potencialmente, agir sobre eles. A terceira e a quarta condições necessitam ainda comentários adicionais.

A extensão da variação, particularmente de aptidão, é importante para a compreensão da evolução

Em relação a quais caracteres e em que número as populações naturais apresentam variação, especialmente, variação de aptidão? Vamos considerar as variações biológicas por meio de uma série de níveis de organização, começando com a morfologia do organismo e descendo até níveis microscópicos. O propósito desta seção é dar exemplos de variação, mostrar como pode ser vista variação em quase todas as propriedades dos seres vivos e apresentar alguns dos métodos (particularmente métodos moleculares) que são utilizados no estudo da variação.

Nível morfológico

No nível morfológico, os indivíduos de uma população natural apresentarão variação para quase qualquer caráter passível de medição. Em alguns caracteres, como o tamanho corporal, cada indivíduo difere de qualquer outro indivíduo; essa variação é chamada de contínua. Outros caracteres morfológicos apresentam variação discreta – eles são classificáveis em um número limitado de categorias. O sexo, ou gênero, é um exemplo óbvio, com alguns indivíduos de uma população sendo fêmeas e outros, machos. Esse tipo de variação em categorias é encontrado também para outros caracteres.

A variação existe em caracteres morfológicos,...

Uma população que contém mais de uma forma reconhecível é *polimórfica* (a condição é chamada de polimorfismo). Pode haver qualquer número de formas em casos reais e elas podem ter qualquer conjunto de freqüências relativas. Para o sexo, existem geralmente duas formas. Na mariposa *Biston betularia*, duas formas coloridas principais são em geral distinguidas, embora as populações reais possam conter três ou mais (Seção 5.7, p. 138). À medida que aumenta o número de formas na população, o tipo de variação polimórfica, em categorias, confunde-se com o tipo contínuo de variação (como vimos no caso do tentilhão quebrador de sementes, Figura 4.5).

Nível celular

...celulares, como a cromossômica,...

A variação não está confinada a caracteres morfológicos. Se considerarmos um caráter celular, como o número e a estrutura dos cromossomos, novamente encontraremos variação. Na mosca-das-frutas *Drosophila melanogaster*, os cromossomos existem em formas gigantes nas glândulas salivares e podem ser estudados por microscopia óptica. Eles têm padrões de bandeamento característicos e cromossomos de diferentes indivíduos de uma população possuem variações sutis nesses padrões. Um tipo de variante é chamado de *inversão* (Figura 4.6), e, nele, o padrão de bandas – e, portanto, a ordem dos genes – de uma região do cromossomo está invertido. A população de moscas pode ser polimórfica em relação a várias inversões diferentes.

A variação cromossômica é mais difícil de ser estudada em espécies que não possuem as formas cromossômicas gigantes, mas, ainda assim, sabe-se que ela existe. Populações do gafanhoto australiano *Keyacris scurra*, por exemplo, podem conter duas formas (normal e invertida) de cada um de seus dois cromossomos; isso gera nove tipos de gafanhotos ao todo, porque cada indivíduo pode ser homozigoto ou heterozigoto para qualquer um dos quatro tipos cromossômicos. Os nove diferem em tamanho e viabilidade (Figura 4.7).

Cromossomos também podem variar quanto a outros aspectos. Os indivíduos podem variar quanto ao número dos seus cromossomos, por exemplo. Em muitas espécies, alguns indivíduos possuem um ou mais cromossomos adicionais, além do número normal para a espécie. Esses cromossomos supranumerários, que são com freqüência chamados de cromossomos B, têm sido particularmente estudados no milho e em gafanhotos. No gafanhoto *Atractomorpha australis*, indivíduos normais possuem 18 autossomos, mas foram encontrados indivíduos com de um a seis cromossomos supranumerários. A população é polimórfica em relação ao número

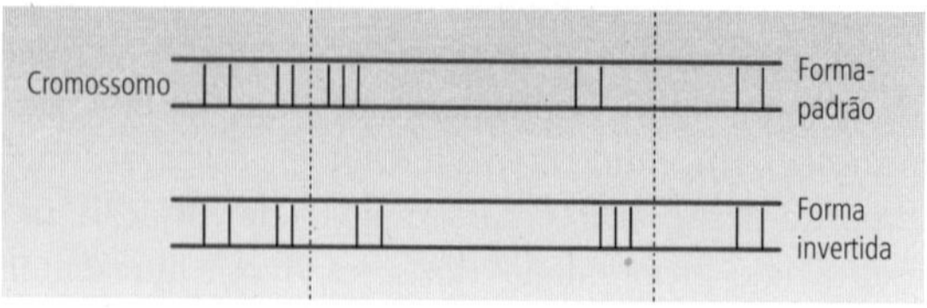

Figura 4.6

Os cromossomos podem existir na forma-padrão ou na invertida. Depende de uma decisão arbitrária a definição de qual é a "forma-padrão" e qual é a "invertida". A inversão pode ser detectada pela comparação da estrutura fina das bandas, como está ilustrado esquematicamente aqui, ou pelo comportamento dos cromossomos na meiose.

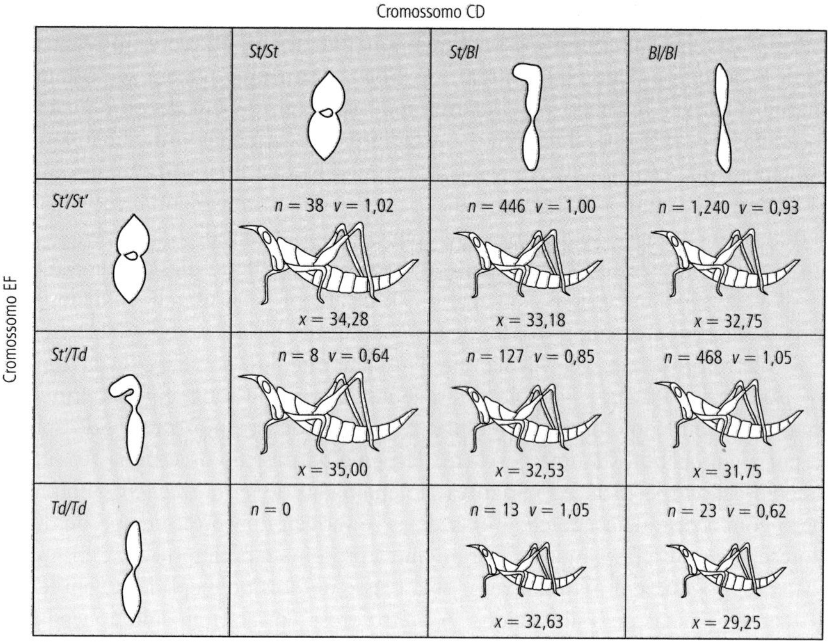

Cromossomo CD
St/St
St/Bl
Bl/Bl
Cromossomo EF
St'/St'
n = 38 v = 1,02
x = 34,28
n = 446 v = 1,00
x = 33,18
n = 1,240 v = 0,93
x = 32,75
St'/Td
n = 8 v = 0,64
x = 35,00
n = 127 v = 0,85
x = 32,53
n = 468 v = 1,05
x = 31,75
Td/Td
n = 0
n = 13 v = 1,05
x = 32,63
n = 23 v = 0,62
x = 29,25

Figura 4.7

O gafanhoto australiano *Keyacris scurra* é polimórfico para inversões de dois cromossomos. Os dois cromossomos são chamados de CD e EF, respectivamente. As formas padrão e invertida do cromossomo CD são chamadas de *St* e *Bl*; as formas padrão e invertida do cromossomo EF são chamadas de ***St'*** e ***Td***. *v* é a viabilidade relativa em um sítio em Wombat, Nova Gales do Sul, expressada em relação à viabilidade da forma *St/Bl St'/St'*, a qual foi arbitrariamente estabelecida como sendo 1. *n* é o tamanho da amostra, *x* é o peso vivo médio. As figuras ilustra o tamanho relativo dos gafanhotos. De White (1973).

de cromossomos. Inversões e cromossomos B são apenas dois tipos de variações cromossômicas. Mas também existem outros tipos; contudo, estes são suficientes para mostrar que os indivíduos variam não só em nível morfológico, mas também em nível subcelular.

Nível bioquímico

A história é a mesma no nível bioquímico, como no caso de proteínas. Proteínas são moléculas formadas por seqüências de unidades de aminoácidos. Uma determinada proteína, como a hemoglobina humana, tem características particulares em sua seqüência, as quais, por sua vez, determinam a forma e as propriedades da proteína. Mas todos os seres humanos possuem exatamente a mesma seqüência para a hemoglobina, ou para qualquer outra proteína? Teoricamente, poderíamos descobrir isso tomando amostras da proteína de diversos indivíduos e então determinado a seqüência de cada uma delas; mas isso seria muito trabalhoso. A *eletroforese em gel* é um método muito mais rápido. A eletroforese em gel funciona porque diferentes aminoácidos possuem cargas elétricas distintas. Diferentes proteínas – e diferentes variantes de uma mesma proteína – possuem cargas elétricas líquidas diferentes, pois possuem diferentes composições de aminoácidos. Se colocarmos uma amostra de proteínas (com o mesmo peso molecular) em um campo elétrico, aquelas com as cargas elétricas maiores se moverão mais rapidamente. O método é importante para quem deseja estudar variação biológica porque é capaz de revelar diferentes variantes de um determinado tipo de proteína. Um bom exemplo é aquele de uma proteína menos conhecida que a hemoglobina – a enzima chamada de álcool-desidrogenase – na mosca-das-frutas.

...bioquímicos, como em enzimas,...

As moscas-das-frutas, como indica seu próprio nome depositam seus ovos em frutas em decomposição, das quais também se alimentam. Elas são atraídas por frutas em decomposição devido às leveduras que elas contêm. As moscas-da-frutas podem ser coletadas em praticamente qualquer lugar do mundo utilizando-se de frutas em decomposição como isca; e moscas-das-frutas são geralmente encontradas em um copo de vinho abandonado durante a noite, após uma festa ao ar livre no verão. À medida que uma fruta se decompõe, ela forma vários compostos químicos, inclusive álcool, que é tanto um veneno como uma potente fonte de energia. As moscas-das-frutas lidam com o álcool utilizando uma enzima chamada de álcool-desidrogenase. A enzima é essencial. Se o gene da álcool-desidrogenase é deletado das moscas e elas são alimentadas com apenas 5% de álcool, "elas têm dificuldades para voar e caminhar e, finalmente, são incapazes de ficar sobre suas patas" (citado em Ashburner, 1998).

A eletroforese em gel revela que, na maioria das populações da mosca-das-frutas *Drosophila melanogaster*, a álcool-desidrogenase ocorre em duas formas principais. As duas formas aparecem como bandas diferentes no gel, depois da amostra ter sido aplicada, submetida por algumas horas a uma corrente elétrica e da posição da enzima ter sido exposta por uma coloração específica. As variantes são chamadas de lenta (*Adh-s*) ou rápida (*Adh-f*), de acordo com a distância que cada uma delas se moveu durante o tempo de duração da eletroforese. As múltiplas bandas mostram que a proteína é polimórfica. A enzima chamada de álcool-desidrogenase é, na realidade, uma classe de dois polipeptídeos com leves diferenças em suas seqüências de aminoácidos. A eletroforese em gel tem sido aplicada a um grande número de proteínas em um grande número de espécies e diferentes proteínas apresentam diferentes graus de variabilidade (Capítulo 7). Mas o importante, no momento, é a verificação de que muitas dessas proteínas são variáveis – existe uma variação extensiva nas proteínas em populações naturais.

Nível de DNA

...e genéticos.

Se a variação é encontrada em cada órgão, em cada nível, entre os indivíduos de uma população, ela irá ser encontrada, quase que inevitavelmente, também no nível do DNA. Os polimorfismos de inversão de cromossomos que vimos anteriormente, por exemplo, são devidos a inversões da seqüência de DNA. Entretanto, o método mais direto para estudar variações no DNA é o seqüenciamento da própria molécula. Continuemos a considerar a álcool-desidrogenase da mosca-das-frutas. Kreitman (1983) isolou o DNA que codifica a álcool-desidrogenase de 11 linhagens independentes de *D. melanogaster* e seqüenciou individualmente todos eles. Algumas das 11 linhagens tinham *Adh-f*, outras, *Adh-s*, e a diferença entre *Adh-f* e *Adh-s* foi sempre devida a uma única diferença de aminoácido (Thr ou Lys no códon 192).

A diferença de aminoácido aparece como uma diferença de base no DNA, mas esta não é a única fonte de variação no nível de DNA. O DNA é ainda mais variável do que o estudo da proteína sugere. No nível da proteína, somente as duas variantes principais foram encontradas na amostra de 11 genes, mas, no nível do DNA, foram encontradas 11 seqüências diferentes, com 43 sítios variáveis. A quantidade de variação que encontramos é, portanto, maior no nível do DNA. No nível da morfologia geral, uma *Drosophila* com dois genes *Adh-f* é indistinguível de uma com dois genes *Adh-s*; a eletroforese em gel resolve duas classes de mosca; mas, no nível do DNA, as duas classes se decompõem em numerosas variantes individuais.

As enzimas de restrição viabilizam um outro método para estudar a variação do DNA. As enzimas de restrição existem naturalmente em bactérias e um grande número – mais de 2.300 – dessas enzimas é conhecido. Qualquer enzima de restrição corta a fita de DNA em qualquer local onde ela possuir uma determinada seqüência, geralmente de 4 a 8 pares de bases. A enzima de restrição chamada de *EcoRl*, por exemplo, que é encontrada na bactéria *Escherichia coli*, reconhece a seqüência de bases ...GAATTC... e a cliva entre a G inicial e a primeira A. Na bactéria, a enzima ajuda na proteção contra invasão viral, clivando DNA estranho. Mas as enzimas de restrição podem ser isoladas em laboratório e utilizadas na investigação de seqüências de DNA. Suponha que o DNA de dois indivíduos difira e que um possua a seqüência GAATTC em um certo sítio, no qual o outro indivíduo possui uma outra seqüência, como GTATT. Se o DNA de cada indivíduo for incubado com *EcoRl*, somente aquele do primeiro indivíduo será clivado. A diferença pode ser detectada na extensão dos fragmentos de DNA: o padrão de extensão dos fragmentos será diferente para os dois indivíduos. Essa variação é chamada de polimorfismo de extensão de fragmentos de DNA e ela vem sendo encontrada em todas as populações até agora estudadas.

Conclusão

Resumindo, populações naturais apresentam variações em todos os níveis, desde a morfologia geral até a seqüência de DNA. Quando formos discutir a seleção natural mais detalhadamente, poderemos assumir que, em populações naturais, a exigência de variação, assim como as de reprodução e herança, é atendida.

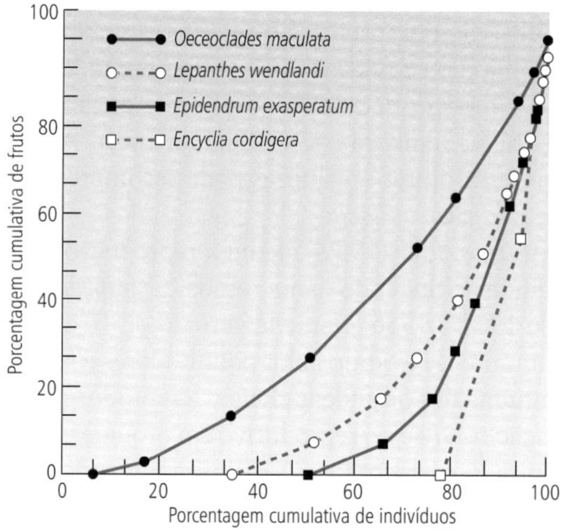

Figura 4.8

A variação no sucesso reprodutivo em populações, ilustrada por quatro espécies de orquídeas. O gráfico representa a porcentagem cumulativa de descendentes diretos produzidos pelas plantas, com as plantas individuais ordenadas da mais malsucedida para a mais bem-sucedida. Por exemplo, em *Epidendrum exasperatum*, os indivíduos mais malsucedidos (50%) não produziram prole: eles falharam em se reproduzir. Os próximos 17% dos indivíduos subiram na escala de sucesso, produzindo em torno de 5% das frutas na população; os próximos 10% produziram em torno de 13%, e assim por diante. Se cada indivíduo produzisse o mesmo número de descendentes diretos, o gráfico da porcentagem cumulativa seria a linha diagonal de 45°. Gráficos desse tipo podem ser utilizados para expressar desigualdades na riqueza humana e são às vezes chamados de curvas de Lorenz. Reproduzida, com permissão da editora, de Calvo (1990).

4.6 Os organismos de uma população variam em seu sucesso reprodutivo

Se a seleção natural deve agir, não é suficiente apenas que os caracteres variem. As diferentes formas de um caráter devem também estar associadas ao sucesso reprodutivo (ou aptidão) – determinando o grau no qual os indivíduos contribuirão com sua prole para a próxima geração. O sucesso reprodutivo é mais difícil de ser medido do que um caráter fenotípico, como o tamanho corporal, e, por isso, existe um número muito menor de observações de variação na reprodução do que de observações de variação fenotípica. Mesmo assim, ainda existe um bom número de exemplos. Já vimos alguns neste capítulo (Seção 4.4) e veremos outros mais adiante neste livro. Aqui, podemos nos deter em um tipo ainda mais abundante de evidência e em um argumento abstrato.

Os indivíduos diferem em seu sucesso reprodutivo em todas as populações

Quando o sucesso reprodutivo foi medido em uma população biológica, pôde-se demonstrar que alguns indivíduos produzem uma prole muito maior do que outros. A Figura 4.8 ilustra essa variação em quatro espécies de orquídeas na forma de um gráfico de porcentagem cumulativa. Se cada indivíduo produziu o mesmo número de frutas (isto é, o mesmo número de indivíduos na sua progênie), os pontos se posicionariam ao longo da linha diagonal de 45°. Mas os pontos geralmente iniciam em algum ponto ao longo do eixo das abcissas e ficam abaixo da linha de 45°. Isso ocorre porque alguns indivíduos não se reproduzem e uma minoria bem-sucedida contribui com uma prole de número desproporcional.

Quatro espécies de orquídeas constituem um exemplo

As diferenças entre as quatro espécies de orquídeas na Figura 4.8 podem ser compreendidas em termos de suas relações com insetos polinizadores. A espécie reprodutivamente igualitária *Oeceoclades maculata* se reproduz por autofertilização e, por isso, não necessita de polinizadores. As duas espécies intermediárias, *Lepanthes wendlandii* e *Epidendrum exasperatum*, são ambas capazes de realizar autofertilização, mas também podem ser polinizadas por insetos. A espécie altamente inigualitária *Encyclia cordigera*, na qual 80% dos indivíduos falham em se reproduzir, requer a polinização por insetos. Entretanto, essa espécie não é atrativa para insetos polinizadores. Ela é uma das orquídeas que evoluiu flores "enganosas", que produzem e recebem pólen, mas não fornecem néctar. As orquídeas "enganam" os insetos, que, conseqüentemente, tendem a evitá-las (embora não completamente). A quantidade de falhas reprodutivas em orquídeas com essas flores enganosas pode ser impressionantemente alta – até mais alta do que os 80% de *Encyclia cordigera*.

Existem exemplos ainda mais extremos. Gill (1989) mediu a reprodução em uma população de quase 900 indivíduos da orquídea chinelo de dama rosada, *Cypripedium acaulate*, no condado de Rockingham, Virgínia, de 1977 a 1986. Naquele período de 10 anos, apenas 2% dos indivíduos produziram frutos: o restante foi evitado pelos polinizadores e falhou em reproduzir-se. Em quatro dos dez anos, nenhuma das orquídeas chegou a reproduzir-se. Portanto, o fator ecológico determinante da variação no sucesso reprodutivo em orquídeas é a disponibilidade ou a necessidade de insetos polinizadores. Se os insetos polinizadores não são necesários, todas as orquídeas na população produzem um número similar de frutos. Porém, se os insetos polinizadores são necessários e escassos, devido ao modo como a orquídea os "engana", somente uma pequena minoria de indivíduos pode ser bem-sucedida em sua reprodução. Os polinizadores são um fator essencial para as orquídeas; mas, em outras espécies, outros fatores irão operar e estudos ecológicos são necessários para revelar porque alguns indivíduos são mais bem-sucedidos reprodutivamente do que outros.

Os resultados da Figura 4.8 mostram a quantidade de variação reprodutiva entre os adultos que existem em uma população, mas essa variação é apenas para o componente final do ciclo de vida. Antes disso, os indivíduos diferem em sobrevivência e uma tabela de vida, como a Tabela 4.1, no início deste capítulo, quantifica essa variação. Uma descrição completa da variação do sucesso de uma população ao longo de toda a vida combinaria a variação de sobrevivência, da concepção até a vida adulta, e a variação do sucesso reprodutivo dos adultos.

As condições necessárias para que a seleção natural atue são freqüentemente encontradas

Exemplos como o do HIV ou do salmão rosado mostram que a seleção natural é capaz de operar, mas deixam em aberto as questões de quão freqüentemente e sobre qual proporção das espécies ela opera em populações naturais. Poderíamos, teoricamente, descobrir o quanto a seleção natural é difundida contando a freqüência da aplicação simultânea de todas as quatro condições na natureza. Porém, isso seria, no mínimo, um trabalho bastante árduo. As evidências de variações em caracteres fenotípicos e de competição ecológica sugerem que as precondições necessárias para que a seleção natural atue são bastante difundidas, ou até, provavelmente, universais. Sempre que isso foi investigado, foram encontradas variações em caracteres fenotípicos e competição ecológica nas populações.

De fato, você não precisa ser um biólogo profissional para conhecer algo sobre variação e luta pela sobrevivência. Esses são dois aspectos quase óbvios da natureza. É logicamente possível que o sucesso reprodutivo de um indivíduo varie em todas as populações, da maneira representada na Figura 4.8, mas que a seleção natural não atue sobre qualquer uma delas porque a variação no sucesso reprodutivo não está associada a qualquer caráter herdável. Entretanto, embora logicamente possível, isso não é ecologicamente provável. Em quase todas as espécies, uma grande proporção dos indivíduos está condenada a morrer. Qualquer atributo que aumente a chance de sobrevivência, de um modo que poderia nos parecer trivial, provavelmente resultará em uma aptidão superior à média. Qualquer tendência dos indivíduos a cometerem erros, que aumentem levemente seus riscos de vida, resultará em redução da aptidão. Da mesma forma, depois de um indivíduo ter sobrevivido até a idade adulta, haverá várias maneiras pelas quais os seus atributos fenotípicos poderão influenciar a sua chance de sucesso reprodutivo. A luta pela sobrevivência e a variação fenotípica são ambas condições universais na natureza. Portanto, é provável também que a variação em aptidão associada a alguns daqueles caracteres fenotípicos seja igualmente bastante comum. Este não é um argumento de certeza, mas sim de plausibilidade: não é logicamente inevitável que, em uma população apresentando variação (herdável) em um caráter fenotípico, haja também associação entre o caráter variante e a aptidão. Mas, se houver, a seleção natural irá agir.

A seleção natural provavelmente age em populações naturais todo o tempo

4.7 Nova variação é gerada por mutação e recombinação

Mudanças evolutivas de longo prazo necessitam de um aporte de variação nova

As variações existentes em uma população são os recursos sobre os quais a seleção natural opera. Imagine uma população evoluindo para um tamanho corporal maior. Para começar, há variação e o tamanho médio pode aumentar. Entretanto, a população poderia somente evoluir dentro de uma quantidade limitada, se o disponível para a atuação da seleção natural fosse apenas a variação inicial; logo se chegaria ao limite da variação disponível (Figura 4.9a). Em populações humanas, por exemplo, a altura não vai muito além dos 8 pés (2,4 m). A evolução de seres humanos para alturas superiores a 8 pés seria impossível, caso a seleção natural tivesse apenas a variação correntemente disponível como substrato para a sua atuação. A evolução da origem da vida até o nível da moderna diversidade deve ter exigido mais variação do que a que existia na população original. De onde veio essa variação adicional?

Ela vem da recombinação...

A recombinação (em populações sexuais) e a mutação são as duas respostas principais. À medida que uma população evolui no sentido de indivíduos com maior altura, os genótipos codificando tamanho corporal maior aumentam em freqüência. No estágio inicial, a maior altura era rara, podendo haver apenas um ou dois indivíduos possuindo genótipos para tamanho corporal grande. A maior probabilidade seria a de que eles se reproduzissem com indivíduos próximos do tamanho médio para a população, produzindo uma progênie com altura menos extrema. Mas, à medida que os genótipos para grande tamanho corporal tornam-se a média, passa a ser mais provável a reprodução entre esses indivíduos de maior altura e a produção de novos genótipos codificando um tamanho corporal ainda maior. À medida que a evolução prossegue, a recombinação entre os genótipos existentes gera uma nova gama de variações (Figura 4.9b).

...e da mutação

A mutação também introduz novas variações. O Capítulo 2 (Tabela 2.2, p. 47) apresenta alguns valores típicos de taxas de mutação. A evolução excepcionalmente rápida da resistência a drogas no HIV ocorre não somente em função da tremenda força seletiva imposta pela própria droga (a qual efetivamente esteriliza o vírus), mas também porque as populações virais são extremamente grandes – mesmo em um único ser humano –, se reproduzem rapidamente

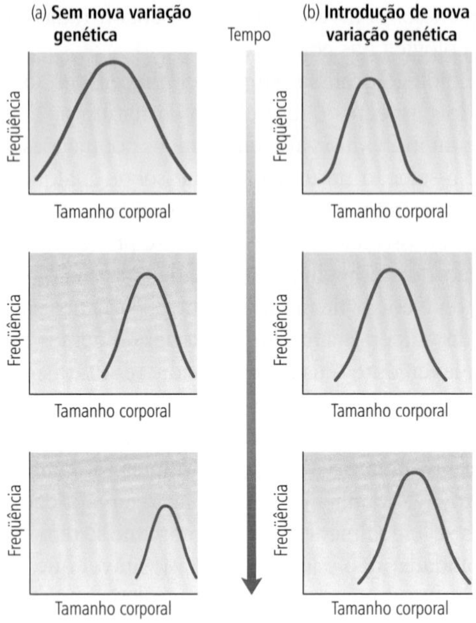

Figura 4.9

A seleção natural produz evolução agindo sobre a variação existente na população. (a) Na ausência de nova variação, a evolução logo atinge o limite da variação existente e pára. (b) Entretanto, a recombinação gera nova variação à medida que as freqüências dos genótipos mudam durante a evolução. A evolução pode então prosseguir além da gama de variação inicial.

e apresentam uma taxa de mutação relativamente elevada. Considere alguns dados ilustrativos. Em um paciente com AIDS médio, pelo menos 10^{12} novos indivíduos com HIV são gerados diariamente. O vírus tem uma extensão de aproximadamente 10^4 nucleotídeos e possui uma taxa de mutação de aproximadamente uma a cada 10^4 nucleotídeos. Cada novo vírus contém uma média de aproximadamente uma mutação. Com um aporte diário de 10^{12} vírus novos, podemos estar certos de que cada posição ao longo da extensão de 10^4 nucleotídeos do vírus sofrerá mutação a cada dia em um paciente com AIDS. Na realidade, cada mutação nucleotídica individual possível ocorrerá muitas vezes mais, juntamente com a maioria das combinações possíveis de mutação em dois nucleotídeos. Considerando que a resistência à 3TC requer a troca de apenas um aminoácido, podemos ver que a seleção natural se constitui em uma força oponente extremamente poderosa contra a terapêutica humana baseada em uma única droga. Uma combinação de várias drogas é necessária para superar a população de HIV evolutivamente ativa. A mutação introduz menos variação em outras formas de vida que possuem populações de menor tamanho, taxas reprodutivas mais baixas e menores taxas de mutação. Mas, em todas as espécies, a mutação é uma fonte abundante de novas variações, fornecendo a matéria-prima para as mudanças evolutivas.

4.8 As variações criadas por recombinação e mutação são aleatórias em relação à direção da adaptação

Uma propriedade básica do darwinismo determina que a direção da evolução, especialmente da evolução adaptativa, está dissociada da direção da variação. Ao ser criado um novo genótipo recombinante ou mutante, não há qualquer tendência de ele surgir no sentido de uma melhora adaptativa. A seleção natural impõe uma direção para a evolução utilizando variações não-direcionadas. Nesta seção, definimos o ponto de vista alternativo (a teoria da variação dirigida) e consideramos porque ele não é aceito.

Consideremos o HIV novamente. Quando o ambiente mudou, uma nova forma do HIV foi favorecida. De acordo com a teoria de Darwin, aquela mudança ambiental não determina, por si só, o aparecimento de mutações do tipo correto. Novas mutações de todos os tipos estão surgindo de maneira constante, mas independentemente de qualquer uma delas ser necessária ou não para a adaptação às condições ambientais vigentes. A alternativa para essa condição seria algum tipo de *mutação dirigida*. Para uma mutação ser dirigida, seria necessário que, quando o ambiente fosse alterado de modo a favorecer o vírus resistente à droga, o próprio processo mutacional tendesse seletivamente a produzir mutações que proporcionassem tal resistência.

A mutação direcional é uma alternativa teórica à seleção natural

A razão mais forte para duvidarmos que as mutações possam ser dirigidas adaptativamente é teórica. O tratamento com a droga impôs um ambiente que o vírus jamais encontrou anteriormente. O ambiente era (provavelmente) completamente novo. Uma determinada mudança genética era necessária para que o vírus continuasse a se reproduzir. Ela poderia surgir por mutação dirigida? No nível genético, a mutação consistia em um conjunto de mudanças específicas na seqüência de bases do gene. Nenhum mecanismo capaz de fazer com que a mudança correta de bases ocorresse foi até agora descoberto.

Mutações dirigidas adaptativamente são improváveis por razões teóricas

Se refletirmos sobre o tipo de mecanismo que seria necessário, fica claro que uma mutação dirigida de forma adaptativa seria praticamente impossível. O vírus teria de reconhecer que o ambiente havia mudado, identificar a mudança que seria necessária para a adaptação às novas condições e então causar a correta alteração de bases. E o vírus teria que fazer isso para um ambiente nunca antes experenciado por ele. Como uma analogia, isso seria como se seres humanos descrevessem um assunto ou situação nunca encontrada antes, em uma língua não conhecida por eles; seria como se americanos do século XVII utilizassem hieróglifos egípcios para descrever como alterar um programa de computador. (Os hieróglifos só foram descobertos após a descoberta da Pedra da Rosetta, em 1799.) Mesmo que fosse possível imaginar-se a ocorrência de mutações dirigidas no caso da resistência viral a drogas, como uma possibilidade extremamente teórica, mudanças evolutivas de um órgão mais complexo (como o cérebro, o sistema circulatório ou o olho) exigiriam praticamente um milagre. Aceita-se, portanto, que as mutações não sejam dirigidas no sentido da adaptação.

Mas alguns processos mutacionais não-adaptativos são dirigidos

Embora as mutações sejam aleatórias e não-dirigidas no sentido de um aumento da adaptação, isso não exclui a possibilidade de que as mutações não sejam aleatórias no nível molecular. Por exemplo, a seqüência dinucleotídica CG, quando metilada, tende a mutar para TG. (O DNA de uma célula é às vezes metilado, por razões que não nos interessam no momento.) Após a replicação, um par complementar de CG, em uma fita, e GC, na outra, terá então produzido TG e AC. Espécies com grandes quantidades de DNA metilado têm (talvez por essa razão) pequenas quantidades de CG no seu DNA.

Entretanto, a tendenciosidade mutacional molecular não é o mesmo que alterações no sentido de aumento da adaptação. Você não pode transformar um HIV suscetível a uma droga em um HIV resistente a ela somente convertendo alguns de seus dinucleotídeos CG em TG. Alguns críticos do darwinismo interpretaram que ele descrevia as mutações como sendo "aleatórias" e, então, alegaram habilmente que esse tipo de tendenciosidade mutacional molecular contradizia a teoria darwinista. Porém, as mutações podem ser não-aleatórias no nível molecular sem contradizerem a teoria darwinista. Devido a essa confusão sobre a palavra aleatória, é melhor, em geral, não descrever as mutações como aleatórias, mas sim como "não-dirigidas" ou "acidentais" (que foi a palavra que Darwin utilizou).

Resumo

1 Os organismos produzem descendência em número muito maior do que o que é capaz de sobreviver, resultando em uma "luta pela sobrevivência" ou competição pela sobrevivência.

2 A seleção natural irá agir sobres quaisquer entidades capazes de se reproduzirem, que apresentarem herança de suas características de uma geração para outra, e que variarem em "aptidão" (isto é, o número relativo de descendentes diretos que elas produzirem) de acordo com as características que possuírem.

3 O aumento da freqüência de HIV resistente à droga em relação ao HIV suscetível à droga ilustra como a seleção natural causa tanto mudanças evolutivas como evolução de adaptação.

4 A seleção pode ser direcional, estabilizadora ou disruptiva.

5 Os membros de populações naturais variam quanto a suas características em todos os níveis. Eles diferem em morfologia, estrutura microscópica, cromossomos, seqüências de aminoácidos de suas proteínas e seqüências de DNA.

6 Os membros de populações naturais variam em seu sucesso reprodutivo: alguns indivíduos não deixam descendentes, outros deixam um número de descendentes maior do que a média.

7 Na teoria de Darwin, a direção da evolução, em particular da evolução adaptativa, está dissociada da direção da variação. A nova variação que é criada por recombinação e mutação é acidental e adaptativamente aleatória em direção.

8 Duas razões sugerem que nem a recombinação nem a mutação podem, sozinhas, mudar uma população no sentido de uma maior adaptação: não há evidências de que as mutações possam ocorrer particularmente no sentido de atenderem a novas exigências adaptativas e é difícil imaginar-se teoricamente como qualquer mecanismo genético poderia direcionar as mutações desta maneira.

Leituras adicionais

Um texto de ecologia, como Ricklefs e Miller (2000), apresentará as tabelas de vida. Para a teoria da seleção natural, ver o relato original de Darwin (1859, capítulos 3 e 4), Endler (1986) e Bell (1997a, 1997b). Law (1991) descreve os efeitos seletivos da pesca. Travis (1989) revisa a seleção estabilizadora. Ulizzi *et al.* (1998) atualiza a história do peso humano no nascimento. Greene *et al.* (2000) descreve um outro possível exemplo de seleção disruptiva. O Capítulo 3 deste livro dá referências para o HIV.

A variação genética é descrita em todos os maiores textos de genética de populações, como Hartl (2000), Hartl & Clark (1997) e Hedrick (2000). White (1973) e Dobzhansky (1970) descrevem variação cromossômica. Variações em proteínas e DNA serão discutidas adicionalmente no Capítulo 7, que apresentará referências. Os autores em Clutton-Brock (1988) discutem a variação natural no sucesso reprodutivo.

Concentrei-me no argumento teórico contra a mutação dirigida, mas também foram feitos experimentos. O experimento clássico foi o de Luria e Delbruck (1943). Ele foi questionado por Cairns *et al.* (1988), mas interpretações modernas dos resultados, como as de Cairns *et al.*, excluem a hipótese de mutação dirigida: ver Andersson *et al.* (1998) e Foster (2000). Dois outros temas são a evolução das taxas de mutação (ver Sniegowsky *et al.*, 2000) e a possibilidade de que as altas taxas de mutação do HIV pudessem ser utilizadas contra o vírus pelo desencadeamento de uma dissolução mutacional. A base teórica é discutida no Capítulo 12 deste livro. Ver Holmes (2000a) para as possibilidades do HIV. Tendenciosidades em nível molecular nos processos de mutação deverão ser reveladas por dados genômicos (ver, por exemplo, Silva e Kondrashov, 2002), e os experimentos de acumulação de mutações no estilo de Mukai são discutidos no Capítulo 12 deste texto.

Questões para estudo e revisão

1 Use a Figura 4.1b para construir uma tabela de vida, como a da Tabela 4.1, para o bacalhau. (Utilize as densidades por metro quadrado como números; você pode preferir ignorar a coluna à direita, para as taxas de mortalidade diárias, que requer logaritmos.)

2 (a) Revise as quatro condições necessárias para a operação da seleção natural. (b) O que aconteceria em uma população na qual apenas as condições 1, 2 e 3 fossem satisfeitas? (c) E em uma na qual somente as condições 1, 3 e 4 fossem satisfeitas?

3 Variação no sucesso reprodutivo foi encontrada em todas as populações nas quais ele foi medido. Por que essa observação sozinha é insuficiente para mostrar que a seleção natural age em todas as populações?

4 É ocasionalmente sugerido que as mutações são dirigidas adaptativamente, ao invés de serem aleatórias. Imagine o que um mecanismo genético de mutação adaptativamente dirigida teria de fazer. Para cada componente do mecanismo, qual seria a possibilidade dele realmente existir?

5 Que tipo de seleção está acontecendo nas populações a, b e c das representações gráficas abaixo?

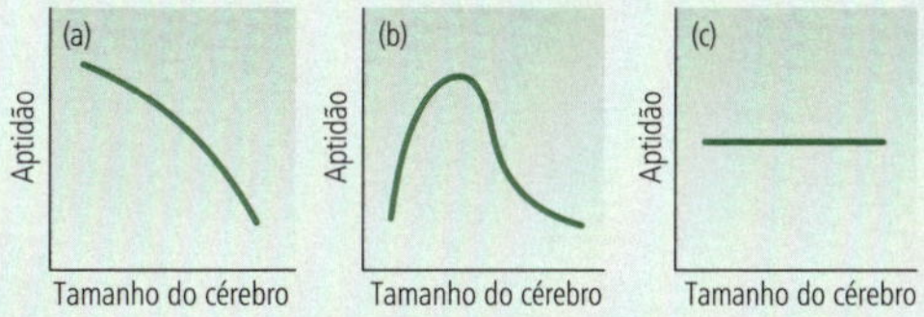

6 [Estas questões são mais para reflexão adicional do que para revisão do conteúdo do capítulo.] (a) Em média, somente dois descendentes de um par parental sobrevivem: portanto, por que cada par na população não produz exatamente uma progênie de dois indivíduos (ao invés do sucesso reprodutivo mais variável observado na natureza)? Isso levaria à mesma conseqüência final. (b) Por que, em algumas espécies, o "excesso" é muito maior do que em outras?

Conceitualmente o argumento teórico contra a mutação dirigida, mas também foram feitos experimentos. O experimento clássico foi o de Luria e Delbrück (1943). Ele foi questionado por Cairns et al. (1988), mas interpretações modernas dos resultados, como as de Cairns et al., excluem a hipótese de mutação dirigida (ver Andersson et al. (1998) e Foster (2000)). Dois outros temas são a evolução das taxas de mutação (ver Sniegowski et al., 2000) e a possibilidade de que as altas taxas de mutação do HIV pudessem ser utilizadas contra o vírus pelo desencadeamento de um desastre mutacional. A base teórica é discutida no Capítulo 13 deste livro. Ver Holmes (2000) para a possibilidade do HIV. Os detalhes em nível molecular nos processos de mutação deverão ser revelados por dados genômicos; ver, por exemplo, Silva e Kondrashov (2002), e os experimentos de acumulação de mutações no estilo de Mukai são discutidos no Capítulo 12 deste texto.

Questões para estudo e revisão

[illegible]

Parte 2

Genética Evolutiva

A teoria da genética de populações é a parte mais importante e fundamental da teoria na biologia evolutiva. Ela é o campo de prova para quase todas as idéias na biologia evolutiva. A coerência de uma hipótese evolutiva normalmente permanece duvidosa até que essa hipótese seja expressa sob a forma de um modelo de genética populacional. Iniciaremos com casos simples e prosseguiremos para casos mais complexos. O caso mais simples é quando a população é grande o bastante para que possamos ignorar efeitos aleatórios; modelos desse tipo são chamados determinísticos. No Capítulo 5, examinaremos um modelo determinístico simples de seleção natural. Esse modelo possui apenas um loco genético, e um alelo de valor adaptativo superior está sendo substituído por um alelo inferior. Também examinaremos como a seleção natural pode manter variações em um único loco, em três circunstâncias, e analisaremos exemplos de cada uma.

O Capítulo 6 considera os efeitos do acaso em populações gênicas. A transferência de genes de uma geração para a próxima não é um processo perfeitamente exato, porque a amostragem aleatória pode modificar a freqüência de um gene. Os efeitos da amostragem aleatória são mais poderosos quando todos os genótipos diferentes possuem o mesmo valor adaptativo e quando os tamanhos populacionais são pequenos. A teoria da deriva aleatória tem sido muito importante para o raciocínio sobre evolução molecular. O Capítulo 7 analisa as contribuições relativas da deriva aleatória e da seleção natural para a evolução molecular. A discussão sobre suas contribuições relativas tem estimulado um dos programas de pesquisa mais valiosos na biologia evolutiva. Enfocaremos a pesquisa moderna, mas também analisaremos suas origens conceituais.

No Capítulo 8 passaremos a considerar a seleção natural trabalhando simultaneamente em mais de um loco. Ligações entre loco complicam o modelo de um loco. Com mais de um loco, os genes em locos diferentes podem interagir e influenciar os valores adaptativos uns dos outros. A evolução em um loco pode ser influenciada por genes em outros locos. Tem sido bastante discutido o quão importantes são as interações de alto nível entre os locos gênicos e até que ponto o modelo de um loco é uma descrição adequada do mundo real. À medida que passamos da evolução de dois locos para a evolução de locos múltiplos abandonamos a exatidão mendeliana e usamos um método um tanto diferente: a genética quantitativa — nela (Capítulo 9), as relações entre indivíduos e entre gerações sucessivas são descritas de maneira aproximada e abstrata. A genética quantitativa está interessada em caracteres "contínuos", em nível morfológico. Como vimos no Capítulo 4, caracteres morfológicos apresentam variações em populações naturais — assim, iremos considerar o quanto eles contribuem para o nível de variação que é observado.

5 A Teoria da Seleção Natural

Este capítulo introduz modelos formais de genética de populações. Primeiramente, estabeleceremos sobre quais variáveis os modelos irão tratar e sua estrutura geral. Analisaremos o equilíbrio de Hardy-Weinberg e veremos como calcular se uma população real se encaixa nele. Mudaremos, então, para modelos de seleção natural, concentrando-nos em um caso específico de seleção contra um homozigoto recessivo. Aplicaremos o modelo em dois exemplos: a mariposa sarapintada e a resistência a pesticidas. A segunda metade do capítulo aborda, principalmente, como a seleção natural pode manter o polimorfismo genético. Analisaremos o balanço seleção-mutação, a vantagem do heterozigoto e a seleção dependente de freqüência, então finalizaremos pela análise de modelos que incluem migração em uma população geograficamente subdividida. A teoria neste capítulo leva totalmente em conta o fato de que o tamanho populacional é grande o bastante para que efeitos do acaso sejam ignorados. Os Capítulos 6 e 7 consideram como os efeitos do acaso podem interagir com a seleção em populações pequenas.

5.1 A genética de populações está relacionada com as freqüências genotípicas e gênicas

O genoma humano, a partir de estimativas atuais, contém algo como cerca de 30 mil locos gênicos. Vamos nos concentrar em apenas um desses – em um loco no qual existe mais do que um alelo, porque nenhuma mudança evolutiva pode acontecer em um loco no qual cada indivíduo da população possui duas cópias do mesmo alelo. Estaremos preocupados, nesse capítulo, com modelos evolutivos em um único loco gênico; esses são os modelos mais simples na genética de populações. Os Capítulos 8 e 9 discutem modelos mais complexos, nos quais as mudanças evolutivas ocorrem simultaneamente em mais de um loco.

Definiremos freqüência genotípica...

A teoria da genética de populações em um loco está preocupada, principalmente, em entender duas variáveis bastante conectadas: a *freqüência gênica* e a *freqüência genotípica*. Elas são fáceis de medir. O caso mais simples é um loco gênico com dois alelos (*A* e *a*) e três genótipos (*AA*, *Aa* e *aa*). Cada indivíduo tem um genótipo composto de dois genes em um loco, e uma população pode ser simbolizada como:

Aa AA aa aa AA Aa AA Aa

Essa é uma população imaginária com apenas oito indivíduos. Para encontrar as freqüências genotípicas, simplesmente contamos o número de indivíduos com cada genótipo. Assim:

Freqüência de *AA* = 3/8 = 0,375
Freqüência de *Aa* = 3/8 = 0,375
Freqüência de *aa* = 2/8 = 0,25

Em geral, podemos simbolizar as freqüências genotípicas de maneira algébrica, como as seguintes:

Genótipo	*AA*	*Aa*	*aa*
Freqüência	*P*	*Q*	*R*

P, *Q* e *R* são expressas como porcentagens ou proporções, de forma que, em nossa população, $P = 0{,}375$, $Q = 0{,}375$ e $R = 0{,}25$ (elas devem somar 1 ou 100%). Elas são medidas simplesmente pela observação e contagem do número de cada tipo de organismo na população, dividido pelo número total de organismos na população (o tamanho da população).

...e freqüência gênica

A freqüência gênica é, da mesma maneira, medida por meio da contagem das freqüências de cada gene na população. Cada genótipo contém dois genes, e existe um total de 16 genes por loco em uma população de oito indivíduos. Na população mencionada,

Freqüência de A = 9/16 = 0,5625
Freqüência de *a* = 7/16 = 0,4374

Algebricamente, podemos definir *p* como a freqüência de A, e *q* como a freqüência de *a*. *p* e *q* são normalmente chamadas de freqüências "gênicas", mas, no sentido exato, são as freqüências de alelos diferentes em um loco gênico. As freqüências gênicas podem ser calculadas a partir das freqüências genotípicas:

$$p = P + {}^{1}/_{2}Q \qquad (5.1)$$
$$q = R + {}^{1}/_{2}Q$$

(e $p + q = 1$). O cálculo das freqüências gênicas a partir das freqüências genotípicas é extremamente importante. Retornaremos freqüente, neste capítulo, à utilização dessas duas simples equações. Embora as freqüências gênicas possam ser calculadas a partir das freqüências genotípicas (P, Q e R), o oposto não é verdadeiro: as freqüências genotípicas não podem ser calculadas a partir das freqüências gênicas (p, q).

Agora que definimos as variáveis-chave, podemos examinar como os geneticistas populacionais analisam mudanças nessas variáveis ao longo do tempo.

5.2 Um modelo elementar de genética de populações possui quatro etapas principais

Os geneticistas populacionais tentam responder à seguinte questão: se conhecermos a freqüência genotípica (ou gênica) em uma geração, como ela será na próxima geração? Vale a pena analisar o procedimento geral antes de examinarmos modelos particulares. O procedimento é desmembrar o período de uma geração para a outra em uma série de etapas. Então, analisa-se como as freqüências genotípicas são afetadas em cada etapa. Podemos começar em um ponto de partida arbitrariamente escolhido em uma geração n e, então, seguir a freqüência genotípica até o mesmo ponto na geração $n + 1$. A Figura 5.1 mostra um resumo de um modelo de genética de populações.

Iniciaremos com as freqüências de genótipos entre os adultos na geração n. O primeiro passo é especificar como esses genótipos se combinam para procriar (chamado de regra de cruzamento); o segundo passo é aplicar as razões mendelianas (Capítulo 2) para cada tipo de cruzamento; juntaremos, então, as freqüências de cada genótipo, geradas a partir de cada tipo

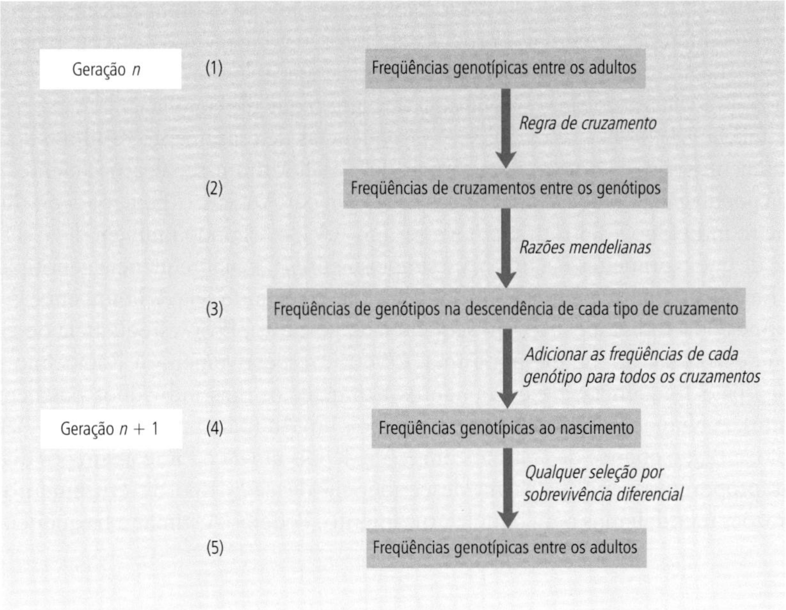

Figura 5.1
O modelo geral da genética de populações.

Modelos de genética de populações rastreiam as freqüências gênicas ao longo do tempo

de cruzamento, para encontrarmos a freqüência total dos genótipos entre os descendentes, ao nascimento, na próxima geração. Se os genótipos possuem chances de sobrevivência diferentes do nascimento até a idade adulta, multiplica-se a freqüência de cada genótipo ao nascimento pelas suas chances de sobrevivência, para se encontrar a freqüência entre os adultos. Quando os cálculos em cada etapa forem finalizados, a questão do geneticista populacional terá sido respondida.

A seleção natural pode agir de duas maneiras: por meio das diferenças na sobrevivência entre os genótipos ou por meio de diferenças na fertilidade. Existem dois extremos teóricos. Em um, os indivíduos sobreviventes de todos os genótipos produzem o mesmo número de descendentes, e a seleção age apenas em relação à sobrevivência; no outro, indivíduos de todos os genótipos possuem a mesma sobrevivência, mas diferem no número de descendentes que eles produzem (que é a sua fertilidade). Ambos os tipos de seleção agem, provavelmente, em muitos casos reais, mas todos os modelos que iremos considerar neste capítulo expressam a seleção em termos de diferenças nas chances de sobrevivência. Isso não sugere que a seleção sempre tenha efeito somente sobre a sobrevivência; é para se manter os modelos simples e consistentes.

O modelo, na forma geral da Figura 5.1, pode parecer um tanto complicado. Entretanto, podemos reduzir seu tamanho por meio de algumas suposições simplificadoras. As duas primeiras suposições simplificadoras a considerar são o cruzamento aleatório e a ausência de seleção (não existem diferenças na sobrevivência entre os genótipos das etapas 4 a 5).

5.3 Freqüências genotípicas na ausência de seleção seguem o equilíbrio de Hardy-Weinberg

Podemos continuar com o caso de um loco gênico com dois alelos (*A* e *a*). As freqüências dos genótipos *AA*, *Aa* e *aa* são *P*, *Q* e *R*. Nossa questão é se existem cruzamentos aleatórios e ausência de diferenças seletivas entre os genótipos, e conhecemos as freqüências genotípicas em uma geração, quais serão as freqüências genotípicas na próxima geração? A resposta é chamada de *equilíbrio de Hardy-Weinberg*. Veremos o que ele significa.

Deduzimos as freqüências de acasalamentos, com acasalamentos aleatórios...

A Tabela 5.1 fornece os cálculos. As freqüências de cruzamento resultam do fato de que os cruzamentos são aleatórios. Para formar um casal, retiram-se, aleatoriamente, dois indivíduos da população. Quais são as chances de ser um par *AA* x *AA*? Bem, para produzir esse par, o primeiro indivíduo a ser retirado deve ser um *AA* e o segundo também deve ser um *AA*. A chance de que o primeiro seja um *AA* é simplesmente *P*, a sua freqüência genotípica na população. Em uma população grande, a chance de que o segundo seja *AA* também é *P*.[1] A chance de tirarmos dois indivíduos *AA* em seqüência é, portanto, P^2. (A freqüência de cruzamentos *Aa* x *Aa* e *aa* x *aa* são, da mesma forma, Q^2 e R^2, respectivamente.) Raciocínio semelhante se aplica para freqüências de cruzamentos nos quais os dois indivíduos possuem genótipos diferentes. A chance de tirarmos um *AA* e depois um *Aa* (para produzir um par *AA* x *Aa*), por exemplo, é *PQ*; a chance de tirarmos um *AA* e depois um *aa* é *PR*; e assim por diante.

As proporções genotípicas na descendência de cada tipo de cruzamento são dadas pelas razões mendelianas para aquele cruzamento. Podemos estimar a freqüência de um ge-

[1] População "grandes" não são uma categoria separada de populações "pequenas"; existem populações de todos os tamanhos. Os efeitos do acaso que consideraremos no Capítulo 6 tornam-se progressivamente importantes à medida que uma população se torna menor. No entanto, uma definição superficial de uma população grande seria aquela na qual a amostragem de um indivíduo para formar um par acasalante não afeta as freqüências genotípicas da população: se um *AA* é retirado, a freqüência de *AA* na população e a chance de retirarmos outro *AA* permanecem efetivamente *P*.

Tabela 5.1

Cálculos necessários para derivar a razão de Hardy-Weinberg para um loco com dois alelos, *A* e *a*. (Freqüência de *AA* = *P*, de *Aa* = *Q* e de *aa* = *R*.) A tabela mostra as freqüências de diferentes cruzamentos, caso os genótipos cruzem de maneira aleatória, e as proporções genotípicas entre a prole dos diferentes cruzamentos.

Tipo de cruzamento	Freqüência de cruzamento	Proporções genotípicas da descendência
AA x *AA*	P^2	1 *AA*
AA x *Aa*	*PQ*	½ *AA*: ½ *Aa*
AA x *aa*	*PR*	1 *Aa*
Aa x *AA*	*QP*	½ *AA*: ½ *Aa*
Aa x *Aa*	Q^2	¼ *AA*: ½ *Aa*: ¼ *aa*
Aa x *aa*	*QR*	½ *Aa*: ½ *aa*
aa x *AA*	*RP*	1 *Aa*
aa x *Aa*	*RQ*	½ *Aa*: ½ *aa*
aa x *aa*	R^2	1 *aa*

...e a utilização das leis de Mendel para deduzir as freqüências genotípicas na descendência

nótipo na próxima geração por meio de somatórios. Procuramos quais os cruzamentos irão gerar o genótipo e somamos as freqüências geradas por todos os cruzamentos. Mostremos como isso funciona para o genótipo AA. Indivíduos AA, mostrados na Tabela 5.1, surgem a partir de cruzamentos AA x AA, AA x *Aa* (e *Aa* x AA) e *Aa* x *Aa*. Podemos ignorar todos os demais tipos de cruzamentos. Cruzamentos AA x AA possuem a freqüência P^2 e produzem todos os descendentes AA, cruzamentos AA x *Aa* e *Aa* x AA possuem, cada um, a freqüência *PQ* e produzem 50% dos descendentes AA, e cruzamentos *Aa* x *Aa* possuem freqüência Q^2 e produzem 25% dos descendentes AA. A freqüência de AA na próxima geração[2], *P'*, será então:

$$P' = P^2 + \tfrac{1}{2}PQ + \tfrac{1}{2}PQ + \tfrac{1}{2}Q^2 \qquad (5.2)$$

Isso pode ser rearranjado para:

$$P' = (P + \tfrac{1}{2}Q)\,(P + \tfrac{1}{2}Q)$$

Vimos que $(P + \tfrac{1}{2}Q)$ é, simplesmente, a freqüência do gene A, *p*. Portanto:

$$P' = p^2$$

O resultado é o equilíbrio de Hardy-Weinberg

A freqüência do genótipo AA após uma geração de cruzamentos ao acaso é igual ao quadrado da freqüência do gene A. Raciocínios análogos mostram que as freqüências de *Aa* e *aa* são $2pq$ e q^2. As freqüências de Hardy-Weinberg são, portanto:

Genótipo	AA : *Aa* : *aa*
Freqüência	$p^2 : 2pq : q^2$

[2] Os geneticistas de população simbolizam, por convenção, as freqüências das variáveis de uma geração seguinte colocando uma apóstrofe. Se *P* é a freqüência do genótipo AA em uma geração, *P'* será a sua freqüência na geração seguinte; se *p* é a freqüência de um alelo em uma geração, *p'* será a sua freqüência na próxima geração. Seguiremos essa convenção repetidamente neste livro.

A Figura 5.2 mostra as proporções de três genótipos diferentes nas diferentes freqüências do gene *a*; heterozigotos são os mais freqüentes quando a freqüência é 0,5.

As freqüências genotípicas de Hardy-Weinberg são alcançadas após uma única geração de cruzamentos aleatórios a partir de quaisquer freqüências genotípicas iniciais. Imagine, por exemplo, duas populações com a mesma freqüência gênica, mas com diferentes freqüências genotípicas. Uma população tem 750 AA, 0 *Aa* e 250 *aa*; a outra tem 500 AA, 500 *Aa* e 0 *aa*. $p = 0{,}75$ e $q = 0{,}25$ em ambas. Após uma geração de cruzamentos aleatórios, as freqüências genotípicas em ambas irão tornar-se 558 AA, 375 *Aa* e 67 *aa*, caso o tamanho das populações permaneça 1.000. (Frações de um indivíduo foram arredondadas para que os números somassem 1.000. As proporções são 9/16, 6/16 e 1/16.) Após alcançar essas freqüências imediatamente, em uma geração, a população permanece em equilíbrio de Hardy-Weinberg, contanto que o tamanho da população seja grande, não exista seleção e os cruzamentos sejam ao acaso.

Como vimos na Seção 5.1, em geral não é possível calcular as freqüências genotípicas em uma geração se você conhece apenas as freqüências gênicas. Sabemos agora que é possível calcular, a partir apenas das freqüências gênicas, as freqüências genotípicas da próxima geração, desde que os cruzamentos sejam aleatórios, que não haja seleção e que o tamanho da população seja grande. Se as freqüências gênicas nessa geração são p e q, na próxima geração os genótipos terão as freqüências de Hardy-Weinberg.

A demonstração do teorema de Hardy-Weinberg que analisamos foi cansativa. Detalhamos bastante a fim de ilustrar o modelo geral de genética de populações no seu caso mais simples. No entanto, para o caso específico do equilíbrio de Hardy-Weinberg, uma demonstração mais elegante pode ser fornecida em termos de gametas.

A comprovação mais simples do equilíbrio de Hardy-Weinberg

Organismos diplóides produzem gametas haplóides. Podemos imaginar que os gametas haplóides são todos liberados no mar, onde eles se combinam ao acaso para formar a próxima geração. Isso é denominado união aleatória de gametas. No "conjunto de gametas", os gametas A terão a freqüência p e os gametas *a*, a freqüência q. Devido ao fato de eles se combinarem ao acaso, um gameta *a* irá encontrar um gameta A com a chance p e um gameta *a* com a chance q. A partir dos gametas *a*, zigotos *Aa* serão, portanto, produzidos com freqüência pq e gametas *aa* com freqüência q^2. Um raciocínio semelhante aplica-se aos gametas A (os quais

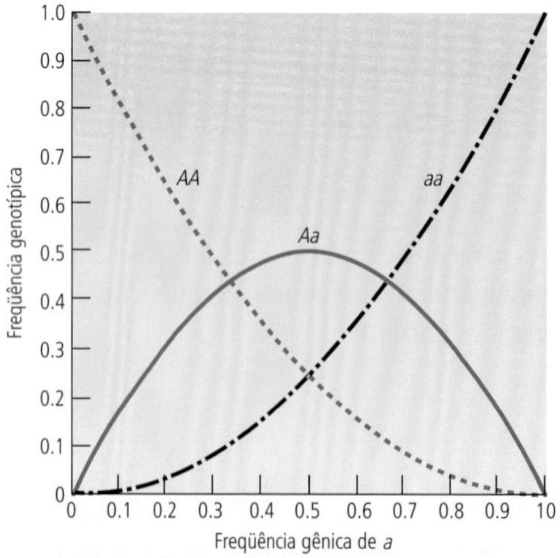

Figura 5.2

Freqüências de Hardy-Weinberg dos genótipos *AA*, *Aa* e *aa* em relação à freqüência do gene *a* (q).

possuem a freqüência p): eles combinam com gametas a com a chance q, para produzir zigotos Aa (freqüência pq) e com gametas A com a chance p para formar zigotos AA (freqüência p^2). Se agora somarmos as freqüências dos genótipos, a partir dos dois tipos de gametas, as freqüências genotípicas do equilíbrio de Hardy-Weinberg aparecem. Deduzimos, assim, o teorema de Hardy-Weinberg para o caso de dois alelos; o mesmo raciocínio é facilmente estendido para três ou mais alelos (Quadro 5.1).

(Algumas pessoas podem ficar confusas em relação ao 2 na freqüência dos heterozigotos. Ele é uma simples probabilidade combinatorial. Imagine arremessar duas moedas e perguntar quais são as chances de se tirar duas caras, ou duas coroas, ou uma cara e uma coroa. A chance de duas caras é $(^1/_2)^2$ e duas coroas $(^1/_2)^2$; a chance de uma cara e uma coroa é $2 \times (^1/_2)^2$; porque pode ser uma coroa e então uma cara, e uma cara e então uma coroa, ambas darão uma cara e uma coroa. A cara é análoga ao alelo A, a coroa ao a; duas caras produzem o genótipo AA, e uma cara e uma coroa produzem o genótipo Aa. A moeda produz caras com a probabilidade de $^1/_2$, que é análoga à freqüência gênica de $p = {}^1/_2$. A freqüência $2pq$ para os heterozigotos é análoga à chance de uma cara e uma coroa, $2 \times (^1/_2)^2$. O 2 surge porque existem duas maneiras de obter-se uma cara e uma coroa. Da mesma forma, existem duas maneiras de se produzir um heterozigoto Aa: tanto o gene A pode vir do pai e o a da mãe, como o gene a pode vir do pai e o A da mãe. A descendência será Aa da mesma forma.)

5.4 Podemos testar, por simples observação, se os genótipos em uma população estão no equilíbrio de Hardy-Weinberg

O teorema de Hardy-Weinberg depende de três prerrogativas principais: ausência de seleção, cruzamentos aleatórios e tamanhos populacionais grandes. Em uma população natural, qualquer uma dessas três poderia ser falsa; não podemos assumir que populações naturais estejam em equilíbrio de Hardy-Weinberg. Na prática, podemos descobrir se uma população

Quadro 5.1
O Teorema de Hardy-Weinberg para Três Alelos

Podemos chamar os três alelos de A_1, A_2 e A_3 e definir suas freqüências gênicas como p, q e r, respectivamente. Formaremos novos zigotos por meio da amostragem sucessiva de dois gametas de um amplo conjunto de gametas. O primeiro gameta que retiramos poderia ser A_1, A_2 ou A_3. Se tirarmos primeiramente (com chance p) um alelo A_1 do conjunto de gametas, a chance de que o segundo alelo seja outro A_1 é p, a chance de que ele seja um alelo A_2 é q e a chance de que ele seja um alelo A_3 é r: a partir desses três, as freqüências dos zigotos A_1A_1, A_1A_2 e A_1A_3 são p^2, pq e pr.

Agora, suponha que o primeiro alelo que retiramos tenha sido um A_2 (o que poderia ocorrer com chance q). As chances de o segundo alelo ser, novamente, A_1, A_2 ou A_3 seriam p, q e r, respectivamente, dando zigotos A_1A_2, A_2A_2 e A_2A_3 na freqüência de pq, q^2 e qr.

Finalmente, se tirarmos (com chance r) um alelo A_3, produziremos zigotos A_1A_3, A_2A_3 e A_3A_3 nas freqüências pr, qr e r^2.

A única maneira para formar homozigotos A_1A_1, A_2A_2 e A_3A_3 é retirando-se dois gametas do mesmo tipo, e as freqüências serão p^2, q^2 e r^2. Os heterozigotos podem ser formados a partir de mais de um tipo do primeiro gameta, e suas freqüências são obtidas pelo somatório. A chance total de formarmos um zigoto A_1A_3 é $pr + rp = 2pr$; de formarmos um zigoto A_1A_2 é $pq + qp = 2pq$; e de formarmos um zigoto A_2A_3 é $2qr$. As proporções de Hardy-Weinberg completas são:

A_1A_1:	A_1A_2:	A_1A_3:	A_2A_2:	A_2A_3:	A_3A_3
p^2	$2pq$	$2pr$	q^2	$2qr$	r^2

Populações naturais podem estar ou não ajustadas ao equilíbrio de Hardy-Weinberg

está em equilíbrio de Hardy-Weinberg para um loco simplesmente por meio da contagem das freqüências genotípicas. A partir dessas freqüências, primeiramente calculamos as freqüências gênicas; então, se as freqüências de homozigotos observadas se igualam ao quadrado de suas freqüências gênicas, a população está em equilíbrio de Hardy-Weinberg. Se elas não se igualam, a população não está em equilíbrio.

O sistema de grupos sangüíneos MN humano é um bom exemplo, porque os três genótipos existentes são distintos e os genes possuem freqüências relativamente altas em populações humanas. Os três fenótipos, *M*, *MN* e *N*, são produzidos por três genótipos (*MM*, *MN*, *NN*) e dois alelos em um loco. Os fenótipos do grupo MN, assim como o grupo mais bem-conhecido ABO, são reconhecidos por reações com anticorpos. Os anticorpos são produzidos pela injeção de sangue em um coelho, o qual, então, produz um anticorpo para o tipo de sangue que foi injetado. Se o coelho foi injetado com o tipo sangüíneo humano M, ele produz anticorpos anti-M. Anticorpos anti-M aglutinam sangue de pessoas com um ou dois alelos M em seus genótipos; da mesma forma, anticorpos anti-N aglutinam sangue de pessoas com um ou dois alelos *N*. Portanto, indivíduos MM são reconhecidos como aqueles cujos sangues reagem somente com anti-M, indivíduos *NN* reagem somente com anti-N e indivíduos *MN* reagem com ambos.

O sistema de grupo sangüíneo MN está próximo ao equilíbrio de Hardy-Weinberg

A Tabela 5.2 fornece algumas medidas das freqüências dos genótipos do grupo sangüíneo MN para três populações humanas. Elas estão em equilíbrio de Hardy-Weinberg? Em américo-europeus, a freqüência do gene M (calculada a partir da relação usual $p = P + {}^{1}/_{2}Q$) é 0,54. Se a população está em equilíbrio de Hardy-Weinberg, a freqüência de homozigotos MM (p^2) será 2 × 0,54 = 0,2916 (1.787 em uma amostra de 6.129 indivíduos); a freqüência de heterozigotos *MN* ($2pq$) será 2 × 0,54 × 0,46 = 0,4997 (3.045 na amostra de 6.129). Como mostra a tabela, elas estão próximas das freqüências observadas. De fato, as três populações estão em equilíbrio de Hardy-Weinberg. Veremos na Seção 5.6 que os mesmos cálculos não prevêem corretamente as freqüências genotípicas após a seleção ter operado.

5.5 O teorema de Hardy-Weinberg é importante conceitualmente, historicamente, na pesquisa aplicada e em trabalhos com modelos teóricos

Acabamos de ver como descobrir se uma população verdadeira está em equilíbrio de Hardy-Weinberg. A importância do teorema de Hardy-Weinberg, no entanto, não é essencialmente como uma suposição empírica. Não possuímos uma boa razão para imaginar que os genótipos em populações naturais geralmente possuirão freqüências em Hardy-Weinberg, porque isso iria necessitar tanto de ausência de seleção como de cruzamentos aleatórios, os quais são raramente encontrados. O interesse do teorema reside em outro local, em três outras áreas.

O teorema de Hardy-Weinberg interessa conceitualmente...

Uma é histórica e conceitual. Vimos na Seção 2.9 (p. 61) que com a homogeneização de padrões hereditários, a variação genética em uma população desaparece depressa e a população torna-se geneticamente uniforme. Na genética mendeliana, a variação é preservada e o teorema de Hardy-Weinberg fornece demonstrações quantitativas desse fato. O teorema foi publicado na primeira década do século XX, no momento em que o mendelismo estava começando a ser aceito, e teve influência histórica em provar às pessoas que os padrões de herança mendeliana permitem que a variação seja preservada.

Tabela 5.2

Freqüências dos grupos sangüíneos MM, MN e NN em três populações americanas. As quantidades para as proporções esperadas e os números foram arrendondados.

População		MM	MN	NN	Total	Freqüência de *M*	Freqüência de *N*
Afro-americanos	Número observado	79	138	61	278		
	Proporção esperada	0,283	0,499	0,219		0,532	0,468
	Número esperado	78,8	138,7	60,8			
Américo-europeus	Número observado	1,787	3,039	1,303	6,129		
	Proporção esperada	0,292	0,497	0,211		0,54	0,46
	Número esperado	1.787,2	3.044,9	1.296,9			
Americanos-nativos	Número observado	123	72	10	205		
	Proporção esperada	0,602	0,348	0,05		0,776	0,224
	Número esperado	123,3	71,4	10,3			

Exemplo de cálculo para afro-americanos

Freqüência do alelo $M = 79 + (^1/_2 \times 138) = 0{,}532 = p$
Freqüência do alelo $N = 61 + (^1/_2 \times 138) = 0{,}468 = q$

Proporção esperada de MM $= p^2 = (0{,}532)^2 = 0{,}283$
Proporção esperada de MN $= 2pq = 2(0{,}532)(0{,}468) = 0{,}499$
Proporção esperada de NN $= q^2 = (0{,}468)^2 = 0{,}219$

Números esperados = proporção esperada × número total (n)

Número esperado de MM $= p^2n = 0{,}283 \text{ X } 278 = 78{,}8$
Número esperado de MN $= 2pqn = 0{,}499 \text{ X } 278 = 138{,}7$
Número esperado de NN $= q^2n = 0{,}219 \text{ X } 278 = 60{,}8$

...na pesquisa...

Um segundo interesse do teorema é como um tipo de trampolim, que nos arremessa em direção a problemas empíricos interessantes. Se compararmos as freqüências genotípicas de uma população real com relações de Hardy-Weinberg, caso elas se desviem, isso sugere que algo interessante (tal como seleção ou ausência de cruzamentos aleatórios) possa estar acontecendo, o que pode merecer pesquisas mais aprofundadas.

...e na teoria

Um terceiro interesse é teórico. No modelo geral de genética de populações (Seção 5.2) existiam cinco etapas, por meio de quatro cálculos. O teorema de Hardy-Weinberg simplifica o modelo de maneira maravilhosa. Se supusermos cruzamentos ao acaso, poderemos passar diretamente das freqüências de adultos na geração n para as freqüências genotípicas ao nascimento na geração $n + 1$, reunindo três cálculos em um (Figura 5.3). Se conhecermos as freqüências genotípicas dos adultos na geração n (etapa 1), somente necessitaremos calcular as freqüências gênicas: as freqüências genotípicas ao nascimento da próxima geração (etapa 2) deverão, então, possuir freqüências em Hardy-Weinberg, porque as freqüências gênicas não mudam entre os adultos de uma geração e os membros recém-nascidos da geração seguinte. Um modelo simples de seleção pode demonstrar como as freqüências genotípicas são modificadas entre o nascimento e o período reprodutivo adulto (da etapa 2 para a etapa 3 da Figura 5.3).

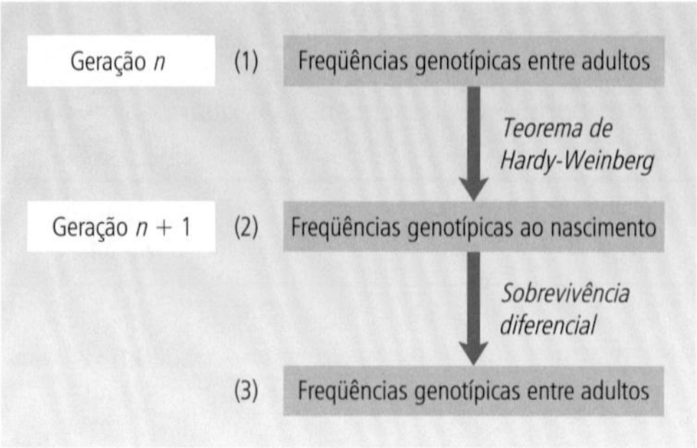

Figura 5.3
O modelo geral da genética de populações simplificado pelo teorema de Hardy-Weinberg.

5.6 O modelo mais simples de seleção é a favor de um alelo em um loco

Devemos iniciar com o caso mais simples. Este é o caso da seleção natural operando em apenas um loco gênico, no qual existem dois alelos, um dominante sobre o outro. Suponha que indivíduos com os três genótipos possuam as seguintes chances relativas de sobrevivência do nascimento até o estágio adulto:

Genótipo	Chance de sobrevivência
AA, *Aa*	1
aa	$1 - s$

Modelos de genética de populações especificam o valor adaptativo de todos os genótipos

s é um número entre 0 e 1 e é chamado de *coeficiente de seleção*. Coeficientes de seleção são expressos como uma redução no valor adaptativo, em relação ao melhor genótipo. Se *s* é 0,1, então indivíduos *aa* possuem 90% de chance de sobrevivência, em relação aos 100% para indivíduos AA e *Aa*. Esses são valores relativos: em um caso real, a chance de sobrevivência do nascimento até a reprodução de um indivíduo com o melhor genótipo pode ser de 50%, muito menor do que 100%. Se ela for de 50%, então um *s* de 0,1 significaria que indivíduos *aa* possuem, na realidade, 45% de chances de sobrevivência. (A convenção de dar ao melhor genótipo uma chance de sobrevivência relativa de 100% simplifica os cálculos. Caso você esteja desconfiado, confira se faz alguma diferença no que acontecerá se as chances de sobrevivência forem 50%, 50% e 45% para AA, *Aa* e *aa*, respectivamente, em vez de 100%, 100% e 90%.) A chance de sobrevivência é o *valor adaptativo** de um genótipo (estamos assumindo que todos os indivíduos sobreviventes produzem o mesmo número de descendentes). Valores adaptativos são expressos, assim como as chances de sobrevivência, relacionando-se o número 1 com o melhor genótipo. Eles poderiam ser mais bem-explicitados se referidos como "valores adaptativos relativos". No entanto, os biólogos normalmente se referem a eles apenas como "valores adaptativos". Com o valor adaptativo dado anteriormente, a seleção irá atuar para eliminar o alelo *a* e fixar o alelo A. ("Fixar" um gene é um jargão genético para levar a sua freqüência até 1. Quando existe apenas um gene em um loco, diz-se que ele está "fixado" ou em um estado de "fixação".) Se *s* for 0, o modelo iria retornar ao caso de Hardy-Weinberg e as freqüências gênicas seriam estáveis.

Note que os alelos não possuem qualquer tendência em aumentar suas freqüências somente porque eles são dominantes, ou a diminuir porque eles são recessivos. Dominância

* N. de T. Do inglês, *fitness*.

e recessividade apenas descrevem como os alelos em um loco interagem para produzir um fenótipo. Mudanças nas freqüências gênicas são reguladas pelos valores adaptativos. Se o homozigoto recessivo possui um valor adaptativo maior, o alelo recessivo irá aumentar em freqüência. Se, como aqui, o homozigoto recessivo possuir um valor adaptativo menor, o alelo recessivo decresce em freqüência.

Construímos um modelo para a mudança na freqüência gênica por geração

O quão rapidamente irá a população mudar ao longo do tempo? Para descobrir, procuramos uma expressão para a freqüência gênica de A (p') em uma geração, em relação à sua freqüência na geração anterior (p). A diferença entre as duas, $\Delta p = p' - p$, é a mudança na freqüência gênica entre duas gerações sucessivas. O modelo possui a forma da Figura 5.3, e iremos analisar tanto a versão algébrica geral como o exemplo numérico (Tabela 5.3).

Para iniciar, ao nascimento os três genótipos possuem freqüências em Hardy-Weinberg, uma vez que eles foram produzidos por meio de cruzamentos aleatórios entre os adultos da geração anterior. A seleção, então, opera; indivíduos *aa* possuem uma chance de sobrevivência menor e suas freqüências entre os adultos são reduzidas. Como o exemplo numérico mostra (Tabela 5.3), o número total de adultos é menor do que o número ao nascimento, e devemos dividir os números de adultos de cada genótipo pelo tamanho total da população para expressar o número de adultos como freqüências comparáveis às freqüências ao nascimento. No caso algébrico, as freqüências relativas após a seleção não somam 1, e devemos corrigi-las pela divisão pelo *valor adaptativo médio*.

$$\text{Valor adaptativo médio} = p^2 + 2pq + q^2(1-s) = 1 - sq^2 \qquad (5.3)$$

Dividir pelo valor adaptativo médio no caso algébrico é o mesmo que dividir pelo tamanho da população após a seleção no exemplo numérico. Note que agora as freqüências genotípicas dos adultos não estão nas razões de Hardy-Weinberg. Se tentarmos prever a proporção de *aa* a partir de q^2, como no grupo sangüíneo MN (Seção 5.4), iremos falhar. A freqüência de *aa* será $q^2(1 - s)/1 - sq^2$, e não q^2.

Qual é a relação entre p' e p? Lembre-se de que a freqüência do gene A em qualquer tempo é igual à freqüência de AA mais a metade da freqüência de *Aa*. Acabamos de listar essas freqüências nos adultos após a seleção:

Tabela 5.3

(a) Cálculo algébrico das freqüências genotípicas após a seleção, com a seleção contra um genótipo recessivo. (b) Uma ilustração numérica. Ver texto para maiores explicações.

(a)				(b)				
	Genótipo				Genótipo			
	AA	*Aa*	*aa*		*AA*	*Aa*	*aa*	Total
Nascimento				**Nascimento**				
Freqüência	p^2	$2pq$	q^2	Número	1	18	81	100
Valor adaptativo	1	1	$1 - s$	Freqüência	0,01	0,18	0,81	
				Valor adaptativo	1	1	0,9	
Adultos				**Adultos**				
Freqüência *relativa*	p^2	$2pq$	$q^2(1 - s)$	Número	1	18	73	92
Freqüência	$p^2/(1 - sq^2)$	$2pq/(1 - sq^2)$	$q^2(1 - s)/(1 - sq^2)$	Freqüência	1/92	18/92	73/92	

$$p' = \frac{p^2 + pq}{1 - sq^2} = \frac{p}{1 - sq^2} \quad (5.4)$$

(Lembre-se de $p + q = 1$, e, portanto, de $p^2 + pq = p(p + q) = p$.) O denominador $1 - sq^2$ é menor do que 1, porque s é positivo; dessa forma, p' é maior do que p: a seleção está aumentando a freqüência do gene A. Agora, podemos derivar um resultado para Δp, a mudança na freqüência gênica em uma geração. Os cálculos matemáticos são os seguintes:

$$\Delta p = p' - p = \frac{p}{1 - sq^2} - p$$
$$= \frac{p - p + spq^2}{1 - sq^2}$$
$$= \frac{spq^2}{1 - sq^2} \quad (5.5)$$

Por exemplo, se $p = q = 0{,}5$ e indivíduos *aa* possuem valor adaptativo 0,9 comparados com indivíduos *AA* e *Aa* ($s = 0{,}1$), então, a mudança na freqüência gênica para a próxima geração será $(0{,}1 \times 0{,}5 \times (0{,}5)^2)/(1 - 0{,}1 \times (0{,}5)^2) = 0{,}0128$; a freqüência de A irá, portanto, aumentar para 0,5128.

O modelo prevê a velocidade de mudança na freqüência gênica à medida que o alelo superior é fixado

Podemos utilizar esse resultado para calcular a mudança na freqüência gênica entre gerações sucessivas para qualquer coeficiente de seleção (s) e qualquer freqüência gênica. O resultado nesse caso simples é que o gene A irá aumentar em freqüência até que ele seja eventualmente fixado (ou seja, tenha a freqüência de 1). A Tabela 5.4 ilustra como as freqüências gênicas mudam quando a seleção age contra um alelo recessivo, para cada um dos dois coeficientes de seleção. Existem dois pontos para salientar na tabela. Um é aquele bastante óbvio de que com um coeficiente de seleção maior contra o genótipo *aa*, o gene A aumenta em freqüência mais rapidamente. O outro é a observação mais interessante de que o aumento na freqüência de A vai diminuindo quando ele se torna comum, e levará um longo tempo para que o gene *a* seja finalmente eliminado. Isso ocorre porque o gene *a* é recessivo. Quando *a* está raro ele será quase sempre encontrado em indivíduos *Aa*, os quais são seletivamente equivalentes a indivíduos *AA*: a seleção não pode mais "ver" o gene *a*, e torna-se mais e mais difícil eliminá-los. Logicamente, a seleção não pode eliminar o último gene *a* de uma população porque, caso exista apenas uma cópia desse gene, ela deverá estar em um heterozigoto.

Assim como a equação 5.4 pode ser utilizada para calcular a mudança na freqüência gênica originada pelo valor adaptativo, ela também pode ser utilizada para calcular o valor adaptativo originado pelas mudanças na freqüência. Se conhecermos a freqüência gênica em duas gerações sucessivas, então as equações 5.4 e 5.5 podem ser rearranjadas para:

$$s = \frac{\Delta p}{p'q^2} \quad (5.6)$$

para encontrarmos s.

Haldane (1924) foi o primeiro a criar esse modelo especial de evolução. Uma característica importante desse modelo é que ele mostra o quão rapidamente, em termos evolutivos,

Tabela 5.4

Uma simulação das mudanças na freqüência gênica para a seleção contra um gene recessivo *a*, utilizando dois coeficientes de seleção: *s* = 0,05 (isto é, indivíduos *aa* possuem uma chance relativa de sobrevivência de 95%, contra 100% para *AA* e *Aa*) e *s* = 0,01 (isto é, indivíduos *aa* possuem uma chance relativa de sobrevivência de 99%, contra 100% para *AA* e *Aa*.) A mudança entre a geração 0 e 100 é encontrada por meio da aplicação da equação no texto sucessivamente por 100 vezes.

	Freqüência gênica *s* = 0,05		Freqüência gênica *s* = 0,01	
Geração	*A*	*a*	*A*	*a*
0	0,01	0,99	0,01	0,99
100	0,44	0,56	0,026	0,974
200	0,81	0,19	0,067	0,933
300	0,89	0,11	0,15	0,85
400	0,93	0,07	0,28	0,72
500	0,95	0,05	0,43	0,57
600	0,96	0,04	0,55	0,45
700	0,96	0,04	0,65	0,35
800	0,97	0,03	0,72	0,28
900	0,97	0,03	0,77	0,23
1.000	0,98	0,02	0,80	0,20

Necessitamos saber mais para compreender completamente a velocidade da evolução de órgãos inteiros

a seleção natural pode produzir mudanças. Quando analisamos órgãos complexos e padrões de comportamento de criaturas vivas, incluindo nós mesmos, é fácil questionarmos se haveria decorrido tempo suficiente para eles terem evoluído na maneira sugerida pela teoria de Darwin. Para descobrir, visando um determinado órgão qualquer, tal como coração, fígado ou cérebro, necessita-se responder a duas questões: (i) quantas mudanças evolutivas a sua evolução necessita e (ii) quanto tempo leva cada mudança.

Um modelo, como o desta seção, dá-nos uma idéia de resposta para a segunda questão. (Iremos analisar melhor a primeira questão na Seção 10.5, p. 294.) As diferenças de valores adaptativos de 1 a 5% na Tabela 5.4 são pequenas, em relação aos inúmeros riscos a que nos expomos no decorrer de nossas vidas; mas elas são suficientes para conduzir um gene de uma existência desprezível para a forma predominante em uma população em mil a 10 mil gerações. Na escala de tempo evolutivo, 10 mil gerações são como um piscar de olhos: um período de tempo bastante curto para ser analisado por registros fósseis. Um modelo quantitativo, tal como o de Haldane, foi necessário para responder à questão quantitativa de quão rapidamente a seleção pode comandar a evolução.

O modelo pode ser expandido

O modelo pode ser expandido de várias maneiras. As modificações para diferentes graus de dominância e a seleção independente sobre heterozigotos e homozigotos são, conceitualmente, diretas, embora elas tornem os cálculos mais complexos. Outras modificações podem ser feitas para analisar os outros estágios na visão geral da Figura 5.1: analisar cruzamentos não-aleatórios, herança não-mendeliana, ou valor adaptativo que varia de acordo com a fertilidade em vez de com a sobrevivência. No entanto, para os nossos propósitos, é de fundamental importância ver como um modelo de seleção exato pode ser construído e as previsões exatas feitas a partir dele. O modelo é simplificado, mas ele pode nos ajudar a entender diversos casos reais – como veremos agora.

5.7 O modelo de seleção pode ser aplicado para a mariposa sarapintada

5.7.1 O melanismo industrial em mariposas evoluiu por seleção natural

A mariposa sarapintada, *Biston betularia*, fornece uma das melhores histórias conhecidas na biologia evolutiva (Figura 5.4). Em coleções feitas na Inglaterra no século XVIII, a forma da mariposa era sempre de uma coloração clara com algumas pintas escuras (sarapintada). Uma forma com muitas pintas escuras (melânica) foi primeiramente registrada em 1848, próxima a Manchester. A forma melânica, então, aumentou em freqüência até se constituir em mais de 90% das populações em áreas poluídas na metade do século XX. Em áreas não-poluídas, a forma clara permaneceu comum. Leis de purificação do ar foram criadas na metade do século XX, e a freqüência da forma melânica diminuiu nas áreas originalmente poluídas.

Podemos estimar as diferenças no valor adaptativo durante a evolução das mariposas sarapintadas

A mariposa sarapintada pode ser utilizada para ilustrar o modelo simples da seção anterior. Uma controvérsia surgiu sobre as mariposas sarapintadas em relação à razão por que as mariposas melânicas e as claras diferiam em seus valores adaptativos, embora isso não importe enquanto estivermos simplesmente estimando valores adaptativos. O aumento na freqüência da forma melânica em áreas poluídas foi classicamente explicado pela predação por pássaros. Algumas dúvidas surgiram em relação às evidências para essa versão. A Seção 5.7.4 analisa a controvérsia, mas iniciaremos analisando as estimativas de valores adaptativos. Tudo o que necessitamos saber para essas estimativas é que a seleção natural está agindo – exatamente como ela está agindo, seja por meio da predação por pássaros ou outros fatores, é uma outra questão.

Antes de aplicarmos a teoria da genética de populações a uma característica, necessitamos conhecer a sua genética. Cruzamentos experimentais sugeriram, inicialmente, que a diferença na coloração era controlada por um loco principal. A forma original, sarapintada, era um homozigoto (*cc*), e a forma melânica era outro homozigoto (CC), com o alelo C sendo dominante. No entanto, em outros experimentos, o alelo melânico era menos dominante e os heterozigotos eram intermediários, parecendo haver inúmeros alelos melânicos diferentes. Pode ser que a seleção tenha, no começo, favorecido um alelo melânico sem ou com uma fraca dominância e, subseqüentemente, alguns outros alelos melânicos com dominância mais forte. Em qualquer caso, o grau de dominância do alelo melânico que foi originalmente favorecido no século XIX é incerto e pode ter diferido da dominância apresentada pelos alelos melânicos que existem nas populações modernas.

As primeiras estimativas de valores adaptativos foram feitas por Haldane (1924) e ele lidou com o problema de variação nos graus de dominância fazendo duas estimativas de valores adaptativos, uma supondo que o alelo C é dominante e outra supondo que o heterozigoto é intermediário. O grau de dominância médio real estava, provavelmente, entre essas duas. Iremos analisar apenas a estimativa para o gene C sendo dominante.

Figura 5.4

Mariposas sarapintadas normalmente pousam no lado de baixo de galhos finos dos ramos mais altos das árvores (e não sobre os troncos das ávores, como se diz algumas vezes). As formas melânicas são mais bem camufladas em áreas poluídas: compare (a) a forma sarapintada e (b) a forma melânica, ambas fotografadas em uma área poluída. (c) e (d) mostram que as formas sarapintadas são mais bem camufladas em áreas não-poluídas. Reprodução, com permissão da editora, de Brakefield (1987).

5.7.2 Uma estimativa de valor adaptativo é feita utilizando-se a velocidade de mudança nas freqüências gênicas

Quais eram os valores adaptativos relativos dos genes que controlavam a coloração melânica e clara durante o período do início do século XIX até a metade do século XX, quando a forma melânica aumentou em freqüência nas áreas poluídas? Para o primeiro método necessitamos das medidas das freqüências das diferentes formas de cores para pelo menos dois períodos. Assim, poderemos estimar as freqüências gênicas a partir das freqüências genotípicas e substituí-las na equação 5.6 para encontrar *s*, o coeficiente de seleção.

A forma melânica foi primeiramente observada em 1848, mas é provável que ela não fosse uma mutação nova. Ela possivelmente existia em uma freqüência baixa na população, o que é chamado de "equilíbrio mutação-seleção". O equilíbrio mutação-seleção significa que o gene está em desvantagem e que existe em uma freqüência baixa, determinada por um balanço entre ser criado por mutação e ser perdido por seleção (Seção 5.11). Iremos analisar

As mudanças nas freqüências gênicas observadas sugerem $s \approx 0,33$:

se a freqüência de um gene pode ser calculada a partir de sua taxa de mutação *m* e de sua desvantagem seletiva *s*. Os valores de *m* e *s* não eram conhecidos para o gene no início do século XIX. No entanto, taxas de mutação típicas para genes são de cerca de 10^{-6}, e uma desvantagem seletiva de cerca de 10% para mutantes melânicos nos períodos pré-industriais pode estar aproximadamente correta. Com esses números, e utilizando a equação 5.9 adiante, o gene melânico C poderia ter tido uma freqüência de 10^{-5} lá pelo ano de 1848. Por volta de 1898, a freqüência do genótipo de coloração clara era de 1 a 10% nas áreas poluídas (ela não era maior do que 5% nas proximidades da cidade industrial de Manchester, por exemplo, sugerindo uma freqüência gênica de cerca de 0,2). Devem ter existido cerca de mais de 50 gerações entre 1848 e 1898.

Agora sabemos tudo o que precisamos. Que coeficiente de seleção iria gerar um aumento em sua freqüência de 10^{-5} para 0,8 em 50 gerações? A equação 5.6 fornece o coeficiente de seleção em relação às freqüências gênicas em duas gerações sucessivas, mas entre 1848 e 1898 devem ter existido 50 gerações. A fórmula, portanto, deve ser aplicada 50 vezes, o que é mais facilmente feito por um computador. Uma mudança de 10^{-5} para 0,8 em 50 gerações resultou em um $s \approx 0,33$: as mariposas sarapintadas possuíam dois terços da taxa de sobrevivência das mariposas melânicas (Tabela 5.5). Os cálculos são superficiais, mas demonstram como o valor adaptativo pode ser inferido a partir da taxa de mudança observada na freqüência gênica.

Tabela 5.5

Mudanças teóricas nas freqüências gênicas na evolução do melanismo nas mariposas sarapintadas, iniciando com uma freqüência inicial de *C* de 0,00001 (arredondada para 0 na tabela). *C* é dominante e *c* é recessivo: genótipos *CC* e *Cc* são melânicos e *cc* é a forma de coloração sarapintada. 1848 é a geração 0 na simulação. Coeficiente de seleção $s = 0,33$.

	Freqüência gênica	
Data da geração	**C**	**c**
1848	0,00	1,00
1858	0,00	1,00
1868	0,03	0,97
1878	0,45	0,55
1888	0,76	0,24
1898	0,86	0,14
1908	0,90	0,10
1918	0,92	0,08
1928	0,94	0,06
1938	0,96	0,04
1948	0,96	0,04

5.7.3 Uma segunda estimativa de valor adaptativo é feita a partir da sobrevivência de diferentes genótipos em experimentos de marcação-recaptura

Experimentos de marcação-recaptura sugerem $s \approx 0{,}57$

A estimativa do valor adaptativo pode ser checada contra outras estimativas. A mudança na freqüência gênica foi (e ainda é) considerada o resultado de diferenças de sobrevivência entre as duas formas da mariposa na natureza, em vez de fertilidade diferencial. Podemos medir as taxas de sobrevivência das duas formas na natureza e ver como elas diferem. Kettlewell (1973) mediu as taxas de sobrevivência por meio de experimentos em campo de marcação-recaptura. Ele liberou mariposas sarapintadas de colorações melânica e clara em proporções conhecidas em regiões poluídas e não-poluídas e, então, mais adiante, ele recapturou algumas das mariposas (as quais são atraídas por lâmpadas de vapor de mercúrio). Ele contou a proporção de mariposas melânicas e de mariposas claras entre as mariposas recapturadas nas duas áreas.

A Tabela 5.6 fornece alguns resultados para dois locais, Birmingham (poluído) e Deanend Wood, uma floresta não-poluída em Dorset, no Reino Unido. As proporções nas mariposas recapturadas foram as esperadas: maior número de mariposas de coloração clara nas amostras de Deanend Wood e maior número de mariposas melânicas nas amostras de Birmingham. Em Birmingham, as mariposas melânicas foram recapturadas em cerca de o dobro da freqüência das de coloração clara, sugerindo um $s = 0{,}57$. Essa é uma diferença de valor adaptativo maior do que a de $s = 0{,}33$, sugerida pela mudança na freqüência gênica.

Tabela 5.6

Freqüências das mariposas sarapintadas melânicas e de coloração clara em amostras recapturadas em dois sítios no Reino Unido: Birmingham (poluído) e Deanend Wood, Dorset (não-poluído). Os números observados são os números efetivamente recapturados; os números esperados são os números que deveriam ter sido recapturados, caso todas as mariposas sobrevivessem igualmente (igual à proporção das mariposas liberadas vezes o número de mariposas recapturadas). As mariposas recapturadas em Birmingham foram coletadas em um período de cerca de uma semana, em Deanend Wood, de cerca de três semanas. Dados extraídos de Kettlewell (1973).

	Mariposas de coloração clara	Mariposas melânicas
Birmingham (poluído)		
Números recapturados		
Observado	18	140
Esperado	36	122
Taxa de sobrevivência relativa	0,5	1,15
Valor adaptativo relativo	0,5/1,15 = 0,43	1,15/1,15 = 1
Deanend Wood (não-poluído)		
Números recapturados		
Observado	67	32
Esperado	53	46
Taxa de sobrevivência relativa	1,26	0,69
Valor adaptativo relativo	1,26/1,26 = 1	0,69/1,26 = 0,55

A discrepância não é surpreendente, porque ambas as estimativas são imprecisas; podem existir inúmeras causas. Possíveis causas incluem erros de amostragem nos experimentos de marcação-recaptura (os números na Tabela 5.6 são pequenos) e erros nas suposições de estimativas a partir das freqüências gênicas. Por exemplo, a freqüência gênica inicial pode ser menor do que 10^{-5}. Além disso, o valor adaptativo relativo das duas formas de mariposas provavelmente mudou com o tempo, e mariposas podem ter migrado entre áreas poluídas e não-poluídas. Qualquer que seja a causa da discrepância, os dois cálculos ilustram dois métodos importantes para se estimar o valor adaptativo.

5.7.4 O fator seletivo atuante é controverso, mas a predação por pássaros foi provavelmente influente

Até agora nos concentramos em estimar o valor adaptativo e ignoramos os fatores que causam a diferença de valor adaptativo entre as formas melânicas e de coloração clara das mariposas. A matéria, entretanto, é bastante controversa. Mudanças nas freqüências gênicas inquestionavelmente ocorreram e fornecem um excelente exemplo de evolução por seleção natural. Podemos agora começar a indagar qual foi o agente, ou os agentes, de seleção natural nesse exemplo.

A evolução da mariposa sarapintada é classicamente explicada pela predação por pássaros

A resposta clássica, conforme as pesquisas de Kettlewell (1973), foi predação por pássaros. A forma de coloração clara camufla-se melhor em madeiras não-poluídas e, portanto, é menos provável que seja ingerida por pássaros que caçam visualmente. Porém, a fumaça da poluição destruiu os liquens que cobriam as árvores, o que fez com que a forma melânica ficasse mais bem-camuflada (Figura 5.4). Várias linhas de evidências sustentam a explicação de Kettlewell. Os pássaros comem as mariposas e foram fotografados fazendo isso. Os pássaros também demonstraram atacar mais a forma menos camuflada em vários delineamentos experimentais. Além disso, as mudanças na freqüência gênica igualam-se perfeitamente ao aumento e à diminuição da poluição do ar. A forma melânica aumentou em freqüência em seguida à revolução industrial e, então, diminuiu em freqüência após a poluição do ar ter decaído, no final do século XX. Na verdade, a situação para a explicação de Kettlewell é justamente mais forte agora do que quando ele a postulou. A diminuição na freqüência da forma melânica tornou-se particularmente clara de 1970 a 2000, adicionando uma nova linha de evidência, a qual estava indisponível para Kettlewell (cujo trabalho mais importante foi na década de 1950).

Alguns experimentos clássicos foram criticados

No entanto, nem todos aceitam que a predação por pássaros é o agente seletivo. Algumas das pesquisas do próprio Kettlewell foram criticadas. Analisamos anteriormente o valor adaptativo estimado a partir das mudanças nas freqüências gênicas e de experimentos de marcação-recaptura. Kettlewell e outros também estimaram valores adaptativos coletando as duas formas de mariposas mortas de troncos de árvores de áreas poluídas e não-poluídas. Ele então contou quantas mariposas de cada forma desapareciam com o tempo. Esses experimentos foram particularmente criticados após a descoberta, na década de 1980, de que mariposas sarapintadas não pousam naturalmente em troncos de árvores, mas sim em ramos altos e galhos finos das árvores (Figura 5.4). Outras críticas foram também feitas. No entanto, a situação de Kettlewell não depende desses experimentos de coleta. Como vimos, ele também fez experimentos de marcação-recaptura, nos quais ele libertou mariposas vivas. Essas mariposas, presumivelmente, pousam e comportam-se de uma maneira natural. Os resultados de todos os experimentos – coletas e marcação-recaptura – foram similares, de forma que o fato de que as mariposas tenham sido coletadas no local errado não influenciou as estimativas de valor adaptativo.

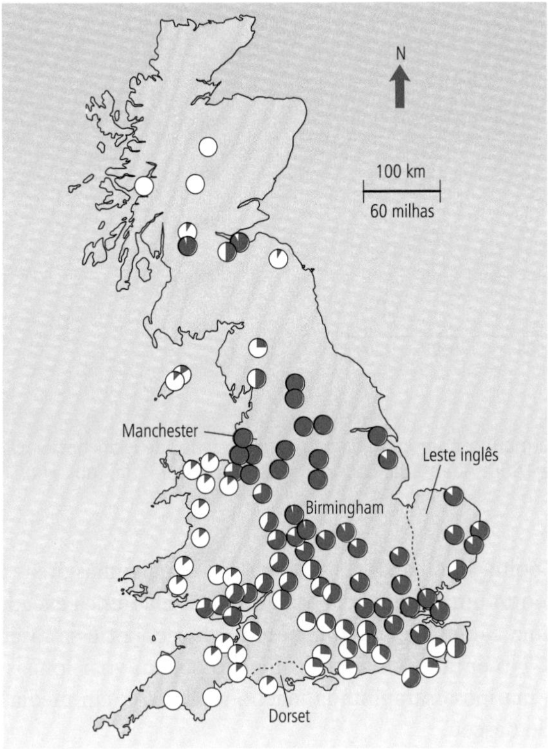

Figura 5.5

Freqüência das formas melânica e de coloração clara da mariposa sarapintada em diferentes locais da Inglaterra, quando a freqüência da forma melânica estava próxima ao seu máximo. A parte verde de cada gráfico é a freqüência da forma melânica em cada área. Mariposas melânicas estão geralmente em excesso nas áreas industriais, tal como o centro da Inglaterra; note, porém, a elevada proporção no leste inglês. As freqüências melânicas foram decrescendo subseqüentemente (ver Figura 5.6, por exemplo). Adaptada, com permissão da editora, de Lees (1971).

As estimativas do valor adaptativo foram repetidas muitas vezes

Cook (2000) revisou cerca de 30 estimativas de valor adaptativo experimentais, feitas por vários grupos de biólogos[3], e todas elas mostraram resultados semelhantes. As estimativas de valor adaptativo para as duas formas da mariposa sarapintada são praticamente os resultados mais repetidos da biologia evolutiva e não dependem de detalhes de qualquer experimento em particular. Os resultados repetidos correspondem a uma situação quase esmagadora de que o aumento e o declínio da forma melânica da mariposa sarapintada é dependente da poluição do ar. A evidência de que a poluição do ar exerce seu efeito por meio da predação por pássaros também é forte, se não contundente.

Outros fatores foram sugeridos

A evidência também foi fortalecida por outros fatores além da predação por pássaros. A migração é um fator extra. A distribuição geográfica das duas formas não se encaixa perfeitamente à teoria de Kettlewell. A forma melânica, por exemplo, tem uma freqüência de até 80%

[3] Foi sugerido até mesmo que Kettlewell falsificou seus resultados. A acusação foi sustentada apenas por evidências indiretas que estão sujeitas a interpretações inocentes. Mas, por qualquer que seja, a sugestão de Kettlewell para a evolução das mariposas sarapintadas – predação por pássaros – não depende da própria pesquisa de Kettlewell. Seus resultados foram repetidos de maneira independente.

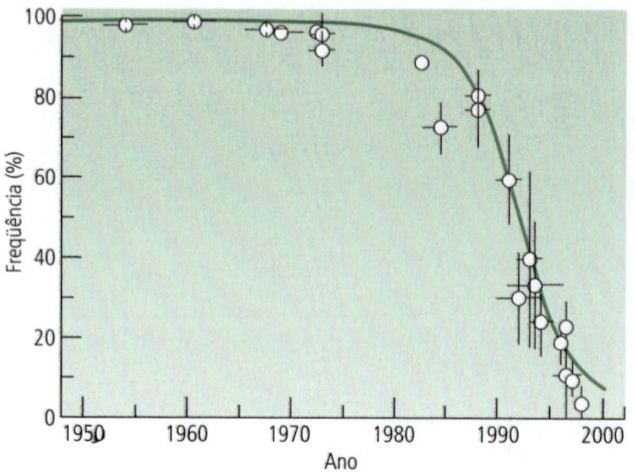

Figura 5.6

Decréscimo na freqüência da forma melânica da mariposa sarapintada na região ao redor de Manchester. O decréscimo não se tornou realmente notável até meados de 1990. Adaptada, com permissão da editora, de Cook *et al.* (1999).

no leste da Inglaterra, onde a poluição é baixa (Figura 5.5). E, em algumas áreas poluídas, a forma escura não parece apresentar uma freqüência bastante alta. Ela nunca excedeu os 95%, mesmo que ela apresentasse uma camuflagem claramente melhor e, por essa razão, deva ter tido uma freqüência de 100%. No entanto, mariposas-macho podem voar longas distâncias para encontrar fêmeas, e uma mariposa sarapintada macho acasala-se, em média, 1,5 milha (2,5 km) distante do lugar onde nasceu.

A migração pode explicar por que as mariposas melânicas são encontradas em algumas áreas não-poluídas, tal com o leste da Inglaterra, e por que mariposas de coloração clara persistem em áreas poluídas, onde sua camuflagem é pior.

A forma melânica pode ter tido uma vantagem "inerente"

Um segundo fator adicional é o de que as duas formas podem diferir em valor adaptativo, independentemente da predação por pássaros. Creed *et al.* (1980) reuniram todas as medições que foram realizadas em relação à sobrevivência até a fase adulta em laboratório. Eles analisaram o resultados de 83 descendências, contendo 12.569 descendentes; as medições originais foram realizadas por inúmeros geneticistas nos 115 anos anteriores. A viabilidade dos homozigotos de coloração clara obtida foi cerca de, em média, 30% menor do que o homozigoto melânico em laboratório, onde não existe a predação por pássaros – a razão não é conhecida, mas o fato isolado indica que existe alguma vantagem "inerente" ao genótipo melânico. A vantagem no valor adaptativo detectada no laboratório indica que as mariposas melânicas poderiam substituir as claras em áreas poluídas, mesmo na ausência da predação por pássaros. Em áreas não-poluídas, as mariposas de coloração clara podem permanecer apenas porque os pássaros comem mais as mariposas melânicas conspícuas.

Porém, o declínio da freqüência da forma melânica, à medida que o ar se tornou mais limpo, sustenta a explicação clássica

Alguns biólogos sugeriram que três fatores – predação por pássaros, vantagem inerente dos genótipos melânicos e migração – são necessários para explicar a evolução das mariposas sarapintadas. A importância da migração associada à predação por pássaros é geralmente aceita, mas a vantagem inerente da forma melânica é controversa. Desde que as aferições compiladas em Creed *et al.* (1980) foram feitas, o declínio da freqüência da forma melânica foi cada vez mais bem-documentado. O declínio não aconteceu nas redondezas da antiga região industrial de Manchester até a década de 1990 (Figura 5.6). O declínio faz sentido, caso a vantagem da forma melânica dependa da poluição do ar, mas não se for uma vantagem inerente. Portanto, outros biólogos explicam as observações em termos de predação por pássaros (suplementada por migração) apenas e descartam a vantagem inerente.

Em resumo, o melanismo industrial da mariposa sarapintada é um exemplo clássico de seleção natural. Ele pode ser utilizado para ilustrar o modelo de um loco com dois alelos. O modelo pode ser usado para se fazer uma estimativa superficial da diferença em valores adaptativos entre as duas formas de mariposas usando suas freqüências em períodos diferentes; os valores adaptativos também podem ser estimados a partir de experimentos de marcação-recaptura. Há boas evidências de que a predação por pássaros é, ao menos parcialmente, o agente de seleção, mas alguns biólogos sugerem que outros fatores também estejam atuando.

5.8 A resistência a pesticidas em insetos é um exemplo de seleção natural

Pragas, como mosquitos, desenvolvem resistência a pesticidas, tal como o DDT

A malária é causada por um protozoário parasita do sangue (Seção 5.12.2), e os seres humanos são infectados por ele por meio de mosquitos (família Culicidae – que inclui os gêneros *Aedes*, *Anopheles* e *Culex*). Portanto, ela pode ser prevenida matando-se a população de mosquitos do local, assim, trabalhadores da área da saúde repetidamente responderam a surtos de malária pulverizando inseticidas, tal como o DDT, em áreas afetadas. O DDT, pulverizado sobre um inseto normal, é um veneno neural letal. Quando ele é primeiramente pulverizado sobre uma população local de mosquitos, a população tem um declínio abrupto. O que acontece depois, depende de o DDT ter sido pulverizado anteriormente.

Nas suas primeiras aplicações, o DDT é eficiente por vários anos; na Índia, por exemplo, ele permaneceu eficiente por 10 a 11 anos após suas primeiras aplicações disseminadas no final da década de 1940. O DDT, em escala global, foi a primeira razão de o número de casos de malária ter reduzido para 75 milhões ou menos por ano no início da década de 1960. Porém, depois disso, mosquitos resistentes ao DDT já começaram a aparecer. Os mosquitos resistentes ao DDT foram primeiramente detectados na Índia em 1959, e eles aumentaram tão rapidamente que, quando um programa de pulverização local iniciava, muitos mosquitos tornavam-se resistentes em questão de meses, em vez de anos (Figura 5.7). As estatísticas da malária revelaram as conseqüências. A incidência global da doença quase explodiu, aumentando para algo entre 300 e 500 milhões de pessoas no período. A malária atualmente mata cerca de 1 milhão de pessoas por ano, principalmente crianças com idade entre 1 a 4 anos. A resistência ao pesticida não foi a única razão para esse aumento, mas foi importante.

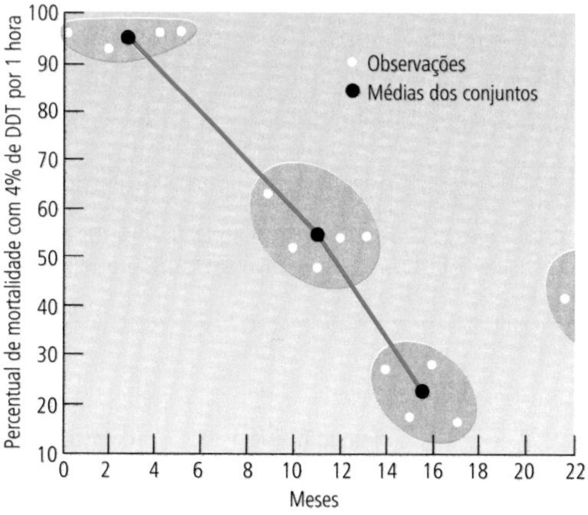

Figura 5.7

Aumento na freqüência da resistência a pesticida em mosquitos (*Anopheles culicifacies*) após pulverização com DDT. Uma amostra de mosquitos foi capturada em cada período indicado e o número daqueles que foram mortos por uma dose padrão de DDT (4% de DDT por 1 hora) em laboratório foi medido. Adaptada, com permissão da editora, de Curtis *et al.* (1978).

O valor adaptativo pode ser estimado,...

O DDT torna-se ineficiente tão rapidamente agora porque mosquitos resistentes ao DDT existem em uma freqüência baixa na população global de mosquitos, e, quando uma população local é pulverizada, uma forte força seletiva em favor dos mosquitos resistentes é imediatamente criada. É apenas uma questão de tempo até que os mosquitos resistentes apareçam. Um gráfico, tal como o da Figura 5.7, permite uma estimativa da força da seleção. Assim como para as mariposas sarapintadas, precisamos entender a genética de cada característica e medir as freqüências genotípicas em dois ou mais períodos. Podemos, então, usar a fórmula para a mudança na freqüência gênica para estimar o valor adaptativo.

...fazendo-se determinadas suposições

Precisamos fazer algumas suposições. Uma é a de que a resistência é controlada por um único alelo (iremos retornar a isso adiante). Outra diz respeito ao grau de dominância: o alelo que confere resistência deve ser dominante, recessivo ou intermediário em relação ao alelo naturalmente suscetível. O caso de resistência dominante é o mais fácil de entender. (Se a resistência for recessiva seguiremos o mesmo método geral, mas o resultado exato é diferente.) Vamos chamar de R o alelo resistente e de r o alelo suscetível. Todos os mosquitos que morreram, nos testes de mortalidade utilizados na Figura 5.7, deveriam ser, então, homozigotos (rr) para suscetibilidade. Assumindo (para simplificar, em vez de uma precisão exata) razões de Hardy-Weinberg, podemos estimar a freqüência do gene de suscetibilidade como a raiz quadrada da proporção de mosquitos que morreram nos testes. Os coeficientes de seleção são definidos como segue, onde o valor adaptativo é medido como a chance de sobrevivência na presença do DDT:

Genótipo	RR	Rr	rr
Valor adaptativo	1	1	$1 - s$

Se definirmos p como a freqüência de R e q como a freqüência de r, a equação 5.5 novamente fornece a mudança na freqüência gênica: a seleção está atuando contra um gene recessivo. A Figura 5.7 mostra o declínio na freqüência dos mosquitos suscetíveis, os quais são os homozigotos recessivos. Portanto, necessitamos de uma fórmula para a mudança em q em uma geração (Δq), em vez de Δp (como na p. 136). O declínio em q é como uma imagem invertida do aumento em p, assim, apenas se necessita colocar um sinal negativo na frente da equação 5.5:

$$\Delta q = \frac{-spq^2}{1 - sq^2} \qquad (5.7)$$

Tabela 5.7

Coeficientes de seleção estimados contra *Anopheles culicifacies* sensível ao DDT, a partir da Figura 5.7, em que o valor adaptativo relativo do tipo sensível é $(1 - s)$. A estimativa pressupõe que o alelo de resistência é dominante. Simplificada de Curtis *et al.* (1978).

Freqüência do tipo sensível			
Antes	**Após**	**Tempo (meses)**	**Coeficiente de seleção**
0,96	0,56	8,25	0,4
0,56	0,24	4,5	0,55

O coeficiente de seleção *s* ≈ 0,5

O tempo de geração é de cerca de um mês. (As gerações de mosquitos sobrepõem-se, em vez de serem discretas como o modelo propõe; porém, o procedimento exato é semelhante em ambos os casos, e podemos ignorar os detalhes de correção para gerações sobrepostas.) A Tabela 5.7 mostra como as freqüências genotípicas são extraídas da Figura 5.7 em duas etapas, fornecendo duas estimativas de valores adaptativos. Novamente, a fórmula para uma geração deve ser aplicada repetidamente, para 8,25 e 4,5 gerações nesse caso, para dar um valor adaptativo médio para os genótipos do início ao fim do período. Parece que, na Figura 5.7, os mosquitos resistentes possuem cerca de o dobro do valor adaptativo dos suscetíveis – o que é uma seleção muito forte.

A verdadeira genética da resistência é conhecida em alguns casos

A genética da resistência nesse caso não é conhecida, e o modelo de um loco com dois alelos é apenas uma suposição; mas ela é entendida em alguns outros casos. A resistência é freqüentemente controlada por um único alelo de resistência. Por exemplo, a Figura 5.8 mostra que a resistência do mosquito *Culex quinquifasciatus* à permetrina é devida ao alelo resistente (*R*), o qual atua de forma semidominante, com heterozigotos intermediários entre os dois homozigotos. Em moscas domésticas, a resistência ao DDT é devida a um alelo chamado *kdr*. Moscas *kdr* são resistentes porque elas possuem um menor número de sítios de ligação para o DDT em seus neurônios. Em outros casos, a resistência pode não ser devida a uma nova mutação pontual, mas à amplificação gênica. *Culex pipiens*, por exemplo, em um experimento tornou-se resistente a um inseticida organofosforado, chamado de temefos, porque surgiram indivíduos com o número aumentado de cópias de um gene para uma enzima esterase, a qual desintoxica do veneno. Na ausência do temefos, a resistência desapareceu, o que sugere que o genótipo amplificado deve ter sido mantido por seleção. Inúmeros mecanismos de resistência são conhecidos, e a Tabela 5.8 resume os principais que foram identificados.

Quando um inseto-praga se torna resistente a um inseticida, as autoridades respondem, freqüentemente, pulverizando-o com outro inseticida. O padrão evolutivo que analisamos aqui, então, normalmente se repete, e em uma escala de tempo mais curta. Em Long Island, Nova York, por exemplo, o besouro da batata do Colorado (*Leptinotarsa septemlineata*) foi primeiramente atacado com DDT. Ele desenvolveu resistência em sete anos. Os besouros foram,

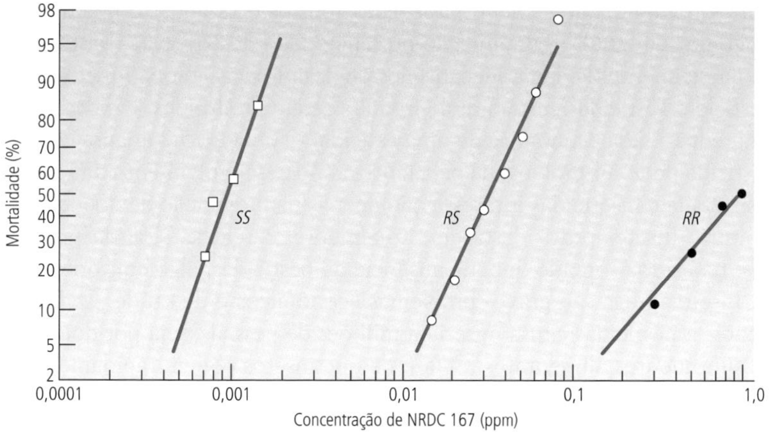

Figura 5.8

Mortalidade de mosquitos (*Culese quinquifasciatus)* de três genótipos de um loco quando expostos a diferentes concentrações de permetrina. O homozigoto suscetível (*SS*) morre mais se exposto a baixas concentrações do veneno do que o homozigoto resistente (*RR*). O heterozigoto (*RS*) apresenta resistência intermediária. Redesenhado, com permissão, de Taylor (1986).

Tabela 5.8
Os principais mecanismos de resistência a inseticidas. Reproduzida, com permisão da editora, de Taylor (1986).

Mecanismo	Inseticidas afetados
Comportamental	
Aumento da sensibilidade ao inseticida	DDT
Fuga de micro-*habitats* tratados	Muitos
Aumento da desintoxicação	
Deidroclorinase	DDT
Microssomoxidase	Carbamatos Piretróides Fosforotiolatos
Glutationa transferase	Organofosfatos (*O*-dimetil)
Hidrolases, esterases	Organofosfatos
Diminuição da sensibilidade do sítio-alvo	
Acetilcolinesterase	Organofosfatos Carbamatos
Sensibilidade nervosa	DDT Piretróides
Genes resistentes ao ciclodieno	Ciclodienos (organoclorados)
Diminuição da penetração cuticular	Muitos inseticidas

então, pulverizados com azinfosmetil e desenvolveram resistência em cinco anos; em seguida vieram carbofurano (dois anos), piretróides (outros dois anos) e finalmente piretróides com sinergismo (um ano). A diminuição no tempo para desenvolver resistência é, de forma provável, parcialmente devida a mecanismos de desintoxicação que funcionam contra mais de um pesticida. Pesticidas custam dinheiro para serem produzidos, e o desenvolvimento da resistência reduz a vida econômica de um pesticida. O Quadro 5.2 analisa como a existência de um pesticida pode ser prolongada pela lentidão no desenvolvimento da resistência.

A teoria possui aplicações práticas

A resistência a inseticidas interessa não apenas na prevenção de doenças, mas também na agricultura. Insetos-praga destroem, atualmente, cerca de 20% da produção agrícola mundial, e tem sido estimado que, na ausência de pesticidas, algo em torno de 50% seriam perdidos. Insetos-praga são graves problemas econômicos e de saúde. O desenvolvimento de resistência a pesticidas causa miséria a milhões de pessoas, seja por doenças ou pela redução de suprimentos alimentares. O fato de que insetos podem rapidamente desenvolver resistência não é o único problema da utilização de pesticidas contra as pragas – os próprios pesticidas (como é bem conhecido) podem provocar efeitos ecológicos secundários, que variam desde irritantes até perigosos. Mas, seja como for, os pesticidas não existiam durante as centenas de milhões de anos que os insetos viveram antes de terem sido introduzidos na década de 1940, e o rápido desenvolvimento da resistência desde então fornece um exemplo maravilhosamente claro de evolução por seleção natural (A Seção 10.7.3, p. 303, amplia a história, e o Quadro 8.1, p. 241, analisa a resistência a drogas do próprio agente da malária).

Quadro 5.2
O gerenciamento da resistência

A evolução da resistência para cada pesticida e antibiótico novo é, no final das contas, provavelmente inevitável. Entretanto, podemos ser capazes de prolongar a vida economicamente útil dos defensivos químicos, por meio do retardamento do desenvolvimento da resistência. O período de tempo necessário para desenvolver a resistência será influenciado por vários fatores. Dois de tais fatores podem ser encontrados nos modelos mais simples de seleção que temos considerado.

1. O grau da dominância genética. A freqüência de um gene dominante vantajoso aumentará muito mais rapidamente por seleção natural do que a freqüência de um gene recessivo vantajoso. Um gene vantajoso, tal como aquele que proporciona resistência a um pesticida, irá, inicialmente, estar presente apenas em uma cópia, em um heterozigoto. Se o gene for recessivo, ele não será expresso nesse heterozigoto. A seleção natural não pode "ver" o gene até que ele seja encontrado em um homozigoto. Se o gene for dominante, ele é imediatamente expresso e a seleção natural o favorece imediatamente. Um gene de resistência recessivo irá aumentar em freqüência muito mais lentamente do que um gene de resistência dominante.
2. O valor adaptativo relativo dos genótipos resistentes e não-resistentes. Um genótipo com um valor adaptativo vantajoso grande irá aumentar em freqüência muito mais rapidamente do que um com um valor adaptativo vantajoso pequeno. Por exemplo, na Tabela 5.4 podemos ver que um genótipo com uma vantagem de 1% leva cinco vezes mais tempo para alcançar a freqüência de 80% do que um genótipo com uma vantagem de 5%.

Assim, o desenvolvimeto da resistência poderia ser retardado se pudéssemos tornar o gene de resistência mais recessivo (ou menos dominante) e se pudéssemos reduzir seu valor adaptativo vantajoso em relação aos tipos não resistentes.

Uma maneira para tornar um gene resistente recessivo pode ser a aplicação do pesticida em grandes doses. O gene de resistência pode codificar uma proteína que, de alguma forma, neutraliza o pesticida. Se existem pequenas quantidades do pesticida, uma única cópia do gene de resistência (em um heterozigoto) pode produzir a proteína em quantidade suficiente para enfrentar o pesticida. O gene é, então, efetivamente dominante, porque ele promove resistência nos heterozigotos. O gene irá espalhar-se com facilidade. Porém, se grandes quantidades do pesticida são usadas, o único gene pode ficar sobrecarregado. Dois genes de resistência (em um homozigoto) podem ser necessários para dar conta. A grande quantidade de pesticida torna o gene de resistência efetivamente recessivo.

Os valores adaptativos relativos dos genótipos resistentes e não-resistentes podem ser influenciados pela maneira como o pesticida é aplicado no local. Se os pesticidas forem aplicados em um local e não em outros, os genótipos não-resistentes terão uma vantagem seletiva nas localidades onde não há pesticida. O valor adaptativo médio do genótipo resistente não será, então, tão elevado em relação ao genótipo não-resistente, como seria, caso o pesticida fosse aplicado indiscriminadamente em toda a região.

Rausher (2001) refere-se à combinação dessa duas políticas como "estratégia de alta dose/refúgio". No entanto, a estratégia requer certas condições para ter sucesso no retardamento do desenvolvimento da resistência, mesmo na teoria, e pouquíssimos trabalhos práticos foram feitos para testá-la. Atualmente, isso é um problema a ser pesquisado no futuro. Entretanto, a idéia ilustra como os modelos evolutivos desse capítulo podem ter aplicações práticas. O valor econômico desses modelos pode até mesmo mostrar ser enorme.

Leitura complementar: Rausher (2001).

5.9 Os valores adaptativos são números importantes na teoria evolutiva e podem ser estimados por três métodos principais

O valor adaptativo pode ser medido...

O valor adaptativo de um genótipo, na teoria e em exemplos que temos encontrado, é a sua probabilidade de sobrevivência relativa do nascimento até a vida adulta. Os valores adaptativos também determinam a mudança nas freqüências gênicas entre gerações. Essas duas propriedades do valor adaptativo admitem dois métodos para medi-lo.

O primeiro método é para medir a sobrevivência relativa dos genótipos dentro de uma geração. O experimento de marcação-recaptura de Kettlewell com as mariposas sarapintadas

...pela sobrevivência relativa dentro de uma geração...

é um exemplo. Se assumirmos que a taxa relativa de recaptura dos genótipos é igual a suas chances relativas de sobrevivência do ovo até a vida adulta, teremos uma estimativa de valor adaptativo. A suposição pode ser inválida. Os genótipos podem, por exemplo, diferir em suas chances de sobrevivência em alguma outra etapa da vida que não o período do experimento de marcação-recaptura. Se a sobrevivência das mariposas adultas é medida por marcação-recaptura, quaisquer diferenças entre os genótipos na sobrevivência nos estágios de ovo e lagarta não serão detectadas. Além disso, os genótipos podem diferir em fertilidade: o valor adaptativo estimado pelas diferenças em sobrevivência somente será correto se todos os genótipos possuírem a mesma fertilidade. Todas essas suposições podem ser testadas por trabalhos adicionais. Por exemplo, a sobrevivência também pode ser medida nos outros estágios da vida, e a fertilidade também pode ser acessada. Em poucos casos, valores adaptativos de uma vida inteira foram medidos de maneira abrangente, rastreando-se sobrevivência e reprodução do nascimento até a morte.

...ou pela taxa de mudança na freqüência gênica entre gerações...

O segundo método é para medir as trocas nas freqüências gênicas entre gerações. Substituímos, então, as medidas na fórmula que expressa o valor adaptativo em termos de freqüência gênica em gerações sucessivas (equação 5.6). Ambos os métodos foram usado em muitos casos; os principais problemas são as dificuldades óbvias de se medir, de forma precisa, a sobrevivência e as freqüências gênicas, respectivamente. Além disso, nos exemplos que analisamos também existiam dificuldades no entendimento da genética das características: necessitamos conhecer quais fenótipos correspondem a quais genótipos a fim de estimar os valores adaptativos dos genótipos.

...ou por outros métodos

Encontraremos um terceiro método de estimativa de valor adaptativo adiante, no caso da anemia falciforme (ver Tabela 5.9, p. 156). Ele utiliza desvios nas razões de Hardy-Weinberg. Esse método pode ser usado somente quando as freqüências gênicas na população são constantes entre as etapas de nascimento e vida adulta, mas os genótipos possuem sobrevivência diferente. Ele, portanto, não pode ser utilizado nos exemplos de seleção direcionada contra um gene desvantajoso, com que estivemos preocupados até o momento, porque, nesse caso, a freqüência gênica na população muda entre as etapas do nascimento e da vida adulta.

Discutimos a interferência do valor adaptativo em detalhes porque os valores adaptativos de diferentes genótipos estão entre as variáveis mais importantes – talvez a mais importante das variáveis – na teoria da evolução. Eles determinam, de maneira geral, quais genótipos podemos esperar encontrar no mundo atual. Os exemplos que analisamos, no entanto, ilustram que valores adaptativos não são fáceis de medir. São necessários longos períodos de análise e tamanhos amostrais grandes, e, mesmo assim, a estimativa pode estar sujeita a suposições de que "outras coisas sejam semelhantes". Portanto, apesar de sua importância, eles foram medidos em apenas um pequeno número de sistemas, os quais interessaram aos biólogos. (Isso não significa que o número absoluto de tais estudos tenha sido pequeno. Uma revisão da vasta pesquisa sobre seleção natural feita por Endler, em 1986, contém uma tabela (de 24 páginas de extensão) listando todo o trabalho que ele localizou. Os valores adaptativos foram medidos em apenas uma minoria – uma minoria desconhecida – a qual pertence ao valioso estudo de 24 páginas sobre seleção natural, mas o número poderia, ainda assim, não ser trivial.) Muitas das questões controversas não-resolvidas na biologia evolutiva implicitamente dizem respeito a padrões de valores adaptativos, mas em sistemas nos quais não foi possível medir os valores adaptativos diretamente com exatidão suficiente ou em um número de casos suficientemente grande. A controvérsia sobre as causas da evolução molecular no Capítulo 7 é um exemplo. Quando começamos a discutir controvérsias desse tipo é importante termos em mente o que poderia ter sido feito para resolvê-las por medidas diretas do valor adaptativo.

5.10 A seleção natural operando sobre um alelo favorável em um único loco não pretende ser um modelo geral de evolução

Outros fatores estarão atuando em exemplos reais

A mudança evolutiva na qual a seleção natural favorece uma mutação rara em um único loco e a conduz até a fixação é uma das formas mais simples de evolução. Algumas vezes, a evolução pode ocorrer dessa forma. Porém, as coisas podem ser mais complicadas na natureza. Temos de considerar a seleção em termos de chances de sobrevivência diferentes desde o nascimento até a vida adulta; mas a seleção também pode atuar por meio de diferenças na fertilidade se indivíduos de genótipos diferentes – após eles terem sobrevivido até a vida adulta – produzirem um número diferente de descendentes. O modelo prevê cruzamentos aleatórios entre os genótipos: mas os cruzamentos podem não ser aleatórios. Além disso, o valor adaptativo de um genótipo pode variar no tempo e no espaço e depende de quais genótipos estão presentes no outro loco (um assunto que deveremos tratar no Capítulo 8). Muitas das mudanças evolutivas provavelmente consistem em ajustamentos nas freqüências dos alelos em locos polimórficos, uma vez que os valores adaptativos variam ao longo do tempo, em vez da fixação de novas mutações favoráveis.

Essas complexidades são importantes no mundo real, mas elas não invalidam – nem banalizam – o modelo de um loco. Para o modelo, a intenção é ser um modelo. Ele deve ser utilizado como uma ajuda para o entendimento, e não como uma teoria geral da natureza. Em ciência, uma boa estratégia para desenvolver uma compreensão das complexidades da natureza é considerar casos simples primeiramente e, então, basear-se neles para entender a complexidade de todo o conjunto. Idéias simples raramente fornecem teorias gerais e precisas, mas elas costumam fornecer paradigmas eficientes. O modelo de um único loco é concreto e fácil de ser entendido e é um bom ponto de partida para a ciência da genética de populações. Na verdade, geneticistas de populações construíram modelos para todas as complicações listadas nos parágrafos anteriores, e esses modelos são todos desenvolvidos dentro do método geral que temos estudado.

5.11 Uma mutação desvantajosa recorrente irá evoluir em uma freqüência equilibrada calculável

Uma mutação desvantajosa pode aparecer de maneira recorrente

O modelo de seleção em um loco revelou como uma mutação favorável irá se espalhar por uma população. Mas e em relação a uma mutação desfavorável? A seleção natural irá atuar para eliminar qualquer alelo que diminua o valor adaptativo de seus portadores, e a freqüência do alelo irá diminuir em uma velocidade especificada pela equação da Seção 5.6; mas, e em relação a uma mutação desvantajosa recorrente, que continua surgindo com uma certa freqüência? A seleção nunca poderá eliminar totalmente o gene, porque ele continuará reaparecendo por mutação. Nesse caso, podemos determinar a freqüência em equilíbrio da mutação: o equilíbrio será entre a criação do gene mutante, por meio de mutação recorrente, e a sua eliminação por seleção natural.

Para sermos específicos, podemos considerar um único loco, no qual existe apenas um alelo inicial, *a*. O gene possui uma tendência a mutar para o alelo dominante, A. Podemos especificar a taxa de mutação e o coeficiente de seleção (valor adaptativo) dos genótipos: definimos m como a taxa de mutação de a para A por geração. Iremos ignorar a mutação reversa (apesar de que, nesse momento, essa suposição não importa). A freqüência de a é q e de A é p. Finalmente, definiremos os valores adaptativos como segue:

Genótipo	*aa*	*Aa*	*AA*
Valor adaptativo	1	$1 - s$	$1 - s$

A evolução nesse caso irá agir para alcançar uma freqüência equilibrada do gene A (podemos escrever a freqüência em equilíbrio estável como p^*). Se a freqüência de A é maior do que a de equilíbrio, a seleção natural irá remover mais genes A do que a mutação irá criá-los, e a freqüência diminuirá; no sentido inverso, caso a freqüência seja menor do que a de equilíbrio. No equilíbrio, a taxa de perda de genes A por seleção iguala-se à sua taxa de ganho por mutação.

Construímos um modelo de freqüência gênica de uma mutação desvantajosa recorrente

Podemos usar essa afirmação para calcular a freqüência gênica em equilíbrio p^*. Qual é a taxa de criação de genes A por mutação por geração? Cada novo gene A origina-se por mutação a partir de um gene *a* e a chance de qualquer gene *a* mutar para um gene A é a taxa de mutação *m*. A proporção $(1 - p)$ de genes na população é de genes *a*. Portanto:

A taxa total de criação de genes A por mutação = $m(1 - p)$

E qual é a freqüência com a qual os genes A são eliminados? Cada gene A possui $(1 - s)$ de chance de sobrevivência, ou uma chance *s* de desaparecer. Uma proporção *p* de genes na população é de A. Portanto:

Taxa total de perda de genes A por seleção = ps

No equilíbrio, a freqüência gênica (p^*):

Taxa de ganho de genes A = taxa de perda de genes A

$$m(1 - p^*) = p^*s \qquad (5.8)$$

A qual pode ser desmembrada em:

$$m - mp^* = p^*s$$
$$p^* = m/(s + m)$$

Em função dos dois termos no denominador, a taxa de mutação (possivelmente 10^{-6}, Seção 2.6, p. 55) normalmente será muito menor que o coeficiente de seleção (talvez 10^{-1} ou 10^{-2}). Com esses valores $s + m \approx s$, a expressão é, portanto, normalmente dada na forma apropriada:

$$p^* = m/s \qquad (5.9)$$

A mutação desvantajosa possui uma baixa freqüência de equilíbrio...

O resultado simples é que a freqüência gênica da mutação em equilíbrio é igual à razão entre sua freqüência de mutação e sua desvantagem seletiva. O resultado é intuitivo: o equilíbrio é o balanço entre as taxas de criação e eliminação do gene. Para se obter o resultado utilizamos, normalmente, uma dedução sobre o equilíbrio. Notamos que, no equilíbrio, a taxa de perda de um gene iguala-se à taxa de ganho e usamos isso para deduzir o resultado exato. Esse é um método poderoso para se deduzir equilíbrios, e usaremos raciocínios semelhantes na próxima seção.

A expressão $p = m/s$ permite uma estimativa da freqüência de mutação de uma mutação deletéria a partir apenas da medição da freqüência do gene mutante. Se a mutação é rara, ela estará presente nos heterozigotos, os quais, ao nascer, terão a freqüência de $2pq$. Se *p* é pequeno, $q \approx 1$ e $2pq \approx 2p$. *N* é definido como a freqüência de portadores mutantes, a qual iguala-se à freqüência de heterozigotos: isto é, $N = 2p$. Como $p = m/s$, $m = sp$; se substituirmos $p = N/2$, $m = sN/2$. Se a mutação for altamente deletéria, $s \approx 1$ e $m = N/2$. A taxa de mutação pode ser estimada como a metade da taxa de nascimentos do tipo mutante. A estimativa é nitidamente aproximada, porque ela se baseia em inúmeras suposições. Além da suposição de um *s* elevado e uma *p* baixa, supõe-se que os cruzamentos sejam aleatórios. Atualmente não dispomos de meios para verificar isso.

...a qual pode, algumas vezes, ser utilizada para estimar a freqüência de mutação.

O nanismo condrodistrófico é uma mutação dominante deletéria humana. Em um estudo, 10 de 94.075 recém-nascidos tinham o gene, uma freqüência de $10{,}6 \times 10^{-5}$. A estimativa da taxa de mutação pelo método recém-descrito é, então, $m = 5{,}3 \times 10^{-5}$. No entanto, é possível estimar o coeficiente de seleção, permitindo uma estimativa mais precisa da taxa de mutação. Em um outro estudo, 108 anões condrodistróficos tiveram 27 crianças; seus 457 irmãos normais tiveram 582 crianças. O valor adaptativo relativo dos anões foi $(27/108)/(582/457) = 0{,}196$; o coeficiente de seleção, $s = 0{,}804$. Em vez de assumir $s = 1$, podemos usar $s = 0{,}804$. Assim, a taxa de mutação será $sN/2 = 4{,}3 \times 10^{-5}$, um número um tanto mais baixo, porque, com uma seleção menor, a mesma freqüência gênica pode ser mantida por uma baixa taxa de mutação.

Para muitos genes, não conhecemos as relações de dominância dos alelos no loco. Um cálculo semelhante pode ser realizado para um gene recessivo, mas a fórmula será diferente, e ela diferirá novamente caso as mutações possuam dominância intermediária. Podemos apenas estimar a taxa de mutação a partir de $p = m/s$ se soubermos que a mutação é dominante. O método não é, portanto, seguro, a menos que as suas suposições tenham sido verificadas de forma independente. No entanto, a idéia geral desta seção – de que um balanço entre seleção e mutação pode existir e explicar a variação genética – será utilizada nos capítulos finais.

5.12 Vantagem do heterozigoto

5.12.1 A seleção pode manter um polimorfismo quando o heterozigoto é mais bem-adaptado do que os homozigotos

Em alguns casos, os heterozigotos possuem valores adaptativos maiores do que os homozigotos

Veremos agora uma teoria influente. Consideramos o caso no qual o heterozigoto é mais bem-adaptado do que os dois homozigotos. Os valores adaptativos podem ser escritos:

Genótipo	AA	A*a*	*aa*
Valor adaptativo	$1 - s$	1	$1 - t$

Assim como *s*, *t* é um coeficiente de seleção e possui um valor entre 0 e 1. O que está ocorrendo? Existem três possibilidades de equilíbrio, duas delas, porém, são triviais. $p = 1$ e $p = 0$ são equilíbrios estáveis, mas apenas porque não existe mutação no modelo. O terceiro equilíbrio é bastante interessante; ele possui ambos os genes presentes, e podemos calcular as freqüências gênicas no equilíbrio por meio de um raciocínio semelhante àquele delineado na seção anterior. A condição na qual uma população contém mais do que um gene é chamada de *polimorfismo*.

Construímos um modelo de freqüências gênicas com vantagem dos heterozigotos

Os genes A e *a* são, ambos, removidos por seleção. Os genes A são removidos porque eles surgem nos homozigotos inferiores AA, e os genes *a* porque eles surgem nos homozigotos *aa*. No equilíbrio, ambos os genes devem possuir a mesma chance de serem removidos por seleção. Se um gene A possuir uma chance maior de ser removido do que a de um gene *a*, a freqüência de *a* irá aumentar, e vice-versa. Somente quando a chance for a mesma para ambos os genes é que as freqüências gênicas serão estáveis.

Qual a chance de um gene A estar presente em um indivíduo que irá morrer sem procriar? Um gene A poderá estar tanto em um heterozigoto (com chance *q*), que sobreviverá, como em um homozigoto AA (com chance *p*), que terá uma chance *s* de vir a falecer. Sua chance total de ser eliminado será, portanto, *ps*. De forma semelhante, um gene *a* poderá estar tanto em um heterozigoto (com chance *p*), que sobreviverá como em um homozigoto *aa* (com chance *q*), que terá uma chance *t* de vir a falecer: sua chance de ser eliminado será *qt*. No equilíbrio,

Chance de eliminação de um gene A = chance de eliminação de um gene *a*

$$p^{\star}s = q^{\star}t \qquad (5.10)$$

Substituindo $$p^{\star}s = (1 - p^{\star})\,t$$

e rearranjando $$p^{\star} = t(s + t) \qquad (5.11)$$

De forma semelhante, se substituirmos $q = (1 - p)$, $q^{\star} = s/(s + t)$. Teremos, então, derivado as freqüências gênicas no equilíbrio quando ambos os homozigotos possuem valores adaptativos menores do que os heterozigotos. O equilíbrio possui todos os três genótipos presentes, mesmo que os homozigotos sejam inferiores e sejam selecionados de forma desfavorável. Eles continuam a existir porque é impossível eliminá-los. Cruzamentos entre heterozigotos geram homozigotos. A freqüência gênica exata no equilíbrio depende da seleção relativa contra os dois homozigotos. Se, por exemplo, *AA* e *aa* possuírem valores adaptativos iguais, então $s = t$ e $p = {}^1/_2$ no equilíbrio. Se *AA* for relativamente não tão bem adaptado quanto *aa*, então $s > t$ e $p < {}^1/_2$; aqueles genótipos que são mais fortemente selecionados existem em menor número.

Quando os heterozigotos são mais bem-adaptados do que os homozigotos, conseqüentemente, a seleção natural irá manter um polimorfismo. O resultado foi confirmado por Fisher em 1922 e de maneira independente por Haldane. Iremos, mais adiante, considerar em maiores detalhes porque existe variabilidade genética em populações naturais, e a *vantagem do heterozigoto* será uma das várias explicações controversas a ser testada.

5.12.2 A anemia falciforme é um polimorfismo com vantagem do heterozigoto

A anemia falciforme ilustra a teoria

A anemia falciforme é um exemplo clássico de um polimorfismo mantido pela vantagem do heterozigoto. Ela é uma condição quase letal para as pessoas, responsável por cerca de 100 mil mortes por ano. Ela é causada por uma variante genética da α-hemoglobina. Se simbolizarmos o alelo da hemoglobina normal por A e o alelo da hemoglobina da célula falcêmica por S, então, pessoas que sofrem de anemia falciforme são *SS*. A hemoglobina *S* faz com que as células vermelhas do sangue se tornem curvas e distorcidas (forma de foice); elas podem entupir os capilares e provocar uma anemia severa, caso os capilares bloqueados sejam os do cérebro. Cerca de 80% dos indivíduos *SS* morrem antes de se reproduzirem. Com uma seleção aparentemente tão forte contra a hemoglobina *S*, foi um mistério ela ter persistido em uma freqüência relativamente elevada (10% ou mais) em algumas populações humanas.

A hemoglobina da célula falciforme confere resistência à malária

Se compararmos um mapa da incidência de malária com um mapa de freqüência gênica (Figura 5.9) veremos que eles são notavelmente semelhantes. Talvez a hemoglobina *S* forneça alguma vantagem em zonas com malária. Allison (1954) mostrou que, embora *SS* seja quase sempre letal, o heterozigoto *AS* é mais resistente à malária do que o homozigoto *AA*. (A demonstração de Allison foi a primeira a mostrar a seleção natural agindo em uma população humana.) A razão completa foi descoberta mais tarde – as hemácias *AS* não possuem, normalmente, a forma de foice, apenas quando a concentração de oxigênio diminui. Quando o parasita da malária, *Plasmodium falciparum*, entra em uma hemácia ele destrói (provavelmente come) a hemoglobina, o que faz com que a concentração de oxigênio nas células diminua. A célula falcêmica é então destruída, junto com o parasita. A pessoa sobrevive porque a maioria das hemácias não está infectada e transporta oxigênio de maneira normal. Portanto, em lugares onde o parasita da malária é comum, as pessoas *AS* sobrevivem melhor do que as *AA*, que sofrem de malária.

Uma vez que o heterozigoto mostrou fisiologicamente possuir uma vantagem, as freqüências genotípicas dos adultos podem ser utilizadas para estimar o valor adaptativo relativo aos três genótipos. Os valores adaptativos são:

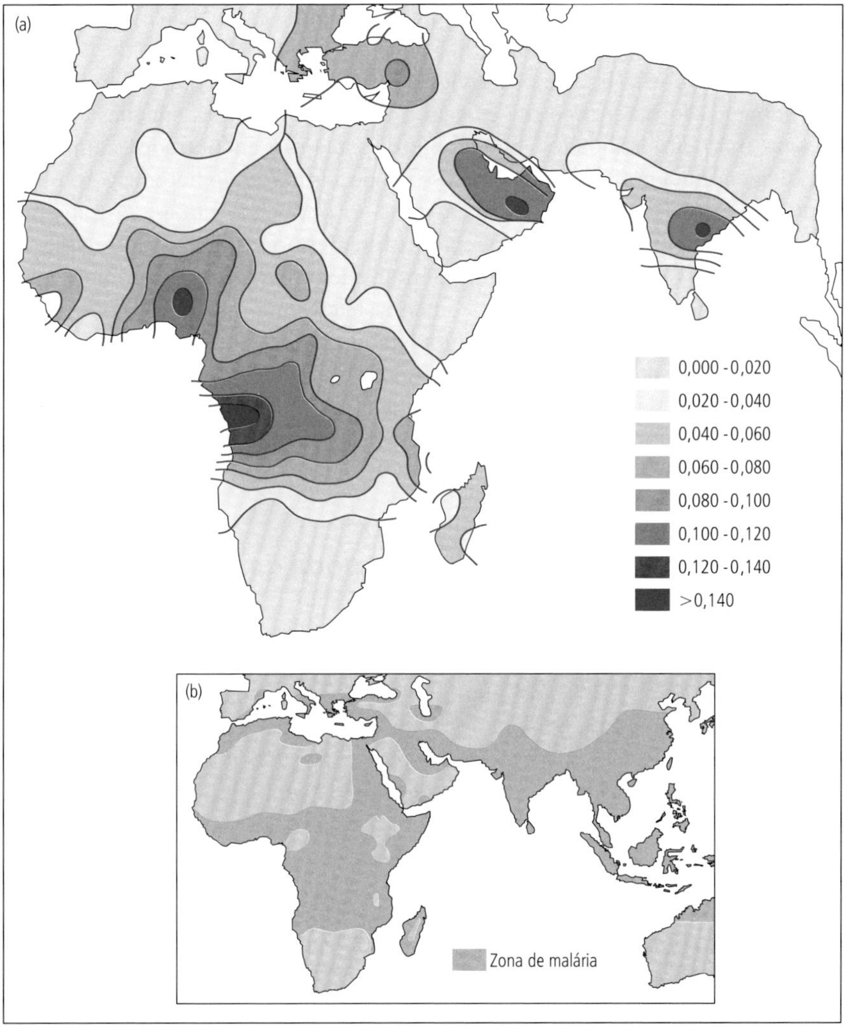

Figura 5.9

A incidência global da malária coincide com a da célula falcêmica da hemoglobina. (a) Um mapa da freqüência do alelo *S* da hemoglobina. (b) Um mapa da incidência de malária. Adaptada, com permissão da editora, de Bodmer e Cavalli-Sforza (1976).

Genótipo	*AA*	*AS*	*SS*
Valor adaptativo	$1 - s$	1	$1 - t$

Se a freqüência do gene A = p e a do gene S = q, então, as freqüências genotípicas relativas entre os adultos serão $p^2(1 - s)$: $2pq$: $q^2(1 - t)$. Se não existe seleção ($s = t = 0$), os três genótipos teriam freqüências de Hardy-Weinberg de p^2: $2pq$: q^2.

Deduzimos coeficientes de seleção de 0,12 e 0,14.

A seleção provoca desvios nas freqüências de Hardy-Weinberg. Tomemos o genótipo *AA* como um exemplo. A razão da freqüência observada em adultos, prevista pela razão de Hardy-Weinberg, será $(1 - s)/1$. A freqüência esperada a partir do princípio de Hardy-Weinberg é encontrada pelo método usual: a freqüência esperada é p^2, onde p é a proporção observada de *AA*, mais a metade da proporção observada de *AS*. A Tabela 5.9

ilustra o método para uma população nigeriana, onde $s = 0,12$ ($1 - s = 0,88$) e $t = 0,86$ ($1 - t = 0, 14$).

O método só é válido se os desvios das proporções de Hardy-Weinberg são causados por vantagem do heterozigoto e os genótipos diferem apenas em suas chances de sobrevivência (não de fertilidade). Se os heterozigotos são encontrados com uma freqüência excessiva em uma população natural, isso pode ser porque o heterozigoto possui um valor adaptativo maior. No entanto, também pode ser por outras razões. Cruzamentos preferenciais negativos, por exemplo, podem produzir o mesmo resultado (nesse caso, cruzamentos preferenciais negativos poderiam representar que indivíduos *aa* cruzam preferencialmente com indivíduos *AA*). Porém, para a anemia falciforme, as observações fisiológicas mostraram que o heterozigoto é mais bem-adaptado e que os procedimentos estão bem justificados. Além disso, nesse caso, embora não tenha sido checado se os cruzamentos foram aleatórios, a letalidade direta dos *SS* significa que os cruzamentos preferenciais negativos não seriam importantes; entretanto, a suposição de que os genótipos possuem fertilidade igual pode ser falsa.

5.13 O valor adaptativo de um genótipo pode depender de sua freqüência

A próxima complicação interessante é considerar a seleção quando o valor adaptativo de um genótipo depende de sua freqüência. Nos modelos que analisamos até agora, o valor adaptativo de um genótipo (1, $1 - s$, ou o que quer que seja) foi constante, a despeito de o genótipo ser raro ou comum. Agora, iremos considerar a possibilidade de que o valor adaptativo de um genótipo aumenta ou diminui à medida que a sua freqüência aumenta na população (Figura 5.10). A *seleção dependente de freqüência* pressupõe que a seleção natural esteja agindo e que os valores adaptativos dos genótipos variam com a freqüência dos genótipos. Os dois tipos principais são *dependência negativa da freqüência*, no qual o valor adaptativo de um genótipo

Tabela 5.9

Estimativa de coeficientes de seleção para a anemia falciforme, utilizando as freqüência genotípicas em adultos. O alelo da hemoglobina falciforme é *S*, e o da hemoglobina normal (a qual, na verdade, é composta por mais do que um alelo) é *A*. As freqüências genotípicas são para os Yorubas de Ibadan, na Nigéria. Um pequeno detalhe não é explicado no texto. A razão observado:esperado para o heterozigoto pode não ser igual a 1. Aqui ela vem a ser 1. Todas as razões observado:esperado são, portanto, divididas por 1,12 para adequá-las ao valor adaptativo padrão vigente para a vantagem do heterozigoto. De Bodmer e Cavalli-Sforza (1976).

Genótipo	Freqüência observada para adultos (*O*)	Freqüência de Hardy-Weinberg esperada (*E*)	Razão *O: E*	Valor adaptativo
SS	29	187,4	0,155	0,155/1,12 = 0,14 = $1 - t$
SA	2.999	2.672,4	1,12	1,12/1,12 = 1,00
AA	9.365	9.527,2	0,983	0,983/1,12 = 0,88 = $1 - s$
Total	12.387	12.387		

Cálculo das freqüências esperadas: freqüência gênica de *S* = freqüência de *SS* + $^1/_2$(freqüência de *SA*) = (29 + 2.993/2)/12.387 = 0,123. Portanto, a freqüência do alelo *A* = 1 – 0,123 = 0,877. Do teorema de Hardy-Weinberg, as freqüências genotípicas esperadas são $(0,123)^2 \times 12.387$,$2(0,877)(0,123) \times 12.387$, e $(0,877)^2 \times 12.387$, para *AA*, *AS* e *SS*, respectivamente.

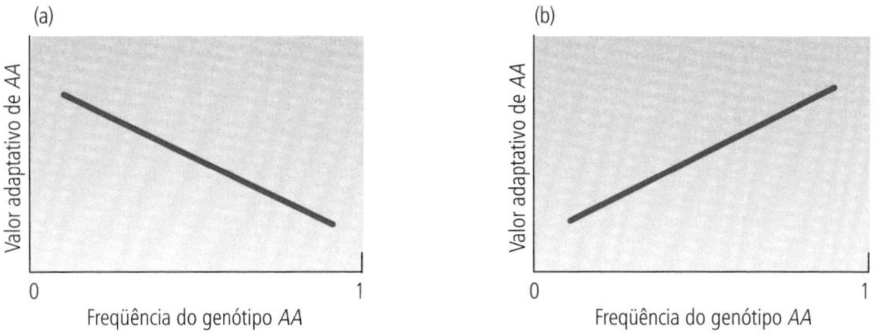

Figura 5.10

Seleção dependente da freqüência. (a) O valor adaptativo dependente negativamente da freqüência significa que o valor adaptativo de um genótipo diminui à medida que a freqüência do genótipo aumenta. (b) O valor adaptativo dependente positivamente da freqüência significa que o valor adaptativo de um genótipo aumenta à medida que sua freqüência aumenta. Em geral, a dependência da freqüência refere-se a qualquer caso no qual o gráfico é de qualquer tipo que seja diferente de uma linha horizontal plana. Uma linha horizontal plana, com valor adaptativo constante para todas as freqüências genotípicas, significa que a seleção não é dependente da freqüência.

diminui à medida que a sua freqüência aumenta, e *dependência positiva da freqüência*, no qual o valor adaptativo de um genótipo aumenta à medida que a sua freqüência aumenta.

Nas relações hospedeiro-parasita, o valor adaptativo de um genótipo pode depender da sua freqüência

A dependência negativa da freqüência pode surgir nas interações hospedeiro-parasita. Por exemplo, dois genótipos de um hospedeiro podem diferir em suas capacidades de manter dois genótipos de um parasita. Esse tipo de arranjo é como uma chave e fechadura. Ele é como se os dois genótipos hospedeiros fossem duas fechaduras diferentes e os dois genótipos parasitas fossem duas chaves diferentes. Uma das chaves parasitas encaixa-se em uma das fechaduras hospedeiras e a outra chave parasita encaixa-se na outra fechadura hospedeira. Assim, se um dos hospedeiros estiver em uma freqüência elevada, a seleção natural irá favorecer o genótipo parasita que pode penetrar no tipo comum de hospedeiro. O resultado é que a freqüência elevada automaticamente causa uma desvantagem ao genótipo hospedeiro, porque ela cria uma vantagem para o tipo de parasita que pode explorá-lo. À medida que a freqüência de um genótipo hospedeiro aumenta, seu valor adaptativo logo diminui.

Lively e Dybdahl (2000) recentemente descreveram um exemplo em que o hospedeiro é um caracol, *Potamopyrgus antipodarum*, o qual (como seu nome sugere) vive na Nova Zelândia, em *habitats* de água doce. O caracol está sujeito a vários parasitas, dos quais um trematódeo, chamado *Microphallus*, é o mais importante (ele é um parasita castrador). Os autores distinguiram várias linhagens (ou clones) do caracol hospedeiro e mediram a freqüência de cada clone. Eles, então, mediram em um experimento a capacidade de o *Microphallus* infectar cada clone. A Figura 5.11 mostra as taxas de infecção obtidas por parasitas coletados de dois lagos quando experimentalmente expostos a caracóis retirados de um dos dois lagos. Os parasitas locais infectaram os clones comuns melhor do que os clones raros. Foi a freqüência elevada de um clone que o fez vulnerável aos parasitas. Um clone comum em um lago mas raro no outro era vulnerável ao parasitismo onde ele era comum, mas não onde ele era raro.

Caracóis e seus parasitas fornecem um exemplo

As relações parasita-hospedeiro são uma fonte importante de seleção dependente de freqüência (retornaremos a isso na Seção 12.2.3, p. 351). Outra fonte importante é o *polimorfismo de nichos múltiplos*, um tópico primeiramente discutido por Levene (1953). Suponha que uma espécie contenha vários genótipos e que cada genótipo está adaptado a um conjunto de condições ambientais diferente. Os genótipos *AA* e *Aa* podem estar adaptados à sombra, e os *aa* a locais ensolarados (locais com sombra e ensolarados correspondem, então, a dois "nichos"). Assim, quando o gene *A* é raro, *AA* e *Aa* experimentam uma competição menor pelas

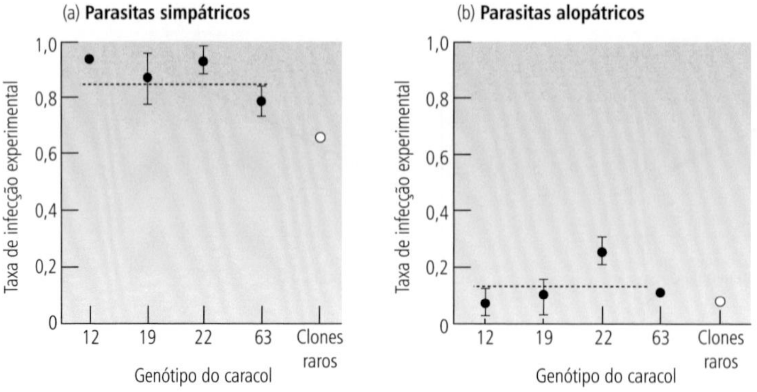

Figura 5.11

Os parasitas infectam os genótipos hospedeiros de forma mais eficiente quando eles estão em abundância no local. Parasitas de dois lagos (Poerua e Ianthe) foram colocados, experimentalmente, com caracóis de diversos tipos genéticos (clones) do Lago Poerua. Os quatro clones, chamados 12, 19, 22 e 63, eram comuns no lago; vários outros clones eram raros e foram agrupados todos juntos na figura. As taxas de infecção alcançadas pelos parasitas, verificadas para os dois lagos, foram medidas para cada clone. (a) Taxas de infecção alcançadas por parasitas do Lago Poerua (espécies simpátricas). (b) Taxas de infecção alcançadas por parasitas do Lago Ianthe (espécies alopátricas). Note as taxas de infecção mais elevadas alcançadas por parasitas sobre os caracóis locais: os pontos são mais altos em (a) do que em (b). Porém, note principalmente que os parasitas de Poerua em (a) infectaram os clones de caracóis comuns de forma mais eficiente do que os clones raros; ao passo que os parasitas de Ianthe em (b) não são mais eficientes com os clones comuns do que com os raros. De Lively e Dybdahl (2000). © 2000, Macmillan Magazines Ltd.

suas áreas preferidas, porque existem poucos deles. À medida que a freqüência de A aumenta, as áreas de sombra tornam-se mais populosas, a competição aumenta e o valor adaptativo tende a diminuir.

A dependência da freqüência costuma ser gerada por interações biológicas. Competições e relações parasita-hospedeiro são, ambas, interações biológicas e podem gerar dependência negativa da freqüência. Analisaremos outros exemplos, tal como proporções sexuais (Seção 12.5, p. 365) mais adiante neste livro. Valores adaptativos dependentes negativamente da freqüência são importantes porque eles podem produzir polimorfismos estáveis dentro de uma espécie. À medida que a freqüência de cada genótipo aumenta, seu valor adaptativo diminui. A seleção natural favorece um gene quando ele é raro, mas funciona contra quando ele é comum. O resultado é que os genótipos se equilibram em alguma freqüência intermediária.

A dependência de freqüência também pode surgir em outras circunstâncias

A seleção positiva dependente da freqüência não produz polimorfismos estáveis. Na verdade, ela elimina ativamente os polimorfismos, produzindo uma população geneticamente uniforme. Por exemplo, algumas espécies de insetos possuem uma "coloração de advertência". Eles têm coloração brilhante e são venenosos ao serem ingeridos. A coloração brilhante pode reduzir as chances de predação. Quando um pássaro come o inseto com a coloração de advertência, o pássaro passa mal e irá lembrar-se de não comer um inseto que se pareça com aquele novamente. No entanto, a lição do pássaro não foi vantajosa para aquele inseto que o fez passar mal; aquele inseto foi provavelmente eliminado. Quando insetos com coloração de advertência são raros em uma população constituída, principalmente, por indivíduos sutis e camuflados, os genótipos com coloração de advertência provavelmente possuem menor valor adaptativo. Existem poucos insetos para "educar" os pássaros locais. Isso pode criar um problema na evolução da coloração de advertência, porque mutantes raros novos podem ser negativamente selecionados. Entretanto, esse problema não é a questão neste item. Estamos o considerando apenas como um exemplo de dependência positiva da freqüência. O valor adaptativo dos genótipos de coloração de advertência será maior em freqüências elevadas, onde a população local de pássaros será bem educada em relação ao perigo de ingerir as formas com a coloração de advertência.

O propósito das Seções 5.11 a 5.13 foi o de ilustrar os diferentes mecanismos pelos quais a seleção natural pode manter um polimorfismo. No Capítulo 6 iremos analisar outro mecanismo que pode manter o polimorfismo – a deriva genética. Depois, no Capítulo 7, tentaremos resolver a questão de o quão importante esses mecanismos são na natureza.

5.14 Populações subdivididas necessitam de princípios especiais da genética de populações

5.14.1 Um grupo subdividido de populações tem uma proporção maior de homozigotos que uma população fusionada equivalente: esse é o efeito Wahlund

As populações podem ser subdivididas

Até o momento, consideramos a genética de populações dentro de uma única população uniforme. Na prática, uma espécie pode consistir de inúmeras populações separadas, cada uma mais ou menos isolada das demais. Um membro de uma espécie pode, por exemplo, habitar inúmeras ilhas, com cada uma das populações dessas ilhas sendo separadas das outras pelo mar. Os indivíduos podem migrar entre as ilhas de tempos em tempos, mas cada população da ilha irá evoluir com uma certa amplitude de forma independente. Uma espécie com um número de subpopulações mais ou menos independentes é dita possuir *subdivisão populacional*.

Vamos, primeiramente, analisar qual o efeito que a subdivisão populacional tem sobre o princípio de Hardy-Weinberg. Considere um caso simples no qual existam duas populações (podemos chamá-las de população 1 e população 2), e nos concentraremos em um loco gênico com dois alelos, A e *a*. Suponha que o alelo A tem freqüência 0,3 na população 1 e 0,7 na população 2. Se os genótipos possuem razões de Hardy-Weinberg eles terão, então, as freqüências e as freqüências médias nas duas populações mostradas na Tabela 5.10. As freqüências genotípicas médias são 0,29 para AA, 0,42 para A*a* e 0,29 para *aa*. Agora, suponha que as populações sejam fusionadas. As freqüências de A e *a* na população combinada são (0,3 + 0,7)/2 = 0,5, e as freqüências genotípicas de Hardy-Weinberg são:

Genótipo	AA	A*a*	*aa*
Freqüência	0,25	0,5	0,25

O efeito Wahlund diz respeito à freqüência de homozigotos em populações subdivididas

Na população grande e fusionada existe um número menor de homozigotos do que a média para os conjuntos de populações subdivididas. Isso é um resultado matemático geral e automático. A freqüência elevada de homozigotos nas populações subdivididas é denominada de *efeito Wahlund*.

O efeito Wahlund possui inúmeras conseqüências importantes. Uma é que temos de conhecer a estrutura de uma população quando aplicamos o princípio de Hardy-Weinberg a ela. Suponha, por exemplo, que não sabemos que as populações 1 e 2 são independentes. Poderíamos ter amostrado ambas, misturado as amostras indiscriminadamente e, então, medido as freqüências genotípicas. Deveríamos encontrar a freqüência de distribuição para a média das duas populações (0,29, 0,42, 0,29); mas as freqüências gênicas, aparentemente, seriam 0,5. Parece existir mais homozigotos do que o esperado pelo princípio de Hardy-Weinberg. Podemos suspeitar que a seleção, ou algum outro fator, poderia estar favorecendo os homozigotos. Na verdade, ambas as subpopulações estão em perfeito equilíbrio de

Tabela 5.10
A freqüência dos genótipos *AA*, *Aa* e *aa* em duas populações, quando *A* tem freqüência 0,7 na população 1 e 0,3 na população 2. Os genótipos médios são calculados supondo-se que as duas populações são de tamanhos iguais.

	Genótipo			
	AA	*Aa*	*aa*	
Freqüência	$(0,3)^2 = 0,09$	$2(0,3)(0,7) = 0,42$	$(0,7)^2 = 0,49$	população 1
	$(0,7)^2 = 0,49$	$2(0,7)(0,3) = 0,42$	$(0,3)^2 = 0,09$	população 2
Média	$0,58/2 = 0,29$	$0,84/2 = 0,42$	$0,58/2 = 0,29$	

Hardy-Weinberg e os desvios são devidos às misturas involuntárias de populações separadas. Precisamos procurar por subdivisões populacionais quando interpretamos desvios das razões de Hardy-Weinberg.

Segundo, quando algumas populações previamente subdivididas são misturadas, a freqüência dos homozigotos diminui. Na população humana, isso pode levar à diminuição da incidência de doenças genéticas recessivas raras, quando uma população previamente isolada vem a ter contato com uma população grande. A doença recessiva somente é expressa na condição de homozigose, e quando as duas populações começam a se misturar, a freqüência desses homozigotos diminui.

5.14.2 A migração atua para unificar as freqüências gênicas entre as populações

O movimento espacial dos genes é chamado de fluxo gênico

Quando um indivíduo migra de uma população para outra, ele carrega genes que são representativos de sua população ancestral para a população recipiente. Caso ele tenha sucesso em seu estabelecimento e realize cruzamentos, ele irá transmitir esses genes entre as populações. A transferência de genes é chamada de *fluxo gênico*. Se duas populações originalmente possuem freqüências gênicas diferentes e se a seleção não está atuando, a migração (ou, para sermos exatos, o fluxo gênico) sozinha irá, rapidamente, fazer com que as freqüências gênicas de populações diferentes convirjam. Podemos ver quão rápido em um exemplo simples.

Considere novamente o caso de duas populações e um loco com dois alelos (A e a). Suponha, nesse caso, que uma das populações é muito maior do que a outra, digamos que a população 2 é muito maior do que a população 1 (2 pode ser um continente e 1 uma pequena ilha deste); assim, praticamente toda a migração será da população 2 para a população 1. A freqüência do alelo a na população 1 na geração t é escrita como $q_{1(t)}$; podemos supor que a freqüência do alelo a na população grande 2 não está mudando entre gerações e se escreve como q_m. Construímos um modelo de freqüência gênicas com migração (estamos interessados no efeito da migração nas freqüências gênicas na população 1 e podemos ignorar todos os demais efeitos, tal como a seleção). Agora, se retirarmos qualquer alelo na população 1 na geração ($t + 1$), ele poderá ser descendente tanto de um alelo nativo da população ou de um alelo imigrante. Define-se m como a chance de que ele seja um gene imigrante. (No início do capítulo, m foi usado para a taxa de mutação: agora, ele é a taxa de *migração*.) Se nosso gene não for um imigrante (chance de $[1 - m]$), ele irá ser um gene a com chance $q_{1(t)}$, ao passo que, se ele for um imigrante (chance m), ele será um gene a com chance q_m. A freqüência total de a na população 1 na geração $(t + 1)$ será:

$$q_{1(t+1)} = (1 - m)q_{1(t)} + mq_m \tag{5.12}$$

Isso pode ser reorganizado para mostrar o efeito de t gerações de migrações sobre a freqüência gênica na população 1. Se $q_{1(0)}$ é a freqüência na geração inicial, a freqüência na geração t será:

$$q_{1(t)} = q_m + (q_{1(0)} - q_m)(1 - m)^t \tag{5.13}$$

(A partir de $t = 1$ é fácil confirmar que essa é, na verdade, uma reorganização da equação prévia.) A equação demonstra que a diferença entre a freqüência gênica na população 1 e na população 2 diminui por um fator $(1 - m)$ por geração. No equilíbrio, $q_1 = q_m$ e a população pequena terá a mesma freqüência gênica que a população grande (Figura 5.12). Na Figura 5.12, as freqüências gênicas convergem em cerca de 30 gerações com uma taxa de migração de 10%. Argumentos semelhantes aplicam-se caso, em vez de existir uma fonte e uma população recipiente, a fonte seja um conjunto de muitas sub-populações e p_m seja a sua freqüência gênica média, ou caso existam duas populações, ambas enviando ou recebendo migrantes uma da outra.

O fluxo gênico mantém espécies biológicas unidas

A migração geralmente unificará as freqüências gênicas entre populações, de uma forma rápida, em termos evolutivos. Na ausência de seleção, a migração é uma força intensa para igualar as freqüências gênicas de populações dentro de uma espécie. Contanto que a taxa de migração seja maior do que 0, as freqüências gênicas irão, eventualmente, igualar-se. Mesmo que apenas um migrante bem-sucedido se mova para uma população por geração, o fluxo gênico inevitavelmente direciona a freqüência gênica da população para a média da espécie. O fluxo gênico atua, de certo modo, para manter as espécies unidas.

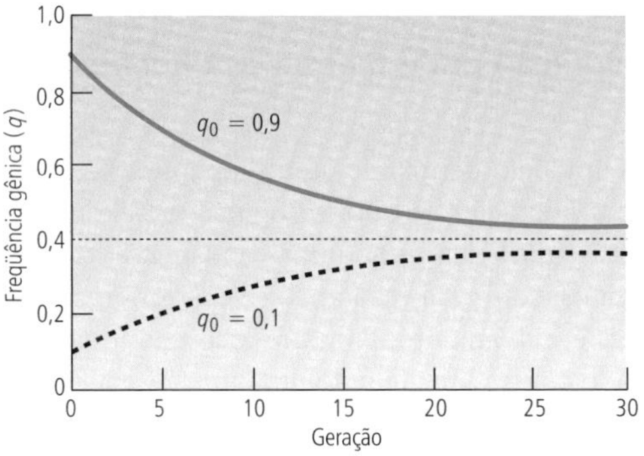

Figura 5.12

A migração causa a rápida convergência das freqüências gênicas nas populações que estão trocando migrantes. Aqui, uma população original, com freqüência gênica $q_m = 0{,}4$, fornece migrantes para duas subpopulações, com freqüências gênicas iniciais de 0,9 e 0,1. Elas convergem, com $m = 0{,}1$, para a freqüência gênica da população original em cerca de 30 gerações.

5.14.3 A convergência das freqüências gênicas através do fluxo gênico é ilustrada por populações humanas dos Estados Unidos

O grupo sangüíneo *MN* é controlado por um loco com dois alelos (Seção 5.4). As freqüências dos alelos M e *N* foram medidas, por exemplo, em euro-americanos e afro-americanos de Claxton, na Geórgia, e entre africanos ocidentais (quem podemos assumir ser os representantes da freqüência gênica ancestral da população de afro-americanos de Claxton). A freqüência do alelo M é 0,474 nos africanos ocidentais, 0,484 nos afro-americanos de Claxton e 0,507 nos euro-americanos de Claxton. (A freqüência do alelo *N* é igual a 1 menos a freqüência do alelo M.) A freqüência gênica entre afro-americanos é intermediária entre as freqüências de amostras de euro-americanos e de africanos ocidentais. Os indivíduos de parentesco misturado costumam ser categorizados como afro-americanos e, se ignorarmos a possibilidade de seleção favorecendo o alelo M nos Estados Unidos, podemos tratar a mudança na freqüência gênica na população de afroamericanos como sendo devida à "migração" de genes da população euroamericana. As medidas podem, então, ser utilizadas para estimar a taxa de migração gênica. Na Equação 5.13, q_m = freqüência gênica na população américo-européia (a fonte dos genes "migrantes"), q_0 = 0,474 (a freqüência original na população américo-africana), e q_t = 0,484. Com um cálculo aproximado, podemos supor que a população de negros tem estado nos Estados Unidos de 200 a 300 anos, ou cerca de 10 gerações. Assim:

A população americana ilustra o modelo...

$$0{,}484 = 0{,}507 + (0{,}474 - 0{,}507)(1 - m)^{10}$$

...com uma taxa de "migração" de cerca de 3,5% por geração

Isso pode ser resolvido para encontrar m = 0,035. O que significa que, para cada geração, em média cerca de 3,5% dos genes no loco *MN* migraram da população branca para a população negra de Claxton. (Outras estimativas, pelo mesmo método, porém utilizando um loco gênico diferente, sugerem números levemente diferentes, mais provavelmente de 1%. O ponto importante aqui não é esse resultado em especial, e sim ilustrar como a genética de populações do fluxo gênico pode ser analisada.) Note, novamente, a rápida taxa de unificação gênica por migração: em apenas 10 gerações, um terço da diferença na freqüência gênica foi removido (após 10 gerações, a diferença é 0,484 a 0,474, contra a diferença original de 0,507 a 0,474).

5.14.4 Um balanço entre seleção e migração pode manter as diferenças genéticas entre subpopulações

Se a seleção estiver atuando contra um alelo dentro de uma subpopulação, mas o alelo está continuamente sendo introduzido por migração de outras populações, ele pode ser mantido por um balanço entre esses dois processos. Podemos analisar o balanço entre os dois processos pelo mesmo raciocínio que recém usamos para o balanço seleção-mutação e a vantagem do heterozigoto. O caso mais simples é, novamente, para um loco com dois alelos. Imagine seleção em uma subpopulação atuando contra um alelo dominante A. Os valores adaptativos dos genótipos serão:

Construímos um modelo de seleção e migração

AA	Aa	aa
$1 - s$	$1 - s$	1

O alelo A tem uma freqüência p na população local. Suponha que em outras subpopulações a seleção natural seja mais favorável ao gene A e que ele possua uma freqüência mais elevada nelas, p_m em média. p_m será, então, a freqüência do alelo A entre os imigrantes para a nossa população local. Na população local, os genes A são perdidos em uma taxa ps por geração. Eles são adquiridos em uma taxa $(p_m - p)m$ por geração: m é a proporção de genes que são migrantes em uma geração. A imigração aumenta a freqüência na população local por uma quantidade de $p_m - p$, porque a freqüência gênica é aumentada apenas enquanto a população imigrante possuir uma freqüência maior do alelo A do que a população local. Se a freqüência gênica imigrante for a mesma da freqüência gênica local, a imigração não terá efeito.

Existem três resultados possíveis. Se a migração for mais poderosa em relação à seleção, a taxa de ganho de genes A por imigração irá exceder a taxa de perda por seleção. A população local será tomada por imigrantes. A freqüência do gene A irá aumentar até que ela alcance p_m. Se a imigração for fraca em relação à seleção, a freqüência de A irá diminuir até que ela seja localmente eliminada. A terceira possibilidade é um balanço exato entre migração e seleção. Haverá um equilíbrio (com a freqüência local de A = p^*) se:

A taxa de ganho de A por migração = a taxa de perda de A por seleção

$$(p_m - p^*)m = p^*s \tag{5.14}$$

$$p^* = p_m\left(\frac{m}{s+m}\right) \tag{5.15}$$

No primeiro caso, a migração unifica as freqüências gênicas em ambas as populações, de uma maneira muito semelhante à descrita na Seção 5.14.2: a migração é tão intensa, em relação à seleção, que é como se a seleção não estivesse operando. No segundo e no terceiro caso, a migração não é forte o suficiente para unificar as freqüências gênicas, e deveremos observar diferenças regionais na freqüência gênica; ela será maior em alguns locais do que em outros. No terceiro caso, existe um polimorfismo dentro da população local; A é mantido por migração, mesmo que ele seja localmente desvantajoso.

Polimorfismo ou uniformidade genética pode resultar

Esta seção originou duas questões principais. Primeira, um balanço entre migração e seleção é mais um processo a ser adicionado à lista de processos que podem manter o polimorfismo. Segunda, vimos o quanto a migração pode ser forte o suficiente para unificar as freqüências gênicas entre subpopulações, ou, caso a migração seja fraca, as freqüências gênicas de subpopulações diferentes podem divergir sob seleção. Essa teoria também é relevante na questão da importância relativa do fluxo gênico e da seleção na manutenção de espécies biológicas (Seção 13.7.2, p. 396).

Resumo

1 Na ausência da seleção natural, e com cruzamentos aleatórios em uma população grande, na qual a herança é mendeliana, as freqüências genotípicas em um loco alteram-se em uma geração para as razões de Hardy-Weinberg; as freqüências genotípicas estarão, então, estáveis.

2 É fácil observar se os genótipos em um loco estão na razão de Hardy-Weinberg. Na natureza, eles com freqüência não estarão, porque os valores adaptativos dos genótipos não são iguais, os cruzamentos não são aleatórios ou a população é pequena.

3 Uma equação teórica para a seleção natural em um único loco pode ser escrita expressando-se a freqüência de um gene em uma geração como uma função de suas freqüências nas gerações prévias. A relação é determinada pelos valores adaptativos dos genótipos.

4 Os valores adaptativos dos genótipos podem ser inferidos a partir da taxa de mudança da freqüência gênica em casos reais de seleção natural.

5 A partir da taxa na qual a forma melânica da mariposa sarapintada substituiu a forma de coloração clara, a forma melânica deve ter tido uma vantagem seletiva de cerca de 50%.

6 O padrão geográfico das formas melânicas e de coloração clara das mariposas sarapintadas não pode ser explicado somente pela vantagem seletiva da forma mais bem-camuflada. Uma vantagem inerente à forma melânica e migração também são necessárias para explicar as observações.

7 A evolução da resistência a pesticidas em insetos, em alguns casos, é devida à rápida seleção para um gene em um loco único. O valor adaptativo dos tipos resistentes a ser inferido a partir da taxa de evolução pode ser tanto quanto o dobro do valor adaptativo dos insetos não-resistentes.

8 Se uma mutação é selecionada negativamente mas continua surgindo, a mutação se estabelece em uma freqüência baixa na população. Isso é chamado de balanço seleção-mutação.

9 A seleção pode manter um polimorfismo quando o heterozigoto é mais bem-adaptado do que os homozigotos e quando os valores adaptativos dos genótipos são dependentes negativamente da freqüência.

10 A anemia falciforme é um exemplo de um polimorfismo mantido pela vantagem do heterozigoto.

11 Populações subdivididas possuem proporções maiores de homozigotos do que uma população equivalente grande e fusionada.

12 A migração, na ausência de seleção, rapidamente unifica as freqüências gênicas em diferentes subpopulações; e ela pode manter um alelo que é negativamente selecionado em uma subpopulação local.

Leitura complementar

Existem diversos livros textos sobre genética de populações. Crow (1986), Gillespie (1998), Hartl (2000) e Maynard Smith (1998) são relativamente introdutórios. Trabalhos mais abrangentes incluem Hartl e Clark (1997) e Hedrick (2000). Crow e Kimura (1970) tem uma importância clássica para a matemática teórica. Dobzhansky (1970) é um estudo-padrão; Lewontin e colaboradores (1981) contém os mais famosos trabalhos de Dobzhansky. Bell (1997a, 1997b) fornece um guia abrangente e resumido para a seleção.

Para as mariposas sarapintadas, Majerus (1998) tem um valor atual, e Kettlewell (1973) é um clássico. Majerus (2002) é um livro mais popular e contém um capítulo sobre o melanismo. Grant (1999) é uma revisão de Majerus (1998) e também é uma boa minirrevisão sobre esse tópico. Grant e Wiseman (2002) discutem o aumento e o decréscimo paralelo da forma melânica na América do Norte.

Sobre pragas e pesticidas, ver McKenzie (1996) e McKenzie e Batterham (1994). Lenormand *et al.* (1999) adicionam temas mais aprofundados e técnicas moleculares, demonstrando ciclos sazonais. Uma edição especial da *Science* (4 de outubro de 2002, p. 79-183) sobre o genoma de *Anopheles* contém amplo material básico sobre a resistência a inseticidas e os vários tipos de mosquitos. Ver também o Quadro 8.1 e a Seção 10.10 e suas listas de leituras complementares.

Ver Endler (1986) sobre medidas de valores adaptativos em geral; Primack e Kang (1989) para plantas; e Clutton-Brock (1988) para pesquisas sobre valor adaptativo ao longo da vida.

As diversas maneiras seletivas de manutenção do polimorfismo são explicadas em textos gerais. Além disso, ver Lederburg (1999) sobre o trabalho clássico de Haldane (1949a) e o que ele escreve sobre a vantagem do heterozigoto e sobre a anemia falciforme. Um possível exemplo recente de vantagem do heterozigoto nos genes HLA humanos, fornecendo resistência ao HIV-1, é descrito por Carrington *et al.* (1999). Hori (1993) descreveu um exemplo maravilhoso de dependência da freqüência no peixe acará comedor de escamas pelo movimento da boca. Outro exemplo é dado por Gigord *et al.* (2001): os hábitos inocentes das mamangabas ocasionaram um polimorfismo de cor em uma orquídea.

Questões para estudo e revisão

1 A tabela a seguir fornece as freqüências genotípicas para cinco populações. Quais estão no equilíbrio de Hardy-Weinberg? Para aquelas que não estão, sugira algumas hipóteses de por que elas não estão.

	Genótipo		
População	*AA*	*Aa*	*aa*
1	25	50	25
2	10	80	10
3	40	20	40
4	0	150	100
5	2	16	32

2 Para genótipos com os seguintes valores adaptativos e freqüências ao nascimento:

Genótipo	*AA*	*Aa*	*aa*
Freqüência ao nascer	p^2	$2pq$	q^2
Valor adaptativo	1	1	$1 - s$

(a) Qual é freqüência de indivíduos *AA* na população adulta? (b) Qual é a freqüência do gene *A* na população adulta? (c) Qual é o valor adaptativo médio da população?

3 Qual é o valor adaptativo médio desta população?

Genótipo	*AA*	*Aa*	*aa*
Freqüência ao nascer	$^1/_3$	$^1/_3$	$^1/_3$
Valor adaptativo	1	$1 - s$	1

4 Considere um loco com dois alelos, *A* e *a*. *A* é dominante, e a seleção está atuando contra o homozigoto recessivo. A freqüência de *A* em duas gerações sucessivas é 0,4875 e 0,5. Qual é o coeficiente de seleção (*s*) contra *aa*? (Se você preferir fazer isso de cabeça em vez de usar uma calculadora, arredonde a freqüência de *a* na primeira geração para 0,5 em vez de 0,5125.)

5 Qual(is) é(são) a(s) principal(ais) suposição(ões) feitas na estimativa de valores adaptativos pelo método de marcação-recaptura?

6 Aqui estão algumas freqüências genotípicas de adultos para um loco com dois alelos. Sabe-se que o polimorfismo é mantido pela vantagem dos heterozigotos e que os valores adaptativos dos genótipos diferem apenas na sobrevivência (e não na fertilidade). Quais são os valores adaptativos (ou coeficientes de seleção) dos dois homozigotos em relação ao valor adaptativo 1 para o heterozigoto?

Genótipo	*AA*	*Aa*	*aa*
Freqüência entre adultos	$^1/_6$	$^2/_3$	$^1/_6$

7 Existem duas populações de uma espécie, chamadas população 1 e população 2. Migrantes movem-se da população 1 para a 2, mas não no sentido inverso. Para um loco com dois alelos *A* e *a*, na geração *n*, a freqüência gênica de *A* é 0,5 na população 1 e 0,75 na população 2; na geração 2, ela é 0,5 na população 1 e 0,625 na população 2. (a) Qual é a taxa de migração, medida como a chance de que um indivíduo da população 2 seja a primeira geração imigrante da população 1? (b) Se a taxa de migração é a mesma na geração seguinte, qual será a freqüência de *A* na população 2 na geração 3? [As questões 8-10 são questões para reflexões futuras. Elas não são sobre assuntos explicitamente abordados neste capítulo, são um pouco mais abrangentes.]

8 Qual é o efeito geral de cruzamentos preferenciais sobre as freqüências genotípicas, em relação ao equilíbrio de Hardy-Weinberg, para (a) um loco com dois alelos, um dominante em relação ao outro; e (b) um loco com dois alelos, e sem dominância (o heterozigoto tem um fenótipo diferente e intermediário entre os dois homozigotos)? E (c) qual é o efeito sobre as freqüências genotípicas de um cruzamento preferencial no qual as fêmeas preferencialmente cruzam com machos (i) de fenótipo dominante e (ii) de fenótipo recessivo?

9 Derive a relação de retorno, sendo fornecida a freqüência do gene dominante *A* em uma geração de (p'), em termos da freqüência em qualquer geração (p) e do coeficiente de seleção (s) contra o alelo dominante.

10 Derive a expressão para a freqüência gênica em equilíbrio (p^*) para o balanço mutação-seleção, quando a mutação desvantajosa é recessiva.

6 Eventos Aleatórios na Genética de Populações

Todos os genótipos de um loco podem ter o mesmo valor adaptativo. Assim, as freqüências gênicas evoluem por deriva genética aleatória. Este capítulo inicia explicando como essa flutuação ocorre e o que ela significa, e analisa exemplos de efeitos de amostragem aleatória. Veremos como a deriva é mais poderosa em populações pequenas do que em populações grandes e como, em populações pequenas, ela pode contrabalançar os efeitos da seleção natural. Veremos, então, como a deriva pode, em última instância, fixar um alelo. Uma vez que os efeitos da deriva sejam permitidos, as razões de Hardy-Weinberg não estarão em equilíbrio. Adicionaremos em seguida os efeitos da mutação, os quais introduzem novas variações: a variação observada em uma população será um balanço entre a tendência à homozigose e a mutação que cria o heterozigoto.

6.1 A freqüência dos alelos pode mudar aleatoriamente ao longo do tempo, por um processo chamado de deriva genética

Imagine uma população de 10 indivíduos, dos quais três têm genótipo AA, quatro têm genótipo *Aa* e três *aa*. Existem 10 genes A na população e 10 genes *a*; as freqüências gênicas de cada gene são 0,5. Também podemos imaginar que a seleção natural não esteja atuando: todos os genótipos possuem os mesmos valores adaptativos. Quais serão as freqüências gênicas na próxima geração? A resposta mais provável é 0,5 para A e 0,5 para *a*. No entanto, essa é apenas a resposta mais provável, e não uma certeza. As freqüências gênicas podem, ao acaso, mudar um pouco daquelas da geração anterior. Isso pode acontecer porque os genes que formam uma nova geração são *amostras aleatórias* da geração parental. O Quadro 6.1 analisa como os genes são amostrados do conjunto parental para produzir o conjunto gênico da geração descendente. Neste capítulo, analisaremos o efeito da amostragem aleatória sobre as freqüências gênicas.

A deriva genética ocorre por causa da amostragem aleatória

O caso mais fácil para se analisar o efeito da amostragem aleatória é quando a seleção natural não está operando. Quando todos os genótipos em um loco produzem o mesmo número de descendentes (eles possuem valores adaptativos idênticos), a condição é chamada de *neutralidade* seletiva. Podemos referir-nos aos valores adaptativos da mesma maneira como no Capítulo 5, ou seja:

Genótipo	AA	*Aa*	*aa*
Valor adaptativo	1	1	1

A seleção natural não está agindo, e podemos esperar que as freqüências gênicas permaneçam constantes com o tempo. Na verdade, de acordo com o teorema de Hardy-Weinberg, as freqüências genotípicas deveriam ser constantes em p^2, $2pq$ e q^2 (onde p é a freqüência do gene A e q é a freqüência do gene *a*). Porém, de fato, a amostragem aleatória pode fazer com que as freqüências gênicas mudem. Pelo acaso, cópias do gene A podem ter a sorte de serem incluídas na reprodução, e a freqüência do gene A irá aumentar. O aumento é aleatório, no sentido de que o gene A tem, ao acaso, a mesma probabilidade de diminuir como aumentar em freqüência; mudanças em algumas freqüências gênicas, porém, irão ocorrer. Essas mudanças aleatórias nas freqüências gênicas entre gerações são chamadas *deriva genética*, *deriva aleatória* ou (simplesmente) *deriva*. A palavra "deriva" pode ser mal-interpretada, caso ela seja usada para implicar uma tendência maldirecionada em um sentido ou em outro. A deriva genética não tem preferência.

A deriva genética não está confinada ao caso da neutralidade seletiva. Quando a seleção está agindo em um loco, a amostragem aleatória também influencia a mudança nas freqüências gênicas entre gerações. A interação entre seleção e deriva é um assunto importante na biologia evolutiva, como veremos no Capítulo 7. No entanto, a teoria da deriva é mais fácil de ser entendida quando a seleção não está complicando o processo e, neste capítulo, iremos analisar principalmente o efeito da deriva propriamente dito.

O poder da deriva depende do tamanho da população

A taxa de mudança da freqüência gênica por deriva genética depende do tamanho da população. Efeitos de amostragem aleatória são mais importantes em populações pequenas. Por exemplo (Figura 6.1), Dobzhansky e Pavlovsky (1957), trabalhando com a mosca-das-frutas *Drosophila pseudoobscura*, obtiveram 10 populações com 4 mil membros iniciais (populações grandes) e 10 com 20 membros iniciais (populações pequenas) e observaram as mudanças nas freqüências de duas variantes cromossômicas durante 18 meses. O efeito médio foi o mesmo nas populações grandes e pequenas, mas a variabilidade foi significativamente maior entre as populações pequenas. Um resultado análogo poderia ser obtido arremessando-se 10 conjuntos de 20 ou 4 mil moedas. Em média, haveria 50% de coroas em ambos os casos, mas a chance de se arremessar 12 coroas e oito caras na população pequena é maior do que a chance de se arremessar 2.400 coroas e 1.600 caras na grande.

Quadro 6.1
Amostragem Aleatória em Genética

A amostragem aleatória inicia na concepção. Em cada espécie, cada indivíduo produz muito mais gametas que irão, alguma vez, fertilizar ou ser fertilizados para formar novos organismos. Os gametas bem-sucedidos, os quais formaram descendentes, são algumas amostras dos muitos gametas que os progenitores produzem. Se um progenitor é homozigoto, a amostragem não faz diferença de quais genes irão resultar na descendência; todos os gametas de um homozigoto contêm o mesmo gene. Entretanto, a amostragem tem importância caso o progenitor seja um heterozigoto, tal com um *Aa*. Este irá, então, produzir um grande número de gametas, dos quais aproximadamente uma metade será *A* e a outra metade *a*. (As proporções podem não ser exatamente uma metade. Células reprodutivas podem morrer em qualquer etapa que leva à formação de um gameta, ou depois de elas terem se tornado gametas; além disso, na fêmea, uma escolha aleatória faz com que três quartos dos produtos da meiose sejam perdidos como corpúsculos polares.) Se esse progenitor produzir 10 descendentes, é mais provável que cinco herdarão um gene *A* e cinco, *a*. Mas, porque os gametas que formam a descendência são amostrados a partir de um conjunto muito maior de gametas, é possível que as proporções possam ser quaisquer outras. Talvez seis herdem *A* e apenas quatro herdem *a*, ou três herdem *A* e sete, *a*.

Em qual sentido a amostragem de gametas é aleatória? Podemos ver o significado exato se considerarmos os dois primeiros descendentes produzidos por um progenitor *Aa*. Quando ele produz seu primeiro descendente, um gameta é amostrado de seu suprimento total de gametas, e existe uma chance de 50% de ele ser um *A* e 50% de que seja um ***a***. Suponha que aconteça de ser um *A*. O sentido no qual a amostragem é aleatória é que não será mais provável que o próximo gameta a ser amostrado será um gene *a* apenas porque o último gameta amostrado foi um *A*: a chance de que o próximo gameta bem-sucedido seja um *a* ainda é de 50%. Atirar uma moeda é um evento aleatório da mesma maneira: se o seu primeiro arremesso foi coroa, a chance de que o próximo arremesso seja coroa ainda será de $^1/_2$. A alternativa seria algum tipo de sistema de "balanceamento", no qual, após um gameta *A* ter tido sucesso na reprodução, o próximo gameta de sucesso seria um *a*. Se a reprodução fosse assim, a freqüência gênica contribuída por um heterozigoto à sua descendência seria sempre exatamente $^1/_2$ *A*: $^1/_2$ *a*. A deriva aleatória não seria, então, importante para a evolução. De fato, a reprodução não é dessa forma. Os gametas bem-sucedidos são uma amostragem aleatória do conjunto de gametas.

A amostragem de gametas é apenas o primeiro estágio em que a amostragem aleatória ocorre. Ela continua em cada etapa à medida que a população adulta de uma nova geração cresce. Aqui está um exemplo imaginário. Imagine uma fileira de 100 cavalos de carga caminhando em fila única ao longo de um caminho montanhoso perigoso, onde somente 50 deles irão concluir o caminho em segurança; os outros 50 irão escorregar no caminho e despencar desfiladeiro abaixo. Pode ser que os 50 sobreviventes tenham, em média, patas geneticamente mais firmes do que o restante; uma amostragem dos 50 sobreviventes dos 100 originais não teria sido, então, ao acaso. A seleção natural teria determinado quais cavalos sobreviveriam e quais morreriam. Se analisássemos as freqüências genotípicas entre os cavalos esmagados na base do desfiladeiro, elas iriam diferir daquelas entre os sobreviventes. Alternativamente, a morte poderia ter sido acidental: poderia ter ocorrido, em um determinado momento, que uma grande rocha rolasse montanha abaixo e atirasse um cavalo no desfiladeiro. Suponha que as rochas vinham em períodos e locais imprevisíveis e chegassem tão repentinamente que ações defensivas seriam impossíveis; os cavalos não variariam geneticamente nas suas capacidades de evitar as rochas despencantes. A perda dos genótipos teria sido, então, aleatória, no sentido recém-definido. Se um cavalo *AA* tivesse sido vitimado por uma rocha, isso não tornaria mais ou menos provável que a próxima vítima teria um genótipo *AA*. Agora, se compararmos as freqüências genotípicas entre os sobreviventes e não-sobreviventes, é mais provável que as duas não iriam diferir; os sobreviventes seriam uma amostragem genética aleatória da população original. Eles poderiam, entretanto, diferir por acaso. Mais cavalos *AA* poderiam ter tido menos sorte com as rochas despencantes; mais cavalos *aa* poderiam ter tido mais sorte. Então, haveria algum acréscimo na freqüência do gene *a* na população.

A amostragem dos cavalos de carga é imaginária, mas amostragem análoga pode ocorrer em qualquer época em uma população e em qualquer estágio da vida à medida que os jovens se desenvolvem em adultos. Porque existem muito mais ovos do que adultos, existe uma oportunidade abundante para a amostragem à medida que a nova geração cresce. A amostragem aleatória ocorre em qualquer momento em que um número pequeno de indivíduos bem-sucedidos (ou gametas) são amostrados a partir um grande conjunto de sobreviventes potenciais e os valores adaptativos dos genótipos são os mesmos.

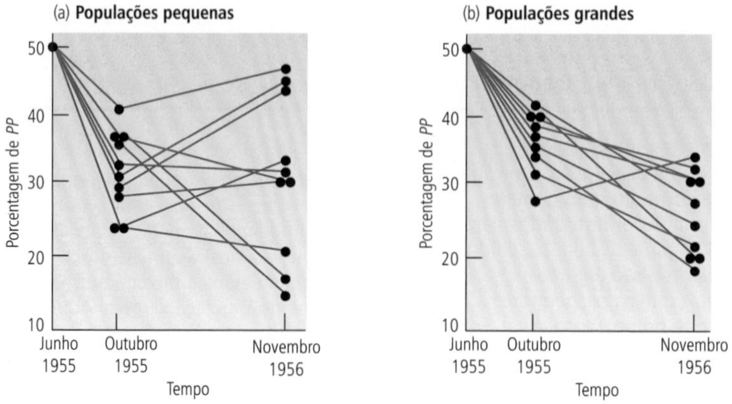

Figura 6.1

A amostragem aleatória é mais efetiva em populações pequenas (a) do que em grandes (b). Dez populações da mosca-das-frutas *Drosophila pseudoobscura* grandes (4 mil fundadores) e 10 pequenas (20 fundadores) foram criadas em junho de 1955 com as mesmas freqüências (50% de cada) de duas inversões cromossômicas, *AP* e *PP*. Dezoito meses mais tarde, as populações com número pequeno de fundadores mostraram uma maior variação nas suas freqüências genotípicas. Redesenhada, com permissão da editora, de Dobzhansky (1970).

Se uma população é pequena, é mais provável que uma amostra tenda a ser desviada da média por uma certa porcentagem; a deriva genética é, portanto, maior em populações menores. Quanto menor a população, os efeitos da amostragem aleatória são mais importantes.

6.2 Uma população fundadora pequena pode ter uma amostra não-representativa dos genes da população ancestral

Um exemplo particular da influência da amostragem aleatória é dado pelo que se chama *efeito do fundador*. O efeito do fundador foi definido por Mayr (1963) como:

> o estabelecimento de uma nova população por uns poucos fundadores originais (em um caso extremo, por apenas uma única fêmea fertilizada), que contêm somente uma pequena fração da variação genética total da população parental.

O tamanho da população pode ser reduzido durante eventos de fundação

Podemos dividir a definição em duas partes. A primeira parte é o estabelecimento de uma nova população por um pequeno número de fundadores; podemos chamar de "evento fundador". A segunda parte é que os fundadores possuem uma amostra limitada da variação genética. O evento fundador completo necessita não apenas de um evento fundador, mas também de fundadores que sejam geneticamente não-representativos da população original.

Eventos fundadores ocorrem, indubitavelmente. Uma população pode ser descendente de um pequeno número de indivíduos ancestrais por uma de duas possíveis razões. Um pequeno número de indivíduos pode colonizar um local previamente desabitado pelas suas espécies; os em torno de 250 indivíduos que constituem a população humana atual da ilha de Tristão da Cunha, por exemplo, são todos descendentes de cerca de 20 a 25 imigrantes do início do século XIX, e muitos são descendentes dos colonizadores originais – um escocês e sua família – que chegaram em 1817. Alternativamente, uma população que está estabelecida em uma área pode variar em tamanho; o efeito do fundador ocorre, então, quando a população passa por um "gargalo de garrafa", no qual apenas uns poucos indivíduos sobrevivem, e, mais tarde, ela se expande novamente, quando o período favorável retorna.

Se uma amostra de pequeno número de indivíduos é retirada de uma população grande, qual é a chance de que eles possuam variação genética reduzida? Podemos expressar essa questão perguntando exatamente qual a chance de que um alelo seja perdido. No caso especial de dois alelos (*A* e *a*, com proporções *p* e *q*), se um deles não estiver incluído na população fundadora, a nova população será geneticamente monomórfica. A chance de dois indivíduos, retirados aleatoriamente da população, serem ambos *AA* é $(p^2)^2$; em geral, a chance de se retirar *N* homozigotos idênticos é $(p^2)^N$. A população fundadora seria homozigota também, porque ela é constituída de *N* homozigotos *AA* ou *N* homozigotos *aa*, e a chance total de homozigosidade é, portanto:

Eventos fundadores muito raramente produzem homozigotos

$$\text{Chance de homozigosidade} = [(p^2)^N + (q^2)^N] \quad (6.1)$$

A Figura 6.2 ilustra a relação entre o número de indivíduos na população fundadora e a chance de que a população fundadora seja geneticamente uniforme. O resultado interessante é que eventos fundadores não são eficientes na produção de uma população geneticamente monomórfica. Mesmo que a população fundadora seja muito pequena, com $N < 10$, ela normalmente possuirá ambos os alelos. Um cálculo análogo poderia ser feito para uma população com três alelos, no qual questionaríamos a chance de que um dos três pudesse ser perdido pelo efeito do fundador. A população resultante não seria, então, monomórfica, mas teria dois alelos, em vez de três. O ponto central é, novamente, o mesmo: em geral, eventos fundadores – se por colonizadores ou populações "gargalo de garrafa" – são improváveis de reduzir a variabilidade genética, a menos que o número de fundadores seja muito pequeno.

Entretanto, eventos fundadores podem ter outras conseqüências interessantes. Embora a amostra dos indivíduos formadores de uma população fundadora provavelmente contenha quase todos os genes da população ancestral, as freqüências dos genes podem diferir da freqüência da população parental. Populações isoladas costumam possuir freqüências excepcionalmente elevadas de alelos raros diferentes, e a explicação mais provável é a de que a população fundadora possuía um número desproporcional daqueles alelos raros. Os exemplos mais claros são todos de populações humanas.

Considere a população de africânder* da África do Sul, que é descendente principalmente de um navio de carga de imigrantes que atracou em 1652, embora outros desembarques te-

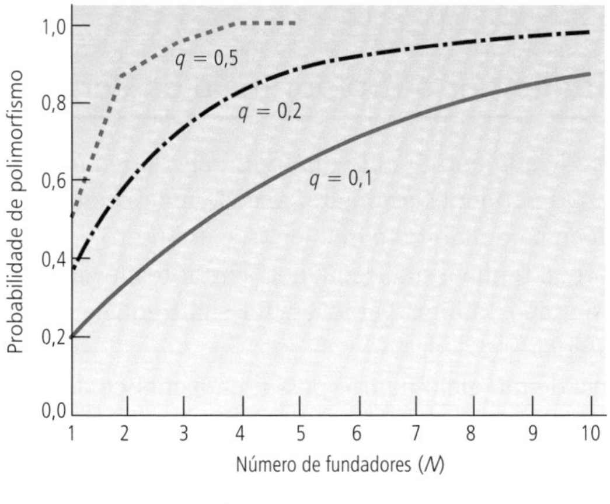

Figura 6.2

A chance de uma população fundadora ser homozigota depende do número de fundadores e das freqüências gênicas. Se há menor variação e poucos fundadores, a chance de homozigosidade é maior. Aqui, a chance de homozigosidade é mostrada para três freqüências gênicas diferentes em dois locos alélicos.

nham ocorrido posteriormente. A população aumentou de forma dramática, desde então, para seus níveis modernos de 2.500.000. A influência dos colonizadores iniciais é mostrada pelo fato de que 1 milhão de africânders vivos possuem os nomes de 20 colonizadores originais.

Várias populações humanas possuem genes raros diferentes em freqüências elevadas

Os colonizadores iniciais incluem indivíduos com inúmeros genes raros. O navio de 1652 continha um homem holandês, portador de um gene para a doença de Huntington, uma doença autossômica dominante. A maioria dos casos da doença na população africânder atual pode ser rastreada de volta àquele indivíduo. Uma história semelhante pode ser contada para o gene autossômico dominante que causa a porfiria variada. A porfiria variada é devida a uma forma defectiva da enzima protoporfirinogênio oxidase. Portadores do gene sofrem de uma grave – e mesmo letal – reação a barbitúricos anestésicos, e o gene não foi, portanto, desvantajoso antes da medicina moderna. A população africânder moderna contém cerca de 30 mil portadores do gene, uma freqüência bem mais elevada do que na Holanda. Todos os portadores são descendentes de um casal, Gerrit Jansz e Ariaantje Jacobs, que emigraram da Holanda em 1685 e em 1688, respectivamente. Cada população humana possui seus polimorfismos "privados", os quais são causados, com freqüência, pelas particularidades genéticas de fundadores individuais.

Ambos os exemplos que acabamos de analisar são para casos médicos. Cada portador individual de genes terá um valor adaptativo menor do que a média, e a seleção irá, portanto, agir para reduzir a freqüência do gene para 0. Durante muito tempo, o gene da porfiria variada pode ter tido um valor adaptativo semelhante ao de outros alelos no mesmo loco. Ele pode ter sido um polimorfismo neutro até que seu "ambiente" veio a conter (em casos selecionados) barbitúricos.

Em contraste, o gene da doença de Huntington foi consistentemente selecionado de modo negativo. Assim, a sua presença, em freqüência elevada, sugere que a população fundadora possuía, de fato, uma freqüência ainda mais elevada, porque essa provavelmente teria diminuído por seleção desde então. Não seria esperado que qualquer amostra de população fundadora em especial possuísse uma freqüência maior do que a freqüência média do gene para a doença de Huntington, mas se um número suficiente de grupos colonizadores partiram, alguns desses possuíam, com certeza, freqüências gênicas peculiares, ou mesmo muito peculiares. No caso da doença de Huntington, a população africânder não é a única descendente de fundadores com cópias de um gene em número maior do que a média; 432 portadores da doença de Huntington na Austrália são descendentes da Sra. Cundick, que partiu da Inglaterra com seus 13 filhos; e um neto de um nobre francês, Pierre Dagnet d'Assigne de Bourbon, transmitiu todos os casos conhecidos da doença de Huntington da ilha Mauritius.

6.3 Um gene pode ser substituído por outro por meio da deriva genética

A freqüência de um gene tanto pode aumentar como diminuir pela deriva genética. Em média, as freqüências de alelos neutros permanecem inalteradas de uma geração para a outra. Na prática, suas freqüências flutuam para mais ou para menos, e, portanto, é possível que um gene experimente uma fase de sorte e tenha a sua freqüência bastante elevada – em um caso extremo, a sua freqüência poderia, após muitas gerações, ter sua freqüência elevada até 1 (tornar-se fixado) pela deriva genética.

A evolução pode ocorrer pela deriva genética

Em cada geração, a freqüência de um alelo neutro possui uma chance de aumentar, uma chance de diminuir e uma chance de permanecer constante. Caso ela aumente em uma geração, ela terá, novamente, as mesmas chances de aumentar, diminuir ou permanecer constante na próxima geração. Um alelo neutro, então, possui uma pequena chance de aumentar em

* N. de T. Africânder: indivíduo sul-africano branco, em geral descendente de holandeses.

duas gerações seguidas (igual ao quadrado das chances de aumentar em qualquer uma geração). Ele terá, ainda, uma pequena chance de aumentar por três gerações, e assim por diante. Para um alelo qualquer, a fixação por deriva genética é bastante improvável. A probabilidade é finita, no entanto, e, caso alelos neutros em quantidade suficiente, em locos suficientes e em gerações suficientes estejam flutuando aleatoriamente em freqüência, um deles irá, eventualmente, ser fixado. O mesmo processo pode ocorrer qualquer que seja a freqüência inicial do alelo. É menos provável que um alelo raro seja conduzido à fixação pela deriva genética do que um alelo comum, porque este teria que ter a "boa" sorte por muito tempo. Entretanto, a fixação ainda é possível para um alelo raro. Mesmo uma única mutação neutra possui alguma chance de fixação eventual. Uma mutação qualquer é mais provável de ser perdida; mas se diversas mutações aparecem, eventualmente uma poderá vir a ser fixada.

Para a deriva puramente neutra, a taxa de evolução é independente do tamanho p

A deriva genética, portanto, pode substituir um alelo por outro. Qual é a taxa com que essas substituições ocorrem? Poderíamos esperar que ela fosse mais rápida em populações menores, porque a maioria dos efeitos aleatórios é mais potente em populações pequenas. No entanto, pode ser demonstrado por um raciocínio elegante que a taxa de evolução neutra se iguala exatamente à taxa da mutação neutra e é independente do tamanho populacional. O raciocínio é o que segue. Em uma população de tamanho N, existe um total de $2N$ genes em cada loco. Em média, cada gene contribui com uma cópia de si mesmo para a próxima geração; mas, devido à amostragem aleatória, alguns genes irão contribuir com mais do que uma cópia e outros com nenhuma. À medida que analisamos duas gerações adiante, aqueles genes que não contribuíram com nenhuma cópia para a primeira geração não podem contribuir com cópia alguma para a segunda geração, nem para a terceira, nem a quarta... uma vez que o gene deixa de ser copiado, ele é perdido para sempre. Na próxima geração, provavelmente mais alguns genes serão deixados de fora e serão incapazes de contribuir para gerações futuras. A cada geração, alguns dos $2N$ genes originais serão perdidos dessa maneira (Figura 6.3).

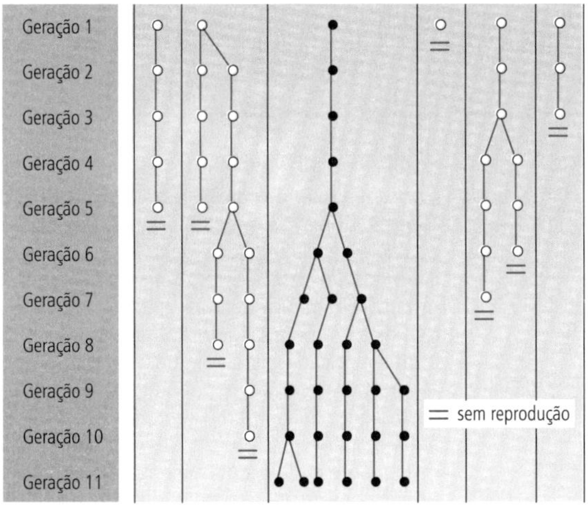

Figura 6.3

A deriva para a homozigosidade. A figura traça o destino evolutivo de seis genes; em uma espécie diplóide, eles seriam combinados em cada geração em três indivíduos. A cada geração, alguns genes podem, por acaso, falhar em uma vez que reproduzir e outros, por acaso, podem deixar mais do que uma cópia. Porque em um determinado momento um gene tenha falhado em se reproduzir, sua linhagem é perdida para sempre, com o tempo a população deve flutuar para se tornar constituída de descendentes de apenas um gene da população ancestral. No exemplo, a população, após 11 gerações, é constituída de descendentes do gene número 3 (círculo sombreado) da geração 1.

O tamanho p caracteriza-se em funcionamento...

Se analisarmos mais adiante, chegaremos, eventualmente, em um momento em que todos os $2N$ genes serão descendentes de apenas um dos $2N$ genes de agora. Isso porque, em cada geração, alguns genes fracassarão em se reproduzir. Deveremos, eventualmente, chegar em um momento em que todos os genes originais serão perdidos, menos um. Esse único gene terá tido um período suficientemente favorável de aumento e espalhar-se-á por toda a população. Ele terá sido fixado por deriva genética. Agora, porque o processo é de pura sorte, cada um dos $2N$ genes da população original possui uma chance igual de ser aquele com sorte. Qualquer gene da população, portanto, possui uma chance de $1/(2N)$ de eventual fixação por deriva genética (e uma chance de $(2N - 1)/(2N)$ de ser perdido por ela).

Em virtude de o mesmo raciocínio se aplicar para qualquer gene da população, ele também se aplica a uma nova, única e neutra mutação. Quando mutações novas surgem, haverá um gene, em uma população de $2N$ genes, em seu loco (ou seja, sua freqüência será $1/[2/N]$). A nova mutação possui a mesma chance $1/(2N)$ de uma eventual fixação, assim como cada outro gene na população. O destino mais provável da nova mutação é ser perdida (probabilidade de ser perdida $= (2N - 1)/(2N) \approx 1$ se N for grande); mas ela terá uma pequena chance ($1/[2N]$) de sucesso. Isso completa a primeira etapa do raciocínio: a probabilidade de que uma mutação neutra será eventualmente fixada é de $1/(2/N)$.

A taxa de evolução é igual à probabilidade de que uma mutação seja fixada, multiplicada pela taxa na qual a mutação aparece. Definimos a taxa na qual uma mutação aparece como u por gene por geração. (u é a taxa na qual novas mutações seletivamente neutras aparecem, e não a taxa de mutação total. A taxa de mutação total inclui mutações seletivamente favoráveis e desfavoráveis, bem como mutações neutras.) Em cada loco, existem $2N$ genes na população: o número total de mutações neutras surgindo na população será $2Nu$ por geração. A taxa de evolução neutra será, então, $1/(2N) \times 2Nu = u$. O tamanho da população cancela-se reciprocamente, e a taxa de evolução neutra é igual à taxa de mutação.

...e cancela-se reciprocamente

A Figura 6.3 ilustra, também, outro conceito importante na teoria moderna da deriva genética, o conceito de coalescência (Quadro 6.2).

Quadro 6.2
A Coalescência

Se olharmos bem adiante no tempo para qualquer geração, chegaremos em um período em que todos os genes em um loco são descendentes de uma das $2N$ cópias de um gene nas populações atuais (ver Figura 6.3). O mesmo raciocínio funciona ao contrário. Se olharmos bem para trás para qualquer geração, chegaremos em um período em que todas as cópias dos genes em um loco se remetem a uma única cópia de um determinado gene no passado. Assim, se nos remetermos ao passado de todas as cópias de um gene humano, tal como o gene da globina, iremos, eventualmente, chegar em um período do passado em que apenas um gene deu origem a todas as cópias dos genes modernos. (Na Figura 6.3, analise a geração 11 no final. Todas as cópias do gene remetem-se a um único gene na geração 5. Note que a existência de um único gene ancestral para todos os genes modernos em um loco não significa que apenas um gene existiu naquele período. A geração 5 possuía tantos genes como qualquer outra geração.) A maneira com que todas as cópias se remetem a um único gene é chamada de *coalescência*, e aquele gene ancestral único é chamado de *coalescente*. A coalescência genética é uma conseqüência de uma operação normal de deriva genética em populações naturais. Cada gene na espécie humana, e cada gene em qualquer espécie, remete-se a um coalescente. O período em que um gene coalescente existiu para cada gene provavelmente difere entre os genes, mas todos eles possuíram um ancestral coalescente em algum momento. Os geneticistas de populações estudam o quão distante a coalescência existe para um gene, dependendo do tamanho da população, da demografia e da seleção. Um conhecimento do período anterior à coalescência pode ser útil para datar eventos no passado utilizando-se "árvores gênicas", as quais analisaremos no Capítulo 15.

Leitura adicional: Fu e Li (1999), Kingman (2000).

6.4 O "equilíbrio" de Hardy-Weinberg supõe a ausência de deriva genética

A deriva genética tem conseqüências para o teorema de Hardy-Weinberg

Vamos ficar com o caso de um único loco gênico, com dois alelos seletivamente neutros A e *a*. Se a deriva genética não está ocorrendo – e se a população é grande –, as freqüências gênicas ficarão constantes de geração à geração e as freqüências genotípicas também serão constantes, nas proporções de Hardy-Weinberg (Seção 5.3, p. 128). Mas, em populações menores, as freqüências gênicas podem flutuar em todas as direções. As freqüências gênicas médias em uma geração serão as mesmas que na geração anterior, e pode-se pensar que, em longo prazo, as freqüências gênicas e genotípicas médias irão, simplesmente, ser as do equilíbrio de Hardy-Weinberg, mas com um pouco de "ruído" ao redor delas. No entanto, não é isso que ocorre. O resultado da deriva genética em longo prazo é que um dos alelos será fixado. O equilíbrio polimórfico de Hardy-Weinberg é instável uma vez que a deriva genética seja permitida.

Suponha que uma população seja constituída de cinco indivíduos, contendo cinco alelos A e cinco alelos *a* (o que é, obviamente, uma população muito pequena, mas a mesma questão se aplicaria caso houvesse quinhentas cópias de cada alelo). Os genes são aleatoriamente amostrados para produzir a próxima geração. Talvez seis alelos A e quatro alelos *a* sejam amostrados. Esse é, agora, o ponto inicial para se produzir a próxima geração; a razão mais provável na próxima geração é seis A e quatro *a*: não há um processo de "compensação" para se retornar em direção a cinco e cinco. Talvez, na próxima geração, seis A e quatro *a* sejam retirados novamente. A quarta geração poderá ter sete A e três *a*, a quinta, seis A e quatro *a*, a sexta, sete A e três *a*, depois, sete A e três *a*, oito A e dois *a*, nove A e um *a* e, então, 10 A. O mesmo processo poderia ter-se desenvolvido na outra direção, ou ter iniciado favorável a A e, depois, revertido para fixar *a* – a deriva genética não possui direção. No entanto, quando um dos genes é fixado, a população é homozigota e permanecerá homozigota (Figuras 6.3 e 6.4).

O equilíbrio de Hardy-Weinberg é uma boa aproximação e mantém a sua importância na biologia evolutiva. Porém, também é verdade que, uma vez que permitimos a deriva genética, as razões de Hardy-Weinberg não estão em equilíbrio. As razões de Hardy-Weinberg são para alelos neutros em um loco e o resultado de Hardy-Weinberg sugere que as razões genotípicas (e gênicas) são estáveis com o tempo. No entanto, eventos aleatórios fazem com que as freqüências gênicas flutuem em todas as direções, e um dos genes será, eventualmente, fixado. Somente nesse momento o sistema será estável. O verdadeiro equilíbrio, incorporando a deriva genética, ocorre em homozigosidade.

6.5 A deriva neutra ao longo do tempo conduz um rumo em direção à homozigosidade

Com o passar do tempo, a deriva puramente ao acaso faz com que a população "rume" para a homozigosidade em um loco. O processo pelo qual isso ocorre foi considerado (Seção 6.4) e ilustrado (Figura 6.3). Todos os locos nos quais existem vários alelos seletivamente neutros tenderão a tornar fixado apenas um gene. Não é difícil derivar uma expressão para a taxa na qual a população irá tornar-se homozigota. Primeiramente, definimos o grau de homozigosidade. Indivíduos na população podem ser tanto homozigotos como heterozigotos. Seja f a proporção de homozigotos, e $H = 1 - f$, a proporção de heterozigotos (f vem de "fixação"). Homozigotos aqui incluem todos os tipos de homozigotos em um loco; se, por exemplo, existem três alelos A_1, A_2 e A_3, então, f é o número de indivíduos A_1A_1, A_2A_2 e A_3A_3 dividido pelo tamanho da população; da mesma forma, H é a soma de todos os tipos heterozigotos. N será, novamente, o tamanho da população.

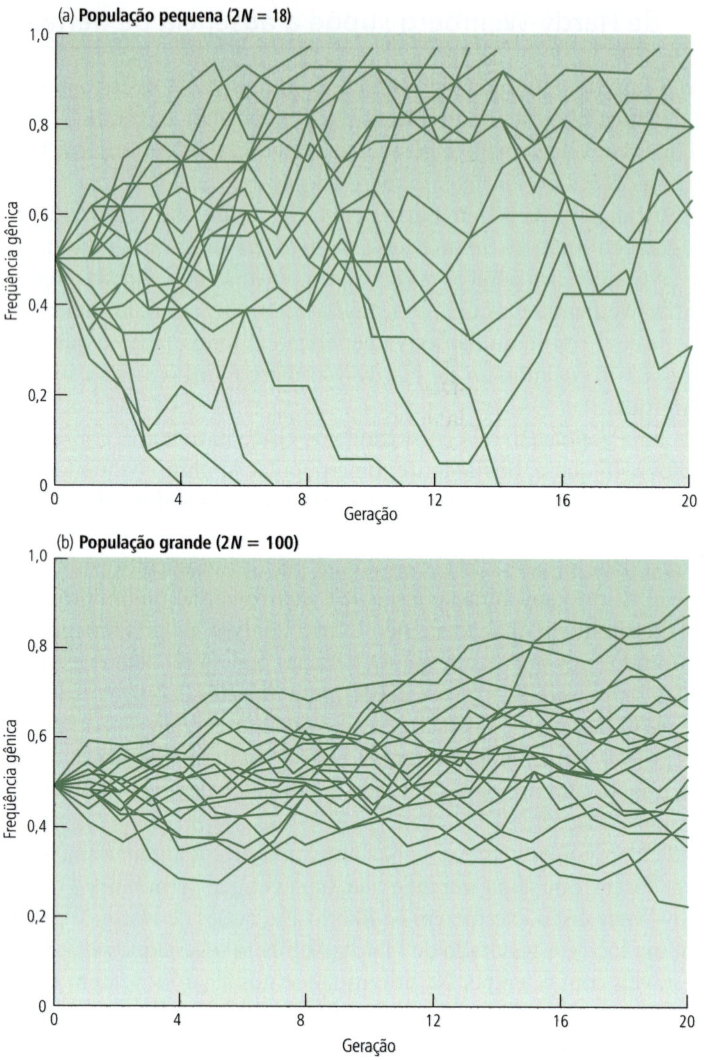

Figura 6.4

Vinte simulações repetidas de deriva genética para um loco com dois alelos com freqüência gênica inicial de 0,5 em: (a) uma população pequena ($2N = 18$) e (b) uma população grande ($2N = 100$). Eventualmente, um dos alelos flutuará para a freqüência de 1. O outro alelo será, então, perdido. A deriva para a homozigosidade é mais rápida em uma população pequena, porém, em qualquer população pequena, na ausência de mutação, a homozigosidade será o resultado final.

Como f irá mudar com o tempo? Derivaremos o resultado nos termos de um caso especial: uma espécie de hermafrodita, na qual um indivíduo pode fertilizar a si mesmo. Indivíduos em uma população descarregam seus gametas na água e cada gameta possui uma chance de se combinar com qualquer outro gameta. Novos indivíduos são formados pela amostragem de dois gametas do conjunto de gametas. O conjunto de gametas contém $2N$ tipos gaméticos, onde os "tipos gaméticos" devem ser interpretados como segue. Existem $2N$ genes em uma população constituída de N indivíduos diplóides. Um tipo gamético consiste em todos os gametas contendo uma cópia de qualquer um desses genes. Assim, se um indivíduo com dois genes produz 200 mil gametas, haverá, em média, 100 mil cópias de cada tipo gamético no conjunto de gametas.

Construímos um modelo de como a homozigosidade muda sob deriva

Para calcular como *f*, o grau de homozigosidade, muda com o passar do tempo, derivamos uma expressão para o número de homozigotos em uma geração, em relação ao número de homozigotos da geração anterior. Devemos, primeiramente, fazer uma distinção, no conjunto de gametas, entre os gametas contendo o gene *a* que são cópias do mesmo gene *a* parental e aqueles que são derivados de progenitores diferentes. Existem, então, duas maneiras de se produzir um homozigoto, quando dois genes *a* do mesmo tipo gamético se encontram, ou quando dois genes *a* de diferentes tipos gaméticos se encontram (Figura 6.5); a freqüência de homozigotos na próxima geração será a soma dessas duas.

A primeira maneira de obter um homozigoto é por "autofertilização". Existem $2N$ tipos gaméticos, mas, porque cada indivíduo produz muito mais do que dois gametas, existe uma chance de $1/(2N)$ de que um gameta irá combinar com outro gameta do mesmo tipo gamético que ele próprio: se isso ocorre, a descendência será homozigota. (Se, como mostrado, cada indivíduo produz 200 mil gametas, existirão $200.000N$ gametas no conjunto de gametas. Primeiramente amostramos um gameta como esse. Os gametas restantes, praticamente 100 mil deles [de fato 99.999] são cópias do mesmo gene. A proporção de gametas deixada no conjunto que contém cópias do mesmo gene que no gameta amostrado é $99.999/200.000N$, ou $1/(2N)$.)

A homozigosidade pode surgir a partir de cruzamentos entre indivíduos diferentes

A segunda maneira de se produzir um homozigoto é pela combinação de dois genes idênticos, que não foram copiados do mesmo gene na geração parental. Se o gameta não se combina com outra cópia do mesmo tipo gamético (chance $1 - (1/(2N))$), ele ainda irá formar um homozigoto, caso ele se combine com uma cópia produzida a partir do mesmo gene, mas de outro progenitor. Para um gameta com um gene *a*, se a freqüência de *a* na população for p, as chances de dois genes *a* se encontrarem será simplesmente p^2. p^2 é a freqüência de homozigotos *aa* na geração parental. Se existem dois tipos de homozigotos, AA e *aa*, a chance de formar um homozigoto será $p^2 + q^2 = f$. Em geral, a chance de que dois genes independentes

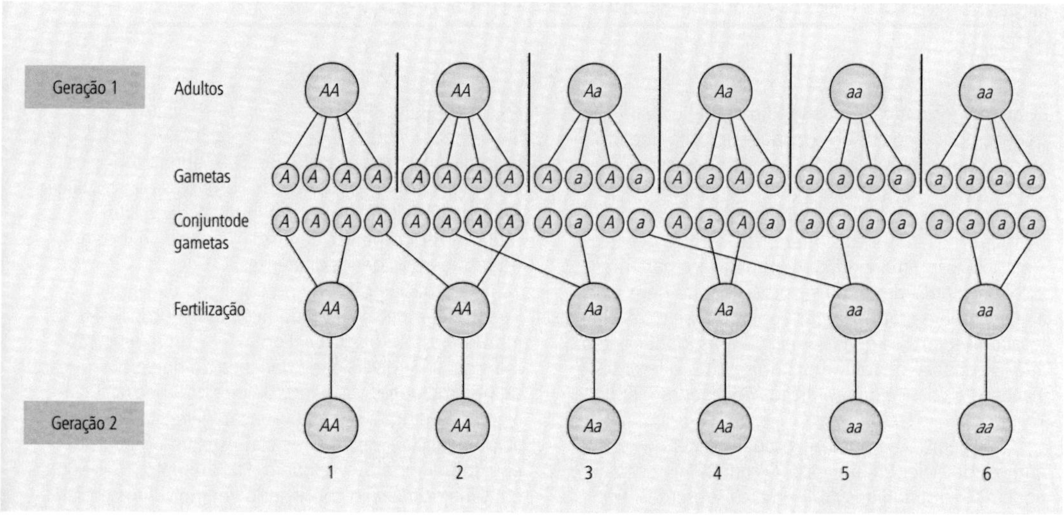

Figura 6.5

O endocruzamento em uma população pequena produz homozigosidade. Um homozigoto pode ser produzido tanto pela combinação de cópias do mesmo gene, vindas de indivíduos diferentes, ou pela combinação de duas cópias exatas do mesmo gene. Aqui, imaginemos que a população contém seis adultos, os quais são hermafroditas, potencialmente autofertilizantes, e que cada um produz quatro gametas. Os homozigotos podem, então, ser produzidos pelo tipo de cruzamento assumido no teorema de Hardy-Weinberg (por exemplo, o descendente número 2) ou por autofertilização (por exemplo, o descendente número 1). A autofertilização necessariamente produz apenas homozigotos, caso o seu progenitor seja homozigoto (compare os descendentes 1 e 4).

irão combinar-se para formar um homozigoto é igual à freqüência de homozigotos na geração anterior. A chance total de se formar um homozigoto por esse segundo método é a chance de que um gameta não se combine com outra cópia do mesmo gene parental, $1 - (1/(2N))$, multiplicada pela chance de dois genes independentes combinarem-se para formar um homozigoto (f). Ou seja, $f(1 - (1/(2N))$.

Podemos, agora, escrever a freqüência de homozigotos na próxima geração em termos da freqüência de homozigotos na geração parental. Ela será o somatório das duas maneiras de se formar um homozigoto. Seguindo-se a notação normal para f' e f (f' é a freqüência de homozigotos uma geração adiante),

$$f' = \frac{1}{2N} + \left(1 - \frac{1}{2N}\right)f \qquad (6.2)$$

A heterozigosidade é uma medida da variação genética

Podemos seguir a mesma direção para aumentar a homozigosidade em termos da diminuição da heterozigosidade na população. A heterozigosidade de uma população é uma medida de sua variação genética. Em termos formais, a heterozigosidade é definida como a chance de que dois genes em um loco, retirados ao acaso da população, sejam diferentes. Por exemplo, uma população geneticamente uniforme (na qual todos são *AA*) possui uma heterozigosidade de zero. A chance de se retirar dois genes diferentes é zero. Se metade dos indivíduos na população é *AA* e metade é *aa*, a chance de se retirar dois genes diferentes é um meio, e a heterozigosidade é igual a um meio. O Quadro 6.3 descreve os cálculos da heterozigosidade. (A heterozigosidade é simbolizada por *H*).

Quadro 6.3
Heterozigosidade (*H*) e Diversidade Nucleotídica (π)

"Heterozigosidade" é uma medida geral da variação genética por loco em uma população. Imagine um loco no qual dois alelos (*A* e *a*) estão presentes na população. A freqüência de *A* é p, a freqüência de *a* é q. A heterozigosidade é definida como a chance de retirarmos dois alelos diferentes, se dois genes aleatórios são amostrados da população (para um loco). A chance de retirarmos duas cópias de *A* é p^2, e a chance de retirarmos duas cópias de *a* é q^2. A chance total de retirarmos duas cópias gênicas idênticas é $p^2 + q^2$. A chance de retirarmos dois genes diferentes é 1 menos a chance de retirarmos dois genes idênticos. Portanto, $H = 1 - (p^2 + q^2)$.

Em geral, uma população pode conter qualquer número de alelos em um loco. Os diferentes alelos podem ser distinguidos por números subscritos. Por exemplo, se uma população possui três alelos, suas freqüências podem ser escritas p_1, p_2 e p_3. Se uma população possui quatro alelos, suas freqüências podem ser escritas como p_1, p_2, p_3 e p_4, e assim por diante para qualquer número de alelos. Podemos simbolizar a freqüência do *i*ésimo alelo por p_i (onde *i* possui tantos valores quantos alelos existirem na população). Agora:

$$H = 1 - \Sigma p_i^2$$

O somatório (simbolizado por Σ) é sobre a todos os valores de *i*: ou seja, para todos os alelos na população naquele loco. O termo Σp_i^2 é igual à chance de retirarmos dois genes idênticos; $1 - t$ é a chance de retirarmos dois genes diferentes.

Se a população está no equilíbrio de Hardy-Weinberg, a heterozigosidade é igual à proporção de indivíduos heterozigotos. Porém, *H* é uma definição mais geral da diversidade genética do que a proporção de heterozigotos. A chance de que dois genes aleatórios difiram mede a variação genética em todas as populações, mesmo que elas estejam ou não no equilíbrio de Hardy-Weinberg. Por exemplo, $H = 50\%$ em uma população consistindo em indivíduos metade *AA* e metade *aa* (sem heterozigotos).

O termo "heterozigosidade" é significativo para uma população diplóide. Entretanto, a mesma medição da diversidade genética pode ser usada para genes não-diplóides, tais como os genes nas mitocôndrias e cloroplastos. Ele também pode ser usado para populações bacterianas. A palavra "heterozigosidade"

(*continua*)

(*continuação*)

pode soar um tanto estranha para locos gênicos não-diplóides, e os geneticistas de populações freqüentemente chamam *H* de "diversidade gênica".

A clássica teoria da diversidade da genética de populações foi desenvolvida nos termos da heterozigosidade em um loco. Quando falamos dessa teoria, normalmente nos referimos à heterozigosidade (*H*). Entretanto, medições mais modernas da diversidade genética são em nível de DNA. Nesse nível, muito do mesmo índice de diversidade é referido como "diversidade nucleotídica" e é simbolizado por π.

Intuitivamente, o significado de diversidade nucleotídica é como segue. Imagine-se retirando um segmento de DNA de uma molécula de DNA de fita dupla, retirada aleatoriamente de uma população. Conte o número de diferenças nucleotídicas entre as duas fitas do fragmento de DNA. Divida, então, pelo comprimento total do fragmento. O resultado será π. π é o número médio de diferenças nucleotídicas por sítio entre um par de seqüências de DNA, retirado aleatoriamente de uma população. Aqui está um exemplo concreto. Suponha que uma simples população possua quatro moléculas de DNA. Uma região comparável dessas quatro possui os seguintes conjuntos de seqüências: (1) TTTTAGCC, (2) TTTTAACC, (3) TTTTAAGC e (4) TTTTAGGC. Primeiramente, contamos o número de diferenças entre todos os pares possíveis. O par 1-2 possui 1 diferença, o 1-3 possui duas, o 1-4 possui 1, o 2-3 possui 1, o 2-4 possui duas e o 3-4 possui 1. O número médio de diferenças para todas as combinações pareadas é (1 + 2 + 1 + 1 + 2 + 1)/6 = 1,33. π é calculado por sítio, portanto, dividimos o número total médio de diferenças pelo comprimento total da seqüência (8). π = 1,33/8 = 0,01666. Mais formalmente,

$$\pi = \Sigma p_i p_j \pi_{ij}$$

onde p_i e p_j são as freqüências das *i*-ésima e *j*-ésima seqüências de DNA e π_{ij} é o número de diferenças pareadas por sítio entre as seqüências *i* e *j*. Alguns números para *H* e π em populações reais são fornecidos na Seção 7.2 (p. 189).

Pode-se mostrar que a heterozigosidade, por meio do rearranjo da Equação 6.2, diminui na seguinte taxa (o rearranjo envolve a substituição de $H = 1 - f$ na Equação 6.2):

$$H' = \left(1 - \frac{1}{2N}\right)H \qquad (6.3)$$

Ou seja, a heterozigosidade diminui na taxa de $1/(2N)$ por geração até ela ser zero. O tamanho da população *N* é novamente importante para governar a influência da deriva genética. Se *N* for pequeno, o rumo para a homozigosidade é rápido. No outro extremo, reencontraremos o resultado de Hardy-Weinberg. Se *N* for infinitamente grande, o grau de heterozigosidade é estável: não existe, então, o rumo para a homozigosidade.

O aumento da homozigosidade sob deriva é devido ao endocruzamento

Embora deva ser notado que essa derivação é para um sistema de cruzamento hermafrodita específico, o resultado é, de fato, geral (uma pequena correção é necessária para o caso de dois sexos). O rumo à homozigosidade em populações pequenas continua, porque duas cópias do mesmo gene podem combinar-se em um único indivíduo. Nos hermafroditas, isso ocorre, obviamente, por autofertilização. Mas se existem dois sexos, um gene na geração de avós parental pode surgir como um homozigoto, em duas cópias, na geração de netos. O processo pelo qual um gene em cópia única em um indivíduo se combina em duas cópias na descendência é o *endocruzamento* (do inglês, *inbreeding*). O endocruzamento pode ocorrer, em uma população pequena, em qualquer sistema de cruzamento e torna-se mais provável quanto menor for a população. No entanto, um ponto geral nesta seção pode ser expresso sem referência ao endocruzamento. Com amostragem aleatória, duas cópias do mesmo gene podem constituir um descendente na geração futura. A amostragem aleatória produziu, então, um homozigoto. A deriva genética tende a aumentar a homozigosidade, e a taxa desse aumento pode ser expressa com exatidão pelas Equações 6.2 e 6.3.

6.6 Por causa da mutação neutra, uma quantidade calculável de polimorfismo irá existir em uma população

A variação genética para genes neutros é determinada por um balanço entre deriva e mutação

Até o momento, poderá parecer que a teoria da deriva neutra prediz que as populações deveriam ser completamente homozigotas. Entretanto, por meio da contribuição da mutação, novas variações irão surgir, e o nível de polimorfismo (ou heterozigosidade) em equilíbrio irá, na verdade, ser um balanço entre a sua eliminação por deriva e a sua criação por mutação. Podemos, agora, trabalhar no que é o equilíbrio. A taxa de mutação *neutra* é igual a u por gene por geração. (u, como antes, é a taxa na qual mutações seletivamente neutras aparecem, e não a taxa total de mutações.) Para encontrar a heterozigosidade em equilíbrio sob deriva e mutação, teremos de modificar a Equação 6.2 para considerar a mutação. Se um indivíduo nasceu homozigoto, e caso nenhum gene tenha mutado, ele permanece homozigoto e todos os seus gametas terão o mesmo gene. (Ignoraremos a possibilidade de que a mutação produza um homozigoto, por exemplo, por meio de um heterozigoto *Aa* mutando para um homozigoto *AA*. Estamos pressupondo que a mutação produz genes novos.) A fim de que um homozigoto produza todos seus gametas com o mesmo gene, qualquer um de seus genes deverá ter mutado. Caso qualquer deles tenha mutado, a freqüência de homozigotos irá diminuir. A chance de que um gene não tenha mutado é igual a $(1 - u)$, e a chance de que nenhum dos dois genes de um indivíduo tenham mutado é igual a $(1 - u)^2$.

Podemos, agora, simplesmente modificar a relação de recorrência derivada anterior. A freqüência de homozigotos será como antes, mas multiplicada pela probabilidade de que eles não tenham mutado para heterozigotos:

$$f = \left[\frac{1}{2N} + \left(1 - \frac{1}{2N}\right)f\right](1-u)^2 \qquad (6.4)$$

A homozigosidade (f) não irá, agora, aumentar até um. Ela irá convergir para um valor em equilíbrio. Este é entre o aumento na homozigosidade devido à deriva e sua diminuição pela mutação. Podemos encontrar o valor de equilíbrio de f a partir de $f^* = f = f'$. f^* indica um valor de f que é estável por gerações sucessivas ($f' = f$). A substituição de $f^* = f' = f$ na equação origina (após uma pequena manipulação):

$$f^* = \frac{(1-u)^2}{2N - (2N-1)(1-u)^2} \qquad (6.5)$$

A equação simplifica se ignorarmos os termos em u^2, os quais não serão relativamente importantes, porque a taxa de mutação neutra é baixa. Assim

$$f^* = \frac{1}{4Nu + 1} \qquad (6.6)$$

A heterozigosidade no equilíbrio ($H^* = 1 - f^*$) será:

$$H^* = \frac{4Nu}{4Nu + 1} \qquad (6.7)$$

Esse é um resultado importante. Ele fornece o grau de heterozigosidade que deverá existir para um balanço entre a deriva para a homozigosidade e novas mutações neutras. A heterozigosidade esperada depende da taxa de mutação neutra e do tamanho da população (Figura 6.6). Uma vez que o rumo à homozigosidade é mais rápido quando o tamanho da população é menor, faz sentido que a heterozigosidade esperada seja menor se N for pequeno. A heterozi-

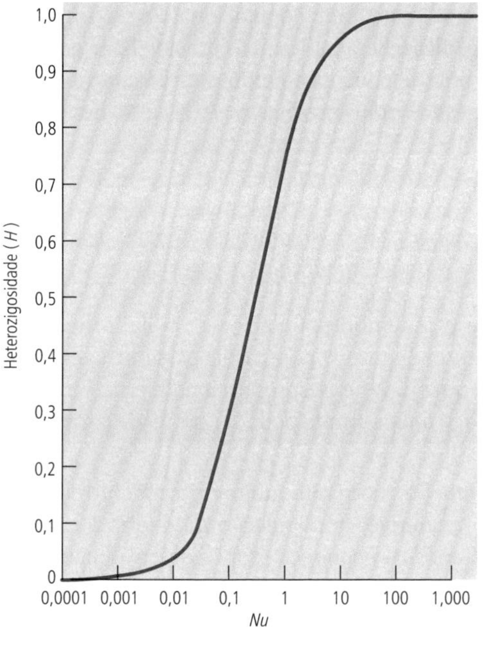

Figura 6.6

A relação teórica entre o grau de heterozigosidade e o parâmetro *Nu* (o produto do tamanho da população e a taxa de mutação neutra).

gosidade também será menor se a taxa de mutação for menor, como seria esperado. Em resumo, a população será menos variável geneticamente para alelos neutros quando os tamanhos populacionais e as taxas de mutação forem menores.

6.7 Tamanho populacional e tamanho populacional efetivo

O que é o "tamanho populacional"? Temos visto que *N* determina o efeito da deriva genética sobre as freqüências gênicas. Mas o que é *N* exatamente? Em um sentido ecológico, *N* pode ser medido pela contagem, tal como o número de adultos em uma localidade. Entretanto, para a teoria da genética de populações com populações pequenas, a estimativa obtida pela contagem ecológica é apenas uma aproximação grosseira do "tamanho populacional", *N*, incluído nas equações. O que importa é a chance de que duas cópias de um gene serão amostradas à medida que a próxima geração é produzida, e isso é afetado pela estrutura de cruzamentos da população. Uma população de tamanho *N* conterá 2*N* genes em um loco. A interpretação correta de *N* para equações teóricas é que *N* foi corretamente medido quando a chance de se retirar duas cópias do mesmo gene é 1/(2*N*).

O tamanho p efetivo pode diferir do tamanho p observado

Se retiramos dois genes de uma população em uma localidade, estaremos mais propensos, por várias razões, a obter duas cópias do mesmo gene do que seria esperado pela simples medição ecológica do tamanho populacional. Geneticistas populacionais, por conseguinte, freqüentemente escrevem N_e (para tamanho populacional "efetivo") nas equações, em vez de *N*. Na prática, tamanhos populacionais efetivos são normalmente menores do que tamanhos populacionais ecologicamente observados. A relação entre N_e, o tamanho populacional efetivo sugerido pelas equações e o tamanho populacional observado *N* pode ser complexa. Inúmeros fatores são conhecidos por sinfluenciar no tamanho populacional efetivo.

1. *Razão sexual.* Se um sexo é raro, o tamanho populacional do sexo raro irá dominar as mudanças nas freqüências gênicas. Será muito mais provável que genes idênticos sejam retirados do sexo raro, porque poucos indivíduos estão contribuindo com genes para a próxima geração. Sewall Wright provou, em 1932, que, nesse caso:

$$N_e = \frac{4N_m \cdot N_f}{N_m + N_f} \tag{6.8}$$

   Onde N_m = número de machos e N_f = número de fêmeas na população.
2. *Flutuações populacionais.* Se o tamanho populacional oscila, a homozigosidade irá aumentar mais rapidamente enquanto a população passa através de um "gargalo de garrafa" de tamanho pequeno. N_e é desproporcionalmente influenciado por N durante o gargalo de garrafa, e uma fórmula pode ser derivada para N_e em termos da média harmônica de N.
3. *Pequenos grupos de cruzamento.* Se ocorrerem muitos cruzamentos dentro de pequenos grupos, então o tamanho efetivo da população irá diferir do tamanho populacional total (composto de todos os pequenos grupos de cruzamento reunidos). N_e poderá ser menor ou maior do que N, dependendo de analisarmos o tamanho efetivo das populações locais, ou de todas as populações locais juntas. Ele também dependerá das taxas de extinção dos grupos e das taxas de migração entre os grupos. Vários modelos de subdivisão populacional foram usados para derivar expressões exatas para N_e.
4. *Fertilidade variável.* Se o número de gametas bem-sucedidos varia entre indivíduos (assim como ocorre entre machos quando a seleção sexual está atuando, ver Capítulo 12), os indivíduos mais férteis irão acelerar o rumo à homozigosidade. Novamente, a chance de que cópias do mesmo gene irão combinar-se em um mesmo indivíduo na produção da próxima geração estará aumentada e o tamanho populacional efetivo será diminuído em relação ao número total de adultos. Wright mostrou que se k é o número médio de gametas produzidos por um membro da população e σ_k^2 é a variância de k (ver Quadro 9.1, p. 261, para a definição de variância), então:

$$N_e = \frac{4N - 2}{\sigma_k^2 + 2} \tag{6.9}$$

   Para $N_e < N$, a variância de k deverá ser maior do que aleatória. Se k varia aleatoriamente, como um processo de Poisson, $\sigma_k^2 = k = 2$ e $N_e \approx N$.

Esses são pontos um tanto técnicos. O N_e em equações para a evolução neutra é uma quantidade exatamente definida, mas difícil de se medir na prática. Ele é normalmente menor do que o número de adultos observado, N. $N_e = N$ quando a população cruza aleatoriamente, tem tamanho constante, tem uma razão sexual igual e tem, aproximadamente, uma variância de Poisson em fertilidade. Desvios naturais dessas condições produzem $N_e < N$. O quão menor N_e é de N é difícil de medir, embora seja possível fazer estimativas pelas formulações analisadas. Outras coisas sendo iguais, espécies com estruturas populacionais mais subdivididas e com endocruzamento possuem um N_e menor do que espécies pan-míticas.

Resumo

1 Em uma população pequena, a amostragem aleatória de gametas para produzir a próxima geração pode mudar a freqüência gênica. Essas mudanças aleatórias são chamadas de deriva genética.

2 A deriva genética tem efeitos maiores sobre as freqüências gênicas se o tamanho populacional for menor do que se ele for grande.

3 Se uma população pequena coloniza uma área nova, é provável que ela possua todos os genes da população ancestral, mas as freqüências gênicas podem não ser representativas.

4 Um gene pode ser substituído por outro pela deriva genética. A taxa de substituição neutra é igual à taxa na qual a mutação neutra aparece.

5 Em uma população pequena, na ausência de mutação, um alelo será fixado em um loco. A população irá, eventualmente, tornar-se homozigota. O equilíbrio de Hardy-Weinberg não se aplica para populações pequenas. O efeito da deriva é reduzir a quantidade de variabilidade na população.

6 A quantidade de variabilidade genética neutra em uma população será um balanço entre a sua perda por deriva e a sua criação por novas mutações.

7 O tamanho "efetivo" de uma população, o qual é o tamanho assumido na teoria da genética de populações para populações pequenas, deveria ser distinguido do tamanho de uma população que um ecologista pode ter medido na natureza. Tamanhos populacionais efetivos são, normalmente, menores do que tamanhos populacionais observados.

Leitura complementar

Textos de genética de populações, tais como os de Crow (1986), Hartl e Clark (1997), Gillespie (1998) ou Hedrick (2000), e textos de evolução molecular, tais como Page e Holmes (1998), Graur e Li (2000) e Li (1997), explicam a teoria da genética de populações para populações pequenas. Crow e Kimura (1970) é um relato clássico da teoria matemática. Lewontin (1974) e Kimura (1983) também explicam bastante do assunto. Wright (1968) é mais avançado. Beatty (1992) explica a história de idéias, incluindo as de Wright, sobre a deriva genética. Kimura (1983) também contém um relato claro das partes mais importantes da teoria para a sua teoria neutra e discute o significado do tamanho populacional efetivo. Para exemplos médicos de eventos fundadores em humanos, ver Dean (1972) e Hayden (1981).

Questões para estudo e revisão

1 Uma população de cem indivíduos contém 100 genes *A* e 100 genes *a*. Se não há mutação e os três genótipos são seletivamente neutros, quais seriam as freqüências genotípicas e gênicas esperadas em um longo período, digamos 10 mil gerações, no futuro?

2 Revise: (a) o significado de "aleatória" na amostragem aleatória e a razão de a deriva genética ser mais poderosa em populações menores, e (b) o raciocínio de por que todos os genes em qualquer loco (tal como o loco da insulina) na população humana são, agora, descendentes de um gene de uma população ancestral de algum período no passado.

3 Qual é a heterozigosidade (*H*) nas seguintes populações:

	Genótipos			
População	*AA*	*Aa*	*aa*	*H*
1	25	50	25	
2	50	0	50	
3	0	50	50	
4	0	0	100	

4 Se a taxa de mutação neutra é de 10^{-8} em um loco, qual é a taxa de evolução neutra nesse loco se o tamanho da população for: (a) 100 indivíduos, ou (b) 1.000 indivíduos?

5 Qual é a probabilidade, em uma população de tamanho *N*, de que um gene irá combinar (a) com uma outra cópia dele mesmo para produzir um indivíduo novo e (b) com uma cópia de outro gene?

6 Tente manipular a Equação 6.2 dentro da 6.3 e a Equação 6.6 dentro da 6.7.

7 A Seleção Natural e a Deriva Genética na Evolução Molecular

Este capítulo discute a importância relativa de dois processos na condução da evolução molecular: a deriva aleatória e a seleção natural. Começaremos analisando o que significa para a deriva genética ser uma explicação geral para a evolução molecular. Iremos, então, analisar algumas características da evolução molecular e, em particular, sua taxa relativamente constante (o "relógio molecular"). Veremos como certos detalhes da evolução molecular levaram ao desenvolvimento da teoria "aproximadamente neutra". Estudaremos, então, a relação entre o limite funcional das moléculas e a sua taxa de evolução. A evolução em regiões não-codificadoras do DNA, e para trocas sinônimas dentro de genes, dá-se, provavelmente, sobretudo por deriva. As contribuições relativas da seleção e da deriva para trocas não-sinônimas (alterando o aminoácido) são menos claras. A seleção natural pode deixar sua assinatura nas propriedades estatísticas de seqüências de DNA, e a moderna era genômica da biologia tornou possível estudar seleção e deriva de novas maneiras. O capítulo termina analisando quatro delas.

7.1 A deriva genética e a seleção natural podem, ambas, explicar hipoteticamente a evolução molecular

A evolução molecular é estudada em substituições entre espécies e polimorfismos dentro das espécies

A evolução, em nível molecular, é observada como trocas de nucleotídeos (ou bases) no DNA e de aminoácidos nas proteínas. A palavra *substituição* é freqüentemente utilizada para mencionar uma modificação evolutiva. Em especial, uma substituição gênica (ou uma nucleotídica) significa que uma forma de um gene (ou de um nucleotídeo) aumenta em freqüência, passando de rara na população para comum. Substituições evolutivas são estudadas pela comparação de diferentes espécies. Se uma espécie possui o nucleotídeo A em um determinado sítio e outra espécie possui o nucleotídeo G, então pelo menos uma substituição deve ter ocorrido na linhagem evolutiva que conecta essas duas espécies. A evolução molecular também é estudada por meio da análise de polimorfismos dentro de uma espécie. Um polimorfismo existe se, por exemplo, alguns indivíduos de uma espécie possuem o nucleotídeo A em um determinado sítio, enquanto outros indivíduos possuem um G. Não ocorreu uma substituição completa, porque ambos, A e G, estão em freqüências razoavelmente altas, mas alguns processos devem ter elevado a freqüência de um ou de ambos os nucleotídeos no passado.

Polimorfismos dentro de uma espécie, e trocas evolutivas entre espécies, podem ser explicados por dois processos: seleção natural e deriva. Este capítulo irá analisar as contribuições da deriva e da seleção na evolução molecular. Esse assunto dificilmente existiu antes da década de 1960. Então, a eletroforese em gel (Seção 4.5, p. 111) começou a ser utilizada para estudar o polimorfismo, e as seqüências de aminoácidos de algumas proteínas (tais como o citocromo *c* e a hemoglobina) tornaram-se disponíveis para várias espécies. A evidência inicial levou Kimura (1968) e King e Jukes (1969) a sugerir o que Kimura chamou de *teoria neutra da evolução molecular*. Motoo Kimura (que viveu de 1924 a 1994) foi um geneticista japonês, e principalmente ele e seus seguidores promoveram a teoria neutra nas duas décadas seguintes àquela das publicações originais, em 1968 e 1969.

A evolução molecular pode ser dirigida pela seleção ou deriva

A teoria neutra não sugere que a deriva aleatória explique todas as trocas evolutivas. A seleção neutra também é necessária para explicar a adaptação. No entanto, é possível que as adaptações observadas nos organismos necessitem apenas de uma pequena proporção de todas as trocas evolutivas que ocorrem atualmente no DNA. A teoria neutra pressupõe que a evolução no nível do DNA e das proteínas, mas não a adaptação, seja dominada por processos aleatórios; a maior parte da evolução no nível molecular seria, então, não-adaptativa. Podemos contrastar a teoria neutra com a sua antagônica: a idéia de que quase toda a evolução molecular foi conduzida pela seleção natural.

A diferença entre as duas idéias pode ser entendida em termos da distribuição da freqüência para os coeficientes de seleção de mutações, ou variantes gênicas. (Não importa aqui se consideramos novas mutações ou um conjunto de variantes gênicas existente em uma população em um loco gênico. "Variante gênica" poderia ser substituída por "mutação" no decorrer deste parágrafo.) Dada uma mutação com um certo coeficiente de seleção, a teoria da deriva aleatória ou seleção (como descrita nos Capítulos 5 e 6) aplica-se de uma maneira matematicamente automática. Se o coeficiente de seleção for positivo, a mutação aumenta em freqüência; se for negativo, ela é eliminada; se for zero, as freqüências gênicas flutuam.[1]

---

[1] Este capítulo utiliza uma notação ligeiramente diferente para os coeficientes de seleção do Capítulo 5. No Capítulo 5, ao genótipo com o valor adaptativo mais alto foi atribuído um valor adaptativo de 1 e aos outros genótipos foram atribuídos valores adaptativos como $(1 - s)$. Aqui estaremos interessados em se uma forma de uma molécula possui um valor adaptativo maior, menor ou igual ao de outra forma, e será mais conveniente nos referirmos a coeficientes de seleção que são +, 0 ou -. Coeficiente de seleção +vo significa que a seleção natural favorece a variante; -vo significa que esta é negativamente selecionada; 0 significa que ela é neutra.

Qual a freqüência de mutações vantajosas, desvantajosas e neutras que esperamos que exista? Considere a seqüência de nucleotídeos de um gene em um organismo vivo. O gene codifica uma proteína razoavelmente bem-adaptada: é improvável que a proteína não tenha função, uma vez que o organismo que a contém está vivo. Consideremos, agora, todas as mutações que podem ocorrer em um gene. Você poderia manipular o gene, alterando um nucleotídeo por vez, e questionar, para cada alteração, se a nova versão seria melhor, pior ou igualmente tão boa quanto o gene original. Em uma população de organismos na natureza, as mutações estão ocorrendo e causando esses tipos de trocas, em determinadas freqüências.

Duas visões extremas – selecionista e neutralista – podem ser distinguidas

Muitas trocas mutacionais serão para pior e terão coeficientes de seleção negativos. A adaptação é um estado improvável da natureza, e uma troca aleatória em uma proteína adaptada é provável que seja para pior. A discordância tem sido sobre as freqüências relativas das duas outras classes de mutações: a neutra e a seletivamente vantajosa. Se a seleção natural produziu a maioria das trocas evolutivas em nível molecular, muitas mutações vantajosas devem ter ocorrido, mas poucas mutações neutras. Se a deriva neutra produziu a maioria das trocas evolutivas, as freqüências relativas são da maneira inversa. A Figura 7.1 ilustra as duas visões extremas, nas quais a maior parte da evolução molecular foi dirigida pela seleção (Figura 7.1a) ou pela deriva (Figura 7.1b). A diferença entre as duas está nas suas alturas relativas dos gráficos nas regiões 0 e +. A alta freqüência de mutações na região – é comum nas duas. A teoria neutra da evolução molecular original de Kimura implica algo parecido à Figura 7.1b.

Os neutralistas não proclamam que todas as mutações são neutras...

Nesse ponto, vale a pena destacar duas coisas que Kimura não está se referindo, e seus seguidores modernos ainda não se referem também. A teoria neutra diz que a maior parte da evolução molecular é dirigida pela deriva neutra – mas isso não significa que a maioria das *mutações* seja neutra. A Figura 7.1c ilustra o que Kimura (1983) chamou de "pan-neutralismo", em contraste com suas próprias idéias. O pan-neutralismo significa que quase todas as mutações são neutras. Assim, quase toda a evolução deveria ter sido por meio de deriva neutra, exatamente como na teoria neutra. Porém, se a maior parte da evolução for por deriva neutra, isso não significa que a maioria das mutações é neutra. Evolução não é o mesmo que mutação. Na Figura 7.1b, todas as mutações que podem acabar contribuindo para mudanças evolutivas são neutras, mas a maioria das mutações é desvantajosa e será selecionada negativamente. Mutações desvantajosas desaparecem da população antes de elas terem qualquer chance de aparecer como evolução. A teoria neutra, entretanto, não descarta a seleção natural. Ela simplesmente tem uma utilização diferente para ela da teoria selecionista da evolução molecular. A teoria selecionista utiliza a seleção natural para explicar tanto por que as mutações são perdidas (quando elas são desvantajosas) ou são fixadas (quando elas são vantajosas). A teoria neutra utiliza a seleção apenas para explicar por que mutações desvantajosas são perdidas; ela utiliza a deriva para explicar como novas mutações são fixadas.

O pan-neutralismo é quase sempre falso. Temos forte evidência contra ele. Por exemplo, o pan-neutralismo tem dificuldade em explicar por que diferentes genes e diferentes partes de genes evoluem em taxas diferentes (Seção 7.6 adiante). Nem isso é teoricamente plausível. É um absurdo sugerir que raramente quaisquer mutações sejam desvantajosas. Os organismos, incluindo suas moléculas, estão adaptados aos seus ambientes; somente necessitamos refletir em relação à eficiência das enzimas digestivas – ou qualquer outra molécula biológica – auxiliando a manutenção da vida. Se as moléculas estão adaptadas, muitas (ou a maioria) das trocas nestas serão para pior.

...ou que a deriva neutra explica adaptações

A outra coisa que a teoria neutra da evolução molecular não proclama é que *toda* evolução molecular é dirigida pela deriva neutra. Ela diz que a maior parte da evolução molecular é por deriva neutra. Uma fração importante da evolução molecular é quase que certamente dirigida pela seleção: a fração da evolução molecular que ocorre durante a evolução de adaptações.

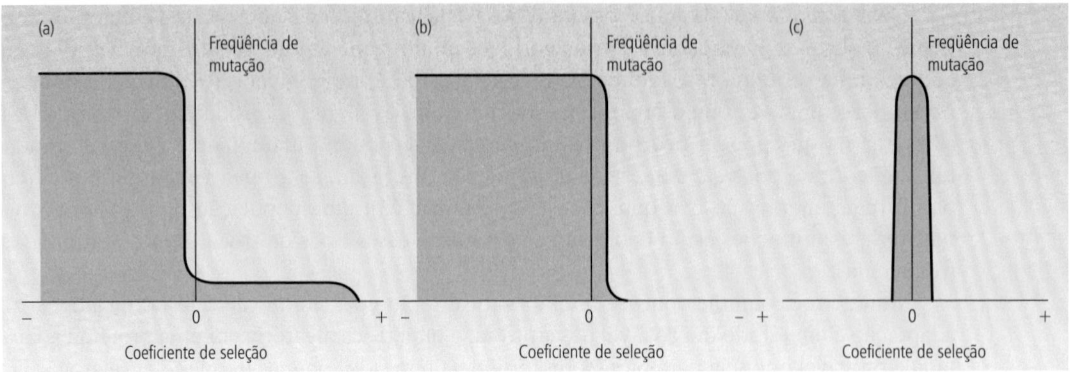

Figura 7.1

As teorias neutra e selecionista postulam distribuições de freqüências diferentes para as taxas de mutação com vários coeficientes de seleção. (a) De acordo com os selecionistas, mutações totalmente neutras são raras e existem mutações favoráveis em número suficiente para responder por toda a evolução molecular; ao passo que (b) neutralistas acreditam que existe um número maior de mutações neutras e dificilmente qualquer uma seletivamente favorecida. (c) A teoria do pan-neutralismo, de acordo com o qual todas as mutações são seletivamente neutras.

Moléculas biológicas são bem-adaptadas para suas funções. A hemoglobina transporta oxigênio; enzimas catalisam reações bioquímicas. Essas funções adaptativas não evoluíram por acidente. A deriva genética não terá contribuído muito, de qualquer modo, para a evolução adaptativa. Os eventos evolutivos que deram origem às funções adaptativas das moléculas modernas da vida foram, quase todos, reforçados pela seleção.

As teorias selecionista e neutralista da evolução molecular concordam que a seleção dirige a evolução adaptativa. A discordância é sobre qual fração da evolução molecular é adaptativa. Para analisar essa questão, imagine um gene de cerca de mil nucleotídeos (correspondendo a uma proteína de cerca de trezentos aminoácidos). Existem $4^{1.000}$ ou cerca de 10^{600} seqüências possíveis desse gene. A proteína codificada pelo gene terá alguma função, por exemplo, de transportar oxigênio no sangue (na verdade, realizada pela hemoglobina, a qual é composta por quatro peptídeos um pouco menores do que 150 aminoácidos cada). A teoria neutra sugere que, das 10^{600} moléculas possíveis, a grande maioria falhará totalmente em transportar o oxigênio, e muitas poderão fazer isso muito precariamente. Assim, haverá uma minoria, de talvez umas poucas centenas de seqüências diferentes, todas muito parecidas umas com as outras, todas as quais poderiam codificar proteínas que transportariam oxigênio igualmente bem. O que observamos como evolução consiste em trocas sucessivas dentro desse conjunto limitado de seqüências equivalentes. A alternativa selecionista é a de que as poucas centenas de variantes não são equivalentes, mas que uma funciona melhor em um ambiente, outra em outro, e assim por diante. A evolução consiste na substituição de uma variante por outra, quando o ambiente muda.

À medida que o capítulo avança, veremos como a teoria neutra original (ilustrada na Figura 7.1b) foi modificada de duas maneiras. Uma é o desenvolvimento da teoria da evolução molecular "aproximadamente neutra". A teoria original de Kimura considerou apenas mutações puramente neutras, com um coeficiente de seleção de zero. Seus seguidores modernos também consideram mutações com pequenos coeficientes de seleção positivos ou negativos. Porque a deriva é mais potente com populações de tamanhos pequenos (Seção 6.1, p. 168), essas mutações aproximadamente neutras são mais influenciadas pela deriva em populações pequenas e pela seleção em populações grandes. As mutações tornam-se efetivamente neutras, ou não-neutras, dependendo do tamanho populacional.

A teoria original foi modificada

Em segundo lugar, a teoria neutra original fez uma reivindicação global sobre toda a evolução molecular. A teoria neutra sugere que quase toda a evolução molecular seja dirigida por deriva neutra. Agora, a teoria foi refinada. Algumas partes do DNA parecem evoluir por deriva neutra, mas as contribuições relativas da seleção e deriva em outras partes do DNA são menos claras. O rigoroso contraste entre (a) e (b) na Figura 7.1 foi modificado por 30 anos de evidências acumuladas.

A diferença crucial entre as teorias selecionista e neutra da evolução molecular baseia-se nas freqüências relativas de mutações neutras e seletivamente vantajosas. A maneira direta para confrontá-las seria, simplesmente, por meio da medida dos valores adaptativos das muitas variantes genéticas em um loco e contar os números com coeficientes de seleção negativos, neutros ou positivos, sob determinadas condições ambientais. Porém, a controvérsia não foi resolvida dessa maneira. Medir o valor adaptativo de até mesmo uma variante genética comum é um exercício de pesquisa laborioso, e medir os valores adaptativos de muitas variantes raras seria praticamente impossível.

Na primeira metade deste capítulo, analisaremos três linhas menos diretas de evidência, que foram, originalmente, utilizadas por Kimura e por King e Jukes para argumentar a importância da deriva neutra na evolução molecular.

1. A taxa absoluta de evolução molecular e o grau de polimorfismo, ambos os quais foram deduzidos serem muito elevados para serem explicados por seleção natural.
2. A constância da evolução molecular, a qual foi deduzida ser inconsistente com a seleção natural.
3. A observação de que partes funcionalmente menos obrigatórias das moléculas evoluem em uma taxa maior, o que se deduziu ser o oposto do que a teoria da seleção natural iria prever.

A observação 1 tem, agora, pouca influência. O relógio molecular (observação 2) não é apenas influente, como também se tornou a base de um grande programa de pesquisa na biologia evolutiva. A relação entre obrigatoriedade funcional e taxa de evolução (observação 3) também é importante. Tem-se confirmado que a observação 3 pode ser estudada de forma mais aprofundada com seqüências de DNA, as quais se tornaram progressivamente disponíveis desde a década de 1980, do que as seqüências de proteínas, as quais foram usadas nas décadas de 1960 e 1970.

Na segunda metade do capítulo, analisaremos algumas maneiras adicionais de testar entre deriva e seleção, que se tornaram disponíveis na era da genômica.

7.2 Taxas de evolução molecular e a quantidade de variação genética podem ser medidas

Taxas de evolução são estimadas a partir da seqüência de aminoácidos de uma proteína, ou seqüência de nucleotídeos de uma região de DNA, em duas ou mais espécies. Para duas espécies quaisquer, a idade aproximada de seu ancestral comum pode ser estimada a partir do registro fóssil. A taxa da evolução da proteína pode, então, ser calculada como o número de aminoácidos diferentes entre a proteína das duas espécies dividido por duas vezes o tempo de seu ancestral comum (Figura 7.2). Por exemplo, se as espécies forem a humana e o camundongo, seu ancestral comum, provavelmente, viveu cerca de 80 milhões de anos atrás. Se analisarmos a seqüência de uma proteína de cem aminoácidos nas duas espécies, e se ela diferir em 16 sítios, então, a taxa de evolução é estimada em $16/(100 \times 160 \times 10^6) \approx 1 \times 10^{-9}$ por aminoácido por sítio por ano.

Taxas de evolução molecular podem ser medidas...

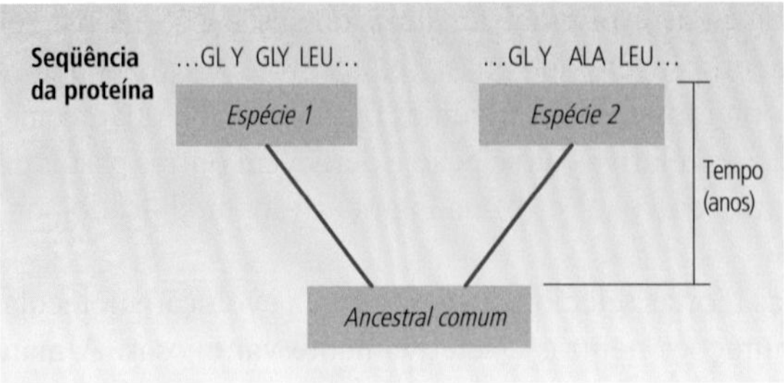

Figura 7.2

Imagine que alguma região de uma proteína possui as seqüências ilustradas em duas espécies. A troca evolutiva ocorreu em algum momento na linhagem que conecta as duas espécies, via seu ancestral comum. A interpretação mais simples é que tanto uma alanina foi substituída por uma glicina na linhagem que originou a espécie 2, como uma glicina por uma alanina na linhagem para a espécie 1. Em ambos os caminhos, a quantidade de evolução é uma troca, e ela ocorreu no dobro do tempo que as espécies voltariam ao seu ancestral comum; ou uma troca em 2*t* anos. Na prática, particularmente com dados de DNA, o método de máxima verossimilhança é utilizado para corrigir múltiplas substituições e a possibilidade de que o ancestral não possuísse nenhuma das características presentes nas espécies modernas (Seção 15.9.3, p. 466).

O mesmo cálculo pode ser feito por sítio de nucleotídeo para a taxa de evolução do DNA. Porém, com o DNA, uma correção deve ser feita para os "múltiplos golpes". Por exemplo, suponha que a espécie 1 tem o nucleotídeo A em um determinado sítio e a espécie 2 tem G no sítio equivalente. Utilizando o raciocínio da Figura 7.2, poderíamos deduzir que uma troca ocorreu em 2*t* anos. No entanto, mais do que uma troca pode ter ocorrido. O ancestral comum poderia ter tido o nucleotídeo A (o mesmo raciocínio se aplica se ele tivesse tido o G). Na linhagem que originou a espécie 2, A trocou para G. Isso requer ao menos uma troca, mas poderia ter tido mais. Antes dessa linhagem, A poderia ter, primeiro, evoluído para T e depois de T para G. Na linhagem que levou à espécie 1, A poderia ter permanecido inalterado todo o tempo. Alternativamente, A poderia ter evoluído para C e depois C evoluído para A novamente. Notamos apenas uma diferença entre o A e o G nas espécies modernas 1 e 2, mas mais do que uma troca podem estar escondidas.

O problema – que mais do que uma substituição pode esconder-se sob a diferença observada entre duas espécies – são as substituições múltiplas. O problema é particularmente acentuado para o DNA, porque o DNA possui apenas quatro opções: os quatro nucleotídeos A, C, G e T. Trocas evolutivas múltiplas podem, facilmente, acabar levando à mesma opção em duas espécies. Para os aminoácidos nas proteínas existem 20 opções (os 20 aminoácidos) e é bem menos provável que trocas múltiplas resultem na mesma opção em duas espécies. Na Seção 15.9.3 (p. 466), analisaremos como corrigir as substituições múltiplas nos dados de DNA. Correções análogas podem ser feitas para dados de proteína. Neste capítulo, iremos simplesmente assumir que as correções necessárias foram feitas nas estimativas de taxas evolutivas.

A Tabela 7.1 fornece alguns exemplos de estimativas de taxas evolutivas baseadas em comparações entre humanos e camundongos. Como pode ser observado, proteínas diferentes evoluem em taxas diferentes. Ribonucleases evoluem vagarosamente, a albumina, rapidamente. A Seção 7.6 analisa por que proteínas diferentes evoluem em taxas diferentes. Aqui estamos analisando apenas os números aproximados. Um número aproximado marcante, sugerido pela Tabela 7.1, é o de que aminoácidos são substituídos em uma taxa um pouco menor do que um por bilhões de anos em cada sítio de aminoácido em uma proteína.

...e níveis de polimorfismo...

Outro número importante é para a quantidade de variação genética dentro de uma espécie em um determinado período. A quantidade de variação pode ser descrita por dois índices principais. Um é a chance de que dois alelos retirados aleatoriamente difiram em um loco médio, ou heterozigosidade (*H*, ver Quadro 6.3, p. 178); estudamos *H* previamente como uma propriedade de um loco. *H* também pode ser medida para um certo número de locos e,

Tabela 7.1

Taxas de evolução para trocas de aminoácidos nas proteínas e para trocas de nucleotídeos no DNA. As taxas são expressas como números deduzidos de trocas por 10^9 anos para um sítio de aminoácido qualquer na proteína ou para um sítio nucleotídico qualquer no gene. Cálculos utilizando dados de Li (1997).

Gene	Taxa de evolução de aminoácido	Taxa de evolução de nucleotídeo
Albumina	0,92	6,08
α-globina	0,56	4,92
β-globina	0,78	3,36
Imunoglobulinas	1,1	5,87
Hormônio da paratireóide	1,0	4,57
Relaxina	2,59	8,98
Proteína ribossomal	0,02	2,18
Média (45 proteínas e genes)	0,74	4,25

então, expressa como uma média para todos eles. A outra medida é a porcentagem de locos polimórficos. Se, digamos, 20 locos são analisados por meio de eletroforese em gel, 16 não mostram variação e quatro apresentam mais do que uma banda no gel, assim, a porcentagem de polimorfismo seria de $4/20 \times 100 = 20\%$. A evidência eletroforética no gel sugere que cerca de 10 a 20% dos locos sejam polimórficos em espécies na natureza (Tabela 7.2).

A variação genética foi medida, em nível de DNA, em poucas espécies, porque ela necessita do seqüenciamento de um segmento de DNA de muitos indivíduos dentro de cada espécie.

...ou diversidade nucleotídica

A diversidade do DNA dentro de uma espécie é expressa como a "diversidade nucleotídica" (π), a qual é matematicamente equivalente à heterozigosidade. Em humanos, é cerca de 0,001. Assim, duas moléculas de DNA humanas, selecionadas aleatoriamente (incluindo duas dentro de qualquer corpo humano), diferem em cerca de um em 1.000 sítios. O DNA humano pode ser menos diverso do que o de muitas outras espécies (Quadro 13.2, p. 378). O DNA de *Drosophila* possui uma diversidade nucleotídica quase 10 vezes maior do que a do DNA humano.

Kimura (1968, 1983) achou que a taxa de evolução molecular e a quantidade de variação molecular eram muito altas para um processo guiado por seleção natural. Seus argumentos são, agora, principalmente de importância histórica e estão resumidos no Quadro 7.1.

Quadro 7.1

Carga Genética e o Caso Original de Kimura para a Teoria Neutra

Dois dos três argumentos originais de Kimura (1968, 1983) para a teoria neutra utilizaram um conceito geral chamado de "carga genética". A carga genética é uma propriedade de uma população e é definida como segue. A população irá conter vários genótipos, e cada genótipo possui um determinado valor adaptativo. Identificamos o genótipo, dentre aqueles presentes na população, que possui o valor adaptativo mais elevado e atribuímos a esse genótipo um valor adaptativo relativo de um. Todos os demais genótipos terão valores adaptativos menores do que um. Também medimos o valor adaptativo médio de toda a população; esse é exatamente o valor adaptativo de cada genótipo, multiplicado pela sua freqüência, e é chamado de valor

(*continua*)

(*continuação*)

adaptativo médio (Seção 5.6, p. 134). O valor adaptativo médio é, convencionalmente, simbolizado por $\bar{w}$. A fórmula geral para carga genética (*L*) será, então:

$$L = 1 - \bar{w}$$

Se todos os indivíduos da população possuírem o genótipo ótimo, $\bar{w} = 1$ e a carga é zero. Se todos, menos um, possuírem um genótipo de valor adaptativo zero, $\bar{w} = 0$ e $L = 1$. A carga genética é um número entre 0 e 1 e mede a extensão na qual a média individual em uma população é inferior ao melhor tipo de indivíduo possível, dada a variação de genótipos na população. Para sermos exatos, a carga genética é igual à chance relativa de que um indivíduo mediano irá morrer antes de se reproduzir, devido aos genes desvantajosos que ele possui.

A carga genética pode existir por diversas razões. O argumento original de Kimura considerou a *carga substitucional* e a *carga segregacional*. A carga de substituição surge quando a seleção natural está substituindo um alelo (superior) por um outro (inferior). Enquanto o alelo inferior existir na população, o valor adaptativo médio será menor do que se todos os indivíduos tivessem o alelo superior. A carga substitucional é matematicamente equivalente a outro conceito, definido por Haldane (1957) e chamado de "custo da seleção natural".

Kimura, seguindo Haldane, sugeriu que a taxa de evolução possui um limite. Uma mutação favorável pode surgir; inicialmente, ela é uma única cópia na população. No extremo teórico máximo, a mutação favorável poderia atingir a freqüência de 100% na população em três gerações. Nas duas primeiras gerações, todos os indivíduos que não possuíssem uma cópia da mutação favorável iriam morrer sem deixar descendentes (exceto um da primeira geração que serviria como parceiro para o mutante). Na terceira geração, todos os indivíduos que não possuíssem duas cópias do gene favorável iriam morrer sem deixar descendentes. A mutação iria, então, alcançar a freqüência de 100%.

Uma evolução tão rápida é improvável por diversas razões, mas o argumento defendido por Haldane e Kimura foi o de que a população seria reduzida a um nível tão baixo que ela seria extinta. É improvável que uma população real persista, caso ela seja reduzida a apenas um par de indivíduos acasalantes. Além disso, uma população certamente não poderia persistir, caso duas de tais mutações surgissem em locos separados, porque, dessa forma, mesmo os indivíduos que sobrevivessem devido à presença de uma das mutações, iriam morrer devido à ausência da outra. Todos estariam mortos. Uma evolução mais realista ocorrerá em uma taxa menor, porque a população deverá continuar existindo em um tamanho razoável, enquanto a seleção natural substitui alelos superiores. Haldane (1957) sugeriu um limite para a taxa de evolução de cerca de uma substituição gênica a cada 300 gerações.

A evolução molecular ocorre em taxas mais elevadas do que essa. Quando Kimura (1968) primeiramente estimou a taxa total de evolução molecular média para espécies de mamíferos, ele obteve um número de uma substituição a cada duas gerações. No entanto, ele tinha evidências apenas para aminoácidos. Sabemos agora que a taxa de trocas sinônimas é até mesmo mais elevada. A taxa total de evolução do DNA está mais para cerca de oito substituições por ano, ou uma substituição a cada 1,5 mês (Hughes 1999, p. 64). A taxa de evolução molecular é, claramente, bem mais elevada do que o limite estimado por Haldane. Kimura concluiu que a maior parte da evolução molecular não deve ser guiada pela seleção natural. Ao contrário, a evolução molecular deve ser guiada por deriva aleatória. Esta não cria a carga genética, pois todos os genótipos envolvidos possuem valores adaptativos iguais.

O raciocínio para a carga segregacional é semelhante. A carga segregacional surge quando um polimorfismo existente é mantido pela vantagem do heterozigoto (Seção 5.12, p. 153). (A carga segregacional pode ou não existir com polimorfismos mantidos pela seleção dependente de freqüência, mas os argumentos originais consideram a vantagem do heterozigoto.) Com a vantagem do heterozigoto, os valores adaptativos dos genótipos são:

Genétipo	*AA*	*Aa*	*aa*
Valor adaptativo	$1 - s$	1	$1 - t$

A população possui uma carga genética porque não pode consistir apenas em heterozigotos. Mesmo se uma população for composta temporariamente apenas de heterozigotos, eles irão produzir homozigotos por meio de segregação mendeliana normal na próxima geração. Para um loco, a vantagem do heterozigoto é aceitável. Uns poucos indivíduos morrem, por serem homozigotos, mas a população continuará a existir.

No entanto, pesquisas iniciais sugerem que cerca de 3.000 locos sejam polimórficos nas moscas-das-frutas. Suponha que os 3.000 tenham sido mantidos pela vantagem do heterozigoto. A chance de que um indivíduo seja heterozigoto em todos os 3.000 locos é praticamente zero. Todos os indivíduos serão homozigotos em muitas centenas de locos. Se cada um desses locos diminuir o valor adaptativo em uma pequena porcentagem, cada indivíduo morrerá por várias vezes. (Nos termos do exemplo da anemia falciforme, seria como se cada pessoa tivesse tal condição em centenas de seus locos. Você poderia sobreviver em um deles, mas não em todos.) Kimura concluiu que era impossível para a seleção natural manter toda a variação genética observada em nível

(*continua*)

(*continuação*)

molecular. A variação genética deveria ser mantida por deriva aleatória, o que explicaria o polimorfismo por um balanço entre deriva e mutação (Seção 6.6, p. 156). A variação neutra não cria uma carga genética.

O argumento de Kimura conserva o seu interesse, mas, agora, de uma forma geral, ele é considerado inconclusivo, por duas razões principais. Uma é que o limite sobre a taxa de evolução e sobre o nível tolerável de variação genética pode ser elevado caso seja permitida a *seleção branda*. Os cálculos de Haldane e Kimura assumem a *seleção severa*. Uma seleção severa significa que a seleção natural se soma à quantidade de mortalidade, diminuindo o tamanho populacional. Podemos distinguir entre mortalidade "de fundo", devida a processos ecológicos normais (Seção 4.1, p. 102), e mortalidade "seletiva", devida à ação da seleção natural. Os organismos produzem um número muito maior de descendentes dos que podem sobreviver, e muitos morrem sem se reproduzir. Se um bacalhau produz 5 milhões de ovos, em média 4.999.998 morrem antes da reprodução, devido à existência de diversos fatores de mortalidade ecológicos. A seleção natural é severa se ela reduz o número de sobreviventes para menos de dois. A seleção natural é branda se ela converte uma parte da mortalidade ecológica de fundo em mortalidade seletiva. O tamanho da população não será reduzido se a seleção for branda.

Como um exemplo concreto, imagine que o tamanho populacional esteja limitado pelo número de territórios de acasalamento. Apenas 100 territórios existem em uma área, e indivíduos sem território morrem imediatamente de falta de alimentação. Os 100 indivíduos possuidores de territórios produzem 10 ovos cada, resultando em 1.000 ovos ao todo. Metade dos ovos morre antes de se converter em adultos, os 500 adultos que se formaram competem pelos 100 territórios a cada geração (400 irão falhar – embora os números possam necessitar de ajustes, caso os sexos introduzam complexidades). Considere, primeiramente, o extremo da seleção branda. Um genótipo vantajoso novo aparece, o qual aumenta a sobrevivência juvenil, talvez em torno de 20%. Uma vez que esse genótipo é fixado, 600 jovens irão sobreviver e tornar-se adultos. Entretanto, os mesmos 100 territórios existem e o resultado reprodutivo da população não será alterado.

Compare isso com a seleção severa. Uma nova doença aparece, a qual atinge apenas os indivíduos originais dos territórios. Um genótipo novo aparece, tornando os pássaros resistentes à doença; a maior parte dos pássaros possui, inicialmente, o genótipo suscetível à doença. Até que o genótipo resistente à doença substitua o outro por seleção natural, o resultado reprodutivo dos pássaros irá diminuir. A mortalidade causada pela doença é adicional. Ela se soma à restrição ecológica causada pela oferta limitada de territórios.

A carga substitucional, em última instância, limita a taxa de evolução, quer a seleção seja severa ou branda, porém o limite será muito menor com a seleção severa. Na verdade, a maioria da seleção provavelmente é branda e não reduz o resultado reprodutivo de uma população. A evolução pode, assim, prosseguir em uma taxa superior àquela calculada por Kimura e Haldane.

O segundo contra-argumento é que a seleção natural pode atuar conjuntamente sobre vários locos. No argumento anterior, sobre a vantagem do heterozigoto, assumimos que cada loco homozigoto em um indivíduo reduz seu valor adaptativo em uma pequena porcentagem. A seleção natural pode não funcionar dessa forma. Um indivíduo pode ser capaz de sobreviver igualmente bem com um, dois, três ou 100 locos homozigotos, e apenas após um determinado limiar de locos homozigotos, tal como 500, é que o valor adaptativo do indivíduo diminuirá verdadeiramente. Dessa forma, um número muito maior de locos heterozigotos pode ser mantido na população, em vez de cada loco contribuir com a sua própria mortalidade. Um argumento semelhante pode ser feito para a taxa de evolução. Uma distinção é feita aqui entre valores adaptativos multiplicativos, nos quais cada loco contribui com seu efeito independente próprio para o valor adaptativo do organismo, e valor adaptativo epistático, no qual os efeitos de locos diferentes não são independentes. A Seção 8.8 (p. 234) analisa melhor essa distinção. Isso também é realçado em argumentos sobre o sexo na Seção 12.2.2 (p. 349).

Um terceiro contra-argumento é que a variação genética pode ser mantida pela seleção dependente de freqüência sem a criação de uma carga genética. (A razão sexual, a qual mantém os cromossomos X e Y, é um exemplo: ver Seção 12.5, p. 365.) Assim, mesmo que o argumento de Kimura descarte a vantagem do heterozigoto como uma explicação da quantidade de variação genética, ele não descarta todas as formas de seleção natural.

De fato, foi demonstrado que esses contra-argumentos não estão corretos. Eles são argumentos hipotéticos e reduzem a força teórica do caso de Kimura. A teoria neutra, por essa razão, costuma ser, agora, sustentada por outros argumentos diferentes da carga genética. Entretanto, os argumentos ainda são dignos de conhecimento. Eles têm influência histórica e ainda aparecem constantemente, de uma forma ou outra, em muitas áreas da biologia evolutiva. Além disso, Williams (1992) sugeriu que o problema como um todo foi escondido sob um tapete, em vez de ser resolvido, e que os biólogos deveriam prestar mais atenção ao problema da carga genética.

Leitura adicional: Lewontin (1974), Kimura (1983), Williams (1992), Gillespie (1998).

Tabela 7.2

Quantidades de variação em populações naturais. A variação pode ser medida como porcentagens de locos polimórficos (*P*) e Porcentual médio de heterozigosidade por indivíduo (*H*). O número de locos utilizado para estimar *P* e *H* também é fornecido. Para o significado de *H*, ver o Quadro 6.3 (p. 178). Modificada de Nevo (1988).

Espécies	Número de locos	*P* (%)	*H* (%)
Phlox cuspidata	16	11	1,2
Liatris cylindracea	27	56	5,7
Limulus polyphemus	25	25	5,7
Balanus eburneus	14	67	6,7
Homarus americanus	28–42	18	3,8
Gryllus bimaculatus	25	58	6,3
Drosophila robusta	40	39	11
Bombus americanorum	12	0	0
Salmo gairdneri	23	15	3,7
Bufo americanus	14	26	11,6
Passer domesticus	15	33	9,8
Homo sapiens	71	28	6,7

7.3 Taxas de evolução molecular são justificadamente muito constantes para um processo controlado por seleção natural

A taxa de evolução molecular pode ser medida para qualquer par de espécies pelo método mostrado na Figura 7.2. Cada par de espécies necessita de um valor para o número de diferenças moleculares e o tempo de seu ancestral comum. Podemos assinalar o ponto definido por esses dois números para muitos pares de espécies; a Figura 7.3 é um exemplo para a α-hemoglobina. A propriedade impressionante do gráfico é que os pontos para os diferentes pares de espécies formam uma linha reta. A evolução molecular parece ter uma taxa aproximadamente constante por unidade de tempo; considera-se, portanto, que ela mostra um relógio molecular. Trocas evolutivas no nível molecular ocorrem em uma taxa aproximadamente constante, e a quantidade de trocas moleculares entre duas espécies mede há quanto tempo elas dividiram um ancestral comum. (Diferenças moleculares entre espécies podem ser usadas para inferir o período de eventos no passado evolutivo, como iremos ver nas Partes 4 e 5 deste texto.)

A evolução molecular parece mostrar um relógio molecular

Um gráfico como a Figura 7.3 necessita de um conhecimento do tempo do ancestral comum para cada par de espécies. Esses tempos são estimados a partir de registros fósseis e são imprecisos (Capítulo 18); os resultados não são, portanto, universalmente confiáveis. Entretanto, podemos também testar a constância da evolução molecular por outro método, o qual não necessita de datas absolutas, e esse outro teste também sugere que a evolução molecular é quase como um relógio (Quadro 7.2). Existe uma controvérsia empírica em relação ao quão constante é o relógio molecular, mas detalhes estatísticos estão envolvidos e não iremos abordá-los nesse momento. Podemos, de forma razoável, concluir, no momento, que a taxa de evolução molecular é bastante constante para necessitar de explicações.

Kimura defendeu que a deriva explica o relógio molecular, enquanto a seleção não o faz

O que uma taxa constante sugere sobre se a evolução molecular é principalmente guiada por seleção natural ou deriva neutra? Kimura concluiu que taxas constantes são mais facilmente explicadas por deriva neutra do que por seleção. A deriva neutra possui a propriedade de um processo aleatório e a sua taxa irá mostrar a variabilidade característica de um processo aleatório. Mutações neutras surgem em intervalos aleatórios, porém, se elas forem observadas por um período suficientemente longo, a taxa de troca parecerá ser aproximadamente

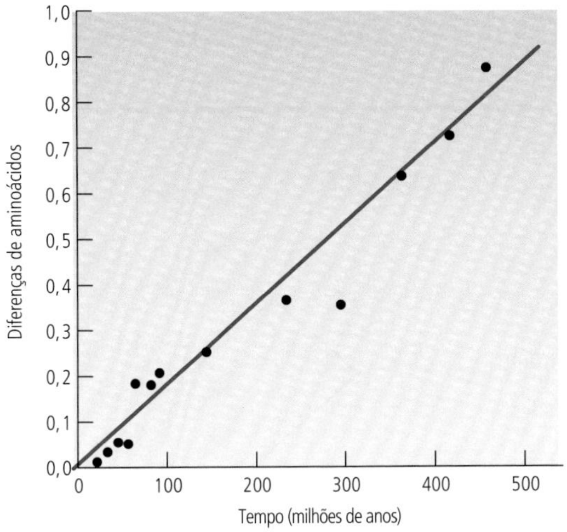

Figura 7.3

A taxa de evolução da hemoglobina. Cada ponto no gráfico corresponde a um par de espécies, ou grupos de espécies, e o valor para esse par foi obtido pelo método da Figura 7.2. Alguns dos pontos são para α-hemoglobina, outros para β-hemoglobina. De Kimura (1983). Redesenhada com permissão da Cambridge University Press, © 1983.

constante. A deriva neutra guiará a evolução em uma taxa aproximadamente constante. A seleção natural, Kimura concluiu, não produz uma taxa tão constante. Sob seleção, a taxa de evolução é influenciada pelas alterações ambientais, durante centenas de milhões de anos, em organismos tão diferentes quanto caracóis e camundongos e tubarões e árvores, a fim de produzir a taxa de troca constante vista na Figura 7.3.

Além disso, se analisarmos caracteres, tais como caracteres morfológicos adaptativos, que tenham sem dúvida evoluído por seleção natural, eles não parecem evoluir em taxas constantes. Kimura (1983) discutiu a evolução das asas dos pássaros como um exemplo. Antes de a asa ter evoluído, existiu um longo período durante o qual o ramo dos invertebrados permaneceu relativamente constante (na forma do ramo dos tetrápodes dos anfíbios e répteis). Então, veio um curto período em que as asas foram originadas e evoluíram. Finalmente, existiu um longo período de aprimoramento que, mais ou menos, resultou na forma da asa.

A evolução morfológica não é como um relógio

As asas dos pássaros indiscutivelmente evoluíram por seleção natural. A taxa de troca durante a evolução da asa variou entre rápida e lenta. A taxa de evolução molecular parece ser relativamente constante, comparada com a evolução morfológica. Essa observação também é a razão para Kimura confinar a teoria neutra a moléculas e não aplicá-la aos fenótipos inteiros dos organismos. A evolução molecular parece ter uma taxa aproximadamente constante, como seria esperado para um processo aleatório. A evolução morfológica possui um padrão diferente e é, provavelmente, guiada por um processo de seleção não-aleatório.

A evolução da globina nos tubarões "fósseis vivos" ilustra o relógio molecular

A evolução molecular em "fósseis vivos" fornece um exemplo marcante, tanto da taxa constante de evolução molecular, como da independência entre a evolução molecular e a morfológica. O tubarão de Port Jackson *Heterodontus portusjacksoni* é um fóssil vivo – uma espécie que se assemelha muito aos seus ancestrais fósseis (alguns com mais de 300 milhões de anos). Suas moléculas evoluíram de forma muito diferente da sua morfologia. A hemoglobina duplicou nas formas α e β antes do ancestral dos mamíferos e tubarões, no início da radiação dos cordados. Podemos contar as diferenças de aminoácidos entre a α e β-globina como uma medida da taxa de evolução molecular nas linhagens que deram origem às espécies modernas. A Tabela 7.3 revela que trocas foram acumuladas na linhagem do tubarão de

Quadro 7.2
O Teste da Taxa Relativa

O teste da taxa relativa é um método para se testar se uma molécula (ou, em princípio, qualquer outro caracter) evolui em uma taxa constante em duas linhagens independentes. Ele foi primeiramente utilizado por Sarich e Wilson em 1973. Suponha que conhecemos a seqüência de uma proteína em três espécies, a, b e c, e que também conhecemos a ordem de posicionamento filogenético das três espécies (Figura Q7.1). Podemos, então, inferir as quantidades de trocas em duas linhagens, a partir do ancestral comum de a e b para as espécies modernas (x e y na Figura Q7.1). Se a proteína evoluiu na mesma taxa nas duas linhagens, o número de trocas de aminoácidos entre o ancestral comum e a (x) deveria ser igual ao número de trocas entre o ancestral comum e b (y); ou seja: $x = y$. x e y podem ser inferidos por meio de simples equações simultâneas. Conhecemos as diferenças entre as seqüências das proteínas em a e b (k), em b e c (l) e em a e c (m). Assim,

$$k = x + y$$
$$l = y + z$$
$$m = x + z$$

Temos três equações com três valores desconhecidos e podemos resolvê-las para x, y e z. Testamos, então, se as taxas foram as mesmas analisando se $x = y$. Note que não necessitamos conhecer a data absoluta (ou a identidade) dos ancestrais comuns.

O teste da taxa relativa pode mostrar apenas que uma molécula evolui na mesma taxa em duas linhagens que estão conectando as duas espécies modernas com seu ancestral comum. Ele não prova que a molécula sempre teve uma taxa constante; ele não confirma, em outras palavras, o relógio molecular. Ainda que a identificação da taxa relativa seja apresentada para muitos pares de espécies, com ancestrais em comum de idades muito diferentes, o que é sugestivo para (ou consistente com) um relógio molecular, ela não é, porém, uma evidência conclusiva. Podemos ver como em um contra-exemplo (Figura Q7.2). Suponha que uma molécula evolua em uma mesma taxa em todas as linhagens em qualquer período, mas que isso tenha sido gradualmente retardado ao longo da história evolutiva. Um par de espécies com um ancestral comum de 100 milhões de anos apresentará, então, uma taxa constante, de acordo com o teste de taxa relativa (porque a molécula evolui na mesma taxa em todas as linhagens em qualquer período); e qualquer outro par de espécies, por exemplo, com um ancestral comum de 50 milhões de anos, também apresentará uma taxa relativa constante. Entretanto, não existe um relógio molecular, porque a taxa diminui ao longo do tempo. O teste de taxa relativa não irá detectar que pares de espécies mais recentes possuem números de trocas absolutas menores: as datas absolutas seriam necessárias para isso. O mesmo ponto poderia ser aplicado se existisse qualquer tendência na taxa evolutiva com o tempo, e isso não deve ser direcionado. A molécula poderia acelerar e desacelerar muitas vezes na evolução, mas, assim como a aceleração e a desaceleração se aplicam para todas as linhagens, o teste de taxa relativa irá mostrar taxas de evolução iguais nas duas linhagens. O teste de taxa relativa, portanto, não pode testar de forma conclusiva a hipótese do relógio molecular.

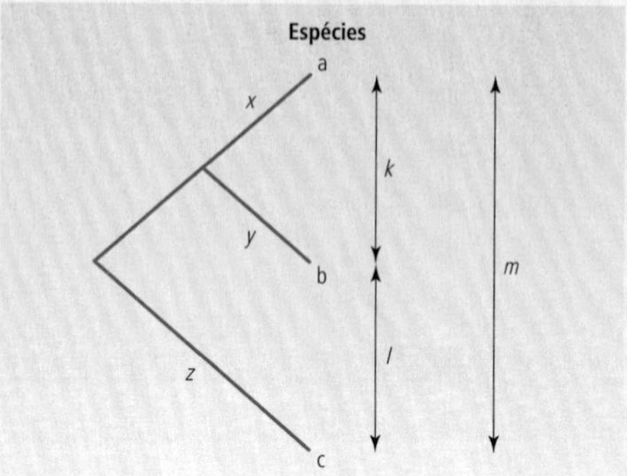

Figura Q7.1

Filogenia das três espécies: a, b e c. k, l e m são os números de diferenças de aminoácidos observadas entre as três espécies. As quantidades de evolução (x, y, z) nas três partes da árvore podem ser inferidas de forma simples, como o texto explica.

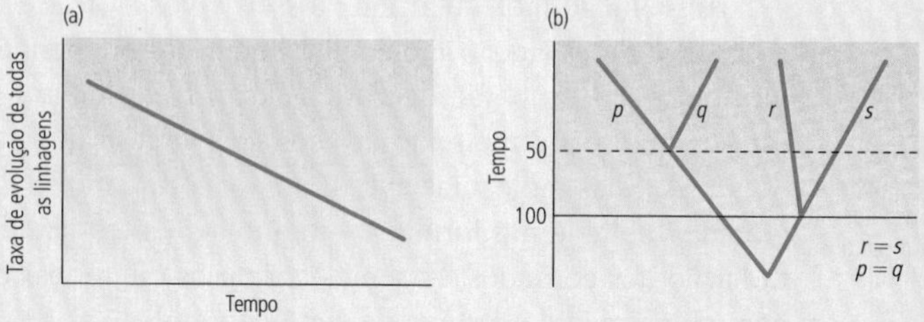

Figura Q7.2

(a) A taxa de evolução de uma molécula tem desacelerado gradualmente ao longo do tempo, mas a taxa de evolução é sempre a mesma em todas as linhagens em qualquer período: A molécula não evolui como um relógio (o que iria aparecer como um gráfico plano da taxa contra o tempo). (b) Assim, para qualquer par de espécies com ancestrais comuns em qualquer período, a quantidade de troca será a mesma em ambas as linhagens.

Port Jackson nas mesmas taxas que na linhagem humana. As taxas de evolução molecular nas duas linhagens são quase iguais.

A constância da evolução molecular nas linhagens do tubarão e humana, para 300 milhões de anos passados, está em forte contraste com suas taxas de evolução morfológica. A linhagem que originou o tubarão de Port Jackson moderno dificilmente possui qualquer troca. Porém, a linhagem que originou os humanos passou por um estágio inicial semelhante ao peixe, passando por anfíbios, répteis e vários estágios de mamíferos antes de evoluir nos humanos modernos. Além disso, como mostra a Tabela 7.3, a β-globina humana é tão diferente da α-globina humana como ela é da α-globina de carpa. Isso ocorre apesar do fato de a α e a β-globina terem compartilhado pressões seletivas externas muito mais similares, uma vez que elas estavam restritas no mesmo tipo de organismo durante a evolução no qual estavam a β-globina humana e a α-globina da carpa.

O resultado sugere que as moléculas da α e da β-globina foram acumulando trocas de forma independente, em taxas aproximadamente constantes, de forma indiferente das circunstâncias externas seletivas da molécula. Isso, por sua vez, sugere que grande parte das trocas evolutivas na molécula da globina foram alterações neutras entre formas equivalentes, de utilidades adaptativas iguais. Enquanto as taxas de troca morfológica variaram grandemente entre as diversas linhagens evolutivas dos vertebrados, todas as taxas de evolução molecular parecem ter sido mais semelhantes.

Tabela 7.3

Diferenças de aminoácidos entre as α e β-hemoglobinas para três pares de espécies. Adaptada, com permissão do editor, de Kimura (1983).

Pares de espécies	Número de diferenças de aminoácidos
α humana X β humana	147
α carpa X β humana	149
α tubarão X β tubarão	150

7.4 O relógio molecular exibe um efeito de tempo de geração

O relógio molecular pode ou não ser predito depender do tempo de geração, dependendo do processo mutacional

O relógio molecular parece sustentar a teoria neutra da evolução molecular. Entretanto, quando examinamos as evidências em maiores detalhes, o apoio se torna menos definido. Em especial, deveríamos analisar se o relógio marca em relação ao tempo absoluto (em anos) ou ao tempo de gerações. Camundongos possuem gerações mais curtas do que elefantes: mas as moléculas em camundongos apresentam a mesma quantidade de trocas evolutivas por milhões de anos como as moléculas equivalentes em elefantes?

A predição da teoria neutra depende do processo mutacional. A taxa de evolução neutra iguala-se à taxa de mutação neutra (Seção 6.3, p. 172). Se espécies com períodos de geração curtos possuem mais mutações por ano do que espécies com períodos de geração longos, espera-se que espécies com gerações curtas evoluam mais rápido. Podemos distinguir três possibilidades. Uma é que muitas mutações possuem causas externas, ambientais, tais como raios ultravioleta ou mutagênicos químicos. Mutagênicos ambientais provavelmente atingem os organismos em uma taxa aproximadamente constante no decorrer do tempo. Um organismo que procria após um ano terá sido atingido por cerca de 12 vezes por tantos mutagênicos quanto um organismo que procria após um mês. A teoria neutra, então, prediz que o relógio molecular irá marcar de acordo com o tempo absoluto.

Em segundo lugar, no extremo oposto, muitas mutações devem ocorrer durante os eventos disruptivos da meiose. A meiose ocorre apenas uma vez por geração em todas as espécies, sejam os seus tempos de geração curtos ou longos. O número de mutações por geração deveria, então, ser semelhante em elefantes e em musaranhos. A teoria neutra prediz que o relógio molecular deveria marcar de acordo com o tempo de geração.

Em terceiro lugar, mutações devem ocorrer principalmente quando o DNA é replicado. A taxa de mutação dependeria do número de vezes que o DNA é replicado por geração, o qual se iguala ao número de divisões celulares mitóticas nas linhagens celulares que produzem gametas. (As linhagens celulares que produzem gametas são chamadas de "linhagens germinativas".) Espécies com longos períodos de geração possuem um número maior de divisões celulares na linhagem germinativa do que espécies com períodos de geração mais curtos, mas o número não é proporcional ao tempo de geração. Por exemplo, uma mulher de 30 anos tem 33 divisões celulares por trás de cada um de seus óvulos, desde o tempo em que ela própria era um zigoto. Um homem de 30 anos tem cerca de 430 divisões celulares por trás de cada um de seus espermatozóides. A média entre homem e mulher é de cerca de 230 divisões celulares. Uma fêmea de rato madura tem 29 divisões celulares por trás de cada óvulo, e um rato macho, cerca de 58 divisões celulares por trás de cada espermatozóide, dando uma média de 43 divisões celulares. A razão de divisões celulares na linhagem germinativa de um homem em relação a um rato é 230:43, ou ao redor de cinco. A duração de uma geração humana é de cerca de 30 anos, a do rato é de cerca de um ano. A razão de duração de geração em anos é de cerca de 30, mas humanos possuem apenas ao redor de cinco vezes tantas divisões celulares a mais na linhagem germinativa.

Se mutações ocorrem sobretudo na mitose, a teoria neutra prediz que a taxa de evolução será mais lenta por ano em espécies com gerações mais longas do que em espécies com períodos de geração mais curtos, mas não tão lenta como a razão que seus períodos de geração (expressos em anos) iriam predizer.

O processo mutacional real depende da duração da geração

Por boa parte do século XX, pensava-se que as mutações possuíam, principalmente, causas ambientais. Esse ponto de vista originou-se da descoberta, na década de 1920, de que os raios X e determinados produtos químicos podiam causar mutações. Porém, pelo final do século XX foi estabelecido que muitas mutações são erros de cópias internos, durante a replicação do DNA, em vez de serem causados externamente. Assim, a terceira possibilidade é a mais realista. A teoria neutra prediz que existe um efeito do período de geração no relógio molecular.

Vamos agora para as evidências. Qual é o tipo de tempo que o relógio molecular real marca? Para proteínas, um importante artigo inicial de Wilson *et al.* (1977) sugeriu fortemente que o relógio marca em relação ao tempo absoluto para a evolução das proteínas. A Figura 7.4 mostra seus métodos. Eles tomaram uma quantidade de pares de espécies. Em cada par, uma espécie possuía um tempo de geração curto e a outra possuía um tempo de geração longo. Wilson *et al.* utilizaram um teste de taxa relativo (Quadro 7.2) e encontraram que a quantidade de troca era semelhante nas duas linhagens. O resultado, agora, parece inadequado para a teoria neutra. Naquele tempo, um neutralista poderia facilmente argumentar que as mutações ocorrem em uma taxa provavelmente constante em tempo absoluto, e o resultado saiu como esperado.

Um efeito do tempo de geração é verificado na evolução sinônima...

Quando evidências do DNA se tornaram disponíveis, um novo panorama apareceu, pelo menos para trocas sinônimas. (Trocas sinônimas são alterações de nucleotídeos que não alteram o aminoácido. Trocas de nucleotídeos que alteram o aminoácido são chamadas de não-sinônimas. Trocas sinônimas são possíveis devido à redundância do código genético – Seção 2.5, p. 51.) Roedores, tais como camundongos e ratos, possuem tempos de geração mais curtos do que primatas e artiodátilos (como vacas). Para substituições sinônimas, a evolução é mais rápida em roedores do que em artiodátilos e mais rápida em artiodátilos do que em primatas (Tabela 7.4). Substituições sinônimas ocorrem mais rapidamente em espécies com tempos de geração mais curtos.

A evidência do DNA para sítios não-sinônimos é mais ambígua. Alguns estudos têm defendido as idéias de Wilson *et al.*, de que o efeito do tempo de geração ou é ausente ou

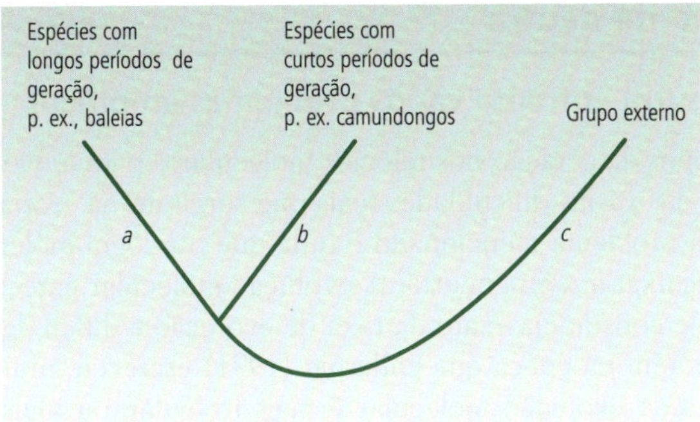

Figura 7.4

O método de Wilson *et al.* (1977) para testar um efeito do tempo de geração sobre a taxa de evolução de proteína. *a*, *b* e *c* são os números de trocas evolutivas nos três segmentos da árvore; eles são estimados a partir de diferenças moleculares pareadas entre as espécies, utilizando-se o método do Quadro 7.2. O "grupo externo" pode ser qualquer espécie que comprovadamente possua um ancestral comum mais distante com o par de espécies que está sendo comparado. A evidência sugere que $a \approx b$ para muitas moléculas e pares de espécies, enquanto *a* deveria ser menor do que *b*, caso o tempo de geração influenciasse a taxa evolutiva.

Tabela 7.4

Taxas de evolução em sítios de bases silenciosos são mais rápidas em grupos com tempos de geração mais curtos. Existem estimativas para diversos pares de espécies, e cada estimativa é uma média para várias proteínas; o número de sítios é o total do número de sítios de bases (para todas as proteínas) que foram utilizados para estimar a taxa. Os períodos de divergência, os quais são em milhões de anos, são incertos; um intervalo de estimativas (em parênteses) foi feito. Modificada de Li *et al.* (1987).

Pares de espécies	Número de proteínas	Número de sítios	Divergência	Taxa ($X 10^{-9}$ anos)	Tempo de geração
Primatas					
Homem X chimpanzé	7	921	7 (5–10)	1,3 (0,9–1,9)	Longo
Homem X orangotango	4	616	12 (10–16)	2 (1,5–2,4)	
Homem X macaco OW	8	998	25 (20–30)	2,2(1,8–2,8)	
Artiodátilo					
Gado X cabra	3	297	17 (12–25)	4,2 (2,9–6)	Médio
Gado/ovelha X cabra	3	1.027	55 (45–65)	3,5 (3,0–4,3)	
Roedores					
Camundongo X rato	24	3.886	15 (10–30)	7,9 (3,9–11,8)	Curto

...mas talvez não na evolução não-sinônima

é reduzido em sítios sinônimos. Outros estudos têm demonstrado que o tempo de geração influencia a taxa de evolução em sítios não-sinônimos tanto quanto em sítios sinônimos. O tempo de geração pode influenciar a taxa de evolução não-sinônima em alguns genes, ou em algumas linhagens, mas não em outras.

A idéia real que surgiu é a de que a evolução do DNA é influenciada por tempos de geração para sítios sinônimos. Para sítios não-sinônimos, onde uma substituição altera o aminoácido, o efeito do tempo de geração é menos claro. A evolução sinônima se encaixa na teoria neutra. A evolução não-sinônima tampouco se encaixa na teoria neutra, ou não se encaixa tão bem como a evolução sinônima.

7.5 A teoria aproximadamente neutra

7.5.1 A teoria "totalmente" neutra enfrenta vários problemas empíricos

A forma exata da evolução molecular não se ajusta plenamente na teoria neutra original...

Os efeitos diferentes dos tempos de geração nos relógios moleculares para a evolução sinônima e não-sinônima é uma das várias dificuldades reais que surgiram na teoria neutra no final da década de 1980. Um problema mencionado é o de que o relógio molecular não é constante o bastante para encaixar a teoria neutra. A evolução molecular parece ser relativamente constante. O grau de constância exato da taxa de evolução é difícil de medir, por diversas razões estatísticas, porém na época que Gillespie (1991) escreveu, muitos autores estavam alegando que a taxa de evolução molecular é mais irregular, ou mais ocasional, que a teoria neutra prediz. O relógio molecular não é exatamente como um relógio. Uma explicação pode ser o efeito do tempo de geração, que acabamos de analisar. Se os tempos de geração variam em relação ao tempo evolutivo, o mesmo irá ocorrer com a taxa de evolução neutra. Alternativamente, alguns autores duvidam se o tempo de geração influencia taxas de evolução, e, para eles, alguma outra explicação para as inconstâncias no relógio molecular se faz necessária.

Um problema adicional emerge nas quantidades de variação genética. A teoria neutra prediz um determinado nível de variação genética, o qual pode ser expresso como heterozigosidade. Espera-se que a heterozigosidade aumente com o tamanho da população (Figura 6.6, p. 181). Moscas-das-frutas com um *N* grande deveriam apresentar uma variação genética maior do que cavalos, com um *N* pequeno. Na verdade, o resultado foi que os níveis de heterozigosidade são um tanto constante em todas as espécies, independentemente do *N* (Figura 7.5).

...em pelo menos quatro aspectos

Ao todo, a teoria neutra defendida por Kimura (1968, 1983) parece apresentar problemas em vários pontos:

1. A influência mais forte dos tempos de geração na taxa de evolução sinônima do que na taxa de evolução não-sinônima.
2. O relógio molecular, o qual não é constante o suficiente.

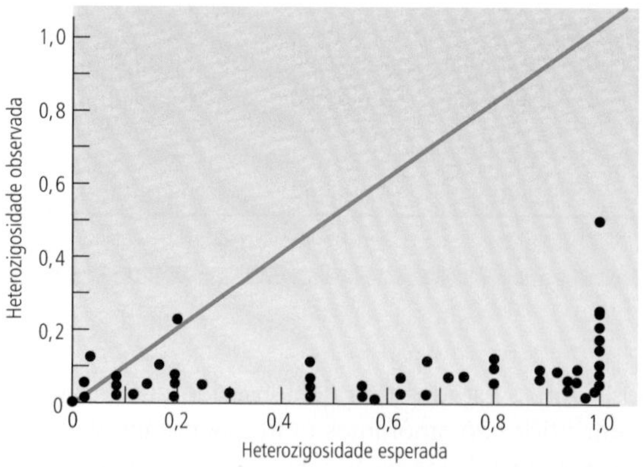

Figura 7.5

Os níveis de variação genética observados (medidos com heterozigosidades) são mais constantes entre diferentes espécies, com tamanhos populacionais diferentes, do que a teoria neutra prediz. Cada ponto dá a heterozogosidade observada (eixo-*y*) para uma espécie (total de 77 espécies), assinalada contra a heterozigosidade "esperada" a partir de estimativas de tamanho populacional e duração da geração das espécies e assumindo-se uma taxa de mutação neutra de 10^{-7} por geração. Espécies com tamanhos populacionais grandes parecem ter muito pouca variação genética em relação à previsão da teoria neutra. Reproduzida, com permissão do editor, de Gillespie (1991).

3. Níveis de heterozigosidade, os quais são muito constantes entre espécies e muito baixos em espécies com tamanhos populacionais grandes.
4. Os níveis de variação genética observada e as taxas evolutivas, os quais não estão relacionados da maneira prevista.

Ainda um outro problema para a teoria neutra aparece no "teste de McDonald-Kreitman", o qual analisaremos no final da Seção 7.8.3.

7.5.2 A teoria aproximadamente neutra da evolução molecular estabelece uma classe de mutações aproximadamente neutras

Em resposta às dificuldades reais que acabamos de analisar, Ohta desenvolveu uma versão modificada da teoria neutra. A versão modificada – a teoria aproximadamente neutra – ganhou popularidade até a década de 1990. Ela é, hoje, uma explicação amplamente (embora não universalmente) aceitável para boa parte da evolução molecular.

A teoria aproximadamente neutra solicita um efeito para o tamanho da população

A teoria "totalmente" neutra original de Kimura explicou a evolução molecular por meio de mutações completamente neutras. Para mutações exatamente neutras, podemos ignorar o tamanho da população. Para mutação totalmente neutra, a taxa de evolução iguala-se à taxa de mutação neutra. O tamanho da população cancela-se reciprocamente da equação (Seção 6.3, p. 172). Tamanhos populacionais são difíceis de serem medidos, e é uma grande vantagem se podemos ignorá-los. Entretanto, a teoria totalmente neutra não parece se adequar a todos os fatos. A teoria aproximadamente neutra pode explicar uma maior variedade de fatos por colocar o tamanho da população de volta à teoria.

O tamanho da população apenas se cancela reciprocamente para mutações totalmente neutras. Para uma mutação aproximadamente neutra, o poder relativo da deriva e da seleção depende do tamanho da população. Mutações aproximadamente neutras comportam-se como mutações neutras em populações pequenas, e seu destino é determinado pela deriva aleatória. Elas se comportam como mutações não-neutras em populações grandes, e seus destinos são determinados pela seleção. Para ver como, considere uma mutação levemente desvantajosa – uma com uma desvantagem seletiva muito pequena. Se ela fosse totalmente neutra, sua chance de eventualmente ser fixada seria de $^{1}/_{2}N$. Se ela for levemente desvantajosa, sua chance de ser fixada por deriva aleatória é um pouco menor do que $^{1}/_{2}N$. Em uma população pequena, de 100 ou mais, a mutação tem uma chance altamente favorável (levemente menor do que um em duzentos) de ser, no final das contas, fixada por deriva. Porém, em uma população grande, de 1.000.000 ou mais, a chance de ser fixada por deriva é desprezível (levemente menor do que um em 1.000.000). Isso é apenas para reafirmar o fato de que a deriva é mais poderosa em populações pequenas (Seção 6.1, p. 168).

Uma mutação levemente vantajosa, com uma vantagem seletiva de *s*, em relação ao outro alelo do loco, possui alguma chance de ser perdida por acidentes aleatórios, mesmo que ela seja vantajosa. A mutação pode fornecer uma vantagem no estágio adulto, porém, se o indivíduo que possuir a mutação tiver um acidente enquanto jovem, a mutação será perdida. A chance de que uma mutação levemente vantajosa seja fixada por seleção pode ser calculada e ela é cerca de $2s$. A mutação tem uma chance de $1 - 2s$ de ser perdida por fatores aleatórios.

A evolução aproximadamente neutra é controlada por deriva em populações pequenas e por seleção em populações grandes

Assim, se uma mutação aumenta o valor adaptativo de um organismo em 1%, a chance de que a mutação seja perdida por acidente é de 98%. (Graur e Li [2000, p. 54] fornecem uma derivação simples desse resultado clássico.)

A chance de 98% de ser perdida por acidente é para qualquer uma das cópias de uma mutação que tenha uma vantagem seletiva de 1%. Uma mutação vantajosa é mais provável de estar presente em uma única cópia em uma população pequena do que em uma população grande. Em uma população pequena, uma mutação vantajosa pode aparecer uma vez e, então, ser perdida por acaso. Em uma população grande, a mesma mutação pode ocorrer várias vezes e estar presente em múltiplas cópias. (Assumimos a mesma taxa de mutação por gene em populações pequenas e grandes.) Qualquer uma das cópias da mutação pode ser perdida por acaso, mais existem tantas cópias que é provável que uma delas sobreviva e seja fixada por seleção.

A evolução, portanto, é razoavelmente dominada por deriva em populações pequenas e por seleção em populações grandes. Podemos ser mais exatos. Para mutações em populações onde

$$\frac{1}{2N} > 2s$$

a deriva aleatória é mais importante que a seleção em decidir o destino evolutivo da mutação. Portanto, mutações que satisfazem a desigualdade:

$$s < \frac{1}{4N} \quad \text{ou} \quad 4Ns < 1$$

comportam-se como efetivamente neutras, mesmo que elas possuam um coeficiente de seleção diferente de zero.

As desigualdades são expressas, freqüentemente, na forma aproximada

$$s < \frac{1}{N} \quad \text{ou} \quad Ns < 1$$

Estas não possuem uma precisão perfeita, mas as quatros podem, com freqüência, ser descartadas porque os argumentos nessa área são freqüentemente imprecisos.

Mutações aproximadamente neutras podem ser exatamente definidas

Uma mutação que satisfaz a desigualdade $4Ns < 1$ (ou $Ns < 1$) é uma *mutação aproximadamente neutra*. A classe de mutações aproximadamente neutras inclui mutações totalmente neutras ($s = 0$), junto com mutações que possuem coeficientes de seleção pequenos e diferentes de zero. O interesse conceitual das mutações aproximadamente neutras é que elas evoluem por deriva aleatória, em vez de por seleção natural.

O número de mutações que satisfaz a desigualdade dependerá do tamanho da população. Se N for grande, apenas mutações com s pequeno irão satisfazer a desigualdade e comportar-se como neutras. À medida que N diminui, mais e mais mutações, com s maiores e maiores, irão satisfazer a desigualdade e serão colocadas na zona efetivamente neutra. A taxa percebida de mutação neutra, portanto, aumenta à medida que o tamanho da população diminui. O número de mutações por gene não muda à medida que o tamanho da população aumenta, mas a fração destas que se comporta como neutra será maior se N for menor.

Podemos agora distinguir duas teorias de deriva aleatória da evolução molecular. De acordo com a teoria original de Kimura, a maior parte da evolução molecular ocorre à medida que uma mutação totalmente neutra ($s = 0$) é substituída por outra. Para o restante deste capítulo, chamaremos essa de *teoria totalmente neutra* ou *teoria neutra de Kimura*. Ela deverá ser distinguida da *teoria aproximadamente neutra*, de acordo com a qual a maior parte da evolução molecular ocorre à medida que uma mutação aproximadamente neutra ($4Ns < 1$) é substituída por outra.

7.5.3 A teoria aproximadamente neutra pode explicar os fatos observados melhor do que a teoria totalmente neutra

A teoria aproximadamente neutra pode explicar as observações sobre...

Como a teoria aproximadamente neutra pode explicar as observações que não se encaixam na teoria totalmente neutra? Podemos iniciar com a observação de que a variação genética é praticamente a mesma tanto dentro de espécies com tamanhos populacionais grandes quanto em espécies com tamanhos populacionais pequenos. Para mutações totalmente neutras, espécies com tamanhos populacionais grandes deveriam ter maior variação genética; mas elas, de fato, não a tem. Entretanto, suponha, agora, que muitas mutações são aproximadamente, em vez de completamente, neutras. Além disso, suponha que a maior parte dessas mutações aproximadamente neutras seja um pouco desvantajosa, em vez de ser um pouco vantajosa. (A suposição é provavelmente correta, porque é mais provável que mutações aleatórias em uma molécula bem-adaptada iriam torná-la pior, em vez de melhorá-la.)

Nas espécies com tamanhos populacionais grandes, a seleção natural é mais potente do que a deriva. As mutações levemente desvantajosas serão eliminadas e não contribuirão para a variação genética observada naquelas espécies. Nas espécies com tamanho populacional pequeno, a seleção natural é fraca em relação à deriva aleatória. Mutações levemente desvantajosas irão se comportar como mutações efetivamente neutras. Algumas delas podem aumentar em freqüência, contribuindo para a variação genética observada. A variação genética será menor do que a teoria totalmente neutra prediz quando o tamanho populacional for grande. Isso é observado na realidade (Figura 7.5).

...a variação genética...

Agora, podemos analisar o relógio molecular. O problema mais fácil é a inconstância relativa do relógio: a taxa de evolução molecular não é tão constante como a teoria totalmente neutra prediz. Entretanto, caso exista uma ampla classe de mutações aproximadamente neutras, a taxa de evolução flutuará com o tempo, quando o tamanho populacional aumentar ou diminuir. À medida que o tamanho populacional diminui, mais mutações levemente desvantajosas irão tornar-se efetivamente neutras. Elas poderão ser fixadas por deriva, e a taxa de evolução irá aumentar. Quando o tamanho populacional aumenta, as mutações levemente desvantajosas serão eliminadas por seleção e a taxa de evolução irá diminuir. A teoria aproximadamente neutra, portanto, prediz uma taxa de evolução mais irregular do que a teoria totalmente neutra.

...taxas evolutivas que não seguem o relógio...

O segundo problema encontrado foi que o relógio molecular é mais influenciado pelo tempo de geração para trocas sinônimas do que para trocas não-sinônimas. O argumento central de Ohta aqui é a relação entre o tamanho populacional e a duração da geração. Espécies com tempos de geração longos tendem a ter tamanhos populacionais menores do que espécies com tempos de geração curtos (essa relação foi demonstrada empiricamente por Chao e Carr [1993]). Baleias, por exemplo, vivem em populações menores do que as moscas-das-frutas (mesmo que ignoremos os efeitos do homem sobre essas duas formas de vida).

...efeitos do tempo de geração...

Mutações em sítios sinônimos são, provavelmente, sobretudo neutras. No raciocínio de Ohta, a taxa de evolução em sítios sinônimos é influenciada pela duração da geração simplesmente porque o processo mutacional é influenciado pela duração da geração. O DNA é copiado um número menor de vezes por ano nas gônadas humanas do que nas gônadas de roedores. Mas por que haveria uma menor influência (ou mesmo nenhuma) da duração da geração sobre a taxa de evolução em sítios não-sinônimos? Iniciamos assumindo que muitas mutações que trocam o aminoácido são levemente desvantajosas. Em uma espécie com uma geração longa, tal como uma baleia, teremos, agora, dois fatores para considerar: (i) o DNA é copiado lentamente *por ano*, o que reduz a taxa de mutação por ano; e (ii) os tamanhos populacionais são pequenos, o que torna a deriva mais poderosa do que a seleção. É menos provável que mutações levemente desvantajosas sejam eliminadas por seleção e fixadas por deriva. O fator (i) diminui a taxa de evolução; o fator (ii) acelera-a.

...e sem efeitos...

As moscas-das-frutas, ao contrário, possuem tamanhos populacionais grandes, mas curtos períodos de geração. Elas possuem um grande suprimento de mutações, porque elas copiam seu DNA mais de uma vez por ano. Porém, seus tamanhos populacionais são grandes, tornando um número menor de mutações não-sinônimas efetivamente neutras. Ao todo, a duração da geração tem duas influências opostas sobre a taxa de evolução para sítios onde muitas mutações são aproximadamente neutras. Ohta sugeriu que os dois efeitos poderiam cancelar-se reciprocamente, e a taxa de evolução por ano seria muito parecida, independentemente da duração da geração. Essa é a sua explicação para a possível ausência de um efeito do tempo de geração sobre a taxa de substituição de aminoácidos. Ela pode estar certa, porém, críticos, tal como Gillespie, argumentam que é improvável que as duas influências se cancelem reciprocamente de maneira exata. Assim, algum efeito da duração da geração poderia ainda ser esperado sobre a teoria aproximadamente neutra.

...mas as explicações são controversas

Nesse momento, estamos nas fronteiras da pesquisa, tanto para os fatos como para as teorias. A teoria aproximadamente neutra pode, em princípio, responder pelo que se sabe sobre a evolução molecular, mas isso não significa dizer que ela demonstrou explicar a evolução molecular. A principal diferença conceitual entre a teoria aproximadamente neutra e a original de Kimura – a teoria totalmente neutra – está na utilização do tamanho da população. O tamanho da população não afeta a taxa de evolução para mutações completamente neutras. Porém, ele afeta a taxa de evolução para mutações aproximadamente neutras. Isso fornece à teoria aproximadamente neutra uma grande flexibilidade, porque uma ampla variedade de fatos pode ser considerada, assumindo-se uma versão apropriada dos tamanhos populacionais. Porém, a utilização dos tamanhos populacionais também torna a teoria difícil de ser testada, porque os tamanhos populacionais são difíceis (e tamanhos populacionais históricos são impossíveis) de medir. A teoria totalmente neutra de Kimura, ao contrário, é muito mais analisável, porque suas previsões não necessitam que tenhamos algum conhecimento a respeito dos tamanhos populacionais.

Em resumo, Ohta modificou a teoria totalmente neutra por considerar uma classe de mutações aproximadamente neutras. O poder relativo da seleção e da deriva sobre essas mutações depende dos tamanhos populacionais. A teoria aproximadamente neutra, por meio de argumentos plausíveis sobre o tamanho da população, pode responder por várias observações que representam problemas para a teoria totalmente neutra de Kimura.

7.5.4 A teoria aproximadamente neutra é, de forma conceitual, bastante relacionada à original, a teoria totalmente neutra

A teoria aproximadamente neutra utiliza a seleção natural. Em algumas circunstâncias (tamanho populacional grande), a teoria aproxima-se da seleção natural; em outras circunstâncias (tamanho populacional pequeno), ela não o faz. Poderíamos pensar que a teoria aproximadamente neutra confunde a distinção entre as explicações "selecionistas" e "neutralistas" da evolução molecular. No entanto, uma distinção fundamental persiste. Para qualquer troca evolutiva, na qual uma versão de um gene é substituída por outra, podemos questionar se a força que está guiando essa troca é a seleção natural ou a deriva aleatória. Na teoria aproximadamente neutra, assim como na teoria neutra original, a força que guia a evolução molecular é a deriva neutra. A seleção natural contra mutações desvantajosas possui uma forma mais sutil e flexível na teoria aproximadamente neutra do que na teoria totalmente neutra. Deriva e seleção combinam-se de maneiras diferentes nas duas teorias para explicar os fatos observados da evolução molecular. Porém, uma similaridade crucial permanece: ambas as teorias explicam a evolução por deriva. A seleção natural possui apenas um papel negativo, agindo contra mutações desvantajosas. Isso contrasta com todas as teorias "selecionistas" da evolução molecular, nas quais trocas evolutivas moleculares ocorrem porque a seleção natural favorece mutações vantajosas.

7.6 Taxa evolutiva e restrição funcional

7.6.1 Porções funcionalmente mais restritas das proteínas evoluem em taxas mais lentas

A insulina ilustra o efeito da importância funcional

Uma proteína contém regiões funcionalmente mais importantes (tal como o sítio ativo de uma enzima) e regiões menos importantes. A taxa de evolução nas partes funcionalmente mais importantes das proteínas é, normalmente, mais lenta. Por exemplo, a insulina é formada a partir de uma molécula de pró-insulina, por meio da remoção de uma região central (Figura 7.6). A região central é descartada, e sua seqüência é, provavelmente, menos importante do que as partes externas, as quais formam a proteína insulina final. A parte central evolui seis vezes mais rapidamente do que as partes externas. O mesmo resultado foi encontrado pela comparação de taxas evolutivas nos sítios ativos e em outras regiões de enzimas; a superfície de uma hemoglobina, por exemplo, pode ser funcionalmente menos importante do que o local onde o heme se encaixa, o qual contém o sítio ativo. A taxa evolutiva é cerca de 10 vezes mais rápida na região da superfície (Tabela 7.5).

A hemoglobina é um outro exemplo...

Uma tendência semelhante pode esconder diferenças nas taxas de evolução do total de genes ou proteínas. Na Tabela 7.1, vimos que algumas proteínas evoluem mais rapidamente do que outras. Uma generalização é que genes "de manutenção", os quais controlam os processos metabólicos básicos da célula, evoluem lentamente. A proteína ribossomal, por exemplo, realiza praticamente a mesma função no ribossomo em quase todas as formas de vida. Ela evolui lentamente. Outros genes, tais como globinas e imunoglobulinas, possuem funções mais especializadas e apenas funcionam em tipos celulares específicos. Eles evoluem mais rapidamente. O padrão é menos evidente do que o padrão que acabamos de analisar para os gene da insulina e da hemoglobina. Entretanto, a evidência sugere que o grau de restrição funcional está relacionado com a taxa de evolução para uma ampla classe de genes. Um gene de manutenção básico pode ser mais difícil de ser alterado durante a evolução do que um gene com uma função mais localizada.

A mesma relação entre restrição funcional e taxa de evolução foi encontrada para o DNA, assim como para proteínas. Duas propriedades das seqüências de DNA são particularmente interessantes: as taxas relativas de trocas sinônimas e não-sinônimas no DNA e as taxas evolutivas dos pseudogenes.

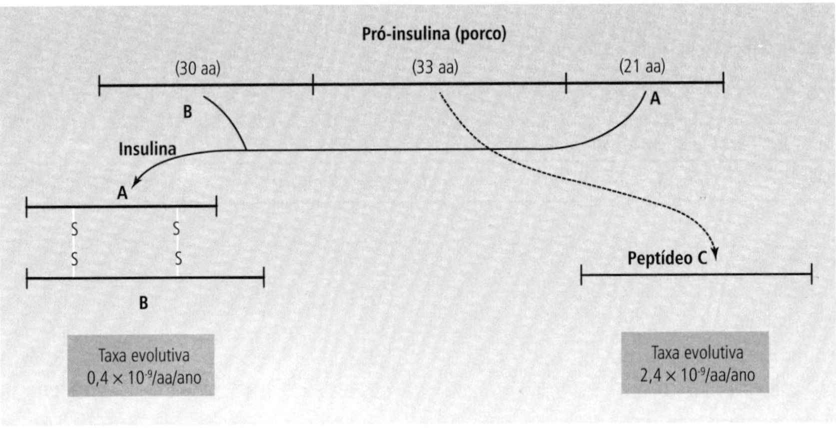

Figura 7.6

A molécula de insulina é formada pela retirada de uma porção central de uma molécula bem maior de pró-insulina. A taxa de evolução na parte central, que é descartada, é maior do que as das extremidades funcionais. De Kimura (1983). Redesenhada com permissão da Cambridge University Press, © 1983.

Tabela 7.5

Taxas de evolução nas porções da superfície e no local onde o heme se encaixa das moléculas de hemoglobina. As taxas são expressas como o número de trocas de aminoácidos por 10^9 anos. De Kimura (1983). © 1983 Cambridge University Press.

Região	α-hemoglobina	β-hemoglobina
Superfície	1,35	2,73
Encaixe do heme	0,165	0,236

...tal como a evolução sinônima e não-sinônima...

Trocas de bases sinônimas, as quais não alteram o aminoácido, deveriam ser menos restritas do que as trocas não-sinônimas. Kimura previu, antes que as seqüências de DNA estivessem disponíveis, que as trocas sinônimas poderiam ocorrer em uma taxa mais elevada. Ele estava certo: a evolução de fato atinge em cerca de cinco vezes sítios sinônimos em comparação com sítios não-sinônimos (Tabela 7.6).

...e os pseudogenes

Um pseudogene é uma região de uma molécula de DNA que fortemente se assemelha à seqüência de um gene conhecido, mas difere dela em algum ponto crucial, e provavelmente não tem função. Alguns pseudogenes, por exemplo, não podem ser transcritos, porque eles não possuem promotores e íntrons. (Promotores e íntrons são seqüências necessárias para a transcrição, mas que são removidas do mRNA antes de ele ser traduzido em uma proteína. O pseudogene pode ter sido originado por transcrição reversa de um mRNA processado em DNA.) Pseudogenes, uma vez formados, estarão provavelmente sob pouca ou nenhuma pressão, e mutações irão acumular-se por deriva neutra na taxa em que elas surgirem. Eles irão apresentar evolução puramente neutra no sentido "pan-neutro" (ver Figura 7.1) de que todas as mutações são neutras. A teoria neutra prediz que os pseudogenes deveriam evoluir rapidamente. E eles o fazem – eles evoluem até mesmo mais rapidamente do que sítios sinônimos em genes funcionais. A taxa média de evolução em sítios sinônimos na Tabela 7.6 é 3,5 trocas por 10^9 anos. Um conjunto comparável de pseudogenes evoluiu em cerca de 3,9 por 10^9 anos (Li, 1997). Inúmeros estudos demonstraram que a taxa de evolução dos pseudogenes é a mesma, ou um pouco maior, do que a taxa de evolução sinônima. (O Quadro 7.3 descreve como a taxa de evolução de pseudogenes pode ser utilizada para inferir a taxa de mutação total no DNA.)

Tabela 7.6

Taxas de evolução para substituições sinônimas e não-sinônimas (ou seja, que trocam o aminoácido) em vários genes. As taxas são expressas como o número inferido de bases por 10^9 anos. Esses dados foram utilizados para calcular as figuras introdutórias na Tabela 7.1. Reproduzida de Li (1997).

Gene	Taxa não-sinonima	Taxa sinônima
Albumina	0,92	5,16
α-globina	0,56	4,38
β-globina	0,78	2,58
Imunoglobulina V_H	1,1	4,76
Hormônio da paratireóide	1,0	3,57
Relaxina	2,59	6,39
Proteína ribossomal	0,02	2,16
Média (45 genes)	0,74	3,51

Quadro 7.3
Usando Pseudogenes para Inferir a Taxa de Mutação Total

Nachman e Crowell (2000) estimaram a taxa de evolução em 18 pseudogenes que estão presentes tanto em humanos como em chimpanzés. A taxa de evolução média foi de cerca de $2{,}5 \times 10^{-8}$ por sítio de nucleotídeo por geração. Isso pode ser multiplicado pelo tamanho diplóide do genoma humano, cerca de $6{,}6 \times 10^9$ nucleotídeos, para dar o número total de mutações por evento reprodutivo humano. Nachman e Crowell forneceram uma faixa de estimativas, e 175 mutações por geração foi um número representativo.

(continua)

(*continuação*)

A estimativa exata da taxa de mutação humana total depende de qual número é usado para a duração da geração humana, para o tempo desde o ancestral comum de humanos e chimpanzés e para o tamanho populacional ancestral. Entretanto, os resultados ficam normalmente na faixa entre 150 a 300 para a taxa de mutação humana. Números nessa faixa foram primeiramente deduzidos a partir de dados de seqüência de pseudogenes no final dos anos 1980 (pseudogenes nem mesmo haviam sido descobertos antes de 1981), e as estimativas iniciais usualmente deram um número como 200. Quando o número primeiramente apareceu, ele era muito maior do que havia sido previamente suposto, mas muitos geneticistas humanos agora aceitam que algo em torno de 200 mutações ocorrem a cada momento em que um ser humano está se reproduzindo. Podem existir mutações extras, não estimadas a partir dos dados das seqüências dos pseudogenes – tal como mutações no número cromossômico ou na estrutura do cromossomo. Mas as 175 a 200 mutações estimadas a partir dos pseudogenes provavelmente incluem a maioria das mutações humanas.

A inferência assume: (i) que a taxa de mutação em pseudogenes é representativa dos genomas como um todo; e (ii) todas as mutações em pseudogenes são neutras (ou seja, não há pressão seletiva sobre elas). A segunda suposição pode não ser válida (ver Seção 7.8.5 sobre a tendência de códons).

7.6.2 Tanto a seleção natural como a deriva neutra podem explicar a tendência para proteínas, mas somente a deriva é aceitável para o DNA

A explicação neutra para a relação entre taxa evolutiva e restrição funcional é a seguinte. No sítio ativo de uma enzima, uma troca de aminoácido provavelmente irá modificar a atividade enzimática. Porque a enzima está relativamente bem-adaptada, é provável que a troca seja para pior. Ela pode, inclusive, inativar a função da enzima. Em outras partes da molécula, o aminoácido que está ocupando uma posição pode ser menos importante, e é mais provável que uma troca seja neutra. A proporção de mutações que são neutras será menor para regiões funcionalmente importantes. Portanto, se a taxa de mutação total for semelhante ao longo de toda a enzima, o número de mutações neutras será menor no sítio ativo. A taxa evolutiva também será menor.

Os seleciomistas predizem um ajuste fino e rápido nos genes...

Qual é a explicação seletiva? A resposta é normalmente expressada nos termos do modelo de evolução adaptativa de Fisher (1930). Iremos analisar esse modelo na Seção 10.5.1 (p. 294). O modelo prediz que trocas pequenas, com sintonia fina, têm maior probabilidade de melhorar a qualidade da adaptação do que trocas grandes. Podemos fazer uma analogia com o rádio. Moléculas biológicas estão satisfatoriamente bem-adaptadas, mas necessitam trocar de tempos em tempos para se manterem atualizadas com as trocas ambientais. Isso corresponde a um rádio que está sintonizado em uma estação, mas que pode se desviar da sintonia de tempos em tempos, à medida que o sinal muda. A maioria das trocas do rádio será de pequenos ajustes de sintonia fina; um grande movimento no botão de sintonia normalmente pioraria a situação.

Mutações no sítio ativo de uma proteína tenderão a ter efeitos grandes, mutações nas regiões externas terão efeitos menores. Uma troca em um aminoácido no sítio ativo é uma macromutação virtual, a qual irá, quase sempre, piorar as coisas; a seleção natural apenas raramente irá favorecer trocas de aminoácidos. Mas uma troca semelhante em regiões funcionalmente menos importantes pode ter uma chance maior de ser uma pequena melhoria de sintonia fina, a qual a seleção natural iria favorecer. A seleção irá, então, com maior freqüência, favorecer trocas nas regiões menos restritas das moléculas porque existe mais escopo para a sintonia fina nessas partes.

...mas que teoria é acerta para DNA não-codificador

Para trocas de aminoácidos na evolução das proteínas, as explicações neutralistas e selecionistas são possíveis. Existia uma controvérsia entre as duas nas décadas de 1970 e 1980, e essa controvérsia nunca foi solucionada. No entanto, desde a década de 1980, o interesse tem-se deslocado mais para o DNA. Para as evidências de DNA – particularmente a evolução rápida em sítios sinônimos e em pseudogenes – a explicação selecionista tem poucos defensores, se tiver algum. Não existe evidência de que a evolução rápida dessas regiões do DNA seja devida à sua sintonia adaptativa fina e excepcionalmente rápida. Pseudogenes são, no fim das contas, não-funcionais, e é difícil verificar quais adaptações poderiam ser bem ajustadas a eles. Alguns biólogos favorecem a visão totalmente neutralista de acordo com a qual a evolução tanto em sítios sinônimos como em não-sinônimos é principalmente neutra. A evolução mais lenta em sítios não-sinônimos seria, então, devida ao fato de muitas trocas de aminoácidos serem desvantajosas. Outros biólogos aceitam a visão neutralista para sítios sinônimos e pseudogenes, mas permanecem indecisos sobre se trocas de aminoácidos são guiadas mais por deriva ou por seleção positiva.

7.7 Conclusão e comentário: a mudança no paradigma neutralista

Possivelmente, a visão dos biólogos evolutivos sobre a evolução molecular mudou desde a década de 1980. Quando Kimura, King e Jukes sugeriram a teoria neutra em 1968 e 1969, eles o fizeram apenas para a evolução das proteínas. A teoria neutra era controversa nos anos 1970. Ela foi discutida com ardor, mas não adquiriu uma aceitação muito difundida nem inspirou um grande projeto de pesquisa que assegurasse sua validade. Na verdade, a teoria neutra ainda é controversa para a evolução das proteínas. A seleção natural pode ocupar uma grande parte nas trocas evolutivas e na variação genética das proteínas – ainda que isso esteja longe de ser confirmado.

Os biólogos vieram a aceitar, durante a década de 1980, que a maior parte da evolução molecular é por deriva

Durante a década de 1980, dados de seqüências de DNA começaram a se acumular. A teoria neutra foi mais bem-sucedida que a teoria selecionista menos em prever e explicar os padrões de evolução no DNA, particularmente em sítios sinônimos e não-sinônimos. Além disso, a maior parte do DNA é não-codificadora. Talvez 95% do DNA humano não codifique gene algum. A natureza do DNA "não-codificador" foi tornando-se clara apenas lentamente – na verdade, os biólogos ainda não sabem por que o DNA não-codificador existe. Durante a década de 1970, as coisas eram muito mais incertas do que agora, e os biólogos podiam argumentar que o DNA aparentemente excessivo poderia ser informativo de alguma maneira. Então, a seleção poderia agir. Porém, aceita-se agora que boa parte do DNA não-codificador não tem função, embora sua seqüência de nucleotídeos possa estar parcialmente restrita. É difícil ver como a seleção poderia guiar muitas trocas nesse tipo de DNA "lixo". Imagina-se que a maioria da evolução no DNA não-codificador não-gênico seja neutra, embora não pan-neutra. Portanto, a maior parte das substituições que ocorrem no DNA como um todo é considerada neutra também, porque a maior parte do DNA é não-codificadora. A conclusão é um pouco diferente da idéia original de Kimura. Ele a fez para proteínas, ou seja, para trocas não-sinônimas no DNA. Ele "venceu" a discussão, mas não para o tipo de evidência que ele originalmente defendeu. Conclui-se por fim que a maior parte da evolução não é nas porções do DNA que trocam os aminoácidos.

A idéia de que a maior parte da evolução no DNA sinônimo e não-codificador é neutra está, agora, inspirando um enorme programa de pesquisa: a reconstrução da história da vida utilizando evidência molecular. As Partes 4 e 5 deste livro analisam esse tipo de pesquisa. A pesquisa poderia ter sido fundamentada na teoria da seleção natural, mas ela segue mais facilmente a teoria neutra. A maioria dos biólogos que está realizando o trabalho provavelmente considera que as trocas moleculares que eles estão estudando ocorrem por deriva aleatória.

Como uma conclusão provisória, podemos dizer que a explicação neutra para a evolução molecular em sítios sinônimos dentro de genes, e em porções do DNA não-codificadoras, é amplamente aceita. Assim sendo, a maior parte da evolução molecular origina-se por deriva aleatória, em vez de por seleção.

A seleção natural ainda é evolutivamente importante. Ela guia a evolução adaptativa, e, agora, iremos enfocar a análise dos sinais da evolução adaptativa – ou a assinatura da seleção – em dados de seqüência de DNA.

7.8 Seqüências genômicas induziram novas maneiras de se estudar a evolução molecular

Seqüências genômicas recentemente se tornaram disponíveis em grandes quantidades, e elas podem ser usadas na procura por sinais de seleção e deriva. Analisaremos cinco exemplos dessa atual linha de pesquisa, iniciando com um resultado clássico. Eles fizeram uso, principalmente, da distinção entre trocas nucleotídicas sinônimas e não-sinônimas.

7.8.1 Seqüências de DNA fornecem fortes evidências de seleção natural na estrutura de proteínas

A taxa mais elevada de evolução sinônima do que não-sinônima...

Quando, no Capítulo 4, consideramos a evidência para variação biológica, notamos que muitas variantes de seqüências de DNA podem ser descobertas se as proteínas são seqüenciadas no nível do DNA (Seção 4.5, p. 111). Essa observação tem implicações importantes para a evolução molecular. No loco da álcool desidrogenase (*Adh*) da mosca-das-frutas (*Drosophila melanogaster*), dois alelos (rápido e lento) estão presentes. Kreitman (1983) seqüenciou o DNA de 11 cópias diferentes do gene. Ele encontrou que as proteínas eram uniformes dentro de cada classe alélica. Ele encontrou apenas duas seqüências de aminoácidos, correspondentes aos dois alelos. Porém, ele encontrou inúmeras seqüências de DNA para cada alelo. Dentro de uma classe alélica, ele encontrou variações sinônimas, mas nenhuma não-sinônima. A combinação de uma seqüência de aminoácidos fixa e vários sítios silenciosos fornecem, como enfatizado por Lewontin (1986), a evidência de que a seleção natural está atuando para manter a estrutura da proteína.

Existem duas razões possíveis para que a seqüência da enzima, em nível de aminoácido, deva estar fixa dentro de cada classe alélica. Uma é a "identidade por descendência": todas as cópias de cada alelo podem ser descendentes de uma mutação ancestral, a qual possuía a seqüência e que foi transferida de forma passiva de geração a geração. Eventualmente, uma outra mutação que altere um aminoácido pode surgir dentro de uma classe alélica, e esse alelo irá (pelo menos temporariamente) transformar-se em dois alelos. A constância de seqüência dentro das populações atuais da mosca-das-frutas apenas significa que não houve tempo suficiente para que essa mutação tenha ocorrido. Alternativamente, as cópias gênicas que constituem uma classe alélica podem todas possuir a mesma seqüência porque a seqüência é mantida por seleção natural; quando uma mutação aparece, a seleção a remove.

...é a evidência de que a seleção natural atua contra mutações não-sinônimas

A variabilidade observada distingue entre essas duas hipóteses. A variabilidade em sítios sinônimos significa que houve tempo para que as mutações aparecessem na molécula. Se as mutações surgiram em sítios sinônimos, elas certamente surgiram em sítios não-sinônimos também. Portanto, podemos concluir que seja improvável que a identidade das seqüências de aminoácidos seja identidade por descendência. As mutações em sítios não-sinônimos não foram mantidas, presumivelmente, porque a seleção natural as eliminou.

Se se verificasse que o alelo *Adh-f** foi fixado para uma seqüência de DNA em todos os sítios, sinônimos e não-sinônimos, não saberíamos se a uniformidade foi devida à seleção ou à identidade por descendência. Estaríamos na mesma posição que estávamos antes dos estudos no nível de DNA de Kreitman. A uniformidade poderia significar apenas que nenhuma mutação ocorreu. O seqüenciamento de DNA de Kreitman, dessa forma, fornece a evidência para a seleção, a qual não poderia ter sido obtida apenas com a seqüência de aminoácidos.

* N. de T. Do inglês, *fast*, rápido.

A ausência de variação na seqüência de aminoácidos dentro da classe alélica *Adh-f* (e *Adh-s**) é particularmente surpreendente, porque 30% da enzima são constituídos de isoleucina e valina, que são bioquimicamente muito semelhantes (e indistinguíveis por eletroforese em gel). Um neutralista poderia ter previsto a possibilidade de algumas valinas terem sido trocadas para isoleucinas, ou vice-versa. A única seqüência de aminoácido variante é uma que origina o polimorfismo *Adh-f/Adh-s*. Sabe-se que esse polimorfismo é mantido por seleção natural. Portanto, nenhum dos aminoácidos da enzima álcool desidrogenase de 225 aminoácidos da mosca-das-frutas pode ser trocado de forma neutra. Interessantemente, isso significa que quase poderíamos construir a Figura 7.1 para a álcool desidrogenase no nível do aminoácido. O gráfico seria como a Figura 7.1a para mutações que trocam um aminoácido, mas como a Figura 7.1b para mutações sinônimas. A seleção natural é uma poderosa mantenedora da seqüência de aminoácidos, ao passo que as trocas sinônimas evoluem por deriva.

7.8.2 Uma razão elevada entre trocas sinônimas e não-sinônimas fornece evidências da seleção

Quando comparamos a seqüência de DNA de um gene em duas espécies, o resultado comum é que existe um número maior de diferenças nucleotídicas sinônimas do que não-sinônimas. A Tabela 7.6 mostrou que a evolução sinônima ocorre cerca de cinco vezes mais rapidamente do que a evolução não-sinônima. A razão de diferenças não-sinônimas (dN) para diferenças sinônimas (dS) será cerca de 1:5 ou 0,2. Como vimos, a evolução sinônima é mais rápida porque mutações sinônimas desvantajosas ocorrem em menor número, e muitas são neutras, quando comparadas às mutações não-sinônimas. Pelo menos algumas trocas de aminoácidos são desvantajosas, o que desacelera a taxa de evolução não-sinônima.

Razões dN/dS elevadas são observadas em alguns genes

No entanto, alguns genes excepcionais foram encontrados, nos quais a razão de evolução não-sinônima para sinônima (a razão dN/dS) é elevada. Por exemplo, Wyckoff *et al.* (2000) estudaram os genes das protaminas na evolução dos grandes macacos, incluindo os humanos. As protaminas funcionam no sistema reprodutivo masculino, e os genes evoluem rapidamente. Sua evolução apresenta uma razão dN/dS elevada. A razão para um gene de protamina, *prm1*, por exemplo, é 13.

Qual é a causa de razões dN/dS elevadas, tal como vimos nos genes de protaminas? Uma possibilidade é a chance – a probabilidade de uma razão dN/dS pode ser estimada estatisticamente, e, em qualquer um dos casos, pode ser um evento aleatório nos dados. E se descartarmos a chance? Dois processos que aumentam a razão de trocas evolutivas não-sinônimas para sinônimas foram identificados. Um é a seleção positiva em favor de uma mudança na função do gene. O outro é a seleção relaxada.

Elas podem ser explicadas por seleção natural...

...ou por seleção relaxada

A taxa de troca de aminoácidos na evolução não-sinônima é normalmente baixa porque a troca é desvantajosa. A proteína que o gene codifica está provavelmente bem-adaptada (ou mesmo adaptada com perfeição) e a maioria ou todas as trocas não-sinônimas serão para pior. No entanto, a seleção natural poderia favorecer uma mudança na proteína. Assim, a taxa de evolução não-sinônima iria aumentar, ao passo que a taxa de troca sinônima iria continuar como o normal, por deriva genética. Assim, uma razão dN/dS elevada poderia surgir quando a seleção natural favorece uma troca na proteína codificada por um gene.

Alternativamente, a razão dN/dS poderia aumentar quando a seleção natural fosse relaxada. A seleção natural normalmente impede trocas de aminoácidos. Se a seleção natural fosse impedida de agir, a taxa de evolução de aminoácidos iria aumentar. Trocas que eram desvantajosas se tornariam neutras na ausência de seleção. A seleção natural pode ser relaxada em humanos, por meio de cuidados médicos e outras práticas culturais que atuam contra

* N. de T. Do inglês, *slow*, lento.

a seleção natural. Mais genericamente, um rápido aumento no tamanho populacional é um sinal de que a seleção natural foi relaxada. Quando uma população coloniza algum território inexplorado com recursos em abundância, existe uma fase de rápido crescimento populacional. A seleção natural será, provavelmente, relaxada durante essa fase.

As duas explicações para razões dN/dS elevadas são frustrantes, porque elas são conceitualmente quase opostas. Os mesmos dados podem significar tanto que a seleção positiva em favor da troca está atuando, como que a seleção negativa, contra a troca, foi relaxada. A taxa de evolução não-sinônima poderia ser elevada de ambas as maneiras.

Wyckoff *et al.* analisaram esse dilema de diversas maneiras. Por exemplo, eles procuraram por razões dN/dS maiores do que um. A seleção relaxada sozinha não é capaz de elevar a razão acima de um. Quando a seleção pára de agir sobre uma seqüência de DNA, ambas as trocas não-sinônimas e sinônimas serão igualmente neutras e ocorrerão nas mesmas taxas. A razão dN/dS será igual a um. Ao contrário, a seleção positiva em favor da troca pode elevar a razão dN/dS para muito mais. Se dN/dS≪1, é um forte sinal de que a seleção natural está guiando a troca.

As duas explicações podem ser testadas entre si

Em resumo, temos três intervalos para a razão dN/dS e três interpretações evolutivas associadas.

1. dN/dS baixa, talvez 0,1-0,2 (ainda que o valor atual possa diminuir com o DNA). Interpretação: trocas sinônimas são neutras; não há evidência de que a seleção natural esteja guiando a troca de aminoácidos.
2. dN/dS entre 0,2 e 1. Interpretação: tanto a seleção pode estar atuando para trocar o aminoácido, como a seleção pode estar relaxada; não se sabe o que é.
3. dN/dS maior do que 1. Interpretação: a seleção natural está atuando para trocar a seqüência de aminoácidos.

Razões dN/dS fornecem evidências de seleção em alguns exemplos

Os biólogos têm estado interessados, principalmente, em utilizar razões dN/dS como evidências para seleção positiva. Para eles, a seleção relaxada é algo para ser descartado. No gene da protamina, dN/dS > 1, e temos evidências de trocas evolutivas adaptativas, em vez de seleção relaxada. (Wyckoff *et al.* também apresentaram outras evidências para seleção positiva na evolução das protaminas, incluindo evidências a partir dos testes de McDonald-Kreitman que iremos discutir na próxima seção.)

Razões dN/dS elevadas foram encontradas em vários genes. Os genes em questão assemelham-se a um grupo de genes que pode passar por mudanças evolutivas adaptativas rápidas. Os primeiros genes a serem encontrados com dN/dS elevadas foram os genes HLA. Os genes HLA reconhecem parasitas invasores no organismo. Eles provavelmente evoluíram rápido para se manterem atualizados com as mudanças evolutivas nos parasitas, os quais evoluem para superar os sistemas imunes de seus hospedeiros. Outros genes com dN/dS elevadas estão nos sistemas receptores de sinal e no sistema reprodutivo.[2]

A relação entre os dois argumentos nesta seção e na seção anterior pode valer a pena ser esclarecida. Pode ser observado que razões dN/dS baixas foram usadas como evidências de seleção na seção anterior e, agora, razões dN/dS elevadas estão sendo usadas como evidência de seleção aqui. A resposta é que as duas seções estão preocupadas em testar diferentes tipos de seleção. Kreitman (1983) encontrou variação sinônima, mas nenhuma não-sinônima, entre cópias de um alelo de álcool desidrogenase em mosca-das-frutas. Isso demonstra que a seleção natural estava atuando para impedir a troca. Wyckoff *et al.* (2000) encontraram maior evolução não-sinônima do que sinônima nos genes das protaminas de macacos. Isso demonstra, ou pelo menos sugere, que a seleção natural está guiando uma troca evolutiva adaptativa. A evi-

[2] A possível evolução rápida de ao menos alguns genes do sistema reprodutivo é um subtópico recorrente neste livro. Retornaremos a ele nas Seções 12.4.7 (p. 363) e 14.12 (p. 439). Swanson e Vacquier (2002) é uma excelente revisão empírica.

dência de Kreitman, por ela própria, adapta-se bem ao fato de que toda a troca evolutiva esteja sendo por deriva (existe evidência para trocas seletivas no gene *Adh*, mas essa vem de outra pesquisa). A evidência de Wyckoff *et al.* desafia, e possivelmente descarta, a deriva aleatória como explicação para a evolução nos genes das protaminas de humanos e outros macacos.

O Quadro 7.4 analisa uma aplicação prática das razões dN/dS nos genes que codificam a leptina.

7.8.3 A seleção pode ser detectada por comparações de razões dN/dS dentro e entre espécies

Um teste adicional entre deriva e seleção pode ser planejado usando a razão entre evolução não-sinônima e sinônima. O ponto-chave é comparar a razão dentro de uma espécie e entre duas espécies relacionadas. Considere um gene como *Adh*, o qual analisamos na Seção 7.8.1. Dentro da espécie *Drosophila melanogaster*, *Adh* é polimórfico – dois alelos estão presentes na maioria das populações da espécie. Podemos contar o número de diferenças sinônimas e não-sinônimas entre os dois alelos e expressar o resultado como uma razão dN/dS *dentro* da espécie. Podemos também medir o número de diferenças entre o gene *Adh* em *D. melanogaster* e em uma espécie de mosca-das-frutas relacionada, para obter a razão dN/dS para as trocas evolutivas entre as duas espécies.

O teste de McDonald-Kreitman procura por seleção por meio da comparação das razões dN/dS dentro e entre espécies

McDonald e Kreitman (1991) notaram que, na teoria neutra de Kimura, a razão dN/dS deveria ser a mesma para ambos os polimorfismos dentro de uma espécie e divergências evolutivas entre espécies. Em ambos os casos, a razão dN/dS iguala a razão da taxa de mutação neutra não-sinônima à taxa de mutação neutra sinônima.

O motivo é o seguinte. A razão dN/dS entre espécies é a razão de troca evolutiva não-sinônima e sinônima. A taxa de evolução neutra iguala-se à taxa de mutação neutra (Seção 6.3, p. 172). A razão de evolução não-sinônima para sinônima seria, portanto, na teoria neutra de Kimura, igual à razão das taxas de mutação neutra para mutações não-sinônimas e sinônimas. Dentro de uma espécie, a quantidade de polimorfismo neutro é dada por uma fórmula mais complexa (Seção 6.6, p. 180). Porém, se analisarmos a razão de polimorfismo para sítios não-sinônimos e sinônimos, tudo na formula se cancela, com exceção da taxa de mutação neutra não-sinônima e a taxa de mutação neutra sinônima. A razão dN/dS para o polimorfismo dentro de uma espécie é, novamente, a razão dessas duas taxas de mutação.

Se a seleção está atuando, não é esperado que a razão dN/dS seja a mesma dentro e entre as espécies. Por exemplo, se a seleção natural favorece uma troca em um aminoácido em uma espécie mas não em outra, a razão dN/dS será maior entre do que dentro da espécie. Se a seleção natural favorece o polimorfismo, devido à seleção dependente de freqüência ou pela vantagem do heterozigoto (Seções 5.12 a 5.13, p. 153-156), a razão dN/dS será maior dentro da espécie do que entre espécies. Em resumo, se a razão dN/dS é semelhante para polimorfismos dentro de uma espécie e trocas evolutivas entre espécies, isso sugere deriva aleatória. Se a razão difere dentro e entre espécies, isso sugere seleção natural.

A teoria aproximadamente neutra torna o teste não convincente para genes únicos

O teste de McDonald-Kreitman foi inicialmente utilizado com genes individuais, tal como *Adh*. O teste parece descartar a teoria neutra, pelo menos em alguns casos. Entretanto, o teste não é convincente para genes individuais. O teste pode descartar a teoria totalmente neutra de Kimura; mas ele não funciona contra a teoria aproximadamente neutra. Uma vez que admitimos mutações aproximadamente neutras, bem como mutações totalmente neutras, as razões dN/dS dependem do tamanho da população, assim como da taxa de mutação. A razão dN/dS será, apenas, a mesma dentro e entre espécies, caso o tamanho da população seja constante. Na prática, tamanhos populacionais variam. Suponha, por exemplo, que o tamanho da população passe por um gargalo de garrafa, enquanto uma nova espécie se origina. Durante essa fase, muitas mutações não-sinônimas podem se comportar como mutações aproximadamente neutras (pelas mesmas razões como vimos na Seção 7.5.3). A razão dN/dS irá aumentar. A razão para polimorfismos

Quadro 7.4
Organismos-Modelo para Pesquisa Biomédica

No final de 1994, um hormônio chamado leptina foi descoberto em camundongos. A leptina tem a capacidade de transformar um rato gordo em magro. Camundongos que são deficientes em leptina são extremamente obesos; se esses camundongos forem alimentados com leptina eles se tornam magros em poucas semanas (e sem efeitos colaterais identificáveis). Uma companhia de biotecnologia imediatamente se apropriou dos direitos da leptina, por 20 milhões de dólares. Desde então, têm havido intensas pesquisas sobre se a leptina influencia a obesidade humana, mas pouca ou nenhuma evidência de qualquer efeito foi encontrada.

A leptina influencia o peso corporal em camundongos, mas e em outras espécies? Genes de leptina foram encontrados em várias espécies de mamíferos. Podemos medir as taxas de evolução não-sinônima e sinônima (dN/dS) em várias ramificações da árvore da família dos mamíferos (Figura Q7.3). A razão é geralmente baixa, em um nível típico para genes em geral; mas ela explode para mais de 2 na linhagem entre macacos do Velho Mundo e grandes símios.

A razão elevada pode ser um evento ocasional, ou um artefato dos dados preliminares, e não ter significado algum. Entretanto, ela pode indicar uma fase de evolução adaptativa, quando vários aminoácidos foram estabelecidos na molécula da leptina dos símios. Isso pode ter causado uma troca na função da leptina, tal que a leptina não mais regula o peso corporal nos símios. Alternativamente, a leptina pode ter adquirido ou perdido algumas funções ou trocado suas interações metabólicas. Muitas interpretações são compatíveis com a simples razão dN/dS elevada. Pesquisas adicionais seriam necessárias para testar todas elas. A questão aqui é que a razão dN/dS elevada sozinha é um sinal de que alguma coisa aconteceu à leptina na evolução dos macacos. Se a leptina simplesmente evoluiu por deriva aleatória em todos os mamíferos, então a leptina iria, provavelmente, ter as mesmas funções em humanos e camundongos. A razão elevada é uma evidência de seleção natural positiva. Em tecnologias biomédicas caras e vitais, sinais são valiosos, mesmo quando eles não são decisivos.

O resultado possui diversas implicações. Um é que camundongos podem não ser um bom organismo-modelo para a pesquisa sobre a leptina humana. Uma segunda diz respeito à maneira que genes relacionados são identificados por meio de buscas em bancos de dados genômicos. Genes de leptina, relacionados ao gene da leptina de camundongo, foram imediatamente encontrados em outras bibliotecas genômicas de mamíferos – mas, antes de concluir qualquer coisa sobre as funções dos genes, é bastante útil conhecer as razões dN/dS nas ramificações filogenéticas que conectam as espécies. Em terceiro lugar, as razões dN/dS sugerem uma importante troca na leptina entre camundongos e homens. Tamanha troca poderia explicar porque a pesquisa tem sido tão lenta para encontrar uma influência da leptina sobre o peso do corpo humano. Se as razões dN/dS estivessem disponíveis no início de 1995, aquela companhia de biotecnologia rápida no gatilho poderia ter sido mais lenta com a sua carteira.

Leitura adicional: Benner *et al.* (2002), novidades em, abril 6, 2000, p. 538-40.

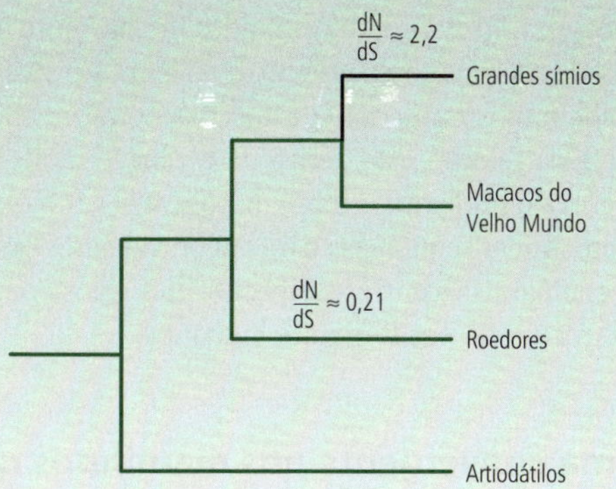

Figura Q7.3

Uma explosão de evolução significativa no gene da leptina durante a origem dos símios. A razão de evolução não-sinônima para sinônima no gene da leptina foi geralmente baixa, tal como o número de 0,2 para a linhagem dos roedores. A razão aumentou durante a origem dos símios, indicando, talvez, uma fase de modificação adaptativa. De Benner *et al.* (2002).

nas espécies modernas não será afetada, porque os tamanhos populacionais foram restabelecidos para o normal. Apenas a razão dN/dS para as comparações entre espécies é afetada. Ela é alta devido às muitas substituições que ocorreram durante o gargalo de garrafa da população.

Por essa razão, pelo final da década de 1990, imaginou-se que o teste de McDonald-Kreitman fosse interessante, mas não habitualmente decisivo. O teste poderia ser utilizado contra a teoria totalmente neutra. Entretanto, a teoria neutra, nesse período, mudou para a teoria aproximadamente neutra e o teste de McDonald-Kreitman não funcionou contra essa.

Mas o teste forneceu esclarecimentos com dados genômicos,...

O teste de McDonald-Kreitman tem experimentado um renascimento como um todo (ou quase como um todo), à medida que as seqüências genômicas foram se tornando disponíveis. A razão dN/dS poderia ser calculada dentro e entre espécies para todos os genomas, caso todos os genomas fossem seqüenciados para diversos indivíduos de duas espécies. Na prática, esse tipo de pesquisa tem utilizado até o momento porções de um genoma, ao invés de genomas inteiros e foi restrita à mosca-das-frutas (Fay *et al.*, 2002; Smith e Eyre-Walker, 2002). A razão dN/dS foi encontrada ser mais ampla entre espécies do que dentro da espécie. Se isso for igualmente verdadeiro para todos os sítios no genoma, o resultado poderia ser explicado tanto por seleção positiva para troca ou pela teoria aproximadamente neutra (com um gargalo de garrafa da população durante a especiação). No entanto, o excesso de substituições não-sinônimas está confinado apenas a alguns sítios no genoma. Para muitos sítios, a razão dN/dS é igual entre e dentro das espécies. Esses sítios provavelmente evoluíram por deriva aleatória. Porém, em outros sítios, o aminoácido trocou entre espécies de mosca-das-frutas relacionadas. Parece que a seleção atuou naqueles sítios.

...e permite uma estimativa de o quanto a evolução não-sinônima é guiada pela seleção

Mais interessante, a fração de sítios nos quais a razão dN/dS é elevada entre as espécies pode ser utilizada para estimar a fração de substituições evolutivas que foram conduzidas por seleção, em oposição à deriva. Nesse sentido, Smith e Eyre-Walker (2002) estimaram que 45% das substituições não-sinônimas entre um par de espécies de moscas-das-frutas (*Drosophila simulans* e *D. yakuba*) foram fixados por seleção positiva.

A utilização do teste de McDonald-Kreitman com dados genômicos evita o problema dos tamanhos populacionais. Uma modificação no tamanho da população irá influenciar o padrão de evolução por todo o genoma. As novas inferências utilizam variações entre sítios dentro de um genoma. Elas focalizam em regiões do genoma onde a razão dN/dS é alta de uma forma incomum, entre espécies. Não pode ser argumentado que sítios com razões dN/dS elevadas têm passado por uma determinada experiência de tamanhos populacionais, e outros sítios (com razões dN/dS baixas) por experiências de tamanhos populacionais diferentes. Todos os sítios no genoma devem ter experimentado o mesmo tamanho populacional.

Os resultados, até o momento, são preliminares. Eles estão baseados em amostras genômicas limitadas, vindas de um pequeno grupo de espécies. Entretanto, os resultados são bastante interessantes. Eles sugerem que a seleção natural pode ser uma força principal, ao menos para substituições que trocam os aminoácidos. Eles também mostram como os dados genômicos podem ser utilizados para estimar a importância relativa da seleção e da deriva na evolução molecular. No futuro, as seqüências genômicas de chimpanzés e humanos estarão disponíveis. Os biólogos evolutivos poderão, então, examinar cuidadosamente as seqüências para encontrar sítios onde a razão dN/dS é relativamente alta, por meio de comparações entre as espécies. Tais sítios poderão ser aqueles onde a seleção tenha favorecido as trocas que nos tornaram humanos.

7.8.4 O gene da lisozima evoluiu de forma convergente nos mamíferos que digerem celulose

A lisozima é uma enzima altamente difundida, utilizada na defesa contra bactérias. A enzima faz buracos na parede celular bacteriana, causando o rompimento da célula bacteriana. A lisozima é encontrada nos fluidos corporais, como na saliva, no soro sangüíneo, nas lágrimas e no leite. Em dois grupos de mamíferos, ruminantes (tais como gado e ovelha) e macacos colobíneos comedores de folhas (tais como lêmures), uma nova versão de lisozima evoluiu adicionalmente. Ambos os táxons utilizam a lisozima para digerir bactérias em seus estômagos. As próprias bactérias do estômago digerem celulose das plantas, e o gado e os lêmures, por sua vez, obtêm nutrientes a partir da celulose digerindo a bactéria.

A convergência é a evidência de que a seleção atuou

Ruminantes e macacos colobíneos secretam lisozima em seus estômagos, os quais são ambientes mais ácidos do que os encontrados nos fluídos corporais normais. Quando as seqüências das lisozimas do estômago de ruminantes e colobíneos foram comparadas com a seqüência da lisozima-padrão, verificou-se que ocorreram várias trocas de aminoácidos idênticas, de forma independente nas duas linhagens (Figura 7.7). As trocas de aminoácidos permitiram à lisozima trabalhar melhor em ambientes acidificados, bem como forneceu outras vantagens.

As lisozimas de ruminantes e macacos colobíneos são um exemplo de evolução convergente (Seção 15.3, p. 450). A convergência é normalmente devida à adaptação a um ambiente comum. Nesse caso, a convergência é uma boa evidência de que a seleção esteve agindo sobre o gene da lisozima. O exemplo pode ser reforçado de duas maneiras. A primeira é que uma terceira espécie, um pássaro sul-americano, denominado *hoatzin* (*Opisthocomus hoazin*), também evoluiu a digestão da celulose de forma independente. Ele também usa uma lisozima secretada em seu estômago para digerir bactérias que digerem celulose. O gene da lisozima do *hoatzin* é relacionado àqueles reorganizados em ruminantes e lêmures, mas ele apresenta

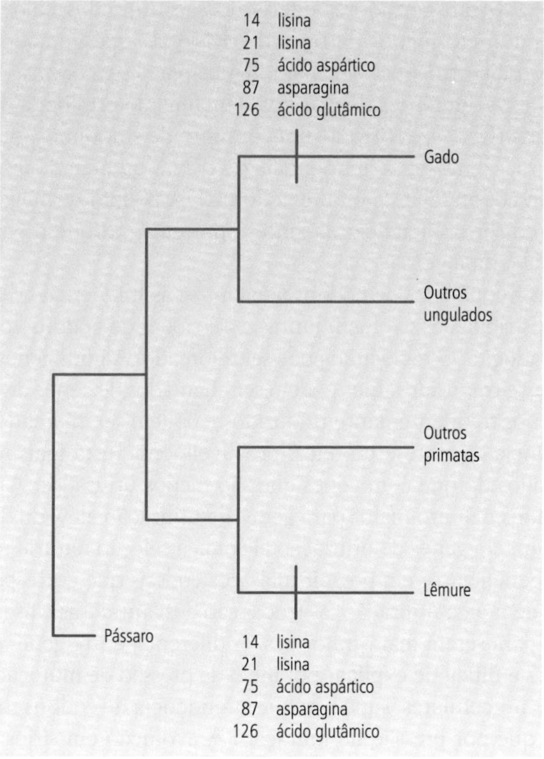

Figura 7.7

Evolução convergente das lisozimas estomacais em lêmures e ruminantes. Nas linhagens evolutivas que levam aos lêmures e ao gado, as trocas ocorreram nos mesmos cinco sítios na proteína lisozima, e as trocas foram similares ou idênticas. Os números referem-se aos sítios de aminoácidos na proteína.

o mesmo conjunto de trocas de aminoácidos. Em segundo lugar, a evolução da lisozima em ruminantes e no gado apresenta uma razão dN/dS elevada, o que é sugestivo de evolução adaptativa fortalecida pela seleção, como vimos na seção anterior (Messier e Stewart, 1997).

7.8.5 A utilização de códons é tendenciosa

Evidências mostram que códons sinônimos não são usados de forma aleatória

A parte superior (colunas em verde) da Figura 7.8 mostra a freqüência relativa dos seis códons de leucina em dois organismos unicelulares, a bactéria *Escherichia coli* e a levedura eucariótica *Saccharomyces cerevisiae*. Os seis códons são sinônimos, e seria esperado que eles evoluíssem por deriva aleatória. Note duas características da figura: uma é que as freqüências de códons são desiguais entre as espécies. A outra é que as espécies diferem em quais códons são mais abundantes, e quais são raros. *E. coli* possui mais CUG; levedura possui mais UUG.

Qual é a explicação para essa tendência de códons? Duas hipóteses foram sugeridas: restrição seletiva ou pressão de mutação. A hipótese da pressão de mutação sugere que a mutação é tendenciosa em direção a determinados nucleotídeos (Seção 4.8, p. 118). Se um A tende a mutar para um G em *E. coli*, por exemplo, isso poderia produzir um excesso de códons CUG e uma escassez de códons CUA.

Em micróbios, a utilização de códons iguala-se à abundância de tRNA,...

Alternativamente, algumas trocas de códons podem ser desvantajosas e ser negativamente selecionadas. Duas razões possíveis são a resistência das ligações no DNA e a abundância relativa de RNAs transportadores. A ligação GC é mais forte do que a ligação AT, porque GC possui três pontes de hidrogênio, enquanto AT possui apenas duas. A seleção natural pode atuar contra trocas GC para AT em regiões do DNA que necessitam estar estavelmente ligadas. Em segundo lugar, RNAs transportadores diferentes são utilizados pelos diferentes códons sinônimos. (Existe um número menor de tipos de tRNA do que de códons, devido ao fenômeno do "pareamento oscilante" (*wobble*). Para alguns pares de códons, um tipo de tRNA pode ser ligado a ambos.) Os diferentes tRNAs possuem uma determinada distribuição de freqüência nas células: alguns tRNAs, dentro de um conjunto de sinônimos, são mais freqüentes do que outros. A Figura 7.8 mostra a abundância de tRNA na metade inferior. Uma troca no DNA de *E. coli* de um códon CUG para um códon CUA poderá ser negativamente selecionada. A troca poderá reduzir a eficiência da síntese protéica, porque a célula possui poucos tRNA para o códon CUA da leucina.

...e a igualdade é melhor para genes que são mais expressos

A Figura 7.8 mostra que as freqüências de códons igualam-se às freqüências de tRNA. O padrão faz sentido se as duas distribuições evoluem juntas, e se trocas de códons comuns para raros reduzem a eficiência de tradução. O raciocínio pode ser reforçado. Alguns genes em bactéria e levedura são freqüentemente traduzidos. Eles podem ser chamados de genes de "utilização elevada". Outros genes são menos freqüentemente traduzidos e podem ser chamados de genes de "pouca utilização". A eficiência da síntese protéica, provavelmente, está mais relacionada com genes que são mais utilizados do que com genes que são menos utilizados. A Tabela 7.7 mostra que a tendência de códons é muito maior para genes de utilização elevada do que para genes de pouca utilização. Assim, em genes de utilização elevada a seleção natural atua contra as trocas de códons. A célula beneficia-se em possuir mais dos códons que correspondem aos tRNAs abundantes. Em genes de pouca utilização, as trocas são desvantajosas e as freqüências de códons evoluem por deriva para serem mais uniformes. A diferença entre genes de elevada e pouca utilização na Tabela 7.7 é difícil de explicar por meio da pressão de mutação.

Pelo menos em organismos unicelulares, supõe-se que a tendência de códons seja causada mais por restrição seletiva do que por pressão de mutação. A evolução em sítios sinônimos ainda se encaixa na teoria neutra. A seleção natural é uma força negativa, impedindo determinadas trocas. Trocas evolutivas, quando essas ocorrem, são, provavelmente, por deriva neutra. Entretanto, a evidência para restrição seletiva significa que a evolução em sítios sinô-

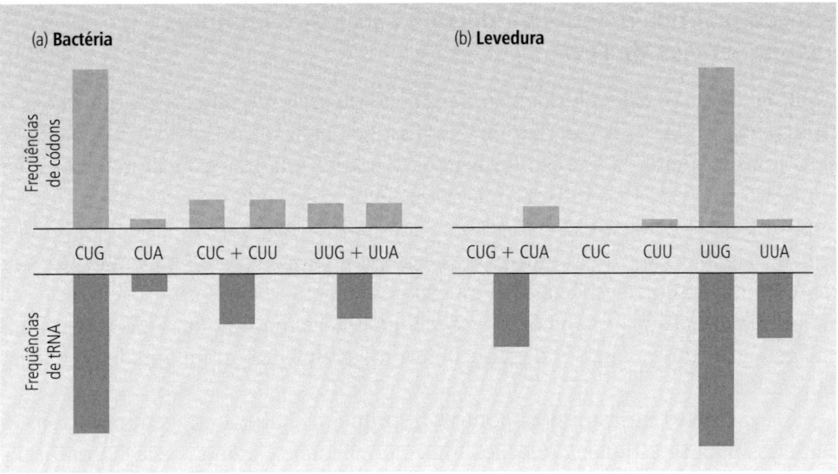

Figura 7.8

As freqüências relativas de códons emparelham-se à abundância de tRNA. (a) As colunas em verde (acima) são as freqüências relativas dos seis códons de leucina em *Escherichia coli*; as colunas em cinza (abaixo) são as freqüências relativas das moléculas de tRNA correspondentes na célula. Os dois conjuntos de códons unidos por um sinal + são reconhecidos por uma única molécula de tRNA. (b) A mesma relação, mas em *Saccharomyces cerevisiae*. Note a tendência diferente na utilização de códons nas duas espécies, o que reforça o ponto da Tabela 7.7. De Kimura (1983). Reproduzida com permissão da Cambridge University Press © 1983.

Tabela 7.7

Freqüências relativas dos seis códons de leucina nos genes de *Escherichia coli* e levedura (*Saccharomyces cerevisiae*). Os genes são divididos em genes de utilização elevada e genes de pouca utilização: genes de utilização elevada são freqüentemente transcritos, genes de pouca utilização raramente são transcritos. Note (i) códons tendenciosos são maiores para genes de utilização elevada do que para genes de pouca utilização, e (ii) códons tendenciosos diferem entre as duas espécies. Os números são as freqüências relativas: eles somam até seis. Uma freqüência relativa menor do que um significa que o códon é mais raro do que seria esperado; maior do que um significa que ele é mais comum do que seria esperado. Modificada de Sharp *et al.* (1995).

	E. coli		*S. cerevisae*	
Códon de leucina	**Elevada**	**Baixa**	**Elevada**	**Baixa**
UUA	0,06	1,24	0,49	1,49
UUG	0,07	0,87	5,34	1,48
CUU	0,13	0,72	0,02	0,73
CUC	0,17	0,65	0,00	0,51
CUA	0,04	0,31	0,15	0,95
CUG	5,54	2,20	0,02	0,93

nimos provavelmente não é "pan-neutra". Nem todas as mutações sinônimas são neutras. A taxa de evolução sinônima será, então, um pouco menor do que a taxa de mutação total.

O raciocínio que analisamos nessa seção é amplamente aceito para formas de vida unicelulares. Mas a situação para formas de vida multicelulares, tais como moscas-das-frutas e mamíferos pode diferir. A hipótese de mutação tendenciosa pode ser mais viável para mamíferos do que para bactérias e leveduras.

7.8.6 Seleção positiva e negativa deixam as suas assinaturas nas seqüências de DNA

A era genômica está permitindo novos testes de seleção e deriva,...

Analisamos cinco exemplos de maneiras pelas quais as seqüências genômicas podem ser utilizadas para estudar a seleção natural. Nos casos do gene da álcool desidrogenase e da tendência de códons, o efeito da seleção foi negativo: a seleção atuou contra mutações desvantajosas, impedindo as trocas evolutivas. Tais trocas evolutivas, quando ocorrem entre códons sinônimos, são, provavelmente, guiadas sobretudo por deriva, porém, a seleção está atuando para impedir algumas trocas. Os outros três exemplos (razões dN/dS elevadas, razões dN/dS diferentes dentro e entre espécies e evolução convergente nas lisozimas) ilustram seleção positiva: a seleção natural ativamente favorecendo determinadas trocas. As trocas de aminoácidos nos genes das protaminas e das lisozimas provavelmente foram guiadas por seleção, em vez de por deriva.

Os exemplos ilustram dois pontos. O primeiro é que a era genômica tem aberto novas maneiras para se estudar a seleção. Vimos previamente como a seleção natural pode ser estudada de forma ecológica, tal como na mariposa sarapintada ou na resistência a inseticidas (Seções 5.7-5.8, p. 138-145). A mariposa sarapintada possui situações características identificáveis (coloração clara ou escura) e o valor adaptativo dessas situações pode ser medido em ambientes naturais. Esse tipo de pesquisa ecológica não é a única maneira que a seleção está sendo estudada, mas ela contrasta com as pesquisas da era genômica. Quando analisamos as razões dN/dS, por exemplo, não estamos olhando para situações características dos organismos, nem medindo seus valores adaptativos. Estamos contando inúmeras trocas evolutivas, estatisticamente, em dados de seqüência massivos. Na Seção 8.10 (p. 238) iremos analisar outro método estatístico para detectar seleção em dados de seqüência, no fenômeno de varredura seletiva.

...e identificando sítios onde a seleção parece ter atuado

Em segundo lugar, os exemplos mostram que o neutralismo não é a história completa da evolução molecular. A deriva aleatória, provavelmente, explica a maioria da evolução molecular – desde que consideremos trocas "não-informativas". A evolução em regiões não-codificadoras do DNA, e em sítios sinônimos dentro de genes, parece neutra. Porém, em sítios não-sinônimos de genes, onde as trocas no DNA causam trocas nos aminoácidos, a seleção é mais importante. Análise de genomas completos estão sendo utilizadas para estimar a importância relativa exata da seleção e da deriva nas substituições de aminoácidos. O exemplo da lisozima mostra que podemos estudar a maneira como a seleção atua em um gene identificado. Faz sentido que a seleção, assim como a deriva, deva ser importante para a evolução molecular. As moléculas nos corpos vivos estão bem-adaptadas, e a seleção natural deve trabalhar, pelo menos ocasionalmente, para manter aquelas adaptações atualizadas.

7.9 Conclusão: 35 anos de pesquisa sobre evolução molecular

Em 1968, Kimura propôs a teoria neutra da evolução molecular. Seu argumento original estava baseado principalmente, em teoria, na carga genética e, de fato, na evolução dos aminoácidos. Nem a sua reivindicação própria – de que a maior parte da evolução molecular ocorre por deriva aleatória de mutações neutras –, nem seus argumentos utilizando a carga genética e nem suas evidências para proteínas foram mantidos em sua forma original. Entretanto, ele estimulou uma área de pesquisa imensa, a qual conduziu para uma mudança de paradigma em nosso entendimento da evolução molecular.

A teoria neutra de Kimura deu origem à teoria aproximadamente neutra. A teoria aproximadamente neutra divide com a sua antecessora a reivindicação de que a maior parte da evolução molecular é por deriva aleatória – mas a deriva de mutações aproximadamente neutras ($4Ns < 1$ ou $Ns < 1$), em vez de mutações totalmente neutras ($s = 0$). Desde que Kimura a escreveu pela primeira vez, os biólogos começaram a se dar conta de que o DNA contém enormes regiões de seqüências não-codificadoras. Se usarmos a teoria aproximadamente neutra, em lugar da original, a teoria totalmente neutra, e limitá-la a substituições em regiões de DNA não-codificadoras e substituições sinônimas no DNA codificador, então, muitos (quem sabe a maioria) biólogos irão aceitar uma interpretação neutralista da evolução molecular. A maior parte da evolução em nível de DNA é por deriva aleatória. No entanto, DNA não-codificador é, em alguns aspectos, biologicamente menos interessante do que o DNA codificador. Substituições não-sinônimas, as quais alteram os aminoácidos, são biologicamente mais importantes, no sentido de que elas influenciam a forma e o funcionamento do organismo. Se nos concentrarmos na evolução não-sinônima, em regiões codificadoras,

Resumo

1 A teoria neutra da evolução molecular sugere que a evolução molecular é principalmente devida à deriva neutra. Sob esse aspecto, as mutações que surgiram na evolução foram seletivamente neutras em relação aos genes que elas substituíram. Alternativamente, a evolução molecular pode ser guiada, sobretudo, por seleção natural.

2 Três observações principais foram originalmente utilizadas para argumentar em favor da teoria neutra: a evolução molecular tem uma taxa rápida, sua taxa tem uma constância semelhante a um relógio e é mais rápida em regiões funcionalmente menos importantes das moléculas.

3 Um dos três argumentos – para taxas de evolução elevadas (e níveis de polimorfismo elevados) – utilizava o conceito de carga genética e não é mais considerado conclusivo.

4 A taxa constante de evolução molecular originou o "relógio molecular".

5 A deriva neutra deveria comandar a evolução em uma forma estocasticamente constante; Kimura destacou o contraste entre taxas desiguais de evolução morfológica e a taxa constante de evolução molecular e argumentou que a seleção natural não deveria comandar a evolução molecular em uma taxa constante.

6 Para trocas sinônimas, a evolução é mais rápida em linhagens com períodos de geração mais curtos. Para trocas não-sinônimas, algumas evidências sugerem que a taxa de evolução é relativamente constante, independentemente do período de geração, e outras evidências sugerem que a taxa de evolução é mais rápida em linhagens com períodos de geração mais curtos.

7 A teoria neutra original tem dificuldades em explicar determinadas observações, incluindo: (i) o nível semelhante de polimorfismo em todas as espécies, independentemente do tamanho da população; (ii) a diferença entre sítios sinônimos e não-sinônimos, se a taxa de evolução depende do tempo de geração; e (iii) diferentes razões de evolução de não-sinônimos para sinônimos para polimorfismos dentro de uma espécie e divergência entre espécies.

8 A teoria aproximadamente neutra da evolução molecular sugere que a evolução molecular é guiada por deriva aleatória, mas inclui o efeito da deriva sobre mutações com pequenos efeitos adaptativos desvantajosos (e vantajosos), bem como sobre mutações totalmente neutras.

9 A teoria aproximadamente neutra pode explicar a maior parte das observações sobre a evolução molecular, incluindo as observações que foram problemáticas para a teoria totalmente neutra original. Críticos argumentam que a teoria aproximadamente

(*continua*)

(*continuação*)

neutra deve invocar suposições irreais em relação ao tamanho populacional a fim de explicar todas as observações.

10 A teoria neutra explica a taxa evolutiva mais elevada de regiões funcionalmente menos importantes das proteínas, por meio de uma chance maior de que uma mutação nessa região será neutra.

11 Pseudogenes e trocas sinônimas podem ser, de modo relativo, funcionalmente não-limitantes. Eles possuem taxas de evolução mais rápidas do que trocas não-sinônimas, as quais alteram a seqüência de aminoácidos da proteína. Essa alta taxa de evolução é provavelmente devida à deriva neutra aumentada.

12 Dados genômicos podem ser usados para estudar a seleção natural.

13 Uma taxa de evolução não-sinônima elevada em relação à evolução sinônima sugere que a seleção natural esteve atuando.

14 O teste de McDonald-Kreitman ressalta que a razão de evolução não-sinônima para sinônima (razão dN/dS) é igual entre espécies e dentro de uma espécie quando a deriva atua, mas difere entre e dentro das espécies quando a seleção atua.

15 A razão dN/dS por todo o genoma pode ser utilizada para identificar sítios onde a seleção atuou. Ela também pode ser utilizada para estimar a fração de sítios onde a seleção tem agido. Trabalhos preliminares sugerem que cerca da metade das substituições não-sinônimas dá-se por seleção e metade, por deriva.

16 Tendências na utilização de códons podem ser causadas pela seleção natural agindo contra determinados códons em um conjunto de sinônimos e por mutação tendenciosa. Para organismos unicelulares, a seleção natural parece explicar o padrão da tendência na utilização de códons.

então será improvável que a maioria dos biólogos seja neutralista. Não sabemos a importância relativa da deriva e da seleção na condução da troca de aminoácido. Na verdade, para a maior parte dos 35 anos passados não possuíamos um método decisivo para encontrar a importância relativa da deriva e da seleção. A evolução molecular está, agora, entrando na era da genômica. Dados genômicos sustentam a promessa tanto de revelar os locais dentro do DNA onde a seleção atua quanto de estimar as frações de substituições evolutivas que foram conduzidas por seleção natural e por deriva aleatória.

Leitura complementar

Os textos de Graur e Li (2000), Page e Holmes (1998) e Li (1997) introduzem o assunto. Os trabalhos clássicos, em ordem decrescente, são: Lewontin (1974), Kimura (1983) e Gillespie (1991). Kimura (1991) atualiza suas versões.

O conjunto de textos em homenagem a Lewontin (Singh e Krimbas, 2000) contém vários capítulos sobre o assunto. Ver Hardison (1999) sobre hemoglobina. Golding e Dean (1998) revisam os estudos de adaptação em nível molecular. Eanes (1999) revisa estudos de polimorfismos enzimáticos. Os textos incluem material sobre os níveis de variação e taxas de evolução. Przeworski *et al.* (2000) descrevem variação no DNA humano. Mitton (1998) revisa estudos clássicos de seleção, anteriores à era genômica.

Sobre relógios moleculares, ver Cutler (2000) sobre irregularidade ou superdispersão. O processo de mutação é importante para os efeitos no tempo de geração no relógio molecular.

Para o número de divisões de linhagem germinativa, ver Ridley (2001, p. 234). Mutações são, principalmente, acidentes de replicação internos: ver Ridley (2001) e Sommer (1995), por exemplo. Entretanto, Kumar e Subramanian (2002) fornecem evidências de que algumas taxas de evolução sinônimas e, portanto, talvez taxas mutacionais, em mamíferos não dependem do tempo de geração.

Para a teoria aproximadamente neutra, ver textos gerais. Ohta (1992) é uma revisão, Ohta e Gillespie (1996), uma perspectiva histórica, e Ohta (2002) é uma atualização recente. A permuta entre Ohta e Kreitman, incluída em Ridley (1997), mostra como diversos fatores podem ser explicados pela teoria aproximadamente neutra ou evolução seletiva. Gillespie (2001) questiona se o tamanho populacional afeta a taxa de evolução, porque o efeito carona* (Capítulo 8) é o oposto do efeito da deriva em um sítio.

Sobre testes para seleção em dados genômicos, Nielsen (2001) revisa os testes estatísticos. Brookfield (2001) introduz o estudo de um caso. Hughes (1999) analisa razões entre taxas evolutivas não-sinônimas e sinônimas.

Outro teste, semelhante ao de McDonald e Kreitman (1991), foi desenvolvido por Hudson, Kreitman e Aguade (1987). O teste "HKA" também apresenta uma renovação com dados genômicos. Ele pode ser visto recentemente em funcionamento em Rand (2000) sobre genomas mitocondriais, e Wang *et al.* (1999) sobre trocas genéticas durante a domesticação do milho. Bustamente *et al.* (2002) é outro artigo usando o teste MK com dados genômicos, como os dois discutidos no texto. Eles concordam que moscas-das-frutas substituíram muitas trocas vantajosas não-sinônimas, e adiciona uma inferência de que *Arabidopsis* substituiu um número maior de trocas desvantajosas. A permuta Ohta-Kreitman citada considera os testes MD e HKA mais profundamente.

Sobre tendência de códons, ver Kreitman e Antezana (2000), Mooers e Holmes (2000) e Duret e Mouchiroud (1999).

Pesquisas sobre esse assunto podem ser acompanhadas na *Trends in Ecology and Evolution*, *Trends in Genetics*, *Bioessays* e no volume especial de dezembro a cada ano da *Current Opinion in Genetics and Development*.

Questões para estudo e revisão

1 Desenhe a distribuição de freqüência para coeficientes de seleção de variantes genéticas em um loco, de acordo com as teorias neutra e selecionista da evolução molecular.

2 Por que a teoria neutra está confinada à evolução molecular, em vez de ser aplicada a toda a evolução?

3 Quais fatos sobre evolução molecular levam à proposição da teoria neutra da evolução molecular?

4 Quais os fatos sobre evolução molecular levam à proposição da teoria aproximadamente neutra da evolução molecular?

5 Explique a relação entre o grau de restrição de funcionamento de uma molécula (ou de uma região de uma molécula) e sua taxa de evolução por (a) teoria neutra e (b) seleção natural.

6 Os sítios sinônimos apresentam evolução pan-neutra?

7 Três genes possuem razões de

$$\frac{\text{Taxa de substituição não-sinônima}}{\text{Taxa de substituição sinônima}}$$

de (a) 0,2, (b) 1, (c) 10. Que inferências podemos fazer sobre a evolução nesses três genes?

* N. de T. Do inglês *hitch-hiking*.

8 A Genética de Populações Para Dois e Múltiplos Locos

Iniciaremos com um exemplo de um caracter que é controlado por um genótipo de múltiplos locos. O conjunto de genes que um indivíduo herda de um de seus progenitores forma um "haplótipo", e a teoria da genética de populações para sistemas de múltiplos locos investiga as freqüências de haplótipos ao longo de gerações. O capítulo possui dois propósitos principais. Um é introduzir a teoria da genética de populações para sistemas de múltiplos locos e os conceitos distintivos que se aplicam a eles, mas que não se aplicam aos modelos de locos únicos: analisaremos os conceitos de múltiplos locos em desequilíbrio de ligação, junto com suas causas, de recombinação, e de superfícies de múltiplos picos adaptativos. O outro propósito é ver as condições sob as quais modelos de evolução de locos únicos são inadequados e modelos de múltiplos locos são necessários: a condição principal é a existência do desequilíbrio de ligação. Também analisaremos como seqüências genômicas de locos múltiplos podem ser utilizadas para testar se a seleção atuou recentemente em uma região do DNA.

8.1 O mimetismo em *Papilio* é controlado por mais de um loco gênico

Os caracteres de que tratamos nos capítulos iniciais foram caracteres controlados por um único loco gênico. Enzimas, tal como a álcool desidrogenase, são codificadas por um único gene, e não é uma simplificação muito grande tratar o polimorfismo nas mariposas sarapintadas como um conjunto de genótipos em um loco. Iremos, agora, considerar as trocas evolutivas em mais de um loco.

O primeiro exemplo diz respeito a um polimorfismo de múltiplos locos. Podemos abordar o assunto por meio de um polimorfismo semelhante que é controlado por um único loco. Ambos os exemplos provêm de um mesmo atrativo grupo de borboletas chamadas borboletas com as asas posteriores em forma de cauda de andorinha (do inglês, *swallowtails*). Essas borboletas possuem uma distribuição global, e *Papilio* é o maior gênero delas; a sua característica mais marcante é uma "cauda" nas suas asas posteriores. As borboletas *swallowtails* surgem em várias cores – verdes suntuosos, sombreados sutis de vermelho e laranja e padrões de mármore em branco e cinza – porém, o tipo mais comum possui listras pretas e amarelas. A borboleta tigrada *swallowtail* norte-americana *Papilio glaucus* é facilmente reconhecida pelas suas listras tigradas no momento em que ela voa por fileiras de florestas ou vales úmidos. Ou melhor, a *maioria* das tigradas *swallowtails* é facilmente reconhecida dessa maneira. Em uma parte da faixa de variação da espécie (para o sudeste de uma faixa de Massachusetts para o sul de Minnesota e do leste do Colorado para a Costa do Golfo), a forma padrão da borboleta tigrada convive lado a lado com outra forma da mesma espécie. Essa segunda forma é preta, com pontos vermelhos sobre suas asas traseiras, e é chamada de *nigra* (negra); ela é apenas encontrada em fêmeas. A forma *nigra* não é venenosa, mas mimetiza outra espécie, a borboleta não-palatável *Battus philenor*, a qual é venenosa. A distribuição geográfica da forma *nigra* encaixa-se à da borboleta não-palatável. A forma *nigra* é bem-protegida nessas áreas de pássaros predatórios que aprenderam, por meio de experiências de problemas estomacais, a não comer borboletas que se pareçam com as borboletas não-palatáveis. A tigrada *swallowtail*, apresenta, portanto, um polimorfismo mimético. Ela tem tanto a morfologia tigrada não-mimética padrão de listras amarelas e pretas quanto uma morfologia mimética preta.

A borboleta tigrada *swallowtail* existe em duas formas

A tigrada *swallowtail* *P. glaucus* parece simples de ser analisada, quando comparada ao conjunto impressionante de fêmeas da espécie *P. memnon* (ver Lâmina 3, p. 94). *P. memnon* vive no arquipélago da Malásia e Indonésia; seu macho é novamente não-mimético, embora a sua coloração seja azul escuro, em vez de ter listras amarelas e pretas. Entretanto, em lugar de uma forma feminina mimética, as fêmeas de *P. memnon* existem em um sem número de variedades. Suas asas dianteiras apresentam padrões geométricos de branco e preto diferentes; suas asas traseiras, além da variação na forma, podem ser coloridas de amarelo, laranja ou vermelho-sangue e podem ou não ter um ponto branco brilhante; algumas possuem caudas, outras não; seu abdome varia em coloração; e um ponto no "ombro" da borboleta (ou seja, na base da asa dianteira, próxima à cabeça), chamado de dragona (do inglês, *epaulette*), pode estar presente em várias tonalidades de vermelho.

Outra espécie de borboleta *swallowtail* existe de muitas formas

Clarke e Sheppard (1969, também Clarke *et al.*, 1968) sugerem que cada forma feminina (ou morfo) mimetiza um modelo diferente (a Lâmina 3 mostra seis exemplos: note que três deles possuem caudas e três não). Suas evidências não são fortes, uma vez que elas se baseiam apenas em faixas geográficas de mímico e modelo e em similaridades de aparências superficiais (as quais não são exatas em todos os casos). Boas evidências para mimetismos necessitam de demonstrações experimentais de que os pássaros que aprenderam a evitar o modelo também irão evitar o mímico; isso foi feito para a forma *nigra* de *P. glaucus*, mas não para *P. memnon*. Entretanto, podemos aceitar como hipótese de trabalho que as formas aparentemente miméticas de *P. memnon* são realmente miméticas. (*P. memnon* possui, além dessas, também formas não-miméticas, mas elas não são essenciais para a discussão neste momento.)

Cruzamentos genéticos inicialmente sugeriram que um loco estava atuando...

Clarke e Sheppard estavam interessados no controle genético desse complexo polimorfismo mimético. Cruzamentos entre as várias formas inicialmente sugeriram que um único loco gênico, com muitos alelos, estava atuando. Quando duas formas são cruzadas, a descendência normalmente contém apenas indivíduos de um ou outro fenótipo parental. Esse é o resultado esperado se um loco está atuando, com relações de dominância simples entre os alelos. Por exemplo, se uma forma possui o genótipo A_1A_1 e outra possui A_1A_2, e se A_2 é dominante sobre A_1, então um cruzamento $A_1A_1 \times A_1A_2$ produz as mesmas duas classes de descendentes (A_1A_1 e A_1A_2) que estavam presentes em seus progenitores.

Mas a história genética logo mostrou ser mais complicada. Em adição às formas miméticas e não-miméticas de *P. memnon*, todas as quais existem em freqüências razoáveis na natureza, formas muito mais raras foram encontradas. Por exemplo, em Java, está a forma rara chamada *anura* (Lâmina 3m). Um espécime encontrado em Bornéu foi enviado para Clarke e Sheppard em Liverpool. Quando foi cruzado com uma forma conhecida de *P. memnon*, ele se comportou como outra forma alélica do "loco" de mimetismo; mas uma análise mais precisa da *anura* sugere uma interpretação diferente. A morfologia da *anura* mistura padrões das duas formas comuns: ela tem o padrão de coloração da asa da forma *achates* (Lâmina 3 g-i), mas não possui a cauda de *achates*.

A interpretação de Clarke e Sheppard é que *anura* não é uma variante alélica, mas uma recombinante, e que os padrões miméticos de *P. memnon* não são controlados por um loco, mas um por conjunto inteiro de locos. Se *anura* é uma recombinante, então deve existir ao menos um loco (chamado de *T*) controlando a presença (alelo T_+) ou a ausência (alelo T_-) de uma cauda e ao menos um outro loco (C) controlando os padrões de coloração (C_1, para *achates*, e alelos C_2, C_3, etc., para outras formas de cores). *Achates* poderia ter um genótipo composto de um ou dois conjuntos (dependendo de os alelos serem dominantes) de genótipos de dois locos T_+C_1, e anura teria T_-C_1 após a recombinação entre formas sem caudas e *achates*. Os locos em questão estão tão fortemente ligados que esses recombinantes praticamente nunca aparecem no laboratório – razão pela qual genótipos de múltiplos locos parecem, quando cruzados, segregar como genótipos de um único loco. Podemos prever que se mais do que um loco estiver realmente envolvido, um número suficientemente grande de cruzamentos deveria ser capaz de quebrar um dos "alelos" (tal como o "alelo" *anura*) em várias combinações verdadeiras de alelos em vários locos.

...mas o resultado mostrou que pelo menos cinco locos estavam

Apenas a partir de *anura*, pelo menos dois locos puderam ser deduzidos de controlar o polimorfismo mimético de *P. memnon*; mas outras formas raras também foram encontradas. Algumas formas raras, por exemplo, combinam a coloração das asas dianteiras de uma forma e o padrão de asas traseiras de outra, sugerindo que locos separados controlam a coloração das asas dianteiras e traseiras. Quando todos os recombinantes deduzidos foram considerados em conjunto, pelo menos cinco locos pareceram estar atuando: *T, W, F, E* e *B*. Eles controlam, respectivamente, presença ou ausência de cauda, padrão das asas traseiras, padrão das asas dianteiras, coloração da dragona e coloração do corpo. A forma *anura* é uma forma recombinante entre o loco *T* e os outros quatro. As formas comuns, as quais mimetizam modelos naturais, devem, cada uma, consistir em um conjunto particular de alelos nos cinco locos. A forma mimética da espécie modelo nº 1, por exemplo, deve ter o genótipo $T_+W_1F_1E_1B_1/T_+W_1F_1E_1B_1$, e outra forma (mimetizando um segundo modelo) deve ser $T_-W_2F_2E_2B_2/T_-W_2F_2E_2B_2$ ou T_-

$W_2F_2E_2B_2/T_+W_1F_1E_1B_1$. Os genótipos recombinantes, tal como $T_+W_1F_1E_2B_2$, não existem naturalmente, exceto como formas muito raras, como a *anura*.

A questão para relembrar é que se imagina que cada uma das formas de *P. memnon* seja controlada por um genótipo de múltiplos locos. A genética do polimorfismo mimético em borboletas *swallowtails* difere da do polimorfismo de camuflagem das mariposas sarapintadas (Seção 5.7, p. 138), nas quais as formas diferentes são controladas por genótipos em um loco. Um conjunto inteiro de genótipos de um loco é necessário para produzir cada uma das formas das borboletas *swallowtails*.

8.2 Os genótipos em locos diferentes em *Papilio memnon* são coadaptados

O mimetismo necessita da combinação correta dos alelos em todos os locos envolvidos

Como a seleção natural irá atuar sobre uma forma recombinante rara, tal como *anura* em Java? Um mimetismo bem-sucedido necessita, para ser completo, da melhor semelhança possível entre o mímico e seu modelo. Um mímico potencial, que mistura os padrões e precisa mimetizar duas espécies, não irá mimetizar de forma tão bem-sucedida como um mímico que se assemelha a um modelo em todos os aspectos. O mímico em potencial será, provavelmente, selecionado de maneira desfavorável. *Anura* possui o padrão de coloração de *achates*, mas não irá mimetizar a espécie modelo de *achates* porque ela não possui uma cauda em suas asas traseiras. Os modelos das formas sem asas, por sua vez, possuem padrões de coloração diferentes, e *anura* também não irá mimetizá-los.

Em geral, a seleção natural irá atuar contra qualquer forma recombinante entre os genótipos miméticos dos cinco locos. Um genótipo de cinco locos que mimetize um modelo de espécie em todos os cinco aspectos será favorecido. Porém, uma *swallowtail* misturada, a qual mimetiza um modelo em três aspectos e outro modelo nos dois outros aspectos, não será semelhante a nenhum deles e será selecionada de forma desfavorável. Os genes nos cinco locos nessa situação são ditos estar *coadaptados* ou que demonstram *coadaptação*. A coadaptação significa que um gene (ou genótipo), tal como T_+ (ou T_+/T_+), será favorecido por seleção caso ele esteja em um mesmo organismo como um gene próprio (ou genótipo), tal como W_1 (ou W_1/W_1); em outro loco, porém, ele será negativamente selecionado quando combinado com outros genes (ou genótipos), tal como W_2 (ou W_2/W_2), nesse outro loco. Por exemplo, a seleção favorece indivíduos $T_+W_1F_1E_1B_1/T_+W_1F_1E_1B_1$ e $T_-W_2F_2E_2B_2/T_-W_2F_2E_2B_2$, porém (caso os alelos com o subscrito 2 sejam dominantes) atua contra indivíduos $T_+W_2F_2E_2B_2/T_+W_1F_1E_1B_1$. Não se tem confirmação empírica da seleção atuando contra as formas recombinantes de *P. memnon*, mas o argumento é bastante convincente.

8.3 O mimetismo em *Heliconius* é controlado por mais de um gene, mas eles não estão fortemente ligados

Heliconius também existe em múltiplas formas,...

As borboletas das flores do maracujá do gênero *Heliconius* fornecem uma comparação interessante com *Papilio memnon*. Na América do Sul, duas espécies de *Heliconius*, *H. melpomene* e *H. erato*, apresentam múltiplas formas miméticas (Figura 8.1). Os padrões de coloração são, novamente, controlados por muitos locos: 15 em *H. erato* e 12 em *H. melpomene*. Entretanto, em ambas as espécies, os locos estão espalhados aleatoriamente por todos os cromossomos, em vez de estarem fortemente ligados. Quando duas formas de uma espécie de *Heliconius* são cruzadas, a descendência contém uma variedade caleidoscópica de formas recombinantes

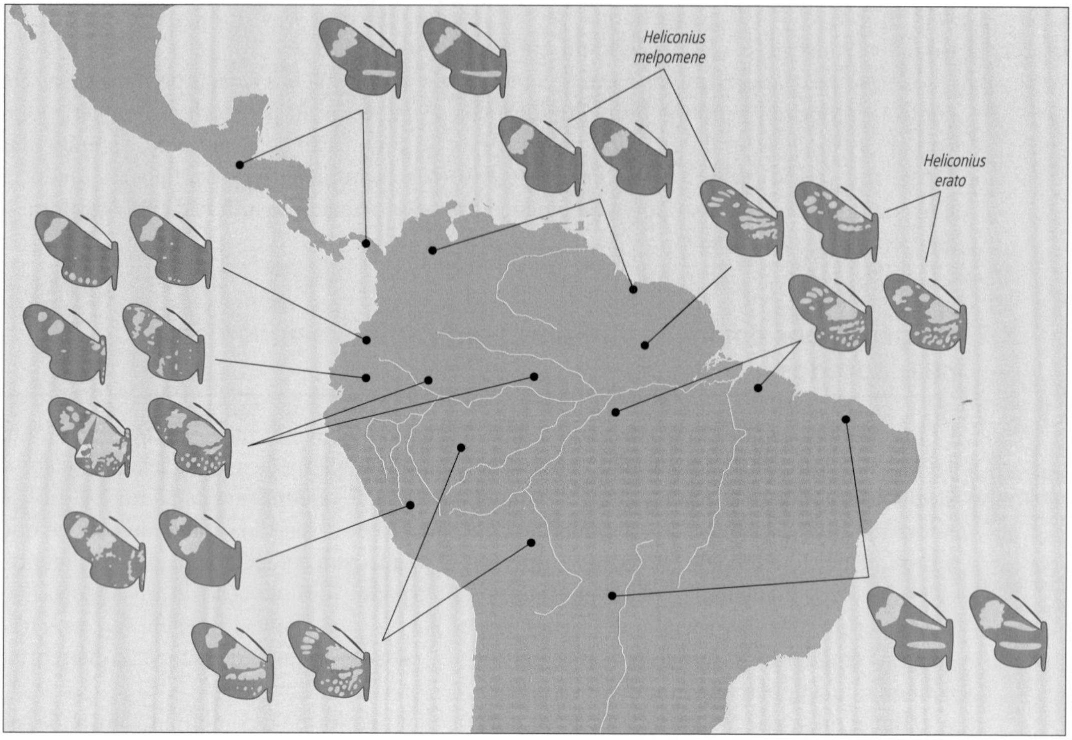

Figura 8.1

Duas espécies da borboleta *Heliconius* formam anéis miméticos paralelos na América do Sul. Em cada sítio indicado, ambas, *H. erato* e *H. melpomene*, estão presentes e mimetizam uma à outra; em locais diferentes as duas espécies

não-miméticas, que não se assemelham nem aos progenitores, nem a qualquer forma conhecida das espécies.

Por que a genética é diferente entre *Heliconius* e *P. memnon*? A razão provavelmente é geográfica. Em um lado da faixa de *P. memnon*, várias formas costumam viver lado a lado. Cruzamentos entre elas irão ocorrer com freqüência elevada de maneira natural. Porém, com *Heliconius*, normalmente apenas uma forma está vivendo em um determinado local. As diferentes formas são mantidas geograficamente separadas e não irão cruzar-se de forma natural. Além disso, em *Heliconius*, as áreas de sobreposição entre formas vizinhas são, ao que tudo indica, devidas a recentes expansões de amplitude: no passado, é possível que as faixas estivessem completamente separadas. As formas recombinantes não-miméticas de *Helicomius* são normalmente geradas apenas quando formas de locais diferentes são colocadas juntas no laboratório. Em *Heliconius*, não importa se os genes do mimetismo estão espalhados por todos os cromossomos, porque uma prole não-mimética não é normalmente produzida. Em *P. memnon* isso tem importância. Se os genes do mimetismo não estiverem ligados, as formas recombinantes serão produzidas – e serão mortas pelos predadores.

...porém sua genética difere da de *Papilio memnon*

8.4 A genética de dois locos está relacionada com as freqüências de haplótipos

Um haplótipo é uma combinação haplóide de genes em mais de um lócus

A teoria da genética de populações para um único loco está relacionada com as freqüências gênicas; a variável análoga na genética de populações de dois locos é a freqüência de *haplótipos*. (O termo haplótipo tem dois significados. Aqui ele se refere a uma combinação de alelos em mais de um loco. Ele também é usado, no seqüenciamento de DNA, para se referir à seqüência de bases de um de dois conjuntos de DNA individuais.) Para dois locos com dois alelos cada (A_1 e A_2, B_1 e B_2) existem quatro haplótipos, A_1B_1, A_1B_2, A_2B_1, A_2B_2. O genótipo de um indivíduo diplóide será semelhante a A_1B_1/A_1B_2[1]: ele possui dois haplótipos, cada um herdado de seus progenitores, da mesma forma como o genótipo de um loco contém dois genes de cada um dos dois progenitores. Caso os locos *A* e *B* estejam no mesmo cromossomo, cada haplótipo será uma combinação gênica em um cromossomo, porém os haplótipos também podem ser especificados para locos em cromossomos diferentes. A freqüência de um haplótipo em uma população pode ser contada como o número de gametas portadores de uma combinação particular de genes. Um haplótipo pode ser especificado por qualquer número de locos. Iremos discutir, principalmente, haplótipos de dois locos, mas os haplótipos no exemplo de *Papilio memnon* possuem cinco locos, e os padrões miméticos de *Heliconius* são controlados por de 12 ou 15 locos. Como este capítulo irá demonstrar, para entendermos a evolução das freqüências de haplótipos, necessitamos de alguns conceitos que não existem para as freqüências gênicas. A genética de populações de dois locos não é, portanto, simplesmente uma versão duplicada da genética de populações de um único loco.

8.5 As freqüências de haplótipos podem ou não estar em equilíbrio de ligação

Podemos iniciar fazendo uma pergunta como aquela que conduziu à teoria de Hardy-Weinberg para um loco. Na ausência de seleção, e em uma população infinita com cruzamentos aleatórios, quais serão as freqüências em equilíbrio dos haplótipos? A questão para múltiplos locos nos conduzirá para um outro conceito importante, chamado de *equilíbrio de ligação*.

O caso mais simples é para dois locos com dois alelos cada. A questão crucial é escrever as freqüências dos haplótipos observadas em termos de freqüências gênicas em cada loco, mais ou menos um fator de correção, chamado *D*. Considere a freqüência gênica na população de $A_1 = p_1$, $A_2 = p_2$, $B_1 = q_1$ e $B_2 = q_2$. Então:

Haplótipo	Freqüência na população
A_1B_1	$a = p_1q_1 + D$
A_1B_2	$b = p_1q_2 - D$
A_2B_1	$c = p_2q_1 - D$
A_2B_2	$d = p_2q_2 + D$

[1] Neste capítulo, traços oblíquos indicam genótipos diplóides. Assim, A_1/A_1 é um genótipo diplóide em um loco. A convenção é para evitar confusão com haplótipos, os quais são escritos aqui sem o traço oblíquo, por exemplo, o haplótipo A_1B_1. Um haplótipo refere-se aos alelos em dois (ou mais) locos que um indivíduo recebe de um de seus progenitores. Um indivíduo diplóide possui dois haplótipos. Os haplótipos possuem duas letras diferentes (para os dois locos), os genótipos de um loco possuem apenas uma letra. Genótipos de dois locos diplóides também são escritos aqui com um traço oblíquo, por exemplo, A_1B_1/A_2B_2.

O total das freqüências soma um. Ou seja, $a + b + c + d = 1$. (Também, $p_1q_1 + p_1q_2 + p_2q_1 + p_2q_2 = 1$, e a soma dos dois fatores $+D$ e dos dois $-D$ é zero.) O termo importante para se entender é D; ele é uma medida do "desequilíbrio de ligação". Equilíbrio de ligação é quando $D = 0$ e significa que os alelos nos dois locos são combinados de forma independente. Os dois alelos B poderiam, então, ser encontrados com qualquer um dos alelos A (tal como A_1) nas mesmas freqüências que eles seriam encontrados na população inteira. Se analisarmos todos os genes A_1, os q_1 deles estarão com os genes B_1 e q_2 com os genes B_2; da mesma forma, q_1 dos genes A_1 estarão com genes B_1 e q_2 com B_2. No equilíbrio de ligação, a freqüência do haplótipo A_1B_1 é p_1q_1. D mede os desvios do equilíbrio de ligação. Se $D > 0$, A_1 é mais freqüentemente encontrado com B_1 (e menos freqüentemente com B_2) do que seria esperado, caso os alelos nos dois locos fossem combinados de forma aleatória – a população contém um excesso de haplótipos A_1B_1 (e de A_2B_2).

Desequilíbrio de ligação é definido como um desvio de uma expectativa aleatória

As borboletas fornecem um exemplo

Papilio memnon é um exemplo de um elevado desequilíbrio de ligação. Se Clarke e Sheppard estão corretos, o alelo T_+ está quase sempre combinado com os outros alelos W_1, F_1, E_1 e B_1, em vez de com W_2, W_3 ou W_4 (e os alelos equivalentes nos outros locos). Existe uma grande quantidade de haplótipos $T_+W_1F_1E_1B_1$, $T_-W_2F_2E_2B_2$, $T_-W_3F_3E_3B_3$, etc., enquanto haplótipos tais como $T_+W_2F_2E_2B_2$, $T_+W_1F_2E_2B_2$ ou $T_+W_1F_1E_2B_2$ estão quase sempre ausentes. O desequilíbrio de ligação em *P. memnon*, como vimos, é causado por seleção. Nesta seção, entretanto, estamos questionando como um conjunto de freqüências de haplótipos poderia mudar ao longo do tempo na ausência de seleção.

Contruímos um modelo da freqüência dos haplótidos ao longo do tempo

Vamos retornar ao haplótipo A_1B_1. Ele possui uma freqüência definida como a em uma geração. Qual será a sua freqüência na próxima geração? (Podemos utilizar novamente a notação a' para a freqüência de A_1B_1 uma geração adiante.) Na ausência de seleção, as freqüências de cada gene serão constantes, mas as freqüências dos haplótipos podem ser alteradas por recombinação. A freqüência de A_1B_1 não pode ser alterada por recombinação em homozigotos duplos ou simples: o número de haplótipos A_1B_1 resultantes de um indivíduo A_1B_1/A_1B_1, ou de um indivíduo A_1B_1/A_1B_2, é o mesmo que o número inicial, existindo recombinação ou não. A freqüência só poderá ser alterada por recombinação nos duplos heterozigotos A_1B_1/A_2B_2 e A_1B_2/A_2B_1. Quando a recombinação ocorre em um indivíduo A_1B_1/A_2B_2, o número de haplótipos diminui; quando ela ocorre em um indivíduo A_1B_2/A_2B_1, o número de A_1B_1 aumenta. Para sermos exatos, metade dos genes de um duplo heterozigoto A_1B_1/A_2B_2 é A_1B_1; quando a recombinação ocorre entre os locos, a freqüência de A_1B_1 diminui por uma quantidade $-^1/_2$. De forma similar, a recombinação em um indivíduo A_1B_2/A_2B_1 aumenta a freqüência de A_1B_1 por uma quantidade $+^1/_2$.

A freqüência de heterozigotos A_1B_1/A_2B_2 na população é $2ad$ e de A_1B_2/A_2B_1 é $2bc$. A freqüência na qual os alelos em dois locos são recombinados por geração é definida como r. (r pode, teoricamente, ter qualquer valor até o máximo de 0,5, caso os locos estejam em cromossomos diferentes; r será entre 0 e 0,5 para locos no mesmo cromossomo, dependendo do quão fortemente ligados eles sejam – ver Seção 2.8, p. 58.) Assim:

$$a' = a - \frac{1}{2}r2ad + \frac{1}{2}r2bc$$

$$a' = a - r(ad - bc)$$

Agora, a expressão $(ad - bc)$ é simplesmente igual ao desequilíbrio de ligação D. (Isso é fácil de ser confirmado por meio da multiplicação de $ad - bc$ das definições anteriores de a, b, c e d.) Se $D = 0$, ou seja, se os genes estão associados de forma aleatória, as freqüências dos haplótipos são constantes: $a' = a$. Porém, se existe um excesso de haplótipos A_1B_1, o excesso diminui por uma quantidade rD por geração. A mesma relação mantém-se verdadeira para qualquer par de gerações sucessivas. Podemos ver o que está ocorrendo de forma gráfica, se substituirmos por a na equação:

$$a' = p_1q_1 + D - rD$$
$$a' - p_1q_1 = (1 - r)D$$

O desequilíbrio de ligação tende a diminuir com o passar do tempo

A diferença entre a e p_1q_1 é a quantidade do "excesso" do haplótipo A_1B_1 (ou seja, a quantidade pela qual a freqüência excede a freqüência randômica). Ela também é igual ao desequilíbrio de ligação ($D = a - p_1q_1$). Portanto:

$$D' = (1 - r)D$$

Na ausência de seleção e em uma população infinita e de cruzamentos aleatórios, a quantidade de desequilíbrio de ligação sofre uma queda exponencial em uma taxa igual à taxa de recombinação entre os dois locos (Figura 8.2). Em outras palavras, a diferença entre a freqüência atual de um haplótipo tal como A_1B_1 (a) e a proporção aleatória (p_1q_1) diminui a cada geração por um fator igual à taxa de recombinação entre os locos.

Com o tempo, quaisquer associações genéticas não-aleatórias irão desaparecer; a recombinação destruirá a associação. Quanto mais elevada for a taxa de recombinação, mais rápida será a destruição. O valor de r mais alto possível é $^1/_2$, o que é verdadeiro quando os dois locos estão em cromossomos diferentes. Associações genéticas persistem por mais tempo em locos fortemente ligados no mesmo cromossomo, como seria esperado de forma intuitiva.

As proporções dos haplótipos em equilíbrio possuem $D = 0$. No equilíbrio:

Haplótipo	Freqüência em equilíbrio
A_1B_1	$a = p_1q_1$
A_1B_2	$b = p_1q_2$
A_2B_1	$c = p_2q_1$
A_2B_2	$d = p_2q_2$

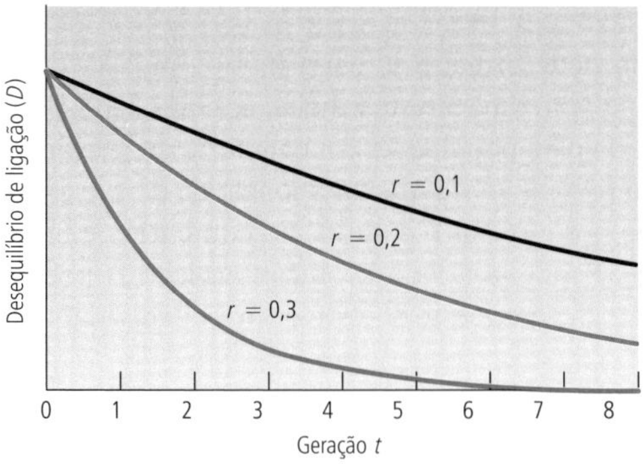

Figura 8.2

Associações não-aleatórias entre genes em diferentes locos são medidas pelo grau de desequilíbrio de ligação (D). A recombinação entre os locos quebra o desequilíbrio de ligação, o qual decai em uma taxa exponencial igual à taxa de recombinação entre os locos.

A recombinação rompe o desequilíbrio de ligação

Essas são as freqüências que encontramos anteriormente e chamamos de equilíbrio de ligação. Podemos agora ver por que é chamado de "equilíbrio". Na ausência de seleção, a ação de recombinação irá guiar os haplótipos para essas freqüências e, então, mantê-las assim.

A recombinação torna associações gênicas aleatórias com o passar do tempo. Se um excesso de um haplótipo, tal como A_1B_1, existe, a recombinação tenderá a rompê-lo, e A_1 acabará com B_1 e B_2 em suas proporções populacionais (q_1 e q_2) e B_1 com A_1 e A_2 nas suas proporções populacionais (p_1 e p_2). No equilíbrio de ligação, cada um dos dois alelos no loco A, A_1 e A_2 estará, então, associado a B_1 na mesma proporção.

O equilíbrio de ligação é, de certa forma, a analogia para um sistema de dois locos do equilíbrio de Hardy-Weinberg para o sistema de um loco. Ele descreve o equilíbrio alcançado na ausência de seleção e em uma população infinita com cruzamentos aleatórios. O equilíbrio de ligação, entretanto, é uma propriedade de haplótipos, não de genótipos. Um indivíduo diplóide possui dois haplótipos, e, no equilíbrio, os genótipos em cada loco estarão nas proporções de Hardy-Weinberg, enquanto os haplótipos estarão no equilíbrio de ligação. Note também que, enquanto o equilíbrio de Hardy-Weinberg para um loco é instantaneamente alcançado em uma geração (Seção 5.3, p. 128), são necessárias várias gerações para que o equilíbrio de ligação seja alcançado.[2]

É interessante saber se uma população está em equilíbrio ou em desequilíbrio de ligação

O equilíbrio de ligação é interessante por três motivos. A teoria de Hardy-Weinberg para um loco foi o modelo mais simples na genética de populações de um único loco e ela ilustra como construir um modelo com relações de repetição para freqüências gênicas. O modelo do equilíbrio de ligação é, da mesma forma, o modelo mais simples para dois locos e demonstra como construir uma relação de repetição para freqüências de haplótipos. Em segundo lugar, assim como a teoria de Hardy-Weinberg, ele fornece uma base teórica, informando-nos se alguma coisa interessante está ocorrendo em uma população. Desvios das proporções de Hardy-Weinberg em uma população natural sugerem que seleção, cruzamentos não-aleatórios ou efeitos de amostragem podem estar atuando. Da mesma maneira, se dois locos estão em desequilíbrio de ligação, também podemos suspeitar que uma ou mais dessas variáveis estão agindo. Se a primeira coisa que tivéssemos descoberto sobre *Papilio memnon* tivesse sido o desequilíbrio de ligação, poderíamos ter sido levados a estudar como a seleção estava atuando sobre os locos e, talvez, acabássemos descobrindo o polimorfismo mimético. De fato, a direção da pesquisa em *P. memnon* foi da maneira oposta, mas a questão geral, que o desequilíbrio de ligação indicava alguma coisa interessante, permaneceu verdadeira.

Modelos de múltiplos locos mais complexos são necessários apenas para populações em desequilíbrio de ligação

O equilíbrio de ligação também pode dizer se a teoria mais complexa de dois locos é necessária em um caso real. Para uma aproximação superficial, a teoria da genética de populações para um único loco é satisfatória para populações em equilíbrio de ligação. É quando os genes se tornam associados de forma não-aleatória que um modelo de dois locos é necessário. O caso que estamos discutindo pode nos mostrar o porquê. No equilíbrio de ligação, A_1 e A_2 estão igualmente associados com B_1. Para entender a evolução no loco A podemos ignorar, então, os valores adaptativos de B_1 e B_2, porque se B_1 estiver mais bem-adaptado que B_2, a

[2] Os termos "equilíbrio de ligação" e "desequilíbrio de ligação" não são muito satisfatórios. Eles foram primeiramente utilizados por Lewontin e Kojima, em 1960. "Desequilíbrio de ligação" pode existir sem ligação – dentre genes em cromossomos diferentes –, e ele também pode existir em equilíbrio, como veremos. Ele é, portanto, como o equilíbrio de Hardy-Weinberg, um equilíbrio sob determinadas condições especificáveis. A palavra ligação é evitada em alguns outros termos, tais como "equilíbrio de fase gamética", os quais também estão em uso; mas desequilíbrio de ligação é o termo mais comum. Também existem outras maneiras de se medir associações não-aleatórias entre genes além de D, porém todos os pontos do princípio podem ser feitos com D.

associação com B_1 irá beneficiar A_1 e A_2 de forma semelhante (e B_2 irá prejudicá-los igualmente). Porém, se A_1, por exemplo, estiver mais associado a B_1 do que A_2 (ou seja, a população estiver em desequilíbrio de ligação), então qualquer vantagem de B_1 sobre B_2 dará origem, de forma passiva, a uma vantagem para A_1. Para entender as trocas de freqüências de A_1 precisamos, então, conhecer os valores adaptativos de B_1 e B_2 e o grau de associação que A_1 tem com eles: necessitamos de um modelo de dois locos.

8.6 Os genes HLA humanos são um sistema de múltiplos locos

Os genes HLA funcionam na resposta imune

O sistema HLA em humanos é um conjunto de genes ligados no cromossomo humano 6; eles controlam as reações de "histocompatibilidade". Quando um órgão é transplantado de um indivíduo para outro, ele é imunologicamente rejeitado pelo receptor em questões de dias – enxertos de pele duram cerca de 2 a 15 dias, por exemplo. A rejeição supõe que o sistema imune possa distinguir entre células "próprias" e "exógenas", e acredita-se que a distinção seja realizada pelos produtos dos genes HLA. Os genes HLA codificam as proteínas transmembrânicas das células do sistema imune. A melhor evidência para suas funções veio de experimentos de curvas de tempo de rejeição de transplantes de fígado entre irmãos, que possuíam ou não compatibilidades entre seus genes HLA. Em transplantes de fígado entre irmãos com genes HLA compatíveis, cerca de 90% dos transplantados ainda sobreviveram após 48 meses; porém, entre irmãos com genes HLA não-compatíveis, 90% sobreviveram por quatro meses e apenas cerca de 40% por 48 meses.

Alguns locos HLA são altamente polimórficos

O sistema HLA contém um grande número de genes (Figura 8.3); enfocaremos dois deles, chamados HLA-*A* e HLA-*B*. Cada loco HLA, em uma população humana, é altamente polimórfico: apenas no loco *B* devem existir, talvez, 16 alelos com freqüências de 1 a 10% e muitos outros alelos raros; por exemplo, uma amostra de 874 pessoas na França continha 31 alelos diferentes no loco *B* e outros 17 alelos no loco *A*. Esses são graus de variabilidade excepcionalmente elevados. Locos mais comuns (diferentes do HLA) podem ter de 1 a 5 alelos, número muito menor do que o encontrado no HLA. A razão para a variabilidade elevada é incerta: mas ela poderia permitir ao genótipo HLA de um indivíduo, mesmo em uma população grande, ser único, o que é presumivelmente importante na distinção entre padrões celulares próprios de exógenos.

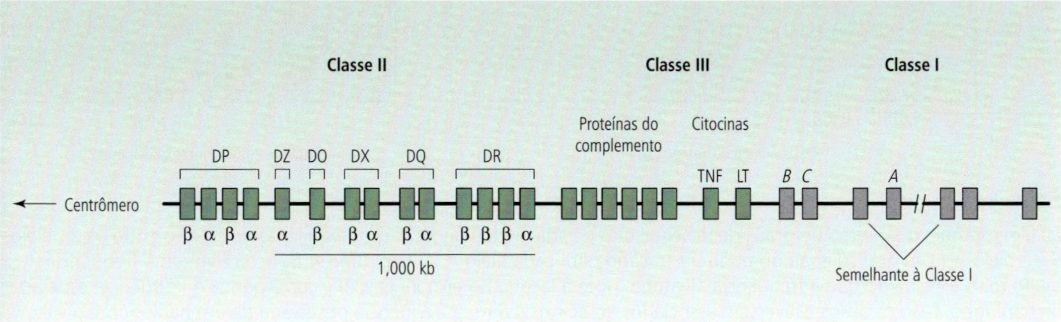

Figura 8.3

Mapa genético do loco HLA humano no cromossomo 6. O texto concentra-se sobre os locos *A* e *B*, mas existem muito mais genes no sistema de histocompatibilidade (não representado proporcionalmente à escala).

Determinados alelos de HLA estão associados a determinadas doenças e à resistência a elas. A associação mais forte até o momento encontrada é entre a espondilite ancilosante e o alelo B27; 90% das pessoas com essa doença possuem o alelo B27, contra apenas 7% na população como um todo. Por outro lado, o alelo B27 confere, mais do que a média, resistência ao HIV. A completa diversidade de tipos de HLA reflete a história da coevolução entre os homens e os agentes patológicos. Os agentes patológicos podem ter tentado enganar o sistema imune para que este tratasse o agente como parte do organismo, e a população humana teria, então, respondido, ao longo do tempo evolutivo, por meio do desenvolvimento de novos alelos HLA, que funcionariam como indicadores novos e confiáveis de coisas "próprias". Isso teria fornecido uma vantagem adicional à variabilidade nos locos HLA. Um indivíduo heterozigoto com duas proteínas HLA pode comparar a si próprio com um possível invasor de duas maneiras: o invasor tem de se combinar com um homozigoto em apenas uma situação, mas com um heterozigoto ele tem de se combinar em duas situações independentes. Os locos HLA, portanto, provavelmente apresentam uma vantagem do heterozigoto (Seção 5.11, p. 151), e o mesmo processo pode ter provocado um padrão de evolução excepcional nas trocas de bases silenciosas e não-silenciosas dentro das trincas de códons dos aminoácidos.

Existe desequilíbrio de ligação entre alguns lócus HLA

O sistema HLA também fornece exemplos de desequilíbrio de ligação. Combinações particulares de genes são encontradas em proporções maiores do que combinações aleatórias. Em populações do norte da Europa, existe um excesso bastante característico do haplótipo A_1B_8. A Figura 8.4a dá uma visão mais geral. Ela mostra os valores do desequilíbrio de ligação para todas as combinações de alelos *B* e o alelo A. Pode existir um gráfico análogo para cada alelo A. Na Figura 8.4a, $D = 0{,}07$ para A_1B_8. Se A_1 e B_8 se associam em suas proporções populacio-

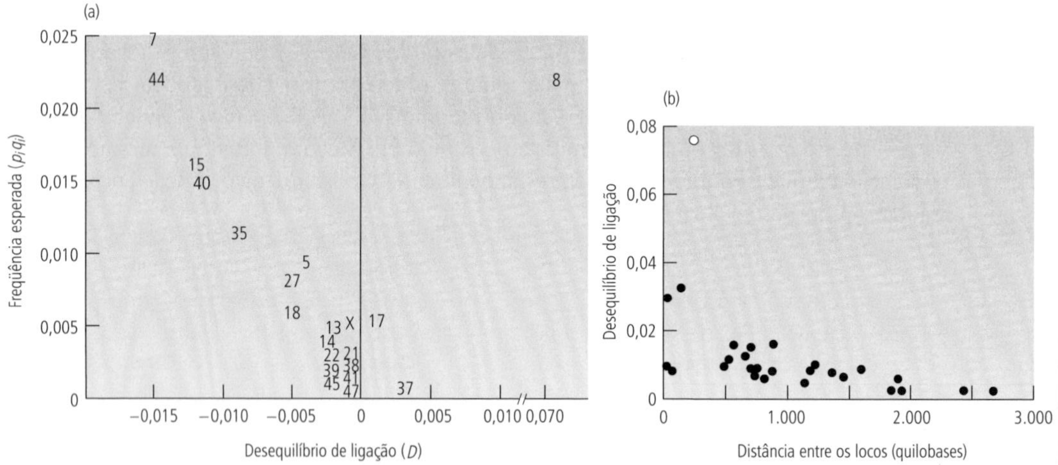

Figura 8.4

(a) Um exemplo do padrão de graus de desequilíbrio de ligação (*D*) no HLA: o desequilíbrio de ligação entre os 21 alelos *B* e o alelo A_1. Um gráfico análogo pode ser traçado para cada alelo *A*. O haplótipo A_1B_8 ocorre em uma freqüência muito mais elevada do que a freqüência aleatória (note a lacuna no eixo *x*). O eixo *y* corresponde à freqüência esperada do haplótipo, caso os alelos estivessem associados ao acaso. Assim, a freqüência observada de um haplótipo é o valor no eixo *y* mais (ou menos) seu valor no eixo *x*. (b) O desequilíbrio de ligação entre oito locos HLA: locos mais fortemente ligados apresentam desequilíbrio de ligação mais elevado; o eixo *y* representa um tipo de desequilíbrio de ligação médio para os múltiplos alelos (ver Hedrick *et al.* [1991] para a medida exata). Na Figura 8.3 está um mapa dos locos, compare com a Figura 8.2 para o efeito da recombinação. Redesenhada, com permissão da editora, de Hedrick *et al.* (1991).

nais, A_1B_8 teriam uma freqüência de cerca de 0,023 (2,3%); mas, de fato, em cerca de 9,3% dos indivíduos (0,093 – 0,023 = D = 0,07). Em todos, os locos HLA-A e B possuem cerca de seis casos claros de desequilíbrio de ligação; A_1B_8 e A_3B_7 são os mais impressionantes. A razão de por que esses haplótipos são encontrados em proporções maiores do que as aleatórias é incerta, embora seja geralmente aceito que isso seja devido à seleção em favor de combinações gênicas. Porém, a seleção não é a única razão possível para o desequilíbrio de ligação, como a próxima seção demonstrará.

8.7 O desequilíbrio de ligação pode existir por diversas razões

O desequilíbrio de ligação pode ser causado por seleção...

A recombinação interrompe associações gênicas não-aleatórias, e, ainda em alguns casos, como *Papilio memnon* e os genes HLA, associações não-aleatórias existem. O que está causando o desequilíbrio de ligação? Em *Papilio* e pelo menos em algumas associações de HLA, isso provavelmente é devido à seleção. Se a seleção favorece indivíduos com combinações particulares de alelos, então ela produz desequilíbrio de ligação. Porém, a seleção não é a única causa possível para o desequilíbrio de ligação, e um estudo completo de um caso real deve examinar três outros fatores.

... e por ligação,...

O primeiro fator é a ligação. Para locos ligados, um grande número de gerações é necessário para que a recombinação realize a sua função de torná-los aleatórios (ver Figura 8.2). Locos fracamente ligados não irão apresentar desequilíbrio de ligação por muito tempo. Entretanto, como a taxa de recombinação entre dois locos diminui, o tempo que os alelos podem estar associados entre eles de forma não-aleatória aumenta. Isso pode explicar por que, no sistema humano HLA, o desequilíbrio médio de ligação é maior entre locos mais fortemente ligados (Figura 8.4b). Para locos fortemente ligados, alguns desequilíbrios de ligação podem persistir indefinidamente.

... deriva aleatória,...

Um segundo fator que pode causar desequilíbrio de ligação é a deriva aleatória. Processos aleatórios possuem a propriedade interessante de serem capazes de causar desequilíbrios de ligação persistentes, não apenas transitórios. Se a deriva aleatória produz, ao acaso, um excesso de um haplótipo em uma geração, o desequilíbrio de ligação terá aparecido. Isso é verdadeiro para todos os quatros haplótipos: a amostragem aleatória que produz um excesso de qualquer um deles irá perturbar o estado de equilíbrio de ligação. Qualquer haplótipo poderá ser "favorecido" pelo acaso, de forma que é igualmente provável que o desequilíbrio seja $D > 0$ ou $D < 0$. À medida que a população se aproxima do equilíbrio de ligação, todas as flutuações aleatórias nas freqüências dos haplótipos tenderão a se afastar dos valores do equilíbrio de ligação; se uma população está bastante afastada do ponto de equilíbrio de ligação, será igualmente provável que a amostragem aleatória irá movê-la para mais longe do equilíbrio. A maioria das populações naturais está, provavelmente, próxima ao equilíbrio de ligação (ver adiante, Figura 8.5), e, assim, o balanço entre a criação aleatória do desequilíbrio de ligação e a sua destruição por recombinação, em populações bastante pequenas, é tal que o desequilíbrio de ligação irá persistir.

...e deriva não-aleatória

O terceiro fator é o cruzamento não-aleatório. Se indivíduos com o gene A_1 tendem a cruzar com tipos B_1, em vez de com tipos B_2, os haplótipos A_1B_1 terão uma freqüência em excesso sobre a de cruzamentos aleatórios. (O efeito exato depende de serem os indivíduos homozigotos A_1/A_1 que cruzam não-aleatoriamente ou os homozigotos e os heterozigotos A_1/A_2, e eles cruzarem preferencialmente apenas com homozigotos B_1/B_1, ou com heterozigotos B_1/B_2 também. Porém, o efeito geral de cruzamentos não-aleatórios sobre o desequilíbrio de ligação não é complicado.)

Os três processos, diferentes da seleção, provavelmente contribuem para alguns casos de desequilíbrio de ligação na natureza. O processo que tem interessado mais aos biólogos evolutivos, entretanto, é a seleção natural. Iremos, agora, considerar como podemos modelar o efeito da seleção sobre a freqüência dos haplótipos.

8.8 Modelos de seleção natural de dois locos podem ser construídos

A seleção natural pode trabalhar sobre cada loco de forma independente...

O efeito da seleção natural nas freqüências dos haplótipos em modelos de dois locos, como seu efeito sobre as freqüências gênicas em modelos de um único loco, depende dos valores adaptativos dos genótipos. Devemos identificar o valor adaptativo de cada genótipo, e existem muitas maneiras pelas quais isso pode ser feito. Em um dos modelos de dois locos mais simples, o valor adaptativo de um genótipo de dois locos é o produto dos valores adaptativos de seus dois genótipos de um único loco. O modelo será realista se o valor adaptativo de um loco for independente do genótipo no outro. Suponha, por exemplo, que o loco A influencia a sobrevivência da idade de 1 a 6 meses, tal que:

Genótipo	A_1/A_1	A_1/A_2	A_2/A_2
Chance de sobrevivência	w_{11}	w_{12}	w_{22}

e o outro loco influencia a sobrevivência dos 6 aos 12 meses:

Genótipo	B_1/B_1	B_1/B_2	B_2/B_2
Chance de sobrevivência de 6 a 12 meses	x_{11}	x_{12}	x_{22}

...produzindo valores adaptativos multiplicativos

A chance total de sobrevivência da idade de 1 a 12 meses será, então, o produto dos dois genótipos que um indivíduo possui, porque a seleção na idade de 1 a 6 meses é independente da seleção na idade de 6 a 12 meses:

	A_1/A_1	A_1/A_2	A_2/A_2
B_1/B_1	$w_{11}x_{11}$	$w_{12}x_{11}$	$w_{22}x_{11}$
B_1/B_2	$w_{11}x_{12}$	$w_{12}x_{12}$	$w_{22}x_{12}$
B_2/B_2	$w_{11}x_{22}$	$w_{12}x_{22}$	$w_{22}x_{22}$

Esses valores adaptativos são chamados de *multiplicativos*. O valor adaptativo individual para esses dois genótipos é encontrado multiplicando-se os valores adaptativos de cada um dos genótipos de um loco. Os genótipos são independentes, no sentido de que o efeito de um genótipo na sobrevivência é independente do outro loco. Um indivíduo com o genótipo A_1/A_1 possui uma chance de sobrevivência na idade de 1 a 6 meses de w_{11}, seja o seu genótipo no outro loco B_1/B_1, B_1/B_2 ou B_2/B_2.

Um modelo de trocas nas freqüências dos haplótipos pode ser construído

O próximo passo é estabelecer uma relação de repetição entre a freqüência de um haplótipo em uma geração e na seguinte. Entretanto, não necessitamos refazer todos os cálculos matemáticos aqui. Em linhas gerais, o procedimento é o mesmo como para o caso de um único loco, com o fator adicional de recombinação. A relação de recorrência para as freqüências dos haplótipos leva em consideração a freqüência e o valor adaptativo de todos os genótipos em que um haplótipo é encontrado. Também é preciso somar e subtrair o número de cópias recebidas e perdidas por recombinação: multiplicamos por $(1 - r)$ a freqüência dos duplos heterozigotos contendo o haplótipo, e por r a freqüência do duplo heterozigoto que pode gerá-lo, caso a recombinação ocorra. As leis mendelianas são, então, aplicadas, e o resultado é a freqüência do haplótipo na próxima geração.

Quais os tipos de seleção que causam desequilíbrio de ligação? A questão é importante porque, como temos visto, modelos de dois locos são particularmente necessários quando existe desequilíbrio de ligação. Com valores adaptativos multiplicativos, as freqüências dos haplótipos quase sempre seguem para o equilíbrio de ligação. (O desequilíbrio de ligação apenas será possível se ambos os locos forem polimórficos. Se um gene é fixado em um dos locos, $D = 0$ de forma trivial. Os valores adaptativos, w_{11}, etc., como escritos anteriormente, foram independentes de freqüência. Um equilíbrio em heterozigosidade duplo, então, requer a vantagem do heterozigoto em ambos os locos: $w_{11} < w_{12} > w_{22}$, $x_{11} < x_{12} > x_{22}$; ver Seção 5.12.1, p. 153.) Se existir desequilíbrio de ligação constante entre dois locos que possuem relações de valores adaptativos multiplicativos, esse desequilíbrio irá decair para zero à medida que as gerações prosseguirem.

O desequilíbrio de ligação aparece com valores adaptativos epistáticos, tal como os que existem nas borboletas miméticas

O caso mais interessante é quando os valores adaptativos de dois locos interagem de maneira *epistática* (é dito que os valores adaptativos mostram *epistasia*). A seleção no polimorfismo mimético de *Papilio memnon* é epistática. Interação epistática significa que o efeito do valor adaptativo de um genótipo depende de com quais genótipos, em outros locos, esse genótipo está associado.

Podemos simplificar a situação em *P. memnon* imaginando que um loco controla se a borboleta possui uma cauda em suas asas traseiras e um outro loco controla a coloração. (Na realidade, pelo menos quatro locos influenciam a coloração.) Digamos que T_+ (presença de cauda) seja dominante sobre T_- (ausência). No outro loco, C_1 é dominante, e indivíduos C_1/C_1 e C_1/C_2 possuem um padrão de coloração que mimetiza uma espécie modelo com uma cauda, enquanto indivíduos C_2/C_2 são coloridos como uma espécie modelo que não possui cauda. O valor adaptativo de cada genótipo depende de qual genótipo estará no outro loco. Por exemplo, um genótipo T_+/T_+ na mesma borboleta que um genótipo C_2/C_2 estará menos adaptado do que um genótipo T_-/T_- com C_1/C_1. Os valores adaptativos podem ser escritos como se segue (a simplificação em relação às matrizes de valores adaptativos anteriores surge devido à dominância e porque existe um termo único para o valor adaptativo de ambos os locos, em vez de um termo para cada loco):

	T_+/T_+	T_+/T_-	T_-/T_-
C_1/C_1	w_{11}	w_{11}	w_{21}
C_1/C_2	w_{11}	w_{11}	w_{21}
C_2/C_2	w_{12}	w_{12}	w_{22}

No caso que discutimos, w_{12} é o valor adaptativo de uma borboleta com uma cauda e com o padrão de coloração de um modelo sem cauda, portanto, $w_{12} < w_{11}$ e w_{22}. w_{21} é o valor adaptativo de uma borboleta sem uma cauda, mas com o padrão de coloração de um modelo com cauda. Portanto, $w_{21} < w_{11}$ e w_{22}. A seleção, agora, favorece os genótipos $T_+/-$ quando eles estão com $C_1/-$, mas não quando com C_2/C_2, e favorece T_-/T_- quando ele está com C_2/C_2, mas não quando com $C_1/-$ (o traço implica que não importa qual gene está presente, devido à dominância). As relações de valores adaptativos são epistáticas. Agora, poderá existir um equilíbrio polimórfico duplo. Todos os quatro alelos estarão presentes, e os haplótipos T_+C_1 e T_-C_2 terão freqüências desproporcionalmente elevadas. Os haplótipos T_+C_1 e T_-C_2 serão negativamente selecionados, porque eles costumam encontrar a si mesmos em borboletas insuficientemente miméticas. O desequilíbrio de ligação ($D > 0$, nesse caso) existe em equilíbrio.

Em geral, a seleção pode produzir desequilíbrio de ligação em equilíbrio apenas quando os valores adaptativos dos genótipos em locos diferentes interagem de forma epistática. Nem todas as interações de valores adaptativos epistáticas geram equilíbrios polimórficos duplos com desequilíbrio de ligação. Porém, em todas (ou em praticamente todas) tal equilíbrio possui valores adaptativos epistáticos.

O quão freqüentemente as interações de valores adaptativos reais são multiplicativas ou epistáticas é uma questão empírica

Temos discutido os diferentes tipos de interações de valores adaptativos – multiplicativas ou epistáticas (e existem outras também) – como propriedades de modelos formais. Genes reais, em organismos reais, também possuirão interações de valores adaptativos, e a questão mais importante é determinar de que tipos serão essas interações. Existem casos, como *Papilio*, no qual a epistasia está presente e é poderosa; mas esses podem ser exemplos isolados, e não representantes de uma condição geral. Os biólogos evolutivos estão interessados em saber se as interações entre os locos são geralmente epistáticas e geram um forte desequilíbrio de ligação, ou se elas são geralmente independentes e geram equilíbrio de ligação. Esses dois extremos correspondem mais ou menos a uma escola de pensamento mais "holística" e a uma mais "atomística" (ou "reducionista"), embora isso não queira dizer que eles correspondam a dois campos claramente demarcados da Biologia.

Nenhuma resposta geral está disponível ainda, mas é possível fazer algumas observações. Locos diferentes tenderão a interagir de forma multiplicativa quando eles possuírem efeitos independentes sobre a sobrevivência e a reprodução de um indivíduo. Alguns biólogos sugerem que os locos que influenciam eventos em tempos diferentes na vida de um organismo são mais prováveis de mostrar relações de valores adaptativos multiplicativas (embora também seja possível que tais eventos interajam). Interações epistáticas podem ser mais prováveis para locos que controlam partes de um organismo extremamente interdependentes. A extensão que esperamos que os locos interajam de forma epistática ou não, desse modo, vagamente depende do quão atomística ou holística é a visão que temos do organismo (ver também Seção 8.12, adiante).

Epistasia de valor adaptativo não é o mesmo que interação genética

Note que uma interação de valor adaptativo epistática não é o mesmo que uma simples interação fisiológica ou embriológica. A epistasia de valor adaptativo necessita de heterozigosidade em dois locos. Imagine um caso no qual o loco *A* controla, digamos, a força muscular e o loco *B* controla a taxa metabólica. Músculos e metabolismo interagem em um sentido fisiológico: quando os músculos são postos para funcionar, a taxa metabólica se eleva. Entretanto, se a população está fixada para homozigotos em ambos os locos (todos os indivíduos sendo A_1B_1/A_1B_1), então não poderá existir qualquer epistasia de valor adaptativo. O valor adaptativo epistático necessita de heterozigosidade em ambos os locos e do tipo de relação de valor adaptativo que vimos no exemplo de *Papilio memnon*. Essa é uma condição especial. Embora seja freqüentemente chamada de "interação" de valor adaptativo, o termo interação está sendo usado em um sentido técnico, quase coloquial.

Podemos também testar empiricamente o quão comuns são as interações de valores adaptativos epistáticas na natureza. O desequilíbrio de ligação é produzido por seleção epistática, e o grau de desequilíbrio de ligação em uma população pode ser medido. Se ele for alto, então a seleção epistática pode ser comum. O argumento funciona em uma direção, mas não na outra: porque existem várias causas possíveis de desequilíbrio de ligação (Seção 8.7), sua existência não demonstra seleção epistática; entretanto, se o desequilíbrio de ligação for ausente ou baixo, podemos inferir que a seleção epistática não é importante na natureza.

O desequilíbrio de ligação foi medido em micróbios,...

Poucas pesquisas gerais sobre a extensão do desequilíbrio de ligação foram feitas em populações naturais. Uma, feita por Maynard Smith *et al.* (1993) em bactérias encontrou níveis elevados de desequilíbrio de ligação em algumas espécies, tal como *Escherichia coli* (que vive no intestino de humanos e de outros mamíferos), porém, baixos níveis em outras espécies, tal como *Neisseria gonorrhoeae*. A razão pela qual muitas bactérias mostram desequilíbrio de ligação é que elas se reproduzem de forma assexuada, e não existe recombinação para reduzir o desequilíbrio de ligação. Porém, certas bactérias algumas vezes trocam genes entre células individuais, embora não pelo tipo de processo sexual que os eucariotos utilizam. *N. gonorrhoeae* presumivelmente possui uma elevada troca genética entre indivíduos para produzir um equilíbrio de ligação.

...e em moscas-das-frutas

Nos organismos eucariotos que se reproduzem de forma sexuada, as evidências sugerem que existem poucos desvios do equilíbrio de ligação na natureza. A principal evidência veio historicamente de pesquisas de polimorfismos protéicos, para ver de forma direta se genes em diferentes locos estavam associados. A Figura 8.5 ilustra alguns resultados abrangentes para a mosca-das-frutas *Drosophila*. Alguma evidência de desequilíbrio de ligação é encontrada, mas os resultados sugerem que o nível é baixo e que muitos locos estão em equilíbrio de ligação. Evidência de seqüência de DNA também está agora se tornando disponível e mostra basicamente o mesmo padrão. Interações epistáticas são indiscutivelmente importantes em casos particulares, como *Papilio*, mas elas podem não ser comuns para locos polimórficos em espécies que se reproduzem de forma sexuada.

Nem todos os biólogos concordam com essa conclusão. Eles podem não estar convencidos pelas evidências da Figura 8.5, achando-a, talvez, "limitada" ou "para uma única espécie". A quantidade de interação entre locos que deve ocorrer durante o desenvolvimento de um organismo complexo é tão alta que eles deveriam esperar que interações de valores adaptativos epistáticas fossem comuns. Essa é a suposição da escola de pensamento dos seguidores de Wright, cujas idéias iremos discutir no final do capítulo.

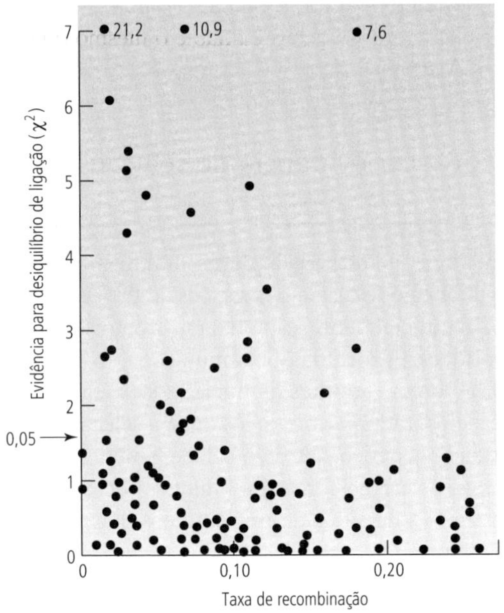

Figura 8.5

Desequilíbrio de ligação (sobre o eixo *y*) entre amostras analisadas por eletroforeses em gel de pares de genes em *Drosophila*. Ele está assinalado como um valor de χ^2. O valor de χ^2 indica o quão forte é a evidência para o desequilíbrio de ligação: quanto maior o χ^2, maior será o desequilíbrio de ligação entre determinado par de genes. (O valor de χ^2 correspondente à significância estatística de 0,05 está indicado.) A maioria dos pares de genes possui um desequilíbrio de ligação insignificante ou pequeno (isto é, baixo χ^2). No eixo χ está a taxa de recombinação entre os pares de genes. De Langley (1977).

Evidência para desequilíbrio de ligação (χ^2)

8.9 O efeito carona ocorre em modelos de seleção de dois locos

A seleção natural em um loco pode causar evolução em locos ligados

Quando um gene está mudando de freqüência em um loco ao longo do tempo, ele pode provocar trocas relacionadas em genes ligados; de forma inversa, eventos em locos ligados podem interferir com um outro gene. Suponha, por exemplo, que a seleção direcionada esteja substituindo um alelo *A'* por outro alelo (*A*) em um loco e que existe um polimorfismo neutro (*B, B'*) em um loco ligado. Assim, qualquer que seja o gene, *B* ou *B'*, que esteja ligado com *A'* quando ele aparece como um mutante terá a sua freqüência aumentada. Se ocorrer de o novo mutante *A'* surgir em um cromossomo que contém um gene *B*, *B* será eventualmente fixado junto com o alelo seletivamente favorecido *A'*, a menos que a recombinação os separe antes que *A* seja eliminado. O aumento na freqüência do alelo *B* é devido ao *efeito carona*.

Outra possibilidade é a de que o polimorfismo no loco *B* seja um polimorfismo seletivamente "balanceado" devido à vantagem do heterozigoto. Suponha, mais uma vez, que uma mutação seletivamente favorecida *A'* surja em um loco ligado e que isso venha a ocorrer no mesmo cromossomo do alelo *B*. Agora, o polimorfismo no loco *B* irá interferir com o progresso de *A'*. À medida que *A'* aumenta em freqüência por meio da seleção direcionada, ele irá aumentar a freqüência de *B* concomitante. Devido ao fato de *A'* estar ligado a *B*, este será mais provável de estar em um organismo com um genótipo homozigoto *B/B* do que o alelo *A* e menos provável de estar em um heterozigoto *B/b*. *B/b* possui um valor adaptativo mais elevado do que *B/B*, e a seleção contra indivíduos *B/B* irá atuar também contra o gene *A'*. Dependendo dos coeficientes de seleção nos dois locos e da taxa de recombinação entre eles, a vantagem do heterozigoto no loco *B* pode diminuir a taxa na qual *A'* é fixado. O gene *A'* terá, então, de esperar pela recombinação entre os dois locos, antes que ele possa progredir em direção à sua fixação.

8.10 A varredura seletiva pode fornecer evidência de seleção em seqüências de DNA

A seleção natural em um loco tende a reduzir a diversidade em locos ligados

Uma conseqüência do efeito carona é que quando a seleção natural fixa um gene novo e favorável, a quantidade de variação genética é reduzida nas regiões de DNA vizinhas. Quando uma mutação favorável aparece, ela irá, inicialmente, estar em um cromossomo, o qual possui uma seqüência particular de nucleotídeos. À medida que a mutação é fixada, ela carrega os nucleotídeos que estão ligados a ela. Outras variantes de nucleotídeos em sítios vizinhos do DNA são eliminadas, junto com os alelos inferiores nos locos onde a seleção está atuando. O resultado é uma redução da diversidade genética. (A diversidade genética pode ser medida pelo seqüenciamento do DNA de muitos cromossomos de muitas moscas-das-frutas individuais e, depois, pela contagem das frações de sítios de nucleotídeos que diferem entre dois cromossomos selecionados aleatoriamente.)

A varredura reduz a diversidade genética principalmente nos locos em que a seleção está atuando. No DNA das proximidades, a diversidade será reduzida; para mais adiante, a diversidade ainda será reduzida, mas em quantidades cada vez mais reduzidas, quanto mais distante do loco selecionado for analisado. É mais provável que a recombinação tenha separado a mutação favorecida de seus nucleotídeos inicialmente ligados em sítios de DNA mais distantes. A homogeneização (ou seja, a redução na diversidade) de DNAs próximos quando

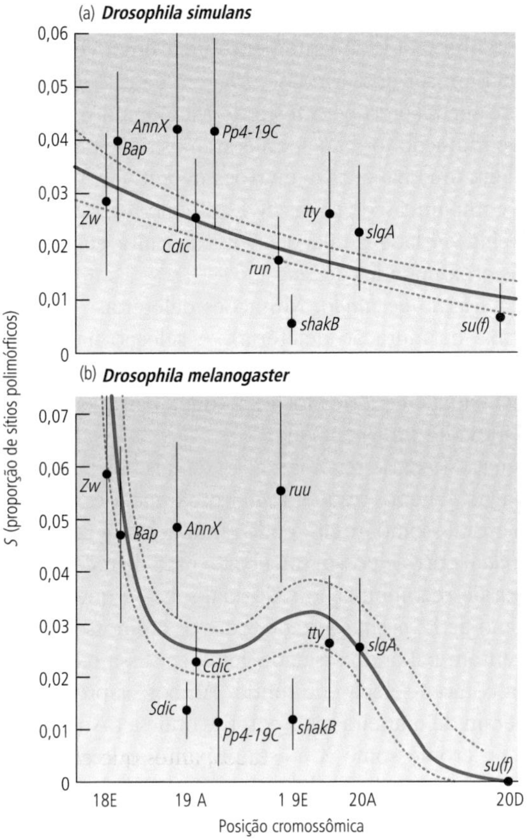

Figura 8.6

Varredura seletiva causada pela substituição recente do gene *Sdic* em *Drosophila melanogaster*. O eixo *y* fornece a quantidade de diversidade genética. O eixo *x* representa a posição no cromossomo X. A diversidade diminui em direção ao centrômero (está fora da figura, no lado direito), onde a taxa de recombinação é diminuída. A diversidade próxima ao gene *Sdic* em *D. melanogaster* é menor do que seria esperado em relação à sua posição no cromossomo X. Se não tivesse ocorrido uma varredura seletiva de *Sdic*, com o gráfico de *D. melanogaster* (b) seria muito parecido com o gráfico de *D. simulans* (a). Os pontos são para vários locos gênicos, e a linha ao redor de cada ponto é o intervalo de confiança de aproximadamente 50%. De Nurminsky *et al.* (2001).

a seleção natural fixa um gene novo favorável é chamada de *varredura seletiva*. À medida que uma mutação aumenta em freqüência, ela remove a diversidade do DNA das redondezas.

Reduções locais na diversidade genética são uma assinatura de seleção

A redução local na diversidade genética pode ser usada como uma "assinatura" da seleção natural em seqüências de DNA. Podemos analisar o DNA, e, se encontrarmos uma região de diversidade localmente reduzida, uma explicação é que a seleção natural recentemente fixou um novo gene em algum local dessa região. A pesquisa de Nurminsky *et al.* (2001) sobre um gene chamado *Sdic* em *Drosophila melanogaster* é um exemplo (Figura 8.6). O gene *Sdic* codifica uma estrutura no espermatozóide. A Figura 8.6b mostra uma diminuição na diversidade genética próxima a *Sdic*, e essa diminuição é parte da questão de Nurminsky *et al.* de que a versão de *Sdic* em *D. melanogaster* foi recentemente fixada por seleção natural.

Drosophila melanogaster possui uma redução da diversidade local nas proximidades do gene *Sdic*

Uma redução na diversidade genética próxima a um gene como *Sdic* não é, por si só, uma forte evidência de que a seleção tenha fixado recentemente uma nova versão de um gene. Duas explicações alternativas precisam ser descartadas. Uma é a de que a taxa de mutação é localmente diminuída. Isso pode ser testado pelo teste de McDonald e Kreitman (1991) (Seção 7.8.3, p. 212). Se a taxa de mutação for baixa, esperaremos não apenas baixa diversidade dentro da espécie, mas também uma baixa taxa de troca evolutiva. A taxa de evolução pode ser encontrada por meio da comparação de genes de *D. melanogaster* e da espécie proximamente relacionada *D. simulans*. Na verdade, a taxa de evolução é alta, sugerindo que a taxa de mutação não foi diminuída nas proximidades de *Sdic*.

Uma segunda alternativa é a *seleção de fundo*. Mutações deletérias ocorrem no DNA (Seção 12.2.2, p. 349, olhe na taxa de mutação deletéria). A seleção natural atua contra mutações deletérias, removendo-as da população. À medida que a seleção elimina mutações deletérias, ela também reduz a diversidade genética local, porque quaisquer variantes ligadas a uma mutação deletéria serão removidas junto com ela.

Em algumas regiões do genoma, a taxa de recombinação é mais baixa do que em outras regiões. Por exemplo, a recombinação é menos freqüente nas proximidades do centrômero de um cromossomo. Além disso, um cromossomo inteiro pode ter uma baixa taxa de recombinação. O cromossomo 4 em *Drosophila* é curto e possui uma baixa taxa de recombinação (Wang *et al.*, 2002). Em regiões com taxa de recombinação reduzida, sabe-se que a diversidade do DNA é baixa: o quarto cromossomo de *D. melanogaster* e todos os cromossomos nas proximidades de seus centrômeros apresentam baixa diversidade genética. Essa redução poderia ser tanto devida à varredura seletiva como à seleção de fundo. Ambos os processos reduzem a diversidade genética, e ambos operam de maneira mais potente onde a taxa de recombinação é baixa. Agora, o gene *Sdic* está no cromossomo X e está próximo ao centrômero. A baixa diversidade local poderia ser devida à seleção de fundo em uma região de baixa recombinação, em vez de ser devida à varredura seletiva.

...a qual é praticamente certa ser devida à varredura seletiva

A Figura 8.6 mostra como Nurminsky *et al.* argumentam que a versão de *Sdic* em *D. melanogaster* causou uma varredura seletiva. *D. simulans* (Figura 8.6a) mostra uma diminuição-padrão na diversidade genética em direção ao centrômero. A situação para *D. simulans* pode muito bem ser devida à seleção de fundo. Se a seleção de fundo causou a baixa diversidade em *D. melanogaster* nas proximidades do gene *Sdic*, seria esperado um gráfico extremamente parecido em ambas as espécies. (Não há evidências de que *Sdic* tenha sofrido uma troca evolutiva recente em *D. simulans*.) Porém, a Figura 8.6b mostra que a diversidade do DNA nas proximidades de *Sdic* em *D. melanogaster* é reduzida em relação a *D. simulans*. As taxas de recombinação reduzidas nas proximidades dos centrômeros não são suficientes para explicar a diminuição na diversidade *em D. melanogaster*. O gene *Sdic* parece ter sido recentemente fixado em *D. melanogaster* e ter diminuído a diversidade local.

A varredura seletiva, na qual a diversidade genética local é reduzida, pode ser adicionada às outras assinaturas de seleção que analisamos na Seção 7.8 (p. 209 – assinaturas tais como as taxas relativas de evolução não-sinônima e sinônima.) O teste possui aplicações práticas, e o Quadro 8.1 descreve como ele pode ser utilizado para detectar quais genes codificam a resistência a fármacos no parasita da malária. O teste é mais potente se alternativas puderem ser descartadas e fornece um exemplo adicional de como dados de seqüência de DNA estão permitindo alguns testes novos de seleção natural.

Quadro 8.1
Uma Busca Genômica por Genes de Resistência a Drogas

O quinino tem sido, desde a sua introdução em 1946, uma das drogas mais eficientes e amplamente utilizadas contra a malária. A malária é causada pelo parasita *Plasmodium falciparum* (Seção 5.12, p. 153), e *P. falciparum* resistentes ao quinino foram primeiramente observados em 1957. Desde então, a resistência ao quinino espalhou-se onde quer que ela fosse utilizada. Do ponto de vista clínico, é útil conhecer o mecanismo de resistência a fármacos. A base genética da resistência a drogas tem sido, de forma clássica, identificada por cruzamentos; porém, agora podemos utilizar dados genômicos e testes estatísticos para sinais de seleção. Um estudo recente procurou no genoma de *P. falciparum* por regiões de baixa diversidade genética e locais de elevado desequilíbrio de ligação – os sinais de uma varredura seletiva. A idéia essencial era a de que qualquer gene de resistência a drogas teria sido selecionado recentemente. A seleção poderia ter atuado recentemente sobre outros genes, mas um sinal de seleção é, ao menos, uma indicação que poderia levar à detecção de um gene de resistência a drogas.

Wootton *et al.* (2002) analisaram a diversidade em 342 sítios marcadores no genoma de *P. falciparum*. Eles encontraram diversidade localmente reduzida em *P. falciparum* da Ásia, da África e da América do Sul em uma região do cromossomo 7, onde um gene chamado *pfcrt* está localizado. O alelo exato de *pfcrt* que foi selecionado em cada continente diferia. Na verdade, as seqüências sugerem que a resistência ao quinino foi originada, por quatro vezes, de forma independente – na Ásia, na Indonésia, na América do Sul e na África. Entretanto, o sítio genômico de baixa diversidade genética é o mesmo nos parasitas da malária de todos os continentes. Em outras regiões do cromossomo 7, a diversidade é baixa ou alta em padrões inconsistentes entre os continentes. O gene *pfcrt* é um de um pequeno número de sítios onde a diversidade é reduzida em todas as populações.

O gene *pfcrt* é também um sítio de desequilíbrio de ligação localmente elevado. Uma varredura seletiva produz desequilíbrio de ligação local. À medida que a freqüência do alelo favorecido aumenta, a freqüência de variantes nucleotídicas ligadas também serão arrastadas, produzindo desequilíbrio de ligação por meio do efeito carona. O loco *pfcrt* é o único sítio no cromossomo 7 no qual existe tanto um elevado desequilíbrio de ligação local, como uma redução local na diversidade genética em todas as populações de *P. falciparum.* Esse loco apresenta um forte sinal de seleção recente. A evidência genômica apenas nos fez suspeitar que *pfcrt* influencia a resistência a drogas. Por coincidência, possuímos evidências independentes de que determinados alelos de *pfcrt* codificam, com certeza, a resistência a drogas. Todavia, a evidência genômica mostra como podemos localizar tais genes, mesmo na ausência de evidências independentes.

Uma redução local na diversidade genética e um elevado desequilíbrio de ligação local são, ambos, característicos de uma varredura seletiva. Eles podem ser utilizados para encontrar locos gênicos onde a seleção tem atuado recentemente. Genes de resistência a substâncias são exemplos importantes, do ponto de vista clínico, de locos gênicos onde a seleção atuou recentemente. Qualquer sinal que nos possibilite encontrar esses genes é valioso. A varredura seletiva pode ser utilizada para buscar, se não definitivamente identificar, genes para resistência a drogas em organismos causadores de doenças.

Leitura adicional: *Science* Outubro 4, 2002, p. 79-183.

8. 11 O desequilíbrio de ligação pode ser vantajoso, neutro ou desvantajoso

Desequilíbrios de ligação vantajosos,...

Embora o desequilíbrio de ligação possa ser raro quando consideramos todos os genes em uma espécie, alguns exemplos ainda existem. Podemos distinguir entre casos que são benéficos e casos que não são. O desequilíbrio de ligação no mimetismo polimórfico de *Papilio memnon* é vantajoso. A seleção natural favorece indivíduos com associações genéticas como $T_-W_2F_2E_2B_2$, ao passo que ela atua contra recombinantes como $T_+W_2F_2E_2B_2$. Um indivíduo é beneficiado por possuir haplótipos que estão em freqüência elevada na população. Populações inteiras de *P. memnon* sobrevivem melhor do que elas sobreviveriam caso os cinco locos estivessem em equilíbrio de ligação.

...desvantajosos...

Em outros casos, o oposto é verdadeiro. Podemos encontrar um exemplo na Seção 8.9. É onde a disseminação de um alelo favorecido interfere com um loco ligado no qual um heterozigoto é vantajoso. Como o alelo favorecido A' aumenta em freqüência, a freqüência de um dos alelos (tal como *B*) no loco polimórfico ligado também irá aumentar pelo efeito do carona. O desequilíbrio de ligação acumulou-se por seleção no loco *A* (criando um excesso do haplótipo *A'B*). Esse desequilíbrio de ligação é desvantajoso. Os indivíduos, em média, possuem valor adaptativo mais baixo do que se existisse equilíbrio de ligação entre os locos *A* e *B*, pois o aumento do haplótipo *A'B* reduz a proporção de heterozigotos *B/b*. A seleção natural favorecerá indivíduos recombinantes que não possuam o haplótipo *A'B*.

...e neutros são todos possíveis

Uma terceira possibilidade é de que o desequilíbrio de ligação seja seletivamente neutro. Um exemplo disso foi fornecido pelo efeito carona de um alelo em um loco polimórfico neutro com um mutante seletivamente vantajoso em um loco ligado. Enquanto o mutante estava sendo fixado, o desequilíbrio de ligação temporariamente se acumulou entre ele e os alelos que estavam ligados em locos próximos. Ele desapareceu quando o mutante alcançou a freqüência de um.

A distinção entre equilíbrio de ligação vantajoso e desvantajoso é crucial para o entendimento de um dos principais problemas da biologia evolutiva: por que a recombinação e a reprodução sexuada existem. Analisaremos esse problema nas Seções 12.1 a 12.3 (p. 342-354). Finalizaremos este capítulo analisando outro conceito influente na genética de populações de múltiplos locos – tão influente que é parte da linguagem da biologia evolutiva.

8.12 Wright inventou o influente conceito de uma topografia adaptativa

A idéia de Wright de uma *topografia adaptativa* (ou *paisagem adaptativa*) é particularmente útil para se raciocinar sobre sistemas genéticos complexos; porém, é mais fácil iniciar com o caso mais simples. Esse é para um único loco gênico. A topografia é um gráfico do valor adaptativo médio ($\bar{w}$) contra a freqüência gênica (Figura 8.7). (Topografias adaptativas também podem

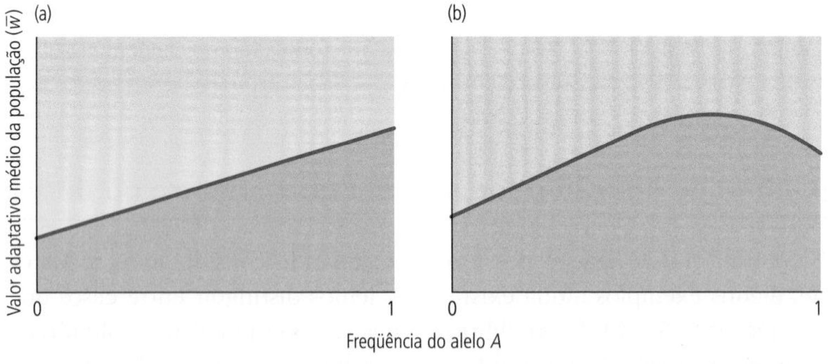

Figura 8.7

Uma superfície de valor adaptativo, ou topografia adaptativa é um gráfico do valor adaptativo médio de uma população em relação à função da freqüência de um gene ou, em alguns casos, de um genótipo. (a) Se o alelo *A* (freqüência *p*) possui um valor adaptativo superior ao de *a* (freqüência 1 – *p*), o valor adaptativo médio da população simplesmente aumenta à medida que a freqüência de *A* aumenta. (b) Com a vantagem do heterozigoto (os valores adaptativos dos genótipos *AA*: *Aa*: *aa* são 1 – *s*: 1: 1 – *t*), o valor adaptativo médio da população aumenta para um pico na freqüência intermediária de *A*, na qual a proporção de heterozigotos é a maior possível.

ser traçadas para o valor adaptativo em relação às freqüências genotípicas. Elas podem até mesmo ser traçadas com variáveis fenotípicas no eixo *x*; ver, por exemplo, a análise do formato da concha de Raup, na Figura 10.9 [p. 307]. A Figura 10.4 [p. 295], que utiliza a teoria de adaptação de Fisher, também é semelhante.) Temos repetidamente encontrado o conceito de valor adaptativo médio; ele é equivalente ao somatório dos valores adaptativos de cada genótipo na população, cada um multiplicado por sua proporção na população. Em um caso, no qual os genótipos contendo um dos alelos que possui valor adaptativo superior aos alelos alternativos, o valor adaptativo médio da população simplesmente aumenta à medida que a freqüência do alelo superior aumenta e alcança um máximo quando o gene é fixado (Figura 8.7a). Isso é bastante trivial. Quando há vantagem do heterozigoto, o valor adaptativo médio é mais elevado na freqüência gênica em equilíbrio, obtida pela equação-padrão (Seção 5.12.1, p. 153). O valor adaptativo médio diminui em ambos os lados da freqüência gênica em equilíbrio, onde um número maior de homozigotos desfavoráveis estará morrendo mais a cada geração do que no equilíbrio (Figura 8.7b). O gráfico é também chamado *superfície de valor adaptativo*.

Topografias adaptativas podem ser usadas para pensarmos sobre questões evolutivamente abstratas

Nesses dois casos, a seleção natural conduz a população para a freqüência gênica em que o valor adaptativo médio está no máximo. Com um alelo favorável, o valor adaptativo médio será máximo no ponto onde o alelo está fixado – e a seleção natural irá atuar para fixar o alelo. Com a vantagem do heterozigoto, o valor adaptativo médio será máximo no ponto onde o menor número de homozigotos esteja morrendo a cada geração – e a seleção natural conduz a população para um equilíbrio, no qual a quantidade de homozigotos mortos é minimizada.

Uma questão de interesse na genética de populações teórica é se a seleção natural sempre conduz a população para o estado no qual o valor adaptativo médio está no máximo possível. A seleção dependente de freqüência (Seção 5.13, p. 156) é um caso no qual a seleção natural pode não atuar para maximizar o valor adaptativo médio. Quando um polimorfismo é mantido pela seleção dependente de freqüência, o valor adaptativo de cada genótipo é mais elevado quando este é raro. Porém, quando um genótipo é raro, a seleção natural atua para aumentar a sua freqüência, tornando-o menos raro. O efeito da seleção pode, então, reduzir o valor adaptativo médio.

Se a seleção natural nem sempre maximiza o valor adaptativo médio, isso levanta uma nova – e ainda não respondida – questão teórica sobre a possibilidade de a seleçao natural atuar para maximizar alguma outra função, porém não iremos enfatizar essa questão neste momento. Qualquer que seja a resposta a ela, a seleção natural ainda maximiza o valor adaptativo médio em muitos casos. Para diversos propósitos, podemos seguramente pensar na seleção natural como sendo um processo de escalada de uma colina, por analogia com as colinas na topografia adaptativa (Figura 8.7).

Consideraremos, agora, um segundo loco. A seleção pode estar atuando aqui também, e a superfície do valor adaptativo para os dois locos pode parecer como a Figura 8.8. A Figura 8.8a mostra um caso simples no qual um loco possui vantagem do heterozigoto e o outro possui um único alelo favorável. A idéia de uma topografia adaptativa pode ser estendida para todos os locos que interagem para determinar o valor adaptativo de um organismo, porém, quanto maior o número de locos, melhor imaginá-los do que traçá-los sobre um papel de duas dimensões.

Topografias adaptativas podem ter picos múltiplos

Wright acreditava que, porque os genes em locos diferentes interagem, uma superfície de valor adaptativo multidimensional real teria, com freqüência, múltiplos picos, com vales entre eles (Figura 8.8b). O tipo de raciocínio envolvido é abstrato, e não concreto. É preciso imaginar um grande número de locos, muitos com mais do que um alelo, com os alelos nos

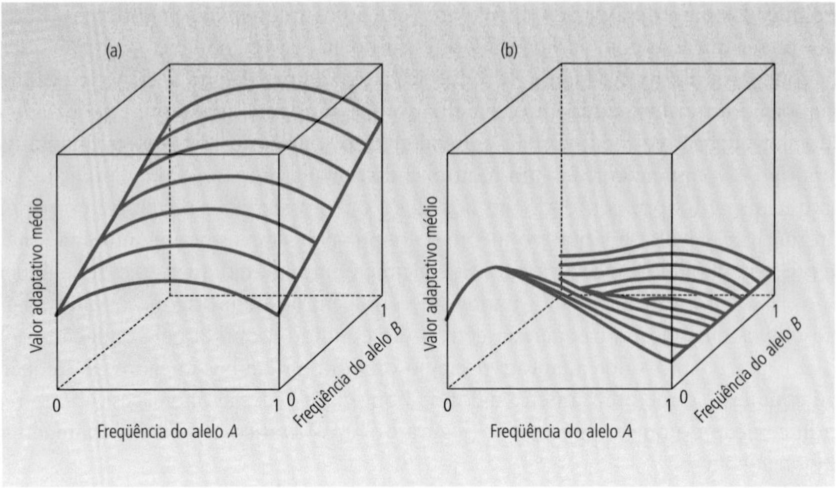

Figura 8.8

Superfície de valor adaptativo para dois locos. (a) Uma combinação dos padrões da Figura 8.7a e b: existe uma vantagem do heterozigoto no loco *A* e um alelo possui um valor adaptativo superior ao de outro no loco *B*. (b) Uma superfície de valores adaptativos de dois locos com dois picos.

diferentes locos interagindo de forma epistática em seus efeitos sobre os valores adaptativos. Interações epistáticas, imaginamos agora, são comuns porque os organismos são entidades altamente integradas, se comparadas com a ordem cromossômica atomística dos genes mendelianos a partir da qual os organismos cresceram: os genes devem interagir para produzir um organismo. Como vimos, interações relativas ao desenvolvimento entre genes não geram, automaticamente, interações epistáticas de valores adaptativos entre os locos. A extensão na qual interações relativas ao desenvolvimento incontestavelmente produzirão uma superfície de valor adaptativo de múltiplos picos está, portanto, aberta a questionamento, mas a possibilidade é viável. (Wright chamou os genes que interagem de forma favorável para produzir um pico adaptativo de "sistema de interação".)

Nos genes coadaptados que controlam o mimetismo em *Papilio memnon*, os genótipos miméticos ocupam os picos de valores adaptativos e os recombinantes ocupam os vários vales de valores adaptativos. A forma atual da topografia adaptativa na natureza é, entretanto, uma questão mais avançada que pode ser atacada aqui. O ponto desta seção é definir o que é uma topografia adaptativa e destacar como a sua simplicidade visual pode ser útil no raciocínio sobre evolução quando muitos locos gênicos estão interagindo.

8.13 A teoria da evolução do balanço deslocante

Wright usou sua idéia de topografias adaptativas em uma teoria de evolução geral. Ele imaginou que topografias reais teriam múltiplos picos, separados por vales, e que alguns picos seriam mais altos que outros. Quando o ambiente mudasse e espécies competitivas evoluíssem para novas formas, a forma da topografia adaptativa para uma população iria trocar também. A superfície iria também trocar de forma quando uma nova mutação surgisse. Um novo alelo em um loco poderia interagir com genes em outros locos de uma forma diferente daquela com os alelos existentes, e os valores adaptativos dos genes em outros locos seriam, então, alterados; trocas genéticas iriam ocorrer em outros locos para ajustá-los ao novo mutante.

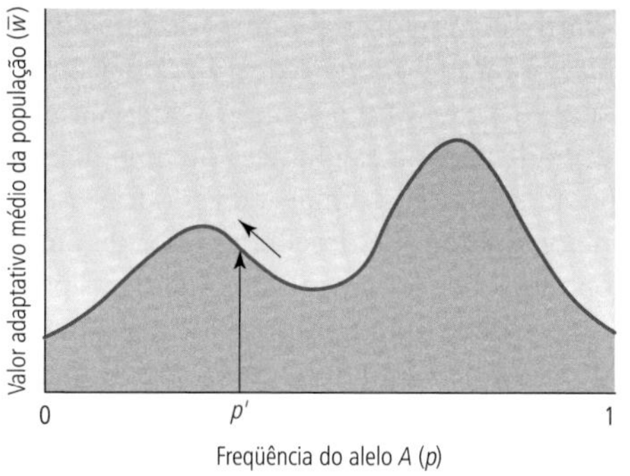

Figura 8.9

Uma superfície de valor adaptativo de dois picos com máximas local e global. A seleção natural irá direcionar uma população com uma freqüência gênica *p'* em direção ao pico local para longe do pico com um valor adaptativo médio mais elevado.

Todo o tempo, a seleção natural estaria em um processo de escalada, direcionando a população adiante, em direção ao pico mais próximo no momento. Quando a superfície trocasse, a direção para o pico mais próximo poderia trocar, e a seleção iria, então, conduzir a população para mais adiante, em uma nova direção.

Uma população pode ficar "presa" em um pico local

A seleção natural, mesmo na medida em que é um processo de escalada de colina (isto é, maximizando o valor adaptativo médio), é apenas um processo de escalada de colina *local*. Em teoria, o pico de valor adaptativo local poderia estar na direção oposta à de um pico mais elevado, ou global (Figura 8.9). A seleção natural, entretanto, direcionará a população para o pico local. Agora, suponha que o valor adaptativo médio de uma população seja a medida da qualidade de suas adaptações, tal como uma população com um valor adaptativo médio superior possui melhores adaptações do que uma população com um valor adaptativo médio inferior. Uma vez que a seleção natural procura apenas picos locais, a seleção natural nem sempre poderá permitir a uma população desenvolver as melhores adaptações possíveis. Uma população poderia ficar trancada em um pico adaptativo meramente local. A seleção natural atua contra o "cruzamento de um vale", onde o valor adaptativo é menor. (O valor adaptativo médio não pode sempre ser igualado com qualidade de adaptação. No caso mais simples, no qual um alelo é superior a outro [ver Figura 8.7a], os organismos com melhores genótipos também serão os mais bem-adaptados. Porém, quando o valor adaptativo é dependente de freqüência ou quando adaptações de grupos ou individuais entram em conflito [Capítulo 11], o máximo do valor adaptativo médio pode não corresponder à melhor adaptação.)

A deriva genética pode levar a população para longe de um pico local

Wright estava interessado em como a evolução poderia superar a tendência da seleção natural de ficar trancada em um pico adaptativo local. Quando picos de valores adaptativos correspondem a adaptações ótimas, a questão é relevante para a evolução da adaptação, mas quando elas não são ótimas, a questão ainda mantém um interesse técnico na genética de populações. Wright sugeriu que a deriva aleatória poderia desempenhar um papel criativo. A deriva tenderia a fazer com que as freqüências gênicas da população "explorassem" ao redor de sua posição atual. A população poderia, por deriva, mover-se de um pico local para explorar os vales de superfície de valores adaptativos. Uma vez que ela tivesse explorado a base de uma nova colina, a seleção natural poderia iniciar a subida em direção ao topo no outro lado. Se esses processos de deriva e seleção fossem repetidos muitas vezes com diferentes vales e colinas sobre a topografia adaptativa, poderia ser mais provável para uma população que ela alcançasse o pico global do que se ela estivesse sob o controle exclusivo do processo maximizador local de seleção natural.

A teoria completa do balanço deslocante de Wright inclui mais do que apenas a seleção e a deriva dentro de uma população local. Ela também sugere que a população seria subdividida em muitas populações locais pequenas, e a deriva e a seleção poderiam atuar em cada uma. O grande número de subpopulações multiplicaria as chances de uma delas encontrar o pico global. Se os membros de uma subpopulação no pico mais elevado fossem os mais bem-adaptados, eles poderiam produzir um maior número de descendentes e de emigrantes para as outras subpopulações. Essas outras subpopulações seriam, então, invadidas pelos genótipos imigrantes superiores. Dessa forma, toda a espécie iria evoluir para o pico mais elevado. A teoria de Wright é, assim, uma tentativa de um modelo de evolução realista e abrangente. Tudo está incluído: múltiplos locos, interações de valores adaptativos, seleção dentro e entre populações, deriva e migração. (A teoria de picos adaptativos é também importante para a especiação: Seção 14.4.4, p. 419.)

A teoria do balanço deslocante de Wright está preocupada com a evolução sobre topografias adaptativas complexas

A questão de o quanto é importante o processo de balanço deslocante na evolução existe há muito tempo, retornando-se às publicações de Wright nos anos 30. Coyne *et al.* (1997) recentemente reabriram a controvérsia, argumentando que não possuímos boas razões para pensarmos que o processo de balanço deslocante tenha contribuído muito para a evolução. A discussão completa analisou diversos aspectos. Eis aqui quatro deles.

A importância da teoria do balanço deslocante de Wright é controversa em pelo menos quatro aspectos

1. Que fatos são explicados melhor pelo processo de balanço deslocante do que pela simples seleção natural dentro de uma população? Por exemplo, as borboletas das flores do maracujá (*Heliconius*, Seção 8.2) possuem muitos morfos, cada uma mimetizando um modelo diferente. Cada morfo, provavelmente, ocupa um pico adaptativo. Um vale adaptativo separa cada pico porque formas intermediárias estariam insuficientemente adaptadas para mimetizar qualquer modelo e seriam devoradas. Como um morfo poderia evoluir em outro? Na visão do balanço deslocante, um morfo poderia ser originado por deriva dentro de uma população local e, então, espalhar-se, caso fosse vantajosa. Alternativamente, entretanto, a evolução na forma mimética das borboletas poderia ter sido guiada por mudanças na abundância dos modelos locais. Se um modelo com uma certa coloração se tornasse localmente comum, talvez porque seus recursos fossem localmente abundantes, então a espécie mímica iria evoluir para se igualar à sua coloração. Assim, embora as espécies apresentassem agora uma superfície de valor adaptativo de múltiplos picos, os picos não foram separados por vales no passado. O exemplo de *Heliconius*, assim como todos os outros que foram discutidos no debate, é inconclusivo.
2. A deriva genética poderia guiar populações por vales adaptativos verdadeiros? A deriva genética é poderosa quando ela não é contrária à evolução: ou seja, quando a deriva ocorre entre formas neutras diferentes. Entretanto, na teoria de Wright, a deriva deve atuar em sentido oposto ao da seleção. Esse é um processo muito mais difícil, e críticos duvidam que ele ocorra. A desvantagem seletiva nos vales entre as formas diferentes de *Heliconius*, por exemplo, corresponde a 50% das reduções de valor adaptativo. A deriva aleatória poderia não estabelecer formas que tivessem desvantagens tão grandes.
3. As populações possuem a estrutura proposta por Wright? As populações são subdivididas em muitas subpopulações pequenas? Se as populações são grandes, todos os possíveis genótipos importantes estarão representados nela, incluindo o melhor genótipo – aquele correspondente ao pico adaptativo mais elevado. Este poderá ser fixado pela seleção natural normal dentro da população. O processo de balanço deslocante apenas ajudará se as populações forem tão pequenas que o melhor genótipo nunca irá aparecer em muitas subpopulações locais. Defensores sugerem que populações reais são freqüentemente como Wright sugeriu; críticos duvidam.

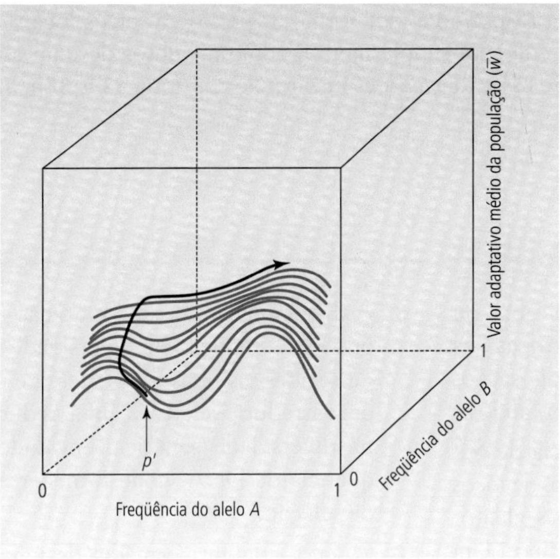

Figura 8.10

À medida que locos gênicos extras são considerados (eixos extras na topografia adaptativa), torna-se progressivamente mais provável que o que parecia ser um local máximo em poucas dimensões resultará em uma ladeira ou ponto em forma de sela em um número maior de dimensões. Nesse caso, a superfície de valor adaptativo para o loco *A* na freqüência gênica de zero para o alelo *B* é o mesmo que o da Figura 8.9; mas, em outras freqüências do gene *B*, o pico local na superfície de valor adaptativo do loco *A* desaparece. Se a população iniciou no vale com a freqüência gênica de $B = 0$ e a freqüência gênica de $A = p'$, a seleção natural, inicialmente, direcionaria as freqüências para o pico local, mas elas iriam, eventualmente, alcançar o pico global através de um processo contínuo de escalada de colina.

4. As superfícies de valor adaptativo reais possuem múltiplos picos? Fisher, por exemplo, duvidou que a seleção natural pudesse, de fato, confinar populações em picos locais. Fisher foi sobretudo um pensador geométrico, e ele destacou que, à medida que o número de dimensões em uma topografia adaptativa aumenta, os picos locais em uma dimensão tendem a se tornar pontos sobre colinas nas outras dimensões (Figura 8.10). No caso extremo, quando existe um número infinito de dimensões, é certo que a seleção natural será capaz de escalar toda a colina em direção ao pico global, sem qualquer necessidade de deriva. Cada pico uni (Figura 8.7) ou bidimensional (Figura 8.8) será cruzado no pico por infinitas outras dimensões, e é altamente improvável que a superfície de valor adaptativo retroceda colina abaixo em todos eles naquele ponto. Esse é um argumento interessante, embora, é claro, puramente teórico. Ele refuta a reivindicação teórica de Wright de que a seleção natural ficaria presa em picos locais, mas deixa aberta a questão empírica sobre a importância da seleção e da deriva na exploração das superfícies de valores adaptativos na natureza.

As escolas de Fisher e Wright podem ser distinguidas

A importância do processo de balanço deslocante permanece indeterminada, mas a controvérsia tem um interesse mais amplo. Os biólogos distinguem entre uma escola de pensamento evolutivo de "Fisher" e uma de "Wright". Fisher mantém que populações naturais são geralmente muito grandes para que a deriva seja importante, que interações de valores adaptativos epistáticos não interferem com a atuação da seleção, que adaptações evoluem por seleção dentro de uma população e que a evolução adaptativa pode prosseguir tranqüilamente em direção ao pico de valor adaptativo mais elevado. O pensamento de Wright é que as populações são pequenas, que deriva e valores adaptativos epistáticos são importantes e que a evolução adaptativa é a responsável por torná-las presas em picos locais ótimos. Os biólogos atuais raras vezes se colocam simplesmente, como membros de uma escola ou de outra, mas a controvérsia entre essas duas visões inspirou, e continua a inspirar, importantes pesquisas evolutivas.

Resumo

1 A genética de populações para dois ou mais locos está preocupada com trocas nas freqüências de haplótipos, os quais são os equivalentes de múltiplos locos dos alelos.

2 A recombinação tende, na ausência de outros fatores, a fazer com que os alelos de locos diferentes apareçam em proporções aleatórias (ou independentes) nos haplótipos. Um alelo A_1 em um loco será, assim, encontrado com alelos B_1 e B_2 em outro loco nas mesmas proporções que B_1 e B_2 são encontrados na população como um todo. Essa condição é chamada de equilíbrio de ligação.

3 Um desvio nas proporções de combinações aleatórias dos haplótipos é chamado de desequilíbrio de ligação.

4 A teoria da genética de populações para um único loco funciona bem para populações em equilíbrio de ligação.

5 O desequilíbrio de ligação pode surgir devido à baixa recombinação, cruzamentos não-aleatórios, amostragem aleatória e seleção natural.

6 Para a seleção gerar desequilíbrio de ligação, as interações de valores adaptativos devem ser epistáticas: o efeito sobre o valor adaptativo de um genótipo (tal como A_1/A_2) pode variar de acordo com o genótipo a que este está associado em outro loco.

7 Pares de alelos em locos diferentes que cooperam em seus efeitos sobre o valor adaptativo são chamados de coadaptados. A seleção atua para reduzir a quantidade de recombinação entre genótipos coadaptados.

8 Quando a seleção atua sobre um loco, ela influenciará as freqüências gênicas em locos ligados. O efeito é chamado de efeito carona.

9 A disseminação de uma mutação favorável provoca a redução na diversidade do DNA de regiões vizinhas. O processo é chamado de varredura seletiva. Uma redução local na diversidade genética, em dados de seqüência de DNA, pode fornecer evidência de seleção.

10 O valor adaptativo médio de uma população pode ser traçado graficamente para dois locos; o gráfico é chamado de uma superfície de valor adaptativo ou uma topografia adaptativa.

11 Wright sugeriu que topografias adaptativas reais terão muitas "colinas" separadas, com "vales" entre elas. A seleção natural possibilita que as populações escalem as colinas na topografia adaptativa, mas que não cruzem os vales. Uma população poderia ficar presa em um ótimo local.

12 A deriva genética poderia complementar a seleção natural, possibilitando que as populações explorassem as bases dos vales de topografias adaptativas.

13 É questionável se as topografias adaptativas reais possuem múltiplos picos e vales. Elas poderiam possuir um único pico, com uma colina contínua levando até ele. A seleção natural poderia, então, levar a população para o ótimo sem qualquer ação da deriva aleatória.

14 A genética de populações de dois locos utiliza vários conceitos não encontrados na genética de um único loco. Os mais importantes são: freqüência de haplótipo, recombinação, desequilíbrio de ligação, interação de valor adaptativo epistática, efeito carona e superfície de valor adaptativo de múltiplos picos.

Leitura adicional

A genética de populações para dois locos, assim como a de um único loco, é introduzida em livros-texto comuns, como Hartl e Clark (1997) e Hedrick (2000).

A genética de múltiplos locos do mimetismo em *Papilio memnon* e *Heliconius* é elucidada por Turner (1976, 1984). Turner e Mallet (1996) discutem o quebra-cabeça da diversidade em *Heliconius*, com o processo de balanço deslocante como uma possível explicação. Os locos HLA são introduzidos a partir de uma perspectiva mais evolutiva por Hughes (1999), e uma perspectiva mais da parte da genética molecular por Lewin (2000). Wolf *et al.* (2000) é um livro de múltiplos autores sobre epistasia e evolução. Wade *et al.* (2001) distingue dois significados da epistasia, os quais diferem entre a genética de populações de dois locos e a genética quantitativa.

O desequilíbrio de ligação no genoma humano é descrito por Reich *et al.* (2001): para a espécie humana, o desequilíbrio de ligação também é importante para a localização de genes envolvidos em doenças, e alterações no tamanho populacional necessitam ser consideradas. Kohn *et al.* (2000) descreve outro exemplo de varredura seletiva, semelhante ao *Sdic* – o gene de resistência à warfarina em ratos. Gillespie (2001) analisou o efeito do tamanho da população sobre o efeito carona e esboçou a conclusão subversiva de que o tamanho populacional tem pouco efeito sobre a evolução, porque seu efeito sobre o efeito carona é o oposto de seu efeito em qualquer outro sítio.

Sobre a teoria do balanço deslocante de Wright, ver o tratado de quatro volumes de Wright (1968-78), particularmente os volumes 3 e 4 (1977, 1978) e Wright (1986). Wright (1932) é um trabalho preliminar curto e acessível. Ver também Lewontin (1974, capítulo final) e Provine (1986, Capítulo 9). Para uma discussão moderna, ver a troca de opiniões em *Evolution* (2000), vol. 54, p. 306-27, incluindo as referências lá citadas.

Questões para estudo e revisão

1 Aqui estão as freqüências de haplótipos em quatro populações.

	Genótipo								
População	A_1B_1/A_1B_1	A_1B_1/A_1B_2	A_1B_2/A_1B_2	A_1B_1/A_2B_1	A_1B_1/A_2B_2	A_1B_2/A_2B_2	A_2B_1/A_2B_1	A_2B_1/A_2B_2	A_2B_2/A_2B_2
1	3/16	1/16	0	1/16	3/8	1/16	0	1/16	3/16
2	1/16	1/8	1/16	1/8	1/4	1/8	1/16	1/8	1/16
3	1/81	4/81	4/81	4/81	16/81	16/81	4/81	16/81	16/81
4	0	1/81	8/81	2/81	8/81	26/81	7/81	27/81	2/81

Calcule o desequilíbrio de ligação em cada uma.

	Freqüência de			
População	A_1B_1	A_1	B_1	Valor de D
1				
2				
3				
4				

2 Que tipos de seleção podem supostamente estar atuando nas populações 1 a 4 da Questão 1?

3 Em uma população grande, com cruzamentos aleatórios, e na ausência de seleção, que freqüências de haplótipos seriam esperadas nas populações 1 a 4 da Questão 1 após umas poucas centenas de gerações?

4 Evidencie três explicações para uma redução local na diversidade genética dentro do DNA de uma espécie. Como você poderia testá-las?

5 Trace uma superfície de valor adaptativo para um único loco com dois alelos (A e *a*) e vantagem do heterozigoto. Onde será o equilíbrio no gráfico?

9 Genética Quantitativa

A genética mendeliana que governa o tamanho do bico é desconhecida, porém essa característica apresenta mudanças evolutivas conforme o suprimento alimentar se modifica com o passar do tempo. Iniciaremos analisando o tamanho do bico dos tentilhões de Darwin como um exemplo do tipo de característica estudada pela genética quantitativa. Iremos, então, analisar os mecanismos teóricos utilizados para analisar características controladas por um grande número de genes não-identificados. As influências sobre essas características são divididas em ambientais e genéticas, e as influências genéticas são divididas entre aquelas que são herdadas e influenciam a forma dos descendentes e aquelas que não o são. Um número, denominado "herdabilidade", expressa a extensão na qual os atributos parentais são herdados por seus descendentes. Com os mecanismos teóricos estabelecidos, podemos, então, aplicá-los a inúmeras questões evolutivas: seleção direcional, tanto em exemplos artificiais como naturais, e seleção estabilizadora. Analisaremos o efeito da seleção sobre a herdabilidade e no balanço mutação-seleção. Finalizaremos com algumas observações aparentemente enigmáticas, nas quais as populações em que se espera a ocorrência de mudanças evolutivas na verdade são as que permanecem constantes com o passar do tempo.

9.1 Mudanças climáticas conduziram à evolução do tamanho do bico em um dos tentilhões de Darwin

Quatorze espécies de tentilhões de Darwin vivem no arquipélago de Galápagos, e muitas delas diferem de uma forma bastante óbvia nos tamanhos e nas formas de seus bicos. A forma do bico de um tentilhão, por sua vez, influencia no quão eficientemente ele poderá alimentar-se de diferentes tipos de comida. Peter e Rosemary Grant, junto com um grupo de pesquisadores, têm estudado esses tentilhões desde 1973 e possuem evidências de que o tamanho do bico influencia a eficiência da alimentação. Isso veio de uma comparação entre duas espécies (ver Lâminas 4a e b, p. 95), a espécie de bico grande *Geospiza magnirostris* e a pequena *G. fortis*, que alimentam-se do mesmo tipo duro de fruto.

O tamanho do bico influencia a eficiência de alimentação sobre diferentes tipos de comida

A espécie de bico grande *G. magnirostris* pode quebrar transversalmente o fruto (o chamado mericarpo) de *Tribulus cistoides*, levando, em média, apenas 2 segundos e exercendo uma força de 26 kgf (255 N); ela pode, então, facilmente, em cerca de 7 segundos, comer todas as 4 a 6 sementes do fruto esmagado. A espécie menor *G. fortis* não é forte o suficiente para quebrar o mericarpo de *Tribulus* e, ao contrário, torce e abre a superfície inferior, aplicando uma força de apenas 6 kgf, levando 7 segundos, em média, para alcançar as sementes no interior. Apenas uma ou duas das sementes podem ser obtidas dessa maneira, e o pássaro leva, em média, 15 segundos para extraí-las. *G. magnirostris* normalmente tem uma vantagem com esses tipos de alimentos, grandes e duros.

Tentilhões pequenos são provavelmente mais eficientes com tipos de alimentos menores, mas isso é mais difícil de comprovar. Os tentilhões grandes e pequenos dos Galápagos, de fato, comem sementes pequenas, embora exista uma razão indireta (como iremos verificar) para se acreditar que os tentilhões menores comem de uma maneira mais eficiente. Das evidências encontradas até o momento, podemos prever que a seleção natural favoreceria tentilhões grandes quando frutos e sementes grandes são abundantes. A previsão poderia ser aplicada tanto para dentro da espécie como entre espécies. Um tentilhão da espécie *G. magnirostris* assemelha-se a um espécime avantajado da espécie *G. fortis*, e um indivíduo avantajado da espécie *G. fortis* pode, ao que tudo indica, lidar com um alimento robusto de forma mais eficiente que um indivíduo menor da mesma espécie; de forma semelhante, um indivíduo mediano da espécie *G. magnirostris* é mais eficiente do que um indivíduo mediano de *G. fortis*. Quando sementes grandes são comuns, poderíamos esperar que o tamanho médio do bico em uma população de *G. fortis* aumentaria entre gerações e diminuiria quando as sementes grandes fossem raras – caso o tamanho do bico fosse herdado.

O tamanho do bico é herdado

Se o tamanho do bico fosse herdado...mas ele é? O tamanho do bico será herdado caso tentilhões parentais com bicos maiores do que a média produzam descendentes com bicos de tamanho superior ao tamanho médio. Os Grants mediram os tamanhos dos tentilhões parentais e descendentes em várias famílias e compararam os últimos contra os primeiros (Grant, 1986) (Figura 9.1). Tentilhões parentais de bicos grandes produzem descendentes com bicos grandes: o tamanho do bico é herdado. Portanto, faz sentido a previsão de que mudanças no tamanho do bico deveriam seguir alterações no padrão de distribuição de itens alimentares. Os testes foram realizados com a espécie *G. fortis*, em uma das ilhas Galápagos, Daphne Major. Desde que o estudo iniciou, essa espécie tem sofrido dois principais, porém contrastantes, eventos evolutivos.

O clima em Galápagos...

Em Galápagos, o padrão normal das estações é o de uma estação quente e úmida, de cerca de janeiro a maio, ser seguida por uma estação mais fria e seca durante o restante do ano. Porém, no início de 1977, por alguma razão, não choveu. Ao contrário da progressão normal, a estação seca que iniciou na metade de 1976 continuou até o início de 1978: uma estação úmida inteira não ocorreu. A população de tentilhões de Daphne Major diminuiu de cerca

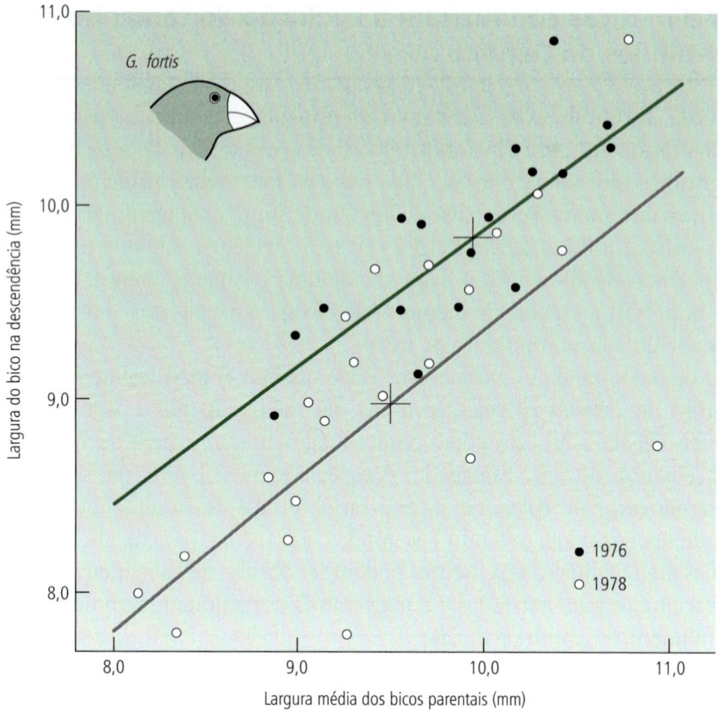

Figura 9.1

Progenitores com bicos maiores do que o tamanho médio de bicos produzem descendentes com bicos maiores do que a média em *Geospiza fortis* em Daphne Major, mostrando que o tamanho do bico é hereditário. Os resultados são apresentados aqui para dois anos na década de 1970. Grant e Grant (2000) mostraram que o resultado persistiu em anos futuros. (0,4 pol ≈10 mm.) Reproduzida, com permissão da editora, de Grant (1986).

...influenciou a disponibilidade de comida...

de 1.200 para cerca de 180 indivíduos, com as fêmeas sendo particularmente mais afetadas; a razão sexual no final de 1977 era de cerca de cinco machos por fêmea. Como as diferenças sexuais mostraram, nem todos os tentilhões sofreram da mesma forma – pássaros pequenos morreram em uma taxa mais elevada. A razão, novamente, baseia-se na disponibilidade de comida. No início da estiagem, os vários tipos de sementes estavam presentes em suas proporções normais. G. *fortis* de todos os tamanhos pegavam sementes pequenas, e, à medida que a estiagem continuava, essas sementes pequenas foram sendo relativamente reduzidas em termos numéricos. O tamanho médio das sementes disponíveis tornou-se maior com o tempo (Figura 9.2). Agora, os tentilhões grandes foram favorecidos, porque eles comiam as sementes maiores e mais duras de forma mais eficiente. O tamanho médio do tentilhão aumentou, uma vez que os pássaros pequenos morreram. (As fêmeas morreram em uma taxa maior do que a dos machos, porque as fêmeas eram, em média, menores.) O tamanho, como temos visto, é herdado. A mortalidade diferenciada na estiagem, portanto, provocou um aumento no tamanho médio dos tentilhões nascidos nas gerações seguintes: G. *fortis* nascidos em 1978 eram cerca de 4% maiores do que a média dos nascidos antes da estiagem.

...levando os tentilhões de Darwin à evolução

Quatro anos mais tarde, em novembro de 1982, o clima foi o oposto. A estação da chuva de 1983 foi excepcionalmente pesada, e uma paisagem vulcânica seca foi coberta de verde durante o período perturbado chamado de El Niño (ver Lâminas 4c e d, p. 90 e 91). A produção de sementes foi enorme. A teoria desenvolvida para 1976-78 poderia, agora, ser testada.

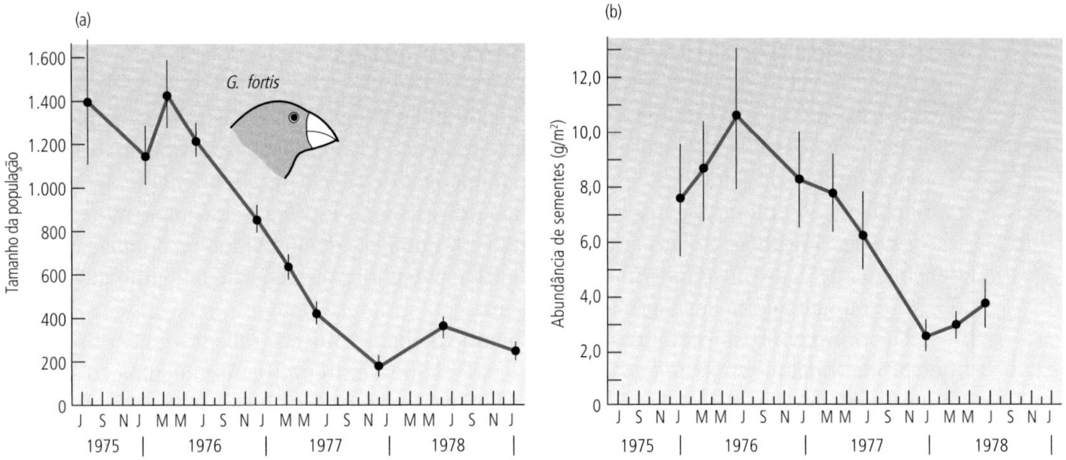

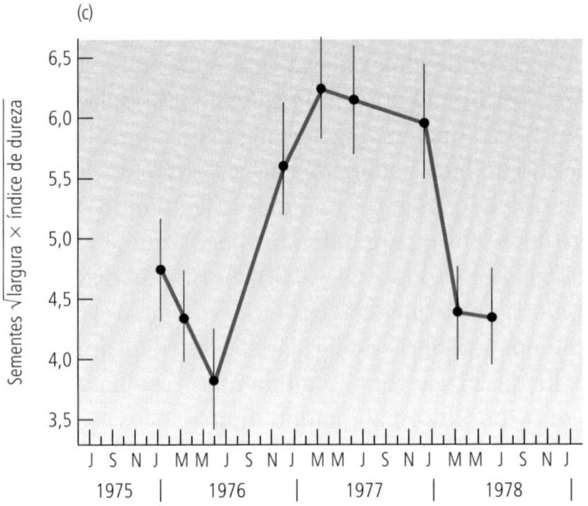

Figura 9.2

Durante a estiagem em 1976-77, (a) a população de *Geospiza fortis* diminuiu na ilha de Daphne Major no arquipélago de Galápagos, devido à (b) diminuição do suprimento alimentar. (c) O tamanho médio das sementes disponíveis como alimento aumentou durante a estiagem. Reproduzida, com permissão da editora, de Grant (1986).

As condições foram revertidas: a direção da evolução deveria ir na direção inversa também. No ano após o evento do El Niño, em 1983, havia mais sementes pequenas. Se os tentilhões menores pudessem, de fato, explorar as sementes pequenas de maneira mais eficiente, os tentilhões menores deveriam sobreviver de uma maneira relativamente melhor. Os Grants mediram, novamente, os tamanhos de G. *fortis* em Daphne Major em 1984-85 e encontraram que os pássaros menores foram realmente favorecidos. Tentilhões nascidos em 1985 possuem bicos cerca de 2,5% menores do que aqueles nascidos antes do aguaceiro do El Niño. A teoria de que os tamanhos das sementes controlam os tamanhos dos bicos nesses tentilhões foi confirmada. Uma confirmação adicional veio no El Niño seguinte, em 1987. Nessa época, a distribuição do tamanho da semente raramente foi alterada no geral, levando à previsão de que os tamanhos dos bicos dos tentilhões não iriam apresentar mudança evolutiva alguma; e eles realmente não apresentaram (Grant e Grant, 1995).

A seleção oscila com o passar do tempo

As flutuações na direção da seleção sobre a forma do bico – com bicos aumentando em alguns anos, diminuindo em outros, e permanecendo constante em outros anos – provavelmente resultará em um tipo de seleção "estabilizadora" em um longo período, de tal forma que o tamanho médio do bico na população será o tamanho favorecido por uma média climática de longa duração. (Mais no final do capítulo, veremos como o grau de seleção pode ser expresso de forma mais exata; a Figura 9.9 mostrará os resultados para 1976-77 e 1984-85).

9.2 A genética quantitativa está relacionada com características controladas por um grande número de genes

O tamanho do bico é uma característica contínua

O tamanho do bico dos tentilhões de Galápagos é um exemplo que ilustra uma ampla classe de características. Ela apresenta *variabilidade contínua*. Características mendelianas simples, como os grupos sangüíneos ou as variações miméticas de *Papilio*, freqüentemente apresentam variabilidade discreta; porém, muitas das características das espécies são como o tamanho dos bicos nesses tentilhões – elas variam de forma contínua, e cada indivíduo na população difere levemente de cada outro indivíduo. Não existem categorias discretas de tamanho de bico em G. *fostis* ou na maioria das espécies de pássaros.

Um outro ponto importante sobre o tamanho do bico é que não sabemos o genótipo exato que produz qualquer tipo de tamanho de bico. Podemos, entretanto, dizer alguma coisa sobre o tipo geral de controle genético que ele pode ter. Características como o tamanho do bico, a qual possui uma distribuição de freqüência aproximadamente normal (ou seja, uma curva em forma de sino), são, provavelmente, controladas por um grande número de genes, cada um com um pequeno efeito. O raciocínio é o seguinte (Figura 9.3). Imagine, primeiramente, que o tamanho do bico é controlado por um único par de alelos mendelianos em um loco, com um alelo dominante sobre o outro, *AA* e *Aa* longo e *aa* curto. Nesse caso, a população iria conter duas categorias de indivíduos (Figura 9.3a). Imagine, agora, que ela é controlada por dois locos com dois alelos em cada. O tamanho do bico poderia ter um valor basal (digamos, 0,4 pol ou 1 cm) mais a contribuição dos dois locos, com um *A* ou um *B* adicionando 0,04 pol (0,1 cm). Se *A* e *B* fossem dominantes sobre *a* e *b*, então, um indivíduo *aabb* teria um bico de 0,39 pol (1 cm); *AAbb*, *Aabb*, *aaBB* e *aaBb* 0,43 pol (1,1 cm); e *AABB*, *AaBB*, *AABb* e *AaBb* 0,47 pol (1,2 cm). A Figura 9.3b é a distribuição de freqüência, caso todos os alelos possuam uma freqüência de $^1/_2$ e os dois locos estejam em equilíbrio de ligação. A distribuição, agora, possui três categorias e tornou-se mais espalhada. Ela se tornará ainda mais espalhada se for influenciada por seis locos (Figura 9.3c) e se tornará normal quando muitos locos estiverem atuando (Figura 9.3d).

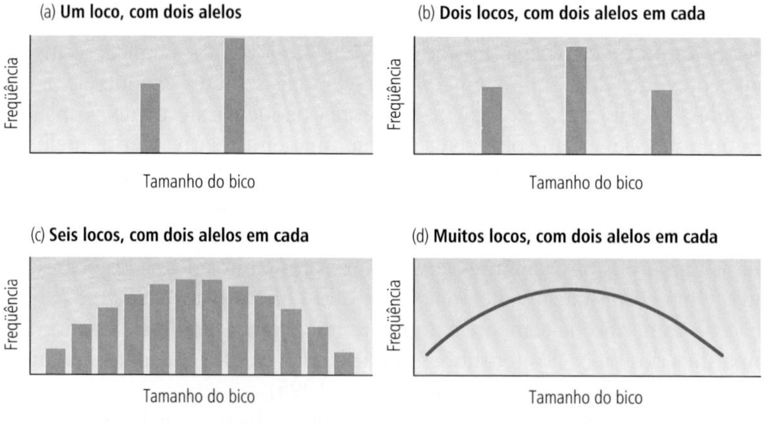

Figura 9.3

(a) A característica fenotípica, como o tamanho do bico, por exemplo, é controlada por um loco com dois alelos (*A* e *a*); *A* é dominante sobre *a*. Existem dois fenótipos discretos na população. (b) A característica é controlada por dois locos com dois alelos em cada (*A* e *a*, *B* e *b*); *A* e *B* são dominantes sobre *a* e *b*. Existem três fenótipos discretos. (c) Controle por muitos locos com dois alelos em cada. À medida que o número de locos aumenta, a distribuição de freqüência fenotípica se torna progressivamente contínua.

Caracte-rísticas contínuas são influen-ciadas por muitos fato-res, cada um de pequeno efeito

Quando um número bastante grande de genes influencia uma característica, ela terá uma distribuição de freqüência normal, contínua. A distribuição normal pode resultar tanto se existe um grande número de alelos em cada um de um pequeno número de locos que influenciam a característica, ou se existe um pequeno número de alelos em um grande número de locos. Neste capítulo, iremos discutir principalmente a teoria da genética quantitativa como se existissem muitos locos, cada um com um pequeno número de alelos. Esse bem que poderia ser o sistema genético responsável por muitas características com variabilidade contínua; entretanto, a teoria aplica-se igualmente bem quando existem poucos (ou mesmo um único) loco e muitos alelos em cada um.

Mendel notou em seu trabalho original, em 1865, que a herança multifatorial (isto é, a característica é influenciada por muitos genes) pode gerar uma distribuição de freqüência contínua; porém, isso não foi bem-confirmado até trabalhos posteriores, particularmente de East, Nilsson-Ehle, entre outros, ao redor de 1910. A genética quantitativa está relacionada com características influenciadas por muitos genes, chamadas de *características poligênicas*. Para um geneticista quantitativo, 5 a 20 é um número pequeno de genes que influenciam uma característica; muitas características quantitativas podem ser influenciadas por mais do que uma centena, ou mesmo várias centenas, de genes. Para características influenciadas por um grande número de locos, deixa de ser útil seguir a transmissão de genes individuais ou haplótipos (mesmo que eles sejam identificados) de uma geração para a seguinte. O padrão de herança, em nível genético, é muito complexo.

Existe uma complicação adicional. Até o momento, temos apenas considerado o efeito dos genes. O valor de uma característica, como tamanho do bico, será, normalmente, influenciado pelo ambiente no qual o indivíduo se desenvolve. O tamanho do bico está, ao que tudo indica, relacionado com o tamanho geral do corpo, e todas as características relacionadas com a estatura corporal serão influenciadas pela quantidade de comida que um organismo terá à sua disposição durante a vida. Se tomarmos um conjunto de organismos com genótipos idênticos e permitir que alguns se desenvolvam com abundância de comida e outros com limitação de alimento, os primeiros serão, em média, maiores. Na natureza, cada característica será influenciada por muitas variáveis ambientais, algumas tendendo a aumentá-las; outras,

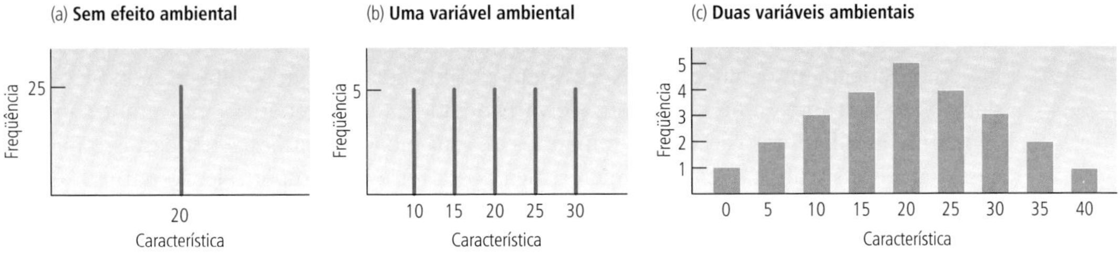

Figura 9.4

Efeitos ambientais podem produzir variação contínua. (a) Os 25 indivíduos, na ausência de variação ambiental, possuem todos o mesmo fenótipo, com um valor para a característica de 20. (b) Influência de uma variável ambiental. A variável possui cinco estágios, e, de acordo com o estágio no qual o organismo se desenvolve, sua característica torna-se maior ou menor ou não sofre mudanças. Os cinco estágios mudam a característica por +10, +5, 0, -5 e -10, e um organismo possui a mesma chance de experimentar qualquer um deles. (c) Influência de uma segunda variável ambiental. Essa variável também possui cinco estágios equiprováveis, e eles mudam a característica por +10, +5, 0, -5 e -10. Dos cinco indivíduos em (b) com o valor da característica de +10, um irá receber outro -10, dando um valor de 0; um segundo irá receber um -5, dando 5, etc. Após a influência de ambas as variáveis, as distribuição de freqüência variam de 0 à 40 e está começando a se parecer com uma curva em forma de sino. Com muitas influências ambientais, cada uma com um pequeno efeito, uma distribuição normal irá aparecer.

a diminuí-las. Assim, se tomarmos uma classe de genótipos com o mesmo valor de uma característica antes da influência do ambiente e adicionarmos o efeito do ambiente, alguns dos indivíduos de cada genótipo serão maiores e outros menores em vários graus. Isso produz um "espalhamento" adicional da distribuição da freqüência. Qualquer padrão de variabilidade discreta na distribuição da freqüência genotípica provavelmente é obscurecido por efeitos ambientais e as categorias discretas são convertidas em uma curva suave (Figura 9.4).

Características contínuas são estudadas pela genética quantitativa

Os pequenos efeitos de muitos genes e as variáveis ambientais são duas influências separadas que tendem a converter a distribuição fenotípica discreta de características controladas por um único gene em distribuições contínuas. Se uma característica apresenta uma distribuição contínua, isso, em princípio, poderia ser devido a ambos os processos; a genética quantitativa está relacionada, sobretudo, com características influenciadas por ambos. A genética quantitativa emprega conceitos genéticos de níveis superiores que são, geneticamente, menos exatos do que aqueles das genéticas de populações de um ou dois locos, mas os quais são muito úteis para o entendimento da evolução em características poligênicas. Em vez de seguir as trocas nas freqüências de genes e haplótipos, iremos, agora, seguir mudanças na distribuição de freqüência de uma característica fenotípica. A genética quantitativa é importante porque muitas características apresentam variabilidade contínua e controle de múltiplos locos.

9.3 A variabilidade é primeiramente dividida em efeitos genéticos e ambientais

A genética quantitativa contém um mínimo inevitável de conceitos formais que necessitamos entender antes de colocá-los em uso: essas formalidades são os objetivos desta e da próxima seção. Para entender como uma característica quantitativa como o tamanho do bico irá evoluir, temos de "dissecar" sua variabilidade. Separaremos os diferentes fatores que fazem com que alguns pássaros tenham bicos maiores do que outros. Suponha, por exemplo, que toda a variabilidade no tamanho do bico seja causada por fatores ambientais – ou seja, todos os pássaros possuem o mesmo genótipo e eles diferem nos tamanhos de seus bicos apenas por causa das diferentes condições ambientais nas quais se desenvolveram. O tamanho do bico poderia, então, não ter mudado durante a evolução (exceto por evolução não-genética, devida a mudanças ambientais). Para a característica evoluir, ela tem de ser, pelo menos, um pouco geneticamente controlada. Necessitamos conhecer o quanto o tamanho do bico varia devido a razões ambientais e o quanto ele varia devido a razões genéticas. Entretanto, mesmo se tentilhões diferentes variam nos tamanhos de seus bicos por razões genéticas, isso não necessariamente significa que essa característica possa ter evoluído por seleção natural. Como veremos, temos de dividir a influência genética em componentes que permitem e aqueles que não permitem trocas evolutivas.

O valor de uma característica é expresso como um desvio da média

Na genética quantitativa, o valor de uma característica em um indivíduo é sempre expresso como um desvio da média da população. O tamanho do bico terá um determinado valor médio em uma população, e nos referimos a influências ambientais e genéticas sobre um indivíduo como desvios desse valor médio. O procedimento é fácil de ser compreendido se pensarmos na média da população como um valor de "fundo", e, então, as influências que levam a um fenótipo particular individual serão expressas como acréscimos ou decréscimos desse valor. Veremos como isso é feito. Suponha que exista um loco com dois alelos influenciando a altura do bico. Bicos de indivíduos *AA* e *Aa* têm 1 cm da ponta para a base, e bicos de indivíduos *aa* têm 0,5 cm; o ambiente não tem efeito. Se a média da população era de 0,875 cm (como seria para uma freqüência gênica de $a = {}^1/_2$), então deveríamos escrever o fenótipo do bico de indivíduos *AA* e *Aa* como +0,125 cm e o dos indivíduos *aa* como –0,375 cm. Em geral, simbolizamos o fenótipo por *P**. Nesse caso, *P* = +0,125 para indivíduos *AA* e *Aa* e *P* = –0,375 para *aa*.

Claramente, o valor de *P* para um genótipo depende das freqüências gênicas. Quando a freqüência de A é $^1/_2$, os efeitos genotípicos serão exatamente como aqueles apresentados. Porém, quando a freqüência de A for $^1/_4$, a média da população será de 0,71875 cm. Para *aa*, *P* agora seria –0,21875 e para *AA* e *Aa*, P = +0,28125. Nesse exemplo, o fenótipo é controlado apenas pelo genótipo. Podemos simbolizar o efeito do genótipo por G. G, como *P*, é expresso como um desvio da média da população. Nesse caso, para um indivíduo com um determinado genótipo (porque o ambiente não tem efeito):

Média da população + *P* = média da população + G

As influências genéticas e ambientais sobre uma característica podem ser definidas

O valor de fundo da média da população cancela-se nas equações e pode ser ignorado. Resta-nos, então (nesse caso onde o ambiente não tem efeito), P = G.

O valor de uma característica real será, normalmente, influenciado pelo ambiente do indivíduo, bem como por seu genótipo. Se a característica que está em estudo tem algo a ver com o tamanho, por exemplo, ela provavelmente será influenciada pela quantidade de comida que o indivíduo encontrou durante o seu desenvolvimento e pela quantidade de doenças que o afetaram. Esses efeitos ambientais são medidos da mesma maneira que para o genótipo, como um desvio da média da população. Se um indivíduo se desenvolve em um ambiente que faz com que ele desenvolva um bico maior do que o tamanho médio, seus efeitos ambientais serão positivos; e vice-versa, caso ele venha a se desenvolver em um ambiente que lhe proporcione um bico menor do que o bico médio. O genótipo pode, então, ser expresso como o somatório das influências ambientais (E**) e genotípicas:

P = G + E

Assim, simples como parece, é o modelo fundamental da genética quantitativa. Para qualquer característica fenotípica, o valor individual para essa característica (expresso, lembre-se, como um desvio da média da população) é devido aos efeitos de seus genes e do ambiente.

Um exemplo mendeliano simples ilustra os termos da genética quantitativa

Devemos analisar mais profundamente os efeitos genotípicos. Necessitamos considerar como subdividir o efeito genotípico e por que a subdivisão é necessária. O ponto principal pode ser visto no exemplo de um único loco que já utilizamos. O gene A é dominante, e ambos *AA* e *Aa* possuem bicos de 1 cm (*P* = +0,125). (Pelo fato de estarmos investigando o efeito genotípico, fica mais simples ignorarmos os efeitos ambientais, de forma que *P* = G.) Suponha que pegamos um indivíduo *AA* e o cruzamos com um outro pássaro retirado de forma aleatória da população. A freqüência gênica é $^1/_2$e o pássaro retirado de forma aleatória terá chance de $^1/_4$ de ser *AA*, chance de $^1/_2$ de ser *Aa* e chance de $^1/_4$ de ser *aa*; mas, qualquer que seja o genótipo acasalante, toda a descendência terá o fenótipo de bico *P* = +0,125, porque A é dominante. Agora, suponha que retiramos um indivíduo *Aa* e o cruzamos com um outro membro, retirado de forma aleatória da população. O fenótipo médio *P* de seus descendentes será 0. (Como pode ser confirmado se efetuarmos ($^1/_4$ × [+0,125]) + ($^1/_2$ × 0) + ($^1/_2$ × [-0,125]) para os três genótipos da descendência.) Um *P* de 0 significa que o tamanho médio de bico da descendência é o mesmo da média da população. Assim, para dois genótipos com o mesmo tamanho de bico (*P* = +0,125), um produz descendentes com bicos como seu progenitor e o outro produz descendentes com bicos como a média da população.

Assim, alguns efeitos genotípicos são herdados pela descendência e alguns não são. O próximo passo é dividir o efeito genotípico em um componente que é transmitido e um componente que não é. O componente transmitido é chamado de *efeito aditivo* (A) e o componen-

* N. de T. Do inglês, *phenotype*
** N. de T. Do inglês, *environmental*

te que não é transmitido (nesse caso), de *efeito de dominância* (*D*). O efeito genotípico total em um indivíduo é o somatório dos dois:

$$G = A + D$$

A parte aditiva do efeito genotípico é a mais importante

O efeito aditivo é o mais importante. O progenitor desvia-se da média da população por uma determinada quantidade; seu efeito genotípico aditivo será a parte desse desvio que poderá ser transmitida. Entretanto, quando um indivíduo se reproduz, apenas a metade de seus genes será herdada por sua descendência. Os descendentes herdarão apenas a metade do efeito aditivo de cada progenitor. Assim, o efeito aditivo de *A* para um indivíduo será igual ao dobro da quantidade pela qual a sua descendência se desvia da média da população, caso o cruzamento seja aleatório. Para o progenitor *AA*, portanto, o efeito aditivo é +0,25. (A genética quantitativa completa de indivíduos *AA* é G = +0,125, A = +0,25 e *D* = –0,125). A descendência de pássaros *Aa* desvia-se por zero: seus efeitos aditivos são o dobro de zero, o que é zero; a quantidade pela qual heterozigotos *Aa* se desviam da média da população é inteiramente devida à dominância e não é herdada pela sua descendência. (Para indivíduos *Aa*, G = +0,125, A = 0 e *D* = +0,125.)

A divisão do efeito genotípico nos componentes aditivo e de dominância mostra qual a proporção dos desvios parentais da média é herdada e revela o quanto dos efeitos genotípicos não-herdáveis de indivíduos *Aa* é devido à dominância. Na prática, o geneticista quantitativo não conhece os genótipos que estão encobertos pelas características que ele estuda; ele apenas conhece o fenótipo. Ele pode, por exemplo, concentrar-se na classe de pássaros com bicos de 1 cm (*P* = +0,125). O componente aditivo de seu valor fenotípico dependerá das freqüências dos genótipos *AA* e *Aa* nesse exemplo: se todos os pássaros com bicos de 1 cm forem heterozigotos *Aa*, então, nenhum dos descendentes irá herdar os desvios de seus progenitores; se todos forem *AA*, então, metade da descendência irá herdar o desvio.

...e é utilizada para prever o valor da característica na próxima geração

Por que o efeito aditivo de um fenótipo é tão importante? A resposta é que uma vez que o efeito aditivo para uma característica tenha sido estimado, essa estimativa tem, na genética quantitativa, um papel muito parecido com o do conhecimento exato da genética mendeliana, no caso de um ou dois locos (Capítulos 5 e 8). Ele é o que usamos para prever a distribuição de freqüência de uma característica na descendência, fornecendo uma informação dos progenitores. Em um modelo genético de um único loco, conhecemos os genótipos correspondentes a cada fenótipo e podemos prever os fenótipos da descendência a partir dos genótipos de seus progenitores. No caso de seleção, a freqüência gênica da próxima geração é facilmente prevista se soubermos que a seleção permitirá que apenas indivíduos *AA* se reproduzam. Na genética de dois locos, o procedimento é o mesmo. Se a próxima geração for formada de uma determinada mistura de indivíduos *Ab*/*AB* e *AB*/*AB*, podemos calcular as suas freqüências de haplótipos caso conheçamos a mistura exata dos genótipos parentais.

Na genética quantitativa, não conhecemos os genótipos. Tudo o que possuímos são medidas dos fenótipos, como o tamanho do bico. Porém, se pudermos estimar o componente genético aditivo do fenótipo, então, poderemos prever a descendência de maneira análoga aos procedimentos quando a genética real é conhecida. Quando conhecemos a genética, as leis da hereditariedade de Mendel dizem-nos como os genes parentais são transmitidos para a descendência. Quando não conhecemos a genética, os efeitos aditivos nos dizem que componentes do genótipo parental são transmitidos. A estimativa do efeito aditivo é, assim, a chave para o entendimento da evolução de características quantitativas. As estimativas são praticamente feitas por experimentos de cruzamento. No caso dos tentilhões com bicos de 1 cm em uma população de tamanho médio de bico de 0,875 cm, o efeito aditivo pode ser medido por meio do cruzamento de tentilhões com 1 cm de bico com membros retirados aleatoriamente da população. O efeito aditivo será, então, duas vezes os desvios da descendência a partir da média da população.

O fracionamento genético que fizemos até o momento é bastante incompleto. Ele se aplica razoavelmente bem para um único loco: nesse caso, a dominância é a principal razão de o efeito genotípico de um progenitor não ser inteiramente herdado pela sua descendência. Quando muitos locos influenciam uma característica, *interações epistáticas* entre alelos em locos diferentes podem ocorrer (Seção 8.8, p. 234). Interações epistáticas, como os efeitos de dominância, não são transmitidas para a descendência. Elas dependem de combinações particulares de genes e, quando as combinações são rompidas (pela recombinação gênica), o efeito desaparece; elas também não são não-aditivas. Um exemplo de uma interação epistática seria quando indivíduos com o haplótipo A_1B_2 mostrassem um desvio maior da média da população do que os desvios médios combinados de A_1 e B_2; o desvio extra é epistático. Outros efeitos não-aditivos podem surgir devidos à interação genético-ambiental (quando o mesmo gene produz diferentes fenótipos em ambientes diferentes) e à correlação genético-ambiental (quando determinados genes são encontrados com uma freqüência mais elevada do que a aleatória em determinados ambientes).

Vários fatores genéticos não-aditivos são conhecidos

Uma análise completa pode levar todos esses efeitos em consideração. Em uma análise completa, exatamente como nesta análise simples, o objetivo é separar o efeito aditivo de um fenótipo. O efeito aditivo é a parte do fenótipo parental herdada pela sua descendência.

9.4 A variância de uma característica está dividida em efeitos genéticos e ambientais

Podemos retornar agora para a distribuição de freqüência de uma característica. Continuaremos, como sempre, a expressar os efeitos como desvios da média da população. Se considerarmos um indivíduo a alguma distância da média, uma parte desse desvio será ambiental, outra genética. Do componente genético, uma parte será de efeito aditivo; outra, de dominância; outra, de efeito epistático. Esses termos foram definidos de forma que eles sejam somados para fornecer o desvio exato do indivíduo da média. Qualquer indivíduo possui seu valor fenotípico (*P*) particular, devido à sua combinação particular de experiências ambientais e efeitos de dominância, efeitos aditivos e efeitos de interação em seu genótipo (Figura 9.5). As diferentes combinações de *E*, *D* e *A* em indivíduos diferentes são as razões por que uma característica apresenta uma distribuição de freqüência contínua na população.

A variabilidade em uma população é medida de forma quantitativa como uma "variância"

A variabilidade observada para a característica em uma população qualquer poderia existir devido à variabilidade em qualquer efeito ou em qualquer combinação desses efeitos. Assim, as diferenças individuais poderiam ser todas devidas a diferentes efeitos ambientais, com cada indivíduo apresentando o mesmo valor de G. Ou ela poderia ser 25% devida ao ambiente, 20% aos efeitos aditivos, 30% aos efeitos de dominância e 25% aos efeitos de interações. A proporção de variabilidade devida aos diferentes efeitos interessa quando desejamos entender como uma população irá responder à seleção. Se toda a variabilidade existente for porque indivíduos diferentes possuem valores de *E* diferentes, não haverá resposta para seleção; mas, se a variabilidade for devida sobretudo a efeitos genéticos aditivos, a resposta será grande. A proporção de variabilidade que é devida a diferentes valores de A em diferentes indivíduos dirá se a população poderá responder à seleção.

A variabilidade na população devida a qualquer fator particular, tal como o ambiental, é medida pela estatística chamada de variância. (O Quadro 9.1 explica alguns termos estatísticos utilizados na genética quantitativa.) A variância é a soma dos desvios quadrados da média, dividida pelo tamanho da amostra menos um. Assim, para todos os valores *x* de uma característica, como o tamanho do bico em uma população, a variância de *x* será (ver o Quadro 9.1 para as notações):

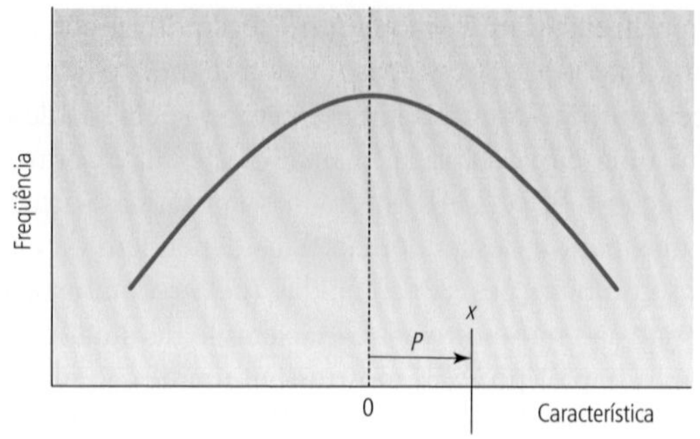

Figura 9.5

O eixo **x** para a distribuição contínua de uma característica pode ser representado em escala para se ter uma média de zero. Considere os indivíduos (chamados *x*) com fenótipo +*P*. Seus valores fenotípicos serão a soma das suas combinações individuais dos efeitos ambientais, aditivos e de dominância (*E* + *A* + *D*). Os indivíduos com características *x* podem apresentar qualquer combinação de *E, A* e *D*, de forma que *E* + *A* + *D* = *x*. Qualquer desvio individual da média é devido à combinação para cada indivíduo de *E, A* e *D* (bem como de outros efeitos, tal como os epistáticos).

$$V_x = \frac{1}{n-1}\sum(x_i - \bar{x})^2$$

Vimos como o fenótipo total, os efeitos genéticos, os efeitos ambientais, e assim por diante, podem ser medidos para um indivíduo; as medições (*P* para feito fenotípico, etc.) são expressas como desvios da média. Podemos, portanto, facilmente calcular, para uma população, quais são as suas variâncias:

Cada fator que influencia uma característica tem uma variância

Variância fenotípica $= V_P = \frac{1}{n-1}\sum P^2$

Variância ambiental $= V_E = \frac{1}{n-1}\sum E^2$

Variância genética $= V_G = \frac{1}{n-1}\sum G^2$

Variância de dominância $= V_D = \frac{1}{n-1}\sum D^2$

Variância aditiva $= V_A = \frac{1}{n-1}\sum A^2$

A variância fenotípica para uma população, por exemplo, expressa o quão espalhada é a freqüência de distribuição para a característica. Se a freqüência de distribuição é ampla, com diferentes indivíduos apresentando valores da característica muito diferentes, a variância fenotípica será elevada. Se ela for uma ponta estreita, com muitos indivíduos apresentando valores da característica semelhantes, a variância fenotípica será pequena.

Quadro 9.1
Alguns Termos Estatísticos Utilizados na Genética Quantitativa

O texto menciona três termos estatísticos principais. Este quadro explica a variância, mas serve, principalmente, como um lembrete das definições exatas de co-variância e regressão; consultas adicionais devem ser feitas a textos estatísticos para uma explicação mais completa.

Variância

A variabilidade de um conjunto de números pode ser expressa como uma variância. Pegue um conjunto de números, tais como 4, 3, 7, 2, 9. Aqui está como calcular a sua variância.

1. Calcule a média:

$$\text{Média} = \frac{4+3+7+2+9}{5} = 5$$

2. Para cada número, calcule o quadrado de seu desvio da média. Para o primeiro número, 4, isso é $(5 - 4)^2 = 1$. Fazemos o mesmo para todos os cinco números.
3. Some os resultados dos quadrados dos desvios da média. Para os cinco números, isso é 1 + 4 + 4 + 9 + 16 = 34.
4. Divida a soma por $n - 1$; $n = 5$, nesse caso.

Variância = 34/4 = 8,5

A fórmula geral para a variância de uma característica X é:

$$V_x = \frac{1}{n-1}\sum(x_i - \bar{x})^2$$

Onde $\bar{X}$é a média e X_i é uma notação-padrão para um conjunto de números. Aqui temos cinco números. Nos termos da notação, isso significa que *i* poderá ter qualquer valor de 1 a 5 e será o valor da característica para cada *i*. Assim, $x_1 = 4$, $x_2 = 3$, e $x_5 = 9$. O somatório na fórmula geral é para todos os valores de *i:* aqui ele será para todos os cinco números. Caso houvesse 50 números, *i* teria variado de 1 a 50 e deveríamos proceder como no exemplo para todos os 50 números. A variância descreve o quão variável é um conjunto de números. Quanto maior a variância, maior será a diferença entre os números. Se todos forem iguais (todos $X_i = \bar{X}$), então sua variância será zero.

Desvio-padrão

É a raiz quadrada da variância.

Co-variância

Agora, imagine que os indivíduos tenham sido medidos para duas características, X e Y. A co-variância entre as duas é definida como:

$$\text{COV}_{XY} = \frac{1}{n-1}\sum(x_i - \bar{x})(y_i - \bar{y})$$

A co-variância mede o caso de, se um indivíduo possuir um valor elevado para X, ele também possuirá um valor elevado para Y. Se os x_1 e y_i de um indivíduo forem elevados, o produto xy_i também será elevado, mas se y_i não for elevado quando x_i for, então o produto será menor. Geralmente, se X e Y co-variam, o produto (e a co-variância) é elevado, e se eles não co-variam, a soma dos produtos será zero.

Regressão

A regressão, simbolizada por b_{XY}, entre as características X e Y é a sua co-variância dividida pela variância de X:

$$b_{XY} = \frac{COV_{XY}}{V_X}$$

Regressões são úteis para descrever os graus de inclinação de gráficos e são, portanto, úteis na descrição de semelhanças entre classes de parentes. Caso X e Y não sejam relacionados, $\text{COV}_{XY} = 0$ e $b_{XY} = 0$; caso eles sejam relacionados, a co-svariância e a regressão podem ser positivas ou negativas (Figura Q9.1).

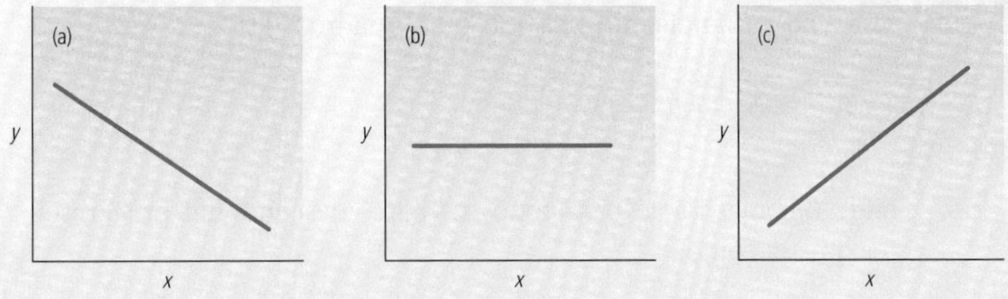

Figura Q9.1
A relação entre duas variáveis (x e y): (a) coeficiente de regressão negativo ($b < 0$); (b) sem relação ($b = 0$); e (c) coeficiente de regressão positivo ($b > 0$).

9.5 Parentes possuem genótipos semelhantes, produzindo a correlação entre parentes

Parentes, tais como irmãos ou progenitores e descendentes, são semelhantes devido aos ambientes compartilhados...

A Figura 9.1 é um gráfico da altura do bico em muitos pares de progenitor-descendente de *Geospiza fortis*. Cada ponto é para um descendente e a média de seus progenitores. A altura do bico em *G. fortis*, assim como muitas características em muitas espécies, apresenta uma correlação entre progenitores e descendentes. Esse é um exemplo de correlação entre parentes, uma vez que somente os progenitores e os seus descendentes são semelhantes uns aos outros, assim como irmãos e parentes mais distantes em alguma extensão.

A similaridade entre parentes pode ser tanto ambiental como genética, e os dois efeitos podem apresentar diferentes importâncias relativas em diferentes tipos de espécies. Na espécie humana, em que os pais e seus filhos vivem juntos em grupos sociais, muito da similaridade será devida ao ambiente familiar comum (isto é, existe correlação genético-ambiental). No outro extremo, em uma espécie como o molusco bivalvo, na qual os ovos são liberados no mar em um estágio bem inicial, os parentes não irão, necessariamente, desenvolver-se em ambientes semelhantes. O ambiente pode não ter uma influência tão forte sobre a similaridade entre os parentes. Os tentilhões de Darwin estão, provavelmente, em algum ponto entre esses dois extremos. É fácil entender a similaridade entre parentes que é causada por ambientes semelhantes: na medida em que os parentes se desenvolvem em ambientes correlacionados e existe variabilidade ambiental em uma característica, os parentes serão mais semelhantes do que indivíduos não-aparentados.

...e aos genes compartilhados

A similaridade entre os parentes devida aos seus genes compartilhados é evolutivamente mais importante. É possível deduzir a correlação devida aos genes compartilhados entre quaisquer duas classes de parentes a partir dos termos da variância que já definimos. Iremos considerar apenas um caso, a correlação entre progenitores e descendentes, para ver como isso é feito. Podemos manter as coisas simples pressupondo que os ambientes dos progenitores e dos descendentes não são correlacionados, de forma que os efeitos ambientais podem ser ignorados (porque qualquer efeito ambiental em um progenitor não irá aparecer na descendência: se o progenitor for maior do que a média por ter tido a oportunidade de encontrar uma boa quantidade de alimento, isso não significa que o mesmo acontecerá com a sua descendência). Qualquer correlação entre progenitores e descendentes será, então, devida aos seus efeitos genéticos.

Construímos um modelo de genética quantitativa para prever a similaridade entre progenitor-descendente

O valor genético da característica nos progenitores é, como vimos, formado por vários componentes, dos quais apenas o componente aditivo será herdado pela descendência. Quando o cruzamento é aleatório, metade do componente aditivo de um progenitor individual é diluída. Em um loco, um progenitor possui um desvio aditivo da média da população em ambos os seus genes. Quando um descendente é formado, um dos genes parentais vai para a descendência, juntamente com um outro gene retirado de forma aleatória da população (porque estamos pressupondo cruzamentos aleatórios). O valor médio da característica na descendência será, como vimos anteriormente, a metade do valor aditivo do progenitor ($^1/_2 A$); o valor genético médio no progenitor é $A + D$. A correlação entre progenitor e descendente será a co-variância entre os dois (ver Quadro 9.1):

$$COV_{OP} = \sum \frac{1}{2} A(A + D)$$

onde o somatório é para todos os pares descendente-progenitor. A co-variância pode ser reexpressa como:

$$COV_{OP} = \frac{1}{2} \sum A^2 + \frac{1}{2} \sum AD$$

$^1/_2\ \Sigma\ AD = 0$, porque *A* e *D* foram definidos como sendo não-correlacionados. Caso um indivíduo possua um valor de *A* grande, não saberemos se o seu valor de *D* será grande ou pequeno. Isso deixa:

$$COV_{OP} = \frac{1}{2}\sum A^2 = \frac{1}{2}V_A$$

A similaridade progenitor-descendente depende da variância genética aditiva

Em outras palavras, a co-variância de um descendente e um de seus progenitores é igual à metade da variância genética aditiva da característica na população.

A expressão para a co-variância entre um progenitor e seu descendente é verdadeira para cada progenitor. Ela é um pequeno passo (mas não iremos examiná-la aqui) para mostrar que a mesma expressão também fornece a co-variância entre descendentes e o valor parental mediano: ele também é $^1/_2 V_A$. Outras expressões podem ser deduzidas, por meio de raciocínios similares, para a co-variância entre outras classes de parentes (Tabela 9.1). As fórmulas são úteis para estimativas das variâncias aditivas de características reais. Entretanto, as estimativas se tornam mais interessantes, para os biólogos evolutivos, quando expressas nos termos da estatística chamada de herdabilidade.

Tabela 9.1
As co-variâncias entre várias classes de parentescos diferentes

Parentes	Covariância
Um progenitor e seu descendente	$\frac{1}{2}V_A$
Progenitor médio e seu descendente	$\frac{1}{2}V_A$
Meio-irmãos	$\frac{1}{4}V_A$
Irmãos integrais	$\frac{1}{2}V_A + \frac{1}{4}V_D$

9.6 A herdabilidade é a proporção da variância fenotípica que é aditiva

A similaridade entre parentes em geral, e entre progenitores e descendentes em particular, é governada pela variância genética aditiva da característica. Se uma característica não possui variância genética aditiva em uma população, ela não será transmitida dos progenitores para a descendência. Por exemplo, muitas das propriedades de um fenótipo individual são características adquiridas acidentalmente, tais como cortes, arranhões e ferimentos; se medirmos essas características nos progenitores e na descendência, elas não apresentarão correlação: $V_A = 0$. Além disso, algumas características, tais como o número de pernas por indivíduo em uma população natural de, digamos, zebra, apresentam praticamente nenhuma variabilidade de qualquer tipo e, para elas, então, V_A é tipicamente zero. A variância aditiva costuma ser, portanto, discutida como uma fração da variância fenotípica total, e é essa fração que é chamada de *herdabilidade* (h^2) de uma característica:

A herdabilidade é uma medida da influência genética em uma característica

$$h^2 = \frac{V_A}{V_P}$$

A herdabilidade é um número entre zero e um. Se a herdabilidade for um, toda a variância da característica é genética e aditiva. Dado que $V_P = V_E + V_A + V_D$, todos os termos à direita, outros que não V_A, devem, então, ser zero. Na medida em que os fatores, outros que não a variância aditiva, contribuem para a variância de uma característica, a herdabilidade será menor do que um.

A herdabilidade possui um significado intuitivo fácil. Considere dois progenitores que diferem da população em uma determinada quantidade. Caso seus descendentes também desviem pela mesma quantidade, a herdabilidade será de um; caso os descendentes apresentem a mesma média que a população, a herdabilidade será zero; caso os descendentes desviem da média da população na mesma direção que seus progenitores, mas em uma extensão menor, a herdabilidade será entre zero e um. A herdabilidade, portanto, é a extensão quantitativa na qual a descendência se assemelha aos seus progenitores, em relação à media da população.

A herdabilidade pode ser medida por diversos métodos

Como podemos estimar a herdabilidade de uma característica real? Um método é o cruzamento de duas linhagens puras. Esse é, principalmente, de interesse na genética aplicada, em que o problema pode ser o cruzamento de uma nova variedade de plantas; ele tem pouco interesse na biologia evolutiva. Os dois outros métodos principais são medir a correlação entre parentes e a resposta à seleção artificial. A Figura 9.1 é um exemplo, o qual utiliza a correlação entre parentes. O grau de inclinação do gráfico, mostrando o tamanho do bico na descendência dos tentilhões em relação ao tamanho médio de bico dos dois progenitores, é igual à herdabilidade do tamanho do bico naquela população. As razões são as seguintes. O grau de inclinação da linha é a regressão do tamanho do bico da descendência sobre o tamanho mediano do bico parental. A regressão de qualquer variável y sobre outra variável x é igual à cov_{xy}/var_x (Quadro 9.1). A co-variância da descendência e o valor médio parental são iguais a $^1/_2 V_A$ (Tabela 9.1) e a variância do tamanho do bico do progenitor médio é igual a $^1/_2\ V_P$. (Ela é a metade da variância populacional total, porque os dois progenitores foram retirados da população e seus valores foram transformados em média: se a Figura 9.1 tivesse o valor para um progenitor no eixo do x, a sua variância seria V_P.) O grau de inclinação da regressão simplesmente iguala V_A/V_P, o que é a herdabilidade de uma característica. Para a altura do bico em *Geospiza fortis* em Daphne Major, a regressão, e, portanto, a herdabilidade, é 0,79.

9.7 Uma herdabilidade de uma característica determina a sua resposta à seleção artificial

Como a genética quantitativa pode ser aplicada para entender a evolução? Existem muitas maneiras, e iremos considerar duas delas: a seleção direcional e a seleção estabilizadora. Como vimos (Seção 4.4, p. 106), três principais tipos de seleção são normalmente distinguidos: a seleção disruptiva é a terceira categoria, a qual não iremos discutir neste momento. Esta seção estará preocupada com a *seleção direcional,* a qual tem sido particularmente estudada por meio de experimentos de seleção artificial. A seleção artificial é importante na genética aplicada, uma vez que ela fornece os meios para o melhoramento de linhagens e culturas de valor agronômico.

Se desejarmos elevar o valor de uma característica por meio da seleção artificial, podemos utilizar qualquer um de uma variedade de métodos de seleção. Uma forma simples é a seleção truncada: o selecionador retira todos os indivíduos cujos valores da característica sob seleção sejam maiores do que um valor basal e utiliza-os para os cruzamentos para a

Construímos um modelo de genética quantitativa de seleção direcional

próxima geração (Figura 9.6). Qual será o valor da característica na geração descendente? Primeiramente, podemos definir S como o desvio médio dos progenitores selecionados, a partir da média da população parental: S é também chamado de *diferencial de seleção*. A resposta à seleção (R) será a diferença entre a média da população descendente e a média da população parental. Nesse caso, o cálculo para a resposta à seleção é realizado por meio da regressão do valor da característica na descendência sobre esse valor nos progenitores, em que os progenitores serão os indivíduos que foram selecionados para os cruzamentos: assinalamos o desvio da descendência contra o desvio dos progenitores em relação à média da população para produzir um gráfico como a Figura 9.1. O grau de inclinação do gráfico para progenitores e descendentes é simbolizado por b_{OP} e vimos, na seção anterior, que, para qualquer característica, $b_{OP} = h^2$; o grau de inclinação da regressão progenitor-descendente iguala-se à herdabilidade. Portanto:

$$R = b_{OP}S \quad ou$$

$$R = h^2 S$$

Esse é um resultado importante. A resposta à seleção é igual à quantidade pela qual os progenitores da geração descendente se desviam da média de sua população, multiplicada pela herdabilidade da característica. (A resposta à seleção ou a regressão progenitor-descendente pode ser utilizada para estimar a herdabilidade de uma característica; para uma população selecionada existem duas maneiras de analisar o mesmo conjunto de medidas.)

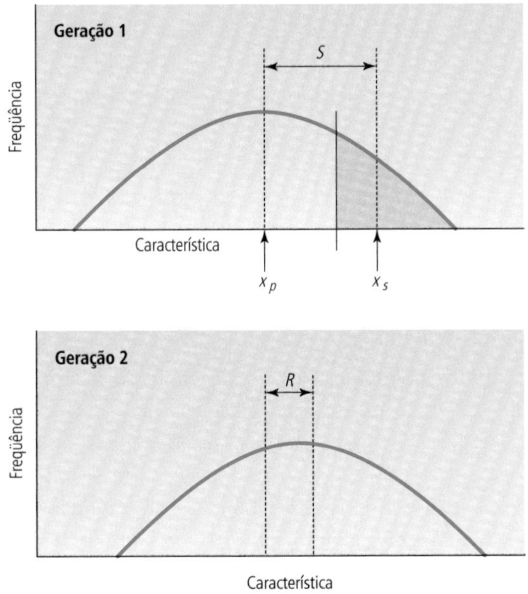

Figura 9.6

A seleção truncada: a geração seguinte foi produzida a partir daqueles indivíduos (área sombreada) com um valor da característica excedendo um valor limiar. O diferencial de seleção (***S***) é a diferença entre a média da população total (x_p) e a média da subpopulação selecionada (x_s); $S = x_s - x_p$. Porque R é cerca de 0,4 de S, podemos deduzir, nesse caso, que a herdabilidade, $h^2 \approx 0{,}4$.

Um exemplo real de seleção direcional pode não ter a forma da seleção truncada. Na seleção truncada, todos os indivíduos acima de um determinado valor para a característica se cruzam e todos os indivíduos abaixo não se cruzam. Todos os indivíduos selecionados contribuem igualmente para a próxima geração. Poderia ocorrer, em vez disso, que não existisse um ponto de corte tão restrito, mas que indivíduos com valores maiores da característica contribuíssem com números crescentes de descendentes na próxima geração. Entretanto, a mesma fórmula para a resposta evolutiva funciona para todas as formas de seleção direcional. A diferença entre o valor médio da característica na população inteira e naqueles indivíduos que atualmente contribuem para a próxima geração (se necessário, estimado pelo número de descendentes que eles contribuem) é o "diferencial de seleção" e pode ser acoplado na fórmula para se encontrar o valor esperado da característica na próxima geração.

A manutenção da seleção direcional diminui a herdabilidade

Uma população pode apenas responder à seleção artificial por tanto tempo quanto durar a sua variabilidade genética. Considere, por exemplo, o experimento de seleção artificial controlada mais prolongado. Desde 1896, o milho foi selecionado, no Laboratório de Agricultura Estadual em Illinois, para (entre outras coisas) tanto elevado como pouco conteúdo de óleo. Como a Figura 9.7 mostra, mesmo após 90 gerações, a resposta à seleção para elevado conteúdo de óleo não foi exaurida. Entretanto, o conteúdo de óleo finalmente se tornou muito baixo, de forma insignificante, na linhagem selecionada para pouco conteúdo de óleo. As sementes se tornaram difíceis de serem mantidas e o experimento "pouco óleo" foi descontinuado após 87 gerações.

O experimento "elevado óleo" continua, mas ele também chegará, eventualmente, ao fim. Uma vez que o milho é selecionado para um aumento no conteúdo de óleo, os genótipos codificadores de elevado conteúdo de óleo irão aumentar em freqüência e irão substituir os genótipos para pouco conteúdo de óleo. Esse processo pode continuar até um

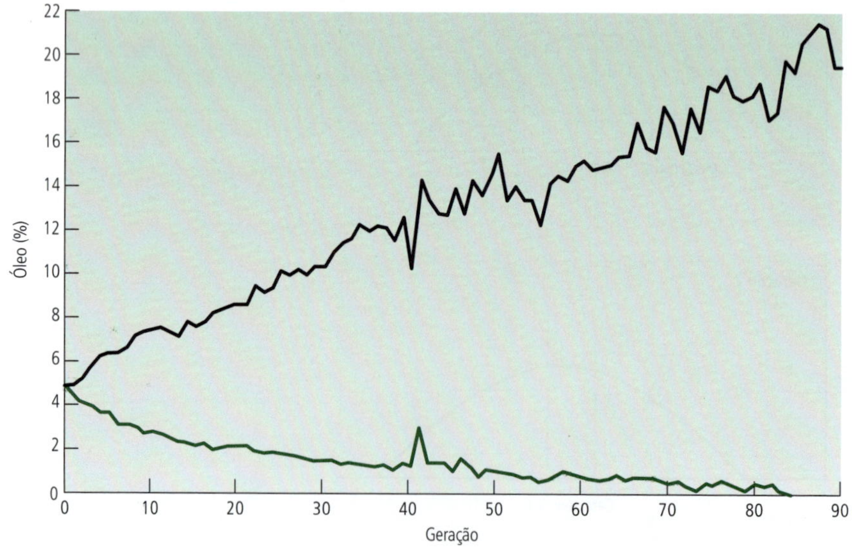

Figura 9.7

A resposta do milho (*Zea mays*) selecionado artificialmente para elevado ou pouco conteúdo de óleo. O experimento iniciou em 1896, quando, a partir de uma população de 163 espigas de milho, a linhagem superior foi formada a partir de 24 espigas com conteúdo de óleo mais elevado e a linhagem inferior a partir de 12 espigas com pouco conteúdo de óleo. A linhagem inferior foi descontinuada após a 87ª geração. Modificada, com permissão da editora, de Dudley e Lambert (1992).

determinado momento. Eventualmente, todos os indivíduos na população terão o mesmo genótipo para o conteúdo de óleo. Nos locos que controlam o conteúdo de óleo, nenhuma variância genética aditiva terá sido deixada; a herdabilidade terá sido reduzida para zero e a resposta à seleção artificial irá chegar ao fim. No experimento com o milho em Illinois, o processo ainda não chegou ao seu final. A herdabilidade no conteúdo de óleo, tanto nas linhagens selecionadas para elevado como para pouco, diminuiu no início do experimento (Tabela 9.2), mas, desde então, ela tem sido constante, em cerca de 10 a 15% para cerca de 65 gerações. A população continua a responder à seleção porque a herdabilidade continua acima de zero.

Novas variantes podem ser introduzidas por recombinação ou mutação

Em outros experimentos de seleção artificial, o processo inteiro foi registrado. A Figura 9.8 mostra a resposta de uma população de moscas-das-frutas para uma seleção direcional consistente para o aumento no número de cerdas escutelares (ou seja, cerdas sobre a região dorsal do tórax). Inicialmente, a população respondeu; então, à medida que a variância gené-

Tabela 9.2

A herdabilidade do conteúdo de óleo nas populações de milho após diferentes números de gerações de seleção artificial para elevado ou pouco conteúdo de óleo, no experimento de Illinois (ver Figura 9.7). A herdabilidade diminui à medida que a seleção é aplicada. De Dudley e Lambert (1992)

	Herdabilidade do conteúdo de óleo	
Geração	**Linhagem superior**	**Linhagem inferior**
1-9	0,32	0,5
10-25	0,34	0,23
26-58	0,11	0,1
59-90	0,12	0,14

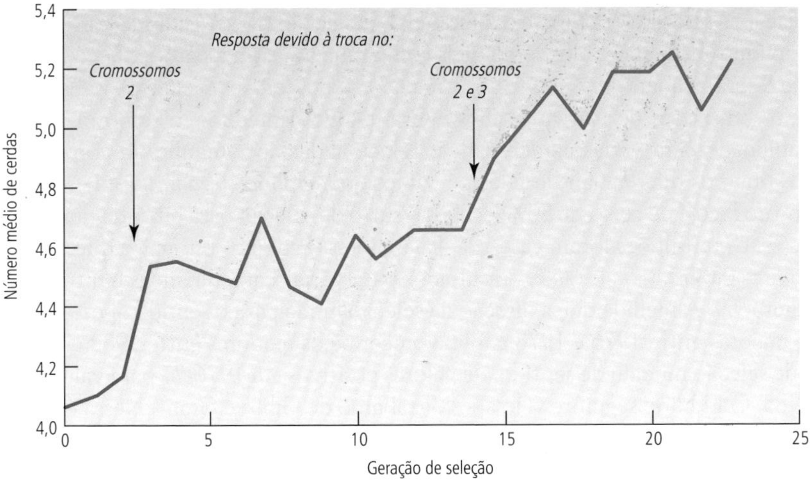

Figura 9.8

A seleção artificial para aumento do número de cerdas escutelares em *Drosophila melanogaster*. A resposta ocorreu em dois estágios rápidos que coincidiram com as trocas observáveis na morfologia dos cromossomos 2 e 2 e 3, respectivamente; acredita-se que as trocas tenham sido eventos de recombinação. Reproduzida, com permissão da editora, de Mather (1943).

tica aditiva foi sendo utilizada (ou, à medida que a herdabilidade diminuiu), a taxa de troca foi reduzida a zero nas gerações 4 a 14. Também ocorreu que, se a seleção ainda continuava, após a resposta ter parado, a população surpreendentemente iniciava a responder novamente após um intervalo (nas gerações 14 a 17). O renovado surto de troca foi atribuído a eventos raros de recombinação ou mutação que reintroduziram variantes genéticas novas dentro da população.

O modelo de genética quantitativa possui amplas aplicações

A relação entre resposta à seleção (*R*), herdabilidade e diferencial de seleção (*S*) permite-nos calcular qualquer uma das três variáveis, caso as outras duas tenham sido medidas. Por exemplo, vimos no Capítulo 4 que a atividade de pesca selecionou para salmões de tamanhos pequenos, porque os peixes grandes eram seletivamente capturados nas redes. O diferencial de seleção *S* pode ser estimado a partir de três medições: o tamanho médio dos salmões capturados nas redes, o tamanho médio dos salmões nas populações na foz do rio (antes de eles serem capturados) e a proporção da população que é capturada pela pesca. Todas as três foram medidas e levaram à estimativa de que os salmões que sobreviveram para a desova são cerca de 0,4 lb (0,18 kg) menores do que a média da população. A Figura 4.3 mostra que a resposta (*R*) – o tamanho médio dos salmões – diminuiu cerca de 0,1 lb entre cada geração de dois anos. Podemos, portanto, estimar a herdabilidade, $h^2 = 0{,}1/0{,}4 = 0{,}25$.

9.8 A força da seleção natural foi estimada em muitos estudos em populações naturais

Uma característica, tal como o tamanho do bico, pode ser testada por seleção direcionada em uma população de pássaros. Podemos estimar a resposta à seleção (*R*) medindo o tamanho médio durante um determinado número de anos. Técnicas padronizadas de genética quantitativa podem ser utilizadas para estimar a herdabilidade. Podemos, então, usar os dois números para estimar o diferencial de seleção. O diferencial de seleção expressa o quão forte a seleção está atuando (no caso de seleção direcional, mas não no caso de seleção estabilizadora). Se os indivíduos bem-sucedidos forem muito diferentes dos indivíduos médios na população, a seleção será forte e o diferencial de seleção (*S*) será grande. Se a seleção for fraca, os indivíduos bem-sucedidos serão mais como uma amostra aleatória da população como um todo e *S* será pequeno.

A força da seleção foi medida nos tentilhões de Darwin...

Nos tentilhões de Darwin, Gibbs e Grant (1987) mediram a resposta à seleção (*R*) e a herdabilidade para várias características relacionadas ao tamanho do corpo e as utilizaram para estimar os diferenciais de seleção. Vimos que, em *Geospiza fortis*, a herdabilidade do tamanho do bico é de cerca de 80%; e, após o surto de seleção para bicos de tamanho grande em 1976-77, os tentilhões foram cerca de 4% maiores. Podemos estimar o diferencial de seleção como $S = 0{,}04/0{,}8 = +5\%$. Os resultados para várias características em três períodos estão na Figura 9.9. À medida que a direção da seleção muda para o sentido oposto, de favorecendo bicos maiores entre 1976 e 1978 para favorecer bicos menores entre 1983 e 1985, os diferenciais de seleção mudam de sentido, de valores positivos em 1976-77 para valores negativos em 1984-85. O El Niño seguinte veio após o trabalho de Gibbs e Grant. Nessa época, a mudança no clima teve pouco efeito sobre a distribuição do tamanho das sementes, e o diferencial de seleção foi arredondado para zero (Grant e Grant, 1995).

Nos pintassilgos de Darwin, todas as relações de medidas entre o diferencial de seleção, herdabilidade e resposta à seleção encaixam-se com as previsões da teoria da genética quantitativa. Quaisquer duas das três podem ser medidas, e a terceira pode ser prevista de maneira precisa (Grant e Grant, 1995). Entretanto, na Seção 9.12 adiante iremos analisar alguns casos

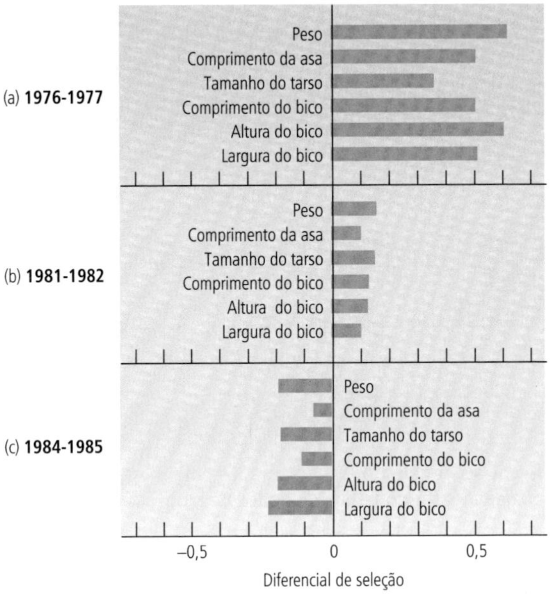

Figura 9.9

(a) Na estiagem de 1976-77, indivíduos da espécie *Geospiza fortis* com bicos maiores sobreviveram melhor e o tamanho médio dos tentilhões na população aumentou. (b) Nos anos normais de 1981-82 havia uma pequena vantagem em se possuir bicos grandes, mas ela foi muito menor do que durante a estiagem. (c) Após o El Niño de 1983, em 1984-85, os tentilhões com bicos menores sobreviveram melhor e o tamanho médio dos tentilhões na população diminuiu. O eixo *x* expressa o diferencial de seleção (*S*) na forma padronizada: a média para os sobreviventes após a seleção menos a média da população antes da seleção, tudo dividido pelo desvio-padrão da característica. (O desvio-padrão é a raiz quadrada da variância; ver Quadro 9.1 para o significado de variância.) Um valor de *S* de cerca de 5% para a largura do bico no texto corresponde aqui ao *S* padronizado de cerca de 0,6. De Gibbs e Grant (1987).©1987 Macmillan Magazines Ltd.

mais intrigantes – nos quais uma característica está sujeita à seleção direcional (o valor de *S* é diferente de zero), e foi demonstrada ser geneticamente herdável, mas não apresenta resposta evolutiva. Quando nos deparamos com esses resultados intrigantes, vale a pena ter em mente os resultados "bem-sucedidos" para os tentilhões de Darwin.

...e em outros estudos

Kingsolver *et al.* (2001) reuniram os resultados de 63 estudos de seleção direcional, em 62 espécies, realizados por diversos biólogos e publicados entre 1984 e 1997. A Figura 9.10 mostra a distribuição dos diferenciais de seleção encontrados nesses estudos. Para uma pesquisa com muitas características, os diferenciais de seleção necessitam ser "padronizados". Os diferenciais de seleção que analisamos até o momento foram "não-padronizados". Eles foram medidas absolutas (0,4 lb ou 0,18 kg) em salmões e porcentagens (5%) nos tentilhões. A equação $R = h^2S$ funciona em qualquer estudo com números absolutos ou porcentagens. Um diferencial de seleção padronizado expressa o desvio da média de indivíduos bem-sucedidos como uma fração do desvio-padrão fenotípico na população. (O Quadro 9.1 explica formalmente o desvio-padrão, mas intuitivamente ele é uma medida da quantidade de variabilidade que é independente das unidades utilizadas para se fazer as medições. A equação $R = h^2S$ também funciona com diferenciais de seleção padronizados e fornece a resposta como uma fração do desvio-padrão da população.)

A Figura 9.10 mostra que diferenciais de seleção padronizados estão, principalmente, na faixa entre –0,25 a +0,25. Kingsolver *et al.* (2001) e Hoekstra *et al.* (2001) utilizaram os resultados de suas pesquisas para realizar algumas tentativas adicionais de deduções, mas,

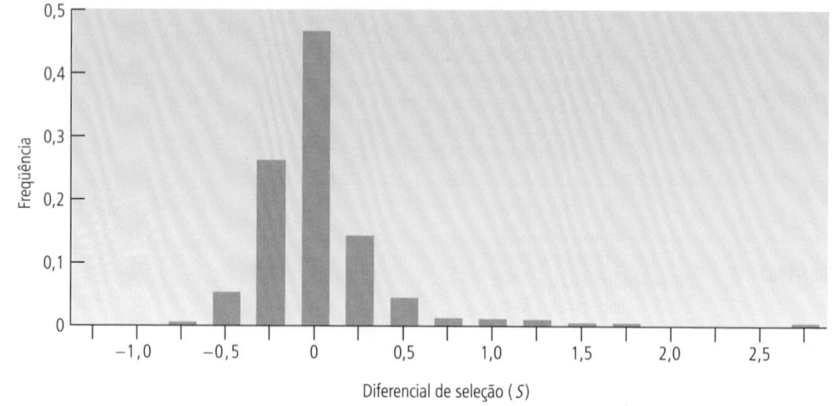

Figura 9.10

A distribuição de freqüência dos diferenciais de seleção (*S*) encontrados em 63 estudos de seleção direcionada em 62 espécies. Reproduzida a partir do banco de dados de Kingsolver *et al.* (2001).

para os nossos propósitos, suas pesquisas mostram que possuímos uma grande quantidade de evidências, nas quais as técnicas de genética quantitativa foram utilizadas para estudar a seleção direcional na natureza. Elas também apresentam o alcance geral dos resultados naqueles estudos.

9.9 As relações entre genótipo e fenótipo podem não ser lineares, produzindo respostas extraordinárias à seleção

Olhe para a resposta bimodal na figura da página oposta!

A Figura 9.11 ilustra um experimento extraordinário de seleção artificial. Scharloo selecionou uma população de moscas-das-frutas para um aumento relativo do comprimento da quarta veia da asa (Figura 9.11a). A figura mostra a distribuição de freqüência do comprimento dessa veia na população por 10 gerações. Um comprimento de 60 a 80 foi alcançado ao redor da geração 5. Nesse estágio, a distribuição de freqüência (em meio à dispersão que é freqüentemente encontrada em experimentos reais) começou a apresentar uma bimodalidade consistente: ela é mais clara nas gerações 5 a 7, com apenas os picos elevados sendo mantidos nas gerações 8 a 10. O experimento sugeriu que coisas mais complicadas poderiam ocorrer em experimentos de seleção artificial do que temos visto até agora. O que estaria acontecendo?

A chave para entendermos a forma da resposta é a relação entre o genótipo e o fenótipo. Uma resposta simples, tal como aquela para o conteúdo de óleo na Figura 9.7 ou o número de cerdas na Figura 9.8, resulta quando existe uma relação aproximadamente linear entre genótipo e fenótipo (Figura 9.12a). O genótipo aqui é expresso como uma variável métrica. A maneira mais fácil de se pensar é imaginar que a característica seja controlada por muitos locos; em cada um, alguns alelos (+) fazem a característica fenotípica aumentar e alguns alelos (–), diminuir. Quanto maior o número de genes positivos do indivíduo possuir, maior será seu valor genotípico (Figura 9.12a). Assim, quando selecionamos para um aumento na característica, utilizamos os indivíduos com um maior número de genes positivos, e o valor da característica irá aumentar levemente entre gerações, da maneira que ocorreu no experimento do conteúdo de óleo em milho de Illinois.

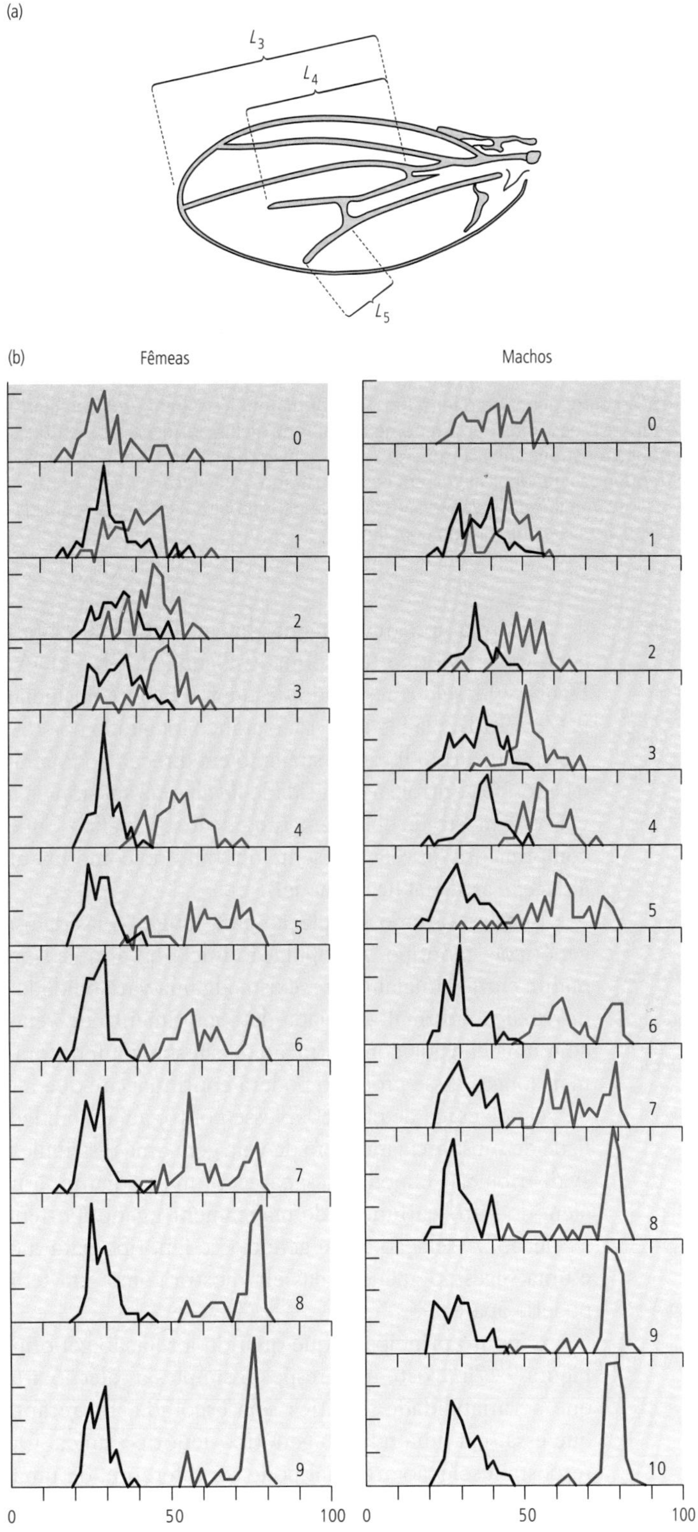

Figura 9.11

(a) As principais veias na asa de *Drosophila*. O comprimento relativo da quarta veia foi medido pela razão L_5:L_3. (b) A seleção artificial para o comprimento relativo da quarta veia. As séries à esquerda são para nove gerações de fêmeas, com 10 gerações de machos à direita. Cada gráfico possui, como uma linha verde, uma distribuição de freqüência para a população selecionada. Em ambos, machos e fêmeas, uma distribuição bimodal aparece nos comprimentos das veias de cerca de 60-80. As linhas pretas são os controles. De Scharloo (1987). © 1987 Springer-Verlag.

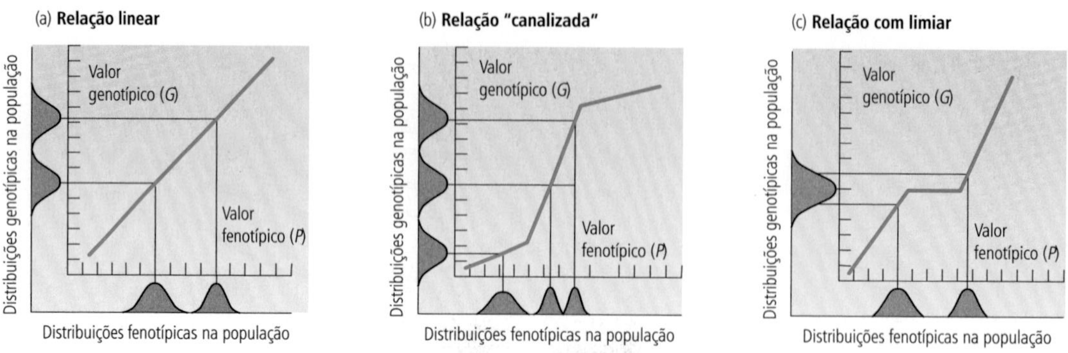

Figura 9.12

A relação entre genótipo e fenótipo. O valor genotípico é para uma característica poligênica, na qual valores maiores podem ser produzidos por um número maior de alelos positivos. As distribuições de freqüência sombreadas para os fenótipos mostradas abaixo do eixo *x* são as que seriam observadas, dadas as formas dos gráficos, caso as distribuições de freqüências genotípicas fossem como ilustrado. (a) Relação linear. (b) Relação "canalizada". (c) Relação com limiar. Na relação canalizada, a variância fenotípica de uma população está reduzida em relação à variância no fator genotípico causal, e vice-versa na relação com limiar.

As relações entre genótipo e fenótipo podem ser lineares ou não-lineares

A forma aproximadamente linear da Figura 9.12a não é a única relação possível entre genótipo e fenótipo (conforme as Figuras 9.12b e c). Acredita-se que a resposta bimodal na Figura 9.11 seja o resultado de uma relação com limiar entre genótipo e fenótipo (Figuras 9.12c e 9.13). Na Figura 9.13, o gráfico foi girado por 180°, em relação à forma na Figura 9.12; o eixo *x* (genótipo) está assinalado em direção ao final da página, à esquerda. Imagina-se que o genótipo controle a quantidade de alguma substância indutora de veias. O comprimento da veia está mostrado obliquamente no alto do gráfico. Supõe-se que a relação entre substância e comprimento da veia apresente um salto no comprimento de veia 60 a 80 (em que a resposta à seleção artificial fica bimodal).

Determinadas relações não-lineares podem produzir a resposta bimodal

Imagine o rumo da seleção para longas veias da asa com essa relação com limiar entre genótipo e fenótipo. A população inicia no alto, à esquerda do gráfico, com veias relativamente curtas. Inicialmente, existe alguma variabilidade na população para o genótipo e uma distribuição normal associada de comprimento de veias. A seleção artificial produz moscas com uma elevada concentração da substância indutora e com correspondentes veias da asa mais longas. Esse processo poderá continuar até que a população alcance um comprimento de veia de cerca de 60 a 80. Nesse ponto, a variabilidade normal (unimodal) para a quantidade de substância indutora de veia gera uma distribuição bimodal de comprimento de veias. A distribuição bimodal desaparecerá mais adiante, à medida que a população passar para além do salto na função de mapeamento genótipo-fenótipo. Por isso a resposta observada à seleção. A relação entre genótipo e fenótipo para o comprimento da veia na Figura 9.13 é uma sugestão apenas; mas ela mostra como, em teoria, uma resposta bimodal à seleção poderia aparecer.

O ponto principal é que quando a relação genótipo-fenótipo possui a forma linear da Figura 9.12a, existe uma resposta simples à seleção artificial. A população modifica-se até que a variabilidade genética seja esgotada. Entretanto, não temos razões para imaginar que essa seja uma relação genótipo-fenótipo típica. Quando a relação é mais complexa, a resposta à seleção artificial pode ser diferente, de uma maneira muito interessante, como ilustra a resposta bimodal à seleção sobre o comprimento da veia da asa em moscas-das-frutas.

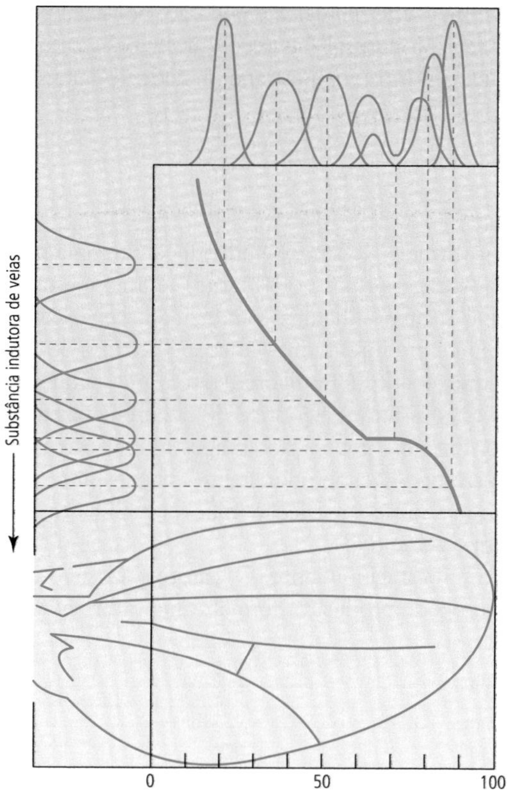

Figura 9.13

Um modelo de relação entre genótipo e fenótipo para a quarta veia da asa de *Drosophila*. O genótipo produz uma quantidade de substância indutora de veia. O fenótipo (o comprimento da veia) está assinalado na parte de cima; seis diferentes distribuições de freqüência de populações são apresentadas. O gráfico mostra a relação entre genótipo e fenótipo, e entre as distribuições de freqüências genotípicas e fenotípicas de uma população. O fenótipo na razão expressa na faixa de 60-80 se equipara ao salto com limiar na relação genótipo-fenótipo; uma distribuição de freqüência fenotípica bimodal aparece nesse ponto. Redesenhada, com permissão da editora, de Scharloo (1987). ©1987 Springer-Verlag.

9.10 A seleção estabilizadora reduz a variabilidade genética de uma característica

Vimos anteriormente que a seleção direcional reduz a quantidade de variabilidade genética para uma característica e que isso pode ser medido como uma diminuição na herdabilidade (ver Tabela 9.2). Mas, e em relação à seleção estabilizadora? Na natureza, muitas (talvez a maioria) das características estão sujeitas à seleção estabilizadora, na qual os extremos de um ponto ideal são selecionados de maneira negativa. (Ver a Seção 4.4, p. 106, em que a Figura 4.4 ilustra como o peso de humanos ao nascer é um exemplo de seleção estabilizadora.)

Uma característica poligênica, polimórfica, sujeita à seleção estabilizadora...

A seleção estabilizadora também tenderá a reduzir a variabilidade herdável. Considere uma característica que é influenciada por um grande número de genes. Alguns desses genes aumentam o valor da característica e outros o diminuem. Suponha que a característica seja influenciada por 10 locos e que, em cada loco, dois alelos estejam presentes. Um dos dois alelos aumenta (+) o valor da característica, o outro (–) diminui. Os haplótipos individuais serão, então, cada um composto de uma série de alelos e poderão, por exemplo, ser simbolizados por –++–+– – +++. A seleção natural favorecerá indivíduos com um fenótipo intermediário, produzido por qualquer genótipo composto por metade de genes (+) e metade de genes (–). Aqui estão três exemplos:

(1)	(2)	(3)
++++++++++	+++++-----	+++++-----
----------	-----+++++	+++++-----

Quatro haplótipos diferentes são encontrados nesses três indivíduos. Em uma população que contenha esses quatro haplótipos, os três genótipos (1), (2) e (3) terão o mesmo valor adaptativo. Podemos esperar que a população mantenha uma variabilidade genética considerável, uma vez que esses genótipos se cruzam e produzem uma variedade de tipos de descendentes. Entretanto, genótipos como o (3) que, sendo homozigotos, terão uma pequena vantagem. Todos os descendentes do genótipo (3) possuirão o fenótipo ótimo, enquanto alguns descendentes dos genótipos (1) e (2) não. Em uma população composta por esses três genótipos, a seleção favorecerá levemente o genótipo (3). Se o ambiente for constante por um longo período, sempre favorecendo o mesmo fenótipo, a seleção irá, eventualmente, produzir uma população uniforme, com um genótipo como o (3).

...tenderá a se tornar uniforme, com homozigotos em todos os locos,...

Podemos utilizar esse raciocínio um estágio adiante. O genótipo (3) não é o único homozigoto que realmente se cruza que pode produzir a forma ótima intermediária. Todos os seguintes também o fazem:

(4)	(5)	(6)
+-+-+-+-+-	++--++--+-	+++---++--
+-+-+-+-+-	++--++--+-	+++---++--

Suponha que exista uma população composta dos genótipos (3) ao (6) e que a seleção ainda favoreça o fenótipo intermediário. O que irá acontecer agora? A evolução tenderá, novamente, para a direção de uma população com apenas um genótipo, e esse genótipo deverá ser um homozigoto múltiplo.

A razão é que qualquer um dos homozigotos que casualmente possua uma freqüência levemente maior do que os outros possui uma vantagem. Suponha, por exemplo, que o genótipo (4) tenha uma freqüência maior do que (3), (5) e (6). Todos os genótipos estarão, agora, com uma probabilidade maior de cruzar com o genótipo (4). Quando o genótipo (4) se cruza com o genótipo (4), todos os seus descendentes possuem o genótipo favorecido, idêntico ao de seus progenitores. Porém, quando o genótipo (3), (5) ou (6) se cruza com o genótipo (4), a descendência contém genótipos potencialmente desvantajosos. A descendência de um cruzamento entre o genótipo (3) e o genótipo (4) será +–+–+–+–+–/++– –++– –+–s e terá o fenótipo intermediário favorecido. Entretanto, a *sua* descendência conterá recombinantes desvantajosos. O resultado final é para que a seleção produza uma população uniforme, na qual os genótipos minoritários sejam selecionados de maneira negativa, porque eles não se encaixam com a forma majoritária. A seleção, conseqüentemente, reduz a variabilidade genética para zero, mesmo com a seleção estabilizadora.

Em conclusão, se uma característica está sujeita à seleção direcional ou à seleção estabilizadora, o efeito da seleção é o de reduzir a variação genética e a herdabilidade. Caso a seleção fosse o único fator atuando e o fizesse constantemente por um período de tempo, a herdabilidade seria reduzida a zero.

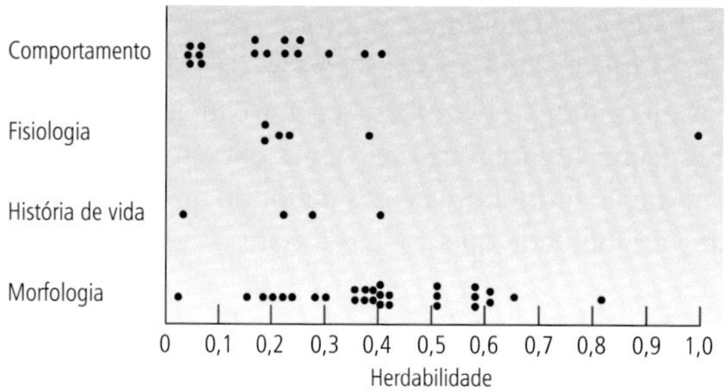

Figura 9.14

Herdabilidades de características quantitativas em *Drosophila*. Hoffmann (2000) reuniu estimativas de herdabilidades de campo e de laboratório para muitas características nas moscas-das-frutas. Ele dividiu as características em quatro categorias. Cada ponto na figura é uma média para um número de estimativas para uma característica. Por exemplo, herdabilidades foram estimadas para quatro características de histórias de vida na mosca-das-frutas. Qualquer uma dessas características poderia ter sido estudada mais de uma vez, e os resultados de diferentes estudos produziram uma faixa de estimativas, mas apenas a média é apresentada aqui. As 29 características morfológicas são coisas como "comprimento de asa" e " da tíbia". As herdabilidades de características morfológicas e fisiológicas tendem a ser maiores do que aquelas para características comportamentais ou de histórias de vida, mas é questionável se a diferença é biologicamente significativa. Desenhada a partir dos dados de Hoffmann (2000).

9.11 Características em populações naturais sujeitas à seleção estabilizadora apresentam variabilidade genética

...e mesmo assim características reais apresentam muita variabilidade genética

A conclusão da seção anterior é contestada pelos fatos observados. Herdabilidades podem ser medidas para características reais, e muitas apresentam significativa variabilidade genética. A Figura 9.14 resume algumas medições para *Drosophila*. Elas sugerem que valores típicos para herdabilidade estão entre a faixa de 20 a 50%. Herdabilidades também foram medidas em outras espécies, tal como os tentilhões dos Galápagos, e os resultados apresentam o mesmo padrão. Características reais possuem herdabilidades maiores do que zero.

Se a seleção, seja direcionada ou estabilizadora, elimina a variabilidade genética, por que toda essa variabilidade existe? Até agora, neste capítulo, estivemos em um terreno bem-sedimentado. Estivemos analisando teorias e resultados amplamente aceitos. Os resultados na Figura 9.14 são também amplamente aceitos, como é discutido na Seção 9.10. Porém, quando começamos a pensar sobre o que mantém a variabilidade genética, estamos dirigindo-nos para uma região pouco explorada do problema científico. A questão não possui, ainda, uma resposta amplamente aceita.

9.12 Os níveis de variabilidade genética em populações naturais são entendidos de forma imperfeita

Para características sujeitas à seleção estabilizadora, dois processos podem explicar a existência de variabilidade genética herdável. Um é o balanço mutação-seleção. A característica pode possuir um valor ótimo, e a seleção natural pode eliminar genes que provocam desvios desse ótimo. Porém, mutações continuarão a surgir, provocando novos desvios daquele ótimo. O resultado será um equilíbrio, no qual alguma variabilidade genética existe, devido ao fato de a seleção não ser capaz de remover mutações, de forma instantânea, com 100% de eficiência.

Para qualquer loco, a quantidade de variabilidade mantida por esse balanço seleção-mutação é baixa, porque as taxas de mutação são baixas (Seção 5.10, p. 151); porém, para uma característica poligênica, as taxas de mutação deveriam ser aproximadamente multiplicadas pelo número de locos que influenciam a característica. Uma característica controlada por quinhentos locos terá a taxa de mutação quinhentas vezes maior do que uma característica de um único loco. A quantidade de variabilidade que pode ser mantida está proporcionalmente aumentada.

A variabilidade genética foi estudada por duas abordagens teóricas

Quanto existe de variabilidade genética? A questão tem sido investigada de duas maneiras principais. Uma, renovada e desenvolvida por Lande (1976), considera a seleção estabilizadora sobre uma característica contínua (tal como o tamanho do corpo) controlada por muitos locos. Mutações em qualquer um desses locos podem influenciar a característica; devido ao fato de que um genótipo pode estar acima ou abaixo do valor ótimo para o traço, uma pequena mutação aleatória possui 50% de chances de vir a ser uma melhoria. A outra, renovada e desenvolvida por Kondrashov e Turelli (1992), não considera a seleção estabilizadora sobre uma característica fenotípica, mas supõe que mutações estejam ocorrendo em muitos locos e que a grande maioria delas (mais de 50%) sejam deletérias. O resultado é um balanço entre seleção e mutações deletérias em muitos locos.

Não possuímos espaço para nos aprofundarmos em ambos os sistemas teóricos ou em seus méritos relacionados. Entretanto, a pesquisa até o momento sugere que o balanço seleção-mutação pode explicar alguma da variabilidade genética herdável, mas não os níveis elevados tipicamente encontrados na natureza (Figura 9.14). Alguma outra coisa está atuando em conjunto.

Alguma força da seleção natural é necessária para explicar os níveis observados de variabilidade genética

A seleção natural pode favorecer a manutenção da variabilidade genética. Analisaremos essa evidência em maiores detalhes em um capítulo mais adiante sobre espécies biológicas (Seções 13.6 a 13.7, p. 393-395). Uma versão simplificada do raciocínio é a seguinte. Suponha, por exemplo, que os membros de uma população de tentilhões possuam uma faixa de tamanho de bicos. Os bicos podem estar adaptados a uma faixa de tamanho de sementes: tentilhões com bicos maiores são melhores em comer sementes maiores, e tentilhões com bicos menores são melhores em comer sementes menores. (Nos termos do Capítulo 5, isso corresponde a um polimorfismo de múltiplos nichos: Seção 5.13, p. 156). Caso as sementes no ambiente local sejam todas do mesmo tamanho, então, a seleção natural produzirá uma população de pássaros com bicos de um único tamanho. Se as sementes estiverem em uma faixa de tamanhos, a seleção natural favorecerá uma faixa de tamanhos de bico nos pássaros. A distribuição atual do tamanho de sementes disponível à população de pássaros dependerá da presença de competidores quaisquer, bem como de quais sementes serão produzidas pelas plantas do local. Entretanto, embora esse tipo "ecológico" de seleção possa, em teoria, manter a variabilidade genética, não sabemos se ele está de fato causando a variabilidade genética observada nas medições de herdabilidade da Figura 9.14.

Recentes estudos expuseram outro enigma nas observações que temos sobre herdabilidades. Inúmeras espécies foram submetidas a estudos de longa duração na natureza. A cada geração, a ação da seleção natural foi medida como um diferencial de seleção. Por exemplo, nos papa-moscas de colarinho europeus, os comprimentos dos tarsos dos pássaros que tiveram sucesso na reprodução e de pássaros medianos foram medidos de 1980 a 2000 (Figura 9.15a). (O tarso é parte da perna do pássaro.) Em muitos anos, o diferencial de seleção foi positivo: o número médio foi de cerca de 0,2. (Esse é um "diferencial de seleção padronizado", e significa que os pássaros bem-sucedidos possuem comprimento de tarsos de um desvio-padrão de 0,2 mais longo do que a média dos pássaros.) A característica é também herdável, com uma herdabilidade de cerca de 0,35. A seleção natural favorece tarsos mais longos nos papa-moscas de colarinho, e os papa-moscas de colarinho apresentam variabilidade genética para o tamanho do tarso.

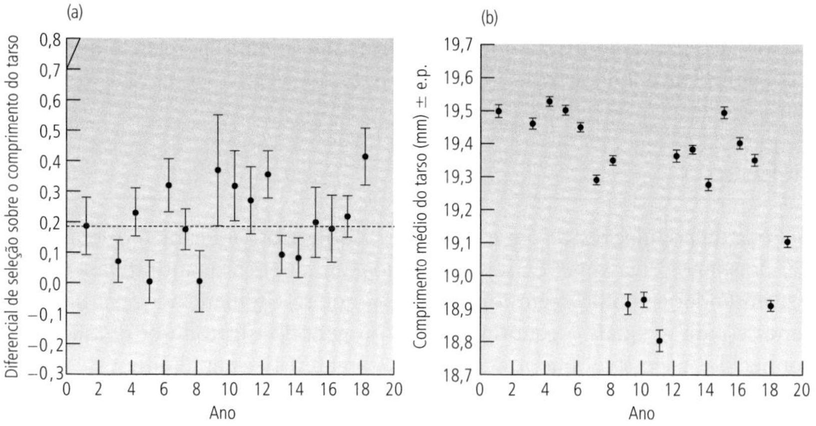

Figura 9.15

(a) A seleção natural favorece os papa-moscas de colarinho (*Ficedula albicollis*) com pernas longas. Os resultados são expressos como um diferencial de seleção. A média do diferencial de seleção ao longo do período de 20 anos foi um pouco menos que +0,2 (indicada pela linha pontilhada). (b) Mudanças observadas no comprimento do tarso. Não houve mudança detectável estatícamente no período de 20 anos. O ano 0 é 1980, o ano 20 é 2000. De Kruuk *et al.* (2001).

Algumas características herdáveis não respondem à seleção...

Da mesma maneira que fizemos com os salmões e tentilhões (Seções 9.7 e 9.8), podemos utilizar a equação padrão $R = h^2S$ para prever como os papa-moscas irão evoluir. A resposta evolutiva deveria ser um pouco menor do que 0,35 × 0,2 por geração. Essa é uma resposta "padronizada", expressa como uma fração de um desvio-padrão de 1. Em termos absolutos, ela corresponde a prever um aumento de cerca de 0,04 mm por geração +0,022 mm por ano. Kruuk *et al.* (2001) testaram essa previsão por meio de medições do comprimento dos tarsos durante um período de 20 anos em uma grande amostra de pássaros. O resultado está apresentado na Figura 9.15b. O comprimento líquido do tarso foi constante. (De fato, ele apresenta uma fração de diminuição, embora essa diminuição seja estatisticamente e, ao que tudo indica, biologicamente insignificante.)

...e essa razão é o objeto de pesquisas intermináveis

O papa-mosca de colarinho não é a única espécie na qual uma característica está aparentemente sujeita à seleção direcional e aparentemente apresenta herdabilidade, mas não está demonstrando uma resposta evolutiva. Os biólogos estão intrigados com esses resultados e possuem diversas hipóteses sobre eles. As medidas de herdabilidade podem estar erradas ou inapropriadas. A migração, ou hibridização com outras espécies, pode estar complicando a situação.

Uma possibilidade biologicamente mais interessante é de que o efeito da seleção para aumentar (por exemplo) o comprimento do tarso a cada geração seja balanceado por alguma outra força que diminua o comprimento do tarso por aproximadamente a mesma quantidade. Por exemplo, a população poderia estar em um equilíbrio seleção-mutação (Seção 5.11, p. 151, mas permitindo isso para múltiplos locos). Se um tarso grande for vantajoso, o efeito de mutações desvantajosas em cada geração será no sentido de reduzir o comprimento médio do tarso. Assim, em equilíbrio, o aumento no comprimento do tarso a cada geração por meio da seleção direcional poderia ser balanceado por uma diminuição devida à mutação. A característica poderia ser tanto constante ao longo do tempo quanto herdável. A mutação não é o único fator que poderia balancear a seleção direcional dessa maneira; a competição intra-específica também poderia. Entretanto, essas idéias são todas hipóteses a ser testadas. A falta de resposta evolutiva em características herdáveis, aparentemente sujeitas à seleção direcional, não é entendida. A genética quantitativa é um dos tópicos mais antigos na biologia evolutiva e contém muitos fundamentos sólidos. Porém, ela possui sua parte de problemas não-resolvidos para o futuro também. A não-evolução em espécies em que se prevêem mudanças evolutivas é uma dessas.

9.13 Conclusão

A genética de populações de um e dois locos é utilizada para características controladas por um ou dois locos cuja genética seja conhecida. A genética quantitativa fornece as técnicas para se entender a evolução em características que são influenciadas por um grande número de genes e para as quais o genótipo exato (ou genótipos) produtor de qualquer fenótipo é desconhecido. É possível que a maioria das características apresente esse tipo de genética, e, em tais circunstâncias, a genética quantitativa seria apropriada para o entendimento da maior parte da evolução; de qualquer modo, ela é um importante conjunto de técnicas. Vimos neste capítulo como a genética quantitativa divide a variabilidade de uma característica para reconhecer os componentes – o efeito genético aditivo – que controlam como a descendência se assemelhará aos seus progenitores. O efeito genético aditivo possui o mesmo papel na genética quantitativa como um conhecimento de genética mendeliana nas genéticas de populações de um e dois locos. A resposta à seleção pode ser analisada por meio da herdabilidade de uma característica, a qual é a fração de sua variabilidade devida aos efeitos genéticos aditivos. Entretanto, mesmo com uma simples seleção direcional, a resposta exata dependerá do controle genético subjacente. Por exemplo, a possível relação de limiar entre o genótipo e o fenótipo para as veias da asa da mosca-das-frutas gera uma resposta bimodal interessante. Aqui, a herdabilidade da característica deveria apresentar trocas esquisitas à medida que a característica evolui. A seleção direcional inequivocamente deveria continuar a alterar a característica até que a sua herdabilidade fosse reduzida a zero. Com a seleção estabilizadora, poderíamos pensar que muitos genótipos poderiam ser mantidos, caso todos eles produzissem o mesmo fenótipo intermediário. Entretanto, mesmo aqui, pode ser questionado que todos, menos um dos genótipos, poderiam ser eliminados por seleção. O raciocínio parece ser contestado pelos fatos, e os biólogos não entendem ainda totalmente os valores de herdabilidade observados em populações naturais.

Resumo

1 A genética quantitativa, a qual está relacionada com características controladas por muitos genes, considera as trocas nas distribuições de freqüência fenotípica e genotípica entre gerações, em vez de seguir o destino de genes individuais.

2 A variância fenotípica de uma característica em uma população pode ser dividida em componentes, devido às diferenças genéticas e ambientais entre os indivíduos.

3 Alguns dos efeitos genéticos sobre o fenótipo de um indivíduo são herdados pela sua descendência; outros não. Os primeiros são chamados de efeitos genéticos aditivos e os últimos são devidos a fatores tais como dominância e interações epistáticas entre os genes.

4 A herdabilidade de uma característica é a proporção de sua variância fenotípica total em uma população que é aditiva.

5 A herdabilidade de uma característica determina a sua resposta evolutiva à seleção.

6 A variância genética aditiva pode ser medida por meio da correlação entre parentes, ou por experimentos de seleção artificial.

7 A força da seleção pode ser estimada como um diferencial de seleção, tanto diretamente, por meio da medição dos indivíduos bem-sucedidos na reprodução e da média dos indivíduos na população, ou indiretamente, utilizando medidas de herdabilidade e de mudanças evolutivas observadas em uma população. Diferenciais de seleção freqüentemente apresentam valores na faixa de –0,2 a +0,2 em populações que estão passando por seleção direcional.

8 A resposta de uma população à seleção artificial depende da quantidade de variabilidade genética aditiva e da relação entre genótipo e fenótipo. Se a relação for não-linear, respostas bimodais estranhas podem aparecer.

9 A seleção estabilizadora atua para reduzir a quantidade de variabilidade genética em uma população. Entretanto, características poligênicas apresentam valores não-convencionais para a herdabilidade.

10 Os biólogos não entendem completamente os níveis de herdabilidade observados para características em populações naturais. A variabilidade genética é mantida por alguma mistura de mutação e seleção. Algumas características evoluem pela quantidade prevista a partir de sua herdabilidade e da força da seleção; outras, entretanto, não parecem fazê-lo.

Leitura complementar

Falconer e Mackay (1996) é uma introdução-padrão. Os capítulos de Lewontin sobre o assunto em Griffths *et al.* (2000) são também introdutórios. Roff (1997) e Lynch e Walsh (1998) são textos recentes e abrangentes. O volume 2 de Wright (1969) é clássico e avançado.

Sobre os tentilhões de Darwin, ver Grant (1986, 1991), Grant e Grant (1995, 2000, 2002) e o livro popular de Weiner (1994).

Descrevi a genética quantitativa como estando relacionada com características para as quais os genes são desconhecidos. Um assunto de pesquisa atual é o interesse na identificação dos genes que contribuem para características quantitativas. Ver os livros-texto e Beldade *et al.* (2002a) para um recente exemplo, que se relaciona com o Capítulo 20 deste texto sobre o gene *Distal-less*, o qual contribui para a variabilidade nas manchas oculares de borboletas.

Os vários debates sobre herdabilidade, variabilidade genética e resposta à seleção podem ser traçados pelos textos gerais recém-referidos. A revisão de taxas de evolução por Hendry e Kinnison (1999) relaciona-se, principalmente, com o Capítulo 21 deste livro, mas o material nela é semelhante ao que está nas revisões de Kingsolver *et al.* (2001) e Hoekstra *et al.* (2001): isso permite uma linha de síntese entre este capítulo e o Capítulo 21. Scharloo (1987, 1991) revisa a resposta não-linear à seleção e a canalização. Gibson e Wagner (2000) também discutem a canalização. Ver o Capítulo 10 para detalhes sobre a canalização e, então, o Capítulo 20 para referências sobre a quebra da canalização e "evolutibilidade".

Questões para estudo e revisão

1 Revise por que razão as características influenciadas por um grande número de efeitos genéticos e/ou ambientais apresentarão uma distribuição normal.

2 Suponha que o comprimento médio de espinhos em uma população de porcos-espinhos seja 10 pol e retiramos um determinado número de indivíduos com 12 pol de espinhos e cruzamos cada um com um membro retirado aleatoriamente da população. A descendência irá desenvolver-se com espinhos de comprimento médio de 10,5 pol. Qual será o efeito aditivo daqueles porcos-espinhos de 12 pol?

3 Aqui estão as medidas, ou estimativas, dos valores fenotípicos e seus componentes genéticos aditivos em uma população de nove porcos-espinhos. (a) Calcule V_P, V_A e h^2. (b) Qual seria o comprimento médio de espinhos na próxima geração que você poderia prever, caso os porcos-espinhos oito e nove fossem utilizados para produzi-la?

4 Imagine que estamos selecionando porcos-espinhos para torná-los mais espinhentos. A herdabilidade da espinhosidade é 0,75. A média da espinhosidade antes da seleção é 100 (e o desvio-padrão também é 100). A média da espinhosidade dos porcos-espinhos que irão produzir a próxima geração é de 108. Como será a espinhosidade na próxima geração?

5 Se uma característica está sujeita à seleção estabilizadora, como deveria ser a relação genótipo-fenótipo para ela evoluir?

6 Suponha que exista seleção estabilizadora sobre uma característica controlada por oito locos gênicos e que o ótimo individual seria possuir seis genes positivos e 10 genes negativos. O que irá acontecer com o passar do tempo em uma população que inicialmente contenha indivíduos de dois tipos: aqueles que são +++— — —/+++— — — e aqueles que são ++++++—/— — — —?

Indivíduo	1	2	3	4	5	6	7	8	9	V_P	V_A	h^2
P	-10	-5	-5	0	0	0	+5	+5	+10			
A	-4	-2	-2	0	0	0	+2	+2	+4			

Parte 3

Adaptação e Seleção Natural

Os três capítulos desta Parte tratam de adaptação – a adequação dos organismos à vida em seus ambientes. Iniciaremos com um capítulo conceitual. A adaptação já era conhecida bem antes do tempo de Darwin, e pensadores pré-darwinianos haviam tentado explicar sua existência. O Capítulo 10, entretanto, sustenta que somente a seleção natural consegue explicá-la. Algumas características, especialmente moleculares, evoluíram por outros processos que não a seleção natural, mas elas não são adaptações. Nem toda evolução ocorre por seleção natural, mas toda evolução adaptativa, sim. O capítulo também contempla o "gradualismo" na teoria de Darwin – ele considera o modo como novas adaptações evoluem por modificações de partes preexistentes e a magnitude das mudanças genéticas que ocorrem durante a evolução adaptativa. Discute ainda o grau de perfeição das adaptações das espécies existentes e quais as limitações encontradas nessa perfeição adaptativa. O capítulo se encerra com considerações sobre várias definições de adaptação.

No Capítulo 11, passamos a investigar qual é a entidade que se beneficia com a evolução das adaptações. A evolução por seleção natural ocorre porque as adaptações beneficiam algo, mas o que é, exatamente, esse algo – os genes, os genomas inteiros, organismos individuais, grupos de organismos, a espécie, ou o quê? A questão é "Qual é a unidade da seleção?". Conforme sugere o capítulo, as adaptações geralmente beneficiam os organismos, mas há um critério mais profundo, que pode ser usado para entender as exceções tanto quanto a regra: mais fundamentalmente, as adaptações evoluem para o benefício dos genes. Somente eles têm duração longa o suficiente para permitir que a seleção natural possa ajustar suas freqüências ao longo do tempo evolutivo. O que resulta, em geral, são as adaptações dos organismos porque a reprodução dos genes se vincula mais intimamente com a reprodução dos organismos do que com qualquer outra entidade, e a reprodução dos genes fica maximizada se as adaptações ocorrerem no nível dos organismos.

O Capítulo 12 utiliza três exemplos da reprodução sexuada para ilustrar o estudo prático da adaptação. O problema mais profundo – do porquê da existência do sexo – ainda está, em grande parte, na fase de desenvolvimento de uma hipótese. A teoria da seleção sexual está bem-desenvolvida, e o trabalho empírico, crucial, está começando. Na teoria das proporções sexuais há uma boa concordância entre as previsões teóricas e os testes empíricos. A própria existência do sexo é um dos maiores problemas biológicos não-resolvidos. O problema das proporções sexuais não só está resolvido como também proporciona um "sistema-modelo" poderoso para a análise da adaptação.

10 Uma Explicação Adaptativa

Este capítulo aborda uma série de pontos sobre adaptação, muitos deles objeto de controvérsia na literatura especializada. Este capítulo pretende explicar as principais posições nessas controvérsias e proporcionar uma base para seu entendimento. Primeiro, examinaremos a argumentação que demonstra que a seleção natural é a única explicação conhecida para a adaptação e, depois, analisaremos como a seleção natural pode explicar todas as adaptações, inclusive de órgãos complexos como o olho. Daí nos dedicaremos à genética da adaptação, especialmente ao modelo de Fisher, que sugere que as adaptações evoluem por meio de muitos passos genéticos pequenos. Examinaremos rapidamente os principais métodos de estudo de adaptação: a relação entre a forma prevista e a forma observada de um caráter, os experimentos e as comparações interespecíficas. A maior parte do restante do capítulo refere-se aos vários motivos pelos quais as adaptações podem ser imperfeitas. Elas podem estar ultrapassadas ou limitadas pela genética, por mecanismos de desenvolvimento, por origens históricas ou por intercâmbios entre múltiplas funções. Para finalizar, são examinadas as definições de adaptação.

10.1 A seleção natural é a única explicação conhecida para a adaptação

Antes de Darwin, a adaptação era explicada teologicamente...

O fato de os seres vivos estarem adaptados para a vida na Terra é tão óbvio que os filósofos não precisaram esperar por Darwin para destacá-lo. Na Seção 1.2 (p. 29) examinamos um exemplo clássico de adaptação, o bico do pica-pau. Em capítulos posteriores encontramos muitos outros exemplos, como a camuflagem das mariposas, o mimetismo das borboletas e a resistência do HIV a fármacos. As criaturas vivas são bem-ajustadas, de muitos modos, para viver em seus ambientes naturais. A adaptação foi um conceito crucial na *teologia natural* – uma escola de pensamento que teve grande influência desde o século XVIII até a época de Darwin. Os teólogos naturais explicavam teologicamente as propriedades da natureza, inclusive as adaptações (isto é, pela ação direta de Deus). John Ray e William Paley eram dois importantes pensadores desse tipo. Atualmente, as idéias da teologia natural continuam a ser utilizadas por certos tipos de criacionistas modernos.

O próprio Darwin foi muito influenciado por exemplos de adaptação, tais como o olho dos vertebrados, discutido por Paley. Este explicava a adaptação na natureza pela ação criativa de Deus: quando Deus, miraculosamente, criou o mundo e as criaturas nele viventes, Ele, ou Ela, miraculosamente criou também as adaptações. A teologia natural foi influente como modo de entendimento das adaptações na natureza, mas sua principal influência – ultrapassando a biologia – era um argumento para demonstrar a existência de Deus, denominado "argumento do planejamento". Este é um dos vários argumentos filosóficos clássicos sobre a existência de Deus. A razão de a teoria de Darwin ter sido tão controversa foi, em parte, por ter destruído o que (na época) era um dos argumentos mais populares a favor da existência de Deus. A diferença fundamental entre a teologia natural e o darwinismo é que a primeira explica a adaptação por meio de ação sobrenatural e a segunda por meio de seleção natural.

...ou por variação dirigida

A teologia natural e a seleção natural não são as únicas explicações utilizadas para a adaptação. A herança dos caracteres adquiridos ("lamarckismo") sugere que o processo hereditário produz adaptações automaticamente. Outras teorias sugerem que o próprio mecanismo hereditário produz mutações planejadas ou dirigidas, cuja conseqüência é a adaptação. Essas teorias diferem do darwinismo. No darwinismo, a variação não está direcionada para o melhoramento da adaptação. Ao contrário, a mutação não é dirigida, e a seleção é que proporciona a direção adaptativa na evolução (Seção 4.8, p. 118).

Uma das reivindicações mais fundamentais da teoria darwiniana de evolução é a de que a seleção natural é a única explicação para a adaptação. Portanto, cabe ao darwinista demonstrar que as alternativas à seleção natural não funcionam ou são cientificamente inaceitáveis.

Essas alternativas podem ser eliminadas filosófica,...

Primeiramente, consideremos a explicação sobrenatural da teologia natural. É aceitável que um agente sobrenatural onipotente tenha criado coisas viventes bem-adaptadas: nesse aspecto, a explicação funciona. Entretanto, ela tem dois defeitos. Um é o fato de que, em ciência, não se usam explicações sobrenaturais para fenômenos naturais (Seção 3.13, p. 89). O segundo é que um Criador sobrenatural não é explicativo. O problema é explicar a existência de adaptação no mundo, mas o Criador sobrenatural já possui essa propriedade. Seres onipotentes são, por si, entidades bem-projetadas e adaptativamente complexas. A coisa que queremos explicar foi construída na explicação. Introduzir um Deus implica a questão de como tal coisa altamente adaptativa e bem-projetada teria, por sua vez, começado a existir. Portanto, a teologia natural é inequivocamente não-explicativa, e o uso que ela faz de causas sobrenaturais é anticientífico.

factual...

A teoria "lamarckiana" – a herança de caracteres adquiridos – não é anticientífica.[1] Ela inclui um mecanismo hereditário que pode ser testado e que poderia ter dado origem às adaptações. Em geral, os biólogos rejeitam o lamarckismo por duas razões. Uma é factual. Desde Weismann, em fins do século XIX, tem sido aceito que, na verdade, os caracteres adquiridos não são herdados. Mais de um século de genética se passou desde que Weismann defendeu essa idéia. (São conhecidas umas poucas e mínimas exceções, mas elas não desafiam o princípio geral.)

...ou teoricamente

A segunda objeção é teórica. O lamarckismo não consegue, por si mesmo, explicar a evolução da adaptação. Consideremos as adaptações das zebras para escapar dos leões. As zebras ancestrais correriam o mais rápido que pudessem para fugir deles. Ao fazê-lo, elas exercitariam e reforçariam os músculos usados para correr. Pernas mais fortes são adaptativas, além de serem um caráter adquirido individualmente. Se o caráter adquirido fosse hereditário, a adaptação seria perpetuada. Superficialmente isso se assemelha a uma explicação, cujo único defeito é de que os caracteres adquiridos não são herdados.

A variação dirigida presume a adaptação, em vez de explicá-la

Imaginemos agora (para fins de argumentação) que os caracteres adquiridos são herdados e olhemos a explicação mais de perto. A adaptação surge porque as zebras, ao longo de suas vidas, tornaram-se melhores corredores. Entretanto, os músculos exercitados não se tornam mais fortes por um processo físico automático. Eles bem que poderiam tornar-se mais fracos por estarem desgastados. O fortalecimento dos músculos de uma determinada zebra exige uma explicação, e não uma suposição. Os músculos, quando exercitados, tornam-se mais fortes por causa de um mecanismo preexistente, que é adaptativo para o organismo. Mas, de onde proveio esse mecanismo adaptativo? O defeito teórico do lamarckismo é que ele não oferece uma boa resposta para essa pergunta. Para ter uma explicação completa para a adaptação ele teria de recorrer a outra teoria como a de Deus ou a da seleção natural. No primeiro caso, cairíamos nas dificuldades já discutidas anteriormente. No segundo caso, é a seleção natural, e não o lamarckismo, que está proporcionando a explicação fundamental da adaptação. O lamarckismo só poderia funcionar como mecanismo subsidiário; ele só poderia trazer adaptação ao longo de uma existência desde que a seleção natural já houvesse programado o organismo com um conjunto de respostas adaptativas. O lamarckismo, por si mesmo, não explica a adaptação.

O documentário fóssil mostra algumas trajetórias aparentemente dirigidas...

Todas as teorias sobre mutações dirigidas ou planejadas têm o mesmo problema. Para que uma teoria de mutação dirigida possa ser uma alternativa verdadeira à seleção natural, ela precisa oferecer um mecanismo de mudança adaptativa que não se baseie fundamentalmente na seleção natural para proporcionar a informação adaptativa. A maioria das alternativas à seleção natural não explica a adaptação. Por exemplo, no inicio do século XX alguns paleontólogos, como Osborn, impressionaram-se com o direcionamento no documentário fóssil. Os titanotérios são um exemplo clássico. Eles são um grupo extinto de perissodáctilos (a ordem dos mamíferos que inclui os cavalos) do Eoceno e do Oligoceno. Em várias linhagens, as formas mais antigas não tinham chifres, enquanto as mais recentes os tinham desenvolvido (Figura 10.1). Osborn e outros acreditavam que a tendência era *ortogenética*: isto é, não surgira devido à seleção natural entre mutações ao acaso, mas porque os titanotérios estavam mutando na direção da tendência.

[1] "Lamarckiana" está entre aspas porque, como vimos no Capítulo 1, a herança dos caracteres adquiridos não era especialmente importante para a própria teoria de Lamarck, nem ele inventou a idéia. Entretanto, de modo geral, a herança dos caracteres adquiridos passou a ser chamada de lamarckismo, e nós, por conveniência, estamos seguindo o uso corrente, alheios à pura discussão histórica.

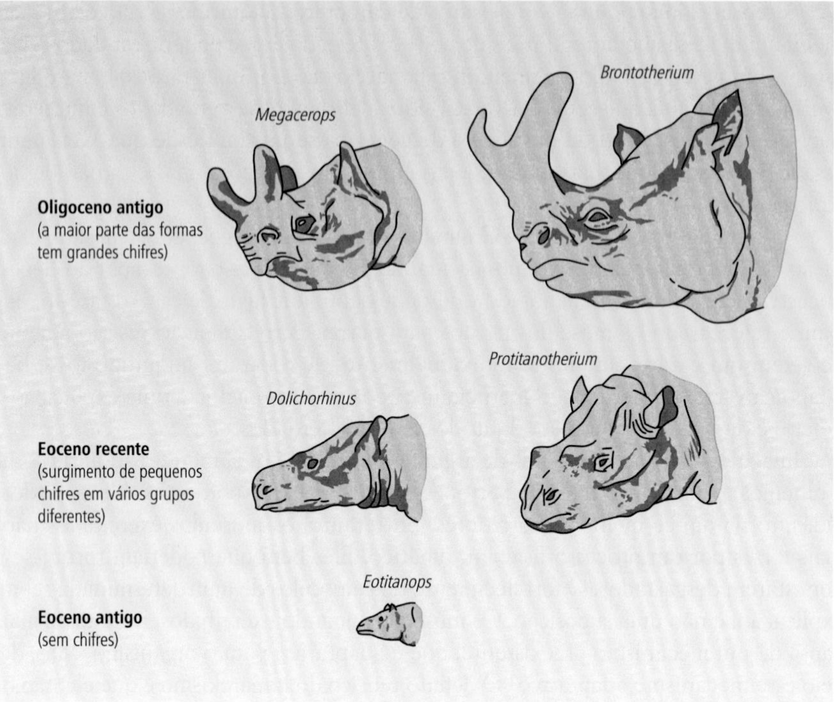

Figura 10.1

Duas linhagens de titanotérios traçando um paralelo entre o aumento do tamanho do corpo e a evolução de chifres. Apenas duas de muitas linhagens são ilustradas. Reproduzida de Simpson (1949), com a permissão da editora.

...mas é improvável que elas tenham sido traçadas por variação dirigida

A mutação dirigida poderia explicar uma tendência adaptativa indiferente e simples. Se um titanotério estivesse igualmente bem-adaptado, qualquer que fosse o tamanho de seus chifres, uma tendência dirigida a chifres maiores bem que poderia originar-se por mutação dirigida. Na verdade, supõe-se que os chifres são adaptativos, e isso torna a mutação dirigida uma explicação implausível. A mutação é aleatória em relação à adaptação (Seção 4.8, p. 118). Se a mutação é dirigida, é de forma não-adaptativa. Desse modo, se alguém explica uma tendência por ortogênese (ou mutação dirigida), podemos perguntar como as mutações "ortogenéticas" poderiam continuar a ocorrer na direção de um melhoramento adaptativo. Se a resposta for que a variação simplesmente é daquele jeito, então a adaptação está sendo explicada por acaso – e, quase por definição, o acaso, por si só, não consegue explicar a adaptação.

Essa objeção nem é tão rigorosa assim para os chifres de titanotério porque sua função adaptativa é pouco conhecida. As tendências podem ter-se tornado possíveis por simples aumentos de tamanho. Entretanto, para outras tendências conhecidas no documentário fóssil, tais como a evolução dos mamíferos a partir de répteis semelhantes a mamíferos (Seção 18.6.2, p. 563), a objeção é muito mais poderosa. Os mamíferos evoluíram ao longo de cerca de 100 milhões de anos, durante os quais ocorreram mudanças nos dentes, nas mandíbulas, na locomoção e na fisiologia. Quase todas as características dos animais foram alteradas, de forma integrada. Seria altamente improvável que a mutação dirigida, sozinha, fosse capaz de direcionar uma tendência adaptativa complexa e com múltiplas características desse tipo. Sozinho, um processo aleatório não explicará a adaptação. Por essa razão, do mesmo modo que o lamarckismo, a mutação dirigida, por si só, está descartada como explicação para a adaptação.

Em conclusão, pode-se usar uma forte argumentação de que a seleção natural é a única teoria atualmente disponível para a adaptação. As alternativas baseiam-se no acaso, em causas não-científicas e em processos que, de fato, não funcionam ou não são explicativas.

10.2 O pluralismo é adequado ao estudo da evolução, não ao da adaptação

Nem toda a evolução é adaptativa

Sendo assim, a seleção natural é nossa única explicação para a adaptação. Essa afirmativa, porém, aplica-se apenas à adaptação, e não à evolução como um todo. Biólogos como Gould e Lewontin (1979) destacaram que o próprio Darwin não se restringia exclusivamente à seleção natural, mas também admitia outros processos, e eles mesmos propunham que deveríamos aceitar um "pluralismo" de processos evolutivos, em vez de dependermos exclusivamente da seleção natural. Para a evolução como um todo, essa idéia é sensata. No Capítulo 7, por exemplo, vimos que muitas mudanças evolutivas em moléculas podem ocorrer por deriva genética. As seqüências moleculares em que a deriva ocorre não são adaptações diferentes. Elas são variantes diferentes de uma adaptação, e a seleção natural não explica por que um organismo tem determinada variante de seqüência e outro organismo tem outra. Para uma teoria evolutiva completa, precisamos da deriva tanto quanto da seleção.

O fato de que outros processos, além da seleção natural, podem causar mudanças evolutivas não altera a argumentação da Seção 10.1. Isso apenas demonstra que nem toda a evolução precisa ser adaptativa. Assim, devemos ser pluralistas quanto à evolução; mas quando estivermos estudando adaptação, o sensato é nos concentrarmos na seleção natural.

10.3 Em princípio, a seleção natural pode explicar todas as adaptações conhecidas

Até aqui a argumentação foi negativa: descartamos alternativas à seleção natural, mas não apresentamos um caso positivo de seleção natural. Anteriormente, vimos (Capítulo 4) que a seleção natural pode explicar a adaptação, mas também podemos fazer uma pergunta mais incisiva: ela pode explicar *todas* as adaptações conhecidas?

A pergunta é historicamente importante e com freqüência ressurge em discussões populares sobre evolução. O caso contra a seleção funcionaria mais ou menos como segue. Não há dúvida de que a seleção natural explica algumas adaptações, como a camuflagem. Entretanto, as adaptações, nesse caso, bem como em outros exemplos famosos de seleção natural, são todas simples. Na mariposa sarapintada, é apenas uma questão de ajustar sua coloração externa ao meio. O problema surge em características complexas, que estão adaptadas ao ambiente em muitos aspectos interdependentes. A explicação de Darwin para as adaptações complexas era de que elas evoluíam por meio de muitos passos pequenos, cada um deles análogo à evolução simples na mariposa sarapintada; era isso que Darwin queria dizer quando chamou a evolução de gradual. A evolução tem de ser gradual porque seria necessário um milagre para que um órgão complexo, exigindo mutações em várias partes, evoluísse em um único passo. Se cada mutação surgiu separadamente, em diferentes organismos, em ocasiões diferentes, o processo geral torna-se mais provável (voltaremos a isso na Seção 10.5).

Na teoria de Darwin, as adaptações complexas evoluem em vários pequenos passos

O requisito "gradualista" de Darwin é uma propriedade fundamental da teoria evolutiva. O darwinista precisa demonstrar que qualquer órgão poderia, pelo menos em princípio, ter evoluído ao longo de muitos passos pequenos, sendo cada um deles vantajoso. Se houver exceções, a teoria fica abalada. Nas palavras de Darwin (1859), "se fosse possível demonstrar a existência de qualquer órgão complexo que não pudesse ter sido formado por meio de numerosas pequenas modificações sucessivas, minha teoria desmoronaria completamente".

Darwin postulava que todos os órgãos conhecidos poderiam ter evoluído em pequenos passos. Ele tomou exemplos de adaptações complexas e demonstrou como elas poderiam ter evoluído ao longo de etapas intermediárias. Em alguns casos, como o do olho (Figura 10.2), esses intermediários podem ser ilustrados por analogias com espécies existentes; em outros casos, eles só podem ser imaginados. Darwin só precisava demonstrar que os intermediários poderiam ter existido. Seus críticos tinham a tarefa mais difícil de demonstrar que os intermediários não poderiam ter existido. É muito difícil provar afirmações negativas. Entretanto, em relação a várias adaptações, muitos críticos sugeriram que a seleção natural não podia ser a responsável por elas. Esses tipos de adaptações podem ser considerados sob dois títulos.

Coadaptações

Os críticos sugerem que os órgãos complexos não podem evoluir por seleção natural

Aqui, coadaptação refere-se a adaptações complexas, cuja evolução teria exigido mudanças mutuamente ajustadas em mais de uma de suas partes. (Coadaptação é uma palavra popular: ela já foi usada, com um sentido diferente, no Capítulo 8 e será usada com um terceiro sentido no Capítulo 20!) Em uma disputa histórica, na década de 1890, Herbert Spencer e August Weismann discutiram o exemplo do pescoço da girafa. Spencer supunha que nervos, veias, ossos e músculos do pescoço estavam, cada um, sob um controle genético separado. Qualquer mudança no comprimento do pescoço exigiria mudanças simultâneas, independentes e de magnitude correta em todas essas partes. Uma mudança no comprimento dos ossos do pescoço não seria funcional sem uma mudança equivalente no comprimento das veias, e a evolução de uma parte de cada vez, por seleção natural, seria impossível. Atualmente esse exemplo não é convincente, por causa da réplica óbvia de que os comprimentos de todas as partes poderiam estar sob um controle genético comum.

O outro exemplo típico de coadaptação complexa é o olho. Quando uma parte do olho, como a distância da retina à córnea, muda durante a evolução, mudanças simultâneas seriam necessárias (segundo se diz) em outras partes, tais como a forma do cristalino. Devido à improbabilidade de mutações simultâneas corretas em ambas as partes ao mesmo tempo, um instrumento com uma engenharia complexa, finamente ajustado como o olho, não poderia ter evoluído por seleção natural. A réplica darwiniana (ilustrada na Figura 10.2) é de que diferentes partes poderiam ter evoluído independentemente em pequenos passos: não é necessário que todas as partes de um olho mudem ao mesmo tempo na evolução.

Um estudo de um modelo em computador, feito por Nilsson e Pelger (1994), ilustra o poder do argumento de Darwin. Embora os olhos de um vertebrado ou de um octópode pareçam tão complexos a ponto de ser difícil acreditar que tenham evoluído por seleção natural, os órgãos fotossensíveis (nem todos eles complexos), na verdade, evoluíram de 40 a 60 vezes em vários grupos de invertebrados – o que sugere que ou a explicação darwiniana encara um problema 40 a 60 vezes mais difícil do que a representada somente pelo olho dos vertebrados, ou que, afinal, evoluir pode não ser assim tão difícil.

Uma simulação sugere que o olho poderia ter evoluído facilmente em etapas graduais vantajosas...

Nilsson e Pelger simularam um modelo de olho para verificar quão difícil a evolução realmente é. A simulação começou com um órgão fotossensível rudimentar consistindo em uma camada de células fotossensíveis sobreposta a uma camada de células escurecidas e recobertas com uma camada de células protetoras transparentes (Figura 10.3). Portanto, a simulação não abrange a evolução completa de um olho. Ela inicia considerando as células fotossensíveis como já existentes (o que é um pressuposto importante, mas não absurdo, visto que

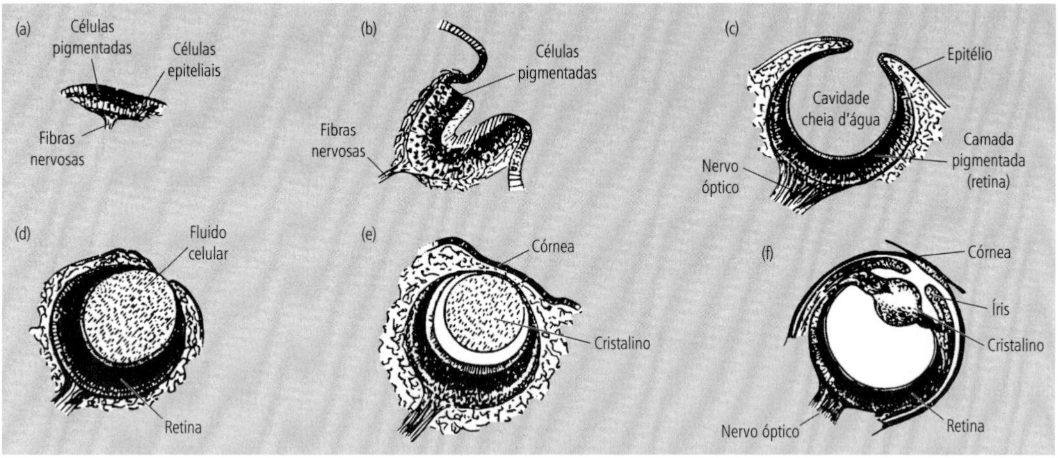

Figura 10.2

Etapas da evolução do olho, ilustradas por espécies de moluscos. (a) Uma mancha simples de células pigmentadas. (b) Uma região de células pigmentadas com uma dobra, o que aumenta o número de células sensíveis por unidade de área. (c) Um olho em câmara com um orifício, como o encontrado em *Nautilus.* (d) Uma cavidade ocular preenchida com um fluido celular em vez de água. (e) Um olho protegido pela adição de uma cobertura de pele transparente e com parte do fluido celular diferenciado em um cristalino. (f) Um olho complexo e completo como o encontrado no polvo e na lula. Redesenhada de Strickberger (1990), com permissão da editora.

muitos pigmentos são influenciados pela luz) e, no final, ignora a evolução da capacidade de percepção avançada (que é mais uma questão de evolução do cérebro do que do olho). Ela se concentra mais na evolução da forma do olho e do cristalino; esse é o problema que os críticos de Darwin mais freqüentemente destacaram, por acreditar que ele exige o ajuste simultâneo de várias partes intricadamente relacionadas.

A partir do estágio inicial simples, Nilsson e Pelger fizeram com que o formato do olho-modelo mudasse ao acaso, em passos com, no máximo, 1% de mudança cada um. Um por cento é uma mudança pequena e adapta-se à idéia de que a evolução adaptativa avança em pequenas etapas graduais. Mesmo assim, o modelo evoluiu no computador e cada nova geração apresentava as formas de olhos que haviam se revelado opticamente superiores na geração anterior; as mudanças que pioravam a óptica eram rejeitadas, exatamente como a seleção as rejeitaria na natureza.

Os critérios ópticos específicos utilizados foram a acuidade visual ou a habilidade de localizar objetos no espaço. Na simulação, a acuidade visual de cada olho era calculada por métodos de física óptica. O olho é especialmente bem-adequado para esse tipo de estudo porque as qualidades ópticas podem ser facilmente quantificadas: é possível demonstrar objetivamente que um modelo de olho teria melhor acuidade do que outro. (Não é tão fácil imaginar como medir a qualidade de outros órgãos como um fígado ou uma espinha dorsal.) O olho simulado melhorou consistentemente ao longo do tempo, e a Figura 10.3 mostra algumas fases ao longo da trajetória. Após uns mil passos, ele tinha evoluído para algo como uma câmara com um orifício (a Figura 10.2c mostra um exemplo real). Daí em diante, o cristalino começou a evoluir para um aumento do índice de refração da camada que, inicialmente, era uma simples proteção transparente. O cristalino inicial tinha qualidades ópticas ruins, mas sua distância focal foi melhorando até igualar o diâmetro do olho, ponto em que era capaz de formar uma imagem bem-focada.

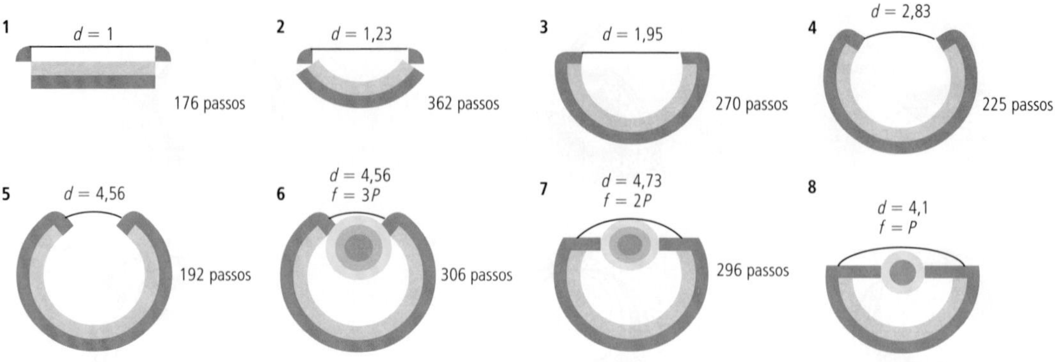

Figura 10.3

Oito etapas na evolução do olho em um modelo de computador. O estágio inicial tem uma camada de células transparentes, uma camada de células fotossensíveis e uma camada basal com células de pigmento escuro. Primeiramente, as propriedades ópticas são melhoradas por uma invaginação (até as etapas 4-5); na etapa 5 ele corresponde, aproximadamente, ao olho em câmara com um orifício (ver Figura 10.2c). A partir daí ele melhora por evolução de um cristalino (etapa 6). O formato do cristalino modifica-se e a íris achata-se para melhorar as propriedades de foco. *f* é a distância focal do cristalino; as propriedades ópticas são máximas quando *f* é igual à distância do cristalino até a retina (*P*): essa característica aperfeiçoa-se gradualmente nas três fases finais (etapas 6 – 8). *d* indica mudança de forma e é o diâmetro normalizado do olho. Redesenhada de Nilsson e Pelger (1994), com permissão da editora.

...em menos de meio milhão de gerações

Quanto tempo levou isso? A evolução completa de um olho como o de um vertebrado ou de um octópode precisou de cerca de 2 mil passos. O que antes parecia uma impossibilidade, hoje se demonstra viável em um curto intervalo de tempo. Nilsson e Pelger (1994) usaram estimativas de herdabilidade e de intensidade de seleção (Seção 9.7, p. 264) para calcular quanto tempo a mudança levaria; a resposta foi cerca de 400 mil gerações. Com uma geração por ano, a evolução de um olho desde um inicial rudimentar levaria menos de meio milhão de anos. O modelo mostra que, em vez de difícil, evoluir é relativamente fácil.

O trabalho também mostra o valor da construção de modelos para testar nossas intuições. O próprio Darwin referiu que a evolução de órgãos complexos, por seleção natural, constituía um problema para a imaginação, e não para a razão. O estudo de Nilsson e Pelger em computador confirma essa observação.

Etapas rudimentares desvantajosas ou não-funcionais

Alguns críticos sugerem que as etapas iniciais de um caráter seriam desvantajosas

Para ser produzido por seleção natural, um órgão precisa ser vantajoso para seu possuidor em todas as fases de sua evolução. Diz-se que algumas adaptações, embora sejam indubitavelmente vantajosas em suas formas finais, poderiam não tê-lo sido na forma rudimentar: "Qual seria a utilidade de meia asa?" é um exemplo comum. Em seu *The Genesis of Species* (1871), o anatomista St George Jackson Mivart destacou particularmente esse argumento. A resposta darwiniana foi sugerir modos pelos quais o caráter pudesse ser vantajoso em sua forma rudimentar. No caso da asa, asas parciais poderiam diminuir o choque em uma queda de uma árvore ou aves protoaladas poderiam planar do alto de rochedos ou por entre árvores – muitos animais, como certos morcegos, fazem isso atualmente. Essas etapas primitivas não necessitariam da estrutura muscular de uma asa completa, definitiva. O conceito de pré-adaptação (ver adiante) proporciona outra solução para o problema.

Às vezes os biólogos evolucionistas são desafiados com argumentos sobre etapas rudimentares não-funcionais ou sobre a impossibilidade de uma evolução adaptativa complexa. Alguém sempre irá insistir no fato de que é impossível imaginar que este ou aquele caráter possa ter evoluído em pequenos passos vantajosos. O biólogo evolucionista pode oferecer, em resposta, uma série de etapas possíveis por meio das quais o caráter poderia ter evoluído. Nesse caso, é preciso ter em mente o *status* do argumento do biólogo evolucionista. Em alguns casos, a série de etapas pode não ser especialmente plausível ou bem-sustentada por evidências, mas a argumentação é exposta exclusivamente para refutar a sugestão de que não é possível imaginar como o caráter poderia ter evoluído.

Um segundo grupo de críticos pode deter-se nesse ponto da discussão para acusar os evolucionistas de fazerem sugestões especulativas, e até fantasiosas, sobre como as adaptações individuais poderiam ter evoluído. Mas esses críticos esquecem o ponto de partida da discussão. As especulações não são a melhor parte da análise evolutiva. Não se está afirmando que uma série é particularmente profunda ou realista ou mesmo muito provável. Conhecido o resultado, a longa história evolutiva que precedeu qualquer adaptação complexa atual parecerá uma série improvável de acidentes: o mesmo ponto é tão verdadeiro para a história da humanidade quanto para a evolução. Em nosso estágio de conhecimentos sobre o tempo evolutivo, podemos reconstruir as etapas evolutivas de alguns caracteres com alguma precisão (Capítulo 15), mas as de outros não – para estes, só é possível fazer conjecturas para ilustrar possibilidades, mas não se pode realizar uma investigação científica cuidadosa.

É razoável concluir que não existem adaptações conhecidas que não possam ter evoluído por seleção natural. Ou (se a dupla negação é confusa!), podemos concluir que todas as adaptações conhecidas são, em princípio, explicáveis por seleção natural.

10.4 Novas adaptações evoluem a partir de adaptações preexistentes em etapas contínuas, mas a continuidade assume várias formas

10.4.1 Na teoria de Darwin, não há um processo especial para produzir novidades evolutivas

Na seção anterior, vimos que a teoria da adaptação de Darwin é "gradualista". As novas adaptações evoluem em pequenos passos, a partir de órgãos, padrões de comportamento, células ou moléculas preexistentes. Um outro modo de dizer isso é dizer que há continuidade entre todas as formas de adaptação que se vêem no mundo atualmente. Essa visão de continuidade contrasta, por exemplo, com a visão criacionista da vida, em que as adaptações das diferentes espécies se originaram separadamente e não há continuidade entre elas.

Mudanças graduais produzem novidades

A continuidade da evolução adaptativa pode desafiar nosso entendimento sobre novidades. Durante a evolução surgem órgãos que podem ser descritos como novidades evolutivas. O olho dos vertebrados, por exemplo, existe nos vertebrados, inclusive em nós mesmos, mas não é encontrado em todos os seres vivos. Em certo sentido ele é algo novo, que evoluiu com a origem dos vertebrados. Eventualmente ele é reconhecível como uma estrutura nova, anteriormente inexistente. Entretanto, como vimos na seção anterior, ele evoluiu em pequenas etapas contínuas desde células ancestrais fotorreceptoras, localizadas na superfície do corpo. Não há uma etapa distinta em que "o olho", súbita e caracteristicamente, tenha começado a existir. Evolutivamente, o olho dos vertebrados desponta em múltiplas etapas ancestrais. Assim, pode surgir algo que reconhecemos como novidade, mesmo que tenha evoluído por modificações de estruturas preexistentes.

Na teoria de Darwin não existe qualquer processo evolutivo especial para criar novas estruturas. É o mesmo processo evolutivo de adaptação ao ambiente local que atua o tempo todo. O efeito cumulativo de muitas modificações pequenas pode ser tal que faça surgir algo "novo". (Nem todos os biólogos concordam com tal interpretação sobre a novidade evolutiva. Alguns argumentam que a novidade evolutiva é um processo especial: estes, entretanto, provavelmente concordariam que o ponto de vista deles é minoritário.)

10.4.2 A função de uma adaptação pode mudar com uma pequena modificação em sua forma

Durante a evolução do olho, a função do órgão permaneceu relativamente constante o tempo todo. Desde as simples células fotorreceptoras até os olhos completos, ele sempre foi um órgão sensorial – sensível à luz. Provavelmente muitos órgãos evoluem dessa maneira, por evolução gradual de uma estrutura que tem uma função constante. Em outros casos, os órgãos podem mudar sua função com mudanças relativamente pequenas em sua estrutura. Evidências contundentes em fósseis recentemente escavados na China sugerem que as penas são um exemplo disso. Elas são encontradas nas aves modernas e funcionam principalmente para o vôo. É provável que as aves tenham evoluído de um grupo de dinossauros, e os fósseis de dinossauros, tipicamente, não têm penas. Assim, poderíamos inferir que as penas evoluíram junto com o vôo, durante a origem das aves.

Na evolução das aves, as penas precedem o vôo

Entretanto, nos últimos cinco anos, mais ou menos, foi descrita uma série de fósseis da China (Prum e Brush, 2002). Esses fósseis são descritos como dinossauros não-aviários, mas têm penas ou penas rudimentares. É provável que originalmente essas penas tivessem evoluído para uma função diferente do vôo – talvez de termorregulação ou de exibição. Mais tarde, o vôo evoluiu e as penas tornaram-se úteis aerodinamicamente. Foi aí que elas assumiram sua função moderna. (As penas ainda são usadas para exibição e para termorregulação e, por isso, seria mais exato dizer que a função foi acrescentada, em vez de mudada. Poderíamos dizer também que a função de vôo e exibição é uma mudança da função de exibição apenas.)

O termo darwiniano clássico para um caso como o das penas em dinossauros não-aviários é *pré-adaptação*. Esta é uma estrutura capaz de dar origem a alguma nova função, com uma pequena mudança estrutural. Um segundo exemplo são as pernas dos tetrápodos. Os peixes não têm pernas, que evoluíram durante a evolução dos anfíbios e que agora são usadas para deambulação em terra. A evidência fóssil, como a de *Acanthostega*, sugere que, originalmente, as pernas surgiram para nadar sob a água. A estrutura óssea das nadadeiras em um grupo de criaturas acabou tornando-se apropriada para deambular em terra. (A Seção 18.6.1, p. 561, descreve a transição peixes-anfíbios.)

Muitos outros exemplos de pré-adaptação estão sendo descobertos em evolução molecular, e o Quadro 10.1 fornece um exemplo.

10.4.3 Uma nova adaptação pode evoluir pela combinação de partes não-relacionadas

Até agora, vimos como novas adaptações podem evoluir por mudanças em estruturas que têm uma função constante, ou por mudanças na função de uma estrutura. Uma terceira possibilidade é de que possa surgir uma novidade quando duas partes preexistentes são combinadas. Por exemplo, a utilização do leite para alimentar as crias é uma característica restrita aos mamíferos. Os mamíferos evoluíram dos répteis, que não produzem leite. A história completa da evolução da lactação tem muitos componentes. Um deles é a evolução do maquinário enzimático para sintetizar leite. Este contém grandes quantidades de um açúcar, a lactose, e os mamíferos desenvolveram uma nova enzima – a lactose sintetase – para produzi-lo. A lactose sintetase catalisa a conversão da glicose em lactose e é composta de duas enzimas preexistentes, a galactosil transferase e a α-lactoalbumina. A galactosil transferase funciona no aparelho de Golgi de todas as células eucarióticas, e a

Uma enzima usada na síntese do leite evoluiu de duas enzimas não-relacionadas

Quadro 10.1
Co-opção Molecular

O termo *co-opção* é usado freqüentemente para descrever o processo evolutivo em que uma molécula assume uma nova função, mas com mudança mínima em sua estrutura. Conceitualmente, co-opção é o mesmo que pré-adaptação. Um termo (co-opção) é mais usado para moléculas, e o outro (pré-adaptação), para a morfologia.

As cristalinas são um exemplo claro. Elas são as moléculas que constituem o cristalino, a lente do olho. Várias proteínas diferentes parecem adequadas para funcionar como proteínas da lente, e a molécula exata que é encontrada nos cristalinos pode ser diferente ao longo da evolução. O cristalino do olho humano, assim como o de muitos vertebrados, contém a α-cristalina, que é muito semelhante à proteína do choque térmico e provavelmente evoluiu por duplicação de um gene que codificava essa proteína do choque térmico. Os cristalinos de alguns outros táxons de vertebrados contêm outras cristalinas, que não têm relação com a proteína de choque térmico. Umas poucas aves e os crocodilos utilizam a ε-cristalina, que tem muito da seqüência da (e, sem dúvida, é) lactato desidrogenase. A cristalina mais comum nas aves e nos répteis é a δ-cristalina, que é a arginino succinatoliase. Outras cristalinas singulares são encontradas em táxons restritos, como o mussaranho-elefante. Aparentemente, basta uma molécula ter uma forma globular para que sirva como cristalina. Muitas enzimas preenchem esse requisito, e, durante a evolução, as moléculas que foram utilizadas como proteínas do cristalino foram clivadas e modificadas, enquanto a lente, em si, permaneceu praticamente a mesma. (As cristalinas constituem um caso interessante nos estudos da homologia.) O cristalino do olho humano é homólogo ao do olho do crocodilo. As moléculas que o formam não são. (Veja mais sobre homologia na Seção 15.3, p. 450.)

A questão emergente da "evo-devo" (Capítulo 20) está registrando muitos exemplos de co-opção molecular. No desenvolvimento embrionário, certos genes reguladores codificam sub-rotinas que podem ser úteis em várias circunstâncias. Um gene que regula o quanto um membro deve crescer até que o pé comece a se desenvolver também pode se mostrar útil na regulação do tamanho do padrão da "figura de um olho" na asa de uma borboleta. Em ambos os casos, algum processo embrionário precisa atuar por um certo tempo ou em determinado espaço e, depois, parar. As mesmas instruções genéticas podem ser capazes de controlar o desenvolvimento das pernas e o das manchas em forma de olho.

Leitura adicional: Raff (1996), Carroll *et al.* (2001), Gould (2002b).

α-lactoalbumina está relacionada com a enzima lisozima, que todos os vertebrados usam em suas defesas antibacterianas. Nesse exemplo, uma novidade evolutiva resultou da combinação de duas partes preexistentes, com funções não-relacionadas. A enzima produtora de lactose evoluiu pela combinação de uma enzima do complexo de Golgi com uma enzima antibacteriana.

A evolução pode ocorrer por simbiose

A evolução da digestão do leite é um exemplo molecular em que uma nova enzima evoluiu pela combinação de duas enzimas preexistentes. Um processo relacionado atua em um nível mais elevado, quando duas espécies inteiras se juntam por simbiose e evoluem para uma nova espécie, com uma nova fisiologia combinada. Por exemplo, as mitocôndrias e os cloroplastos originaram-se quando uma célula bacteriana englobou outra. No caso das mitocôndrias, a célula combinada era capaz (ou logo se tornou capaz) de queimar carboidratos em oxigênio – um processo que libera mais energia do que a respiração anaeróbia. A nova célula tinha um metabolismo mais completo do que cada uma das células ancestrais.

A evolução por simbiose ou pela combinação de vários genes em novos genes compostos pode violar o discurso, mas não o espírito, do gradualismo darwiniano. Por exigência do gradualismo, as novas adaptações evoluem em muitas etapas, pequenas e contínuas. Quando duas células se juntam, pode haver uma transição relativamente súbita para uma nova adaptação, em um grande passo. Entretanto, nenhum princípio importante do darwinismo é violado porque a informação adaptativa proveniente de cada célula ancestral foi construída em etapas graduais.

10.5 A genética da adaptação

10.5.1 Fisher propôs um modelo e uma analogia com o microscópio para explicar por que as mudanças genéticas na evolução adaptativa serão pequenas

Há sugestões de que as adaptações evoluem em poucos grandes passos genéticos ou em vários pequenos passos

Os biólogos evolucionistas fazem uma distinção entre os conceitos "fisheriano" e "goldschmidtiano" dos passos genéticos pelos quais as adaptações evoluem. Goldschmidt (1940) argumentava que as novas adaptações e as novas espécies evoluem por macromutações (ou "monstros esperançosos"). Uma macromutação é uma mutação com um efeito fenotípico tão grande que faz com que seu portador fique fora dos limites da variação normal de sua população (Figura 1.7, p. 38). Fisher duvidava que as macromutações contribuíssem muito para a evolução, argumentando que a evolução adaptativa geralmente se faz por vários passos pequenos. As mutações que contribuem para a evolução adaptativa têm efeitos fenotípicos pequenos.

A argumentação de Fisher começava pela percepção de que os seres vivos estão bastante bem-adaptados aos seus ambientes. Eles precisam estar razoavelmente bem-ajustados, do contrário, morreriam. Em seguida, Fisher assume que a maior parte dos caracteres se encontra em um estado adaptativo ótimo. Se o caráter é maior ou menor do que o ótimo, a viabilidade do organismo diminui (Figura 10.4a). Como os seres vivos estão, no mínimo, bastante bem-adaptados, eles se encontram em algum lugar próximo ao pico da Figura 10.4a. Agora vamos assumir que a direção das mutações é aleatória e que uma mutação tem 50% de chance de aumentar um caráter e 50% de chance de diminuí-lo. Uma pequena mutação tem, portanto, 50% de chance de melhorar a adaptação. Uma grande mutação, porém, piorará as coisas de qualquer maneira. Ou ele se distanciará ainda mais para aquém do ótimo, ou ultrapassará o ótimo e se afastará dele para o outro lado (Figura 10.4a). Assumindo que um organismo está próximo ao pico adaptativo, Fisher calculou que uma mutação indefinidamente pequena tem um meio de chance de melhorar a adaptação e que a chance de melhoramento diminui à medida que aumenta o efeito fenotípico da mutação (Figura 10.4b). Uma macromutação tem probabilidade zero de ser vantajosa.

A analogia de Fisher com o microscópio

A argumentação de Fisher pode ser explicada com menos formalidade. Para qualquer máquina bem-adaptada, é mais provável que ela seja melhorada por sintonia fina do que por trancos bruscos. Se o seu rádio estiver fora de sintonia, você poderá retornar à estação por um pequeno ajuste no sintonizador. Muito provavelmente, usar um martelo contra a máquina será muito menos útil. Fisher usou uma analogia com a focalização de um microscópio. Se ele já está focando bem o objeto, a maior parte dos movimentos de focalização será pequena, com ajustes finos, movimentando a lente para cima e para baixo aos poucos. É improvável que um empurrão em qualquer parte do microscópio, escolhida ao acaso, vá melhorar o foco.

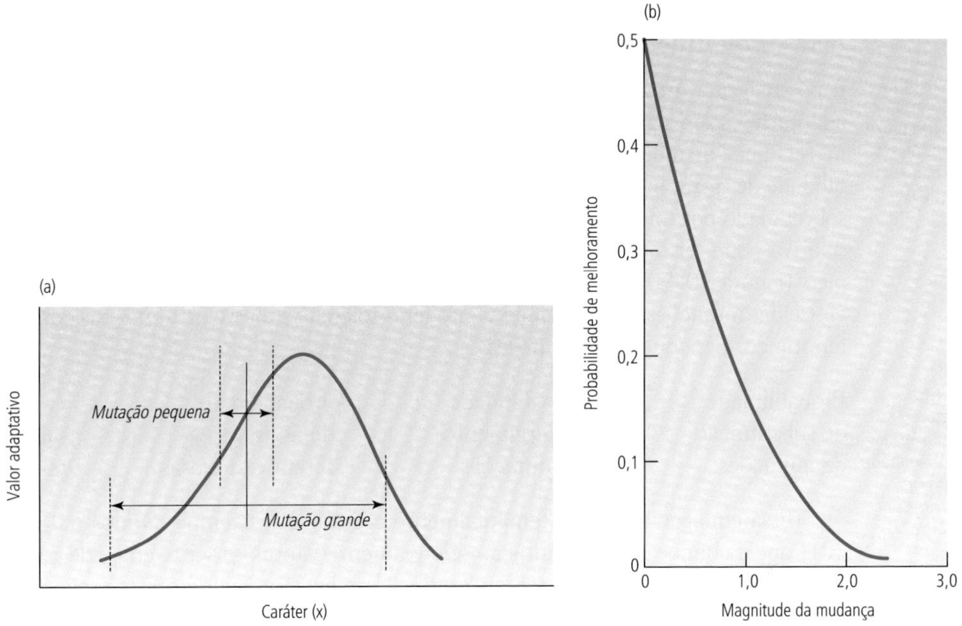

Figura 10.4

(a) Um modelo geral de adaptação. Dado um traço (*x*), a adaptação de um indivíduo é ideal em um certo valor de *x* e, fora desse ponto, diminui. Então, há um monte de valores adaptativos. Uma mutação que muda o valor de *x* também muda o valor adaptativo de seus portadores. Uma mutação de pequeno efeito tem mais probabilidade de melhorar o valor do portador dela se este está próximo ao pico adaptativo. (b) Os cálculos de Fisher sobre a chance de que uma mutação melhore o valor adaptativo, dependendo da magnitude do efeito fenotípico dessa mutação. As unidades do eixo *y* referem-se a esse modelo, mas a forma geral do gráfico será a mesma em qualquer modelo como (a).

A teoria do equilíbrio deslocante de Wright é outra alternativa

O principal pressuposto da argumentação de Fisher é de que o organismo está próximo de seu ótimo adaptativo. Devemos levar em conta um segundo pressuposto relacionado, o de que a adaptação tem um pico único. Se a Figura 10.4a tivesse vários picos, separados por vales, uma macromutação poderia ter alguma chance de melhorar algo conduzindo o organismo para outro pico. Na Seção 8.13 (p. 244), vimos que superfícies de valor adaptativo com múltiplos picos eram a base da teoria de evolução por equilíbrio deslocante de Wright. A teoria de Wright é, assim como a de Goldschmidt, uma segunda alternativa à de Fisher. Wright não invocava macromutações. Ele argumentava que a evolução adaptativa era facilitada pela deriva aleatória em populações pequenas e subdivididas. Como vimos, Fisher duvidava que verdadeiras superfícies adaptativas tivessem múltiplos picos e julgava desnecessário o processo de equilíbrio deslocante de Wright. Contudo, se superfícies adaptativas reais têm múltiplos picos às vezes, isso poderia complicar os detalhes dos cálculos de Fisher. Entretanto, o ponto-chave de Fisher, de que mudanças amplas em sistemas bem-ajustados geralmente são para pior, continua válido. A evolução adaptativa geralmente é uma reforma lenta, não uma revolução.

10.5.2 Quando um organismo não está próximo de um pico adaptativo, é necessária uma teoria ampliada

Para populações não muito próximas de seu ótimo adaptativo...

É possível que o pressuposto de Fisher, de que os seres vivos estão próximos de seu ótimo adaptativo, nem sempre se realize. Nesse caso, as mutações com grande efeito fenotípico têm mais chance de melhorar a adaptação. As mutações pequenas continuam tendo maior probabilidade de trazer melhorias do que as grandes, mas Kimura (1983) destacou que isso pode ser sobrepujado por um segundo fator. Quando uma mutação grande é vantajosa, sua vantagem seletiva pode ser maior do que a de uma mutação pequena, porque ela se aproxima mais do pico (Figura 10.4a). A contribuição total de qualquer classe de mutações (por exemplo, a classe das mutações com pequeno efeito fenotípico ou a classe de mutações com grande efeito fenotípico) depende de três fatores:

...três fatores influenciam a magnitude de seus passos genéticos

Probabilidade de substituição de mutações	=	probabilidade de surgimento de mutações	x	probabilidade de as mutações serem vantajosas	x	vantagem seletiva das mutações

(Essa equação não é matematicamente correta. Por exemplo, vimos na Seção 7.5.2 [p. 201] que a chance de uma mutação seletivamente vantajosa ser fixada é de cerca de $2s$, sendo s a vantagem seletiva. O terceiro termo da equação deveria ser $2s$ e não, simplesmente, s. Entretanto, a equação identifica os três fatores atuantes e os três são aproximadamente multiplicativos.)

Para verificarmos a contribuição relativa de mutações grandes e pequenas para a evolução adaptativa, precisamos saber os tamanhos relativos dos três fatores nas duas classes de mutações. A argumentação de Fisher só considera o segundo fator.

Não há resultados rigorosos disponíveis sobre o primeiro fator, mas tanto a teoria quanto as evidências indicam que as mutações de pequeno efeito são mais freqüentes do que as de grande efeito. Orr (1998) considerou, matematicamente, o segundo e o terceiro fatores em conjunto, combinando o argumento de Fisher e a conjectura de Kimura. No modelo de Orr, as mutações que foram substituídas mostravam uma certa distribuição de freqüências de efeitos fenotípicos (exponencial negativa, para ser exato). Inicialmente foi substituído um pequeno número de mutações de grande efeito, seguido por um número crescente de mutações com efeitos menores. A razão é que, em uma população distante do pico, inicialmente são fixadas algumas mutações de maior tamanho. Então há uma fase de ajustamento fino, em que muitas mutações pequenas são fixadas. Por isso, é teoricamente possível que ocorra alguma evolução adaptativa por meio de mutações grandes, sobretudo em populações mal adaptadas.

10.5.3 A genética da adaptação está sendo estudada experimentalmente

A evidência genética sustentada na teoria de Fisher...

Até aqui examinamos a teoria. O que nos dizem os fatos sobre a genética da adaptação? Há dois tipos de evidências disponíveis. Uma provém de cruzamentos entre formas diferentes de uma mesma espécie, ou entre espécies intimamente relacionadas. Orr e Coyne (1992) revisaram oito desses cruzamentos, em que as duas formas cruzadas diferiam quanto a um caráter inequivocamente adaptativo. Em cinco ou seis deles, a diferença era controlada por um único gene com efeito grande. Orr e Coyne concluíram que a teoria de Fisher é pouco sustentável.

... é difícil de interpretar

Há uma dificuldade inerente para testar teorias sobre o passado evolutivo usando cruzamentos genéticos entre formas atuais. Os genes das espécies atuais só podem refletir o modo como se deu a evolução se não tiverem ocorrido mudanças genéticas desde que as adaptações evoluíram originalmente. A Figura 10.5 ilustra o problema. Duas espécies divergiram através

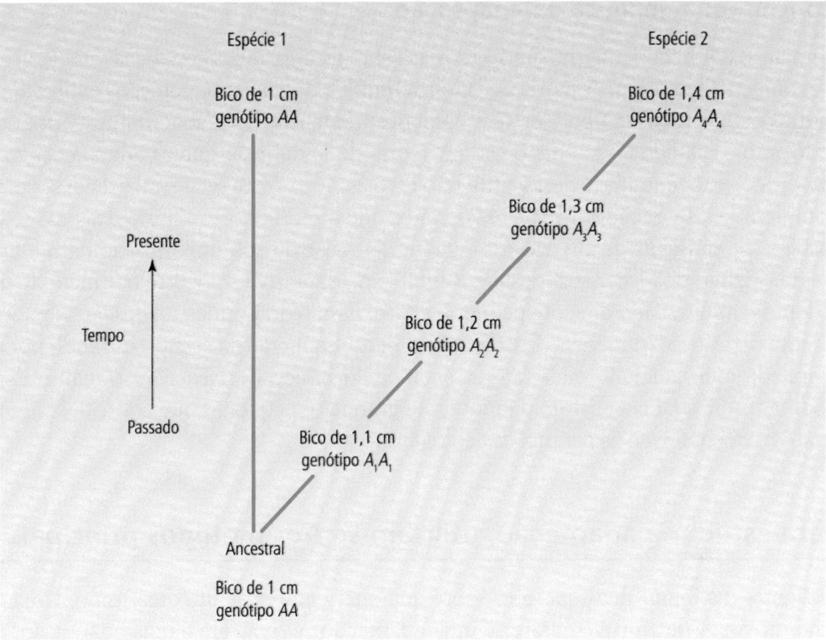

Figura 10.5

Um cruzamento entre as duas espécies atuais mostraria que a diferença de comprimento do bico é controlada por um único gene de grande efeito (*A versus* A_4). Entretanto, a diferença atual evoluiu no passado, por meio de várias pequenas etapas. A evolução fisheriana é invisível em um cruzamento atual. (0,5 in ≈ 1,25 cm)

de vários pequenos passos, mas as espécies atuais diferem em um gene com grande efeito. O problema não invalida a conclusão de Orr e Coyne, de que a evidência a favor da teoria de Fisher é pobre. Entretanto, seria um erro tomar a evidência deles como contrária à teoria de Fisher. Na prática, são necessários cruzamentos genéticos mais extensos. Na borboleta africana *Papilio dardanus*, por exemplo, um cruzamento inicial sugere que seu polimorfismo mimético é devido a um único gene de grande efeito. Entretanto, cruzamentos subseqüentes entre formas aparentemente similares de diferentes regiões da África demonstram que há vários genes atuando (Turner 1977, p. 184).

Alguns trabalhos experimentais a sustentam e expandem

Burch e Chao (1999) foram os pioneiros de um segundo tipo de experimento. Eles removeram um bacteriófago de seu pico adaptativo ao permitir que acumulasse mutações deletérias. Então mediram os passos mutacionais por meio dos quais a população do fago evoluiu de volta ao seu nível anterior de adaptação. O resultado dependia do tamanho da população. Em populações pequenas, o fago retornava ao seu pico por meio de vários pequenos passos mutacionais. Em populações grandes, ele retornava parte em passos mutacionais grandes e parte em passos pequenos. A explicação dos autores é de que as mutações vantajosas grandes são mais raras do que mutações vantajosas pequenas. Em uma população pequena, as mutações vantajosas grandes podem não surgir e a evolução adaptativa tem continuidade usando as mutações com efeitos pequenos. Em populações grandes, algumas poucas grandes mutações vantajosas podem estar presentes e elas contribuem para a evolução adaptativa. Aqui, os resultados de Burch e Chao concordam com a teoria básica das Seções 10.5.1 e 10.5.2 e mostram que o tamanho da população também influi. Seu trabalho também demonstra como os sistemas microbianos podem ser usados para testar temas sobre a genética da adaptação.

10.5.4 Conclusão: a genética da adaptação

Tomamos conhecimento de quatro teorias sobre as mudanças genéticas que ocorrem durante a evolução adaptativa. A teoria de "Goldschmidt", de que as adaptações evoluem por macromutações, foi recusada por ser teoricamente implausível. As macromutações quase sempre reduzirão a qualidade da adaptação. A teoria de Wright de que as adaptações evoluem por um processo de equilíbrio deslocante não foi o assunto desta seção, mas deve ser incluído para completá-la. Na Seção 8.13 (p. 244), vimos que a teoria do equilíbrio deslocante continua a inspirar pesquisas, mas até agora ninguém demonstrou sua importância para a evolução. A teoria original de Fisher sugeria que a evolução adaptativa só ocorre por meio de muitos passos mutacionais, cada um com pequeno efeito. Essa teoria nunca foi descartada (ou acolhida) e tem tido grande influência. Entretanto, a pesquisa moderna está procurando por uma teoria ampliada, que adicione mais fatores ao modelo básico de Fisher. O trabalho experimental poderá testar qual é a mistura de mutações grandes e pequenas que contribui para a evolução adaptativa conforme as condições ecológicas.

10.6 Para estudar a adaptação, utilizam-se três métodos principais

"Se" e "como" um caráter está adaptado são questões diferentes

Devemos distinguir duas questões sobre qualquer caráter de um organismo. Uma é o *se* ele é adaptativo. A outra (se o caráter é uma adaptação) é *como* ele é uma adaptação. A primeira pergunta é complicada porque a resposta dependerá da definição de adaptação que for usada. Existem várias definições, e os métodos de reconhecimento de uma adaptação variam de acordo com a definição. Na Seção 10.8 adiante, retornaremos à questão. Aqui, podemos examinar os métodos usados para estudar as adaptações para avaliar se o atributo em questão é adaptativo.

O estudo da adaptação progride em três estágios conceituais. O primeiro é para identificar ou postular que tipos de variantes genéticas o caráter poderia ter. Às vezes, como nas mariposas (Seção 5.7, p. 138), por exemplo, isso é feito empiricamente. Outros caracteres não variam geneticamente, e, para estes, é preciso postular formas mutantes teóricas apropriadas. Por exemplo, quando chegarmos ao Capítulo 12, para ver por que existe o sexo, postularemos formas mutantes que se reproduzam por clones, ou assexuadamente.

A adaptação pode ser estudada...

O segundo estágio é desenvolver uma hipótese ou um modelo sobre a função do órgão ou do caráter. A hipótese original para as mariposas era de que a coloração funcionava como camuflagem. As hipóteses têm qualidade variável, mas podem ser melhoradas à medida que o trabalho prossegue. Como vimos na Seção 5.7 (p. 138), a coloração melânica parece ter alguma outra vantagem, nas mariposas, além da camuflagem em áreas poluídas. Outro exemplo vem da forma do bico das aves. Neste livro, freqüentemente consideraremos a forma do bico como uma adaptação ao suprimento de alimento. Bicos maiores são melhores para comer itens alimentares maiores e mais duros, como vimos na pesquisa de Grant sobre os tentilhões de Darwin (Seção 9.1, p. 251). Entretanto, os bicos também têm outras funções, inclusive a remoção de piolhos, e o formato do bico também é importante para elas (Clayton e Walther, 2001).

...por meio de modelos construídos...

Uma boa hipótese é a que prevê exatamente as características de um órgão e que faz previsões testáveis. Em morfologia, essas previsões freqüentemente são deduzidas de um modelo construído. Por exemplo, a hidrodinâmica é usada para compreender a forma dos peixes, enquanto a engenharia civil é usada para entender a espessura da concha em moluscos: os custos de ter uma concha mais pesada precisam ser ponderados com os benefícios da redução das quebras por ação das ondas ou dos predadores. Esse tipo de pesquisa

Tabela 10.1

A faixa da asa de certas borboletas foi coberta com tinta e a dos controles foi pintada com uma tinta transparente, que não modificava a aparência deles. O número de borboletas com asas intactas foi contado em diferentes ocasiões após o tratamento. As distribuições de freqüências não são significativamente diferentes. De Silbergleid *et al.* (1980).

Idade na captura (em semanas)	Borboletas pintadas		Controles	
	n	%	*n*	%
0	81	83,5	88	90,7
1	14	14,4	6	6,2
2	2	2,1	2	2,1
3	0	0	1	1,0
4	0	0	0	0
5	0	0	0	0

pode ser executado em todos os níveis, desde o simples e qualitativo até sofisticadas modelagens algébricas.

A terceira etapa consiste em testar as previsões das hipóteses. Há três métodos principais disponíveis. Um é simplesmente verificar se a forma real de um órgão (ou do caráter investigado) é concordante com a previsão hipotética; se não for, a hipótese tem algum erro.

...por experimentação,...

O segundo método é o experimental. Ele só é útil se o órgão, ou o padrão de comportamento, pode ser alterado experimentalmente. Quase toda a hipótese sobre adaptação prevê que determinada forma de um órgão permitirá que seu portador sobreviva melhor do que os portadores de algumas outras formas, mas as alternativas nem sempre são exeqüíveis. Por exemplo, não podemos fazer um porco com asas para verificar se o vôo lhe seria vantajoso. Quando possíveis, os experimentos são um meio poderoso de testar idéias sobre adaptação. A coloração de animais, por exemplo, tem sido estudada dessa maneira. Acredita-se que, em certas espécies de borboletas, os padrões de cores atuam como camuflagem por meio da "quebra" dos contornos da borboleta. Silberglied *et al.* (1980), trabalhando na Smithsonian Tropical Research Institution, no Panamá, cobriram com tinta, experimentalmente, as listras das asas da borboleta *Anartia fatima*. As borboletas com as listras encobertas mostravam níveis de danos nas asas (causados por ataques malsucedidos de pássaros) semelhantes ao das borboletas-controle e sobreviviam tão bem quanto elas (Tabela 10.1); portanto, as listras das asas não são, de fato, adaptações para aumentar a sobrevivência. Elas podem ter alguma outra função de sinalização ou reprodutiva, embora fosse necessário testar isso em novos experimentos.

...e pelo método comparativo

O *método comparativo* é o terceiro método de estudo da adaptação. Ele pode ser usado se a hipótese prevê que, em certos tipos de espécies, uma adaptação pode ter formas diferentes das formas dessa adaptação em outros tipos de espécies. O clássico estudo de Darwin sobre a relação entre o dimorfismo sexual e o sistema de cruzamentos é um exemplo que discutiremos adiante. Algumas hipóteses prevêem que diferentes tipos de espécies terão diferentes tipos de adaptações, outras não. A teoria de Darwin sobre o dimorfismo sexual prevê isso. Já o modelo de um engenheiro óptico sobre como o olho deveria ser projetado poderá resultar em um único projeto, o de desempenho ótimo, com a implicação de que todos os animais com olhos deveriam ter tal projeto. Nesse caso, o método comparativo não seria aplicável.

Em resumo, os três métodos de estudo de adaptação são o de comparar a forma prevista para um órgão com aquela encontrada na natureza (e, talvez, também medir a adaptação das diferentes formas de um organismo), o de alterar o órgão experimentalmente e o de comparar a forma de um órgão em diferentes tipos de espécies.

10.7 As adaptações na natureza não são perfeitas

A seleção natural fez existirem criaturas que, sob muitos aspectos, são maravilhosamente bem-projetadas. Geralmente, entretanto, os projetos são imperfeitos, por muitas razões. Neste capítulo, examinaremos várias delas. No Capítulo 11 veremos outra razão: a de que pode ser impossível que uma adaptação seja perfeita em todos os níveis de organização simultaneamente. Por exemplo, o controle da natalidade pode ser bom para a população, mas não para o indivíduo. A maioria dos exemplos conhecidos de adaptação beneficia o organismo. Por isso, elas serão (na melhor das hipóteses) imperfeitas em outros níveis como o gênico, o celular e o dos grupos. Entretanto, ainda podemos perguntar se as adaptações dos organismos são mesmo perfeitas para o organismo.

A qualidade das adaptações melhorará progressivamente, enquanto houver variabilidade genética disponível. Se algumas variantes genéticas da população produzem adaptação melhor do que outras, a seleção natural fará aumentar sua freqüência. Embora esse processo sempre deva operar em direção ao melhoramento, ele nunca atingiu o estado final de perfeição. Como Maynard Smith (1978) destacou, "se não existissem restrições ao possível, o melhor fenótipo viveria para sempre, seria inatingível pelos predadores, colocaria um número infinito de ovos e assim por diante". Quais são as restrições que impedem a evolução de tal tipo de perfeição?

10.7.1 As adaptações podem ser imperfeitas devido aos espaços de tempo

Os frutos coevoluem com os animais

Muitas plantas com flores produzem frutos para induzir os animais a atuarem como agentes de dispersão. Os frutos das diferentes espécies estão adaptados, de vários modos, aos tipos de animais que os utilizam. Eles precisam ser atraentes ao animal pertinente, mas também proteger a semente contra a destruição pelo sistema digestivo dele; eles também precisam permanecer nos intestinos do animal por um tempo certo para serem dispersos a uma distância apropriada da origem e daí serem adequadamente depositados, o que pode ser conseguido por laxativos no fruto. Conhecem-se muitos detalhes sobre os modos como certos frutos estão adaptados aos hábitos e à fisiologia das espécies dos animais dispersores. Ao longo do tempo evolutivo, as plantas, presumivelmente, adaptaram as formas de seus frutos a quaisquer animais ao seu redor e, quando a fauna mudar, as plantas evoluirão (ou melhor, coevoluirão – ver Capítulo 22) com o tempo, para produzir um novo conjunto de frutos adaptados.

Mas alguns frutos parecem adaptativamente anacrônicos...

Entretanto, a seleção natural demora e, depois de uma grande mudança na fauna, haverá um período em que as adaptações dos frutos ficarão obsoletas e adaptadas a uma forma anterior de agente de dispersão. Janzen e Martin (1982) argumentaram que os frutos de muitas

Figura 10.6

Os frutos de (a) *Crescentia alata* (Bignoniaceae) e (b) *Annona purpurea* (Annonaceae) são dois exemplos de frutos que provavelmente eram comidos por grandes herbívoros extintos recentemente. Os frutos maiores em (a) medem cerca de 20 cm de comprimento; o fruto em (b) está próximo dos 30 cm de comprimento. Ambas as árvores foram fotografadas no Santa Rosa National Park, na Costa Rica. (Fotos, cortesia de Dan Janzen.)

das árvores das florestas tropicais da América Central são "anacronismos neotropicais" (para o termo geográfico neotropical, ver Figura 17.2, p. 519). Os frutos são antiquados, adaptados a uma fauna extinta, de grandes herbívoros (Figura 10.6).

As Américas do Norte e Central tinham uma fauna de grandes herbívoros em escala comparável à da África atual, até cerca de 10 mil anos atrás. Assim como a África tem elefantes, girafas e hipopótamos, na América Central havia preguiças terrestres gigantes, um urso gigante extinto, uma grande espécie extinta de cavalos, mamutes e um grupo de grandes parentes dos mastodontes, chamados gonfotérios. Todos esses mamíferos já desapareceram, mas as espécies de árvores sob as quais eles costumavam passar ainda existem. Nas florestas tropicais da Costa Rica, algumas árvores ainda produzem frutos grandes e rijos em grande quantidade. Eles se acumulam e apodrecem na base das árvores e, mesmo os que são movimentados por pequenos mamíferos, como cutias, não são levados para longe. Janzen e Martin (1982) descreveram assim a frutificação da grande palmeira florestal *Scheelea rostrata*: "em um mês, 5 mil frutos acumulavam-se sob cada pé de *Scheelea* em frutificação. Os primeiros frutos a cair são catados por cutias, pecaris e outros animais, que logo ficam saciados... O maior volume de sementes perece aos pés do genitor". Os frutos parecem estar superprotegidos por suas capas externas rijas, ser produzidos em quantidades excessivas e não estar adaptados para a dispersão por pequenos animais como as cutias. Parece um caso de má adaptação: "um desajuste entre o tamanho da safra de sementes e o da equipe de dispersão". Entretanto, os frutos fazem sentido se forem adaptações anacrônicas aos grandes herbívoros recentemente extintos. O tamanho grande seria compatível com um gonfotério e a capa externa rija teria protegido as sementes contra sua poderosa mastigação. Dez mil anos não foram suficientes para que as árvores evoluíssem para frutos apropriados ao tamanho mais modesto dos mamíferos que agora vivem entre elas.

... como se estivessem adaptados a uma megafauna extinta recentemente

O princípio ilustrado pelos frutos dessas plantas centro-americanas é geral. As adaptações freqüentemente serão imperfeitas porque a evolução é demorada. Os ambientes de todas as espécies mudam mais ou menos continuamente, por causa dos destinos evolutivos das espécies com as quais elas competem e cooperam. Cada espécie tem de evoluir para manter esses eventos, mas a qualquer momento sua distância até a adaptação ótima ao seu ambiente poderá ficar defasada. A adaptação será imperfeita quando a seleção natural não puder operar com a mesma rapidez com que o ambiente de uma espécie muda. (O Quadro 22.1, p. 643, contém uma discussão adicional sobre a coevolução dos frutos.)

10.7.2 Restrições genéticas podem causar adaptação imperfeita

Se, em um loco, o heterozigoto tem uma adaptação maior do que a de qualquer dos homozigotos, a população evolui para um equilíbrio em que todos os três genótipos estão presentes (Seção 5.12, p. 153). Por isso, uma proporção dos indivíduos da população deverá ter os genótipos homozigotos deletérios. Esse é um exemplo de *restrição genética*. Ela surge porque, na herança mendeliana, os heterozigotos não podem produzir somente prole heterozigota: eles não podem "produzir linhagem". Na medida em que há vantagem dos heterozigotos, alguns membros das populações naturais serão imperfeitamente adaptados. A importância da vantagem dos heterozigotos é controversa, mas há exemplos inequívocos, como o da hemoglobina das células falciformes, que é, sem dúvida, uma manifestação prática de adaptação imperfeita devida a uma restrição genética.

Devido a uma peculiaridade genética, 50% da prole do tritão cristado europeu morre

O sistema de letais balanceados do tritão cristado europeu *Triturus cristatus* é um exemplo mais dramático. Os membros da espécie têm 12 pares de cromossomos, numerados de 1 a 12, sendo o 1 o mais longo e o 12 o mais curto. Macgregor e Horner (1980) verificaram que todos os tritões cristados, de ambos os sexos, são "heteromórficos" quanto ao cromossomo 1: os dois exemplares do cromossomo 1 de um indivíduo são visivelmente diferentes ao microscópio. Os dois tipos de cromossomo 1 foram denominados 1A e 1B (os mesmos dois tipos são encontrados em cada indivíduo). Eles observaram que a meiose é normal, de modo que um indivíduo produz um número igual de gametas com o cromossomo 1A e com o 1B. Também há pouca ou nenhuma recombinação entre esses dois cromossomos.

Sugere, então, o seguinte enigma: por que não há tritões cromossomicamente homomórficos, com dois cromossomos 1A ou dois 1B? MacGregor e Horner realizaram experimentos em que cruzavam dois indivíduos normais e contavam a proporção de ovos que eclodiam. Em cada caso, aproximadamente metade da prole morria durante o desenvolvimento. É quase certo que os indivíduos que morriam eram os homomórficos, só sobrevivendo os heteromórficos.

O motivo pelo qual metade da prole morre é o seguinte. A população adulta tem dois tipos de cromossomos, cada um com uma freqüência de um meio. Se escrevermos a freqüência do cromossomo 1A como p e a de 1B como q, então $p = q = {}^1/_2$. Por segregação mendeliana normal e pelo princípio de Hardy-Weinberg, as proporções de homozigotos (ou homomórficos) é $p^2 + q^2 = {}^1/_2$. Portanto, em cada geração os tritões heterozigotos entrecruzam-se e produzem metade da prole homozigota, e metade heterozigota e, então, todos os homozigotos morrem. O sistema parece incrivelmente ineficiente porque, em cada geração, metade do esforço reprodutivo dos tritões é desperdiçada; mas o mesmo tipo de ineficiência existe, em certa medida, em qualquer loco gênico com vantagem do heterozigoto. Se, em humanos, surgisse uma nova hemoglobina resistente à malária e viável em dose dupla ou se, no tritão cristado, surgisse um novo cromossomo 1 que fosse viável como homomórfico, isto deveria se disseminar na população. A ineficiência é mantida, presumivelmente, por não ter surgido uma mutação melhor.

A vantagem do heterozigoto pode levar à duplicação gênica

Poderia um sistema com vantagem do heterozigoto evoluir facilmente para um genótipo de linhagem pura com o mesmo efeito fenotípico? Provavelmente sim, por duplicação gênica (Seção 2.5, p. 51). Imagine que o gene de uma hemoglobina relevante, duplicado em um indivíduo Hb^+/Hb^s, se tornasse Hb^+Hb^+/Hb^sHb^s. A recombinação gênica poderia, então, produzir um cromossomo Hb^+Hb^s que conseguisse alcançar tudo o que um heterozigoto Hb^+/Hb^s consegue. O cromossomo, uma vez fixado, também seria transmitido intacto. Desse modo, poderíamos esperar que o sistema Hb^+/Hb^s existente evoluísse para um sistema puro Hb^+Hb^+/Hb^sHb^s. Poderia ser necessária alguma "compensação de dose" depois que o gene houvesse duplicado, mas isto não deveria ser difícil porque instrumentos reguladores são comuns no genoma. A aparente facilidade desse escape evolutivo contra a vantagem do heterozigoto e a carga segregacional é uma possível explicação para a (aparente) raridade da vantagem do heterozigoto. Mesmo que assim seja, a existência de alguns casos de vantagem do heterozigoto sugere que as populações naturais podem estar imperfeitamente adaptadas porque não surgiu uma mutação melhor.

10.7.3 Restrições ao desenvolvimento podem causar imperfeição adaptativa

Os sistemas de desenvolvimento influenciam o curso da evolução

Uma discussão sobre *restrições ao desenvolvimento* (Maynard Smith *et al.*, 1985) produziu a seguinte definição: "uma restrição ao desenvolvimento é um desvio na produção de fenótipos variantes ou uma limitação na variabilidade fenotípica, causados pela estrutura, caráter, composição ou dinâmica do sistema de desenvolvimento". A idéia é que diferentes grupos de seres vivos que desenvolveram mecanismos de desenvolvimento diferentes e o modo como um organismo se desenvolve terão influência nos tipos de mutação que, provavelmente, serão geradas. Uma planta, por exemplo, pode ter probabilidade de mutar para uma nova forma com mais ramos do que um vertebrado porque é mais fácil produzir tal tipo de mudança no desenvolvimento de uma planta (sem dúvida, sequer é claro o que significaria, para vertebrados, um novo "ramo" – talvez pudessem ser pernas extras, ou ter duas cabeças). Por isso, as taxas dos diferentes tipos de mutações – ou de "produção de fenótipos variantes" como diz a definição colocada entre aspas – diferem entre plantas e vertebrados.

Restrições ao desenvolvimento podem surgir por várias razões. Um exemplo é a *pleiotropia*. Um gene pode influenciar o fenótipo de mais de uma parte do corpo. Uma situação comum seria aquela em que genes que influenciam o comprimento da perna esquerda, provavelmente também influenciariam o comprimento da perna direita. Provavelmente o crescimento das pernas acontece por meio de um mecanismo de crescimento que controla ambas as pernas. Para que exista uma restrição, este não tem de ser o mecanismo obrigatório. Talvez alguns raros mutantes afetem apenas o comprimento da perna direita. Uma restrição ao desenvolvimento existe sempre que haja uma tendência de os mutantes (neste exemplo) afetarem ambas as pernas e que essa tendência seja devida à ação de algum mecanismo de desenvolvimento.

A pleiotropia existe porque não há uma relação de um-para-um entre as partes de um organismo que são influenciadas por um gene e as partes do organismo que chamamos de caracteres. Os genes dividem o corpo de modo diferente do que faz o observador humano. Os genes influenciam os processos de desenvolvimento e uma modificação no desenvolvimento freqüentemente muda mais de uma parte do fenótipo. Muito desse mesmo raciocínio está por trás de um segundo grupo de restrições ao desenvolvimento. Novas mutações, freqüentemente perturbam o desenvolvimento do organismo. Um novo mutante, com um efeito vantajoso, também pode perturbar outras partes do fenótipo e essas perturbações provavelmente serão desvantajosas; porém, se o mutante tem um efeito líquido positivo em adaptação, a seleção natural o favorecerá. Em alguns casos, a perturbação pode ser medida pelo grau de assimetria na forma do organismo. Em uma espécie com simetria bilateral, qualquer desvio dessa sime-

Mutações novas podem perturbar o desenvolvimento...

tria é uma medida individual de quão bem regulado era seu desenvolvimento. Portanto, as mutações podem causar *assimetria de desenvolvimento*.

A mosca-varejeira de ovelhas australiana *Lucilia cuprina* é um exemplo. Ela é uma praga e os fazendeiros a pulverizam com inseticidas. Como seria de esperar, a mosca logo responde, desenvolvendo resistência (Seção 5.8, p. 145). Esse padrão evolutivo tem se repetido com vários inseticidas e com genótipos de resistência na mosca e McKenzie estudou vários casos. Quando aparece a primeira mutação resistente, ela causa desenvolvimento assimétrico. Presumivelmente, a perturbação do desenvolvimento é deletéria, embora não a ponto de a mutação sofrer seleção contrária. A vantagem da resistência ao inseticida mais do que supera uma pequena alteração no desenvolvimento. Por isso, a mutação aumenta em freqüência. Então a seleção começa a agir em outros locos, para ali favorecer os genes que reduzem os efeitos colaterais deletérios da nova mutação e manter seu principal efeito vantajoso. Isso significa que a seleção fará com que a nova mutação se harmonize com o mecanismo de desenvolvimento da varejeira. Os genes dos outros locos, que restauram a simetria de desenvolvimento ao mesmo tempo em que preservam a resistência ao inseticida, são chamados *genes modificadores*, e esse tipo de seleção é chamado *seleção canalizadora*. Com o tempo, a mutação resistente na mosca-varejeira de ovelhas foi modificada de tal modo que não mais perturba o desenvolvimento (Figura 10.7).

...mas, com o passar do tempo, a seleção reduz o efeito perturbador

McKenzie conseguiu demonstrar que a modificação era causada por genes em locos diferentes do loco em que ocorria a mutação. (Isso é importante porque, havendo seleção em outros locos para reduzir os efeitos colaterais deletérios da mutação, a seleção nesses locos favorecerá outras mutações que possam produzir resistência a inseticidas sem efeitos colaterais danosos.) Considerando a extensão das interações gênicas no desenvolvimento, provavelmente é comum que novas mutações perturbem o padrão de desenvolvimento existente.

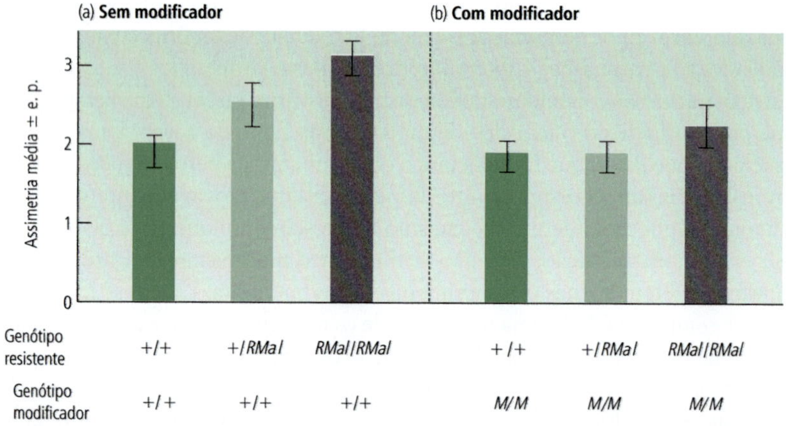

Figura 10.7

Assimetria do desenvolvimento em genótipos da mosca-varejeira de ovelhas australianas (*Lucilia cuprina*) resistentes e não-resistentes ao inseticida malation. (a) Assimetria de desenvolvimento nos genótipos assim que o gene de resistência *RMal* apareceu, logo após o início do uso do malation. + é o genótipo não-resistente original. O *RMal* perturba o desenvolvimento, produzindo uma média maior de assimetria, e é seletivamente desvantajoso em ausência de malation. (b) Assimetria de desenvolvimento das moscas com *RMal* depois que os modificadores (*M*) evoluíram para reduzir o distúrbio de desenvolvimento; este, agora está reduzido a um nível próximo ao das moscas originais +/+, e o *RMal* tem pouca desvantagem seletiva em ausência do malation ou é neutro em relação a +. O tamanho da amostra é de 50 moscas para cada genótipo. Redesenhada de McKenzie e O´Farrell (1993), com permissão da editora.

Por isso, é provável que a seleção canalizadora seja um processo evolutivo importante para restaurar a regulação do desenvolvimento com a nova mutação.

Outro tipo de restrição ao desenvolvimento pode ser visto no mecanismo de crescimento "quântico" dos artrópodos. Os artrópodos crescem mudando seu exoesqueleto e desenvolvendo um novo e maior. Eles não crescem quando seu exoesqueleto está rijo. A curva de crescimento dos artrópodos mostra uma série de pulos, freqüentemente com uma relação de tamanho claramente constante, de 1,2 a 1,3 antes e depois da muda. Há vários modelos de como o tamanho do corpo pode ser adaptativo: o tamanho do corpo, por exemplo, influencia a termorregulação, o poder de competição e a quantidade de comida a ser ingerida. Nenhum desses fatores, porém, pode explicar plausivelmente os pulos na curva de crescimento dos artrópodos. Se, por exemplo, o tamanho do corpo de um artrópodo fosse adaptado ao tamanho dos itens de alimento que ele ingerisse, dificilmente seria possível que a distribuição dos tamanhos dos itens de alimento em seu ambiente desencadeasse uma pressão de seleção para a quantidade de crescimento. A explicação para os saltos de quantidade de crescimento é uma restrição de desenvolvimento; crescer por mudas é perigoso, e crescer em uma curva uniforme exigiria freqüentes mudas arriscadas. É melhor mudar mais raramente e crescer aos saltos.

As restrições ao desenvolvimento têm sido sugeridas como explicação alternativa à seleção natural em dois importantes fenômenos naturais. Um é a persistência de espécies fósseis por longos períodos de tempo sem demonstrar qualquer mudança de forma (Seção 21.5, p. 626). O outro é a variedade de formas encontradas no mundo. Podemos imaginar um *morfoespaço* concebido para um certo conjunto de fenótipos e preenchê-lo nas áreas que estão e nas que não estão representadas na natureza.

A análise de formatos de conchas de Raup é um exemplo elegante. Raup verificou que as conchas podiam ser caracterizadas por meio de três variáveis principais: a taxa de translação, a taxa de expansão e a distância da curvatura geradora até o eixo de enrolamento (Figura 10.8). Qualquer concha pode ser representada como um ponto no espaço tridimensional e Raup preencheu as regiões desse espaço que são ocupadas por conchas existentes (Figura 10.9).

Um morfoespaço para conchas mostra todas as formas de conchas que teriam possibilidade de existir

Grande parte do morfoespaço de conchas na Figura 10.9 não está ocupada. Há duas hipóteses gerais para explicar por que essas formas não existem: seleção natural e restrições. Se a responsável é a seleção natural, as partes vazias do morfoespaço são regiões de má adaptação. Quando esses tipos de conchas surgem como mutações, sofrem seleção contrária e são eliminados. Alternativamente, as partes vazias poderiam ser regiões de restrição; a mutação que produziria essas conchas nunca ocorreu. Se a restrição é de desenvolvimento, isso significaria que, por algum motivo, ela torna impossível (ou, pelo menos, improvável) o crescimento desses tipos de conchas. A inexistência de conchas seria embriologicamente análoga aos animais que desobedecem a lei da gravidade – elas são conchas que desobedecem leis (desconhecidas) da embriologia. Nesse caso, a ausência dessas conchas seria mais devida à seleção natural do que à ausência de animais que desobedecem a lei da gravidade.

A restrição e a seleção podem ser alternativas...

Da mesma forma que a seleção natural e as restrições são hipóteses para explicar a ausência de qualquer forma na natureza, ambas também podem explicar hipoteticamente as formas presentes. Diante de qualquer forma do organismo podemos perguntar se ela existe porque possivelmente é a única forma que o organismo poderia ter (restrição) ou se a seleção atuou, no passado, sobre muitas variantes genéticas e a forma encontrada atualmente foi a favorecida. Se a forma de um organismo é a única possível, uma análise que a considerasse como uma adaptação estaria mal-orientada. Em alguns casos, podemos ter mais certeza de que a variação

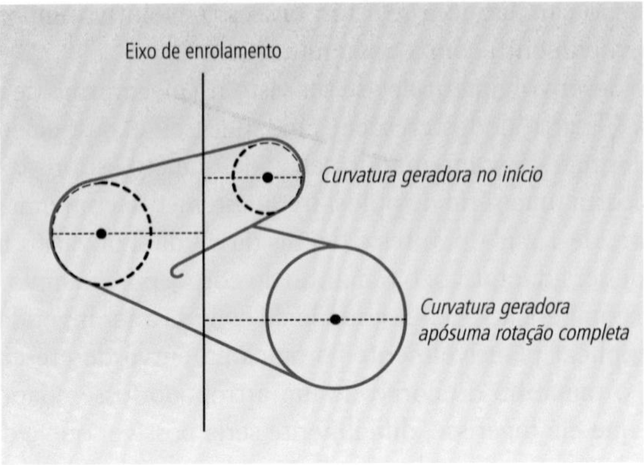

Figura 10.8

O formato de uma concha pode ser descrito por três números. A taxa de translação (*T*) descreve a taxa de progressão do enrolamento ao longo do eixo de enrolamento: se a concha é planoespiral chata, $T = 0$ e será positivo e tanto maior quanto mais alongada for a concha. A taxa de expansão (*W*) descreve a taxa de aumento do tamanho da concha; ela pode ser medida pela razão do diâmetro da concha, obtido em pontos equivalentes de rotações sucessivas; na figura, $W = 2$. A distância do eixo de enrolamento (*D*) descreve o aperto do enrolamento; é a distância entre a concha e o eixo de enrolamento e, na figura, tem a metade do diâmetro da concha. Ver a Figura 10.9 sobre várias formas de conchas teoricamente possíveis, com diferentes valores de *T*, *W* e *D*. Redesenhada de Raup (1966), com permissão da editora.

está intensamente restringida do que em outros. Se a restrição é a lei da gravidade, a adaptação é uma hipótese fantasiosa, mas se a restrição é uma parte conjecturável da embriologia, vale muito mais a pena investigar como adaptação.

...que podem ser testadas...

Como podemos decidir entre seleção e restrição? Maynard Smith e seus oito co-autores listaram quatro possibilidades gerais: por previsão adaptativa, por medidas diretas da seleção, pela herdabilidade dos caracteres e por evidência comparada entre espécies.

...por previsão adaptativa...

O primeiro teste é o uso da previsão adaptativa. Se uma teoria de adaptação das conchas previu, de forma acurada e bem-sucedida, a relação entre a forma da concha e o ambiente – que formas deveriam estar presentes e quais as ausentes, em várias condições – então, na ausência de uma teoria embriológica igualmente exata, isso contaria a favor da adaptação e contra a restrição de desenvolvimento. Inversamente, uma teoria embriológica exata e bem-sucedida seria preferida a uma teoria adaptativa fútil.

...por medidas de seleção...

O segundo teste é uma medida direta da seleção. No caso do morfoespaço das conchas, isso corresponderia, de certo modo, a confeccionar experimentalmente as conchas que não existem naturalmente e testar como a seleção agiria sobre elas (Seção 10.6). Desse modo, poderíamos observar se há seleção negativa contra essas formas.

Em terceiro, podemos medir a herdabilidade do caráter. Se uma restrição está impedindo a mutação em um caráter, este não deveria ser geneticamente variável. A variabilidade genética pode ser medida, e a hipótese da restrição será refutada para qualquer caráter que apresente herdabilidade significativa. Como isto ocorre, esse tipo de evidência sugere que os hiatos no morfoespaço das conchas não são causados por restrição de desenvolvimento. A herdabilidade de várias propriedades das conchas foi medida e a variação genética encontrada foi significativa. Em alguma medida, portanto, o formato das conchas não sofre restrições.

...e por comparação de evidências...

Finalmente, a evidência comparada entre espécies pode ser útil. Ela tem sido usada especialmente para restrições pleiotrópicas do desenvolvimento. Quando mais de um caráter é medido e os valores dos dois caracteres, em diferentes indivíduos, são plotados um contra o

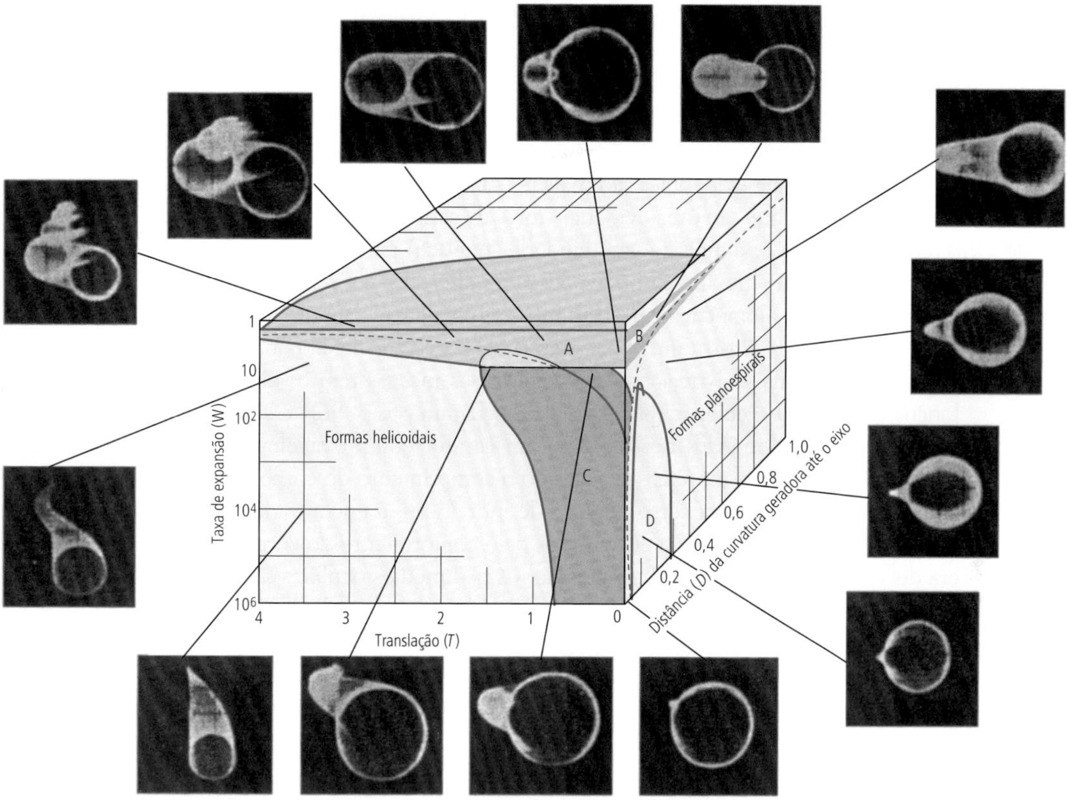

Figura 10.9

O cubo tridimensional descreve um conjunto de possíveis formas de conchas. Contornando-o estão 14 formas possíveis de conchas, ilustradas como foram desenhadas por computador. Só quatro regiões do cubo (A, B, C e D) são efetivamente ocupadas por espécies naturais. Todas as demais regiões do cubo representam formas de conchas teoricamente possíveis, mas não realizadas na natureza. Esse espaço é chamado morfoespaço. Reproduzida de Raup (1966), com permissão da editora.

outro, quase sempre se encontra uma relação. (Isso ocorre tanto se os diferentes indivíduos são da mesma espécie ou de espécies diferentes.) Os gráficos mais freqüentemente encontrados são os que plotam o tamanho do corpo contra algum outro caráter e, nesse caso, as relações são chamadas *alométricas* (Darwin as referia como a "correlação de crescimento"). Relações alométricas quase sempre são encontradas quando dois aspectos do tamanho são plotados um contra o outro. Um gráfico do tamanho do cérebro contra tamanho do corpo em várias espécies de vertebrados, por exemplo, mostra uma relação positiva. Gráficos desse tipo são morfoespaços bidimensionais e são análogos às análises mais sofisticadas de Raup para as conchas.

A distribuição de pontos observada poderia, outra vez, ser devida a adaptação ou restrição. Ter um cérebro grande poderia ser adaptativo para um animal de corpo grande. Ou o tamanho de cérebro que um animal tem poderia não fazer qualquer diferença, e as mudanças no tamanho do cérebro simplesmente seriam conseqüências correlacionadas com as mudanças no tamanho do corpo (ou vice-versa). Nesse caso, mutações que alterassem um dos caracteres seriam constrangidas a alterar também o outro. O influente Huxley foi um dos primeiros estudiosos da alometria e gostava de explicar as relações alométricas por meio da hipótese da restrição: "sempre que encontramos [relações alométricas], temos justificativa para concluir que o *tamanho relativo* do chifre, da mandíbula ou de outro órgão é determinado automaticamente como resultado secundário de um mecanismo comum de crescimento e, por isso, *não tem significância adaptativa*. Isto nos proporciona uma grande lista nova de caracteres genéricos e específicos não-adaptativos" (Huxley, 1932).

As relações alométricas foram consideradas não-adaptativas

Alguns tipos de evidências são mais persuasivos do que outros. As relações alométricas, particularmente, não são uma evidência forte de restrição de desenvolvimento. Podemos usar o terceiro tipo de evidência (a variabilidade genética) para ver se as relações alométricas são embriologicamente inevitáveis ou se podem ser alteradas por seleção. Em todas as observações feitas, as relações alométricas mostraram-se tão maleáveis quanto qualquer outro caráter.

A Figura 10.10 ilustra um experimento de seleção artificial por Wilkinson (1993), na estranha mosca malaia *Cyrtodiopsis dalmanni*. Essas moscas têm os olhos nas extremidades de longos pedúnculos oculares (Figura 10.10a e Lâmina 5, p. 96). Os pedúnculos oculares são particularmente alongados nos machos, um caráter que provavelmente evoluiu por seleção sexual. O ponto importante é que, quando o comprimento do corpo e o dos pedúnculos oculares são medidos em um certo número de indivíduos, é encontrada uma correlação (Figura 10.10c). A razão da distância entre olhos pelo comprimento do corpo, na população natural, era de 1,24 (sim, não é erro de impressão: os pedúnculos oculares são realmente mais longos

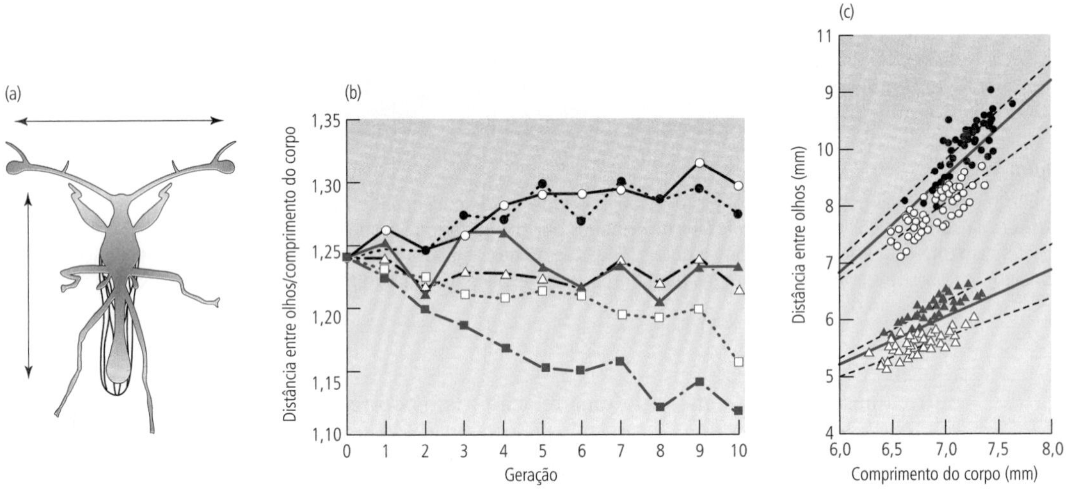

Figura 10.10

Seleção artificial para alterar a forma alométrica da mosca malaia de olhos pedunculados *Cyrtodiopsis dalmanni*. (a) Silhueta de uma mosca com setas indicando como foram medidas a distância entre olhos e o comprimento do corpo. (b) Resultados de um dos experimentos em machos. Os círculos são linhagens experimentais em que foram selecionados para cruzamentos os machos com índices altos na relação distância entre olhos/comprimento do corpo; os quadrados são linhagens experimentais em que foram selecionados para cruzamentos os machos com índices baixos na relação distância entre olhos/comprimento do corpo e os triângulos são linhas-controle, não-selecionadas. Cada condição foi executada em duplicata, as quais são distinguidas pelo símbolos cheio e vazio. (c) Outra ilustração da mudança alométrica; há quatro conjuntos de pontos. Os dois (círculos) de cima referem-se aos machos; os dois de baixo (triângulos), às fêmeas. Os símbolos cheios são os indivíduos da linhagem alta, após 10 gerações de seleção para aumento relativo da distância entre olhos; os símbolos abertos são os indivíduos da linhagem baixa, após 10 gerações de seleção para diminuição relativa da distância entre olhos; as linhas tracejadas indicam a alometria nas linhas controles não-selecionadas. Os pontos dos machos correspondem ao experimento 1 (círculos abertos) em (b). Note a resposta à seleção, mostrando que as relações alométricas podem mudar, sendo a mudança mais importante a da inclinação das linhas em (c), que é mais visível como mudança na relação em (b). Redesenhada de Wilkinson (1993), com permissão do editor.

do que o comprimento total do corpo!). Wilkinson selecionou para aumento ou decréscimo da distância entre olhos, relativamente ao comprimento do corpo, em duas linhagens experimentais e conseguiu alterar a relação alométrica em ambas as direções (Figura 10.10). Portanto, a relação alométrica não é uma lei fixa do desenvolvimento embrionário. Resultados como os de Wilkinson sugerem que as relações alométricas teriam sido sintonizadas pela seleção natural no passado, para estabelecer a forma favorável de cada espécie.

Em conclusão, sabe-se pouco sobre o modo como a embriologia restringe as mutações, mas a idéia geral é plausível. O modo como um organismo se desenvolve influenciará nas mutações que podem surgir em alguns de seus caracteres. Problemas interessantes começam a surgir quando tentamos deslocar essa asserção geral para uma demonstração exata em um caso real. Até aqui essas tentativas não foram completamente convincentes, como no exemplo da alometria. Em casos específicos, podemos testar as alternativas da seleção e da restrição.

10.7.4 Restrições históricas podem causar imperfeição adaptativa

Uma população pode ficar enredada no ótimo local

A evolução por seleção natural avança em pequenos passos locais, e cada mudança precisa ser vantajosa a curto prazo. Diferentemente de um planejador humano, a seleção natural não pode favorecer modificações que sejam momentaneamente desvantajosas por saber que ao final elas darão uma boa contribuição. Como foi enfatizado por Wright em seu modelo de equilíbrio deslocante (Seção 8.13, p. 244), a seleção natural pode alcançar um ótimo em um local, no qual a população poderá ficar enredada porque nenhuma pequena mudança é vantajosa, embora uma grande mudança pudesse sê-lo. Como vimos, a própria seleção (quando considerada em um contexto completamente multidimensional) ou a deriva neutra podem levar a população para longe dos picos locais; mas também podem não fazê-lo. Algumas populações naturais podem estar imperfeitamente adaptadas atualmente, porque os acidentes da história posicionaram seus ancestrais em uma direção que, mais tarde, tornou-se a direção errada (Figura 10.11).

A recorrência do nervo laríngeo constitui um exemplo notável. Anatomicamente, o nervo laríngeo é o quarto nervo vago, um dos nervos cranianos. Esses nervos surgiram primeiramente nos ancestrais com forma de peixes. Como mostra a Figura 10.12A, nos peixes, ramos sucessivos do nervo vago passam por trás dos arcos arteriais sucessivos que correm em direção às brânquias. Durante a evolução, os arcos branquiais transformaram-se; nos mamíferos, o sexto arco branquial evoluiu para ducto arterial que, anatomicamente, fica próximo ao coração. O nervo laríngeo recorrente ainda continua passando por trás do "arco branquial" (hoje completamente modificado): por isso, em um mamífero atual o nervo desce do cérebro, passando pelo pescoço, rodeia a aorta dorsal e retorna para a laringe (Figura 10.12b).

Nas girafas, provavelmente o nervo laríngeo recorrente, está mal-adaptado

Em humanos, esse desvio parece absurdo, mas representa uma distância de apenas 30 a 60 cm. Nas girafas atuais, o nervo faz o mesmo desvio, percorrendo toda a distância abaixo e acima do pescoço. É quase certo que esse desvio é desnecessário e, provavelmente, tem um custo para a girafa (porque ela tem de desenvolver mais nervos do que precisa e os sinais enviados através deles serão mais demorados e consumirão mais energia). Ancestralmente, a rota direta do nervo passava atrás da aorta; à medida que o pescoço encompridava na linhagem evolutiva da girafa, o nervo foi levado a um desvio cada vez mais absurdo. Se surgisse um mutante em que o nervo fosse diretamente do cérebro para a laringe, provavelmente ele seria favorecido (embora essa mutação fosse improvável se exigisse uma grande reorganização embriológica); a imperfeição persiste porque não surgiu uma mutação assim (ou surgiu e foi perdida por acaso). O erro surgiu porque a seleção natural opera no curto prazo e cada passo ocorre como uma modificação do que já existe. Esse processo pode levar facilmente a

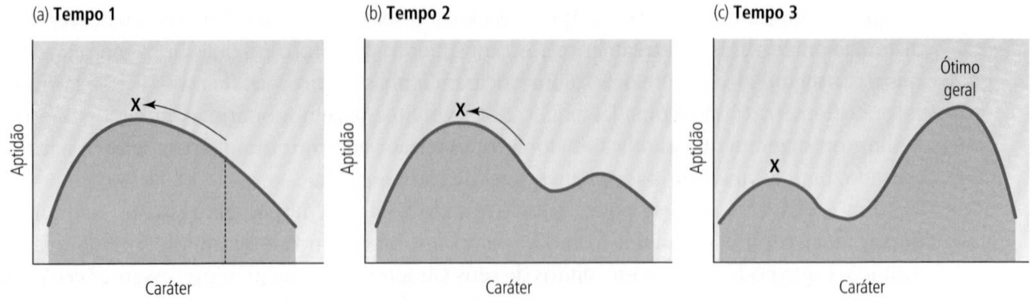

Figura 10.11

Uma modificação histórica na topografia adaptativa deixou a espécie enredada em um pico local. (a) Inicialmente há um único estado ótimo para um caráter e a população (X) evolui para ele. (b) À medida que o ambiente muda com o tempo, a topografia adaptativa muda. A espécie, agora, atingiu o ótimo. (c) A topografia mudou e surgiu um novo pico geral. A espécie está trancada no pico local porque a evolução para o pico geral exigiria a travessia de um vale: a seleção natural não favorece a evolução para o pico geral.

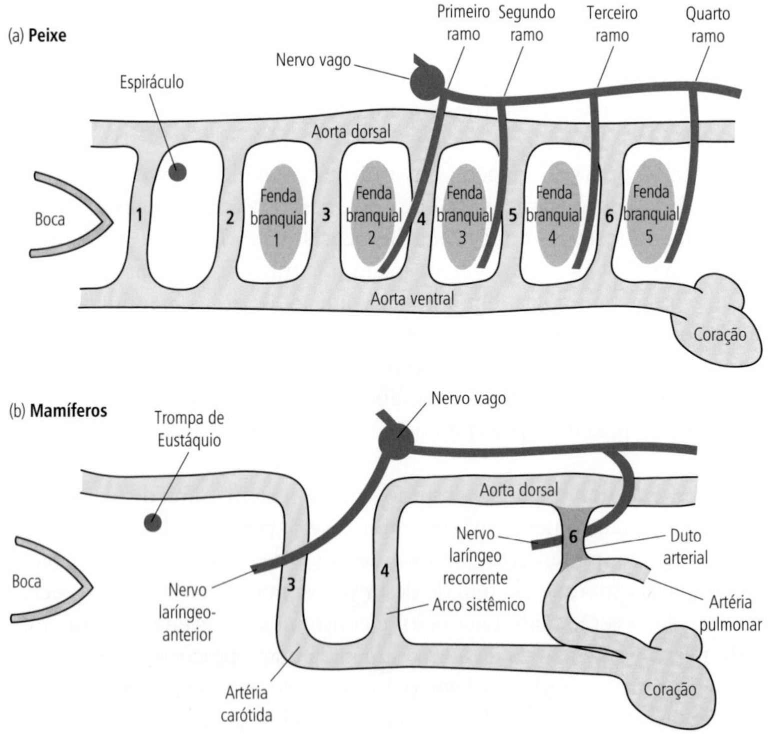

Figura 10.12

Evolução da recorrência do nervo laríngeo. (a) Nos peixes, o nervo vago envia ramos diretos por entre os sucessivos arcos branquiais. (b) Em mamíferos, os arcos branquiais evoluíram para um sistema circulatório muito diferente. O que era o ramo descendente do quarto nervo vago do peixe agora desce do cérebro até o coração (no tórax) e retorna para cima, até a laringe. Redesenhada de Strickberger (1990), modificada de Beer (1971), com permissão da editora.

imperfeições devidas a restrições históricas – embora nem todas sejam tão dramáticas como a recorrência do nervo laríngeo nas girafas.

As espécies podem ter diferenças não-adaptativas

Uma contingência histórica semelhante pode produzir não uma imperfeição verdadeira, mas diferenças entre populações ou espécies, que não sejam adaptativamente significativas. Em uma topografia adaptativa com vários picos adaptativos, pode haver mais de um com alturas semelhantes. O nervo laríngeo da girafa parece ser um caso em que o pico local é claramente mais baixo do que o pico geral e, por isso, é reconhecível como uma adaptação imperfeita. Se houvesse vários picos com alturas semelhantes, nenhum seria reconhecido como inferior aos demais. Imagine agora que as ascendências de várias populações diferentes tivessem iniciado próximo de diferentes futuros picos. Se todas sofressem a mesma força externa de seleção, cada uma ainda continuaria a evoluir para o pico mais próximo. Então, as diferentes populações desenvolveriam diferentes adaptações. Mas elas desenvolveram diferentes adaptações por causa de suas condições iniciais diferentes, e não porque se adaptaram a diferentes ambientes (Figura 10.13).

Os cangurus e as gazelas podem ser exemplos

Os cangurus e os herbívoros placentários, como as gazelas, são possíveis exemplos. As duas formas são ecologicamente análogas, mas têm diferentes métodos de locomoção. Saltar como canguru não é melhor nem pior do que correr sobre quatro patas. A linhagem que levou aos cangurus melhorou um método de movimentação, enquanto a que levou às gazelas se concentrou em outro. Provavelmente a diferença principal é um acidente histórico. Se esse argumento é correto, os ancestrais remotos dos cangurus enfrentaram condições seletivas diferentes das dos ancestrais das gazelas. As adaptações fixadas naqueles ancestrais influenciaram, então, a evolução subseqüente, de modo que, agora, embora

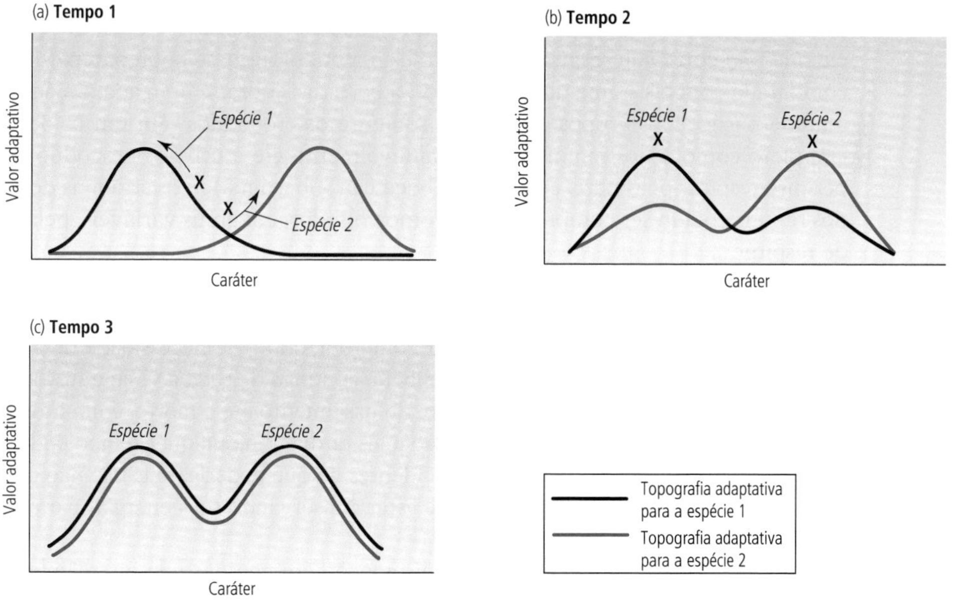

Figura 10.13

Condições iniciais diferentes levam duas espécies a ocupar picos adaptativos diferentes, mas equivalentes. (a) As topografias adaptativas das duas espécies diferem e cada uma desenvolve seu próprio pico. (b) Agora as topografias adaptativas mudam até que (c) elas se tornam idênticas para as duas espécies, mas cada espécie permanece no seu próprio pico. Na fase (b), a diferença entre as espécies era adaptativa, de modo que o melhor para a espécie 1 era ficar em seu pico e para a espécie 2 ficar no seu. Em (c) a diferença entre espécies não é adaptativa, uma vez que cada espécie estaria igualmente bem-adaptada em ambos os picos.

cangurus e gazelas ocupem nichos ecológicos semelhantes, as mutações que influenciam o modo de locomoção e são favorecidas em um e em outro grupo são completamente diferentes.

O exemplo ilustra uma idéia diferente daquela da recorrência do nervo laríngeo na girafa. Não se alega que o canguru ou a gazela estão mal-adaptados; é apenas a diferença entre eles que pode ser um acidente histórico. Na linhagem da girafa, um tipo semelhante de acidente histórico gerou uma real imperfeição em seu nervo laríngeo. Um acidente histórico levar a uma imperfeição ou a uma diferença neutra entre linhagens depende da permanência de um pico geral durante a evolução, ou de ele evoluir para pico local. Em ambos os casos, eventos evolutivos passados podem levar ao estabelecimento de formas que não podem ser explicadas por uma aplicação simples da teoria da seleção natural. A adaptação precisa ser entendida historicamente.

10.7.5 O planejamento de um organismo pode ser um intercâmbio entre diferentes necessidades adaptativas

Muitos órgãos são adaptados para desempenhar mais de uma função e suas adaptações para cada uma são concessões. Se um órgão for estudado isoladamente, como se fosse uma adaptação para uma de suas funções apenas, ele pode parecer malprojetado.

A estrutura da boca é um intercâmbio entre comer e respirar

Considere como a boca é usada para a alimentação e a respiração em diferentes grupos de tetrápodes (anfíbios, répteis, aves e mamíferos). Nos mamíferos, o nariz e a boca são separados por um palato secundário e o animal pode mastigar e respirar ao mesmo tempo. Os tetrápodes primitivos, alguns répteis atuais e todos os anfíbios atuais não têm o palato secundário e sua capacidade de comer e respirar simultaneamente é limitada. Uma jibóia, por exemplo, precisa parar de respirar enquanto executa os complexos movimentos para engolir sua presa – um processo que pode durar horas. A boca de qualquer espécie que não consegue respirar enquanto está alimentando-se pode parecer ineficiente, se comparada com o sistema dos mamíferos; a boca das cobras é uma adaptação voltada para a alimentação. Dos grupos de répteis, somente os crocodilos têm um palato secundário completo como o dos mamíferos (presumivelmente ele é útil aos crocodilos porque lhes permite respirar pelo nariz enquanto a boca fica sob a água), e os sistemas de alimentação dos répteis podem ser compreendidos como voltados, em graus variáveis, pela necessidade de respirar.

Os intercâmbios não existem apenas no sistema de órgãos. No comportamento, um animal precisa distribuir seu tempo entre diferentes atividades, e o tempo reservado para procurar alimento (por exemplo) pode ficar comprometido pela necessidade de atender outras demandas. Os intercâmbios ocorrem, também, ao longo de toda a vida: a história de vida do indivíduo, de sobrevivência e reprodução, do nascimento até a morte, é um intercâmbio desde a primeira reprodução até a reprodução mais tardia. Em qualquer tempo pode parecer que um animal está produzindo menos descendentes do que poderia, mas isso não quer dizer que ele esteja mal-adaptado, porque ele pode estar conservando suas energias para a reprodução extra, mais tarde.

Resumindo, as adaptações dos organismos são um conjunto de intercâmbios entre funções múltiplas, atividades múltiplas e as possibilidades no presente e no futuro. Observado isoladamente, com freqüência um caráter parecerá mal-adaptado; mas o padrão correto para avaliar uma adaptação é sua contribuição para a adaptação do organismo em todas as funções em que ela é utilizada, ao longo de toda a vida do organismo.

10.7.6 Conclusão: restrições na adaptação

Os biólogos evolutivos estão concentrados em entender por que diferentes espécies têm diferentes adaptações e como as adaptações funcionam em cada espécie. Eles utilizam diferentes métodos para analisar diferenças adaptativas entre espécies e adaptações intra-específicas. Quando observamos as fontes da imperfeição adaptativa, vimos algumas que produzem diferenças adaptativamente insignificantes entre espécies e outras que produzem adaptação imperfeita de uma espécie. Para concluir, vamos resumir como os vários tipos de imperfeições podem perturbar os métodos de análise de adaptação (Seção 10.6).

Adaptações imperfeitas podem ou não causar problemas para os métodos de estudo de adaptação

O método comparativo poderia ser mal-interpretado por casos de diferenças entre espécies, sem significação adaptativa. Se as diferentes formas da adaptação são seletivamente neutras ou se têm picos adaptativos locais equivalentes, essas espécies diferentes evoluíram por acidente histórico e, nesse caso, as tentativas de correlacionar as diferenças com circunstâncias ecológicas seriam frustradas. Entretanto, o fato de que uma adaptação pode ter várias formas equivalentemente boas não prejudica o estudo do caráter em si. A possibilidade de múltiplas formas adaptativas deverá emergir da análise. Se uma enzima tem uma forma ótima, ela não será menos ótima se 100 seqüências diferentes de aminoácidos puderem efetivá-la na prática. O problema para os estudos de adaptações singulares em uma espécie advém das outras fontes de imperfeições. Se a forma perfeita do caráter não tiver surgido por razões históricas, embriológicas, ou pelo sistema genético, ou porque o ambiente mudou recentemente, então a própria característica será imperfeitamente adaptada por si mesma. Se tentarmos prever a forma do caráter por uma análise do ótimo de adaptação, a previsão será errada.

O que deve o investigador fazer quando uma previsão dá errado? Uma análise exclusivamente em termos adaptativos pode produzir resultados espúrios. Qualquer caráter singular poderia ter evoluído como adaptação, por várias razões. O tamanho do corpo, por exemplo, pode ser adaptativo quanto à regulação térmica, reserva de alimento, contenção da presa, enfrentamento com outros da mesma espécie ou outros fatores. Se admitirmos que o tamanho do corpo é uma adaptação, começaremos a pesquisa por escolher um fator, como a regulação térmica, construir um modelo que relaciona a regulação térmica ao tamanho do corpo e verificar se o modelo previu corretamente o tamanho do corpo. Se o modelo falhar, podemos partir para outro fator, como a dieta. Construímos um modelo relacionando a dieta ao tamanho do corpo e verificamos se ele é melhor para prever o tamanho do corpo. Se o modelo falhar podemos partir para um terceiro fator... e assim por diante. Levado adiante, é quase inevitável que esse método acabe por encontrar um fator capaz de "prever" corretamente o tamanho do corpo. Eventualmente, se um número suficiente de outros fatores for estudado, uma relação poderá ser encontrada por acaso, mesmo que o tamanho do corpo seja uma característica neutra.

Se o caráter estudado é adaptativo, os métodos são garantidos

A solução para o problema pode ser estabelecida de uma forma conceitualmente válida, embora nem sempre útil na prática. Os métodos para estudo de adaptação funcionam bem *se estamos estudando uma adaptação.* Se o caráter sob investigação é uma adaptação, ele deve existir devido à seleção natural. É correto persistir na procura da causa específica pela qual a seleção o favorece. Se o tamanho do corpo é uma adaptação, haverá um modelo adaptativo que é correto para ele. Entretanto, se o caráter (ou diferentes formas dele) não é favorecido por seleção natural, o método fracassa. Portanto, os métodos para estudo de adaptações deveriam restringir-se às características que são adaptativas, as quais, na prática, são a maioria. A adaptação pode ser uma propriedade auto-evidente da natureza e seria absurdo afirmar que os seres vivos não têm propriedades adaptativas. Enquanto a pesquisa se concentra em adaptações óbvias, ela é filosoficamente indubitável.

Entretanto, ainda sobra bastante espaço para controvérsia. Não há concordância entre os biólogos sobre quão extensas e quão perfeitas são as adaptações na natureza. Alguns biólogos crêem que a seleção natural sintonizou os detalhes e estabeleceu as formas principais da diversidade orgânica. Outros pensam que as formas principais podem ser acidentes históricos e que os pequenos detalhes são devidos à deriva aleatória. Não surpreende que os biólogos evolucionistas que estudam as adaptações estejam entre os primeiros e os que as criticam estejam entre os últimos. Essa diferença de opinião, porém, não é acerca da coerência fundamental dos métodos; é sobre o âmbito de suas aplicações. É improvável que essa controvérsia desapareça sem que surja um critério objetivo e universalmente aplicável pelo qual se possa reconhecer quais caracteres são adaptações. Isso nos faz retornar ao problema de definir adaptação.

10.8 Como podemos reconhecer as adaptações?

10.8.1 A função de um órgão deve ser distinguida dos efeitos que ele pode ter

Obedecer à lei da gravidade não é uma adaptação

Uma característica de um organismo pode ter efeitos benéficos que não são adaptativos no sentido estrito. Algumas conseqüências resultam de leis da física e da química, sem necessidade de serem moldadas por seleção natural. Aqui está um exemplo discutido por Williams (1966).

> Considere um peixe-voador, que recém deixou a água para realizar um vôo. É claro que há uma necessidade fisiológica de ele retornar logo para a água; ele não pode sobreviver por muito tempo no ar. Além disso, é uma questão de simples observação que seu planeio normalmente termina em um retorno ao mar. Isso é resultado de um mecanismo de restituição do peixe à água? Certamente não; aqui não precisamos invocar o princípio de adaptação. O princípio puramente físico da gravitação explica adequadamente por que o peixe, por ter subido, acaba descendo.

O peixe-voador não é adaptado para obedecer à lei da gravidade. Quando os biólogos evolucionistas procuram entender como um caráter é adaptativo, eles consideram a probabilidade de sucesso reprodutivo de formas mutantes, alteradas, do caráter. Podemos imaginar muitas mudanças na forma do peixe-voador, mas nenhuma delas o impedirá de retornar ao mar. Mesmo que o retorno ao mar seja uma "necessidade biológica", a seleção natural, no passado, não atuou separando alguns tipos de peixes que retornaram ao mar e alguns tipos que não retornaram, fazendo com que os primeiros sobrevivessem e reproduzissem melhor.

Um experimento imaginado, sobre formas alternativas de um caráter, só é sensível se as alternativas são plausíveis. Peixes que desrespeitam a gravidade não são. Imaginar formas alternativas de um caráter não é absurdo, mas pode ser levado a absurdos extremos. Em casos reais, as alternativas são plausíveis e podem, até, ser sabidamente existentes. Por exemplo, postular uma forma melânica de mariposa não é absurdo, porque ela pode ser observada na natureza.

Além disso, nem todas as conseqüências benéficas de um caráter são apropriadamente chamadas de adaptações. Um caráter só é uma adaptação enquanto a seleção natural continuar mantendo sua forma em populações atuais. As conseqüências benéficas que independem da seleção natural não são adaptações. Na prática, isso é óbvio, mas sempre precisa ser lembrado nas discussões conceituais.

10.8.2 As adaptações podem ser definidas pelo projeto de engenharia ou pela viabilidade reprodutiva

O "projeto" de um olho para ver é uma evidência de que o olho é uma adaptação

Podemos distinguir os conceitos que definem a adaptação em termos do planejamento inerente a uma característica e os que a consideram do ponto de vista de suas conseqüências reprodutivas. O olho dos vertebrados é um bom exemplo para explicar o conceito de "projeto". Quase todo mundo concorda que o olho é uma adaptação. Poderíamos reconhecer que ele é adaptado, por meio da descrição do projeto que lhe é inerente. Segundo os princípios da óptica física, podemos dizer que o olho tem a conformação correta para formar imagens ópticas. De modo semelhante, o coração é projetado para bombear sangue e o esqueleto, para suportar os músculos. Segundo o conceito de "projeto", reconhecemos as adaptações como caracteres que são, conforme alguns princípios apropriados da engenharia, adequados para a vida no ambiente da espécie.

A adaptação também foi definida em termos de medidas de valor adaptativo

Alternativamente, poderíamos definir as adaptações por medidas de sucesso reprodutivo. Se um caráter é uma adaptação, a seleção natural trabalhará contra as alternativas genéticas. A seleção natural atuará contra formas mutantes de olhos que produzem imagens inferiores. Reeve e Sherman (1993) definem uma adaptação como aquela forma, dentre um conjunto de variantes de um caráter, que tem o valor adaptativo máximo.

Os dois conceitos – o de "projeto" (*design*) e o de "valor adaptativo" (*fitness*) – são intimamente relacionados. Uma forma bem-projetada de um órgão, como o olho, também terá o maior valor adaptativo. Ambos os conceitos se referem, em boa parte, aos mesmos fatos subjacentes. Entretanto, têm diferentes pontos fortes e fracos. Um ponto forte da definição de adaptação pela medida do valor adaptativo é que ela é objetiva e inequívoca. Uma versão mutante de um caráter, ou se expandirá, ou não se expandirá.

Um ponto fraco do conceito de "valor adaptativo" é que ele nem sempre pode ser utilizado. Mesmo em um caráter que existe sob várias formas variantes, é muito trabalhoso medir o sucesso reprodutivo de todas elas. Além disso, algumas características não variam de forma facilmente mensurável. Indiscutivelmente, o olho dos vertebrados é uma adaptação, mas jamais alguém correlacionou a variação das propriedades ópticas com a sobrevivência e o sucesso reprodutivo. Um terceiro problema é que um caráter poderia ser adaptativo, mesmo que sua relação com o sucesso reprodutivo não fosse detectável de forma estatística. Teoricamente, a seleção natural pode agir sobre um caráter por milhões de anos e produzir grandes mudanças, tendo coeficientes de seleção de 0,001 ou menos. Seria praticamente impossível detectar essa quantidade de seleção em uma população atual, com os recursos usuais de um biólogo evolucionista. Em alguns casos, pode ser impossível estudar diretamente as forças que são importantes na evolução, por elas serem assim, tão pequenas. É mais provável que uma medida direta do sucesso reprodutivo demonstre que um caráter é adaptativo se o coeficiente de seleção for grande; mas estes tenderão a ser os caracteres "óbvios" em qualquer caso. O método será menos útil para caracteres cujo *status* adaptativo é controverso.

Os dois conceitos têm pontos fortes e pontos fracos

O forte do conceito de projeto é ser amplamente aplicável. Podemos estudar qualquer caráter para examinar se ele é projetado para alguma finalidade. A fraqueza do conceito é que ele pode ser ambíguo. Por exemplo, o cérebro certamente é uma adaptação. Entretanto, seu tamanho pode ser de 250 cm^3 em uma espécie e de 300 cm^3 em outra. A diferença entre as duas espécies é adaptativa? Sozinho, o critério de projeto pode não dar a resposta.

Poderíamos fazer uma analogia com a incerteza na definição de "projeto" das fabricações humanas. Se viajássemos ao redor do mundo para adivinhar quais objetos eram execuções de projetos humanos, veríamos muitos casos óbvios, tais como objetos resultantes de arquitetura e de engenharia, e muitos casos não-óbvios, tais como montes de terra. Entretanto, a terra poderia ter sido amontoada para um propósito especial, como um sepultamento, ou apenas ter se acumulado por um acidente natural. Nem sempre podemos saber a causa operante pela observação do resultado. Objetivamente as duas causa são distintas, mas a distinção é histórica: ou os montes de terra foram feitos por ação humana, ou não foram. Entretanto, a história não é observável e, quando temos de fazer a distinção usando simplesmente a evidência atual observável, haverá dificuldades nos casos intermediários. Por isso, não devemos esperar que a distinção entre entidades projetadas e não-projetadas seja sempre clara, nem em casos de adaptações naturais, nem em fabricações humanas.

Em alguns casos, o reconhecimento das adaptações pode ser incerto

Do mesmo modo, a coloração do corpo pode ser uma adaptação simples, resultante de seleção natural, ou pode ser não-adaptativa e resultante do acaso, como pode ser o caso da coloração vermelha do verme do sedimento, o *Tubifex* (os fatores visuais não são importantes no sedimento, abaixo de uma coluna d'água). Outra vez, ou a seleção natural está favorecendo a coloração do corpo, ou não está; mas, se tentarmos julgar a questão apenas pelo aspecto do caráter, a resposta poderá ser incerta. Temos um conceito teórico claro sobre o que é uma adaptação, mas tal conceito implica o fato de que a adaptação pode não ter uma definição universal, garantida e prática.

Resumo

1 Foram apresentadas três teorias para explicar a existência da adaptação: a criação sobrenatural, o lamarckismo e a seleção natural. Só a seleção natural funciona como teoria científica.

2 A seleção natural não é o único processo que causa evolução, mas é o único que causa adaptação.

3 A seleção natural, ao menos em princípio, pode explicar todas as adaptações conhecidas. Exemplos de coadaptação e de etapas incipientes sem utilidade foram sugeridos, mas eles podem ser compatibilizados com a teoria da seleção natural. O olho dos vertebrados poderia ter evoluído rapidamente por pequenos passos vantajosos.

4 Alguns novos órgãos (e novos genes) evoluem por modificações contínuas de um órgão (ou gene) preexistente, porque a função é constante. Outros evoluem por modificações contínuas, mas com uma mudança em sua função. Outros, finalmente, evoluem quando partes preexistentes separadamente são combinadas.

5 Fisher propôs um modelo em que a adaptação evolui em muitos passos genéticos pequenos. Seu modelo contrasta com o de Goldschmidt, em que a adaptação evolui por macromutações súbitas. O modelo de Fisher está sendo modificado teoricamente e testado experimentalmente.

6 As adaptações podem ser imperfeitas por causa dos intervalos de tempo: uma espécie pode estar adaptada a um ambiente do passado porque a seleção natural demora a atuar.

7 As adaptações são imperfeitas porque as mutações que permitiriam uma adaptação perfeita não surgiram. As imperfeições dos seres vivos são devidas a restrições genéticas, de desenvolvimento e históricas, e a intercâmbios entre demandas de competição.

8 Adaptações e restrições podem ser explicações alternativas para características singulares. Do mesmo modo, diferenças entre espécies quanto à forma de um caráter podem ser devidas à adaptação a diferentes condições ou a restrições. Formas que não são encontradas na natureza podem estar ausentes por seleção contrária, ou porque uma restrição as torna impossíveis.

9 A adaptação e a restrição podem ser distinguidas por vários métodos: pela previsão obtida a partir de uma hipótese de adaptação

(*continua*)

(continuação)

ou de restrição, por medida direta da seleção, verificando se um caráter é variável e se a variação é herdável e pode ser alterada por seleção natural e pelo exame comparativo das tendências.

10 Os métodos de análise de adaptações são válidos quando aplicados a caracteres adaptativos e a tendências interespecíficas; eles podem ser enganosos em caracteres e tendências não-adaptativas.

11 Nem todos os efeitos de um órgão terão evoluído como adaptações, por meio de seleção natural. Alguns serão conseqüências inevitáveis de leis da física.

12 Os biólogos não têm consenso sobre quão exatas e disseminadas são as adaptações na natureza.

13 Há critérios para distinguir as características adaptativas das não-adaptativas. A medida da seleção proporciona um critério objetivo, mas nem sempre é prática. O projeto de engenharia inerente a um caráter nem sempre é um critério objetivo, mas é largamente aplicável. Os dois critérios estão estreitamente relacionados.

Leitura adicional

Williams (1966) é um trabalho clássico sobre adaptação. Gould e Lewontin (1979) é um artigo influente, que critica o modo como a adaptação tem sido estudada freqüentemente; Cain (1964) acha o contrário. Pigliucci e Kaplan (2000) examinam os 20 anos de discussão sobre Gould e Lewontin (1979). Lewontin (2000) e Gould (2002b) atualizam vários de seus pontos de vista. Reeve e Sherman (1993) é um artigo estimulante sobre adaptação. Dawkins (1982, 1986, 1996) argumenta que só a seleção natural pode explicar a adaptação; os livros de 1986 e 1996 foram escritos para o grande público. Dennett (1995) também é escrito para o grande público e discute vários dos tópicos examinados neste capítulo.

Allen *et al.* (1998) compilaram uma antologia de artigos clássicos sobre adaptação. Minha antologia sobre evolução contém uma seção de extratos sobre adaptação (Ridley 1997), e Rose e Lauder (1996) editaram um volume com vários autores sobre o assunto.

O argumento do desígnio, da teologia natural, foi filosoficamente solapado por Hume em seus *Diálogos Sobre a Religião Natural*, que estão impressos em várias edições em brochura e (diferentemente de outros escritos filosóficos de Hume) são bem-compreensíveis. Incluí a passagem em Ridley (1997). Entretanto, a argumentação abstrata de Hume não convenceu as pessoas e foi a teoria mecanicista da seleção natural de Darwin que, historicamente, derrubou aquela longa tradição de pensamento. Sobre ortogênese, ver Simpson (1944, 1953).

Dawkins (1996) inclui um relato popular sobre o trabalho de Nilsson e Pelger (1994) sobre a evolução do olho. Land e Nilsson (2002) é um livro sobre os olhos dos animais. Nitecki (1990) é um livro de vários autores sobre inovações evolutivas. Sobre penas, ver Prum e Brush (2002) e suas referências. Sobre pré-adaptação em geral, ver também o ensaio popular de Gould (1977b, Capítulo 12). Gerhart e Kirschner (1997) discutem o exemplo da lactose.

Sobre a genética da adaptação, Leigh (1987) contém um relato sobre o argumento de Fisher. Travisano (2001) discute o programa de pesquisas que está surgindo com os sistemas experimentais em micróbios.

Os métodos de estudo de adaptação são discutidos por Orzack e Sober (1994), Harvey e Pagel (1991), Parker e Maynard Smith (1978) e Rudwick (1964) (e também nos volumes com vários autores referidos anteriormente). Quanto ao método experimental, ver a edição especial de *American Naturalist*, um suplemento do volume 154 (julho de 1999).

A respeito das restrições, Antonovics e van Tienderen (1991) enfocam a terminologia. Barton e Partridge (2000) examinam o tópico em geral. Sobre adaptações "fantasmas", como as dos frutos neotropicais, ver o livro popular de Barlow (2000). Byers (1997) é exemplar na discussão do comportamento social da antilocabra americana, e Macgregor (1991) revisa a notável restrição genética no tritão cristado e refere trabalhos anteriores.

Maynard Smith *et al.* (1985) e Gould (2002b) constituem importantes revisões sobre as restrições de desenvolvimento. McKenzie e Batterham (1994) e McKenzie (1996) discutem o exemplo da resistência a inseticidas (ver também a leitura adicional ao Capítulo 5, p. 164). A resistência a antibióticos em micróbios é um tópico relacionado. Levin *et al.* (2000) discutem como as mutações compensatórias, que reduzem os efeitos colaterais danosos das mutações iniciais de resistência, podem influenciar a persistência da resistência a antibióticos. Os argumentos estão relacionados com os do Quadro 5.2 (p. 133). Sobre a estabilidade do desenvolvimento em geral, ver Lens *et al.* (2002). Harvey e Pagel (1991) contém o relato e as referências de um trabalho recente sobre alometria. O Capítulo 9 tem referências adicionais sobre seleção canalizadora. O Capítulo 20 enfoca o desenvolvimento evolutivo, que provavelmente fornecerá os conceitos para os futuros estudos sobre restrições do desenvolvimento. Galis *et al.* (2001) discutem o caso especial de restrições no número de dígitos.

Alguns genes humanos conferem resistência a doenças, mas de resto são desvantajosos. Esses genes provavelmente ilustram restrições devidas à história (eles evoluíram recentemente) e a intercâmbios (a resistência a doenças é tão importante que as outras adaptações fazem concessões). Schliekman *et al.* (2001) apresentam alguns cálculos sobre três de tais genes: $CCR5^-$ (resistência ao HIV), hemoglobina S e $\Delta 32$ (resistência à peste bubônica).

Sobre definições, ver as referências já dadas de Williams (1966) e Reeve e Sherman (1993). Eu as extraí, juntamente com uma outra boa discussão, de Ridley (1997). Outra distinção é entre definições históricas e não-históricas. Gould propôs que somente as características que têm uma função constante deveriam ser consideradas adaptações. Ver uma manifestação completa e recente sobre esse seu ponto de vista em Gould (2002b) e ver Reeve e Sherman (1993) a respeito de problemas relacionados.

Questões para estudo e revisão

1 Que dificuldades encontram as teorias da herança lamarckiana e da mutação dirigida, quando usadas como teorias gerais de evolução, independentes (ou na ausência) da seleção natural?

2 Esquematize as principais etapas por meio das quais o olho dos vertebrados e dos octópodes poderiam ter evoluído, com as sucessivas etapas apresentando os aperfeiçoamentos das propriedades ópticas do olho.

3 Algumas novas adaptações evoluem por simbiose. Por exemplo, as células vegetais adquiriram a fotossíntese quando cianobactérias com propriedades fotossintéticas se incorporaram a células maiores. Eventos desse tipo refutam o modelo da evolução genética da adaptação de Fisher e o princípio do gradualismo de Darwin?

4 De que tamanho se espera que sejam os passos genéticos na evolução adaptativa de uma espécie que está: (a) próxima ao pico adaptativo e sujeita a mudanças ambientais lentas; e (b) distante de um pico adaptativo ou sujeita a mudanças ambientais rápidas?

5 Originalmente, as penas parecem ter evoluído para outra função que não o vôo – talvez exibição ou termorregulação. Elas são chamadas de uma pré-adaptação para o vôo. Isso quer dizer que a evolução tem alguma capacidade antecipatória, futurística, em que os caracteres evoluem porque serão utilizados para alguma função no futuro?

6 Considere um morfoespaço, como aquele da morfologia das conchas ou um gráfico alométrico de tamanho do cérebro e de tamanho do corpo. (a) Há regiões do espaço em que não há representantes naturais. Quais são as duas principais teorias para explicar a ausência dessas formas? (b) Como podemos averiguar se um determinado padrão interespecífico do morfoespaço é causado por uma ou pela outra teoria?

11 As Unidades de Seleção

No mundo dos seres vivos, as adaptações claramente beneficiam alguma coisa; contudo, mas para entender exatamente por que as adaptações evoluem, precisamos saber, em teoria, o que é que se beneficia da evolução delas. Este capítulo começa explicando o problema. A primeira seção principal do capítulo considera uma série de adaptações que beneficiam níveis cada vez mais altos de organização da vida: começamos com adaptações que beneficiam apenas um pequeno agrupamento de genes, daí para a célula, o organismo, o nível familial, até adaptações que possivelmente beneficiam grupos inteiros. Os exemplos ilustram as condições de evolução das adaptações para beneficiar os diferentes níveis hierárquicos e revelam por que as adaptações são raras na maioria dos níveis que não o do organismo (e o do grupo familial), embora existam. Terminamos esse item com um critério geral que uma entidade deve satisfazer para desenvolver adaptações: ela precisa apresentar herdabilidade. A segunda seção principal do capítulo formula a pergunta mais fundamental: qual é a entidade natural sobre a qual a seleção atua, e expõe uma argumentação para sugerir que tal entidade é o gene, porém definido em um sentido especial.

11.1 Que entidades se beneficiam das adaptações produzidas por seleção?

Uma adaptação pode beneficiar um nível de organização, mas não outro

A idéia de que a vida pode ser dividida em uma série de níveis de organização, do nucleotídeo ao gene, passando pela célula, órgão e organismo, até o grupo social, a espécie, e níveis mais altos, é conhecida. Em qual desses níveis, se em algum, a seleção natural atua, produzindo adaptações que o beneficiam? Aparentemente, a questão não tem importância. Se uma adaptação beneficia um indivíduo, freqüentemente beneficiará também a sua espécie em um nível mais elevado e, em um nível mais baixo, todas as partes que compõem o indivíduo. Entretanto, pode haver conflitos entre esses níveis. Às vezes, o que beneficia um indivíduo pode não beneficiar sua espécie e, nesses casos, o biólogo evolucionista precisa saber qual o nível que a seleção natural beneficia mais diretamente. Portanto, a questão interessa quando se estudam adaptações em particular. Se estamos tentando entender por que uma adaptação evoluiu, precisamos saber quais são as entidades geralmente beneficiadas pela evolução das adaptações. A questão também tem um interesse mais geral, quase filosófico: a teoria da evolução deveria incluir um relato preciso e acurado sobre por que as adaptações evoluem.

O assunto pode ficar mais claro com um exemplo. Consideremos as adaptações que podem ser observadas quando leões vão à caça. Freqüentemente eles caçam sozinhos, mas podem aumentar suas chances de sucesso caçando em bandos. Aqui está parte da descrição de Bertram (1978) sobre um grupo de leões caçadores.

> Quando a presa foi detectada, talvez uma manada de gnus, os leões começam a espreita. À medida que ela se aproxima, eles tomam diferentes rumos, alguns indo diretamente em frente e outros para os lados, de modo que os leões se aproximam da manada espreitando-a de diferentes direções... Eventualmente um leão chega perto o suficiente para acometer um gnu em uma corrida, ou então é detectado pela presa.

As caçadas dos leões beneficiam os leões, mas não os mamíferos como um todo

Então, a armadilha é o pulo. Em pânico, os gnus correm em todas as direções, alguns para o alcance dos leões. O comportamento cooperativo do grupo de caça, aqui, é uma adaptação para obter alimento, mas não é a única adaptação dos leões para se alimentarem. As mandíbulas e pernas musculosas do leão, seus dentes e seus cinco sentidos, todos contribuem para o sucesso da caçada. Os leões estão bem-adaptados para se alimentar: embora algumas caçadas sejam frustradas e alguns indivíduos possam morrer por inanição, os leões das planícies de Serengeti, no Quênia, gastam cerca de 20 horas por dia dormindo ou descansando e apenas uma hora por dia, em média, caçando. Os visitantes tendem a pensar que os leões são preguiçosos.

Quando uma caçada de leão é bem-sucedida, há benefícios para todos os níveis de organização biológica, exceto os mais altos. É obvio que os leões se beneficiam individualmente, o mesmo ocorrendo com o bando. Cada vez que uma caçada é bem-sucedida haverá um pequeno incremento na chance de sobrevivência da espécie, ou de evitar sua extinção. A probabilidade de sobrevivência também aumentará um pouco para o gênero *Felis* e para a família Felidae, do gato. Em níveis mais altos, o efeito da caçada vai depender, exatamente, de qual a presa que os leões apanharam. Quase toda a comida dos leões de Serengeti é constituída por outros mamíferos, de modo que ao chegarmos à classe dos mamíferos o efeito da caçada provavelmente será neutro. O ganho dos leões é a perda dos gnus ou das zebras e a chance de sobrevivência da classe dos Mammalia não é afetada. O efeito benéfico da caçada distribui-se para baixo e para cima, a partir de cada leão. Como o aumento da sobrevivência de um leão também aumenta a sobrevivência de seus componentes: os órgãos, células, proteínas e genes. (Apesar de que, se seguirmos o efeito em níveis mais inferiores, nos nucleotídeos e átomos que os constituem, ele novamente desaparecerá. Os átomos de um leão sobrevivem igualmente bem estando ele vivo e bem-alimentado ou morto por inanição).

Os níveis de organização, do gene aos Felidae, passando por um determinado leão, estão ligados entre si por seu destino evolutivo e o que beneficia um dos níveis, geralmente beneficiará os outros. Entretanto, nem sempre é assim. Os leões machos só podem juntar-se a um bando se conseguirem suplantar, pela força, os leões titulares. Na luta, leões podem ser mortos ou feridos, mas, em qualquer caso, depois de expulsos, eles passam a ter uma baixa taxa de sobrevivência. Essas lutas têm perdedores e vencedores: no caso, o benefício da vitória fica restrito ao nível daquele macho (ou à sua coalizão de machos) e a níveis inferiores. A espécie dos leões não se beneficia. A sobrevivência da espécie pode ser pouco afetada pela morte de leões machos porque o sistema de cruzamentos é poligâmico e há uma grande reserva de machos; mas o efeito, claramente, não é positivo.

Portanto, na natureza, diferentes adaptações têm diferentes conseqüências para diferentes unidades. Em um extremo pode haver adaptações – talvez um mecanismo melhorado de replicação do DNA – que poderiam beneficiar toda a vida, mas a maioria das adaptações beneficiará somente uma pequena subamostra de seres vivos. Pelo fato de os níveis de organização da vida serem interligados, se a seleção natural produz uma adaptação que beneficia um nível, muitos outros níveis serão beneficiados conseqüentemente. Neste capítulo, a questão é saber se a seleção natural realmente age para produzir adaptações para beneficiar um nível, sendo os benefícios nos outros níveis conseqüências incidentais, ou se ela age para beneficiar todos os níveis. E, se ela beneficia um nível, qual é ele? Na biologia, essa pergunta se expressa da seguinte forma: "Qual é a *unidade de seleção?*"

Definimos a pergunta "qual é a unidade de seleção?"

Procuraremos respondê-la a partir da observação de uma série de adaptações que parecem beneficiar diferentes "níveis" na hierarquia da organização biológica. Algumas adaptações parecem atender aos interesses de determinados genes, à custa do organismo, outras beneficiam organismos, à custa do grupo, outras podem beneficiar níveis mais altos. Depois de vermos o exemplo, poderemos discutir qual dos tipos de adaptação que geralmente esperaríamos ver com mais freqüência na natureza.

11.2 A seleção natural produziu adaptações que beneficiam vários níveis de organização

11.2.1 A distorção da segregação beneficia um gene à custa de seu alelo

Na segregação mendeliana normal, considerando um loco gênico, metade da prole de um organismo, em média, herda um dos alelos e a outra metade herda o outro alelo. A segregação mendeliana é, por assim dizer, "justa" no seu tratamento para com os genes: eles emergem da segregação nas mesmas proporções em que entraram nela. Entretanto, existem casos curiosos em que as leis de Mendel são quebradas e um dos alelos, em vez de ser herdado por 50% da prole de um heterozigoto, está repetidamente super-representado. O gene de *distorção da segregação* na *Drosophila melanogaster* é um exemplo desse fenômeno, que também é chamado de *desvio meiótico.*

O gene de distorção da segregação rompe as leis de Mendel

O gene de distorção da segregação foi encontrado primeiramente em Wisconsin e na Baja Califórnia. Ele é simbolizado por *sd* e o outro alelo do loco, o mais normal, é chamado "+". Então, um heterozigoto com o gene de distorção da segregação é *sd*/+. A maioria (mais de 90%) da prole de machos heterozigotos tem o gene *sd* porque o espermatozóide contendo o gene + não consegue desenvolver-se. As fêmeas heterozigotas têm uma segregação mendeliana normal. (Na verdade, o gene de distorção da segregação das moscas-das-frutas é um par de genes intimamente ligados. Entretanto, podemos tratá-los como se fossem um único loco; dessa maneira, os itens do princípio ficarão mais claros e os fatos não serão representados de forma confusa).

O gene *sd* aufere vantagem por si mesmo, à custa do resto do corpo do qual faz parte

Um gene de distorção da segregação pode ter uma grande vantagem seletiva. O alelo que está em mais da metade da prole de um heterozigoto aumenta automaticamente em freqüência e deve disseminar-se na população. Uma vez que ele fosse fixado, o efeito desapareceria, desde que a segregação fosse normal nos homozigotos. No caso do gene de distorção da segregação da *Drosophila*, porém, outras coisas não são iguais. Os espermatozóides anormais são inférteis e a fertilidade total dos machos heterozigotos está diminuída correspondentemente. A fertilidade de um macho *sd*/+ é de cerca de metade da de um macho normal. O efeito da diminuição da fertilidade em relação à seleção no loco *sd* é complexo e depende de a redução de fertilidade ser maior ou menor do que 50% e de qual o efeito da fertilidade reduzida sobre o número de descendentes produzido. Entretanto, há pelo menos alguns alelos de distorção da segregação que produzem, nos heterozigotos, um número de cópias de si mesmos que é suficiente para que haja uma vantagem seletiva automática. Eles produzem mais cópias de si mesmos do que um heterozigoto mendelianamente normal poderia fazer; por isso, é inevitável a ascensão de sua freqüência até a fixação.

A distorção de segregação desencadeia uma pressão seletiva interessante no resto do genoma. Na média, todos os outros genes, em todos os demais locos, sofrem uma desvantagem por causa da distorção da segregação. Em qualquer situação, um gene só tem 50% de chance de estar em um determinado gameta porque os gametas são haplóides enquanto o indivíduo é diplóide. A distorção de segregação, porém, produz uma redução adicional de cerca de 50% na chance de que os genes de outros locos sejam passados adiante. Em uma mosca-das-frutas heterozigota *sd*/+ um gene em outro cromossomo tem 50% de chance de fazer parte de um espermatozóide com *sd*, que será fértil, e 50% de integrar um espermatozóide +, que será infértil. Genes em outros cromossomos, que não o do lócus *sd*, são todos perdedores. Se eles estão no mesmo espermatozóide que o *sd* favorecido, tudo bem; se eles estão no espermatozóide atrofiado desfavorável, morrem. A seleção em outros locos favorecerá genes que suprimam os da distorção e restaurem o *status quo*.

O gene *sd* ilustra um conflito intragenômico

Chama-se *conflito intragenômico* quando a seleção age em direções conflitantes sobre diferentes genes do mesmo indivíduo. O *sd*/+ da mosca-das-frutas tem um conflito intragenômico porque a seleção no gene *sd* favorece a distorção da segregação e a seleção em outros genes favorece a restauração da segregação normal. Quais genes vencerão dependerá de muitos fatores, mas o ponto importante desse exemplo é mostrar o que significa, para a seleção natural, favorecer uma adaptação que é de interesse de um único gene (como o *sd*) em um corpo.

11.2.2 Às vezes a seleção pode favorecer algumas linhagens celulares, relativamente a outras, no mesmo corpo

Em organismos como nós mesmos, um novo indivíduo desenvolve-se a partir de um estágio inicial de célula única e esta provém de uma linhagem celular especial, a linhagem germinal, de seus pais. Esse tipo de ciclo vital é chamado *weismannista* devido ao biólogo alemão August Weismann, o primeiro a estabelecer a distinção entre as linhagens celulares, somática e germinal. Em um organismo "weismannista", a maioria das linhagens celulares (o soma) morre, inevitavelmente, quando o organismo morre; a reprodução está concentrada em uma linhagem separada de células, a germinal.

A separação da linhagem germinal limita as possibilidades da seleção entre linhagens celulares ao nível de suborganismo. Uma célula pode mutar e tornar-se capaz de reproduzir outras linhagens celulares e (como um câncer) proliferar no organismo. Mas essa "adaptação" não será transmitida à próxima geração, a menos que tenha surgido na linhagem germinal. Qualquer linhagem celular somática se extingue com a morte do organismo. Por essa razão, a seleção celular não é importante em espécies como a humana.

Muitas formas de vida multicelulares não têm um desenvolvimento weismannista

Entretanto, Buss (1987) destacou que o desenvolvimento weismannista é relativamente excepcional entre organismos multicelulares (Tabela 11.1). Temos a tendência de pensar que ele é comum porque os vertebrados, bem como os invertebrados mais conhecidos, como os artrópodes, desenvolvem-se pelo modo weismannista. Contudo, mais da metade dos táxons listados na Tabela 11.1 têm a capacidade de embriogênese somática – uma nova geração pode ser formada a partir de outras células que não as especializadas, dos órgãos reprodutores. Os exemplos mais marcantes vêm das plantas. Steward, em um famoso experimento, na década de 1950, por exemplo, produziu novas cenouras a partir de células isoladas de floema, retiradas da raiz de uma planta adulta.

Em uma espécie em que uma nova geração pode desenvolver-se a partir de mais do que uma linhagem celular torna-se possível a seleção entre linhagens. Ao ser concebido, o organismo será uma célula única e, ao que tudo indica, permanecerá geneticamente uniforme durante os primeiros ciclos de divisões celulares. Não pode haver seleção entre linhagens celulares se elas são geneticamente idênticas. Eventualmente poderá surgir uma mutação em uma célula. Se a mutação aumenta a taxa de reprodução dessa célula, a linhagem celular proliferará como um câncer, às expensas das outras linhagens celulares do organismo. Em uma espécie weismannista, aquela linhagem celular morrerá quando o organismo morrer, e qualquer seleção entre linhagens celulares não será importante. Entretanto, se qualquer linhagem celular do corpo tem alguma chance de originar a próxima geração de organismos, a linhagem celular mutante aumentaria sua chance de estar em uma prole e de ser favorecida pela seleção. Explicada assim, a seleção entre as linhagens celulares de um corpo é prejudicial para o indivíduo. Entretanto, o processo também poderia ser vantajoso para o organismo. Whitham e Slobodchikoff (1981) argumentam que, em plantas, a seleção entre linhagens celulares permite que o indivíduo se adapte às condições locais mais rapidamente do que seria possível com a herança estritamente weismannista.

Uma célula pode proliferar no corpo

O processo está atualmente mais na possibilidade teórica do que na do fato empírico confirmado, mas pode ser importante em espécies não-weismannistas. Também pode ser importante em ancestrais não-weismannistas de tais formas modernas weismannistas, como artrópodes e humanos. Buss desenvolveu a idéia de que a seleção celular pode explicar certas características da embriologia nas espécies weismannistas.

11.2.3 A seleção natural produziu muitas adaptações para beneficiar organismos

Aqui não é necessário considerar um exemplo de adaptação de organismos: a maioria das adaptações descritas em outras partes deste livro, dos bicos do pica-pau (Seção 1.2, p. 29) e dos tentilhões das Galápagos (Seção 9.1, p. 251) aos padrões de cores da mariposa *Biston betularia* (Seção 5.7, p. 138) e das borboletas miméticas (Seção 8.1, p. 223), são adaptações que beneficiam o indivíduo. Por isso, é difícil duvidar que as adaptações dos organismos existem e que a seleção natural pode favorecê-las.

11.2.4 A seleção natural que atua sobre grupos de parentes geneticamente próximos é chamada seleção de parentesco

Alguns organismos apresentam comportamento altruísta

Nas espécies em que os indivíduos, às vezes, se encontram, tais como nos grupos sociais, eles podem influenciar a reprodução uns dos outros. Os biólogos chamam um padrão de comportamento de *altruísta* se ele aumenta o número de descendentes produzidos pelo beneficiário e diminui o do altruísta. (Note que esse termo, em biologia, diversamente da

Tabela 11.1

Os modos de desenvolvimento em diferentes grupos de seres vivos. Na coluna de diferenciação celular, + significa que está presente em todas as espécies do grupo que foram estudadas e +/- significa que está presente em algumas espécies e ausente em outras. Na coluna do modo de desenvolvimento, s significa que novos organismos podem desenvolver-se de células somáticas de seus pais, e significa desenvolvimento epigenético, p significa desenvolvimento preformacionista e d significa desconhecido. De Buss (1987).

Táxon	Diferenciação celular	Modo de desenvolvimento	Táxon	Diferenciação celular	Modo de desenvolvimento
Protoctista			Animalia (continuação)		
Phaeophyta		s	Mesozoa	+	p
Rhodophyta	+/-	s	Platyhelminthes	+	s, e, p
Chlorophyta	+/-	p	Nemertina	+	e
Ciliophora	+/-	s	Gnathostomulida	+	u
Labyrinthulamycota	+/-	s	Gastrotricha	+	p
Acrasiomycota	+/-	s	Rotifera	+	p
Myxomycota	+/-	s	Kinorhyncha	+	u
Oomycota	+	s	Acanthocephala	+	p
Fungi			Entoprocta	+	s
Zygomycota	+	s	Nematoda	+	p
Ascomycota	+	s	Nematomorpha	+	u
Basidiomycota	+	s	Bryozoa	+	s
Deuteromycota	+	s	Phoronida	+	s
Plantae			Brachiopoda	+	u
Bryophyta			Mollusca	+	e, p
Lycopodophyta	+	s	Priapulida	+	u
Sphenophyta	+	s	Sipuncula	+	u
Pteridophyta	+	s	Echiura	+	u
Cycadophyta	+	s	Annelida	+	s, e, p
Coniferophyta	+	s	Tardigrada	+	p
Angiospermophyta	+	s	Onychophora	+	p
Animalia	+	s	Arthropoda	+	e, p
Placozoa			Pogonophora	+	u
Porifera	+	s	Echinodermata	+	e
Cnidaria	+	s	Chaetognatha	+	p
Ctenophora	+	s	Hemichordata	+	s, e
	+	p	Chordata	+	e, p

ação humana, nada tem a ver com intenções altruístas; é uma medida imotivada, com conseqüências reprodutivas.) Pode a seleção natural favorecer ações altruístas que diminuem a reprodução de seu autor? Se adotarmos um ponto de vista de a seleção natural atuar estritamente sobre o indivíduo, pareceria impossível. Entretanto, segundo uma lista crescente de observações naturais, os animais se comportam de modo aparentemente altruísta. O altruísmo das "operárias" estéreis em insetos como formigas e abelhas é um exemplo indubitável; aqui o altruísmo é extremo sendo que, em algumas espécies, as operárias absolutamente não reproduzem.

O comportamento altruísta freqüentemente ocorre entre parentes biológicos e, nesse caso, a explicação mais provável para ele é a teoria da *seleção de parentesco*. Para simplificar, suponhamos que haja dois tipos de indivíduos, os altruístas e os egoístas. Um exemplo hipotético poderia ser o de que, se alguém está se afogando, um altruísta pularia na água e tentaria salvar, enquanto um indivíduo egoísta não o faria. O ato altruísta diminui a chance de sobrevivência do altruísta em alguma medida, que chamaremos c (de custo), porque o altruísta corre algum risco de se afogar também. Ele aumenta a chance de sobrevivência do beneficiário em uma medida b (de benefício). Se os altruístas dispensassem sua ajuda indiscriminadamente, ela seria recebida pelos outros indivíduos, altruístas e egoístas, na mesma proporção em que eles existissem na população. Nesse caso, a seleção natural favoreceria os tipos egoístas porque eles recebem os benefícios, mas não pagam os custos.

O comportamento altruísta entre indivíduos relacionados biologicamente é explicado pela seleção de parentesco

Para o altruísmo evoluir, ele teria de ser dirigido, preferencialmente, aos outros altruístas. Suponha, para começar, que os atos de altruísmo só fossem feitos a outros altruístas; qual seria a condição para a seleção natural favorecer o altruísmo? A resposta é que o altruísmo só deve ocorrer em circunstâncias em que o benefício auferido excedesse o custo para o altruísta. Isso será verdade se o altruísta for melhor nadador do que o beneficiário, mas não tem de ser, necessariamente, verdadeiro (se, por exemplo, o "altruísta" fosse um mau nadador e os "beneficiários" fossem capazes de salvar-se, o resultado final do heróico mergulho do altruísta na água poderia ser, apenas, seu afogamento). Se o benefício feito exceder o custo para o altruísta, a aptidão média do conjunto dos tipos altruístas aumentará. Essa condição só tem interesse teórico. Na prática, o altruísmo geralmente não pode (ou nunca pode) ser dirigido exclusivamente aos outros altruístas porque eles não podem ser reconhecidos com certeza. Entretanto, o altruísmo pode ser dirigido apenas a uma classe de indivíduos em que há um número de altruístas proporcionalmente maior do que na população. Isso é verdadeiro quando o altruísmo é dirigido aos parentes biológicos: se um gene de altruísmo está em um indivíduo, também é provável que ele esteja em seus parentes. Definamos r (de relação de parentesco) como a probabilidade de um novo gene raro, que está em um indivíduo, também estar em outro indivíduo. A probabilidade está entre zero e um, dependendo do outro indivíduo. O r apropriado pode ser deduzido das leis de Mendel. Se a nova mutação está em um genitor, há um meio de chance de que ela esteja em um(a) filho(a) seu(sua); igualmente, há um meio de chance de que um gene de um indivíduo também esteja em seu irmão ou irmã.

Em que condições a seleção natural favorecerá o altruísmo? O altruísta ainda paga um custo c por praticar seu ato e o beneficiário recebe um benefício b. Entretanto, a chance de que o gene altruísta esteja no beneficiário é r. Quando rb excede c, há um aumento na aptidão média dos altruístas. O número de cópias do gene do altruísmo aumentará porque a perda de cópias decorrente do excesso de mortes dos indivíduos que realmente executam atos de altruísmo é mais do que compensada pela sobrevivência excedente dos indivíduos que se beneficiaram deles (e que possuem o gene do altruísmo). A condição para a seleção natural favorecer o altruísmo entre parentes é de que ele deveria ser praticado se:

Definimos a regra de Hamilton

$$rb > c$$

Essa é a teoria da seleção de parentesco. Ela estabelece que um indivíduo é selecionado para se comportar altruisticamente desde que $rb>c$. Essa condição é chamada regra de Hamilton, devido a W.D. Hamilton, principal inventor da teoria da seleção de parentesco.

A regra de Hamilton é testável. Podemos medir o benefício e o custo de um ato de altruísmo e r pode ser deduzido se soubermos a relação de parentesco entre o altruísta e o beneficiário. Os detalhes de como b e c são estimados dependem do exemplo. Aqui examinaremos um exemplo: os "auxiliares de ninho" na gralha dos arbustos da Flórida (*Aphelocoma coerulescens*, ver Lâmina 6, p. 96).

Essa ave distribui-se amplamente no oeste dos Estados Unidos e também tem uma população isolada que se reproduz nas pouco extensas áreas de chaparrais, na Flórida central. Ela vem sendo continuamente estudada, desde 1969, por Woolfenden e seus colegas. Um casal reprodutor pode ser auxiliado por até seis outras aves. Woolfenden conhece as genealogias das aves e, por isso, pôde demonstrar que a maioria desses auxiliares são irmãos inteiros ou meio-irmãos da prole que eles estão auxiliando. Assim, r é conhecida, mas como podemos estimar b e c?

A regra de Hamilton foi testada na gralha dos chaparrais da Flórida

O "benefício" e o "custo" referem-se, exatamente, à mudança no sucesso reprodutivo global do altruísta e do beneficiário, relativamente ao que seria obtido se o ato (altruísta) não tivesse ocorrido. Por isso, os valores reais de b e c são imensuráveis, porque se referem a uma situação inexistente (qual seja, de o ato altruísta não ter sido realizado). Entretanto, eles podem ser estimados. Mumme (1992) removeu experimentalmente, em 1987 e 1988, os auxiliares de 14 ninhos e mediu o sucesso reprodutivo nesses ninhos experimentais e em 21 ninhos-controle não-manipulados da mesma área. Nos ninhos experimentais havia, em média, 1,8 auxiliar por ninho, o que foi arredondado para dois auxiliares por ninho, para os cálculos aproximados feitos a seguir; nos ninhos-controle havia um número semelhante de auxiliares.

A remoção dos auxiliares reduziu significativamente a sobrevivência da prole (Tabela 11.2). Mumme verificou que a principal contribuição dos auxiliares é a defesa do ninho contra predadores como cobras e outros pássaros. Um ninho com auxiliar tem maior probabilidade de ter uma ave de sentinela a qualquer hora do que um ninho sem auxiliares, e os ninhos com auxiliares podem "acossar" os predadores com mais eficiência. (O "acossamento" é um tipo de defesa em grupo, dos pássaros contra os predadores, em que as aves mergulham e assustam o predador. É observado mais freqüentemente em aves como os corvos, acossando gatos domésticos.). A ninhada dos ninhos com auxiliares também é mais bem-alimentada e (provavelmente em conseqüência) sobrevive melhor após a emplumação.

Os resultados de Mumme permitem estimar o benefício (b) do auxílio como a diferença entre a taxa de sobrevivência da ninhada nos ninhos com e sem auxiliares. Na Tabela 11.2, a taxa de sobrevivência está aumentada de 2 a 5 vezes se os auxiliares estão presentes. Utilizemos o valor total da sobrevivência no 60º dia para calcular o quanto a seleção natural favorece o auxílio. A sobrevivência de uma ninhada média ao 60º dia aumenta de 7 para 35% se os auxiliares estão presentes: a diferença é $35 - 7 = 28\%$. Dividimos isso por dois para achar o benefício da ajuda por auxiliar: $28/2 = 14\% = b$.

É difícil medir empiricamente

O custo do auxílio é mais difícil de estimar. Ele é igual ao sucesso reprodutivo que um auxiliar teria se não houvesse auxiliado. Podemos fazer uma estimativa dos limites máximo e mínimo. A estimativa mais baixa é zero, se o auxiliar tivesse sido incapaz de reproduzir independentemente. Isso pode estar bem próximo do verdadeiro valor de c no *habitat* saturado das gralhas dos arbustos da Flórida. Supõe-se que uma das principais vantagens de permanecer nos ninhos parentais é a chance de herdar o território ou de gerar um território nos limites daquele: a maioria dos territórios novos é formada dessa maneira. Uma jovem gralha pode ter de ficar em casa para se tornar apta a reproduzir independentemente. Uma

Tabela 11.2

Sobrevivência de ninhadas da gralha dos arbustos da Flórida em ninhos onde os auxiliares foram removidos experimentalmente ou não foram manipulados. A prole dos grupos experimentais tinha menor sobrevivência durante e imediatamente após o período de cuidados pelos pais, mas não no estágio de ovo. Esses resultados são de 1987; a diferença após a emplumação, em 1988, foi semelhante, mas a diferença pré-emplumação não foi. Modificada de Mumme (1992).

	Grupos experimentais (auxiliares removidos)	Grupos-controle (auxiliares presentes)
Tamanho inicial da amostra	45	63
% de sobrevivência do ovo à eclosão	67	68
% de sobrevivência da eclosão à emplumação	30	63
% de sobrevivência da emplumação ao 60º dia	33	81
% de sobrevivência do ovo ao 60º dia	7	35

alternativa, a estimativa do limite superior do custo é o sucesso reprodutivo dos casais sem auxiliares. A justificativa dessa estimativa é que, se o auxiliar tivesse, ele mesmo, reproduzido, haveria falta de auxiliares (que se originam, principalmente, das primeiras ninhadas) e, desse modo, o sucesso alcançado seria o de um casal desassistido. Nesse caso, o custo do auxílio é de 7%, que é a chance de sobrevivência de um ovo até o 60º dia, em um ninho sem auxiliares.

Para aplicar a regra de Hamilton nesse caso, devemos levar em conta que a escolha do auxiliar está entre produzir irmãos ou produzir sua própria prole. Ele deveria auxiliar seus irmãos se:

$$r_{ir} b > r_{pr} c$$

onde r_{ir} é o seu parentesco com um irmão e r_{pr} é o daquele com sua própria prole que, se os irmãos são inteiros, são ambas $^1/_2$. (A pequena diferença de $rb > c$ apresentada anteriormente ocorre porque imaginamos mudanças na sobrevivência dos altruístas e dos beneficiários. O parentesco de um altruísta para consigo mesmo necessariamente é 1 e o custo é implicitamente multiplicado por isto. Nesse caso, o altruísmo afeta os números de dois tipos de prole – a sua própria e a de seus pais – e devemos avaliar cada tipo pela chance que tem de compartilhar um gene com o auxiliar.)

A seleção de parentesco está em ação neste exemplo

Para os dois métodos de estimativa de custo, as desigualdades são aproximadamente:

Estimativa do limite inferior: $\frac{1}{2} \times 14 > \frac{1}{2} \times 0$
Estimativa do limite superior: $\frac{1}{2} \times 14 > \frac{1}{2} \times 7$

Por qualquer caminho, a seleção natural favorece o comportamento de auxílio nas ninhadas de gralhas dos arbustos da Flórida. Entretanto, as estimativas de b e c são falíveis e o teste é inexato. Apesar dessas inexatidões, o teste ilustra como podemos tentar aplicar um teste quantitativo à teoria da seleção de parentesco.

11.2.5 Tem havido controvérsia sobre a seleção de grupo sempre produzir adaptações para o benefício do grupo, embora a maioria dos biólogos agora acredite que ela tenha pouca força na evolução

Algumas adaptações podem beneficiar o grupo, mas não o indivíduo...

Adaptação de grupo é uma propriedade de um grupo de organismos que beneficia a sobrevivência e a reprodução dele como um todo. As adaptações produzidas por seleção de parentesco – tais como o auxílio em grupos familiares de aves – satisfazem essa definição, mas aqui estamos ocupados com adaptações de grupo que não evoluíram por seleção de parentesco. Se elas existem, devem ter começado a existir por seleção entre grupos: os grupos que as possuíam passaram a extinguir-se em menor proporção e a exportar mais emigrantes do que os grupos que não as possuíam. A adaptação de grupo teria sido favorecida pela reprodução diferencial dos grupos inteiros.

Muitas características são favoráveis no nível do grupo, mas também beneficiam todos os indivíduos do grupo. Isso seria simplesmente verdadeiro, por exemplo, em um aperfeiçoamento da habilidade de caça de um leão: depois que esse melhoramento se disseminou por seleção individual, todos os indivíduos do grupo e o grupo como um todo ficarão mais adaptados. Isso é só para repisar a questão anterior de que adaptações que evoluíram para benefício de um nível de organização podem, incidentalmente, beneficiar níveis mais altos. As controvertidas adaptações de grupo são as que beneficiam o grupo, mas não o indivíduo. Um exemplo hipotético é a teoria de Wynne-Edwards, exposta em *Animal Dispersion in Relation to Social Behaviour (1962)*, segundo a qual os animais restringem sua reprodução para não esgotarem o suprimento local de alimentos. Se todos os indivíduos do grupo reproduzem ao máximo, sua prole poderia exaurir o suprimento de comida e o grupo se extinguiria. Esse destino poderia ser evitado pela restrição coletiva de sua reprodução, para manter o balanço da natureza. A ação da seleção natural sobre indivíduos não favorece a restrição reprodutiva. Um indivíduo que aumenta sua reprodução será favorecido automaticamente em relação aos que produzem menos prole. Se, em um grupo, alguns indivíduos produzem mais prole do que outros, eles é que vão proliferar. Mas a seleção individual dentro do grupo pode ser superada pela seleção entre grupos?

... como é o caso da restrição reprodutiva

A questão é muito importante, tanto conceitual quanto historicamente. Historicamente é importante porque certos pensamentos vagos dos adeptos da seleção de grupo – sobretudo na forma de afirmações do tipo "uma adaptação X existe para o bem da espécie" – eram comuns em certa época. Atualmente, é mais comum (embora não seja universal) os biólogos acreditarem que a seleção de grupo é um processo fraco e pouco importante. Há razões teóricas e empíricas. Empiricamente, não há exemplos definitivos de adaptações que precisem ser interpretadas em termos de vantagem para o grupo: Williams (1966) argumentou que todas as características que Wynne-Edwards sugerira terem evoluído para regular o tamanho da população podiam ser explicadas como adaptações que beneficiavam indivíduos. Geralmente os indivíduos reproduzem o máximo que conseguem. As únicas exceções óbvias referem-se aos indivíduos geneticamente relacionados e podem ser explicadas por seleção de parentesco. Além disso, os indivíduos têm características que contradizem a teoria da seleção de grupo. A proporção sexual 50:50, que discutimos na Seção 12.5 (p. 365) é um caso na questão. Em uma espécie em que há poliginia, é ineficiente para a população produzir 50% de machos, a maioria dos quais não é necessária. A existência generalizada da proporção sexual 50:50 sugere que a seleção de grupo foi ineficiente quanto a essa característica.

As evidências de seleção de grupo têm sido criticadas...

A seleção de grupo também é implausível em teoria. Considere uma população contendo dois genótipos. Um codifica uma característica altruísta ou adaptativa para o grupo, como a restrição reprodutiva. O outro codifica uma característica egoísta, como reproduzir o mais rápido possível. A população é constituída por um certo número de grupos, que podem conter quaisquer proporções de indivíduos altruístas e egoístas; chamamos de grupos altruístas os que têm predominância de membros altruístas e de grupos egoístas os que têm predomínio de membros egoístas. Se a seleção de grupo favorecer o altruísmo, os grupos altruístas vão se extinguir lentamente. A seleção individual favorece os indivíduos egoístas em todos os grupos, de modo que dentro de cada grupo os indivíduos egoístas aumentam de freqüência. Um grupo altruísta pode, temporariamente, não possuir membros egoístas, mas assim que ele for "infectado" com um, o traço egoísta irá proliferar e se fixará no grupo. Que resultado esperávamos obter? Depende do balanço entre os dois processos. Em teoria, podemos imaginar uma taxa tão alta de extinção de grupos, que os altruístas predominarão; imagine, apenas para fins de argumentação, o que aconteceria se todos os grupos com mais de 10% de egoístas se extinguissem repentinamente. Todos os grupos visíveis teriam, então, pelo menos 90% de altruístas. Mas isso é apenas um experimento imaginário. O que interessa é o que esperaríamos que acontecesse naturalmente.

...como também a teoria...

A razão pela qual a maioria dos biólogos supõe que a seleção de grupo tenha pouca força em comparação com a seleção individual provém dos lentos ciclos de vida dos grupos, quando comparados com os dos indivíduos. Estes morrem e se reproduzem uma vez por geração, e muitos indivíduos podem trocar de grupo durante uma geração. Os grupos se extinguem em velocidade muito mais lenta. A quantidade de tempo necessária para um indivíduo egoísta infectar um grupo e proliferar é uma pequena fração da existência do grupo; portanto, em qualquer tempo, a adaptação individual predominará.

A migração entre grupos abala a seleção grupal

Existem muitos modelos de seleção de grupo e individual, mas eles podem ser reduzidos a uma forma comum (Figura 11.1). Os grupos devem ocupar "setores" na natureza. Como anteriormente, há setores ocupados por grupos altruístas e outros ocupados por grupos egoístas. Também há setores vazios. No modelo, um grupo egoísta dirige-se para a extinção por exaurir os recursos alimentares de seu setor. O resultado do modelo depende de o grupo egoísta conseguir infectar um setor vazio ou um de altruístas, antes de ser extinto. Maynard Smith (1976) define m como o número médio de migrantes bem-sucedidos, produzidos por um grupo egoísta entre sua origem e sua extinção. (Bem-sucedido significa que o migrante se estabelece em outro grupo e reproduz.) Se $m = 1$, o sistema será estável; se $m < 1$, o grupo egoísta diminui em número, e, se $m > 1$, eles aumentam. Em outras palavras, um grupo egoísta só precisa produzir um emigrante bem-sucedido durante sua existência para que o caráter egoísta se estabeleça. Esse valor é pequeno. Tão pequeno que se pode esperar que as adaptações individuais para o egoísmo prevaleçam na natureza. Conclui-se que a seleção de grupo tem pouca força. Ela só funciona se as taxas de migração forem irrealmente baixas e as taxas de extinção do grupo irrealmente altas. Ela também é desnecessária para explicar os fatos.

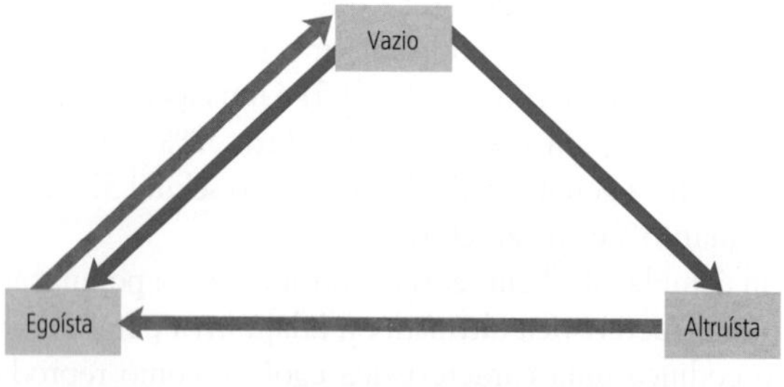

Figura 11.1

A formulação dos modelos de seleção de grupo de Maynard Smith. Um setor pode mudar de condição na direção das setas. Redesenhada de Maynard Smith (1976), com permissão da editora. © 1976 University of Chicago Press.

A causa contra a seleção de grupo é apresentada aqui em termos duros, apenas para tornar os argumentos claros. O assunto ainda não foi esgotado e é provável que, às vezes, ela funcione. Além disso, a seleção de grupo pode ter conseqüências evolutivas, mesmo que nunca ultrapasse a seleção individual. Na Seção 23.6 (p. 680), abordamos o processo chamado "seleção de espécies". Ela atua quando diferentes espécies (ou mesmo táxons superiores) possuem diferentes adaptações no nível individual, as quais têm conseqüências diferentes para a taxa de extinção ou de especiação. Os táxons com taxas de extinção mais baixas ou taxas de especiação mais altas tendem a proliferar. O mesmo poderia ocorrer em grupos intra-específicos.

As teorias da seleção de grupo e da seleção de espécies são diferentes

Na seleção de espécies não há conflitos entre a seleção nos níveis inferiores (individual) e superiores (espécie ou grupo). A seleção de espécies é teoricamente incontroversa, embora se possa duvidar de sua importância empírica. A controvérsia sobre a seleção de grupo que recém-abordamos era teórica e empírica. Os críticos da seleção de grupo duvidam que ela possa ser forte o bastante para fazer com que os indivíduos sacrifiquem seus próprios interesses reprodutivos pelos interesses reprodutivos do seu grupo.

Na natureza, raramente há possibilidade de a seleção de grupo sobrepujar a seleção individual e estabelecer um comportamento individualmente desvantajoso. Em laboratório, porém, podem ser criadas condições extremas a ponto de permitir isso. Vamos concluir observando um caso desses: o experimento de Wade com os cascudos (besouros) da farinha, *Tribolium castaneum*. Seu ciclo de vida, do ovo ao adulto, transcorre na farinha armazenada. Eles são uma praga, mas também se tornaram animais experimentais padrão para os biólogos de população, especialmente em Chicago. Wade montou um experimento para ilustrar a hipótese da restrição reprodutiva de Wynne-Edwards.

A seleção de grupo pode ser simulada experimentalmente

A Figura 11.2a ilustra o projeto experimental. Em cada um dos três tratamentos experimentais havia 48 colônias diferentes de *Tribolium*. Cada colônia foi posta em reprodução durante 37 dias. Foram, então, formadas 48 novas colônias, cada uma com 16 cascudos, a partir da prole das colônias velhas. Wade (1976) selecionou, artificialmente, grupos que haviam demonstrado baixa (e alta) fecundidade (e o terceiro tratamento era um controle). Ele selecionou a nova geração de colônias para baixa fecundidade a partir das colônias de *Tribolium* que apresentavam uma baixa densidade populacional ao fim dos 37 dias; para alta fecundidade, ele formou as novas colônias a partir das colônias que tinham altas densidades populacionais. Ele repetiu o processo por vários ciclos.

Sob seleção de grupo, os cascudos desenvolveram baixa fecundidade

Sem surpresas, a densidade populacional nas linhagens "baixas" diminuiu em relação à das linhagens "altas" (Figura 11.2b). O decréscimo nas linhagens baixas é devido à seleção de grupo. Presumivelmente, nos 37 dias de cada ciclo, os cascudos com alta fecundidade estariam aumentando de número relativamente aos menos fecundos, em cada colônia. Entretanto, a seleção para baixa fecundidade feita por Wade entre os ciclos, mais que superdimensionou a seleção individual e a fecundidade média declinou. A seleção de grupo foi suficientemente forte para funcionar.

De certo modo, a estrutura seletiva grupal do experimento é supérflua. Bastaria cruzar os cascudos com menor fecundidade. Uma seleção artificial desse tipo reduziria a fecundidade dos cascudos sem necessidade de sua permanência em grupos por 37 dias. Mas o propósito de Wade era ilustrar a seleção de grupo e não a seleção artificial, e seu experimento o fez. Ele tem ciclos alternados de seleção individual e de grupo e a seleção de grupo experimental é suficientemente forte para produzir o efeito que Wynne-Edwards pensava ser comum na natureza. O Quadro 11.1 mostra como o projeto de seleção de grupo do experimento de Wade teve uma aplicação prática.

O fato de a seleção de grupo poder ser implementada em um experimento não significa que ela é importante na natureza. Os biólogos duvidam da seleção de grupo por razões teóricas e por causa dos tipos de adaptações observados na natureza. Entretanto, os experimentos

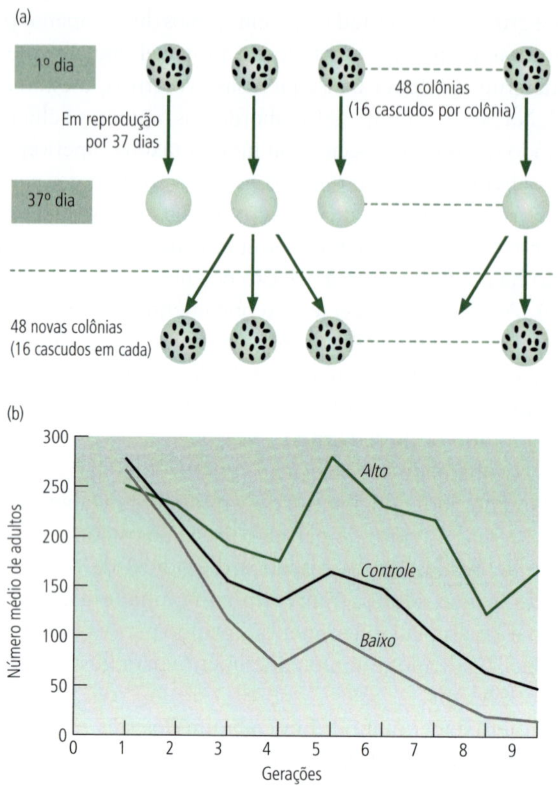

Figura 11.2

Experimento de Wade com cascudos *Tribolium.*(a) Projeto experimental: 48 colônias foram postas em reprodução por 37 dias, quando um novo ciclo de colônias foi formado a partir das colônias que desenvolveram uma baixa (ou uma alta) densidade populacional. (b) Resultados mostrando as densidades populacionais nas linhagens selecionadas para alta ou baixa densidade populacional e nos controles não-selecionados. Os resultados são as médias das 48 colônias. Redesenhada de Wade (1976), com permissão da editora.

são instrutivos. Eles demonstram o que a seleção de grupo significa e como a seleção individual pode fazer diminuir a eficiência de um grupo. O experimento de Muir (Quadro 11.1) também tem um interesse comercial.

11.2.6 O nível que apresenta herdabilidade é que controla qual o nível da hierarquia dos níveis de organização que produzirá as adaptações

As adaptações podem existir para benefício de genes, células, organismos, famílias ou grupos de indivíduos não-aparentados. Adaptações gênicas, como a distorção da segregação, são raras; adaptações de linhagens celulares são muito raras, pelo menos em espécies weismannistas, mas podem ser encontradas em espécies não-weismannistas, como plantas; adaptações individuais são comuns; o número de exemplos de adaptações selecionadas por parentesco está aumentando; e as adaptações de grupos provavelmente são raras.

A maioria das adaptações parece beneficiar o indivíduo

Por que as adaptações aparecem principalmente no nível individual, com uns poucos casos adicionais em grupos ou famílias? A resposta a essa questão já foi discutida anteriormente neste capítulo, mas pode-se dar uma resposta mais geral. As unidades da natureza que apresentam adaptações são aquelas que mostram herdabilidade (Seção 9.6, p. 263). As mutações

Quadro 11.1
Seleção de Grupo para Postura de Ovos em Galinhas

Muir (1995) encontrou uma aplicação prática para o aparato experimental que Wade usara para ilustrar a seleção de grupo. Ele repetiu o experimento em galinhas poedeiras. Os criadores selecionaram as galinhas para pôr o maior número possível de ovos, mas, nas granjas, as galinhas geralmente são mantidas em grupos. Nesse caso, a galinha que põe o maior número de ovos pode ser um indivíduo "anti-social", que põe ovos a mais às custas da redução da produtividade das demais galinhas do grupo. A melhor poedeira pode, por exemplo, usar uma quantidade desproporcional de recursos ou agredir as demais. Muir manteve as galinhas em grupos de nove aves e selecionou o grupo mais produtivo. A conseqüência foi que as galinhas evoluíram para serem menos egoístas e a mortalidade declinou. A produtividade, em termos de número de ovos postos, subiu sensacionalmente, de menos de 100 para mais de 200 por ave por ano, em 5 gerações (Figura B11.1). Os experimentos demonstram como a seleção individual e a seleção de grupo podem ser conflitantes. Um regime seletivo que evita a seleção individual pode melhorar a resposta média do grupo todo. A melhoria na postura, combinada com a melhora na qualidade da vida social das galinhas, tem considerável interesse agrícola.

Leitura adicional: Sober e Wilson (1998, p. 121-3).

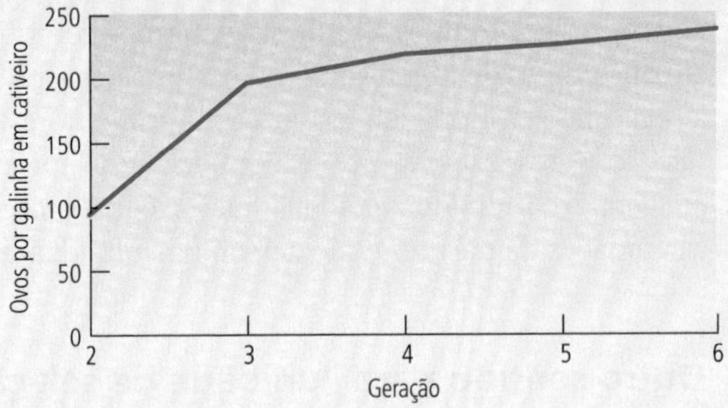

Figura B11.1

Seleção de grupo para o aumento da postura de ovos. As galinhas foram mantidas em grupos de 9 e os grupos que punham mais ovos contribuíam mais para a geração seguinte, em um projeto experimental semelhante ao da Figura 11.2. De Muir (1995).

que influenciam o fenótipo de uma unidade (seja ela uma célula, um organismo ou um grupo) precisam ser transmitidas à prole daquela unidade na geração seguinte; se isso ocorrer, a seleção natural poderá agir para aumentar a freqüência da mutação.

Os indivíduos apresentam herdabilidade nesse sentido. Um tentilhão com uma melhoria na forma do bico causada por uma mudança genética produzirá uma prole que, em média, terá o bico com a forma melhorada. A seleção natural pode atuar sobre os tentilhões, individualmente.

A herdabilidade é a chave para saber quais os níveis de organização que apresentam adaptações

Mas os grupos não apresentam esse tipo de herdabilidade quando há conflito entre a vantagem individual e a vantagem do grupo.[1] Uma variante genética que aumenta a chance de sucesso de um grupo tende a não ser herdada pelos futuros grupos. A imigração contamina a composição genética do grupo, de modo que a herdabilidade de uma geração para a outra é baixa. Assim, grupos altruístas não geram exclusivamente grupos altruístas e grupos egoístas geram grupos egoístas. A migração dos grupos egoístas faz com que os grupos altruístas se tornem egoístas. Desse modo, um grupo só estará geneticamente correlacionado

[1] Na seleção de espécie existe herdabilidade em nível de espécie porque a vantagem individual e a da espécie não estão em conflito (Seção 23.6.3, p. 684). É por isso que a seleção de espécie é mais amplamente aceita, em teoria, do que a seleção grupal.

com o grupo de sua prole quando, praticamente, não houver migração; nesse caso a seleção de grupo funciona.

A mesma questão pode ser abordada quanto à seleção de parentesco e a seleção entre linhagens celulares. A seleção de parentesco funciona porque a "prole" de um grupo de parentes se assemelha geneticamente ao grupo "parental" de consangüíneos. A seleção celular tende a não funcionar em espécies weismannistas porque as células somáticas, embora sejam herdadas em uma sucessão de células, durante a curta existência de um organismo, não são transmitidas de um organismo para sua prole; mas, quando elas o são (em espécies não-weismannistas), a seleção celular e a evolução de adaptações na linhagem celular tornam-se teoricamente mais plausíveis. Os mesmos argumentos básicos aplicam-se a adaptações gênicas, tais como a distorção de segregação.

Em resumo, esperaríamos encontrar adaptações que beneficiem aquelas unidades naturais que apresentam herdabilidade. Por isso, geralmente as adaptações beneficiarão os indivíduos. Os casos de adaptações que beneficiam níveis de organização mais altos ou mais baixos podem ser entendidos nos mesmos termos gerais porque eles só evoluem nas circunstâncias em que grupos de organismos, ou partes deles, apresentam herdabilidade de uma geração para a seguinte. Agora podemos dar nossa primeira resposta à pergunta sobre qual é a unidade de seleção. A resposta geral é: "é a entidade que apresenta herdabilidade"; mais especificamente, em geral é o indivíduo, com algumas exceções interessantes. Essa primeira resposta especifica as unidades da natureza que devem possuir adaptações.

11.3 Outro sentido para "unidade de seleção" é o da entidade cuja freqüência é ajustada diretamente pela seleção natural

Ao longo das gerações, a seleção natural ajusta freqüências de entidades em todos os níveis. Vimos isso implicitamente no exemplo da caçada do leão. Se os leões de um bando se tornam caçadores mais eficientes, talvez devido a algum novo artifício comportamental, a seleção natural os favorecerá. Se o artifício é herdado, aquele tipo de leão aumentará em freqüência relativamente aos outros tipos. Tudo o que for relacionado com aquele artifício aumentará em freqüência também. O tipo de leão, seu tipo de neurônios e proteínas e seus genes codificadores, tudo aumentaria em freqüência, relativamente a seus alternativos. Quando aumenta o sucesso predatório do conjunto de leões, a freqüência de leões no ecossistema também aumentará, e eles poderiam, ao longo do tempo geológico, vir a substituir outras espécies competidoras de predadores de planícies. Nesta seção, a pergunta é até que ponto a seleção natural ajusta diretamente a freqüência de cada uma das seguintes unidades – nucleotídeos, genes, neurônios, leões individualmente, bandos de leões e espécie dos leões?

Em um segundo sentido, a unidade de seleção é o gene...

A resposta foi dada com bastante clareza por Williams em *Adaptation and Natural Selection* (1966) (*Adaptação e seleção natural*) e por Dawkins em *The Selfish Gene* (1989a) (*O gene egoísta*). Ela está, no mínimo, implícita em toda a genética de populações teórica e, sem dúvida, na seção anterior deste capítulo. Para que a seleção natural possa ajustar a freqüência de alguma coisa ao longo das gerações, tal entidade precisa ter um grau de permanência suficiente. Não se pode ajustar a freqüência de uma entidade entre os tempos t_1 e t_2 se ela deixou de existir entre esses dois tempos. Desse modo, se uma característica deve aumentar em freqüência por seleção natural, ela precisa ser herdável.

Podemos desenvolver esse argumento em termos do exemplo da melhoria na habilidade predatória do leão. (Nós a expressaremos em termos da seleção sobre uma mutação: os mesmos argumentos são aplicados quando as freqüências gênicas estão sendo ajustadas em um loco polimórfico.) Quando a melhoria apareceu pela primeira vez, ela era uma única mutação gênica. Em nível fisiológico, a mutação teria produzido seu efeito com mudanças mínimas no programa de desenvolvimento do leão. Depois que a mutação apareceu, houve um "conjunto" com dois tipos – a nova mutação e o resto (isto é, todos os outros alelos e os padrões de comportamento que eles produzem). É claro que haverá variação genética nos demais locos, mas ela pode ser ignorada porque será distribuída ao acaso entre o tipo mutante e o não-mutante. Os leões com a mutação sobreviverão melhor e terão maior prole. A seleção natural está começando a agir. Agora podemos perguntar: a seleção natural está ajustando a freqüência de quê? Dos leões? Dos genomas dos leões? Ou da mutação?

A resposta de Williams e de Dawkins é o gene – aquela mutação que melhora o caçar. A seleção natural não pode agir sobre os leões porque eles morrem, não são permanentes. Nem pode agir sobre o genoma. A prole do leão mutante só recebe, de seus pais, fragmentos genéticos, e não uma cópia do genoma inteiro. A recombinação meiótica fragmenta o genoma. Na expressão de Williams, "a meiose e a recombinação destroem os genótipos [isto é, os genomas] tão certamente quanto a morte". O que importa, no processo de seleção natural, é que alguns descendentes do leão herdem a mutação. Estes, por sua vez, produzirão mais prole e o gene aumentará em freqüência. O gene pode aumentar em freqüência porque não é (como o genoma) fragmentado pela meiose ou (como o fenótipo) devolvido ao pó, pela morte. O gene, sob forma de cópias de si mesmo, é potencialmente imortal e, no mínimo, é permanente o bastante para que seja possível alterar sua freqüência em gerações sucessivas.

...porque só os genes têm duração suficiente para que a seleção natural ajuste suas freqüências...

Pode-se objetar que a recombinação fragmenta os genes do mesmo modo que faz com os genomas. A recombinação atinge o DNA a intervalos quase casuais e, por isso, poderia atingir a mutação que estamos examinando. Entretanto, uma pequena reflexão mostra que isso é irrelevante. O que importa é a informação do gene, não sua continuidade física. Considere a extensão do cromossomo que contém o gene ou sua forma mutante; geralmente haverá um certo número de locos polimórficos nas cercanias do loco mutante (Figura 11.3a). Agora considere o que acontece quando a recombinação atinge um gene vizinho, ou o próprio gene. A recombinação vizinha quebra a informação no cromossomo – o que serve para repetir o que já foi dito, que a recombinação destrói o genoma (Figura 11.3c). Uma recombinação intragênica geralmente não altera o produto (Figura 11.3b). Se, antes da mutação, o loco era homozigoto, todo o gene, menos o par de bases mutante, será idêntico na forma original e na mutante. Por isso, a recombinação intragênica produz no gene exatamente o mesmo resultado que a ausência de recombinação; ela só altera a combinação dos genes.

A recombinação intragênica pode destruir a informação hereditária de um gene, em uma situação especial. Se o loco era heterozigoto antes da mutação e a recombinação ocorre entre o sítio mutante e um outro sítio que tem uma diferença nas duas fitas, os produtos de recombinação serão diferentes das fitas originais (Figura 11.4). Isso, claramente, poderia ocorrer. Quando ocorre, o comprimento do DNA cuja informação é herdada é mais curto do que um gene. Por essa razão, de um ponto de vista exato, as únicas unidades que, afinal, são permanentes no genoma são os pares de bases; a recombinação não os altera. Entretanto, esse ponto de vista tem pouco interesse. O que nos interessa é a escala de tempo da seleção natural. Leva uns poucos milhares de gerações para que a freqüência de uma mutação seja significativamente alterada (Seção 5.6, p. 134) e, durante esse tempo, os genes, mas não os genomas nem os fenótipos, permanecerão praticamente inalterados. Então, os genes é que atuarão como unidades de seleção e serão suficientemente permanentes para terem suas freqüências alteradas pela seleção natural.

A longevidade de uma unidade genética é importante devido ao tempo que leva uma mudança evolutiva

Williams definiu o gene de modo a tornar quase verdadeiro que ele é, por definição, a unidade de seleção. Ele o definiu como "aquele que segrega e recombina com apreciável freqüência". Nessa definição, o gene não precisa ser o mesmo que um cístron (isto é, a extensão de

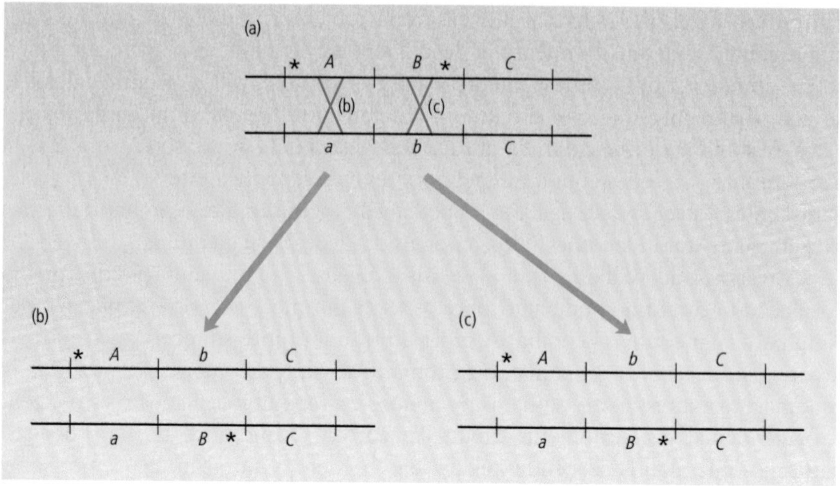

Figura 11.3

(a) Três genes ao longo de um cromossomo. Os locos *A* e *B* são heterozigotos. O * indica onde o nucleotídeo difere no outro alelo. Considere o efeito da recombinação sobre a estrutura do gene no loco *B*. (b) A recombinação intragênica não afeta a estrutura dos genes em *A*; (c) nem a recombinação nas cercanias do loco *B*/*b*. O par de seqüências gênicas *A* e *a* que resulta da recombinação é o mesmo que estava presente antes dela.

DNA que codifica uma proteína ou polipeptídeo). Em vez disso, é o comprimento de cromossomo que tem permanência suficiente para que a seleção natural possa ajustar sua freqüência; os mais longos são quebrados pela recombinação e os mais curtos não têm permanência maior do que a do gene (pela razão apresentada na Figura 11.3). O gene da definição de Williams é o que Dawkins chama de *replicador*. Na prática, o replicador (ou o gene de Williams) não corresponde consistentemente a qualquer extensão de DNA. Quando a seleção está ocorrendo em um loco, um cístron em um loco vizinho terá sua freqüência ajustada conseqüentemente, em alguma medida (dependendo da quantidade de recombinação). Em termos de genética de populações, isto é uma carona (Seção 8.9, p. 238) e resulta em um desequilíbrio de ligação entre os genes. O mesmo será verdade para os locos no DNA mais além do loco sob seleção.

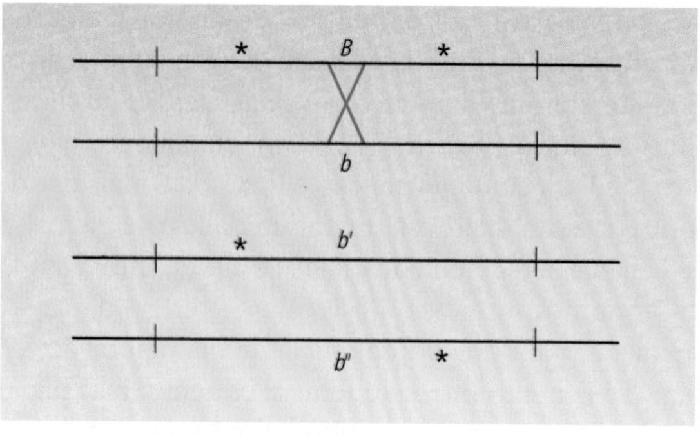

Figura 11.4

Quando a recombinação intragênica ocorre entre dois alelos com diferentes nucleotídeos heterozigotos, ela rompe a estrutura do gene. O * indica onde a seqüência de nucleotídeos difere da alélica. As seqüências gênicas resultantes da recombinação diferem das seqüências iniciais.

O efeito de carona vai se reduzindo gradualmente com a distância de recombinação, mas não há um término definido. Isso não traz problema para a definição de gene de Williams. O alelo vizinho, que está pegando carona com a mutação sob seleção é, na definição de Williams, parte do gene cuja freqüência está sendo alterada.

A palavra "gene" está sendo usada em um sentido técnico

O "gene" de Williams tem uma realidade estatística porque segmentos de DNA mais curtos são mais permanentes e os mais longos são menos. Os impactos aleatórios da recombinação vão gerar uma distribuição de freqüências de comprimentos de genoma que se manterão por diferentes períodos de tempo evolutivo. O comprimento médio que sobreviver o suficiente para que a seleção natural atue sobre ele foi definido, por Williams e por Dawkins, como sendo o gene. De tempos em tempos, os geneticistas de população os têm repreendido por terem assumido uma visão de evolução monogênica e sem desequilíbrio de ligação, mas a discussão é uma questão de definição, e não de substância. Os críticos estão associando "gene" com "cístron". Seria interessante saber até que ponto o gene, no sentido de Williams, também é, fisicamente, um cístron; mas essa é uma questão secundária e nada tem a ver com a lógica fundamental do argumento de Williams e Dawkins.

Foram feitas críticas

Antes de considerarmos a significância da unidade gênica de seleção, precisamos discutir mais um assunto. Críticos como Gould (2002b) objetaram que as freqüências gênicas mudam, de uma geração para outra, apenas em um sentido passivo, burocrático. As mudanças de freqüência constituem um sinal de evolução, mas não sua causa fundamental. Os críticos diriam que a verdadeira seleção natural ocorre no nível da sobrevivência e da reprodução dos indivíduos. A verdadeira seleção, no exemplo dos leões, ocorre quando o leão captura, ou não consegue capturar, sua presa. O sucesso diferencial na caçada dirige as mudanças de freqüências gênicas e é um erro considerar essas mudanças como causais. Entretanto, Williams e Dawkins não negam que, quaisquer que sejam os processos ecológicos que estão causando a sobrevivência diferencial dos indivíduos, eles produzem mudanças de freqüências gênicas, na própria geração. O que eles negam é que essa interação ecológica dos indivíduos signifique que a seleção natural ajuste diretamente as freqüências dos organismos, sobrepondo-se à escala do tempo evolutivo de muitas gerações.

Há um método filosófico fácil para decidir se a seleção natural atua sobre genes ou sobre unidades fenotípicas maiores. Podemos considerar uma mudança fenotípica como uma nova habilidade para caçar e perguntar o quanto a seleção natural pode atuar sobre ela se ela for determinada geneticamente, e se ela não o for. O caso que foi discutido anteriormente era gênico: o novo comportamento predatório vantajoso era causado por uma mutação gênica. Agora suponhamos que essa mesma mudança fenotípica vantajosa tivesse uma causa não-hereditária como um aprendizado individual ou algum acidente no desenvolvimento do sistema nervoso central do leão. Os experimentos imaginados proporcionam um teste entre as causas individual, fenotípica e gênica. No caso gênico, já sabemos, a seleção natural favorece o tipo melhor caçador e o gene dele aumenta em freqüência. O que acontece no caso fenotípico? A resposta é óbvia demais para se perder tempo. O leão com a capacidade predatória melhorada sobreviverá e terá mais descendentes do que os leões em média, mas no sentido que interessa, não haverá evolução ou seleção natural. O traço não passará para a geração seguinte. A seleção natural não pode atuar diretamente nos indivíduos.

Os genes são parte ativa, e não passiva, da seleção natural

Portanto, a mudança de freqüência gênica ao longo do tempo não é apenas um registro burocrático da evolução. Os genes são cruciais para a seleção natural ocorrer. A necessidade de hereditariedade e o fato de que os caracteres adquiridos não são hereditários prioriza o gene sobre o organismo, como unidade de seleção. Sempre que um gene está sendo selecionado, ele produz uma mudança fenotípica e a freqüência dos diferentes tipos de indivíduos mudará junto com a freqüência gênica. Mas a mudança na freqüência dos indivíduos é uma conseqüência da mudança de freqüência gênica: é sobre a freqüência gênica que a seleção natural está agindo verdadeiramente e é por isso que Williams e Dawkins sustentam que o gene é a unidade de seleção.

Por que esse argumento é importante? Sua importância é revelar-nos que entidades são beneficiadas pelas adaptações existentes. Os biólogos evolucionistas trabalham com características singulares (como os padrões de bandas dos caracóis e o sexo), tentando determinar porque tais caracteres existem. A resposta última, abstrata, é que qualquer adaptação existe porque aumenta a reprodução do gene que a codifica, relativamente aos alelos dos caracteres alternativos. Os genes que existem na natureza são os que, no passado, reproduziam os alelos alternativos. A seleção natural sempre favorecerá um caráter que aumente a replicação dos genes que o codificam.

Polêmicas são cientificamente importantes

É importante saber quem são os beneficiários últimos das adaptações. Quando tentamos explicar a existência de características singulares, precisamos saber se uma explicação proposta é correta. O argumento de que os genes são as unidades de seleção proporciona a lógica fundamental que se usa para descobrir isso. Imaginamos diferentes formas genéticas do caráter, e a explicação correta deve especificar como os genes da forma observada do caráter reproduzirão outros tipos genéticos. Na prática, várias hipóteses são possíveis e elas podem ser testadas comparativamente pelos métodos do Capítulo 10, mas antes que estes sejam aplicados precisamos nos assegurar de que as hipóteses fazem sentido teoricamente. Uma hipótese sobre adaptação pode ser descartada antes da fase dos testes práticos, se ela contradiz a teoria de seleção de genes.

11.4 Os dois sentidos de "unidade de seleção" são compatíveis: um especifica a entidade que geralmente apresenta adaptações fenotípicas, o outro a entidade cuja freqüência geralmente é ajustada pela seleção natural

Agora especificamos o que é a unidade de seleção, em dois sentidos diferentes. Às vezes eles são confundidos, mas muitos biólogos evolucionistas consideram a distinção. Os dois sentidos receberam nomes diferente; Hull (1988), por exemplo, distingue entre interativos e replicadores, e Dawkins (1982) entre veículos e replicadores. O mais importante, porém, é ter em conta que há dois produtos distintos e entender os argumentos usados nos dois casos.

As adaptações evoluem porque os genes que as codificam disseminam os genes alternativos. Nesse sentido, as adaptações só podem evoluir se beneficiam os replicadores. Entretanto, os genes não existem isolados no mundo e os tipos de adaptações que os biólogos evolucionistas procuram entender, tais como o comportamento social, a forma do bico ou a coloração das flores, não são apenas propriedades dos genes. Elas são propriedades fenotípicas de entidades do mais alto nível (organismos ou sociedades). Por isso, também devemos perguntar que entidades de alto nível irão beneficiar-se da seleção natural de genes em replicação. Em geral a resposta é "os indivíduos", mas, em alguns casos, é uma família de indivíduos geneticamente relacionados.

Resumo

1 As adaptações evoluem por meio da seleção natural. Quando a seleção natural age, altera as freqüências das entidades em vários dos níveis da hierarquia da organização biológica. Ela também produz adaptações que beneficiam entidades em vários níveis.

2 A discussão das unidades de seleção visa a descobrir sobre que nível a seleção natural age diretamente e quais ela afeta só incidentalmente.

3 Os biólogos evolucionistas estão interessados no que é a unidade de seleção, tanto para entender por que as adaptações evoluem quanto para poderem concentrar-se em hipóteses teoricamente sensíveis, ao estudar as adaptações.

4 Podemos descobrir qual o nível de organização que apresenta adaptações ao considerar uma série de adaptações nos níveis gênico, celular, individual e grupal e perguntar qual delas se desenvolve mais freqüentemente.

5 A distorção da segregação é uma adaptação de um gene contra suas alternativas alélicas. Exemplos desse tipo são raros.

6 Em organismos weismannistas, que separam as linhagens celulares somática e germinativa, a seleção entre linhagens celulares tem pouca força. Mas há muitas espécies que não têm uma linhagem germinal separada, nas quais se espera que certas linhagens celulares desenvolvam adaptações que lhes permitam proliferar às expensas de outras linhagens. Não há exemplos claros disso, mas Buss sugeriu que a embriologia das espécies weismannistas modernas pode ser explicada por um histórico de seleção celular.

7 As adaptações no nível dos organismos são comuns. Quando parentes biológicos interagem, as adaptações podem evoluir para o benefício do grupo de parentes (seleção de parentesco).

8 Supõe-se que a seleção de grupo, em que a seleção produz adaptações para o benefício de grupos de indivíduos não aparentados, tenha pouca força.

9 As adaptações são propriedade daqueles níveis de hierarquia da vida que apresentam herdabilidade, no sentido de que as mudanças genéticas são herdadas pela prole naquele nível. A seleção de grupo é fraca por causa da baixa correlação genética (herdabilidade) entre as gerações sucessivas dos grupos.

10 A seleção natural só ajusta as freqüências das entidades que são suficientemente permanentes ao longo do tempo evolutivo. Por isso, basicamente, ela ajusta a freqüência de unidades genéticas pequenas. Essa pequena unidade genética é chamada replicador. Assim, o gene pode ser definido como a unidade genética de seleção; mas, nesse caso, ele nem sempre precisa ser do comprimento de um cístron.

11 As adaptações se desenvolvem porque aumentam a replicação de genes. No mundo real, a replicação dos genes é aumentada pelas adaptações que beneficiam as entidades que apresentam herdabilidade.

12 A questão sobre o fato de a seleção natural ajustar as freqüências dos genes ou dos organismos é diferente da questão sobre o poder relativo das seleções individual, de parentesco e de grupo.

Leitura adicional

O livro, de vários autores, editado por Keller (1999), contém capítulos escritos por especialistas na maior parte dos temas do presente capítulo.

Escrevi um livro popular sobre perturbadores da segregação (Ridley, 2001), que inclui suas causas e as razões que Haig e outros sugeriram para explicar por que eles são raros. O livro tem referências da literatura original. Um exemplo posterior foi encontrado nas moscas de olhos pedunculados, ilustradas na Lâmina 5 (p.96) em que um cromossomo sexual dirige a redução do pedúnculo ocular (Wilkinson *et al.*, 1998). Várias entidades subcelulares proporcionam um nível entre o do "gene" e o da "célula", neste capítulo. As "wolbachias" são um exemplo e foram o assunto de uma notícia da *Nature* de 15 de julho de 2001, p. 12-14. As mitocôndrias são outro exemplo e desfrutam de um surpreendente sistema de seleção em níveis múltiplos, discutido por Rand (2001). (Também discuto a seleção em mitocôndrias, em Ridley [2001].) Quanto à seleção de parentesco, os trabalhos fundamentais estão incluídos no volume 1 da coletânea de Hamilton (1996); Dawkins (1989a) é mais introdutório; Clutton-Brock (2002) é uma revisão; e Woolfenden e Fitzpatrick (1990) é sobre a gralha dos arbustos da Flórida. Sober e Wilson (1998) é sobre seleção de grupo.

Quanto à seleção de replicadores e a relação entre os dois sentidos de unidade de seleção, ver Dawkins (1982, 1989a), Gould (2002b), Maynard Smith (1987) e Williams (1966, 1992), que também referem a literatura anterior.

Questões para estudo e revisão

1 Dê exemplos de adaptações que beneficiam: (a) o indivíduo e a espécie a que o indivíduo pertence; (b) o indivíduo, mas com custo para sua espécie; (c) um grupo local de indivíduos, mas com custo para os membros, individualmente; e (d) um sistema genético pequeno, com custo para o organismo que o contém.

2 Qual(is) é(são) o(s) principal(is) fator(es) teórico(s) em modelos de seleção de grupo *versus* individual que determinam se as adaptações individuais ou grupais tendem a evoluir?

3 Na medidas de Woolfenden e Fitzpatrick, o número médio de filhotes produzidos em um ninho de gralhas dos arbustos com auxiliares é 2,2 e o de um ninho sem auxiliares é 1,24. O número médio de auxiliares presentes por ninho com auxiliares é 1,7. Quais os valores de b e c que podem ser estimados desses dados? Se os auxiliares são irmãos ou irmãs dos indivíduos que eles estão auxiliando, a seleção de parentesco favorece o auxílio?

4 Tanto na seleção de parentesco quanto na seleção de grupo pura, freqüentemente evoluem adaptações que beneficiam o grupo local. Qual a diferença fundamental entre esses dois tipos de grupos e qual a plausibilidade dos dois processos?

5 O fato de a seleção individual normalmente ser mais poderosa do que a seleção de grupo beneficia o indivíduo médio de um grupo?

6 Qual é a unidade de seleção, no sentido de um replicador, em: (a) uma espécie que se reproduz assexuadamente; e (b) uma espécie em que não há sobrecruzamento com recombinação na meiose?

12 Adaptações na Reprodução Sexuada

Este capítulo concentra-se principalmente em três questões de pesquisa relacionadas: como o sexo, as diferenças sexuais e as proporções sexuais são adaptativos. Os biólogos não entendem por que existe reprodução sexuada em oposição à assexuada, e examinaremos quatro hipóteses – a da restrição genética, a da seleção de grupo, a das mutações deletérias e a da coevolução parasita-hospedeiro. Uma vez estabelecido o sexo, a seleção natural favoreceu diferentes conjuntos de adaptações em machos e em fêmeas. A teoria da seleção sexual visa a explicar as diferenças entre machos e fêmeas. Examinaremos a opção da fêmea por traços masculinos bizarros, como a cauda do pavão, e os conflitos evolutivos entre os sexos. Em terceiro lugar, voltaremo-nos para a proporção sexual (a razão entre machos e fêmeas). A proporção sexual é uma das adaptações mais bem-compreendidas, e examinaremos um estudo recente sobre uma previsão bem-sucedida, de um desvio na proporção sexual de 50:50, em uma espécie de ave que tem auxiliares de ninho.

12.1 A existência do sexo é um problema importante, não-resolvido, em biologia evolutiva

12.1.1 O sexo tem um custo de 50%

O sexo cria um problema...

Na reprodução assexuada (ou clonal), um genitor produz uma prole que é a cópia genética dele. Na reprodução sexuada, um genitor combina metade de seu DNA com metade do DNA de outro indivíduo, e a prole é apenas meia cópia genética de cada genitor. A reprodução sexuada cria um problema evolutivo porque parece ser um método reprodutivo com apenas metade da eficiência do seu alternativo, a reprodução assexuada.

A Figura 12.1 simula uma população simples com um indivíduo assexuado, uma fêmea sexuada e um macho sexuado. (Se os números parecem irrealmente baixos, podem ser multiplicados por qualquer valor. Cada indivíduo da Figura 12.1 poderia representar 1.000 indivíduos, por exemplo.) Assumimos que os membros dos dois grupos são iguais em todos os outros aspectos: indivíduos sexuados e assexuados são igualmente bons em encontrar alimento, evitar inimigos e permanecer vivos; eles produzem o mesmo número de descendentes e estes têm as mesmas chances de sobrevivência. Só estamos considerando se a seleção natural favorece a reprodução sexuada ou a assexuada.

...porque parece ser menos eficiente do que a clonagem

Para simplificar, suponha que cada fêmea produza dois descendentes. Depois de uma geração, o grupo assexuado terá aumentado para dois indivíduos. A fêmea sexuada também produzirá dois descendentes, mas só um deles será uma filha. Temos agora quatro indivíduos ao todo, e a proporção de fêmeas assexuadas cresceu de um terço para um meio. Uma geração depois, haverá quatro fêmeas assexuadas, uma fêmea sexuada e um macho; a proporção de fêmeas assexuadas cresceu para dois terços. Logo, a reprodução assexuada superará completamente a reprodução sexuada. Os clones descendentes de uma fêmea assexuada multiplicam-se o dobro da prole descendente de uma fêmea sexuada e esta tem apenas 50% da viabilidade de uma fêmea assexuada.

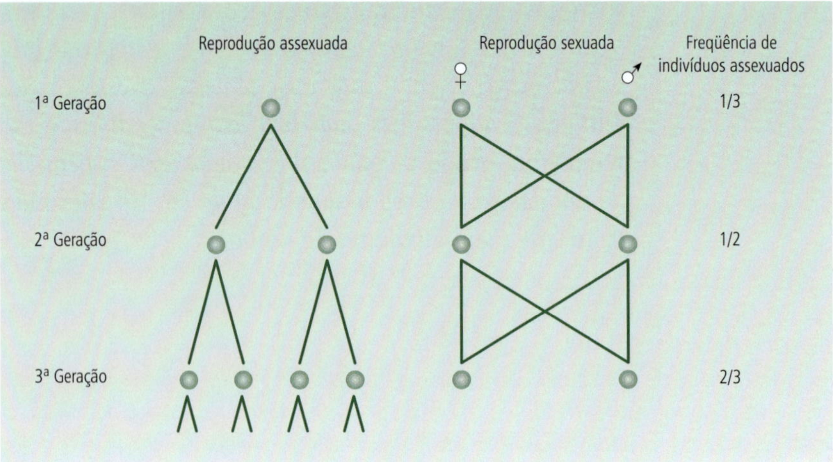

Figura 12.1

O custo de 50% do sexo. Inicialmente uma população contém um número igual de fêmeas assexuadas e sexuadas. As fêmeas têm a mesma sobrevivência e fecundidade (dois descendentes por genitor). A reprodução assexuada rapidamente predomina porque faz dobrar a taxa de reprodução.

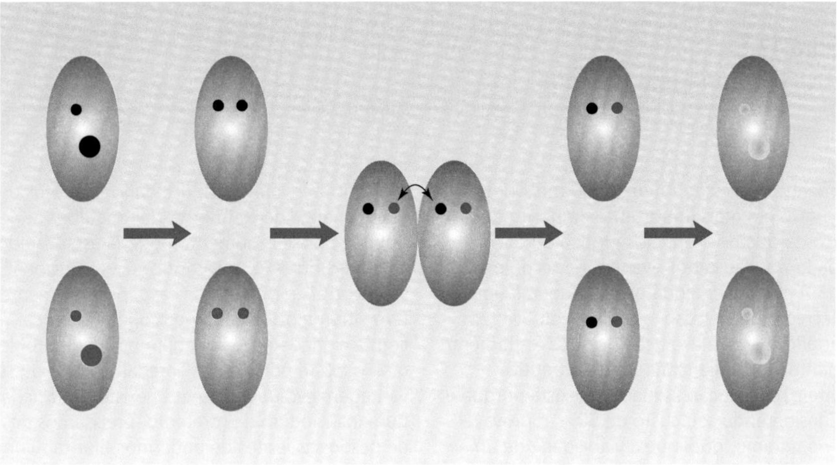

Figura 12.2

Sexo não-reprodutivo em *Paramecium*. O *Paramecium* normalmente contém um micronúcleo e um macronúcleo. Quando ele se prepara para o sexo, o macronúcleo se dissolve e o micronúcleo é duplicado. Então, duas dessas células podem conjugar-se, permutando um dos micronúcleos. Daí ocorre a meiose em cada célula. O ato sexual não é reprodutivo. As células do *Paramecium* se reproduzem por fissão binária. Portanto, sexo e reprodução não estão associados no *Paramecium*. O mesmo é verdadeiro para muitas formas de vida unicelulares.

Alguns tipos de sexo não têm custo

Em algumas espécies, o custo do sexo pode ser menor do que 50%. Por exemplo, em alguns organismos unicelulares o sexo não está associado com a reprodução. No *Paramecium*, duas células podem conjugar-se (Figura 12.2). As duas células permutam cópias de seus DNAs e então se separam. Daí, em cada célula, ocorre uma meiose. O sexo é não-reprodutivo: havia duas células antes da conjugação e há duas depois dela. O sexo não tem um custo, como tinha na Figura 12.1. Ele adquiriu um custo quando se tornou associado à reprodução, talvez na época da evolução da vida pluricelular. O sexo, provavelmente, originou-se em uma forma de vida unicelular e, naquela época, tinha baixo custo. Portanto, a origem do sexo não constitui um problema evolutivo maior. Mas em muitas formas de vida atuais o sexo tem um custo de 50% e sua existência é um problema.

Cinqüenta por cento é um custo elevado. O problema, para explicar o sexo, é encontrar uma vantagem na reprodução sexuada que compense esse custo. Estamos em busca de uma vantagem seletiva extraordinariamente grande. Supõe-se que os eventos evolutivos típicos envolvem vantagens seletivas de, no máximo, uma pequena porcentagem, freqüentemente de 1% ou menos. Considere isto: uma fêmea que sobreviveu até a idade adulta e está prestes a reproduzir precisa estar bastante bem-adaptada ao seu ambiente. Reproduzindo-se assexuadamente, ela simplesmente fará uma cópia de si mesma e produzirá uma filha que estará tão bem-adaptada às condições da próxima geração quanto ela mesma estaria. Reproduzindo-se sexuadamente, porém, ela descarta metade de seus genes e produz uma descendência em que mistura a metade restante com outros genes, obtidos de um estranho. Se o sexo deve compensar seu custo dobrado por meio desse procedimento, a fêmea sexuada precisa produzir uma filha que seja duas vezes mais adaptada do que ela seria como simples cópia dessa mãe. Portanto, não é um problema trivial. Na verdade, G.C. Williams o descreveu como "o quebra-cabeça pendente na biologia evolutiva". Mesmo ainda sendo um quebra-cabeça, podemos examinar algumas possíveis soluções. O Quadro 12.1 discute como ele adquiriu importância prática com o avanço das tecnologias de clonagem.

Quadro 12.1
A Ética da Clonagem Humana

Até recentemente, a questão referente ao motivo da existência do sexo era mais importante do ponto de vista científico do que dos aspectos prático ou ético. Isso foi mudado por causa dos avanços na tecnologia de clonagem. A clonagem ainda precisa superar alguns problemas técnicos; nesse caso, a teoria evolutiva tem pouca importância. Mas a evolução do sexo é altamente relevante quanto à ética da clonagem reprodutiva. Provavelmente a reprodução sexuada só existe porque é vantajosa. Considerando seu custo de 50%, é provável que o sexo, no mínimo, duplique a viabilidade de uma prole sexuada média em relação a uma prole clonada. Como veremos, as duas teorias atuais mais plausíveis sugerem que o sexo ajuda os organismos a limitarem os efeitos das doenças genéticas ou infecciosas. Sendo assim, a eliminação do sexo aumentaria a chance de que a prole sucumba a doenças. A decisão de produzir uma prole clonada seria eticamente equivalente a produzir uma prole sexuada e conduzi-la para uma cidade assolada por uma praga, onde a chance de morrer de uma doença infecciosa fosse o dobro da taxa normal – ou causar um dano tal a seus genes, que a chance de ela morrer de uma doença genética dobrasse. Esse argumento poderia estar errado. Ambas as teorias do sexo, a parasítica e a mutacional, podem ser incorretas. Mas, nesse caso, provavelmente o sexo tem alguma outra vantagem que poderia ser perdida com a clonagem. A clonagem não seria problema se o sexo existe porque nos enredamos nele ou se sua vantagem evolutiva não mais existe na sociedade humana moderna. Entretanto, precisamos de resultados de pesquisas, antes de podermos tirar tais conclusões. O aspecto geral – de que precisamos entender a evolução e a função de um caráter antes de alterá-lo medicamente – é o princípio da *medicina darwiniana* (Nesse e Williams, 1995). Aqui, o argumento aplica-se especificamente à clonagem reprodutiva. Entretanto, a clonagem também pode ser usada para produzir novas células para que um indivíduo substitua suas células ou órgãos defeituosos e, nesse caso, as teorias sobre o sexo podem ou não ser relevantes.

12.1.2 É improvável que o sexo se explique pela restrição genética

Uma possibilidade é que a vida use a reprodução sexuada porque "enredou-se nela". Isto é, as mutações que deveriam produzir a reprodução assexuada não ocorreram. (Nos termos da Seção 10.7.2, p. 302, isso explica o sexo por meio de restrição genética). Essa hipótese é improvável, por duas razões.

Provavelmente, mutações que eliminam o sexo podem ocorrer com facilidade

Não é biologicamente difícil que uma mutação produza reprodução assexuada em uma forma sexuada. Tudo o que ela tem a fazer é eliminar a divisão celular meiótica final na linhagem celular que produz os gametas. Então, as células reprodutivas seriam produzidas por mitose em vez de por meiose. Isso é uma mutação de "perda" em que uma parte da informação biológica (isto é, todos os processos celulares da meiose) é perdida. Nada de novo está sendo criado. A divisão celular reprodutiva irá tornar-se mitótica; mas a mitose já existe – todas as outras divisões celulares do corpo são por mitose.

Em segundo lugar, a reprodução assexuada existe em muitas formas de vida. Ela surgiu muitas vezes em ramos sexuados da árvore da vida, demonstrando que as mutações necessárias podem ocorrer. Portanto, as mutações para produzir reprodução assexuada são plausíveis na teoria e ocorrem de fato. Provavelmente, a razão para a permanência do sexo não é a ausência delas.

12.1.3 O sexo pode acelerar a taxa de evolução

Uma população de indivíduos de reprodução sexuada pode, sob certas condições, evoluir mais rápido do que um número semelhante de indivíduos assexuados. A reprodução sexuada pode aumentar em muito a taxa com que mutações benéficas em locos separados podem combinar-se em um único indivíduo (Figura 12.3). Suponha, por exemplo, que uma população sexuada

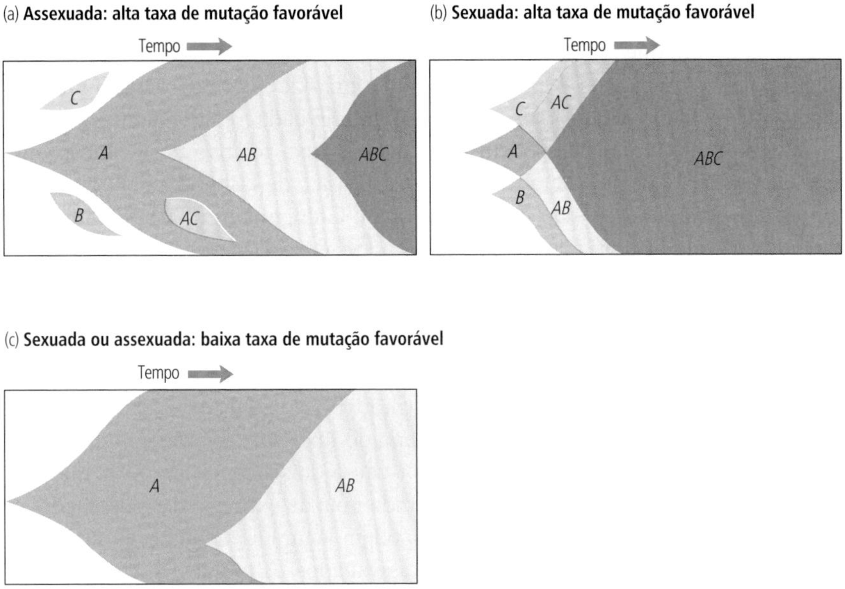

Figura 12.3

Evolução em populações (a) assexuada e (b) sexuada. As mutações *A, B* e *C* são todas vantajosas. Na população assexuada, só pode surgir um indivíduo *AB* se a mutação *B* ocorrer em um indivíduo que já tem uma mutação *A* (ou vice-versa). Na população sexuada, um indivíduo *AB* pode ser formado no cruzamento de um indivíduo portador da mutação *B* com um indivíduo portador da mutação *A*; não há necessidade de uma segunda mutação do *B*. (c) Se as mutações favoráveis são raras, cada uma estará fixada antes que surja a seguinte e a população sexuada não evoluirá mais rápido. As taxas relativas de evolução nas populações sexuadas e assexuadas dependem da taxa de surgimento das mutações favoráveis.

e uma assexuada tenham os genes *A'* e *B'* fixados em dois locos. No ambiente em que essas duas populações estão vivendo, A e *B* são vantajosos. É provável que as mutações A e *B* tenham surgido, inicialmente, em indivíduos diferentes. Nesse caso, a população assexuada passaria a consistir em indivíduos *A'B* e *AB'* porque o mutante A não pode disseminar-se no clone *A'B* e vice-versa. Não podem surgir indivíduos *AB* enquanto um gene *A'* não mutar para A no clone *A'B* (ou *B'* para *B* no clone *AB'*).

As populações sexuadas podem evoluir mais rápido do que as populações assexuadas,...

Na população sexuada, a evolução avança muito mais rápido. Logo depois que A e *B* surgiram em diferentes indivíduos, podem combinar-se em um só por meio do sexo, sem esperar que as mutações ocorram duas vezes. Por isso, a seleção natural pode levar a população do estado *A'B'* para *AB* mais rápido do que quando a reprodução é assexuada. Esse argumento foi exposto primeiramente por Fisher e Muller na década de 1930. Eles concluíram que as populações sexuadas têm uma taxa de evolução mais rápida do que um grupo de indivíduos assexuados, de resto equivalentes.

Entretanto, pesquisas subseqüentes mostraram que a taxa de evolução em populações sexuadas não é necessariamente mais rápida do que em populações assexuadas equivalentes. O resultado depende, por exemplo, da taxa de mutação. Se as mutações favoráveis são raras, cada uma deverá ter-se fixado na população antes que surja a próxima (Figura 12.3c). Então, as populações sexuada e assexuada evoluem na mesma taxa. As novas mutações favoráveis sempre surgirão em indivíduos que já têm a mutação favorável anterior: assim tem de ser porque a mutação favorável anterior já está presente em cada membro da população. Nos termos do exemplo, a mutação *B* surgirá em um indivíduo *AB'* tanto na população sexuada quanto na assexuada. Entretanto, se as mutações favoráveis surgem mais freqüentemente, o argumento de Fisher e Muller funciona: a população sexuada evolui mais rápido. Geralmente, cada muta-

...se a taxa da mutação favorável é alta

ção favorável surgirá em um indivíduo que não tem outras mutações favoráveis; quanto maior a velocidade com que as diferentes mutações favoráveis se combinam mais rapidamente evoluirá a população sexuada. Quanto mais alta a taxa de surgimento das mutações favoráveis, maior será a taxa de evolução de uma população sexuada, relativamente a uma assexuada.

Outros fatores também podem influenciar a taxa relativa de evolução em populações sexuadas e assexuadas. Entretanto, o resultado básico de Fisher-Muller permanece válido em muitas circunstâncias, se não em todas. Rice e Chippindale (2001) demonstraram, experimentalmente, que a teoria de Fisher-Muller pode ser real. Verificaram que a taxa de evolução era mais rápida em presença do que na ausência de recombinação sexuada.

12.1.4 O sexo é mantido por seleção de grupo?

O sexo pode existir apesar de uma desvantagem individual

A resposta mais comum à pergunta sobre o motivo pelo qual o sexo existe talvez seja a de que ele acelera a taxa de evolução. Essa é a teoria do sexo por "seleção de grupo". Ela aceita que o sexo é desvantajoso para o indivíduo por causa de seu custo de 50%, mas alega que esse custo é mais do que compensado pela reduzida taxa de extinção das populações ou grupos de organismos de reprodução sexuada. Estes podem acumular adaptações superiores mais rapidamente do que as populações ou grupos assexuados. A população assexuada ficará, então, fora da competição e irá extinguir-se mais rápido. Em certo sentido, cada fêmea sexuada está se sacrificando (ela poderia produzir mais prole reproduzindo-se assexuadamente) para salvar o grupo da extinção.

O principal argumento para a seleção de grupo como explicação para o sexo vem da distribuição taxonômica da reprodução assexuada. Na vida pluricelular, a reprodução exclusivamente assexuada está confinada, principalmente, a dois pequenos ramos da árvore filogenética (Figura 12.4)[1]. Foram sugeridas umas poucas exceções, mas é difícil ter certeza de que uma forma aparentemente assexuada não usa o sexo em circunstâncias raras ou crípticas.

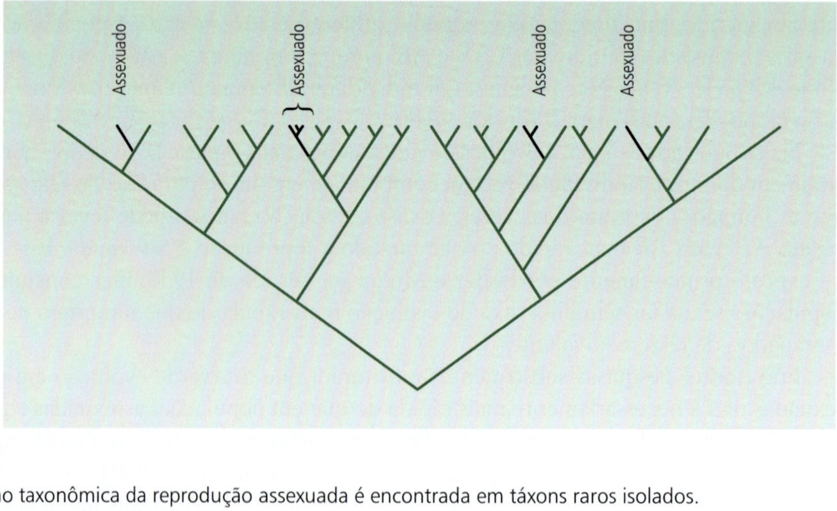

Figura 12.4
A distribuição taxonômica da reprodução assexuada é encontrada em táxons raros isolados.

[1] A distribuição taxonômica da assexualidade só se aplica à vida pluricelular. Na vida unicelular e viral, provavelmente há grandes porções da árvore filogenética em que a reprodução assexuada prevalece. Muitas (e justificadamente todas) das bactérias, por exemplo, podem completar-se sem sexo, embora falte muito para isso ser confirmado. Entretanto, aqui não estamos tratando dessas formas unicelulares.

Os rotíferos bdelóideos são a exceção melhor documentada. A Bdelloidea é uma subordem inteira de rotíferos, com umas trezentas espécies. Mark Welch e Meselsohn (2000) usaram um novo método, em que reconstruíram árvores gênicas para mostrar que os rotíferos bdelóideos são exclusivamente assexuados.

A reprodução assexuada tem uma distribuição filogenética não-ramificada

Apesar de uma ou duas exceções, a reprodução assexuada, na vida multicelular, tem uma distribuição taxonômica não-ramificada. Essa distribuição sugere que as linhagens assexuadas geralmente não duram o suficiente para se diversificarem em gêneros ou em grupos taxonômicos maiores. A taxa de extinção mais elevada poderia ser porque as populações assexuadas não evoluem com rapidez suficiente para conviver com a modificação do ambiente, como foi discutido na seção anterior. Alternativamente, poderia ser porque as formas assexuadas acumulam mais mutações deletérias do que as populações sexuadas, como discutiremos na Seção 12.2, adiante. De qualquer modo, de acordo com a teoria da seleção de grupo, a reprodução sexuada prevalece, apesar de seu custo para o indivíduo, porque os grupos de reprodução sexuada têm uma taxa de extinção menor.

O argumento pró-seleção de grupo não é inequívoco...

O argumento não é completamente convincente. Dizer que as populações sexuadas têm uma taxa de extinção menor do que a das populações assexuadas é uma coisa: dizer que o sexo existe por causa de sua taxa de extinção mais baixa é algo muito mais forte. O sexo poderia existir em espécies sexuadas porque é vantajoso para os indivíduos dessas espécies e a reprodução assexuada existe em espécies assexuadas porque é vantajosa para os indivíduos dessas espécies. As taxas de extinção diferentes seriam, então, conseqüências, no nível de espécie, de adaptações individuais diferentes nos dois tipos de espécies. Por analogia, os carnívoros poderiam ter taxas de extinção mais altas do que os herbívoros, mas isso não significaria que o fato de ser herbívoro fosse desvantajoso para os herbívoros individualmente e que só se manteria por causa de sua vantagem para o grupo. Portanto, a distribuição taxonômica da assexualidade, embora seja compatível com a teoria do sexo por seleção de grupo, não a confirma. O mesmo padrão poderia ter surgido se o sexo tivesse uma vantagem individual.

...e há argumentos gerais...

Também existem argumentos contrários à seleção de grupo. Como vimos na Seção 11.2.5 (p. 329), os biólogos geralmente suspeitam das teorias de seleção de grupo. Quando há conflito entre a vantagem individual e a do grupo, a seleção individual geralmente é mais poderosa. Não é esperado que haja evolução de adaptações que são desvantajosas para o indivíduo, mesmo que elas beneficiem o grupo. Embora uma população sexuada dure mais do que as assexuadas, os *indivíduos* sexuados reproduzem mais lentamente do que os assexuados. Uma vez surgida a assexualidade, ela tenderá a suplantar os grupos sexuados. Ela pode surgir em um grupo tanto por mutação quanto por imigração e, do ponto de vista do tempo evolutivo, nenhum desses processos é muito raro. Provavelmente a reprodução assexuada já surge em uma escala bastante elevada. A razão para suspeitar da seleção grupal é que ela exige que as taxas de surgimento de fêmeas assexuadas em grupos sexuados sejam muito baixas.

...e específicos contra a seleção de grupo

Williams (1975) também apresentou uma objeção específica contra a seleção de grupo no caso do sexo. Sua objeção passou a ser chamada *argumento do equilíbrio.* Algumas espécies, tais como várias plantas, afídeos, esponjas, rotíferos e pulgas d'água (Cladocera), podem reproduzir sexuada ou assexuadamente, conforme as condições. Essas espécies são chamadas heterogônicas. Muitas espécies heterogônicas temporizam sua reprodução sexuada para os períodos de incerteza ambiental e reproduzem assexuadamente quando as condições são mais estáveis; mas este não é o ponto importante aqui. O que importa é que um indivíduo pode reproduzir dos dois modos. Por isso, quando um afídeo reproduz sexuadamente, isso tem de ser vantajoso para o indivíduo porque, se não fosse, o afídeo poderia ter reproduzido assexuadamente. A reprodução sexuada e a assexuada precisam ter um "equilíbrio" de vantagens para que se mantenham no ciclo de vida da espécie, de outro modo, a inferior seria perdida.

Os adeptos da seleção de grupo propõem que o sexo é desvantajoso para o indivíduo e só é vantajoso para o grupo. Mas, nos afídeos e em outras espécies heterogônicas em que os indivíduos têm "escolha", o sexo deve apresentar alguma vantagem para o indivíduo. O argumento pode ser estendido. Se o sexo é vantajoso para os afídeos, ele também o é para as espécies não-heterogônicas. Não temos uma boa razão para pensar que o sexo é excepcional nos afídeos, ou que fatores especiais favorecem o sexo nas espécies heterogônicas. Se for preciso encontrar uma vantagem individual para o sexo nos afídeos, provavelmente essa mesma vantagem, também existirá em outras espécies. Se a seleção de grupo pode ser descartada nos afídeos, provavelmente também pode ser descartada em outras espécies.

O argumento do equilíbrio não é decisivo

O argumento de Williams é poderoso, mas não decisivo. Na maioria das espécies heterogônicas, os propágulos sexuados e assexuados diferem em outros aspectos além do fato de serem sexuados ou assexuados. Por exemplo, a prole sexuada dos cladóceros produz ovos especiais de inverno, que estão adaptados à sobrevivência no inverno. Qualquer cladócero que abandonasse o sexo também perderia sua fase hibernal: na prática, a perda do sexo detentor do ovo de inverno precisaria de duas mutações, uma para a perda do sexo e outra para transferir o fenótipo de ovo de inverno para os ovos assexuados. Assim, o argumento do equilíbrio não está bem-delimitado.

A seleção de grupo pode ou não explicar o sexo

Em resumo, a seleção de grupo tenderá a favorecer a reprodução sexuada em relação à assexuada porque as populações sexuadas terão uma taxa de extinção menor. A distribuição taxonômica da assexualidade sugere que as populações assexuadas tendem a uma extinção relativamente rápida na evolução. Entretanto, por dois grandes motivos, os biólogos duvidam que a razão da existência do sexo é a seleção grupal. Um é a descrença geral na seleção de grupo; o outro é o argumento do equilíbrio, de Williams. Nenhuma dessas objeções é completamente convincente e a seleção de grupo não pode ser completamente descartada. Entretanto, as objeções são suficientemente fortes para terem inspirado os biólogos a procurar uma vantagem individual e mais imediata para o sexo.

12.2 Há duas teorias principais nas quais o sexo pode ter uma vantagem a curto prazo

12.2.1 A reprodução sexuada pode fazer com que as fêmeas reduzam o número de mutações deletérias em suas proles

O sexo pode ajudar a eliminar mutações deletérias...

A cada geração surge um certo número de mutações deletérias e cada indivíduo contém alguns genes defeituosos. A seleção age para remover essas mutações deletérias. Aqui devemos considerar a eficácia com que a seleção as remove, dependendo de a reprodução ser sexuada ou assexuada. A teoria de que o sexo existe porque intensifica a força da seleção contra mutações deletérias foi proposta por Kondrashov (1988). Às vezes ela é chamada de *teoria mutacional* do sexo. Maynard Smith fez uma analogia para explicar a teoria de Kondrashov. Imagine que você tenha dois carros, com dois defeitos diferentes. Um está com os freios estragados e o outro tem um defeito na ignição. O que você deveria fazer? Uma coisa que você poderia fazer seria intercambiar peças entre os carros, criando um com ambos os componentes bons, à custa do outro carro, que ficará com os dois componentes ruins (em vez de um só). Isso é um melhoramento. Você criou um carro que funciona a partir de dois que não funcionavam. Se um carro está uma sucata, não importa muito se ele tem um, dois ou 20 defeitos. Assim, você pode instalar uma segunda peça ruim em um carro já estragado, sem piorar as coisas.

...como é ilustrado pela analogia com um automóvel

Em termos genéticos, imagine um modelo haplóide simples com dois locos e dois alelos. Para cada loco, há uma versão boa do gene, simbolizada por 1, e uma versão ruim (deletéria), simbolizada por 0. Quatro haplótipos são possíveis: 11, 01, 10 e 00. (Lembre-se de que essas são as combinações dos alelos em dois locos e não os genótipos diplóides de um loco, que conhecemos tão bem. A respeito de haplótipos, ver a Seção 8.4, p. 227.) O sexo, como na analogia com o carro, auxilia quando dois indivíduos com defeitos simples e complementares intercruzam: isto é, um cruzamento 01 × 10. Daí resultarão alguns filhos (ou netos) com 11, às expensas de outros descendentes com 00. A vantagem do sexo é que ele faz aumentar o número de mutações deletérias que são removidas por meio de uma morte. Se um indivíduo 01 clona a si mesmo, cada morte entre seus descendentes remove um gene ruim. Se ele se reproduz sexuadamente, a morte de um descendente 00 remove dois genes ruins. A qualidade média da prole sobrevivente pode ser aumentada.

A teoria de Kondrashov requer duas condições para que a seleção natural favoreça o sexo apesar de seu custo de 50%. Podemos examiná-las, uma de cada vez.

12.2.2 A teoria mutacional prevê que $U > 1$

A primeira condição é que a taxa das mutações deletérias seja suficientemente alta. Se as mutações deletérias forem raras, qualquer vantagem do sexo será diminuta. Se elas são freqüentes, o sexo pode ser mais vantajoso. A taxa de mutações deletérias é expressa como uma figura genômica que é o número médio de novas mutações deletérias que ocorrem a cada geração. Ela é a soma do número de mutações deletérias contidas nos espermatozóides e nos óvulos daquela geração. A taxa genômica de mutações deletérias é simbolizada por *U*.

Uma previsão controversa sobre a taxa genômica de mutações deletérias

O sexo torna-se vantajoso relativamente à clonagem, se *U* é maior do que, aproximadamente, um. Essa é a previsão mais controvertida da teoria de Kondrashov porque, historicamente, sempre se pensou que as taxas de mutações deletérias fossem muito menores. Atualmente estão sendo feitas tentativas de medir as taxas de mutação por dois métodos, embora nenhum deles tenha, ainda, produzido resultados conclusivos.

Um método é o experimento de acúmulo de mutações, sob o pioneirismo do geneticista japonês Terumi Mukai. O pesquisador tenta criar condições em que a seleção não aja contra a mutação. Então, com o tempo, as mutações se acumularão nas mesmas taxas em que ocorrem. De tempos em tempos, a aptidão dos indivíduos da população experimental é comparada à dos indivíduos-controle. Qualquer declínio na adaptação da linhagem experimental pode ser usado para estimar a taxa de mutações deletérias. O experimento original de Mukai produziu um declínio drástico (Figura 12.5), sugerindo que a taxa de mutações deletérias (*U*) na drosófila podia ser de um ou mesmo mais de um. Desde então, esses experimentos foram criados várias vezes, em várias espécies. Alguns deles produzem *U* elevados como o de Mukai; outros produzem *U* insignificantes. Os experimentos de acúmulo de mutações são uma área de pesquisa ativa, mas atualmente ambígua.

Até agora, os experimentos sobre acúmulo de mutações são ambíguos

O segundo método usa as taxas de evolução de seqüências de DNA. Começamos com uma região de DNA que evolui de maneira completamente neutra, como um pseudogene. Esse DNA evoluirá a uma taxa igual à taxa total de mutações. Podemos extrapolar essa figura para estimar a taxa de mutação total do genoma inteiro. O Quadro 7.3 (p. 206) demonstrava que, em humanos, a figura resultante é de cerca de duzentos. Esse (elevado) número é incontroverso, mas não é o que precisamos. Ele é a taxa total de mutações, enquanto o que precisamos é a taxa de mutações deletérias. A maioria das 200 mutações provavelmente é neutra, de modo que precisamos saber qual é a fração deletéria. Há duas estimativas disponíveis que são frustrantemente discordantes. Eyre-Walker e Keightley (1999) estimaram que cerca de 1% das mutações é deletério enquanto Shabalina *et al.* (2001) estimam que é mais provável que 15% o sejam.

A análise de seqüências dá estimativas de *U*

A taxa total de mutações aumenta das bactérias para as drosófilas e destas para os humanos (Tabela 12.1). A taxa de mutação por nucleotídeo, por evento de cópia, é aproximadamente constante em todos os eucariotos, mas o tamanho do genoma e o número de replicações do DNA por geração aumentam. Tanto na estimativa mais elevada quanto na mais baixa da taxa de mutações deletérias, *U* é menor do que um em bactérias e maior do que

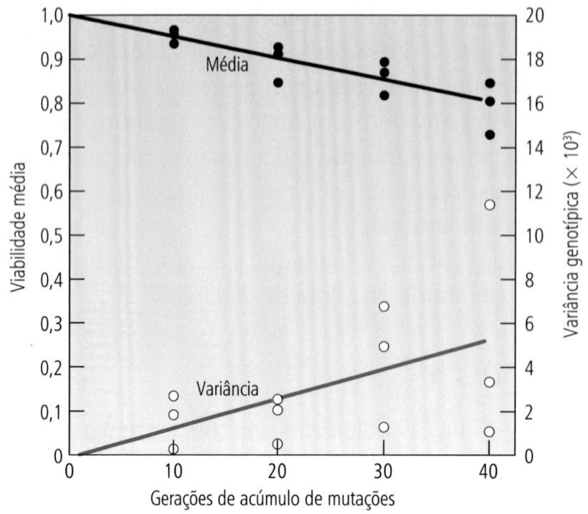

Figura 12.5

A fusão mutacional em drosófilas protegidas da seleção, apresentando um decréscimo de viabilidade. A viabilidade é medida nas moscas que são homozigotas em um cromossomo que acumulou mutações experimentalmente, em relação a moscas que são heterozigotas no mesmo cromossomo. O declínio é devido ao acúmulo de mutações deletérias. Havia 104 linhagens, e a variância da viabilidade entre linhagens aumentou com o tempo (quanto à definição de variância, ver Quadro 9.1, p. 261). Redesenhada de Mukai *et al.* (1972), com permissão da editora.

Tabela 12.1

Taxas de mutação em várias formas de vida. As formas de vida mais complexas têm mais ciclos celulares por geração e mais DNA. É provável que a taxa de mutações por nucleotídeo seja aproximadamente constante em todos os eucariotos. O número total de erros, incluindo os erros danosos, aumenta das bactérias para os seres humanos. Dois métodos de estimação da fração do total de mutações que é deletéria dão resultados diferentes, por isso as colunas (1) e (2) para *U*. Todos os números são aproximados. Conforme várias fontes; ver Ridley (2001)

Organismo	Taxa de mutação por nucleotídeo	Comprimento do DNA	Ciclos celulares por geração	Número total de mutações	Número de mutações deletérias 1	Número de mutações deletérias 2
Bactéria	10^{-9}-10^{-10}	10^6	1	≪1	≪1	≪1
Drosófila	10^{-9}-10^{-10}	$3{,}6\times10^8$	20	4	<1	~1
Ser humano	10^{-9}-10^{-10}	$6{,}6\times10^9$	200	200	~2	~ 20

...isso pode confirmar, ou não, a teoria mutacional do sexo

um nos grandes macacos, incluindo os humanos. A teoria de Kondrashov prevê, corretamente, a ausência do sexo em bactérias. A área problemática é a que cerca as moscas e os vermes. Eles reproduzem sexuadamente, e a teoria de Kondrashov prevê $U > 1$. Na estimativa mais alta, a previsão é sustentada; na mais baixa, é falseada. Por isso, são necessárias pesquisas adicionais sobre a fração deletéria das mutações. Entretanto, é importante notar que U é > 1 em humanos, se o valor correto estiver entre 2 ou 30 mutações deletérias por geração. Se a teoria de Kondrashov estiver errada e o sexo não auxilia no expurgo seletivo das mutações deletérias, ficaremos com um paradoxo – como podem existir seres humanos, se a sua taxa de mutações deletérias é tão alta?

Fazer uma segunda previsão também é inconclusivo

A segunda previsão da teoria de Kondrashov diz respeito à relação entre a aptidão de um organismo e o número de mutações deletérias que ele contém. Três tipos de relações são teoricamente possíveis (Figura 12.6). A teoria de Kondrashov só funciona se o gráfico se inclina para baixo – uma condição chamada *epistasia sinérgica*. Os pesquisadores também estão tentando testar essa previsão, mas ainda não há resultados conclusivos disponíveis.

Em conclusão, a teoria mutacional sugere que o sexo existe para ajudar a vida a enfrentar sua carga de mutações deletérias. A teoria foi posta a prova e, internamente, é cabível. Ela faz duas previsões a respeito das criaturas realmente sexuadas: suas taxas de mutações deletérias deveriam ser um ou mais e suas relações de valor adaptativo deveriam apresentar epistasia sinérgica. Essas previsões inspiraram um importante programa de pesquisas – um dos mais ativos e importantes na biologia evolutiva moderna – mas atualmente ele está inconcluso. Dentro de poucos anos, o trabalho nos dirá se U é > 1 em drosófilas, mas agora ainda não o sabemos.

12.2.3 A coevolução de hospedeiros e parasitas pode produzir uma rápida mudança ambiental

O sexo pode ser vantajoso em ambientes cambiantes...

A segunda teoria que devemos examinar ignora o efeito das mutações deletérias e concentra-se nas mudanças do ambiente externo. É mais provável que o sexo seja vantajoso se os ambientes mudam rapidamente; o problema é testar *como* os ambientes poderiam estar mudando com rapidez suficiente. Não é difícil acreditar que os ambientes poderiam mudar com rapidez suficiente para tornar o sexo vantajoso a cada cem anos, mas como eles poderiam mudar com rapidez suficiente para torná-lo vantajoso em cada geração? Lembre que o ambiente deveria mudar com tanta rapidez que a média das filhas de uma fêmea sexuada deveria ser duas vezes mais apta do que a média das filhas de uma fêmea assexuada. Não podemos garantir que a mudança ambiental ordinária venha a ser suficiente. Se pretendemos explicar a existência do sexo por meio das mudanças ambientais, temos algum trabalho a fazer.

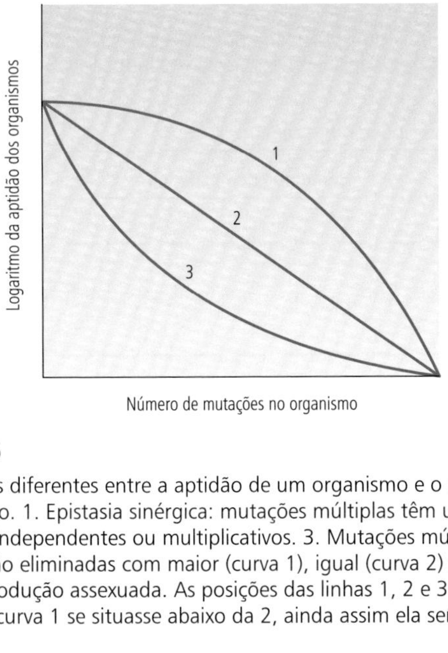

Figura 12.6

Três relações diferentes entre a aptidão de um organismo e o número de mutações deletérias que ele porta. O eixo y é logarítmico. 1. Epistasia sinérgica: mutações múltiplas têm um efeito danoso crescente no organismo. 2. Efeitos de viabilidade independentes ou multiplicativos. 3. Mutações múltiplas têm um efeito danoso decrescente. As mutações deletérias são eliminadas com maior (curva 1), igual (curva 2) ou menor (curva 3) eficiência na reprodução sexuada do que na reprodução assexuada. As posições das linhas 1, 2 e 3 em relação ao eixo y são irrelevantes; o que importa é a curva. Se a curva 1 se situasse abaixo da 2, ainda assim ela seria de epistasia sinérgica.

...tal como na coevolução de parasitas e hospedeiros

Uma sugestão promissora é a de que a coevolução entre parasitas e hospedeiros pode gerar mudanças ambientais com rapidez suficiente para tornar o sexo vantajoso em curto prazo. "Ambiente", aqui, para o parasita, é o mecanismo de resistência do hospedeiro e, para o hospedeiro, é o modo como o parasita penetra em suas defesas. Vários autores sugeriram que a coevolução de parasita e hospedeiro pode ser importante na manutenção do sexo; o mais conhecido deles é Hamilton.

Pode-se tornar a teoria mais exata por meio de um modelo simples. Algumas relações entre parasita e hospedeiro são do tipo gene-a-gene, de tal modo que cada tipo de genótipo de hospedeiro está adaptado para resistência a um tipo de genótipo de parasita, e assim por diante. O exemplo mais bem-compreendido é o das ferrugens parasitárias do trigo e uma seleção semelhante pode ser a que atua no sistema HLA humano (Seção 8.6, p. 231).

O modelo genético mais simples de coevolução de hospedeiro e parasita é o haplóide, com dois alelos na espécie hospedeira e dois na espécie parasita. Um tipo de alelo do parasita é adaptado para penetrar no hospedeiro que tem um dos tipos de alelos de hospedeiro e o outro alelo de parasita penetra no hospedeiro que tem o outro alelo de hospedeiro (Tabela 12.2). Esse tipo de seleção gera mudanças cíclicas nas freqüências gênicas (Figura 12.7). Quando a freqüência de um genótipo aumenta, sua aptidão (depois de um intervalo de tempo) decresce. Se o genótipo P_1 do parasita é o mais comum, o genótipo H_1 do hospedeiro será favorecido e aumentará em freqüência; então a aptidão de P_1 baixa, na medida em que há mais hospedeiros resistentes a ele. Daí, à medida que P_2 se torna mais comum, a aptidão de H_1 diminui. Quando H_1 se torna o mais raro, a freqüência de P_1 voltará a crescer. Os ciclos das freqüências gênicas são dirigidos pelos correspondentes ciclos de aptidão do gene.

Para produzir uma vantagem para o sexo, precisamos de um modelo mais complexo e, provavelmente, mais realista. Imagine agora que a resistência e a anti-resistência são controladas por dois locos. Mais uma vez, um modelo haplóide é mais simples. Com dois locos, cada um com dois alelos, há quatro haplótipos, *AB*, *Ab*, *aB* e *ab*. Haverá conjuntos com-

Tabela 12.2

Modelo simples da relação gene-a-gene em uma dupla formada por espécie hospedeira e espécie parasita. Os números da tabela são as aptidões dos genótipos.

(a) Aptidão dos genótipos do parasita em dois tipos do hospedeiro.

	Genótipos do hospedeiro	
	H_1	H_2
Genótipos do parasita		
P_1	0,9	1
P_2	1	0,9

(b) Aptidão do genótipo do hospedeiro contra dois tipos do parasita.

	Genótipos do parasita	
	P_1	P_2
Genótipos do hospedeiro		
H_1	1	0,9
H_2	0,9	1

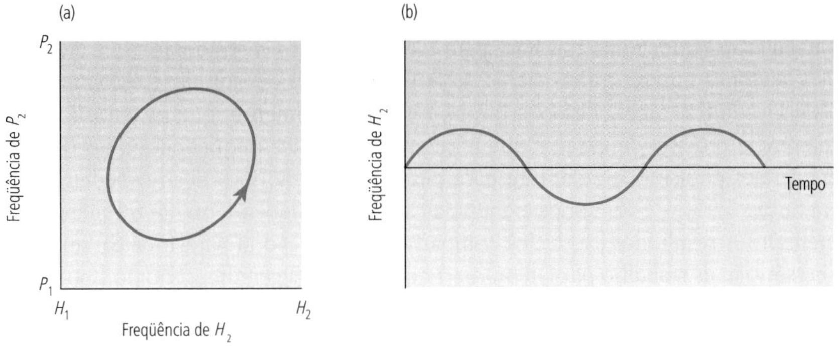

Figura 12.7

Mudanças de freqüências nos genótipos dos hospedeiros e parasitas. (a) À medida que H_2 se torna mais comum, há uma seleção para aumentar a freqüência de P_2 que, por sua vez, seleciona contra H_2 e H_1 aumenta em freqüência. (b) Plotada contra o tempo, a freqüência de cada genótipo oscila ciclicamente.

A teoria prevê mudanças cíclicas nas associações gênicas

plementares nos hospedeiros e parasitas; se A_HB_H, A_Hb_H, a_HB_H e a_Hb_H são os genótipos dos hospedeiros, poderíamos escrever os genótipos dos parasitas como A_P B_P, A_Pb_P, a_HB_P e a_Pb_P e isso seria análogo ao H_1 e P_1 do modelo anterior. Em um exemplo concreto, A_H e B_H poderiam controlar duas moléculas de superfície celular que são usadas pelo parasita para penetrar no hospedeiro. Hospedeiros com o alelo A_H são eficientemente penetrados por parasitas com a_p, mas não por A_p; hospedeiros B_H são penetrados por parasitas com b_p, mas não pelos com B_p. Portanto, os parasitas com b_p são favorecidos quando os hospedeiros são preferencialmente B_H; por outro lado, o b_H é um gene de resistência aos parasitas b_P. As freqüências de haplótipos oscilarão em ambos os locos, pelas mesmas razões que ocorriam em H_1 e P_1 do modelo mais simples. Em parasitas e hospedeiros sexuados, os alelos dos dois locos podem recombinar-se, enquanto nos parasitas e hospedeiros assexuados isso não ocorre. Um terceiro loco determina se a reprodução é sexuada ou assexuada.

Como o sexo pode ser vantajoso? À medida que as freqüências dos quatro haplótipos oscilam ao longo do tempo, haverá alguma chance de que algum deles venha a se perder durante seu ciclo de freqüências. Suponha, por exemplo, que a freqüência de A_Hb_H se torne tão baixa, em determinado ciclo, que seja perdida tanto na população assexuada quanto na sexuada. Na população assexuada ela terá se perdido para sempre enquanto na sexuada ela será recriada por recombinações entre os outros três genótipos. Quando a freqüência dos parasitas que se especializaram em atacar hospedeiros A_Hb_H aumentar novamente a reprodução sexuada, será uma vantagem porque estará mais freqüentemente associada com o genótipo resistente. Assim, o sexo tem uma vantagem porque mantém uma reserva de capacidade de recriar genótipos em diferentes locos que tenham sido desvantajosos, mas podem voltar a ser necessários. Os ciclos de coevolução entre hospedeiro e parasita são o tipo exato de circunstância em que essa capacidade é favorecida. Se a mudança ambiental é mais errática, ou irrestrita, de modo que quando um genótipo foi eliminado é improvável que ele volte a ser útil, o sexo não é vantajoso.

Os ciclos genéticos em caracóis são concordantes com a teoria

A teoria parasítica não inspirou um programa de pesquisas tão amplo quanto a teoria mutacional. Ela é plausível, a menos que não seja porque a coevolução entre parasita e hospedeiro tem ocorrência ampla em biologia. Não sabemos, porém, até que ponto a previsão da teoria – ciclos nas associações entre genes de resistência nos hospedeiros – está correta. Até aqui, o teste mais direto é o realizado por Dybdahl e Lively (1998), que faz parte do estudo de longo prazo de Curt Lively, sobre o sexo em caracóis da Nova Zelândia, em que foram distinguidos vários clones genéticos do caracol aquático *Potamopyrgus antipodarum*. O caracol existe nas formas sexuada e assexuada. O principal parasita dos caracóis é um trematódeo (*Microphallus*) que, como o nome sugere, é um parasita castrador.

Os clones apresentaram ciclos de freqüências na década de 1990 (Figura 12.8). Além disso, Dybdahl e Lively demonstraram, experimentalmente, que os parasitas infectavam de preferência o clone de caracol que apresentara a maior freqüência no ano anterior. Isso sugere que os parasitas se adaptam para penetrar os genótipos dos hospedeiros mais comuns. (Na Seção 5.13, p. 156, vimos evidências de seleção dependente de freqüência nesse mesmo sistema.) Os resultados são todos compatíveis com a teoria parasítica do sexo. Entretanto, é necessário mais trabalho para demonstrar que os ciclos genéticos são do tipo certo para explicar a existência do sexo.

12.3 Conclusão: não há certeza de como o sexo é adaptativo

Tanto as mutações deletérias como a coevolução entre parasita e hospedeiro são teorias razoáveis sobre o sexo, mas não foi conclusivamente demonstrado que elas realmente mantêm o sexo na natureza. Elas estão a bordo da biologia evolutiva como hipóteses estimulantes, inspiradoras de muita pesquisa. Elas não são idéias mutuamente exclusivas, e ambos os fatores poderiam contribuir para a vantagem seletiva do sexo. Existem ainda outras hipóteses, sendo algumas delas altamente engenhosas.

Atualmente, a questão de por que o sexo existe continua sendo um "grande quebra-cabeça". Os biólogos evolucionistas não estão convencidos de que a questão tenha sido respondida satisfatoriamente. Talvez precisemos de alguma idéia radicalmente nova, que até agora ainda não foi apresentada ou que ainda não foi avaliada. Alternativamente, a essência da resposta pode estar nas teorias já discutidas e é só uma questão de demonstrar como elas se aplicam na natureza. Qualquer que seja a resposta é provável que ela nos revele algo sobre a segurança, ou não, da tecnologia de clonagem (Quadro 12.1).

12.4 A teoria da seleção sexual explica muitas das diferenças entre machos e fêmeas

12.4.1 Com freqüência os caracteres sexuais são aparentemente deletérios

Em sua maior parte, os caracteres dos organismos são adaptativos: eles aumentam as chances de sobrevivência e reprodução dos indivíduos. Entretanto, alguns caracteres fazem o oposto e (como Darwin bem sabia) a seleção natural não explica por que esses caracteres existem. Se uma população contém alguns tipos com uma sobrevivência maior do que outros, a seleção natural fixará os primeiros e eliminará os últimos.

Os caracteres que reduzem a sobrevivência podem ser chamados de "deletérios" ou "custosos". Uma ampla classe de caracteres, aparentemente custosos, é freqüentemente encontrada apenas nos machos e Darwin os denominou de caracteres sexuais secundários. Os caracteres sexuais primários são fatores, como a genitália, necessários para cruzar. Os caracteres sexuais secundários não são verdadeiramente necessários para cruzar, mas funcionam durante a reprodução. A "cauda" (ou, mais exatamente, o trem) do pavão é um exemplo. Também em muitas outras espécies de aves os machos têm caudas ou outras estruturas extravagantemente desenvolvidas e brilhantemente coloridas. Um pavão poderia inseminar uma fêmea igualmente bem sem sua admirável cauda, e é nesse sentido que ela é um órgão sexual secundário, e não primário. É quase certo que a cauda do pavão reduz a sobrevivência do macho (embora essa desvantagem, na verdade, nunca tenha sido demonstrada) dado que ela

A cauda do pavão é um exemplo de um caráter sexual de alto custo

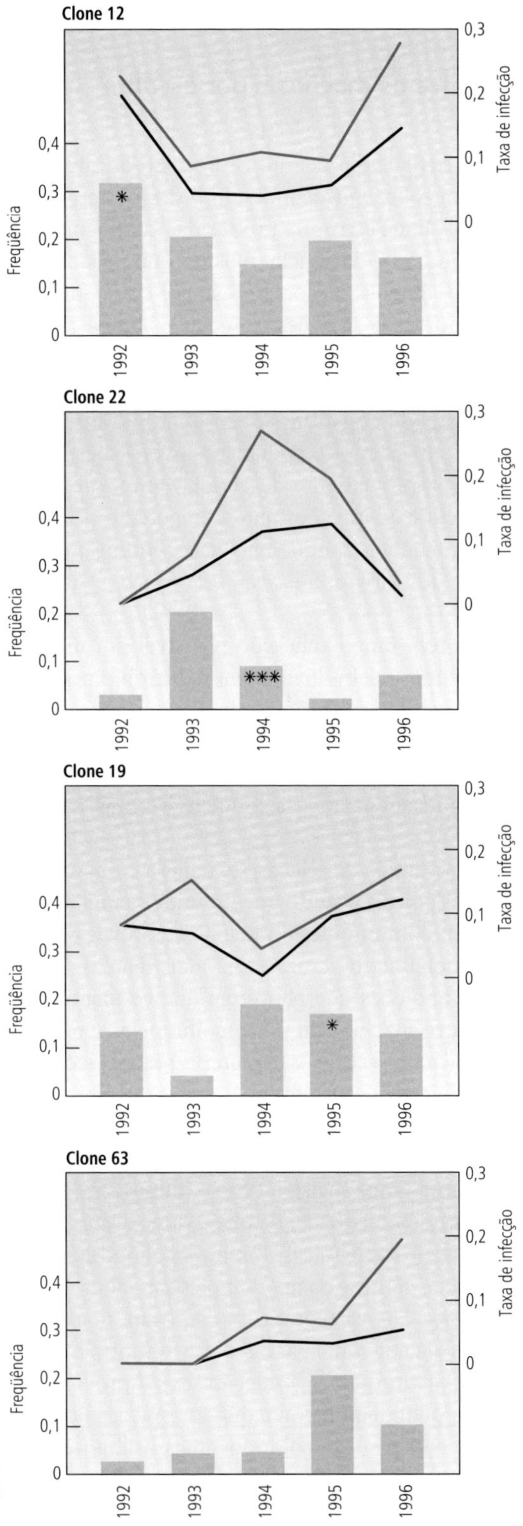

Figura 12.8

Ciclos genéticos em caracóis, possivelmente determinados por coevolução parasita-hospedeiro. São apresentados os dados relativos aos quatro clones mais comuns do caracol *Potamopyrgus antipodarum* em um lago da Nova Zelândia. Em cada um, o histograma na parte inferior mostra a freqüência do clone ao longo do tempo. Note que todos os quatro tiveram ciclos de freqüências, mas não sincrônicos: o clone 12, por exemplo, atingiu o pico em 1992 e o clone 63 em 1995. As linhas do gráfico, na parte superior de cada um, mostram as taxas de infecção de cada clone; isto é, a proporção de caracóis de cada clone que está parasitada. A linha verde corresponde à taxa total de infecção, por todos os parasitas. A linha preta é a taxa de infecção devida a *Microphallus.* Note que a taxa de infecção tende a atingir o pico um ano depois que a freqüência do clone atingiu o pico. O clone 22, por exemplo, atingiu o pico em 1993 e seu pico de infecção foi em 1994. Os clones 19 e 63 apresentam o mesmo padrão, mas o clone 12 é excepcional. Os asteriscos indicam que ele é significativamente mais infectado pelo *Microphallus* do que seria esperado por acaso (*, $P <$ 0,05; ***, $P <$ 0,0001). De Dybdahl e Lively (1998).

reduz sua mobilidade, sua capacidade de voar e torna a ave mais conspícua; seu crescimento também deve impor um custo energético. Por que esses caracteres custosos não são eliminados por seleção?

12.4.2 A seleção sexual atua por competição entre os machos e por escolha pelas fêmeas

A seleção sexual funciona principalmente por...

A solução de Darwin era sua teoria da seleção sexual. Ele definiu o processo ao dizer que "depende da vantagem que certos indivíduos têm sobre outros indivíduos do mesmo sexo e espécie, exclusivamente em relação à reprodução". Uma estrutura produzida nos machos pela seleção sexual não existe apenas por causa da luta pela existência, mas porque proporciona aos machos que a possuem uma vantagem sobre os demais, na competição por companheiras. A idéia de Darwin era de que a sobrevivência reduzida dos pavões com caudas longas, multicoloridas, era mais do que compensada por sua "vantagem reprodutiva" aumentada.

...competição entre machos...

Darwin discutiu dois tipos de seleção sexual. Uma é a dos machos competindo entre si pelo acesso às fêmeas. A *competição entre machos* pode constituir-se em uma luta direta, ou pode ser mais sutil. Machos de alguns insetos, por exemplo, podem remover esperma das fêmeas com as quais estão copulando – o esperma proveniente de cópulas anteriores, com outros machos. Entretanto, aqui não vamos discutir adaptações para competição de esperma ou outras adaptações para competição entre machos, porque elas não contêm questões teóricas profundas. Quanto ao outro mecanismo de Darwin: a *escolha pela fêmea*, a situação é diferente.

...e escolha das fêmeas

Uma estrutura como a cauda do pavão não tem uma explicação plausível por meio da competição entre machos. Ela não serviria para lutar – sem dúvida, ela reduziria o poder de luta do macho – e ninguém, jamais, pensou em qualquer função competitiva para a cauda, por mais sutil que fosse. Darwin sugeriu que, ao contrário, a cauda existe porque as fêmeas preferem acasalar com os machos que têm as caudas mais longas, brilhantes ou belas. Se é assim, a vantagem reprodutiva dos machos de caudas mais longas compensará uma redução correspondente na sua sobrevivência.

O principal argumento de Darwin para a importância da seleção sexual era comparativo. Ela deveria atuar mais poderosamente em espécies poligâmicas do que nas monogâmicas. Nas espécies poligínicas, em que várias fêmeas cruzam com um mesmo macho (e outros machos não conseguem cruzar), cada macho pode, potencialmente, cruzar com mais fêmeas do que quando há monogamia; a seleção a favor das adaptações que permitem que os machos ganhem o acesso às fêmeas (ou por competição entre machos, ou por escolha pelas fêmeas) é proporcionalmente mais forte. Por isso, Darwin raciocinou que os caracteres sexuais secundários seriam mais desenvolvidos em espécies poligínicas do que em espécies monogâmicas. As poligínicas deveriam ter *dimorfismo sexual* mais acentuado.

Darwin apresentou evidências comparativas sobre a seleção sexual

O livro de Darwin, *The Descent of Man, and Selection in Relation to Sex* (1871) (*A origem do homem e a seleção em relação ao sexo*) contém uma longa revisão sobre o dimorfismo sexual no reino animal. Ela ainda é a melhor (e a clássica) demonstração de que o dimorfismo sexual é, sem dúvida, encontrado principalmente em espécies poligínicas. Em aves poliândricas, tais como os falaropos, a seleção sexual está invertida: as fêmeas competem pelos machos e são o sexo de tamanho maior e de colorido mais brilhante. Há exceções, como patos monogâmicos que têm dimorfismo sexual; Darwin tinha uma teoria adicional para isso. Entretanto, o ponto mais importante é que a principal evidência de Darwin quanto à seleção sexual provinha da comparação de um grande número de espécies, a qual demonstrava que as espécies poligínicas são aquelas em que mais freqüentemente os machos têm coloridos mais brilhantes, são maiores ou mais perigosamente armados, enquanto as espécies em que machos e fêmeas mais se assemelham são, mais freqüentemente, as monogâmicas.

12.4.3 As fêmeas podem optar pelo acasalamento com determinados machos

Para Darwin, a escolha do macho pela fêmea foi um pressuposto; ele estava mais preocupado em demonstrar que, se ela existe, pode explicar fenômenos extraordinários como a cauda do pavão. Ele não tinha muito a dizer sobre a questão anterior referente ao motivo pelo qual aquela preferência da fêmea teria evoluído inicialmente. A seleção pode atuar sobre a preferência de uma fêmea do mesmo modo que sobre qualquer outra característica. Se as fêmeas com um tipo de preferência produzem mais prole do que as fêmeas com outro tipo de preferência, a seleção favorecerá a preferência mais produtiva. A dificuldade está em um caso extremo, como a cauda do pavão, em que o tipo de escolha da fêmea parece ser desvantajoso para ela mesma. As fêmeas estão escolhendo os machos que possuem um caráter custoso, que será transmitido para seus filhos; por isso, a preferência das fêmeas parece estar fazendo com que elas produzam filhos inferiores.

A vantagem de uma fêmea acasalar com um macho portador de um caráter custoso não é óbvia

Podemos reapresentar o problema de maneira mais completa, em termos de seleção sobre uma fêmea mutante, pouco exigente. Suponha que as pavoas prefiram os pavões com caudas deslumbrantes, mas que surja uma fêmea mutante que não prefere esses machos; ela poderia cruzar ao acaso, ou preferir outro tipo de macho. O que a seleção fará com essa mutação? A fêmea mutante produzirá filhos que não possuem o caráter custoso ou, pelo menos, o têm em uma forma menos extrema. Por isso, seus filhos sobreviverão mais do que a média. Assim, o mutante seria favorecido, a preferência das fêmeas seria perdida e as formas extremas dos machos desapareceriam.

Mas Fisher sugeriu uma resposta

Desapareceriam? Sem dúvida, a fêmea mutante produzirá filhos que sobrevivem melhor do que a média da população. Mas isto, como Fisher (1930) foi o primeiro a constatar, não é suficiente para garantir que a mutação se dissemine. Quando os filhos da fêmea mutante crescerem, serão rejeitados no acasalamento, por causa de suas caudas inferiores. A fêmea mutante é rara em uma população em que a maioria das fêmeas prefere machos de longas caudas e essa preferência majoritária irá contra os filhos da mutante. Apesar de sua sobrevivência superior, eles serão condenados ao celibato. Portanto, a mutação para cruzamentos ao acaso poderá não se disseminar.

Fisher também discutiu como a preferência por um caráter mais custoso poderia evoluir inicialmente. Depois de ter evoluído, a longa cauda do macho é custosa, mas em uma etapa evolutiva inicial, antes de surgir a preferência das fêmeas, as coisas podem ter sido diferentes. As caudas dos machos, então, seriam mais curtas. Suponha que antes de surgirem fêmeas mutantes que escolhiam machos de caudas longas a maioria das fêmeas escolhia seus pares ao acaso; suponha também que, naquela época, havia uma correlação positiva entre o comprimento da cauda do macho e a sobrevivência (Figura 12.9a). Então a seleção favoreceria uma fêmea mutante que tivesse preferência pelos machos com as caudas mais longas, porque ela iria produzir filhos com caudas mais longas do que a média e que associavam uma maior sobrevivência. Daí, à medida que a mutação se disseminava, os machos com caudas mais longas começariam a adquirir uma segunda vantagem. Há um número crescente de fêmeas da população que preferem cruzar com machos de caudas mais longas e os machos assim dotados não só sobrevivem melhor, mas também passam a usufruir a vantagem no acasalamento. Desse modo, a evolução das caudas mais longas nos machos e a preferência das fêmeas em cruzarem com eles reforçaram-se mutuamente, em um processo que Fisher denominou de *escapamento (runaway)*.

Fisher descreveu a seleção sexual "por escapamento"

Tecnicamente, eles se reforçam porque os genes que os codificam estão em desequilíbrio de ligação (Seção 8.5, p. 227). A prole de uma fêmea que cruza preferencialmente com machos de caudas longas possuirá tanto os genes de escolha, de sua mãe, quanto os genes da cauda longa, do seu pai. Dessa maneira, esses dois tipos de genes passam a associar-se não-aleatoriamente e os genes de escolha da fêmea aumentam em freqüência ao "pegar carona" com os genes vantajosos da cauda longa dos machos.

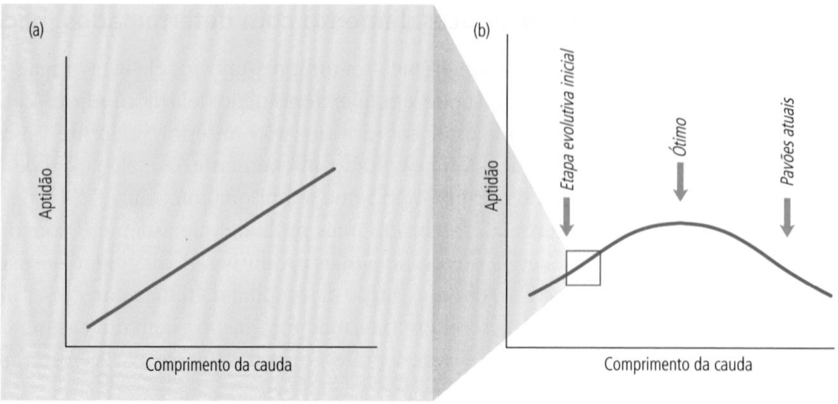

Figura 12.9

(a) Etapa inicial da evolução de um caráter bizarro como a cauda do pavão. Antes de as fêmeas preferirem cruzar com os machos de caudas longas, pode ter havido uma correlação positiva entre o comprimento da cauda (na época, bem mais curta do que a de seus descendentes) e a viabilidade do macho. (b) A relação completa entre o grau de exagero do caráter (comprimento da cauda) e a sobrevivência. Existe um intermediário ótimo. As espécies atuais, como o pavão, situam-se na parte direita do gráfico.

Se considerarmos uma distribuição suficientemente ampla de comprimentos de caudas relacionados com a sobrevivência dos machos, presumivelmente haverá alguma diminuição ou aumento, nos lados respectivos de um ponto ótimo (Figura 12.9b). Por força da escolha das fêmeas, o comprimento médio das caudas na população eventualmente alcançará o ótimo; mas a evolução não parará aí. À medida que a população evolui para o comprimento ótimo de cauda, os machos com as caudas mais longas continuarão sendo os preferidos. Nessa altura, a preferência das fêmeas terá se espalhado na população e a maioria das fêmeas preferirá os machos com as caudas mais longas. Nesse momento, a preferência para cruzamento dirige, sozinha, a evolução das caudas mais longas. Essa preferência pode ter se tornado suficientemente forte para compensar a menor sobrevivência dos machos e a evolução avançará pela zona interessante em que, em uma completa reversão das forças seletivas originais, o caráter masculino evolui para se tornar cada vez mais custoso para seus portadores.

Portanto, a evolução da cauda longa avança em três etapas. Inicialmente ela tem apenas uma vantagem em sobrevivência. Esta, então, é suplementada por uma vantagem no acasalamento. À medida que a escolha das fêmeas se torna mais comum e que o crescimento do comprimento da cauda ultrapassa o ótimo para a sobrevivência, a importância relativa das duas vantagens inverte-se, até chegarmos em uma terceira etapa, em que a continuidade do alongamento é dirigida exclusivamente pela escolha das fêmeas.

...que pode explicar características extremas, tais como a cauda do pavão

Quando a evolução da população ultrapassa o ponto ótimo de comprimento das caudas, as forças seletivas atuantes se tornam quase absurdas. O processo de escapamento só começará a findar quando a taxa de mortalidade dos machos, devida ao excesso de plumagem, tornar-se tão elevada que seu sucesso reprodutivo não mais a compensa. Então o comprimento da cauda atingirá um equilíbrio. Este, de acordo com Fisher, é o que se observa atualmente em aves como os pavões e as aves do paraíso.

O problema original era explicar a evolução de um conjunto de caracteres aparentemente deletérios. A solução de Darwin era de que eles podiam ser mantidos pela escolha das fêmeas. Ele, porém, não explicou como as fêmeas acabaram por escolher machos que tinham caracteres deletérios, nem por que essa escolha não se teria perdido por seleção natural. Na teoria de Fisher, quando a escolha surgiu, por evolução, a característica, no macho, era muito menor e, na ocasião, a escolha favorecia os machos com maior sobrevivência. Por isso, os genes de escolha puderam aumentar em freqüência, de mutantes raros para a forma majoritária na população. Quando quase todas as fêmeas de uma população escolhem seus parceiros de determinada maneira, as fêmeas mutantes que escolhem algum outro tipo de machos sofrem seleção contrária (por causa do efeito sobre o tipo de filhos que elas produzem). No equilíbrio final, o custo do caráter masculino não tem efeito para a fêmea. O caráter masculino é mantido pela escolha da fêmea, mas é o produto final inútil de um processo inicial útil.

12.4.4 As fêmeas podem preferir acasalar com machos desvantajosos porque a sobrevivência deles indica sua alta qualidade

A teoria da "desvantagem" é uma segunda teoria evolutiva sobre a escolha pela fêmea

Agora nos voltaremos para uma segunda teoria, em que o custo do caráter masculino é positivamente útil à fêmea, chamada *teoria da desvantagem (handicap)* (Zahavi, 1975). ("Desvantagem" é o termo de Zahavi, para o que vínhamos chamando de caráter custoso ou deletério, que reduz a sobrevivência.) O argumento funciona assim. Suponha que os machos da população variem em qualidade. Devemos concentrar-nos em espécies como os pavões, em que os machos só contribuem com espermatozóides; neles, qualidade significa a qualidade genética, porque nada mais é transferido. Assim, estamos assumindo que alguns machos têm genes que conferem maior aptidão ("bons genes") do que os de outros machos (que têm "maus genes"). Na prática, poderia haver uma gradação entre bom e mau, mas a questão pode ser explicada com mais facilidade com um caso dicotômico simples.

Se uma fêmea acasala aleatoriamente, seus parceiros terão bons genes e maus genes nas mesmas proporções em que os bons e os maus genes estão na população geral; se metade dos machos da população tem os bons genes e metade tem os maus, então 50% de seus parceiros terão os bons genes e 50% os maus. Agora suponha que alguns dos machos da população possuam uma desvantagem, ou caráter que reduz sua sobrevivência. Se só os machos que têm bons genes conseguem sobreviver quando têm a desvantagem, então uma fêmea que cruzar preferencialmente com esses machos desvantajosos estará cruzando com machos que têm os bons genes (Tabela 12.3). A escolha será favorecida por seleção se a vantagem conferida pelos genes superiores compensar o custo da desvantagem: então a qualidade líquida da prole da fêmea exigente será maior do que a das proles de fêmeas que cruzam ao acaso.

O custo de um sinal torna-o confiável

A desvantagem atua como um indicador da qualidade genética. Mas por que o indicador precisa ser custoso? O motivo é que o custo garante que o indicador seja confiável. Uma qualidade genética do macho não está escrita nele: ela precisa ser inferida e, se as fêmeas a inferem a partir de um sinal inexpressivo, haverá seleção, nos machos, para enganá-las. Se

Tabela 12.3

O princípio da desvantagem. Se os machos que são portadores de uma desvantagem só conseguem sobreviver quando são portadores de bons genes, as fêmeas que cruzarem com os machos desvantajosos estarão cruzando só com machos que possuem bons genes. Uma fêmea que cruza com machos não-desvantajosos estará cruzando com machos que possuem bons ou maus genes, nas proporções de sua população.

	Machos com maus genes	Machos com bons genes
Não-desvantajosos	Vivos	Vivos } proporções da população
Desvantajosos	Mortos	Vivos } proporções da população

as fêmeas cruzassem preferencialmente com machos que de maneira simples lhes dissessem "eu tenho bons genes" (ou, em uma espécie não-humana, algo equivalente a dizê-lo) e rejeitassem os que dissessem "eu tenho maus genes", os machos mutantes que fizessem a primeira afirmação seriam favorecidos, independentemente de sua verdadeira qualidade genética. As palavras (e seus análogos) são baratas. Mas se o critério preferido pelas fêmeas é custoso, como deixar crescer uma longa e ostentosa cauda, a seleção evitará o favorecimento automático dos engodos. Particularmente, se o custo de desenvolver uma desvantagem é menor para um macho com a verdadeira alta qualidade do que para um macho de baixa qualidade, as desvantagens só serão desenvolvidas por machos de alta qualidade e serão sinais confiáveis para uso das fêmeas. (Essa condição era encontrada no exemplo simples da Tabela 12.3: o custo da desvantagem era muito maior para os machos com maus genes do que para os machos com bons genes).

Desse modo, o motivo para o custo do caráter masculino é completamente diferente nas teorias de Fisher e de Zahavi. Na teoria de Fisher, o custo surgiu como um produto final de um processo de evasão. No começo, as caudas longas não eram custosas, mas, sendo selecionadas na população por uma preferência irrestrita das fêmeas pelos machos de caudas mais longas, elas evoluíram ultrapassando seu ótimo e terminaram por reduzir a sobrevivência de seus portadores. Na teoria de Zahavi, o caráter masculino tinha de ser custoso desde o início e permanecer custoso à medida que a preferência se disseminava nas fêmeas. A função do caráter masculino escolhido é de indicador da qualidade genética de outros locos, e ele precisa ser custoso para ser confiável.

12.4.5 Na maioria dos modelos das teorias de Fisher e de Zahavi, a escolha da fêmea é irrestrita, e essa condição pode ser testada

Há dois modos cruciais pelos quais as idéias de Fisher e de Zahavi podem ser testadas. O primeiro diz respeito ao tipo exato de preferência feminina que cada idéia exige. A preferência fica em aberto. Podemos distinguir entre preferências absolutas, que são do tipo "cruze preferencialmente com machos cujas caudas têm 30 cm de comprimento" e preferências irrestritas como "cruze preferencialmente com o macho que tiver a cauda mais longa que você puder encontrar".

Na teoria de Fisher, na etapa inicial, quando o caráter masculino estava positivamente correlacionado com a sobrevivência, tanto uma preferência absoluta quanto uma irrestrita poderiam ser favorecidas. O comprimento médio da cauda poderia ter sido, então, de 5 cm e as caudas mais longas na população poderiam ter sido de 30 cm. Se o mutante selecionado fosse um que codificasse uma preferência absoluta por machos com caudas de 30 cm, a evolução prosseguiria até que o comprimento médio da cauda chegasse a 30 cm e então pararia. Somente se a preferência fosse irrestrita poderia ocorrer equilíbrio com um caráter masculino custoso. Em equilíbrio, a menor sobrevivência dos machos com caudas mais longas do que a média precisava ser compensada por uma maior freqüência de cruzamentos. Para as fêmeas, não é suficiente preferir machos médios ou cruzar ao acaso. Elas precisam preferir, ativamente, machos com caudas mais longas do que a média.

A teoria requer a escolha irrestrita

Na teoria da desvantagem, as fêmeas, de modo semelhante, têm de preferir os machos com as desvantagens mais custosas. Se o custo maior pago pelos machos de melhor qualidade não for compensado por maior sucesso nos cruzamentos, haverá a evolução de uma desvantagem menos custosa. Portanto, em ambas as teorias, em uma espécie que tem um ornamento masculino custoso, a escolha da fêmea tem de ser irrestrita. Encontrar evidências de tais preferências sugere que o caráter masculino é, inegavelmente, mantido pela escolha das fêmeas. Entretanto, isso não nos diz se quem está em ação é a teoria do escapamento de Fisher ou a teoria da desvantagem de Zahavi.

Os experimentos demonstram que a escolha é irrestrita

A previsão foi testada em mais de uma espécie. Um exemplo para ilustrar o procedimento é o estudo de Møller (1994) em andorinhas de celeiros (*Hirundo rustica*). Nas andorinhas, os dois sexos são iguais exceto pela pena mais externa da cauda, que é cerca de 16% mais longa no macho do que na fêmea. Møller testou se as fêmeas preferem, de forma irrestrita, os machos com as caudas mais longas. Ele encurtou experimentalmente as caudas de alguns machos, aparando as extremidades das penas da cauda com uma tesoura, e alongou as caudas de outros, colando as aparas de penas nas extremidades das caudas destes com uma supercola, que endurecia em menos de 1 segundo. Então, ele calculou o tempo que os diferentes machos levavam para encontrar uma parceira. Os machos cujas caudas foram encompridadas acasalavam mais rápido (Figura 12.10a), o que resultou em maior sucesso reprodutivo (Figura 12.10b).

Møller também confirmou que o caráter masculino é custoso. As andorinhas fazem a muda de penas no outono, desenvolvendo nova cauda para a próxima temporada de reprodução. A nova cauda do macho é cerca de 5 mm mais longa do que a do ano anterior, mas os machos que haviam tido suas caudas alongadas, no ano seguinte desenvolveram uma cauda que era mais curta do que a que tinham antes do tratamento experimental (Figura 12.10c). (Møller não mexeu nas caudas deles no ano seguinte ao do experimento.) Esses machos haviam tido um bom ano durante o experimento, mas o esforço extra de voar com uma cauda encompridada cobrou-lhes um custo fisiológico. Esse custo foi pago no ano seguinte: os machos demoraram mais a achar uma parceira e seu sucesso reprodutivo declinou. Em resumo, Møller demonstrou que as penas sexualmente dimórficas da cauda das andorinhas são mantidas por escolha das fêmeas, que a escolha é irrestrita e que o caráter escolhido é custoso.

12.4.6 A teoria de Fisher exige variação hereditária do caráter masculino e a teoria de Zahavi exige variação hereditária na aptidão

A teoria prevê que o caráter masculino seja hereditário

Na teoria do escapamento de Fisher, o motivo pelo qual as fêmeas escolhem os machos de caudas longas no ponto final de equilíbrio é que uma fêmea mutante, que cruzasse ao acaso, teria menor aptidão porque seus filhos teriam caudas mais curtas e seriam rejeitados como parceiros. Isso só é verdade se o comprimento da cauda do macho for hereditário. Se a variação do comprimento da cauda fosse ambiental e sua herdabilidade fosse zero (Seção 9.6, p. 263), o comprimento médio das caudas dos filhos da fêmea mutante não seria mais curto do que o das fêmeas exigentes. Se a escolha do parceiro impusesse algum custo para qualquer fêmea, a mutante para cruzamentos ao acaso iria disseminar-se. Portanto, o comprimento de cauda precisa ser hereditário senão a seleção favorecerá a fêmea que cruza ao acaso. Essa condição pode ser testada, mas nunca o foi em uma espécie com um caráter custoso e extravagante como a cauda do pavão.

Na teoria de Zahavi, a vantagem da escolha da fêmea não depende da hereditariedade do caráter masculino. A escolha poderia manter-se, ainda que todos os membros da população tivessem os mesmos genes de comprimento de cauda. Mas a teoria tem uma condição análoga. Nas espécies em que os machos só transmitem espermatozóides, a escolha das fêmeas é pela qualidade genética do macho. Precisa existir variação na qualidade genética dos machos: alguns devem ter bons genes, outros, maus genes. Essa é uma condição chamada *herdabilidade da aptidão*. Herdabilidade da aptidão significa que os indivíduos com aptidão acima da média (isto é, que produzem mais prole do que a média) produzem prole que também tem aptidão superior à média. Se machos de alta qualidade não produzem prole de alta qualidade, não há vantagem em escolhê-los como parceiros.

Mas a seleção pode ter removido a variação hereditária

Em ambas as teorias, as condições enfrentam a mesma dificuldade. Enquanto a seleção está atuando sobre qualquer característica, ela está reduzindo sua herdabilidade (ver, por exemplo, o experimento com milho de Illinois, Tabela 9.2, p. 267 e Figura 9.7, p. 266). Em uma população em que alguns indivíduos possuem bons genes e outros, maus genes, a seleção

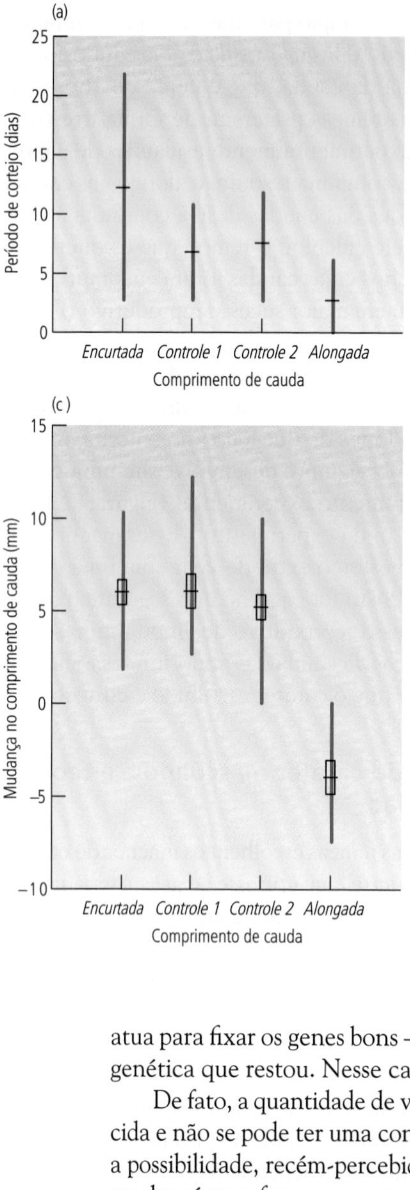

Figura 12.10

As andorinhas de celeiros com as caudas mais longas são preferidas pelas fêmeas, mas o caráter é custoso. Møller encurtou experimentalmente as caudas de alguns machos e alongou as de outros; em um dos controles, ele cortou as caudas dos machos e imediatamente as colocou de volta (controle 1) e em outro controle ele não mexeu nas caudas (controle 2). (a) Os machos com as caudas alongadas conseguem parceiras mais rapidamente, (b) têm maior sucesso reprodutivo, mas (c) no ano seguinte o crescimento de sua cauda é mais curto enquanto a de outros machos cresce mais. (Møller também mediu a vantagem no acasalamento e o custo da cauda mais longa por outros critérios e esses resultados concordam com os ilustrados aqui.) (0,25 in ≈ 6 mm) Redesenhada de Møller (1994). © 1994 Macmillan Magazines Ltd., com permissão.

atua para fixar os genes bons – e, uma vez que o tenha feito, não haverá variação na qualidade genética que restou. Nesse caso, a teoria de Zahavi não funcionaria.

De fato, a quantidade de variação da qualidade genética de uma espécie natural é desconhecida e não se pode ter uma conclusão segura. Entretanto, há três argumentos a considerar. Um é a possibilidade, recém-percebida, de que a teoria de Zahavi não funcione nas espécies em que o macho só transfere espermatozóides, por não haver suficiente variação de qualidade genética.

Outros processos podem recriar a variação

Alternativamente, a variação genética pode ser suficiente para que o processo de desvantagem funcione. A existência de variação na qualidade genética é provável, por causa de algum dos fatores já examinados neste capítulo: mutações deletérias e coevolução entre hospedeiro e parasita. A mutação contribui pouco para a variação genética por loco. Mas, se as maiores estimativas das taxas genômicas de mutações deletérias (ver Tabela 12.1) estiverem corretas, a quantidade de variação de qualidade genética deverá ser substancial. Ao escolher os machos de caudas longas, as fêmeas podem estar escolhendo parceiros com relativamente poucos genes ruins. Da mesma forma, se as associações cíclicas de genes propostas na teoria parasítica estão corretas (ver Figura 12.7), por esse motivo uma população terá variação na qualidade genética. Ao escolher machos de caudas longas, podem estar escolhendo parceiros que têm genes com boa resistência aos parasitas; talvez só os machos sadios sejam capazes de desenvolver caudas longas.

Há alguma evidência de que a escolha das fêmeas é influenciada pela qualidade genética. Por exemplo, Welch *et al.* (1998) realizaram um experimento particularmente esclarecedor em pererecas cinzentas (*Hyla versicolor*) no Missouri. Welch *et al.* fertilizaram metade dos ovos de uma fêmea com esperma dos machos preferidos e a outra metade com esperma de machos rejeitados. A prole dos machos preferidos teve maior aptidão. Neste momento, essa pesquisa procura testar quão disseminada é essa preferência das fêmeas por bons genes e qual é a explicação para as diferenças de qualidade genética entre machos.

12.4.7 A seleção natural pode agir de modos conflitantes em machos e fêmeas

A evolução do sexo abriu a possibilidade de futuros conflitos evolutivos entre machos e fêmeas. Considere um animal como a drosófila em que a fêmea geralmente cruza com vários machos diferentes durante determinado período de tempo. Após cada cruzamento, ela estoca os espermatozóides. Durante certo tempo ela produz ovos continuamente, em uma taxa determinada, recorrendo ao seu estoque de espermatozóides para fertilizá-los. Portanto, um macho fertiliza a maior parte dos ovos que a fêmea põe no período que vai desde que ela cruzou com ele até ela cruzar com outro macho.

Uma hipótese sobre pressões conflitantes de seleção em machos e em fêmeas...

Várias forças seletivas estarão atuando nos machos e fêmeas de drosófila. Por exemplo, a seleção favorece um macho que consegue acelerar a produção de ovos da fêmea logo depois que ela cruza com ele, porque fertilizará mais ovos. Parece que os machos de drosófila transferem, junto com seu esperma, substâncias que agem como hormônios na fêmea e aceleram a sua produção de ovos. A produção acelerada de ovos pode não ser de interesse da fêmea. Sua taxa ótima de produção será uma compensação entre sua sobrevivência e sua reprodução. Se ela produz ovos extras agora, estará reservando menos energia para manter seu corpo. Sua sobrevivência diminuirá e seu período total de postura também decrescerá. No curto prazo, o macho ganha ovos extras às custas da redução da viabilidade total da fêmea. Esse custo não é pago pelo macho porque os ovos que a fêmea deixa de pôr, em virtude de morrer mais cedo, seriam fertilizados por outro macho. Nas fêmeas, a seleção natural favorece a resistência às técnicas de aceleração de produção de ovos do macho. Elas podem desenvolver anti-hormônios ou outros métodos de restauração da taxa ótima de produção de ovos.

As forças seletivas diferem quando há monogamia perene. Nesse caso, os "interesses" do macho e da fêmea são iguais. Se um macho provoca na fêmea a aceleração da produção de ovos em curto prazo, mas reduz a aptidão total dela, sua própria aptidão também diminuirá na mesma proporção.

Holland e Rice (1999) testaram esse raciocínio experimentalmente com drosófilas. Estas geralmente cruzam com vários membros do sexo oposto. Holland e Rice fizeram com que algumas drosófilas cruzassem normalmente, como controles. Em suas linhagens experimentais, eles impuseram a monogamia, tomando um indivíduo ao acaso, para ser o único parceiro de outro indivíduo do sexo oposto. Eles cruzaram linhagens dessas drosófilas experimentalmente monogâmicas por 47 gerações.

...é sustentada por resultados experimentais engenhosos

Como previsto, nas linhagens monogâmicas de drosófila, os machos evoluíram para serem menos danosos às suas parceiras e estas evoluíram para serem menos resistentes aos machos. A Figura 12.11 apresenta alguns dos resultados de Holland e Rice. Após 47 gerações de monogamia, os machos desenvolveram taxas mais baixas de cortejo (Figura 12.11a). Igualmente, sob monogamia, a prolificação por fêmea aumentou (Figura 12.11b). Esse resultado sugere que, nas drosófilas normais, o conflito entre machos e fêmeas está reduzindo a viabilidade individual média em cerca de 20%. O principal interesse desses resultados é ilustrar a teoria evolutiva do conflito intersexual, mas eles também têm outras utilidades. O conflito intersexual é mais um fator a ser adicionado à lista de causas das imperfeições adaptativas do Capítulo 10. A seleção sexual, incluindo o conflito intersexual, também pode subjazer à evo-

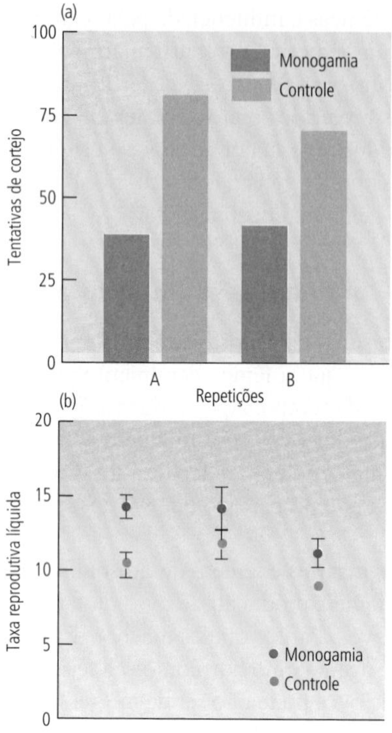

Figura 12.11

A monogamia imposta experimentalmente faz evoluir uma redução dos conflitos reprodutivos em drosófilas. (a) Foi quantificado o comportamento de cortejo quando um único macho é posto em contato com uma única fêmea. As taxas de cortejo estavam reduzidas nas drosófilas monogâmicas. Os resultados apresentados são de duas linhagens replicadas (A e B) de machos extraídos da linhagem experimental depois de 45 gerações de monogamia e de uma linhagem-controle. (b) A prolificação total por fêmea aumentou (isso foi medido por meio do número de progênies adultas por fêmea). Os resultados aqui apresentados referem-se às três gerações finais das linhagens experimental e controle do experimento de 47 gerações. Redesenhada de Holland e Rice (1999), com permissão da editora.

lução relativamente rápida dos genes que são expressos no sistema reprodutivo – fenômeno registrado nas Seções 7.8.2 (p. 210) e 14.12 (p. 439).

12.4.8 Conclusão: a teoria das diferenças sexuais é bem-desenvolvida, mas incompletamente testada

A teoria da seleção sexual encontra-se em uma fase mais avançada do que a teoria de por que o sexo existe. Os modelos, como os de Fisher e Zahavi, podem estar corretos e já foi feito algum trabalho para testá-los. Entretanto, os testes ainda estão em uma fase inicial. Há várias evidências quanto à escolha irrestrita pelas fêmeas em espécies com caracteres masculinos custosos e extravagantes. Isso sugere que Darwin estava certo ao explicar tais caracteres pela escolha da fêmea. Menos trabalhos, porém, foram realizados quanto à outra variável teórica crucial: a herança da qualidade genética.

Muitas outras conseqüências da seleção sexual também estão sendo investigadas. Um tópico bastante atual é o estudo experimental do conflito intersexual. As forças evolutivas do conflito intersexual dependem do sistema de cruzamentos. Alterando-se experimentalmente o sistema de cruzamentos da poligamia para a monogamia, por exemplo, é possível obter uma redução previsível no conflito macho-fêmea ao longo do tempo de evolução.

12.5 A proporção sexual é uma adaptação bem-compreendida

12.5.1 A seleção natural geralmente favorece a proporção sexual de 50:50

A proporção sexual é uma das mais bem-sucedidas das adaptações conhecidas. A idéia principal deve-se, mais uma vez, a Fisher. Na maioria das espécies, a proporção sexual, na fase de zigoto, é de cerca de 50:50. Fisher explicou essa proporção como um ponto de equilíbrio: se a população vier a desviar-se dela, a seleção natural a levará de volta.

A seleção de grupo favorece um desvio pró-fêmeas na proporção sexual

À primeira vista, a proporção sexual de 50:50 poderia parecer ineficiente. A maioria das espécies não exerce cuidados paternos e não é monogâmica, o que significa que um macho pode fertilizar várias fêmeas. Para essas espécies seria mais eficiente produzir mais fêmeas do que machos. Os machos excedentes não são necessários para fertilizar as fêmeas da espécie e não aumentam sua taxa de reprodução. (Esse é outro argumento da "seleção de grupo", ver Seção 11.2.5, p. 329.) Entretanto, imagine o que aconteceria a uma população com uma proporção sexual persistentemente desviada pró-fêmeas – por exemplo, com quatro fêmeas para cada macho. Essa condição não poderia ficar evolutivamente estável por muito tempo porque um macho médio está produzindo quatro vezes mais prole do que uma fêmea média. Existe uma vantagem em ser macho e uma vantagem da fêmea que produz filhos machos extras – porque os filhos têm mais sucesso reprodutivo do que as filhas.

A seleção individual favorece a proporção sexual 50:50...

Se surgisse uma fêmea mutante, que só produzisse filhos machos, o sucesso reprodutivo total de sua prole seria de 20/8 vezes o de uma fêmea média (a mutante produz cinco machos, cada um com um sucesso reprodutivo de 4, contra um macho e quatro fêmeas produzidos por uma fêmea média). O mutante iria disseminar-se. À medida que o faz, a proporção sexual se tornaria cada vez menos desviada pró-fêmeas. O mesmo argumento funciona ao inverso, em uma população com a proporção sexual desviada pró-machos. O sucesso reprodutivo da fêmea média é maior do que o do macho e a seleção natural favorecerá as fêmeas mutantes que produzirem mais filhas do que filhos. Os sucessos reprodutivos de cada sexo só serão iguais quando a proporção sexual for igual. Nesse ponto, não há vantagem em produzir mais de um sexo do que do outro. A proporção sexual de 50:50 é o equilíbrio para o qual a população se desloca durante o tempo evolutivo, e no qual permanece. Qualquer população que se desvie da proporção sexual de 50:50 será redirecionada para ela pela seleção natural.

O motivo fundamental pelo qual a proporção sexual 50:50 é estável é que cada indivíduo tem um pai e uma mãe. O conjunto de fêmeas contribui para a geração seguinte com o mesmo número de genes que o conjunto de machos; quando há um suprimento deficiente de membros de um dos sexos, seu sucesso médio precisa aumentar.

Para ser exata, a teoria e Fisher prevê, por parte dos genitores, uma proporção de investimentos de 50:50 em sua prole masculina e feminina. Geralmente, isso se traduz em uma proporção sexual de 50:50 nos zigotos. A proporção sexual pode estar desviada de 50:50 em adultos se a mortalidade dos machos é maior ou menor do que as fêmeas. Isso não significa que a seleção favorece algum desvio compensatório nas fases iniciais, para produzir mais do gênero de maior mortalidade.

...que não é afetada pelas diferenças sexuais na mortalidade dos adultos

Suponha, por exemplo, que os machos tenham uma mortalidade média maior do que as fêmeas. A proporção sexual entre adultos estará desviada pró-fêmeas. Entre os indivíduos que sobrevivem até a reprodução, o macho médio terá maior sucesso reprodutivo do que a fêmea média. No que diz respeito a uma genitora, porém, o sucesso reprodutivo extra de seus filhos sobreviventes equilibra exatamente o sucesso reprodutivo nulo dos que morreram antes de reproduzir. Quando produz um filho, ela não "sabe", antecipadamente, se ele será um sobrevivente que vai ter um sucesso acima da média ou se morrerá sem reproduzir. Quando nasce um macho, só o que se pode esperar dele é que tenha o sucesso de um macho médio, e o sucesso reprodutivo de um macho médio é o mesmo que o de uma fêmea média. A prole de qualquer genitor sofrerá todas as diferenças de mortalidade relacionadas ao sexo que a população geral, e nada se ganha em produzir mais indivíduos do sexo que será (na fase adulta) minoritário. Qualquer genitor que assim fizesse, simplesmente estaria aumentando a mortalidade média de sua progênie.

Entretanto, o argumento de Fisher faz várias pressuposições. Se estas são alteradas, a proporção sexual prevista também se altera. Nos últimos 30 anos, mais ou menos, os biólogos têm usado a teoria básica de Fisher para testar desvios na proporção sexual em muitas circunstâncias peculiares. Em alguns casos as previsões são quantitativas e os testes são experimentais. A proporção sexual tem se mostrado um campo de testes extremamente fértil para teorias sobre adaptação e situa-se entre as adaptações para a vida mais bem-conhecidas. Aqui está um exemplo para ilustrar essa área de pesquisa.

12.5.2 As proporções sexuais podem ser desviadas quando os filhos ou as filhas atuam, desproporcionalmente, como "auxiliares de ninho"

Na Seção 11.2.4 (p. 324) examinamos os "auxiliares de ninho". Em algumas espécies de aves, alguns filhotes permanecem no ninho de seus pais após a emplumação. Esses filhotes não se reproduzem, mas auxiliam seus genitores a criar sua próxima ninhada. Em alguns casos, os auxiliares de ninho são principalmente machos; em outros, são principalmente fêmeas. Então, dependendo das circunstâncias exatas, a seleção natural pode favorecer uma proporção sexual diferente de 50:50.

A teoria prevê desvios da proporão sexual de 50:50 em certos casos especiais

A toutinegra das Seicheles (*Acrocehalus secheliensis*) é uma ave que vive nas ilhas Seicheles, um arquipélago a uns 100 km ao norte de Madagascar. Nessa espécie ocorrem auxiliares de ninho que são, principalmente, as filhas do casal reprodutor (88% dos auxiliares são fêmeas). Dos filhos machos, a maior parte se dispersa para outros territórios após a emplumação. Komdeur (1996) verificou que, conforme a qualidade do território, os auxiliares têm efeitos opostos no sucesso reprodutivo do ninho. (Komdeur avaliou a qualidade do território por contagens de amostras de insetos do tipo que as toutinegras comem.)

Em territórios de alta qualidade, a presença de 1 a 2 auxiliares aumenta o sucesso reprodutivo do ninho. Mas, em territórios de baixa qualidade, a presença de auxiliares, em qualquer número, diminui o sucesso reprodutivo do ninho. A provável razão é que há pouco suprimento de comida e o consumo de alimentos pelo próprio auxiliar reduz a comida disponível para o casal reprodutor e os filhotes. Mesmo em territórios de alta qualidade, o excesso de auxiliares reduz o sucesso do ninho – ninhos com três ou mais auxiliares têm menor sucesso do que os sem auxiliares. De novo, o motivo provável é a competição por comida. Em linguagem técnica, os dois fatores são chamados competição por recursos locais e incremento de recursos locais: o primeiro refere-se ao caso em que um gênero da prole faz diminuir o sucesso reprodutivo de seus genitores e o segundo ao caso em que um gênero da prole melhora os recursos locais, por exemplo, trazendo alimento para os filhotes, e aumenta o sucesso reprodutivo parental.

A toutinegra das Seicheles produz mais filhos em certas condições e mais filhas em outras

Quando os auxiliares beneficiam seus pais, a seleção favorece os pais que produzem mais prole do sexo auxiliador (nas toutinegras das Seicheles, as filhas). Quando os auxiliares são desvantajosos para seus pais, a seleção favorece os pais que produzem mais prole do sexo não-auxiliador (nas toutinegras, os filhos machos). Komdeur (1996) verificou que essas previsões se verificam realmente. Mais filhos eram produzidos em territórios de baixa qualidade e mais filhas em territórios de alta qualidade (Tabela 12.4a).

Komdeur também testou a teoria por um experimento de transferência. Casais provenientes de territórios de baixa ou de alta qualidade foram transferidos para outras ilhas, para territórios de alta qualidade. Os casais-controle (transferidos de um território de alta qualidade para outro) continuaram a produzir filhas extras. Mas os casais experimentais transferidos de territórios de alta qualidade para os de baixa qualidade mudaram notavelmente da produção de fêmeas para a produção de machos (Tabela 12.4a).

Komdeur realizou ainda mais experimentos, que reforçaram ainda mais a teoria. Entretanto, os resultados da Tabela 12.4 são suficientes para ilustrar o tipo de evidência disponível, embora levantem novas questões. Por exemplo, por qual mecanismo os genitores ajustam a proporção sexual de sua prole? A evidência molecular sugere que os desvios na proporção sexual já estão presentes quando os ovos são postos. O que está acontecendo em fases anteriores, quando o desvio se estabelece, é desconhecido.

Em resumo, quando um dos gêneros da prole incrementa a reprodução parental, a seleção natural favorece os genitores que produzem menos indivíduos daquele gênero. Essas duas previsões foram testadas, com sucesso, em toutinegras das Seicheles.

A proporção sexual é uma adaptação compreendida com sucesso

A competição por recursos locais e o incremento de recursos locais são dois exemplos em que os desvios da proporção sexual 50:50 foram previstos com sucesso. Alguns outros exemplos estão ainda mais detalhados. As diferenças quantitativas na proporção sexual, produzidas em diferentes ninhos de formigas, por exemplo, podem ser previstas a partir da relação genética em cada ninho. Entretanto, o exemplo das toutinegras das Seicheles é suficiente para ilustrar como a teoria das proporções sexuais adaptativas pode ser extremamente bem-sucedida para explicar tanto a proporção sexual normal de 50:50, quanto os desvios dela. A teoria básica inspirou vários tipos diferentes de testes. Ela é quantitativa em sua previsões; e a variável-chave – a proporção sexual – é fácil de medir. Por isso, a proporção sexual provavelmente permanecerá na vanguarda da pesquisa evolutiva ainda por um bom tempo.

Tabela 12.4

O notável ajuste da proporção sexual em toutinegras das Seicheles. (a) A proporção sexual depende da qualidade do território (com base em 118 ninhos, durante 3 anos). (b) Os genitores ajustam a proporção sexual de sua prole, após transferências experimentais de territórios de baixa qualidade para territórios de alta qualidade. Os casais controles não ajustaram a proporção sexual após transferência para territórios de qualidades semelhantes. As proporções sexuais (a) e (b) foram medidas por métodos moleculares, em ovos e em filhotes. A qualidade territorial foi medida por amostragens de insetos. Simplificada dos dados em Komdeur (1996).

(a) A proporção sexual e a qualidade territorial

Qualidade territorial	Número de filhos	Número de filhas	Porcentagem de filhos
Baixa	44	13	77
Média	14	13	55
Alta	4	32	12,5

(b) Experimento de transferência

Antes da transferência			Depois da transferência			
	Proporção sexual			Proporção sexual		
Qualidade territorial	Fêmeas	Machos	Qualidade territorial	Fêmeas	Machos	Número de pares
Baixa	2	18	Alta	29	5	4
Alta	15	4	Alta	16	4	3

12.6 Diferentes adaptações são compreendidas em diferentes níveis de detalhamento

Examinamos a função do sexo, a seleção sexual e a proporção sexual como três exemplos relacionados de pesquisas sobre adaptação. A pesquisa alcançou uma etapa diferente em cada caso.

O problema do sexo ainda está por ser resolvido. Até recentemente, o principal trabalho era teórico, visando construir um modelo no qual alguma vantagem hipotética do sexo fosse suficientemente grande para compensar seu custo de 50%. Agora temos duas teorias razoavelmente bem-elaboradas (a mutacional e a parasítica) e a pesquisa está deslocando-se para uma fase empírica.

No caso da seleção sexual, as principais teorias da escolha pela fêmea estiveram em voga por algum tempo. Elas proporcionam uma explicação abstrata satisfatória para órgãos tais como a cauda dos pavões. Um completo repertório de técnicas – construção de modelos, experimentação, métodos comparativos – está sendo usado. No nível da história natural detalhada, muitas questões permanecem sem resposta. Não sabemos se as idéias abstratas explicam corretamente toda a variação natural do comportamento e do dimorfismo sexuais, e as idéias não são fáceis de testar.

A teoria da proporção sexual já está bem mais avançada. A relação entre fatos e teorias é boa. Temos não só uma teoria geral abstrata, como a da seleção sexual, mas a teoria também faz previsões quantitativas e sugere vários tipos de testes para casos especiais. Vários desses testes foram aplicados e a adequação dos resultados às previsões sugere que a teoria detém uma boa chance de estar correta.

Resumo

1 Para muitas características, não é óbvio como (ou se) elas são adaptativas.

2 Uma adaptação pode ser estudada por meio da comparação entre a forma observada de um órgão e a forma teoricamente prevista, por meio da alteração experimental do órgão e por meio da comparação da forma do órgão em várias espécies.

3 O sexo tem uma desvantagem adaptativa de 50% em relação à reprodução assexuada.

4 As populações de reprodução sexuada evoluirão mais rapidamente do que um conjunto de clones assexuados, desde que a taxa de mutações favoráveis seja suficientemente alta.

5 A distribuição taxonômica da reprodução assexuada sugere que as formas assexuadas têm uma taxa de extinção mais elevada do que as formas sexuadas. Entretanto, em geral se duvida que o sexo seja mantido por seleção grupal.

6 As duas teorias atuais para explicar por que o sexo existe propõem que ele é favorecido: (i) pelo grande número de mutações deletérias que são removidas mais facilmente pela reprodução sexuada do que pela assexuada; e (ii) pela queda-de-braço coevolutiva entre hospedeiros e parasitas. O problema de por que existe o sexo não está completamente resolvido.

7 Os machos de muitas espécies têm características sexuais secundárias bizarras e deletérias; a cauda do pavão é um exemplo.

8 Darwin explicou a evolução de características sexuais estranhas pela seleção sexual: as características reduzem a sobrevivência de seus portadores, mas aumentam seu sucesso reprodutivo; na maioria das espécies sexuadas, a seleção sexual funciona por competição entre os machos e por escolha pelas fêmeas.

9 O maior dimorfismo sexual nas espécies poligínicas do que nas monogâmicas sugere a importância da seleção sexual.

10 A preferência de fêmeas por machos com características deletérias é teoricamente problemática. Isso pode ser explicado pela teoria de Fisher, de que as características deletérias anteriormente eram vantajosas e são mantidas por preferência majoritária, ou pela teoria da desvantagem, de Zahavi, em que a característica custosa indica uma qualidade genética superior.

11 As forças de seleção, nos machos e nas fêmeas, podem ser conflitantes. O conflito depende do sistema de cruzamento, e pode ser estudado por meio da alteração experimental do sistema de cruzamentos, fazendo-se com que a população evolua para um novo estado de adaptação.

12 Geralmente a proporção sexual é de 50:50 porque o sucesso reprodutivo do total de machos de uma população tem de ser igual ao sucesso reprodutivo do total de fêmeas. Se a proporção sexual da população se desviar de 50:50, a seleção natural favorecerá os indivíduos que produzirem mais prole do sexo minoritário.

13 A teoria da proporção sexual conseguiu prever corretamente quando a proporção sexual devia ser diferente de 50:50. Ela foi testada experimentalmente no caso dos "auxiliares de ninho" em toutinegras das Seicheles.

14 As funções do sexo, a seleção sexual e a proporção sexual são três das mais importantes áreas de pesquisa sobre adaptação. Elas atingiram diferentes etapas de avanço teórico.

Leitura adicional

A respeito do sexo, meu livro de divulgação (Ridley, 2001) explica o problema básico e a teoria de Kondrashov. A teoria de Fisher-Muller pode ser seguida por meio de Barton e Charlesworth (1998), Burt (2000) e Otto e Lenormand (2002). Butlin (2002) revisa os assexuados primitivos e o teste de Meselsohn. Rice (2002) revisa trabalhos experimentais sobre evolução do sexo.

Quanto à teoria mutacional, há duas revisões meticulosas das pesquisas sobre *U*, por Keightley e Eyre-Walker (1999) e Lynch *et al.* (1999). (Note que Lynch usa *U* para a taxa genômica e Keightley, para a taxa gamética. Esta é metade daquela). Agora elas podem ser atualizadas pela troca de idéias entre Kondrashov e Eyre-Walker e Keightley na *Trends in Genetics* (2001), vol. 17, p. 75-8, e por Shabalina *et al.* (2001). Ainda outro tema relacionado é a possibilidade de destruir o HIV por meio da aceleração de sua taxa de mutação: Holmes (2000a) é um artigo de divulgação a respeito.

A outra teoria importante é a parasítica. A referência Hamilton (2001) constitui o volume 2 da coletânea de artigos deste autor e contém todos os artigos-chave sobre sexo, bem como as introduções que atualizam os artigos de revisão. Otto e Lenormand (2002), bem como Barton e Charlesworth (1998), discutem a teoria. Lively (1996) apresenta sua pesquisa. O Capítulo 22 contém mais referências gerais sobre coevolução entre parasita e hospedeiro; sobre a genética das relações entre parasita e hospedeiro em plantas, ver Simmons (1996).

Recentemente, a evolução do sexo foi assunto de edições especiais: *Science* de 25 de setembro de 1998 (vol. 281, p. 1979-2008), *Journal of Evolutionary Biology* (vol. 12, n. 6, 1999) e *Nature Reviews Genetics* (vol. 3, n. 4, 2002). A edição especial do *Journal of Evolutionary Biology* (às vezes referido informalmente como a revista da biologia do mal) contém um artigo "alvo", de West *et al.*, junto com comentários de vários autores especialistas. West *et al.* propõem que as teorias mutacional e parasítica poderiam agir em conjunto na manutenção do sexo, em vez de serem alternativas.

Dawkins (1989a) é uma boa introdução, tanto para a seleção sexual quanto para a proporção sexual. Para seleção sexual, Anderson (1994) é uma revisão abrangente; Cronin (1991) é outra introdução clara; é boa quanto à história e à amplitude do contexto. Møller (1994) descreve seu trabalho em andorinhas. Sobre a escolha de bons genes pela fêmea, ver, também, o trabalho de Wilkinson *et al.* (1998) sobre moscas de olhos pedunculados. Sobre a coevolução antagonística, resultados posteriores, com a mesma origem dos de Holland e Rice (1999), são relatados por Hosken *et al.* (2001) e por Civetta e Clark (2000).

Sobre proporções sexuais, a fonte clássica é Fisher (1930). West *et al.* (2000) é uma revisão curta e Hardy (2002) é um volume editado sobre pesquisas modernas. Hewison e Gaillard (1999) revisam um outro desvio – o efeito de Trivers e Willard (1973) – em ungulados.

Questões para estudo e revisão

1 Qual é o custo do sexo em uma espécie em que a proporção sexual ao nascimento é (a) 1 macho:2 fêmeas e (b) 2 machos:1 fêmea?

2 (a) Que condição é exigida da taxa de mutações deletérias para que a seleção natural favoreça a reprodução sexuada em relação à assexuada? A razão e a evidência indicam que essa condição é encontrada na natureza? (b) Esquematize qual a relação entre o número de mutações deletérias em um organismo e sua aptidão, que seria necessária para que o sexo e a recombinação fossem vantajosos (inclua uma especificação do eixo dos *y*). Na realidade, que formas são admissíveis?

3 O que você investigaria para determinar se o sexo é favorecido pela coevolução entre hospedeiro e parasita?

4 Por que uma característica masculina precisa ser custosa (uma desvantagem) para sinalizar qualidade genética?

5 Na teoria do escapamento de Fisher, o que mantém a preferência da fêmea pelos machos extremos – por que essa preferência não desaparece evolutivamente?

6 Se um macho pode fertilizar várias fêmeas da espécie, por que os genitores não produzem uma proporção sexual com várias filhas para cada filho?

7 Em termos dos modelos de seleção (ou regimes de aptidão) discutidos no Capítulo 5, que tipo de seleção atua no modelo de Fisher de: (a) escolha da fêmea e (b) proporção sexual?

8 [Esta questão baseia-se em matérias dos três capítulos da Parte 3.] Se os indivíduos de uma espécie poligínica produzem uma proporção sexual de 50:50 em sua prole, essa adaptação é perfeita do ponto de vista: (a) individual e (b) do grupo de indivíduos? Que lição geral esse exemplo ilustra, sobre a perfeição da adaptação?

Parte 4

Evolução e Diversidade

Darwin encerrou *A Origem das Espécies* com as seguintes palavras:

> Há uma grandeza nesta visão da vida, com seus vários poderes, ter sido inspirada originalmente em umas poucas formas, ou em uma só; e isso, enquanto este planeta vai executando seus ciclos de acordo com a lei imutável da gravidade; de um começo tão simples foram, e estão sendo, produzidas formas sem fim, as mais belas e mais maravilhosas.

A Parte 4 deste livro é sobre como a teoria da evolução pode ser usada para compreender a diversidade da vida, nas palavras de Darwin, "formas sem fim, as mais belas". Iniciamos este conjunto de capítulos examinando o que são as espécies biológicas e a diversidade dentro de uma espécie. Na biologia evolutiva, as espécies podem ser entendidas como conjuntos de genes – conjuntos de organismos que intercruzam – e eles são unidades importantes porque, na teoria da genética de populações, a seleção natural ajusta a freqüência dos genes nos conjuntos gênicos.

Como disse Darwin, os milhões de espécies que atualmente habitam este planeta evoluíram de um ancestral comum, e a multiplicação do número de espécies foi gerada do mesmo modo como uma única espécie que se separou em duas. A especiação (Capítulo 14) provavelmente ocorria com freqüência quando duas populações evoluíam independentemente e acumulavam diferenças genéticas incompatíveis. Muito se sabe sobre esse processo, mas também examinamos algumas outras maneiras, menos bem-entendidas, pelas quais pode surgir uma nova espécie.

O Capítulo 15 descreve como as relações filogenéticas entre as espécies e os grupos taxonômicos mais elevados podem ser reconstruídas. A história das espécies não pode ser simplesmente observada, e as relações filogenéticas precisam ser reconstruídas a partir dos indícios nas moléculas, cromossomos e morfologia das espécies atuais (e na morfologia dos fósseis). A reconstrução filogenética é parte crucial da taxonomia moderna, que será examinada no Capítulo 16. Concretamente, a filogenia proporciona um princípio melhor do que qualquer alternativa para a classificação biológica. Por isso, para classificar espécies precisamos conhecer suas relações filogenéticas; o Capítulo 16 segue a lógica do Capítulo 15.

Finalmente, a teoria da especiação, bem como a classificação e a reconstrução filogenética são todas necessárias em biogeografia evolutiva (Capítulo 17) – o uso da teoria evolutiva para entender a distribuição geográfica das espécies.

13 Conceitos de Espécie e Variação Intra-Específica

Os evolucionistas teóricos sugeriram diversas razões para a existência das espécies biológicas e sempre houve controvérsia sobre qual delas é a mais importante. Este capítulo trata dos conceitos de espécie e da controvérsia entre eles. Começamos por examinar como as espécies são reconhecidas na prática e daí partimos para as idéias teóricas. Tomaremos, pela ordem, os conceitos fenético, reprodutivo (biológico e de reconhecimento) e ecológico, que visam, todos eles, definir uma espécie em determinado tempo. Vamos concentrar-nos em duas propriedades de cada conceito de espécie: (i) se ele identifica teoricamente as unidades naturais; e (ii) se ele explica a existência dos diferentes agrupamentos fenéticos que reconhecemos como espécies. Ao examinarmos o conceito biológico de espécie, que a define pelo intercruzamento, também consideraremos o tópico dos mecanismos de isolamento, que impedem os intercruzamentos entre espécies. Examinaremos alguns casos de testes de organismos assexuados e de padrões genéticos e fenéticos no espaço. Depois nos voltaremos para os conceitos cladístico e evolutivo de espécie, que podem suplementar os conceitos atemporais e que definem as espécies ao longo do tempo. Encerramos com considerações filosóficas sobre o fato de as espécies serem verdadeiras categorias naturais ou meras categorias nominais.

13.1 Na prática, as espécies são reconhecidas e definidas por suas características fenéticas

As espécies são formalmente definidas e reconhecidas na prática por suas características fenéticas

Quase todos os biólogos concordam que a espécie é uma unidade natural fundamental. Quando relatam suas pesquisas, eles identificam o objeto de estudo em nível de espécie e a informam de acordo com o sistema binomial lineano como *Haliaeetus leucocephalus* (águia careca) ou *Drosophila melanogaster* (drosófila). Entretanto, os biólogos não conseguem concordar sobre como definir exatamente uma espécie, em termos abstratos. A discussão é teórica, e não prática. Ninguém duvida de como determinadas espécies são definidas na prática. Os taxonomistas o fazem por meio das características morfológicas ou fenéticas[1]. Se um grupo de organismos difere decisivamente de outros organismos, ele será definido como uma espécie separada. A definição formal de uma espécie será em termos dos caracteres que podem ser usados para reconhecer os membros daquela espécie. O taxonomista que descreve a espécie terá examinado espécimes dela e de espécies relacionadas, procurando por caracteres que estejam presentes nos exemplares da espécie que ele está descrevendo e ausentes nas outras espécies relacionadas. Esses serão os caracteres a serem usados para definir a espécie.

Quase todo o caráter fenético acaba sendo útil para o reconhecimento prático de espécies. A Figura 1.3, por exemplo, apresenta os adultos da águia careca (*Haliaeetus leucocephalus*) e da águia dourada (*Aquila chrysaetos*), em vista ventral. Um guia sobre aves fornecerá vários caracteres pelos quais as duas espécies podem ser distinguidas. A águia careca adulta tem a cabeça e a cauda distintivamente brancas e um grande bico amarelo. Por isso, na América do

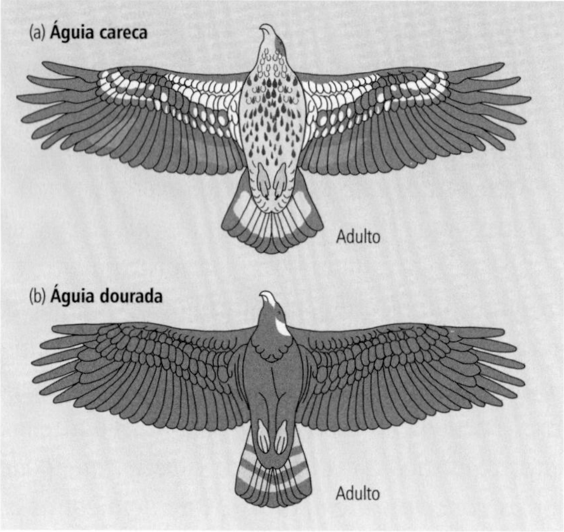

Figura 13.1

(a) Águia careca adulta (*Haliaeetus leucocephalus*) e (b) águia dourada adulta (*Aquila chrysaetos*), em vista ventral. As espécies podem ser distinguidas por seus padrões de coloração branca.

---

[1] Caracteres fenéticos são todos os caracteres observáveis ou mensuráveis de um organismo, inclusive os caracteres microscópicos e fisiológicos que possam ser difíceis de observar ou medir na prática. Os caracteres morfológicos são as formas ou tipos observáveis no organismo inteiro ou em grande parte dele. As características comportamentais e fisiológicas fazem parte da descrição fenética de um organismo, mas não fazem parte de sua morfologia. Entretanto, as descrições taxonômicas geralmente são feitas a partir de peças mortas de museu, e as características fenéticas que são especificadas nessas descrições geralmente são características morfológicas. As palavras "fenético" e "morfológico", no caso, são praticamente intercambiáveis. Também a palavra "fenotípico" poderia ser usada em lugar de "fenético".

Norte, a águia careca pode ser reconhecida pela cor de suas penas e bico. (Falando estritamente, para reconhecer uma espécie é freqüente o uso dos caracteres "diagnósticos" em vez dos "definidores". O Quadro 13.1 explica a diferença).

A variação entre indivíduos causa problemas

Na prática, os caracteres que definem uma espécie não estarão presentes em todos os membros desta, nem ausentes em todos os membros de outras espécies. A natureza é muito variável. Geralmente não se consegue encontrar um caráter definidor perfeito porque os indivíduos de uma espécie não têm, todos, o mesmo aspecto. Uma águia careca diferirá de outra quanto à cor. Espécies verdadeiras formam um "agrupamento fenético": os indivíduos da espécie apresentam uma variação de aparências, mas eles tendem a ser mais parecidos uns com os outros do que com os membros de outras espécies. As águias carecas tendem a ter um padrão de coloração, as águias douradas outro. Os caracteres definidores não são perfeitamente discriminatórios, mas indicam como a maioria dos membros de uma espécie difere da maioria dos membros de outras espécies relacionadas.

Nos casos mais difíceis, duas espécies podem interpenetrar-se (Figura 13.2). Duas espécies que só recentemente evoluíram de uma ancestral comum, ou duas populações que ainda não se separaram completamente em duas espécies, terão maior tendência a interpenetrar-se. As espécies em anel são um exemplo (Seção 3.5, p. 73, e Lâmina 1, seguinte à p. 92). Na espécie em anel parece haver duas espécies presentes em um mesmo local, mas elas se interconectam por uma série de formas que estão geograficamente distribuídas em um anel. Nenhum caráter fenético pode ser usado, exceto de forma arbitrária, para separar o anel em duas espécies. Tal divisão do anel também seria teoricamente sem sentido: existe um verdadeiro contínuo, e não

Quadro 13.1
Descrição e Diagnóstico em Taxonomia Formal

O exemplo das duas espécies de águias serve apenas para demonstrar que, na prática, as espécies são definidas por meio das características fenéticas observáveis. Também devemos atentar para uma formalidade terminológica, distinguindo entre a *descrição* formal de uma espécie e o seu *diagnóstico*. A definição formal é a descrição da espécie – em termos de caracteres fenéticos – que um taxonomista fez originalmente, quando a denominou. Existem certas regras para a designação de novas espécies, e os caracteres especificados na definição formal são os caracteres "definidores" da espécie, em sentido estritamente formal.

Os caracteres definidores formais de uma espécie podem ser difíceis de observar na prática. Eles podem, por exemplo, ser alguns detalhes mínimos da genitália do indivíduo, só reconhecíveis por um especialista, usando microscópio. Os taxonomistas não escolhem propositalmente os caracteres obscuros para incluir em suas definições, mas, se os únicos caracteres distintos que o taxonomista daquela espécie percebeu eram obscuros, eles é que irão compor a definição formal da mesma. Se os caracteres definidores formais são inconvenientes de observar, os taxonomistas subseqüentes tentarão encontrar outros caracteres que sejam de observação mais fácil. Se esses caracteres úteis não fazem parte da descrição formal, constituem o que se chama de "diagnósticos". Um diagnóstico não tem o poder legal da descrição para determinar que nomes serão atribuídos a quais espécimes, mas é mais útil na tarefa prática taxonômica diária de reconhecer a espécie a que os espécimes pertencem. À medida que a pesquisa avança, podem ser encontradas características melhores (isto é, mais típicas da espécie e mais fáceis de reconhecer) do que as constantes da primeira descrição formal. Daí a definição formal perde seu interesse prático e as características apresentadas em um trabalho como *Birds* (*As aves*), de Peterson, provavelmente serão mais as diagnósticas do que as definidoras formais.

Quando um biólogo evolucionista discute a definição de espécie, a distinção formal entre a descrição e o diagnóstico está fora da questão. Tudo o que interessa é que os caracteres fenéticos são usados para reconhecer as espécies, como nas águias. Entretanto, é bom que se conheça a diferença, tanto para evitar confusões desnecessárias quanto por outras razões – as formalidades taxonômicas são importantes em políticas conservacionistas, por exemplo.

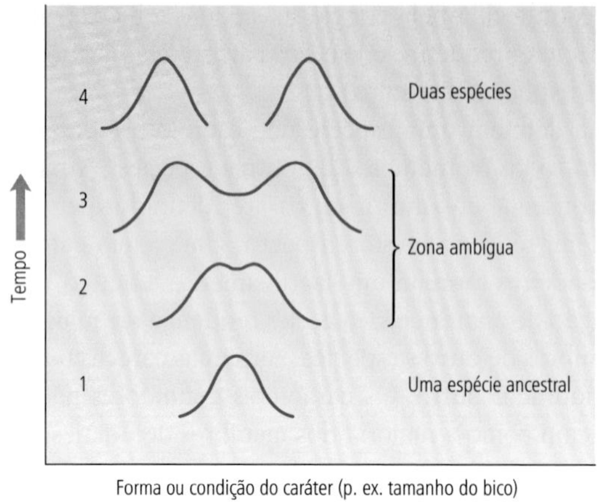

Figura 13.2

Dificuldades no reconhecimento de espécies são esperadas pela teoria da evolução, porque existe variação em cada espécie e as novas espécies evoluem por desmembramentos de espécies ancestrais. Durante a evolução de uma nova espécie, a distinção entre as espécies será ambígua nos tempos 2 e 3. Na etapa 3, por exemplo, nenhum caráter fenotípico pode ser distinguido entre duas espécies sem ambigüidade; sem dúvida, ainda não existem duas espécies.

espécies claramente separadas. Problemas desse tipo são exatamente o que devemos esperar, visto que as espécies se originam por um processo evolutivo. Não devemos esperar que existam caracteres definidores claramente distintos para todas as espécies; a natureza não é assim.

As principais controvérsias evolutivas sobre as espécies não estão relacionadas com aspectos práticos ou formais

Na prática, as espécies são reconhecidas principalmente por seus caracteres fenéticos, com maior ou menor sucesso. Entretanto, quando os biólogos evolucionistas discutem os conceitos de espécie, geralmente não estão discutindo como reconhecer espécies na prática. Estão discutindo conceitos teóricos de espécie mais profundos, que podem estar abaixo dos procedimentos práticos usados para o reconhecimento de uma espécie. Águia careca é só aquele conjunto de águias que tem cabeças e caudas brancas? Imagine que um casal de águias carecas, com belas cabeças e caudas brancas, produza uma ninhada de águias com padrões de cores um pouco diferentes. Estariam eles originando uma nova espécie? Se, para ser um membro dos *Haliaeetus leucocephalus*, bastasse a cor da cabeça e da cauda, a resposta, claramente, seria sim. Entretanto, se a espécie tem uma definição mais fundamental e a coloração foi usada apenas como um marcador útil para uso prático, a resposta seria não. Sem dúvida, as novas águias sem coloração branca eliminariam aquela característica taxonômica e seria hora de começar a procurar outras características para o reconhecimento da espécie. A maior parte da discussão sobre os conceitos de espécie, que vem a seguir, assume que a definição de espécie tem significado mais profundo do que os caracteres fenéticos usados para o reconhecimento prático das espécies. Quando os biólogos questionam os conceitos de espécie, eles não estão questionando o modo como as espécies são definidas na prática.

13.2 Existem vários conceitos de espécie, muito semelhantes

Uma primeira distinção entre os conceitos de espécie é entre conceitos horizontais e verticais (Figura 13.3). Um conceito horizontal visa definir que indivíduos pertencem a quais espécies em um dado momento. Um conceito vertical visa definir que indivíduos pertencem a quais espécies, o tempo todo. Os conceitos verticais foram aqui mencionados para conhecimento; o maior interesse sobre conceitos de espécie está nos conceitos horizontais. Os biólogos estão mais preocupados em definir as espécies no presente, e isso exige um conceito horizontal.

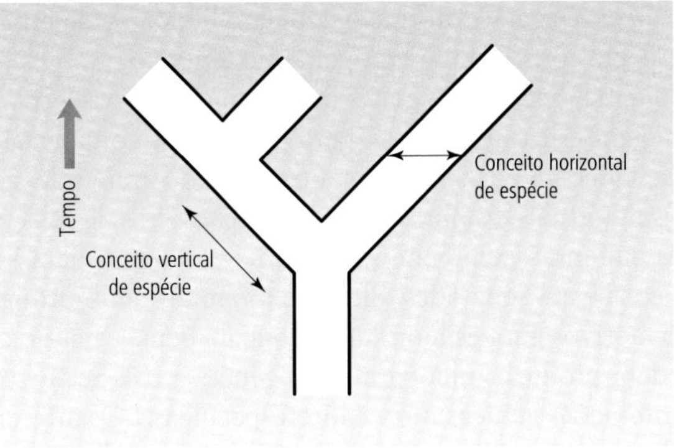

Figura 13.3

Os conceitos horizontais e verticais de espécie. Um conceito horizontal procura definir a espécie no momento e especifica que indivíduos pertencem a que espécie, naquele instante. Um conceito vertical procura definir espécies ao longo do tempo e especifica que indivíduos pertencem a que espécie o tempo todo.

Precisamos saber agora quais águias são *Haliaeetus leucocephalus* e estamos menos interessados nas águias de 1 milhão de anos atrás ou nas de 1 milhão de anos no futuro. Este capítulo concentra-se nos conceitos horizontais.

13.2.1 O conceito biológico de espécie

As espécies podem ser definidas pelo intercruzamento

O *conceito biológico de espécie* define as espécies em termos de intercruzamento. Mayr (1963), por exemplo, definiu-as assim: "espécies são grupos de populações naturais que intercruzam e estão reprodutivamente isoladas de outros grupos desse tipo". A expressão "reprodutivamente isoladas" significa que os membros de uma espécie não intercruzam com membros de outras espécies porque têm alguns atributos que impedem o intercruzamento. O conceito de espécie, que hoje é chamado de conceito biológico de espécie, na verdade é anterior a Darwin – foi esse o conceito de espécie usado por John Ray no século XVII, por exemplo – mas ele foi vigorosamente advogado por vários fundadores influentes da moderna síntese, tais como Dobzhansky, Mayr e Huxley e, hoje em dia, é o conceito de espécie mais amplamente aceito, ao menos entre os zoólogos.

O conceito biológico de espécie é importante porque insere a taxonomia das espécies naturais no esquema conceitual da genética de populações. Em termos de genética de populações, uma comunidade de indivíduos que intercruzam configura um conjunto gênico. Teoricamente, o conjunto gênico é a unidade em que as freqüências gênicas podem mudar. No conceito biológico de espécie, os conjuntos gênicos tornam-se mais ou menos identificáveis com as espécies. A identidade é imperfeita porque as espécies e as populações freqüentemente estão subdivididas, mas isso é um detalhe. Nesse conceito, a espécie é a unidade de evolução. Não são os indivíduos que evoluem, mas as espécies, e os grupos taxonômicos mais elevados, como os filos, só evoluem à medida que as espécies que os constituem estão evoluindo.

O intercruzamento explica por que os membros de uma espécie se assemelham

O conceito biológico de espécie explica por que os membros de uma espécie se assemelham entre si e diferem dos de outras espécies. Quando dois organismos de uma espécie cruzam, seus genes vão combinados para sua prole; à medida que esse processo é repetido a cada geração, os genes dos diferentes indivíduos são constantemente rearranjados a partir do conjunto gênico da espécie. Diferentes linhas familiares (dos pais, dos filhos, dos netos e assim por diante) logo se confundem pela transferência de genes por meio delas. O conjunto gênico compartilhado confere identidade à espécie. Em contraste (por definição), os genes não são transferidos de uma espécie para outra e, por isso, diferentes espécies desenvolvem aparências diferentes. A movimentação dos genes em uma espécie, por meio de migrações e intercruzamentos, é chamada *fluxo gênico*. Conforme o conceito biológico de espécie, o fluxo gênico explica por que cada espécie constitui um agrupamento fenético.

Além disso, o constante remanejamento dos genes induz uma pressão seletiva a favor dos genes que interagem bem com genes de outros locos, para produzir um organismo adaptado; um gene que não se harmoniza bem com o trabalho de outros genes sofrerá seleção contrária. Quando observamos os organismos atuais, estamos observando os efeitos da seleção no passado. Podemos esperar ver genes que interagem bem no âmbito de uma espécie. O mesmo não é verdade para os genes de duas espécies separadas. Eles não foram testados juntos nem crivados pela seleção, não havendo motivos para esperar que interajam bem. Quando combinados em um mesmo corpo, eles podem produzir uma barafunda genética. (A Seção 14.4, p. 415, desenvolve mais a teoria das interações gênicas intra e interespecíficas.) Os intercruzamentos sexuados intraespecíficos produzem o que Mayr (1963) chama de "coesão" (e outros chamam de "coesividade") do conjunto gênico da espécie.

Nesse conceito, como deveriam ser interpretados os métodos de definição de espécies dos taxonomistas? Na verdade, eles identificam as espécies pela morfologia, não pelo intercruzamento. No conceito biológico de espécie, o objetivo dos taxonomistas deveria ser, tanto quanto possível, definir as espécies como unidades de intercruzamento. A justificativa para definir morfologicamente as espécies é que os caracteres morfológicos compartilhados pelos indivíduos são indicadores de intercruzamento. Quando os taxonomistas podem estudar os intercruzamentos na natureza, eles devem fazê-lo e devem definir como espécies os âmbitos das formas que intercruzam. Com espécimes mortos, em museus, os taxonomistas devem usar os critérios de intercruzamento para guiar sua análise de critérios morfológicos. Eles deveriam procurar critérios morfológicos que definissem uma espécie como um conjunto das formas que parecem ter o tipo de variação que uma comunidade de intercruzamento teria. Então os caracteres morfológicos da espécie seriam indicadores de intercruzamento, segundo a estimativa do taxonomista. As águias com cabeças e caudas brancas são uma unidade de intercruzamento; as águias com o padrão de coloração da águia dourada são uma outra.

O conceito do reconhecimento define a espécie em termos do reconhecimento para acasalar

Um conceito de espécie muito parecido é o *conceito de espécie por reconhecimento*, de Paterson (1993). Esse autor define uma espécie como um conjunto de indivíduos que compartilham um sistema específico de reconhecimento para acasalamento (SMRS*). O sistema específico de reconhecimento para acasalamento é o método sensorial pelo qual os indivíduos reconhecem parceiros potenciais. Por exemplo, nos Estados Unidos, 30 ou 40 espécies diferentes de grilos podem estar em reprodução em um mesmo *habitat*. Os grilos machos atraem as fêmeas pela propagação de suas canções. O intercruzamento fica restrito à sua espécie porque cada espécie tem sua própria canção e as fêmeas só são atraídas pelos machos que cantam a canção específica. O sistema de uma canção masculina e um sistema acústico feminino, que leva as fêmeas a só serem atraídas por determinada canção, e não por outras, é um exemplo do que significa um SMRS. Os conjuntos de organismos, que são definidos como espécie pelo conceito biológico e pelo conceito de reconhecimento, serão muito semelhantes, porque os indivíduos que intercruzam geralmente também compartilham um SMRS.

Outro conceito estreitamente relacionado foi desenvolvido para utilizar a quantidade crescente de dados sobre marcadores genéticos moleculares que podem ser usados para reconhecer quais conjuntos de organismos pertencem à mesma linhagem evolutiva (Howard e Berlocher, 1998). Ao todo, existem vários conceitos de espécie que se inspiram na idéia subjacente de que as espécies existem por causa do intercruzamento entre os organismos individuais dentro de cada espécie. O conceito biológico de espécie é o mais influente desses conceitos reprodutivos de espécie.

---

* N. de T. Em inglês, *specific mate recognition system*, SMRS.

13.2.2 O conceito ecológico de espécie

As espécies podem ser definidas ecologicamente pelo compartilhamento de um nicho ecológico

As formas e os comportamentos dos organismos são, ao menos em parte (Capítulo 10), adaptados aos recursos que eles exploram e aos *habitats* que ocupam. De acordo com o *conceito ecológico de espécie*, as populações formam agrupamentos fenéticos distintos, que reconhecemos como espécies, porque os processos ecológicos e evolutivos que controlam a divisão dos recursos tendem a produzir tais agrupamentos. Em cerca de meio século de pesquisas ecológicas, sobretudo com espécies estreitamente relacionadas vivendo na mesma área, ficou sobejamente demonstrado que as diferenças de forma e de comportamento entre espécies costumam estar relacionadas com diferenças nos recursos ecológicos que elas exploram. O conjunto de recursos e *habitats* explorados pelos membros de uma espécie forma seu nicho ecológico, e o conceito ecológico define a espécie como o conjunto de indivíduos que exploram o mesmo nicho. (Em alguns casos, uma definição completa precisaria ser mais extensa. Por exemplo, se a fase juvenil de um organismo vive no plâncton, enquanto a fase adulta se fixa às rochas, as diferentes fases da vida exploram nichos ecológicos diferentes. Entretanto, a definição poderia ser expandida para definir espécie como um conjunto de organismos que exploram um certo conjunto de nichos, que incluísse os explorados em diferentes fases de vida, ou por diferentes gêneros, ou por outras formas intra-específicas diferentes.)

Por que processos ecológicos diferentes deveriam produzir espécies distintas? As relações entre parasita e hospedeiro proporcionam um exemplo claro. Imagine os parasitas explorando duas espécies de hospedeiros. As espécies hospedeiras diferirão em certos aspectos; talvez quanto ao local onde vivem, ou quanto às horas do dia em que estão ativas, ou quanto à morfologia. Os parasitas desenvolverão adaptações apropriadas para viver em um ou outro hospedeiro. Eles tendem a se tornar duas espécies diferentes porque seus recursos ambientais (no caso os hospedeiros) se tornaram dois tipos diferentes.

Claramente, duas espécies de hospedeiros podem fornecer dois conjuntos diferentes de recursos ecológicos. Em outros casos, porém, os recursos ecológicos podem não se transformar em tais unidades distintas. Considere, por exemplo, as cinco espécies de toutinegras do Maine que foram objeto de um estudo clássico de MacArthur (1958). Ele demonstrou que cada espécie explorava, preferencialmente, um local particular das árvores em que todas elas viviam. Algumas espécies alimentavam-se nas partes mais altas, outras nas mais baixas; algumas perto das extremidades dos galhos, outras perto do centro da árvore. Essas variáveis, como a altura na árvore, são contínuas. As toutinegras constituem cinco espécies distintas, mas dividem recursos de variáveis que são contínuas. Nesse caso, a explicação ecológica para a existência dessas espécies distintas vem, sobretudo, do princípio da *exclusão competitiva*. Só espécies suficientemente diferentes podem coexistir. O resultado é que, mesmo com uma distribuição contínua de recursos, as espécies podem evoluir para uma série de formas distintas, ao longo de um contínuo. Se as espécies se interpenetrassem, o competidor superior poderia levar o inferior à extinção e surgiriam vazios entre espécies. (A teoria da especiação [Capítulo 14] sugere ainda outras razões para a evolução de espécies distintas em recursos contínuos. Também a Seção 13.7.2 discute outras evidências de que fatores ecológicos influenciam a distribuição das formas fenéticas de uma espécie.)

A força ecológica da exclusão competitiva mantém as diferenças entre espécies

Os conceitos ecológico e biológico de espécie são muito semelhantes. De acordo com o conceito ecológico de espécie, a vida existe sob a forma de espécies diferentes por causa da adaptação para explorar os recursos na natureza. O intercruzamento é moldado pelo mesmo processo. A seleção natural favorecerá os indivíduos que intercruzam com outros indivíduos que têm um conjunto similar de adaptações ecológicas. Por exemplo, a adaptação ecológica pode ser o tamanho do bico se o bico está adaptado para comer as sementes encontradas no local. A seleção natural favorece individualmente as aves que intercruzam com outras aves que tenham bicos semelhantes. Então, elas produzirão uma prole que, em média, estará bem-adaptada para comer as sementes locais. A seleção natural trabalha contra as aves que intercruzam com parceiros que têm bicos muito diferentes, porque a prole tenderá a ter bicos mal-adaptados. Portanto, os padrões de intercruzamento e as adaptações ecológicas de uma população são modelados por forças evolutivas comuns. Apesar das estreitas relações entre os conceitos, ainda existe alguma controvérsia entre eles (Seção 13.7).

13.2.3 O conceito fenético de espécie

As espécies podem ser definidas pelos atributos fenéticos compartilhados

O conceito fenético de espécie pode ser entendido como uma extensão do modo como os taxonomistas definem uma espécie (Seção 13.1). Eles definem cada espécie por meio de um ou mais caracteres definidores específicos compartilhados pelos membros dela. De modo geral, poderíamos definir espécie como um conjunto de indivíduos que são feneticamente semelhantes e diferentes dos outros conjuntos de indivíduos. Este seria um conceito "fenético" de espécie: ele define as espécies em geral por meio de atributos fenéticos comuns. Um aspecto do conceito fenético que é digno de nota é que ele não se baseia em uma teoria sobre o motivo de a vida ser organizada em espécies distintas. Os conceitos biológico e ecológico são, ambos, teóricos ou explicativos. Eles definem a espécie em termos dos processos que supostamente explicam a existência das espécies: intercruzamentos ou adaptações ecológicas. O conceito fenético de espécie não é teórico nem descritivo. Ele simplesmente registra que as espécies existem, de fato, na forma de agrupamentos fenéticos. Por que as espécies existem desse jeito, é outra questão.

A versão clássica foi a tipológica...

A versão clássica do conceito fenético de espécie é o "conceito tipológico de espécie" (também foi usado o termo "conceito morfológico de espécie", com significado praticamente igual). A palavra "tipológico" provém de "tipo", que é usado em taxonomia formal. Quando uma nova espécie é nomeada, sua descrição é baseada em um espécime, que é chamado de espécime-tipo, que tem de ser depositado em uma coleção pública. Conforme o conceito tipológico, uma espécie consiste em todos os indivíduos que parecem suficientemente semelhantes ao espécime-tipo da espécie. Voltaremos ao "pensamento tipológico" na Seção 13.5, quando veremos por que se supõe que a tipologia é inválida na teoria evolutiva moderna.

...uma versão posterior foi a numérica...

Uma versão posterior do conceito fenético foi desenvolvida pela escola da taxonomia numérica na década de 1960. (Sobre a taxonomia numérica, ver Seção 16.5, p. 500.) Os taxonomistas numéricos desenvolveram técnicas estatísticas para descrever a similaridade fenética dos indivíduos. Essas técnicas podiam ser aplicadas para reconhecimento de espécies. Uma espécie podia, então, ser definida como um conjunto de indivíduos com discriminação fenética suficiente (em que a palavra "suficiente" podia ser precisada pelos métodos estatísticos usados para descrever a similaridade fenética). O conceito de espécies fenéticas dos taxonomistas numéricos nada tem a ver com o conceito tipológico, mas pertence à mesma família de conceitos.

...e há outros conceitos fenéticos de espécie, modernos

Algumas versões de um *conceito filogenético de espécie*, proposto mais recentemente, também definem espécie por um tipo de similaridade fenética. Por exemplo, Nixon e Wheeler (1990) definem a espécie como "a menor agregação de populações (sexuadas) ou de linhagens (assexuadas) que é diagnosticável através de uma combinação exclusiva de modos de expressão dos caracteres, nos indivíduos comparáveis".

Os vários conceitos fenéticos de espécie são muito semelhantes aos conceitos biológicos e ecológicos. Basicamente, todos eles reconhecerão as mesmas espécies naturais. É provável que um conjunto de organismos adaptados a um mesmo nicho seja feneticamente parecido porque compartilha o mesmo conjunto de caracteres fenéticos que são usados para explorar os recursos ecológicos. Também é provável que os organismos de um conjunto que intercruza sejam feneticamente semelhantes. Os ancestrais dos atuais membros da espécie intercruzaram, resultando em semelhança genética (e daí fenética) entre os atuais membros da espécie. Na Seção 13.7, examinaremos as controvérsias entre os conceitos de espécie. É bom lembrar que, na maior parte das vezes, todos os conceitos são concordantes sobre que espécies existem na natureza e sobre quais são as forças biológicas que explicam essas espécies.

13.3 Barreiras de isolamento

13.3.1 As barreiras de isolamento impedem o intercruzamento entre espécies

As barreiras de isolamento evoluem entre espécies

Por que espécies estreitamente relacionadas, que vivem na mesma área, não cruzam entre si? A resposta é que isso é impedido pelas *barreiras de isolamento*. Uma barreira de isolamento é qualquer caráter que evoluiu nas duas espécies que as impede de intercruzarem[2]. A definição especifica "o caráter que evoluiu" para excluir o não-intercruzamento devido à simples separação geográfica. O intercruzamento entre duas populações separadas geograficamente é impossível, mas a separação geográfica não é uma barreira de isolamento no sentido estrito. Por si, a separação geográfica não tem de ser um caráter evolutivo e é improvável que ela seja um caráter evolutivo estando entre duas populações de uma espécie. Uma subpopulação pode colonizar uma nova área sem qualquer mudança genética, ou as populações podem ter sido separadas por um acidente geográfico, como a formação de um novo rio. O cortejo, porém, é um exemplo de uma barreira de isolamento. Se duas espécies não intercruzam porque seu cortejo difere, então o comportamento de corte de pelo menos uma das duas espécies deve ter sofrido uma modificação evolutiva.

Há vários tipos de barreiras

Vários tipos de barreiras de isolamento podem ser distinguidas; a Tabela 13.1, baseada em Dobzhansky (1970), dá uma classificação. A distinção mais importante é entre isolamento pré-zigótico e pós-zigótico. Isolamento pré-zigótico significa que os zigotos nunca são formados, por exemplo, porque os membros das duas espécies estão adaptados a *habitats* diferentes e nunca se encontram, ou porque têm hábitos de corte diferentes e não se reconhecem como potenciais parceiros. Alternativamente, os membros das duas espécies podem encontrar-se, cruzar e formar zigotos, mas a prole híbrida é inviável ou estéril; então as duas espécies têm isolamento pós-zigótico.

13.3.2 A competição de espermatozóides ou de polens pode estabelecer um isolamento pré-zigótico sutil

Com o passar do tempo evolutivo, acumulam-se as diferenças entre espécies, e o resultado é que elas se tornam completamente isoladas por barreiras de isolamento tanto pré quanto pós-zigóticas. Elas desenvolverão aparências diferentes, diferentes hábitos de corte, diferentes adaptações ecológicas e sistemas genéticos diferentes e incompatíveis. Entretanto, espécies estreitamente relacionadas e separadas há pouco podem estar isoladas apenas de modo parcial, e então a pesquisa pode revelar que barreiras de isolamento estão atuando.

O isolamento gamético é um tipo de barreira de isolamento...

Um fator que foi recentemente investigado em várias espécies é o "isolamento gamético" (Tabela 13.1). O tipo mais simples de isolamento gamético ocorre quando o espermatozóide

[2] O que é chamado aqui de "barreira de isolamento", até há pouco (segundo Dobzhansky [1970]) era chamado de "mecanismo de isolamento". Alguns biólogos criticaram a palavra "mecanismo" porque ela poderia dar a entender que o caráter causador do isolamento teria evoluído para impedir o intercruzamento – que o mecanismo de isolamento é uma adaptação para impedir o intercruzamento. Como veremos no Capítulo 14, as características que causam isolamento reprodutivo certamente evoluem às vezes, e talvez quase sempre, por outros motivos e impedem o intercruzamento apenas como um subproduto evolutivo. O uso do termo "barreira de isolamento" está tornando-se comum agora, e sigo esse costume. Entretanto, a expressão antiga poderia ser defendida. Em biologia, um mecanismo de X nem sempre é algo que evoluiu para causar X. Compare, por exemplo, "o mecanismo de regulação da população", "o mecanismo de mutação", "o mecanismo de especiação" e "o mecanismo de extinção". Mecanismo de isolamento poderia significar somente um mecanismo que isola, e não um mecanismo que evoluiu para isolar.

Tabela 13.1

Classificação das barreiras de isolamento reprodutivo de Dobzhansky (1970)

1. Mecanismos pré-cruzamentos ou pré-zigóticos, impedindo a formação de zigotos híbridos.
   (a) Isolamento ecológico ou *de habitat*. As populações envolvidas ocorrem em *habitats* diferentes, na mesma região geral.
   (b) Isolamento sazonal ou temporal. As épocas de acasalamento ou de florescimento ocorrem em estações diferentes.
   (c) Isolamento sexual ou etológico. A atração sexual mútua entre espécies diferentes é fraca ou ausente.
   (d) Isolamento mecânico. A falta de correspondência física entre genitálias ou entre partes das flores impede a cópula ou a transferência de pólen.
   (e) Isolamento por polinizadores diferentes. Em plantas floríferas, espécies relacionadas podem ser especializadas em atrair diferentes insetos como polinizadores.
   (f) Isolamento gamético. Em organismos com fertilização externa, os gametas masculino e feminino podem não se atrair. Em organismos com fertilização interna, os gametas ou gametófitos de uma espécie podem ser inviáveis nos dutos sexuais ou estilos da outra espécie.
2. Mecanismos de isolamento pós-cruzamentos ou pós-zigóticos reduzem a viabilidade ou a fertilidade dos zigotos híbridos.
   (g) Inviabilidade do híbrido.Os zigotos híbridos têm viabilidade reduzida ou são inviáveis.
   (h) Esterilidade do híbrido. A F_1 híbrida não consegue produzir gametas funcionais de um ou de ambos os sexos.
   (i) Desmoronamento do híbrido. A F_2 ou os híbridos retrocruzados têm viabilidade ou fertilidade reduzida.

e o óvulo das duas espécies não se fertilizam. Mas um processo chamado "competição de esperma" pode causar um tipo mais sutil de isolamento gamético. Duas espécies podem não intercruzar porque o esperma, ou o pólen, da espécie 1 derrota o da espécie 2 quando ocorre a fertilização de óvulos da espécie 1, mas o esperma, ou o pólen, da espécie 2 derrota o da espécie 1 quando ocorre a fertilização de óvulos da espécie 2. Wade *et al.* (1993), por exemplo, estudaram o isolamento reprodutivo entre dois besouros, *Tribolium castaneum* e *T. freemani. T. castaneum* é uma praga universal dos estoques de farinha, chamada cascudo da farinha, e *T. freemani* é uma espécie muito relacionada, que vive em Caxemira. As duas espécies não estão isoladas na fase de pré-cruzamentos: machos das duas espécies copulam com fêmeas das duas espécies, indiscriminadamente. Wade *et al.* fizeram uma observação sobre as propensões reprodutivas dos machos do cascudo da farinha, que "tentarão a cópula com outros machos, com besouros mortos de ambos os sexos, ou com qualquer objeto, como uma pelota, que se assemelhe com um besouro".

... que foi demonstrada por experimentos recentes

Wade *et al.* (1993) fizeram um experimento em que colocavam uma fêmea de *T. freemani* em uma de três situações: (i) com dois machos sucessivos de *T. freemani*; (ii) com dois machos sucessivos de *T. castaneum* e (iii) com um macho de *T. freemani* e depois com um macho de *T. castaneum*. As fêmeas puseram um número semelhante de ovos nos três casos, uma porcentagem semelhante de ovos eclodiu e houve desenvolvimento (embora os híbridos interespecíficos da prole sejam estéreis). Isso demonstra que os espermatozóides de *T. castaneum* são capazes de fertilizar os óvulos de *T. freemani.* Quando as fêmeas de *T. freemani* eram postas com os machos das duas espécies (a condição (iii)), menos de 3% da prole eram híbridos – mais de 97% dos ovos haviam sido fertilizados pelo esperma do macho *T. freemani.* A razão é que, quando dois machos inseminam a mesma fêmea, os espermas deles competem, no interior dela, para fertilizar seus óvulos. Nesse caso, quando não há esperma de *T. freemani* presente, o esperma de *T. castaneum* pode fertilizar os óvulos, mas quando os espermatozóides de *T. freemani* estão presentes, eles vencem os de *T. castaneum* na competição. A competição de espermatozóides está causando o isolamento reprodutivo. (A competição de esperma é uma forma de seleção sexual, discutida na Seção 12.4, p. 354. Ela é uma forma de competição entre machos e seu resultado pode ser influenciado pela escolha pela fêmea. Nesse caso, a "escolha" seria efetuada pela fisiologia reprodutiva interna da fêmea. A Seção 14.11, p. 438, discute como a seleção sexual pode contribuir para a especiação e proporciona outros contextos para essas observações).

O experimento é importante, não só por revelar a natureza do isolamento reprodutivo nessa dupla de besouros, mas também mostra o que precisa ser feito em pesquisas sobre isolamento pré-zigótico. Um experimento em que os machos de uma espécie simplesmente são cruzados com fêmeas da outra espécie é inadequado para avaliar o isolamento pré-zigótico. Quando os machos de *T. castaneum* são postos com fêmeas de *T. freemani*, eles produzem prole híbrida. Erradamente, poderíamos concluir que essas duas espécies não estão isoladas pré-zigoticamente. Mas se as fêmeas são postas com machos *T. freemani* e *T. castaneum*, alguma prole híbrida é produzida com dificuldade e o isolamento pré-zigótico é revelado. O isolamento por competição de espermatozóides ou de polens foi encontrado recentemente em muitas espécies (Howard, 1999).

13.3.3 Espécies africanas estreitamente relacionadas de peixes ciclídeos estão isoladas pré-zigoticamente por seus padrões de cores, mas não estão isoladas pós-zigoticamente

Os peixes ciclídeos são encontrados universalmente em ambientes de águas doces tépidas, mas são famosos pelo número enorme de espécies que evolui nos lagos do leste da África. Eles também são famosos como desastre de conservação, já que um número grande, mas desconhecido, de espécies foi perdido após a introdução, nos lagos, de um peixe predador, a perca do Nilo, concomitantemente com o aumento da eutroficação dos lagos. Aqui nos concentraremos no isolamento reprodutivo entre duas espécies de ciclídeos que vivem no Lago Victoria.

Os experimentos demonstram que os peixes ciclídeos são isolados pelo padrão de cores...

Freqüentemente, os ciclídeos têm belos padrões de cores; *Pundamilia nyererei* e *P. pundamilia* são espécies relacionadas que diferem em cor (ver Lâmina 7, p. 98). Para simplificar, podemos referir-nos a *P. nyererei* como vermelha e a *P. pundamilia* como azul, mas as ilustrações coloridas mostram que as palavras vermelho e azul descrevem mal as esplêndidas cores das duas espécies. Seehausen e van Alphen (1998) realizaram um experimento de laboratório sobre as preferências de cruzamento das duas espécies. Primeiro testaram as preferências das fêmeas de cada espécie pelos machos de uma e outra espécie, sob luz normal. O resultado foi que as fêmeas de cada espécie preferiam os machos coespecíficos (Figura 13.4). As duas espécies apresentam isolamento pré-zigótico por meio do comportamento no acasalamento. Então, Seehausen e van Alphen repetiram o experimento, porém sob luz monocromática, em que a diferença de cores entre as duas espécies era invisível (Lâmina 6). Agora as fêmeas de ambas as espécies não demonstraram preferência entre machos vermelhos e azuis. O experimento demonstra que o isolamento pré-zigótico é devido aos padrões de cores das duas espécies de peixes.

...e não pós-zigoticamente...

O laboratório de Seehausen também mediu o isolamento pós-zigótico (Seehausen *et al.*, 1997). As duas espécies intercruzarão em laboratório e produzirão híbridos. Os híbridos são férteis e, até 2001, haviam sido criadas, com sucesso, cinco gerações de híbridos: as duas espécies não estão isoladas pós-zigoticamente. Em conclusão, *P. nyererei* e *P. pundamilia* estão isoladas pré-zigoticamente, pelos padrões de cores, mas não pós-zigoticamente.

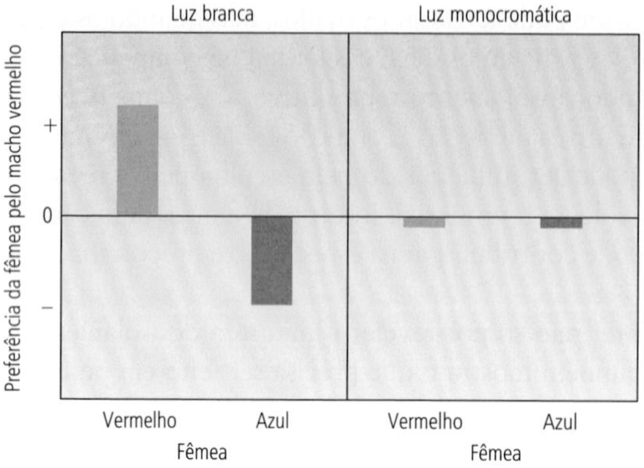

Figura 13.4

Preferências para cruzamento (uma forma de isolamento pré-zigótico) em duas espécies de ciclídeos do Lago Victoria na África. As duas espécies são referidas como a "vermelha" e a "azul": ver detalhes no texto e a ilustração na Lâmina 7 (p. 98). Cada fêmea de uma espécie podia escolher entre dois machos, um de cada espécie. Uma preferência por machos da espécie vermelha era arbitrariamente definida como uma preferência positiva; uma preferência negativa indica preferência por machos da espécie azul. Sob luz branca normal, as fêmeas preferiam os machos coespecíficos, mas sob luz monocromática, em que as duas espécies eram visualmente indistinguíveis, a preferência desaparecia. De Seehausen e van Alphen (1998).

...e isso tem conseqüências quanto ao efeito da poluição

O ponto principal desse experimento de Seehausen é demonstrar como as barreiras de isolamento podem ser investigadas, mas os resultados têm outros interesses. Um é a relação com a conservação. A diferença de cores entre as duas espécies torna-se menos visível em águas eutróficas toldadas. A poluição do Lago Victoria está tornando mais provável a hibridação entre as duas espécies. Ela está levando a uma perda de biodiversidade, não pelo mecanismo normal da extinção, mas pela remoção da barreira de isolamento entre duas espécies estreitamente relacionadas. O outro interesse diz respeito à especiação e ilustra um ponto semelhante ao do estudo dos cascudos da farinha. O acasalamento preferencial, assim como a competição de esperma, é uma forma de seleção sexual. Supõe-se que a seleção sexual dirija a especiação, especialmente a especiação simpátrica (Seção 14.11, p. 438). Os ciclídeos dos lagos africanos proporcionam algumas das mais fortes evidências de especiação simpátrica (Seção 14.10.3, p. 437). Os experimentos de Seehausen, que demonstram que as preferências de acasalamento são o primeiro tipo de isolamento a evoluir nesses peixes, enquadram-se na idéia de que a seleção sexual contribuiu para a espetacular irradiação dos ciclídeos na África Oriental.

Em conclusão, com o passar do tempo evolutivo, o volume do isolamento entre duas espécies aumentará e a espécie ficará isolada, eventualmente, pela maioria das barreiras listadas na Tabela 13.1. (Pense em como os humanos estão isolados de uma espécie distante, como os babuínos – provavelmente estamos isolados deles pela lista inteira, exceto o *habitat* e a estação de reprodução.) Esses experimentos podem revelar quais as barreiras de isolamento que estão atuando nas etapas iniciais da especiação. No Capítulo 14, retornaremos a esse tópico.

13.4 A variação geográfica intra-específica pode ser compreendida em termos de genética de populações e de processos ecológicos

A variação intra-específica existe tanto no mesmo local quanto entre locais diferentes. Se coletarmos um certo número de indivíduos de determinada espécie em dado local, eles podem diferir – variação intrapopulacional –, freqüentemente apresentando uma distribuição normal (Seção 9.2, p. 254). Da mesma forma, se coletarmos indivíduos de uma mesma espécie em diferentes locais, eles podem diferir – variação entre populações ou variação geográfica.

É preciso examinar a variação intraespecífica para entender a natureza das espécies e também como as novas espécies evoluem. Como será discutido no Capítulo 14, a evolução de uma nova espécie consiste em converter a variação dentro da espécie em diferenças entre espécies. Os Capítulos 5 a 9 examinaram os fatores que controlam a variação dentro de uma população: ela pode ser mantida por seleção natural, ou por balanço entre seleção e mutação, ou por balanço entre deriva e mutação. Aqui, examinaremos a variação entre populações (variação geográfica) e sua relação com a variação dentro de cada população. (A teoria da Seção 5.14, p. 159, está relacionada com esse tópico.)

13.4.1 A variação geográfica existe em todas as espécies e pode ser causada por adaptação às condições locais

Johnston e Selander (1971) mediram 15 variáveis morfológicas em 1.752 pardais domésticos (*Passer domesticus*) coletados em 33 locais da América do Norte. Essas 15 características podem ser reduzidas a um único caráter abstrato, o "tamanho do corpo" (para ser estatisticamente exato, esse caráter era o primeiro componente principal). Na Figura 13.5 o tamanho médio do corpo dos pardais domésticos é plotado em um mapa e imediatamente se destacam duas coisas.

Temos boas evidências da variação geográfica

A primeira, e mais importante para nossos propósitos, é simplesmente que as características variam no espaço: os pardais domésticos de uma parte do continente diferem dos das demais partes. Quase todas as espécies que foram estudadas em diferentes locais apresentaram variação em algum aspecto. Nem todas as características variam (por exemplo, em qualquer lugar os humanos têm dois olhos), mas as populações sempre diferem em algumas características. Verificou-se que diferentes populações diferem em morfologia, na seqüência de aminoácidos de suas proteínas e na seqüência de bases de seu DNA. A variação geográfica é ubíqua. Mayr, com a força de seu livro *Animal Species and Evolution* (1963, Capítulo 11), coletou mais evidências sobre variação geográfica do que qualquer outro e conclui que "cada população de uma espécie difere das demais" e que "o grau de diferenças entre diferentes populações de uma espécie varia da quase completa identidade até uma diferenciação quase no nível de espécies".

Os pardais ilustram a regra de Bergman

O segundo ponto a observar na Figura 13.5 é que o modo da variação geográfica é explicável. Em geral, os pardais domésticos são maiores no norte, no Canadá, do que no centro da América do Norte. A generalização é imperfeita (compare, por exemplo, os pardais de São Francisco e de Miami); mas, no que se aplica, ela ilustra a *regra de Bergman*. Os animais tendem a ser maiores nas regiões mais frias, presumivelmente por razões de termorregulação. Portanto, a variação geográfica nessa espécie é adaptativa: a forma dos pardais difere entre regiões porque a seleção natural favorece pequenas diferenças de forma em diferentes regiões.

13.4.2 A variação geográfica também pode ser causada por deriva genética

Os camundongos domésticos (*Mus musculus*) têm um conjunto cromossômico diplóide padrão de 40 cromossomos (2N = 40). Os centrômeros de todos os 20 cromossomos estão próximos das extremidades dos cromossomos e, talvez por isso, freqüentemente ocorrem fusões cromossômicas na espécie. Nessa fusão cromossômica, dois cromossomos juntam-se por seus centrômeros terminais. Eles formam um cromossomo novo, mais longo, com o centrômero próximo do centro. O estabelecimento de um cromossomo fundido em uma população local de camundongos domésticos é freqüente. O resultado é que, nessa população, há menos de 40 cromossomos por camundongo.

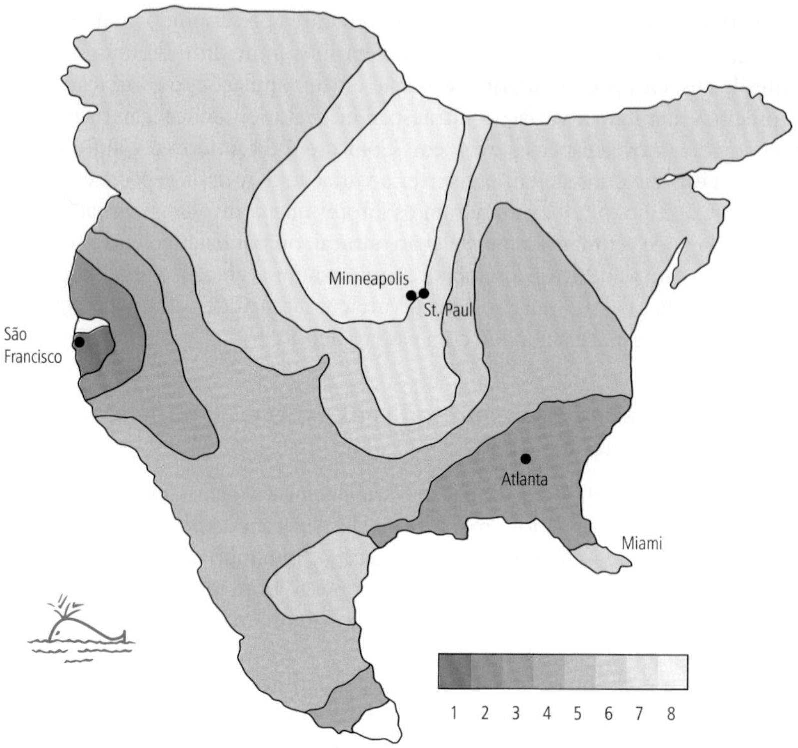

Figura 13.5

Tamanhos de pardais domésticos machos na América do Norte. O tamanho é computado como um escore de "componente principal", resultante de 15 medidas do esqueleto. O escore 8 é o dos pássaros maiores e o 1 o dos menores. O estudo descrito na Seção 3.2 (p. 68) é um precursor desta pesquisa. Redesenhada de Gould e Johnston (1972), corrigida de Johnston e Selander (1971), com permissão. © 1972 Annual Reviews Inc.

A variação geográfica dos cromossomos de camundongo

Britton-Davidian *et al.* (2000), recentemente, descreveram um notável exemplo em camundongos da Ilha da Madeira (ver Lâmina 8, p. 99). Eles verificaram que diferentes fusões cromossômicas estavam fixadas em populações locais de camundongos distantes apenas 5 a 10 km. Uma população local podia ter 28 a 30 cromossomos por camundongo porque haviam ocorrido 5 a 6 fusões cromossômicas. Em outra população, três novas fusões reduziram os números para 2N=22. De acordo com Britton-Davidian *et al.*, "supõe-se que os camundongos foram introduzidos na Madeira com os primeiros estabelecimentos de portugueses, durante o século XV." Se isso está correto, a variação geográfica ilustrada na Lâmina 8 evoluiu em menos de quinhentos anos. Os camundongos, e os roedores em geral, apresentam evolução cromossômica rápida. Só para comparar, todas as populações humanas, excetuados uns raros mutantes, têm o mesmo conjunto de cromossomos.

...parece-se com um exemplo de deriva genética...

Qual é as causa dessa evolução cromossômica? A resposta é incerta, mas supõe-se que seja a deriva aleatória. Um camundongo que tem um cromossomo fusionado contém os mesmos genes que um camundongo que tem os dois cromossomos separados. O camundongo pode crescer da mesma maneira, de um ou de outro modo. Entretanto, inicialmente a mutação cromossômica estará em heterozigose, e esses heterozigotos tendem a ser inerentemente desvantajosos. Uma fusão entre os cromossomos 1 e 2 pode ser representada como 1+2. O heterozigoto pode ser descrito como 1,2/1+2. Ele é desvantajoso durante a divisão celular, particularmente durante a meiose. Por exemplo, o cromossomo fusionado 1+2 pode parear com o cromossomo 1, deixando o cromossomo 2 sem par. Esse cromossomo 2 sem par pode segregar junto com o cromossomo 1, produzindo prole viável, ou pode segregar junto com o cromossomo 1+2, produzindo prole com cromossomos demais e de menos.

Quando surge uma nova mutação por fusão cromossômica, ela sofrerá seleção contrária, em função de sua desvantagem na forma heterozigota. Mas se ela deriva para uma freqüência local alta, o que pode facilmente acontecer em uma pequena população local de camundongos, talvez endocruzada, a seleção natural a favorecerá. A seleção natural favorece qualquer forma cromossômica localmente comum (esse é um exemplo de seleção positiva, dependente da freqüência. Seção 5.13, p. 156). A seleção natural sozinha não consegue explicar a variação geográfica observada por Britton-Davidian *et al.* Sozinha, ela faria com que todos os camundongos tivessem os mesmos números de cromossomos. A explicação mais provável para a variação é a deriva, em que diferentes fusões cromossômicas derivam para uma freqüência maior em diferentes localidades. A seleção natural também poderá estar atuando, dependendo da freqüência dos cromossomos. Porém, qualquer que seja a causa do padrão da Lâmina 8, ela é mais um exemplo de variação geográfica.

...por meio de outros fatores pode contribuir

Provavelmente é raro que a variação geográfica seja causada só por deriva ou só por seleção. É igualmente provável que mais de um fator seletivo esteja atuando. No caso dos cromossomos do camundongo, a seleção natural provavelmente interage com a deriva, dependendo da freqüência dos cromossomos. Mas outros tipos de seleção natural podem agir, como o direcionamento meiótico (Seção 11.2.1, p. 322), e o inventário completo da evolução cromossômica dos camundongos é complexo (Nachman e Searle, 1995). Além disso, para distinguir entre seleção e deriva, é necessária uma pesquisa mais completa.

A *Linanthus parryae* é uma pequena flor do deserto, que vive nos limites do deserto de Mojave, na Califórnia. As populações locais variam de acordo com a freqüência de flores brancas e azuis. Wright (1978) considerou-a o melhor exemplo de como a deriva causa diferenças entre populações locais (a primeira fase da teoria evolutiva do equilíbrio deslocante de Wright – ver Seção 8.13, p. 244). Entretanto, um estudo de longo prazo, por Schemske e Bierzychudek (2001) mediu a viabilidade das flores azuis e brancas e verificou que a seleção estava atuando de uma maneira complexa, que difere de ano para ano. Um pequeno estudo, de um ou dois anos, teria confirmado a interpretação de Wright, mas Schemske e Bierzychudek contaram mais de 710 mil sementes de mais de 42 mil flores durante um período de 11 anos e refutaram efetivamente a deriva, como explicação para a variação nessa espécie em particular.

É necessário um trabalho pesado para medir as contribuições da deriva e da seleção em espécies singulares. Em geral, porém, os padrões de variação geográfica podem ser explicados por um misto de seleção, como parece demonstrar o tamanho do corpo dos pardais, e de deriva, como parece demonstrar a variação cromossômica nos camundongos domésticos.

13.4.3 A variação geográfica pode tomar a forma de uma clina

Uma clina é um gradiente contínuo de variação intraespecífica

Se, na Figura 13.5, traçássemos uma linha de Atlanta para Minneapolis e St. Paul, ou dessas cidades gêmeas até São Francisco, e observássemos o tamanho dos pardais ao longo delas, teríamos um exemplo de uma clina. *Esta* é um gradiente de variação intra-específica, de um caráter fenotípico ou genético. As clinas podem surgir por várias razões. Nos pardais domésticos, a provável razão é que a seleção natural favorece um tamanho de corpo ligeiramente diferente ao longo do gradiente; os pardais são continuamente adaptados a um ambiente que muda o tempo todo no espaço (Figura 13.6). Por exemplo, o tamanho do corpo pode estar adaptado à temperatura ambiente. A temperatura diminui gradualmente para o norte, e o tamanho do corpo dos pardais aumenta à medida que vamos para o norte. De modo alternativo, o ambiente pode mudar descontinuamente no espaço, e diferentes genes podem estar adaptados às duas regiões (Figura 13.6b). Aí pode surgir uma clina por causa do fluxo gênico: movimentações de indivíduos ou, no caso de plantas, de seus polens.

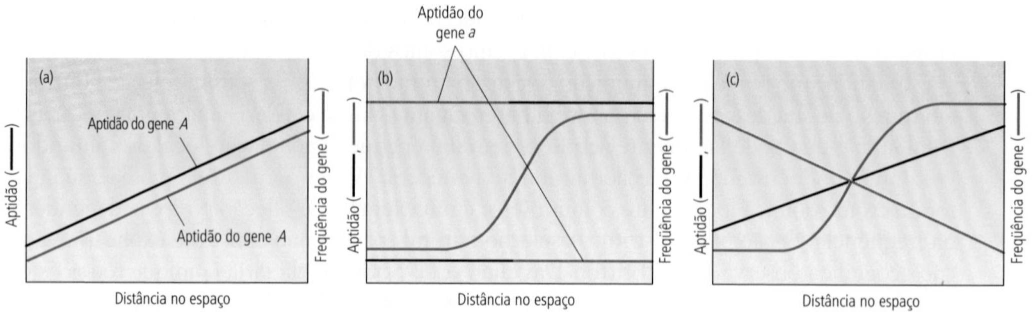

Figura 13.6

Uma clina pode surgir de várias maneiras. (a) Pode ocorrer em um gradiente ambiental contínuo. O exemplo do pardal doméstico (ver Figura 13.5) provavelmente tem herança poligênica; o eixo de *y* expressaria a proporção de genes para maior tamanho corporal com mais propriedade do que a média para os Estados Unidos. (b) Também pode surgir uma clina quando a seleção natural favorece genótipos diferentes em diversos ambientes distintos e há fluxo gênico (migrações) entre eles. (c) Uma situação semelhante a (b), exceto que o ambiente muda aos poucos em vez de subitamente.

Em uma clina escalonada, o gradiente é menos suave

As clinas podem ser suaves ou "escalonadas" (Figura 13.6c), dependendo de quão abruptamente as freqüências gênicas mudam no espaço. Se o ambiente muda suavemente, a clina também se suavizará. Se o ambiente muda mais abruptamente, a clina poderá ser mais escalonada. A forma do degrau depende das diferenças de aptidão entre os genótipos nas duas regiões, da aptidão de quaisquer genótipos intermediários (como heterozigotos ou recombinantes) e do volume do fluxo gênico. Uma mudança súbita no ambiente é chamada "ecótono" (a Seção 13.7.2, contém um exemplo da gramínea *Agrostis*). Entretanto, os ecótonos não são a única explicação para as clinas escalonadas. Elas também podem resultar quando os âmbitos de duas populações anteriormente separadas se expandem e elas passam a se encontrar (Seção 17.4, p. 521). Ou podem resultar de deriva genética. Quando os biólogos vêem uma clina escalonada, procuram saber se ela corresponde a um ecótono ou se tem alguma outra explicação. O principal aqui, entretanto, é que a variação geográfica freqüentemente toma a forma de uma clina. A variação clinal contrasta com um caso como o dos camundongos da Madeira, em que as populações locais não apresentam um gradiente de variação.

13.5 O "pensamento populacional" e o "pensamento tipológico" são duas linhas de pensamento sobre a diversidade biológica

Mayr distinguiu o pensamento populacional do tipológico

As espécies apresentam variação entre indivíduos de um mesmo local (freqüentemente ela tem a forma de uma "curva em sino", ou variação normal) e variação geográfica entre indivíduos de lugares diferentes. Há duas concepções sobre essa variação: "o pensamento populacional" e o "pensamento tipológico" (Mayr, 1976). Já tivemos contato com o conceito tipológico de espécie (Seção 13.2.3). Deve existir um espécime "tipo" para que uma espécie possa ser definida. Entretanto, haverá variação nessa espécie, com alguns indivíduos sendo mais parecidos com o espécime-tipo e outros sendo menos parecidos com ele. Mayr referiu-se à idéia de que, pelo pensamento tipológico, o tipo individual e outros indivíduos iguais a ele, são, em certo sentido, exemplos "melhores" de sua espécie – são membros mais reais ou mais representativos de sua espécie. Podemos ver o que isso significa se pensarmos na classificação de muitas entidades não-biológicas.

O pensamento tipológico em geral é inapropriado fora da biologia

Suponha que estamos classificando objetos em cadeiras e não-cadeiras. Alguns deles serão espécimes melhores de cadeira do que outros. Se um objeto tem quatro pernas de mesmo comprimento e uma superfície horizontal sobre a qual sentar, ele é uma "boa" cadeira. Ao chamarmos algo de boa cadeira, ou um melhor espécime de cadeira, queremos dizer que aquilo é mais facilmente reconhecível como uma cadeira e não que é moralmente superior a outros objetos que são menos facilmente reconhecíveis como cadeira. Alguns objetos podem parecer uma cadeira, mas lhe faltam duas pernas e uma terceira está quebrada, o que os torna menos representativos da categoria das cadeiras. Outros objetos estão tão arruinados que hesitaríamos em chamá-los de cadeiras. A variação entre os objetos consiste em alguns objetos que são boas cadeiras e outros que são cadeiras menos boas. As cadeiras "menos boas" existem principalmente por causa de algum tipo de acidente ou erro ambiental, como um acidente em que uma perna seja quebrada. Em alguma medida, pensa-se tipologicamente sobre cadeiras: algumas entidades são cadeiras típicas, outras são menos típicas porque têm algo de errado.

O criacionismo poderia computar as espécies biológicas de modo semelhante ao cômputo tipológico da classificação das cadeiras. Cada espécie pode ter o tipo "melhor", talvez correspondendo ao ótimo de adaptação ao ambiente local. Os indivíduos que se desviam desse ótimo podem ser menos claramente reconhecidos como membros de suas espécies; e eles também são adaptativamente inferiores. Eles podem desviar-se do ótimo devido a erro mutacional ou acidentes ambientais, que afastaram o fenótipo do ótimo.

O pensamento tipológico é inapropriado na classificação biológica

Pensamento tipológico significa dividir a variação entre os bons espécimes-tipo que são os membros mais verdadeiros de sua categoria, e os desviantes acidentais, que são membros menos bons da categoria. O exemplo recém-visto, em termos de adaptação ótima e de erro mutacional e ambiental, é apenas uma versão do pensamento tipológico. Historicamente, o pensamento tipológico baseava-se em idéias que hoje não mais parecem científicas. Por exemplo (em um caso extremo), o taxonomista do século XIX, Louis Agassiz, disse que as espécies são pensamentos na mente de Deus. Os "bons" espécimes da espécie, próximos ao espécime-tipo, corresponderiam exatamente ao pensamento de Deus e os outros espécimes, distantes do centro da curva em sino, seriam aproximações inferiores. *Qualquer teoria* em que algumas versões de uma espécie são mais representativas do que outras é um provável caso de pensamento tipológico.

No moderno pensamento evolutivo, porém, a variação é não-tipológica. Todos os indivíduos de uma espécie são espécimes igualmente bons daquela espécie e são igualmente representativos dela. A espécie não tem alguns indivíduos que sejam mais típicos dela do que outros. Podemos verificar o pensamento populacional na evidência da variação geográfica. Os pardais variam de tamanho ao longo da América do Norte: a variação é devida, em parte, a diferenças de temperatura entre locais e os pardais são maiores onde é mais frio. Não é verdade que um tamanho de pardal seja o melhor ou mais verdadeiro ou mais representativo da condição de pardal do que outro tamanho dentro do âmbito da espécie. Todos os pardais são igualmente bons pardais.

A seleção...

... e a deriva...

O mesmo pode ser dito sobre as formas cromossômicas do camundongo, se elas realmente são causadas por deriva genética. Uma forma cromossômica é tão boa quanto a outra. A variação é neutra e nenhuma forma de camundongo pode ser reconhecida como um tipo de camundongo mais verdadeiro do que os outros. Mesmo que a variação intra-específica seja parcialmente devida ao equilíbrio entre mutação e seleção (e que alguns indivíduos sejam mais bem-adaptados do que outros), o ambiente poderia mudar e os indivíduos hoje menos afortunados melhorariam de viabilidade. É assim que a mudança evolutiva acontece. A variação é essencial para o processo evolutivo. É verdade que um indivíduo de uma espécie é usado para defini-la e que esse indivíduo é chamado de espécime-tipo; mas o uso do espécime-tipo hoje é apenas um procedimento legal de denominação. Isso não implica o fato de que os indivíduos com o conjunto exato de caracteres usados para definir a espécie sejam, de algum modo, membros melhores ou mais representativos da espécie do que outros indivíduos que eventualmente tenham formas variantes dos caracteres definidores.

... levam a população a apresentar variação

Mayr (1976) alegou que a substituição do pensamento tipológico pelo populacional foi um dos aspectos-chave da revolução darwiniana. E o ponto principal tem sido que, dado o que compreendemos a respeito da evolução, o pensamento populacional faz muito mais sentido do que o tipológico. Entretanto, a distinção tem algumas implicações amplas. O pensamento tipológico pode complementar facilmente o racismo ou outras teorias não-liberais em que alguns humanos, ou tipos de humanos, são tidos como espécimes superiores ou mais completos da humanidade do que outros. O Quadro 13.2 examina a variação humana e a evidência de que os humanos têm uma quantidade bastante baixa de diferenças inter-raciais relativamente a outras espécies.

Quadro 13.2
Variação Humana e Raças Humanas

Imagine uma espécie constituída por várias populações geográficas. Como podemos descrever a quantidade de divergência genética entre as populações locais? Existem várias estatísticas, das quais o G_{ST} é a mais clara.

$$G_{ST} = \frac{H_T - H_S}{H_T}$$

H corresponde à heterozigose (Quadro 6.3, p. 178); o subscrito "S" refere-se à subpopulação e "T" à população total. Podemos ver como o G_{ST} se comporta, observando dois casos extremos. Imagine um primeiro caso de divergência geográfica máxima. Imagine que haja duas populações locais de igual tamanho e que o alelo *A* está fixado em uma delas e o alelo *a* está fixado na outra. Primeiro computamos a heterozigose da população total (H_T). Como as duas populações são do mesmo tamanho, a freqüência de *A* é 0,5 e *a* de *a* é 0,5 e H_T = 0,5. Agora computamos a heterozigose em cada subpopulação (H_S). Só um alelo está presente em cada caso e H_S = 0. Então, G_{ST} = (0,5 – 0) / 0,5 = 1.

Agora imagine que os mesmos dois alelos estão presentes, mas as duas subpopulações locais são idênticas. A freqüência de *A* é 0,5 e a de *a* é 0,5, em ambas as populações. Novamente H_T é 0,5 porque as freqüências gênicas são 0,5 no total da população combinada. H_S também é 0,5 em cada subpopulação. Então, G_{ST} = (0,5 – 0,5) / 0,5 = 0. Sem divergência genética entre populações locais G_{ST} = 0; com divergência completa, G_{ST} = 1; com níveis intermediários de divergência, G_{ST} tem um valor entre 0 e 1.

Que valores tem o G_{ST} nas espécies reais? A Tabela Q13.1 lista alguns casos. Podemos notar dois aspectos. Um é que diferentes espécies apresentam graus variados de divergência entre populações locais. O outro é que, em humanos, a variação é pequena se comparada à da maioria das outras espécies; a diferença genética entre as principais raças humanas é menor do que a de raças geográficas da maioria das outras espécies. O valor de G_{ST} = 0,07 significa que 93% da variação genética humana estão presentes dentro de cada grupo racial. Apenas 7% da variação genética humana são devidos a diferenças genéticas entre raças. Os valores da Tabela Q13.1 baseiam-se em dados de proteínas, mas praticamente o mesmo foi obtido com dados de DNA (Barbujani *et al.*, 1997). Entretanto, ainda não há dados sobre DNA para um número de espécies que seja suficiente para permitir uma comparação entre espécies.

Por que a divergência racial é relativamente baixa em humanos, em comparação com outras espécies? A resposta é desconhecida, mas um motivo pode ser que a espécie humana só evoluiu recentemente. Todos os humanos modernos devem compartilhar um ancestral comum que pode ter vivido na África há apenas 100 mil anos atrás (ou lá vivia há, no máximo, 500 mil anos). As diferenças genéticas entre as raças humanas vêm se acumulando desde então. Talvez as raças humanas sejam muito recentes para terem desenvolvido muitas diferenças genéticas. Em outras espécies, as raças podem ter sido estabelecidas há muito mais tempo e o G_{ST} tornou-se um número bem maior. Qualquer que seja a interpretação, o G_{ST} e outras estatísticas semelhantes proporcionam modos úteis de descrever a variação geográfica intra-específica.

Tabela Q13.1
A fração da variação genética entre e dentro de raças de uma espécie, expressa pela estatística G_{ST}. Dos dados de Crow (1986).

Espécie	G_{ST}
Caranguejo ferradura	0,07
Humanos	0,07
Drosophila equinox	0,11
Camundongo	0,12
Licopódio	0,28
Rato canguru	0,67

Leitura adicional: Cavalli-Sforza (2000).

Em resumo, vimos dois conceitos de variação intra-específica. Um é tipológico e supõe que alguns indivíduos, dentro de um âmbito de variação, são melhores representantes de uma espécie do que outros. O outro conceito é o pensamento populacional e trata a variação como real e importante: nenhum indivíduo, dentro de um âmbito de variação, é privilegiado de qualquer modo e todos os espécimes são membros igualmente bons de uma espécie.

13.6 As influências ecológicas sobre a forma de uma espécie são demonstradas pelo fenômeno de substituição de características

A competição ecológica pode influenciar a forma de uma espécie (como mencionamos, teoricamente, na Seção 13.2.3). A variação de um caráter morfológico como o tamanho do bico, em uma espécie, pode ser limitada porque as formas extremas sofrem competição de espécies vizinhas. Nesta seção, examinaremos algumas evidências de influência de competição ecológica sobre as espécies. A evidência mais clara é a proporcionada pela *substituição de características*.

Duas espécies podem diferir mais nos locais em que coexistem do que em outros locais

A substituição de características pode acontecer nas seguintes condições. Existem duas espécies estreitamente relacionadas – espécies que podem ser competidoras ecológicas. Elas devem ter um tipo especial de distribuição geográfica: deve ser do tipo em que ambas estão presentes em alguns lugares, mas apenas uma está presente em outros locais. Isto é, as duas espécies devem ter âmbitos parcialmente superpostos. Substituição de característica quer dizer que os indivíduos das duas espécies diferem mais quando provêm de um local em que ambas estão presentes (*simpatria*, mesmo local) do que quando provêm de locais em que só uma das espécies está presente (*alopatria*, outro local). Nesses termos, a substituição de características significa que as populações simpátricas das duas espécies diferem mais do que as populações alopátricas dessas mesmas espécies.

É difícil detectar a substituição de características, porque é necessário que as duas espécies competidoras tenham distribuições parcialmente sobrepostas. Muitas duplas de espécies têm distribuições completamente separadas ou distribuições que são muito parecidas; em ambos os casos, é impossível estudar a substituição de características.

Duas espécies de salamandras servem de exemplo

Um exemplo de substituição de características provém de duas espécies de salamandras, *Plethodon cinereus* e *P. hoffmani*. *P. cinereus* vive na maior parte do nordeste dos Estados Unidos, exceto em partes da Pensilvânia e da Virginia, enquanto *P. hoffmani* vive nas partes da Pensilvânia em que *P. cinereus* é ausente. As duas espécies também vivem juntas, simpatricamente, em uma pequena região de sobreposição, na Pensilvânia. Elas diferem quanto à forma da cabeça e das mandíbulas. *P. hoffmani* tem uma mandíbula relativamente fraca, mas que pode ser fechada com rapidez, e *P. cinereus* tem uma mandíbula mais forte, mas é lenta para fechá-la. *P. hoffmani* está mais bem-adaptada para comer presas maiores, que sejam capturadas pelo rápido fechamento da boca sobre elas, enquanto *P. cinereus* está mais bem-adaptada para comer presas menores, que são pressionadas entre a língua e os dentes para serem comidas.

A Figura 13.7 mostra que as duas espécies diferem mais nas localidades em que ambas as espécies estão presentes, isto é, elas apresentam substituição de características. A interpretação-padrão da substituição de características é que, onde há apenas uma espécie presente, ela está aliviada da competição com a outra espécie e evolui para explorar os recursos que seriam tomados pelo competidor se este estivesse presente. Todas as populações alopátricas evoluem para uma similar variedade de formas. Onde ambas as espécies estão presentes (em simpatria), cada espécie evolui para explorar os recursos para os quais está mais adaptada. A competição força cada espécie a se tornar mais especializada. A substituição de características demonstra como a competição ecológica resulta em uma variedade distinta de formas em cada espécie.

É difícil demonstrar que a substituição de características é causada por competição

Entretanto, é necessário uma pesquisa rigorosa para demonstrar, conclusivamente, que um resultado como o da Figura 13.7 realmente é causado por competição ecológica. Taper e Case (1992), Losos (2000) e Schluter (2000) discutem os seis critérios que um estudo completo precisaria satisfazer. Por exemplo, o padrão poderia ser causado pelas diferenças de recursos, no caso de os insetos apresados diferirem entre locais, ou poderia ser devido ao acaso. Adams e Rohlf (2000) aproximaram-se muito da exclusão de todas as alternativas à competição: satisfizeram cinco dos seis critérios em seu estudo das salamandras *P. hoffmani e P. cinereus*. Essas salamandras são o melhor exemplo disponível de substituição de características e de sua explicação por meio de competição ecológica.

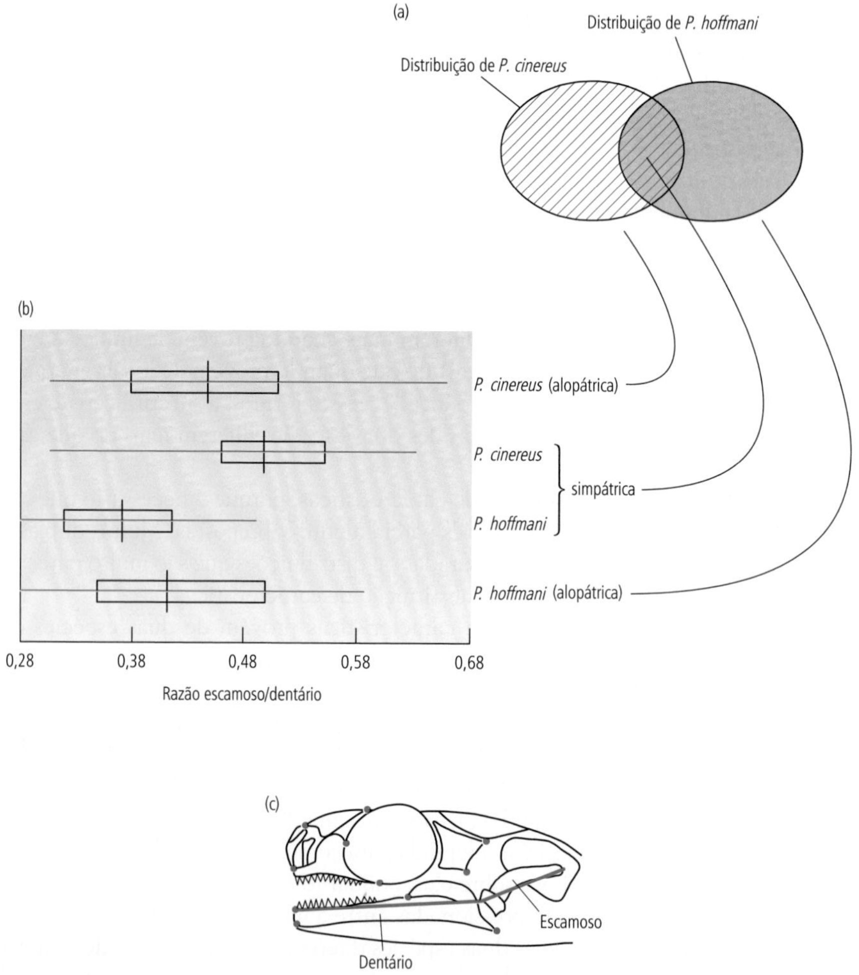

Figura 13.7

Substituição de características em salamandras norte-americanas. (a) A substituição de caracteres só pode ser estudada em duas espécies com sobreposição parcial de suas distribuições, de modo que, em alguns locais, ambas as espécies estão presentes (simpatria) e em outros locais só uma espécie está presente (alopatria). (b) Onde só uma das espécies de *Plethodon cinereus* ou de *P. hoffmani* é encontrada (populações alopátricas), a forma das espécies é semelhante. Onde ambas as espécies são encontradas juntas (populações simpátricas), elas diferem mais. (c) Foram feitas medidas da forma do crânio, que está relacionada à dieta. Redesenhada de Adams e Rohlf (2000), com permissão da editora.

13.7 Existem algumas questões controversas entre os conceitos fenético, biológico e ecológico de espécie

Na Seção 13.2, vimos que os conceitos fenético, ecológico e biológico de espécie são estreitamente relacionados. A maioria das espécies provavelmente existe em um sentido fenético, ecológico e biológico (isto é, de intercruzamento). Entretanto, os três fatores não coincidem exatamente na natureza. Os casos em que eles não coincidem podem ser usados como casos a testar, para verificar se um conceito de espécie é superior a outro. As controvérsias têm ocorrido principalmente entre os conceitos fenético e biológico, ou entre os conceitos ecológico e biológico de espécie.

13.7.1 O conceito fenético de espécie sofre sérios defeitos teóricos

O conceito fenético de espécie define uma espécie como um certo conjunto ou agrupamento de formas fenotípicas. Mas, por que deveria um conjunto de formas fenotípicas, e não um outro, ser reconhecido como uma espécie? A versão clássica do conceito fenético de espécie foi o conceito tipológico de espécie. Ele definia a espécie em relação ao "tipo" da espécie. A dificuldade disso é que, como vimos na Seção 13.5, o "tipo" não existe na teoria darwiniana. As teorias tipológicas de espécie são as mais rejeitadas. Uma versão mais moderna do conceito fenético de espécie foi desenvolvida pelos taxonomistas numéricos. Eles tentaram definir as espécies simplesmente como agrupamentos fenéticos. A dificuldade disso (como é discutido na Seção 16.5, p. 500) é que existem vários métodos estatísticos para reconhecimento de agrupamentos fenéticos e esses métodos podem discordar sobre o que esses agrupamentos são. Daí a definição de espécie exige uma escolha arbitrária entre os diferentes procedimentos estatísticos. O problema subjacente é que não existem espécies fenéticas diferentes simplesmente "por aí" na natureza. Algumas espécies formam unidades fenéticas óbvias, mas outras não, e aí precisamos recorrer a outros critérios.

O conceito fenético de espécie é ambíguo na teoria

Porém, os critérios a que o conceito fenético poderia recorrer são incapazes de salvar o conceito fenético de espécie como um conceito geral e único. Ele poderia, por exemplo, cair no conceito biológico, que define a espécie como um conjunto de organismos que intercruzam. Freqüentemente, mas nem sempre, um conjunto de organismos que intercruzam forma um agrupamento fenético. Se um conjunto de organismos que intercruzam sempre evoluísse para diferir em x unidades fenéticas do conjunto seguinte de indivíduos que intercruzam, poderíamos reconhecer as espécies fenéticas como aquelas que diferiam em x unidades da espécie mais próxima. Mas, na prática, duas espécies biológicas podem diferir feneticamente em praticamente qualquer quantidade. As *espécies crípticas* são um caso em que as unidades reprodutiva e fenética não coincidem. Espécies crípticas são duplas de espécies que diferem reprodutivamente, mas não morfologicamente. O exemplo clássico é a dupla de espécies *Drosophila persimilis* e *D. pseudoobscura*. As duas espécies são unidades de intercruzamento separadas: se moscas de linhagem *persimilis* são postas com moscas de linhagem *pseudoobscura*, elas não intercruzam. Mas, feneticamente, elas são quase indistinguíveis. As espécies crípticas são um exemplo extremo para ilustrar a questão geral de que, na natureza, as unidades fenéticas e as de intercruzamento não são as mesmas. Longe de salvar o conceito fenético de espécie ao proporcionar uma medida de discriminação fenética, o conceito biológico de espécie demonstra que o conceito fenético está tentando fazer algo impossível. Os agrupamentos fenéticos, sozinhos, não dividem satisfatoriamente toda a vida em espécies.

Espécies crípticas são quase idênticas, feneticamente

O mesmo ponto pode ser ilustrado com exemplos na extremidade oposta: uma única espécie (no sentido biológico) que contém uma enorme variedade de formas fenéticas distintas. Algumas espécies altamente "politípicas" contêm muitas formas e cada uma delas seria sufi-

Nas espécies politípicas, há diversas formas fenéticas em uma espécie

cientemente distinta para ser considerada como uma espécie separada, segundo a definição tipológica clássica de espécie. Algumas espécies de borboletas, como a *Heliconius erato* (Seção 8.3, p. 225), contêm várias formas que têm mais diferenças entre si do que as que existem entre a maioria das espécies de borboletas. Mas essas formas podem intercruzar e estão todas incluídas na mesma espécie. Espécies como *H. erato* são chamadas "politípicas": elas não podem ser definidas com base em um espécime-tipo porque têm várias formas distintas. A prática taxonômica em espécies crípticas e nas altamente politípicas segue o conceito biológico de espécie, em que as espécies crípticas são separadas em uma dupla de espécies formalmente nomeadas e em que as múltiplas formas, como as de *H. erato*, são formalmente nomeadas como uma só espécie. Muitas espécies, talvez a maioria, formam agrupamentos fenéticos. Mas nem todas o fazem, e os procedimentos fenéticos para definição de espécies só podem ser justificados quando retornam ao conceito biológico de espécie. A dependência, em última instância, do conceito biológico de espécie torna-se clara em casos problemas complicados como os de espécies crípticas e os das altamente politípicas.

13.7.2 A adaptação ecológica e o fluxo gênico são teorias complementares ou, em certos casos, competidoras sobre a integridade das espécies

Provavelmente os aspectos reprodutivos e ecológicos das espécies geralmente estão correlacionados na natureza. O intercruzamento entre membros de uma espécie resulta em um conjunto de indivíduos que compartilham adaptações a um nicho ecológico, como vimos Seção 13.2.2. Portanto, os conceitos biológico e ecológico de espécie geralmente não estão em conflito. Entretanto, há alguns casos problemas em que os dois conceitos fazem previsões diferentes. Por exemplo, se a seleção é fraca, o fluxo gênico (migração) pode unificar rapidamente as freqüências gênicas de populações separadas (Seção 5.14.4, p. 162). Por outro lado, em teoria, uma força seletiva intensa pode manter duas populações diferenciadas, apesar do fluxo gênico. A importância relativa da adaptação às condições ecológicas locais e ao fluxo gênico, nos casos em que as duas forças estão em conflito, é uma questão empírica.

A seleção pode produzir divergência, apesar do fluxo gênico

As gramíneas tolerantes a metais apresentam divergência espacial...

Bradshaw (1971) realizou um importante estudo de genética ecológica de plantas, especialmente com a gramínea *Agrostis tenuis*, nos montes de rejeitos e nos arredores deles, no Reino Unido. Os montes de rejeitos são depositados pelas mineradoras de metal e contêm altas concentrações de metais pesados venenosos tais como cobre, zinco ou chumbo. Só umas poucas plantas têm-se mostrado capazes de colonizá-los, e, destas, a gramínea *A. tenuis* é a mais bem-estudada. Ela colonizou essas áreas por meio de variantes genéticas que são capazes de crescer onde a concentração de metais pesados é elevada; por isso, em uma região de rejeito há uma classe de genótipos que cresce no próprio monte e outra que cresce na área circundante. A seleção natural trabalha intensamente contra as sementes das formas circundantes quando elas caem no monte de rejeito: as sementes são envenenadas. A seleção também age contra as formas tolerantes a metal, quando fora do monte de rejeito. O motivo é menos claro, mas possuir um mecanismo de desintoxicação deve ter algum custo. Onde o mecanismo é desnecessário, a gramínea desenvolve-se melhor sem ele.

... apesar do fluxo gênico

As populações de *A. tenuis* divergem no sentido de que há freqüências marcadamente diferentes dos genes de tolerância a metais nos montes de rejeito e fora deles. O padrão é claramente favorecido pela seleção natural – mas e o fluxo gênico? O conceito biológico de espécie prevê que o fluxo gênico será pequeno, de outro modo a divergência não poderia ter ocorrido. De fato, o fluxo gênico é amplo. Nuvens de pólen são lançadas para além dos limites dos montes de rejeitos e os intercruzamentos entre os genótipos são amplos. Nesse caso, a seleção tem sido suficientemente forte para superar o fluxo gênico.

A situação em *A. tenuis* enquadra-se melhor no conceito ecológico de espécie do que no conceito biológico. É a adaptação ecológica, e não um fluxo gênico reduzido, que explica a divergência entre as gramíneas do monte de rejeito e fora dele. Entretanto, as condições nos montes de rejeito são excepcionais e estabelecidas recentemente. As condições seletivas logo podem ser removidas, por exemplo, se os montes de rejeito forem limpos. Se elas persistirem, o conflito entre fluxo gênico e adaptação ecológica pode desaparecer com o tempo. A gramínea poderia desenvolver um genótipo flexível, podendo ligar ou desligar um mecanismo de tolerância ao metal, dependendo do local em que crescesse. Ou poderia desenvolver um mecanismo de desintoxicação não-custoso (mais ou menos como se desenvolveu a resistência aos pesticidas nas pragas de insetos, ver Seção 10.7.3, p. 303). Alternativamente, o fluxo gênico pode ser reduzido. Em *A. tenuis*, os tempos de florescimento já são diferentes nos tipos normal e tolerante, e isso reduzirá o fluxo gênico entre eles. Futuramente, as duas formas poderiam evoluir como duas espécies separadas. De um modo ou de outro, o conflito entre fluxo gênico e seleção será vivido por pouco tempo. Ou mudará o padrão do fluxo gênico, ou o do regime de seleção. *A. tenuis* é uma exceção parcial à regra de que os conceitos biológico e ecológico de espécie em geral concordam, mas provavelmente a exceção é mínima e de vida curta em relação ao tempo evolutivo.

Na ausência de fluxo gênico, a seleção pode produzir uniformidade

Os caracóis apresentam uniformidade genética em ausência do fluxo gênico

Em outros casos, diferentes populações de uma espécie têm freqüências gênicas semelhantes, mesmo que pareça haver fluxo gênico entre elas. Por exemplo, Ochman *et al.* (1983) estudaram o caracol *Cepaea nemoralis* nos Pireneus espanhóis. O caracol raramente vive nas montanhas acima dos 1.400 m e jamais acima dos 2.000 m, por causa do frio. Nos Pireneus ele vive nos vales de rios, separados por montanhas: onde essas montanhas têm mais de 1.400 m o fluxo gênico entre vales estará ausente – e, provavelmente, mesmo entre vales separados por montanhas mais baixas, há pouco fluxo gênico. Se o fluxo gênico é necessário para manter a integridade da espécie (isto é, a similaridade das freqüências gênicas), as populações dos diferentes vales deveriam ter divergido.

Ochman *et al.* (1983) mediram vários caracteres, inclusive as freqüências de quatro alelos do gene codificador da enzima indofenol-oxidase (*Ipo-1*), em 197 populações (apresentadas como pontos na Figura 13.8a). Como a Figura 13.8c mostra, os alelos da *Ipo-1* dividem os caracóis em três regiões principais. A partir da esquerda, a primeira região principal tem uma alta freqüência do alelo 130; a segunda tem alta freqüência do alelo 100 e a região à direita tem uma maior freqüência do alelo 80. Essas regiões transcendem a barreira montanhosa ao fluxo gênico, que é apresentada como uma região cinzenta da esquerda para a direita na Figura 13.8a. A semelhança entre as populações dentro de cada uma das três regiões é difícil de explicar pelo conceito biológico de espécie. O conceito ecológico de espécie poderia explicar o padrão, mas é preciso mais pesquisas sobre como os diferentes alelos estão adaptados às diferentes regiões ao longo do mapa.

Formas assexuadas...

Um teste adicional provém das espécies assexuadas. O conceito ecológico de espécie prevê espécies igualmente definidas tanto nas formas sexuadas quanto nas assexuadas. Não há motivo para que só as formas sexuadas possam habitar nichos, e as assexuadas não e, por isso, a seleção deveria manter as espécies assexuadas em agrupamentos integrados, como faz com as sexuadas. Mas o conceito biológico de espécie prevê uma diferença. As formas assexuadas não intercruzam e não há fluxo gênico. Se o fluxo gênico mantém uma espécie, as formas assexuadas deveriam ter limites imprecisos; nada vai impedir uma espécie assexuada de imiscuir-se em um contínuo. As formas sexuadas devem ser mais claramente identificáveis do que suas parentas assexuadas.

Infelizmente, a evidência publicada até agora é indecisa. Por um lado, muitos autores – sobretudo os críticos do conceito biológico de espécie, como é o caso de Simpson (1961b) – asseveraram que as espécies assexuadas formam agrupamentos fenético integrados, assim

... podem... como as espécies sexuadas. Isso é respaldado pelo estudo de Holman (1987) em rotíferos. Os rotíferos bdelóideos são um grande táxon assexuado (Seção 12.1.4, p. 346). Os rotíferos monogononontes são o táxon irmão dos bdelóideos, mas são sexuados, pelo menos algumas vezes. Holman demonstrou que as espécies de bdelóideos são reconhecidas com pelo menos a mesma constância que as espécies de monogononontes.

... ou não... Por outro lado, também há exemplos de formas assexuadas que não formam espécies distintas. Maynard Smith (1986) destacou o exemplo de um inço (*Hieracium*). Ele se reproduz assexuadamente e é muito variável, tanto que os taxonomistas reconheceram várias centenas de "espécies" e não há dois taxonomistas que concordem sobre quantas formas existem. Em conjunto, as espécies assexuadas são um problema potencialmente interessante, mas as evidências reunidas até agora não indicam uma conclusão definida.

... existir como espécies distintas

As bactérias e outros micróbios, em grande parte, também ilustram o mesmo ponto. A reprodução das bactérias é principalmente assexuada e, entretanto, as diferentes espécies de bactérias são nomeadas do mesmo modo que as formas de vida pluricelulares sexuadas. Isso poderia significar que o conceito biológico de espécie é inadequado, porque é incapaz de adequar-se às espécies de bactérias. Entretanto, não há trocas genéticas entre células bacterianas. As unidades de bactérias reconhecidas como espécies podem, assim, ser mantidas por fluxo gênico. Alternativamente, as bactérias podem não formar verdadeiras espécies distintas e o hábito de denominar "espécies" de bactérias pode ser enganoso. A evidência de variação genética em bactérias é muito limitada para permitir uma conclusão ampla extensiva a todas as bactérias. Sabe-se muito sobre a genética de populações de umas poucas bactérias, como a *Escherichia coli*, mas a genética de populações da maioria dos micróbios continua obscura. Uma conclusão popular provisória é a de que algumas bactérias fazem amplas trocas genéticas e constituem boas espécies, enquanto outras têm poucas trocas genéticas e a aplicação dos conceitos de espécie a elas pode ser problemática. Cohen (2001) e Lan e Reeves (2001) discutem as espécies microbianas. Enquanto isso, as bactérias, assim como as formas assexuadas em geral, deixam um problema para o futuro, em vez de contribuir com evidências decisivas no presente, quanto às controvérsias sobre espécies biológicas.

Os micróbios têm espécies mais evidentes em alguns casos do que em outros

13.7.3 A seleção e a incompatibilidade genética proporcionam explicações para a aptidão reduzida dos híbridos

Fatores ecológicos podem influenciar a aptidão dos híbridos

Quando espécies muito relacionadas conseguem produzir híbridos, freqüentemente a prole híbrida tem baixa aptidão. Os híbridos podem ser estéreis (por exemplo, as mulas) ou ter viabilidade reduzida. A aptidão reduzida dos híbridos é um exemplo de isolamento pós-zigótico (ver Tabela 13.1) e pode ser explicada por cada um dos processos seguintes, ou por ambos. Um é que os híbridos podem ter uma forma intermediária entre as duas espécies parentais e serem mal-adaptados porque há poucos recursos para essa forma intermediária. Em uma área

Figura 13.8

(a) Um mapa dos Pireneus, apresentando os locais onde o caracol *Cepaea nemoralis* foi coletado e os vales dos rios. Os rios são separados por terras altas e montanhas, e a área sombreada cinza, que vai da esquerda para a direita, indica as regiões em que a altitude supera os 1.500 m. A área verde pontilhada, no meio, indica a área ao redor da qual as freqüências gênicas são diferenciadas: ver (c) adiante. (b) A morfologia da concha (neste caso, a cor de fundo) apresenta pouca variação geográfica.
(c) O polimorfismo protéico, porém, enquadra-se em três áreas principais. São mapeados os quatro alelos da enzima indofenol oxidase (*Ipo-1*). Da esquerda para a direita, podem ser vistas umas três regiões com freqüências gênicas características: o alelo 130 é o mais freqüente na esquerda, o alelo 100 no centro e o alelo 80 na direita. Essas regiões ultrapassam as terras altas apresentadas em (a). É improvável que a similaridade dentro de uma área seja mantida por fluxo gênico. Redesenhada de Ochman *et al.* (1983), com permissão da editora.

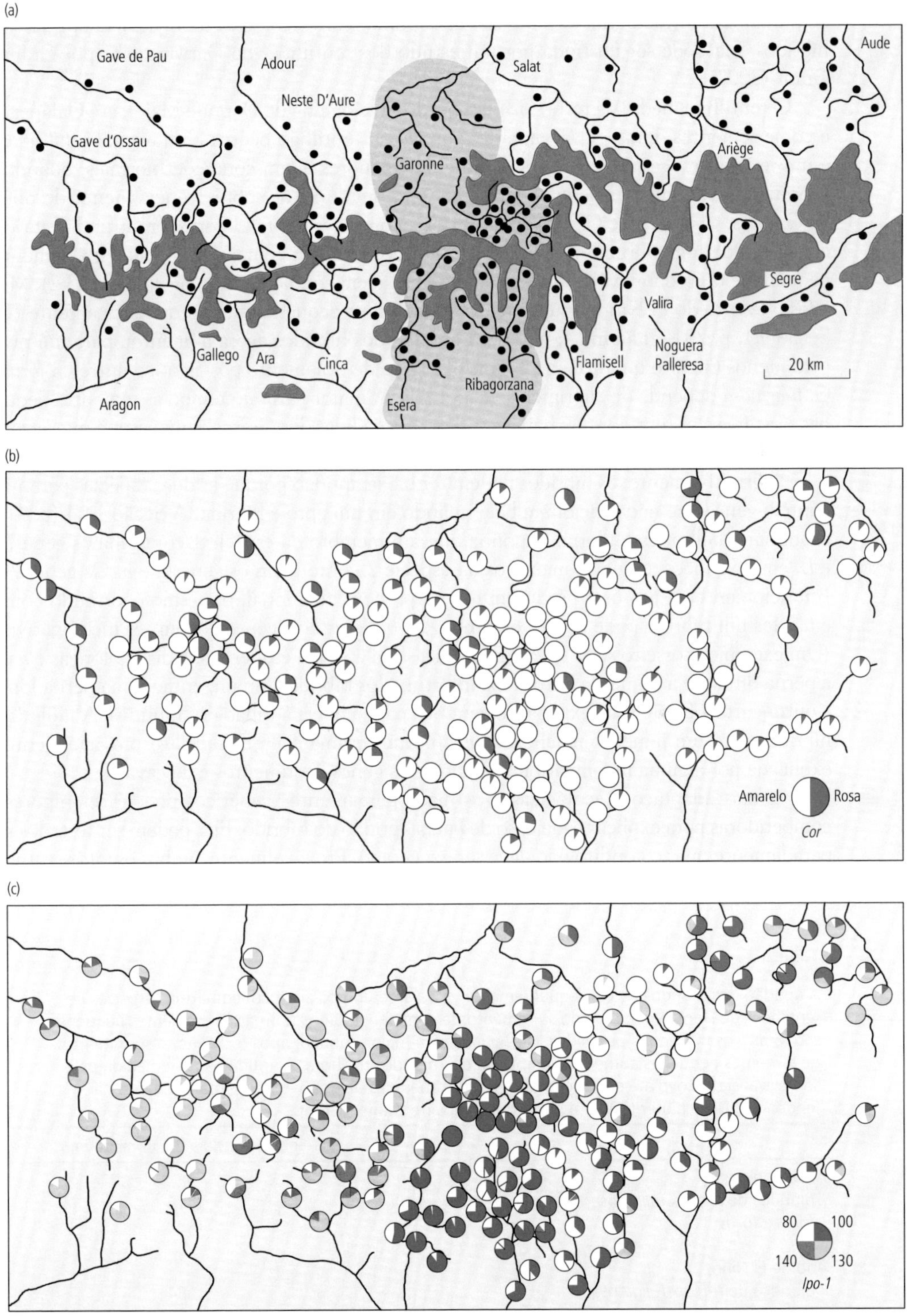
(a)
Gave de Pau
Adour
Neste D'Aure
Salat
Aude
Gave d'Ossau
Garonne
Ariège
Segre
Valira
Noguera
Palleresa
Flamisell
Ribagorzana
Gallego
Ara
Cinca
Esera
Aragon
20 km
(b)
Amarelo
Rosa
Cor
(c)
80
100
140
130
Ipo-1

em que as sementes são grandes ou pequenas, uma espécie pode ter bicos grandes e a outra ter bicos pequenos. Os híbridos entre elas podem ter baixa aptidão porque há poucas sementes de tamanho intermediário, disponíveis. Essa é uma teoria ecológica sobre a baixa aptidão dos híbridos. Ela pode ser ilustrada por um estudo dos tentilhões de Darwin, feito por Grant e Grant (2002).

O tentilhão médio da terra, *Geospiza fortis*, vive na ilha de Daphne Major, em Galápagos, e come sementes duras, relativamente grandes. O tentilhão pequeno da terra, *G. fuliginosa*, é um imigrante ocasional. Ele come sementes menores e, em condições normais, quando o suprimento de sementes pequenas é baixo, tem uma taxa de sobrevivência menor do que a de *G. fortis*. O imigrante *G. fuliginosa* hibridiza com o residente *G. fortis*, produzindo híbridos com bicos de tamanho intermediário. Os híbridos também comem principalmente sementes pequenas e têm sobrevivência relativamente baixa em condições normais (Tabela 13.2). Mas, após o evento do El Niño, o suprimento de sementes pequenas aumentou maciçamente (ver Seção 9.1, p. 251 e Lâmina 4, p. 95). A aptidão dos híbridos agora aumentou para um nível pelo menos tão alto quanto o de *G. fortis*. O grau de isolamento pós-zigótico entre *G. fortis* e *G. fuliginosa* depende do suprimento de comida. A maior parte do tempo as sementes pequenas são raras e os híbridos têm baixa aptidão. As medidas dos Grants demonstram que a causa da baixa aptidão é a má adaptação ecológica deles.

A baixa aptidão do híbrido também pode ser devida a incompatibilidades genéticas

Alternativamente, os híbridos podem ter baixa aptidão porque as duas espécies parentais contêm genes que não funcionam bem quando em uma prole híbrida. A Seção 14.4 (p. 415) examinará melhor essa teoria. Suponha que um membro da espécie 1 contenha os genes, A e *B*, em dois locos, e que os membros da espécie 2 contenham os genes *a* e *b*. Os genes A e *B* funcionam bem juntos e produzem um corpo bom, funcional, o mesmo ocorrendo com *a* e *b*. Mas um híbrido pode conter os genes A e *b*. Esses dois genes podem ser incompatíveis. (Um exemplo grosseiro seria se A e *B* codificassem a perna esquerda e a direita longas e *a* e *b* a perna direita e a esquerda curtas. Os infortunados híbridos teriam, então, uma perna longa e outra curta.) Essa é uma explicação genética para a baixa aptidão dos híbridos. A mula (um híbrido entre um jumento macho *Equus africanus* e uma égua *E. caballus*) provavelmente é explicada por alguma incompatibilidade entre os genes de jumentos e de cavalos.

As más adaptações ecológicas e os maus pareamentos genéticos podem ser hipóteses competidoras para explicar cada caso de baixa aptidão do híbrido. Eles podem ser testados separadamente, mas o conflito não deve ser exagerado. Provavelmente, ambos os fatores atuem

Tabela 13.2

A aptidão dos híbridos (e, conseqüentemente, o isolamento pós-zigótico) entre duas espécies de tentilhões de Darwin depende do suprimento de comida. Em anos normais, as sementes pequenas são raras e os indivíduos puros de *Geospiza fortis* têm maior aptidão; após o El Niño, o suprimento de sementes pequenas aumenta e a aptidão dos híbridos melhora. A aptidão aqui é medida pela sobrevivência do ovo até o primeiro ano. (Outras medidas de aptidão apresentaram a mesma tendência.) De Schluter (2000) a partir dos dados de Grant e Grant.

	Sobrevivência até o primeiro ano
Anos normais	
híbridos de *fortis* x *fuliginosa*	0,16
fortis x *fortis*	0,32
Ano de El Niño	
híbridos de *fortis* x *fuliginosa*	0,84
fortis x *fortis*	0,82

na natureza e ambos podem ser incorporados à nossa compreensão de espécie. Por exemplo, a explicação ecológica para a baixa aptidão do híbrido pode aplicar-se melhor a espécies muito relacionadas, vivendo na mesma área. Elas podem hibridizar com freqüência suficiente para que seus genes continuem compatíveis. Pode ser o caso dos tentilhões de Darwin. A explicação genética pode tornar-se mais importante com o correr do tempo, à medida que duas espécies divergem e seus genes se tornam cada vez mais diferentes.

Em resumo, a natureza nos forneceu alguns casos exemplares para examinarmos os processos invocados pelos conceitos biológico e ecológico de espécie. Provavelmente esses processos (a adaptação ecológica e o fluxo gênico) atuam juntos para produzir o mesmo resultado. Em alguns casos, eles parecem estar em conflito. Os casos exemplares podem ter vida curta (como o da *Agrostis tenuis*) e serem de pouca importância evolutiva; ou seus resultados podem ser ambíguos (como nas espécies assexuadas); ou os casos exemplares podem sugerir que ambos os processos devem ser incorporados aos dois conceitos (como nas teorias de baixa aptidão dos híbridos). A evidência parece sugerir que tanto a adaptação ecológica quanto o intercruzamento são necessários para explicar os conjuntos de formas que identificamos como espécies. Por isso, alguns biólogos sugeriram que necessitamos de um conceito mais geral de espécies. Templeton (1998), por exemplo, é favorável a um "conceito de coesão de espécies", em que todas elas mostram "coesão" (isto é, elas existem como agrupamentos fenéticos distintos), mas o motivo pode variar de uma espécie para outra. Algumas espécies podem existir por causa da adaptação ecológica, outras por causa do fluxo gênico e outras por um misto dos dois.

Provavelmente, tanto fatores ecológicos quanto os reprodutivos estão atuando

13.8 Os conceitos taxonômicos podem ser nominalistas ou realistas

13.8.1 A categoria de espécie

Quando classificamos o mundo natural em unidades tais como espécies, gêneros e famílias, estamos impondo categorias de nossa própria invenção em algo que é naturalmente íntegro e contínuo ou as categorias são divisões reais na natureza? Esse é um problema antigo. Ele se aplica a todas as categorias taxonômicas, mas é discutido especialmente no caso da categoria de espécie. A idéia de que as espécies são divisões artificiais de um contínuo natural é chamada *nominalismo*; a alternativa de que a natureza seja propriamente dividida em espécies distintas é chamada *realismo*.

As espécies biológicas são unidades reais, e não nominais

No conceito biológico de espécie, estas são unidades reais, e não nominais, da natureza. Se considerarmos todo o conjunto de indivíduos atualmente classificados como humanos e como chimpanzés, esses indivíduos dividem-se em duas unidades reprodutivas distintas. Respeitadas condições, tais como serem de sexos diferentes e terem idade reprodutiva, um ser humano pode intercruzar com qualquer outro humano, mas não com um chimpanzé. O cruzamento entre espécies não se intermedeia. Aqui vai um experimento imaginário para ilustrar o significado de "intermediar-se". Tome o conjunto de todos os indivíduos humanos e chimpanzés. Então retire um indivíduo ao acaso. Experimentalmente, coloque esse indivíduo com uma coleção de parceiros potenciais extraídos do conjunto total de indivíduos restantes. Se o resultado reprodutivo apresentar uma variação contínua de 100 a 0% no conjunto total de parceiros, então podemos dizer que o intercruzamento se intermedeia. Na verdade, o resultado reprodutivo saltaria dos 100% (ou até mais) para o 0%, sem nada de permeio. O intercruzamento entre humanos e chimpanzés não se intermedeia. De certo modo, nossa estranheza ao imaginar o que uma intermediação representaria, ilustra como os humanos e os chimpanzés formam unidades reprodutivas reais, e não nominais. De qualquer modo, os humanos formam, de fato, uma unidade reprodutiva real. E assim faz a maioria das espécies.

Como provável conseqüência, as espécies formam unidades fenéticas. Como os intercruzamentos estão confinados a um certo conjunto de indivíduos, uma mutação nova vantajosa irá disseminar-se naquele conjunto de indivíduos, mas não em outros conjuntos daquele tipo (isto é, outras espécies). Se os chimpanzés ganhassem uma mutação favorável, ela não se estenderia a nós, mesmo que pudéssemos nos beneficiar dela. Por isso, as espécies biológicas freqüentemente formam agrupamentos fenéticos reais, e não nominais. A evidência mais marcante de que as espécies existem como agrupamentos fenéticos provém da "taxonomia popular". O povo, independentemente dos taxonomistas ocidentais, em geral tem nomes para as espécies que vivem em suas áreas, e podemos observar até que ponto ele atingiu a mesma divisão da natureza em espécies a que chegaram os taxonomistas ocidentais, trabalhando com o mesmo material básico. Algumas pessoas, ao que parece, utilizam praticamente a mesma classificação de espécies. Por exemplo, os Kalám, da Nova Guiné, reconhecem 174 espécies de vertebrados, o que, com quatro exceções, corresponde às espécies reconhecidas pelos taxonomistas ocidentais.

A taxonomia popular freqüentemente coincide com a taxonomia formal

Como vimos (Seção 13.7.1), as unidades fenéticas e reprodutivas nem sempre coincidem. Em espécies politípicas de borboletas há muitas formas fenéticas distintas e a "taxonomia popular" dessas borboletas tende a reconhecer várias formas em vez de uma só espécie biológica. Do mesmo modo, provavelmente os taxonomistas populares não distinguiriam espécies crípticas, mesmo porque a maioria dessas espécies é obscura demais, até mesmo para que se coloque uma questão dessas. Em resumo, na maioria dos casos, embora não em todos, as espécies na natureza são unidades de intercruzamento reais, e não nominais.

13.8.2 Categorias inferiores ao nível de espécie

Em muitos casos, as espécies formam unidades fenéticas distintas. Isso contrasta com as unidades subespecíficas como "subespécies" e "raças". (Deixei as palavras entre aspas porque, embora as categorias sejam usadas às vezes, os biólogos são céticos quanto à sua utilidade, pelo motivo que veremos adiante.) Subespécies e raças – os dois termos são quase intercambiáveis – são definidas como populações geográficas de uma espécie, que têm uma aparência fenética distinta. A dificuldade é que a variação intra-específica não forma agrupamentos fenéticos distintos do modo como acontece freqüentemente com as diferenças interespecíficas. Os pardais da América do Norte, por exemplo, formam uma clina de tamanho do corpo, de norte a sul (ver Figura 13.5). Os pardais do norte são maiores por adaptação à temperatura. Mas, se examinarmos uma segunda característica, como a vocalização (canto) deles, ou a freqüência de um gene, não há motivo para esperar que se forme outra clina com o mesmo gradiente. Um gradiente complicado, relacionado com o regime de chuvas ou algum outro fator, poderia ser formado. Características diferentes formam padrões espaciais diferentes, relacionados a diferentes fatores adaptativos ou à deriva aleatória.

Assim, as distribuições de diferentes características dentro de uma espécie são "discordantes". Nada força os pardais de uma área a formar agrupamentos genéticos ou fenéticos diferentes. A ocorrência ou não de intercruzamentos faz com que diferentes espécies formem agrupamentos fenéticos. As distribuições dos diferentes caracteres tendem a ser concordantes, à medida que as mutações são fixadas na espécie, uma após outra (Figura 13.9). Dentro da espécie, qualquer distribuição de um caráter é possível. Esta é parte do motivo pelo qual não se podem reconhecer raças diferentes na espécie humana. (O problema é composto pela baixa variação genética em nossa espécie; ver Quadro 13.2.) Quando diferentes pessoas tentaram classificar as raças humanas, encontraram desde um mínimo de seis até um máximo de 60 raças. É impossível uma classificação objetiva porque diferentes características variam independentemente dentro de uma espécie. A cor da pele, o formato dos olhos e os grupos

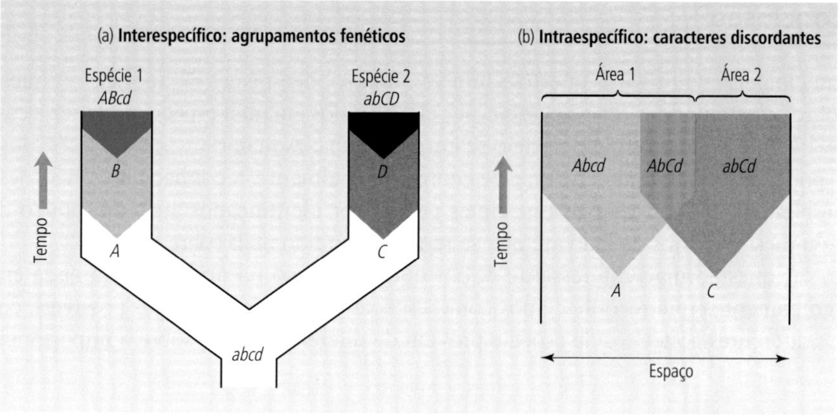

Figura 13.9

Espécies diferentes formam unidades genéticas (e geralmente fenéticas) diferentes; unidades subespecíficas, como as raças, não. (a) Evolução em duas espécies. Genes sucessivos difundidos em cada espécie. A espécie 1 forma um agrupamento com os genes *A* e *B*; a espécie 2 é um agrupamento distinto, com os genes *C* e *D*. Não há indivíduos com combinações discordantes de genes, como *AbcD*. (b) Evolução em uma espécie. Os genes vantajosos e neutros disseminam-se localmente. Diferentes genes podem disseminar-se em diferentes lugares, dependendo, em parte, das condições locais. Podem surgir, facilmente, combinações discordantes de genes e na área 1 alguns indivíduos têm o gene (*C*) encontrado na área 2 e outros não têm. Para produzir combinações de genes discordantes entre espécies, um gene (como o *C*) precisaria disseminar-se não só na espécie 2, mas em parte da espécie 1. Isso geralmente é impossível por causa das barreiras de isolamento entre espécies. Aqui, o argumento se aplica tanto a caracteres fenéticos quanto a genes, na medida em que os genes codificam os caracteres fenéticos.

sangüíneos formam clinas independentes e discordantes. Isso não quer dizer que o conceito de raça não tem significado para os seres humanos. Ele tem significado cultural e político, mas, em biologia evolutiva, a raça tem mais significado nominal do que real.

13.8.3 Categorias superiores ao nível de espécie

Os biólogos discordam sobre o grau de realismo das unidades taxonômicas mais elevadas

A realidade das categorias taxonômicas superiores ao nível de espécie depende, em parte, de como essas categorias são definidas, sendo este um tópico posterior (Capítulo 16). Entretanto, um ponto pode ser destacado aqui. A atitude dos biólogos evolucionistas que apóiam o conceito biológico de espécie difere caracteristicamente da atitude dos que apóiam o conceito ecológico de espécie, quanto ao realismo dos táxons superiores ao nível de espécies. O conceito biológico de espécie só pode ser aplicado a um nível taxonômico. Se as espécies são definidas pelo intercruzamento, então os gêneros, famílias e ordens devem existir por outros motivos. Mayr tem sido um forte apoiador do conceito biológico de espécie e (em 1942, por exemplo) argumentou apropriadamente que as espécies são reais, mas que os níveis mais altos são definidos mais feneticamente e têm menos realidade; isto é, níveis mais altos são relativamente nominais. Dobzhansky e Huxley mantêm uma posição semelhante.

Simpson, entretanto, apoiou uma teoria mais ecológica de espécie. O conceito ecológico pode ser aplicado de modo quase igual em todos os níveis taxonômicos. Se o leão ocupa uma zona adaptativa correspondente a um único nicho ecológico, então o gênero *Felis* pode ocupar uma zona adaptativa mais ampla e a classe Mammalia uma zona adaptativa ainda mais larga. As zonas adaptativas poderiam ter um padrão hierárquico correspondente à (e causador da) hierarquia taxonômica. Todos os níveis taxonômicos poderiam, então, ser igualmente reais. Portanto, a realidade relativa das espécies e de níveis taxonômicos mais altos é parte da controvérsia mais ampla entre os conceitos ecológico e reprodutivo de espécie.

13.9 Conclusão

Em biologia evolutiva, as questões interessantes sobre espécies são teóricas. A questão prática sobre que indivíduos reais deveriam ser classificados em qual espécie pode ser, ocasionalmente, incômoda, mas os biólogos não se enredam nela. A maioria – talvez 99,9% dos espécimes – pode ser enquadrada em espécies convencionalmente reconhecidas e não desperta nem problemas práticos. Outros espécimes podem ser identificados após um pouco de trabalho – ou mesmo postos de lado até que se tenha aprendido mais sobre eles.

A questão mais interessante é: por que a variação natural está arranjada em forma de agrupamentos que reconhecemos como espécies. Há várias respostas possíveis, como vimos. Os diferentes conceitos de espécie provêm de diferentes idéias sobre a importância do inter-

Resumo

1 Na prática, as espécies são definidas por meio de caracteres fenéticos facilmente reconhecíveis que indicam, de modo confiável, a que espécie um indivíduo pertence.

2 O conceito biológico de espécie define-a como um conjunto de formas que intercruzam. O intercruzamento entre espécies é impedido por mecanismos de isolamento.

3 O conceito ecológico de espécie define-a como um conjunto de organismos adaptado a um determinado nicho ecológico.

4 O conceito fenético de espécie define-a como um conjunto de organismos que são semelhantes feneticamente entre si o suficiente.

5 Os conceitos biológico, ecológico e fenético (e alguns outros) de espécie são todos muito relacionados e visam explicar ou descrever basicamente o mesmo fato: que a vida parece existir sob a forma de diferentes espécies.

6 Os indivíduos intercruzam principalmente com os outros membros de sua própria espécie por causa das barreiras de isolamento que impedem o intercruzamento com outras espécies. As barreiras de isolamento podem ser pré ou pós-zigóticas.

7 A variação geográfica pode ser adaptativa ou neutra. A quantidade de variação genética entre as raças geográficas de uma espécie pode ser descrita quantitativamente e é baixa em seres humanos, em comparação com outras espécies.

8 Quanto à variação intra-específica, a teoria da evolução justifica mais o pensamento populacional do que o pensamento tipológico: todos os indivíduos de uma população são membros igualmente bons de uma espécie em vez de uns serem melhores espécimes do que outros.

9 A substituição de características ocorre quando duas espécies têm âmbitos geográficos parcialmente sobrepostos e diferem mais entre si quando simpátricas do que quando alopátricas. A substituição de características pode ser causada por competição ecológica.

10 O conceito biológico de espécie explica a integridade da espécie pelo intercruzamento (que produz o fluxo gênico) e o conceito ecológico pela seleção. Os dois processos geralmente estão correlacionados, mas é possível fazer testes entre eles em casos especiais. A seleção pode ser suficientemente forte para superar o fluxo gênico e pode manter a integridade de uma espécie, na ausência dele.

11 Unidades taxonômicas tais como as espécies biológicas podem ser reais ou nominais. Segundo o conceito biológico de espécie, as espécies podem ser reais, mas os níveis taxonômicos mais altos ou mais baixos são nominais. Conforme o conceito ecológico de espécie, todos os níveis taxonômicos podem ter um grau semelhante de realismo.

cruzamento (ou fluxo gênico) e da seleção natural. Às vezes é possível distingui-las por meio de testes, mas, até aqui, os resultados não foram suficientes para confirmar decisivamente qualquer um dos conceitos (ou qualquer pluralidade de conceitos). Entretanto, há uma concordância geral de que a distinção fenética sozinha não é um conceito adequado e que os processos explicativos chave são o intercruzamento e o padrão de recursos ecológicos.

Leitura adicional

Mayr (1963) é o texto clássico sobre as espécies na biologia evolutiva; ver também Mayr (1976, 2001) e Mayr e Ashlock (1991). Coyne (1994) discute os conceitos de espécie, especialmente em relação às idéias de Mayr. Dobzhansky (1970), Huxley (1942), Cain (1954) e Simpson (1961b) também contêm material clássico. A antologia de Ereshefsky (1992) contém muitos dos artigos importantes sobre conceitos de espécie.

Livros mais recentes incluem o volume editado por Howard e Berlocher (1998), que tem bons capítulos sobre os conceitos de espécie, escritos por Harrison, Templeton, Shaw e de Queiroz, que discutem o uso de marcadores moleculares e coalescência. Sobre plantas, ver Levin (2000). Dois outros livros recentes são os de Hey (2001) e de Ereshefsky (2001), que questionam se as espécies que são reconhecidas pela classificação lineana convencional correspondem às espécies que são as unidades evolutivas fundamentais. Os problemas práticos da definição de espécie são tratados na maioria dos livros gerais sobre classificação, que eu listo na leitura adicional do Capítulo 16.

Sobre o conceito biológico de espécie, ver quase todas as fontes citadas no parágrafo anterior, especialmente as de Mayr. Sobre o conceito ecológico ver Van Valen (1976). Sobre o conceito fenético de espécie, ver Sneath e Sokal (1973) e muitas das referências do Capítulo 16. Paterson (1993) é a principal fonte para o conceito de espécie por reconhecimento, bem como os autores em Lambert e Spencer (1994). Quanto às críticas, ver Coyne *et al.* (1989). Ritchie e Philips (1998) fornecem evidências da variação intra-específica no sistema específico de reconhecimento para acasalamento (SMRS) contrastando com a teoria de que a seleção estabilizadora age no SMRS. Ver também o material sobre a seleção sexual antagônica na Seção 12.4.7 deste livro.

Quanto aos mecanismos de isolamento, ver os livros de Mayr e de Dobzhansky acima. Sobre plantas, ver Grant (1981) e Levin (2000). Para informação sobre os ciclídeos africanos, ver Stiassny e Meyer (1999). Ver também Fryer (2001).

Sobre variação geográfica, a fonte clássica novamente é Mayr (1963) e o tópico é abordado em textos de genética de populações como os listados no Capítulo 5 deste livro. Ver mais sobre o exemplo de *Linanthus* em Wright (1978), quanto ao embasamento, e em Turelli *et al.*(2001b), quanto à precisão da pesquisa moderna. Huey *et al.* (2000) é um belo exemplo de variação geográfica de evolução recente. Quanto ao pensamento populacional *versus* o pensamento tipológico, ver Ghiselin (1997) e Hull (1988) além de Mayr (1976 – de onde extraí um ensaio clássico para Ridley [1997]). Desde Mayr, os taxonomistas pré-darwinianos seguidamente têm sido criticados como tipologistas. Entretanto, a distinção entre o pensamento populacional e o tipológico é mais bem utilizada conceitualmente do que historicamente – Winsor (2003) alega que, em essência, nenhum taxonomista pré-darwiniano era tipologista, porque eles não consideravam a variação do modo que fazemos agora.

A substituição de características está bem revisada por Schluter (2000), recentemente, e por Taper e Case (1992). A fonte original é Brown e Wilson (1958). Schluter (2000, p. 166-8) tem uma tabela com outros exemplos como o das salamandras, além de informações sobre a qualidade desses estudos. Outro exemplo clássico provém dos tentilhões de Darwin e o Capítulo 10 de Weiner (1994) é um texto de divulgação, enquanto Grant (1986) contém uma discussão mais autorizada sobre eles.

As dificuldades com os conceitos fenéticos de espécie são um caso especial das dificuldades em toda a classificação fenética: ver as referências no Capítulo 16 adiante neste livro. Sobre a tolerância de plantas a metais pesados ver Bradshaw (1971) e Ford (1975), e sobre a evolução dirigida pelo homem, em geral, ver Palumbi (2001b).

Os carvalhos europeus são mais um bom estudo de caso sobre o conceito ecológico *versus* o conceito biológico (fluxo gênico) de espécie: ver Van Valen (1976) novamente, e Muir *et al.* (2000). Outros estudos recentes sobre seleção e fluxo gênico incluem o de Blondel *et al.* (1999) sobre os chapins azuis em Corisca e o de Smith *et al* (1997) sobre biodiversidade em florestas tropicais. As explicações ecológicas e genéticas sobre a aptidão dos híbridos são discutidas em Schluter (2000) e em vários dos artigos sobre reforço, especiação de híbridos em plantas e a teoria de Dobzhansky–Muller, que são referidos no Capítulo 14.

Berlin (1992) é um livro sobre taxonomia popular, e Gould (1980) contém um ensaio de divulgação sobre o assunto.

Questões para estudo e revisão

1 Revise os principais argumentos a favor e contra os conceitos fenético, biológico e ecológico de espécie.

2 Em uma dupla de "espécies crípticas", quantas espécies existem segundo os conceitos de espécie: (i) fenético, (ii) biológico e (iii) ecológico?

3 Revise os tipos de barreiras de isolamento pré e pós-zigótico existentes.

4 Calcule a estatística G_{ST} que descreve a quantidade de diferenciação geográfica intra-específica para as espécies 1 a 3 a seguir.

Espécies	H_t	H_s	G_{ST}
1	0,5	0,5	
2	0,5	0,25	
3	0	0	

Que fatores biológicos fariam G_{ST} ser mais baixo em algumas espécies do que em outras?

5 Os organismos assexuados formam espécies do mesmo modo que os sexuados, e que conseqüências tem a resposta para nosso conceito de espécie?

6 Qual é o pensamento mais apropriado para classificar as entidades adiante, o populacional ou o tipológico? (A resposta não é exata em todos os casos e há muitos outros tópicos sobre os quais pensar e discutir para obter uma resposta final.) (i) Elementos químicos (tais como átomos de carbono, hidrogênio, ouro, etc.); (ii) culturas humanas; (iii) espécies biológicas; (iv) emoções humanas (como medo, raiva, etc.); (v) mecanismos de transporte (como carros, pedestres, aviões, etc.) e (vi) teorias científicas (como evolução, gravidade, teoria quântica, etc.).

7 Como podemos testar as diferenças entre as teorias ecológica e genética de isolamento pós-zigótico?

8 Nos conceitos (i) fenético, (ii) biológico e (iii) ecológico de espécie as (a) espécies, (b) subespécies / raças e (c) categorias taxonômicas superiores são entidades reais ou nominais na natureza?

14 Especiação

Especiação significa a evolução do isolamento reprodutivo entre duas populações. Foram sugeridos dois processos principais por meio dos quais o isolamento reprodutivo pode evoluir: como um subproduto da divergência evolutiva entre duas populações, ou ser favorecido diretamente, em um processo chamado reforço. Este capítulo começa por demonstrar que temos extensa evidência e um bom conhecimento teórico sobre a teoria da especiação como subproduto. A evidência provém de experimentos de laboratório e da observação biogeográfica. Daí o capítulo parte para o exame da teoria do reforço. Essa teoria é controvertida: a evidência é inconclusiva, e não podemos demonstrar nem que é importante, nem que é trivial. O capítulo examina também o caso peculiar da especiação de híbridos em plantas, a possibilidade de especiação entre populações que não estão separadas geograficamente e duas tendências atuais de pesquisa – a influência da seleção sexual na especiação e o uso de técnicas genômicas modernas para identificar genes que causam isolamento reprodutivo.

14.1 Como pode uma espécie se dividir em dois grupos de organismos reprodutivamente isolados?

O isolamento reprodutivo é o principal tópico de pesquisas em especiação

O evento crucial para a origem de uma nova espécie é o isolamento reprodutivo. Como vimos no Capítulo 13, em geral os membros de uma espécie diferem de outras espécies genética e ecologicamente, em comportamento e em morfologia (isto é, feneticamente) e também quanto a com quem elas cruzarão. Alguns biólogos preferem definir as espécies não pelo isolamento reprodutivo, mas por outras propriedades, como as diferenças genéticas e ecológicas. Provavelmente, nenhuma propriedade única pode proporcionar uma definição universal de espécie aplicável a todos os animais, plantas e microrganismos. Entretanto, muitas espécies se distinguem por serem reprodutivamente isoladas, e, mesmo que a evolução do isolamento reprodutivo nem sempre seja o evento crucial da especiação, ele é o evento-chave na pesquisa sobre a especiação. O assunto deste capítulo é a evolução do isolamento. O objetivo é entender como uma barreira ao intercruzamento pode evoluir entre duas populações, de modo que uma espécie evolua para duas.

O isolamento reprodutivo pode ser causado por muitas características dos organismos (ver Tabela 13.1, p. 384). Entretanto, para a maior parte das pesquisas neste capítulo, só precisamos da distinção entre isolamento pré e pós-zigótico. Existe isolamento pré-zigótico quando, por exemplo, duas espécies têm comportamentos diferentes no cortejo ou na escolha de parceiros, ou têm épocas diferentes de acasalamento. Existe isolamento pós-zigótico quando duas espécies cruzam, mas sua prole híbrida tem baixa viabilidade ou fertilidade. Algumas das teorias de especiação só são aplicáveis ao isolamento pré-zigótico, outras somente ao isolamento pós-zigótico e algumas a ambos.

14.2 Teoricamente, uma espécie recém-surgida poderia ter uma relação geográfica alopátrica, parapátrica ou simpátrica com sua ancestral

Populações em processo de especiação podem ter vários tipos de relações geográficas

Podemos começar com a distinção entre as diversas condições geográficas das populações em especiação. Se uma nova espécie evolui geograficamente isolada de sua ancestral, o processo é chamado de *especiação alopátrica*. Se a nova espécie evolui em uma população geograficamente contígua, isso se chama *especiação parapátrica*. Se a nova espécie evolui no mesmo âmbito geográfico de sua ancestral, isso se chama *especiação simpátrica* (Figura 14.1). A distinção entre esses três tipos de especiação pode ficar confusa, mas iniciaremos o capítulo com o mais importante dos três processos: a especiação alopátrica. Quase todos os biólogos aceitam que a especiação alopátrica ocorre. A importância das especiações parapátrica e simpátrica é mais duvidosa e chegaremos a elas mais tarde.

Na especiação alopátrica, uma nova espécie evolui quando uma (ou mais de uma) população de uma espécie se separa das demais populações dessa espécie, do modo apresentado na Figura 14.1a. Esse tipo de evento ocorre freqüentemente na natureza. Por exemplo, uma espécie poderia separar-se em duas populações se uma barreira física dividisse seu âmbito geográfico. A barreira poderia ser algo como uma nova cadeia de montanhas, ou um rio, cindindo a população anteriormente contínua. Ou populações intermediárias de uma espécie podem ser extintas, talvez por algum surto de uma doença local, deixando as populações geograficamente extremas separadas entre si. Ou uma subpopulação pode migrar (ativa ou passivamente) para um novo local, fora do âmbito da espécie ancestral, tal como quando uns poucos indivíduos colonizam uma ilha distante da terra natal. Uma população assim, no extremo do âmbito principal de uma espécie, é chamada de "isolado periférico".

De um modo ou de outro, uma espécie pode ficar geograficamente subdividida, passando a constituir-se de várias populações, entre as quais o fluxo gênico foi cortado. Isso, por si só, não é uma barreira de isolamento no sentido da Tabela 13.1 (p. 384). Uma barreira de isola-

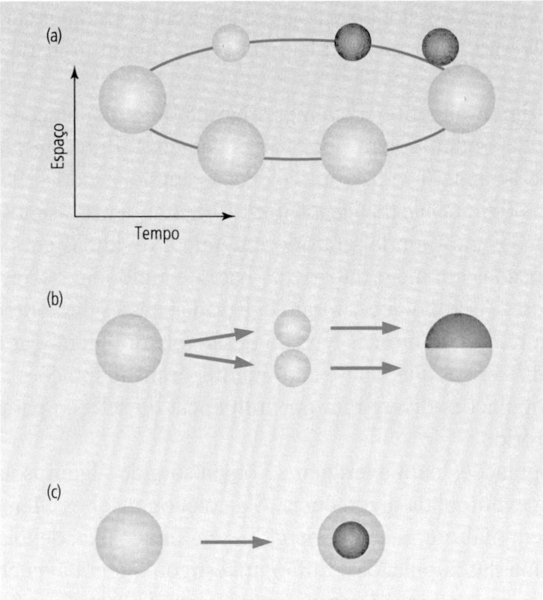

Figura 14.1

Os três principais tipos teóricos de especiação podem ser distinguidos de acordo com as relações geográficas entre a espécie ancestral e a população em especiação. (a) Na especiação alopátrica, a nova espécie forma-se geograficamente afastada de sua ancestral; (b) na especiação parapátrica a nova espécie forma-se em uma população contígua; (c) na especiação simpátrica a nova espécie emerge do âmbito geográfico de sua ancestral.

O afastamento geográfico, por si, não é isolamento reprodutivo

mento é uma propriedade evolutiva de uma espécie, que impede o intercruzamento. Quando duas populações estão geograficamente divididas, o fluxo gênico cessa apenas porque os membros das populações não se encontram. Essas duas populações ainda não desenvolveram uma diferença genética. A evolução de uma barreira de isolamento exige que alguma característica nova, por exemplo, um novo canto de cortejo, evolua em pelo menos uma das populações – uma nova característica que tenha o poder de impedir o fluxo gênico. Na teoria da especiação alopátrica, a cessação do fluxo gênico entre as populações alopátricas leva, com o tempo, à evolução de barreiras intrínsecas de isolamento entre elas. Vejamos o que acontece com o isolamento reprodutivo entre essas populações com o passar do tempo evolutivo.

14.3 O isolamento reprodutivo pode evoluir como subproduto da divergência em populações alopátricas

Há dois grandes tipos de evidência de que o isolamento reprodutivo evolui quando populações geograficamente isoladas estão evoluindo de maneira separada. Um provém dos experimentos de laboratório e o outro das observações biogeográficas.

14.3.1 Os experimentos de laboratório ilustram como populações de uma espécie que estão evoluindo separadamente em algum momento passam a desenvolver isolamento reprodutivo

Quando duas populações separadas geograficamente estão evoluindo de modo independente, genes diferentes serão fixados em cada uma delas, seja por deriva ou por adaptação a ambientes diversos. A teoria da especiação alopátrica sugere que, em conseqüência, essas duas populações também desenvolverão, pelo menos algumas vezes, algum grau de isolamento reprodutivo.

Podem ser mantidas populações, com diferentes recursos...

A idéia foi testada experimentalmente. Podemos manter duas populações separadas, deixando que elas evoluam independentemente por várias gerações. Então testamos se elas desenvolveram algum grau de isolamento reprodutivo. Por exemplo, Dodd (1989) realizou um experimento com drosófilas (*Drosophila pseudoobscura*). Originalmente, as moscas haviam sido capturadas em Utah, levadas para um laboratório em Yale e divididas em oito populações: quatro destas foram colocadas em meio nutritivo à base de amido; as outras quatro em meio nutritivo à base de maltose. As populações foram cultivadas nesses diferentes meios por várias gerações. Depois de um tempo, as moscas haviam desenvolvido diferenças detectáveis em suas enzimas digestivas – diferenças que, quase certamente, eram adaptações aos recursos diferentes. Desse modo, as populações divergiram por influência da seleção para viver com diferentes recursos em laboratório.

... e o isolamento pré-zigótico evolui entre elas

Dodd examinou essas populações para averiguar se havia surgido algum isolamento reprodutivo como conseqüência eventual da divergência. Ela colocou machos e fêmeas das populações criadas em amido e em maltose, recém-emergidos, em uma caixa, depois de marcar todos os indivíduos de cada uma das populações. Então, investigou quem havia cruzado com quem e verificou que as moscas do "amido" preferem um parceiro do "amido" e as moscas da "maltose" preferem um parceiro da "maltose" (Figura 14.2). Algum isolamento reprodutivo havia evoluído – nesse caso, um isolamento pré-zigótico. Presumivelmente, ele evoluiu porque as mudanças que ocorreram na população influenciaram, de algum modo, o comportamento reprodutivo.

O resultado é generalizado e notável

O experimento de Dodd é apenas um entre muitos. Rice e Hostert (1993) listaram 14 experimentos que investigavam o surgimento de isolamento pré-zigótico entre populações que tinham sido isoladas experimentalmente e verificaram que em 11 deles isso ocorria; nos outros três, não havia mudança significativa. O surgimento de isolamento reprodutivo é um resultado generalizado em experimentos em que duas populações estão evoluindo separadamente, em condições ambientais diversas. O resultado é surpreendente porque poderia não ter sido previsto. Você esperaria que, se uma população humana fosse submetida à dieta de amido e outra à dieta de açúcar, por várias gerações, ao final do período elas tivessem desenvolvido uma preferência por acasalamentos com indivíduos de seu próprio tipo dietético? A evolução de adaptações quanto ao suprimento de alimento (amido em uma população, açúcar na outra) é previsível. A evolução do isolamento reprodutivo pode não sê-lo, mas parece ocorrer. O resultado também é interessante porque o isolamento reprodutivo não está sendo selecionado, pelo menos diretamente. As adaptações ao ambiente (como a dieta), entretanto, estão sendo selecionadas e, no experimento de Dodd, as moscas desenvolveram as enzimas digestivas apropriadas, como era esperado. O isolamento reprodutivo, contudo, simplesmente "flui" como uma conseqüência eventual do procedimento experimental. O experimento não cruzou seletivamente indivíduos que demonstravam preferência por algum acasalamento, de modo que as preferências por acasalamento é que afloraram ao longo das gerações. De alguma maneira, a preferência de acasalamento evolui como uma resposta correlata quando a seleção favorece uma nova adaptação ao ambiente.

Só a divergência por deriva pode ser insuficiente

Duas outras resultantes dos experimentos são dignas de nota. A primeira é que eles sugerem, embora não provem, que normalmente a especiação exige seleção natural; só a deriva genética não é suficiente. Por exemplo, observe os controles nos resultados de Dodd (Figura 14.2). Não surgiu isolamento reprodutivo entre as populações que evoluíam separadamente, mas no mesmo ambiente. Essas populações poderiam ter-se separado por deriva, mas não por seleção. O isolamento reprodutivo só evoluiu entre as linhagens mantidas com alimentos di-

(a)

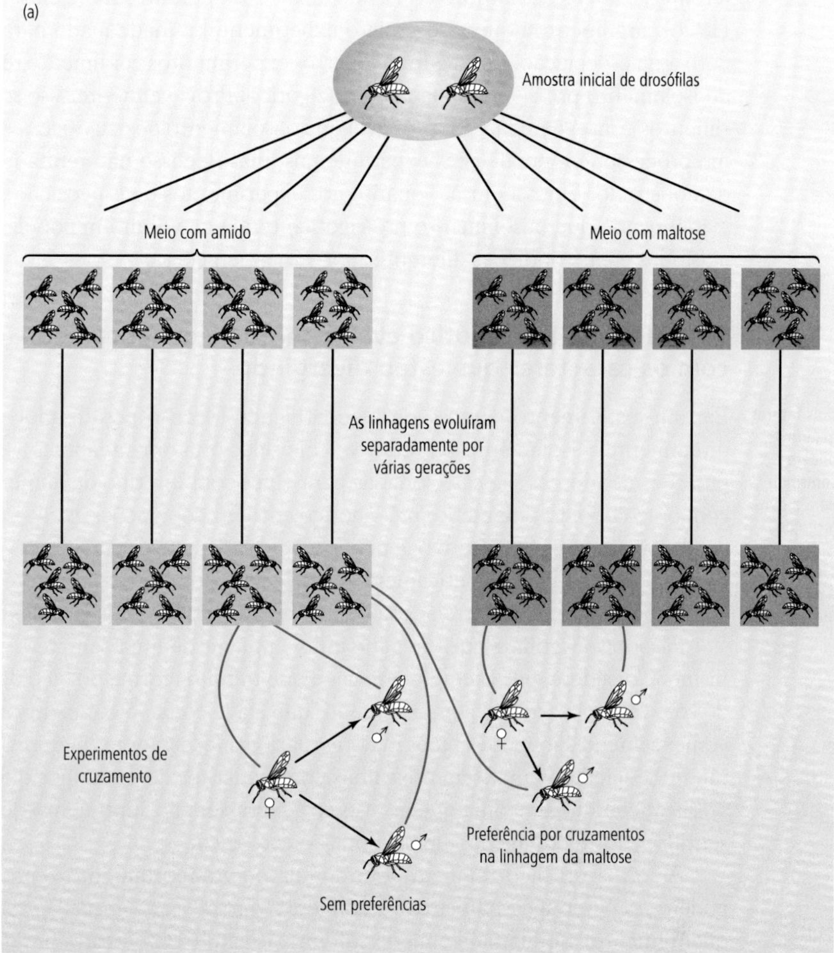

(b) **Exemplos de resultados**

Caixa experimental

	Fêmea Amido	Fêmea Maltose
Macho		
Amido	22	9
Maltose	8	20

Índice de isolamento = $\left(\frac{42-17}{59}\right) = 0{,}42$

Caixa controle

	Fêmea Igual	Fêmea Diferente
Macho		
Igual	18	15
Diferente	12	15

Índice de isolamento = $\left(\frac{33-27}{60}\right) = 0{,}1$

(c) **Índice médio de isolamento para todos os 16 cruzamentos**	Índice de isolamento médio
Cruzamentos entre as populações do amido × da maltose	0,33
Cruzamentos-controle	0,014

O índice de isolamento é calculado como (número de cruzamentos com o mesmo tipo – número de cruzamentos com tipos diferentes) / número total de cruzamentos. Ele varia de 1 (para o isolamento reprodutivo completo), passando por 0 (para cruzamentos aleatórios, ou zero de isolamento), até o extremo teórico de –1 se os cruzamento fossem exclusivamente entre moscas de tipos opostos.

Figura 14.2

O isolamento pré-zigótico emerge entre populações que se adaptaram a condições diferentes. (a) O projeto do experimento: quatro populações de drosófilas foram mantidas em meio de amido e outras quatro em meio de maltose. Após certo número de gerações, foi avaliada a tendência de as moscas cruzarem com suas semelhantes. Nas séries experimentais, 12 fêmeas de uma população da maltose e 12 de uma população do amido foram postas em uma caixa com 12 machos da população do amido e 12 da população da maltose; foi contado o número de casais formados em cada um dos quatro tipos possíveis de acasalamentos. Foi feito um experimento para cada uma das quatro populações do amido com cada uma das quatro populações da maltose, em um total de 16 experimentos. (b) Um exemplo dos resultados. (c) O isolamento médio no total dos 16 experimentos. Nas séries-controle, 12 fêmeas e 12 machos de cada uma das quatro populações do amido foram postos com 12 fêmeas e 12 machos de uma outra das quatro populações do amido; o mesmo tipo de controle também foi usado para as populações da maltose. Novamente, é dado um exemplo em (b): um casal pode ser formado por um macho e uma fêmea da mesma população do amido ou um macho de uma das quatro populações do amido pode acasalar com uma fêmea de uma população do amido diferente. Note os valores mais altos do índice de isolamento nos cruzamentos experimentais do que nos cruzamentos-controle em (c). O isolamento pré-zigótico evoluiu entre as populações que experimentaram meios diferentes, mas não entre populações que estiveram isoladas, porém submetidas ao mesmo meio. Desenhada a partir dos dados de Dodd (1989).

ferentes, e a seleção natural teria agido de modos diferentes sobre elas. Entretanto, Templeton (1996), argumentou que esse projeto experimental é inadequado para testar a influência da deriva na especiação. Em segundo lugar, os experimentos geralmente têm avaliado a evolução do isolamento pré-zigótico, não do pós-zigótico. Provavelmente, isso só reflete o que os experimentos conseguem fazer. É provável que o isolamento pós-zigótico tenha evoluído pelo mesmo processo, em populações experimentais, mas que isso não tenha ficado apropriadamente demonstrado. Em conclusão, quanto aos experimentos de especiação alopátrica, temos forte evidência de que o isolamento pré-zigótico tende a evoluir em populações que são mantidas afastadas e em condições diferentes por várias gerações.

14.3.2 O isolamento pré-zigótico evolui porque é geneticamente correlacionado com os caracteres que estão divergindo

Dois fatores genéticos podem contribuir para a evolução do isolamento pré-zigótico, a pleiotropia...

Em um experimento como o de Dodd (Figura 14.2), o pesquisador não está selecionando diretamente o isolamento reprodutivo. Ele seleciona uma adaptação ecológica: algumas populações de moscas são selecionadas para viver com um tipo de alimento e outras para viver com outro tipo. O isolamento pré-zigótico entre as populações evolui como subproduto. Aqui deveremos examinar o motivo genético. É provável que os caracteres que influem na adaptação ecológica estejam geneticamente correlacionados com os caracteres que influem no isolamento pré-zigótico. A correlação poderia existir por dois motivos: pleitropia e efeito carona.

Pleiotropia significa que um gene influi em mais de uma característica fenotípica do organismo. Considere, por exemplo, um gene que influi na forma do bico de uma ave. O tamanho do bico está relacionado com o alimento que a ave come: bicos menores estão adaptados para comer sementes menores, bicos maiores, para comer sementes maiores (Seção 9.1, p. 251). Se duas populações ocupassem duas ilhas com sementes de tamanhos diferentes, as populações se distanciariam à medida que as aves se adaptassem ao suprimento de alimento local. Nesse sentido, a forma do bico é uma adaptação ecológica.

A forma do bico também pode influir no comportamento reprodutivo. Algumas aves podem escolher seus parceiros diretamente por meio da inspeção física do bico, mas, freqüentemente, a influência é menos direta. A Figura 14.3 mostra um exemplo da pesquisa de Podos (2001) nos tentilhões de Darwin. A forma do bico está associada com o tipo de canto que a ave entoa. Espécies com bicos grandes, por exemplo, não produzem trinados rápidos, como fazem as espécies com bicos pequenos. Isso pode ser uma conseqüência física direta do tamanho do bico porque produzir um trinado rápido pode ser fisicamente mais difícil para uma ave de bico grande do que para uma de bico pequeno. Desse modo, quando duas populações se adaptam a diferentes tipos de alimento, seus cantos também mudarão. Os tentilhões de Darwin escolhem seus parceiros, em parte, por meio do canto que entoam. Assim, uma mudança na dieta pode, eventualmente, causar uma mudança no isolamento reprodutivo. O mecanismo genético é a pleiotropia: um gene que é favorecido por melhorar a adaptação ecológica também causará algum isolamento reprodutivo. A pleiotropia surge porque o mesmo caráter morfológico (o bico) influi na alimentação e na reprodução.

... e o efeito carona

Efeito carona significa que quando a seleção natural favorece um gene de um loco, genes em locos ligados também podem aumentar em freqüência (Seção 8.9, p. 238). No experimento de Dodd, a seleção natural aumentou a freqüência dos genes que codificavam as enzimas digestivas apropriadas. Talvez um gene estreitamente ligado influencie a dança de acasalamento da drosófila. Desse modo, quando um gene de uma adaptação ecológica (a enzima digestiva) aumenta em freqüência, ele pode trazer consigo um gene ligado, relacionado com um novo passo da dança de acasalamento. Novamente, o isolamento pré-zigótico poderia evoluir como um subproduto, só que o mecanismo genético é o efeito carona em vez da pleiotropia.

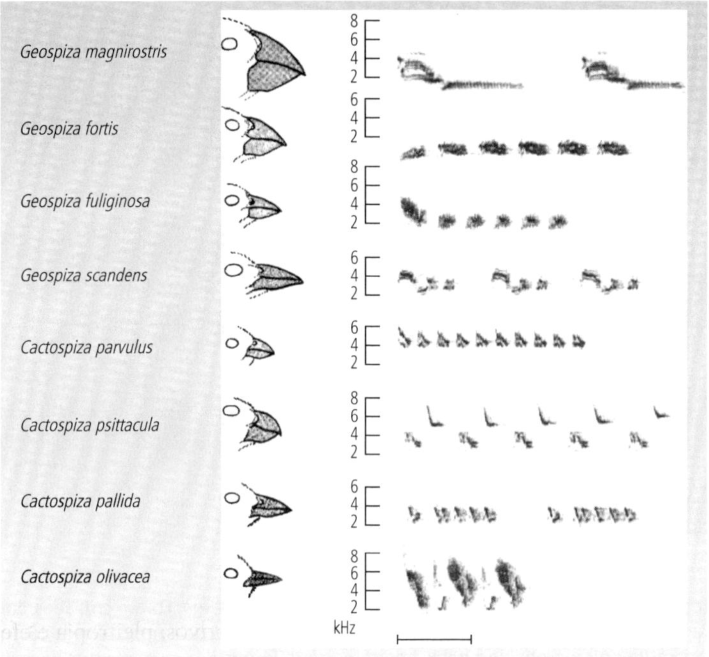

Figura 14.3

Nos tentilhões de Darwin, o tipo de canto pode estar correlacionado pleiotropicamente com o formato do bico. São apresentados os bicos e os espectrogramas sonoros de oito espécies de uma das ilhas das Galápagos. No espectrograma, o tempo está representado no eixo dos *x* (a barra corresponde a 0,5 segundos) e a freqüência está representada no eixo dos *y*. Note que as espécies com bicos maiores produzem trinados mais lentos (menos unidades reconhecíveis por unidade de tempo) e com menor variação de freqüências. A análise estatística demonstra que o efeito não é devido à relação filogenética. Redesenhado de Podos (2001), com permissão do editor.

14.3.3 O isolamento reprodutivo é observado com freqüência quando se cruzam membros de populações geograficamente distantes

Populações da mesma espécie tendem a desenvolver diferenças genéticas, em áreas geográficas diferentes (Seção 13.4, p. 386). Geralmente não sabemos se os membros das diferentes populações podem intercruzar, porque vivem em locais afastados e não surge oportunidade para intercruzamentos. Em alguns casos, porém, algum biólogo trouxe amostras de populações distantes para o laboratório e mediu a quantidade de isolamento reprodutivo. A Figura 14.4 apresenta um exemplo da flor californiana *Streptanthus glandulosus*. A flor vive em solos ricos em serpentina, que são encontrados em áreas locais definidas. Por isso, a distribuição da flor é descontínua, com várias populações locais pequenas. Os resultados mostram que os cruzamentos entre membros de populações vizinhas geralmente são férteis, mas a fertilidade decresce nos cruzamentos entre populações mais distantes.

Com freqüência, populações geograficamente distantes desenvolvem barreiras de isolamento

Esse tipo de pesquisa tem sido realizado principalmente em plantas, para medir o isolamento pós-zigótico. O resultado mais freqüente é que alguns cruzamentos mostram isolamento pós-zigótico e outros não e que as populações mais distantes estão mais fortemente isoladas. Também foram feitas algumas pesquisas desse tipo em animais e a respeito de isolamento pré-zigótico. Korol *et al.* (2000), por exemplo, demonstraram que as drosófilas de diferentes encostas do Monte Carmelo em Israel, cruzavam preferencialmente com moscas de sua própria localidade. No conjunto, temos ampla evidência de que, na natureza, barreiras de isolamento tendem a evoluir entre populações geograficamente distantes de uma espécie.

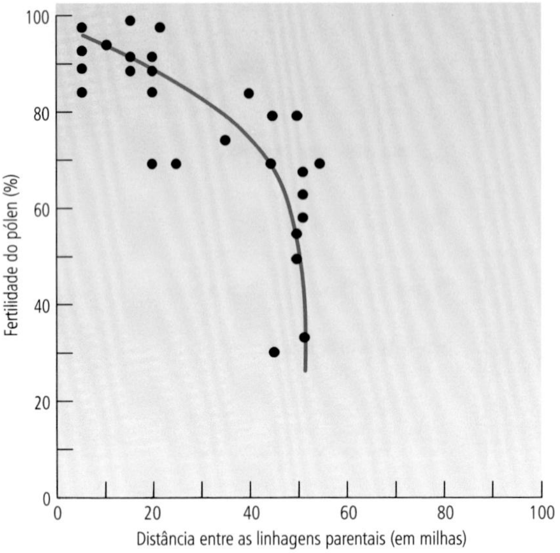

Figura 14.4

Isolamento pós-zigótico entre populações da flor californiana *Streptanthus glandulosus*. Foram cruzadas flores de diferentes populações, produzindo híbridos. A quantidade de pólen bom produzido pela prole híbrida foi medida e expressa como uma porcentagem do pólen produzido pelos genitores. Os híbridos dos cruzamentos mais distantes tendiam a ser menos férteis. (50 milhas = 80 km). Redesenhada de Kruckeberg (1957), com permissão da editora.

Espécies em anel são exemplos notáveis

Para medir a quantidade de isolamento reprodutivo entre os membros de populações distantes, eles geralmente precisam ser reunidos em laboratório por um pesquisador. Em geral, eles não se encontram naturalmente. Entretanto, há uma circunstância excepcional em que os membros de populações "distantes" entram em contato na natureza: é o fenômeno das *espécies em anel* (Seção 3.5, p. 73). Na Califórnia, a salamandra *Ensatina eschscholtzii* espalhou-se, desde o norte, para o sul e enviou populações colonizadoras separadas, ao longo da costa e pelo interior, para o leste do vale central (Jackman e Wake, 1994). Essas duas correntes populacionais encontram-se no sul, no condado de San Diego, onde estão reprodutivamente isoladas e são, efetivamente, duas espécies (Wake *et al.*, 1986). No sul, essas duas populações reprodutivamente isoladas, ou espécies, estão conectadas por uma série de populações de intercruzamento contínuo, formando um circuito pelo norte da Califórnia e pelo Oregon.

As espécies em anel constituem uma drástica evidência de que a divergência genética normal dentro de uma espécie pode elevar-se a um nível suficiente para gerar duas espécies. Na maioria dos casos, não vemos isso porque os extremos genéticos de uma espécie vivem muito distantes. Em uma espécie em anel, porém, os extremos existem lado a lado e o isolamento reprodutivo resultante é observável diretamente na natureza. Os exemplos são raros porque poucas vezes as populações de uma espécie estão arranjadas em anel. Porém, existem vários exemplos (Irwin *et al.*, 2001b). A gaivota do arenque (*Larus argentatus*) e a gaivota de dorso mais claro (*L. fuscus*), do norte da Europa, são uma espécie em anel, conectada em um anel de populações em volta do Pólo Norte. Na Ásia central, a toutinegra *Phylloscopus trochiloides* está distribuída em um anel que circunda o planalto tibetano, onde não há árvores. As populações colonizadoras desenvolveram ligeiras diferenças genéticas, e o canto diverge entre as populações do leste e do oeste. Eventualmente, essas duas correntes de populações se reencontram no centro da Sibéria, mas ali os cantos são tão diferentes que os membros das populações do leste não cruzam com os do oeste (Irwin *et al.*, 2001a). Na minúscula ilha de Moorea, no Pacífico, algumas espécies de caracóis do gênero *Partula* desenvolveram espécies em anel em volta de pequenos montes isolados (Murray e Clarke, 1980). Pena que os *Partula* de Moorea estão extintos. Todos sucumbiram nas décadas de 1980 e 1990, em mais um desastre ecológico desnecessário, causado pelo homem (Tudge, 1992).

14.3.4 A especiação como subproduto da divergência está bem-documentada

Em resumo, temos abundante evidência de que o isolamento reprodutivo evolui como um subproduto da divergência entre populações geograficamente afastadas. Populações que são experimentalmente mantidas em condições diferentes, em laboratório, desenvolvem adaptações às suas condições – e o isolamento reprodutivo também se desenvolve, como conseqüência. Se populações separadas se adaptam a diferentes condições locais, na natureza, elas também desenvolverão o conseqüente isolamento reprodutivo. Quanto ao isolamento pré-zigótico, vimos que a base genética provavelmente é pleiotropia ou "carona". Hoje, entretanto, essa explicação é basicamente hipotética porque foram realizadas poucas pesquisas genéticas sobre isolamento pré-zigótico. Agora podemos nos voltar para a genética do isolamento pós-zigótico. Este foi objeto de muitas pesquisas genéticas e é bem-compreendido, empírica e teoricamente.

14.4 A teoria de Dobzhansky-Muller, do isolamento pós-zigótico

14.4.1 A teoria de Dobzhansky-Muller é uma teoria genética sobre o isolamento pós-zigótico, que o explica por interações de vários locos gênicos

Poderia o isolamento pós-zigótico evoluir por mudanças em um loco?

Que tipo de mudanças genéticas dão origem ao isolamento pós-zigótico? Isolamento pós-zigótico significa que é produzida prole híbrida, mas, ou ela morre antes de cruzar, ou sobrevive, mas estéril. Nesta seção, veremos que é provável que o isolamento pós-zigótico seja causado, geneticamente, por interação de genótipos em locos múltiplos e não pelo genótipo em um só loco. O controle genético hipotético mais simples teria um loco gênico e a aptidão dos genótipos seria a seguinte:

	Espécie 1	Híbrido	Espécie 2
Genótipo monogênico	AA	*Aa*	*aa*
Viabilidade	Alta	Zero	Alta

Provavelmente não

Aqui se admitiu que cada espécie havia fixado um alelo diferente nesse loco. Os híbridos são heterozigotos e, se há isolamento pós-zigótico, esses heterozigotos têm de ter baixa aptidão. Entretanto, existe um argumento teórico que sugere ser improvável que a genética subjacente ao isolamento pós-zigótico tenha essa forma. A questão é, como ele poderia ter evoluído no passado? As espécies 1 e 2 existem agora, com os genótipos AA *e aa*. No passado, a espécie ancestral separou-se em duas para originar as atuais espécies 1 e 2. Qual seria o genótipo da espécie ancestral nesse loco? Não sabemos, mas a possibilidade mais simples é que fosse AA ou *aa*. Suponha, por exemplo, que o ancestral fosse AA. O genótipo teria se mantido na espécie 1. Na evolução da espécie 2, o AA mudou para *aa*. Poderíamos raciocinar que o alelo *a* era vantajoso na espécie 2. O alelo *a* surgira por mutação nova no ancestral AA – criando um heterozigoto *Aa*. Sabemos, porém, que os heterozigotos *Aa* são letais ou estéreis (isso é demonstrado no isolamento pós-zigótico entre as atuais espécies *1* e *2*). O modelo de isolamento pós-zigótico devido a um loco contém um paradoxo. A situação atual (com AA em uma espécie e *aa* na outra) deve ter evoluído de algum modo. Porém, a evolução teve de passar por uma fase desvantajosa, ou mesmo mortal – o que é improvável, ou até impossível. O mesmo problema surge se o ancestral era *aa*. Ele também surge, de forma ainda mais complicada, se o ancestral tivesse um terceiro alelo tal como A*. Se o isolamento pós-zigótico é controlado por um sistema de um loco gênico, o paradoxo é inevitável.

Que tal em dois locos?

A solução do paradoxo foi sugerida por Dobzhansky e Muller na década de 1930 e é chamada, freqüentemente, de a *teoria de Dobzhansky-Muller*. Eles constataram que o isolamento pós-zigótico poderia evoluir sem dificuldade se fosse controlado pela interação de dois ou mais locos gênicos. O caso mais simples tem dois locos (Figura 14.5): a ancestral tem um genótipo, em dois locos, tal como *AABB*. Ela se divide em duas populações alopátricas. Nas condições ambientais da população 1 o alelo *a* é vantajoso. Ter duas cópias de *a* é melhor do que ter uma, e a população evoluirá de *AABB* para *AaBB* e daí para *aaBB*; a seleção natural fixa o alelo *a*. Isso é simples evolução por seleção natural. Nas condições ambientais da população 2, é vantajosa uma mudança no outro loco. A seleção natural leva a população de *AABB* para *AABb*, até *AAbb* e fixa o alelo *b*.

Agora suponha o cruzamento entre membros das duas populações. Um é *aaBB*, o outro, *AAbb* e a prole híbrida será heterozigota dupla *AaBb*. Esses híbridos podem ter baixa aptidão, mas sem criar o paradoxo encontrado no modelo de um loco. O duplo heterozigoto nunca existiu antes. Os dois novos alelos *a* e *b* nunca haviam estado juntos em um mesmo indivíduo. O gene *a* pode ser vantajoso em um indivíduo *BB*, mas não em um indivíduo portador de *b*. Os genes *a* e *b* podem ser incompatíveis. Em termos formais, as interações adaptativas de dois locos são epistáticas (Seção 8.8, p. 234). A aptidão de um genótipo como *Aa*, depende do genótipo no loco de *B*/*b*. Em termos informais, os genes *a* e *b* causam algum tipo de distúrbio quando combinados no mesmo indivíduo. É por isso que o isolamento pós-zigótico pode evoluir por interações gênicas, sem o paradoxo que encontramos com um só loco. Teoricamente, é mais provável que a evolução do isolamento pós-zigótico seja causada por interação de genes em locos múltiplos do que em um único loco.

14.4.2 A teoria de Dobzhansky-Muller é sustentada por ampla evidência genética

A principal previsão da teoria de Dobzhansky-Muller é de que o isolamento pós-zigótico é causado por interação de múltiplos locos e não em um único loco. Em princípio, essa pre-

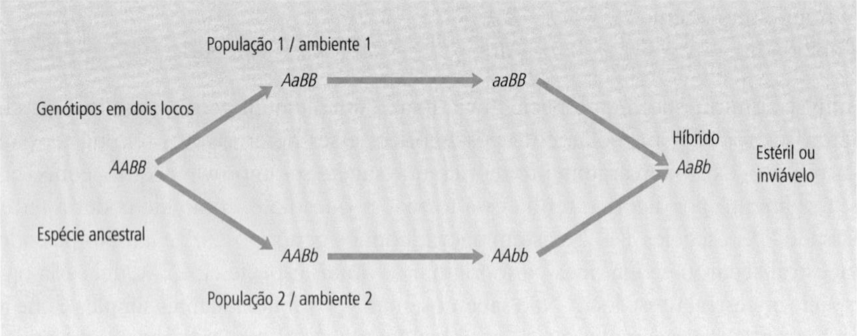

Figura 14.5

Teoria de Dobzhansky-Muller da evolução do isolamento pós-zigótico. Uma população ancestral ramifica-se em duas ou mais populações entre as quais não há fluxo gênico. Cada população se adapta às condições de seu local por mudanças genéticas. É provável que, nas diferentes populações, essas mudanças sejam em locos diferentes. Se, mais tarde, duas dessas populações se reencontram, é provável que suas modificações genéticas sejam incompatíveis e seus híbridos sejam estéreis ou inviáveis. Os genótipos apresentados correspondem a dois locos. *A* e *a* são os alelos em um deles; *B* e *b* são os alelos no outro.

A aptidão do híbrido é influenciada por vários locos

visão é fácil de testar. Duas espécies muito relacionadas podem ser forçadas a intercruzar em laboratório, e usam-se os métodos clássicos da genética para estimar o número de locos gênicos que contribuem para a esterilidade ou inviabilidade da prole híbrida. Foram realizados muitos experimentos desse tipo, especialmente com drosófilas. Coyne e Orr (1998) revisaram evidências de 38 experimentos em 26 duplas de espécies (ou semi-espécies). Somente em duas duplas de espécies a baixa adaptabilidade do híbrido foi devida ao genótipo em um único loco. Nas outras 24 espécies os problemas com os híbridos eram devidos a interações epistáticas em múltiplos locos. Esta é uma generalização bem-sustentada a respeito da especiação, a de que o isolamento pós-zigótico é devido a interações gênicas em múltiplos locos.

Podem ser feitas duas previsões mais sutis

Coyne e Orr (1998) também verificaram que a teoria de Dobzhansky-Muller faz duas previsões mais sutis e específicas. Uma é que a quantidade de isolamento pós-zigótico deve sofrer incremento à medida que aumenta o número de locos que diferem nas duas populações. Se novos alelos evoluíram em dois locos apenas, eles podem ser incompatíveis e causar isolamento pós-zigótico, como é apresentado na Figura 14.5. Alternativamente, *a* pode ser compatível com *b*, e então os híbridos não têm a aptidão reduzida. Agora suponha que um terceiro loco também sofra uma mudança evolutiva. Os híbridos contêm, então, três novos genes, *a*, *b* e *c*. O novo gene *a* era compatível com *b*, mas agora o híbrido pode sofrer porque *a* é incompatível com *c*, ou *b* com *c*. O aumento de dois para três locos fez aumentar o número de interações gênicas de uma para três. O número de interações gênicas possíveis (qualquer uma das quais pode ser incompatível) aumenta mais rapidamente do que o número de locos gênicos que diferem entre espécies. Na teoria de Dobzhansky-Muller, o isolamento pós-zigótico é causado por interações gênicas. Daí a previsão de que o isolamento pós-zigótico será incrementado à medida que duas populações divergem geneticamente.

Uma segunda previsão sutil é a de que deveria haver assimetria nas interações gênicas nos híbridos. Na Figura 14.5, a baixa aptidão dos híbridos é causada pelo distúrbio entre os dois novos alelos *a* e *b*. Se isso é verdade, deveremos constatar que os outros dois alelos (*A* e *B*) costumam não causar problemas. A razão é que os alelos *A* e *B* são a combinação ancestral e que os ancestrais *AABB* eram bons seres funcionais. Assim, se podemos identificar que combinações gênicas estão causando problemas nos híbridos, podemos prever que os conjuntos complementares de genes nesses locos não causarão problemas.

Essas duas previsões mais sutis da teoria de Dobzhansky-Muller não foram tão amplamente testadas quanto à previsão básica de que o isolamento pós-zigótico é causado pela interação de múltiplos locos. Entretanto, a teoria de Dobzhansky-Muller foi bastante negligenciada até recentemente. Os biólogos estão começando a explorar suas ricas implicações nas mudanças genéticas que causam a especiação e essas duas previsões sutis são exemplos do tipo de hipóteses que estão sendo testadas atualmente.

14.4.3 Em termos biológicos, a teoria de Dobzhansky-Muller é amplamente plausível

O ponto da teoria de Dobzhansky-Muller que examinamos na Figura 14.5 era abstrato. Consideramos dois locos, com dois alelos cada (*A* / *a* e *B* / *b*), mas nada dissemos sobre o que os genes codificam. Apenas deduzimos que, se os novos alelos (*a* e *b*) eram incompatíveis, existe isolamento pós-zigótico. Na realidade, os alelos serem incompatíveis ou não dependerá de detalhes biológicos sobre o que eles codificam. O grau de generalização do processo de Dobzhansky-Muller dependerá de o quão comumente alelos recém-surgidos em populações diferentes são incompatíveis.

Um primeiro exemplo diz respeito a genes que interagem em uma rota metabólica. Imagine dois genes (G_1 e G_2) que codificam duas enzimas (E_1 e E_2) que processam sucessivamente um substrato ($S_1 \rightarrow S_2 \rightarrow S_3$):

As rotas metabólicas,...

$$\begin{array}{ccc} G_1 & & G_2 \\ \downarrow & & \downarrow \\ S_1 \xrightarrow{E_1} & S_2 & \xrightarrow{E_2} S_3 \end{array}$$

Os recursos alimentares no ambiente de uma e de outra população podem diferir. As duas populações desenvolverão enzimas diferentes para digerir seus suprimentos locais de alimento. Podemos simbolizar as enzimas por E_1 e E_2 para a população 1 e E_1* e E_2* para a população 2. Em cada população funciona uma dupla de enzimas, assim, E_1 transforma o substrato em uma forma que pode ser processada por E_2. Mas em um híbrido haverá a E_1 de uma população e a E_2* da outra. A E_1 pode transformar o substrato de um modo tal que E_2* não consiga ligar-se a ele, resultando em uma ineficiência metabólica. Alguns biólogos duvidam que genes múltiplos de vias metabólicas possam realmente permear o isolamento pós-zigótico (Orr e Presgraves, 2000), mas o exemplo, pelo menos, ilustra como o processo de Dobzhansky-Muller poderia atuar.

... os sistemas de receptores de sinais,...

Como um segundo exemplo, consideremos os genes que codificam uma proteína receptora em óvulos e a lisina nos espermatozóides dos moluscos "abalones" (Swanson e Vacquier 1998). A lisina do espermatozóide abre um orifício no óvulo ao ligar-se a uma molécula receptora específica na membrana deste. Em cada espécie, o gene da lisina, no espermatozóide, e o gene do receptor, no óvulo, evoluem em concerto; os espermatozóides conseguem reconhecer os óvulos da espécie certa. Entretanto, em espécies diferentes, evoluem formas diferentes desses genes. Imagine agora, que o abalone ancestral tinha o alelo L_1 do gene da lisina do espermatozóide e o alelo R_1 do gene do receptor no óvulo. Seu genótipo era $L_1L_1R_1R_1$. A espécie ancestral dividiu-se em duas populações, que desenvolveram genótipos diferentes: $L_2L_2R_2R_2$ em uma delas e $L_3L_3R_3R_3$ na outra. Se cruzarmos indivíduos das duas populações a prole híbrida será L_2R_2 / L_3R_3. Ela pode ter viabilidade normal, mas sua fertilidade será reduzida aproximadamente à metade. Nos híbridos, metade dos encontros entre espermatozóide e óvulo será incompatível e algo pode dar errado.

... as relações entre parasita e hospedeiro...

Como terceiro exemplo, considere a coevolução entre parasita e hospedeiro. Na Seção 12.2.3 (p. 351) examinamos o modo pelo qual os hospedeiros podem desenvolver mecanismos específicos de resistência contra parasitas abundantes no local. A população 1 pode desenvolver um conjunto de genes de resistência (R_1R_2) que funciona contra os parasitas em seu ambiente; a população 2 pode desenvolver um outro conjunto de resistência (R_3R_4), que funcione contra os seus parasitas. Já os híbridos, podem conter combinações de genes de resistência (R_1R_3 ou R_2R_4), que não funcionam contra quaisquer parasitas.

... e as duplicações gênicas e perdas...

Como quarto exemplo, considere as duplicações e perdas gênicas (Figura 14.6). (As Seções 2.5, p. 51, 10.7.2, p. 302, e 19.3, p. 581, fornecem informações sobre duplicações gênicas). Um gene pode ser duplicado, ou uma espécie dividir-se e as duas novas populações podem perder exemplares diferentes do gene. Se, então, os membros das duas populações se encontram, os híbridos podem ser viáveis inicialmente, porque contêm exemplares dos genes de ambas as populações parentais. Entretanto, nos híbridos, a recombinação pode resultar em proles sem nenhum exemplar do gene, como a Figura 14.6 ilustra. Esse é o fenômeno do "desmoronamento do híbrido", que é uma forma de isolamento pós-zigótico (Tabela 13.1, p. 384). Os híbridos são, eles mesmos, saudáveis, mas as gerações subseqüentes têm aptidão reduzida.

Esses são apenas quatro dos muitos modos pelos quais mudanças evolutivas simples, em populações separadas, podem enquadrar-se no processo de Dobzhansky-Muller. Quase toda a

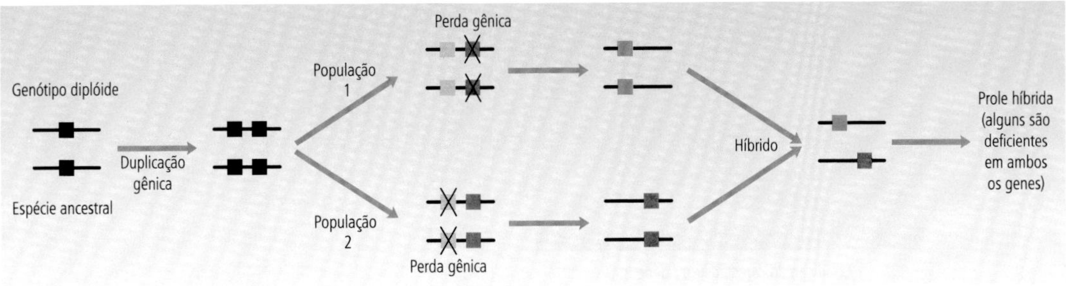

Figura 14.6

As duplicações gênicas podem servir de exemplo para o processo de Dobzhansky-Muller (ilustrado na Figura 14.5). Um gene duplica-se em uma espécie ancestral. Então, a espécie divide-se em duas populações e, em cada uma delas, um exemplar diferente do gene duplicado é perdido. Se indivíduos das duas populações cruzarem-se mais tarde, os híbridos terão a fertilidade reduzida porque, em alguns de seus descendentes (um em cada 16 em um caso simples), ambos os exemplares do gene estarão ausentes.

... são quatro (de muitos) exemplos que ilustram a construção de Dobzhansky-Muller

modificação genética no DNA tem potencial para ser incompatível com mudanças genéticas em outras partes do DNA. Há, em um organismo, amplas interações entre locos gênicos, e elas não se tornam funcionais por acaso. Os genes de um corpo humano interagem bem porque a seleção natural esteve atuando, durante milhões de anos, para favorecer as versões de nossos genes que interagem bem. Nenhuma dessas forças obriga nossos genes a interagirem bem com genes de outras espécies, como os chimpanzés. É provável que híbridos entre humanos e chimpanzés apresentassem um grande desajuste, e fossem inviáveis. A teoria de Dobzhansky-Muller tem grande plausibilidade biológica, além de ser teoricamente coerente e sustentada de modo empírico.

14.4.4 A teoria de Dobzhansky-Muller resolve o problema geral da "transposição de vales" durante a especiação

Iniciamos esta seção sobre a teoria de Dobzhansky-Muller, examinando um modelo monogênico, hipotético, de isolamento pós-zigótico. Agora podemos examinar uma versão mais geral sobre aquele argumento e usá-la para explorar uma pergunta geral sobre a especiação. A especiação é um processo evolutivo "fácil", que decorre quase automaticamente das mudanças evolutivas normais, ou é um processo evolutivo "difícil", que exige mecanismos extraordinários?

A especiação poderia ser imaginada como um processo evolutivamente difícil...

Geralmente os membros de uma espécie estão muito bem-adaptados a seus ambientes e os genes de locos diferentes funcionam em conjunto – eles interagem suficientemente bem para produzir indivíduos viáveis e férteis. Provavelmente as espécies se localizam próximo, ou sobre, os picos de uma paisagem adaptativa e as diferentes espécies ocupam picos diferentes (Figura 14.7). O problema da especiação é que ela parece exigir a "transposição de um vale". Para que a espécie 1 evolua para a espécie 2, ou vice-versa, a população precisa passar por uma fase desvantajosa. O modelo monogênico ilustra a dificuldade – o vale adaptativo corresponde aos heterozigotos híbridos (Seção 14.4.1). Entretanto, muitos outros modelos genéticos também poderiam ter um vale entre dois picos adaptativos.

... exigindo deriva...

É difícil, se não impossível, para uma população cruzar um vale adaptativo. A seleção natural e a deriva genética são as duas principais forças da evolução. A seleção natural opõe-se à transposição de vales porque isso exige que genótipos com viabilidades reduzidas se disseminem na espécie, de algum modo. A deriva genética só é uma força significativa quando os genótipos alternativos são seletivamente neutros. Para que a deriva conduza uma população

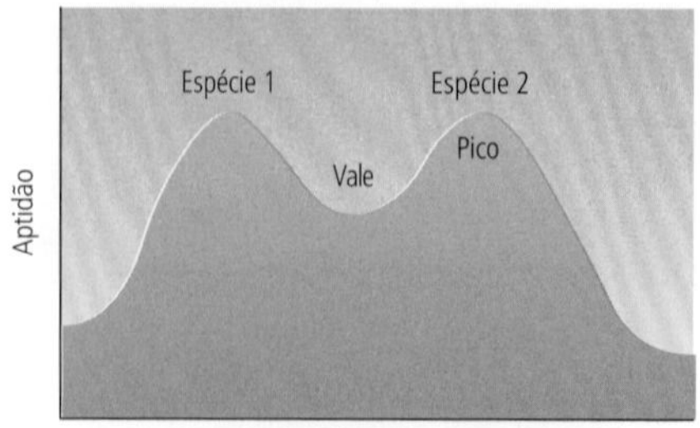

Figura 14.7

Transposição de um vale durante a especiação. A figura mostra uma paisagem adaptativa (ver Figura 8.7, p. 242): a qualidade da adaptação, ou aptidão, está no eixo *y*; a condição da característica, ou genótipo, está no eixo *x*. As espécies relacionadas estão adaptadas a ambientes um pouco diferentes, e cada uma está bem-adaptada ao seu próprio ambiente. As formas intermediárias estão menos bem-adaptadas, havendo um vale adaptativo entre as duas espécies. A seleção natural age contra cruzamentos na região do vale. Se a paisagem tem a forma do que está ilustrado, a especiação se torna um processo evolutivamente difícil, talvez exigindo condições especiais, com suspensão da ação da seleção natural. Algumas teorias de especiação, como a de Dobzhansky-Muller, não exigem a transposição de vales.

por meio de um vale, ela tem de trabalhar contra a seleção, o que é improvável. Por isso, se a especiação requer a transposição de vales, ela é um processo evolutivo difícil, e não ocorrerá normalmente; ela exigirá algumas condições especiais.

... ou uma revolução genética...

Por exemplo, os evolucionistas têm argumentado que a especiação ocorre em pequenas populações sob pressão, onde acontece uma "revolução genética" (Mayr, 1963, 1976). Ou ela ocorre por um processo especial de "mudança de picos". Ou ela ocorre quando a ação da seleção natural está temporariamente suspensa, talvez quando uma população colonizadora explora recursos abundantes, na ausência de competidores (o modelo da "expansão do fundador": ver Templeton, 1996). Sem entrar nos detalhes desses modelos, notamos que todos eles invocam mecanismos evolutivos peculiares. A especiação exige a suspensão da ação normal da seleção e da deriva. A inspiração dessas idéias é que a especiação é um processo difícil devido à necessidade da transposição de vales. Essa é uma visão sobre a especiação.

... em condições excepcionais

O modelo de Dobzhansky-Muller oferece uma visão diferente da especiação. Não há transposição de vales. O vale adaptativo é gerado em conseqüência da evolução separada das duas espécies. Na visão de Dobzhansky-Muller, a especiação ocorre como conseqüência quase automática da seleção ordinária e da deriva em uma população, considerando que cada população evolui em condições ambientais próprias. A especiação não necessita de condições especiais, em que os processos evolutivos normais sejam suspensos.

Na teoria de Dobzhansky-Muller a especiação é evolutivamente fácil

A teoria de Dobzhansky-Muller aplica-se somente ao isolamento pós-zigótico, mas um argumento semelhante pode ser usado para o isolamento pré-zigótico. Anteriormente, vimos que o isolamento pré-zigótico evolui como um subproduto das mudanças evolutivas normais, por processos genéticos tais como a pleiotropia (Seção 14.3.2 acima).

Temos teorias para o isolamento pré-zigótico e para o pós-zigótico, que estão bem-validadas, na teoria e na prática, e, em ambos os casos, a evolução do isolamento reprodutivo não precisa da transposição de vales. Ao contrário, a especiação é uma conseqüência quase automática das mudanças evolutivas. Os mecanismos especiais, propostos pela visão alternativa de transposição de vales, têm pouca ou nenhuma sustentação em fatos e são mais questionáveis em teoria (Turell *et al.*, 2001a). Isso poderá mudar no futuro, mas, atualmente, muitos evolucionistas preferem a visão de que a especiação é um processo evolutivo "fácil", exigindo tão-somente os mecanismos evolutivos triviais.

14.4.5 O isolamento pós-zigótico pode ter causas ecológicas bem como genéticas

Distinguimos duas teorias sobre a aptidão do híbrido

A teoria de Dobzhansky-Muller não é a única teoria de isolamento pós-zigótico. Na Seção 13.7.3. (p. 399), examinamos uma teoria ecológica de isolamento pós-zigótico, proximamente relacionada com o conceito ecológico de espécie. Examinamos um exemplo em tentilhões de Darwin (Tabela 13.2, p. 400): a aptidão dos híbridos entre *Geospiza fortis* e *G. fuliginosa* na ilha Daphne, no arquipélago das Galápagos, depende do suprimento de comida. Quando o evento do El Niño, em 1982-83, causou o aumento do suprimento de sementes pequenas, a aptidão dos híbridos também aumentou. Quando as sementes pequenas eram escassas, a aptidão dos híbridos era menor.

A teoria ecológica do isolamento pós-zigótico difere da teoria de Dobzhansky-Muller. Nessa última teoria, os híbridos são inferiores devido à incompatibilidades entre seus genes. O funcionamento interno do organismo do híbrido será defeituoso. Na teoria ecológica, o funcionamento interno do organismo dos híbridos é tão bom quanto o de qualquer membro de uma espécie pura. Qualquer inferioridade do híbrido é devida a condições externas. A teoria ecológica e a de Dobzhansky-Muller são potenciais competidoras, em qualquer caso; mas elas também poderiam ser combinadas para explicar a quantidade total de isolamento pós-zigótico. A teoria ecológica pode funcionar melhor com espécies muito relacionadas e que hibridizar repetidamente; seus conjuntos gênicos conterão poucos genes incompatíveis. O processo de Dobzhansky-Muller pode tornar-se mais eficiente quando duas espécies evoluem separadamente por longo tempo. Mas será necessário pesquisar mais para estabelecer as influências de cada teoria. Por enquanto, a teoria de Dobzhansky-Muller foi testada e aprovada intensivamente e é quase indubitável que contribuiu para a especiação, mas a quantidade de trabalhos realizados sobre a teoria ecológica é limitada, de modo que sua contribuição é mais incerta.

14.4.6 O isolamento pós-zigótico geralmente segue a regra de Haldane

Em 1922, J.B.S. Haldane identificou o seguinte padrão no isolamento pós-zigótico:

Os híbridos do sexo heterogamético têm menor aptidão do que os híbridos do sexo homogamético

> Quando, na geração F_1 de duas raças animais diferentes um dos sexos está ausente, é raro ou é estéril, esse sexo é o heterozigoto.

Hoje devemos dizer "heterogamético" em vez de "heterozigoto". Em mamíferos e nas drosófilas, os machos são heterogaméticos (XY – enquanto as fêmeas são XX). Nas aves e nas borboletas é o inverso, e as fêmeas são heterogaméticas. Haldane verificou que nos cruzamentos em que um dos gêneros da prole híbrida tem viabilidade menor do que o outro, o gênero menos viável é o masculino, nos mamíferos e em drosófilas (e o feminino em aves e borboletas). Passados 80 anos, os fatos continuam apoiando Haldane admiravelmente bem (Tabela 14.1). Sua generalização passou a ser chamada de *regra de Haldane*.

A regra também ganhou um interesse extra. Do modo como foi formulada, a regra de Haldane diz apenas que, *quando* a aptidão é diferente entre os sexos, na prole híbrida, é o sexo heterogamético que tem a menor aptidão. Mas poderia ocorrer que, na maioria dos casos, os sexos não diferissem; a regra, então, seria mera curiosidade. Entretanto, hoje sabemos que, na verdade, a maioria dos eventos da especiação passa por uma fase de "regra de Haldane". Esse fato foi quantificado por Coyne e Orr (1989), da maneira que segue. Podemos definir a quantidade de isolamento pós-zigótico (I) como a redução fracionária média do valor adaptativo da prole híbrida do cruzamento entre duas espécies, ou semiespécies. O I é igual a um menos o valor adaptativo do híbrido. Assim, quando cruzamos dois membros de uma mesma espécie, sua prole terá alto valor adaptativo e $I = 0$. Quando cruzamos dois indivíduos de espécies diferentes, a viabilidade dos híbridos geralmente é

Tabela 14.1

Embasamento para a regra de Haldane. Na coluna "hibridizações com assimetria" a "assimetria" significa que um sexo é mais afetado do que o outro em relação a um traço como a fertilidade. Sabe-se que muitas espécies de borboletas, mariposas e mosquitos também seguem a mesma regra. De Coyne e Orr (1989).

Grupo	Traço	Hibridizações com assimetria	Número seguindo a regra de Haldane
Mamíferos	Fertilidade	20	19
Aves	Fertilidade	43	40
	Viabilidade	18	18
Drosófila	Fertilidade e Viabilidade	145	141

zero e $I = 1$. O isolamento (I) aumenta de 0 para 1 durante a especiação. Para a regra de Haldane, o que nos interessa são as duplas de "espécies"(ou semi-espécies) que estão na área cinzenta do encaminhamento para a especiação. Elas têm I entre 0 e 1. No caso mais simples, toda a prole híbrida masculina (nos mamíferos, por exemplo) morreria ou seria estéril e toda a prole feminina estaria perfeitamente bem. Nesse caso, $I = 0{,}5$ para a média de toda a prole.

A regra de Haldane descreve uma etapa normal da especiação, e não uma curiosidade

Agora se poderia pensar que, durante a especiação, o grau de isolamento aumentaria, de algum modo, de 0 para 1 (Figura 14.8a). Porém, Coyne e Orr (1989) verificaram que, de 43 duplas de espécies de drosófilas em graus intermediários de isolamento ($0 < I < 1$), 37 apresentaram alguma diferença de acordo com o sexo, enquadrando-se na regra de Haldane. É um fato normal na especiação, pelo menos na das drosófilas, que o baixo valor adaptativo dos machos híbridos surja antes do que o das fêmeas. O curso verdadeiro da especiação assemelha-se com a Figura 14.8b. A regra de Haldane é uma propriedade geral da especiação, e não uma curiosidade.

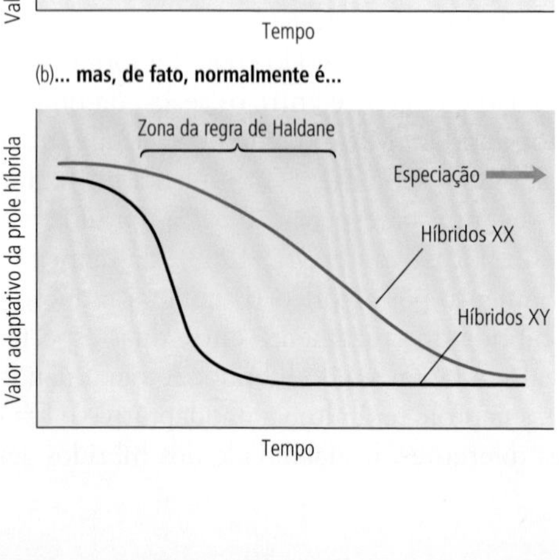

Figura 14.8

A regra de Haldane. (a) Poderíamos esperar, ingenuamente, que o valor adaptativo de machos e fêmeas da prole híbrida decrescesse de modo semelhante à medida que a especiação avança. (b) Na verdade, primeiro evoluem a esterilidade ou a inviabilidade nos híbridos heterogaméticos. Isso origina uma etapa intermediária na especiação, em que os híbridos XX têm maior valor adaptativo do que os híbridos XY; essa é a fase em que opera a regra de Haldane. Em drosófilas e mamíferos, os machos são XY e as fêmeas XX. Em aves e borboletas, os machos são XX e as fêmeas XY. [O fato de em (a) e em parte de (b) a linha dos XY aparecer abaixo da dos XX não tem significado: elas deveriam estar sobrepostas. Também o fato de as linhas serem retas em (a) não tem significado. O que importa é que elas decrescem do mesmo modo nos machos e fêmeas da prole híbrida; se o decréscimo da curva é suave ou abrupto não é importante aqui.

As modernas técnicas da genética foram utilizadas para testar a regra de Haldane de novas maneiras. Por exemplo, truques genéticos elegantes podem ser usados para introduzir números variados de genes de uma espécie de drosófila em outra. True *et al.* (1996) introduziram genes de *Drosophila mauritiana* em *D. simulans*. Observaram que, quando introduziam o mesmo número de genes ao acaso em machos e em fêmeas, os machos tinham uma probabilidade seis vezes maior de serem esterilizados. O resultado pode ser dramatizado por meio de uma analogia antropomórfica. É como se introduzíssemos um certo número de genes de chimpanzés em machos e fêmeas humanos, espalhando os genes de chimpanzé pelo DNA humano, ao acaso. Os resultados de True *et al.* implicariam o fato de os homens terem maior probabilidade de serem esterilizados nessa experiência do que as mulheres. A interpretação evolutiva é de que a esterilidade do híbrido evolui mais rapidamente no macho, em um grau menor de divergência genética entre espécies, do que a esterilidade do híbrido na fêmea. Essa é outra maneira de expressar a regra de Haldane.

A regra de Haldane é uma grande generalização sobre a especiação. Qualquer que seja a explicação para ela, podemos concluir que a especiação freqüentemente avança na forma da Figura 14.8b e não na forma da Figura 14.8a. O isolamento pós-zigótico evolui mais rapidamente no gênero heterogamético. Mas qual é a explicação para a regra de Haldane? Essa questão recentemente foi objeto de ativas pesquisas, e muitas hipóteses genéticas detalhadas foram testadas. O Quadro 14.1 descreve como a teoria básica de Dobzhansky-Muller pode explicar a regra de Haldane ao menos em alguns casos. A teoria de Dobzhansky-Muller pode não ser uma teoria da regra de Haldane universal e completa, mas ela é uma influência importante. Desse modo, a teoria de Dobzhansky-Muller não só explica o controle genético do isolamento pós-zigótico por vários locos epistáticos, como também ajuda a explicar a diferença sexual generalizada no decurso da especiação.

Quadro 14.1
A Regra de Haldane Provavelmente é Explicada (ao Menos em Parte) pela Teoria de Dobzhansky-Muller

Na teoria de Dobzhansky-Muller, o isolamento pós-zigótico é causado pelas interações entre genes de vários locos. Vejamos o que ocorre se um desses locos está em um cromossomo X e o outro em um autossomo (Figura Q 14.1). Internamente, as duas espécies parentais têm combinações gênicas satisfatórias, mas a prole híbrida contém combinações que são incompatíveis. Um gene no cromossomo X da espécie 1 (X_1) pode ser incompatível com um gene em um autossomo da espécie 2 (A_2). O que importa é saber se o defeito causado pela incompatibilidade entre X_1 e A_2 é dominante ou recessivo. Se for dominante, ele afetará machos e fêmeas da prole híbrida; se for recessivo, afetará os machos, mas não as fêmeas. Assim, acrescentando-se o pressuposto de que alguns genes no cromossomo X são recessivos, a teoria básica de Dobzhansky-Muller pode explicar a regra de Haldane. Em suma, a regra de Haldane se explica devido a duas propriedades genéticas: (i) o isolamento pós-zigótico é devido a interações entre muitos locos gênicos (isto é, epistasia) e alguns desses genes estarão no cromossomo X; (ii) alguns desses genes ligados ao X são recessivos.

Essa é a chamada teoria da "dominância" da regra de Haldane. Ela funciona bem para causadores de inviabilidade em drosófilas. Entretanto, essa explicação provavelmente é incompleta. Ao que tudo indica, a explicação genética para os casos em que o sexo heterogamético da prole híbrida é inviável difere da explicação para os casos em que ele é estéril. Em geral os genes que influenciam a viabilidade afetam machos e fêmeas igualmente, porque são genes que influenciam no bem-estar de todo o organismo. Os organismos masculinos diferem dos femininos em alguns aspectos, e alguns genes efetivamente influenciam a viabilidade em um único gênero; mas esses genes são excepcionais. Já os genes que influenciam na fertilidade diferem muito nos organismos masculino e feminino. Os genes que influem na fertilidade feminina expressam-se nos ovários e influenciam na oogênese; esses genes estão desativados nos organismos masculinos. Em alguns

(continua)

(*continuação*)

casos de esterilidade que se enquadram na regra de Haldane podem ser necessárias outras explicações afora a teoria da simples dominância aqui apresentada. Assim também, a teoria, como foi apresentada aqui, funciona para a compensação de dose para o cromossomo X do tipo que é encontrado na drosófila, mas ela precisa abranger também os mamíferos.

Por isso, a teoria de Dobzhansky-Muller pode ser usada para explicar, ao menos em parte, a duradoura e bem-documentada generalização teórica conhecida como regra de Haldane. Recentemente, essa regra foi objeto de ativa pesquisa, especialmente a partir do experimento clássico de Coyne (1985). A regra de Haldane mostrou-se uma ótima via para o entendimento das mudanças genéticas que causam a especiação ou, pelo menos, o isolamento pós-zigótico.

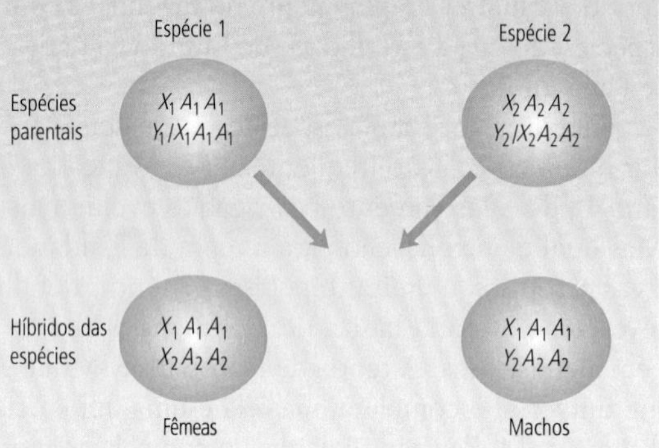

Figura Q14.1
A "teoria da dominância" da regra de Haldane. Algumas combinações e genes nos híbridos serão novas e incompatíveis: por exemplo, X_1/A_2 (em que X_1/A_2 se refere a uma combinação de um gene no cromossomo X da espécie 1 e um gene em um autossomo da espécie 2). Se o gene incompatível do cromossomo X é recessivo, então a combinação gênica não será expressa nas fêmeas híbridas (o gene X_2 é o dominante) e elas nada sofrerão. Nos machos híbridos, porém, a combinação X_1/A_2 se expressa porque falta aos machos um cromossomo X_2. Os machos têm a aptidão reduzida. A teoria está ilustrada para a drosófila, cujos machos são heterogaméticos. Em uma espécie em que as fêmeas são heterogaméticas, a situação de "machos" e "fêmeas" é inversa.

14.5 Uma conclusão interina: duas sólidas generalizações sobre a especiação

Freqüentemente, a especiação ocorre como um subproduto da divergência evolutiva

A partir de experimentos e de observações biogeográficas, temos abundantes evidências de que a especiação evolui como um subproduto, quando duas populações geograficamente afastadas evoluem à parte. Temos algumas hipóteses para o isolamento pré-zigótico, mas poucos resultados de pesquisa sobre as modificações genéticas subjacentes. Podemos concluir o capítulo agora dizendo que há dois resultados sólidos no estudo da especiação: que o isolamento reprodutivo evolui como um subproduto da divergência alopátrica e que o isolamento pós-zigótico é causado por interações epistáticas entre múltiplos locos gênicos.

É bom memorizar essas generalizações, para irmos adiante. Agora estamos voltando-nos para áreas menos sólidas e mais controvertidas da pesquisa sobre especiação. Se nos concentrássemos apenas nessas áreas, poderia parecer que pouco se sabe sobre especiação e que ela é uma área permanentemente confusa da biologia evolutiva. John Herschel, que já era uma personalidade na época em que Charles Darwin estava iniciando a sua atividade científica, descreveu a questão de como uma nova forma de vida poderia surgir na Terra como "o mistério dos mistérios". É uma frase obsessiva, e Darwin a relembrou. A teoria que estivemos examinando até aqui não fornece um relatório completo de como evoluem todas as novas espécies. Entretanto, ela ajuda a desmistificar a origem das espécies e fornece uma sinalização científica bem clara para futuras pesquisas.

14.6 O reforço

14.6.1 O isolamento reprodutivo pode ser reforçado pela seleção natural

Reforço significa...

Até aqui, estivemos examinando uma das duas principais teorias sobre como evolui o isolamento reprodutivo: a de que ele evolui como um subproduto quando a seleção natural favorece mudanças genéticas diferentes em populações que estão evoluindo separadamente. A segunda teoria sugere que a seleção natural atua diretamente para aumentar o isolamento entre duas populações. O processo é chamado de *reforço* e sua precondição geral é atuar do seguinte modo. Assumimos que há duas formas genéticas em uma população e os híbridos entre elas têm valor adaptativo menor do que a prole dos cruzamentos em cada uma das formas. A diferença genética entre os dois tipos poderia ser pelos genótipos de vários locos, ou pelos alelos de um só loco, ou pela forma cromossômica. Os símbolos A e A′ são gerais e valem para qualquer um desses tipos de diferenças genéticas. Nesse caso, a condição para o reforço é:

	Tipo 1	Híbrido	Tipo 3
Tipo genético	AA	AA′	A′A′
Valor adaptativo	Alto	Baixo	Alto

Os dois tipos estão parcialmente isolados entre si por isolamento pós-zigótico. Mais formalmente poderíamos dizer que os valores adaptativos das duas formas puras, AA *e* A′ A′, são 1 e o dos híbridos é maior do que 0, mas menor do que 1.

Um modo pelo qual essa situação poderia surgir seria se as duas populações houvessem inicialmente, ocupado áreas afastadas (alopátricas) e divergido, mas depois suas áreas tivessem mudado e elas se reencontrassem. Uma população tem um tipo genético (A) e a outra tem A′. Essas duas populações podem ter desenvolvido algum isolamento pós-zigótico pelo processo de Dobzhansky-Muller, mas o isolamento pode ser incompleto. (Nas Seções 14.9 e 14.10, quando examinarmos a especiação parapátrica e a simpátrica, encontraremos alguns outros modos pelos quais a mesma situação básica pode surgir.) Qual será o próximo passo evolutivo?

... o aumento do isolamento reprodutivo pela seleção natural

O reforço é uma possibilidade. A seleção natural pode aumentar o grau de isolamento pré-zigótico. Se um indivíduo AA cruza com outro indivíduo AA, eles produzem prole com alta aptidão. Se um indivíduo AA cruza com um A′A′, eles produzem prole híbrida AA′, que tem baixa aptidão. A seleção natural favorece indivíduos que cruzam com indivíduos que são geneticamente iguais a eles – isto é, os cruzamentos preferenciais[1]. A teoria do reforço pressupõe que existe algum isolamento pós-zigótico e propõe que o isolamento pré-zigótico aumentará. A seleção natural não consegue, exceto em circunstâncias extraordinárias, favorecer o aumento do isolamento pós-zigótico. Ela favorece o aumento do isolamento pré-zigótico porque os indivíduos se livram de produzir prole híbrida inferior. Mas o aumento do isolamento pós-zigótico significa que o valor adaptativo dos híbridos decai. Aumenta a probabilidade de eles morrerem. A seleção natural não pode favorecer genes que tornam seus portadores mais

[1] Cruzamento preferencial significa que o semelhante cruza com o semelhante. Ele pode ser contraposto ao cruzamento "hetero-preferencial", mais conhecido como "cruzamento preferencial negativo", em que o indivíduo cruza preferencialmente com tipos diferentes do seu, e ao cruzamento aleatório. A teoria do reforço geralmente diz respeito à evolução, cada vez mais acentuada, dos cruzamentos aleatórios em direção a cruzamentos preferenciais. Quando o cruzamento preferencial é absoluto – um indivíduo jamais cruza com alguém do outro tipo genético – o isolamento pré-zigótico é completo e a especiação se completou.

sujeitos à morte (exceto em condições especiais descritas na teoria da seleção de parentesco, Seção 11.2.4, p. 324). Sem dúvida, o principal efeito da seleção natural sobre o isolamento pós-zigótico será o de reduzi-lo, ao favorecer híbridos adaptados. Realmente, o reforço é uma teoria apenas de isolamento pré-zigótico, e não de isolamento pós-zigótico.

A teoria do reforço tem tido apoiadores

Qual é o grau de importância do reforço para a especiação? Sua condição inicial parece simples e, provavelmente, surge com freqüência. Tudo o que é necessário é a evolução de duas formas genéticas e que o cruzamento entre elas seja desvantajoso. O argumento de que daí a seleção favorece o isolamento pré-zigótico (ou o cruzamento preferencial) parece simples e inevitável. Por isso, poderíamos esperar que o reforço ocorresse com bastante freqüência durante a especiação, como um suplemento para a teoria do "subproduto", já examinada. Muitos evolucionistas teóricos, desde Wallace até Dobzhansky, apoiaram a teoria do reforço. Entretanto, quando a examinamos mais detalhadamente, sentimos que a casuística não é convincente. Contudo, os argumentos são reconhecidamente valiosos, porque a teoria do reforço não foi desmentida de modo definitivo. O reforço continua sendo um tópico de pesquisa ativa e os biólogos têm pontos de vista diversos sobre o quanto ele é importante para a evolução.

14.6.2 As precondições para o reforço podem ter vida curta

A teoria do reforço tem problemas com...

A precondição para o reforço é que existam dois tipos genéticos e que os híbridos produzidos pelo cruzamento entre eles sejam desvantajosos. A seleção natural favorece os cruzamentos preferenciais. Entretanto, haverá outras forças evolutivas atuando também, e elas podem remover as precondições antes que o reforço tenha elevado o isolamento reprodutivo até o ponto da especiação completa.

... a perda de formas raras...

1. *A seleção natural pode eliminar o genótipo mais raro.* A precondição para o reforço é inerentemente instável. Imagine que 90% da população sejam AA e 10% sejam A´A´. Inicialmente, os dois tipos cruzam ao acaso. Para simplificar, podemos pressupor que os indivíduos AA e os A´A´ tenham igual chance de sobrevivência e que os híbridos AA´ tenham uma chance muito menor. Em cruzamentos ao acaso, um indivíduo AA tem 90% de chance de cruzar com outro indivíduo AA e produzir prole AA. Os indivíduos AA só cruzam com A´A´ em 10% das vezes, produzindo só híbridos inferiores. Os indivíduos A´A´ cruzam entre si, produzindo prole A´A´ de alta qualidade, só em 10% das vezes; eles cruzam com indivíduos AA e produzem prole híbrida de baixa qualidade em 90% das vezes. O genótipo mais raro tem uma desvantagem automática e a seleção natural age para eliminá-lo. Ele poderá ser extinto antes que o cruzamento preferencial absoluto possa evoluir. (A precondição para o reforço é uma instância da seleção dependente de freqüência positiva: Seção 5.13, p. 156.)

... o fluxo gênico...

2. *O fluxo gênico funde os dois tipos genéticos.* Imagine que os dois tipos genéticos na população sejam conjuntos de genes em múltiplos locos. O A poderia representar um conjunto de genes em cinco locos (*BCDEF*) e A´ representaria o outro conjunto (*bcdef*). Os híbridos (*BCDEF* / *bcdef*) têm baixa aptidão, mas, desde que seu valor adaptativo seja maior do que zero, alguns recombinantes serão formados (*Bcdef*, *bcdEF* e assim por diante). Com o tempo, os dois tipos irão fundir-se em uma população contínua. A taxa de fusão dependerá dos valores adaptativos das diferentes combinações gênicas. Mais uma vez, a precondição para o reforço pode desaparecer antes que a especiação aconteça.

... e a recombinação

3. *A recombinação entre locos gênicos pode desfazer o reforço.* Um modelo de reforço geralmente tem três locos gênicos (ou três conjuntos de locos gênicos). Um controla

a adaptação: isto é, o loco (ou os locos) A/A´, no caso que estávamos examinando. Esse loco poderia controlar uma enzima digestiva, que capacita o tipo A a comer um tipo de alimento, o A´ a outro tipo de alimento e os híbridos AA´ são incapazes de comer qualquer dos dois. Um segundo loco controla o grau de cruzamentos preferenciais. Um terceiro loco controla um caráter que é usado nas decisões sobre cruzamentos. O cruzamento pode ser decidido pela coloração e um loco de coloração pode ter dois tipos, azul e verde. O reforço pode funcionar se os indivíduos AA geralmente são azuis e os A´A´ geralmente são verdes. O problema é que a recombinação pode gerar indivíduos AA verdes (e A´A´ azuis). Um AA azul, ao cruzar preferencialmente, poderá agora ter um A´A´como parceiro e produzir prole híbrida inferior. Então o processo de reforço colapsará. O reforço exige uma ligação estreita entre o caráter usado nas decisões de acasalamento e o caráter que influi na aptidão dos híbridos; mas, freqüentemente, esse requisito não é alcançado.

Essas três objeções enfraquecem consideravelmente a teoria do reforço. Elas, contudo, não demonstram sua impossibilidade e podem ser contraditadas. Por exemplo, as precondições podem ser estabilizadas se os dois tipos genéticos constituem um polimorfismo ativamente mantido por seleção natural (por qualquer um dos mecanismos padrões das Seções 5.11-5.14, p. 151-159). Se o genótipo mais raro pode comer um tipo de alimento que o tipo mais comum não consegue, essa vantagem alimentar pode contrabalançar sua desvantagem de produzir prole híbrida mais freqüentemente. O mesmo processo pode proteger os dois tipos genéticos de serem fundidos pelo fluxo gênico. Daí o reforço ganha tempo para agir. Também há maneiras pelas quais os vários locos se configuram de modo que a recombinação não desfaça o reforço (Schluter 2000, p. 192). Portanto, a teoria do reforço é inconclusiva. Podemos identificar fraquezas nela, mas elas não são suficientes para demonstrar que ela é impossível. Precisamos recorrer aos fatos para descobrir o quanto o reforço é importante na natureza.

14.6.3 Os testes empíricos do reforço são inconclusivos ou não conseguem sustentar a teoria

A evidência sobre reforço, a partir da seleção artificial é...

Dois tipos de evidências foram utilizadas para testar o reforço, uma experimental e a outra biogeográfica. A evidência experimental consiste em experimentos com seleção artificial, em que o experimentador cria as precondições para o reforço. Por exemplo, Kessler (1966) juntou, em laboratório, duas espécies de drosófila estreitamente relacionadas, em condições em que elas podiam intercruzar. Durante certo número de gerações, os híbridos foram impedidos de cruzar. O pesquisador deu aos híbridos um valor adaptativo baixo (na verdade, zero). Foi avaliada a tendência aos cruzamentos preferenciais, e ela aumentou com o tempo (Figura 14.9). A seleção natural favoreceu os cruzamentos preferenciais, que aumentaram obedientemente. Muitos outros experimentos tiveram resultados semelhantes. O problema deles, quanto ao nosso propósito, é que se pode alegar que eles não testam a teoria do reforço. O reforço é um processo que dirige a especiação. Mas o pesquisador reduziu a aptidão do híbrido a zero, o que significou que, efetivamente, a especialização já estava completa. O fluxo gênico entre as linhagens estava experimentalmente bloqueado. Rice e Hostert (1993) chamaram esse tipo de experimentos de "experimentos de destruir os híbridos".

... inadequada...

Entretanto, eles têm valor. Mostram, por exemplo, como a seleção natural pode aumentar o isolamento pré-zigótico quando o isolamento pós-zigótico está completo. Mas de teste para o reforço eles não têm muito. Um bom teste tornaria a aptidão do híbrido baixa, mas não zero, com continuidade de algum fluxo gênico durante o experimento. Hostert (1997) realizou esse experimento e observou um aumento dos cruzamentos preferenciais quando era permitido que o valor adaptativo dos híbridos fosse pouco maior do que zero. Um só experimento,

... ou negativa

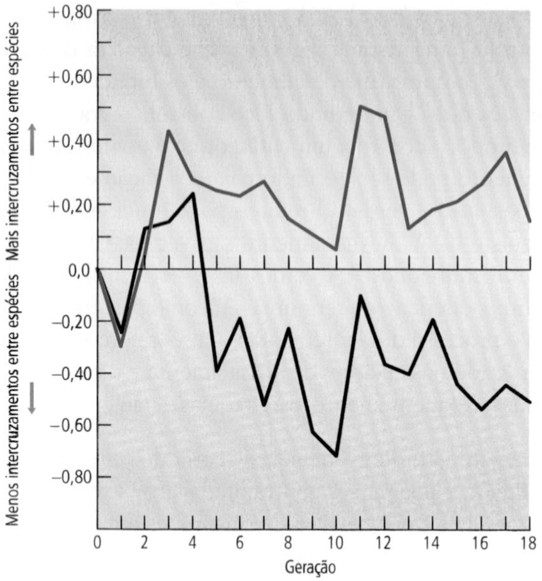

Figura 14.9

Seleção artificial em *Drosophila pseudoobscura* fêmea para aumento (pouco isolamento, linha verde) e diminuição (muito isolamento, linha preta) da tendência para cruzar com machos de *D. persimilis.* O eixo *y* é um indicador da freqüência de cruzamentos com um membro da outra espécie (cruzamentos heteroespecíficos). Quando o índice é positivo, as fêmeas são mais propensas a cruzar com machos heteroespecíficos do que as fêmeas-controle; quando ele é negativo, elas são menos propensas. Redesenhada de Kessler (1966), com permissão da editora.

porém, não é suficiente para provar que o reforço nunca funciona. Uma outra espécie, em outras condições, poderia apresentar resultados diferentes. Entretanto, atualmente, a evidência obtida por meio de seleção artificial não consegue testar, ou não consegue confirmar, a teoria do reforço.

A evidência baseada na biogeografia...

O segundo principal tipo de evidência provém da biogeografia. É necessária uma condição biogeográfica especial, em que duas espécies estreitamente relacionadas têm distribuições parcialmente superpostas. (Essa é a mesma condição que encontramos na Seção 13.6, p. 393, quando examinamos a substituição ecológica de características). Por exemplo, *Drosophila mojavensis* e *D. arizonae* são espécies estreitamente relacionadas de drosófilas comedoras de cactos que coexistem em Sonora, no México. Mas, em outros locais do sudoeste, encontra-se cada espécie vivendo sem a presença da outra: *D. mojavensis*, por exemplo, vive na Baixa Califórnia, onde *D. arizonae* está ausente, e esta vive em outras regiões do México que não têm a *D. mojavensis* (Figura 14.10).

A chave do resultado está relacionada com o grau de isolamento pré-zigótico entre as espécies, nas populações alopátricas e nas simpátricas. Quando um macho de uma espécie é posto em contato com uma fêmea da outra o cruzamento é menos provável do que se o par for da mesma espécie. Wasserman e Koepfer (1977) mediram o grau de discriminação no cruzamento em populações retiradas de locais onde as espécies coexistem e de onde vivem afastadas. Foi constatado que a discriminação contra parceiros potenciais da outra espécie era maior nas moscas das regiões em que são encontradas ambas as espécies (Figura 14.10c).

Esse resultado é um exemplo de substituição de característica. A substituição do caráter ocorre quando as duas espécies diferem mais em simpatria do que em alopatria. O termo pode referir-se a qualquer característica, e *D. mojavensis e D. arizonae* apresentam substituição de um caráter reprodutivo ou, para ser exato, substituição do isolamento reprodutivo

(a) **Um sistema simplificado para testar substituição de característica**

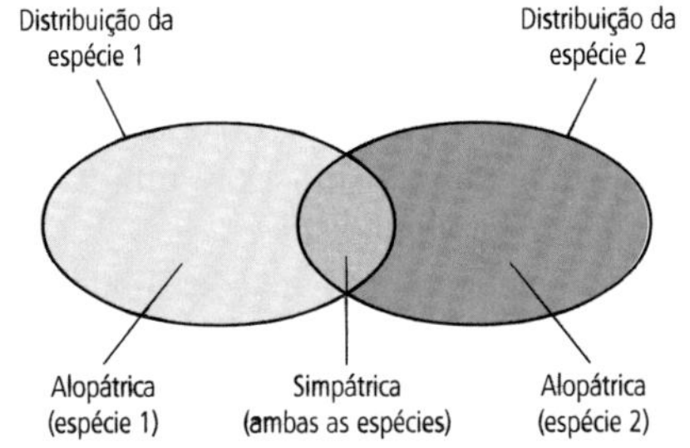

(b) **Distribuição de *D. arizonae* e *D. mojavensi* no sudoeste**

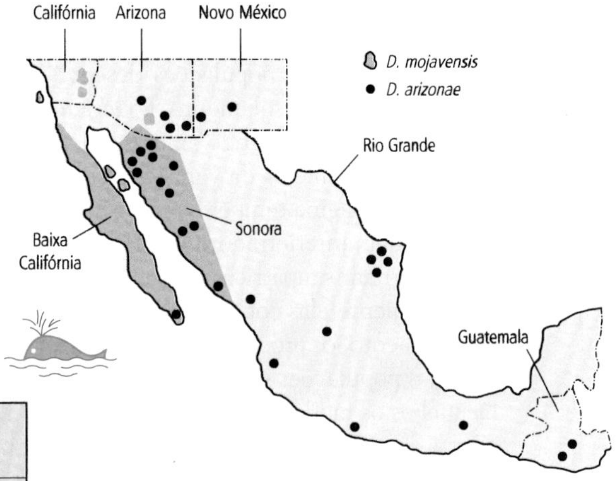

(c) **Isolamento entre *D. arizonae* e *D. mojavensis***

Fêmea de *D. mojavensis* com macho de *D. arizonae*		Fêmea de *D. arizonae* com macho de *D. mojavensis*	
Fêmea de *D. mojavensis*		Fêmea de *D. arizonae*	
Alopatria	*I* = 0,3	Alopatria	*I* = 0,9
Simpatria	*I* = 0,94	Simpatria	*I* = 0,8
Macho de *D. arizonae*		Macho de *D. mojavensis*	
Alopatria	*I* = 0,54	Alopatria	*I* = 0,78
Simpatria	*I* = 0,6	Simpatria	*I* = 0,92

Figura 14.10

(a) Um estudo de substituição de características exige duas espécies cujas distribuições se sobreponham parcialmente. (b) Distribuição da *D. mojavensis* e da *D. arizonae* no sudoeste da América do Norte. Elas coexistem em parte de Sonora, no México, e são encontradas sozinhas em outras áreas, como a *D. arizonae* em vastas regiões do México e a *D. mojavensis* na Baixa Califórnia. Os pontos de distribuição da *D. arizonae*, no mapa, são os sítios de coleta para os experimentos em (c), em uma área de distribuição nitidamente contínua. (c) Demonstração experimental de que o isolamento reprodutivo entre as duas é maior em simpatria do que em alopatria. Os experimentos permitem (i) que uma fêmea de uma espécie escolha a espécie dos machos para cruzar e (ii) que um macho de uma espécie escolha a espécie das fêmeas para cruzar. No experimento, foram medidos os números de cruzamentos com membros da mesma espécie (H_S), com membros da outra espécie (H_O) e o número total de cruzamentos (*N*), e o índice de isolamento foi calculado, $I = (H_S - H_O) / N$, como é explicado na Figura 14.2. Em (c), o número mais de cima e da esquerda significa que as fêmeas *mojavensis* retiradas de um local em que a *arizonae* não vive (Baixa Califórnia) – *D. mojavensis alopátrica* – quando colocada com machos de ambas as espécies apresenta um índice de isolamento de apenas 0,3. O mesmo se aplica para as outras sete situações. Redesenhada de Koepfer (1987) (b) e de Wasserman e Koepfer (1977), com permissão da editora.

pré-zigótico. Essas duas espécies são um exemplo, dentre os vários em que esse resultado foi encontrado.

... é compatível com o reforço

Uma interpretação para a substituição de um caráter reprodutivo é que o isolamento pré-zigótico foi reforçado em simpatria. Quando as duas espécies não se encontram (isto é, alopatricamente), a seleção natural não terá favorecido a discriminação contra cruzamentos com outras espécies. Em simpatria, quando o intercruzamento pode produzir híbridos de valor adaptativo reduzido, a seleção terá favorecido mecanismos para evitar o intercruzamento. O reforço só atuou, para aumentar o isolamento pré-zigótico, onde as duas espécies coexistem.

O problema é que o reforço não é a única explicação para essas observações. Elas também poderiam surgir sem o reforço. O motivo é que casais formados entre espécies simpátricas com baixos níveis de isolamento poderiam ser perdidos por fusão ou por extinção. Para abordar esse problema, imagine que várias populações, todas descendentes de um mesmo ancestral comum, estão evoluindo alopatricamente. Elas desenvolverão diferentes graus de isolamento, dependendo de como o processo de Dobzhansky-Muller influencia o isolamento pós-zigótico e de como a pleiotropia e o efeito carona conseguem influenciar o isolamento pré-zigótico. Algumas duplas de populações desenvolverão alto grau de isolamento entre si, enquanto outras terão pouco isolamento. Poderíamos medir o grau médio de isolamento entre as populações alopátricas trazendo amostras de membros delas para o laboratório. A resultante seria algo como uma média da variação dos dados em cada dupla de populações.

... mas também se abrem para interpretações alternativas

Agora imagine também que a distribuição geográfica de algumas populações mude e que algumas que anteriormente eram alopátricas passem a ser simpátricas. Se duas populações que se tornam simpátricas já tinham desenvolvido um alto grau de isolamento reprodutivo, provavelmente elas continuarão a coexistir. Mas se elas tinham desenvolvido um baixo grau de isolamento, os processos que examinamos na Seção 14.6.2 começarão a atuar. Ou a menor das duas populações será perdida, ou o fluxo gênico entre elas causará sua fusão em uma só. De ambos os modos, no conjunto de dados, foi perdida uma dupla de populações. As únicas duplas de populações (ou espécies) que permanecem em simpatria são aquelas com alto grau de isolamento. Nesse caso, o grau de isolamento entre duplas de espécies que vivem em simpatria será alto porque os pares com baixo isolamento foram perdidos, e não porque o reforço tenha aumentado o isolamento.

O argumento não demonstra que o reforço não atuou em casos como o da Figura 14.10; ele só mostra que a evidência é inconclusiva. Coyne e Orr (1989), engenhosamente, subdividiram a evidência de vários modos, produzindo uma casuística mais forte a favor do reforço, mas a sua evidência, ainda assim, é explicável sem ele (Gavrilets e Boake, 1998). Portanto, a evidência biogeográfica, assim como a evidência da seleção artificial, atualmente é inconclusiva. Os biólogos evolucionistas continuam indecisos quanto ao reforço. Poucos diriam que ele nunca funciona, mas a casuística teórica e empírica sobre sua importância não é convincente. Dos dois processos que podem dirigir a evolução do isolamento reprodutivo – (i) a divergência tendo o isolamento como subproduto e (ii) o reforço – o primeiro está bem-documentado e é quase certo que é importante na especiação, mas o segundo não está bem-documentado e sua influência na especiação é indeterminada.

14.7 Algumas espécies de plantas originaram-se por hibridização

A origem de espécies de plantas por hibridização é encontrada na Seção 3.6 (p. 76), onde foi visto como uma nova espécie de prímula e uma espécie natural de *Galeopsis* foram produzidas artificialmente por hibridização. Os híbridos interespecíficos são amplamente estéreis, em geral porque os pares cromossômicos, que consistem em um cromossomo de cada espécie, não segregam regularmente na meiose. Para que evolua uma nova espécie, essa esterilidade precisa ser superada. Um mecanismo famoso é a poliploidia. Se os números cromossômicos estão duplicados, cada par de cromossomos em meiose contém dois cromossomos de uma espécie e a segregação regular é restaurada. A poliploidia surge naturalmente, por mutação, e pode levar à evolução de uma nova espécie. Os híbridos poliplóides são mutuamente férteis, mas reprodutivamente isolados (por disparidades no número de cromossomos) das espécies parentais; por isso, eles são espécies novas, bem-definidas.

Após a poliploidia, os híbridos podem formar uma nova espécie

Os casos mais simples de identificar são como a *Primula kewensis*, em que a nova espécie é um híbrido simples, 50:50, produzido por duas espécies parentais, com 50% de seus genes provindo de uma delas e 50% da outra. Durante o século passado, foi constatada a evolução natural de quatro novas espécies desse tipo, duas na Grã-Bretanha e duas na América do Norte. Os dois últimos exemplos pertencem ao gênero *Tragopogon*. Ele é um gênero do Velho

Mundo, mas três espécies foram introduzidas na América do Norte: *T. dubius, T. pratensis* e *T. porrifolius* (cujo nome comum é salsifi e cujas raízes podem ser comidas como verdura). As três espécies são encontradas juntas em regiões do leste de Washington e Idaho, onde elas começaram a se estabelecer nas duas primeiras décadas do século XX. Em torno de 1950, Ownbey descobriu que duas novas espécies tinham surgido naquela região, *T. mirus* e *T. miscellus*. Ambas continuam a se desenvolver e amostras colhidas 40 anos depois por Novak *et al.* (1991) mostraram que *T. miscellus* se tornara uma macega comum de beira de estradas e terrenos baldios nos arredores de Spokane, Washington, em direção ao leste.

O *Tragopogon* originou novas espécies híbridas no século passado

Ownbey demonstrou que *T. mirus* e *T. miscellus* (cada uma com 12 pares de cromossomos) são os híbridos tetraplóides originados de cruzamentos entre duplas das três espécies introduzidas (que são diplóides e têm seis pares de cromossomos). As formas dos cromossomos nas espécies, além de outras características, tais como a cor das flores, revelaram que *T. mirus* derivou de *T. dubius* com *T. porrifolius*, enquanto *T. miscellus* derivou de *T. dubius* com *T. pratensis*.

Ownbey encontrou muitas interespécies híbridas naturais, mas todas eram diplóides e estéreis. Presumivelmente, mutantes tetraplóides naturais só ocorrem nos híbridos de tempos em tempos, dando origem a novas espécies. Os híbridos tetraplóides são férteis e isolados reprodutivamente das espécies parentais. Trabalhos subseqüentes utilizaram marcadores genéticos mais discriminadores, demonstrando que as novas espécies de *Tragopogon* haviam se originado mais de uma vez. As espécies parentais hibridizaram (e daí os híbridos tornaram-se tetraplóides) independentemente, em áreas diferentes. Os híbridos originados em eventos distintos são interférteis e pertencem todos à mesma espécie. Soltis e Soltis (1999) ressaltaram que *T. miscellus* poderia ter-se "originado" cerca de 20 vezes e *T. mirus* 12 vezes no leste de Washington, nos últimos 60 a 70 anos.

Os híbridos diplóides de *Tragopogon* são estéreis, e a origem de uma nova espécie só poderia ocorrer com o surgimento de um mutante poliplóide. Em outras duplas de espécies, os híbridos iniciais são parcialmente interférteis com uma ou ambas as espécies parentais. Portanto, os híbridos retrocruzam com os genitores; esse fluxo gênico da espécie parental para a população híbrida é chamado de *introgressão*. Ela tem muitas possíveis conseqüências, dependendo do grau de interfertilidade com os genitores. Freqüentemente, os híbridos e a espécie parental intercruzam em alguma medida, durante um certo número de gerações, e a população híbrida constitui-se em uma mistura complexa de genes das duas espécies parentais. Em algum momento, a população híbrida torna-se reprodutivamente isolada da espécie parental. Aí ela evolui em uma nova espécie (Figura 14.11).

A especiação híbrida pode progredir por meio da introgressão

Provavelmente, muitos casos de especiação de híbridos de plantas envolvem um certo número de gerações de introgressão em vez de um evento súbito de especiação. A diferença entre a introgressão e a simples hibridização é que, na introgressão, a nova espécie terá uma mistura complexa de genes parentais, conforme a história de retrocruzamentos entre o híbrido e as espécies parentais, durante a sua formação, enquanto que, no híbrido simples, 50% dos genes provêm de uma espécie parental e 50% provêm da outra. Rieseberg e Wendel (1993) revisaram a especiação introgressiva em plantas: listaram 155 casos em que ela era sugerida e julgaram que havia boa evidência de introgressão em 65 deles.

Um dos melhores exemplos provém dos pântanos do sul de Louisiana (ver Lâmina 9, p. 100). Ali, várias espécies de atraentes íris, crescem em pântanos e rios e Arnold e seus colegas estão usando marcadores genéticos para reconstruir sua origem. A Lâmina 9a ilustra as três espécies parentais desse exemplo. Duas delas – *Iris fulva,* com flores de cor fulva, e *I. hexagona,* cujas flores têm cor violeta, com cristas amarelas – estão dispersas nos riachos do sudeste e, no sul da Louisiana, vivem nos canais de água chamados *bayous* (igarapés) formados pelo rio Mississippi. A terceira espécie parental é *I. brevicaulis*, que é colorida como *I. hexagona*, mas tem hábito de crescimento diferente. *I. hexagona* cresce até uns 1,2 m, enquanto *I. brevicaulis*

As *Iris* também desenvolveram novas espécies híbridas recentemente, mas sem poliploidia

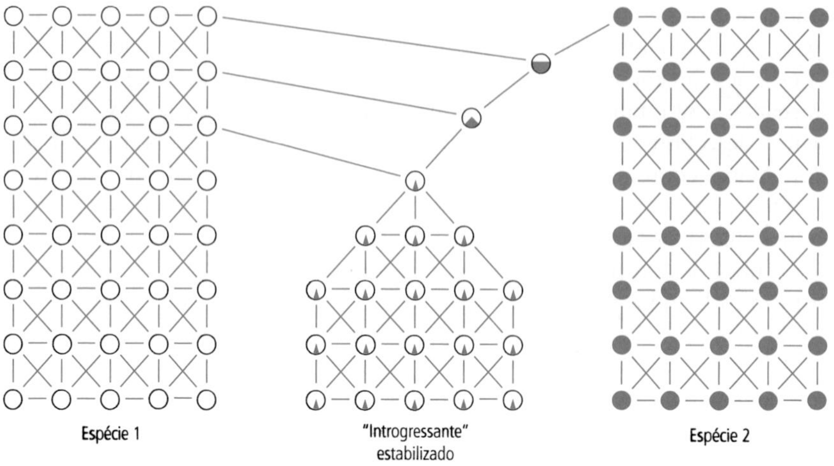

Figura 14.11

Especiação de híbridos por introgressão. Os indivíduos híbridos iniciais são interférteis com uma ou ambas as espécies parentais e retrocruzam com elas, produzindo uma população híbrida com várias misturas de genes das duas espécies parentais. Em dada fase, a população híbrida pode evoluir o suficiente para ficar reprodutivamente isolada das espécies parentais; então ela é uma nova espécie.

tende a ser rasteira e a curvar-se para cima. *I. brevicaulis* vive em *habitats* mais secos, como uma floresta arbórea. Quando um igarapé cruza um *habitat* de *I. brevicaulis*, as três espécies entram em contato estreito e hibridizam (Figura 14.12). Os híbridos naturais não são incomuns, embora a freqüência com que se formam seja baixa. Os híbridos podem cruzar com as espécies parentais em alguma medida, produzindo uma complexa mistura de genótipos nas populações onde as espécies se encontram.

Na década de 1960, foi detectada uma nova espécie de íris na região onde os híbridos são encontrados, que foi denominada *I. nelsonii* (Lâmina 9b). Sua morfologia, inclusive a cor das

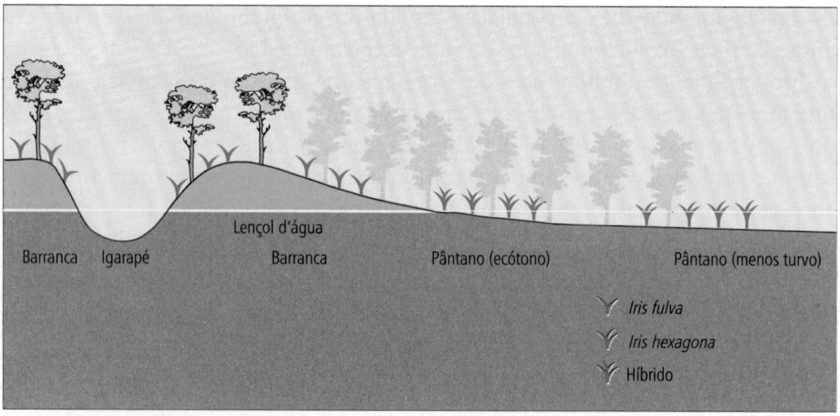

Figura 14.12

Onde os igarapés correm para os pântanos, no sul da Louisiana, I. fulva, natural dos igarapés, e I. hexagona entram em contato com I. brevicaulis, natural dos pântanos. Nas regiões intermediárias, a espécie híbrida I. nelsonii desenvolveu-se por introgressão. Redesenhada de Arnold e Bennett (1993), conforme Viosca. © 1993 Oxford University Press Inc., com permissão.

flores e o complemento cromossômico, mostra semelhanças com *I. fulva* e *I. hexagona*, mas *I. brevicaulis* também contribui com genes para sua origem. Os marcadores genéticos sugerem que *I. nelsonii* resultou principalmente de retrocruzamentos repetidos com *I. fulva*, mais do que de um único evento de hibridização, como o que ocorreu com a prímula de Kew (*Primula kewensis*). *I. nelsonii* não é poliplóide.

Uma nova espécie híbrida precisa superar problemas reprodutivos

Concentramo-nos no problema de como o genótipo de um híbrido recém-isolado reprodutivamente pode evoluir. É provável, porém, que surjam alguns problemas posteriores na transição evolutiva de um novo genótipo híbrido para uma espécie híbrida pronta. Um deles é encontrar um parceiro. Quando surge um híbrido poliplóide fértil, ele é um só (ou talvez um de uns poucos) no interior de duas grandes populações das espécies parentais. Ele pode, simplesmente, ser infértil com ambas as espécies parentais, devido a diferenças cromossômicas; ou a situação pode ser ainda pior se o pólen da espécie parental fertiliza os óvulos do híbrido, mas eles falham em desenvolver-se ou reproduzir-se. A interfertilidade entre um híbrido e outros híbridos iguais a ele só pode ser expressa se estes existirem. Por isso, a seleção natural sobre os híbridos tem uma certa dependência positiva da freqüência (Seção 5.13, p. 156): quando eles são raros, sua viabilidade é menor pela dificuldade de achar um parceiro. Eles podem ter de atingir um certo limiar de abundância antes que a seleção natural os favoreça. (Estritamente falando, isto é uma dependência da quantidade e não da freqüência; mas, pelo menos em um sentido informal, trata-se de uma seleção dependente de freqüência.)

Esse problema é a razão provável pela qual a especiação do híbrido é muito mais comum em alguns grupos de plantas do que em outros. Um novo híbrido pode atravessar mais facilmente a difícil fase de transição, em que ele é raro, se tiver opções reprodutivas alternativas à fertilização sexuada cruzada. Stebbins (1959) demonstrou que a especiação de híbridos é mais comum nos grupos em que a reprodução assexuada ou a autofertilização são possíveis. A *Iris nelsonii*, por exemplo, pode reproduzir assexuadamente por meio de estolhos de rizomas, além de reproduzir sexuadamente por fertilização cruzada com grãos de pólen transportados por mamangabas.

A especiação do híbrido é uma contribuição diferenciada à biologia evolutiva, proveniente do estudo de plantas. A especiação de híbridos provavelmente é mais comum em plantas do que em animais (embora existam exemplos em animais, como Arnold (1997) demonstra em seu livro). Certamente, ela é muito mais bem-compreendida nas plantas do que nos animais e praticamente todo nosso conhecimento sobre seu processo advém das plantas.

14.8 A especiação pode ocorrer em populações não-alopátricas, de modo parapátrico ou simpátrico

O processo de Dobzhansky-Muller funciona na alopatria

Na teoria que examinamos até agora, o isolamento reprodutivo pode evoluir tanto como uma conseqüência acidental (ou um subproduto) da divergência entre duas populações quanto por reforço. Qual é a relação entre essas teorias e as teorias de especiação alopátrica, parapátrica e simpátrica (ver Figura 14.1)? O isolamento pré-zigótico e o pós-zigótico podem evoluir como subprodutos da divergência. O isolamento pós-zigótico evolui de acordo com a teoria de Dobzhansky-Muller, que está estreitamente ligada à teoria alopátrica da especiação. A teoria de Dobzhansky-Muller exige que genes individualmente vantajosos, mas conjuntamente desvantajosos, sejam fixados em duas populações. Só é provável que isso aconteça em populações que estão evoluindo separadamente (e, portanto, alopátricas). Em uma população, a seleção natural não favorecerá uma mudança genética que seja incompatível com genes em outros locos.

O isolamento pré-zigótico, entretanto, não precisa de mudanças genéticas em vários locos. Ele pode evoluir como um subproduto da divergência, se os caracteres que divergiram entre as populações estão geneticamente correlacionados com as características causadoras do isolamento pré-zigótico. Essa teoria está menos fortemente ligada à teoria da especiação alopátrica. Certamente o processo pode ocorrer entre populações que estão evoluindo em locais afastados. Mas, como veremos, a divergência adaptativa também pode ocorrer dentro de uma população e isso levanta, no mínimo, a possibilidade de que a especiação poderia ocorrer de modo não-alopátrico.

O reforço funciona em simpatria

A outra teoria era o reforço. Ele só ocorre em simpatria. A seleção natural, ao favorecer a discriminação entre parceiros potenciais, só considera a variedade dos parceiros presentes em determinado local. A ligação entre a teoria do reforço e a teoria da especiação alopátrica é muito fraca. Na verdade, dificilmente ela pode ser considerada uma teoria de especiação. O reforço só foi utilizado na teoria alopátrica para dar um "acabamento" na especiação, que era incompleta em alopatria.

Assim, das teorias que encontramos até agora, a especiação em populações não-alopátricas é extremamente improvável. Uma teoria bem-sustentada, a teoria de Dobzhansky-Muller, é alopátrica. O reforço é um processo simpátrico, mas (como vimos) pouco sustentado pelas evidências e teoricamente problemático. Entretanto, a especiação não-alopátrica não foi descartada e, nas duas seções seguintes, reexaminaremos como a especiação poderia ocorrer parapátrica ou simpatricamente.

14.9 Especiação parapátrica

14.9.1 A especiação parapátrica começa com a evolução de uma clina escalonada

Na especiação parapátrica, a nova espécie evolui de populações contíguas, e não das completamente afastadas, como na especiação alopátrica (ver Figura 14.11). O processo inteiro pode ocorrer da seguinte maneira. Inicialmente, uma espécie distribui-se no espaço. Ela forma um padrão de variação geográfica em "clina escalonada" (Seção 13.4.3, p. 389). A clina escalonada poderia formar-se por causa de uma mudança abrupta no ambiente: uma forma da espécie se adaptaria às condições de um lado da fronteira e a outra forma às condições do outro lado.

Uma *zona híbrida* é uma clina escalonada em que as formas de lados diferentes da fronteira são diferenciadas o suficiente para serem facilmente reconhecidas. As duas formas podem ter recebido diferentes nomes taxonômicos, como subespécies ou raças, ou podem ser suficientemente diferentes para terem sido classificadas como espécies diferentes.

Os corvos europeus proporcionam um exemplo de uma zona híbrida

O corvo carniceiro (*Corvus corone*) e o corvo de topete (*C. cornix*) da Europa são um exemplo clássico de espécies em torno de uma zona híbrida (Figura 14.13). O corvo de topete distribui-se mais para o leste e o corvo carniceiro, mais para oeste e as duas espécies se encontram em uma linha que passa na Europa central. Naquela linha – a zona híbrida – eles intercruzam e produzem híbridos. A zona híbrida dos corvos foi reconhecida inicialmente pelos fenótipos, porque o corvo de topete é cinza, com cabeça e cauda pretas, enquanto o carniceiro é todo preto. Sabe-se que as duas espécies (ou semi-espécies) também diferem em muitos outros aspectos. O fato de os corvos cruzarem na zona híbrida significa que a especiação deles é incompleta. Na Seção 17.4 (p. 521), encontraremos mais exemplos de zonas híbridas.

Muitas zonas híbridas são zonas de tensão...

As condições em uma zona híbrida (ou clina escalonada) são particularmente propícias para a especiação se ela é uma *zona de tensão*. Existe uma zona de tensão quando os híbridos entre as duas formas fronteiriças são seletivamente desvantajosos. (A zona híbrida não é uma zona de tensão se os híbridos têm valor adaptativo intermediário, ou superior, ao das formas puras.) Por exemplo, se um homozigoto (*AA*) está adaptado a um ambiente e o outro homozigoto (*aa*), a outro ambiente, os heterozigotos (*Aa*) serão produzidos onde os dois ambientes se encontram. Se os heterozigotos são desvantajosos, o lugar de encontro é um exemplo de zona

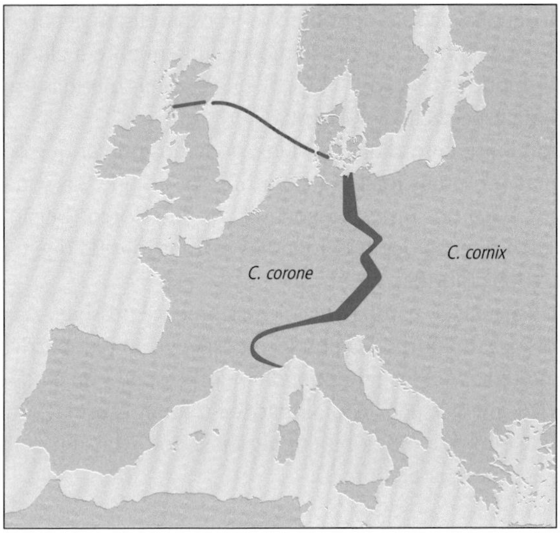

Figura 14.13

A zona híbrida entre o corvo carniceiro (*Cornix corone*) e o corvo de topete (*C. cornix*) na Europa. Aqui os dois corvos são apresentados como duas espécies separadas, mas alguns taxonomistas os classificam como subespécies. Redesenhada de Mayr (1963), com permissão da editora. © 1963 Presidente e Membros do Harvard College.

de tensão. Na verdade, a maior parte das zonas híbridas conhecidas são zonas de tensão (ver, por exemplo, a revisão de 170 zonas híbridas, por Barton e Hewitt [1985]).

... nas quais o reforço pode atuar

As condições em uma zona de tensão são exatamente as precondições para o reforço (Seção 14.6.1). Os cruzamentos entre homomorfos são vantajosos e os entre heteromorfos produzem híbridos desvantajosos. A seleção natural favorece os cruzamentos preferenciais. Desse modo, podemos imaginar a seqüência por meio da qual uma clina escalonada começa a evoluir e depois se torna suficientemente distinta para constituir uma zona híbrida. Estamos à beira da origem de uma nova espécie. Daí o reforço poderia acabar a especiação, eliminando a hibridização na zona híbrida. A seqüência de eventos constitui a especiação parapátrica.

O ponto forte da teoria da especiação parapátrica é que o ambiente "estabiliza" as precondições para o reforço. Vimos que essas condições são passíveis de autodestruição, à medida que as duas formas intercruzam ou que uma elimina a outra. Contudo, se o ambiente varia no espaço, a variação clinal será mantida. Teoricamente a especiação poderia atuar.

14.9.2 A evidência para a teoria da especiação parapátrica é relativamente fraca

A maior parte das zonas híbridas é devida a contato secundário

A teoria da especiação parapátrica tem dois principais pontos fracos quanto à evidência. Um é a história evolutiva das zonas híbridas. Elas podem ser "primárias" ou "secundárias". Uma zona híbrida é primária se evoluiu enquanto as espécies tinham distribuição geográfica aproximadamente igual à atual. Ela é secundária se, no passado, a espécie esteve subdividida em populações separadas, nas quais evoluíram as diferenças entre as formas, e essas populações, posteriormente, expandiram-se e reencontraram-se no que hoje é a zona híbrida. As verdadeiras zonas híbridas só ilustram uma etapa da especiação parapátrica se forem primárias. A abundância de zonas híbridas na natureza só evidenciaria que a especiação parapátrica é um processo plausível se elas forem majoritariamente primárias. Se a maior parte das zonas híbridas for secundária, a diferença entre as formas evoluiu alopatricamente, e não parapatricamente. Efetivamente, as evidências sugerem que a maioria das zonas híbridas é secundária. O corvo carniceiro e o de topete, por exemplo, só se encontraram depois que suas distribuições se expandiram depois da glaciação mais recente. Indiscutivelmente, a expansão das distribuições subseqüente a glaciações é uma explicação comum para as zonas híbridas (Seção 17.4, p. 521). As zonas híbridas proporcionam pouca sustentação para a teoria da especiação parapátrica.

Em segundo lugar, se o reforço atua em zonas híbridas, podemos prever que o isolamento pré-zigótico entre as duas formas será mais forte na zona híbrida do que em zonas distantes dela. Essa previsão é um caso especial dos testes biogeográficos do reforço (Seção 14.6.3). A evidência não sustenta a previsão: temos poucas evidências satisfatórias de que o isolamento pré-zigótico está reforçado nas zonas híbridas.

Desse modo, o processo de especiação parapátrica é teoricamente possível. A teoria resolve um problema chave do reforço. A maioria das etapas da especiação parapátrica (mas não todas) pode ser ilustrada por evidências. Mas faltam a ela o corpo sólido de evidência básica e a quase obrigatoriedade teórica que a especiação alopátrica tem. A especiação parapátrica não pode ser descartada e provavelmente funciona em alguns casos. Mas um demonstrativo de que ela é importante ainda está por ser elaborado.

14.10 Especiação simpátrica

14.10.1 A especiação simpátrica é teoricamente possível

Na especiação simpátrica, uma espécie bifurca-se sem que haja qualquer divisão da distribuição geográfica da espécie ancestral (ver Figura 14.1). A especiação simpátrica tem sido fonte de controvérsia recorrente há cerca de um século. Particularmente Mayr (1942, 1963) lançou dúvidas sobre ela e, ao fazê-lo, estimulou outros a procurar evidências e a formular as condições teóricas sob as quais ela seria possível.

Na teoria da especiação parapátrica, a etapa inicial da especiação é um polimorfismo espacial (ou clina escalonada). Na especiação simpátrica, a etapa inicial é um polimorfismo que independe de espaço intrapopulacional. Por exemplo, duas formas de uma espécie podem estar adaptadas para comer alimentos diferentes. Se os cruzamentos entre as duas são desvantajosos porque os híbridos têm baixo valor adaptativo, o reforço atuará entre elas. A maioria dos modelos de especiação simpátrica supõe que a seleção natural primeiro estabelece um polimorfismo, para depois favorecer o isolamento pré-zigótico entre as formas polimórficas. A "troca de hospedeiro" em uma mosca chamada *Rhagoletis pomonella* constitui um estudo de caso que pode ilustrar parte do processo.

14.10.2 Insetos fitófagos podem ramificar-se simpatricamente por troca de hospedeiro

A mosca da larva da maçã só recentemente se mudou para as maçãs

A *Rhagoletis pomonella* é uma mosca tefritídea e uma praga das maçãs. Ela põe seus ovos nas maçãs e a larva arruína a fruta, mas isso não foi sempre assim. Na América do Norte, o recurso nativo da larva da *R. pomonella* é o pilriteiro. Só em 1864 ela foi encontrada pela primeira vez em maçãs. Desde então, ela se expandiu pelos pomares norte-americanos e começou a explorar também cerejas, pêras e rosas. Essas mudanças para novas plantas alimentares são chamadas *trocas de hospedeiro*. Na troca de hospedeiros de *R. pomonella*, a especiação pode estar acontecendo diante de nossos olhos.

Atualmente, as *R. pomonella* nos diferentes hospedeiros são raças geneticamente diferentes. As fêmeas preferem pôr seus ovos no mesmo tipo de fruta em que se desenvolveram: fêmeas que foram isoladas assim que emergiram de maçãs mais tarde preferirão pôr seus ovos em maçãs se puderem escolher. Da mesma forma, os machos adultos tendem a ficar pousados na espécie hospedeira em que eles se desenvolveram e o cruzamento acontece na fruta, antes que as fêmeas façam a postura. Portanto, ocorrem cruzamentos preferenciais: machos de maçãs cruzam com fêmeas de maçãs, machos de pilritos cruzam com fêmeas de pilritos.

As raças parasitas de maçãs apresentam algum isolamento das raças ancestrais parasitas do pilrito

Presumivelmente, as raças têm cerca de 140 gerações de idade (dado que elas mudaram para as maçãs, pela primeira vez, há cerca de um século e meio). Esse tempo é suficiente para que as diferenças genéticas entre raças se tenham estabelecido? Eletroforeses em gel mostram que as duas raças desenvolveram amplas diferenças em suas enzimas. Elas também diferem geneticamente no seu tempo de desenvolvimento: na maçã, as larvas desenvolvem-se em cerca de 40 dias, enquanto no pilrito as larvas se desenvolvem em 55 a 60 dias. Essa diferença também faz aumentar o isolamento reprodutivo entre as duas raças, porque os adultos delas não estão ativos ao mesmo tempo.

Macieiras e pilriteiros são diferentes e, por isso, provavelmente a seleção favorecerá diferentes características em cada raça de moscas; isso pode ser responsável pela divergência. Se for, a seleção pode favorecer também o isolamento pré-zigótico e a especiação. Entretanto, se moscas de diferentes raças são reunidas no laboratório, elas cruzarão indiscriminadamente. Ou o reforço não atuou quando esperado, ou, alternativamente, as diferenças quanto ao comportamento e ao tempo de desenvolvimento podem ser suficientes, na natureza, para reduzir os cruzamentos ao nível que é favorecido pela seleção natural. Nesse caso, a seleção não estaria agindo para reforçar o grau de isolamento pré-zigótico. Não sabemos qual a interpretação correta; precisamos saber mais sobre as forças que mantêm as diferenças genéticas entre raças. Mais uma vez, a evidência sobre o reforço é o ponto fraco em uma teoria de especiação.

Mas o exemplo é incompleto

No caso das trocas de hospedeiros, podemos praticamente ter certeza de que a mudança inicial de hospedeiro e a formação de uma nova raça ocorreram em simpatria. Essa mudança ocorreu no tempo histórico. Entretanto, ela não é um exemplo completo de especiação simpátrica, porque as raças não especiaram completamente. Na verdade, não sabemos se o farão, ou se a atual situação, de especiação incompleta, é estável.

Quão generalizado é o processo de especiação por troca de hospedeiros? Não se pode dar uma resposta definitiva porque sequer foi confirmado se acontece especiação simpátrica por troca de hospedeiro. Mas há sugestões interessantes de que o processo pode ser importante (Seção 23.3.3, p. 673). Vários táxons de insetos fitófagos sofreram amplas irradiações filogenéticas em táxons de plantas hospedeiras. Por exemplo, há 750 espécies de vespas de figos, e cada uma se reproduz em sua própria espécie de figueira; somente na Grã-Bretanha há trezentas espécies de "minadores-de-folhas", dípteros da família Agromyzidae, e 70% delas se alimentam de uma espécie exclusiva de planta. É fácil imaginar como esses grupos podem ter-se irradiado de um ancestral comum, porque sucessivas espécies novas surgiram por troca de hospedeiro, como aconteceu com a mosca da larva da maçã, nos Estados Unidos. Se as espécies de insetos fitófagos consistissem em ocasionais espécies avulsas dispersas pela filogenia dos insetos e alimentando-se de tipos de plantas não-relacionados, provavelmente o processo não teria funcionado; mas a existência de grandes táxons de fitófagos com plantas hospedeiras específicas sugere que a especiação por trocas de hospedeiros poderia ter contribuído para sua diversificação.

14.10.3 As filogenias podem ser usadas para testar se a especiação foi simpátrica ou alopátrica

Testes filogenéticos para especiação simpátrica foram planejados recentemente

As tentativas diretas de testar a teoria da especiação simpátrica, como na *Rhagoletis pomonella*, são apenas um modo de testar se a especiação simpátrica ocorre. Recentemente, foi apresentado um novo tipo de evidência de especiação simpátrica. Ela sugere que a especiação simpátrica ocorre, mas nada esclarece sobre como ocorre. A evidência provém da forma das árvores filogenéticas e foi obtida primeiramente em peixes ciclídeos de lagos africanos (Schliewen *et al.*, 1994). Como vimos (Seção 13.3.3, p. 385), nos lagos do leste da África, muitas espécies de peixes ciclídeos evoluíram. Teriam elas origem na especiação simpátrica ou na alopátrica?

A Figura 14.14 apresenta a justificativa. Se uma nova espécie surge por especiação alopátrica, seus parentes mais próximos geralmente viverão em uma área geográfica diferente, como um lago ou um rio vizinhos. Se a espécie evoluiu de forma simpátrica, as espécies mais estreitamente relacionadas em geral viverão no mesmo lago. No caso de várias espécies de peixes, inclusive os ciclídeos africanos, a evidência filogenética sustenta a especiação simpátrica. Estudos semelhantes em outros táxons costumam sugerir especiação alopátrica (Barraclough e Volger, 2001).

Em conclusão, poucos biólogos descartariam os mecanismos não-alopátricos de especiação. A especiação de modo não-alopátrico provavelmente ocorre, apesar de que isso possa ser raro. As teorias de especiação simpátrica e parapátrica são mais controvertidas do que a da especiação alopátrica, exceto para casos especiais como a especiação de híbridos de plantas, porque não estão apoiadas por uma variedade tão grande de evidências impressionantes.

14.11 A influência da seleção sexual na especiação é uma tendência atual de pesquisa

Podemos terminar este capítulo examinando brevemente dois temas atuais e possivelmente futuros de pesquisa em especiação. Um é a possibilidade de que a seleção sexual seja impor-

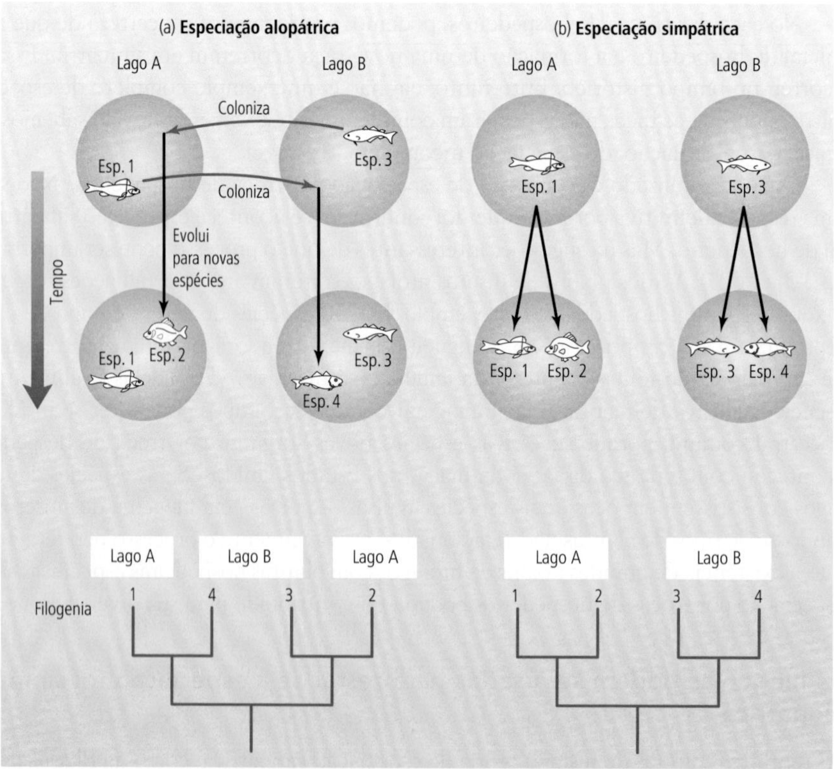

Figura 14.14

Teste filogenético entre especiação simpátrica e alopátrica. O teste foi usado principalmente para peixes lacustres. (a) Na especiação alopátrica, espécies novas evoluem em lagos separados e é previsto que mesmo as muito relacionadas vivam em lagos deferentes. (b) Na especiação simpátrica, novas espécies evoluem junto de suas ancestrais. É previsto que espécies relacionadas vivam em um mesmo lago. As evidências em algumas espécies de peixes, inclusive os ciclídeos lacustres africanos, apresentam o padrão esperado na evolução simpátrica.

tante. A seleção sexual é discutida na Seção 12.4 (p. 354) e tem dois componentes principais: a competição dos machos e a escolha das fêmeas. Os mecanismos que as fêmeas usam para a escolher os parceiros podem influir na especiação porque podem contribuir para o isolamento pré-zigótico, ou até determiná-lo exclusivamente.

A seleção sexual pode contribuir para a evolução do isolamento pré-zigótico

O modo como a seleção natural atua na escolha do parceiro pode ajudar a explicar a evolução do isolamento pré-zigótico, tanto em populações alopátricas quanto nas simpátricas. Considere novamente os experimentos em que algumas populações de uma espécie são colocadas para evoluir em duas condições ambientais, tais como uma dieta de maltose ou de amido (ver Figura 14.2). Vimos que o isolamento pré-zigótico evolui como um subproduto e que sua base genética pode ser a pleiotropia ou a "carona". Agora, pensemos um pouco mais sobre como a seleção natural agirá sobre cada população experimental. No meio com amido, a seleção favorece os indivíduos que conseguem comê-lo, digeri-lo e desenvolver-se. Mas ela também favorece as fêmeas que escolhem, para parceiros, os machos que estão acima da média no que se refere ao viver com uma dieta de amido. Com o tempo, as fêmeas podem desenvolver uma preferência pelos machos que têm adaptações para viver do amido. Na população em maltose, as fêmeas desenvolvem preferências por machos que estão adaptados para viver da maltose. Então, ao final do experimento, deixamos os machos à escolha das fêmeas e descobrimos que as fêmeas das linhagens de amido preferem os machos das linhagens de amido.

Uma maneira de enxergar essa constatação equivale a achar uma explicação para a pleiotropia. O isolamento pré-zigótico evolui como subproduto quando a característica relacionada com a adaptação ecológica também se relaciona, talvez por coincidência, com a escolha do parceiro (Seção 14.3.2). Porém, pode não ser coincidência. Evolutivamente, as fêmeas apossam-se daqueles caracteres masculinos que contribuem para uma adaptação superior. A seleção natural atua tanto sobre os mecanismos de escolha de parceiros quanto sobre a adaptação ecológica, e as duas podem tornar-se associadas.

Associação semelhante surge em alguns modelos recentes de especiação simpátrica (Dieckmann e Doebeli, 1999; Higashi *et al.*, 1999; Kondrashov e Kondrashov, 1999). Um problema teórico do reforço é que a recombinação tende a desfazer quaisquer associações entre genes de cruzamento preferencial e genes de adaptação ecológica (Seção 14.6.2). Contudo, a seleção sexual pode ajudar a reforçar essa associação, tornando a especiação simpátrica mais plausível.

Este é um "assunto do momento"

Esses argumentos são apenas dois dos vários modos pelos quais a seleção sexual pode guiar a evolução, como foi sugerido recentemente (Schluter [2000, p. 195] apresenta uma tabela com umas seis outras idéias. O conflito evolutivo entre machos e fêmeas [Seção 12.4.7, p. 363], por exemplo, pode contribuir para a especiação.) A maioria dos argumentos é hipotética. Embora exista boa evidência sugestiva, ainda não foi demonstrado em qualquer caso de especiação que a seleção sexual dirige a evolução do isolamento pré-zigótico. Não sabemos se a seleção sexual é uma força geral da especiação. Porém, muita pesquisa está sendo feita sobre esse assunto.

14.12 A identificação de genes que causam isolamento reprodutivo é outra tendência da pesquisa atual

Já discutimos a genética dos isolamentos pré e pós-zigótico, esta última intensivamente, na teoria de Dobzhansky-Muller. O isolamento pré-zigótico pode ser devido à pleiotropia e ao efeito da carona; o isolamento pós-zigótico, a interações epistáticas entre múltiplos locos gênicos. Entretanto, essa discussão tem sido abstrata. Os cruzamentos genéticos fornecem evidências para a teoria de Dobzhansky-Muller, e é possível explicar por que os sistemas biológicos se adaptam à teoria (Seção 14.4.3). Entretanto, em nenhum trabalho se vêem exemplos específicos de genes. Até agora, foram feitas relativamente poucas pesquisas para identificar genes que contribuem para os isolamentos pré e pós-zigótico. Mas esse tipo de pesquisa pode proporcionar um avanço no estudo da especiação. Se pudermos identificar genes que causam isolamento pré-zigótico, poderemos ver quais (se algum) são seus efeitos pleiotrópicos e de efeito carona. Se pudermos identificar genes causadores de isolamento pós-zigótico, poderemos investigar quais são suas interações epistáticas com outros genes e por que surgem essas interações. Nosso conhecimento sobre a especiação melhoraria ao trocarmos a teoria abstrata por exemplos concretos. Além disso, a genética moderna tem técnicas poderosas de identificação de genes – que não estavam disponíveis antes da era da "genômica".

O gene *Odisseu* controla o isolamento reprodutivo em duas espécies de drosófila

Considere como exemplo, o trabalho de Ting *et al.* (1998) com um gene chamado *Odisseu*. *Drosophila simulans* e *D. mauritiana* são duas espécies estreitamente relacionadas de drosófila e o híbrido entre elas comporta-se segundo a regra de Haldane – os machos híbridos são estéreis. Ting *et al.* usaram técnicas genéticas para inserir fragmentos de DNA de *D. mauritiana* em *D. simulans*. Eles conseguiram demonstrar que a esterilidade do macho híbrido é causada por um gene no cromossomo X. Se somente esse gene (*Odisseu*) era inserido em machos de *D. simulans*, eles eram esterilizados do mesmo modo que em cruzamento interespecíficos (Figura 14.15).

Eles examinaram um pouco mais o *Odisseu*. Ele contém um "homeobox", uma seqüência encontrada em genes que regulam o desenvolvimento (Seção 20.6, p. 602). Ela se expressa no desenvolvimento do sistema reprodutivo do macho. A esterilidade dos híbridos de *D. mauritiana* x *simulans* pode ser causada por uma incompatibilidade entre a forma *mauritiana* do gene *Odisseu* e um gene de *simulans* que também se expressa no sistema reprodutivo do macho.

O *Odisseu* evoluiu rapidamente nessas espécies

Um aspecto surpreendente do *Odisseu* é sua taxa de evolução. Como a maioria dos genes homeobox, o *Odisseu* normalmente evolui com lentidão. Nessas drosófilas, porém, ele teve um súbito ímpeto de evolução. De fato, o *Odisseu* difere mais entre *D. mauritiana* e *D. simulans*, cujo ancestral comum existiu há meio milhão de anos, do que entre um verme e um camundongo, cujo ancestral comum viveu há, pelo menos, 700 milhões de anos. A taxa de

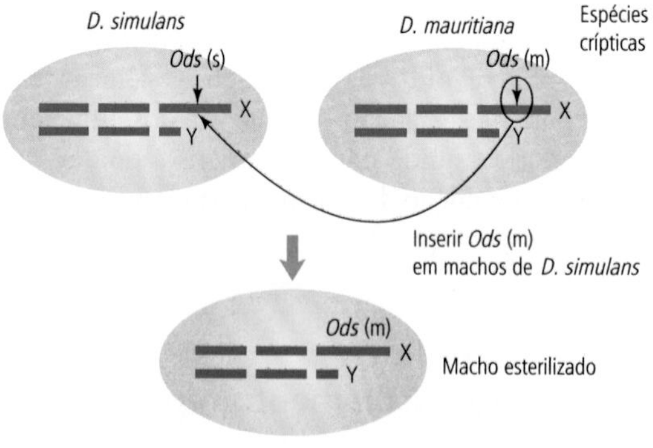

Figura 14.15

Identificado um gene que causa isolamento reprodutivo. Ting *et al.* (1998) inseriram, experimentalmente, a versão do gene *Odisseu* da *Drosophila mauritiana* em um conjunto gênico de *D. simulans*. Resultou que os machos foram esterilizados, do mesmo modo que ocorre com os cruzamentos híbridos entre essas duas espécies. Provavelmente o *Odisseu* causa isolamento reprodutivo entre essas duas espécies. Ele é um gene do cromossomo X de drosófila. É um gene homeobox, que provavelmente se expressa na espermatogênese. Ele também evoluiu entre essas duas espécies (crípticas) com excepcional rapidez: ele tem mais diferenças entre as duas do que entre roedores e vermes nematódeos.

evolução desse gene ampliou-se mais de 1.000 vezes nessas drosófilas. E, em associação com isso, ele causa isolamento pós-zigótico.

Podemos encaixar essas observações em uma idéia geral sobre a especiação: a idéia dos "genes de especiação". Estes podem ser definidos como genes que diferem em uma dupla de espécies e causam isolamento reprodutivo entre elas. (Uma definição mais exigente seria a de que os genes de especiação são os que diferem entre uma dupla de espécies, e conduzem as especiações delas. Entretanto, geralmente a pesquisa empírica só consegue demonstrar que um gene causa isolamento reprodutivo – e continuamos na incerteza quanto a um gene também dirigir a especiação.)

Os biólogos discutem várias hipóteses sobre genes de especiação. Podemos distinguir uma asserção forte e uma fraca. A forte seria de que alguns genes do genoma têm especial probabilidade de serem condutores da especiação. Isto é, podemos examinar o genoma antes da especiação e dizer "se o gene X mudar, haverá especiação". Mudanças nos genes relacionados com o cortejo ou a escolha de parceiros, por exemplo, teriam maior probabilidade de dirigir a especiação do que mudanças em outros genes. Se isso é verdade, os genes que influem no cortejo ou na escolha de parceiros seriam "genes de especiação". Outros exemplos possíveis incluem genes no cromossomo X ou genes como os de distorção da segregação (Seção 11.2, p. 322) ou as mutações cromossômicas. Entretanto, não se demonstrou que algum desses tipos de genes dirige especiações de modo geral, e a forte asserção acerca dos genes de especiação pode ser falsa.

Alternativamente, em quase todos os genes, as mudanças poderiam ser capazes de conduzir a especiação. Então poderíamos falar em genes de especiação em um sentido mais leve – apenas para nos referirmos a genes que conseguem causar isolamento reprodutivo em uma determinada dupla de espécies. Na teoria de Dobzhansky-Muller, qualquer gene pode causar isolamento, desde que possa fazer uma interação epistática com outros genes do genoma. Entretanto, os genes que dirigem a especiação serão os genes que se modificaram durante a evolução. Um gene imutável, conservado, não pode causar o isolamento entre duas espécies. Os genes que dirigem a especiação serão os primeiros a mudar – isto é, os genes que evoluem mais rapidamente. Talvez eles sejam genes como o *Odisseu*, que normalmente não evolui rápido, mas o fez em uma população. Um gene pode ter um surto evolutivo em uma linhagem e ali causar a especiação. Um outro gene pode ter o impulso em outra linhagem e causar especiação nela. Os "genes de especiação" serão aqueles que passarem a evoluir rapidamente em uma determinada linhagem. Também pode ser que alguns genes do genoma evoluam mais rapidamente do que a média, em todas as formas de vida. Nesse caso, esses genes de evolução rápida podem ser os genes de especiação. Uma sugestão desse tipo é a de que os genes que se expressam no sistema reprodutivo podem evoluir mais ligeiro do que outros genes (ver Swanson e Vacquier [2002] sobre os fatos). Nesse caso, a especiação será causada, mais freqüentemente, pela evolução de genes do sistema reprodutivo do que em genes (por exemplo) dos sistemas nervoso ou digestivo.

Os biólogos estão interessados em teorias de "genes de especiação"

Atualmente, essas idéias sobre genes de especiação são conjecturais. Entretanto, elas são um exemplo do tipo de idéias gerais sobre especiação que deveríamos conseguir investigar à medida que as modernas técnicas da genética são usadas para identificar os genes causadores do isolamento reprodutivo em determinadas espécies.

14.13 Conclusão

No início do capítulo vimos que há duas teorias sobre como o isolamento reprodutivo evolui: a teoria do "subproduto" e a do reforço. Quando Darwin discutiu esse assunto em *Sobre a Origem das Espécies* (1859), ele foi favorável ao que aqui chamamos de teoria do subproduto, dizendo que a esterilidade dos híbridos interespecíficos é "incidente sobre outras diferenças adquiridas". Ele dedicou um capítulo para argumentações sobre esse ponto. Estava pouco interessado nas circunstâncias geográficas da especiação, mas indagou mais sobre algo que hoje chamaríamos de especiação simpátrica, em vez de sobre a especiação alopátrica. Ele ponderou que a competição entre formas, em uma determinada área, iria forçá-las a divergirem.

Nosso entendimento atual sobre a especiação apresenta vários progressos desde Darwin

A impressionante evidência que temos agora, por meio dos experimentos de seleção artificial (Seção 14.3.1) tapa um furo da casuística de Darwin. Ele não tinha evidências de que o isolamento reprodutivo evoluía entre variedades domésticas que haviam sido selecionadas separadamente. Ele escreveu: "A perfeita fertilidade de tantas variedades domésticas que diferem amplamente entre si quanto à aparência, como o pombo ou o repolho, por exemplo, é um fato notável". Atualmente isso não é mais tão notável porque avaliações mais cuidadosas, e mais bem controladas, demonstraram que o isolamento reprodutivo costuma evoluir entre variedades selecionadas artificialmente.

Depois de Darwin, os biólogos evolucionistas da "síntese moderna" adicionaram quatro ou cinco asserções importantes no período de 1930 a 1950. Uma, defendida por Mayr (1942), era a de que surgem mais espécies novas alopátrica do que simpatricamente. Associada a essa, a segunda asserção era de que as populações em especiação tendiam a ser pequenas e que a deriva genética seria particularmente importante na especiação. Por terceiro, Dobzhansky e outros argumentaram que o reforço também contribui para a especiação. (Dobzhansky [1970] faz uma atualização posterior de seus pontos de vista.) Em quarto lugar, muitas vezes uma espécie nova surge por hibridização, especialmente em plantas. Em quinto, a idéia de Darwin, de que o isolamento evolui como um subproduto, foi expandida e explicada geneticamente na teoria de Dobzhansky-Muller.

Agora, após 50 ou mais anos, a teoria da especiação alopátrica ainda está de pé. Muitos biólogos aceitariam alguma contribuição da especiação simpátrica, mas a maioria aceita que a especiação alopátrica é o processo principal. Quanto a isso, os biólogos agora concordam com a síntese moderna e não com Darwin. A segunda asserção, de que a especiação em geral é reforçada pela deriva genética, atualmente tem poucos apoiadores. É a menos importante das cinco asserções listadas anteriormente e pode não ter tido muito crédito, nem mesmo nas décadas de 1930 a 1950. Na década de 1920, muitos biólogos sugeriam que os caracteres que diferiam entre espécies não eram adaptativos. Isso inspirou, em parte, teorias de especiação "não-adaptativa", mas, atualmente, poucos biólogos concordam que as diferenças entre espécies não sejam adaptativas. A evidência experimental e a teoria da especiação sugerem que a deriva genética não é muito importante para a especiação. Na maior parte das vezes, provavelmente, a especiação é um subproduto da divergência adaptativa normal entre populações.

A teoria do reforço tem tido seus altos e baixos. O reforço continua a provocar os biólogos, mas ainda está faltando um caso que force a aceitação de sua importância. A teoria da especiação de híbridos, em plantas, ao contrário, saiu-se bem. As novas técnicas da genética permitiram que os biólogos traçassem a ancestralidade das espécies atuais, proporcionando uma descrição detalhada da especiação de híbridos.

Finalmente, a genética do isolamento pós-zigótico tornou-se um importante campo de pesquisas. Darwin parece ter acertado que o isolamento pós-zigótico evolui como subproduto incidental da divergência. A teoria de Dobzhansky-Muller melhorou nosso entendimento sobre os eventos genéticos por meio dos quais o isolamento pós-zigótico pode, incidentalmente, extrapolar as mudanças evolutivas normais. Foram acumuladas evidências favoráveis à teoria, ainda mais quando evidências da regra de Haldane foram incorporadas (parcialmente) ao esquema teórico geral. Parece que a teoria de Dobzhansky-Muller vai continuar a inspirar pesquisas enquanto as técnicas da moderna genômica são incorporadas ao estudo da especiação.

Resumo

1 A evolução de uma nova espécie ocorre quando uma população de organismos que intercruzam divide em duas populações que cruzam separadamente.

2 Foram sugeridas duas teorias sobre como o isolamento reprodutivo evolui: ou ele evolui como um subproduto da divergência entre duas populações ou ele evolui por reforço.

3 A teoria do "subproduto" é bem-sustentada por evidência experimental e biogeográfica.

4 Os experimentos demonstraram que o isolamento reprodutivo entre duas populações mantidas afastadas e evoluindo em ambientes diferentes por certo número de gerações tende a surgir incidentalmente.

5 Membros de uma espécie podem ser coletados em diferentes pontos da distribuição biogeográfica dela, trazidos para o laboratório e cruzados. Muitas vezes, encontra-se isolamento reprodutivo entre indivíduos de diferentes partes da distribuição da espécie.

6 O isolamento pré-zigótico evolui quando ele está geneticamente correlacionado, por pleiotropia ou efeito carona, com as características que estão sofrendo evolução divergente entre as populações.

7 A teoria de Dobzhansky-Muller explica a genética do isolamento pós-zigótico. Quando duas populações divergem, elas podem desenvolver novos genes, que são incompatíveis quando juntados. O isolamento pós-zigótico entre duas espécies geralmente é causado por interações epistáticas entre genes múltiplos e não por um só loco gênico.

8 A regra de Haldane é uma generalização sobre o isolamento pós-zigótico. Ela diz: "Quando, na geração F_1 de um casal de animais de raças diferentes, um dos sexos está ausente, é raro ou estéril, aquele é o sexo heterozigoto". O isolamento pós-zigótico evolui primeiro no gênero heterogamético da prole híbrida. A teoria de Dobzhansky-Muller pode explicar, em parte, a regra de Haldane.

9 O reforço é a intensificação do isolamento reprodutivo pela seleção natural: os tipos são selecionados para cruzarem entre si e não com os outros tipos.

10 Tanto a teoria quanto as evidências do reforço são problemáticas. Ele pode contribuir para a evolução do isolamento reprodutivo, mas ainda não foi obtido um caso em que isso certamente tenha ocorrido.

11 Muitas espécies novas de plantas originaram-se em conseqüência da hibridização de plantas de duas espécies já existentes.

12 A especiação pode ocorrer em populações parapátricas (isto é, geograficamente contíguas). A especiação parapátrica começa com uma clina escalonada e daí se desenvolve o isolamento pré-zigótico entre as formas de um e outro lado do patamar.

13 A especiação pode ocorrer em simpatria. O processo pode começar pelo estabelecimento de um polimorfismo, e daí evolui o isolamento reprodutivo entre as formas diferentes. A forma das filogenias, por exemplo, a dos peixes lacustres, provê evidências da ocorrência de especiação simpátrica.

14 Dois desafios atuais em pesquisa são: (i) examinar a influência da seleção sexual na especiação, e (ii) identificar os genes específicos que causam o isolamento reprodutivo entre espécies.

Leitura adicional

A edição de julho de 2001 de *Trends in Ecology and Evolution* (vol. 16, p. 325-413) é uma edição especial sobre especiação e introduz a maioria dos modernos desafios a pesquisar. O primeiro trabalho, por Turelli *et al.* (2001a), é uma resenha do tema completo. Coyne e Orr

(2003) revisam a especiação com autoridade, ao longo de seu livro. Howard e Berlocher (1998) é um livro de nível de pesquisa, de vários autores, sobre especiação. Schiltuizen (2001) é um livro mais popular sobre especiação, de um único autor. As recentes monografias de pesquisa por Arnold (1997), Levin (2000) e Schluter (2000) contêm muito material sobre especiação, do mesmo modo que os anais de conferências editados por Magurran e May (1999). A edição especial de *Genetica* (2001), vol. 112/113, contém vários artigos sobre especiação; ela foi editada como livro (Hendry e Kinnison, 2001). Ver também o suplemento (editado por Via) do vol. 159 de *American Naturalist* (2002); é uma edição especial sobre a genética ecológica da especiação.

Rice e Hostert (1993) revisam a pesquisa experimental sobre especiação, incluindo a evolução do isolamento reprodutivo como subproduto da divergência. Meffert (1999) relaciona esse tipo de trabalhos experimentais com a conservação. Não há revisão similar sobre a evidência biogeográfica, mas há vários estudos bem extensos, como o de Kruckeberg (1957). Levin (2000) lista vários. O de Vickery (1978) é um estudo particularmente completo sobre as espécies norte-americanas de escrofulariáceas do gênero *Mimulus*. As espécies em anel ilustram o mesmo ponto: ver o Capítulo 3 deste livro e Irwin *et al.* Nosil *et al.* (2002) prosseguem nessa mesma linha de pesquisa. Eles não apenas demonstram que as populações mais distantes do inseto bicho-pau apresentam maior isolamento pré-zigótico, mas também que o isolamento é influenciado pela similaridade ecológica – especificamente, a similaridade entre as plantas hospedeiras.

Outros exemplos recentes, como Podos (2001), para quem o isolamento reprodutivo é uma conseqüência quase automática da mudança em algum caráter, incluem o estudo recente de Keller e Gerhardt (2001) sobre a poliploidia e a estrutura dos chamamentos em rãs. Um excelente exemplo relacionado é o da morfologia floral e a especialização dos polinizadores. Ver o trabalho de Schemske e Bradshaw (1999) sobre escrofulariáceas do gênero *Mimulus*, e um trabalho mais geral, de Waser (1998); a Seção 22.3 retomará esse tema e tem referências adicionais.

A genética do isolamento pós-zigótico foi muito bem revisada recentemente. Ver Orr (2001) e Turelli *et al.* (2001a) na edição especial de *Trends in Ecology and Evolution*. Ver também Orr e Presgraves (2000) e Coyne e Orr (1998). Para uma perspectiva histórica, ver Johnson (2002). Outros exemplos biológicos que se enquadram no esquema básico de Dobzhansky-Muller incluem a distorção da segregação (ver Seção 11.2, p. 322, e o artigo de Tao *et al.* (2001). Sobre parasitas, ver Hamilton (2001). Fishman e Willis (2001) demonstram que as incompatibilidades de Dobzhansky-Muller estão presentes em escrofulariáceas do gênero *Mimulus*. As "wolbachias" são outro caso especial; ver um exemplo em Breeuwer e Werren (1990) e *Nature* (2001) vol. 409, p. 675, para uma visão sobre como se enquadram no esquema de Dobzhansky-Muller. (As "wolbachias" já estão merecendo um espaço próprio junto aos experimentos de impacto, como os de Breeuwer e Werren, em que um tratamento com antibióticos "cura" a especiação. Werren (1997) é uma revisão.)

Dois outros excelentes estudos de casos da genética da especiação são o trabalho de Schemske e Bradshaw (1999) no gênero *Mimulus* (escrofulariáceas) em que os genes influem na coloração da flor, que influencia os polinizadores, e o trabalho de Rieseberg em girassóis (ver a referência sobre especiação do híbrido dada adiante). Rieseberg também tem um artigo na edição especial de *Trends in Ecology and Evolution* (2001), no qual apresenta o papel das modificações cromossômicas na especiação – que é mais um grande tema histórico na literatura sobre especiação. Noor *et al.* (2001) é um estudo recente sobre uma dupla de espécies de drosófila em que uma inversão cromossômica influencia o isolamento reprodutivo.

Quanto à regra de Haldane, ver Turelli *et al.* (2001a) e Orr (2001)na edição especial de *Trends in Ecology and Evolution* e Orr e Presgraves (2000). A literatura recente é enorme, e eles a apresentam.

Sobre reforço em geral, Noor (1999) faz uma revisão; consulte, também, Howard (1993). Servedio (2001) expande o tópico, examinando outros modos pelos quais a seleção natural pode agir no isolamento pré-zigótico. Estudos mais específicos incluem Saetre *et al.* (1997) em aves córsicas e Higgie *et al.* (2000) em drosófilas australianas. O estudo de Coyne e Orr (1989), atualizado em 1997, também é importante.

Sobre especiação de híbridos, ver Arnold (1997), Rieseberg (1997, 2001) e Rieseberg e Wendel (1993). Soltis e Soltis (1999), Ramsey e Schemske (1998) e Leitch e Bennet (1997) discutem a poliploidia em plantas, um tópico muito relacionado. Grant (1981) é um clássico e cobre a especiação de plantas em geral. Ver também livros gerais sobre evolução em plantas, como o de Niklas (1997). Arnold (1997) e Dowling e Secor (1997) discutem as evidências também em animais. Outro estudo de caso que eu não abordei no texto é o do girassol *Helianthus* no sudoeste dos Estados Unidos; Rieseberg e Wendel (1993) e Arnold (1997) discutem-no e ver Rieseberg *et al.* (1996) e Ungerer *et al.* (1998) quanto aos resultados maravilhosos sobre sua genética. O valor adaptativo dos híbridos é mais um tópico. A teoria clássica é a de Dobzhansky-Muller, que sugere que o valor adaptativo do híbrido será baixo. Mas Veen *et al.* (2001) têm resultados interessantes sobre a aptidão de híbridos, demonstrando que eles não são tão inviáveis como se poderia supor simplificadamente. Para uma visão geral sobre isso, ver Arnold (1997), bem como o trabalho de Grant e Grant (2002) em tentilhões de Darwin (discutido no Capítulo 13).

Sobre especiação parapátrica, ver Endler (1977), que inclui uma importante discussão sobre evidências biogeográficas de zonas híbridas. Harrison (1993) é um livro de vários autores sobre zonas híbridas. Ver também o Capítulo 17 do presente texto e, nele, as referências sobre Hewitt. Sobre os corvos europeus, ver Cook (1975).

Sobre especiação simpátrica, Mayr (1942, 1963) é a crítica clássica, mas ver Mayr (2001) para conhecer seu ponto de vista atual. Guy Bush inspirou muitos trabalhos e o livro editado por Howard e Berlocher (1998) foi uma homenagem a Bush: ele inclui vários trabalhos sobre mudança de hospedeiros e *Rhagoletis,* bem como outros tópicos em especiação simpátrica. As edições de *Nature* (1996) vol. 382, p. 298, e de *Science* de 13 de setembro de 1996 contêm novos aspectos sobre outra conferência, também baseada, principalmente, na obra de Bush. Via (2001) revisa a especiação simpátrica e Barraclough e Nee (2001) discutem o uso da evidência filogenética, na edição especial de *Trends in Ecology and Evolution*. Sobre ciclídeos, ver Stiassny e Meyer (1999) e Fryer (2001).

Panhuis *et al.* (2001) têm um artigo sobre seleção sexual, na edição especial de *Trends in Ecology and Evolution*. Ver ali, também, Turelli *et al.* (2001) e Schluter (2000), bem como as referências que eu dou no texto. Sobre o segundo desafio moderno, a identificação de genes individuais, além do *Odisseu*, o *Period* também merece atenção, porque pode influir no isolamento pré-zigótico em drosófilas – ver Ritchie e Phillips (1998).

Os tratados clássicos de Mayr (1942, 1963) e de Dobzhansky (1970), sobre especiação, mesmo antigos, continuam sendo boas introduções. Sobre suas idéias mais recentes ver Mayr (2001) e Mayr e Ashlock (1991); Coyne (1994) discute a especiação, especialmente em relação às idéias de Mayr. O livro de vários autores, editado por Otte e Endler (1989), está ficando antiquado, mas introduz muitos temas em especiação.

Questões para estudo e revisão

1 Quando duas populações são mantidas experimentalmente em condições diferentes por um certo número de gerações, verifica-se a evolução de isolamento reprodutivo entre elas. Qual é a causa genética da evolução do isolamento reprodutivo? Dê um exemplo.

2 Como podem ser expressos, quantitativamente, os totais de isolamento: (a) pós-zigótico e (b) pré-zigótico? Para (b), imagine um experimento de cruzamento em que uma fêmea da espécie 1 pode escolher entre um macho da espécie 1 e um macho da espécie 2. O experimento é repetido com 100 fêmeas. Os números de fêmeas que cruzaram com cada tipo de machos são dados a seguir. Calcule o índice de isolamento reprodutivo pré-zigótico (*I*) nos três casos:

	Macho da espécie 1	Macho da espécie 2	*I*
(i)	100	0	
(ii)	75	25	
(iii)	50	50	

3 Como a filogenia das toutinegras esverdeadas circundantes do planalto tibetano nos auxilia a entender a evolução das espécies em anel?

4 Por que é teoricamente improvável que o isolamento pós-zigótico seja devido a um único locos gênico?

5 (a) Qual é a regra de Haldane? (b) Se, no futuro, os humanos se dividissem em duas espécies, por exemplo em conseqüência da colonização da galáxia, você esperaria que fossem os filhos ou as filhas dos híbridos entre as duas espécies emergentes os primeiros a desenvolver esterilidade? (c) Como pode a teoria de Dobzhansky-Muller explicar a regra de Haldane?

6 O que significa "transposição de vales" na origem de uma espécie? Existe transposição de vale quando: (a) o isolamento pré-zigótico evolui por pleiotropia; (b) o isolamento pós-zigótico evolui pelo processo de Dobzhansky-Muller; (c) o isolamento pós-zigótico evolui por mudança em um único loco gênico?

7 Duas espécies têm distribuições parcialmente sobrepostas. Fêmeas da espécie 1 retiradas de uma área onde ela vive sozinha e colocadas experimentalmente com machos das duas espécies cruzam com eles indiscriminadamente. Fêmeas da espécie 1 retiradas de uma área onde as duas espécies convivem e submetidas experimentalmente à mesma escolha cruzam de forma preferencial com machos da espécie 1. Como se chama esse fenômeno? E quais são as duas principais explicações evolutivas para ele?

8 Que razões sugerem que o reforço pode ser uma força evolutiva fraca na natureza?

9 Explique por que existem as zonas híbridas, de acordo com as teorias de especiação (a) alopátrica e (b) parapátrica.

10 Como podemos testar entre as teorias alopátrica e simpátrica de especiação, usando árvores filogenéticas?

15 A Reconstituição da Filogenia

O conhecimento das relações filogenéticas entre as espécies é essencial para muitas outras inferências em biologia, e tem-se despendido um esforço proporcionalmente grande em reconstruir a árvore da vida. Classicamente, as filogenias eram inferidas pelo uso das evidências morfológicas de espécies viventes e fósseis. Agora elas são, cada vez mais, inferidas a partir das evidências das seqüências moleculares. Fundamentalmente, os princípios da inferência filogenética por meio das evidências morfológicas e das evidências moleculares são os mesmos, mas as técnicas empregadas diferem de várias maneiras, e o capítulo examina os dois princípios separadamente. Começamos com as técnicas "cladísticas", que são usadas para as evidências morfológicas. Em seguida, partimos para as evidências moleculares, examinando três classes de técnicas estatísticas. Examinamos, também, as situações em que essas técnicas estatísticas levam a inferências corretas – e a errôneas. Terminamos com um estudo de caso clássico da evolução humana, no qual diferentes tipos de evidências entraram em conflito.

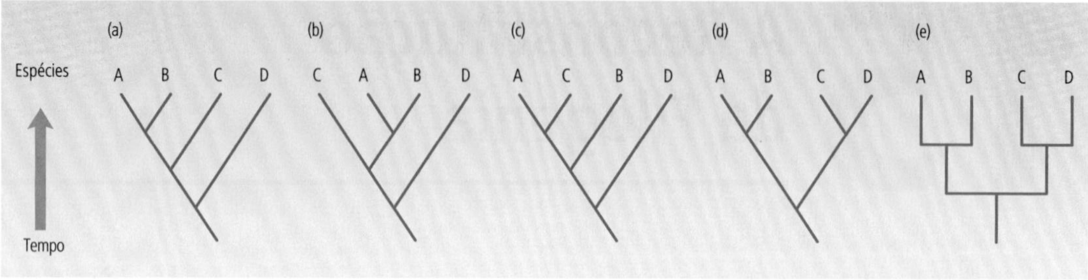

Figura 15.1

Uma filogenia de um grupo de espécies mostra a ordem em que elas compartilham ancestrais. (a) As espécies A e B têm um ancestral comum mais recente do que qualquer uma delas tem com C; o grupo de espécies A, B e C tem um ancestral comum mais recente do que qualquer uma delas tem com D. (b) Em uma filogenia, qualquer nó pode ser girado, sem alterar a relação que ele mostra: (a) e (b) são idênticas, mas (c) e (d) diferem de (a) e (b) porque a ordem ou o padrão da ramificação está alterado. (e) As filogenias podem ser esquematizadas em forma de ângulos retos ou de linhas diagonais; a informação é a mesma: (d) e (e) são a mesma filogenia. A única informação da filogenia é a ordem de ramificação: o eixo de *x* não representa, necessariamente, semelhança fenética. Especificamente na (d), não existe implicação de que as espécies B e C apresentem evolução convergente. Às vezes, um diagrama filogenético também tem semelhança fenética (por exemplo, Figura 15.6), mas, neste caso, isso é explicitamente desenhado. O eixo vertical expressa a direção do tempo, que aumenta uma página acima. Entretanto, geralmente o eixo não está na proporção exata do tempo: em (a) não há implicação de que o tempo entre as sucessivas ramificações tenha sido constante. Alguns diagramas filogenéticos apresentam o tempo absoluto, mas isso igualmente é explicitado (por exemplo, Figura 15.12).

15.1 As filogenias expressam as relações ancestrais entre espécies

O que uma filogenia é

A *árvore filogenética*, a *filogenia* ou a *árvore* de um grupo de espécies é um diagrama ramificado que mostra as relações entre essas espécies, de acordo com a recentidade de seus ancestrais comuns. Uma filogenia mostra com qual outra espécie (ou grupo de espécies) uma determinada espécie, ou um determinado grupo de espécies, compartilha o ancestral comum mais recente. Implicitamente, uma filogenia tem um eixo de tempo, o qual, costuma crescer uma página acima. Na Figura 15.1a, por exemplo, as espécies A e B têm um ancestral comum que é mais recente do que o ancestral comum entre cada uma delas e qualquer outra espécie (ou grupo de espécies). Há várias filogenias possíveis para as quatro espécies A, B, C e D da Figura 15.1. Talvez A compartilhe o ancestral mais recente com B, como na Figura 15.1a. Ou talvez A o compartilhe com C, como na Figura 15.1c. A Figura 15.1d é outra possibilidade. Ao todo, qualquer conjunto de quatro espécies tem 15 filogenias possíveis[1]. O problema da inferência filogenética é testar qual das 15 é a correta, ou a provavelmente mais correta. A resposta tem de ser encontrada por inferência e não por observação direta ou experimental. Os eventos de diversificação e os ancestrais comuns ocorreram no passado. Eles não podem ser observados diretamente.

Os caracteres compartilhados são usados para inferir filogenias

As filogenias são inferidas usando-se caracteres que são compartilhados pelas espécies. Os caracteres podem ser morfológicos em nível macroscópico. Por exemplo, os humanos e os chimpanzés compartilham características de vertebrados, tais como cérebros e colunas vertebrais características de mamíferos, como a lactação, e características dos grandes macacos, como a diferenciação dos dentes molares e a ausência de cauda. Ou os caracteres empre-

[1] Estamos pressupondo que as filogenias só contêm ramificações bidirecionais, ou bifurcações, e que não há ramificações de ordem superior como ramificações tridirecionais, ou trifurcações. Esse pressuposto provavelmente é válido, dado o número de espécies que existem e o tempo em que elas evoluíram.

gados podem ser de nível cromossômico, como o número ou a estrutura dos cromossomos das espécies em estudo. Atualmente, grande parte da inferência filogenética em biologia usa seqüências moleculares, sobretudo as seqüências dos nucleotídeos de DNA de diferentes espécies. Neste capítulo, primeiramente examinaremos como as filogenias são inferidas por meio de evidências morfológicas, e daí nos deslocaremos para as evidências moleculares. No plano abstrato, os métodos usados para a morfologia e para as moléculas repousam, ambos, sobre a mesma lógica. Entretanto, a implementação detalhada dessa lógica difere tanto entre a evidência morfológica e a molecular, que convém examiná-las separadamente. Também podemos examinar alguns exemplos em que os dois tipos de evidências entraram em conflito.

15.2 As filogenias são inferidas dos caracteres morfológicos por meio de técnicas cladísticas

O procedimento para inferência filogenética por meio de caracteres morfológicos é o mesmo para espécies atuais ou fósseis. A evidência dos fósseis geralmente se refere apenas às partes duras, como os ossos dos vertebrados ou as conchas dos moluscos. Há mais evidências nas partes moles nas espécies atuais. Também temos evidências a partir de caracteres que não são estritamente morfológicos, mas que podem ser incluídos como tais em pesquisas filogenéticas. Por exemplo, os mamíferos são vivíparos (que parem a cria viva) e lactantes, enquanto as aves são ovíparas (que põem ovos). Todas as características reprodutivas e fisiológicas desse tipo são boas evidências para inferências filogenéticas. Neste capítulo, todos os caracteres observáveis, no organismo inteiro, que sejam distintos dos caracteres moleculares são referidos como evidências "morfológicas".

O cladismo usa caracteres morfológicos...

As técnicas usadas para caracteres morfológicos são chamadas técnicas *cladísticas*. (A palavra cladístico vem da palavra grega para ramo.) A maior parte dessas técnicas foi formalizada no livro *Sistemática Filogenética*, do entomologista alemão Willi Hennig (1966). O livro não é de fácil leitura, mas, por justa razão, teve grande influência. Hennig analisou o problema da inferência filogenética mais meticulosamente do que a maioria de seus predecessores. O trabalho subseqüente (com caracteres morfológicos) segue, basicamente, as diretrizes de Hennig.

... divididos em estados discretos

Para a análise cladística, a evidência consiste em um certo número de caracteres, cada um com um certo número discreto de estados (ou variantes ou variedades) do caráter. Por exemplo, um caráter pode ser o "modo de reprodução", e ele pode ter os estados de "viviparidade" ou "oviparidade". Outro caráter pode ser a "estrutura do membro anterior" e seus estados podem ser "em asa" ou "em braço". Os caracteres específicos e as condições deles dependerão das espécies em estudo. Eles também poderão ser revistos durante a pesquisa: a variante de caráter "em asa" pode ter de mudar para "em asa de pássaro" e "em asa de morcego", se ambos os animais forem incluídos no estudo. A divisão da morfologia de um organismo em caracteres e a divisão dos caracteres em estados discretos pode, ela mesma, ser problemática. Entretanto, neste capítulo usaremos os caracteres e as condições dos caracteres como ponto de partida. Geralmente eles são representados por símbolos, como a e a' (onde a pode significar oviparidade e a' viviparidade); a e a' são dois estados de um caráter. Os estados de um segundo caráter poderiam ser representadas por b e b'.

Caracteres diferentes conflitam

A inferência filogenética não é simples, sobretudo porque nem todos os caracteres para os quais temos evidências indicarão a mesma filogenia. Em um caso fácil, todos os caracteres serão concordantes. Por exemplo, suponhamos que se queira saber a filogenia de três espécies – humanos, chimpanzés e uma espécie de verme. Alguns estados de caráter serão compartilhados por humanos e chimpanzés, muitos serão compartilhadas pelas três espécies;

praticamente nenhum estado será compartilhado só entre verme e chimpanzé ou só entre verme e humano. Concluímos que os humanos e os chimpanzés têm um ancestral comum que é mais recente do que o que cada um deles tem com o verme. Se todos os casos fossem assim tão fáceis, poderíamos, simplesmente, ler as relações filogenéticas nos estados dos caracteres. Dificilmente a cladística precisaria ter sido inventada.

Suponhamos, porém, que estamos estudando a filogenia de humanos, de um morcego e de uma ave. Alguns estados de caráter são semelhantes em aves e em morcegos: ambos têm asas e outras adaptações esqueléticas para o vôo. Outros estados de caráter são semelhantes em humanos e morcegos: ambos são vivíparos e lactantes. Em que evidência nos basearíamos? A Figura 15.2 apresenta outro exemplo famoso problemático de relações entre aves e répteis. Suponhamos que se esteja estudando a filogenia de um crocodilo, de uma ave e de um lagarto. O crocodilo e o lagarto têm muitas semelhanças: eles têm escamas e andam sobre quatro patas, enquanto as aves têm penas e andam com dois de seus apêndices e voam com os outros dois. Porém, um estudo detalhado do crânio mostra que, nele, as aves e os crocodilos têm semelhanças importantes, enquanto os lagartos têm uma anatomia craniana diferente. Em qual evidência basear-se? Esses dois exemplos ilustram um problema geral. Na maioria das pesquisas filogenéticas, características diferentes indicam filogenias diferentes. (Quero destacar a palavra *pesquisa* na sentença anterior. Casos fáceis – como o de humanos, chimpanzés e vermes, ou humanos, gorilas e carvalhos – já foram todos resolvidos. Conhecemos suas filogenias. Os casos que sobraram para pesquisar são os não tão fáceis. Eles não são fáceis porque praticamente não conhecemos os estados de caráter nas espécies e a pesquisa filogenética recém começou, ou porque há conflito entre os caracteres.)

O cladismo procura distinguir os caracteres confiáveis dos inconfiáveis

Quando diferentes caracteres indicam filogenias conflitantes, podemos ter certeza de que pelo menos alguns deles são enganosos. Um conjunto de espécies tem uma só filogenia: a que representa as relações ancestrais que essas espécies possuem. Um conjunto de espécies não pode ter relações filogenéticas múltiplas, assim como uma família humana não pode ter mais de uma genealogia. Se uma família humana possui duas genealogias conflitantes, pelo menos uma delas tem de estar errada. Da mesma forma, se dois caracteres sugerem filogenias incompatíveis, há algo errado com pelo menos um deles.

As técnicas de cladística funcionam pela distinção entre caracteres confiáveis e inconfiáveis. Uma vez identificados, os caracteres inconfiáveis podem ser descartados. A quantidade de conflitos de caracteres na lista encurtada dos caracteres confiáveis deve ser reduzida – e, em uma situação favoravél, os conflitos serão reduzidos a zero e todos os caracteres confiáveis serão concordantes quanto à mesma filogenia. A análise de caracteres para distinguir os confiáveis dos inconfiáveis acontece em duas etapas: primeiro se distinguem as homologias das homplasias, depois se distinguem as homologias derivadas das homologias ancestrais.

15.3 As homologias constituem evidências confiáveis para a inferência filogenética e as homoplasias constituem evidências inconfiáveis

A primeira etapa da análise cladística consiste em distinguir as homologias das homoplasias. A diferença entre *homologias* (ou um caráter homólogo) e *homoplasias* (ou um caráter homoplásico) é a seguinte. Uma homologia é um caráter compartilhado por duas ou mais espécies que estava presente no ancestral comum a elas. Uma homoplasia é um caráter compartilhado por duas ou mais espécies que não estava presente no ancestral comum a elas (Figura 15.3).

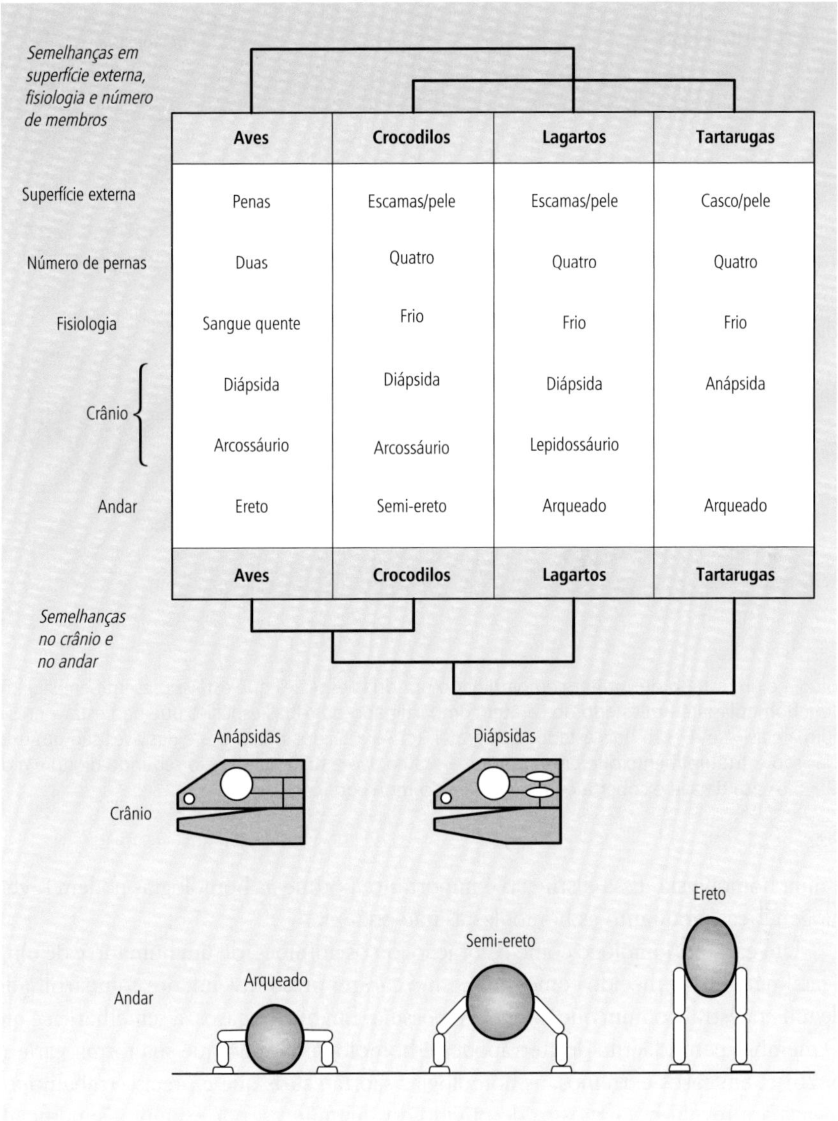

Semelhanças em superfície externa, fisiologia e número de membros
Aves
Crocodilos
Lagartos
Tartarugas
Superfície externa
Penas
Escamas/pele
Escamas/pele
Casco/pele
Número de pernas
Duas
Quatro
Quatro
Quatro
Fisiologia
Sangue quente
Frio
Frio
Frio
Crânio
Diápsida
Diápsida
Diápsida
Anápsida
Arcossáurio
Arcossáurio
Lepidossáurio
Andar
Ereto
Semi-ereto
Arqueado
Arqueado
Aves
Crocodilos
Lagartos
Tartarugas
Semelhanças no crânio e no andar
Anápsidas
Diápsidas
Crânio
Ereto
Semi-ereto
Arqueado
Andar

Figura 15.2

Conflito de caracteres na filogenia de aves e répteis. O andar e a anatomia do crânio ligam os crocodilos e as aves; o número de patas, a fisiologia e a superfície externa ligam os grupos de répteis. O crânio dos anápsidas não tem aberturas, exceto as órbitas; a característica-chave do crânio dos diápsidas é uma abertura única na região temporal superior, embora a maioria deles também tenha mais uma abertura, mais abaixo. Os arcossáurios e os lepidossáurios diferem quanto ao crânio (para sermos exatos, os lepidossáurios não têm o arco temporal inferior).

Distinguimos homologias de homoplasias

Assim, começamos com um caráter que é semelhante nas duas espécies. Daí retrocedemos em direção ao mais recente ancestral comum a ambas. Se esse ancestral tem o mesmo caráter, então o caráter das duas espécies descendentes é semelhante por sua ascendência evolutiva comum e é uma homologia. Se o ancestral comum tem uma condição diferente quanto ao referido caráter, então o caráter evoluiu independentemente nas duas espécies descendentes e

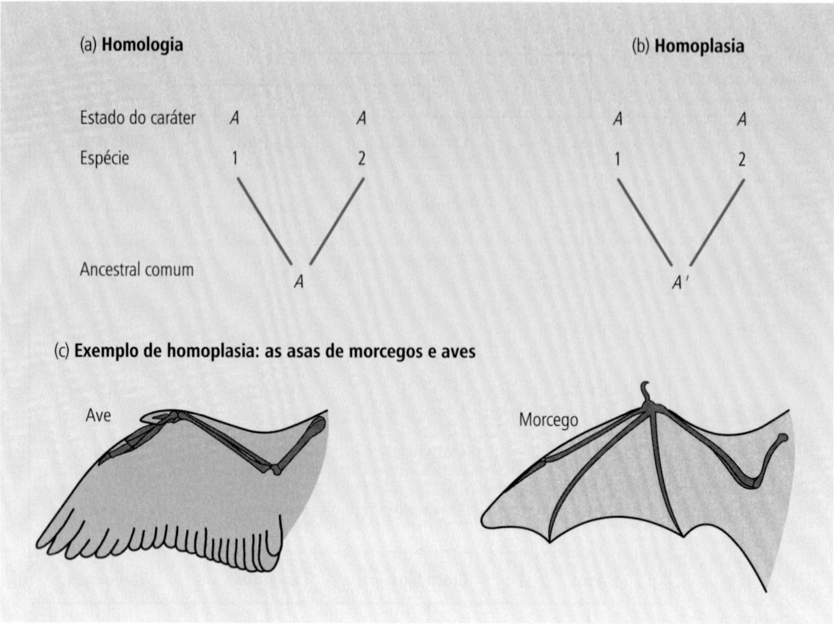

Figura 15.3

(a) Uma homologia é um estado do caráter compartilhado por duas espécies que estava presente em seu ancestral comum. (b) Uma homoplasia é um estado do caráter compartilhado por duas espécies que não estava presente no ancestral comum a elas. *A* e *A*´ são dois estados do caráter. (c) As asas dos morcegos e das aves são um exemplo de homoplasia. Elas são estruturalmente diferentes porque a asa da ave é sustentada pelo segundo dígito e a do morcego, pelos dígitos 2 a 5. A asa da ave é coberta com penas e a do morcego, com pele.

é uma homoplasia. Essa distinção é importante porque as homologias podem revelar relações filogenéticas, enquanto as homoplasias não podem.

Um caráter homólogo como o coração, ou os pulmões, de um humano e de um chimpanzé é facilmente reconhecido como um mesmo caráter presumivelmente compartilhado por causa de um ancestral comum que também o possuía. Em outros casos, a semelhança é menos óbvia. O membro pentadáctilo dos tetrápodes é homólogo, mesmo que sua forma varie (Figura 3.6, p. 76) e, em casos extremos, as homologias são tão sutis que é preciso trabalho investigativo sagaz para revelá-las. Os ossos do ouvido dos mamíferos, por exemplo, superficialmente não se parecem com os ossos do crânio e da mandíbula dos répteis. Mas um trabalho clássico de anatomia comparada do século XIX descreveu uma série de intermediários que podem ser encontrados entre os ossos de três crânios e mandíbulas de répteis e três ossos do ouvido de mamíferos. Os ossos também têm uma origem embrionária comum. Um caráter homólogo não tem de ser o mesmo em todas as espécies que o possuem – só precisa ter alguma informação morfológica compartilhada entre elas.

A evolução convergente produz homoplasias

As homoplasias podem surgir por diversas razões. Nas evidências de DNA, como discutiremos mais tarde, a homoplasia pode facilmente surgir por acaso. Nas evidências morfológicas, é improvável que o acaso produza homoplasias; a causa mais importante é a evolução convergente, quando a mesma pressão seletiva atuou em duas linhagens. Um exemplo clássico de convergência é observado nos dois maiores grupos de mamíferos, os marsupiais e os placentários (Figura 15.4). Os carnívoros de dentes-de-sabre marsupiais e placentários desenvolveram

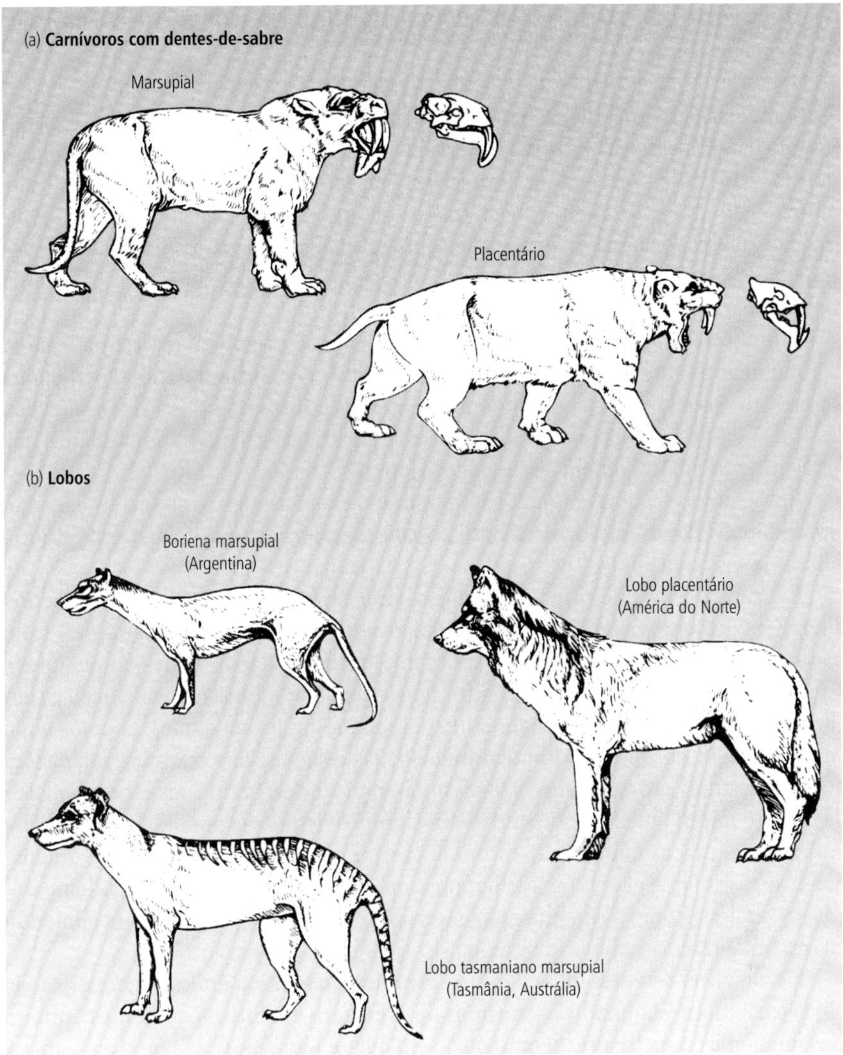

Figura 15.4

Convergência em marsupiais e mamíferos placentários. (a) Reconstituições dos corpos e crânios de *Thylacosmilus*, um marsupial carnívoro de dentes-de-sabre, que vivia na América do Sul, no Plioceno, e de *Smilodon*, um carnívoro placentário de dentes-de-sabre do Plesitoceno, na América do Norte. (b) *Prothylacynus patagonicus*, uma boriena marsupial do início do Mioceno, da Argentina; *Thylacynus cynocephalus*, o extinto lobo tasmaniano, um marsupial; e *Canis lupus*, o lobo placentário atual. De Strickberger (1990). © 1990 Jones e Bartlett Publishers.

dentes caninos longos e dilacerantes e também têm notáveis semelhanças com os lobos marsupiais e placentários quanto à forma do crânio e do corpo. Se inferíssemos a filogenia de lobos marsupiais, lobos placentários e cangurus com base em semelhanças fenéticas, obteríamos uma resposta errada. Feneticamente, os dois lobos são mais semelhantes, embora o lobo marsupial esteja filogeneticamente mais próximo do canguru do que do lobo placentário.

A semelhança fenética entre os lobos é homoplásica, e não devida a alguma relação filogenética próxima.

15.4 As homologias podem ser diferenciadas das homoplasias por diversos critérios

As homologias são reconhecidas por...

As homoplasias não indicam relações filogenéticas, e a primeira tarefa é distingui-las das homologias. Como podemos reconhecê-las? A resposta mais geral é que as homologias são identificáveis pela presença de um mesmo caráter em duas espécies, mas as homoplasias diferem de algum modo, porque há sugestões de que o caráter evoluiu independentemente nas espécies que o possuem. Por isso, a pesquisa começa com um caráter que apresenta alguma semelhança em duas (ou mais) espécies e examina-o detalhadamente para descobrir se ele realmente é o mesmo em todas as espécies.

... semelhanças estruturais,...

Em primeiro lugar, se um caráter é homólogo, é provável que tenha a mesma estrutura fundamental. As asas das aves e dos morcegos, por exemplo, são superficialmente semelhantes, mas construídas com diferentes materiais e sustentadas por diferentes dígitos (Figura 15.3c). A diferença sugere que as asas das aves e dos morcegos são homoplasias que evoluíram independentemente, de um ancestral comum não-alado.

... relações entre as partes,...

Em segundo lugar, as homologias geralmente têm as mesmas relações com características circundantes. Por exemplo, ossos homólogos costumam estar articulados de modo semelhante com os ossos adjacentes.

... desenvolvimento embrionário...

Em terceiro lugar, é provável que o caráter tenha o mesmo desenvolvimento em grupos diferentes. É improvável que seja homólogo o caráter que se assemelha nas formas adultas, mas que se desenvolve ao longo de séries diferentes de etapas. Um exemplo, que reencontraremos no Capítulo 16, é a relação entre uma craca, um molusco como a lapa e um caranguejo (Figura 16.1, p. 498). Superficialmente, pelo menos, a forma adulta da craca é mais parecida com uma lapa do que com um caranguejo. As relações das cracas permaneceram incertas durante séculos, até que John Vaughan Thompson descobriu suas larvas, em 1830. A larva da craca é muito parecida com a de vários grupos de crustáceos e diferente da dos moluscos. Portanto, as cracas compartilham um ancestral com os caranguejos, que é mais recente do que o ancestral que elas compartilharam com os moluscos. Todas as semelhanças entre cracas e lapas adultas, como a sua proteção externa, sua fixação às rochas e sua alimentação através de um orifício na concha, são homoplásicas.

... e outros critérios

Finalmente, às vezes alguns outros critérios podem ser úteis. A convergência é causada por seleção natural quando organismos de linhagens evolutivas diferentes enfrentam exigências funcionais semelhantes (como o vôo em aves e morcegos). Há motivos para suspeitar que uma estrutura morfológica compartilhada seja homoplásica quando as espécies que a compartilham claramente necessitam dela em função do seu modo de vida.

Os critérios desta seção não são os únicos que podem ser usados para distinguir homologias de homoplasias. Porém, os critérios aqui discutidos ilustram a existência de técnicas de análise de caracteres compartilhados entre espécies, para distinguir homologias de homoplasias. Uma homologia pode ser reconhecida como um caráter cuja estrutura, relações com as partes circundantes e desenvolvimento são basicamente os mesmos em um conjunto de espécies. Uma vez identificadas (freqüentemente por tentativas), as homologias podem ser mantidas na lista das evidências usadas para inferir uma filogenia. As homoplasias são descartadas.

15.5 As homologias derivadas são indicadores de relações filogenéticas mais confiáveis do que as homologias ancestrais

A fase seguinte é dividir as homologias em ancestrais e derivadas. Considere o número de dígitos dos pés de uma rã, de um cão e de um cavalo. A rã e o cão têm os pés padrão dos tetrápodes, com cinco dígitos. Esse é o estado ancestral de todos os tetrápodes. (Tetrápode é o grupo dos anfíbios, dos répteis, das aves e dos mamíferos.) Os cavalos reduziram o número de seus dígitos, ficando com apenas um dos cinco. A semelhança entre o cão e a rã não evidencia que eles tenham um ancestral comum mais recente do que cada um deles tem com um cavalo. Na verdade, o cão e o cavalo são mamíferos e têm um ancestral comum mais recente do que cada um deles tem com a rã. No conjunto de rã, cão e cavalo, o estado de ter cinco dígitos em cada pata é uma homologia para o cão e para a rã, mas não é uma evidência da relação filogenética.

Distinguimos a homologia ancestral da homologia derivada

Por isso, precisamos distinguir as homologias ancestrais das homologias derivadas (Figura 15.5). Para verificar a diferença, primeiro considere o conjunto de espécies sob análise. Uma homologia que está presente no ancestral comum desse grupo é uma homologia ancestral e é inútil para a determinação de uma relação filogenética dentro do grupo. A condição A´ do caráter está para a Figura 15.5, como a pata pentadáctila dos tetrápodes está para o grupo de rã, cão e cavalo. Entretanto, se estivermos estudando as relações entre uma rã, um cão e um peixe, a pata pentadáctila já não é uma condição ancestral. Ela não estava presente no ancestral comum a essas três espécies. Para essas três espécies, a pata pentadáctila é uma homologia derivada. Ela evoluiu dentro do grupo de espécies que estamos estudando e informa-nos algo sobre a filogenia. Ela nos revela que o cão e a rã têm um ancestral comum mais recente do que cada uma deles tem com o peixe.

As homologias ancestrais são características que estavam presentes no ancestral comum a todo o grupo de espécies sob estudo. As homologias derivadas são características que evoluíram dentro do grupo de espécies sob estudos, após o ancestral comum. A distinção entre homologias ancestrais e derivadas não tem sentido se estamos tratando apenas das duas espécies em si: qualquer homologia entre elas é apenas uma homologia. A distinção implica o fato de que estamos comparando as duas espécies com, pelo menos, uma outra espécie. Então, a homologia ser ancestral ou derivada depende do que essa terceira espécie é.

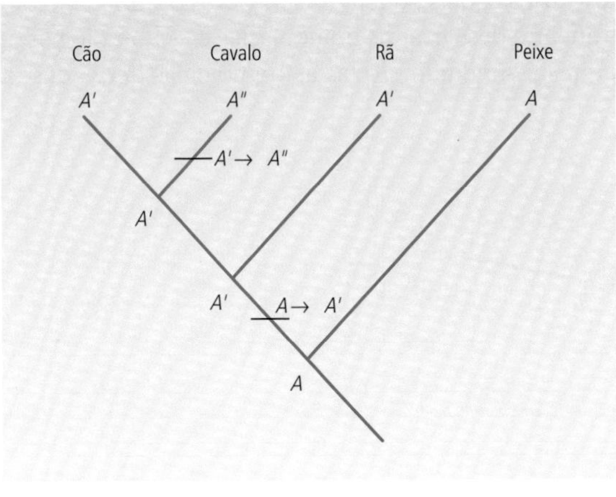

Figura 15.5

Homologias, ancestral e derivada. *A´* é uma homologia ancestral se estamos estudando a filogenia de cão, cavalo e rã. *A´* é uma homologia derivada se estamos estudando a filogenia de cão, cavalo e peixe. A homologia ancestral estava presente no ancestral comum ao grupo de espécies em estudo; a homologia derivada evoluiu posteriormente ao ancestral comum ao grupo de espécies sob estudo. A distinção entre homologias derivadas e ancestrais está relacionada com um grupo de espécies. As homologias derivadas indicam relações filogenéticas com confiabilidade; as homologias ancestrais não dão essa indicação.

A homologia ancestral pode levar a confusões

As homologias ancestrais são bastante perigosas para as inferências filogenéticas, em casos como o da ave, do crocodilo e do lagarto (Figura 15.6). Aqui, uma linhagem de um grupo de espécies sofreu uma evolução rápida. As aves desenvolveram asas e outras adaptações esqueléticas e fisiológicas para o vôo. Em comparação, as linhagens dos crocodilos e dos lagartos evoluíram lentamente. Ambas mantiveram as características de seus ancestrais reptilianos, tais como escamas e andar sobre quatro patas. Os crocodilos e os lagartos continuaram com aspectos semelhantes, quando comparados com as aves, por causa da disparada evolutiva destas. Mas a semelhança entre crocodilos e lagartos é uma semelhança ancestral. Ela se relaciona com características que estavam presentes nos ancestrais comuns aos três grupos. A semelhança não é uma evidência de que crocodilos e lagartos compartilham um ancestral mais recente do que cada um deles tem com as aves.

As homologias derivadas são evidências confiáveis

A análise completa de um caráter tem dois estágios; primeiro para distinguir homologias de homoplasias, depois para distinguir as homologias ancestrais das derivadas. Quanto a isso, um caráter pode pertencer a um de três tipos (Figura 15.7). Essa distinção é importante porque, dos três tipos de características compartilhadas, só as homologias derivadas constituem evidências de que duas espécies têm um ancestral comum mais recente do que os ancestrais que cada uma delas compartilha com as demais espécies em estudo.

Por isso, as filogenias não devem ser inferidas a partir de simples semelhanças fenéticas. A semelhança fenética mistura a similaridade confiável (das homologias derivadas) com a similaridade inconfiável (das homoplasias e das homologias ancestrais). É amplamente reconhecido que a semelhança fenética leva a confusões em casos de convergência; mas as homologias ancestrais causam o mesmo problema, e de forma mais insidiosa. Vimos nos répteis (embora eles não sejam o único exemplo): um crocodilo assemelha-se mais a um lagarto do que a uma ave, mas é filogeneticamente mais próximo desta do que daquele. A questão, nesses dois exemplos, não é que a semelhança fenética nunca indique relações filogenéticas, mas que ela não é confiável. Se refinarmos a evidência e nos concentramos na similaridade homóloga derivada, cometeremos menos erros de inferência filogenética.

Na Seção 15.2, vimos que a inferência filogenética enfrenta o problema do conflito de caracteres, que caracteres diferentes sugerem filogenias diferentes. O conflito é causado por homoplasias e homologias ancestrais, as quais podem recair sobre conjuntos incompatíveis de espécies. Conseguindo-se identificar e descartar as homoplasias e as homologias ancestrais, o problema do conflito de caracteres é superado. Todas as homologias derivadas identificadas

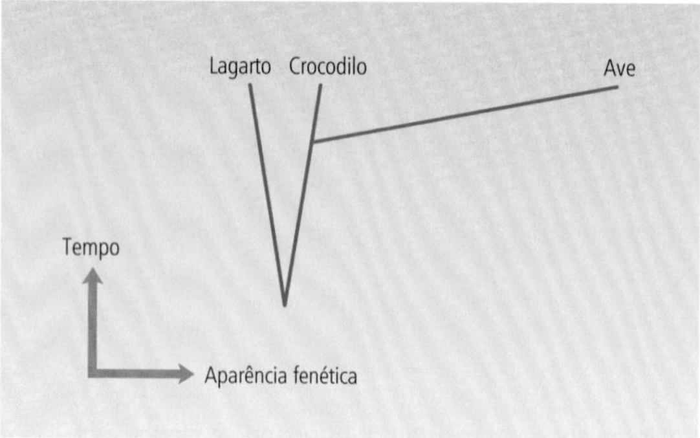

Figura 15.6

A evolução das aves, dos crocodilos e dos lagartos ilustra como, se uma linhagem sofre uma evolução rápida, as outras duas permanecem com uma aparência relativamente semelhante, mesmo que sejam filogeneticamente distantes. Um crocodilo se parece mais com um lagarto do que com uma ave; mas o crocodilo tem um ancestral comum mais recente com a ave do que com o lagarto.

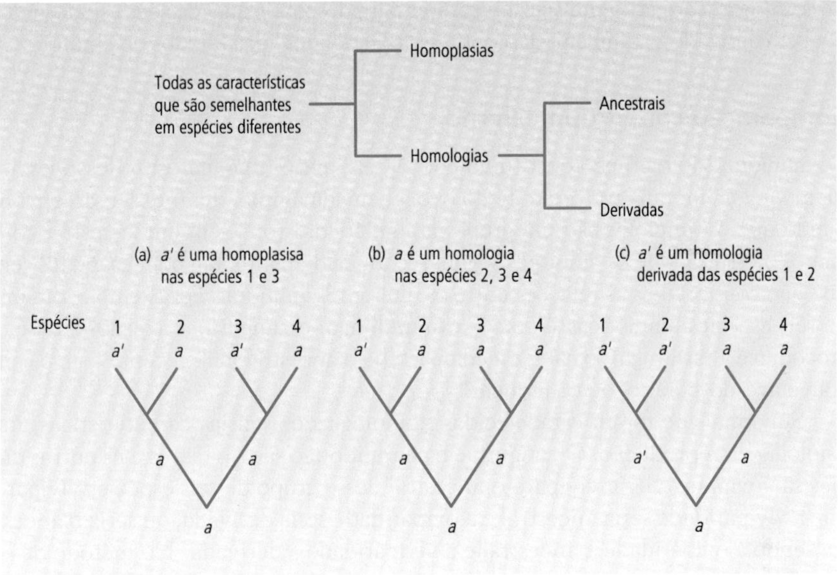

Figura 15.7

As características compartilhadas dividem-se em homoplasias, homologias ancestrais e homologias derivadas. (a) *a´* é uma homoplasia: ela não existe no ancestral comum às espécies que a compartilham. (b) *a* é uma homologia ancestral: ela está no ancestral comum das espécies que a compartilham, mas foi perdida por alguns dos descendentes daquele ancestral. (c) *a´* é uma homologia derivada: ela está no ancestral comum das espécies que a compartilham e em todas as espécies descendentes. Note que apenas as homologias derivadas sempre indicam relações filogenéticas. A Figura 16.4 (p. 505) e a Tabela 16.1 (p. 499) apresentam os tipos de táxons que são definidos por esses três tipos de características.

corretamente devem coincidir na mesma filogenia. Todas elas evoluíram na mesma árvore filogenética e devem enquadrar-se no mesmo padrão de grupos (a transferência "horizontal" de caracteres entre linhagens é excepcional). Se, em relação a um determinado número de características, as homologias e as polaridades dos caracteres forem corretamente identificadas, é impossível que diferentes homologias derivadas sugiram filogenias incompatíveis. Para homoplasias e homologias ancestrais, isso não é verdade. Dez homoplasias diferentes ou 10 homologias ancestrais diferentes podem resultar em 10 agrupamentos de espécies diferentes e conflitantes.

Em resumo, dividimos as características em três tipos e fizemos considerações teóricas sobre como cada um deles se relaciona com o grupo de espécies de uma filogenia. Só as homologias derivadas compartilhadas revelam coerentemente os grupos filogenéticos. Mas como podemos distinguir na prática as condições das características que são ancestrais das que são derivadas?

15.6 A polaridade dos estados das características pode ser inferida por várias técnicas

Os cladistas inferem as polaridades das características

A questão da distinção entre homologias ancestrais e derivadas tem o seguinte formato geral. Um caráter tem dois estados, os quais podemos chamar de *a* e *a´*: precisamos saber se foi *a* que derivou de *a´*, ou se foi o oposto. Nesta seção, discutimos dois métodos. A distinção entre os estados das características ancestrais e derivadas às vezes é referida como a *polaridade da característica* (*caráter*). Analisar um caráter para descobrir qual de seus estados é o ancestral e qual é o derivado é, também, descobrir as "polaridades" dos estados do caráter.

15.6.1 Comparação com grupo externo

A comparação com grupo externo infere a polaridade do caráter a partir das condições em espécies relacionadas

Os amniotas são o grupo constituído por répteis, aves e mamíferos: todos esses animais possuem uma membrana proveniente do ovo, chamada âmnio, durante seu desenvolvimento. É sabido que os amniotas são um grupo monofilético, isto é, têm um ancestral comum. Aqui vamos pressupor que os amniotas sejam, reconhecidamente, um bom grupo filogenético, mas que não conhecemos as relações entre os diferentes amniotas. Por exemplo, em um conjunto de seis espécies amnióticas (como o camundongo, o canguru, a ave-do-paraíso, o tordo, o crocodilo e a tartaruga), o canguru compartilha o ancestral mais recente com o camundongo, com a ave-do-paraíso, ou com quem?

Suponha que foram estabelecidas homologias em várias características, inclusive na fisiologia da reprodução. O canguru e o camundongo são vivíparos e as outras quatro espécies são ovíparas. Seria vivíparo o ancestral desse grupo de seis espécies vivíparo, caso em que a viviparidade seria ancestral e a oviparidade seria derivada, ou seria o ancestral ovíparo, sendo a oviparidade a ancestral e a viviparidade a derivada? No método de *comparação com grupo externo*, a resposta é obtida por meio da observação de uma espécie estreitamente relacionada que se sabe não pertencer, filogeneticamente, ao grupo de espécies sob estudo. A condição do caráter naquele indivíduo extragrupo é a provável ancestral no grupo sob consideração.

No caso, poderíamos examinar uma salamandra, uma rã ou mesmo um peixe. Todos eles são parentes próximos dos amniotas, mas não são amniotas. Quase todas essas espécies "extragrupais" são ovíparas. Portanto, a inferência, por comparação com grupo externo, é de que a oviparidade é a ancestral nos amniotas. A viviparidade do canguru e do camundongo seria, então, um caráter compartilhado derivado e a oviparidade nos outros quatro, um caráter compartilhado ancestral.

Resumindo, poderia haver duas espécies, a 1 e a 3, compartilhando a homologia a e duas outras espécies, a 2 e a 4, com a homologia a' (Figura 15.8). Queremos saber se foi o caráter a que evoluiu para a' ou se foi a' que evoluiu para a. Examinamos uma espécie estreitamente relacionada e inferimos que a condição dela é a condição ancestral no grupo das quatro espécies. Se a extragrupo tem a, devemos inferir que as espécies 2 e 4 têm um ancestral comum mais recente do que têm com as outras espécies; as relações entre 2 e 3 continuam incertas (como será explicado mais adiante.)

A parcimônia embasa a comparação com grupo externo

A pressuposição subjacente às comparações com grupos externos é de que a evolução ocorre por meio do menor número de passos possível. Esse é o pressuposto da "parcimônia", que examinaremos detalhadamente mais tarde (Seção 15.9.4). Na Figura 15.8, se o caráter (a) do grupo externo é o ancestral do grupo de espécies 1 a 4, deveria ter ocorrido pelo menos um evento evolutivo na filogenia: uma transição de a para a', anterior ao ancestral comum às espécies 2 e 4. Se tivéssemos constatado que o grupo externo era a, mas raciocinado que a' era o ancestral comum ao grupo de espécies 1 a 4, seriam necessários pelo menos dois eventos: uma mudança de a' para a entre o grupo externo e as espécies 1 a 4 e depois um retorno de a' para a nas espécies 1 e 3. O número de passos necessários é menor quando a condição do caráter do extragrupo é a do ancestral.

Como todas as técnicas de inferência filogenética, a comparação com o grupo externo é falível. Às vezes, um possível grupo externo sugere que uma condição do caráter é ancestral, mas outro grupo externo sugere que a ancestral é outra condição do caráter. Nesse caso, o resultado dependerá do grupo externo em que confiarmos. O método é mais confiável quando

(a) **Observações**

Espécie	1	2	3	4	Grupo externo
Condição do caráter	*a*	*a'*	*a*	*a'*	*a*

(b) **Inferência filogenética**

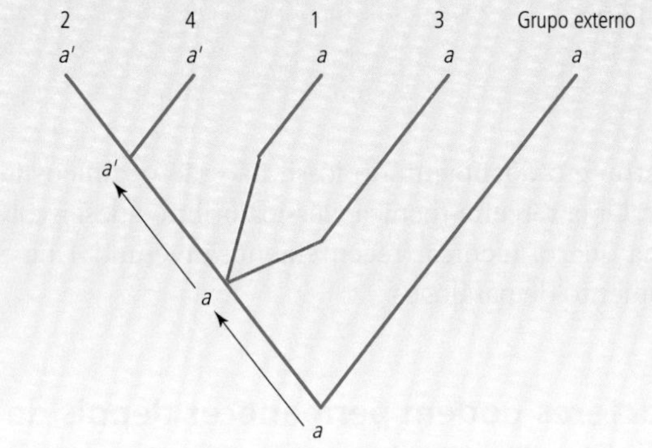

Figura 15.8

(a) As espécies 1 a 4 têm o caráter compartilhado como se vê. Queremos saber se a condição do caráter em seu ancestral comum era *a* ou *a´*. (b) Observamos uma espécie estreitamente relacionada, o grupo externo. Ela tem a condição *a* e inferimos que essa era a condição no ancestral das espécies 1 a 4. As linhas cinzentas nas espécies 1 e 3 indicam que suas relações de ramificação continuam incertas.

todas as espécies estreitamente relacionadas que puderam ser usadas como extragrupo sugerem a mesma inferência, mas é possível que o método nos iluda em casos esporádicos. A inferência deve ser tratada com cautela e, se possível, deve ser testada contra outras evidências.

Antes de podermos utilizar a comparação com grupo externo, precisamos saber alguma coisa a respeito da filogenia. Precisávamos saber que os peixes e o anfíbios estavam fora do grupo dos amniotas para usá-los como "grupos externos". Na prática, isso não é um grande problema. A comparação com grupo externo não pode ser usada quando a ignoramos totalmente, mas se sabemos alguma coisa a respeito da filogenia de um grupo (por exemplo, que os anfíbios não são amniotas, mas que são estreitamente relacionados com eles), podemos elaborar sobre esse conhecimento para conhecer mais (nesse caso, mais a respeito da filogenia dos amniotas).

15.6.2 O documentário fóssil

As polaridades do caráter podem ser inferidas do documentário fóssil

Na evolução dos mamíferos a partir dos répteis "tipo-mamíferos", muitas características mudaram (Seção 18.6.2, p. 563). A postura evoluiu do andar "arqueado" para o "ereto", e a articulação das mandíbulas e a fisiologia circulatória também mudaram. Algumas dessas características, embora nem todas, deixaram registros fósseis, e podemos inferir quais eram as condições de caráter ancestrais e quais as derivadas, observando as que são encontradas nos fósseis mais antigos.

O raciocínio não poderia ser mais fácil. A condição ancestral de um caráter tem de ter precedido as condições derivadas e, portanto, a condição mais antiga no documentário fóssil provavelmente é a ancestral. No caso dos répteis com características de mamíferos, o critério é confiável porque o documentário fóssil é relativamente completo. Quando o documentário é menos completo, um caráter derivado poderia ter sido preservado antes da condição do ancestral (Figura 15.9) e a inferência paleontológica contrariaria a verdade.

Quando há uma série inteira de fósseis, como nos répteis com características de mamíferos, podemos estar bastantes seguros sobre quais condições eram as ancestrais. No outro extremo, em que há poucos fósseis e um documentário muito imperfeito, a evidência pode ser praticamente sem valor. A maioria dos casos reais ficam a meio caminho, sendo apropriado um nível de confiança intermediário.

15.6.3 Outros métodos

A comparação com grupo externo e o documentário fóssil não são os únicos modos de determinar polaridades de caráter. Uma terceira técnica clássica utiliza o desenvolvimento embrionário, e encontraremos uma quarta técnica (recentemente inventada) na Seção 15.13, quando examinarmos o enraizamento de parálogos.

15.7 Alguns conflitos de caracteres podem permanecer depois de concluída a análise cladística de caracteres

A análise cladística reduz o conflito de caracteres

As técnicas cladísticas pretendem inferir as relações filogenéticas de um grupo com evidências conflitantes. O conflito nas evidências brutas se estabelece porque alguns dos caracteres são homoplasias, alguns são homologias ancestrais e alguns são homologias derivadas. A análise cladística reduz a evidência inicial a uma lista de homologias derivadas – e deveria reduzir os conflitos em relação a uma lista de caracteres não-analisados, pelas razões teóricas apresentadas na Seção 15.5. Em um caso ideal, o conflito deveria ser reduzido a zero porque homologias derivadas reais não podem conflitar. Entretanto, o nível verdadeiro de conflito tem probabilidade de ser reduzido para algo acima do zero, porque todas as técnicas podem produzir erros. A convergência pode ser enganosamente exata e as homoplasias podem ser confundidas com homologias. Os critérios para determinar polaridades de caráter podem ser inaplicáveis (se o caráter não tem um registro fóssil ou se suas relações com os grupos externos vizinhos são obscuras) e mesmo quando podem ser usados, eles continuam sendo

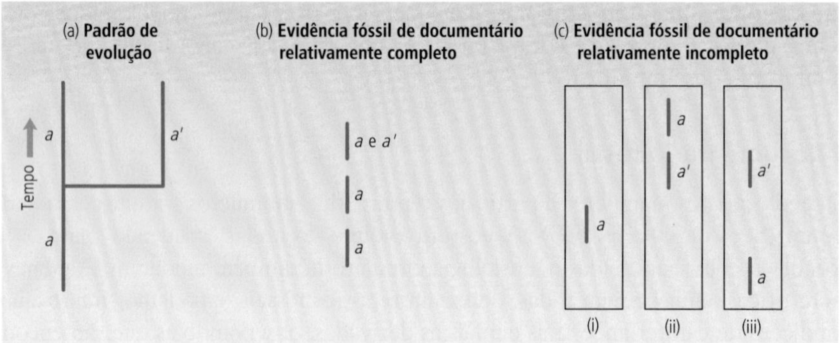

Figura 15.9

(a) A condição ancestral de um caráter (a) tem de ter evoluído antes da condição dela derivada (a ´). (b) Se o documentário fóssil é relativamente completo, a condição ancestral estará preservada nos fósseis mais antigos; (c) mas se ele é incompleto, a condição derivada pode (ii) ou não (iii) ser preservada antes da condição ancestral.

falíveis. Além disso, a existência de mais de um critério pode aumentar a incerteza. Se um caráter pode ser estudado por mais de um critério, estes podem ser cotejados: se eles concordarem, aumenta a plausibilidade da conclusão, mas se discordarem teremos mais o problema de decidir em qual evidência acreditar.

Suponha, por exemplo, que começamos com uma lista de cem caracteres, dos quais 30 apontam para uma filogenia (que chamaremos *a*), 30 para uma segunda filogenia (*b*), 20 para uma terceira filogenia (*c*) e 20 para outros arranjos peculiares. Daí estudamos as características, identificamos e descartamos as homoplasias e as ideologias ancestrais. Talvez permaneçam 30 dos 100 caracteres iniciais. Se todos eles indicarem a mesma filogenia, o trabalho está feito. Na prática, porém, 20 das homologias derivadas podem embasar a filogenia *a*, seis embasam *b* e quatro embasam *c*. O provável motivo é que alguns caracteres que pensamos serem homologias derivadas são, de fato, homoplasias ou homologias ancestrais.

Ao enfrentarmos um conflito de evidências, temos quatro opções: podemos avaliar e reavaliar os resultados contraditórios para testar sua fidedignidade; podemos suspender o julgamento; podemos coletar mais evidências, ou podemos inferir que a filogenia embasada pela maioria da evidência é a correta. Se 20 dos 30 caracteres embasam a filogenia *a*, então inferiríamos que *a* é a resposta certa. A viabilidade das quatro opções variará de problema para problema.

15.8 As seqüências moleculares estão tornando-se cada vez mais importantes para a inferência filogenética e têm propriedades diferentes

As seqüências protéicas e de DNA foram transcritas nas últimas décadas

Tanto as seqüências protéicas quanto as de DNA são usadas para inferência filogenética. As proteínas é que abriram o caminho. A primeira proteína a ter sua seqüência descoberta foi a insulina, que foi seqüenciada por Sanger em 1954. O seqüenciamento protéico tornou-se automatizado na década de 1960, e a seqüência de algumas proteínas, como o citocromo *c* e a hemoglobina, ficaram disponíveis em um número de espécies suficientemente grande para se fazer a inferência de filogenias em ampla escala. As seqüências de DNA seguiram-nas uns 20 anos depois. Mais uma vez, foi Sanger quem obteve o primeiro seqüenciamento de DNA de tamanho "decente", que foi o genoma inteiro do bacteriófago ϕX164 (contendo 5.375 bases), em 1977. Desde então, o seqüenciamento de DNA expandiu-se quase explosivamente, e a maior parte dos trabalhos atuais em filogenética molecular relaciona-se com seqüências de DNA. Muitos dos métodos e conceitos da filogenética molecular foram estabelecidos para proteínas, mas aqui consideraremos os dois tipos de moléculas conjuntamente.

As moléculas são usadas para inferências filogenéticas...

A lógica fundamental da inferência filogenética para caracteres moleculares e morfológicos é idêntica, mas os dois têm propriedades diferentes, e os métodos e conceitos usados para cada um parecem muito diferentes. A distinção entre homologia/homoplasia, especialmente, difere nos dois. No confronto entre homologias de características morfológicas aparentemente conflitantes (como as asas de aves e de morcegos), a primeira coisa a fazer é reexaminar os órgãos e sua embriologia em detalhes, para ver se sua semelhança é realmente fundamental ou é superficial e homoplásica. A homologia é um conceito poderoso para órgãos com morfologias como as das asas. Elas têm estruturas complexas e podem assumir uma variedade quase infinita de formas; elas têm desenvolvimento embrionário e relações morfológicas com o resto do corpo. Se a informação sobre a estrutura e o desenvolvimento de asa é a mesma em duas espécies, é altamente provável que essas asas tenham evoluído de um ancestral comum que tinha asas semelhantes.

Na evidência molecular, a distinção entre homologia/homoplasia é bem menos poderosa. Suponha que um nucleotídeo seja idêntico em duas espécies. As mudanças evolutivas ocorrem em um conjunto de alternativas muito limitado (as quatro bases A, C, G e T), e é bem-provável que a mesma condição informativa possa evoluir independentemente nas duas espécies. O argumento é mais frouxo para proteínas porque existem 20 condições de aminoácidos, mas ainda é aplicável porque 20 ainda é um pequeno número se comparado com a variedade morfológica. Assim sendo, para moléculas não é tão improvável que a semelhança de condição em duas espécies possa ter evoluído independentemente. Além disso, para moléculas, os métodos morfológicos são absurdos. O aminoácido na posição 12 do citocromo *c* é a metionina em humanos, chimpanzés e cascavéis, mas em todas as outras espécies já estudadas – inclusive muitos mamíferos e aves – ele é a glutamina. Não podemos dissecar a metionina da cascavel, nem acompanhar seu desenvolvimento embrionário para ver se ela é metionina "na superfície" e "mais no fundo" é glutamina. Ela é uma molécula de metionina, e pronto.

... mas as técnicas diferem das morfológicas

Também não podemos, de um modo geral, averiguar a confiabilidade das diferentes peças das evidências moleculares imaginando como a seleção natural poderia ter agido sobre elas. Quando os morfologistas examinam semelhanças entre órgãos de duas espécies, eles prestam atenção às convergências funcionais – tais como a evolução das asas nas espécies voadoras. Esse tipo de análise é impossível se não entendemos a relação entre a estrutura (a asa) e sua função (o vôo). Nas moléculas, geralmente não temos esse entendimento. Se soubéssemos, por exemplo, que uma mudança de glutamina para metionina na posição 12 do citocromo *c* teria um sentido funcional em certos tipos de animais, então o mesmo tipo de argumento que se vê em morfologia poderia ser usado para as proteínas. Caso contrário, teríamos de tratar as moléculas do mesmo modo que um morfologista trataria um órgão de função desconhecida.

A quantidade de evidências é grande

As seqüências moleculares têm outras propriedades distintivas. A quantidade de evidências que elas proporcionam é grande: só o citocromo *c*, por exemplo, tem 104 aminoácidos, os quais podem ser tratados como 104 peças de evidência filogenética. Um estudo morfológico típico poderia basear-se em, talvez, uns 20 caracteres, e o uso de muito além de cerca de 50 caracteres é excepcional.

Além disso, o reconhecimento de unidades de evidência independentes parece ser fácil. Na evidência morfológica, dois órgãos aparentemente separados podem, na verdade, ser uma unidade evolutiva única. Em um extremo, a dependência é óbvia; ninguém pensaria em tratar a perna direita e a esquerda como duas peças de evidência. Mas também podem surgir correlações menos óbvias, em conseqüência dos processos de desenvolvimento, o que torna capcioso o reconhecimento da independência.

Quanto aos nucleotídeos, as mutações ao longo da molécula de DNA são efetivamente independentes e cada sítio pode evoluir independentemente de qualquer outro sítio[2].

Características diferentes são comensuráveis

A evolução em diferentes aminoácidos e posições de nucleotídeos é facilmente comparável: uma mudança em uma posição é equivalente a uma mudança na outra. Isso é uma vantagem enorme quando estamos ponderando evidências conflitantes. Suponha que os nucleotídeos de 10 posições embasem uma filogenia para um grupo de espécies e os nucleotídeos de cinco outras posições embasem uma filogenia diferente. Cada uma das 10 posições em um

[2] Entretanto, nem todas as posições podem, de fato, evoluir independentemente. Por exemplo, uma mudança em uma posição pode desencadear a seleção de uma mudança compensatória em outra posição. Não se sabe o quão problemático isso é para a inferência filogenética. As análises genômicas estão começando a revelar as quantidades de mudanças não-independentes em diferentes sítios. Averof *et al.* (2000) encontraram dependência em uma comparação de seqüências; Silva e Kondrashov (2002) não a encontraram em outra. À medida que a análise genômica prolifera, o entendimento deverá aprofundar-se.

conjunto equivale, aproximadamente, a cada uma das cinco posições do conjunto conflitante. Podemos assumir que a filogenia sustentada pelos 10 nucleotídeos é a melhor estimativa da filogenia verdadeira. Entretanto, se uma filogenia é sustentada por 10 caracteres morfológicos e outra por cinco outros caracteres morfológicos, a comparação é menos simples. Não é fácil dizer qual a quantidade de evolução em um osso do joelho que equivale a uma determinada mudança em um osso do crânio. Embora a filogenia sustentada por cinco caracteres tenha menos caracteres a sustentá-la, a evolução desses cinco poderia ser, de algum modo, mais ponderável ou mais confiável. A maior parte da inferência filogenética consiste em pesar um conjunto de caracteres contra outro – porque diferentes conjuntos de caracteres freqüentemente sustentarão diferentes filogenias. Entretanto, não existem métodos gerais para comparar a evolução entre diferentes características morfológicas. Os caracteres moleculares são prontamente comparáveis e, por isso, mais fáceis de usar.

A filogenética molecular utiliza técnicas estatísticas

Essas quatro propriedades dos dados de seqüências de DNA e de proteínas – a impossibilidade de qualquer análise mais aprofundada do caráter, a grande quantidade de evidências, a facilidade de reconhecimento de caracteres independentes e a comparabilidade das evidências – encorajaram o desenvolvimento de técnicas estatísticas para inferência de filogenias. Essas mesmas técnicas, em princípio, também são aplicáveis a evidências morfológicas, embora nestas sempre seja tentador experimentar a análise estatística de precedência e resolver os conflitos aparentes por meio de análises de caracteres por aprofundamento. Os dados morfológicos também são menos fáceis de dividir em condições de caráter concisas para a análise estatística.

15.9 Existem várias técnicas estatísticas para inferência de filogenias a partir de seqüências moleculares

Uma revisão completa das técnicas estatísticas que podem ser usadas para inferir filogenias de evidências moleculares abrangeria dúzias de técnicas. Em vez disso, concentraremo-nos nos princípios básicos das três classes principais de técnicas que estão em uso atualmente. Mas antes de vermos essas três, precisamos saber a respeito das árvores "sem raiz", em oposição às árvores "com raiz".

15.9.1 Uma árvore sem raiz é uma filogenia em que o ancestral comum não é especificado

As filogenias de que tratamos até agora (como as da Figura 15.1) são todas árvores com raiz. Observando a filogenia das espécies A a D na Figura 15.1, podemos ver o ancestral comum (ou a "raiz") no pé da árvore. A árvore com raiz tem um eixo de tempo, e os ancestrais sucessivamente mais distantes estão sucessivamente mais para baixo na página. A meta da pesquisa filogenética é a árvore com raiz. É o modo como os biólogos pensam sobre as relações evolutivas entre espécies.

Estabelecemos a relação entre árvores com e sem raiz

Entretanto, a maioria das técnicas filogenéticas descobre, primeiro, o que se chama de *árvore sem raiz* (Figura 15.10). Uma árvore sem raiz é como uma árvore com raiz, mas sem o eixo de tempo; ela mostra as relações de ramificação entre um conjunto de espécies, mas não a localização do ancestral comum. A Figura 15.10 ilustra as relações entre uma árvore com e uma sem raiz com quatro espécies. Uma árvore sem raiz é um dado menos informativo sobre as relações filogenéticas. Quando há quatro espécies, uma árvore sem raiz é compatível com cinco árvores com raiz. Precisamos de informação adicional (a localização da raiz) para dizer qual a árvore com raiz é a correta. Em geral, a raiz poderia estar em qualquer

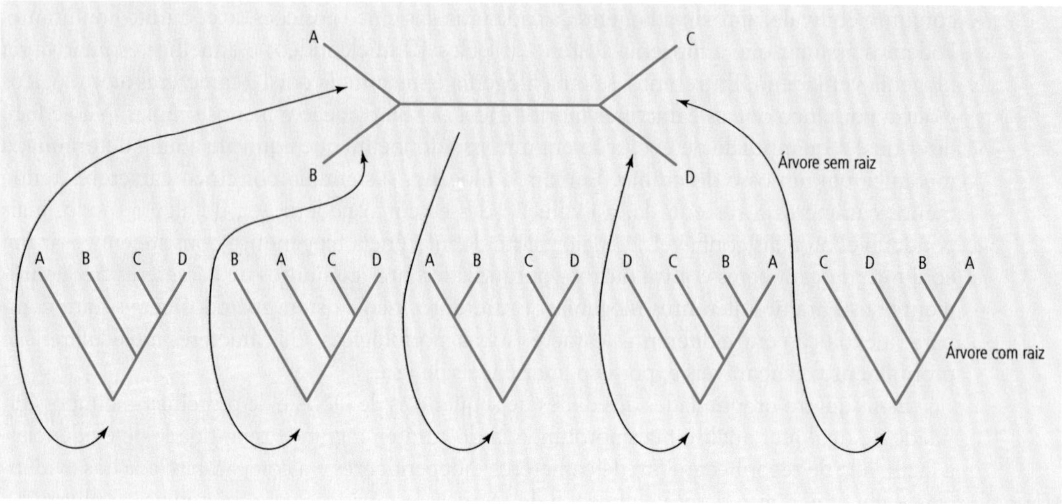

Figura 15.10

Árvores sem e com raiz. Uma árvore sem raiz com quatro espécies é comparável a cinco árvores com raiz. Uma árvore sem raiz é uma figura atemporal de relações de ramificações e não especifica onde está o ancestral (ou raiz) da árvore. A raiz poderia estar em qualquer parte dela, e há cinco possibilidades topológicas, conforme o esquema adiante. Em geral, com *s* espécies, qualquer árvore sem raiz tem $2s - 3$ ramos e, portanto, $2s - 3$ árvores com raiz. (Aqui, como em qualquer outra parte do capítulo, restringimo-nos a árvores estritamente bifurcadas.)

um dos ramos internos. Uma árvore sem raiz com quatro espécies tem cinco ramos internos. Uma árvore sem raiz de cinco espécies tem sete ramos internos, sendo compatível com sete árvores com raíz.

As árvores sem raiz podem ser enraizadas cladisticamente

As árvores sem raiz podem ser entendidas como uma parte do trabalho interno das técnicas filogenéticas moleculares. A árvore sem raiz liga as espécies de acordo com a evidência que é usada para inferir a filogenia, mas não mostra relações ancestrais. Quando uma técnica encontra a arvore sem raiz de um dado conjunto de espécies, alguma evidência adicional é usada para achar a raiz e, assim, a relação ancestral entre as espécies. Essa evidência adicional freqüentemente consiste em alguma das técnicas cladísticas para determinar a polaridade de caráter (Seção 15.6). Por exemplo, na Figura 15.10 poderíamos examinar a seqüência molecular em alguma espécie estreitamente relacionada (ou "grupo externo"). Se ela era mais parecida com a espécie A, isso sugeriria que a raiz da árvore se situa no ramo que leva para A. Na Figura 15.10, a árvore com a raiz seria a mais à esquerda. Em alguns casos, porém, não se consegue localizar a raiz, ou só é possível prosseguir na análise com a árvore sem raiz. Então, a árvore sem raiz é o produto final do estudo filogenético molecular.

15.9.2 Uma classe de técnicas filogenéticas moleculares usa distâncias moleculares

Imagine que se conheça a seqüência de um determinado segmento de DNA com 100 nucleotídeos em quatro espécies, A, B, C e D. Para quaisquer duas delas, como A e B, o nucleotídeo será o mesmo em alguns sítios e diferente em outros. Talvez ele seja o mesmo em 96 sítios e diferente em quatro. Então, as duas seqüências diferem em 4%. Essa expressão é um exemplo simples de *distância molecular*. O tipo mais simples de inferência filogenética molecular utiliza a matriz de distâncias moleculares entre espécies para inferir a filogenia. Infere-se que as espécies com as menores distâncias entre si são as mais estreitamente relacionadas (Figura 15.11). Esse é um método rápido e "sujo" de inferência filogenética. Ele pressupõe um "relógio

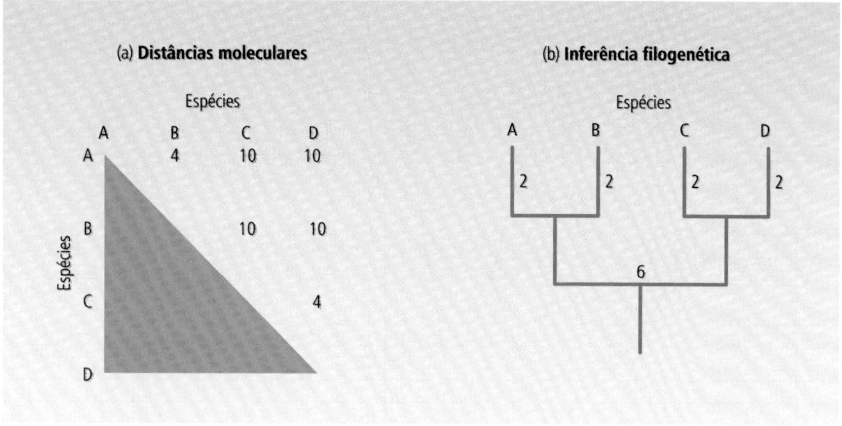

Figura 15.11

Métodos de distância. (a) Os dados consistem em uma matriz de distâncias entre espécies. Aqui há quatro espécies (A, B, C e D), e a matriz apresenta pareamento de distâncias entre todas elas. Se a distância é medida como a porcentagem de diferenças entre o DNA de duas espécies, por exemplo, então o DNA das espécies A e B diferiria em 4%. A região sombreada da matriz ou é sem importância ou é redundante. (b) Cada espécie é agrupada com as outras espécies, de modo a ter as distâncias mais curtas em relação às demais. Os números nos ramos são as quantidades de mudanças evolutivas envolvidas e são adicionados às distâncias totais em (a).

molecular" (Seção 7.3, p. 194)[3]. Se a distância molecular entre espécies cresce constantemente com o tempo, as duplas de espécies que têm a distância mais curta, sem dúvida, terão os ancestrais comuns mais recentes.

As distâncias moleculares entre espécies podem ser medidas

Algumas inferências clássicas da filogenética molecular foram feitas por meio do que, essencialmente, são métodos de "distância". Por exemplo, a distância molecular entre duas moléculas inteiras dos DNAs de duas espécies pode ser medida por hibridização de DNA. Esse método começa com o DNA de várias espécies. O DNA de determinada dupla de espécies é "desnaturado": a molécula de dupla-fita é separada em duas fitas simples, geralmente por aquecimento da molécula. Fitas simples de DNA das duas espécies são reassociadas para formar um DNA híbrido de dupla-fita. Essa molécula híbrida, por sua vez, é desnaturada por aquecimento. A medida crucial é o quanto é preciso aquecer o DNA híbrido para que ele se separe em suas duas fitas. Quanto mais semelhantes forem os DNAs de duas espécies, mais forte será a ligação entre elas e mais alta a temperatura necessária para separá-las. O mesmo procedimento é seguido em todas as duplas de espécies, produzindo-se uma matriz de distância para todas as espécies. A matriz é transformada em uma filogenia, pressupondo-se que as espécies com DNAs mais semelhantes têm ancestrais comuns mais recentes (Figura 15.12).

Os métodos de distância revisaram a filogenia dos grandes macacos

A Figura 15.12 ilustra um método de distância em ação, mas tem três aspectos específicos que devem ser destacados. Um é que o DNA humano e o de chimpanzés é idêntico em 98,5%: a hibridação do DNA é a principal evidência para essa observação freqüentemente

[3] Esse é um pressuposto-chave. Quando examinamos as técnicas cladísticas anteriormente neste capítulo, destaquei que não se supõe que a simples semelhança fenética (ou distância fenética) entre espécies revele as relações filogenéticas. As taxas de evolução fenética são tão erráticas que precisamos reduzir a similaridade fenética para encontrar o componente devido a caracteres derivados compartilhados. O Capítulo 16 tratará bastante desse mesmo assunto. Entretanto, se a evolução molecular é divergente e tem uma taxa regularmente constante, as distâncias moleculares podem ser usadas e a análise cladística é desnecessária. Em um trabalho mais avançado, o relógio molecular não precisa ser uma pressuposição crucial. Se moléculas ou linhagens com taxas de evolução esquisitas podem ser identificadas, elas também podem ser corrigidas ou removidas da análise.

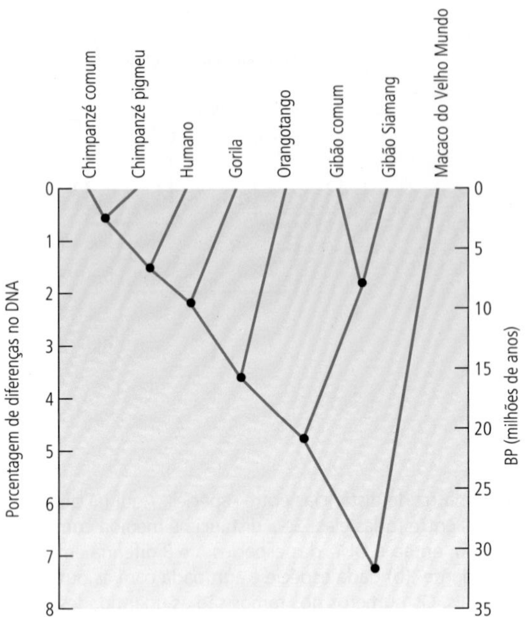

Figura 15.12

As relações filogenéticas dos hominóides reveladas por hibridação de DNA. Esse resultado evidencia que o DNA humano é semelhante ao dos chimpanzés em 98,5%. Outro exemplo de um método clássico de distância é encontrado na Seção 15.13 adiante. Redesenhada de Sibley e Ahlquist (1987).

encontrada.[4] O segundo é que os humanos e os chimpanzés parecem ter um ancestral comum, que é mais recente do que o de qualquer um deles com os gorilas. O terceiro é que a linhagem humana ramificou-se dos parentes simiescos mais próximos há pouco mais de 5 milhões de anos. O segundo e o terceiro aspectos são importantes quanto à controvérsia que examinaremos mais tarde, na Seção 15.13.

Na prática, os métodos de distância poucas vezes usam simplesmente a fração de sítios de DNA que são idênticos em duas espécies, uma vez que as medidas brutas de distância precisam ser corrigidas antes para o problema conhecido como "golpes (ou choques) múltiplos".* De algum modo, esse problema emerge em todos os métodos filogenéticos, o que será examinado a seguir.

15.9.3 A evidência molecular pode necessitar de ajuste para o problema dos golpes (choques) múltiplos

Golpes múltiplos refere-se ao seguinte problema. Imagine duas espécies logo após elas se terem desmembrado de um ancestral comum. Provavelmente nosso segmento com 100 nucleotídeos de DNA será idêntico em ambas, de modo que a distância molecular entre elas é zero (Figura 15.13, no tempo zero). Depois de um tempo, o nucleotídeo pode mudar em um sítio, em uma das espécies. Inicialmente, talvez ele fosse T e tenha mudado para C em uma das espécies.

---

[4] Britton (2002) recentemente rebaixou esse dado para 95%, levando em conta inserções e deleções. Esse valor menor, entretanto, não altera a inferência do tempo da origem humana porque, provavelmente, todas as distâncias entre duplas de espécies estão sujeitas a ajustamentos semelhantes.

* N. de R. T. Correspondendo a trocas múltiplas na mesma posição do nucleotídeo.

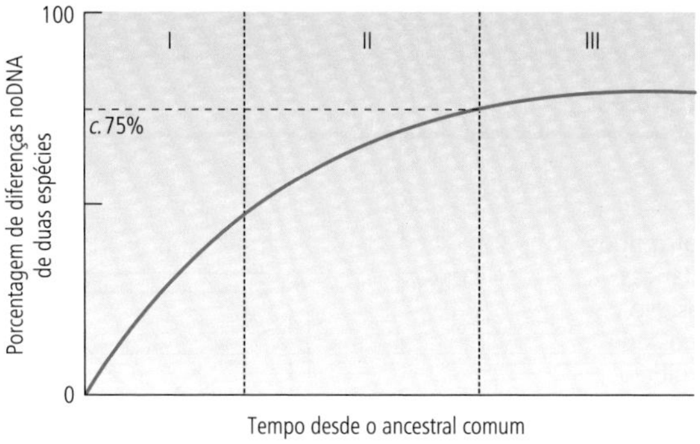

Figura 15.13

À medida que duas espécies evoluem separadamente, seus DNAs se tornam cada vez mais diferentes. Inicialmente, cada mudança evolutiva aumenta a diferença entre as duas espécies, e a linha sobe. Depois de um tempo, pode ocorrer uma segunda mudança em um sítio em que já havia ocorrido uma mudança; esta não aumenta a diferença entre as espécies. A linha pára de subir. Eventualmente, as duas espécies ficam "saturadas" com mudanças e a evolução não tem mais um efeito médio sobre as diferenças entre elas. A linha agora é plana. Ela pode aplanar-se em 75% de diferenças porque existem quatro bases, mas a situação exata pode não ser 75%, por diversas razões. Ver exemplos na Figura 15.16. As zonas I, II e III correspondem a regiões em que a inferência molecular sobre a filogenia é (I) relativamente fácil, (II) possível, mas exige correção para múltiplos golpes, e (III) impossível.

Uma diferença básica entre duas espécies pode depender de mais de uma substituição

Agora a distância molecular é 1%. Um pouco mais tarde, ocorre uma segunda mudança, depois uma terceira, e assim por diante. A distância molecular entre as espécies aumenta ao longo do tempo. Ela aumenta porque cada mudança sucessiva tem probabilidade de ocorrer em um sítio diferente do segmento de 100 nucleotídeos. Depois de um tempo, pode ocorrer uma segunda mudança em um sítio em que já havia ocorrido uma primeira mudança. Talvez a espécie que tinha C evolua para uma G. Essa mudança evolutiva não aumentará a distância molecular entre as espécies. Quando ocorreu a primeira mudança e uma espécie tinha T e a outra tinha C, isto produziu uma diferença de 1%. Se agora o T ou o C mudam, a diferença continua em 1%. Portanto, acima de um certo nível, a distância molecular entre duas espécies se estabiliza, embora elas continuem a evoluir separadamente. As mudanças posteriores não aumentam a distância – há múltiplos golpes atingindo o mesmo sítio.

É provável que a distância molecular entre espécies se estabilize em algo em torno de 75% (Figura 15.13) porque o DNA tem quatro bases. Suponha o nucleotídeo C em um sítio de uma espécie. Examinemos o sítio equivalente de uma espécie bem diferente – uma espécie evolutivamente tão distante que o sítio tenha mudado muitas vezes e é efetivamente aleatório. Se examinarmos duas seqüências de DNA ao acaso, a chance de identidade em um determinado sítio dessas seqüências é de aproximadamente 25%. Se o nucleotídeo é C em uma das seqüências, na outra, ao acaso, ele poderia ser C, G, T ou A. Portanto, as distâncias se nivelam em cerca de 75% (em uma identidade de 25%) quando as espécies são muito diferentes. (Esses dados presumem que as freqüências das bases são iguais. Se C ou G forem mais freqüentes do que A ou T em uma espécie, a distância molecular irá nivelar-se em um valor inferior a 75%.)

É possível corrigir os múltiplos golpes

As distâncias moleculares podem ser corrigidas para os golpes múltiplos. Usamos o modelo de evolução de seqüência (Quadro 15.1). O modelo mais simples admite que a probabilidade (p) de que qualquer nucleotídeo mude é a mesma. Podemos estimar o valor de p a partir dos dados das seqüências das espécies. Daí utilizamos um modelo estatístico apropriado (como a distribuição de Poisson) para calcular quantas mudanças estão por detrás dos dados da seqüência observada. O cálculo poderia mostrar que, por exemplo, em um segmento de 100 nucleotídeos de DNA em duas espécies 30 sítios não mudaram, 30 mudaram uma vez, 20

Quadro 15.1
Modelos de Evolução de Seqüências

Uma seqüência de DNA é constituída por quatro tipos de nucleotídeos. A evolução consiste em mudanças entre essas quatro condições dos nucleotídeos. No modelo de evolução mais simples, pressupomos que a chance de qualquer mudança de um nucleotídeo em outro é a mesma, e tem uma probabilidade *p*. (*p* poderia ser definido como a chance de que um nucleotídeo em um determinado sítio venha a mudar de um tipo para outro tipo, em uma população, por milhão de anos. Na prática, *p* geralmente é uma taxa instantânea, em vez de uma taxa por milhão de anos, mas isso não importa aqui.) A Figura Q15.1 mostra as possibilidades evolutivas.

A, por exemplo, pode mudar para C, G ou T. Ao todo, são 12 tipos de mudanças. O modelo mais simples presume que a chance de cada uma é a mesma, *p*. Esse é o modelo "uniparamétrico", chamado modelo de Jukes-Cantor por causa de seus criadores. Se duas espécies têm o mesmo nucleotídeo em um dado sítio, poderia ser porque ele não mudou (chance de $1 - 3p$). Ou ele poderia ter mudado e depois revertido a mudança (por exemplo, A → C → A), em uma chance de p^2. (Essas probabilidades precisariam ser multiplicadas pelo tempo de evolução, se elas estivessem evoluindo separadamente por período de tempo diferente de 1 milhão de anos.) Se duas espécies têm nucleotídeos diferentes em um mesmo sítio (com A em uma espécie e C na outra), poderia ter havido uma mudança (chance *p*) ou duas (por exemplo, A → G → C), com chance p^2. Podemos pensar em todas as possibilidades e calcular a probabilidade total de que um sítio seja idêntico, ou diferente, nas duas espécies e somar todas as rotas que fazem com que os sítios acabem idênticos ou diferentes.

O modelo uniparamétrico de Jukes-Cantor é o mais simples. Na prática, a chance de transições difere da chance de transversões. Isso leva ao modelo "biparamétrico", discutido inicialmente por Kimura. Admitimos que as quatro transições na Figura Q15.1 têm uma chance p_1 e que as oito transversões têm uma outra chance p_2. Modelos mais complexos consideram possível que algumas transições sejam mais prováveis do que outras. A Figura Q15.1 tem 12 setas e um modelo complexo poderia ter 12 parâmetros, um para cada tipo de mudança de nucleotídeo. Os modelos de máxima verossimilhança (ver Quadro 15.2) geralmente também levam em consideração as diferenças de taxas de evolução entre os diferentes sítios.

Para determinado modelo de evolução de seqüência, podemos usar os dados de seqüência para estimar o valor de *p* (ou de p_1, ou de p_2).

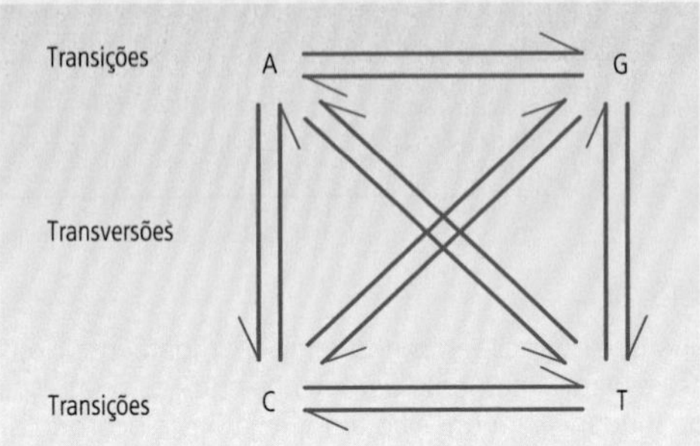

Figura Q15.1

Possíveis tipos de mudanças evolutivas entre os quatro tipos de nucleotídeos.

Vários procedimentos estatísticos, que podem ser encontrados em textos mais aprofundados, são usados. As estimativas dos valores de *p* podem, então, ser usadas para várias finalidades tais como a correção dos golpes múltiplos ou o cálculo da máxima verossimilhança.

As inferências que utilizam modelos de evolução de seqüências são mais ou menos acuradas, dependendo do quanto o modelo é bom e da qualidade das estimativas dos parâmetros. Por exemplo, se as freqüências de transições e de transversões diferem, então o uso do modelo uniparamétrico de Jukes-Cantor produzirá resultados confusos e poderá levar a uma inferência filogenética falsa. Além disso, os parâmetros (tais como o *p*) são estimados a partir de dados de seqüências, usando um modelo estatístico, como a distribuição de Poisson ou a gama. A qualidade da estimativa depende da qualidade dos dados – por exemplo, se o segmento da seqüência é suficientemente longo – e se foi escolhido o modelo estatístico correto. As controvérsias da filogenética molecular podem transformar-se em detalhes desses modelos estatísticos. Em geral, existe um intercâmbio entre a quantidade de dados necessários para estimar os parâmetros e a precisão do modelo que pode ser usado. Um modelo com dois parâmetros deve ser melhor do que o modelo com um parâmetro, mas exige mais dados sobre seqüências para estimar os parâmetros.

Leitura adicional: Swofford *et al.* (1996), Page e Holmes (1998), Graur e Li (2000).

mudaram duas vezes, 10 mudaram três vezes, seis mudaram quatro vezes e quatro mudaram cinco vezes. Então, somamos o número de mudanças: (30 x 1) + (20 x 2) + (10 x 3) + (6 x 4) + (4 x 5) = 144. Esse é o número corrigido de eventos evolutivos. Compare-o com os 70 sítios que diferem entre as duas seqüências: o número bruto de cerca de 70 diferenças foi corrigido para um número inferido de 144 eventos. O aumento é devido ao fato de golpes múltiplos não serem observados. (Os números aqui são apenas ilustrativos. Um exemplo real seria mais complexo, e os números poderiam ser bem diferentes dos aqui apresentados.)

A Figura 15.13 divide-se em três regiões. Em mudanças de pouca monta, as distâncias moleculares observadas refletem precisamente a quantidade de evolução e não há necessidade de correções para golpes múltiplos. Na segunda região, devemos corrigir para golpes múltiplos. As distâncias moleculares corrigidas é que devem ser usadas para a inferência filogenética. Finalmente, na terceira região, a evolução tornou as seqüências efetivamente aleatórias e, depois que a linha se aplanou, não mais podemos recuperar a quantidade real de mudanças evolutivas, e a correção para múltiplos golpes torna-se impossível. A inferência filogenética é impossível para seqüências que evoluíram além desse ponto. (O processo segundo o qual mudanças ocorrem em uma proporção cada vez maior de sítios das seqüências de duas espécies, à medida que elas vão se separando cada vez mais com o tempo, é chamado de *saturação*. Quando praticamente todos os sítios mudaram, estamos na região III da Figura 15.13 e as duas seqüências são consideradas como "saturadas", não tendo mais qualquer utilidade para a inferência filogenética.)

Quando duas espécies são muito diferentes, a inferência filogenética é impossível

Na filogenética molecular, a criatividade está em encontrar moléculas que evoluíram separadamente na medida certa. Em todas as técnicas de filogenética molecular, a inferência é relativamente fácil na região I, tornando-se mais difícil quando ingressamos na região II e impossível na região III. A Seção 15.10 examina alguns exemplos que ilustram esse ponto.

15.9.4 Uma segunda classe de técnicas filogenéticas utiliza o princípio da parcimônia

As filogenias podem ser inferidas sob o pressuposto de que a mudança é rara

Em inferência filogenética, parcimônia corresponde ao princípio de que a filogenia que exige o menor número de mudanças evolutivas é a melhor estimativa da filogenia real. Em um caso simplificado, procedemos da seguinte maneira (Figura 15.14). Primeiro anotam-se todas as árvores sem raiz, possíveis para as espécies. Daí, a partir dos dados observados, conta-se o número mínimo de eventos evolutivos implicados em cada árvore sem raiz. A melhor estimativa da filogenia real é a que produzir a menor contagem.

Como se pode justificar o princípio da parcimônia? Por que a genealogia que exige o número mínimo de eventos evolutivos é uma inferência mais plausível do que outra que exige mais eventos? O princípio da parcimônia é razoável porque a mudança evolutiva é improvável. Suponha que saibamos que uma espécie atual e um de seus ancestrais tenham uma característica com a mesma condição (Figura 15.15). A parcimônia sugere que todas as etapas intermediárias da linhagem contínua entre o ancestral e a espécie atual possuíam a mesma condição de caráter. Como vimos, um número indefinidamente grande de mudanças – na verdade, um número infinito – poderia ter ocorrido entre ancestral e descendente. Entretanto, uma mudança seguida pela reversão dessa mudança é improvável. Cada mudança exige um gene (ou um conjunto de genes) para surgir por mutação e depois ser substituída por deriva, se a mudança é neutra, ou por seleção; ambos os processos são improváveis. É muito mais provável que o mesmo caráter tenha sido transmitido continuamente, com a mesma forma, de ancestral para descendente, por herança simples. Sabemos que isso é plausível porque acontece sempre que um genitor produz prole – as características parentais são transmitidas.

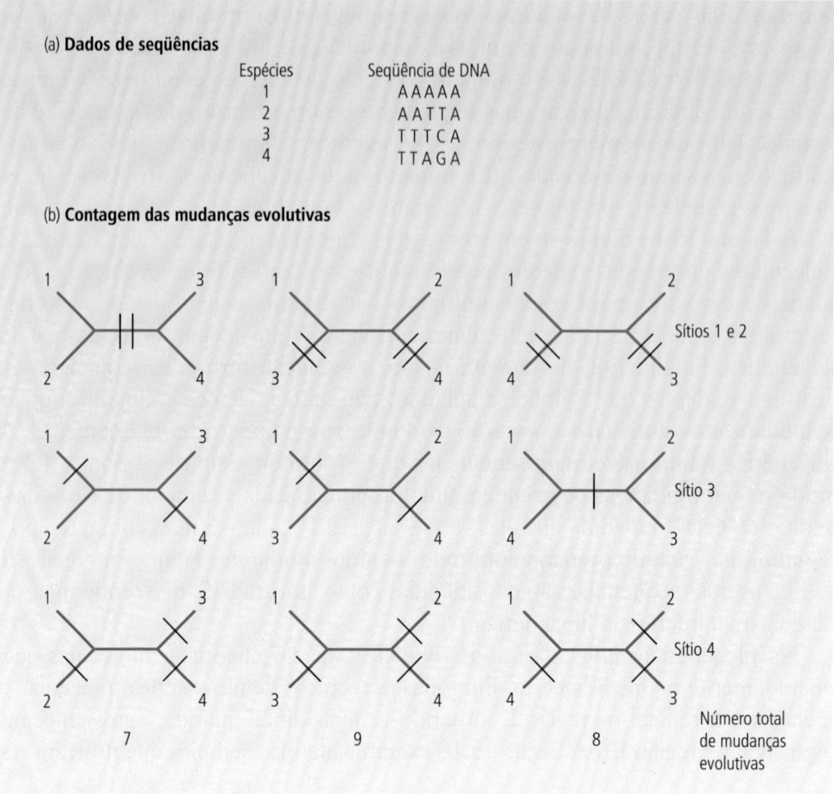

Figura 15.14

Inferência filogenética por parcimônia. (a) A inferência utiliza observações tais como os dados de seqüências de DNA, apresentados aqui em relação a cinco sítios. (b) Daí conta-se o número mínimo de mudanças evolutivas indicadas pelos dados de seqüências de todas a filogenias possíveis (ou, para ser exato, das árvores sem raiz). As três árvores sem raiz que são possíveis para quatro espécies são apresentadas. As marcas nos ramos indicam a localização de uma mudança evolutiva. Por exemplo, a linha superior mostra onde devem estar localizadas as mudanças nos dois primeiros sítios (AA nas espécies 1 e 2 e TT nas espécies 3 e 4). Na árvore mais à esquerda, duas mudanças são o mínimo para produzir esse padrão, e ambas devem estar no ramo interno. Finalmente, somamos as mudanças em todas as árvores e aquela que exige menos mudanças (no caso, sete) é inferida como sendo a correta. O quinto sítio é ignorado na contagem em (b) por ser o mesmo em todas as espécies e não ajudar a inferir a filogenia. Sítios como esse, que são compatíveis com todas as árvores possíveis, são ditos não-informativos. Sítios (tais como 1 a 4) que exigem números de eventos diferentes em árvores diferentes são chamados de informativos.

O argumento é especialmente valioso para características compartilhadas entre humanos e chimpanzés. Eles compartilham sistemas inteiros de órgãos complexos como corações e pulmões, olhos, cérebros e medulas espinais. A evolução inicial de cada um desses caracteres exigiu mutações improváveis e atuação de seleção natural em milhões de gerações. É evolutivamente improvável, quase impossível, que as mesmas mudanças tenham ocorrido de modo independente nas duas linhagens, depois da ancestralidade comum. Por outro lado, não há qualquer improbabilidade em postularmos que as características poderiam ter sido transmitidas, por herança passiva, do ancestral comum de chimpanzés e humanos para seus descendentes atuais.

O argumento é menos válido para caracteres que não sejam os caracteres morfológicos complexos compartilhados por humanos e chimpanzés. No extremo oposto, se um nucleotídeo, em um determinado sítio de DNA, é compartilhado entre duas espécies, a probabilidade

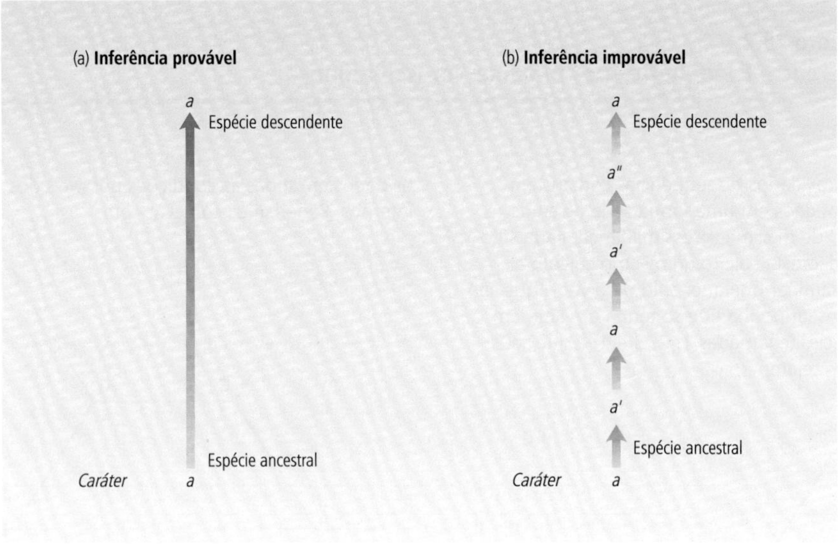

Figura 15.15

O mesmo caráter é encontrado na espécie descendente e em uma de suas ancestrais. É mais provável (a) que o caráter tenha permanecido constante e tenha sido transmitido por herança do que (b) tenha mudado e depois revertido ao seu estado original várias vezes entre o ancestral e o descendente.

de que ele possa ser compartilhado por acaso é de 25%, e o princípio da parcimônia não consegue sustentar que ele não poderia ter mudado ao longo das diversas etapas evolutivas intermediárias entre as duas espécies.

A sustentação é mais robusta em alguns casos do que em outros. Até certo ponto, porém, para qualquer característica, a mudança evolutiva é improvável, se comparada com a simples herança e, por isso, o princípio da parcimônia tem uma saudável justificação evolutiva. Para concluir, é mais provável que um caráter seja compartilhado por origem comum do que por evolução independente, convergente. Para qualquer conjunto de espécies, uma filogenia que exige menos mudanças evolutivas é mais plausível do que outra que exige mais mudanças.

15.9.5 Uma terceira classe de técnicas filogenéticas utiliza o princípio da máxima verossimilhança

Obtendo-se os dados e um modelo de evolução, pode-se computar a probabilidade de uma árvore

A última técnica que examinaremos usa uma construção estatística denominada máxima verossimilhança. Os cálculos detalhados, quando expostos integralmente, são bastante trabalhosos, mesmo em casos simples. (O Quadro 15.2 elabora os cálculos para um único sítio de nucleotídeo, em uma árvore com quatro espécies.) O procedimento básico consiste em (usando um modelo de evolução de seqüências) calcular a probabilidade de observar os dados de seqüências de todas as filogenias possíveis, em um determinado conjunto de espécies.

A máxima verossimilhança é uma técnica de computação mais elaborada do que a parcimônia. O método precisa não só examinar todas as filogenias possíveis (como a parcimônia também faz), mas também fazer estimativas e cálculos detalhados para todas elas. Até recentemente, a máxima verossimilhança era pouco empregada porque só podia ser aplicada a espécies em pequeno número. A vantagem da máxima verossimilhança é que ela pode explorar

Quadro 15.2
Inferência Filogenética por Máxima Verossimilhança

Os verdadeiros dados de seqüências constituem-se de nucleotídeos em uma longa série de sítios. Nos cálculos de máxima verossimilhança, cada sítio de nucleotídeo está sujeito ao mesmo cálculo e podemos examinar qualquer sítio para ver o que são esses cálculos. Suponha que se tenha um sítio em quatro espécies (chamadas 1, 2, 3 e 4) e que seus nucleotídeos sejam:

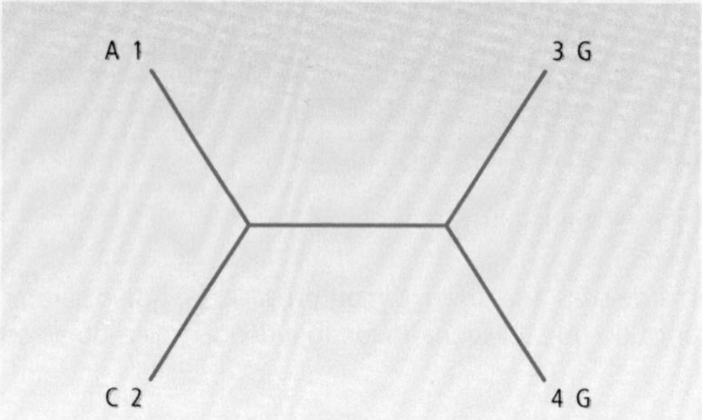

Agora precisamos de um modelo de mudança evolutiva. O mais simples é o apresentado no Quadro 15.1, em que a chance de mudança de um nucleotídeo para outro é p. Podemos extrair uma matriz, com a chance de mudar de um estado para outro (por unidade de tempo):

		Estado final			
		A	C	G	T
Estado inicial	A	$1 - 3p$	p	p	p
	C	p	$1 - 3p$	p	p
	G	p	p	$1 - 3p$	p
	T	p	p	p	$1 - 3p$

Se o nucleotídeo é A, ele tem, por exemplo, uma chance $1 - 3p$ de permanecer inalterado, e cada mudança para C, G e T tem chance p. Suponha que cada ramo tem o comprimento de uma unidade de tempo. Agora calculamos a probabilidade de observar os dados em todas as condições possíveis dos nós internos. Poderíamos começar com:

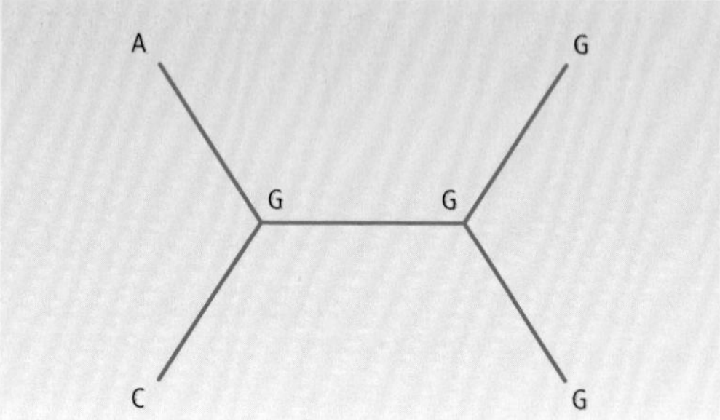

Isto é, assumimos que ambos os nós internos têm G. A chance total disso é $p^2 + (1 - 3p)^3$. Em dois dos ramos houve uma mudança (chance $1 - 3p$). Calculamos o mesmo tipo de probabilidade para todas as 16 combinações possíveis de dois nucleotídeos nos dois nós internos. Isso nos dá a probabilidade total de observar os dados nesse um sítio, com esse modelo de evolução. Probabilidades desse tipo tendem a ser muito pequenas e geralmente são transformadas em logaritmos naturais para tornar os números mais tangíveis. Desse modo, $p^2 + (1 - 3p)^3$ pode ser escrita como $\ln p + 3 \ln (1 - 3p)$.

Na prática, podemos ter dados de nucleotídeos em 100 sítios. Para achar a verossimilhança total da árvore, o mesmo tipo de cálculo é feito para cada sítio. Depois é preciso fazer os mesmos cálculos para todas as outras árvores sem raiz possíveis. A melhor estimativa da árvore verdadeira será aquela que tiver a maior probabilidade (ou máxima verossimilhança) de ocorrer. Usando-se dados como os que foram utilizados em parcimônia na Figura 15.14, geralmente o resultado de máxima verossimilhança seria o mesmo. Se o valor de p no modelo de mudanças evolutivas é pequeno, as árvores que exigem maior número de eventos evolutivos também serão as menos prováveis.

Leitura adicional: Swofford *et al.* (1996), Page e Holmes (1998), Graur e Li (2000).

prontamente a informação sobre as taxas de evolução. No modelo simples usado no Quadro 15.2, a chance de qualquer mudança evolutiva era a mesma, *p*. Mas o mesmo procedimento pode ser usado em modelos mais complexos, que tenham vários parâmetros para descrever a evolução. A análise filogenética por máxima verossimilhança pode usar ainda outra informação: a taxa de evolução pode variar entre espécies, entre genes ou ao longo do tempo. A máxima verossimilhança é uma estrutura muito ampla. Ela também tem algumas outras vantagens. Por exemplo, ela oferece uma probabilidade exata para uma árvore sem raiz, o que simplifica as comparações quantitativas entre árvores. Podemos dizer que uma árvore é tanto por cento mais provável do que outra. Esse tipo de comparações quantitativas não é tão simples com a técnica de parcimônia.

15.9.6 Os métodos de distância, parcimônia e máxima verossimilhança são utilizados, mas sua popularidade mudou ao longo do tempo

Os usos dos métodos de distância, de parcimônia e de máxima verossimilhança, nessa ordem, exigem quantidades de dados e poder de computação cada vez maiores. Em parte por causa disso, a seqüência histórica na pesquisa filogenética foi do uso dos métodos de distância, empregados desde os anos pioneiros do final da década de 1960 até os primórdios da década de 1980, para o aumento do uso da parcimônia, do final da década de 1970 até a década de 1990, até o uso cada vez maior da máxima verossimilhança durante a década de 1990 e neste século XXI. Hoje, é provável que a máxima verossimilhança seja o método de filogenética molecular mais amplamente usado.

Taxas evolutivas variáveis perturbam os métodos de distância

Entretanto, muitos biólogos ainda usam e defendem os métodos de parcimônia e de distância. Alguns deles acham que as moléculas evoluem, basicamente, como um relógio, querendo dizer com isso que os métodos de distância geralmente darão a resposta certa, sendo desnecessárias as sofisticações da parcimônia e da máxima verossimilhança. Mas se umas linhagens evoluem mais rápido do que outras, os métodos de distância desconsideram isso – por causas bem semelhantes às que fazem com que similaridades fenéticas simples dêem respostas erradas quando comparamos aves, crocodilos e lagartos (ver Figura 15.6). A parcimônia e a máxima verossimilhança têm menos probabilidade de erros.

Os cladistas preferem a parcimônia

A parcimônia tem uma relação especialmente próxima com os métodos cladísticos. Estes, que foram examinados na primeira parte do presente capítulo, têm uma lógica quase igual à do princípio da parcimônia. A parcimônia conta os eventos evolutivos e cada evento gera uma nova condição de caráter derivada. O uso de homologias em vez de homoplasias, e das homologias derivadas em vez das ancestrais, corresponde ao princípio da parcimônia. Métodos como as comparações extragrupais (Seção 15.6.1) são meras aplicações da parcimônia. Por isso, não é coincidência que o uso da parcimônia na inferência filogenética e da cladística na sistemática tenha crescido *pari passu* de 1980 em diante. (O Capítulo 16 retoma a sistemática cladística.)

A quantidade absoluta de dados de DNA atualmente disponível e o aumento da capacidade de computação tornam a máxima verossimilhança (justificadamente) o método mais poderoso na biologia moderna. Entretanto, seu uso ainda está seriamente limitado pela capacidade dos computadores (por motivos que retomaremos na Seção 15.11.2).

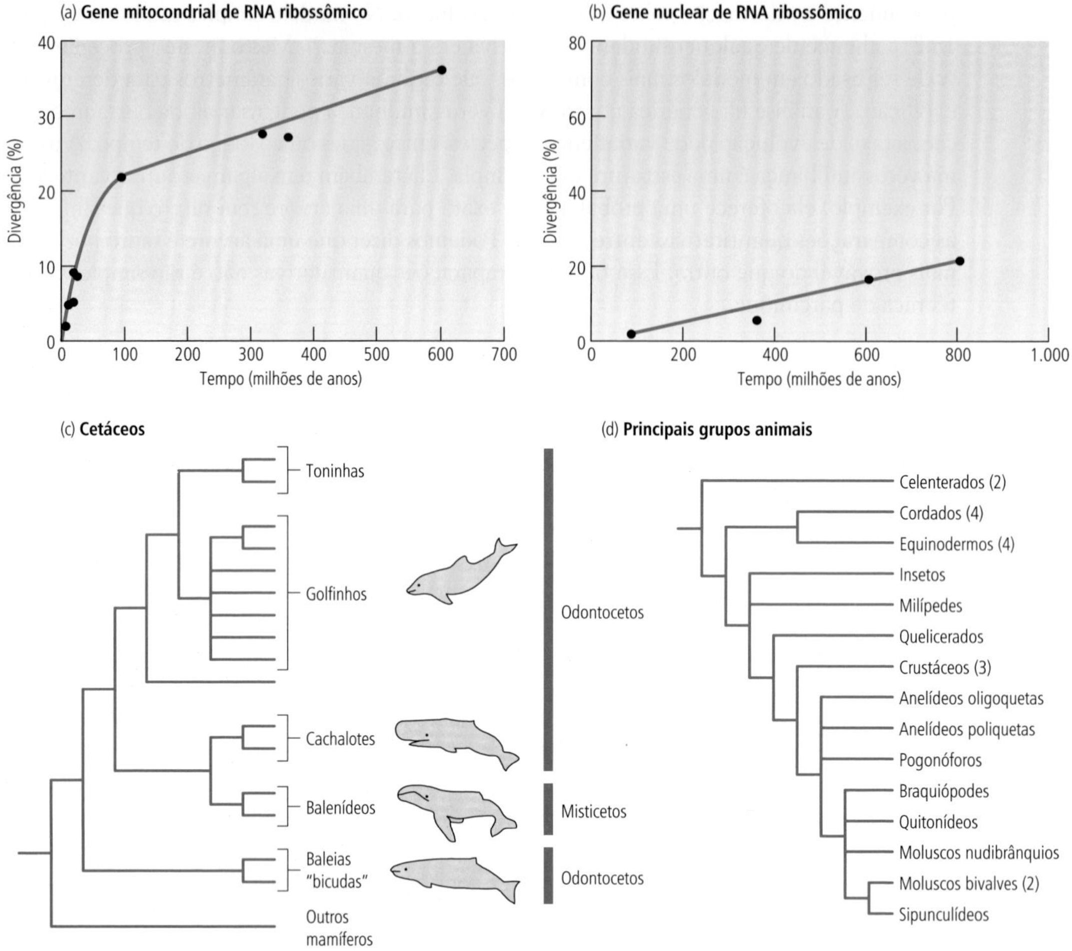

Figura 15.16

Confrontando as moléculas com o problema filogenético. Os genes mitocondriais de RNA ribossômico (a) evoluem mais rapidamente do que os nucleares (b). Os vários pontos referem-se a duplas de espécies, para as quais os dados dos ancestrais comuns podem ser estimados a partir de fósseis. Os gráficos são interrompidos (em cerca de 33% de divergência) devido às múltiplas substituições no mesmo sítio. (c) Filogenia dos golfinhos e das baleias, utilizando genes mitocondriais de rRNA; a raiz mais profunda tem cerca de 35 milhões de anos. (d) Relações entre os principais grupos animais, conforme genes nucleares de rRNA; a raiz mais profunda tem, provavelmente, mais de 600 milhões de anos. Redesenhada de Mindell e Honeycutt (1990); (a) e (b), de Milinkovitch *et al.* (1993), (c) e de Lake (1990) (d), com permissão das editoras.

15.10 A filogenética molecular em ação

15.10.1 Moléculas diferentes evoluem em taxas diferentes, e a evidência molecular pode ser sintonizada para resolver problemas filogenéticos específicos

Proteínas diferentes e segmentos de DNA evoluem em taxas diferentes (Tabela 7.1, p. 191) e podem ser usados como relógios com ponteiros que giram em velocidades diferentes. Se você usar uma molécula de evolução rápida para um grupo antigo, ela terá "girado" muitas vezes durante a filogenia e, quando muitas mudanças no mesmo sítio se tornam comuns, perde-se a informação filogenética sobre similaridades das seqüências – um cronômetro que tivesse apenas o ponteiro dos segundos seria inútil para comparar a duração de uma mesma aula, quando ministrada por diferentes professores. Da mesma forma, as moléculas que evoluem lentamente são inúteis para a resolução fina da filogenética, porque não teriam mudado o suficiente.

Genes de RNA ribossômico são amplamente usados em filogenética molecular

Os genes de RNA ribossômico são especialmente úteis para a reconstituição de filogenias porque são encontrados em quase todas as espécies: eles estão presentes no DNA mitocondrial e no nuclear. Os genes mitocondriais evoluem mais rapidamente do que os nucleares (Figura 15.16a e b), e os genes mitocondriais de rRNA são úteis para resolver problemas filogenéticos na faixa dos 10 a 100 milhões de anos, enquanto os genes nucleares de rRNA, de evolução mais lenta, são úteis na faixa das centenas de milhões de anos.

Por isso, quando Milinkovitch *et al.* (1993) procuraram resolver a filogenia dos golfinhos e das baleias, cujo documentário fóssil sugeria terem se originado há menos de 35 a 40 milhões de anos, os genes mitocondriais de rRNA foram apropriados (Figura 15.16c).

Em contraste, a Figura 15.16d apresenta os resultados do estudo de Lake (1990) sobre os principais grupos do reino animal. Eles se originaram há cerca de 1 bilhão de anos (Seção 18.4, p. 557) e os genes nucleares de rRNA foram as moléculas apropriadas para o problema. Alguns dos padrões de ramificação dos resultados de Lake têm sido contestados, mas o ponto principal é que são necessárias moléculas de evolução lenta para inferir as relações filogenéticas em tal grau de antiguidade.

15.10.2 Agora as filogenias moleculares podem ser produzidas rapidamente e são usadas na pesquisa médica

As populações humanas são reiteradamente infectadas com doenças novas ou que parecem novas. Muitas delas são causadas por vírus. Na década passada, a filogenética molecular tornou-se um componente-chave dos programas de pesquisas médicas para identificar cada doença nova e de onde ela surgiu. O HIV, por exemplo, apareceu como uma misteriosa doença no princípio da década de 1980. Desde então, muitas cópias do vírus e de vírus correlatos foram seqüenciadas. A Figura 15.17 apresenta uma filogenia do HIV, que embasa a sugestão de que o HIV-1 ingressou nas populações humanas, talvez mais de uma vez, vindo do chimpanzé, e de que o HIV-2 veio dos macacos mangabeys fuliginosos*. O relógio molecular pode ser usado para estimar a data em que o vírus transitou entre as espécies, e Korber *et al.* (2000) estimam que o HIV-1 passou dos chimpanzés para os humanos na década de 1930.

A origem do HIV foi datada

Atualmente, os vírus que causam doenças novas são seqüenciados quase rotineiramente e a seqüência é analisada em um programa de filogenias. Podemos identificar a fonte e alguma coisa sobre a natureza de cada vírus de doença nova em poucos meses, ou semanas, após o surgimento da doença.

15.11 Vários problemas têm sido observados em filogenética molecular

Atualmente, a filogenética molecular é uma das mais ativas, ou talvez *a mais ativa*, das áreas de pesquisa em biologia evolutiva. Vários problemas surgiram nesse programa de pesquisa. Nenhum deles é insuperável e, nesta seção, examinaremos cinco dos principais problemas e como eles estão sendo enfrentados.

15.11.1 Pode ser difícil alinhar seqüências moleculares

Quando comparamos a mesma seqüência de DNA em duas espécies e contamos quantos nucleotídeos mudaram, precisamos ter certeza de que cada sítio, em uma espécie, correspon-

* N. de R. T. Gênero *Cercocebus*, de Madagascar.

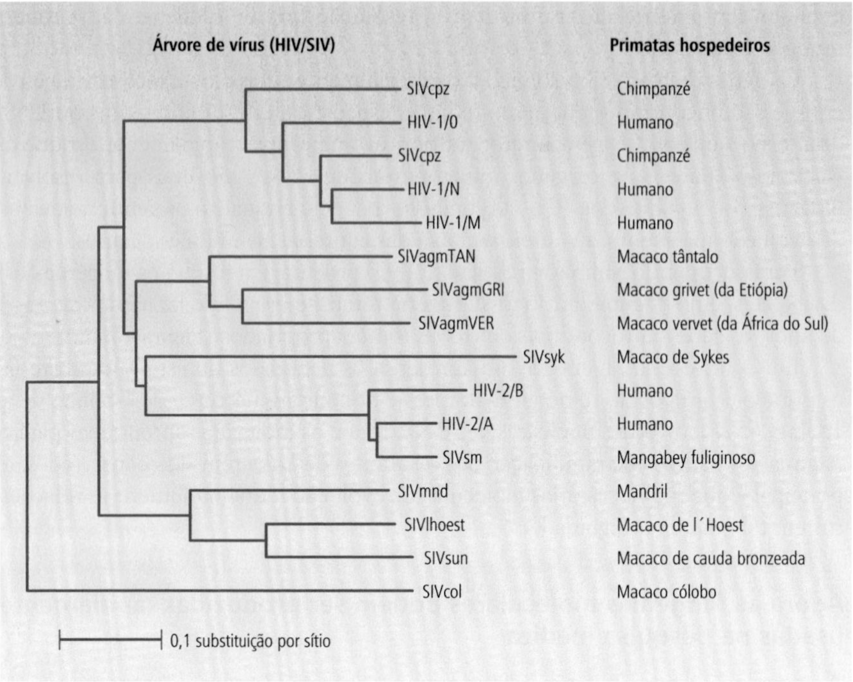

Figura 15.17

Árvore do vírus da imunodeficiência humana (HIV) e de outros vírus relacionados (SIV) que infectam outras espécies de primatas. A árvore foi construída usando-se seqüências de 38 aminoácidos do gene *pol*, por meio de um método filogenético chamado ligação com o vizinho (*neighbor joining*). (A árvore é cortesia do Dr. D. Robertson. Ver uma árvore semelhante e uma discussão mais extensa em Holmes [2000a].)

de ao mesmo sítio na outra. As duas seqüências precisam estar alinhadas corretamente. O alinhamento não consiste apenas em colocar as duas seqüências lado a lado. Em seqüências que normalmente têm mais de 100 nucleotídeos, há regiões que, durante a evolução, foram deletadas em certas espécies e acrescidas em outras, de modo que, em espécies diferentes, as mesmas seqüências não se alinham de modo simples, como se o nucleotídeo de número 39 de uma espécie correspondesse ao nucleotídeo de número 39 da outra. Há maneiras de lidar com esse problema, mas às vezes pode não dar certo. (Ver as referências na seção da leitura adicional, no final do capítulo.)

15.11.2 Pode haver um grande número de árvores para analisar

Nas Seções 15.9.4 e 15.9.5, vimos que é preciso pesquisar todas as árvores possíveis para encontrar a mais provável, ou mais parcimoniosa. O problema é que o número possível de árvores pode ser impossivelmente grande. Com quatro espécies, são possíveis três árvores com bifurcações, sendo fácil contar o número total de eventos envolvidos em todas elas. Com cinco espécies, porém, há 15 árvores possíveis. A fórmula geral para o número possível de árvores com bifurcações para *s* espécies é:

O número de árvores possíveis pode ser astronomicamente grande

$$\text{Número possível de árvores sem raiz} = \prod_{i=3}^{s}(2i-5)$$

O termo $\prod$ significa "produto": multiplicamos (isto é, obtemos o produto) de todos os termos possíveis entre parênteses. Com três espécies, $s = 3$ e só há um termo para multiplicar (de $i = 3$

até s, que também é 3); o termo entre parênteses quando $i = 3$ é 6-5 = 1 e, portanto, o número de árvores possíveis é um. Com $s = 4$, precisamos multiplicar aquele 1 pelo termo entre parênteses quando $i = 4$, que é 3; então, o número de árvores sem raiz para quatro espécies é 3 x 1 = 3. Com $s = 5$ o produto é 5 x 3 x 1 = 15, e assim por diante. O número de árvores possíveis aumenta explosivamente com o aumento do número de espécies. Com 50 espécies, há cerca de 3×10^{76} árvores sem raiz possíveis, e para as 30 milhões de espécies que supostamente vivem na Terra atualmente o número seria de cerca de $10^{300.000.000}$. Não há computador que possa pesquisar tal quantidade de árvores, sendo o limite máximo, na prática, de umas 25 espécies.

Os estudiosos de filogenias moleculares fazem distinção entre os "algoritmos" e os "critérios de otimização". A máxima verossimilhança e a parcimônia são exemplos de critérios de otimização, que dizem que a melhor árvore é a que contém o menor número de mudanças evolutivas. Um critério de otimização é aquele em que as genealogias possíveis podem ser todas comparadas entre si, sendo a melhor filogenia estimativa a que mais se aproxima do critério.[5] Os critérios de otimização incorrem no problema da pouca capacidade de procura dos computadores, porque todas as árvores precisam ser comparadas com o critério. Se o número de espécies é muito grande para que todas as árvores possam ser pesquisadas, a busca precisa ser feita por meio de um "algoritmo". Um algoritmo é uma regra sobre como procurar de uma árvore para a seguinte e determinar qual é a melhor. Eventualmente, ele encontrará uma árvore que é melhor do que todas as demais com as quais ela é comparada, mas ele só pesquisará um número limitado de árvores para atingir aquele fim.

Usam-se algoritmos para procurar uma subamostra de árvores

Veja esta analogia. Suponha que você está em São Paulo, explicando para alguém como encontrar o Rio de Janeiro. Um ótimo critério seria dizer "encontre a cidade brasileira que tem a segunda maior população". O infeliz que receber essa instrução terá de visitar todas as cidades do país e medir suas populações para ter certeza de que encontrou seu destino. (Estamos supondo que não haja qualquer outra fonte de informação.) Um algoritmo seria algo como "siga para leste até o litoral do Oceano Atlântico; vire à esquerda e siga pelo litoral, tendo o oceano à sua direita até encontrar uma cidade litorânea com mais de três milhões de habitantes". Agora só uma pequena proporção do Brasil terá de ser percorrida, e a conclusão será satisfatória, na medida em que não existem outras cidades, entre os pontos de partida e de chegada, que preencham os critérios.

Os algoritmos específicos usados em pesquisa filogenética foram constantemente melhorados nos últimos anos, e não entraremos em detalhes aqui. O que importa é que, quando procuram as árvores possíveis de um modo determinado, eles são vulneráveis a armadilhas pelos "ótimos locais". Um ótimo local é uma árvore que aparenta ser a melhor possível na comparação com as outras árvores que o algoritmo investiga, mas, na verdade, ela é menos parcimoniosa do que outras árvores de partes diferentes do âmbito das árvores possíveis. Uma solução prática para esse problema é aplicar várias vezes o algoritmo ao conjunto de seqüências, começando cada aplicação em um ponto de partida diferente do "espaço de árvores". Se todas as aplicações convergirem para a mesma resposta, isso é uma forte indicação de que aquela é a árvore mais parcimoniosa. Entretanto, a obtenção de resultados conflitantes pode sugerir que, de algum modo, a evidência é inadequada.

Os algoritmos podem ser enganados pelos "ótimos locais"

Um estudo clássico em humanos, utilizando DNA mitocondrial, ilustra o problema (Vigilant *et al.*, 1991). A Figura 15.18 é um diagrama ramificado de 135 tipos mitocondriais humanos. (Um tipo mitocondrial é uma determinada seqüência mitocondrial. Foram se-

[5] Formalmente, poderíamos dizer que o critério de otimização por parcimônia é a ausência de mudanças evolutivas: a melhor árvore é aquela que, dentre todas as árvores possíveis, mais se aproxima de ter zero mudanças evolutivas. Note-se que isso não é o mesmo que dizer que se espera que qualquer árvore *tenha* zero de mudanças: sabemos que a evolução aconteceu. Ele é um critério formal quanto à lógica, e não uma teoria sobre a realidade.

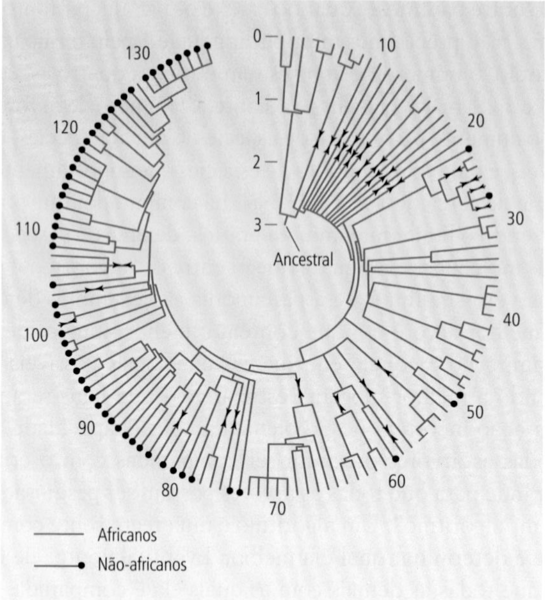

Figura 15.18

Relações filogenéticas em *Homo sapiens*, reveladas pelo DNA mitocondrial. Cada uma das 135 extremidades é um tipo de DNA mitocondrial; esses 135 tipos provêm de 189 pessoas. A filogenia sugere que os humanos se originaram na África e que houve sucessivas colonizações a partir daquela fonte. Ela se baseia em seqüências da região controladora, na mitocôndria, que evolui 4 a 5 vezes mais rapidamente do que a média de toda a mitocôndria. Os 135 tipos têm as seguintes origens étnicas: pigmeus do oeste (1, 2, 37-48), pigmeus do leste (4-6, 30-32, 65-73), Kung (7-22), afro-americanos (3, 27, 33, 35, 36, 59, 63, 100), iorubas (24-26, 29, 51, 57, 60, 63, 77, 78, 103, 106, 107), australianos (49), herreros (34, 52-56, 105, 127), asiáticos (23, 28, 58, 74, 75, 84-88, 90-93, 95, 98, 112, 113, 121-124, 126, 128), papuas da Nova Guiné (50, 79-82, 97, 108-110, 125, 129-135), Hadza (61, 62, 64, 83), naros (76) e europeus (89,94, 96,99,101,102,104,111,114-120). Os procedimentos computacionais para calcular a árvore mais parcimoniosa, com 135 unidades, são imperfeitos e a árvore apresentada é apenas uma de várias possibilidades. A árvore foi inferida com o uso de PAUP e enraizada a partir do chimpanzé. As setas indicam os ramos em que foi inferida a ocorrência de mudanças. Reproduzida de Vigilant *et al.* (1991), com permissão. © 1991 American Association for the Advancement of Science.

qüenciadas as mitocôndrias de 189 pessoas e, como o estudo compreendia 189 indivíduos e 135 tipos mitocondriais, cada extremidade, na filogenia, representa um só ou uns poucos seres humanos.) O número possível de genealogias com 135 pontas é astronômico e não se podem pesquisar todas. O resultado da Figura 15.18 é o obtido após a aplicação de um algoritmo de parcimônia, que tem várias propriedades interessantes. Uma é que o ramo mais profundo é o africano; ele tem tipos mitocondriais africanos de um lado e uma mistura de tipos mitocondriais africanos e não-africanos do outro, implicando o fato de que a raiz da árvore foi um indivíduo que viveu na África. Isso, sem dúvida, faz parte da evidência de que os humanos atuais têm ancestralidade africana (embora a evidência principal seja a proveniente dos fósseis).

Outro resultado interessante é que os tipos mitocondriais não se agrupam do modo que se poderia esperar. Observe, por exemplo, os iorubas. A legenda indica quais os números da figura são tipos mitocondriais iorubanos; eles estão espalhados pela filogenia, embora todos os iorubas vivam na Nigéria; da mesma forma, os papuas da Nova Guiné não formam um grupo distinto. A causa disso poderia ser que nossas expectativas simplórias estão erradas – mas o mais provável é que a árvore não seja confiável. Ela é um "ótimo local". Ela parece ser a

... como ocorreu em um estudo da filogenia humana

árvore mais parcimoniosa, porque só foi comparada com árvores que se assemelham a ela, e não com árvores bem-diferentes dela. Quando o programa foi reaplicado, começando em regiões diferentes do âmbito de árvores, foram encontradas muitas outras árvores que eram mais parcimoniosas do que a da Figura 15.18. Algumas tinham profundas raízes africanas, outras não, e as diversas árvores apresentavam vários tipos de agrupamento das populações humanas (Templeton, 1993).

Em resumo, quando o número de espécies (ou de outros táxons) nas extremidades de uma filogenia é grande, o número de filogenias possíveis pode ser grande demais para que se possa pesquisar todas. Os algoritmos usados para escolher entre árvores geralmente são confiáveis, mas não infalíveis. O principal perigo é de o algoritmo ficar encurralado em um ótimo local – uma árvore que, em comparações locais, parece ser a melhor estimativa da árvore verdadeira, mas que, na verdade, não é a melhor estimativa dentre todas as árvores possíveis.

15.11.3 As espécies de uma filogenia podem ter divergido pouco ou muito

Um conjunto de espécies pode sofrer mudanças de menos...

Vimos (Seções 15.9.3 e 15.10.1) como é necessária uma molécula que tenha evoluído em um ritmo apropriado à filogenia sob análise. A filogenética molecular pode sofrer dificuldades se as moléculas ainda não se separaram bem, evolutivamente, entre as espécies, ou se houve demasiada diferenciação evolutiva e todos os sítios estão "saturados" pela mudança. Nos termos da Figura 15.13, o volume de mudanças nem deve ser tão pequeno que mantenha todos os dados próximos da origem, nem tão grande que os coloque na parte "nivelada" (região III) do gráfico.

Os dados de Vigilant *et al.* (1991) ilustram o problema da pouca mudança evolutiva. A Figura 15.18 tem 135 extremidades, mas somente 119 mudanças para distinguir entre alternativas de árvores. As relações entre populações humanas são mais bem resolvidas por meio das partes de nosso DNA, que evoluem mais rapidamente (Cavalli-Sforza, 2000).

... ou demais, para inferência filogenética

O problema oposto, de excesso de mudanças, surge nas formas de vida de evolução rápida, tais como os vírus de RNA. Provavelmente é impossível recuperar a filogenia dos diferentes tipos de vírus de RNA tais como o HIV, o vírus da gripe e o vírus da pólio. Podemos encontrar a filogenia de diferentes linhas do HIV ou do vírus da gripe, mas as relações entre esses tipos principais são mais incertas (Holmes *et al.*, 1996). Da mesma forma, é muito difícil recuperar as filogenias das formas de vida cujos ancestrais comuns são muito antigos. Não há moléculas que evoluam com lentidão suficiente para revelar a relação de 3 bilhões de anos entre os três principais domínios da vida – Archaea, Bacteria e Eukarya. Nesse caso, ainda há mais o problema da transferência horizontal de genes. Os genes parecem movimentar-se com relativa rapidez entre as bactérias e mesmo entre arqués e bactérias. É possível, até, que Archaea, Bacteria e Eukarya nem tenham uma filogenia normal, em forma de árvore. Alguns genes bacterianos podem estar mais próximos aos das arqués e outros podem estar mais próximos aos dos eucariotos. A verdadeira filogenia seria, então, uma rede anastomosada em vez de uma árvore ramificada (Figura 15.19).

15.11.4 Diferentes linhagens podem evoluir em taxas diferentes

A filogenética molecular é mais confiável para moléculas que evoluem em uma taxa aproximadamente constante, como um relógio molecular. A inferência filogenética torna-se mais difícil se algumas linhagens evoluem rapidamente e outras lentamente. Nesse caso, os métodos estatísticos tornam-se confusos por dois problemas relacionados. Um foi visto no caso do lagarto-ave-crocodilo (ver Figura 15.6): as linhagens que retêm muitas homologias ancestrais podem ser colocadas juntas em uma genealogia, mesmo nem sendo relaciona-

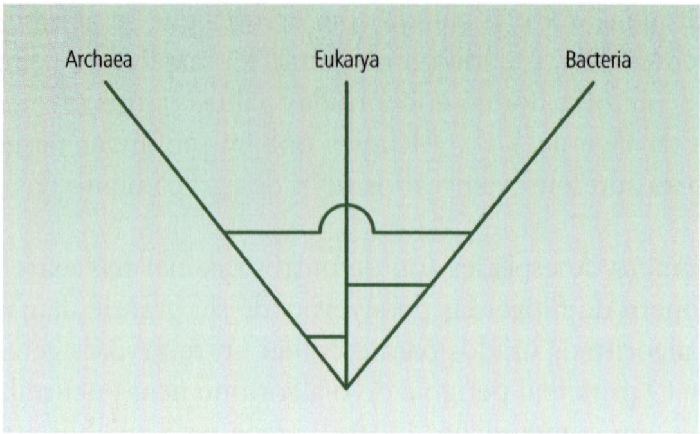

Figura 15.19

Transferência gênica horizontal entre linhagens significa que não existe uma árvore filogenética única. Alguns genes de eucariotos têm um ancestral comum mais recente com genes de Bacteria do que de Archaea; outros genes eucariotos têm um ancestral comum mais recente com genes de Archaea do que de Bacteria. Os biólogos discordam quanto ao volume de transferência de genes entre os principais domínios da vida e quanto à existência de uma árvore bem-definida, comum a esses três domínios.

das. Esse é um problema importante para os métodos de distância, que não distinguem as similaridades ancestrais das derivadas. A parcimônia e a máxima verossimilhança não seriam enganadas pela similaridade ancestral. Entretanto, elas podem sofrer um segundo problema, chamado de *atração pelo ramo longo* (Figura 15.20). Em média, dois ramos longos serão semelhantes em 25% e poderiam assemelhar-se em mais de 25%, por acaso. Eles podem ser mais parecidos do que ramos curtos e serão postos juntos na filogenia. O problema pode ser superado por meio do descarte de espécies em que a evolução foi excepcionalmente rápida, ou por meio da análise de espécies novas que "quebram" os ramos longos (Hillis, 1996).

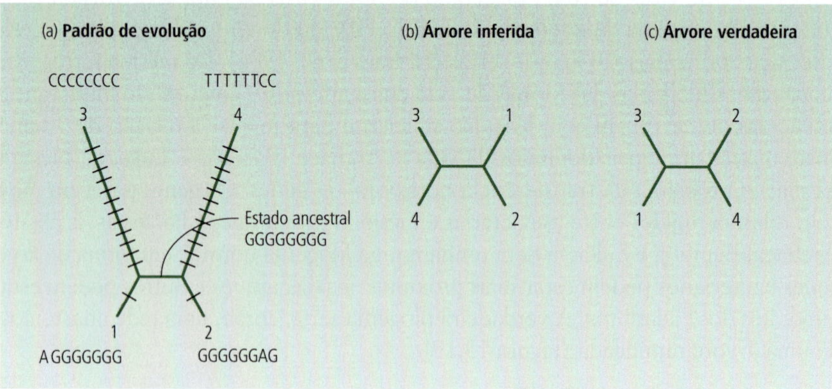

Figura 15.20

Atração pelo ramo longo. (a) As linhagens que levam às espécies 3 e 4 evoluíram rapidamente. As marcas ao longo dessas duas linhagens indicam um grande número de mudanças evolutivas, de modo que todos os sítios estão saturados de golpes múltiplos. As seqüências, nas espécies 3 e 4 irão assemelhar-se em 25%, por acaso (ver Figura 15.13). As linhagens que levam às espécies 1 e 2 mudaram pouco. Nesses casos, muitos métodos de inferência são capazes de concluir (b) que as espécies 3 e 4 são mais próximas do que (c) a árvore verdadeira. A maior parte da similaridade entre as espécies 1 e 2 é ancestral e ignorada na inferência filogenética: excluindo-se os Gs da condição ancestral, as espécies 1 e 2 têm similaridade zero. As espécies 3 e 4 apresentam 25% de similaridade. A aplicação de parcimônia (ver Figura 15.14), por exemplo, demonstrará que (b) é mais parcimonioso do que (c).

15.11.5 Os genes parálogos podem ser confundidos com os ortólogos

Na evolução, houve grande quantidade de duplicações gênicas. Nossos genomas contêm várias versões estreitamente relacionadas de genes, como os das globinas e os das imunoglobulinas. O conjunto de genes estreitamente relacionados constitui uma família de genes; algumas famílias de genes consistem em um agrupamento de genes ligados, enquanto os genes de outras famílias estão dispersos pelos cromossomos. Na evolução, cada família de genes surgiu por meio de uma série de duplicações gênicas. Quando comparamos famílias de genes entre espécies, o termo homologia é muito grosseiro. Precisamos distinguir entre *ortólogos* – em um conjunto de duplicatas, são duas cópias do mesmo gene, do mesmo loco – e *parálogos* – dois genes em locos diferentes, produzidos por uma duplicação (Figura 15.21).

A ortologia e a paralogia são formas diferentes de homologia

Para a filogenética molecular, o problema está no fato de que é fácil confundir ortólogos com parálogos. A inferência filogenética tem de ser baseada em genes ortólogos, mas às vezes pode haver perda de genes durante a evolução e podemos ser enganados e comparar genes parálogos. A Figura 15.22 mostra como isso pode levar a erros.

As árvores de genes podem diferir das árvores de espécies

Os biólogos evolutivos descrevem esse problema ao dizer que a árvore gênica difere da árvore de espécies. A árvore de genes (também chamada genealogia dos genes) mostra a história evolutiva dos genes em uma família de genes. Os eventos de ramificação tanto podem ser duplicações gênicas como eventos de especiação[6]. A árvore de espécies é a filogenia, nos termos do presente capítulo. Os eventos de ramificação correspondem a especiações no passado. A "filogenia" na metade inferior da Figura 15.22 descreve com precisão a história dos genes: nas espécies 1 e 2, o ancestral comum aos parálogos está mais distante do que o dos ortólogos. A dificuldade é que a história desses genes não é a mesma que a história das

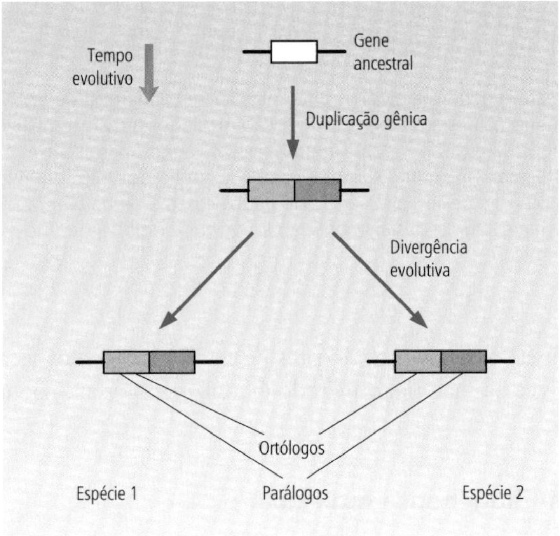

Figura 15.21

Ortólogos e parálogos são dois tipos de homologia entre genes. No caso, um gene duplicou-se no passado. Nas espécies 1 e 2, os genes descendentes de uma mesma cópia do gene duplicado são ortólogos; os descendentes de cópias diferentes do gene duplicado são parálogos. Se a divergência evolutiva tivesse ocorrido dentro de uma espécie, os termos deveriam ser aplicados às diferentes formas intra-específicas, em vez de às duas espécies, como está ilustrado aqui.

[6] Ou o estabelecimento de um polimorfismo intra-específico. Assim, a comparação na Figura 15.22 seria entre duas formas de uma espécie em vez de entre a espécie 1 e a espécie 2.

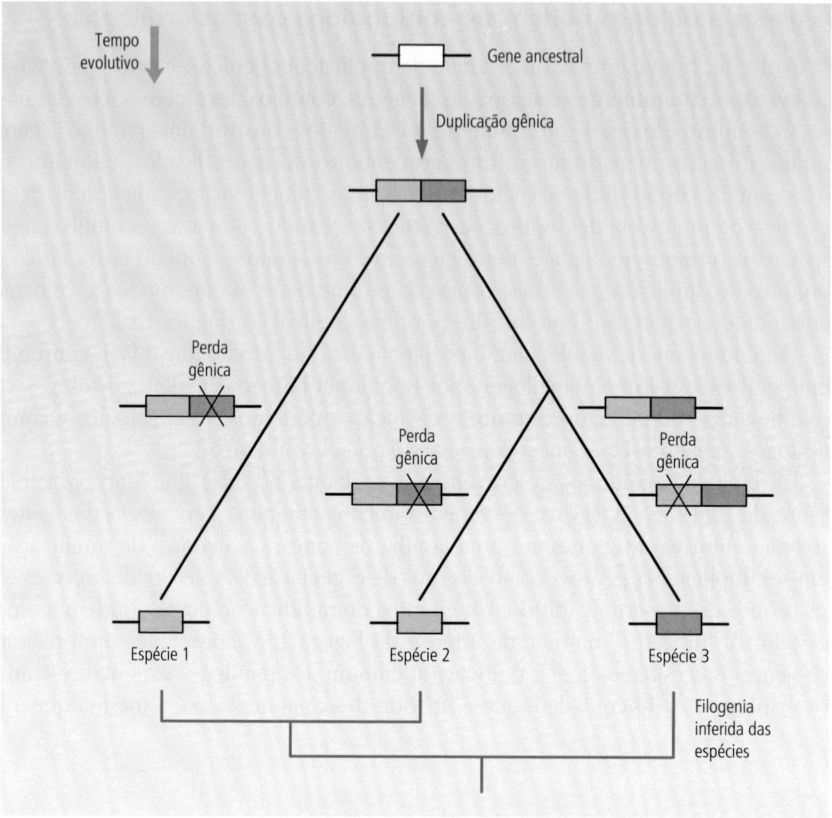

Figura 15.22

Inferência filogenética errônea por comparação entre genes parálogos. Diferentes cópias da família de genes foram perdidas em diferentes linhagens. Os genes remanescentes nas espécies 1 e 2 são ortólogos e mais semelhantes entre si do que cada um deles é com os genes parálogos da espécie 3. Não sabemos que os genes, nas espécies 1 a 3, são uma mistura de ortólogos e parálogos. Um problema semelhante surge se os genes duplicados não foram perdidos, mas deixaram de ser seqüenciados; nesse caso, o erro é devido à ausência de dados e não à perda gênica. (Pressupõe-se que as duas cópias do gene duplicado tendem a evoluir separadamente ao longo do tempo, enquanto os ortólogos permanecem mais constantes em espécies diferentes.)

espécies. Em inferência filogenética, usamos as árvores de genes para inferir as árvores das espécies. Em muitos casos, talvez na maioria, o método é confiável; porém, não é em todos, como a Figura 15.22 ilustra.

15.11.6 Conclusão: problemas em filogenética molecular

Esta seção concentrou-se nos problemas da filogenética molecular. Entretanto, isto não significa que a filogenética molecular é um programa fraco ou mais incerto do que a média. Na verdade, o interesse dos biólogos em saber o que pode haver de errado com ele é justamente porque a filogenética molecular é um programa de pesquisa muito florescente. Uma vez identificadas as áreas problemáticas, podemos pesquisar os meios de consertar ou evitar os problemas – ou de não sermos enganados por resultados falsos. Todos os problemas aqui examinados são toleráveis, causando dificuldades locais e temporárias na filogenética molecular. Mas não são problemas gerais e insidiosos que possam minar o empreendimento como um todo.

15.12 Os genes parálogos podem ser usados para enraizar árvores sem raízes

A raiz de uma árvore...

A posição da raiz em uma árvore sem raiz pode ser inferida por meio de qualquer um dos métodos cladísticos de determinação de polaridade de caráter (Seção 15.6). A comparação com um grupo externo é a mais usada, mas não pode ser usada em todos os casos – podemos estar inseguros quanto a que espécie usar como grupo externo, ou grupos externos diferentes podem dar respostas diferentes, ou podem faltar evidências sobre as condições do caráter (ou sobre as seqüências moleculares) do grupo externo. No caso único da raiz principal da vida não existe grupo externo. Se quisermos encontrar a raiz da árvore dos três domínios vitais (Archea, Bacteria e Eukarya) – em que se agrupa toda a vida celular –, não podemos fazê-lo por comparação com um grupo externo. (Os vírus não podem ser usados como grupo externo porque evoluem muito rápido e todos eles, é provável, evoluíram recentemente – eles não pertencem a um ramo mais profundo, situado abaixo do ancestral comum aos três domínios.)

... pode ser inferida pelo enraizamento dos parálogos

A filogenética molecular agregou um novo método de enraizar árvores (e, assim, encontrar as polaridades de caráter). Sua beleza é que ele funciona internamente, na própria árvore sem raiz; ele não requer que encontremos dados externos tais como um grupo externo. O método é chamado de *enraizamento do parálogo.*

O método funciona da seguinte maneira (Figura 15.23b). Precisamos ter um gene que tenha se duplicado antes da origem do táxon que estamos estudando. Construímos, então, uma árvore de genes sem raiz, com todas as cópias desse gene. Com um gene duplicado, em quatro espécies, a árvore gênica sem raiz tem oito extremidades (Figura 15.23b). Ambos os genes do par duplicado evoluíram pela mesma árvore e é provável que essa árvore gênica tenha a forma de uma "imagem especular". Dessa única árvore podemos inferir que a raiz está situada no longo braço que une as duas subárvores especulares. Agora sabemos onde está a raiz da árvore de espécies (Figura 15.23c).

O método foi usado para enraizar as angiospermas

O enraizamento do parálogo foi aplicado pela primeira vez ao problema da raiz principal de toda a vida (isto é, a árvore de Archaea–Bacteria–Eukarya). Mas o problema é de difícil solução, por causa da saturação. O ancestral comum a toda a vida celular viveu há 3,5 a 4 bilhões de anos atrás. As diferenças moleculares entre Archaea, Bacteria e Eukarya situam-se na difícil região II ou na impossível região III da Figura 15.13. Podemos examinar uma aplicação mais bem-sucedida do enraizamento de parálogo, a filogenia das angiospermas (Mathews e Donoghue 1999). As angiospermas são o grupo de plantas mais conhecido como o das plantas com flores. As comparações com grupos externos tendem a produzir resultados ambíguos nas angiospermas. A Figura 15.24 apresenta os resultados de Mathews e Donoghue, com a utilização do enraizamento de parálogo. A árvore com raiz tem a *Amborella* (uma única espécie, da Nova Caledônia) formando um ramo exclusivo, partindo da raiz. O segundo ramo mais profundo é o dos lírios aquáticos. O exame cuidadoso das duas imagens especulares mostra uns poucos e pequenos pareamentos, malfeitos não mais do que o esperado das incertezas da inferência filogenética. No geral, as duas subárvores têm as ramificações em uma ordem impressionantemente parecida. O enraizamento de parálogos proporcionou um importante enfoque novo à filogenia das angiospermas, e o método pode ser aplicado onde quer que haja disponibilidade de seqüências moleculares de genes duplicados (com volumes apropriados de divergência) em um grupo de espécies.

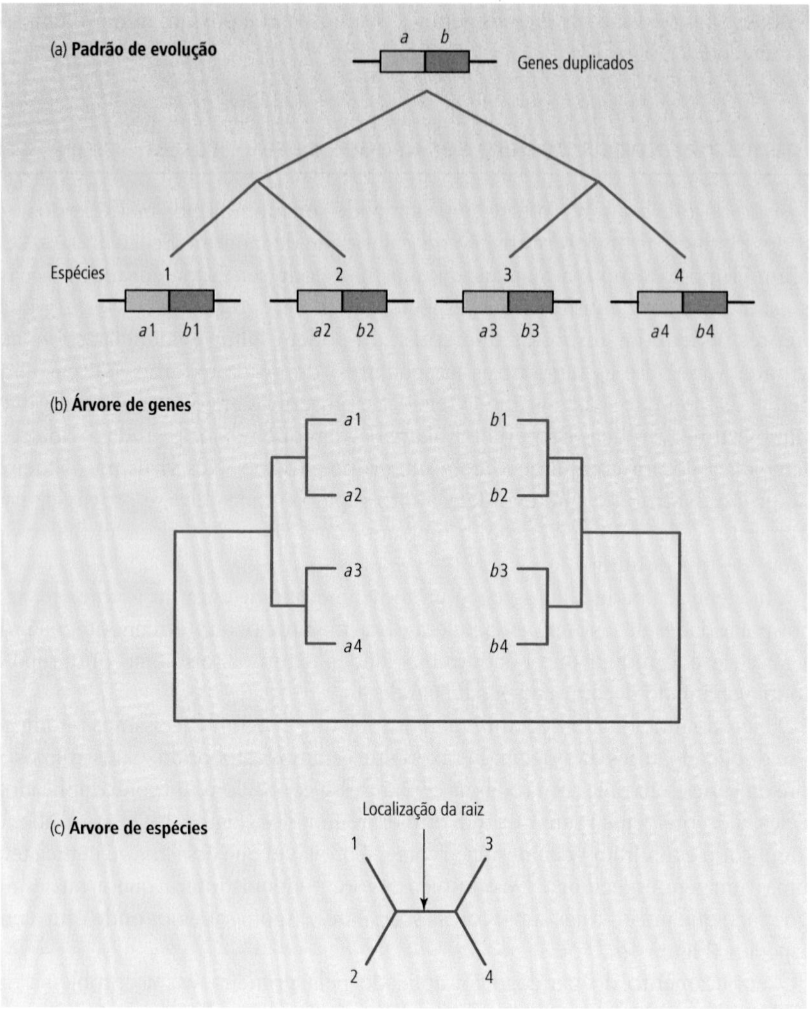

Figura 15.23

Enraizamento de parálogo. (a) Um gene duplica-se em duas cópias, em locos diferentes. Então a espécie evolui em quatro espécies descendentes, cada uma delas com cópias dos dois genes. (b) Usam-se as seqüências moleculares dos oito genes para inferir a árvore gênica sem raiz. Ela foi esquematizada para mostrar a lógica do método, com dois conjuntos de quatro genes organizados como imagens especulares. Em uma árvore mais convencional, os oito genes seriam descritos ao longo da página. Na árvore ilustrada, infere-se que a raiz está no braço longo que une as duas subárvores especulares. (c) Desse modo, se temos uma árvore de espécies sem raiz, podemos usar o padrão em (b) para inferir onde ela deve estar. A resposta está correta: ela é concordante com o verdadeiro padrão de evolução em (a).

15.13 A evidência molecular enfrentou com sucesso a evidência paleontológica na análise das relações filogenéticas humanas

É sempre interessante quando duas linhas de evidência independentes, de campos muito diferentes, são aplicadas à mesma questão. Esta seção examina o conflito entre a evidência fóssil e a evidência molecular em relação ao tempo de origem da linhagem evolutiva humana.

O macaco fóssil *Rhamapithecus*...

O "*Rhamapithecus*" (que hoje é classificado no gênero *Sivapithecus*) é um grupo de macacos fósseis que viveu há cerca de 9 a 12 milhões de anos. Até fins da década de 1960, quase todos os paleoantropólogos pensavam que o *Rhamapithecus* era um hominí-

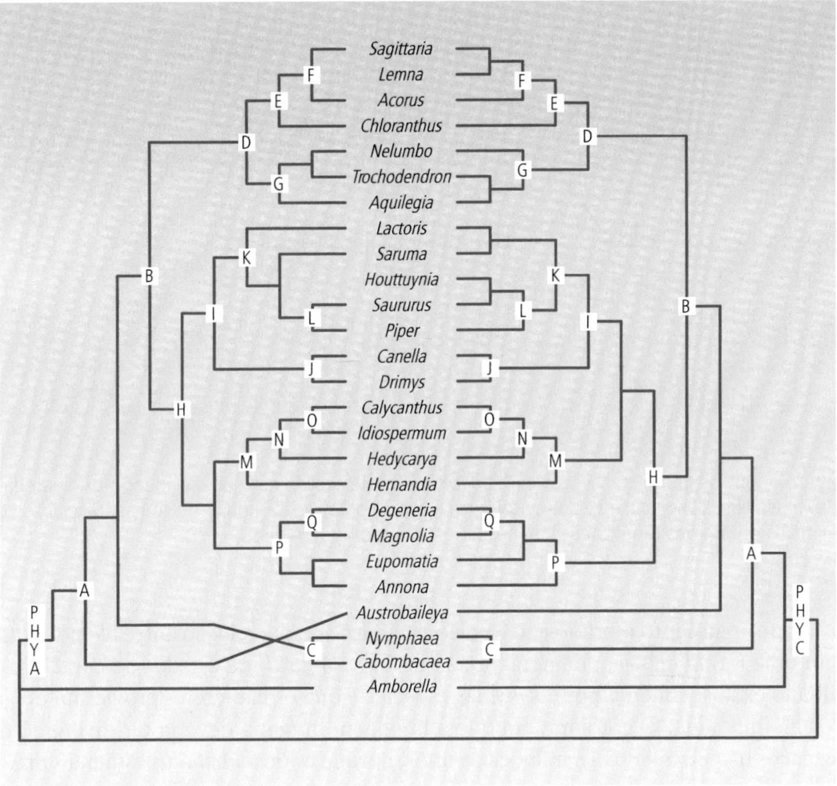

Figura 15.24

A árvore enraizada das angiospermas, inferida por enraizamento de parálogo. As espécies de plantas com flores estão escritas na parte central. A subárvore da esquerda baseia-se em seqüências do gene do fitocromo A e a subárvore da direita nas seqüências do gene do fitocromo C. Os dois genes são parálogos. As duas "subárvores" estão conectadas por um braço longo na parte inferior da figura. A árvore está disposta dessa maneira, com duas subárvores especulares pelo mesmo motivo explicado na Figura 15.23. Infere-se que a raiz esteja no braço longo, na parte de baixo. A correspondência entre as subárvores com os dois genes, é impressionante: os nós que são os mesmos nas duas subárvores estão indicados por letras maiúsculas. Os nós não-identificados são os que não se correspondem exatamente nas duas. A árvore foi inferida por parcimônia. Ligeiramente modificada de Mathews e Donoghue (1999), com permissão da editora.

neo: isto é, que estava mais próximo do *Homo* do que dos chimpanzés e dos gorilas (Figura 15.25a). (Os hominóides [formalmente, a superfamília Hominoidea] formam o grupo de todos grandes macacos, incluindo os humanos; os hominíneos [formalmente a subfamília Homininae] são o grupo mais restrito do *Homo e* australopitecíneos.) *Rhamapithecus* e *Homo* aparentemente compartilhavam várias características derivadas. Por exemplo, o *Homo* tem a arcada dentária arredondada, "parabólica", enquanto o chimpanzé tem uma arcada mais em ponta. Inicialmente, pensou-se que a arcada dentária do *Rhamapithecus* tivesse forma semelhante à do *Homo*. Em segundo lugar, pensava-se que os dentes caninos do *Rhamapithecus* fossem relativamente diminuídos, em comparação com os demais dentes, como no *Homo* e diferentemente dos chimpanzés (nos quais os caninos são grandes, sobretudo nos machos). Em terceiro lugar, pensava-se que *Homo* e *Rhamapithecus* compartilhavam, como condição derivada, um espessamento na camada de esmalte dentário, diferente da camada mais fina existente nos demais macacos (e que supunha ser uma condição ancestral dos Homininae).

... usado para ser ligado aos humanos por vários caracteres...

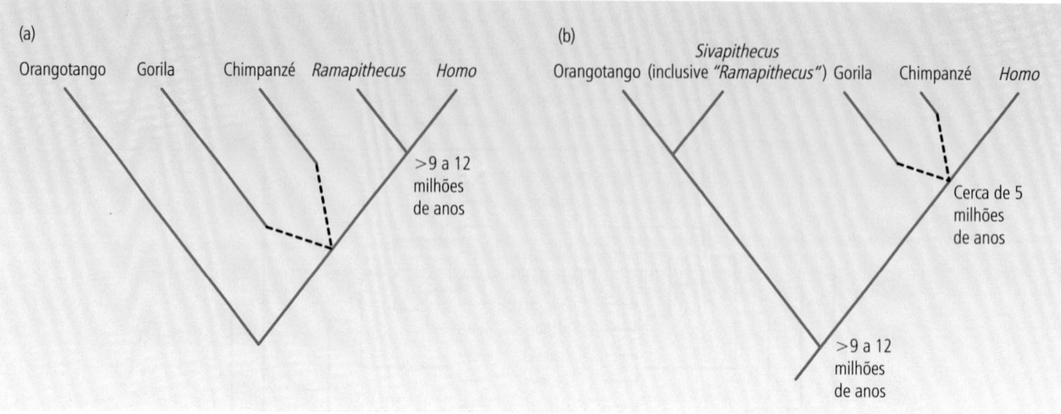

Figura 15.25

Relações entre *Homo*, outros grandes macacos e *Rhamapithecus*, de acordo com (a) a evidência original, paleontológica e morfológica e (b) evidência molecular (e paleontológica e antropológica revisadas). (As linhas tracejadas correspondem a incertezas quanto à ordem das ramificações de humanos–chimpanzés–gorilas.)

... implicando uma origem antiga para os humanos

Esse argumento morfológico e paleontológico sobre a relação entre *Homo* e *Rhamapithecus* tem uma forma clássica: demonstra-se que um conjunto de estados de caracteres é compartilhado exclusivamente por essas duas espécies e que os caracteres provieram do grupo maior dos Hominoidea. O corolário era que a linhagem humana deveria ter divergido dos grandes macacos há pelo menos 12 milhões de anos, porque o *Rhamapithecus* está mais próximo de nós do que dos grandes macacos.

No início da década de 1960, Goodman (1963) demonstrou pela primeira vez a semelhança molecular dos humanos com outros grandes macacos; entretanto, o argumento molecular sobre uma separação recente entre humano-macaco tornou-se mais influente a partir do artigo de Sarich e Wilson (1967). Estes utilizaram uma medida da distância imunológica. Quanto à sua filosofia, o método é semelhante à hibridização de DNA, diferindo quanto à molécula usada.

A evidência molecular sugeriu uma origem mais recente para os humanos

Para medir a distância imunológica, Sarich e Wilson, injetando albumina humana em coelhos, produziram um anti-soro contra ela (a albumina é uma proteína sangüínea comum). Eles, então, determinaram quanto desse anti-soro fazia reação cruzada com albumina de outras espécies, tais como chimpanzés, gorilas e gibões. O anti-soro reconhece as albuminas das espécies mais relacionadas porque são mais semelhantes à albumina humana; mas não as reconhece com a mesma eficiência com que reconhece a humana. O grau de reatividade cruzada proporciona uma medida da distância imunológica (DI) entre duas espécies. A DI aumenta com o aumento da distância filogenética entre os indivíduos relacionados, e o teste da taxa relativa (Quadro 7.2, p. 196) sugere que a DI aumenta em uma taxa constante ao longo do tempo; a distância imunológica é uma espécie de relógio molecular. O relógio pode ser acertado usando-se o documentário fóssil para algumas das espécies estudadas e, então, a DI pode ser usada para estimar o tempo de divergência entre outras duplas de espécies.

Os resultados desse método sugerem que a DI entre *Homo* e os outros grandes macacos é pequena demais para ser compatível com uma divergência anterior à divergência com o *Rhamapithecus*: Sarich e Wilson sugeriam que os humanos e os chimpanzés divergiram há somente 5 milhões de anos. Os trabalhos subseqüentes com moléculas apoiaram-nos. Os resultados de hibridização de DNA, que examinamos anteriormente, sugerem um quadro parecido, talvez um pouco mais antigo (ver Figura 15.12) e outras moléculas sugerem uma situação de 3,75 a 4 milhões de anos. O corolário é que, se *Homo* divergiu dos chimpanzés e gorilas há 5 milhões de anos, ele não pode ser mais próximo de *Ramapithecus* do que dos grandes macacos atuais. A filogenia deve ser mais como a da Figura 15.25b.

Assim, as evidências molecular e fóssil discordavam. Iniciou-se uma discussão em que tanto a evidência molecular quanto a morfológica foram desafiadas (freqüentemente por especialistas do campo oposto). Agora, a controvérsia foi apaziguada (com uns poucos dissidentes) em favor da evidência molecular original. Os caracteres morfológicos, que, acreditava-se anteriormente, mostravam uma relação entre *Homo* e *Ramapithecus*, sucumbiram à reanálise.

As características fósseis foram reinterpretadas

A arcada dentária do *Ramapithecus* tinha sido mal-reconstituída (originalmente pela combinação de partes de espécimes diferentes). Os dentes caninos podiam ser reduzidos porque os espécimes de *Ramapithecus* eram fêmeas. Finalmente, Martin (1985) removeu a última característica importante – o espessamento do esmalte – reinterpretando-a como um caráter ancestral. Além disso, quando *Ramapithecus* foi comparado com outro fóssil (o *Sivapithecus*), geralmente aceito como parente próximo do orangotango, e com o próprio orangotango, foram observadas nítidas semelhanças entre eles. Os espécimes antes classificados como *Ramapithecus* são, agora, geralmente incluídos no gênero *Sivapithecus* que, por sua vez, supõe-se que seja um parente próximo dos ancestrais dos orangotangos atuais (Figura 15.25b).

Em resumo (simplificando um pouco as coisas), a evidência molecular ajudou a inspirar uma reanálise das evidências fósseis sobre as origens humanas – resultando que hoje é amplamente aceito como tempo de origem da linhagem dos hominíneos uma configuração de uns 5 milhões de anos, em algum ponto de uma faixa de 4 a 8 milhões de anos.

15.14 As árvores sem raiz podem ser inferidas de outros tipos de evidências, tais como as inversões cromossômicas em drosófilas havaianas

Várias outras técnicas individuais são úteis para inferir a filogenia de grupos taxonômicos específicos. Podemos examinar, por exemplo, uma técnica especialmente poderosa que foi usada em drosófilas. Por algum motivo, um número extraordinariamente grande de espécies de moscas-das-frutas (*Drosophila*) vive no arquipélago havaiano. Provavelmente, existem umas 3.000 espécies de drosofilídeos no mundo, e cerca de 800 deles parecem estar confinados ao arquipélago. A filogenia de um subgrupo de drosófilas havaianas é mais bem conhecida do que a de qualquer outro grupo de tamanho equivalente de criaturas vivas. Ele foi estudado por Carson e seus colaboradores (ver Carson, 1983), a partir dos padrões de bandeamento cromossômico. As bandas cromossômicas são claramente visíveis em drosófilas (Seção 4.5, p. 111).

No Havaí, as drosófilas irradiaram-se

Os padrões de bandeamento diferem entre espécies e logo se tornou óbvio que regiões cromossômicas haviam sido invertidas durante a evolução: em um cromossomo, um segmento de genes tinha sido invertido do todo. O evento é importante para inferência filogenética quando ocorre uma segunda inversão, envolvendo a extremidade de uma inversão anterior (Figura 15.26). Quando isso acontece, podemos inferir, quase com certeza, que a árvore sem raiz é 1 ↔ 2 ↔ 3, e não 1 ↔ 3 ↔ 2. Se a espécie 1 tivesse evoluído diretamente na espécie 3 e então a 3 para 2, as duas inversões na Figura 15.26 seriam necessárias para a evolução da espécie 3; então, para ir para a espécie 2, exatamente as mesmas duas quebras (uma em cada extremidade), em forma invertida, teriam de acontecer novamente – o que é muito menos provável do que a evolução na ordem 1 ↔ 2 ↔ 3. À medida que mais espécies são acrescidas, com mais inversões sobrepostas, a improbabilidade da maioria das árvores alternativas vai-se multiplicando até o ponto da impossibilidade prática.

Sua filogenia é inferida das inversões cromossômicas

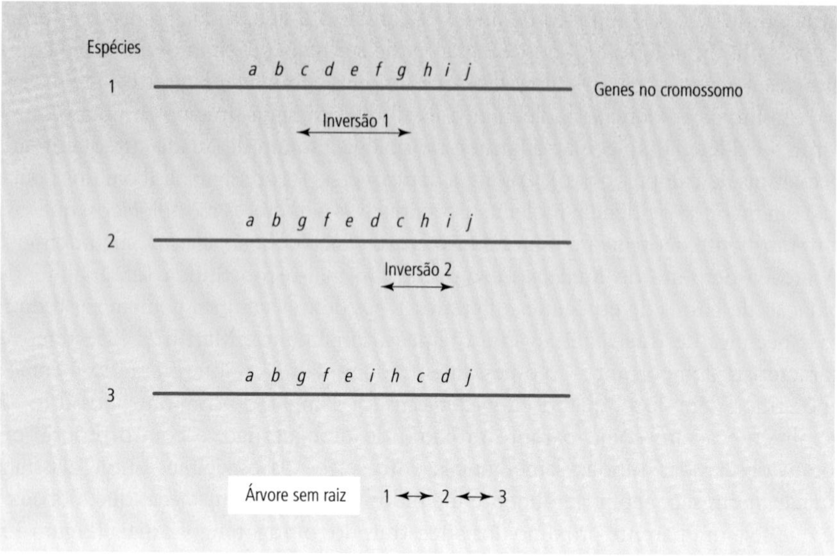

Figura 15.26

A superposição de inversões de diferentes espécies pode ser usada para inferir suas relações filogenéticas, sob forma de uma árvore sem raiz. Com esse padrão de inversões, a árvore tem de ser 1 ↔ 2 ↔ 3, e não 1 ↔ 3 ↔ 2 e nem 3 ↔ 1 ↔ 2.

Para aplicar a técnica, primeiro é preciso descobrir os padrões de bandeamento do grupo de espécies. Daí escolhe-se uma espécie, mais ou menos arbitrariamente, como o "padrão" com o qual as demais espécies serão comparadas. Começando com a espécie que tem o bandeamento cromossômico mais parecido com o padrão, vamos comparando gradualmente todas as espécies que pertencem à árvore. Carson concentrou-se no grupo "asa-pintada" de drosofilídeos havaianos. A Figura 15.27 é uma filogenia baseada em 214 inversões, em 103 das cerca de 110 espécies conhecidas desse grupo. É um maravilhoso exemplar de trabalho. Podemos ter idéia do grau de certeza da inferência, a partir do fato de que *nenhuma* das 214 inversões contradiz a filogenia; todas as características são concordantes.

Inversões diferentes não apresentam conflitos

A Figura 15.27 é uma árvore sem raiz. A raiz pode ser localizada por duas linhas de evidência independentes. Uma é olhar para fora do arquipélago, para o grupo externo mais próximo, e examinar seu padrão de bandeamento. As drosófilas que são supostamente o grupo externo mais próximo do grupo asa-pintada vivem na América do Sul e, dentre as drosófilas da Figura 15.27, são bastante semelhantes à *Drosophila primaeva* (espécie número 1) e à *D. attigua* (espécie número 2). Portanto, é provável que essas espécies estejam mais próximas da raiz da árvore. A inferência é sustentada pela historia geológica do arquipélago. Kauai é a ilha mais antiga e Havaí é a mais recente, de modo que o ancestral do grupo provavelmente teria colonizado Kauai. Se a espécie ancestral ainda sobrevive, provavelmente ainda está em Kauai porque quase todos os drosofilídeos havaianos estão confinados em uma única ilha; por exemplo, *D. primaeva* e *D. attigua* vivem em Kauai. De fato, muito da história filogenética do grupo asa-pintada consiste em populações de espécies das ilhas mais antigas, que foram para ilhas mais recentes, onde formaram novas espécies por especiação alopátrica. Não há exemplos de espécies em ilhas antigas que tenham derivado de espécies de ilhas mais recentes. Por isso, a ilha mais jovem, Havaí, tem as espécies surgidas mais recentemente e as ilhas mais antigas, a oeste, têm as espécies mais antigas (Figura 17.6, p. 527).

As árvores podem ser enraizadas

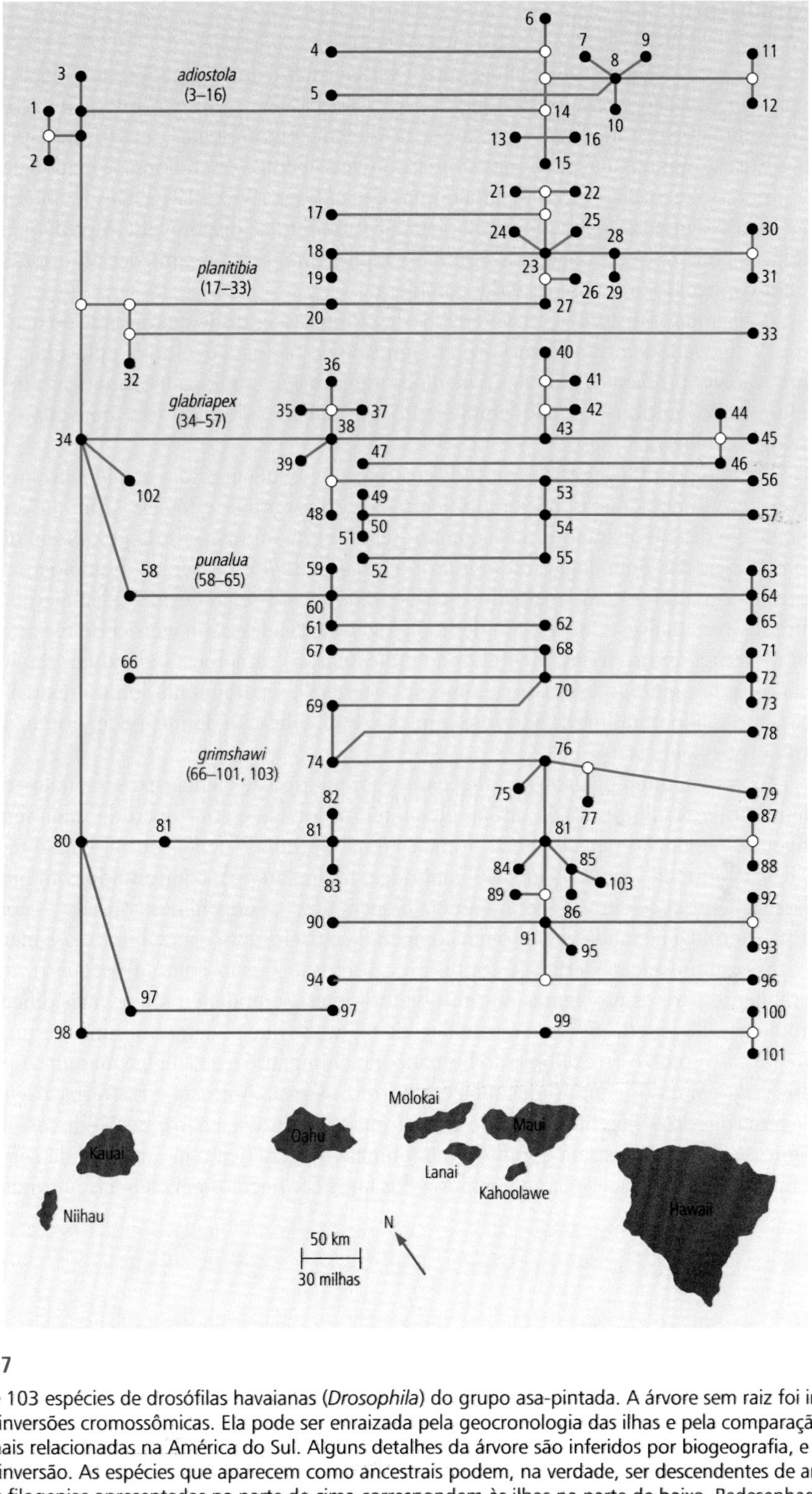

Figura 15.27

Filogenia de 103 espécies de drosófilas havaianas (*Drosophila*) do grupo asa-pintada. A árvore sem raiz foi inferida pelos padrões de inversões cromossômicas. Ela pode ser enraizada pela geocronologia das ilhas e pela comparação com as drosófilas mais relacionadas na América do Sul. Alguns detalhes da árvore são inferidos por biogeografia, e não por padrões de inversão. As espécies que aparecem como ancestrais podem, na verdade, ser descendentes de ancestrais (já extintos). As filogenias apresentadas na parte de cima correspondem às ilhas na parte de baixo. Redesenhada de Ridley (1986), com permissão da editora.

15.15 Conclusão

Em anos recentes, a pesquisa filogenética sofreu duas transformações, uma delas puramente científica. Desde os tempos de Darwin, os biólogos vêm tentando inferir a árvore da vida. Muitos progressos foram feitos por meio da evidência morfológica, a partir de espécies viventes e fósseis, mas alguns problemas eram insolúveis apenas com tal tipo de evidências e o ritmo de progresso científico havia declinado nas décadas de 1960 e 1970. Desde então, quantidades cada vez maiores de evidência molecular tornaram-se disponíveis. A próxima geração de biólogos pode ter a esperança de conhecer aquilo que todas as gerações anteriores gostariam de ter conhecido: a árvore da vida, completa.

A evidência molecular reavivou a filogenética

A segunda transformação veio da mesma fonte – a enorme quantidade de dados moleculares. A filogenética transformou-se em um tipo de biologia evolutiva aplicada, sendo usada para resolver problemas judiciais e médicos. Em sentido amplo, a filogenética transformou-se de um tópico antiquado, meio empoeirado, em uma das duas ou três áreas mais quentes da biologia evolutiva.

A inferência filogenética usa todos os tipos de evidências: das seqüências moleculares e inversões cromossômicas até a morfologia das formas atuais e fósseis. Com a evolução morfológica, o desenvolvimento mais comum (embora não universal) da pesquisa é distinguir as homoplasias das homologias e daí inferir a polaridade dos caracteres homólogos. O conflito entre os caracteres compartilhados pelas espécies pode ser reduzido (idealmente para zero) durante essa análise. Um resíduo de homologias derivadas confiáveis pode restar e ser usado para inferir a árvore (com raiz). Usando moléculas, os caracteres individuais são menos analisados e um método estatístico como a "distância", a parcimônia, ou a máxima verossimilhança é usado para inferir a árvore sem raiz. A localização da raiz pode, então, ser inferida por outra evidência.

Algumas genealogias são frustrantemente incertas...

Às vezes a inferência filogenética parece ser um tipo de ciência excepcionalmente incerta, claudicante. Na discussão de um problema não-resolvido e controvertido, uma série interminável de evidências parece apoiar primeiro uma filogenia e depois outra. Um aluno (do Prof. C.F.A. Pantin, da Universidade de Cambridge, na Inglaterra), confrontado com um problema classicamente recalcitrante de inferência filogenética – a origem dos cordados – concluiu que "a paleontologia é muda, a anatomia comparada é irrelevante e a embriologia é mentirosa."

... outras são satisfatoriamente sólidas

Essa impressão poderia ser confusa. A discussão (assim como a pesquisa) volta-se naturalmente para os problemas não-resolvidos – e estes tendem a ser os mais difíceis. Muitos problemas filogenéticos foram resolvidos, de tal modo que podemos ter uma certeza razoável, em um caso como o do exemplo do humano, do chimpanzé e da ameba, mas uma opinião mais reservada em casos como o das relações entre Eukarya, Archaea e Bacteria. Além disso, na filogenia das drosófilas havaianas de asas-pintadas, deduzida a partir de 214 inversões cromossômicas sobreponíveis sem conflitos, a inferência filogenética tem um nível de certeza que se compara, com vantagens, com a maioria dos fatos conhecidos em ciências naturais.

Resumo

1 As filogenias revelam as relações ancestrais entre espécies. Ela mostra com que outra espécie (ou grupo delas) uma determinada espécie compartilha o ancestral comum mais recente.

2 As relações filogenéticas são inferidas por meio dos caracteres compartilhados pelas espécies. Eles podem ser morfológicos, de espécies viventes ou fósseis, ou moleculares.

3 Quando características diferentes indicam uma mesma filogenia, a inferência filogenética é fácil; quando não o fazem, são necessários outros métodos para resolver a discrepância.

4 Os argumentos teóricos sugerem que alguns tipos de caracteres compartilhados indicam relações filogenéticas confiáveis, mas outros não. As homoplasias e as homologias ancestrais não são confiáveis para indicar grupos filogenéticos. As homologias derivadas sim. A inferência filogenética deve basear-se em homologias derivadas.

5 Há técnicas para distinguir homologias de homoplasias e as homologias ancestrais das derivadas.

6 As polaridades das características podem ser inferidas, com graus variáveis de segurança, por comparação com um grupo externo, pelo documentário fóssil e por outros critérios, inclusive o enraizamento de parálogos.

7 Geralmente, os tipos de análises de características usados em morfologia não são aplicáveis a características moleculares. As filogenias geralmente são inferidas por meio de técnicas estatísticas. As três classes principais são os métodos de distância, a parcimônia e a máxima verossimilhança.

8 Os métodos de distância agrupam as espécies de acordo com sua similaridade molecular. Por parcimônia, a melhor estimativa de árvore para um grupo de espécies é aquela que exige o menor número de mudanças evolutivas. Por máxima verossimilhança, a melhor estimativa de árvore é a mais provável, segundo um modelo de evolução seqüencial.

9 A evidência molecular freqüentemente é usada para inferir a filogenia sob forma de uma árvore sem raiz. Esta especifica as relações de ramificação entre as espécies, mas não a direção da evolução.

10 A filogenética molecular é usada em pesquisa médica, para identificar a fonte de doenças emergentes.

11 A inferência filogenética molecular sofre dificuldades por problemas com o alinhamento de seqüências, com o grande número de árvores possíveis, com os múltiplos golpes, com dados inadequados, com taxas de evolução diferentes e com confusões entre genes parálogos e ortólogos.

12 A árvore sem raiz das drosófilas havaianas é a filogenia mais bem-estabelecida dentre quaisquer grandes grupos de espécies. Ela foi reconstituída por meio do uso de inversões cromossômicas.

Leitura adicional

Felsenstein (2003) é um livro muito autorizado sobre inferência filogenética. Entretanto, a maioria dos leitores que querem aprofundar-se deverá distinguir entre as referências cladísticas em que as árvores com raiz são inferidas pelo uso das polaridades de caráter, freqüentemente por intermédio da evidência morfológica, e as referências moleculares em que as árvores sem raiz são inferidas por algum método estatístico.

Cladística. Sobre o método cladístico, ver Wiley *et al.* (1991) e Kitching *et al.* (1998); as referências podem ser obtidas nessas fontes. Kemp (1999) concentra-se nos fósseis, mas introduz a cladística geral. Hennig (1966) é a referência clássica. Sober (1989) é uma discussão filosófica sobre a maioria dos principais métodos e ele também publicou uma antologia (Sober, 1994) que reedita vários artigos relevantes. Outra questão filosófica, não-abordada neste capítulo, é até que ponto a reconstituição filogenética revolve um argumento circular: ver Hull (1967). Wagner (2000) trata do conceito de "característica" ("caráter").

Recentemente, a homologia foi muito discutida, em especial por causa das surpreendentes descobertas sobre "evo-devo". Examinamos esse tópico no Capítulo 20 deste texto; veja lá a leitura adicional. Enquanto isso, veja a maioria dos capítulos de Bock e Cardew (1999). Fitch (2000) discute os significados moleculares da homologia. Moore e Wilmer (1997) discutem homologia durante uma revisão sobre convergência em invertebrados.

Quanto aos métodos de determinação de polaridade de caracteres, veja Meier (1997) quanto ao critério ontogenético (não-discutido neste texto) e sua *performance* em relação a comparações com grupos externos. Fox *et al.* (1999) discutem um outro modo pelo qual a evidência fóssil pode ser usada em inferência filogenética.

Filogenética molecular. Page e Holmes (1998) e Graur e Li (2000) são textos introdutórios. Hall (2001) é um texto prático, visando aos biólogos moleculares. Li (1997) e Nei e Kumar (2000) são mais avançados. Uma fonte geral e autorizada é o livro editado por Hillis *et al.* (1996). O capítulo escrito por Swofford *et al.* (1996) é uma ótima introdução à teoria. Whelan *et al.* (2001) é uma revisão atualizada dos métodos. Steel e Penny (2000) também discutem modelos e diferentes métodos. Huelsenbeck e Crandall (1997) revisam a máxima verossimilhança e discutem os três métodos principais (distância, parcimônia e máxima verossimilhança). Pode estar surgindo um quarto método, a inferência bayesiana: ver Huelsenbeck *et al.* (2001). Mooers e Holmes (2000) examinam maneiras de lidar com códons desviantes. Diamond (1991, Capítulo 1) é um trabalho de divulgação que discute a hibridização do DNA.

Sobre estudos filogenéticos de doenças, com o vírus do oeste do Nilo, por exemplo, ver Lanciotti *et al.*(1999) e a notícia na *Science* de 19 de novembro de 1999, p. 1450-1. Há outra notícia na *Science* de 11 de maio de 2001, p. 1090-3. Ver também alguns capítulos de Harvey *et al.* (1996), bem como Hahn *et al.* (2000) e Holmes (2000a) sobre HIV, e o texto de Page e Holmes (1998).

Quanto aos programas de computador, o mais amistoso é o MacClade (Maddison e Maddison, 2000), mas é mais projetado para caracteres morfológicos do que moleculares. Os programas mais usados na pesquisa em filogenética molecular são o PAUP (Swofford, 2002) e o PHYLIP (Felsenstein, 1993). A página de Felsenstein na Internet discute também vários programas de computador para análise filogenética.

Os problemas com a inferência molecular são abordados por textos gerais. Ver também Doolittle (2000) e a noticia na *Science* de 21 de maio de 1999, p. 1305-7 sobre a questão da raiz principal da vida. A transferência horizontal de genes no genoma humano também foi discutida, ver várias edições de *Nature* e *Science* de meados de 2001.

Sobre a atração do ramo longo e como a quebra de ramos por uma ampliação da amostragem do táxon resolve o problema, ver Hillis (1996), um intercâmbio entre vários autores em *Trends in Ecology and Evolution* (1997), vol. 12, p. 357-8, e Rosenberg e Kumar (2001).

Inicialmente, o enraizamento de parálogos foi aplicado para encontrar a raiz principal da vida, mas veja Philippe e Forterre (1999) sobre os problemas (principalmente de saturação) neste trabalho, bem como referências sobre ele. Provavelmente esses problemas não se apliquem ao exemplo das angiospermas visto neste texto. Zanis *et al.* (2002) fazem mais uma análise do caso das angiospermas. O Capítulo 18 contém mais referências sobre as angiospermas. Diz-se que, às vezes, a confusão causada pelo enraizamento de parálogo é constituída por uma duplicação gênica, seguida de uma evolução rápida, mas, aqui, parece não ser esse o caso (Hughes, 1999).

Ting *et al.* (2000) evitam a confusão entre árvores de genes e de espécies de um modo interessante. Eles usam o gene de "especiação" *Odisseu*, que encontramos na Seção 14.12. Sendo ele causador de especiação, deveria ser invulnerável ao problema do tipo de linhagem, tornando-se um indicador de filogenia confiável.

Muitos autores discutem a relação entre a inferência molecular e a morfológica (ou fóssil). Benton (2001) mede a congruência entre as estimativas estratigráfica e filogenética dos tempos de origens taxonômicas e encontra melhor congruência para as ramificações mais antigas do que para as mais recentes. Kemp (1999) discute o tópico em geral, bem como os métodos para combinar diferentes classes de evidências. Novacek (2001) discute as combinações de evidências a respeito dos mamíferos. Quanto à evolução humana, Lewin (2003) é um livro introdutório e Klein (1999) um texto mais aprofundado.

Quanto às drosófilas havaianas, ver a edição especial de *Trends in Ecology and Evolution* (1987), vol. 2, p. 175-228 e o livro editado por Wagner e Funk (1995). Especificamente sobre as moscas, ver Powell (1997), Carson (1990) e Kaneshiro (1988).

As observações que fiz sobre as tendências históricas, no uso das várias técnicas de inferência, podem ser vantajosamente suplementadas por Edwards (1996) e Felsenstein (2001).

O Capítulo 18 deste texto examina alguns exemplos de problemas filogenéticos; veja aquelas referências também. O assunto geral pode ser acompanhado em periódicos como *Systematic Biology* e *Molecular Biology and Evolution*, *Trends in Genetics* e *Bioessays*.

Um tema adicional é como o conhecimento das filogenias pode ser utilizado em biologia evolutiva. Isso está ilustrado em vários pontos neste texto, mas examine o livro editado por Harvey *et al.* (1996) e a revisão por Pagel (1999) sobre o tema em geral e a edição especial de *Paleobiology* (2001), vol. 27 (2), p. 187-310, especificamente quanto aos fósseis.

Questões para estudo e revisão

1 Aqui está uma árvore sem raiz, com cinco espécies: esquematize todas as árvores com raiz que sejam compatíveis com ela.

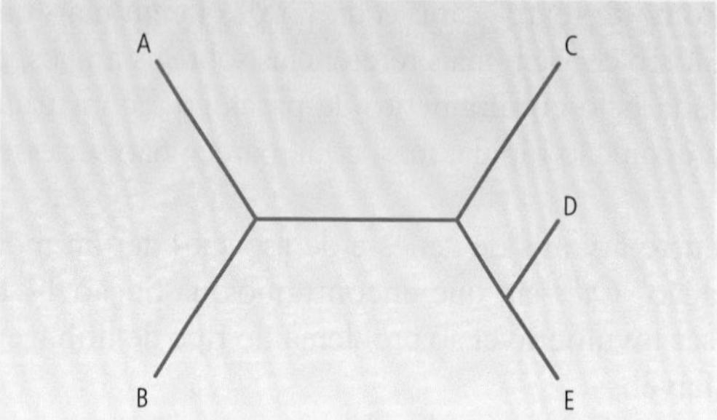

2 Aqui está uma árvore com raiz: esquematize todas as árvores sem raiz que sejam compatíveis com ela.

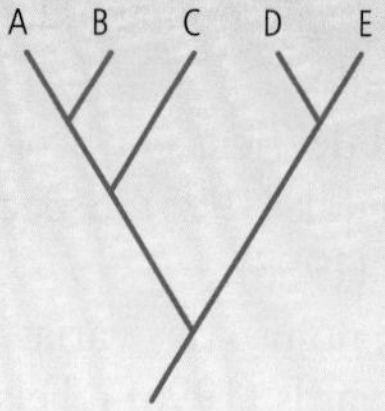

3 Sob que condições (de taxas evolutivas) as distâncias estatísticas são indícios confiáveis das relações filogenéticas?

4 O que você examinaria em estruturas aparentemente semelhantes, como as caudas dos golfinhos e dos salmões, para decidir se elas são homólogas ou homoplásicas?

5 Aqui estão os estados de um caráter nas espécies 1 a 6.

No conjunto das espécies 1 + 2, qual é a condição ancestral e qual a derivada: A ou A′? Avalie a certeza relativa dessa inferência nos três casos.

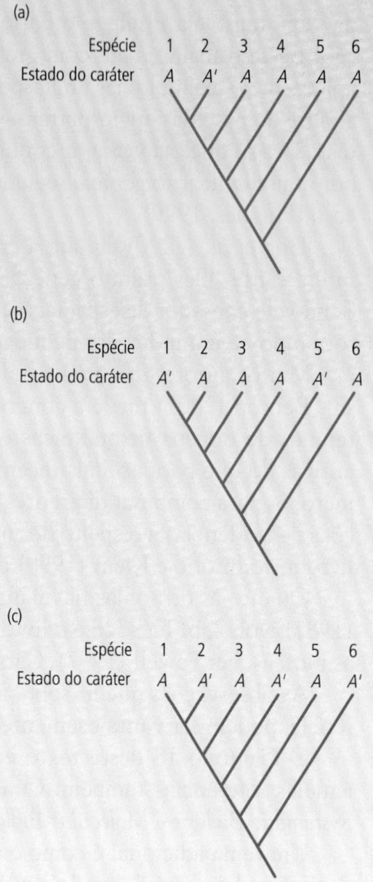

6 Compare os atributos da evidência molecular e da morfológica que tornam a análise de caráter e a inferência estatística a partir de caracteres não-analisados, mais ou menos aplicáveis a cada um desses tipos de evidência.

7 O que quer dizer "o problema dos múltiplos golpes"?

(continua)

(continuação)

8 O modelo mais simples de evolução seqüencial pressupõe que a probabilidade de mudança de qualquer nucleotídeo para qualquer outro nucleotídeo é a mesma, p. Aqui está uma árvore simples, sem raiz.

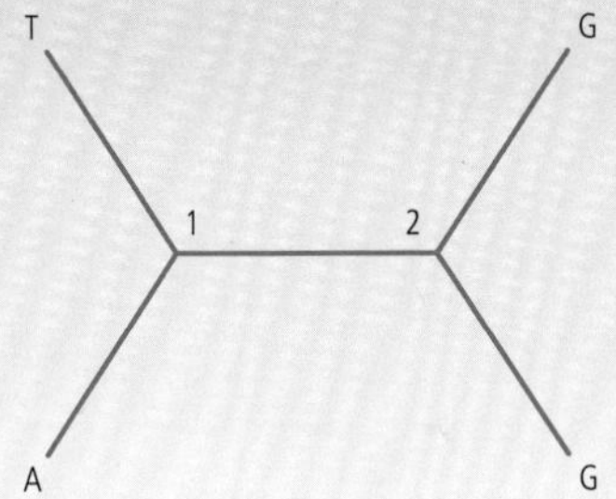

(a) Qual é a probabilidade nessa árvore (em termos de p) se ambos os nós internos (números 1 e 2) são G? (b) se as condições dos nós internos (1 e 2) são desconhecidas, quantas condições possíveis de nucleotídeos nesses nós precisam ser consideradas para calcular a probabilidade da árvore?

9 Aqui está a ordem dos genes (ou de alguns outros marcadores) ao longo dos cromossomos de três espécies: (1) adebcfg; (2) abcdefg; e (3) abedcfg. Qual é a árvore sem raiz dessas três espécies?

16 Classificação e Evolução

A classificação biológica diz respeito à distinção e à descrição das espécies viventes e fósseis e à organização dessas espécies em uma classificação hierárquica com vários níveis. A teoria da evolução tem forte influência nos procedimentos classificatórios. O Capítulo 13 tratava das espécies; este capítulo trata da classificação acima do nível de espécies. Começamos examinando os dois princípios – a fenética e a filogenética – que têm sido usados para classificar hierarquicamente as espécies em grupos (tais como gêneros, famílias e categorias de níveis mais elevados), verificando como as três principais escolas de classificação biológica os utilizam. Depois, examinamos as condições em que os dois princípios produzem classificações iguais ou diferentes, para um mesmo conjunto de espécies. A questão principal do capítulo é qual dos dois princípios (se algum) se justifica melhor. A resposta provém do argumento de que a classificação filogenética é objetiva, enquanto a classificação fenética sempre sofre de alguma subjetividade. Em seguida, examinamos algumas conseqüências do uso exclusivo das relações filogenéticas para classificar a espécies em grupos. Encerramos com considerações sobre por que a evolução real resultou em um padrão de divergência de relações entre espécies em forma de árvore.

16.1 Os biólogos classificam as espécies em uma hierarquia de grupos

Os biólogos descreveram, até os dias atuais, cerca de 1,75 milhão de espécies de plantas e animais viventes e, talvez, 0,25 milhão de espécies extintas, fósseis. As estimativas sobre o número de espécies atuais ainda não-descritas são variáveis: elas podem estar entre 10 e 100 milhões. A descrição de uma espécie é uma atividade formal, em que o taxonomista tem de comparar espécimes da nova espécie com os de espécies semelhantes e explicar como a nova espécie pode ser distinguida: a descrição também precisa ser publicada. A descrição de espécies é a tarefa mais importante dos taxonomistas, mas não tem uma conexão específica com a biologia evolutiva.

As espécies biológicas são classificadas hierarquicamente...

O interesse evolutivo da classificação começa na fase seguinte. Os biólogos não consideram o milhão e tanto de espécies descritas apenas como uma longa lista, começando com o *aarduark*, passando pelas ranunculáceas, as abelhas e as estrelas-do-mar, até terminar com a zebra. Desde Lineu, as espécies são organizadas hierarquicamente; a Figura 3.5 (p. 72) usou o lobo como exemplo. As espécies são agrupadas em gêneros: o lobo cinzento *Canis lupus* e o chacal dourado *Canis aureus*, por exemplo, são espécies agrupadas no gênero *Canis*; os gêneros são agrupados em famílias: o gênero que contém os cães e os lobos reúne-se com outros gêneros, como o gênero *Vulpes*, das raposas, para constituir a família Canidae; várias famílias reúnem-se para formar uma ordem (no caso, a Carnivora), várias ordens, para formar uma classe (Mammalia), várias classes, um filo (Chordata) e os filos para formar um reino (Animalia).

... mas por qual tipo de hierarquia?

Portanto, cada espécie é um membro de um gênero, de uma família, de uma ordem, e assim por diante. Acima do nível de espécie, o problema da classificação biológica é como agrupar as espécies nessas categorias mais elevadas. Ele tem um lado prático e um teórico. Ao decidir sobre o gênero em que colocar uma espécie e sobre o nível a que pertencem determinados grupos (gênero ou família?) podem surgir vários tipos de problemas práticos. Antes, porém, está a questão, logicamente prioritária, dos procedimentos a serem usados e do tipo de hierarquia em que se deve tentar classificar uma espécie.

E por que, afinal, uma hierarquia?

Se procurarmos ordenar 1 milhão de espécies em uma classificação, ela poderia ser feita de inúmeras maneiras. A classificação sequer precisa ser hierárquica. Os químicos, por exemplo, classificam os elementos por meio da tabela periódica, que não é hierárquica. O motivo de a classificação biológica ser hierárquica já é, por si, uma questão interessante (Seção 16.8). Entretanto, começamos pressupondo que a classificação é hierárquica e perguntamos qual seria a forma exata da hierarquia. Este capítulo trata das questões teóricas – das relações entre as árvores evolutivas e a classificação biológica – mais do que das questões práticas sobre como classificar espécies na bancada de trabalho de um museu.

16.2 Existem princípios fenéticos e filogenéticos de classificação

Em biologia, são usados principalmente dois métodos para classificar as espécies em grupos: os métodos *fenéticos* e os métodos *filogenéticos*. (Alguns prefeririam substituir "fenético" por "fenotípico", no capítulo inteiro.) O método fenético agrupa as espécies de acordo com seus atributos fenéticos observáveis: se duas espécies se assemelham mais entre si do que cada uma delas com alguma outra espécie, geralmente elas serão agrupadas na mesma classificação fenética. A classificação completa consiste em uma hierarquia de níveis, de tal modo que os membros dos diferentes grupos dos níveis cada vez mais elevados se assemelham cada vez menos entre si. Um lobo e um cão (do mesmo gênero), feneticamente, parecem-se mais do que um lobo e um golfinho (da mesma classe).

Em uma classificação formal, a similaridade fenética tem de ser medida. Quase todos os atributos observáveis dos organismos podem ser usados para isso. Os vertebrados fósseis po-

A classificação fenética não é evolutiva

dem ser classificados feneticamente pela forma de seus ossos; as espécies atuais de drosófila, pelo padrão das veias de suas asas; as aves, pela forma de seus bicos ou pelo padrão de cores de sua plumagem. As espécies podem ser agrupadas de acordo com o número, com a forma ou com o padrão de bandeamento de seus cromossomos, pela semelhança imunológica de suas proteínas ou por qualquer outra propriedade fenotípica mensurável.

Para se classificar uma espécie feneticamente, nada é preciso saber sobre evolução. As espécies são agrupadas somente por sua semelhanças quanto a atributos observáveis, e esse mesmo critério pode ser aplicado a qualquer conjunto de coisas, vivas ou não, sejam elas produzidas ou não por um processo evolutivo. Isso poderia ser aplicado a idiomas, móveis, nuvens, canções e estilos de arte e literatura tão bem quanto a espécies biológicas.

A classificação filogenética representa as relações evolutivas

O princípio filogenético, entretanto, é evolutivo. Só as entidades que têm relações evolutivas podem ser classificadas filogeneticamente (quase qualquer nuvem se forma de modo independente, por processos físicos – embora algumas possam ser formadas pela divisão de nuvens anteriores, e estas poderiam ser classificadas filogeneticamente). O principio filogenético classifica as espécies de acordo com a recentidade com que elas compartilham um ancestral comum. Duas espécies que têm um ancestral comum mais recente serão agrupadas em um mesmo grupo, de grau mais baixo do que o de duas espécies que têm um ancestral comum mais distante. Quanto mais distante for o ancestral comum a duas espécies, maior será a distância entre as classificações de seus respectivos agrupamentos. No fim, todas as espécies estarão contidas na categoria filogenética universal – o conjunto de todos os seres vivos – que contém todos os descendentes do mais distante ancestral comum à vida.

Na maioria dos casos biológicos reais, os princípios filogenético e fenético produzem os mesmos grupos classificatórios. Se analisarmos os modos de classificar uma borboleta, um besouro e um rinoceronte, a borboleta e o besouro são mais relacionados, tanto fenética quanto filogeneticamente (Figura 16.1a). O besouro e a borboleta tanto se parecem mais feneticamente quanto têm um ancestral comum mais recente do que cada um deles tem com o rinoceronte.

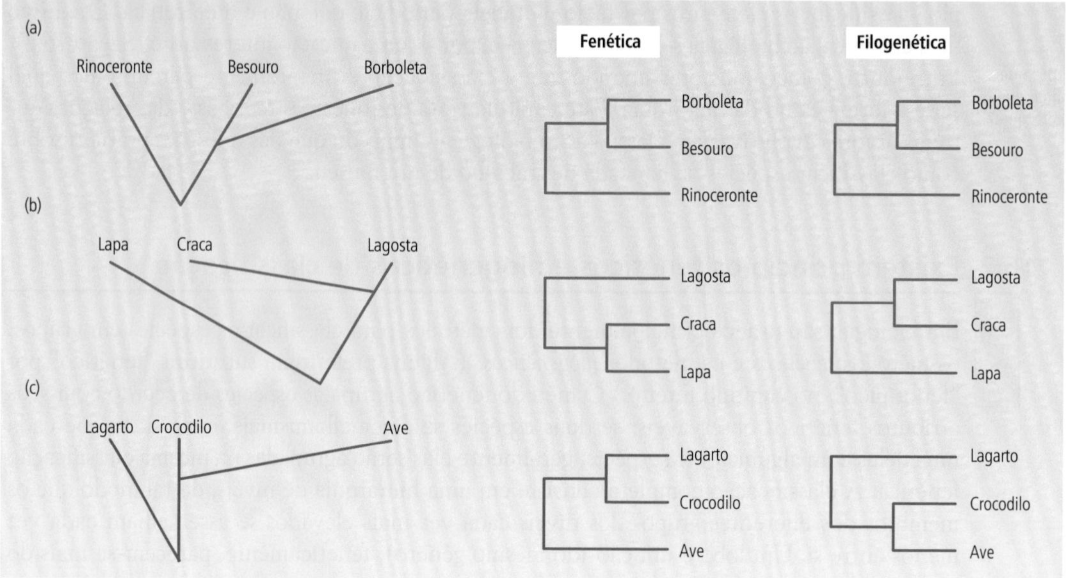

Figura 16.1

Os princípios fenético e filogenético de classificação podem (a) concordar ou (b, c) discordar.

Em outros casos, os princípios podem divergir por dois ou mais motivos. Um deles é a convergência evolutiva. Superficialmente, as cracas adultas assemelham-se às lapas. Se fôssemos classificar feneticamente uma craca, uma lapa e uma lagosta adultas, bem que poderíamos colocar juntas a craca e a lapa, embora a lagosta e a craca tenham um ancestral comum mais recente e sejam agrupadas filogeneticamente (Figura 16.1b). O outro motivo é ilustrado por grupos como o dos répteis. A classificação fenética e a filogenética dos grupos reptilianos diferem porque alguns descendentes do ancestral comum ao grupo (como as aves) evoluíram rapidamente. Os grupos de evolução rápida deixaram para trás uma esteira de grupos feneticamente assemelhados entre si, relacionados de modo bem-distante (Figura 16.1c). Esses dois casos problemáticos serão discutidos adiante, mas as ilustrações da Figura 16.1 são suficientes para apresentar as três principais escolas de classificação.

16.3 Existem as escolas de classificação fenética, cladística e evolutiva

Distinguimos as taxonomias fenética, filogenética e evolutiva

Os princípios fenético e filogenético são os dois tipos fundamentais de classificação biológica, mas existem três escolas de pensamento sobre como a classificação deve ser executada. O capítulo as discutirá, e a Tabela 16.1 resume suas características principais.

A escola mais influente da classificação fenética é (ou era) a *taxonomia numérica*. Ela era defendida principalmente por Sneath e Sokal (1973). Na biologia moderna, os termos fenética, fenética numérica e taxonomia numérica são usados de modo praticamente intercambiável.

A classificação filogenética é defendida pelo entomologista alemão Hennig (1966) e seus seguidores; Hennig denominou-a *sistemática filogenética*, mas o termo mais comum atualmente é *cladismo*. Vimos, no Capítulo 15, como as técnicas cladísticas são usadas para inferir filogenias.

A terceira escola a ser discutida utiliza uma síntese ou mistura dos métodos fenéticos e filogenéticos e, freqüentemente, é chamada de *taxonomia evolutiva*. No exemplo dos répteis (Figura 16.1c), a taxonomia evolutiva prefere a classificação fenética; no exemplo das cracas (Figura 16.1b), prefere a filogenética. Os representantes mais conhecidos dessa escola incluem Mayr (1981), Simpson (1961b) e Dobzhansky (1970).

Tabela 16.1

As classificações fenética, cladística e evolutiva podem ser distinguidas pelos caracteres que utilizam para definir os grupos e pelos tipos de grupos que elas reconhecem.

	Grupos de reconhecimento			Características usadas		
					Homologias	
Classificação	Monofilético	Parafilético	Polifilético	Homoplasias	Ancestrais	Derivadas
Fenética	Sim	Sim	Sim	Sim	Sim	Sim
Cladística	Sim	Não	Não	Não	Não	Sim
Evolutiva	Sim	Sim	Não	Não	Sim	Sim

16.4 É preciso um método para julgar o mérito de uma escola de classificação

Como poderíamos decidir qual a melhor escola de classificação, se é que ela existe? Para fazê-lo, precisamos de um critério de julgamento para confrontá-las, e muitos biólogos uti-

Distinguimos os princípios classificatórios objetivos dos subjetivos

lizam para isso o critério da *objetividade*. Uma classificação objetiva é a que representa uma propriedade natural real, inequívoca. A classificação objetiva pode ser comparada com uma classificação subjetiva, representada por alguma propriedade escolhida arbitrariamente pelo taxonomista.

Por exemplo, eu poderia optar por classificar as espécies em um grupo se eu as tivesse descoberto em uma segunda ou terça-feira, e em outro grupo se eu as tivesse descoberto de quarta a sexta-feira. Essa seria uma classificação subjetiva, porque eu não teria um método para justificar a escolha – exceto capricho ou conveniência próprios. Se fosse questionado por que, em vez disso, não usei um grupo para os dias iniciados com a letra “S” e outro grupo para os demais dias, eu não teria um argumento embasado para defender minha classificação. O princípio classificatório subjacente – o dia da descoberta – é equívoco, porque poderia ser aplicado de inúmeros modos diferentes, mas igualmente válidos, que resultariam em classificações diferentes. Ele também é irreal, porque não existe uma propriedade inerente, comum aos organismos descobertos às segundas-feiras e às terças-feiras e que não seja comum aos descobertos de quartas a sextas-feiras. Portanto, o teste de objetividade serve para responder se o sistema classificatório tem alguma justificativa compulsória externa ao método que utiliza e aos especialistas que o empregam para classificar do modo como classifica.

As classificações objetivas são preferíveis às subjetivas. Se a classificação é objetiva, diferentes pessoas racionais, trabalhando de forma independente, poderão concordar quanto a ele. Os resultados poderão ser relativamente estáveis e reprodutíveis.

Agora podemos examinar quão bem as três escolas classificatórias preenchem o critério da objetividade. Para fazê-lo, precisamos examinar mais detalhadamente como atuam, de fato, essas três escolas.

16.5 A classificação fenética usa medidas de distância e estatística de grupos

As formas modernas de classificação fenética são numéricas e multivariáveis e foram desenvolvidas contra as incertezas e imprecisões da classificação evolutiva. Esta, quer seja do tipo puramente cladístico, quer seja do tipo de taxonomia evolutiva mista, de Mayr e outros, exige um conhecimento de filogenia. O Capítulo 15 descreveu como as filogenias podem ser inferidas. Aqui, tudo o que precisamos saber é que, embora as relações filogenéticas entre espécies possam ser inferidas freqüentemente, às vezes as inferências são incertas. O conhecimento filogenético está sujeito a mudanças à medida que surgem evidências melhores, e a classificação de um grupo com base em sua filogenia é propensa à instabilidade – não por causa da filogenia em si, mas por causa de nosso conhecimento sobre ela. Quase nada se sabe sobre as filogenias de muitos grupos de seres vivos e, inevitavelmente, uma classificação “filogenética” de um grupo assim será baseada em poucas evidências. Ao classificar apenas por relações fenéticas e usar técnicas quantitativas para medi-las, a fenética numérica procurou evitar toda a incerteza evolutiva. Essa classificação decorreria automaticamente e (supunha-se), por isso, objetivamente, das medidas fenéticas. Vamos considerar um pouco mais detalhadamente os métodos, para ver até que ponto esses objetivos podem ser atingidos.

A inferência filogenética pode ser incerta

O tipo mais simples de classificação fenética é definido por uma ou duas características apenas. Por exemplo, poderíamos classificar os vertebrados pelo número de patas, formando grupos com 0, 2 ou 4 patas. O problema desse procedimento é que ele teria o mesmo tipo de subjetividade que a classificação de espécies segundo a ordem de seu descobrimento. Diferentes caracteres individuais apresentam distribuições diferentes entre espécies e, por isso, tendem a produzir diferentes classificações. Considere as aves e alguns grupos de répteis, tais como crocodilos, lagartos e tartarugas. (Vimos esse exemplo no Capítulo 15, e as distri-

Os caracteres fenéticos podem ser quantificados

buições conflitantes estão ilustradas na Figura 15.2, p. 451. A Figura 16.1, neste capítulo, também ilustra esse exemplo, em parte.)

Se olharmos sua superfície, o número de patas e a fisiologia de sangue-frio, os crocodilos assemelham-se mais com os lagartos e com as tartarugas do que com as aves. Mas eles são mais semelhantes às aves do que aos lagartos e às tartarugas se examinamos a anatomia de seus crânios. As características conflitam. Esse é um problema universal, e não um problema peculiar apenas desse exemplo. Um taxonomista, trabalhando com um conjunto de caracteres, freqüentemente produzirá uma classificação diferente da de outro taxonomista trabalhando com um conjunto diferente de caracteres. Enquanto mantivermos o princípio de classificação com base em um pequeno número de caracteres fenéticos não há como decidir qual das muitas classificações é a melhor.

Pode-se medir a similaridade de caracteres fenéticos múltiplos

O passo seguinte é definir a classificação, não por meio de poucas características, mas de muitas. Isso se tornou possível nas décadas de 1950 e 1960, quando aparatos estatísticos e computacionais tornaram-se disponíveis para a agregação de grande número de medidas fenéticas em uma grande medida de similaridade fenética. O objetivo da escola de fenética numérica era medir um número tão grande de características que fizesse as idiossincrasias das amostras individuais desaparecerem A classificação resultante agrupa as unidades de acordo com seus fenótipos inteiros.

Como agregar um grande número de medidas em uma única medida combinada, de similaridade fenética? Existem vários métodos, e podemos ilustrar um deles em um gráfico. Começamos com um caso simples, de dois caracteres, uma vez que sua extensão para novas dimensões é fácil. Suponha que queiramos classificar um grupo de espécies de moscas e que tenhamos medido dois caracteres, tais como o comprimento de uma determinada veia da asa e o comprimento da tíbia da pata traseira. A média de cada espécie pode ser representada como um ponto (Figura 16.2). Para qualquer dupla de espécies, a diferença média do comprimento de determinada veia da asa é a distância entre seus pontos no eixo de x e a diferença média do comprimento das tíbias é a distância entre seus pontos no eixo de y. Se usarmos cada característica separadamente, a classificação diferirá; as espécies 1 e 3, por exemplo, têm comprimentos tibiais idênticos, mas diferentes medidas nas veias das asas. A diferença agregada dos dois caracteres pode ser medida, simplesmente, pela *distância* entre as duas espécies, ou grupos de espécies, no espaço bidimensional. Então, as espécies são classificadas por meio do procedimento de reunir as espécies, ou o grupo das espécies, que menos distam entre si.

Se medíssemos uma terceira característica, como o ritmo de uma canção de acasalamento, poderíamos plotar no papel uma terceira dimensão; agora cada espécie seria representada por um ponto em um espaço tridimensional. A distância agregada entre as espécies poderia ser medida como antes, por meio dos pontos das espécies. Da mesma forma, poderíamos medir dúzias de características e medir a distância entre espécies por meio de uma linha apropriada, ao longo de um hiperespaço. Os taxonomistas numéricos recomendam a medição de tantas características quantas possíveis – mesmo centenas – e a classificação de acordo com a similaridade agregada de todas elas. Quanto mais caracteres forem medidos, mais provável será que caracteres individuais insólitos sejam desconsiderados, e melhor será o embasamento da classificação.

Uma classificação fenética numérica é objetiva ou subjetiva? Lembremos que as classificações objetivas devem representar alguma propriedade natural inequívoca. A própria classificação fenética representa a medida da similaridade morfológica agregada de um grande número de caracteres. Assim, a questão é a existência de alguma propriedade natural, alguma hierarquia de "verdadeira" similaridade fenética, que se possa dizer que está sendo representada de forma racional pela similaridade morfológica agregada. (Esse tópico é discutido de modo relacionado na Seção 13.5, p. 390.)

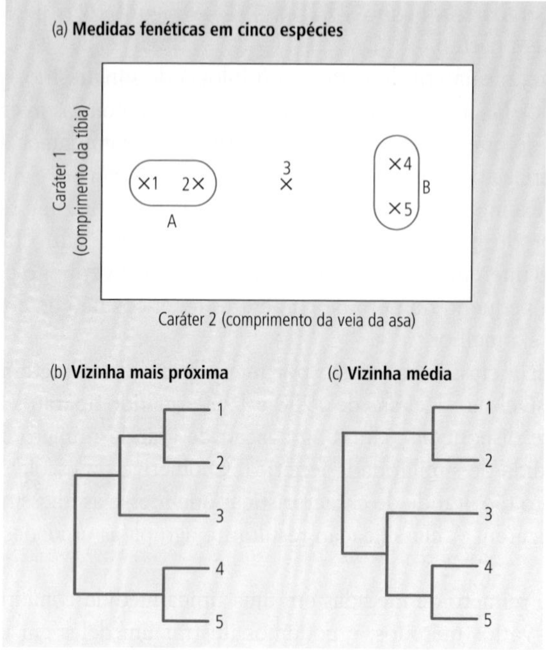

Figura 16.2

(a) A similaridade fenética entre espécies pode ser expressa graficamente. Suponha que duas características tenham sido medidas em cinco espécies, com por exemplo, o comprimento de uma veia da asa e o comprimento da tíbia. Em cada espécie, o eixo de *x* é a medida dos comprimentos de uma veia da asa e o eixo de *y* é a dos comprimentos da tíbia. A distância entre duas espécies no gráfico é a distância fenética entre elas. (Note que a distância no gráfico é diferente da medida da distância média do caráter na Tabela 16.1.) (b) A classificação fenética por meio da técnica da "vizinha mais próxima" inclui a espécie 3 no grupo (agrupamento A) que contém a espécie que é sua vizinha mais próxima (a espécie 2). (c) Mas se for usada a técnica da "vizinha média" mais próxima, a espécie 3 será incluída no grupo (agrupamento B) em que a média de todas as suas espécies mais se aproxima da sua média. As espécies 4 e 5 têm a distância média mais próxima. (A média é, simplesmente, a média das distâncias das espécies 1 e 2 e a das espécies 4 e 5, em relação à espécie 3.)

Agrupamentos estatísticos diferentes podem produzir hierarquias diferentes

Podemos começar examinando mais de perto os métodos estatísticos usados em taxonomia numérica. Na Figura 16.2, havia cinco espécies e duas características. Para formar a Figura 16.2a, agrupamos cada espécie com sua vizinha feneticamente mais próxima. Imediatamente se formaram dois agrupamentos – o das espécies 1 e 2 e o das 4 e 5. Mas em qual desses agrupamentos deveríamos incluir a espécie 3? A espécie mais próxima é a 2. Se incluirmos a espécie 3 no agrupamento onde está a vizinha mais próxima, a colocaríamos no agrupamento A (a vizinha mais próxima da espécie 3 no agrupamento A é a espécie 2, enquanto no agrupamento B são as espécies 4 e 5 igualmente) (Figura 16.2b). Entretanto, se tivéssemos calculado a distância média de todo um agrupamento, a resposta seria o contrário (Figura 16.2c). A Figura 16.2 tem tal geometria que o vizinho médio mais próximo da espécie 3 é o agrupamento B, e não o agrupamento A.

Os métodos do vizinho mais próximo e do vizinho médio mais próximo são exemplos de estatística de grupos (ou de *clusters*, do inglês). Eles não são os únicos, mas são suficientes como ponto de partida. Aqui, dentro da filosofia fenética, tratamos de produzir duas classificações diferentes. Se a exigência de repetitividade e estabilidade da fenética numérica tem de ser preservada, deve haver algum modo de decidir qual das duas é a classificação fenética correta. Para fazê-lo seria necessário recorrer a um critério mais elevado. O problema é que ele não existe. Presumivelmente o critério mais elevado seria "a" hierarquia da similaridade morfológica agregada, mas esta não existe naturalmente, sem depender da estatística que a afere. E – como a Figura 16.2 mostra – estatísticas diferentes produzem hierarquias diferentes.

A classificação fenética é inerentemente ambígua

Portanto, existe um grau essencial de subjetividade na filosofia fenética. Se sua classificação quer ser coerente, deve escolher uma estatística, como a do vizinho médio, e aferrar-se a ela. Daí a classificação seria repetível, mas teria um preço. A coerência não decorre do sistema fenético em si; ela é imposta pelo taxonomista – subjetivamente. Na prática, os taxonomistas numéricos nunca conseguiram concordar quanto à estatística a ser usada, e essa é uma das razões pelas quais a escola perdeu muito de sua influência desde sua origem, no início da década de 1960.

A distância pode ser medida de mais de uma maneira

Além disso, a escolha do agrupamento estatístico não é a única escolha subjetiva em classificação fenética. As medidas das distâncias constituem um problema análogo. A medida usada na Figura 16.2 é a *distância euclidiana*: a reta entre dois pontos; bidimensionalmente, ela é medida pelo teorema de Pitágoras. Mas existem outras medidas de distância, tais como a *distância do caráter médio* (DCM), que é a distância média entre grupos, em relação a todas as características medidas. Portanto, bidimensionalmente, se as espécies 1 e 2 diferem em x unidades quanto ao caráter A e em y unidades quanto ao caráter B, então a DCM $= (x + y) / 2$ e a distância euclidiana $= \sqrt{(x^2 + y^2)}$. As diferentes medidas de distância podem resultar em diferentes hierarquias e, mais uma vez, o feneticista defronta-se com a opção subjetiva de qual delas usar.

Por isso, a classificação fenética, mesmo em sua forma numérica moderna, não é objetiva. Ela pode produzir classificações, mas elas não têm uma justificativa filosófica profunda. Vejamos como a introdução da evolução na classificação pode ajudar a resolver o problema.

16.6 A classificação filogenética utiliza relações filogenéticas inferidas

16.6.1 O cladismo de Hennig classifica as espécies por suas relações de ramificação filogenética

As classificações filogenéticas agrupam as espécies exclusivamente de acordo com a recentidade da ancestralidade comum. Quando uma espécie se ramifica durante a evolução, geralmente forma duas espécies descendentes, chamadas *espécies irmãs*, as quais são classificadas juntas na classificação cladística. A hierarquia de ramificações das relações ancestrais é única, retrocedendo até o começo e incluindo tudo o que é vida. A hierarquia filogenética é fácil de ser convertida em classificação (Figura 16.3). (Digo que é "fácil", mas na Seção 16.6.3 examinaremos os problemas que surgem quando se muda de uma hierarquia filogenética para uma hierarquia classificatória lineana.)

A classificação cladística tem a vantagem da objetividade. A hierarquia filogenética existe independentemente dos métodos que usamos para descobri-la, e é única e inequívoca quanto à forma. Quando há discordância entre diferentes técnicas para inferir relações filogenéticas, sempre há uma referência externa para a qual apelar. Se não conseguimos descobrir a filogenia de um ou outro grupo, pelo menos sabemos que existe uma solução a ser encontrada. Com o sistema fenético, tal solução externa não existe. Não existe uma hierarquia fenética, natural e única, análoga à hierarquia filogenética.

Quando uma dupla de espécies como a 5 e a 6 da Figura 16.3b é formada cladisticamente, isso significa que ela compartilha um ancestral que é mais recente do que os ancestrais comuns de cada uma dessas espécies com outras espécies. Fundamentalmente, as relações cladísticas são relações ancestrais. Na prática, a inferência de relações ancestrais (isto é, a filogenia da Figura 16.3a) pode ser difícil e a classificação cladística pode ser incerta.

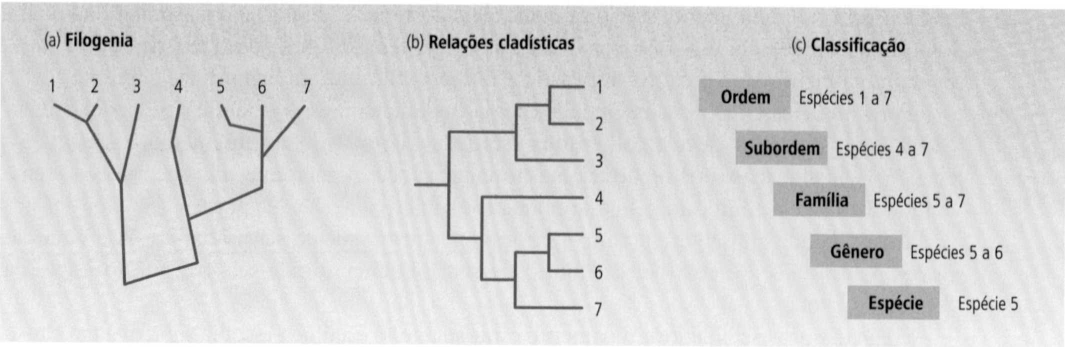

Figura 16.3

A classificação filogenética (cladística) de um grupo está relacionada de forma simples à sua árvore filogenética. (a) A história evolutiva de sete espécies. (b) Sua classificação cladística. (c) A classificação lineana formal da espécie 5 é um exemplo. A classificação ilustrada é apenas um exemplo; dependendo das particularidades, em certos casos poderia ser necessário usar níveis lineanos diferentes.

No Capítulo 15, vimos que a principal evidência para relações filogenéticas provém de um tipo especial de características, chamadas homologias derivadas. Podemos usar a distinção entre diferentes tipos de caracteres para esclarecer as diferentes escolas de classificação (ver Tabela 16.1). Os caracteres podem ser divididos em homoplasias e homologias e estas, em homologias derivadas e ancestrais. (As diferenças estão ilustradas na Figura 16.4.) Só as homologias derivadas indicam relações filogenéticas e a classificação cladística é baseada em caracteres homólogos derivados, e não em homologias ancestrais ou em homoplasias. A classificação fenética numérica agrupa as espécies usando tantos caracteres quantos possíveis e os rateia, independentemente de seu significado evolutivo. A classificação fenética usa todos os três tipos de caracteres. Mais adiante, neste capítulo, discutiremos uma terceira escola de classificação, chamada classificação evolutiva, que usa as homologias (tanto ancestrais quanto derivadas), mas rejeita as homoplasias.

16.6.2 Os cladistas distinguem grupos monofiléticos, parafiléticos e polifiléticos

Os grupos das classificações cladísticas são *monofiléticos*, no sentido de que contêm todos os descendentes de um ancestral comum: o grupo tem o seu próprio ancestral comum (Figura 16.4a). O cladismo rejeita os grupos *parafiléticos* e *polifiléticos*. Um grupo parafilético contém alguns, mas não todos, os descendentes de um ancestral comum (Figura 16.4b). Os membros que são incluídos são aqueles que mudaram pouco em relação à condição ancestral e as espécies excluídas são as que mudaram mais. Portanto, um grupo parafilético contém a esteira dos descendentes conservados, de uma espécie ancestral. Os grupos polifiléticos formam-se quando duas linhagens desenvolvem, convergentemente, condições de caráter semelhantes (Figura 16.4c). A diferença-chave entre os grupos parafiléticos e polifiléticos é que os parafiléticos incluem o seu ancestral comum, enquanto os polifiléticos não o contêm.

Como a Figura 16.4 mostra, os diferentes tipos de grupos são definidos pelos diferentes tipos de caracteres. As homologias derivadas caem em grupos monofiléticos; as ancestrais caem tanto nos monofiléticos quanto nos parafiléticos; as homoplasias caem nos grupos polifiléticos. Os grupos parafiléticos são definidos quando alguns descendentes de um ancestral comum retêm as características ancestrais, enquanto outros desenvolvem novas condições de caráter derivadas. Portanto, a diferença entre os grupos parafiléticos e polifiléticos surge

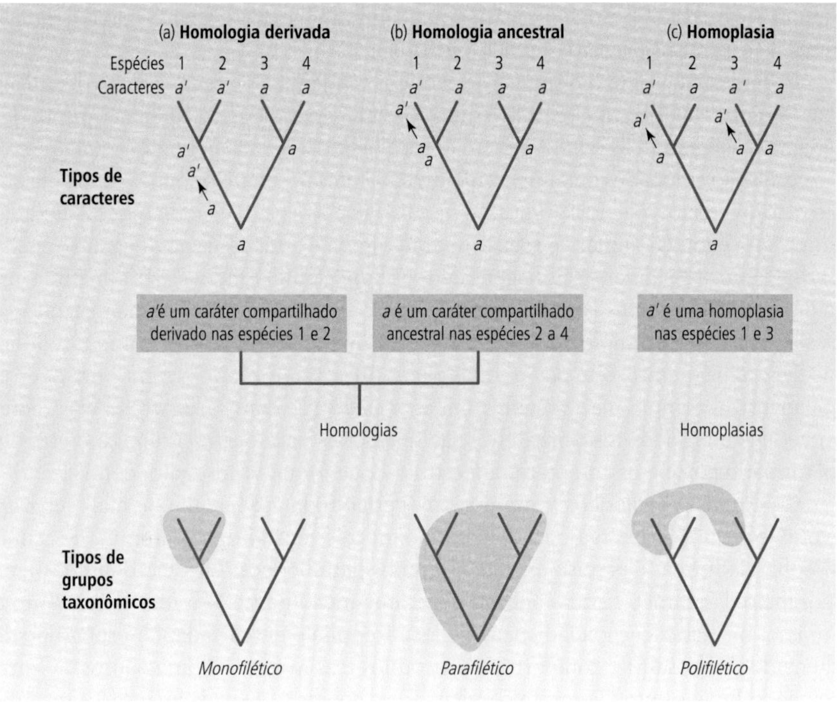

Figura 16.4

Diferentes tipos de caracteres e de grupos taxonômicos. As homologias são caracteres compartilhados entre espécies que estavam presentes no ancestral comum. Elas podem ser derivadas ou ancestrais. (a) As homologias compartilhadas derivadas são encontradas em todos os descendentes de um mesmo ancestral comum e estão distribuídas em grupos monofiléticos. (b) As homologias compartilhadas ancestrais são encontradas em alguns, mas não todos, os descendentes de um mesmo ancestral comum, e estão em grupos parafiléticos. Ver na Tabela 16.1, como os diferentes caracteres são usados pelas diferentes escolas de classificação. A diferença crucial entre os grupos parafiléticos e os polifiléticos, quanto à região sombreada, está na base, e não no topo da árvore: os grupos parafiléticos incluem o ancestral comum, enquanto os polifiléticos não o contêm. O padrão na parte superior – em que o grupo polifilético parece ter perdido uma das espécie que foram incluídas, enquanto o grupo parafilético parece conter um conjunto de espécies contíguas – é um acidente devido ao modo como as árvores estão desenhadas – girando-se apropriadamente os nós seria possível fazer com que as espécies do grupo polifilético ficassem contíguas ou introduzir um hiato no grupo parafilético.

porque os caracteres ancestrais estavam presentes em um ancestral comum ao grupo, mas os caracteres convergentes não estavam.

O cladismo só admite grupos monofiléticos

A classificação cladística só inclui os grupos monofiléticos porque só eles têm o arranjo hierárquico inequívoco da árvore filogenética. Na conversão cladística de uma árvore filogenética em classificação só se formam grupos monofiléticos (Figura 16.3). Os grupos monofiléticos são definidos inequivocamente por suas relações de ramificações: eles contêm todos os ramos derivados de um ancestral e nada precisa ser dito (nem conhecido) sobre a evolução fenética das espécies de cada ramo. Entretanto, para definir grupos parafiléticos e polifiléticos, precisamos conhecer a similaridade fenética. Temos de decidir que espécies incluir e quais excluir, e isso é feito pela inclusão, nos grupos parafiléticos ou polifiléticos, apenas das espécies feneticamente parecidas. Por causa da subjetividade das medidas de similaridade fenética, a árvore da vida não pode ser dividida inequivocamente em grupos parafiléticos ou polifiléticos. (A Figura 16.7 adiante ilustra esse ponto.)

Os taxonomistas já conheciam convergência evolutiva e grupos polifiléticos muito tempo antes do cladismo, mas os grupos parafiléticos mostraram um problema mais insidioso.

Hennig foi o primeiro a reconhecê-los com clareza, mas seu trabalho não era muito conhecido antes de ser traduzido para o inglês, em 1966.

Os répteis são um grupo parafilético

Podemos ver como os grupos parafiléticos tendem a crescer, por meio de um antigo exemplo: os répteis (ver Figura 16.1c). As relações filogenéticas dos principais grupos de tetrápodes são, provavelmente, as da Figura 16.5. Nas classificações tradicionais, os mamíferos, as aves e os répteis são colocados em um mesmo nível da hierarquia taxonômica, o das classes. O que de fato aconteceu foi que dois grupos, os mamíferos e as aves, de modo independente, passaram a sofrer uma evolução fenética relativamente rápida e a ter aparências cada vez mais diferentes da dos répteis. As diversas linhagens de reptilianos mudaram mais lentamente e mantiveram-se mais parecidas umas com as outras do que com as aves e com os mamíferos. Os crocodilos e os lagartos, por exemplo, têm sangue frio, escamas, quatro patas e o andar reptiliano; as aves são de sangue quente, têm penas, duas patas, duas asas e voam. No entanto, os crocodilos têm um ancestral comum mais recente com as aves do que com os lagartos. As características dos crocodilos e lagartos (escamas, etc.) são ancestrais para todo o grupo; e o grupo parafilético foi formado porque os caracteres ancestrais é que foram usados para defini-lo.

Os grupos parafiléticos tornam-se um perigo toda vez que um ou mais subgrupos tenham evoluído com relativa rapidez, deixando para trás seus antigos parentes. Se vamos aceitar a filosofia cladística, é preciso excluir os grupos parafiléticos. Eles são definidos feneticamente (por meio das características ancestrais) e, inevitavelmente, seu reconhecimento é subjetivo. Por isso, na classificação cladística, a classe Reptilia é descartada. Um subgrupo dos Reptilia, chamado Archosauria, comporta os crocodilos e as aves (e os dinossauros). Outro subgrupo, chamado Lepidosauria, contém os lagartos, as cobras e, provavelmente, as tartarugas.

Os peixes são um outro grupo parafilético

A classificação cladística dos tetrápodes pode parecer estranha. Antes do cladismo os Reptilia eram reconhecidos em quase todas as classificações formais; mas o cladismo os desfez. Existem vários outros exemplos de grupos parafiléticos em classificações não-cladísticas: um deles é o dos peixes. Os tetrápodes evoluíram de um grupo particular de peixes, os de nadadeiras-lobadas (Seção 18.6.1, p. 561). Se considerarmos as relações entre qualquer tetrápode (como uma vaca), qualquer peixe de nadadeiras-lobadas (como um peixe pulmonado) e qualquer peixe de nadadeiras-raiadas (como um salmão), a vaca e o peixe pulmonado têm um ancestral comum mais recente do que o que o peixe pulmonado tem com o salmão. A categoria "peixes" (contendo o peixe pulmonado e o salmão, mas excluindo a vaca) não existe em uma classificação cladística.

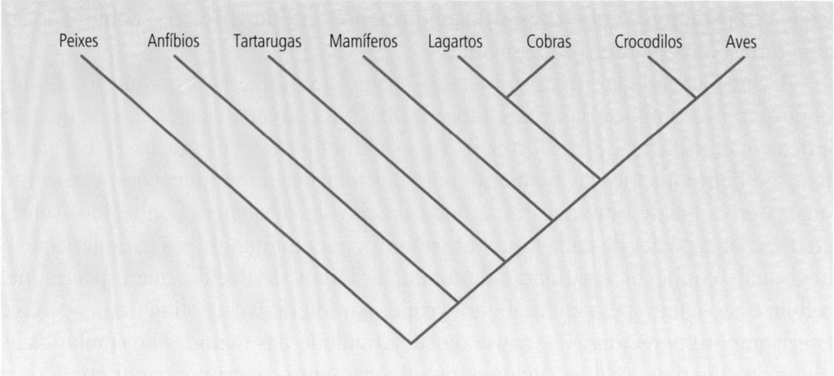

Figura 16.5

Filogenia dos principais grupos de vertebrados. Nesta figura, os répteis são um grupo parafilético constituído pelas tartarugas, lagartos, cobras e crocodilos.

Alguns cladistas têm sido bem-fanáticos em sua insistência em desfazer os peixes e os répteis. De certo modo, não importa muito o que se faz na prática, nesses casos. A condição parafilética desses grupos é bem-conhecida e não causa muitos transtornos; não vale a pena preocupar-se com isso. É mais importante evitar os grupos parafiléticos em outros casos, menos conhecidos. Se uma classificação contém uma mistura inespecífica de grupos monofiléticos e parafiléticos, a informação evolutiva se torna confusa para a classificação. A beleza de uma classificação puramente filogenética é que não há dúvidas quanto às relações de ramificação dos grupos classificatórios (Figura 16.3). Porém, se os taxonomistas definirem algumas relações feneticamente e outras filogeneticamente, não é mais possível saber o significado de uma relação determinada. As relações de ramificação ficam obscurecidas e perdidas.

16.6.3 O conhecimento da filogenia não nos informa apenas sobre o nível hierárquico em uma classificação lineana

A classificação filogenética enfrenta vários problemas

A principal vantagem da classificação filogenética é teórica. Na prática, podem ocorrer diversos problemas. Um é a ignorância. Não conhecemos as relações filogenéticas de muitas criaturas vivas e não podemos classificá-las filogeneticamente. Outro problema é a instabilidade. O conhecimento científico pode mudar se surgirem novas evidências, e nosso conhecimento sobre filogenias não é exceção. Quando nosso conhecimento sobre uma filogenia muda, também se torna necessário mudar a classificação daquele grupo. Um terceiro problema surgiu recentemente, quando o aumento do número de níveis de categorias hierárquicas ultrapassou a capacidade de representação por meio da hierarquia lineana. Os Capítulos 15 e 18 examinam nossos conhecimentos sobre filogenia. Aqui, concentramo-nos em outros dois problemas. (Mais problemas podem surgir quando a evolução não é hierárquica, por exemplo, por causa da especiação de híbridos [Seção 14.7, p. 430] ou pela transferência horizontal de genes [Figura 15.19, p. 480].)

Na Figura 16.3, vimos como uma filogenia de um grupo de espécies pode ser convertida em uma classificação lineana. Entretanto, a hierarquia filogenética só determina o padrão de grupos dentro dos grupos, não o seu ordenamento. Por exemplo, se sabemos que humanos e chimpanzés têm um ancestral comum mais recente do que qualquer um dos dois tem com os gorilas, sabemos que, dentro do grupo dos grandes macacos, humanos e chimpanzés devem ser colocados juntos. Mas o conhecimento filogenético sozinho não nos informa se o grupo de humanos e chimpanzés deve ser classificado como gênero, subfamília, família ou o quê.

Uma filogenia completa tem muito mais níveis do que a hierarquia lineana

A hierarquia lineana tem cerca de sete níveis principais (reino, filo, classe, ordem, família, gênero, espécie), os quais podem ser multiplicados pela adição dos super, sub e infraníveis (por exemplo, superfamília, subordem, e assim por diante) e de outros níveis extras, como a tribo (entre o gênero e a família). Mas, mesmo expandida, a hierarquia lineana não comporta muito mais do que uns 25 níveis. Isso cria o problema de como combinar níveis na hierarquia filogenética para adequá-la ao sistema lineano. Não podemos, simplesmente, dizer que cada ponto de ramificação (ou nó) sucessivo na filogenia pode ter seu próprio ordenamento lineano. Há nós demais.

Por exemplo, a Figura 15.27 (p. 489) mostrava a filogenia das drosófilas havaianas de asas pintadas. A classificação cladística de uma parte dela – tal como o grupo da espécie *Drosophila adiostola* – exigiria que inventássemos cinco níveis na hierarquia lineana, entre os níveis de gênero e de espécie (Figura 16.6). Historicamente o problema não é grave porque temos sido um tanto ignorantes quanto às relações filogenéticas, e o número de espécies descritas não tem sido muito grande. Mas deveríamos estar nos preparando para um conhecimento filogenético completo de cerca de 10 milhões a 100 milhões de espécies.

Como podemos enquadrar uma hierarquia filogenética em uma hierarquia lineana? Hennig (1981) sugeriu adicionar um esquema numérico aos termos lineanos. Alternativamente, al-

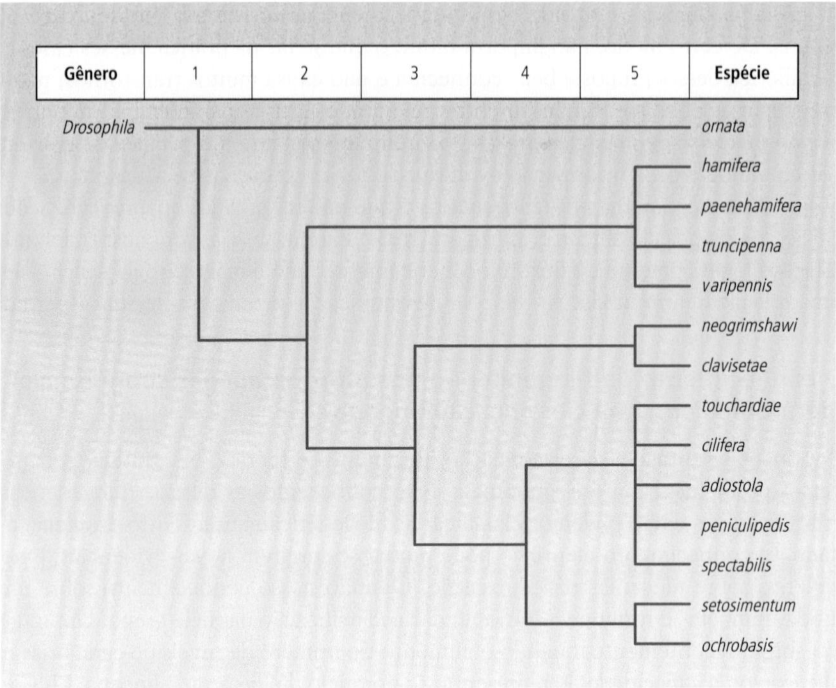

Figura 16.6

Possível classificação do grupo da *Drosophila adiostola*, de espécies de drosófilas. (Extraída do ramo superior da filogenia de drosófilas havaianas, na Figura 15.27, p. 489.) Essas 14 espécies são apenas uma pequena parte das drosófilas havaianas, que, por sua vez, são apenas uma (grande) parte da fauna mundial de drosófilas. Pelo que sabemos atualmente sobre sua filogenia, seriam necessários, no mínimo, cinco novos níveis entre o gênero e a espécie.

guns números de níveis de filogenia podem ser agregados a um nível lineano, para se produzirem categorias convenientes e memoráveis. Nesse caso, a classificação é filogenética e cladística, mas nem todo o conhecimento filogenético está representado nela.

O "filocódigo" abandonaria o ordenamento lineano...

Presentemente, uma outra possibilidade está sendo considerada pelos sistematas: poderíamos simplesmente abandonar os níveis lineanos de gênero, família, ordem e assim por diante. Os grupos taxonômicos poderiam consistir simplesmente em clados não-hierarquizados (isto é, grupos monofiléticos consistindo apenas em todos os descendentes de um ancestral comum). Quando um clado fosse descoberto por pesquisa filogenética, ele poderia ser denominado, mas não hierarquizado. As aves (Aves) seriam um clado e os pássaros seriam outro clado. Ambos continuariam a ser usados como termos taxonômicos, mas sem ordenamentos como classe ou ordem. A idéia de denominar os clados sem hierarquizá-los é um dos componentes de uma proposta de sistema taxonômico chamado *filocódigo*. Os proponentes do filocódigo sugeriram ainda outras mudanças nos métodos lineanos de classificação. As sugestões são controversas e alvo de ativa discussão. Ainda é cedo para saber se o filocódigo vai "pegar".

... mas pode não "pegar"

Em princípio, a hierarquia filogenética proporciona uma boa base para a classificação lineana da vida. Hoje, a maioria dos biólogos aceita que a classificação deve ser filogenética. Entretanto, nosso conhecimento sobre biodiversidade e filogenia está expandindo-se em alta velocidade. O filocódigo poderá, ou não, vir a substituir a classificação lineana, mas é uma resposta razoável ao problema de como representar nosso conhecimento filogenético em uma classificação formal. Enquanto apenas dezenas ou centenas de milhares de espécies haviam sido nomeadas e a filogenética era um remanso da pesquisa biológica, os princípios cladísticos de Hennig eram um desafio pequeno ao sistema hierárquico lineano. Agora, sabemos de milhões de espécies e a sistemática molecular é um importante programa de pesquisa. Poderão ser necessários alguns ajustes no sistema lineano, para acomodar o nosso conhecimento filogenético em expansão, mas, até lá, continua sendo útil classificar as espécies biológicas nos táxons lineanos mais elevados. Entretanto, as decisões sobre que níveis da hierarquia lineana aplicar a quais nós de uma filogenia são arbitrárias e subjetivas.

16.7 A classificação evolutiva é uma síntese dos princípios fenético e filogenético

A classificação evolutiva admite grupos parafiléticos e monofiléticos

Devemos, finalmente, examinar a *classificação evolutiva*. Ela incorpora tanto elementos fenéticos quanto filogenéticos e elementos parafiléticos e monofiléticos. Em termos de tipos de grupos taxonômicos (ver Figura 16.4), a classificação evolutiva reconhece os parafiléticos e os monofiléticos, mas não os polifiléticos. Quanto aos tipos de caracteres usados para inferir filogenias (ver Figura 16.3), ela forma grupos por homologias em vez de por homoplasia, mas não distingue as homologias ancestrais das derivadas. Retornando à Figura 16.1, a classificação evolutiva aproveita a classificação fenética no caso dos répteis (Figura 16.1c), mas a filogenética onde houver convergência (Figura 16.1b).

Como a taxonomia evolutiva pode ser justificada? A escola evolutiva apropria-se tanto da fenética numérica quanto do cladismo e, por isso, a principal discussão original dessa escola não enfrenta argumentos contrários nem da fenética nem da cladística. Além disso, não existe uma defesa completa da moderna taxonomia evolutiva contra as taxonomias numérica e cladística. Desse modo, a escola difere das outras duas, que, em parte, foram concebidas em oposição à taxonomia evolutiva, e que expõem suas objeções a ela. Entretanto, pode ser constituído um caso.

Os taxonomistas evolutivos discordam da classificação fenética, em boa parte pelos mesmos motivos já discutidos anteriormente, embora argumentem de forma diferente. Eles criticam os sistemas fenéticos por serem *idealistas*, isto é, por supor que uma classificação fenética representa alguma relação fenética "ideal" entre as espécies. A relação ideal seria uma "idéia" ou "plano" natural. Um exemplo é a teoria pré-darwiniana de que as classificações representam os pensamentos de Deus. Um idealista procuraria, então, classificar as espécies de acordo com a idéia existente na mente de Deus. Essa idéia contestavelmente se automanifesta na natureza viva (e é indissociável a ela). É difícil para um cientista moderno enxergar muito sentido nesses argumentos antigos, mas, pelo menos, a taxonomia "divina" constitui um exemplo concreto do significado do idealismo. Outras versões do idealismo supunham que era possível deduzir a existência de formas ou planos fundamentais da natureza a partir da análise puramente científica da morfologia das espécies[1].

Os taxonomistas evolutivos criticaram a classificação fenética

Note-se que, em princípio, o idealismo poderia resolver o problema da subjetividade da classificação fenética. O plano da natureza proporcionaria um objetivo, um ponto de referência externo, a ser atingido pela classificação fenética. O único empecilho é que, no sentido idealista, o plano da natureza não existe. É por isso que a fenética numérica moderna suprimiu a filosofia idealista que havia nas classificações fenéticas mais antigas. A Seção 16.5 dizia que, na ausência de alguma hierarquia natural de similaridade fenética, a classificação fenética incorre em subjetividade. O erro idealístico é a outra face da mesma moeda. Os idealistas acreditam que existe uma hierarquia "externa", mas não oferecem uma boa razão para sua crença.

---

[1] A Seção 13.5, p. 390, sobre o "pensamento tipológico", está muito relacionada com esse ponto. O idealismo é um exemplo de pensamento tipológico.

Ao criticarem a classificação fenética pelo erro do idealismo, o que os taxonomistas evolutivos estavam querendo dizer era que, na natureza, não existe uma hierarquia fenética real e que um sistema que assume uma tal hierarquia será, basicamente, subjetivo. As classificações fenéticas tentam agrupar as espécies de acordo com uma relação – o sistema morfológico ideal – que a evolução não produz. A evolução não produz uma determinada hierarquia fenética privilegiada que seja mais real do que todas as outras hierarquias fenéticas.

O idealismo fenético pode ser evitado se os taxonomistas reproduzirem a evolução, e não a similaridade fenética. Mas o que significa "a evolução"? Os taxonomistas evolutivos excluem da classificação os grupos polifiléticos, mas não os parafiléticos. Para ver por que, precisamos examinar o que os taxonomistas evolutivos dizem sobre o cladismo. Eles o criticam por um puritanismo desnecessário. O cladismo, como vimos, leva ao que, à primeira vista, podem parecer conclusões bizarras, tais como a destruição dos Reptilia. Isso é por causa de sua distinção entre grupos parafiléticos e monofiléticos. Se ambos os tipos de grupos forem aceitos, a maioria dos grupos tradicionalmente reconhecidos como os répteis e os peixes poderá ser mantida.

É assim que a classificação evolutiva vê a si mesma. Mas os cladistas e os feneticistas vêem-na de modo bem-diferente. Para um cladista, o argumento que é aceito pelos taxonomistas evolutivos contra os grupos polifiléticos, dos feneticistas, funciona de modo exatamente igual contra os grupos parafiléticos. Se você aceita os grupos parafiléticos, tem de aceitar igualmente os polifiléticos, ou será incoerente. Os grupos parafiléticos são definidos feneticamente, exatamente como os polifiléticos. Se for necessário excluir de um grupo alguns descendentes de um ancestral comum, é preciso decidir quantos descendentes serão deixados de fora, e essa decisão é fenética e arbitrária (Figura 16.7); como a Figura 16.4

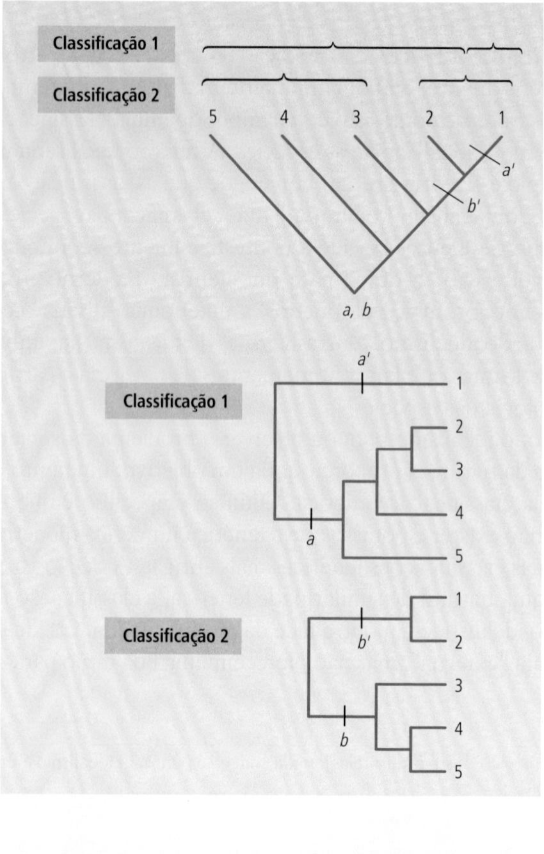

Figura 16.7

Os grupos parafiléticos contêm alguns descendentes de um ancestral comum, mas não todos. Quando eles são definidos, deve ser tomada uma decisão sobre quais descendentes excluir. A decisão é fenética. *a*, *a´*, *b* e *b´* são os estados de caracteres; *a´* e *b´* são derivadas de *a* e *b*, respectivamente. Na figura, a questão é excluir a espécie 1 (e definir o grupo parafilético de 2 a 5 por meio do caráter ancestral *a*) ou excluir as espécies 1 e 2 (e definir o grupo 3 a 5 por meio do caráter ancestral *b*). Note que não há garantia de que caracteres ancestrais compartilhados possam definir tais grupos parafiléticos como 2 a 5 e 3 a 5 porque, em princípio, *a* ou *b* poderiam ter sofrido qualquer quantidade de mudanças entre os ramos que levam as espécies 2 a 5 e 3 a 5.

A classificação por grupos parafiléticos é ambígua

ilustrou – os grupos parafiléticos não são constituídos por relações filogenéticas. Com isso, o problema do padrão fenético ressurge: de acordo com certas medidas de similaridade fenética, um grupo seria apropriado; de acordo com outras, outro grupo o seria. A escolha entre elas é subjetiva – ou idealista. Quando são admitidos grupos parafiléticos, perde-se o argumento contra a classificação fenética. Se o critério fenético pode ser usado no caso de grupos parafiléticos, por que não para os polifiléticos? Os grupos parafiléticos pressupõem tanto idealismo quanto os grupos polifiléticos.

A taxonomia evolutiva mistura métodos fenéticos e filogenéticos, mas de modo racional e com princípios. Ela define os grupos por meio das homologias e exclui as homoplasias; portanto, ela não reconhece os grupos polifiléticos. Ela admite grupos fenéticos como répteis e peixes, mas as classificações em biologia têm um forte propósito prático e este é o caso de não se desfazer esses grupos estabelecidos de longa data se houver uma razão convincente para mantê-los. Entretanto, é questionável saber se os motivos dos taxonomistas evolutivos são suficientemente convincentes.

16.8 O princípio da divergência explica por que a filogenia é hierárquica

A evolução produz uma árvore hierárquica da vida

As três escolas de classificação – a fenética, a cladística e a evolutiva – visam a uma classificação hierárquica. No caso do cladismo, isso não causa surpresa. A árvore filogenética é hierárquica e a classificação filogenética também o será. A natureza apresenta uma infinidade de padrões fenéticos. Alguns, sem dúvida, são hierarquias ordenadas, mas outras são hierarquias sobrepostas, ou conexões não-hierárquicas. Se nosso objetivo é uma classificação fenética, não há motivo forte para classificar hierarquicamente. As classificações biológicas são hierárquicas porque a evolução produziu um padrão hierárquico arboriforme, divergente, de semelhanças entre seres vivos. Sem dúvida, desde 1859, a natureza hierárquica das classificações biológicas tem feito parte das evidências da evolução (Seção 3.9, p. 84). A evolução da descendência produz, nas palavras de Darwin, um padrão de "grupos dentro de grupos".

Mas por que a evolução agiria dessa forma? A pergunta tem um lugar importante na história do pensamento de Darwin. Ele concebeu a seleção natural, no final da década de 1830, como uma explicação natural para a adaptação e a evolução. À medida que mudam o ambiente e as espécies que estão competindo, estas desenvolverão novas adaptações. Essa teoria, por si, não contribui para o curso divergente, arboriforme, da evolução. Darwin estava bem ciente de que a evolução é que havia direcionado tal curso. Na verdade, a estrutura hierárquica da classificação em grupos dentro de grupos fora estabelecida como fato em princípios do século XIX – pelos trabalhos (entre outros) de Geoffroy St Hilaire em morfologia e de Milne-Edwards em embriologia. Um fato tão surpreendente tinha de se encaixar na teoria. Em sua autobiografia, Darwin relembrou que na versão inicial de sua teoria (1844):

De acordo com o principio da divergência, de Darwin...

> Desconsiderei um problema de grande importância, e hoje me surpreendo de como pude desconsiderá-lo e sua solução. Esse problema é a tendência de os seres orgânicos que descendem do mesmo tronco divergirem em suas características à medida que se tornam modificados. Que eles divergiram grandemente, é obvio pelo modo como as espécies, de todos os tipos, podem ser reunidas em gêneros, os gêneros em famílias, as famílias em subordens, e assim por diante... A solução me ocorreu longo tempo depois que voltei para Down. Creio que a solução é que, na economia da natureza, as proles modificadas de todas as espécies dominantes e das formas em expansão tendem a se tornar adaptadas a muitos locais diversos.

Esse era o *princípio da divergência* de Darwin (Figura 16.8). Por que aconteceria que, durante a evolução, as espécies geralmente se separam? Darwin sugeriu que isso resultava, principalmente, das forças relativas da competição por recursos dos indivíduos mais estreitamente

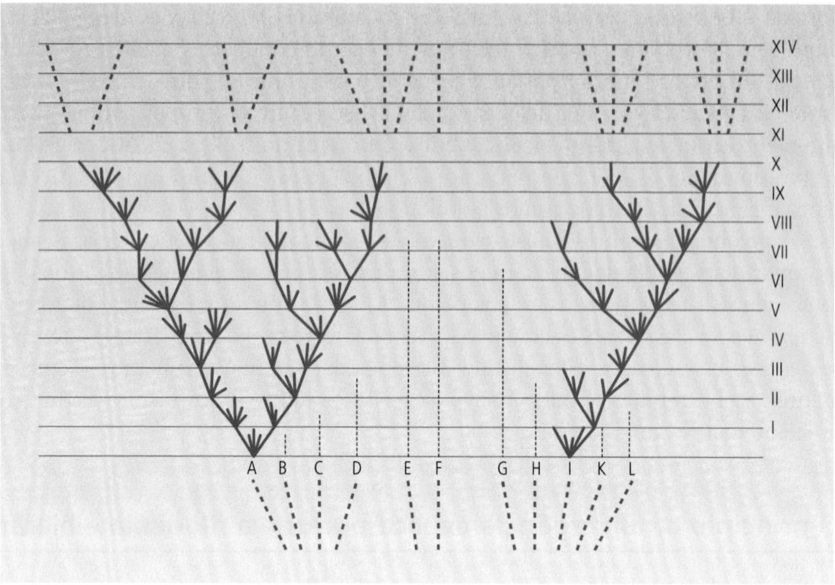

Figura 16.8

O padrão divergente da evolução. De Darwin (1859).

... a competição separa as espécies

relacionados de um lado e dos relacionados mais distantemente do outro. Um indivíduo de uma espécie competirá muito contra outros membros de sua própria espécie, menos contra membros de outras espécies de seu gênero e pouco contra membros de grupos mais distantemente relacionados. Há pouca ou nenhuma competição entre extremos taxonômicos, como por exemplo, entre uma planta e um animal médios.

A competição mais forte é a intra-específica. Em muitos casos, cada indivíduo encontra mais membros de sua própria espécie do que de outras espécies. Igualmente, os membros de sua própria espécie são mais parecidos com ele, explorando recursos mais semelhantes. Um modo de evitar a competição é tornar-se diferente dos competidores; por isso, haverá na evolução uma força apartando os competidores semelhantes. A competição entre indivíduos semelhantes levará à evolução de novas adaptações, que reduzam a intensidade da competição; o resultado será a divergência. A substituição de características (Seção 13.6, p. 393) evidencia que a competição pode causar divergências entre espécies estreitamente relacionadas. Entretanto, a divergência evolutiva não é imperativa. Em cada caso, ela depende das contingências da competição. Mas, uma vez que os indivíduos mais semelhantes competem mais intensamente, em média, o resultado provável é a divergência.

Provavelmente outros fatores também estão atuando

Provavelmente outros fatores também contribuam para causar divergência. Por exemplo, a especiação freqüentemente é alopátrica e duas espécies irmãs isolam-se cada vez mais ao longo do tempo pelo processo de Dobzhansky-Muller (Seção 14.4, p. 414). Enquanto os membros das duas populações cruzam, a seleção natural favorece as modificações genéticas que são vantajosas em ambas. Essas populações se mantêm relativamente parecidas. Uma vez que as duas se separaram e não intercruzam mais, nenhuma força impede as mudanças genéticas que ocorrem em uma das populações, de também serem favoráveis nos membros da outra população. Mudanças genéticas incompatíveis acumulam-se nas duas populações (ou espécies, que nessa altura são). Os dois conjuntos gênicos "desvencilharam-se" um do outro e estão livres para divergir mais. Nossa compreensão atual da especiação somou-se à explicação de Darwin sobre a divergência.

16.9 Conclusão

Atualmente, a maioria dos biólogos aceita que o cladismo é o sistema de classificação mais bem justificado teoricamente. Ele tem uma justificativa profunda que o sistema fenético ou parcialmente fenético não têm. O cladismo é objetivo e as classificações objetivas são preferíveis às subjetivas. Mas, apesar das vantagens teóricas do cladismo, ele pode incorrer em problemas práticos. As incertezas da inferência filogenética tornam as classificações cladísticas suscetíveis de revisões freqüentes. Os cladistas autênticos não se importam muito com isso e destacam que todas as boas teorias são modificadas à medida que surgem novos fatos.

A classificação cladística só se tornou popular recentemente. A classificação evolutiva era a escola ortodoxa da "síntese moderna" da década de 1930 (e mesmo do tempo de Darwin, na década de 1860), até cerca de 20 anos atrás. A fenética numérica teve uma onda de sustentação do final da década de 1950 até o início da década de 1970. Agora, porém, ambas as escolas sucumbiram à critica cladística e têm relativamente poucos apoiadores. Em todos os casos, o ponto mais importante é entender os argumentos que foram usados a favor e contra cada escola: eles são de importância permanente para a biologia evolutiva.

Resumo

1 Há dois grandes princípios e três grandes escolas de classificação biológica: o princípio fenético e o filogenético, e as escolas fenética, cladística e evolutiva. As escolas podem diferir quanto à representação da evolução na classificação.

2 A classificação fenética ignora as relações evolutivas e classifica as espécies pela semelhança aparente; o cladismo ignora as relações fenéticas e classifica as espécies pela recentidade de sua ancestralidade comum; a taxonomia evolutiva inclui tanto as relações fenéticas quanto as filogenéticas.

3 A inferência filogenética é incerta, e a classificação fenética tem a vantagem de não estar sujeita a revisões quando novas descobertas filogenéticas são feitas.

4 A classificação fenética é ambígua porque há mais de um modo de medir a similaridade fenética, e as diferentes medidas podem diferir.

5 O cladismo é inequívoco porque só existe uma árvore filogenética para todos os seres vivos.

6 A filosofia cladística especifica o padrão de classificação em grupos dentro de grupos, mas não a hierarquia desses grupos. O grande número de nós em uma filogenia completamente resolvida pode dificultar sua representação em uma classificação lineana.

7 A taxonomia evolutiva evita algumas das propriedades extraordinárias do cladismo. Mas ela sofre da ambigüidade da taxonomia fenética e sua argumentação para a exclusão de um tipo de relação fenética (a convergência) é igualmente adequada para excluir outro tipo de relação fenética (a divergência diferencial), que ela inclui.

8 Os seres vivos apresentam um padrão de relações divergente, arboriforme. Darwin o explicou por meio de seu "princípio de divergência": que a competição é mais intensa entre as formas mais semelhantes, forçando-as a evoluir separadamente.

Leitura adicional

Schuh (2000) é um livro recente sobre sistemática biológica. Anteriormente, em Ridley (1986), discuti muitos dos pontos deste capítulo em um nível introdutório e mais extenso. Sneath e Sokal (1973) é o trabalho-padrão em taxonomia numérica; Sokal (1966) é, claramente, uma introdução. Hennig (1966) é o trabalho clássico sobre cladismo – mas não é de fácil leitura! Wiley *et al.* (1991) e Kitching *et al.* (1998) são dois textos sobre cladismo. Mayr (1976, 1981 e Mayr e Ashlock, 1991), Dobzhansky (1970) e Simpson (1961b) são trabalhos fundamentais, de taxonomistas evolutivos fundamentais. Mayr e Diamond (2001) classificam as aves da Melanésia de acordo com os princípios "mayreanos" tradicionais.

Bryant e Cantino (2002) revisam as críticas da nomenclatura filogenética. A *Science* de 23 de março de 2001 contém uma notícia sobre o filocódigo. Benton (2000b) defende a prática (cladística) tradicional. Ereshefsky (2001) é mais crítico. Referências das fontes originais podem ser traçadas por meio dessas fontes. O tópico controverso pode ser acompanhado em artigos ocasionais nos periódicos *Systematic Biology* e *Cladistics*. Ver também o endereço <www.ohio.edu/phylocode>.

Darwin (1859) é a fonte óbvia sobre o princípio da divergência. Bolnick (2001) fez um experimento demonstrando como a divergência evolutiva e a adaptação para explorar novos recursos são mais prováveis quando há competição.

O assunto foi tópico de alguns interessantes trabalhos históricos e filosóficos. Ritvo (1997) é um livro geral, principalmente histórico, sobre classificação. Hull (1988) traça uma excelente história sobre os movimento fenético e cladístico, para ilustrar sua filosofia evolutiva da ciência. Beatty (1994) usa a controvérsia entre as escolas de sistemática para discutir uma questão filosófica mais ampla: por que a evolução tem tantas controvérsias sobre as freqüências relativas ou a significância relativa, em contraste com o paradigma newtoniano da física e com algumas outras áreas da biologia, em que se fazem perguntas que têm respostas simples. Sober (1994) contém alguns outros capítulos filosóficos.

Questões para estudo e revisão

1 Relacione os tipos de grupos taxonômicos com as escolas que os apóiam:

Grupos: polifilético, monofilético, parafilético.
Escolas: evolutiva, cladística, fenética.

2 Dê uma classificação (i) fenética, (ii) evolutiva e (iii) cladística de uma vaca, de um peixe pulmonado e de um salmão.

3 Aqui estão as medidas de dois caracteres em três espécies:

	Espécie 1	Espécie 2	Espécie 3
Caráter *a*	2	5	2
Caráter *b*	2	2	6

Calcule as diferenças para cada caráter e daí calcule (i) a distância euclidiana e (ii) a distância média do caráter, para as três duplas de espécies. Na matriz seguinte, escreva as distâncias acima da diagonal, para o cálculo de (i) e abaixo dela, para o cálculo de (ii).

	Espécie 1	Espécie 2	Espécie 3
Espécie 1			
Espécie 2			
Espécie 3			

4 Aqui estão as distâncias pareadas (tanto as distâncias médias do caráter quanto as euclidianas) entre cinco espécies:

Espécies	2	3	4	5
1	1	2,31	4,28	5,27
2		2,31	4,28	5,27
3			2	3
4				1

(a) Qual é a distância média da espécie 3 para as espécies 1 e 2? (b) Qual é a distância média da espécie 3 para as espécies 4 e 5? (c) Qual espécie é a vizinha mais próxima da espécie 3? (d) Qual é a classificação fenética das cinco espécies? (e) O que as respostas de a até d sugerem acerca da objetividade da classificação taxonômica fenética numérica?

5 Às vezes os apoiadores da classificação fenética têm retrucado às críticas de que ela pode ser ambígua, dizendo que, se caracteres extras suficientes forem medidos, a ambigüidade será resolvida. (Por isso, na Figura 16.4, se mais caracteres fossem medidos nas espécies, as estatísticas do vizinho médio e do vizinho mais próximo seriam concordantes.) Isto é uma boa resposta?

6 (a) Por que as espécies biológicas são classificadas hierarquicamente, enquanto os elementos químicos são classificados de modo não-hierárquico na tabela periódica? (b) Por que a evolução, geralmente, tem um padrão de ramificação divergente, em forma de árvore, em vez de algum outro padrão (na forma, talvez, de uma fileira de postes telegráficos ou de ziguezagues erráticos)?

17 Biogeografia Evolutiva

Biogeografia é a ciência que procura explicar a distribuição das espécies e de táxons mais elevados na superfície da Terra. O capítulo começa por descrever os fatos elementares que devem ser explicados – os tipos de distribuições. Daí passa para os processos explicativos. Começamos com os processos de curto prazo, como a ecologia das espécies e os movimentos em função do clima, que explicam as distribuições no nível das espécies. Depois passamos para os processos de larga escala, como a irradiação adaptativa em ilhas e arquipélagos, e então para os grandes padrões biogeográficos e os processos de longo prazo que os produzem, especialmente a tectônica de placas. Veremos como estudar a relação entre a história filogenética de uma espécie e a história geológica da área que ela ocupou. Terminamos examinado um outro fenômeno evolutivo resultante da tectônica das placas: o encontro de faunas quando áreas antes separadas são reunidas tectonicamente. O exemplo clássico é o Grande Intercâmbio Americano.

17.1 As espécies têm distribuições geográficas definidas

A distribuição geográfica das espécies pode ser endêmica, cosmopolita ou disjunta

A distribuição geográfica das espécies pode ser de vários tipos. Considere a Figura 17.1, que apresenta a distribuição de três espécies de tucanos do gênero *Ramphastos* na América do Sul. Duas das espécies, *R. vitellinus* e *R. culminatus*, têm distribuições *endêmicas*: elas estão circunscritas a determinada área. As distribuições endêmicas podem ser mais ou menos ampliadas e, no caso extremo de espécies que são encontradas em todos os continentes do globo, elas são chamadas de *cosmopolitas*. O pombo, por exemplo, é encontrado em todos os continentes, exceto na Antártica; em uma definição estrita ele não seria considerado cosmopolita, mas em geral o termo é entendido menos estritamente – e o pombo é chamado de espécie cosmopolita. Outras espécies, como a *R. ariel*, na Figura 17.1, não estão confinadas a uma só área, mas distribuídas em mais de uma região, com vazios entre elas: estas são chamadas de distribuições *disjuntas*.

Mapas como esse, das espécies da Figura 17.1, podem ser traçados para um grupo taxonômico de qualquer nível lineano: assim como as espécies têm sua distribuição geográfica, os gêneros, famílias, ordens também têm. Além da distribuição das espécies, a biogeografia procura explicar também as distribuições dos táxons mais elevados e, freqüentemente, para níveis diferentes, são apropriados diferentes processos explicativos. Os movimentos individuais de curta duração influenciam mais a distribuição das populações e espécies, enquanto processos geológicos, de ação lenta, podem controlar a biogeografia dos táxons mais elevados.

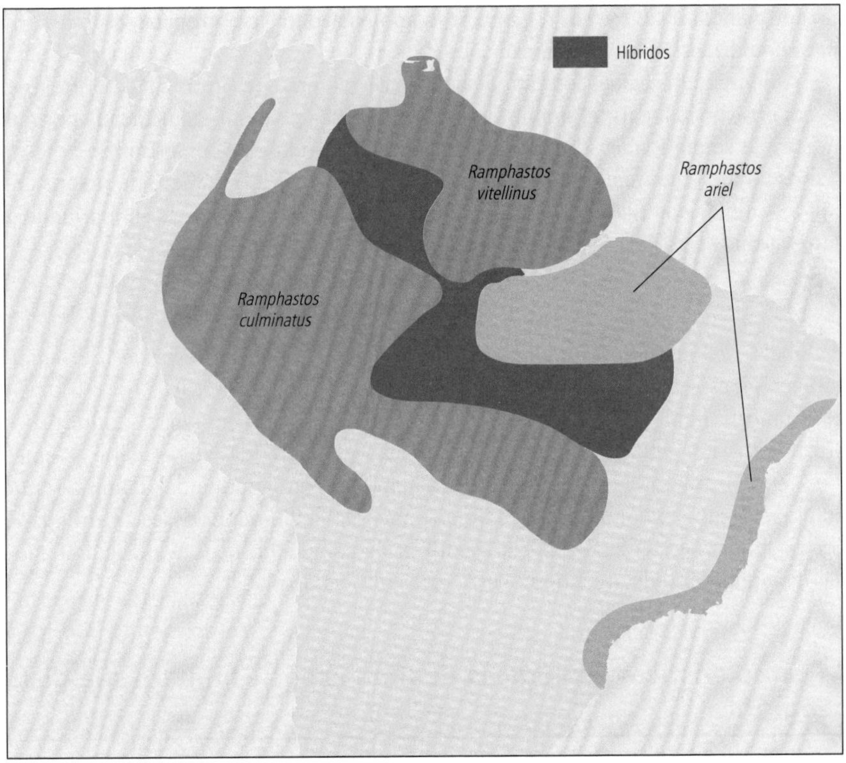

Figura 17.1

A distribuição natural de três espécies de tucanos no gênero *Ramphastos*, na América do Sul: *R. vitellinus* e *R. culminatus* têm distribuição endêmica, enquanto a distribuição de *R. ariel* é disjunta. Há uma grande zona híbrida entre as espécies. Modificada de Haffer (1974), com permissão da editora.

Obviamente, as distribuições nos níveis taxonômicos mais elevados são mais amplas do que as das espécies, mas alguns grupos mais altos, taxonomicamente isolados, com pequeno número de espécies (em geral elas são exemplos de fósseis vivos, ver Seção 21.5, p. 626), têm distribuições localizadas. Por exemplo, o tuatara *Sphenodon punctatus* é a única espécie sobrevivente de toda uma ordem de répteis (ou quase única – pode haver mais de uma espécie sobrevivente de *Sphenodon*). De cerca de 20 ordens de répteis, 16 estão completamente extintas e só quatro têm sobreviventes atuais. Dessas quatro, três contêm, respectivamente, as tartarugas e cágados, os lagartos e cobras e os crocodilos. A quarta só contém o *Sphenodon*, que atualmente está restrito a algumas ilhas rochosas da Nova Zelândia.

As principais regiões faunísticas globais...

Quando os biogeógrafos do século XIX examinaram as distribuições de grande número de espécies no globo, verificaram que, freqüentemente, diferentes espécies viviam nas mesmas áreas amplas. Eles sugeriram que havia regiões faunísticas, de grandes dimensões na Terra. O primeiro mapa dessas regiões faunísticas foi elaborado para aves, pelo ornitólogo britânico Philip Lutley Sclater (1829-1913), e logo Alfred Russel Wallace generalizou as regiões de Sclater para outros grupos de animais. Assim, a Terra foi dividida em seis regiões biogeográficas principais (Figura 17.2a). Elas são definidas principalmente pela distribuição de aves e mamíferos e poderiam não ter sido reconhecidas se outros grupos tivessem sido usados. Os botânicos, por exemplo, tendem a traçar linhas diferentes no mapa: geralmente eles combinam as regiões Neártica e Paleártica em uma só região maior, chamada Boreal ou Holártica, e reconhecem uma região separada de flora na África do Sul, chamada do Cabo (Figura 17.2b). Portanto, a Figura 17.2 não ilustra um conjunto de fatos bruscos e rápidos, porque as regiões são aproximadas. Os termos regionais – como Neártico e Neotropical – são usados freqüentemente na discussão biogeográfica.

... e de flora...

... estão identificadas...

A divisão em regiões foi feita de acordo com o grau de similaridade entre as espécies que vivem nos vários locais. A similaridade biogeográfica pode ser quantificada por meio de vários índices de similaridade. Um dos mais simples é o índice de Simpson. Se N_1 é o número de táxons na área que tem o menor número de táxons, N_2 é o número de táxons em outra área e C é o número de táxons comuns às duas áreas, então o índice de similaridade de Simpson, entre as duas áreas é:

$$C / N_1$$

... e quantitativamente descritas

A Tabela 17.1 apresenta as similaridades de fauna, quanto a espécies de mamíferos, entre várias regiões – elas são apresentadas em porcentagens: isto é, $(C/N_1) \times 100$. Os índices da tabela mostram alguns dos motivos para a divisão da Terra em regiões faunísticas como as da Figura 17.2. Por exemplo, a fauna da Austrália e a fauna da Nova Guiné assemelham-se em 93%, enquanto a da Nova Guiné só se assemelha com a fauna das Filipinas em 64%. A das Filipinas é mais similar à da África do que à da Nova Guiné. Essa descontinuidade indonésia, que pode ser vista na Figura 17.2a, é conhecida como a linha de Wallace. Ela não era devidamente compreendida até a descoberta da tectônica de placas.

17.2 As características ecológicas de uma espécie limitam sua distribuição geográfica

As espécies ocupam nichos ecológicos determinados...

Os limites da distribuição de uma espécie são estabelecidos por seus atributos ecológicos. Uma maneira de entender como os fatores ecológicos limitam essa distribuição é em termos da distinção entre *nicho fundamental* e *nicho efetivo* (ou *realizado*), que foi feita pela primeira vez na década de 1950 por Hutchinson e MacArthur. Uma espécie é capaz de tolerar uma certa variedade de fatores físicos – temperatura, umidade e assim por diante – e, teoricamente,

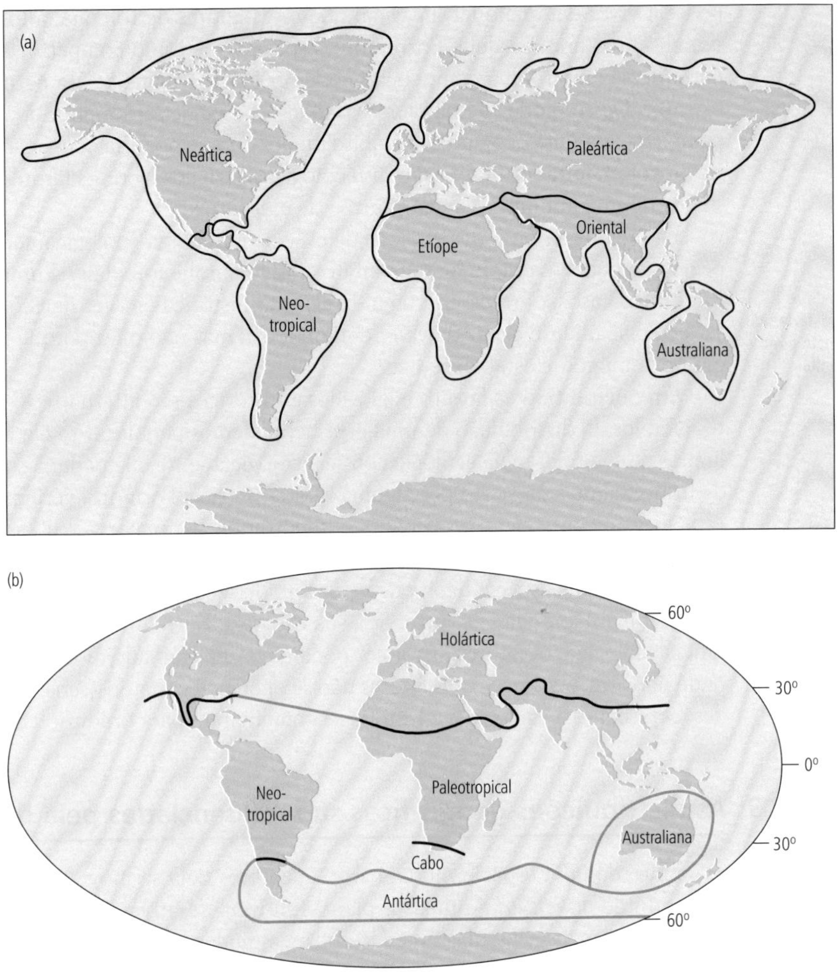

Figura 17.2

(a) As seis principais regiões faunísticas do mundo, com base na distribuição dos animais, especialmente de aves e mamíferos (ver Tabela 17.1). A descontinuidade entre as regiões Australiana e Oriental é chamada linha de Wallace. (b) As seis principais regiões de flora do mundo, com base na distribuição das angiospermas (plantas com flores). Redesenhada de Cox e Moore (2000), com permissão da editora.

Tabela 17.1

Índices de similaridade entre espécies de mamíferos de diversas regiões. Dados de Flessa *et al.* (1979).

	América do Norte	Índias Ocidentais	América do Sul	África	Madagascar	Eurásia	Ilhas do Sudeste Asiático	Filipinas	Nova Guiné	Austrália
América do Norte										
Índias Ocidentais	67									
América do Sul	81	73								
África	31	27	25							
Madagascar	38	27	35	65						
Eurásia	48	27	36	80	69					
Ilhas do Sudeste Asiático	37	20	32	82	63	92				
Filipinas	40	20	32	88	50	96	100			
Nova Guiné	36	21	36	64	50	64	79	64		
Austrália	22	20	22	67	38	50	61	50	93	

poderia viver em qualquer lugar em que esses limites de tolerância fossem satisfeitos. Esse é o nicho fundamental dela. Entretanto, espécies que estão competindo, em geral, só ocupam parte desse âmbito, e a competição pode ser intensa demais para permitir que duas espécies existam. Desse modo, o nicho efetivo de cada espécie será menor do que o fisiologicamente possível: cada uma ocupará um âmbito menor do que poderia ocupar se não houvesse competição. Foram feitas muitas pesquisas ecológicas para descobrir os fatores – físicos ou biológicos – que atuam para limitar a distribuição de cada espécie.

Em alguns casos, a distribuição da espécie é limitada ecologicamente; por exemplo, a espécie não pode viver fora de seu âmbito efetivo porque fora dali há uma espécie competidora. Em outros casos, é necessária uma explicação histórica em vez da ecológica. A espécie pode ser ecologicamente capaz de viver em um local, mas não o faz porque nunca chegou lá – isto é, nunca migrou e estabeleceu-se.

... mas a história também pode influir

Em que sentido os fatores ecológicos e históricos são alternativos? Considerando os limites efetivos da distribuição de uma espécie, podemos perguntar se ela está situada dentro dos limites de sua tolerância ecológica ou se, ecologicamente, ela poderia sobreviver do outro lado da fronteira, mas não o faz por alguma razão histórica. Portanto, verificar se as explicações são ecológicas ou históricas pode não ser importante. Na maioria dos casos reais, entretanto, a visão completa da distribuição de uma espécie exige tanto o conhecimento ecológico quanto o histórico. Uma espécie não pode viver fora de seus limites de tolerância ecológica; logo, sua biogeografia não pode se contrapor à sua ecologia. Entretanto, dentro de seus limites de tolerância ecológica, os fatores históricos podem ter determinado os locais onde ela está vivendo e onde não está. Assim, os dois fatores não se opõem, e o método sensível de análise consiste em descobrir como a ecologia e a história se combinaram para produzir a distribuição da espécie.

17.3 As distribuições geográficas são influenciadas pela dispersão

O âmbito de uma espécie mudará se os membros dela se moverem no espaço, um processo chamado de *dispersão*. Animais e plantas movem-se ativa e passivamente, no espaço, para procurar áreas desocupadas ou em resposta a mudanças ambientais. (Na fase de semente, as plantas movem-se passivamente.) Quando o clima esfria, o âmbito das espécies do hemisfério norte desloca-se para o sul e as florestas tropicais fragmentam-se em ilhas florestais menores. Seria igualmente possível mudar o âmbito de uma espécie quando o clima muda, sem movimentação de indivíduos. Por exemplo, os indivíduos de uma região mais fria poderiam morrer, o âmbito recuaria e a média se deslocaria para o sul. Na prática, porém, também os indivíduos iriam para o sul, ampliando o âmbito da espécie ao fazê-lo. Se uma espécie se origina em determinada área e depois se dispersa para completar sua distribuição efetiva, o local em que ela se originou é chamado *centro de origem*.

A dispersão é propiciada por vários fatores físicos...

Várias rotas de dispersão podem ter sido percorridas na história biogeográfica de uma espécie. Simpson distinguia as dispersões por meio de *corredores*, de *pontes filtrantes* e de *loteria*. Dois locais estão ligados por um corredor quando fazem parte do mesmo maciço terrestre – a Geórgia e o Texas*, por exemplo. Os animais podem mover-se facilmente ao longo de um corredor, e quaisquer dois locais, unidos por ele terão alto grau de similaridade de fauna. Uma ponte filtrante é uma conexão mais seletiva entre dois locais, e só alguns tipos de animais conseguirão ultrapassá-la. Por exemplo, quando o estreito de Bering era seco, os mamíferos iam da América do Norte para a Ásia e vice-versa, mas nenhum mamífero sul-americano ia para a Ásia e nenhuma espécie asiática ia para a América do Sul. Presumivelmente, o motivo

* N. de R. T. Ou como parte do Rio Grande do Sul e o Uruguai.

... que podem ser acidentais

era que as pontes terrestres do Alasca e do Panamá eram tão distantes, tão estreitas e tão diferentes em ecologia que nenhuma espécie conseguia dispersar-se por elas. Finalmente, as rotas lotéricas são mecanismos de dispersão aleatórios ou acidentais, por meio dos quais os animais se movem de um lugar para outro. Os exemplos típicos são a tomada de ilhas e as balsas naturais. Nas ilhas caribenhas vivem muitos vertebrados terrestres e (se sua biogeografia é explicada corretamente pela dispersão) eles podem ter ido de uma ilha para outra, talvez carregados em um toro ou em algum outro tipo de balsa.

Há boas evidências do poder da dispersão. Por exemplo, em 1883 uma erupção vulcânica cobriu de cinzas a pequena ilha indonésia de Krakatca, matando todos os animais e plantas. Os biólogos, então, registraram a recolonização da ilha, especialmente quanto a aves e plantas. Ela foi estonteantemente rápida. Cinqüenta anos depois, a ilha já estava recoberta por uma floresta tropical, que continha 271 espécies de plantas e 31 espécies de pássaros. Também vieram animais invertebrados, como insetos, embora seus números não fossem tão bem-monitorizados. A maior parte dos imigrantes veio das ilhas vizinhas de Java (a 40 km) e Sumatra (a 80 km); as aves teriam se dispersado por vôo ativo e as plantas teriam vindo carregadas na forma de sementes. Portanto, em circunstâncias corretas, a dispersão pode ter um claro efeito sobre o âmbito das espécies.

17.4 As distribuições geográficas são influenciadas pelo clima, como nas glaciações

A era geológica atual é chamada quaternária e começou há 2,5 milhões de anos (a respeito do tempo geológico, ver Seção 18.2, p. 547). O clima tem sido mais frio durante o quaternário em geral do que na era terciária precedente, e a temperatura tem oscilado para mais e para menos. Muitos períodos dos tempos mais frios foram glaciais e os períodos mais quentes foram interglaciais. Essas mudanças climáticas aconteceram com recentidade suficiente para que, em alguns casos, o documentário fóssil fosse completamente revelador. No hemisfério norte, quando o clima se torna mais frio, os âmbitos das espécies animais e vegetais tendem a se contrair e deslocar para o sul. Em qualquer lugar, a ecologia local muda sua característica para outra, de clima frio. Por exemplo, a mudança de um ecossistema temperado por outro do tipo tundra foi bem-documentada por meio de dados sobre pólen nas zonas temperadas do norte, durante as glaciações mais recentes.

A glaciação causou mudanças nas distribuições geográficas

A mudança também pode ser observada na distribuição de espécies únicas (Figura 17.3). A glaciação mais recente terminou há mais ou menos 10 mil anos. A Figura 17.3 mostra como as distribuições geográficas das cicutas e das faias avançaram para o norte, nos Estados Unidos, à medida que a temperatura aumentou e a calota polar recuou. Os mesmos movimentos para sul ou norte, com o avanço ou recuo das calotas polares, foi demonstrado em muitas espécies. Sem dúvida, o clima do passado no local de um sítio arqueológico pode ser inferido pelo tipo de espécies que estavam presentes. Como os períodos glaciais e interglaciais vão e vêm, muitas espécies não evoluem (ao menos de forma observável) – elas simplesmente se mudam para o norte ou para o sul.

Os movimentos das espécies de acordo com as glaciações tiveram conseqüências evolutivas. Na Europa, muitas espécies sobreviveram ao frio retirando-se para o extremo sul do continente. No auge da glaciação, espécies como os ursos e os ouriços recuaram para a Espanha, a Itália e os Bálcãs. Essas populações locais, sobrevivendo em condições adversas, são ditas *refúgios*. Nos diversos refúgios, as pequenas populações teriam desenvolvido diferenças genéticas, por seleção ou por deriva. As populações da Espanha, da Itália e dos Bálcãs divergiram. Então, quando a calota polar recuou para o norte, as três populações também se expandiram para lá. Isso teve duas conseqüências detectáveis.

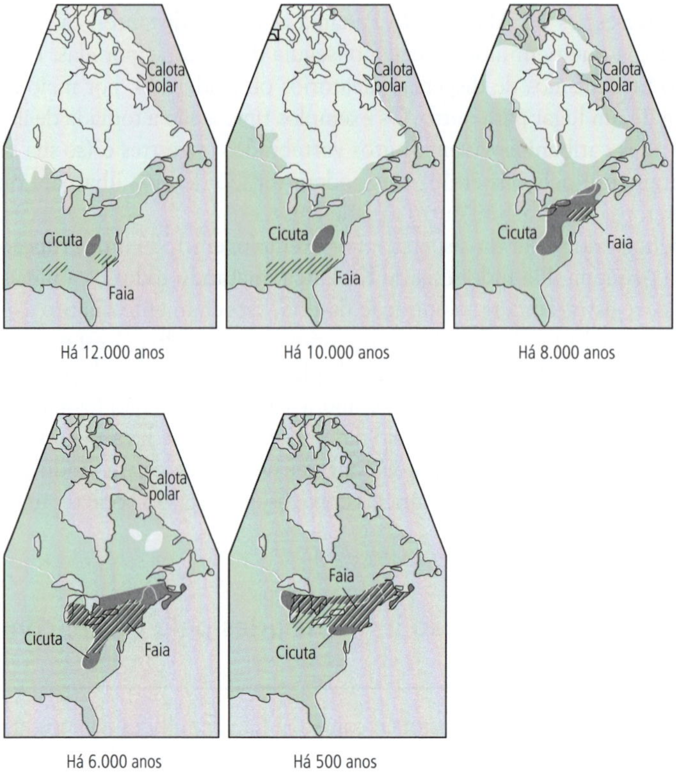

Figura 17.3

Mudança na distribuição geográfica americana da faia (*Fagus*) e da cicuta (*Tsuga*) com o recuo da calota polar depois da glaciação mais recente.

Muitas espécies apresentam padrões genéticos semelhantes no espaço...

Uma é que, em uma espécie, podem ser distinguidos cerca de três tipos genéticos (Figura 17.4a). Observando a filogenia molecular dos ouriços europeus, vemos três clados relativamente distintos a leste, no centro e a oeste da Europa. Os três descendem, respectivamente, das populações do refúgio balcânico, italiano e espanhol (Figura 17.4b). A outra é que muitas espécies européias formam zonas híbridas com localizações semelhantes. (Zona híbrida – ver Seção 14.9.1, p. 434 – é uma região onde duas formas diferentes de uma espécie se encontram e intercruzam.) O motivo é que muitas espécies formaram refúgios em um conjunto semelhante de locais e se expandiram simultaneamente para o norte.

... criando zonas de sutura

As populações do leste e do oeste da Europa avançaram para o norte, espécie por espécie, encontrando-se ao longo de uma linha norte-sul, que se estendia pela Europa central (Figura 17.4c). Uma *zona de sutura* é uma área onde muitas espécies formam suas zonas híbridas, e a Figura 17.4c ilustra as zonas de sutura da Europa. Segundo a interpretação dada aqui, as zonas de sutura têm uma explicação histórica. Uma explicação alternativa seria a ambiental: que as zonas de sutura se formam nos locais que têm as maiores descontinuidades ambientais. Mas, para as zonas de sutura européias, a explicação histórica é amplamente aceita. Parecem existir zonas de sutura análogas na América do Norte, como a do norte da Flórida (Remington, 1968; Hewitt, 2000).

Provavelmente, as mudanças genéticas nos fragmentos das populações dos refúgios não foram suficientes para produzir especiação completa. Os ouriços europeus, por exemplo,

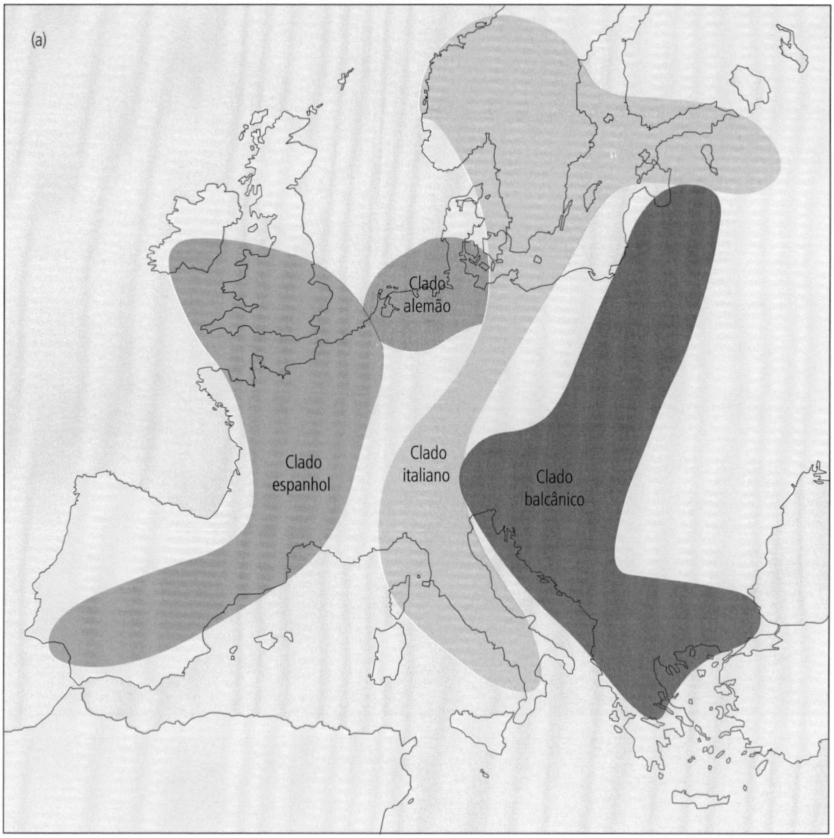

Figura 17.4

(a) Distribuição dos principais clados genéticos dos ouriços (*Erinaceus* sp.) na Europa. Atualmente eles são classificados em duas espécies, mas, provavelmente, elas hibridizam.

Os dados moleculares sugerem que a especiação antecedia a glaciação

atualmente são divididos em duas espécies. Porém, o relógio molecular sugere que as duas se separaram há 3 milhões de anos ou mais, e não há 20 mil anos, como esperaríamos se a especiação tivesse ocorrido na glaciação mais recente. Acompanhando as idéias de Haffer (1969), certa vez foi sugerido que a última glaciação foi um tempo em que surgiram muitas duplas de espécies modernas. Haffer sugeriu que a fragmentação das distribuições acelerava o processo de especiação alopátrica, criando o que era chamado de "bomba de especiação", que contribuía para a biodiversidade atual.

Haffer estimulou pesquisas, mas os resultados não sustentaram suas idéias. As evidências com relógios moleculares, por exemplo, sugerem que os eventos de especiação que produziram muitas das espécies atuais são antigos demais para se enquadrarem na hipótese de Haffer e que as taxas de especiação não aumentam durante as glaciações. Entretanto, em determinadas espécies, os períodos dos refúgios glaciais podem ter sido tempos de acelerada divergência genética entre populações. Mesmo que a última glaciação não tenha produzido uma explosão de especiações, ela pode ter ajudado a completar a especiação entre populações que já divergiam, ou iniciado a divergência entre populações que poderiam chegar à especiação no futuro.

Os refúgios não se formam só durante as glaciações. O mesmo princípio funciona, ao inverso, em espécies que hoje têm uma distribuição local, mas que tinham distribuição mais

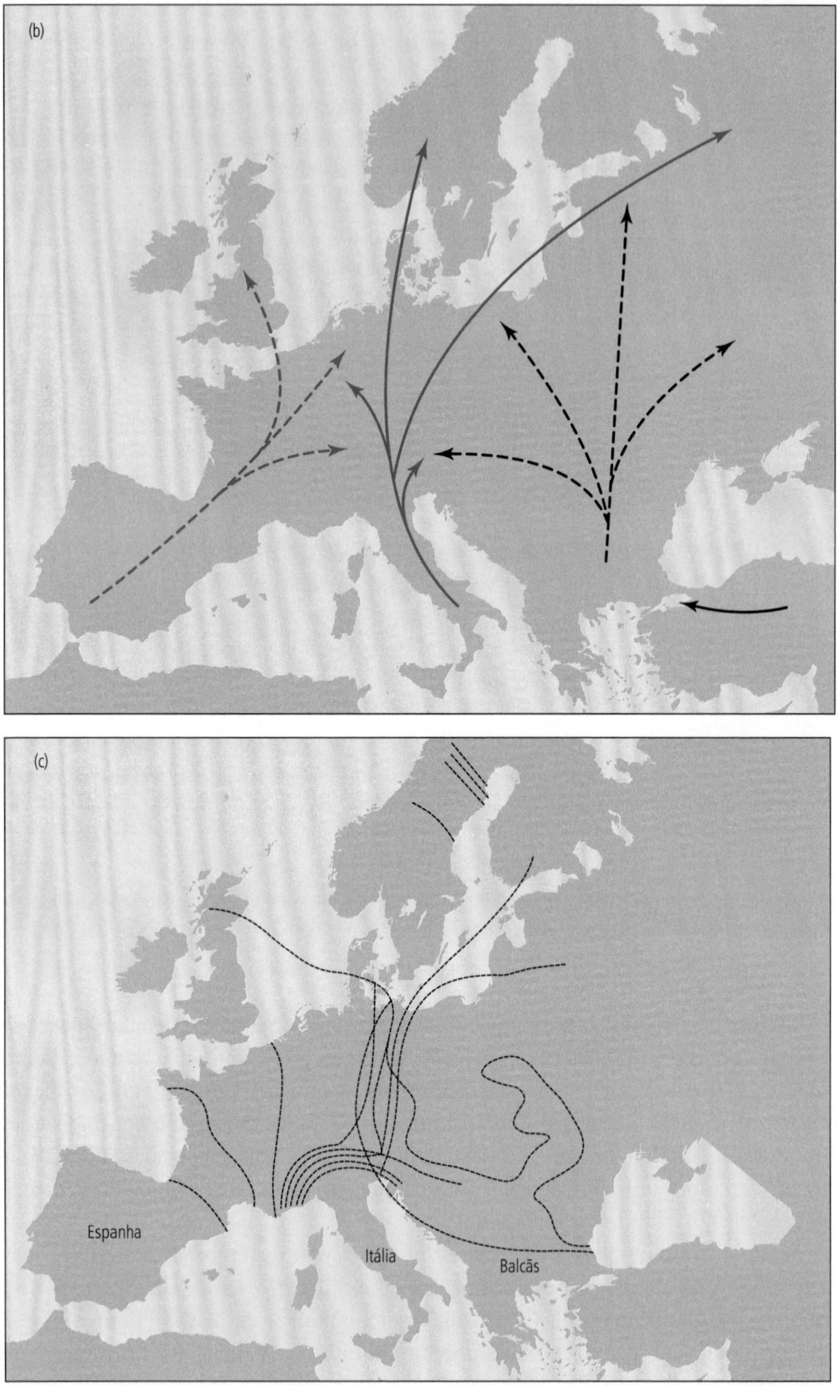

Figura 17.4

(b) Os três principais clados que se originaram pela migração a partir dos refúgios durante a glaciação, na Espanha, na Itália e nos Bálcãs (é incerta a relação do quarto clado, o clado alemão, com estes). As setas indicam a migração pós-glaciária. (c) Muitas espécies migraram dos refúgios glaciários semelhantes e formam zonas híbridas, onde os diferentes clados se encontram em áreas bastante parecidas da Europa. As áreas em que várias espécies formam zonas híbridas, como na Europa central, são chamadas de zonas de sutura. Ligeiramente modificada de Hewitt (1999), com permissão da editora.

ampla nas condições climáticas do passado. Os desertos de Nevada têm vestígios de um antigo sistema de lagos, e os peixes ciprinídeos do deserto (*Cyprinodon*) ocupam alguns dos poços de água dispersos, que ainda existem (Brown, 1971). As cerca de 20 populações isoladas desses peixes notáveis divergiram em certo número de espécies (talvez quatro) e, quando o período pluvial seguinte traz a água para o deserto, elas podem expandir-se de seus refúgios para encontrar-se em um processo que é análogo à expansão do ouriço europeu após a última glaciação.

17.5 Em arquipélagos, ocorrem irradiações adaptativas locais

Irradiação adaptativa significa que uma espécie ancestral evolui em varias espécies descendentes com adaptações ecológicas distintas. Geralmente, quando duas espécies com adaptações ecológicas diferentes evoluem de uma só espécie ancestral, ocorre um único evento de especiação (Seção 14.3, p. 409). Uma irradiação adaptativa local acontece quando vários de tais eventos de especiação ocorrem em uma mesma área. Como veremos no Capítulo 23, a irradiação adaptativa pode ser estudada em escala global se a irradiação adaptativa do táxon persistir por tempo suficiente. Aqui, porém, examinaremos irradiações adaptativas em pequena escala – que são apenas uma ligeira extensão do processo de especiação que examinamos no Capítulo 14.

Os lagartos irradiaram-se no Caribe...

Os lagartos do gênero *Anolis* nas ilhas do Caribe são um exemplo bem-estudado. As espécies de *Anolis* evoluíram para ocupar vários nichos ecológicos e têm adaptações adequadas aos seus modos de vida. Algumas espécies vivem nas ramagens, outras nos dosséis e outras no capim. As que vivem nas ramagens têm caudas longas e patas curtas; as que vivem no capim têm caudas curtas; as que vivem nos troncos de árvores baixas têm patas longas. Os *Anolis* são encontrados em todas as principais ilhas das Grandes Antilhas e ocupam distribuições de *habitats* parecidos em cada ilha. Todas as espécies que vivem em ramagens (por exemplo) se assemelham, têm caudas longas e patas curtas, sejam elas de Cuba, Haiti, Jamaica ou Porto Rico. Os outros tipos ecológicos também apresentam semelhanças nas várias ilhas.

... com uma variedade semelhante de formas ecológicas em cada ilha

Podemos perguntar se uma espécie que vive nas ramagens, em determinada ilha, compartilha um ancestral comum mais recente com as espécies de ramagens de outras ilhas ou com os *Anolis* ecologicamente diferentes dela, de sua própria ilha? Isto é, o tipo ecológico habitante de ramagens evoluiu uma só vez e daí espalhou-se pelas várias ilhas? Ou cada tipo ecológico evoluiu independentemente em cada ilha? Losos *et al.* (1998) responderam a essa questão construindo uma filogenia molecular das espécies. Eles verificaram que, na maior parte das vezes, cada tipo ecológico de lagarto evoluiu independentemente em cada ilha (Figura 17.5). Desse modo, cada ilha tendia a ser colonizada por uma população de lagartos que, então, irradiava o conjunto usual de tipos ecológicos nessa ilha. Há algumas exceções, na Figura 17.5. Por exemplo, são encontrados dois conjuntos de espécies cubanas em pontos diferentes da filogenia, como se eles tivessem evoluído a partir de colonizações independentes. Mas a maior parte das espécies está agrupada por ilha, e não por tipo ecológico. A semelhança entre espécies quanto a características, tais como o comprimento da cauda, é homoplásica, e não homóloga (Seção 15.3, p. 450). Provavelmente, a força que dirige a irradiação é a competição ecológica. A irradiação adaptativa dos lagartos *Anolis* caribenhos seria, portanto, um exemplo em miniatura do "princípio da divergência" de Darwin (Seção 16.8, p. 511).

As drosófilas e os lagartos apresentam padrões contrastantes

As drosófilas do arquipélago havaiano provêem um instrutivo contraste. A filogenia desse grupo foi desvendada através de inversões cromossômicas (Figura 15.27, pág. 489). A filogenia na Figura 15.27 foi traçada sobre um mapa do arquipélago do Havaí. O exame deste demonstra que, embora muitas espécies tenham evoluído de ancestrais da mesma ilha, um grande número de eventos de especiação ocorreu depois da dispersão entre as ilhas. Por exem-

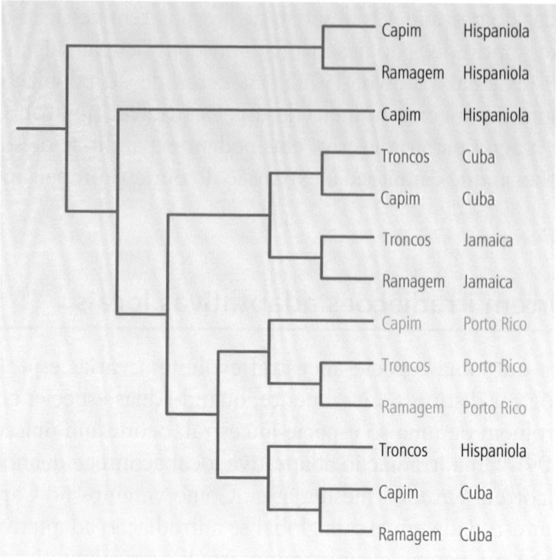

Figura 17.5

Relações filogenéticas das espécies de lagartos (*Anolis*) de diferentes tipos ecológicos em quatro ilhas caribenhas. Os resultados completos consistem em seis tipos ecológicos, dos quais três são apresentados aqui (capim, ramagem e troncos). Os outros três, entretanto, apresentam o mesmo padrão. Cada tipo ecológico tende a ter evoluído independentemente nas diversas ilhas; a especiação dos grupos da filogenia ocorreu mais por ilhas do que por tipo ecológico. A filogenia foi produzida por parcimônia, utilizando seqüências de DNA mitocondrial dos lagartos. Modificada de Losos *et al.* (1998).

plo, bem embaixo e à direita da Figura 15.27, a espécie 99, da ilha Maui, parece ter originado as espécies 100 e 101 da ilha Havaí[1]. A razão para a diferença entre as drosófilas havaianas e os lagartos caribenhos não está clara. Poderia ser porque as drosófilas de cada ilha havaiana não constituam, como os lagartos, um conjunto regular de tipos ecológicos e não evoluíram em função de competição ecológica.

As espécies mais recentes habitam as ilhas mais recentes

Outra hipótese pode ser testada com as drosófilas havaianas porque, nesse caso, também sabemos algo sobre o tempo. Em termos geológicos, as ilhas formaram-se sucessivamente, talvez à medida que a tectônica movia a placa de leste para oeste sobre um "ponto quente" vulcânico, que foi cuspindo ilha após ilha. As ilhas mais antigas estão a oeste; a ilha mais recente é a Havaí, a leste. As drosófilas podem ter-se irradiado à medida que as colonizadoras originavam novas espécies depois que as ilhas mais recentes emergiam das ondas do oceano. Se foi assim, podemos prever a tendência de as espécies descendentes estarem nas ilhas mais recentes e as espécies ancestrais estarem nas ilhas mais antigas. A Figura 17.6 apresenta os eventos de colonização inferidos, os quais, no geral, concordam com a previsão. As ervas untuosas, um grupo de plantas (gênero *Madia*), apresentam o mesmo padrão. Ele também foi demonstrado em outros locais. Nas ilhas Galápagos, por exemplo, as espécies mais recentes tendem a estar nas ilhas mais novas e a ter evoluído de ancestrais das ilhas mais antigas.

---

[1] O teste filogenético, na Figura 17.5, também pode ser comparado com o teste de especiação simpátrica dos ciclídeos dos lagos africanos (Figura 14.4, p. 414). Nos lagartos caribenhos, como nos ciclídeos africanos, os parentes mais próximos de uma espécie geralmente são encontrados na mesma ilha (análoga a um lago). Entretanto, provavelmente a Figura 17.5 é uma evidência mais fraca de especiação simpátrica do que a Figura 14.4. O que parece mais provável é que os lagartos formem populações locais em cada ilha e tenham especiações alopátricas, enquanto os peixes vagueiam mais amplamente entre os lagos – mas também é possível que os ciclídeos sofram especiação microalopátrica.

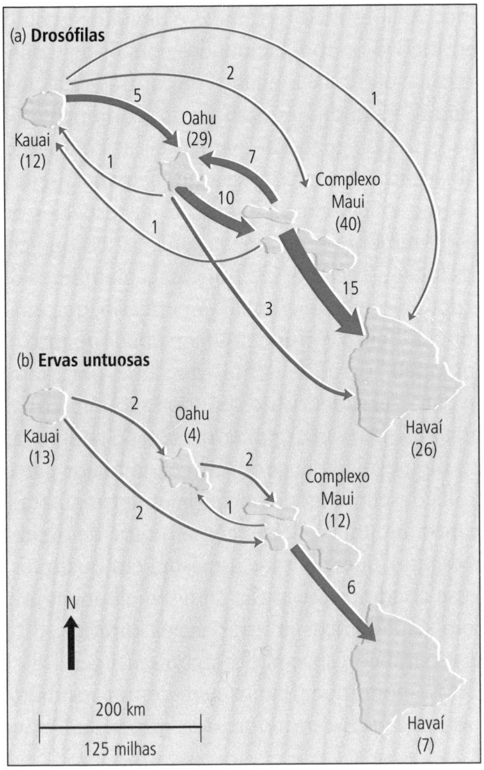

Figura 17.6

Os eventos de dispersão sugeridos pela filogenia do grupo de drosófilas havaianas de asas pintadas (*Drosophila*). A filogenia é apresentada na Figura 15.27 (p. 489), mas os números aqui usados não são exatamente os mesmos do diagrama anterior porque essa figura é mais recente. Os números nas setas são os dos eventos de dispersão inferidos: os números entre parênteses nos nomes das ilhas correspondem às espécies endêmicas que vivem nelas. (b) Uma situação comparável em ervas untuosas. A história geológica do arquipélago, onde as ilhas se formaram sucessivamente em direção ao leste, impôs as mesmas histórias biogeográficas aos dois grupos. Redesenhada de Carr *et al.* (1989), com permissão da editora.

17.6 As espécies de áreas geográficas amplas tendem a ser mais relacionadas com outras espécies locais do que com espécies ecologicamente semelhantes de outras partes do globo

Entre os lagartos caribenhos *Anolis*, uma espécie habitante das ramagens em Cuba (por exemplo) é mais estreitamente relacionada com uma espécie cubana habitante no capim do que com uma espécie haitiana habitante de ramagens (mesmo que as duas espécies habitantes das ramagens sejam mais parecidas). Um princípio semelhante pode ser visto em ação em uma escala geográfica muito maior. Por exemplo, em cinco locais ao redor do globo, podem ser encontrados ecossistemas do tipo mediterrânico: no próprio Mediterrâneo, na Califórnia, no Chile, na África do Sul e na Austrália Ocidental. Nesses cinco locais, as plantas desenvolveram um conjunto semelhante de adaptações às condições locais. As plantas mediterrânicas podem resistir à aridez e ao fogo, mas não ao congelamento. Muitas das plantas são arbustivas, duras e espinhentas. Também os animais desenvolveram tipos mediterrânicos característicos.

Os ecossistemas de tipo mediterrânico evoluíram convergentemente

A semelhança das plantas nas cinco regiões mediterrânicas é devida à evolução convergente. Os arbustos do próprio Mediterrâneo não são relacionados com os da Califórnia ou do Chile. As plantas da Europa mediterrânica são relacionadas com outras espécies européias; elas evoluíram de ancestrais locais. Não se trata de um caso de um conjunto de espécies do Mediterrâneo que tenha evoluído uma vez e se expandido para todas as cinco regiões.

A evidência biogeográfica sustenta a evolução

Os ecossistemas mediterrânicos ilustram um tópico geral que Darwin discutiu em *Sobre a Origem das Espécies* (1859) e usou como evidência da evolução. As espécies de uma área geográfica ampla tendem a ser mais estreitamente relacionadas entre si do que com espécies ecologicamente semelhantes de outros locais do globo. Os principais mamíferos da Austrália e da América do Sul (sobretudo antes do Grande Intercâmbio Americano, que examinaremos adiante, na Seção 17.9) eram os marsupiais. Tanto o grupo dos marsupiais quanto o dos mamíferos eutérios desenvolveram, cada um, o seu "tigre" de dentes-de-sabre, por exemplo (Figura 15.4, p. 453), só que o eutério era um gato verdadeiro (no sentido taxonômico), enquanto o equivalente sul-americano era um marsupial. Darwin argumentava que o padrão faz sentido se as espécies evoluem de outras espécies na mesma área geral. Isto é, na maior parte das vezes, novas espécies de mamíferos da Austrália descendiam de outros mamíferos australianos e não de, digamos, mamíferos norte-americanos. Se uma espécie, como o tigre de dentes-de-sabre, foi criada especialmente, poderíamos esperar que ela fosse a mesma em qualquer lugar. Não há razão para que o dente-de-sabre fosse criado na Austrália com semelhanças arbitrárias aos marsupiais e na América do Norte com semelhanças arbitrárias aos eutérios. (O argumento pode ser reconhecido como um caso geográfico especial do argumento geral da evolução a partir da homologia – Seção 3.8, p. 78.) Agora, poderíamos acrescentar resultados como os dos lagartos caribenhos e das drosófilas havaianas para reforçar as razões de Darwin.

17.7 As distribuições geográficas são influenciadas pelos eventos de vicariância, alguns dos quais são causados pelos movimentos tectônicos das placas

Um segundo fator que influencia as distribuições geográficas é a *tectônica de placas* (informalmente conhecida como deriva continental). Ao longo do tempo geológico, os continentes moveram-se sobre a superfície do globo. As posições dos principais continentes desde o permiano foram reconstituídas com algum detalhe (Figura 17.7), e esses mapas imediatamente sugerem a razão para muitas das observações biogeográficas. Por exemplo, quando examinamos as regiões faunísticas do mundo (ver Figura 17.2), vimos a diferença entre a fauna das ilhas do norte e do sul da Indonésia, conhecida como linha de Wallace. Em conseqüência, como pode ser mais ou menos visto na Figura 17.7, as duas regiões têm histórias tectônicas separadas e só recentemente tiveram um contato mais próximo. Por isso, os padrões de similaridade de fauna são os que seriam de esperar em função da tectônica de placas.

A tectônica de placas causa eventos de vicariância

Vamos examinar um dos principais programas de pesquisa moderna que estuda a relação entre a biogeografia e a tectônica de placas. Ele é chamado de *biogeografia da vicariância*. A separação das placas tectônicas por deriva é o tipo de evento que poderia causar especiação (Seção 14.2, pág. 408). Se a separação do terreno coincide com a das espécies que nele estão, resulta que duas ou mais espécies ocuparão partes complementares de uma área que anteriormente era contínua e ocupada pelo ancestral comum. Esse é um exemplo de *evento de vicariância*. (Vicariância significa ruptura na distribuição de um táxon.) Teoricamente, os movimentos tectônicos são apenas um processo que poderia romper a distribuição de uma espécie: outros poderiam ser a formação de uma montanha ou de um rio. De acordo com a teoria da biogeografia da vicariância, as distribuições dos grupos taxonômicos são determinadas por separações (ou eventos de vicariância) nas distribuições das espécies ancestrais.

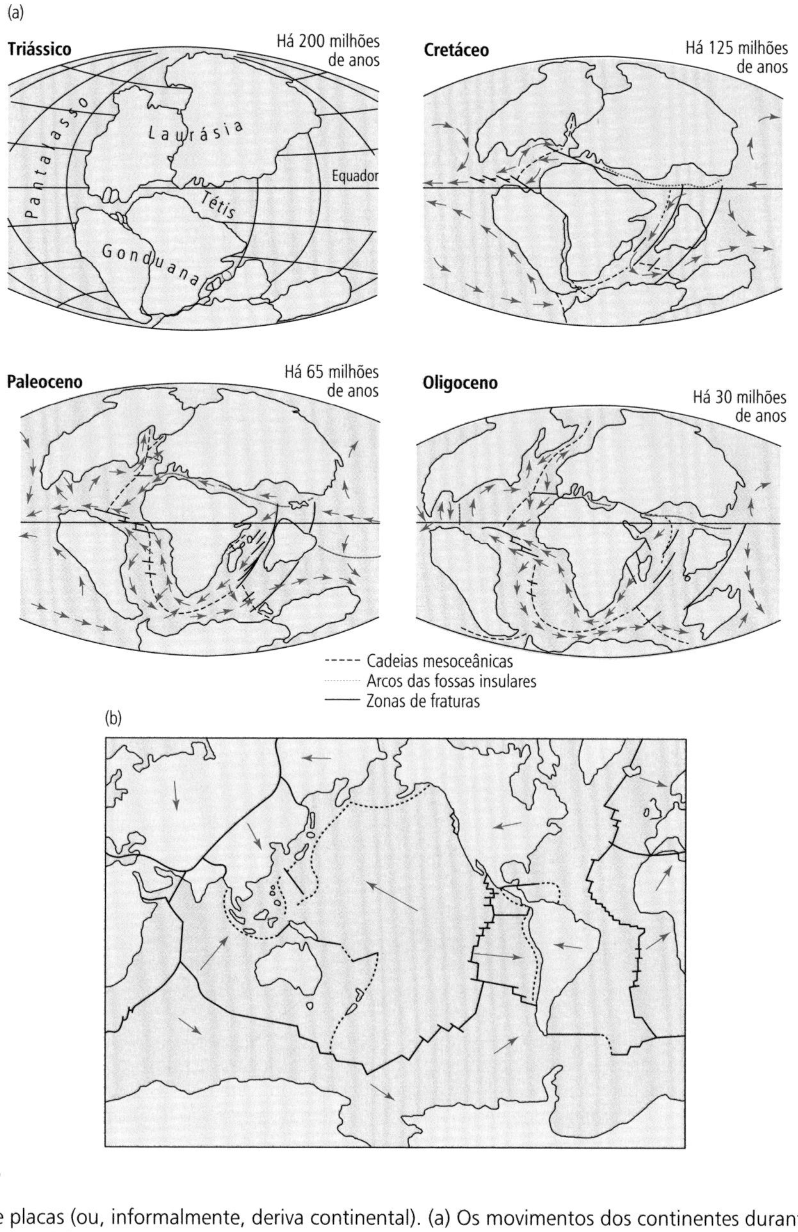

Figura 17.7

Tectônica de placas (ou, informalmente, deriva continental). (a) Os movimentos dos continentes durante os últimos 200 milhões de anos. (b) As posições atuais das principais placas tectônicas.

A vicariância e a dispersão são dois processos biogeográficos

Podemos confrontar essa idéia com outra, a de que as distribuições são mais determinadas por dispersão. Antes de a tectônica de placas ser conhecida, ou aceita de algum modo, acreditava-se que a dispersão era o principal processo de alteração da distribuição biogeográfica. Supunha-se que os grupos taxonômicos se originavam em áreas confinadas, chamadas centros de origem, e que as populações descendentes se dispersavam para fora dali. Desse modo, a história geográfica de um grupo tanto poderia ter sido uma série de divisões dentro do âmbito anteriormente amplo, de seus ancestrais, ou uma série de eventos de dispersão, ou uma mistura das duas (Figura 17.8). Os eventos hipotéticos das teorias da dispersão e da vicariância ocorreram no passado, mas não são inatingíveis. Os biogeógrafos da vicariância testam sua idéia por dois métodos.

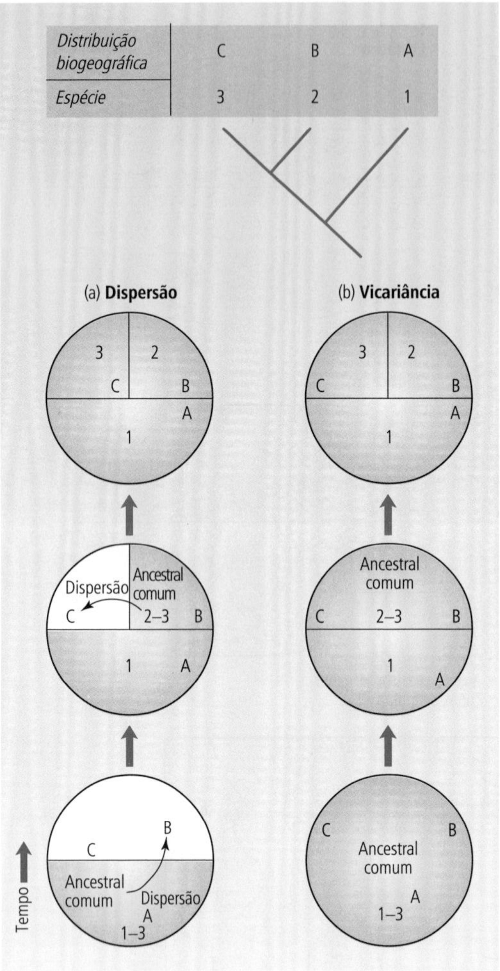

Figura 17.8

A dispersão e a fragmentação dos âmbitos podem ser hipóteses alternativas para explicar a biogeografia de um grupo. (a) Uma espécie ancestral, com seu centro de dispersão na área A, dispersou-se primeiro para a área B e um descendente desta dispersou-se dali para a área C. (b) Um ancestral ocupando a área A + B + C tem seu âmbito fragmentado primeiro em A e B + C e então o descendente em B + C tem o seu âmbito fragmentado.

A biogeografia da vicariância prevê...

Um é observar se o padrão de rupturas em um grupo concorda com a história geológica da região onde ele vive. O primeiro trabalho importante de pesquisa em vicariância biogeográfica, de Brundin, em 1966, foi desse tipo. Ele estudou os maruins, quironomídeos da Antártida. Esses maruins estão distribuídos por todo o hemisfério sul (Figura 17.9). Brundin reconstruiu a filogenia deles por meio das técnicas morfológicas-padrão (Capítulo 15) e então usou a distribuição biogeográfica das espécies atuais para traçar um quadro denominado *cladograma de área* (Figura 17.10), que combinava sua filogenia com a biogeografia. Se as sucessivas divisões na filogenia fossem dirigidas por sucessivas fragmentações de terras, a filogenia estaria relacionada com uma seqüência definida de eventos tectônicos.

Para começar, o ancestral comum das formas atuais teria ocupado uma grande área, constituída por todas as zonas de distribuição atuais – o que implica a existência, em alguma época passada, de um supercontinente no sul, a Terra de Gonduana. A análise de Brundin prevê que o Gonduana se fragmentou, na ordem que segue. Primeiro, o sul da África separou-se do con-

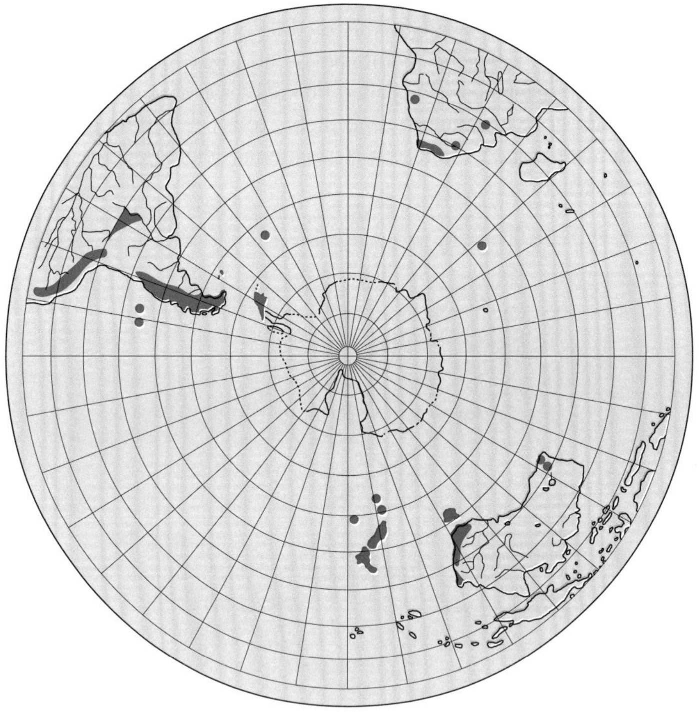

Figura 17.9

A biogeografia dos quironomídeos maruins no hemisfério sul. Copiada de Brundin (1988), com permissão da editora.

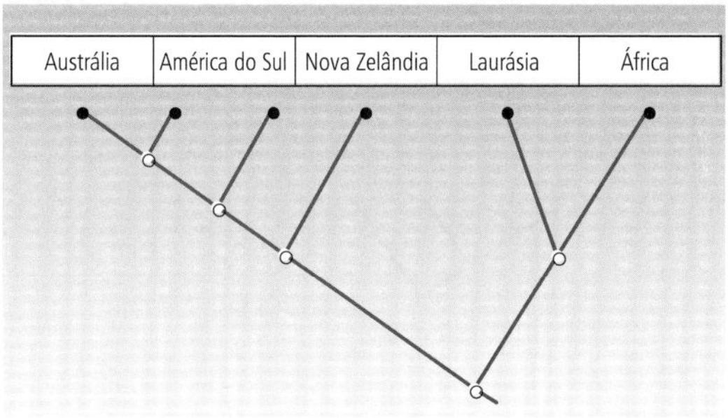

Figura 17.10

Um cladograma da área dos quironomídeos maruins. O diagrama apresenta as relações filogenéticas entre os maruins de diferentes áreas: por exemplo, os da Austrália são filogeneticamente mais relacionados com os da América do Sul do que com os da África do Sul. (Ver a localização da Laurásia na Figura 17.7.) Redesenhada de Brundin (1988), com permissão da editora.

.... que a história tectônica da Terra seja concordante com a filogenia das espécies

junto com a Austrália, a Nova Zelândia e a América do Sul; daí a Nova Zelândia separou-se da América do Sul e da Austrália; finalmente, a Austrália separou-se da América do Sul. Essa previsão pode ser testada contra a evidência geológica, que recém estava sendo acumulada durante e após o trabalho de Brundin. O resultado foi que a geologia concordou com a previsão de Brundin (ver Figura 17.7a, mas mapas mais detalhados são necessários para um teste mais efetivo). Ela também poderia ser testada contra o relógio molecular, mas isso ainda está por ser feito.

O teste de Brundin diz respeito a um só táxon. Um segundo teste seria comparar a relação entre filogenia e biogeografia em vários táxons. À medida que os continentes – ou, de modo geral, os *habitats* ocupados pelas espécies – movem-se ao longo do tempo, de acordo com determinado padrão, todos os grupos de seres vivos da área serão afetados de modo semelhante. Se os membros de cada grupo tendem à especiação, todos deveriam apresentar relações semelhantes entre filogenia e biogeografia; seus cladogramas de área deveriam coincidir. Essa previsão pode ser testada (Figura 17.11).

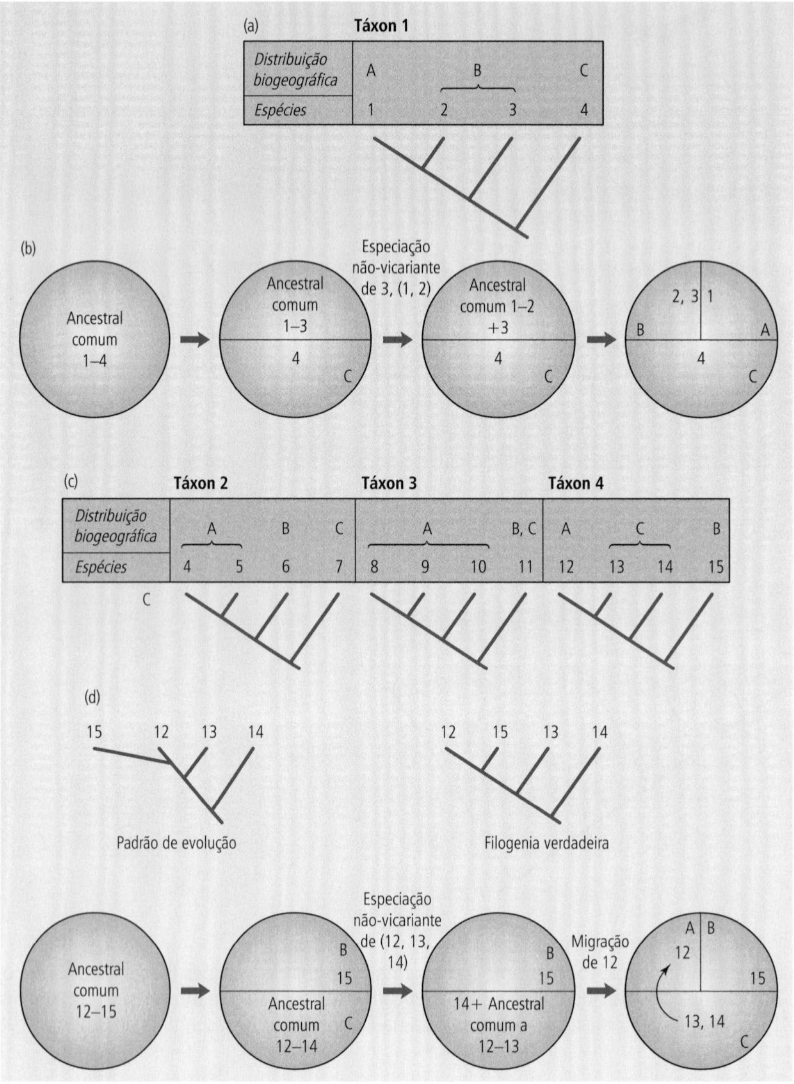

Figura 17.11

Testando a biogeografia da vicariância por comparação dos cladogramas de área de quatro táxons. (a) Filogenia e biogeografia das quatro espécies. As espécies são simbolizadas por números (1, 2, 3, 4) e os locais onde elas vivem, por letras (A, B, C). (b) História vicariante inferida pelas distribuições. (c) Os táxons 2 e 3 têm distribuições congruentes com a do táxon 1, mas a do táxon 4 é incongruente. (d) Ou ocorreram eventos de dispersão na história do táxon 4 ou sua filogenia está errada. Por exemplo, a espécie 15 pode ter sido malclassificada por ter evoluído rapidamente – as espécies 12 a 14, em (c) são, então, um exemplo de grupo parafilético. A história sugerida, incluindo migração, é apenas uma de várias possibilidades compatíveis com uma distribuição que se fragmentou sucessivamente em A + B + C→ A + B/C →A/B/C.

A Figura 17.11a apresenta a filogenia e a biogeografia de três espécies de um táxon hipotético 1. Podemos agora examinar outro táxon, habitante da mesma região e verificar se ele tem o mesmo cladograma de área. Em linguagem técnica, a biogeografia da vicariância prevê que seus cladogramas de área serão *congruentes*. Congruência é um termo que pode ser aplicado a qualquer tipo de diagrama ramificado (em filogenia ou biogeografia). Se dois diagramas ramificados são congruentes, as ordens das ramificações dos dois não se contradizem. Eles não precisam ser idênticos, porque pode estar faltando um local ou um táxon em um deles; mas a ordem das ramificações nas entidades que estão presentes em ambos tem de ser a mesma. Na figura, os cladogramas de área dos táxons 2 e 3 são congruentes e o do táxon 4 é incongruente, com o do táxon 1. Se o território formado por A + B + C se fragmentou primeiro em A + B e C, e depois em A e B, as filogenias dos táxons 1 a 3 seriam compatíveis com isso e a filogenia pode ser entendida por meio de uma série de eventos vicariantes. O táxon 4 não se enquadra. Se o ancestral comum com ele ocupava toda a área, a sua fragmentação por primeiro sugere que o território não foi dividido em A + B e C, mas em A + C e B. A congruência dos táxons 1 a 3 é concordante com as idéias de biogeografia de vicariância, mas o táxon 4 não concorda.

Antes de esses métodos serem desenvolvidos – mesmo antes que a tectônica de placas tivesse aceitação ampla – o biogeógrafo venezuelano Leon Croizat estabelecera que, freqüentemente, grupos taxonômicos diferentes têm distribuições correlacionadas. Croizat denominou isso de "trilhas gerais", sendo uma "trilha" a distribuição de uma espécie. Sua argumentação era que, se diferentes espécies se dispersam independentemente de seus centros de origem, isso não acabaria em distribuições correlacionadas. É mais provável que as distribuições correlacionadas resultem de eventos comuns de vicariância, como a tectônica de placas, que fragmentam os âmbitos de vários táxons de modo semelhante. A moderna biogeografia de vicariância soma-se às idéias de Croizat de dois modos. Uma é que agora sabemos mais sobre a tectônica de placas. A outra é a importância de usar uma filogenia realista quando se verifica se os diferentes táxons têm distribuições congruentes.

O teste da biogeografia de vicariância requer classificação cladística

As análises das Figuras 17.10 e 17.11 só podem ser feitas com táxons que sejam monofiléticos no sentido cladístico (Figura 16.4, p. 505). Se um conjunto de grupos filogenéticos foi classificado a partir de uma mistura de grupos mono, para e polifiléticos, seus cladogramas de área não precisam ser congruentes, mesmo que eles tenham sofrido subdivisões das distribuições na mesma seqüência. Examine novamente a Figura 17.11. Os cronogramas de área dos táxons 4 e 1 são incongruentes. Se o táxon 4 tem a filogenia da Figura 17.11b – isto é, se os grupos da figura são monofiléticos, então a incongruência entre os táxons 1 e 4 implica a necessidade de terem ocorrido eventos de dispersão no passado (Figura 17.11d). Mas a teoria da biogeografia de vicariância não prevê que os cladogramas de área dos táxons serão congruentes se a classificação do táxon 4 é para ou polifilética. Não há razão para esperar que grupos para ou polifiléticos diferentes tenham padrões biogeográficos concordantes entre si ou com grupos monofiléticos. Portanto, é essencial para a biogeografia de vicariância que os táxons sejam classificados cladisticamente, para refletir a ordem das ramificações filogenéticas. Se as classificações contiverem uma mistura de táxons filogenéticos e cladísticos, qualquer estudo biogeográfico geral é passível de tornar-se não-significativo.

A evidência dos marsupiais ilustra a vicariância...

Voltemos agora a um exemplo, com parte de um estudo mais amplo, de Patterson (1981). Seu ponto de partida era um cladograma de área provável para marsupiais (Figura 17.12a). Os marsupiais atuais vivem na Austrália e Nova Guiné e nas Américas do Sul e do Norte (onde são representados pelos gambás [= opossum] *Didelphis*). Marsupiais fósseis também podem ser encontrados na Europa, fazendo com que o cladograma de áreas completo, dos marsupiais, tenha cinco das áreas.

Os marsupiais evoluíram no mesmo globo que todas as outras espécies. Se a distribuição dos vertebrados atuais resulta de uma história de fragmentações de âmbitos, todos eles deveriam

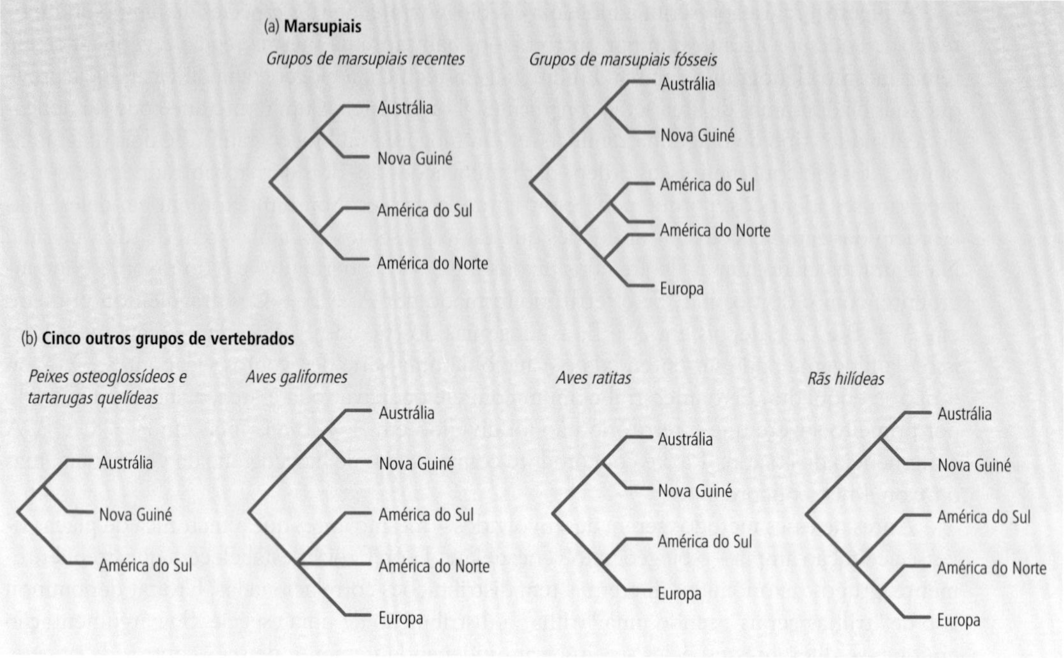

Figura 17.12

(a) Cladogramas de área dos marsupiais fósseis e recentes. (b) Cladogramas de área de cinco outros táxons com distribuições biogeográficas congruentes. Redesenhada de Patterson (1981), com permissão da editora.

compartilhar a mesma história geológica e, portanto, seus cladogramas de área deveriam ser mais ou menos congruentes. Como se apresentam os cladogramas de área dos outros vertebrados? A Figura 17.12b revela que, para outros cinco grupos de vertebrados, a previsão de vicariância tem sustentação: seus cladogramas de área são congruentes. Em teoria, esse resultado poderia ser porque todos os táxons se dispersaram na mesma ordem e direção, mas isso exigiria uma série improvável de coincidências. O mais provável é que o padrão comum seja devido simplesmente a uma história compartilhada de fragmentações de âmbitos, devidas a eventos tectônicos.

... outros táxons ilustram a dispersão e a vicariância

Provavelmente a dispersão teve alguma influência na história dos táxons no estudo de Paterson. Os peixes osteoglossídeos são encontrados no sudeste da Ásia e na Austrália, na Nova Guiné e na América do Sul (Figura 17.12b). Nenhum dos outros quatro táxons está representado no Sudeste da Ásia. Há três explicações possíveis para tal resultado. Uma é que todos os seis táxons existiam no sudeste da Ásia e que cinco deles se extinguiram ali. A segunda é que, originalmente, todos os seis eram ausentes na Ásia e que os osteoglossídeos lá chegaram por dispersão (na forma de *Scleropages*). Em princípio, o documentário fóssil poderia ser usado para demonstrar que algum táxon existiu uma vez na Ásia, mas que hoje está extinto. Mas, na ausência de qualquer evidência desse tipo, Patterson considerou que é mais provável um grupo apenas (os osteoglossídeos) ter se dispersado até a Ásia do que cinco grupos terem se extinguido lá. Finalmente, poderia ter ocorrido que, originalmente, os osteoglossídeos tivessem uma distribuição mais ampla do que a dos outros cinco grupos de vertebrados e que estavam presentes no sudeste da Ásia, ancestralmente. Nesse caso, a vicariância dos osteoglossídeos teria ocorrido em um âmbito mais amplo. A biogeografia de vicariância tem tido sucesso em encontrar vários cladogramas de área que são consistentes principalmente entre táxons diferentes e também com a história tectônica.

Algumas distribuições biogeográficas fazem sentido em uma história de fragmentação de âmbitos (ou vicariância). Outras não. Vimos anteriormente como os lagartos *Anolis* do Caribe evoluíram por especiação em cada ilha, mas sua distribuição em cada ilha não é concordante com a vicariância. Igualmente, muitas espécies de drosófilas do arquipélago havaiano evoluíram depois da dispersão pelas ilhas. Podemos ter certeza de que a dispersão não se deu apenas por fragmentações no âmbito de uma espécie maior, porque as ilhas mais recentes ainda nem existiam e já havia moscas nas ilhas mais antigas.

Em resumo, a dispersão e a vicariância constituem duas alternativas históricas (Figura 17.13). A distinção entre elas assemelha-se à que se faz entre fatores ecológicos e históricos. Em qualquer caso específico, a dispersão ou a vicariância podem estar atuando com exclusividade. O cladograma de área dos maruins de Brundin provavelmente foi gerado por vicariância, mas o cladograma de área das drosófilas havaianas e o das ervas untuosas provavelmente foi gerado pela dispersão para um arquipélago emergente de ilhas vulcânicas. Os dois processos também podem atuar em conjunto. O desafio é descobrir a contribuição relativa de cada um deles.

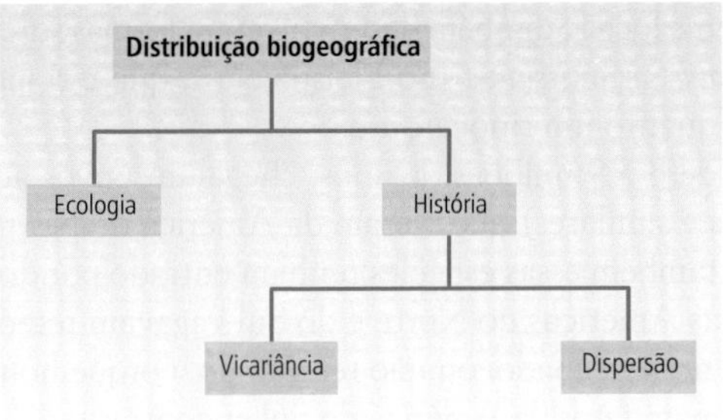

Figura 17.13
Relação entre as diferentes dicotomias explicativas.

17.8 O Grande Intercâmbio Americano

Tanto o processo da tectônica de placas quanto o da dispersão contribuíram para os eventos que ocorrem quando duas faunas anteriormente separadas entram em contato. Esses eventos são chamados de intercâmbios bióticos e vários deles são conhecidos na história da vida. O mais famoso é o Grande Intercâmbio Americano. A sua causa geológica íntima provavelmente está relacionada com os processos tectônicos que têm elevado as montanhas andinas nos últimos 15 milhões de anos. A velocidade de construção dessas montanhas tem variado com o tempo, mas, durante um período entre 4,5 e 2,5 milhões de anos atrás ela se intensificou. Ao mesmo tempo – talvez há 3 milhões de anos – o atual istmo do Panamá emergiu do mar e as Américas do Norte e do Sul foram religadas. A ligação teve repercussões importantíssimas para a fauna, mais notavelmente a de mamíferos, do sul do continente.

A formação do istmo do Panamá...

As Américas do Norte e do Sul já haviam estado ligadas anteriormente, cerca de 50 milhões de anos antes. Elas podem ter tido os mesmos habitantes mamíferos, mas sabe-se muito pouco acerca dos mamíferos do cretáceo na América do Sul para se ter certeza disso. Então, provavelmente no Paleoceno, as duas metades do continente separaram-se. Naquele tempo, as ordens modernas dos mamíferos – os grupos como cavalos, cães e gatos, que continuam sendo os vertebrados terrestres dominantes, evoluíram na América do Norte, na África e na

... levou a um encontro entre os mamíferos do norte...

Europa; entretanto, a América do Sul não apresenta indícios de ter possuído essas formas. Pelo contrário, ela desenvolveu sua fauna própria de mamíferos, típica.

... e do sul da América

Os mamíferos sul-americanos do Paleoceno e do Eoceno distribuem-se em três grupos: os marsupiais, os xenartros (tatus, preguiças e tamanduás) e os ungulados. Os tatus, as preguiças arborícolas e os gambás ainda sobrevivem nas florestas sul-americanas, mas anteriormente eles conviviam com muitas outras formas curiosas, atualmente extintas. Havia marsupiais carnívoros, de dentes-de-sabre (Figura 15.4, p. 453), preguiças terrestres (de cujo grupo evoluiu o *Megatherium*, a preguiça terrestre gigante do pleistoceno) e os mamíferos mais encouraçados que jamais existiram – os gliptodontes (Figura 17.14), que foram descritos pela primeira vez a partir das coletas feitas por Darwin durante a viagem do *Beagle*.

Alguns grupos migraram antes...

Do início do Oligoceno em diante, em raras ocasiões, ocorreram novas chegadas do exterior. Provavelmente elas imigraram por dispersão extraviada, errando de ilha em ilha, antes que houvesse uma ponte de terra contínua entre os continentes. Os roedores são um grupo importante, que apareceu pela primeira vez no Oligoceno. O local de onde eles vieram é tão incerto que os especialistas ainda discordam sobre se os roedores sul-americanos têm relação mais próxima com as espécies de roedores africanos ou norte-americanos (embora estes últimos sejam a fonte mais amplamente favorecida). Por sua vez, os roedores sul-americanos, assim como outros grupos de mamíferos locais, também desenvolveram formas sul-americanas típicas, incluindo o chamado *Telicomys gigantissimus* (no Pleistoceno), que é o maior roedor que existiu, sendo quase tão grande quanto um rinoceronte.

No final do Mioceno, há cerca de 8 a 9 milhões de anos, chegaram novos acréscimos à fauna. Eram os procionídeos (racuns e similares) que vieram da América do Norte, e os roedores cricetídeos. É quase certo que também essas espécies tenham entrado por dispersão fortuita. É possível que naquela época as Américas do Norte e do Sul vagavam tectonicamente próximas, mas a ligação pode nunca ter se fechado, ou não ter durado, porque houve outra, 6 milhões de anos antes de a fauna de mamíferos da América do Sul encontrar toda a variedade dos tipos de mamíferos do resto do mundo.

... mas o evento principal ocorreu há menos de 3 milhões de anos

Então, há cerca de 3 milhões de anos, a travessia Bolívar finalmente desapareceu e formou-se a moderna ponte terrestre panamenha. A vegetação, em ambas as extremidades da ponte, provavelmente era de savanas, e não a atual floresta tropical. Os mamíferos adaptados à vegetação similar das duas extremidades podiam mover-se livremente em ambas as direções, e foi daí que os mustelídeos (cangambás), os canídeos (cães), os felídeos (gatos), os eqüídeos (cavalos), os ursídeos (ursos) e os camelos invadiram a América do Sul a partir do norte, enquanto os dasipodídeos (tatus), os didelfídeos (gambás), os calitriquídeos (sagüis) e os tamanduás edentados moveram-se menos profundamente na direção oposta – em ambos os casos, acompanhados por outras formas menos conhecidas. Essa extraordinária colisão e troca

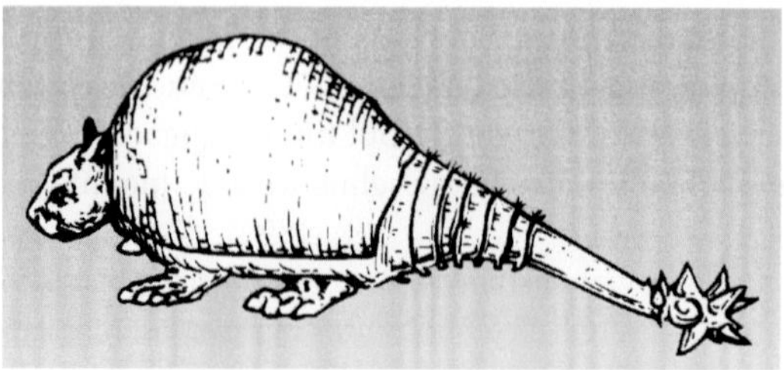

Figura 17.14

Uma reconstituição do *Doedicurus*, um gliptodonte do Pleistoceno. Os gliptodontes eram um estranho grupo de mamíferos sul-americanos encouraçados, aparentados com os tatus. Reproduzida de Simpson (1980), com permissão da editora. © 1983 Scientific American Books.

de faunas é conhecida como o Grande Intercâmbio Americano, e a biologia popular ainda a retrata como uma rota de competição dos mamíferos sul-americanos com as formas superiores do norte. Existe alguma verdade nessa idéia; mas o volume cada vez maior de evidências fósseis vem permitindo uma reconstituição cada vez mais detalhada dos eventos.

Um estudo, por Marshall *et al.* (1982), examinou detalhadamente o transcurso do Intercâmbio. Eles contaram o número de gêneros de mamíferos nas Américas do Sul e do Norte, na sucessão do tempo, e separaram os gêneros em função dos locais em que eles haviam evoluído originalmente. Então dividiram os gêneros imigrantes em primários (os que evoluíram no sul e migraram para o norte, ou vice-versa) e secundários (gêneros que descenderam dos imigrantes primários). Eles propunham que as invasões primárias eram aproximadamente iguais em ambas as direções e que o predomínio dos mamíferos do norte sobre os do sul resultava, em parte, de dois outros fatores: o peso dos números e taxas de especiação diferentes após a chegada.

Uma proporção semelhante de espécies movimentou-se em ambas as direções

A Figura 17.15 apresenta os números de gêneros de mamíferos das Américas do Sul e do Norte, expressos tanto em valores absolutos quanto em proporções. Em ambos os lados, uma proporção cada vez maior dos gêneros de mamíferos eram imigrantes (ou descendentes deles), nos últimos 2,5 a 3 milhões de anos. Presentemente, cerca de 50% dos gêneros sul-americanos descendem de mamíferos que originalmente eram norte-americanos. A proporção de mamíferos do sul no norte é bem menor, cerca de 20%. Os números tornam-se mais reveladores quando os fracionamos ainda mais (Tabela 17.2).

De início, a América do Norte tinha mais espécies

Podemos começar pela contagem do número total de gêneros antes do Intercâmbio; o número total é maior no norte, talvez por causa da maior área do continente. (É um princípio importante, em biogeografia de ilhas, que uma área maior suporta um número maior de espécies.) Então, Marshall *et al.* (1982) contaram o número de mamíferos norte-americanos que se deslocaram para o sul, e vice-versa, e expressaram ambas as contagens em proporções do

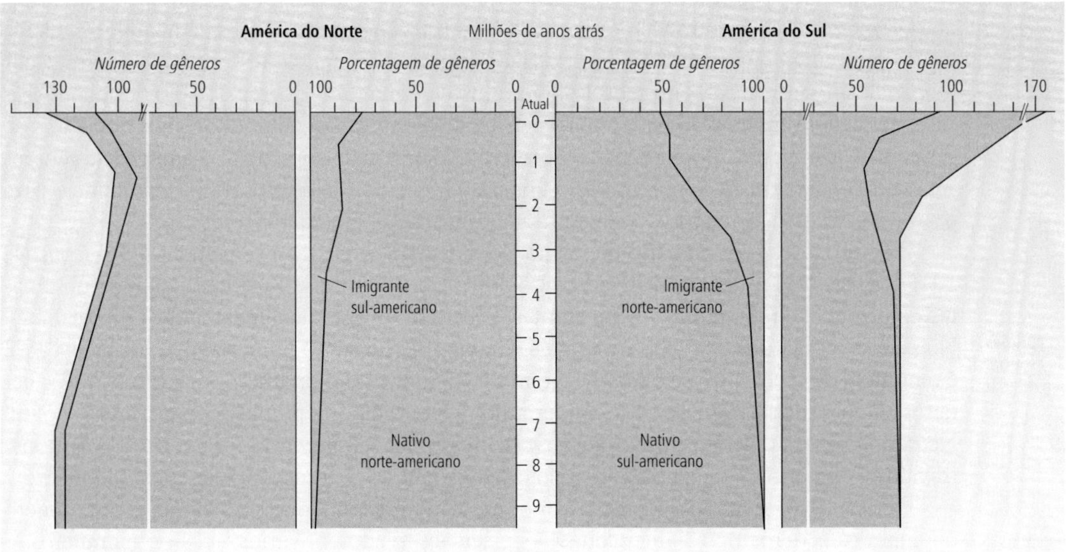

Figura 17.15

Números (e porcentagens) de gêneros de mamíferos terrestres nos últimos 9 milhões de anos nas Américas do Sul e do Norte. Em ambos os locais são identificados gêneros imigrantes e nativos. Observe a onda de imigração no início dos cerca de três milhões de anos mais recentes. Redesenhada, com permissão da editora, de Marshall *et al.* (1982). © 1982 American Association of the Advancement of Science.

Tabela 17.2

Padrão do intercâmbio de fauna entre as Américas do Norte e do Sul em diferentes épocas. A tabela fornece os números totais de gêneros de origem sul e norte-americana em cada região (esses são os números plotados na Figura 17.15) e subdivide os gêneros imigrantes em "primários" (quando o próprio gênero imigrou) e "secundários" (o gênero que descende de um gênero imigrante primário, por exemplo, um imigrante secundário na América do Norte evoluiu ali, mas a partir de um gênero que evoluiu na América do Sul). O total de gêneros imigrantes, nas duas linhas mais de baixo, corresponde ao número de gêneros alienígenas nas linhas mais acima, referentes ao "número de gêneros". Nota: (i) as proporções semelhantes de gêneros imigrantes primários movendo-se em direções opostas e (ii) o número muito maior de imigrantes secundários na América do Sul do que no norte. Modificada de Marshall *et al.* (1982).

	América do Sul						América do Norte			
Período de tempo (Milhões de anos atrás)	**9-5**	**5-3**	**3-2**	**2-1**	**1-0,3**	**0,3 – Atual**	**9,5-4,5**	**4,5-2**	**2-0,7**	**0,7 – Atual**
Duração (Milhões de anos)	4	2	1	1	0,7	0,3	5	2,5	1,3	0,7
Número de gêneros										
Norte-americanos	1	4	10	29	49	61	128	99	90	102
Sul-americanos	72	68	62	55	58	59	3	8	11	12
Total	73	72	72	84	107	120	131	107	101	114
Número de gêneros imigrantes										
Primários	1	1	2	10	18	20	2	6	8	9
Secundários	0	3	8	19	91	41	1	2	3	3

conjunto total. Eles observaram que as proporções são aproximadamente as mesmas. Cerca de 10% dos mamíferos norte-americanos invadiram o sul. (Por exemplo, a Tabela 17.2 demonstra que a América do Norte tinha aproximadamente 100 gêneros endêmicos de mamíferos. Cerca de 10 deles migraram para o sul, sendo que o número de imigrantes primários, entre 3 e 1 milhão de anos atrás, aumentou de 1 para 10). Da mesma forma, cerca de 10% dos mamíferos sul-americanos dirigiram-se para o norte. (Na Tabela 17.2, há 3 milhões de anos havia uns 60 gêneros de mamíferos sul-americanos. Entre 4,5 e 1 milhão de anos atrás, o número de gêneros sul-americanos no norte aumentou para uns seis.) O maior número absoluto de mudanças para o sul deve-se, principalmente, ao maior número inicial de mamíferos no norte.

Os padrões de especiação diferiam

Portanto, o padrão primário de imigração, nas duas direções, é semelhante. Em torno de 10% dos gêneros de cada lado invadiram o outro lado, com sucesso. Porém, quando observamos a posterior proliferação dos imigrantes, o padrão divergia marcadamente (Tabela 17.2). No período atual, um total de 12 mamíferos imigrantes do sul (o número nove na Tabela 17.2 é o número de vivos – três outros chegaram e extinguiram-se) produziu apenas três novos gêneros, enquanto os 21 gêneros de mamíferos imigrantes do norte produziram 49 gêneros no sul. No período atual, o desafio continuava. Desse modo, os mamíferos norte-americanos demonstravam sua superioridade, não na invasão original, mas em seu sucesso relativo subseqüente.

Há várias hipóteses para explicar a maior proliferação dos mamíferos norte-americanos

Por que os mamíferos norte-americanos mostraram-se superiores? O aumento no número original dos gêneros norte-americanos pode ser observado em vários tipos de mamíferos, o que sugere que eles tinham algum tipo de vantagem geral. Há várias idéias do porquê. Uma é que os mamíferos norte-americanos viviam uma vida mais competitiva, em um continente maior, com mais espécies, do que os mamíferos isolados do sul. A "corrida armamentista" da competição foi mais intensa no norte. A idéia pode ser ilustrada pelo estudo de Jerison (1973) sobre o tamanho do cérebro (Seção 22.6, p. 652).

Nos mamíferos norte-americanos, nos últimos 65 milhões de anos, houve um aumento do tamanho do cérebro em relação ao tamanho do corpo ao longo do tempo, tanto nos predadores quanto nas presas. A interpretação de Jerison é que o tamanho do cérebro aumentou à medida que predadores e presas se tornavam mais inteligentes, em uma escalada de melhoramento dos comportamentos ofensivo e defensivo; o padrão de evolução do cérebro enquadra-se nessa interpretação (Figura 22.11, p. 653). Na América do Sul, entretanto, parece não ter acontecido tal incremento (Tabela 17.3). Então, pode ser argumentado que quando os mamíferos norte-americanos invadiram o sul, eles vieram preparados por uns 50 milhões de anos de exigente competição. Eles possuíam armamentos avançados, provavelmente não só de inteligência, que lhes permitiram suplantar os mamíferos do sul.

Alternativamente, como sugerem Marshall e seus co-autores, os mamíferos norte-americanos podem ter usufruído de alguma vantagem com a mudança ambiental dos últimos 3 milhões de anos. A elevação dos Andes protegeu as Américas do Pacífico, criando um obscurecimento de chuvas a leste das montanhas. Na América do Sul, os pampas, mais secos ou até semidesérticos, substituíram as savanas úmidas e a floresta. Por que tal mudança veio beneficiar os mamíferos norte-americanos, às expensas dos sul-americanos, não está bem claro; mas seria bem-provável que uma tal mudança beneficiasse mais um grupo do que o outro. Essa mudança foi grande e, por isso, provavelmente teve muita influência na substituição da fauna em sua época.

O Grande Intercâmbio Americano é um dos mais excitantes casos estudados em biogeografia histórica. As faunas das Américas do Norte e do Sul só estiveram ligadas, por um estreito istmo, durante menos de 3 milhões de anos. No entanto, 50% dos atuais gêneros de mamíferos do sul têm origem no norte, e esses animais maravilhosos, como um roedor do tamanho de um rinoceronte, a preguiça terrestre gigante e o borienídeo de dente-de-sabre, estiveram envolvidos, de algum modo, na destruição geral de espécies durante o Intercâmbio. É bem-plausível que os eventos do Intercâmbio fossem devidos à competição, ao menos em parte, mas demonstrá-lo é uma tarefa mais difícil.

Tabela 17.3

Tamanhos relativos dos cérebros (expressos como um quociente de encefalização QE [Seção 22.6, p. 652], que aumenta com o aumento do tamanho do cérebro) dos ungulados das Américas do Norte e do Sul, no cenozóico. De Jerison (1973).

Tempo (Milhões de anos)	Tamanho do cérebro dos ungulados (QE)	
	América do Sul	América do Norte
65-22	0,44 $n=9$	0,38 $n=22$
22-2	0,47 $n=11$	0,63 $n=13$

17.9 Conclusão

Os biogeógrafos evolucionistas têm-se interessado particularmente pelos processos históricos que moldaram a distribuição geográfica das espécies – embora de modo algum desprezem a bem-documentada influência da moderna ecologia. Eles têm estudado sobretudo dois tipos de processos históricos: a movimentação e a fragmentação de âmbitos. Indubitavelmente, as espécies movem-se por dispersão e, quando aparece um novo corredor na Terra, permitindo um novo encontro de faunas, ele pode desencadear importantes eventos evolutivos. O Grande Intercâmbio Americano é um exemplo famoso. Não é fácil deslindar as causas exatas que atuaram, mas os dados permitem a inferência plausível de que as mudanças na fauna foram substancialmente influenciadas pelo peso dos números e pela competição.

A biogeografia é uma das áreas da biologia evolutiva que mais está se beneficiando da expansão da pesquisa da filogenética molecular. Novos marcadores moleculares podem ser usados para estudar espacialmente a filogenia das populações de uma espécie e de grupos de espécies relacionadas. Vimos como a história das espécies européias, como a dos ouriços, está escrita na distribuição geográfica de seus principais clados, cada um dos quais descende de um refúgio diferente, na glaciação. Também vimos como a irradiação adaptativa dos lagartos caribenhos foi estudada com técnicas de filogenética molecular. A combinação de biogeografia e filogenia, agora freqüentemente chamada de filogeografia, baseia-se nos métodos cladísticos mais antigos, desenvolvidos nas décadas de 1960, 1970 e 1980, para estudar a biogeografia de vicariância. Agora, com o surgimento da sistemática molecular, a biogeografia filogenética frutificou em um programa de pesquisa próspero e revelador.

Resumo

1 As espécies e táxons superiores têm distribuições geográficas, e os biogeógrafos procuram descrevê-las e explicá-las.

2 A semelhança da flora e da fauna de duas regiões pode ser medida por meio de índices de similaridade. O mundo pode ser dividido em seis regiões faunísticas principais, com base nas distribuições das espécies de aves e de mamíferos. Outros táxons, tais como as plantas, têm distribuições regionais um pouco diferentes.

3 As distribuições das espécies são influenciadas por acidentes históricos nos locais ocupados por elas em certas épocas e por suas tolerâncias ecológicas.

4 As distribuições das espécies podem ser alteradas por dispersão (quando uma espécie se desloca no espaço) e pela tectônica de placas (quando os movimentos da terra subdividem os âmbitos das espécies). A fragmentação do âmbito de uma espécie é chamada vicariância.

5 Quando os climas esfriaram, na glaciação mais recente, o âmbito das espécies do hemisfério norte deslocou-se para o sul. Na Europa, muitas espécies formaram refúgios glaciais na Espanha, na Itália e nos Bálcãs. Depois da glaciação, elas se expandiram para o norte, resultando em uma distribuição com uma filogenia intra-específica, com três clados, e em zonas de sutura, onde várias espécies têm suas zonas híbridas.

6 Alguns táxons tiveram irradiações adaptativas locais em arquipélagos. O curso da irradiação pode ser estudado por meio de técnicas de filogenética molecular.

7 As espécies de uma determinada área tendem a ser mais estreitamente relacionadas entre si do que com espécies ecologicamente mais semelhantes de outros locais do globo. Darwin usou essa observação como argumento em sua teoria de evolução.

8 Um cladograma de área mostra as áreas geográficas ocupadas por um conjunto de táxons filogeneticamente relacionados.

9 A biogeografia de vicariância sugere que as distribuições geográficas são determinadas principalmente por fragmentações nos âmbitos das espécies ancestrais, e não por dispersão. Ela prevê que o cladograma de área de um táxon deve concordar com a história geológica da área e que os cladogramas de área dos diferentes táxons de uma determinada área devem ser compatíveis (congruentes).

10 No encontro entre as faunas norte e sul-americanas, quando da formação do istmo do Panamá, há 3 milhões de anos, as proporções de mamíferos que se movimentaram em uma e em outra direção inicialmente foram semelhantes, mas a proliferação dos mamíferos norte-americanos que emigraram para o sul foi maior.

Leitura adicional

Cox e Moore (2000) é um livro-texto introdutório e Brown e Lomolino (1998) é mais completo. Avise (1999) é um texto sobre filogeografia, e Hare (2001) examina os avanços recentes na filogeografia.

Simpson (1983) explica como as grandes regiões faunísticas do mundo foram descobertas, bem como a importância das movimentações e como medir a similaridade faunística (e florística). Brown *et al.* (1996) revisam os âmbitos ecológicos. Quanto às influências ecológicas, consulte um texto de ecologia como Ricklefs e Miller (2000). Sobre os conceitos de nicho, ver as intervenções de Griesemer e Colwell em Keller e Lloyd (1992). Sobre Krakatoa, ver Thornton (1996) e a narrativa em Wilson (1992). O livro de Van Oosterzee (1997) trata da linha Wallace.

Sobre a biogeografia na glaciação, ver Pielou (1991) e as referências gerais precedentes, que incluem um capítulo de Cox e Moore (2000). Ver também Davies e Shaw (2001) a respeito das mudanças de âmbito. Hewit (2000) revisa os refúgios europeus e suas conseqüências para a genética atual. Ver também, Da Silva e Patton (1998), Klicka e Zink (1999) e a revisão de Moritz *et al.*(2000), quanto à ausência de um efeito sobre as duplas de espécies atuais. Em relação aos pássaros da Amazônia, classicamente foi Haffer (1969) quem sugeriu que os refúgios nas glaciações produziram a diversidade das espécies modernas, mas o ceticismo prevalece, por causa do tempo desde os ancestrais comuns das duplas de espécies atuais (ver anteriormente) e das evidências de pólen, sugerindo que as florestas amazônicas não formaram refúgios. Ver Willis e Whitaker (2000) e Smith *et al.* (1997), que também esboçam princípios de conservação.

Losos (2001) descreve a irradiação dos lagartos caribenhos. Schluter (2000) traz mais sobre irradiações adaptativas locais ecologicamente produzidas. Losos e Schluter (2000) examinam o tópico adicional das relações entre área e espécie, em ilhas, e como as causas ecológicas e evolutivas do relacionamento se combinam. Quanto ao argumento darwiniano de que as relações entre espécies, intra e interáreas sugerem evolução, ver Darwin (1859) e a atualização de Jones (1999). Davis e Richardson (1995) contém mais sobre ecossistemas mediterrânicos. Eldredge (1998) analisa o argumento de Darwin e adiciona mais evidências.

Atualmente os relógios moleculares estão sendo cada vez mais usados para estudar a biogeografia histórica. Ver, por exemplo, Richardson *et al.* (2001) sobre a origem (nos últimos 8 milhões de anos) de uma flora mediterrânica – a do Cabo da África do Sul – e Pellmyr *et al.* (1998) sobre a cronologia da introdução de espécies na América do Norte.

Quanto à biogeografia de vicariância, ver Brundin (1988), Wiley (1988), Humphries e Parenti (1999) e textos gerais. Sereno (1999) discute especialmente o caso dos dinossauros. Sobre a biogeografia de Croizat, ver Croizat *et al.* (1974). Ver generalidades sobre o Havaí em Wagner e Funk (1995) e a edição especial de *Trends in Ecology and Evolution* (1987), vol. 2, p. 175-228.

Vermeij (1991) é um estudo geral sobre os intercâmbios bióticos, da mesma forma que uma edição de *Paleobiology* (1991), vol. 17, p. 201-324, que contém um artigo de Webb, sobre o Grande Intercâmbio Americano. Stehli e Webb (1985) é um livro sobre o Grande Intercâmbio Americano; Jackson *et al.* (1996) contém material mais recente. Simpson (1980) descreve os mamíferos sul-americanos e, para a biogeografia sul-americana em geral, ver também os capítulos em Goldblatt (1993). Sobre as diferenças de tamanhos de cérebros, ver Jerison (1973) e o ensaio popular de Gould (1983, Capítulo 23). Parte de um outro ensaio popular de Gould (1983, Capítulo 27) é sobre o Intercâmbio.

Questões para estudo e revisão

1 Reveja os termos geográficos Boreal, Neártica, Paleártica, Holártica e Neotropical.

2 Calcule os índices de similaridade entre as áreas 1 e 2:

Número de espécies na área 1	Número de espécies na área 2	Número de espécies comuns às áreas 1 e 2	Índice de similaridade
10	15	5	
15	10	5	
10	10	5	
5	15	5	

3 Dirija-se à filogenia da Figura 15.27 (p. 489). Quantos eventos de dispersão estão compreendidos no trajeto da ilha mais recente para a mais antiga, e da mais antiga para a mais recente? (As espécies ancestrais são as de números 1 e 2, no alto, à esquerda; a ilha mais antiga está à esquerda e a mais recente, à direita. As espécies podem ser tratadas como quatro "colunas" que habitam as ilhas de Kauai, Oahu, Maui e Havaí, respectivamente: os pequenos desvios à esquerda e à direita na página não são biogeograficamente significativos.) Você poderia esquematizar os eventos de dispersão no mapa de baixo. Qual a relevância dessa resposta para as teorias dos cladogramas de área de vicariância e de dispersão?

4 Usando a mesma filogenia (Figura 15.27), desenhe um cladograma de área, nos moldes da Figura 17.10, para as espécies 1 a 15 de drosófilas.

5 Aqui estão as áreas geográficas ocupadas pelas espécies de dois táxons:

Área	A	B	C	D
Espécies no táxon	1	2	3	4
Espécies no táxon	5	6	7	8

Aqui estão três filogenias com raiz, para os dois táxons. Quais os pares de cladogramas de área que são congruentes e quais os que não são?

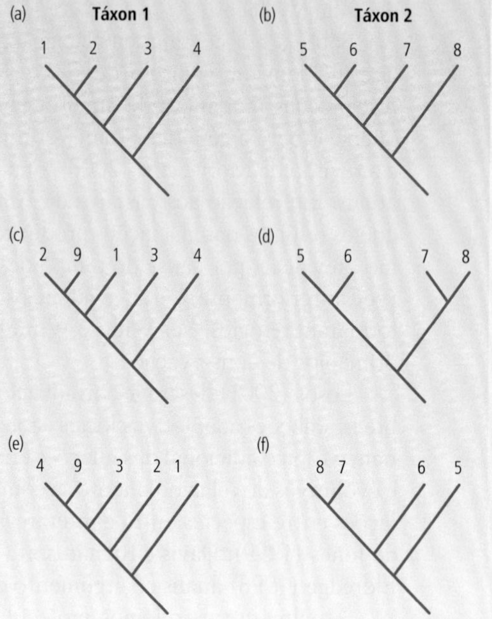

6 Quais são as principais hipóteses para explicar a proliferação dos mamíferos norte-americanos na América do Sul depois da formação do Istmo do Panamá?

Parte 5

Macroevolução

A Parte 5 trata da macroevolução. As mudanças macroevolutivas são grandes; os tipos de eventos que podem ser estudados no documentário fóssil, como a origem de novos órgãos, ou os planos corporais, ou novos táxons, são mais elevados (isto é, táxons acima do nível de espécie). Essas grandes mudanças podem ser distinguidas da "microevolução", que se refere às mudanças intrapopulacionais, nas freqüências gênicas. A linha convencional que separa a macro e a microevolução situa-se na especiação, de modo que os eventos abaixo desse nível são microevolução e os acima dele são macroevolução.

Como foi dito no Prefácio, tradicionalmente a distinção entre macro e microevolução não foi apenas em termos dos períodos de tempo dos eventos, mas também em termos dos métodos usados. A microevolução tem sido estudada com técnicas genéticas, usando observações e experimentos com duração de uma existência humana. A macroevolução tem sido estudada por meio da evidência fóssil, da morfologia comparada e da inferência filogenética. Entretanto, a biologia moderna tem assistido a uma ruptura nessa distinção metodológica, à medida que as técnicas genéticas estão sendo usadas para estudar questões macroevolutivas em ampla escala. É sempre interessante quando se podem usar dois métodos completamente independentes para estudar a mesma questão. Nesta Parte 5, veremos uma série de tais casos, em que as evidências molecular e fóssil foram usadas para estudar o tempo dos eventos evolutivos e o significado das extinções em massa.

O Capítulo 18 é uma breve história da vida, desde sua origem até a origem dos humanos atuais. O capítulo começa com uma introdução à paleontologia (que é a ciência que estuda os fósseis). A história da vida nos levará a uma questão abstrata: a macroevolução será, realmente, a microevolução extrapolada para um longo período de tempo, ou ela ocorre por mecanismos diferentes dos da microevolução, embora não-incompatíveis com eles? Essa pergunta ampla vai ressurgir em vários pontos da Parte 5. Os Capítulos 19 e 20 tratam de duas subdisciplinas emergentes da biologia evolutiva: a genômica evolutiva e o "evo-devo". A genômica evolutiva usa dados de seqüências do todo ou de partes dos genomas para reconstituir sua evolução. De certo modo, é o equivalente, em DNA, da história morfológica que examinamos no Capítulo 18. O evo-devo relaciona-se com o modo como mudam os processos de desenvolvimento na evolução, podendo causar mudanças na morfologia.

No Capítulo 21, partimos para o estudo das taxas de evolução. Examinamos como elas são medidas e consideramos detalhadamente uma controvérsia – a respeito das taxas relativas de evolução, entre e durante os eventos de especiação. O Capítulo 22 é sobre coevolução, em que a evolução de uma espécie é dirigida pelas mudanças evolutivas em outra espécie, que faz parte de seu ambiente.

O capítulo final (Capítulo 23) discute a história da diversidade biológica – o número de formas de vida na Terra. A diversidade pode ser medida pelo número de espécies, e este é controlado pelas taxas relativas de especiação e de extinção. Um tópico especial é o da importância das extinções em massa. Examinamos questões como as extinções em massa serem reais ou artificiais e se elas foram moldadoras da história da diversidade biológica ou se tiveram pouca influência.

18 A História da Vida

Este capítulo apresenta uma breve história da vida, desde sua origem até o presente. Há duas fontes principais de evidências para a reconstituição histórica: o relógio molecular, que examinamos nos Capítulos 7 e 15, e o documentário fóssil. Aqui começaremos examinando como se formam os fósseis e como sua idade é estimada. Esta seção do capítulo tem um propósito semelhante para a paleontologia que o Capítulo 2 teve para a genética. Em seguida, passamos para a narrativa histórica. O capítulo examina a origem da vida, das células e da pluralidade celular na explosão do cambriano, a colonização da terra por plantas e animais, a evolução dos mamíferos desde os ancestrais reptilianos e a evolução humana. Todos esses eventos históricos são exemplos da evolução em grande escala, ou macroevolução. O capítulo termina com uma seção conceitual sobre as possíveis relações entre a micro e a macroevolução, usando estudos históricos de casos como exemplos.

18.1 Os fósseis são restos de organismos do passado e são preservados em rochas sedimentares

Fóssil é qualquer traço de vida do passado. Os fósseis mais óbvios são partes do corpo, tais como conchas, ossos e dentes; mas eles também incluem restos de atividades de seres vivos, tais como tocas ou pegadas (chamados traços ou vestígios fósseis), ou produtos químico-orgânicos que eles produzem (substâncias químicas fósseis). Podemos considerar esses eventos, aplicando-os às partes duras, embora aspectos análogos também se apliquem a vestígios e a substâncias fósseis.

A fossilização das partes moles,...

Quando um organismo morre, geralmente suas partes moles são comidas por necrófagos ou apodrecem por ação microbiana. Por isso, organismos constituídos principalmente por partes moles (como vermes e plantas) têm menor probabilidade de deixar fósseis do que os organismos que têm partes duras. Existem alguns fósseis de partes moles, mas só porque se depositaram em circunstâncias excepcionais ou porque preservaram formas de vida excepcionalmente abundantes. As plantas fósseis costumam tomar a forma de "fósseis de compressão", em que as partes moles da planta foram comprimidas em posição estendida. O carvão, por exemplo, contém uma quantidade enorme de fósseis de samambaias comprimidas. Entretanto, mesmo em plantas, a maioria dos fósseis é das partes duras, como sementes ou esporos resistentes.

...e mesmo das partes duras, é rara

Embora as partes duras de um organismo sejam as que têm a melhor chance de fossilização, mesmo elas geralmente são destruídas em vez de fossilizadas. As partes duras podem ser trituradas por rochas ou pedras, ou pela ação das ondas, ou quebradas pelos necrófagos. Se a parte dura resiste, a próxima etapa da fossilização é o enterramento em sedimento, sob uma coluna d´água – só as rochas sedimentares contêm fósseis. (Os geólogos distinguem três tipos principais de rochas: ígneas, freqüentemente formadas por ação vulcânica; sedimentares, formadas por sedimentos; e metamórficas, formadas nas profundezas da crosta terrestre, pela metamorfose dos outros tipos de rochas – quando rochas sedimentares sofrem metamorfoses, todos os fósseis são perdidos.)

Os animais que normalmente vivem nos sedimentos têm maior probabilidade de serem enterrados neles antes de serem destruídos. Por isso, esses animais têm uma probabilidade maior de deixar fósseis do que as espécies que vivem em outros locais. Igualmente, espécies que vivem na superfície do sedimento (por exemplo, no fundo do mar) têm mais probabilidade de serem fossilizados do que aqueles que nadam na coluna d´água. As espécies terrestres são as que têm a menor probabilidade de serem fossilizadas. Para a maioria dos delicados tipos de animais que vivem no fundo do mar, tais como crinóides e vermes, o único modo possível de deixar fósseis é por meio de um sepultamento "catastrófico", como uma camada de sedimentos de águas pouco profundas que chega às profundezas e arrasta e enterra alguns animais com esqueletos moles. Os crinóides, por exemplo, são conhecidos por se desfazerem em cerca de 48 horas após a morte no fundo do mar; por isso, para ter alguma chance de fossilização, eles precisam ser enterrados rapidamente.

Os fósseis são preservados em sedimentos

Uma vez enterrados em sedimentos, os restos de organismos podem permanecer ali por tempo potencialmente indefinido. Se mais sedimento se empilha sobre o antigo, este é compactado – a água é expelida e as partículas do sedimento são forçadas a se aproximarem. As partes duras do fóssil podem ser destruídas ou deformadas no processo. À medida que se compactam, os sedimentos gradualmente se transformam em rocha sedimentar. Subseqüentemente, eles podem ser movimentados para cima, para baixo ou em torno do globo, por movimentos tectônicos, reaparecendo em uma área terrestre. Então, os fósseis que eles contiverem podem ser catados ou escavados da terra (etimologicamente, um fóssil é qualquer coisa que é escavada).

Os sedimentos também podem ser perdidos por subcondução tectônica ou por metamorfose geológica.

Qualquer rocha sedimentar será constituída por sedimentos que foram depositados em certa época, ou durante certo intervalo de tempo, no passado geológico. Quaisquer fósseis nela pertencerão a organismos que viveram na época em que os sedimentos foram depositados. É possível traçar um mapa geológico de uma área, mostrando as idades das rochas que estão expostas na superfície ou próximas dela, mas escondidas sob o solo. A Lâmina 10 (p. 100) é um mapa geológico da América do Norte. Muitos mapas desse tipo foram produzidos, com vários níveis de detalhes, para muitas áreas do globo. O mapa geológico é o primeiro guia sobre os locais onde é possível achar fósseis de determinadas idades. Os dinossauros, por exemplo, viveram no Mesozóico. No mapa geológico dos Estados Unidos, podemos verificar diretamente que as regiões em laranja e em vermelho, por exemplo, no Texas e no Novo México e daí para cima, no Colorado, em Wyoming e em Montana, são propícias para procurar fósseis de dinossauros. De fato, podem ser encontrados restos abundantes de dinossauros em certos sítios dessas regiões. O padrão de tipos de rochas e o mapa geológico podem ser entendidos em termos da teoria da tectônica de placas.

Os mapas geológicos mostram as localizações da rochas das várias idades

Ao longo do tempo geológico, as partes duras originais de um organismo sofrerão transformações enquanto repousam na rocha sedimentar. Os minerais da rocha circundante impregnam os ossos ou a concha do fóssil lentamente, mudando sua composição química. Os esqueletos calcários também mudam quimicamente. Há duas formas de carbonatos: a aragonita e a calcita. A aragonita é menos estável e torna-se rara nos fósseis mais antigos, e a calcita pode ser substituída, em alguns fósseis, por sílica ou pirita. Em casos extremos, a calcita pode ser completamente dissolvida e seu espaço preenchido por outro material: nesse caso, o fóssil funciona como um molde ou forma para o novo material. Os restos continuam revelando a forma das partes duras do organismo.

A fossilização é uma eventualidade improvável. Ela é mais provável em algumas espécies do que em outras e em algumas partes do organismo do que em outras. Após o sepultamento no sedimento, o fóssil transforma-se lentamente, com o tempo, mas se os restos transformados são preservados, eles continuam podendo contar (por meio da interpretação de um especialista) muito sobre a forma viva original.

18.2 Convencionalmente, o tempo geológico é dividido em uma série de eras, períodos e épocas

18.2.1 As idades geológicas sucessivas foram reconhecidas inicialmente por meio das características das faunas fósseis

A Figura 18.1 apresenta as principais divisões do tempo da história geológica da Terra durante os últimos 550 milhões de anos. Divisões ainda mais antigas também são reconhecidas, mas, paleontologicamente, os últimos 550 milhões de anos são os mais importantes porque os fósseis são muito mais raros antes dessa época.

As divisões de tempo da Figura 18.1 foram reconhecidas pelos geólogos do século XIX, com base nas características das faunas fósseis. Os períodos de transição entre duas eras são os tempos de transição entre faunas fósseis com características diferentes: os fósseis do permiano, por exemplo, diferem caracteristicamente dos do triássico, e há uma transição relativamente brusca entre as faunas fósseis na fronteira entre o permiano e o triássico. No século XIX, não se sabia se os períodos de transição correspondiam a extinções em massa e a súbitas substituições ou a longos intervalos no documentário fóssil enquanto estava ocorrendo uma

Era	Período		Época	Milhões de anos atrás (aproximadamente)
Cenozóica	Quaternário		Recente	0.01
			Pleistoceno	1.8
	Terciário	Neogeno	Plioceno	5.3
			Mioceno	24
		Paleogêneo	Oligoceno	34
			Eoceno	55
			Paleoceno	65
Mesozóica	Cretáceo			144
	Jurássico			206
	Triássico			251
Paleozóica	Permiano			290
	Carbonífero		Pensilvaniano	323
			Mississipiano	354
	Devoniano			417
	Siluriano			443
	Ordoviciano			490
	Cambriano			543

Figura 18.1
A escala do tempo geológico.

substituição mais lenta. Agora se sabe que eram extinções em massa em períodos curtos. Para demonstrá-lo, foram necessárias técnicas de determinação dos tempos absolutos. Não há exata concordância sobre as datas absolutas das divisões menores dos tempos geológicos, tais como as épocas, havendo mais de uma escala de tempo.

18.2.2 O tempo geológico é medido tanto em termos absolutos quanto relativos

Os geólogos datam os eventos no passado por técnicas absolutas e relativas. Um tempo absoluto é uma data expressa em anos (ou milhões de anos); um tempo é relativo em função de outro evento conhecido. Os tempos na Figura 18.1 são absolutos e foram estabelecidos por meio do decaimento de elementos radioativos. O método exato é explicado no Quadro 18.1.

Os fósseis são datados por meio de radioisótopos...

Na prática, a datação de fósseis pelo método de radioisótopos geralmente exige uma combinação de datação absoluta e relativa. O motivo é que o método de radioisótopos só pode ser usado em rochas que contenham radioisótopos. Alguns fósseis contêm C^{14} porque o carbono é encontrado na matéria viva; estes podem ser datados diretamente, se não forem muito antigos. Alguns outros radioisótopos são encontrados em corais e conchas. Entretanto, a maioria dos radioisótopos usados para datação geológica não é encontrada em fósseis. Esses isótopos (como o Rb^{87} ou o K^{40}) são encontrados apenas em rochas ígneas. Para datar um depósito de

Quadro 18.1
Decaimento Radioativo e as Datas da História Geológica

Os radioisótopos dos elementos químicos decaem com o tempo. Por exemplo, o isótopo do rubídio Rb^{87} decai para um isótopo de estrôncio Sr^{87}. O decaimento é muito lento, tendo uma vida-média de cerca de 48,6 bilhões de anos; isto é, em 48,6 bilhões de anos (cerca de 10 vezes a idade da Terra), metade da amostra inicial de Rb^{87} terá decaído para Sr^{87}.

O decaimento radioativo prossegue em uma taxa exponencialmente constante. Decaimento exponencial significa que uma proporção constante do material inicial decai em cada unidade de tempo. Por exemplo, suponha que comecemos com 10 unidades e que um décimo delas decaia por intervalo de tempo; no primeiro intervalo, uma unidade decairá e nove unidades restarão. No segundo intervalo, decairá uma quantidade equivalente a um décimo das nove unidades restantes (isto é, 0,9 unidade); ficaremos com 8,1 unidades. No terceiro intervalo de tempo, um décimo das 8,1 unidades decairá, restando 7,29 unidades (8,1 – 0,81) no início do quarto intervalo de tempo, e assim por diante. No decaimento radioativo, a proporção de isótopos que decai a cada ano é chamada de constante de decaimento (l), e, para Rb^{87}/Sr^{87}, a constante de decaimento é $1{,}42 \times 10^{-11}$ por ano. Portanto, qualquer que seja a quantidade de Rb^{87} presente em qualquer momento, no ano seguinte uma proporção dele, igual a $1{,}42 \times 10^{-11}$, decairá para Sr^{87}.

Para estimar a idade de uma rocha pela técnica de radioisótopos, precisamos estar aptos a fazer duas medições e a validar um pressuposto. As duas medidas são a composição isotópica da rocha, atualmente e quando ela foi formada. Nos dias atuais, as proporções de Rb^{87} e Sr^{87} são obviamente mensuráveis. A composição original da rocha foi fixada quando ela se cristalizou como rocha ígnea, a partir do magma, e as proporções de Rb^{87} e Sr^{87} podem ser medidas em magma atual: a proporção é uma boa estimativa da razão entre isótopos quando a rocha se formou. A relação dos isótopos mudará lentamente em relação à razão original, à medida que o Rb^{87} decai radioativamente para Sr^{87}. Para estimar a idade da rocha a partir da mudança na relação dos isótopos, precisamos presumir que toda a modificação da relação é causada pelo decaimento radioativo. No caso de Rb^{87}/Sr^{87}, a pressuposição provavelmente é válida. Os isótopos não se infiltram na rocha e nem se esvaem dela e, por isso, suas relações são determinadas apenas pelo tempo e pelo decaimento radioativo. Para outros isótopos esse pressuposto já não se aplica tão bem. O urânio, por exemplo, pode ser oxidado em uma forma móvel e movimentar-se entre rochas (embora, nesse caso, o problema possa ser superado pela combinação de dois esquemas de decaimento de urânio, de modo que o tempo seja inferido a partir da relação de dois isótopos de chumbo e a combinação de urânio não seja importante).

A Tabela Q18.1 lista os principais radioisótopos usados em geocronologia. Por exemplo, o esquema de decaimento do K^{40} é um esquema de decaimento geocronologicamente útil. Na erupção de um vulcão, o calor volatiliza, para fora das lavas e das cinzas, todo o Ar^{40}, mas nenhum K^{40}. Por isso, quando a poeira vulcânica esfria, ela (do K^{40} e do Ar^{40}), só contém K^{40}. Daí o K^{40} decai para Ca^{40} e Ar^{40}. Na prática, a rocha contém tanto Ca^{40} de outras fontes, que não é conveniente utilizá-lo para fins de datação, mas todo o Ar^{40} da rocha terá sido produzido por decaimento do K^{40}. O decaimento é tão lento que não é prático usá-lo para rochas com menos de 100 mil anos, mas há outros isótopos para tempos mais curtos.

Tabela Q18.1
Sistemas de decaimento radioativo usados em geocronologia

Isótopo radioativo	Constante de decaimento ($\times 10^{-11}$/ano)	Vida-média (anos)	Isótopo radiogênico
C^{14}	$1{,}2 \times 10^{7}$	$5{,}73 \times 10^{3}$	N^{14}
K^{40}	5,81 + 47,2	$1{,}3 \times 10^{9}$	$Ar^{40} + Ca^{40}$*
Rb^{87}	1,42	$4{,}86 \times 10^{10}$	Sr^{87}
Sm^{147}	0,654	$1{,}06 \times 10^{11}$	Nd^{143}
Th^{232}	4,95	$1{,}39 \times 10^{10}$	Pb^{208}
U^{235}	98,485	7×10^{8}	Pb^{207}
U^{238}	15,5125	$4{,}4 \times 10^{9}$	Pb^{206}

* O K^{40} decai para Ar^{40} e Ca^{40}, com as constantes de decaimento que são dadas; a vida-média é dada para a soma dos dois.

(*continua*)

(continuação)

O decaimento do C^{14} para nitrogênio, por exemplo, tem uma vida-média de apenas 5.730 anos. A idade exata de uma rocha é calculada como segue. Tome o Rb^{87}/Sr^{87} como exemplo. Seja N_0 o número de átomos de Rb^{87} na amostra da rocha quando ela foi formada e N o número atual. Então $N = N_0 e^{-\lambda t}$, onde λ é a constante de decaimento e t é a idade da rocha. Usando logaritmos, $t = (1/\lambda) \ln N_0 / N$. Na prática, é mais fácil medir a quantidade de isótopos gerada por decaimento. Por isso, seja N_R o número de átomos de Sr^{87} gerados por decaimento radioativo até um tempo qualquer. Como cada átomo de Sr^{87} foi gerado pelo decaimento de um átomo de Rb^{87}, então $N_R = N_0 - N$. Isso pode ser substituído na fórmula para tempo:

$$t = \frac{1}{\lambda} \ln \frac{N + N_R}{N}$$

Por exemplo, se 3% do Rb^{87} original de uma rocha decaíram para Sr^{87}, a idade da rocha é calculada assim:

$$t = \frac{1}{1{,}42 \times 10^{-11}} \ln (100/97) = 2{,}08 \times 10^9 \text{anos}$$

Ou cerca de 2 bilhões de anos.

(A constante de decaimento e a vida-média do radioisótopo são apenas descritas. Quando metade do Rb^{87} original decaiu para Sr^{87}, o número de átomos de Sr^{87} deve ser igual ao número de átomos de Rb^{87} decaídos. $N = N_R$. Substitui-se isso na fórmula do tempo e $t_{1/2} = \ln 2/\lambda = 0{,}693/\lambda$.)

Em resumo, se conhecemos a relação de isótopos da rocha, quando ela foi formada e na amostra atual, e se podemos presumir com racionalidade que a mudança na razão entre o anterior e o atual foi causada apenas pelo decaimento radioativo, podemos estimar a idade absoluta da rocha.

fósseis, precisamos encontrar algumas rochas ígneas associadas que se possa inferir terem sido depositadas mais ou menos na mesma época que os fósseis.

... das posições relativas das rochas,...

Por exemplo, se alguns sedimentos fossilíferos foram depositados na superfície de uma rocha ígnea, podemos inferir que os fósseis não são mais antigos do que a data da rocha ígnea (com base no princípio de que as rochas mais jovens depositam-se sobre as mais antigas). Se uma rocha ígnea fez uma intrusão em uma rocha sedimentar, podemos inferir que os sedimentos são mais antigos do que a rocha ígnea (porque esta só penetra em rochas sedimentares já existentes). Na melhor das hipóteses, um sedimento fossilífero repousa sobre um conjunto mais antigo de rochas ígneas, e tem uma outra rocha ígnea, mais jovem, introduzida em si. Daí o fóssil pode ser datado em um período intermediário à idade das duas rochas ígneas.

A inferência da idade dos fósseis a partir das rochas ígneas circundantes é um exemplo de medida relativa do tempo. Sabendo a data relativa de uma rocha ou fóssil, significa que sabemos a sua data em relação à data de uma outra rocha ou fóssil: temos uma afirmação do tipo "a rocha A foi depositada antes / ao mesmo tempo / depois que a rocha B". Alguns dos procedimentos para encontrar os tempos relativos são como segue. Em qualquer sítio, os sedimentos mais recentes são depositados sobre os mais antigos. Por isso, os fósseis que estão mais embaixo, em uma coluna sedimentar, provavelmente são os mais antigos (às vezes, uma grande convulsão geológica, como uma explosão vulcânica, pode inverter uma coluna sedimentar, mas, quando isso acontece, torna-se óbvio). Geralmente também se pode estimar a data de qualquer depósito fóssil em relação a outros, de diferentes sítios. Isso é feito por comparação da composição de fósseis do sítio quanto a alguns fósseis comuns, como amonites ou foraminíferos, com uma coleção padrão de referência. Quanto aos fósseis de referência, os fósseis depositados em um determinado local serão muito semelhantes aos depositados em outro local. Eles mostram que dois sítios têm a mesma data relativa. Esse tipo de estudo é chamado correlação, e diz-se que o paleontólogo está "correlacionando" os dois sítios.

... e por zonas de tempo magnético

As zonas de tempo magnético provêem um princípio semelhante. Ao longo do tempo geológico, o campo magnético da Terra inverteu sua polaridade a intervalos regulares. Quando o campo magnético está como atualmente (a bússola aponta para o norte), ele é chamado de normal; quando ele tem a polaridade oposta, é chamado de invertido. A história da Terra é uma seqüência de alternâncias de zonas de tempo normais e invertidas. (Não se sabe com certeza o motivo das inversões – embora haja muitas hipóteses.) As trocas de polaridade foram mais comuns em certas épocas do que em outras; a Figura 18.2 dá uma idéia de sua freqüência em épocas mais recentes. Todas as rochas do globo, em qualquer tempo, têm a mesma polaridade e pode-se detectar a polaridade na época em que as rochas foram formadas. As polaridades podem ser usadas como uma escala de tempo de resolução sensível. Quando sabemos que duas rochas foram formadas em uma época parecida, mas não temos certeza de que elas são contemporâneas exatas, ou apenas próximas, as polaridades magnéticas podem fornecer a resposta. Se elas têm polaridades diferentes, não podem ter sido contemporâneas exatas.

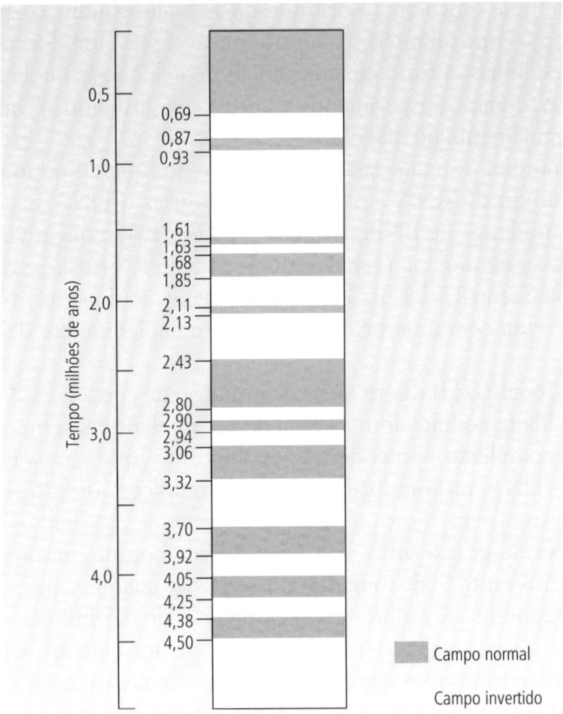

Figura 18.2

Inversões da polaridade do campo magnético da Terra nos últimos 4,5 milhões de anos. O quadro pode estar incompleto: é possível que mais eventos curtos ainda estejam por ser descobertos.

18.3 A história da vida: o Pré-Cambriano

18.3.1 A origem da vida

A maior parte das pesquisas sobre a origem da vida não é com fósseis, mas consiste em pesquisa de laboratório sobre o tipo de reações químicas que também poderiam ter acontecido na Terra há 4 bilhões de anos. Muitos dos tijolos das construções moleculares da vida (como os aminoácidos, os açúcares e os nucleotídeos) podem ser sintetizados a partir de uma solução de moléculas mais simples, do tipo que provavelmente existia nos mares pré-bióticos, se uma descarga elétrica, ou a radiação ultravioleta a atravessar. Existindo os tijolos para a construção molecular, o passo crucial seguinte é a origem de uma molécula replicável, simples.

A vida primordial pode ter usado o RNA para a hereditariedade

Embora não saibamos qual era a molécula replicável mais ancestral, várias linhas de evidência sugerem que o RNA precedeu o DNA. Por exemplo, o RNA de fita simples é mais simples do que o DNA, que sempre é de dupla-fita. O DNA precisa de enzimas para "abrir" suas duas fitas para que a informação nos nucleotídeos seja lida ou replicada. O DNA sempre assume a estrutura de dupla hélice. O RNA, de modo diverso, pode interagir diretamente com seu ambiente. Ele pode ser lido ou replicado diretamente. Dependendo de sua seqüência nucleotídica, ele também pode assumir várias estruturas diferentes. Em algumas dessas formas estruturais, o RNA atuará como enzima (ou "ribozima"), catalisando reações bioquímicas. Conhecem-se moléculas de RNA que atuam como RNA polimerases, catalisando a replicação do RNA. Entretanto, até hoje ninguém descobriu um RNA autocatalítico, que pudesse catalisar sua própria replicação. Uma tal molécula auto-replicável seria um dos mais simples sistemas vivos imagináveis. Algumas outras pequenas linhas de evidências também sugerem que o RNA precedeu o DNA, como os experimentos com a "sopa pré-biótica" que produziram o nucleotídeo U mais rapidamente do que o T.

A fase (hipotética) primordial da vida, quando o RNA era usado como molécula hereditária, é chamada de "mundo do RNA". A vida passou a usar o DNA mais tarde na história. Um motivo para a mudança de RNA para DNA pode ter sido que a vida baseada em RNA era limitada pela taxa de mutação relativamente alta do RNA. (Esse raciocínio é semelhante ao argumento da Seção 12.2.1, p. 348, sobre a evolução do sexo.) Não podem existir formas assexuadas de vida com uma taxa de mutação completamente deletéria, superior a um.

Os vírus de RNA atuais, como o HIV, têm taxas de mutação de cerca de 10^4 por nucleotídeo. Isso limita sua capacidade codificadora a cerca de 10^4 nucleotídeos, ou cerca de 10 genes. Formas de vida mais complexas não poderiam evoluir antes que a taxa de mutação se reduzisse. A evolução do DNA teria reduzido a taxa de mutação, ou a teria levado à redução.

O documentário fóssil revela pouco sobre a origem da vida porque, nesta, os eventos eram em escala molecular. Entretanto, o documentário revela-nos alguma coisa sobre a cronologia e leva-nos à etapa seguinte. A própria Terra tem cerca de 4,5 bilhões de anos de existência. Durante as primeiras poucas centenas de milhões de anos ela foi bombardeada por enormes asteróides, que vaporizaram todos os oceanos. As temperaturas eram altas demais para permitir a vida. Provavelmente, há mais de 4 bilhões de anos, a vida não poderia ter-se originado.

Existem células fósseis anteriores a 3 bilhões de anos

Das rochas conhecidas, as mais antigas ficam em um sítio em Isua, na Groenlândia, e têm 3,8 bilhões de anos. Elas contêm traços químicos do que podem ser ou não fósseis químicos de formas de vida (van Zuilen *et al.*, 2002). Inevitavelmente, uma evidência química desse tipo é incerta porque poderia ter sido produzida por um processo não-biológico. Alguns biólogos e geólogos aceitam-na, temporariamente, como evidência de vida, mas poucos confiam nisso com firmeza. As rochas sofreram muita metamorfose para que haja alguma chance de reterem células fósseis – se é que existiam células naquela época. A evidência fóssil de células provém de vários locais, no período entre 3 e 3,5 bilhões de anos. Até recentemente, supunha-se que as células fósseis mais antigas fossem as das rochas de sílex apical (Apex Chert) de 3,5 bilhões de anos, localizadas na Austrália Ocidental (Schopf, 1993). Mas Brasier *et al.* (2002) consideraram que os supostos fósseis dessas rochas são artefatos. Existem outras evidências de células fósseis no período de 3 a 3,5 bilhões de anos (Knoll e Baghoorn, 1977, e Schopf, 1999, por exemplo, revisam as evidências). Portanto, provavelmente as células evoluíram cerca de 3,5 bilhões de anos atrás, ou um pouco depois disso.

18.3.2 A origem das células

A vida celular primordial era procariótica

Fósseis da vida celular procariótica foram encontrados em vários locais, com idades entre 3,5 e 2 bilhões de anos. Freqüentemente, eles existem na forma de "estromatólitos". Estromatólitos são estruturas que se formam quando as células crescem na superfície do mar e os sedimentos são depositados entre ou sobre as células. Então as células crescem em direção à luz, deixando uma camada mineralizada abaixo delas. Com a repetição do processo ao longo do tempo, desenvolve-se um estromatólito, consistindo em várias camadas mineralizadas. Ainda hoje se formam estromatólitos em certos locais do mundo, mas eles são mais raros do que no passado. Um motivo pode ser que agora os herbívoros consomem quaisquer deposições de células à medida que elas se formam. No passado, não existiam herbívoros, e os estromatólitos podiam acumular-se. Há cerca de 2 a 3 bilhões de anos, a vida microbiana procariótica parece ter existido em vários ambientes e ter desenvolvido vários processos metabólicos (Figura 18.3).

As células tinham vantagens sobre a vida acelular

Assim, há 2 ou 3 bilhões de anos a vida celular estava florescendo. Porém, é provável que a origem das células não tenha sido um passo evolutivo inevitável. Poderiam ter persistido os sistemas de replicação molecular não-sofisticados, com as moléculas sendo replicadas à medida que seus blocos constituintes se ligassem a elas e formassem cópias ou semicópias do todo. Para o sistema tornar-se mais complexo, ele precisa de enzimas e de sistemas metabólicos que lhe permitam aproveitar melhor os recursos, ou explorá-los melhor convertendo-os nas unidades moleculares necessárias para a replicação. Esse passo é difícil por, pelo menos, duas razões. Uma é o erro mutacional, que se torna cada vez mais danoso à medida que a molécula replicadora aumenta de tamanho. A outra é que qualquer inovação vantajosa – por exemplo, que possa produzir moléculas úteis – compartilhará seu produto com todas as outras molécu-

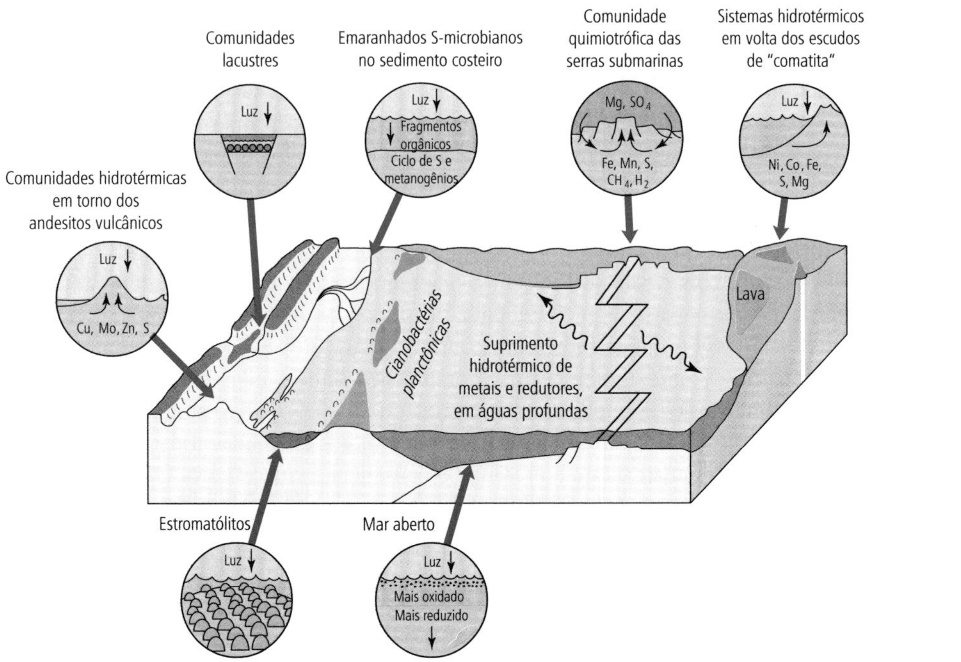

Figura 18.3

Há cerca de 2 a 3 bilhões de anos, a vida procariótica evoluiu para ocupar uma variedade de *habitats*, usando uma variedade de metabolismos. A ilustração mostra os sistemas hidrotérmicos em torno de estruturas chamadas escudos de "comatita", quimiotróficos em cadeias oceânicas e várias formas de vida em águas costeiras, lacustres e oceânicas. Redesenhada de Nisbet (2000), com permissão da editora.

las replicadoras que competem com ela naquele local. Uma molécula replicadora "egoísta", que usa os recursos feitos por outras, mas não os fabrica, teria uma vantagem seletiva sobre as moléculas replicadoras que produzem e usam os recursos (Seção 11.2, p. 322).

Provavelmente essa segunda dificuldade foi superada pela evolução das células. Se as moléculas replicadoras estão encerradas em células, os produtos de seu metabolismo ficam confinados à célula que os produziu e não estão disponíveis para quaisquer moléculas replicadoras egoístas fora dela. Outra vantagem das membranas celulares é que as enzimas metabólicas podem organizar-se espacialmente; daí, uma cadeia de reações metabólicas pode operar em uma seqüência eficiente. Portanto, as primeiras células provavelmente não eram muito mais do que uma molécula replicadora rodeada por membranas ou organizada dentro delas. As células procarióticas modernas são versões complexas dessa forma de vida.

A divisão classificatória mais inicial da vida celular é uma árvore trifurcada em arqués, bactérias e eucariotos. As arqués e as bactérias são procariotos, e ambas existiam na Terra há 2 a 3 bilhões de anos. O outro tipo de célula, a eucariótica, evoluiu depois dos procariotos. A época de origem dos eucariotos é incerta. O quadro mais antigo é de cerca de 2,7 bilhões de anos. Brocks *et al.* (1999) encontraram fósseis químicos de certas gorduras que são características do metabolismo eucariótico em rochas australianas com 2,7 bilhões de anos. Isso pode significar que foi quando os eucariotos evoluíram. Ou pode ser que as gorduras não sejam bons sinalizadores da vida eucariótica. Afinal, novos procariotos são descobertos a cada ano, com uma variedade sempre crescente de novas aptidões. Desse modo, os fósseis químicos não são uma evidência de origem eucariótica, mas eles levantam a possibilidade de que os eucariotos já tivessem evoluído há 2,7 bilhões de anos.

As células eucarióticas evoluíram há, talvez, 2 milhões de anos...

As células fósseis mais antigas propostas como sendo eucarióticas foram encontradas em uma mina abandonada, no Michigan e são descritas por Han e Runnegar (1992). Os fósseis têm forma de saca-rolhas, assemelhando-se a algas mais recentes (as algas são eucariotos). Em fósseis, o principal critério de distinção entre as células eucarióticas e procarióticas é o tamanho celular. Tipicamente, as células eucarióticas são maiores do que as procarióticas, embora haja alguma superposição de seus tamanhos. Os saca-rolhas de Michigan* são enormes – cerca de 1 cm. Se isso é uma única célula, ela certamente é eucariótica. Infelizmente, o processo de fossilização não preserva qualquer indício de membranas celulares. Um cético poderia insistir que os saca-rolhas de Michigan são, na verdade, multicelulares, caso em que eles poderiam ser procarióticos. Se retrocedermos para cerca de 1,8 bilhão de anos, já existem muitas células que, geralmente, são aceitas como eucarióticas.

Estudos com o relógio molecular sugerem que os eucariotos se originaram entre 2,2 e 1,8 bilhão de anos atrás. Logo, a evidência fóssil corporal e a molecular são concordantes, mas a evidência fóssil química indica uma datação mais antiga. Em geral, a datação para a origem dos eucariotos, ainda que incerta, é cotada em 2 bilhões de anos.

... em parte por simbiose

O surgimento da célula eucariótica poderia ter-se estendido por muitas centenas de milhões de anos. Os eucariotos atuais diferem dos procariotos em muitos aspectos. Formalmente, a diferença definitiva entre eles é a presença ou ausência de um núcleo. Os eucariotos também possuem organelas, inclusive as mitocôndrias e (nas plantas) os cloroplastos. Os eucariotos têm um processo especial de divisão celular chamado mitose, em que se forma um dispositivo com fibras móveis, que separa os cromossomos duplicados para pólos opostos. Os eucariotos também têm meiose. Há muitas outras diferenças estruturais entre os dois tipos de células (Figura 2.1, p. 46).

É quase certo que as mitocôndrias e os cloroplastos se originaram por simbiose (Seção 10.4.3, p. 292). Inicialmente, foi a semelhança morfológica entre essas organelas e as bactérias, que sugeriu a origem simbiótica. A teoria tem sido reforçada pelas evidências molecu-

* N. de T. R. Tipo de alga fóssil.

lares. Os genes das mitocôndrias das células eucarióticas assemelham-se mais aos genes de bactérias de vida livre do que aos genes comparáveis, dos núcleos das células que possuem mitocôndrias (Gray *et al.*, 1999).

Provavelmente, a evolução do núcleo e, a seguir, a mitose e a meiose foram eventos separados, talvez anteriores – talvez posteriores – da origem das organelas. As demais diferenças entre células eucarióticas e procarióticas poderiam ter evoluído em outras épocas. Desse modo, a origem da célula eucariótica teria sido um processo em múltiplas etapas, ao longo de um vasto período de tempo.

As concentrações de oxigênio atmosférico aumentaram com o tempo

Um evento importante associado com a origem dos eucariotos é a evolução da fotossíntese, ou da fotossíntese em escala maciça. A fotossíntese, em si, provavelmente se originou mais cedo – na verdade, os possíveis micróbios de Schopf, de 3,5 bilhões de anos, podem ter sido fotossintetizadores – mas, por volta da mesma época em que as células eucarióticas estavam evoluindo, também houve um aumento na quantidade de oxigênio, sugerindo que a fotossíntese estava tornando-se muito mais importante. O oxigênio atmosférico não teria aumentado imediatamente após a evolução da fotossíntese. O primeiro oxigênio teria sido absorvido pelas rochas, que se oxidariam (na verdade, no documentário geológico, o principal modo de inferência da fotossíntese é a forma oxidada das rochas ricas em ferro). O oxigênio só se acumularia na atmosfera depois que as rochas tivessem absorvido todo o oxigênio que pudessem.

Há pouco menos de 2 bilhões de anos, a concentração de oxigênio atmosférico provavelmente irrompeu. O motivo mais provável é que os organismos fotossintetizadores se tornaram mais abundantes e estavam eliminando o oxigênio como um subproduto. Igualmente, as células eucarióticas, contendo cloroplastos, eram fotossintetizadores mais eficientes do que os antigos procariotos, e, por isso, a concentração de oxigênio aumentou mais ou menos ao mesmo tempo em que os eucariotos estavam evoluindo. Qualquer que seja a razão, quando o oxigênio começou a ser liberado em grandes quantidades, ele provavelmente era um veneno para a maioria das formas de vida existentes porque elas tinham evoluído em ambientes com pouco oxigênio; pode ter ocorrido um desastre ecológico. As formas de vida subseqüentes descendiam principalmente das espécies que haviam evoluído para tolerar e depois usa essa novidade química. Em torno dessa época, a respiração aeróbia utilizando mitocôndrias pode ter-se tornado vantajosa.

18.3.3 A origem da vida pluricelular

A vida pluricelular originou-se há mais de um bilhão de anos

Vida "pluricelular" não se refere à simples presença de mais de uma célula em um organismo, mas a mais de um tipo celular – isto é, à diferenciação celular. As formas de vida com mais de um tipo celular têm um desenvolvimento, no mínimo, rudimentar. Elas se desenvolvem, de um zigoto unicelular, em um adulto com tipos celulares especializados. O surgimento do desenvolvimento é um passo importante na evolução da vida. Na vida primitiva existiam formas de vida consistindo em uma sucessão ou em uma película com muitas células idênticas. O artigo de Schopf (1993) sobre possíveis fósseis com 3,5 bilhões de anos descreve filamentos multicelulares desse tipo. Mas a vida pluricelular, no sentido de vida com desenvolvimento de trabalho e diferenciação celular, evoluiu muito mais tarde. Com umas poucas exceções, todas as formas de vida com diferenciação celular são eucarióticas. O relógio molecular sugere que a vida pluricelular se originou há cerca de 1,5 bilhão de anos. Isso é anterior, mas nem tanto, aos fósseis pluricelulares mais antigos. Atualmente, os mais antigos desses fósseis são algas de 1,2 bilhão de anos (Butterfield, 2000).

Os fósseis mais antigos de animais definitivamente pluricelulares (Metazoa) provêm dos depósitos de Ediacara, na Austrália. Estes, e outros depósitos semelhantes, em outras partes do mundo, datam do período de 670 a 550 milhões de anos. Os fósseis de Ediacara são animais aquáticos sem partes rígidas, como medusas e vermes (Figura 18.4). Fósseis bem-preservados de animais e plantas aquáticos pluricelulares dessa mesma época também são encontrados

Figura 18.4

Alguns fósseis animais de Ediacara. (a) *Charnodiscus arboreus*, um cnidário colonial. (b) *Cyclomedusa radiata,* uma medusa. (c) *Spriggina*, um verme (nome em homenagem a R.C. Sprigg, geólogo assistente do governo da Austrália do Sul, que descobriu a fauna de Ediacara em 1946), (d) *Dickinsonia costata*, outro verme e (e) *Tribrachidium heraldicum*, um possível pró-equinodermo. (a e b) Reproduzidas de Glaessner e Wade (1996) e Wade (1972), com permissão das editoras; (c-e) cortesia de M.F. Glaessner.

na China (Xiao *et al.*, 1998). Em Ediacara, a abundância dos fósseis diminui depois dos 550 milhões de anos. O declínio foi atribuído à extinção em massa, mas é mais provável que reflita mudanças nas condições de preservação dos fósseis; fósseis do tipo dos de Ediacara continuaram a existir no cambriano (Jensen *et al.*, 1998). Entretanto, para chegarmos ao principal documentário fóssil da vida animal precisamos avançar para adiante do pré-cambriano.

18.4 A explosão do cambriano

O documentário fóssil de plantas e animais pluricelulares só tem início, efetivamente, no cambriano, que começou há cerca de 540 milhões de anos. Na verdade, os principais períodos de tempo dos documentários fósseis começam no cambriano (Figura 18.1). Até a década de 1940, os fósseis do pré-cambriano não eram conhecidos, e na época de Darwin presumia-se que eles não existiam. Embora saibamos, agora, que eles existem, seu quadro, um pouco anterior aos 500 milhões de anos, é o de uma proliferação súbita, e não de um início súbito da vida fóssil.

O documentário fóssil bom começa no cambriano

A Figura 18.5 ilustra a explosão do cambriano. Ela mostra de quando datam os fósseis mais antigos, em todos os nove filos animais dos quais há documentário fóssil. A maioria deles é do início do cambriano, ou perto disso. Uma leitura superficial das evidências poderia ser dramatizada do modo seguinte. A vida vem evoluindo há 4 bilhões de anos e hoje se distribui em uma série de filos principais – cordados, moluscos, artrópodes e assim por diante. Poderíamos esperar que esses filos se originassem a uma velocidade relativamente constante, mas parece que quase todos eles surgiram com uma diferença de menos de 40 milhões de anos entre si (Figura 18.5), ou em um período equivalente a menos de 1% da história da vida.

Entretanto, o relógio molecular sugere um panorama radicalmente diferente. Medindo-se as distâncias moleculares entre os principais grupos animais e calibrando o relógio, verificamos que os principais grupos divergiram a partir de um ancestral comum, provavelmente há uns 1.200 milhões de anos. Foram feitos vários estudos moleculares, dos quais o de Wray *et al.* (1996) foi especialmente influente. Eles inferiram que os metazoários bilatérios compartilhavam um ancestral há cerca de 1.200 milhões de anos. Inicialmente, o ancestral comum a todos os animais ainda estaria vivo. (Os bilatérios incluem todos os grupos animais da Figura 18.5, exceto esponjas e cnidários.)

Como conciliar as datas dos fósseis com as datas moleculares? Cada uma (ou ambas) poderia estar errada de algum modo. Entretanto, muitos biólogos suspeitam que ambas estão corretas. A evidência molecular oferece a data do ancestral comum, enquanto a evidência fóssil nos diz quando surgiu cada grupo animal, em sua forma moderna. Poderia ter havido um período, anterior àquele em que os fósseis se depositaram, no qual os ancestrais de cada grupo existiam, mas eram ou frágeis ou raros demais, ou estavam em local inadequado, para deixar fósseis (Figura 18.6). Cooper e Fortey (1998) criaram a imagem de que um "estopim filogenético" antecedeu a explosão do cambriano. Por que teve de haver um período tão longo – 500 milhões de anos ou mais – em que os ancestrais dos atuais filos animais já existiam, mas não havia deposição de fósseis? A explosão do cambriano é um evento fóssil e, provavelmente, marca o tempo de origem das partes duras. Os animais com esqueletos rijos ou conchas deixam fósseis com muito maior freqüência do que os animais que só têm partes moles. Mas se as partes duras se originaram há cerca de 540 milhões de anos, isso levanta a questão de por que, repentinamente, as partes duras se tornaram vantajosas em tantos grupos, quase ao mesmo tempo.

Há várias hipóteses para explicar a explosão no cambriano

Uma hipótese é a de predadores em geral e uma outra é a de determinados predadores que caçavam visualmente. Com a evolução dos predadores, partes duras tornaram-se vantajosas por razões de defesa. Outro fator é que os níveis de oxigênio podem ter aumentado por volta do final do pré-cambriano. Isso pode ter sido causado pelo aumento da produtividade

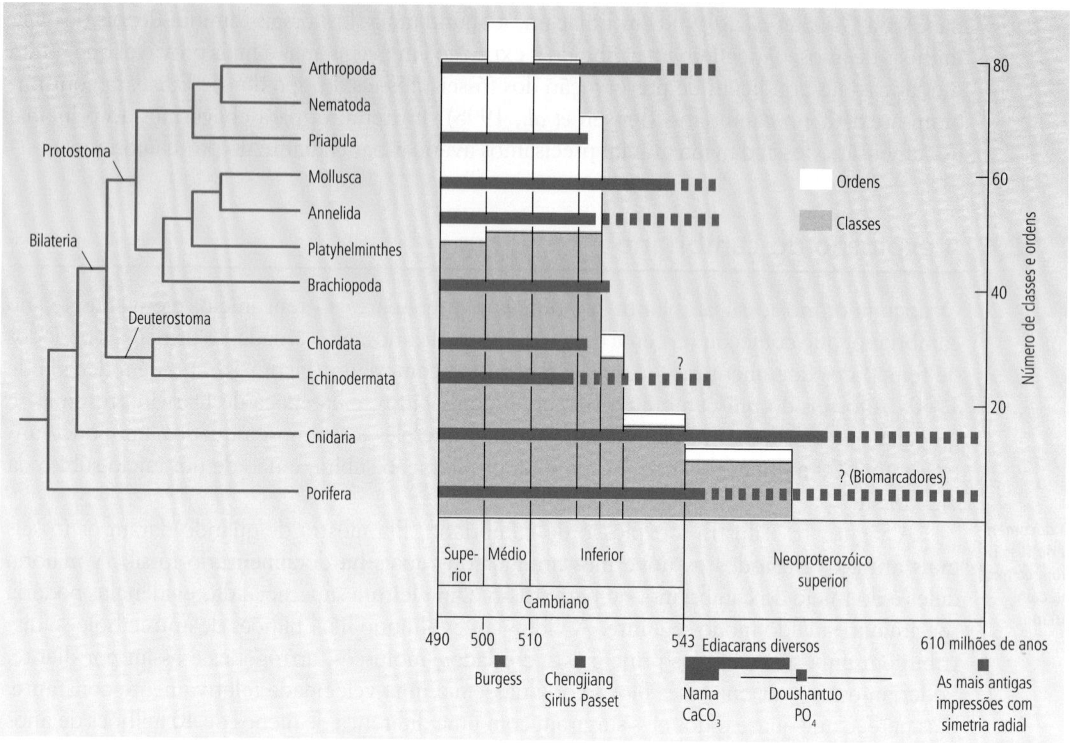

Figura 18.5

O documentário fóssil da maioria dos principais grupos animais começa no Cambriano. As linhas horizontais para a direita, em cada táxon, mostram os tempos em que o grupo está representado no documentário fóssil do Cambriano e do pré-Cambriano final. As linhas espessas e contínuas mostram os fósseis do "grupo coroa" – fósseis descendentes do mesmo ancestral de que descendem os membros atuais do táxon. As linhas interrompidas mostram os fósseis do "grupo tronco" – fósseis que são membros do táxon, mas que divergiram antes do último ancestral comum aos membros atuais do táxon. Note que em todos os táxons, exceto cnidários, poríferos (e nematódeos), os primeiros fósseis datam do cambriano inicial, ou de próximo dele. Os histogramas apresentam os mesmos eventos em termos de números de ordens e classes (os números estão no eixo y). Mais uma vez, note o rápido aumento no cambriano inicial. As relações filogenéticas dos táxons estão representadas para a esquerda. As datas estão alinhadas embaixo, juntamente com as épocas dos principais depósitos fósseis. Doushantuo PO_4 e Nama $CaCO_3$ referem-se a locais onde os fósseis são fosfatos e carbonatos de cálcio. Os grupos animais aqui apresentados são os principais grupos dos quais existe um documentário fóssil razoavelmente bom. Há outros grupos animais, mas são menores ou têm documentários menos seguros. Modificada de Knoll e Carroll (1999).

das plantas – isto é, do fitoplâncton – (Knoll e Carroll, 1999). O aumento de produção de plantas (se ele ocorreu então) teria suportado uma maior massa e diversidade de animais. A maior quantidade de presas em potencial poderia ter criado uma oportunidade que levou à evolução dos predadores.

A hipótese da "Terra como uma bola de neve" sugere um outro fator ambiental que pode ter atuado. Pelo menos em parte do período anterior ao Cambriano, a Terra pode ter sido quase inteiramente coberta por gelo e geleiras. A vida seria rara, confinada a áreas próximas a fontes de água quente ou a erupções oceânicas, ou às áreas limitadas em que houve derretimento de gelo suficiente para permitir a passagem de luz solar e a ocorrência de fotossíntese. Isso ajudaria a explicar a escassez de fósseis antes do cambriano. Além disso, os ancestrais de artrópodes, moluscos e cordados seriam, então, criaturas minúsculas, pequenas o suficiente para serem sustentadas pela produtividade ecológica extremamente limitada.

No presente, a explosão do cambriano é assunto de intensa pesquisa. Os biólogos e paleontólogos estão estudando justamente o quão abrupto foi esse evento: talvez ele tenha sido menos explosivo do que mostra a Figura 18.5. Outros estão estudando evidências moleculares, com novas moléculas e novos procedimentos de calibração. Se, como parece, ocorreu algum evento evolutivo importante por volta dos 540 milhões de anos, a questão é: o que o causou? As hipóteses atuais estão examinando mudanças no ambiente externo ou inovações biológicas internas, ou uma mistura das duas. Mas ainda não há consenso.

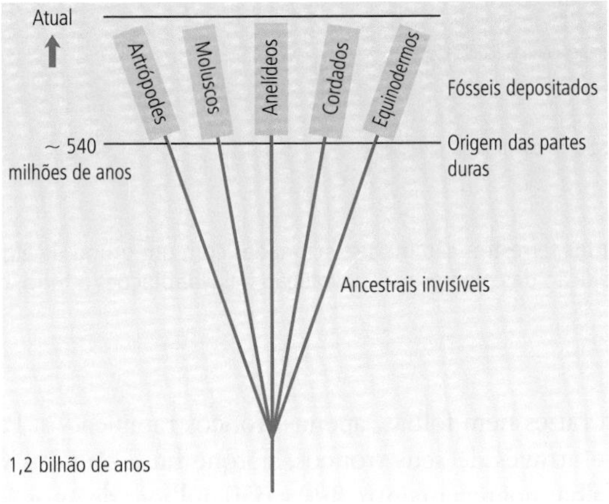

Figura 18.6

Conciliação entre evidência fóssil e molecular, quanto à cronologia da evolução animal. Os principais grupos de animais podem ter divergido há uns 1,2 bilhão de anos, como sugere a evidência molecular, mas ficado invisíveis no documentário fóssil até o surgimento de partes duras há uns 540 milhões de anos. A invisibilidade fóssil dos animais, dos 1,2 bilhão até os 540 milhões de anos poderia ser devida a eles serem raros e moles. Assim, o tempo de proliferação no documentário fóssil não seria o mesmo que o tempo de origem de um grupo.

18.5 A evolução das plantas terrestres

Inicialmente, a Terra foi colonizada por micróbios. São encontradas células procarióticas fósseis de ambientes terrestres de mais de 1 bilhão de anos. Até a terra ser colonizada por plantas e fungos, a vida terrestre só existia na forma microbiana. Pouco se sabe sobre os primeiros fungos terrestres, mas, em relação às plantas, as evidências de esporos fósseis de 475 milhões de anos são amplamente aceitas, e há outras evidências de esporos fósseis com, talvez, 550 milhões de anos. As plantas terrestres relacionam-se mais estreitamente com um grupo de algas verdes chamadas carofíceas (Figura 18.7). Os esporos fósseis primitivos têm uma estrutura de "tétrade", que é encontrada em algumas briófitas atuais e as plantas fósseis mais antigas parecem estar relacionadas aos ramos filogenéticos que levaram às atuais briófitas e pteridófitas.

As plantas desenvolveram adaptações para a vida terrestre...

Os eventos principais da evolução inicial das plantas terrestres foram a evolução de uma fase de esporos resistentes, depois a evolução de um tecido vascular, seguida pela das raízes e daí as folhas. As briófitas, como o musgo, têm esporos, mas não têm tecido vascular. As pteridófitas, como as samambaias, têm tecido vascular. Este, especialmente quando constituído de células traqueóides com paredes celulares contendo lignina, permite que a planta se autosustente na terra.

Os fósseis mais antigos de plantas inteiras, diversamente dos esporos, datam de cerca de 430 milhões de anos. Um dos fósseis mais comuns dessa época é a *Clarksonia*. Essas plantas

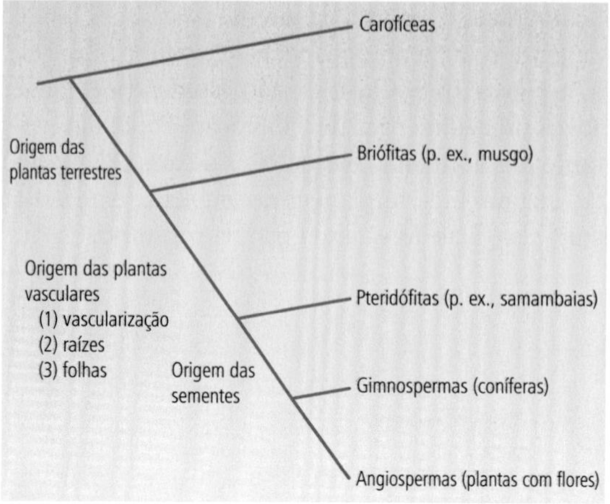

Figura 18.7

Filogenia dos principais grupos de plantas. As plantas terrestres são mais relacionadas com um grupo de algas chamadas carofíceas. Os principais eventos na evolução das plantas são a evolução das adaptações à terra, depois as sementes e, então, as flores.

terrestres primitivas não tinham raízes nem folhas, apenas troncos ramificados. Podemos inferir que elas faziam fotossíntese através de seus troncos, porque há estômatos visíveis nos troncos fósseis. Os fósseis com folhas aparecem entre 390 a 350 milhões de anos.

A evolução das folhas coincide com a enorme diminuição, de cerca de 90%, na concentração do dióxido de carbono atmosférico. Uma hipótese relaciona esses eventos. A evolução inicial das plantas terrestres pode ter removido o dióxido de carbono da atmosfera, não só por sua atividade fotossintética relativamente pequena, através do tronco, mas, o que foi mais importante, por meio da evolução de raízes. As raízes aumentam o esboroamento, e este remove grandes quantidades de dióxido de carbono da atmosfera. Essa redução do dióxido de carbono posiciona a força seletiva a favor das folhas – e a evolução das folhas e uma fotossíntese mais eficiente reduzem ainda mais os níveis de dióxido de carbono.

... depois sementes...

As plantas com sementes constituem os principais grupos atuais de plantas terrestres. Existem sementes fósseis do carbonífero, quando se formaram os depósitos de carvão. Naquela época, porém, as plantas com sementes eram um grupo minoritário. A maior parte do carvão é formada por pteridófitas fósseis. Os dois grupos de plantas com sementes – as gimnospermas (coníferas) e as angiospermas (plantas com flores) – proliferaram mais tarde (Figura 18.8).

... e flores

As angiospermas aparecem no documentário fóssil com clareza no Cretáceo inferior, há cerca de 125 milhões de anos (Sun *et al*, 2002). Uma vez, Darwin destacou que a origem das angiospermas era um "mistério abominável". A moderna filogenética molecular ajudou a descobrir as relações entre as angiospermas e destas com as gimnospermas (ver, por exemplo, a Figura 15.24, p. 485). Mas os estudos moleculares da filogenia das angiospermas criaram, por sua vez, um novo mistério abominável. Usando o relógio molecular para estimar a época de origem das angiospermas, encontraremos um valor de uns 200 a 250 milhões de anos, bem anterior ao fóssil mais antigo. Como em toda a controvérsia "moléculas *versus* fósseis", as diferenças de datas poderiam refletir a incompletude do documentário fóssil, a imprecisão do relógio molecular ou a demora entre a origem e a proliferação do táxon. Até agora, entretanto, a controvérsia sobre a época de origem das angiospermas não está resolvida.

Alguns mamíferos coevoluiram com as gramíneas

Freqüentemente, a proliferação das angiospermas no Cretáceo e no Terciário é explicada em termos de coevolução com insetos polinizadores. Examinamos essa hipótese na Seção 22.3.4 (p. 641). Mais tarde há cerca de 60 milhões de anos, o documentário fóssil mostra a

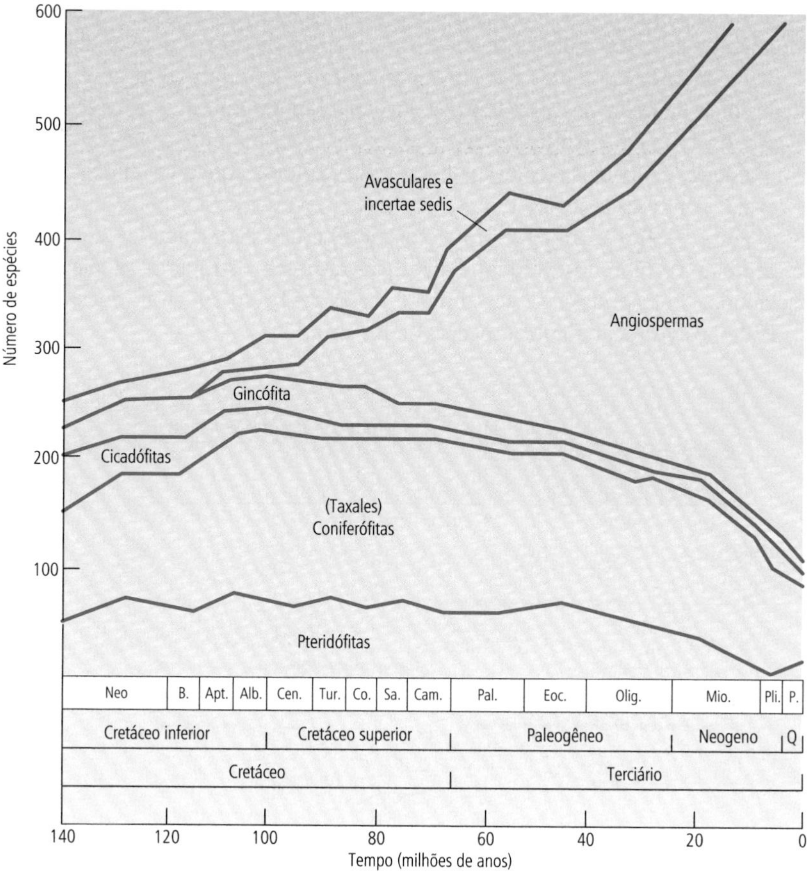

Figura 18.8

A ascensão das angiospermas. As angiospermas (plantas com flores) expandiram sua diversidade gradualmente, desde o Cretáceo. As gimnospermas (coníferas, cicadáceas e ginco) declinaram, assim como as pteridófitas. Não se conhece o grupo a que pertencem algumas espécies e, por isso, elas são chamadas *incertae sedis*. Redesenhada de Niklas (1986), com permissão da editora.

origem e a proliferação global das gramíneas. Esta foi explicada por coevolução com os mamíferos. Os mamíferos proliferaram na mesma época e incluíam formas com dentes especializados para pastar. A pastagem está bem-adaptada para vicejar onde há mamíferos herbívoros presentes, porque o capim brota da base e não da ponta do caule. A disseminação das pastagens, por sua vez, pode ter ajudado na formação da etapa da futura evolução dos humanos. Se é que ainda há dúvidas, a evolução humana seguidamente é associada a um salto do *habitat* arbóreo para o *habitat* das savanas com pastagens.

18.6 Evolução dos vertebrados

18.6.1 A colonização da terra

Os vertebrados fósseis mais antigos são os peixes, que datam das épocas do Cambriano ou mesmo (alguns fósseis da China, recentemente descritos) do Pré-cambriano superior. Os peixes proliferaram no documentário fóssil do Ordoviciano, mas podemos escolher a mesma história que deu início às plantas: o avanço para a terra. As evidências fósseis indicam o Devoniano superior, há cerca de 360 milhões de anos, como a época de origem dos vertebrados terrestres.

Há um bom documentário fóssil dos peixes aos anfíbios

Provavelmente, as plantas terrestres prepararam o caminho. Durante o Devoniano elas proliferaram às margens das águas. A presença de plantas com suas raízes crescendo para dentro d´água e a fauna de artrópodes associada a elas combinaram-se para criar um novo *habitat* à beira da água. Os peixes teriam evoluído para explorar aqueles recursos. O documentário fóssil revela, com excelentes detalhes, a transição evolutiva dos peixes para os anfíbios terrestres (Figura 18.9). Os anfíbios foram o primeiro grupo de tetrápodes a evoluir. (Tetrápodes são os animais vertebrados de quatro patas: os anfíbios, os répteis, as aves e os mamíferos. Grosso modo, "tetrápodes" e "vertebrados terrestres" referem-se ao mesmo grupo de animais.) Podemos destacar alguns aspectos da história.

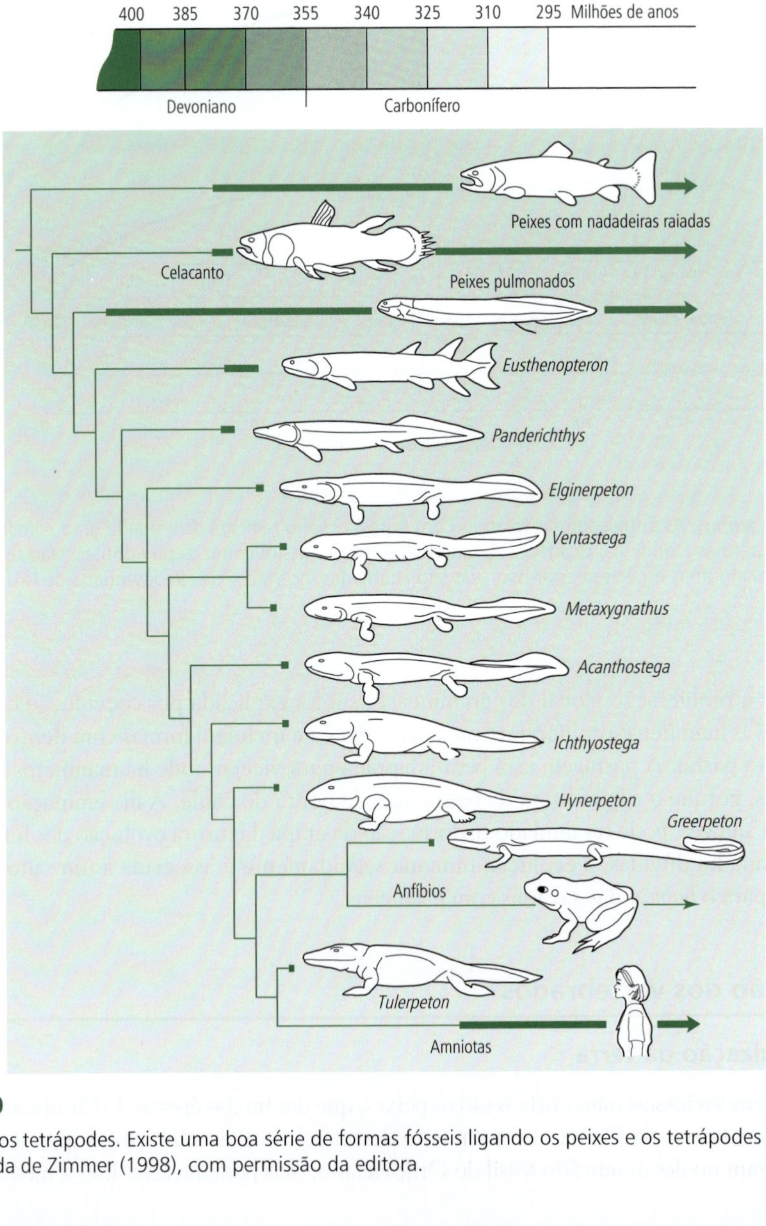

Figura 18.9

A origem dos tetrápodes. Existe uma boa série de formas fósseis ligando os peixes e os tetrápodes primitivos. Redesenhada de Zimmer (1998), com permissão da editora.

Os peixes atuais (ou, mais exatamente, os peixes ósseos) dividem-se em dois grupos principais: os peixes de nadadeiras raiadas e os peixes de nadadeiras lobadas. A maioria dos peixes tem nadadeiras raiadas, mas os tetrápodes atuais descendem de peixes ancestrais de nadadeiras lobadas. Os peixes pulmonados atuais e o celacanto são peixes de nadadeiras lobadas. Dentre os peixes de nadadeiras lobadas, supõe-se que os pulmonados, e não o celacanto, são os parentes mais próximos dos tetrápodes. As evidências morfológicas eram ambíguas e, na década de 1980, uma autorizada análise cladística sugeriu que o celacanto estava mais próximo dos tetrápodes do que os peixes pulmonados (Rosen *et al.*, 1981). Porém, evidências moleculares da década de 1990 apontavam para uma oposta. Atualmente a evidência molecular em geral é a aceita.

Entre os peixes pulmonados há uma série de formas fósseis que variam desde o *Eusthenopteron*, com forma completa de peixe, passando pelos tetrápodes aquáticos (*Acanthostega*), e parcialmente terrestres (*Ichthyostega*), até os anfíbios. A evidência fóssil que mostra a transição gradual é notável por si mesma porque poucas transições evolutivas importantes estão tão bem-documentadas. Ela também tem alguns detalhes importantes. Um é que a condição tetrápode parece ter evoluído, de início, em vertebrados inteiramente aquáticos. O *Acanthostega* tinha quatro boas patas, homólogas aos quatro membros de um gato ou de um lagarto, mas também tinha brânquias e um perfil natatório. Por isso, a evidência fóssil sugere que os membros dos tetrápodes inicialmente evoluíram como remos, para nadar. Seu posterior uso para andar é uma etapa de pré-adaptação (Seção 10.4.2, p. 292).

A tetrapodia precedeu a vida terrestre

Nos tetrápodes atuais, o pé sempre tem cinco dígitos (ou, se o número difere de cinco, pode-se constatar que derivou de uma condição pentadáctila). Os tetrápodes do Devoniano, porém, incluem formas com números de dígitos diferentes, como sete ou nove. Presumivelmente, os tetrápodes atuais acabaram derivando de ancestrais pentadáctilos e mantiveram essa condição.

O ovo amniótico evoluiu nos répteis

O grande passo subseqüente na evolução dos vertebrados terrestres foi o surgimento do ovo amniótico: os répteis, as aves e os mamíferos são amniotas e os membros desses grupos, ao contrário da maioria dos anfíbios, não retornam para a água durante as etapas iniciais de seu ciclo de vida. A origem dos tipos de ovos não pode ser traçada diretamente no documentário fóssil; entretanto, no surgimento dos répteis houve mudanças na morfologia esquelética, do que há boas evidências, bem como no tipo de ovo. Provavelmente os répteis evoluíram no Carbonífero. A pequena criatura tipo-lagarto, dos depósitos fósseis da Nova Escócia, chamada *Hylonomius*, é um réptil primitivo.

Depois do surgimento dos répteis, os dois principais eventos na evolução dos vertebrados foram o surgimento do vôo das aves e a origem dos mamíferos. Não examinaremos aqui a evolução das aves (a Seção 10.4.2, p. 292 discute como as penas são um outro exemplo de pré-adaptação), mas examinaremos o surgimento dos mamíferos. Essa é a mais bem-documentada de todas as principais transições na evolução, sendo ainda mais evidente no documentário fóssil do que a origem dos tetrápodes.

18.6.2 Os mamíferos evoluíram dos répteis, em uma longa série de pequenas mudanças

Os mamíferos têm várias diferenças quanto a seus ancestrais reptilianos

Os mamíferos são um grupo de vertebrados, diferente em muitos aspectos: (i) eles têm sangue quente e temperatura corporal constante e, por isso, uma alta taxa de metabolismo e um mecanismo homeostático; (ii) eles têm um modo de locomoção, ou andar, característico, em que o corpo é mantido ereto, com as pernas embaixo dele (contrastando com o andar "arqueado" dos répteis, como os lagartos, em que as patas se projetam para os lados); (iii) eles têm cérebros grandes; (iv) seu modo de reprodução, inclusive a lactação, também é distintivo; (v) o ativo metabolismo dos mamíferos exige alimentação eficiente, por isso os mamíferos têm mandíbulas potentes e um conjunto de dentes relativamente duráveis, diferenciados em vários tipos dentários. Portanto, quando os mamíferos evoluíram dos répteis, foram necessárias mudanças de muitas características, em grande escala. Como aconteceu essa transição?

Nem todas as características distintivas dos mamíferos ficaram preservadas no documentário fóssil. Os mais antigos fósseis de mamíferos como o *Megazostrodon* (Figura 18.10) datam do Triássico superior, há cerca de 200 milhões de anos. Não se sabe diretamente se o *Megazostrodon* era vivíparo e lactante. Porém, podemos ver que tinha mandíbula, andar e estrutura dentária de mamífero e inferir daí que ele provavelmente também tinha uma fisiologia de sangue quente. A origem dos mamíferos pode ser traçada até antes de 200 milhões de anos, por meio de uma série de grupos de reptilianos informalmente chamados de *répteis tipo mamíferos* e formalmente chamados de sinápsidos. Eles evoluíram durante um período de aproximadamente 100 milhões de anos, do Pensilvaniano até o final do Triássico, quando apareceu o primeiro mamífero verdadeiro. Alguns sinápsidos persistiram no Jurássico, mas naquela época os dinossauros haviam proliferado. Nenhum outro tetrápode terrestre se desenvolveu antes da extinção dos dinossauros, no fim do Cretáceo.

As características que podem ser reconstituídas com maior clareza nos fósseis são as relacionadas com locomoção e alimentação, porque estão relacionadas de modo simples com a forma dos ossos e dentes preservados. As mandíbulas dos répteis diferem das dos mamíferos em muitos aspectos (Figura 18.11). Os dentes dos mamíferos têm estrutura complexa, multicúspide, e são diferenciados em caninos, molares e assim por diante, enquanto os dos répteis formam uma carreira relativamente indiferenciada e têm estrutura mais simples. As maxilas superior e inferior dos répteis articulam-se (isto é, flexionam-se) na parte posterior, onde estão os músculos que simplesmente as fecham. A mandíbula dos mamíferos recebe os músculos das bochechas, que envolvem os dentes e permitem que ela feche com muito mais força e precisão do que a reptiliana. Durante a evolução dos mamíferos, à medida que o ponto de articulação da mandíbula se deslocou para a frente, os ossos à retaguarda da mandíbula ficaram liberados e evoluíram em ossos do ouvido – mas não trataremos dessa história fascinante. Aqui, concentraremo-nos nas mudanças da mandíbula e no andar durante a evolução dos répteis tipo mamífero.

Na evolução dos répteis tipo mamífero, podemos distinguir três fases principais. A primeira fase corresponde a uma das duas maiores divisões do grupo, os *pelicossauros*. Seus fósseis preservados são do pensilvaniano e do Permiano, especialmente no sudoeste dos Estados Unidos, onde se localizam as rochas dessa idade (ver Lâmina 10, entre as p. 100). Ali, há cerca de 300 milhões de anos, viveu o *Archaeothyris*, que era um pelicossauro primitivo (Figura 18.10). Era um animal tipo lagarto, com cerca de 50 cm de comprimento. Sua principal diferença em relação aos outros grupos de répteis é uma abertura nos ossos atrás do olho. Esta é chamada janela temporal e, no animal vivo, permitia a passagem de um músculo. Este agia fechando a mandíbula, sendo a abertura temporal o primeiro indício do poderoso mecanismo mandibular dos mamíferos. (A propósito, a janela temporal é a característica definidora dos sinápsidas.) Um pelicossauro mais bem conhecido era o *Dimetrodon*, com suas enigmáticas velas nas costas. Os pelicossauros tinham pouca ou nenhuma diferenciação dentária e tinham o andar arqueado dos répteis (Figura 15.2, p. 449). Durante sua história de 50 milhões de anos, eles evoluíram em três grupos principais, e a maioria deles extinguiu-se de forma bastante súbita, há cerca de 260 milhões de anos.

As etapas da evolução dos mamíferos incluem os pelicossauros...

Sobreviveram uns poucos esfenacontídeos e foi a partir de uma linha desconhecida destes que evoluiu o segundo grupo principal de répteis tipo mamíferos. Esse grupo era o dos *terápsidos*. Sua evolução constitui a segunda fase principal dos répteis tipo mamíferos, no Permiano e no Triássico. Fósseis de terápsidos são encontrados em várias partes do mundo, mas os melhores depósitos estão na África do Sul. O padrão de evolução dos terápsidos foi extremamente semelhante ao dos pelicossauros, mas suas janelas temporais geralmente são

os terápsidos...

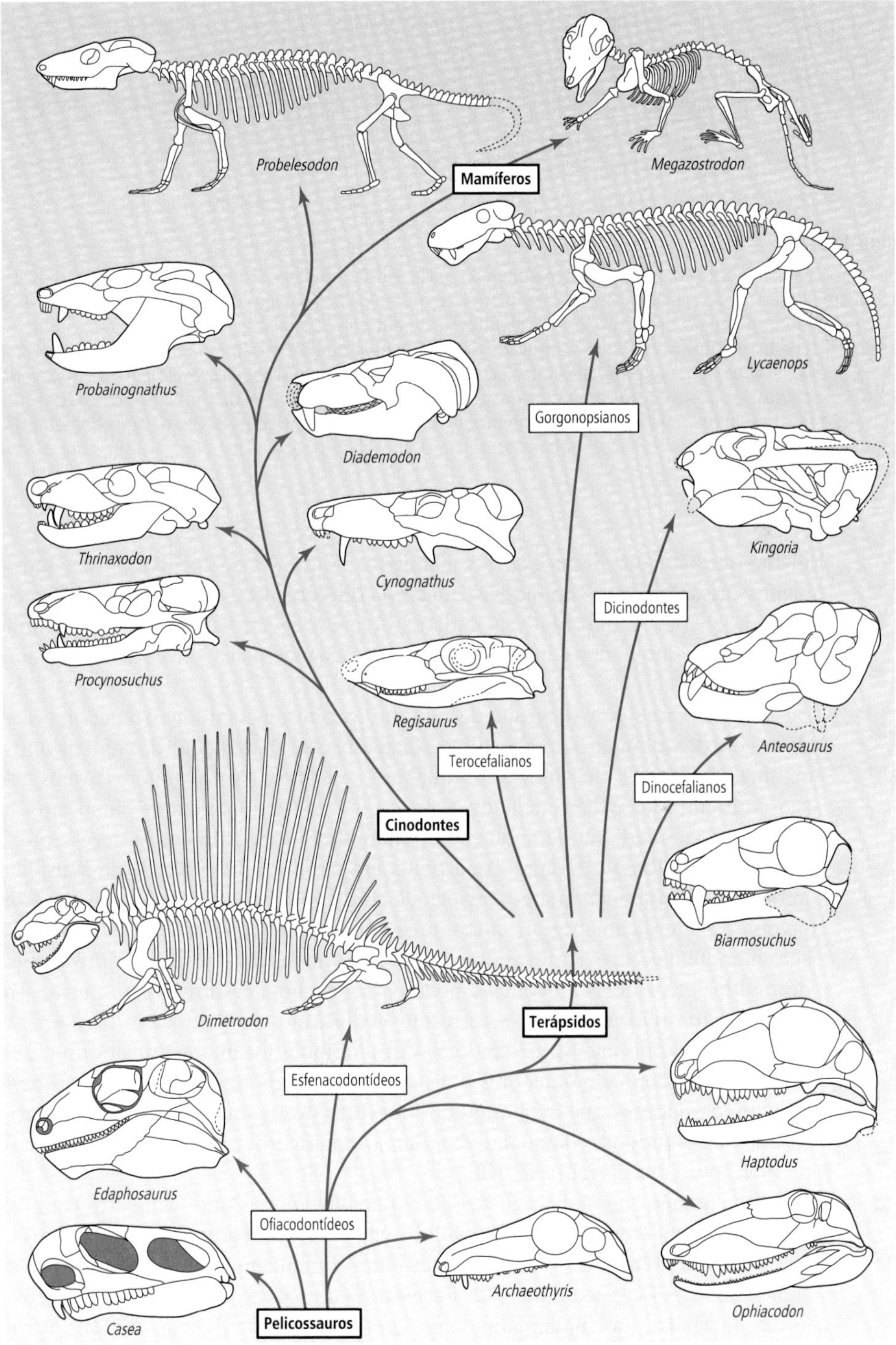

Figura 18.10

A irradiação evolutiva dos répteis tipo mamíferos. Houve três fases principais: (a) os pelicossauros (os esfenacodontídeos e os ofiacodontídeos da figura), (b) os terápsidos e (c) os cinodontes. Em cada fase, houve várias linhagens evolutivas menores. Algumas formas fósseis são ilustradas. Note, mais uma vez, a evolução da mandíbula mais potente e de alta precisão nos mamíferos e a mudança do andar arqueado no *Dimetrodon*, para o ereto no *Probelesodon*. Redesenhada de Kemp (1999), com permissão da editora.

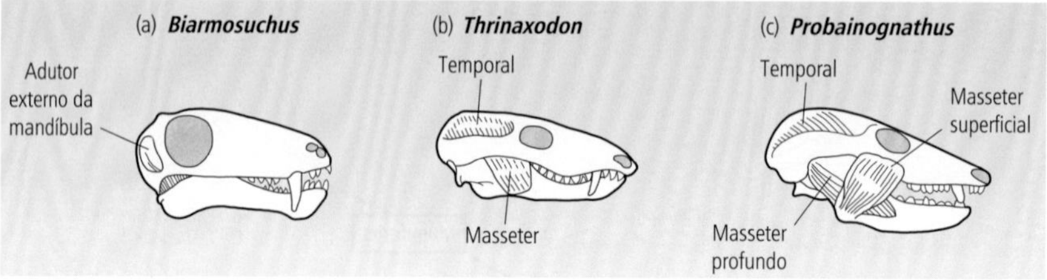

Figura 18.11

Articulação da mandíbula em répteis tipo mamíferos. (a) Na forma primitiva *Biarmosuchus*, o músculo da mandíbula está na articulação basal. Na evolução dos mamíferos, os músculos deslocaram-se para a frente e, no *Probainognathus* (c), um réptil tipo mamífero avançado, o masseter dividiu-se em dois. O masseter superficial liga-se a uma região característica da mandíbula e a condição avançada da mandíbula pode ser constatada nela mesma (ver Figura 18.10, onde essas três formas também estão ilustradas, sem o desenho dos músculos). Provavelmente o Thrinaxodon era como o *Probainognathus*. As posições dos músculos nos fósseis podem ser deduzidas da forma dos ossos, que possuem locais de inserção dos músculos. Note também o aumento da complexidade e a diferenciação na série dentária. Quanto ao modo de andar diferente dos répteis e mamíferos, veja a Figura 15.2 (p. 451). De Carroll (1988), com permissão de © 1988 WH Freeman e Company.

maiores e mais semelhantes às dos mamíferos do que as dos pelicossáurios, seus dentes, em alguns casos, apresentam uma série maior de diferenciações, e as formas mais recentes já haviam desenvolvido um palato secundário. O palato secundário permite que o animal coma e respire ao mesmo tempo e indica um modo de vida mais ativo, talvez de sangue quente (Seção 10.7.5, p. 312).

... e cinodontes

Os *cinodontes*, um subgrupo de terápsidos, têm especial importância na reconstituição da origem dos mamíferos e constituem a terceira fase da evolução dos répteis tipo mamíferos. As mandíbulas dos cinodontes assemelham-se mais às dos mamíferos atuais e seus dentes são multicúspides e diferenciados ao longo da mandíbula. Alguns cinodontes apresentam uma fase intermediária de evolução da mandíbula especialmente interessante. Lembre-se de que a mandíbula dos répteis se articula em um local diferente do da mandíbula dos mamíferos, uma mudança que está associada com a evolução, nestes, de uma mastigação mais precisa e da audição. Alguns cinodontes parecem ter uma articulação mandibular dupla; suas mandíbulas se articulavam na posição dos mamíferos e na dos répteis. Isso sugere um dos modos pelos quais a evolução pode passar de uma estrutura para outra, sem uma fase intermediária não-funcional: a estrutura evoluiu do estado A para o A + B e daí A foi perdido, deixando apenas o estado B. A mandíbula foi uma estrutura funcional o tempo todo. Os cinodontes completam a história dos répteis tipo mamíferos porque foi de uma linha de cinodontes que evoluíram os ancestrais dos mamíferos atuais. A identidade exata da linha de cinodontes da qual descendem os mamíferos atuais é incerta, mas está próxima do *Probainognathus* (Figura 18.10).

Uma seqüência imediata de fósseis conecta os répteis tipo mamíferos com os mamíferos atuais. Os mamíferos viventes são divididos em três grupos: prototérios (inclusive os equidnas), metatérios e eutérios. Os metatérios e os eutérios também são conhecidos, respectivamente, como marsupiais e placentários. Os fósseis mais antigos de eutérios que se conhece são os da formação Yixian, na China, datando do Cretáceo inferior (Ji *et al.*, 2002). Provavelmente a divergência dos três principais grupos de mamíferos deu-se no Jurássico. Os eutérios, por sua vez, divergiram em várias ordens principais (isto é, grupos como os primatas, os carnívoros, os proboscídeos e os roedores). A cronologia dessa divergência é controvertida (Seção 23.7.3, p. 691), mas, provavelmente, os primatas originaram-se no Cretáceo, embora seu documentário fóssil só surja no Terciário. O próximo evento que examinaremos aqui é a origem dos humanos na ordem dos primatas.

18.7 Evolução humana

18.7.1 Durante a evolução dos hominíneos ocorreram quatro classes principais de mudanças

Os humanos são primatas e, de 60 (ou mais) milhões de anos até há 5 a 10 milhões de anos, nossos ancestrais eram primatas arborícolas. Algumas das tendências que observamos na evolução humana começaram nesses ancestrais. Comparados aos outros mamíferos, os primatas têm faces relativamente achatadas e cérebros grandes. A face achatada confere a seus dois olhos um campo visual com grande abrangência, dando-lhes uma boa visão estereoscópica. Esta melhora a percepção de profundidade, sendo vantajosa para deslocar-se entre ramagens.

Os primatas arborícolas também têm os polegares e os dedos grandes dos pés (os hálux) relativamente separados dos outros quatro dígitos. Isso lhes permite agarrarem-se aos galhos.

Mudanças nas mãos,...

Todos os primatas têm polegares relativamente oponíveis, se comparados com outros mamíferos, mas (com umas poucas exceções) o polegar completamente oposto está restrito aos grandes macacos – orangotangos, gorilas, chimpanzés e humanos. O polegar completamente oponível significa que você pode tocar as pontas dos outros quatro dedos da mão com seu polegar. Podemos fazê-lo, mas o cão e o gato, por exemplo, não podem.

... nos pés,...

Na evolução humana, o hálux oponível foi sendo perdido à medida que nossos pés evoluíam para o bipedalismo. O polegar oponível foi mantido e modificado. Em nossos ancestrais ele tinha "força preênsil", usada para agarrar-se aos ramos. Ainda podemos usar a força preênsil, mas mudanças nos ossos das mãos nos permitem usar a "precisão preênsil", não vista em outras espécies. Usamos a precisão preênsil ao manejar instrumentos delicados.

As grandes modificações na evolução humana podem ter ocorrido depois que nossos ancestrais se mudaram das florestas para *habitats* do tipo das savanas. Nos fósseis, as grandes modificações podem ser compreendidas em três categorias. Uma quarta categoria diz respeito às mudanças no comportamento social, o que é mais difícil de estudar em fósseis.

... nos cérebros,...

1. *Aumento do cérebro.* Os chimpanzés atuais têm cérebros com 350 a 400 cm^3 e, há 5 milhões de anos, nossos ancestrais macacos provavelmente tinham cérebros de tamanho semelhante. Os cérebros humanos atuais têm cerca de 1.350 cm^3.

... nas mandíbulas,...

2. *Mudanças nas mandíbulas e nos dentes.* Os chimpanzés e nossos ancestrais macacos são mais prógnatos do que nós, com suas mandíbulas projetando-se adiante de suas faces. Durante a evolução humana, as mandíbulas retraíram-se para a face, tornando esta mais plana. Vistas de cima ou de baixo, as mandíbulas de nossos ancestrais macacos e dos chimpanzés têm forma semicircular. Em nós, o semicírculo foi empurrado para trás, para uma forma mais semelhante a um retângulo. Também nossos dentes tornaram-se menores, especialmente os caninos, e nossos molares evoluíram para mós de moinho.

... na locomoção,...

3. *Bipedalismo.* A evolução da locomoção ereta sobre duas pernas resultou em mudanças gerais em nosso corpo. As adaptações para o bipedalismo são especialmente claras na anatomia dos ossos fósseis de pernas e pés; mas também podem ser vistas nas vértebras, no comprimento de nossos braços e na posição de nossos crânios sobre a coluna cervical.

As mudanças nessas três categorias não são independentes. Por exemplo, as questões do tamanho do cérebro e do bipedalismo combinam-se na evolução do nascimento humano. O nascimento é relativamente descomplicado em chimpanzés, mas nossos cérebros grandes e o tamanho de nossa pelve, que é determinado pelo bipedalismo, tornaram o nascimento dos seres humanos mais problemático. Em todos os primatas, o tamanho do cérebro e a duração da gestação estão correlacionados e a extrapolação simples da correlação geral em primatas sugere que os humanos deveriam nascer depois de 18 meses em vez de 9. Pode ser que nasçamos relativamente cedo porque o nascimento em uma idade fetal maior seria impossível; nove meses seria o último prazo antes de o cérebro ficar grande demais. Os bebês humanos são relativamente pouco desenvolvidos, se comparados com os chimpanzés recém-nascidos, quanto ao desenvolvimento motor e outras habilidades do cérebro. Por isso, os recém-nascidos humanos são relativamente dependentes de suas mães, e a intensidade dos cuidados dos pais humanos faz parte de outra linha da evolução humana que não é fácil de visualizar em fósseis.

... no comportamento social,...

4. *Mudanças no comportamento social e cultural.* O principal modo pelo qual diferimos de outros macacos é pela nossa vida social e cultural. Nos fósseis, esse desenvolvimento só pode ser acompanhado indiretamente. O dimorfismo sexual, por exemplo, provavelmente está relacionado ao sistema de cruzamentos. Nos macacos não-humanos, os machos pesam cerca do dobro das fêmeas, em média, nos gorilas e orangotangos, e cerca de 1,35 vez mais nos chimpanzés. Nos humanos, o dimorfismo sexual é menor; os machos pesam, em média, cerca de 1,2 vez mais do que as fêmeas. O dimorfismo sexual pode ter-se reduzido em nossos ancestrais quando desenvolvemos os laços de casais reprodutores – os acasalamentos prolongados são encontrados na maioria das sociedades humanas, mas não nas dos outros grandes macacos. A situação cultural de uma sociedade pode ser observada por meio das ferramentas e outros objetos associados aos fósseis. A principal inovação subjacente à cultura humana atual é a linguagem. É difícil estudar a origem da linguagem; indícios muito indiretos provêm da anatomia das mandíbulas e das gargantas e da riqueza simbólica dos objetos associados com os fósseis.

... e no dimorfismo sexual, todas ocorreram na evolução humana

18.7.2 Os documentários fósseis mostram algo sobre nossos ancestrais nos últimos 4 milhões de anos

Na Seção 15.13 (p. 484), vimos como a linhagem dos hominíneos originou-se provavelmente há cerca de 5 milhões de anos.[1] Os fósseis mais antigos atualmente aceitos, de modo geral, como membros da linhagem dos hominíneos têm cerca de 4,4 milhões de anos e são classificados em duas espécies, *Australopithecus anamensis* e *A. afarensis*. Conhecem-se fósseis mais antigos que podem ser de hominíneos – mas eles são fragmentários e poderiam facilmente ser mais relacionados a outros macacos. O *A. afarensis* é o mais bem-conhecido dos antigos australopitecíneos porque inclui o espécime excepcionalmente completo conhecido como "Lucy". O esqueleto de Lucy, junto com vestígios fósseis de pegadas, mostra que o *A. afarensis* era bípede. Em outros aspectos, entretanto, ele mantinha as condições ancestrais. O tamanho de seu cérebro em relação ao de seu corpo era semelhante ao de um chimpanzé, e suas mandíbulas mantêm a forma ancestral. De modo geral, em sua evolução, os australopitecíneos aproximaram-se mais da forma humana quanto ao modo de locomoção do que quanto às suas mandíbulas e cérebros. Informalmente, os australopitecíneos são, às vezes, descritos como sendo humanos do pescoço para baixo e macacos do pescoço para cima. Igualmente, vários dimorfismos não diminuíram no *A. afarensis*: os machos pesavam cerca de 1,5 vez mais do que as fêmeas.

O fóssil "Lucy" era bípede

[1] A linhagem dos "hominíneos" é a que contém as espécies mais estreitamente relacionadas com a nossa. Alguns usam a palavra hominídeos – isto depende de os humanos serem uma família (Hominidae) ou subfamília (Homininae). A evidência molecular sobre nosso parentesco com os macacos sugere a muitos que deveríamos ter uma subfamília. Esse é o motivo da recente tendência de se usar o termo hominíneo em vez do já há muito estabelecido hominídeo.

Os fósseis podem ser parentes de nossos ancestrais, e não nossos ancestrais

Espécies como o A. *afarensis* podem ter sido os ancestrais diretos dos humanos atuais. Alternativamente, elas podem ter sido consangüíneas de nossos ancestrais, mas sem estar na linha que levou a nós. O documentário fóssil é muito incompleto para sabermos o que é verdadeiro. Em uma figura como a Figura 18.12, as principais espécies fósseis estão desenhadas como se umas fossem ancestrais de outras, porém é mais correto considerar a figura como uma simplificação. Para muitos casos, não precisamos saber se uma espécie é nossa ancestral direta ou não; por exemplo, a partir da evidência fóssil, podemos concluir que o primeiro evento importante da evolução humana foi o bipedalismo. Provavelmente isso é correto, seja o A. *afarensis* nosso ancestral direto, seja ele consangüíneo de nossos ancestrais.

Os fósseis de A. *afarensis* são encontrados de 4 a 3 milhões de anos atrás. Isso nos traz para perto do tempo, há cerca de 3 a 2,5 milhões de anos, em que outros australopitecíneos fósseis são identificados: o A. *africanus* e o A. *garhi*. O A. *africanus* é muito mais bem-conhecido e foi o primeiro australopitecíneo descrito, em 1924. Ele é um pouco mais humano do que Lucy e freqüentemente tem sido considerado com o passo seguinte a ele na evolução humana. Entretanto, os fósseis de A. *africanus* provêm da África do Sul, enquanto Lucy e fósseis posteriores, supostamente mais próximos à linhagem humana, são todos do leste da África – especialmente de sítios no Quênia e na Etiópia. Asfaw *et al.* (1999) descreveram um novo fóssil da Etiópia, com 2,5 milhões de anos, e o designaram A. *garhi*. Ele pode ser mais próximo da linhagem humana do que o A. *africanus* da África do Sul.

Os australopitecíneos compreendiam as formas grácil e robusta

Todos os australopitecíneos até agora mencionados são do tipo "grácil", com ossos e mandíbulas relativamente leves. Por volta de 2,5 a 2 milhões de anos, tanto no leste quanto no sul da África, os australopitecíneos divergiram nas formas grácil e robusta. Surgiram duas espécies, o *Paranthropus robustus* e o *P. boisei*, com mandíbulas, crânios e molares muito mais fortes e mais capazes de comer alimentos mais duros do que as formas gráceis. Em geral, os

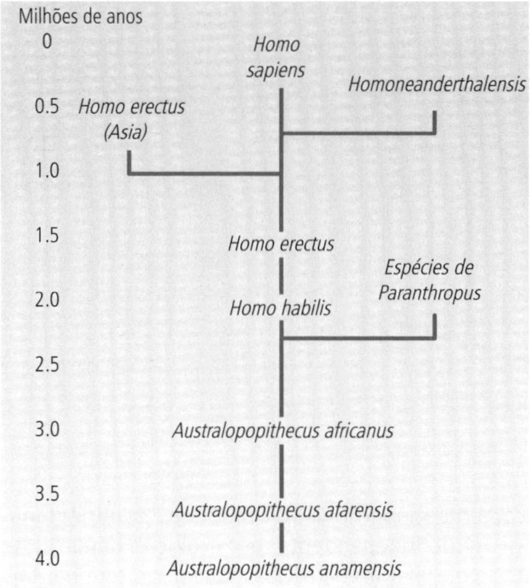

Figura 18.12

Espécies fósseis de hominíneos. O documentário fóssil do sul e do leste da África mostra vários estágios da evolução dos humanos atuais, em várias fases, desde os ancestrais de tipo macacos. O quadro é simplificado: algumas espécies, ou possíveis espécies, de fósseis foram omitidas; em muitos casos, as relações filogenéticas entre as espécies apresentadas são incertas; e as espécies apresentam uma seqüência ancestral-descendente, na parte central da figura, que, em alguns casos, não tem precisão. A espécie descendente bem pode ter descendido de um consangüíneo próximo da espécie dada como sua ancestral. Muitos nomes de espécies são controvertidos, como será discutido adiante, no texto sobre *Homo erectus*, *H. sapiens* e *H. neanderthalensis*. Freqüentemente, o *Paranthropus* é incluído no gênero *Australopithecus*.

paleoantropólogos aceitam que o *Homo* é mais estreitamente relacionado com os australopitecíneos gráceis do que com os robustos. As espécies robustas extinguiram-se e não têm descendentes atuais.

Há 2 milhões de anos ou mais começam a ser encontrados fósseis classificados como *Homo*. O *Homo habilis* pode datar de uns 2,5 milhões de anos. Esses fósseis estão mais próximos da condição humana atual, tanto acima quanto abaixo do pescoço. Os fósseis de *H. habilis* estão associados a ferramentas de pedra e seu cérebro é maior – talvez 600 a 750 cm^3. Suas mandíbulas e dentes são menores, embora a mandíbula continue um pouco prógnata em comparação com a nossa. Seu dimorfismo sexual era semelhante ao dos humanos atuais, sendo os machos cerca de 1,20 vez maiores do que as fêmeas, em média. O *H. erectus* foi o primeiro hominídeo que saiu da África e colonizou a Ásia, a leste, há cerca de 1,5 milhão de anos, e a Europa, em data incerta. Na Europa, *H. erectus* evoluiu para os neandertais – humanos fósseis ali encontrados entre 200 mil e 400 mil anos. (Alguns especialistas classificam os espécimes africanos como *H. ergaster* e reservam *H. erectus* para as formas asiáticas e, talvez, européias. Outros usam *H. erectus* para os espécimes africanos também.)

Foram propostas duas hipóteses para a origem dos humanos anatomicamente modernos

Os paleoantropólogos referem-se aos seres humanos atualmente existentes – *Homo sapiens* – como "humanos anatomicamente modernos". Estes diferem dos fósseis discutidos até aqui por uma série de detalhes da anatomia do crânio. Nossos cérebros têm forma diferente dos de *H. erectus*, e nossas faces são mais achatadas. Quando e onde se originaram os humanos anatomicamente modernos? Essa questão tem sido o tópico de um debate entre duas hipóteses, nos últimos 15 anos (Figura 18.13). Há cerca de 500 mil anos, populações humanas descendentes de *H. erectus* estabeleceram-se na Ásia (e na Austrália) e na Europa, além da África. Não há concordância sobre os nomes taxonômicos dessas formas regionais. Alguns taxonomistas referem-se a todas elas como o "*Homo sapiens* arcaico"; alguns classificam as diferentes formas regionais como espécies diferentes (por exemplo, o *H. neanderthalensis* na

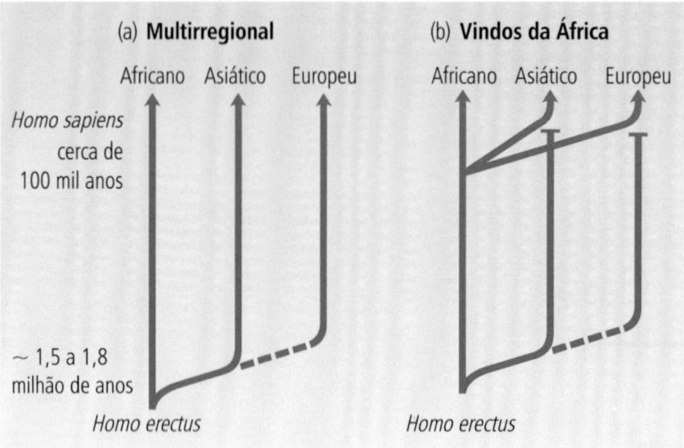

Figura 18.13

Duas hipóteses sobre a evolução dos humanos anatomicamente modernos. (a) A hipótese "multirregional" sugere que os humanos anatomicamente modernos evoluíram de modo independente, por evolução paralela, na África, na Europa e na Ásia, a partir de populações que inicialmente se originaram na África e dali migraram há, talvez, cerca de 1,8 milhão de anos. (b) A hipótese "vindos da África" sugere que os humanos anatomicamente modernos evoluíram somente na África em uma época entre 500 mil e 100 mil anos, migraram dali e substituíram os humanos indígenas da Ásia e da Europa. A primeira emigração da África, há 1,8 milhão de anos, não é contestada. As duas hipóteses diferem quanto à segunda emigração. A cronologia da primeira colonização da Europa é incerta, assim como é incerto que ela seja proveniente da África ou da Ásia; por isso as linhas tracejadas. Hipóteses intermediárias entre (a) e (b) são possíveis.

Europa); e alguns as chamam de subespécies de *H. erectus*. As diferenças de classificação refletem, em parte, o problema de forçar a contínua mudança evolutiva em categorias lineanas estanques e, em parte, refletem as teorias diferentes da Figura 18.13.

Entre 30 mil e 40 mil anos atrás, os humanos anatomicamente modernos estavam completamente estabelecidos na África, na Europa e na Ásia. Seus fósseis mais antigos são africanos e têm mais de 100 mil anos. (Alguns fósseis ainda mais antigos, também africanos, podem ser de humanos anatomicamente modernos.) Alguns paleoantropólogos propõem que os humanos anatomicamente modernos evoluíram de modo independente na Ásia, na Europa e na África; essa é a hipótese "multirregional" (Figura 18.13a). Outros propõem que eles se originaram somente na África e daí emigraram para a Ásia e a Europa, substituindo os povos indígenas que tinham pouco ou nenhum intercruzamento. Essa é a hipótese "vindos da África" (Figura 18.13b). (Agora podemos ver como fazem sentido os nomes diferentes, para as formas regionais. Conforme a hipótese multirregional, é apropriado classificar as populações de 500 mil anos atrás como subespécies de *H. sapiens*, ou chamá-las de *H. sapiens* arcaico. Pela hipótese vindos da África, é mais apropriado classificá-las como subespécies de *H. erectus*.)

A evidência genética fala contra a teoria multirregional para a Europa...

A evidência genética tende a favor da hipótese vindos da África. Dois exemplos são discutidos aqui. No Quadro 13.2 (p. 392), vimos que, geneticamente, os humanos têm pouca variação geográfica se comparados com raças geográficas de outras espécies. Isso sugere que os humanos atuais têm um ancestral comum recente. A Figura 15.18 (p. 478) mostrava a evidência do DNA mitocondrial sobre um recente ancestral comum aos humanos atuais, provavelmente africano. Outras provas foram acrescentadas. Foi extraído DNA antigo, de ossos de fósseis de Neandertal. Sua seqüência difere da dos humanos modernos. Pela hipótese multirregional, o DNA do Neandertal deveria caber na filogenia humana, junto com as modernas populações européias e dentro da filogenia de todos os humanos atuais. Na verdade, isso não ocorre, sugerindo que os Neandertais foram totalmente substituídos e não fizeram qualquer contribuição genética para as populações européias atuais.

As evidências arqueológica e fóssil da Europa também se adaptam à hipótese vindos da África. Os humanos anatomicamente modernos apareceram na Europa subitamente, sob forma do assim chamado homem de Cro-Magnon, por volta de 40 mil anos atrás. Os neandertais extinguiram-se nessa época. Os artefatos artísticos e simbólicos associados aos Cro-Magnons eram muito mais elaborados do que os associados com os Neandertais. As pinturas em cavernas do sul da Europa, por exemplo, foram criadas pelos primeiros Cro-Magnons.

... mas o quadro asiático é mais ambíguo

Na Ásia, a evidência é menos definitiva. Não houve sucesso na obtenção de DNA antigo de fósseis humanos asiáticos. (Na verdade, nem poderá haver, porque, para conservar seu DNA, os fósseis precisam ficar preservados em baixas temperaturas, e nenhum dos sítios fossilíferos asiáticos esteve no frio pelos últimos 100 mil anos ou mais.) Alguma evidência fóssil na Ásia pode ser compatível com uma evolução contínua do *H. erectus* até os humanos anatomicamente modernos. Entretanto, ela é controversa, e muitos especialistas são a favor da hipótese vindos da África também quanto às populações asiáticas.

Em resumo, temos um documentário fóssil favoravelmente contínuo da evolução humana, desde 4 milhões de anos atrás até o presente. Ele mostra como a maior parte e talvez toda a evolução humana ocorreu na África. As primeiras mudanças importantes foram locomotoras: o bipedalismo surgiu há mais de 3 milhões de anos. Mais tarde vieram as mudanças no tamanho do cérebro e no prognatismo. O tamanho do cérebro provavelmente culminou no *Homo* primordial, há cerca de 2 milhões de anos. Mas nossos cérebros e mandíbulas só atingiram seu tamanho e forma finais quando os humanos anatomicamente modernos se originaram – talvez um pouco antes de 100 mil anos atrás.

18.8 A macroevolução pode ou não ser uma forma extrapolada da microevolução

A distinção entre microevolução e macroevolução é a distinção entre evolução em pequena escala e evolução em grande escala. A microevolução refere-se aos tópicos que vimos na Parte 2 deste livro. Ela se refere às mudanças nas freqüências gênicas intrapopulacionais, sob influência da seleção natural e da deriva aleatória. A macroevolução refere-se aos tópicos que estamos examinando na Parte 5. Ela se refere à origem dos táxons mais elevados, como a evolução dos répteis tipo mamíferos em mamíferos, dos peixes em tetrápodes e das algas verdes em plantas vasculares. Ela também se refere às rotas evolutivas de longo curso, que examinamos nos Capítulos 21 e 22, e à diversificação, à extinção e às substituições nos táxons mais elevados, que examinamos no Capítulo 23.

A microevolução e a macroevolução podem ser concebidas como termos vagos, assim como "pequeno" e "grande", e como os extremos de um contínuo de evolução, da menor escala à escala máxima. Entretanto, alguns biólogos argumentam que a micro e a macroevolução seguem processos distintos. Nesse caso, os termos não são arbitrários: microevolução se referiria aos fenômenos evolutivos dirigidos por um conjunto de processos e macroevolução, aos fenômenos evolutivos dirigidos por um conjunto diferente de processos.

A macroevolução pode ser devida à extrapolação da microevolução

Podemos perguntar sobre qualquer fenômeno macroevolutivo, se ele pode ser explicado por processo microevolutivos que persistem por longo tempo. Isto é, podemos perguntar se a macroevolução é devida à microevolução "extrapolada". Neste capítulo, examinamos em detalhe duas transições importantes: a origem dos mamíferos e a origem dos humanos. Alguém poderia questionar se os últimos 4 milhões de anos de evolução humana realmente totalizam um evento macroevolutivo. Mas a origem dos mamíferos é um exemplo inequívoco de macroevolução.

A origem dos mamíferos é um exemplo

Dois pontos importantes podem ser destacados na origem dos mamíferos. Primeiro, as mudanças das características, de reptilianas para mamíferas ocorreram gradualmente. Sidor e Hopson (1998) examinaram quantitativamente a taxa de evolução nos répteis tipo mamíferos. Eles mediram o número de mudanças de características por unidade de tempo e verificaram não só que os mamíferos evoluíram em muitas etapas, mas também que a taxa de evolução morfológica foi aproximadamente constante durante o período de 100 milhões de anos. O segundo é que as grandes diferenças entre répteis e mamíferos se relacionam com as adaptações. Os mamíferos têm um tipo de fisiologia de alta energia, alta taxa metabólica, com adaptações locomotoras para movimentos rápidos (andar ereto em vez de arqueado) e adaptações para uma alimentação forte e eficiente (os dentes e a articulação mandibular de mamíferos). Elas são mudanças seguramente adaptativas, que foram produzidas pela seleção natural.

Portanto, o modelo evolutivo geral sugerido pelos répteis tipo mamíferos é o de uma ação cumulativa da seleção natural durante um longo período (100 milhões de anos). A acumulação de muitas mudanças pequenas resultou na grande mudança dos répteis em mamíferos. Assim, a teoria da origem dos mamíferos é extrapolativa. Uma conclusão semelhante poderia ser alcançada para a origem dos humanos, das plantas terrestres e dos vertebrados. Nesses exemplos, a macroevolução segue o mesmo processo – seleção natural e melhoria adaptativa – que foi observado intra-especificamente e na especiação; só que o processo está atuando por um período muito mais longo. O modelo extrapolativo não é o único, para a evolução dos grupos maiores, mas é o mais importante e o único que pode ser ilustrado com evidências fósseis detalhadas.

A Figura 18.14 ilustra uma alternativa teórica: como a origem dos táxons mais elevados poderia não ser extrapolativa. Táxons mais elevados poderiam originar-se quando

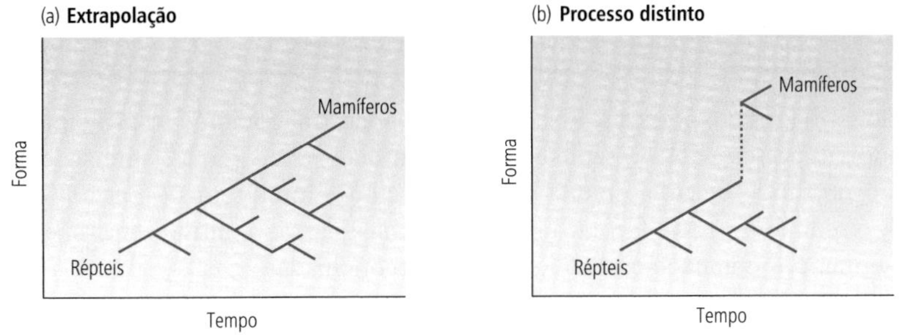

Figura 18.14

Teoricamente, a origem dos táxons mais elevados poderia ser por (a) microevolução extrapolada durante um longo período de tempo ou (b) um processo distinto, que não atua na microevolução. As duas idéias são ilustradas quanto à evolução dos mamíferos a partir dos répteis. (a) e (b) não são as duas únicas relações possíveis entre microevolução e macroevolução. Ver também a Figura 1.7 (p. 38) quanto a um outro modo de imaginar (b).

algum processo de grande mudança atuasse. Nesse caso, o evento macroevolutivo não seria extrapolável dos processos normais de microevolução. Não existem evidências sobre o processo da Figura 18.14b e ele é teoricamente improvável (Seção 10.5.1, p. 294). Entretanto, a origem da maioria dos grandes táxons foi pouco estudada e alguns biólogos argumentam que alguns táxons elevados podem ter-se originado por processos excepcionais, revolucionários.

Os dois aspectos da Figura 18.14 são apenas duas das possíveis relações entre microevolução e macroevolução. Também é possível que a macroevolução não seja extrapolável da microevolução, não por diferença entre os processos que as dirigem, mas porque as espécies que evoluem para táxons mais elevados sejam, de algum modo, um conjunto não-aleatório. Por exemplo, Jablonski e Bottjer (1990) argumentaram que as grandes interrupções na evolução ocorrem com mais freqüência em táxons que vivem nos pólos do que nos que vivem no equador. Kemp (1999) argumentou que, na origem dos mamíferos, geralmente era um táxon de pequenos carnívoros que originava a próxima irradiação importante. Desse modo, em cada etapa (Figura 18.10) evoluía uma variedade de formas – grandes e pequenos herbívoros, pequenos carnívoros e outros. Podíamos esperar que a grande irradiação seguinte começasse às vezes com um grande herbívoro e às vezes com um pequeno carnívoro. Mas, de fato, os pequenos carnívoros estão desproporcionalmente representados.

Mas algumas características da macroevolução não são previsíveis a partir da microevolução

Se Kemp, Jablonski e Bottjer estão certos, a macroevolução não é apenas microevolução extrapolada. O tempo todo, a seleção natural estará favorecendo uma variedade de adaptações em diferentes linhagens – adaptações tropicais em espécies tropicais, adaptações polares em espécies polares. Alguma coisa nas adaptações polares reduz sua probabilidade de contribuir para a mudança macroevolutiva. Esse algo, seja o que for, não pode ser visto apenas estudando-se a microevolução.

A teoria da macroevolução, na Figura 18.14b, é controversa. Se correta, ela desafiaria alguns dogmas profundos do neodarwinismo. Mas a idéia geral de que a macroevolução não é previsível somente a partir da microevolução não precisa ser controversa. Os argumentos de Kemp, Jablonski e Bottjer são suficientemente ortodoxos. Nos demais capítulos da Parte 5, examinaremos vários fenômenos macroevolutivos e refletiremos sobre sua relação conceitual com a microevolução. Em alguns casos, a macroevolução provavelmente poderá ser extrapolada da microevolução; em outros casos, provavelmente não. Neste capítulo, vimos que a origem dos táxons mais elevados pode ser compreendida, pelo menos em sua maior parte, como a evolução da adaptação por meio da ação duradoura da seleção natural.

Resumo

1 Os fósseis são formados quando os restos de um organismo são preservados no sedimento depositado no fundo de uma coluna de água; então, o sedimento pode formar uma rocha sedimentar, por compactação ao longo do tempo. Posteriormente, se essa rocha sedimentar é exposta na superfície terrestre, os fósseis podem ser retirados dela.

2 A história da Terra está dividida em uma série de períodos de tempo. A maioria dos fósseis é de organismos que viveram nos últimos 600 milhões de anos. O período de 600 milhões de anos é dividido em três eras (Paleozóica, Mesozóica e Cenozóica); estas, por sua vez, estão divididas em períodos e estes, em épocas.

3 A idade das rochas pode ser medida de modo absoluto, por meio de sua composição de radioisótopos e, de modo relativo, por correlação de seu conteúdo fóssil com o de rochas de outros locais. As zonas de tempo magnético também proporcionam evidências cronológicas úteis.

4 A vida originou-se, provavelmente, há 4 bilhões de anos. A evidência de vida mais antiga, química, data de 3,8 bilhões de anos. Os corpos fósseis (atualmente é controvertido) mais antigos, sob forma de células, têm 3,5 bilhões de anos.

5 As células eucarióticas surgiram há cerca de 2 bilhões de anos, por meio de uma série de eventos, inclusive simbiose. A concentração atmosférica de oxigênio aumentou em época semelhante.

6 Quase todas as formas de vida pluricelular com diferenciação celular são eucarióticas. As formas de vida eucariótica com mais de um tipo celular evoluíram, provavelmente, há cerca de 1,5 bilhão de anos; os fósseis mais antigos são algas com 1,2 bilhão de anos.

7 No documentário fóssil, a vida animal sofreu uma irradiação aparentemente explosiva no Cambriano, há cerca de 540 milhões de anos. A evidência molecular sugere que o ancestral comum aos principais grupos de animais viveu há 1,2 milhão de anos. Em algumas interpretações, as datações fóssil e molecular se contradizem, mas podem ser reconciliadas.

8 A evidência fóssil mais antiga de vida vegetal terrestre consiste em esporos de cerca de 475, ou mesmo 500, milhões de anos. Fósseis de 420 milhões de anos mostram estruturas de plantas com ramificações, sem raízes ou folhas. As folhas aparecem uns 40 milhões de anos mais tarde e sua evolução pode ser conseqüente a uma redução no dióxido de carbono atmosférico, causada pela fotossíntese.

9 Os vertebrados terrestres evoluíram dos peixes no Devoniano. Provavelmente os membros dos tetrápodes evoluíram inicialmente para remar sob a água e não para andar em terra.

10 A evolução dos mamíferos a partir dos répteis é um exemplo de evolução adaptativa e o documentário fóssil revela que ela ocorreu em uma série de etapas, por meio de vários grupos de répteis tipo mamíferos.

11 A evolução humana pode ser estudada no documentário fóssil pelos últimos 4 milhões de anos. As principais mudanças observáveis são o bipedalismo, a redução das mandíbulas e dentes e um aumento no tamanho do cérebro. Outras mudanças importantes, que são mais difíceis de estudar em fósseis, foram na cultura e no comportamento social, incluindo a linguagem.

12 A evolução em larga escala, ou macroevolução, pode ser causada pela evolução em pequena escala, ou microevolução, prolongada. A origem dos mamíferos a partir dos répteis é um possível exemplo.

13 Em outros casos, a macroevolução pode não ser apenas devida à microevolução prolongada. Por exemplo, as espécies que sofrem interrupções na evolução podem ser uma amostra não-aleatória da totalidade das espécies existentes na época.

Leitura adicional

Os textos sobre fósseis compreendem Clarckson (1998) para invertebrados, Carroll (1988, 1997) e Benton (2000a) para vertebrados e Kemp (1999) para idéias sobre evolução. Briggs e Crowther (2001) e Singer (1999) são introduções enciclopédicas à paleobiologia e à paleontologia, respectivamente. Fortey (2002) é uma introdução popular. Martin (2000) trata de tafonomia. McPhee (1998) é uma peça literária sobre a história geológica da América do Norte.

Um tópico adicional, não considerado neste capítulo, é a completude ou adequação do documentário fóssil. Sobre isso, veja os livros gerais mencionados e também Donovan e Paul (1998), que é um volume de vários autores, sobre isso. Benton (2001) é uma abordagem mais atual. No Capítulo 23, também examinamos esse assunto em relação ao tempo de origem dos mamíferos. Uma edição especial de *Paleobiology* (2001), vol. 27, p. 187-310, examina como as filogenias estão sendo usadas na pesquisa paleobiológica.

Sobre a história da vida, estruturei taxonomicamente a narrativa deste capítulo. Maynard Smith e Szathmáry (1995, 1999) fazem uma narrativa mais conceitual – eles examinam as principais transições no modo de ocorrência da hereditariedade. Da origem da vida até próximo da explosão do cambriano, a narrativa deles está estruturada mais ou menos como este capítulo, mas daí em diante a estrutura difere. O livro mais recente é escrito para um público maior. A *Nature* de 22 de fevereiro de 2001 (vol. 409, p. 1083-109) contém uma seção de "conjecturas" com várias revisões importantes – sobre a vida primitiva e *habitats*, extremófilas e o surgimento da complexidade morfológica em animais.

Entre livros recentes sobre a origem da vida incluem-se Wills e Bada (2000) e Fenchel (2002): o primeiro é mais "popular", o segundo mais "profissional". Os capítulos relevantes de Maynard Smith e Szathmáry (1995, 1999) são bons sumários introdutórios. A *Science* de 15 de março de 2002, p. 2006-7 contém um perfil jornalístico de Wächtershäuser, que tem idéias alternativas influentes sobre a sopa pré-biótica. Joyce (2002) é uma revisão recente sobre o mundo do RNA.

Schopf (1999) é um livro popular sobre os fósseis do pré-cambriano e sua pesquisa. A *Nature* de 20 de junho de 2002, p. 782-4, e a de 5 de dezembro de 2002, p. 476-8, e a *Science* de 8 de março de 2002, p.1812-13 e a de 24 de maio de 2002, p. 1384-5, contêm novos artigos sobre a crítica de Brasier *et al.* (2002) à interpretação dada aos fósseis ou artefatos do Apex Chert, por Schopf (1993).

Sobre a explosão do cambriano e a origem dos animais, Knoll e Carroll (1999) é uma compilação autorizada. Budd e Jensen (2000) examinam criticamente a evidência fóssil sobre a explosão. Essas duas referências também constituem uma boa "comparação e distinção" sobre a influência da concentração de oxigênio. Hoffman e Schrag (2000) é uma introdução à "Terra como bola de neve", por dois de seus fundadores e Runnegar (2000) fornece uma breve visão geral. Uma outra hipótese recente é de que a vida no pré-cambriano era limitada pelas baixas concentrações de nutrientes inorgânicos no oceano (Anbar e Knoll, 2002). O artigo-chave sobre datação molecular é o de Wray *et al.* (1996). Cooper e Fortey (1998) examinam a evidência molecular e a fóssil e como elas podem ser conciliadas. Gould (1989) e Conway Morris (1998) são dois livros sobre a vida no cambriano. Raff (1996) revisa as observações sobre a fauna de Ediacara. Nielsen (2001) é um livro sobre as relações evolutivas entre os principais grupos animais.

Ahlberg (2001) trata dos vertebrados primitivos. Quanto à colonização terrestre, ver os livros de Zimmer (1998) e Clack (2002) sobre vertebrados e de Kenrick e Crane (1997) sobre plantas. Para o geral, ver Shear (1991). Kenrick (2001) faz uma breve revisão das idéias sobre a relação entre raízes, folhas e o dióxido de carbono. Heckman *et al.* (2001) sugerem, a partir da análise do relógio molecular, que os fungos, e talvez as plantas, colonizaram a Terra antes (talvez há 700 milhões de anos para as plantas) do que as figuras fósseis discutidas neste texto. Willis e McElwain (2002) é um texto introdutório sobre evolução de plantas, especialmente sobre a evidência fóssil. Dilcher (2000) identifica os principais temas sobre a evolução das plantas. Sobre gramíneas, ver Kellogg (2000).

Sobre os répteis tipo mamífero, ver Kemp (1999), Hotton *et al.* (1986), Bramble e Jenkins (1989), Benton (2000a) e Carroll (1988, 1997). Ver Wellnhofer (1990) sobre o *Archaeopteryx*. Flynn e Wyss (2002) descrevem fósseis do Mesozóico, de Madagascar, que nos ajudam a entender a ancestralidade reptiliana dos mamíferos e dinossauros. Novacek (1992) revisa a filogenia dos mamíferos.

Sobre a evolução humana, Klein (1999) é um texto autorizado, Lewin (2003) um texto mais introdutório e Ehrlich (2000) um livro mais pessoal que, apesar disso, funciona como introdução e texto. A *Science* de 15 de fevereiro de 2002, p. 1214-25, enfoca novidades sobre a evolução humana. A *Science* de 23 de abril de 1999, p. 572-3, traz novidades sobre o *Australopithecus garhi*. Asfaw *et al.* (2002) fornecem evidências para o uso global do nome específico *Homo erectus*.

Levinton (2001) discute a micro e a macroevolução e reporta-se à literatura. O tópico também pode ser acompanhado de uma perspectiva mais microevolucionista, por meio de vários artigos na edição especial de *Genetica* (2001), vols. 112 e 113, que também foi publicada como um livro separado (Hendry e Kinnison, 2001).

Muitos dos ensaios populares de Gould, antologiados em Gould (1977b, 1980, 1983, 1985, 1991, 1993, 1996, 1998, 2000, 2002a), são paleobiológicos.

Questões para estudo e revisão

1 Revise (a) os eventos que levam à fossilização e (b) as divisões do tempo geológico.

2 Qual é a idade de um fóssil que contém as seguintes proporções de C^{14} e de N^{14}? Assuma que todo o N^{14} se formou por decaimento do C^{14}.

	C^{14}: N^{14}	Idade
(a)	1:1	
(b)	2:1	
(c)	1:2	

3 Quais as características do RNA que o tornam o provável predecessor do DNA como molécula hereditária?

4 Em vários eventos evolutivos, inclusive na irradiação dos animais e na origem das angiospermas, as datas estimadas a partir dos fósseis parecem contradizer as datas do relógio molecular. Como as diferenças entre essas duas estimativas podem ser conciliadas?

5 Qual é a (possível) relação entre a quantidade de dióxido de carbono na atmosfera e a evolução das plantas, raízes e folhas terrestres?

6 Que características do documentário fóssil de répteis tipo mamíferos sugerem que os mamíferos evoluíram através de um período prolongado de microevolução?

7 Quais são as principais mudanças (ou tipos de mudanças) na evolução humana?

19 Genômica Evolutiva

A seqüência genômica completa de uma espécie é rica em informação evolutiva. Este capítulo examina como as seqüências genômicas estão sendo usadas para estudar a história evolutiva dos genomas. Examinamos como a história do conjunto gênico humano pode ser inferida por comparação do genoma humano com o de outras espécies. Em seguida, examinamos como os genomas se expandem e reduzem durante a evolução, por meio de duplicações, deleções e transferências de genes. A cronologia dos eventos de duplicação pode ser inferida e usada para testar até que ponto os grandes eventos evolutivos estão associados com aumentos no número de genes. Examinamos a história dos cromossomos sexuais humanos. Encerramos examinando a evolução do DNA não-codificador. Determinadas famílias de DNAs não-codificadores parecem ter proliferado em épocas diferentes, nos ancestrais dos humanos e dos camundongos.

19.1 A expansão de nossos conhecimentos sobre seqüências genômicas está possibilitando formular perguntas sobre a evolução dos genomas e respondê-las

Com o tempo, os avanços em qualquer área da biologia costumam levar a um entendimento mais profundo da evolução. Da década de 1960 até a de 1990 foram desenvolvidas, aperfeiçoadas e industrializadas técnicas para descobrir as seqüências de aminoácidos das proteínas e as seqüências de nucleotídeos dos genes. Os borbotões de dados resultantes permitiram que os biólogos voltassem a examinar a árvore da vida, como vimos nos Capítulos 15 e 18. (Ele também conduziu à teoria neutralista da evolução molecular, como vimos no Capítulo 7.) O presente capítulo e o seguinte examinarão duas novas áreas da biologia evolutiva, que se desenvolveram paralelamente aos avanços na genética molecular. Neste capítulo, examinamos a genômica evolutiva, que se desenvolveu a partir do seqüenciamento do genoma inteiro. No próximo capítulo, examinamos o "evo-devo", que explora nossa capacidade de identificar os genes individuais que controlam o desenvolvimento.

A genômica evolutiva visa a responder questões sobre a evolução dos genomas

O genoma de um organismo é o conjunto completo de seu DNA. Para estudar como os genomas mudam durante a evolução, podem ser usadas as seqüências genômicas e as seqüências parciais de organismos de várias espécies. A *genômica evolutiva* diz respeito a qualquer questão que possa ser formulada sobre a evolução dos genomas. Como introdução sobre o assunto, aqui vão alguns exemplos de perguntas que podem ser feitas sobre evolução genômica.

1. Como e por que o tamanho total dos genomas mudou?
2. Por que o DNA de algumas espécies é mais longo do que o de outras espécies? Podemos dividir o genoma inteiro em porções codificadoras e porções não-codificadoras e perguntar, por exemplo:
3. Há espécies que têm mais DNA codificador (isto é, mais genes ou genes maiores) do que outras espécies? E se assim é, por quê?
4. Por que algumas espécies têm mais DNA não-codificador (e talvez de "refugo") do que outras?
5. Como as diferentes partes dos genomas mudam de tamanho durante a evolução?

   O DNA está organizado em cromossomos e, sobre a evolução destes, podemos perguntar:
6. Como a distribuição dos genes nos cromossomos muda durante a evolução? Os genes permanecem no mesmo cromossomo e na mesma ordem ao longo do tempo evolutivo, ou eles mudam de lugar no cromossomo e entre cromossomos? Também podemos tentar relacionar a evolução genômica com outros eventos evolutivos.
7. Quando ocorreram as mudanças genômicas?
8. Que mudanças genômicas estão associadas a eventos evolutivos importantes como a origem dos animais ou a origem dos vertebrados? Esses eventos importantes foram produzidos por mudanças no número de genes ou por mudanças nas seqüências de um número constante de genes?

Algumas dessas perguntas já podiam ter sido formuladas antes da era do seqüenciamento de DNA, mas o aumento das evidências sobre seqüências de DNA estimulou a pesquisa sobre genômica evolutiva. Os próprios dados sobre seqüências permitiram muitos tipos novos de testes. Entretanto, a pesquisa ainda está em fase preliminar porque se limita a genomas que já foram seqüenciados ou tiveram suas partes principais seqüenciadas. Isso limitou a pesquisa atual a humanos, a camundongos (em parte), ao verme (*Caenorhabditis elegans*), à drosófila (*Drosophila melanogaster*) e a uma erva daninha (*Arabidopsis*), dentre os eucariotos pluricelulares, além de a vários procariotos. Neste capítulo, escolhi principalmente exemplos que usam o genoma humano, mais por causa da intensidade com que ele vem sendo estudado desde sua publicação parcial em 2001. Entretanto, o campo da genômica evolutiva não se limita à compreensão do genoma humano, mas procura entender a evolução genômica em toda a vida.

19.2 O genoma humano documenta a história do conjunto gênico humano desde os primórdios da vida

Podemos começar examinando a parte do genoma humano que codifica genes. Os dois artigos publicados em fevereiro de 2001 (Celera, 2001; Consórcio Internacional de Seqüenciamento do Genoma Humano, 2001) sugeriram que o genoma humano contém cerca de 30 mil genes. (E o panorama pouco mudou em pesquisas subseqüentes.) Os dados podem ser mais refinados se nos concentrarmos só nos genes que codificam proteínas. Alguns genes codificam moléculas de RNA, como o RNA ribossômico, que não são traduzidas em proteínas, esses genes são excluídos das análises seguintes. Concentramo-nos no proteoma – o conjunto completo das proteínas de um organismo. Como a maioria dos genes codifica proteínas, os resultados do proteoma serão semelhantes aos resultados do genoma.

Alguns genes humanos datam do início da vida celular...

A Figura 19.1 mostra a porcentagem de genes humanos codificadores de proteínas, que é homóloga aos genes de uma variedade de outros organismos. Os humanos compartilham 21% de seus genes com todas as formas de vida celular. Estes são os genes "de manutenção" de cada célula, os quais regulam a maquinaria celular básica. As células fósseis mais antigas têm 3.000 a 3.500 milhões de anos (Seção 18.3.1, p. 551). Pelo menos parte dos genes de manutenção, ou talvez todos, evoluíram naquela época. A maioria dos genes de manutenção evolui lentamente e vem sendo copiada, com poucas modificações, ao longo de bilhões de anos. Provavelmente nosso DNA vem sendo copiado na média de umas 10 a 100 vezes por ano, desde nossos ancestrais bacterianos. Se um gene celular básico como o da histona existia há 3,5 bilhões de anos, então ele teria sido copiado cerca de 10^{11} vezes ao longo de cada linha de ancestrais que levou a cada um de nós, com poucas modificações. Os genes de manutenção celular ostentam sua "antigüidade" em todas as nossas moléculas de DNA.

... e outros foram acrescentados mais tarde

Outros 32% dos nossos genes são homólogos aos genes de todos os eucariotos, mas não aos das bactérias. Eles também são genes de manutenção celular que refletem a grande complexidade do metabolismo celular dos eucariotos. A etapa seguinte que podemos tentar inferir é a da origem dos animais. Cerca de 24% de nossos genes são compartilhados com outros animais, mas não com eucariotos unicelulares, nem com procariotos. Esses genes "animais" compreendem genes como os *Hox*, que controlam o desenvolvimento. Examinaremos esses genes melhor no Capítulo 20. Outros 22% de nossos genes são compartilhados somente com vertebrados. Eles têm 500 ou mais milhões de anos. Incluem genes que atuam no sistema imune e no sistema nervoso. Os seres humanos, por exemplo, têm cerca de 100 genes que codificam o sistema imune, em comparação com uns 10 nos vermes e nas moscas. O número de genes relacionados com o sistema nervoso também se expandiu nos vertebrados, talvez em associação com seu cérebro relativamente complexo. Apenas 1% ou menos dos genes humanos é "exclusivo" dos humanos, não tendo homologia com os de outros vertebrados. (Usei o "exclusivo" entre aspas porque o outro principal vertebrado para o qual possuímos dados é o camundongo. O 1% de genes que não compartilhamos com o camundongo bem poderia ser compartilhado com parentes mais próximos, como os macacos; nesse caso, os genes não seriam exclusivamente nossos.)

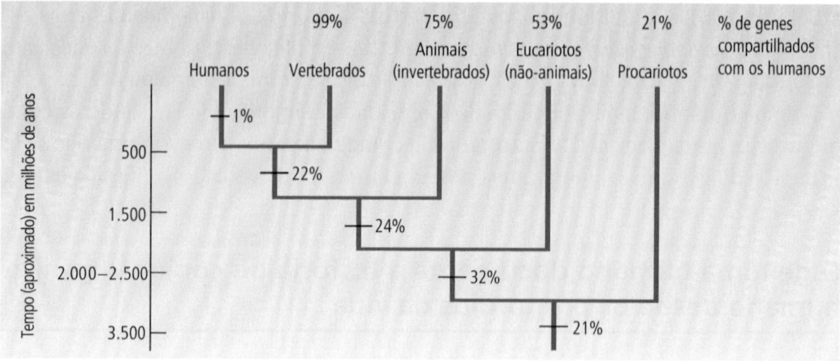

Figura 19.1

A história do conjunto gênico humano. A análise baseia-se só nos genes codificadores de proteínas. A figura apresenta os percentuais de genes humanos que são compartilhados com outros táxons. Na árvore, são apresentadas as proporções de genes humanos que se originaram em cada ramo e os percentuais totais de similaridade de genes são apresentados no topo. Desse modo, 32% dos genes humanos atuais originaram-se depois que os eucariotos divergiram dos procariotos (mas antes de os animais divergirem dos demais eucariotos) e 53% dos genes humanos são compartilhados por todos os eucariotos. O total no topo é aproximadamente igual à soma das porcentagens dos ramos da árvore que levam até ele (por exemplo, os 53% no topo são iguais a 21% + 32% na árvore). Muitos genes humanos atuais originaram-se por duplicação de genes ancestrais. Assim, dois genes de humanos podem ser iguais a um gene de levedura. Se esse gene está ausente nas bactérias, fica demonstrado que ambos os genes humanos "surgiram" no ramo entre os procariotos e os eucariotos, mesmo que um dos exemplares tenha surgido mais tarde, por duplicação. O encadeamento alternativo não é considerado. Genes que não codificam proteínas e DNA não-codificador estão excluídos. A partir de dados do Consórcio Internacional para Seqüenciamento do Genoma Humano (2001).

A história de nosso conjunto gênico, como é descrita aqui, é muito incompleta e incerta. Incompleta porque se baseia principalmente em comparações com um pequeno número de outras espécies como o camundongo, a drosófila, um verme, a levedura e a *Escherichia coli*. Essa história ficará mais bem-conhecida à medida que forem sendo seqüenciados os genomas de mais espécies e que pudermos comparar o DNA humano com o de uma maior variedade de parentes. A história contém incertezas também por outras razões. Os métodos de reconhecimento de genes em seqüências brutas de DNA estão sujeitos a erros. Genes podem deixar de ser detectados, ou serem erroneamente comparados. Além disso, a análise da Figura 19.1 não leva em conta o "encadeamento alternativo" (Seção 2.2, p. 47). Um único gene pode permitir a leitura de mais de uma proteína, mas a análise só considerou uma proteína por gene.

Em terceiro lugar, a homologia foi inferida a partir da semelhança relativa entre as seqüências. Uma proteína humana era considerada homóloga à de uma outra espécie se fosse muito mais semelhante àquela do que a proteínas tomadas ao acaso. Para genes conservados, de evolução lenta, quando houvesse proximidade, esse critério deveria gerar resultados precisos. Mas para genes que tivessem evoluído constantemente ao longo do tempo, os resultados podem levar a resultados confusos. Por exemplo, os humanos têm ancestralidade comum mais recente com todos os eucariotos do que com qualquer procariotos. Um gene de procarioto está evoluindo independentemente de nós por longo tempo e pode ter menos probabilidade de ser reconhecido como homólogo de um gene humano do que um gene de eucarioto. Por esse motivo, a fração de genes apresentados como homólogos, na Figura 19.1, poderia conter um erro devido à técnica usada para reconhecimento de homologias. Entretanto, podem ser desenvolvidos aperfeiçoamentos nos critérios de homologia, além de outros melhoramentos nos métodos e dados. Então, estaremos aptos a dissecar a estrutura histórica do DNA humano.

19.3 A história das duplicações pode ser inferida em uma seqüência genômica

Os genomas, como um todo ou por partes, mudam de tamanho durante a evolução, por meio de duplicações e deleções (Seção 2.5, p. 51). Inicialmente, uma duplicação, ou deleção, será rara na população; ela pode surgir como uma mutação única. Daí sua freqüência pode aumentar por seleção natural ou deriva aleatória. Uma vez que a duplicação ou a deleção se disseminar na população, o tamanho do genoma da espécie aumentará ou diminuirá. A seqüência genômica de uma espécie atual pode ser usada para inferir quando, no passado, ocorreram as duplicações e deleções, e podemos perguntar que eventos evolutivos estão associados com as mudanças no tamanho do genoma.

Os relógios moleculares sugerem que ocorreram duplicações em certas épocas da evolução das angiospermas

A seqüência genômica da erva daninha *Arabidopsis thaliana*, por exemplo, foi publicada em dezembro de 2000. Ela é uma erva comum, pequena, e é a principal planta com flor em pesquisa genômica. Vision *et al.* (2000) analisaram seu genoma e encontraram um grande número de blocos de genes, que pareciam duplicados, isto é, um segmento de DNA parecia a duplicata de outro segmento de DNA do mesmo genoma. As duplicações não atingem um único gene isoladamente, nem o genoma inteiro, mas sim segmentos de DNA de tamanhos intermediários, contendo vários genes. Vision *et al.* concentraram-se em 103 blocos, cada um com sete ou mais genes. Eles compararam as seqüências das duas cópias (parálogas) de cada gene, em cada par de blocos duplicados. Daí fizeram inferências, por meio do relógio molecular, para estimar o tempo em que a duplicação ocorrera.

A maior parte das duplicações parecia remontar a três períodos, há 100, 140 e 170 milhões de anos. Algumas são mais antigas, talvez 200 milhões de anos. Umas poucas são mais recentes, cerca de 50 milhões de anos. O genoma da *Arabidopsis* atual parece refletir um passado com 3 a 5 períodos importantes quanto a duplicações. Elas ocorreram principalmente na era geológica Mesozóica, entre 100 e 200 milhões de anos atrás, que foi uma época crucial para a origem das angiospermas. Na Seção 18.5 (p. 559), vimos que a época de origem das angiospermas era incerta. O relógio molecular, porém, sugere que as dicotiledôneas divergiram das monocotiledôneas há cerca de 180 a 210 milhões de anos. Se assim é, as duplicações mais antigas (200 milhões de anos) atualmente observadas no genoma da *Arabidopsis* poderiam ter-se originado nessa época. Nesse caso, um dos maiores avanços na evolução das angiospermas – a origem das dicotiledôneas – estaria associado a uma temporada de aumentos no número de genes.

Em resumo, Vision *et al.* (2000) usaram a seqüência genômica da *Arabidopsis* para identificar as regiões duplicadas de DNA e a época em que essas duplicações surgiram. Eles sugeriram algumas associações entre essas duplicações e eventos evolutivos. A associação entre as duplicações de 200 milhões de anos de idade e a origem das dicotiledôneas é apenas um exemplo. Suas sugestões, porém, são tentativas, e exigem mais pesquisas. A noção de que as duplicações podem estar associadas à origem de um grupo importante é um exemplo do tipo de hipóteses que podemos testar, mesmo que atualmente o teste seja rudimentar (no Quadro 22.1, p. 643, será examinada uma outra associação entre uma duplicação gênica e um evento evolutivo – a origem do metabolismo do álcool e a origem dos frutos).

As origens dos vertebrados podem estar associadas à duplicação de genomas

Agora podemos voltar-nos para um outro evento evolutivo importante que foi hipoteticamente associado a duplicações gênicas: a origem dos vertebrados. Ohno (1970) usou antigas medidas do peso do DNA em várias espécies de vertebrados e invertebrados para propor que o genoma inteiro havia duplicado duas vezes por volta do surgimento dos vertebrados. Nas amostras de Ohno, os genomas dos vertebrados tinham cerca de quatro vezes o tamanho dos genomas dos invertebrados. Esse fato é conhecido como a hipótese "2R", nome derivado das duas "rodadas" de duplicação do genoma. Se o número de genes aumentou quatro vezes naquela época, os genes extras podem ser parte da explicação da origem dos vertebrados. A hipótese de Ohno foi relativamente desconsiderada até que, em fins da década de 1980, os biólogos descobriram que os vertebrados possuem quatro conjuntos de genes *Hox*, em comparação com um só na drosófila. Os genes *Hox* quadruplicados pareciam enquadrar-se na hipótese de Ohno.

Entretanto, o número de genes dos vertebrados não é o quádruplo do número dos invertebrados. Supõe-se que os humanos têm cerca de 30 mil genes, contra 13 mil na drosófila e 19 mil no verme *Caenorhabditis elegans*. Sozinhos, esses números de genes não refutam a hipótese de Ohno, porque alguns deles poderiam ter sido perdidos após as duas rodadas de duplicação. Inicialmente, o número de genes poderia ter aumentado de 15 mil para 60 mil e, depois, quase metade dos novos genes poderia ter sido perdida desde então até os humanos atuais. Um teste mais rigoroso da hipótese 2R de Ohno pode ser feito por meio da forma das árvores gênicas (Hughes, 1999; Martin, 1999; a Seção 15.11.5, p. 481, define as árvores gênicas) (Figura 19.2).

A hipótese pode ser testada pelo formato das árvores gênicas

O teste usa qualquer gene que pareça ter quatro parálogos no genoma de vertebrados, mas um só exemplar no genoma de invertebrados. Se a hipótese de Ohno é correta, todos esses genes foram originados nas mesmas duas rodadas de duplicação, na origem dos vertebrados, e a árvore gênica resultante será simétrica (Figura 19.2a). Na verdade, na maioria dos conjuntos de quatro parálogos analisados por Hughes e por Martin, as árvores gênicas não eram simétricas (Figura 19.2b). A evidência não sustenta a hipótese 2R, o que vem a ser um dos maiores motivos pelos quais a maioria dos biólogos atualmente duvida de que a origem dos vertebrados também tenha sido a ocasião das duas grandes rodadas de duplicação gênica. Os vertebrados contêm mais genes do que os invertebrados, mas, provavelmente, os genes extras evoluíram ao longo de uma série de eventos separados, em diferentes famílias de genes, e não ao longo de uma ou duas grandes poliploidizações. Entretanto, ainda existem defensores da hipótese 2R. Eles salientam que os testes já realizados são preliminares e utilizaram poucos genes. Acham que a antiga hipótese ainda subsiste e certamente vão continuar a testá-la, enquanto surgirem novas evidências e métodos.

O programa de pesquisas que examinamos nesta seção está relacionado com testes para verificar se novos grupos podem surgir por meio de duplicações gênicas. Em geral, é interessante testar quais os eventos genômicos que embasam os eventos de evolução morfológica.

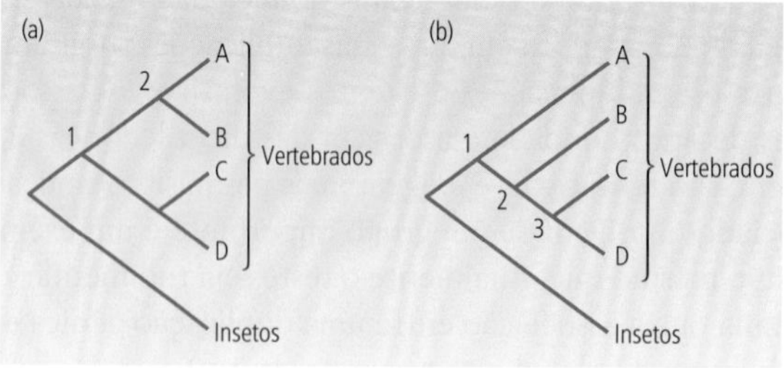

Figura 19.2

Teste da hipótese 2R pelo formato da árvore gênica. A hipótese 2R sugere que, em época próxima à da origem dos vertebrados, ocorreram duas rodadas de duplicação completa do genoma. A, B, C e D são quatro exemplares relacionados de um gene e originaram-se por duplicações gênicas (numeradas 1, 2 e 3). (a) Se a hipótese 2R está correta, os genes que têm quatro exemplares relacionados de um gene em um genoma de vertebrado deveriam ter uma árvore gênica simétrica (1 e 2 correspondem a duplicações do genoma inteiro). (b) Em princípio, esses quatro genes poderiam ter muitas outras formas de árvores gênicas. Por exemplo, se um gene se duplica e depois só um dos exemplares se duplica novamente, então só um dos dois novos exemplares se duplica de novo. O resultado é quatro genes relacionados, mas não por dois eventos de duplicação do genoma inteiro.

Um novo grupo poderia evoluir por duplicação gênica ou por evolução seqüencial de um número fixo de genes, ou por uma mistura dos dois fatores. As seqüências genômicas podem ser usadas para descobrir isso.

19.4 O tamanho do genoma pode diminuir por perdas de genes

Algumas bactérias vivem no interior das células de outras espécies, como parasitas ou como simbiontes. Todas as bactérias desse tipo que foram adequadamente estudadas têm um aspecto comum: a perda gênica maciça e a redução do genoma. A bactéria *Buchnera*, por exemplo, vive simbioticamente, nas células dos afídeos. Ela descende do grupo das bactérias entéricas, que inclui a *Escherichia coli*. Esta tem mais de 4 mil genes, mas a ancestral comum às bactérias entéricas provavelmente tinha um pouco menos de 3 mil genes. A *Buchnera* tem apenas 590 genes: perdeu cerca de 80% de seu genoma ancestral. Uma perda gênica surge de uma mutação por deleção que pode, então, disseminar-se por deriva ou por seleção. Muitas das deleções, nas bactérias intracelulares, poderiam ter-se disseminado por deriva. O ambiente interno da célula hospedeira contém muitos nutrientes e sistemas de defesa de que uma célula bacteriana necessita. Os recursos são providos pelo hospedeiro, e a seleção natural sobre alguns dos genes das bactérias intracelulares será relaxada. Os genes que são necessários em uma bactéria de vida livre, para prover aqueles recursos que estão presentes em células hospedeiras, em uma bactéria intracelular, não são necessários. Alternativamente, a perda gênica pode ser positivamente vantajosa. Em geral, uma célula com menos DNA pode reproduzir-se mais rapidamente. Por esse motivo, a seleção natural pode favorecer a diminuição do número de genes. (O Quadro 19.1 discute um exemplo interessante em medicina. Um outro exemplo marcante de perda gênica em uma bactéria intracelular é dado pela mitocôndria. Nós a examinaremos na próxima seção).

O DNA supérfluo pode ser eliminado...

Em todas as espécies, segmentos de DNA são perdidos em uma certa taxa. Parte do DNA não-codificador, por exemplo, é deletada de tempos em tempos, talvez porque copiá-lo é oneroso. Diferenças entre espécies quanto às taxas de deleção de DNA não-codificador podem ajudar a explicar por que algumas espécies têm genomas menores do que outras. Grilos do

... mas a eficiência das deleções varia

Quadro 19.1
Redução do Genoma em Patógenos Humanos

Os parasitas tendem a ter genomas reduzidos e os parasitas intracelulares os têm particularmente reduzidos. A *Shigella* é estreitamente relacionada à *Escherichia coli*. Na verdade, linhagens de *Shigella* parecem ter evoluído de *E. coli* ancestrais repetida e convergentemente. Por isso, o termo *Shigella* pode não ser taxonomicamente apropriado, e deveríamos referir-nos à linhagem "shigella" da espécie *E. coli* (Pupo *et al.*, 2000).

A *E. coli* é um habitante normalmente benigno de nossos intestinos, mas algumas linhagens de *Shigella* causam disenteria. Durante a evolução de *Shigella*, certos genes foram perdidos. Por exemplo, as linhagens de *Shigella* que causam disenteria não têm o gene (chamado *ompT*) que está presente nas linhagens benignas de *E. coli*. O gene *ompT* pode ser introduzido experimentalmente em *Shigella*, tendo o efeito de reduzir a taxa de disseminação desta pelas células hospedeiras. Os resultados experimentais sugerem que a seleção natural favoreceu positivamente a perda do gene *ompT* na origem dessas linhagens de *Shigella*. A perda do *ompT* foi vantajosa não só por tornar o DNA mais econômico, mas porque, de algum modo, o gene aumentava a eficiência da infecção celular. Nessa bactéria, o conhecimento sobre a evolução do genoma proporciona indícios úteis para a compreensão de sua patogenicidade.

Leitura adicional: Ochman e Moran (2001).

gênero *Laupala* têm o genoma mais de 10 vezes maior do que a drosófila. Petrov *et al.* (2000) estimaram a taxa evolutiva das deleções em DNA não-codificador dos dois táxons. Eles observaram que, ao longo do tempo de evolução, o DNA é eliminado 40 vezes mais depressa nas drosófilas do que nos grilos. Parte da explicação deve estar em que o DNA não-codificador já tem maior probabilidade de ser eliminado quando surge nas drosófilas. A seleção natural discrimina mais contra drosófilas que têm DNA não-codificador do que contra grilos que o possuem. A razão disso é um assunto para o futuro. Mas, em qualquer caso, precisamos entender as taxas de ganhos e perdas gênicas para entender os tamanhos dos genomas (e de suas diferentes partes) em diferentes espécies.

19.5 Incorporações simbióticas e transferências gênicas horizontais entre espécies influem na evolução do genoma

Depois da simbiose...

Na história evolutiva, a maioria dos aumentos de tamanho de genoma ocorreu por duplicações de todo ou de parte do mesmo. Mas as duplicações não são o único mecanismo. Duas espécies também podem combinar seus genomas em um só (ou quase um), em uma simbiose particularmente íntima, que é quase como uma incorporação mercantil. Na história do DNA humano só se conhece um evento assim: a simbiose entre duas bactérias, que levou à célula eucariótica contendo uma mitocôndria (Seções 10.4.3, p. 292, e 18.3.2, p. 552). O evento aconteceu, provavelmente, há 2.000-2.500 milhões de anos. Os tamanhos dos genomas das duas bactérias envolvidas não são conhecidos. No entanto, os números de genes das bactérias atuais variam de menos de 1.000 a mais de 6.000, com uma média de aproximadamente 2.500 genes. A nova célula fusionada poderia ter tido duas moléculas de DNA, cada uma com cerca de 2.500 genes.

... os genes transferiram-se para o núcleo

Desde então, uma das moléculas de DNA expandiu-se e evoluiu para DNA nuclear, enquanto a outra se reduziu e evoluiu para DNA mitocondrial. Todos os animais atuais têm mitocôndrias de tamanho aproximadamente igual, contendo 13 genes codificadores de proteínas e 24 genes codificadores de RNA. As mitocôndrias de plantas e de micróbios apresentam uma maior variação de tamanhos de genomas, alguns maiores e outros menores do que os dos animais; porém, mesmo os maiores genomas mitocondriais têm apenas 100 a 200 genes. A redução do número de genes deu-se principalmente por perdas gênicas, do mesmo modo que em outros simbiontes bacterianos intracelulares (ver Seção 19.4). Depois da simbiose, genes tornaram-se desnecessários e foram perdidos. Mas alguns genes mitocondriais foram transferidos para o núcleo. O DNA nuclear dos seres humanos atuais contém genes que descendem dos dois incorporadores eucarióticos originais. É difícil estudar o processo de transferência de genes da mitocôndria para o núcleo em animais, porque o genoma mitocondrial é relativamente constante. Em plantas, entretanto, os genes parecem ser transferidos mais freqüentemente e foram feitas algumas pesquisas reveladoras.

Por exemplo, em muitas plantas o gene que codifica a proteína ribossômica S14 (*rps14*) está na mitocôndria (Kubo *et al.*, 1999). No arroz, porém, o gene *rps14* mitocondrial é disfuncional (é um pseudogene). Em compensação, o gene *rps14* é encontrado no núcleo. Ali ele se encontra em um local interessante. Está dentro de um íntron que, por sua vez, pertence ao gene da succinato desidrogenase mitocondrial (*sdhb*). O *sdhb* é um antigo gene mitocondrial, que se mudou para o núcleo e codifica uma proteína que atua na mitocôndria. Um problema enfrentado por um gene mitocondrial que acidentalmente é copiado no núcleo é que são necessários sinais de direcionamento especiais para que a proteína penetre na mitocôndria. Se o gene mitocondrial deve atuar a partir do núcleo, de algum modo ele precisa adquirir as seqüências do sinal de direcionamento. Entrando no gene *sdhb*, o gene *rps14* resolveu competentemente esse problema. A proteína ribossômica S14 e a succinato-desidrogenase são geradas por encadeamentos alternativos (Seção 2.2, p. 47) do gene composto.

A história do *rps14* ilustra como os genes se transferem da mitocôndria para o núcleo. O problema do "sinal de direcionamento" é um dos vários problemas de detalhes que precisam ser superados para um transferência ser bem-sucedida. A transferência de genes mitocondriais para o núcleo contribuiu para as expansões evolutivas dos genomas nucleares e a diminuição evolutiva dos genomas mitocondriais. Além da duplicação e da deleção, a transferência de genes é mais um mecanismo pelo qual os genomas mudam de tamanho.

Pode haver transferência de genes entre espécies...

Os genomas também evoluem por transferência gênica horizontal. Esta (também chamada de transferência gênica lateral) ocorre quando um gene do genoma de uma espécie é copiado no genoma de outra espécie. É um evento raro, mas os projetos de seqüenciamento demonstraram que ele ocorre com uma freqüência inusitada ao longo do tempo evolutivo. Provavelmente é mais freqüente em bactérias. Até se conhecem genes que se transferiram entre arqués e bactérias. É provável que, algumas vezes, genes se transfiram de bactérias para eucariotos pluricelulares, mas atualmente é difícil garantir que algum gene, aparentemente bacteriano, encontrado no genoma de uma planta ou animal seja um exemplo de transferência gênica horizontal.

... mas é preciso ter evidências filogenéticas

O motivo da incerteza atual é que precisamos de filogenias com evidências de várias espécies para podermos identificar exemplos de transferência horizontal de genes. Enquanto tivermos evidências de umas poucas espécies apenas, não podemos excluir a hipótese alternativa da perda gênica (Figura 19.3). Para enxergar o problema, considere o genoma humano. Ele contém cerca de 100 genes que parecem ser genes bacterianos, mas não são encontrados em outros animais. Uma interpretação é que esses 100 genes foram transferidos recentemente de bactérias para ancestrais humanos. O problema é que não temos muitas evidências sobre outros animais. Os únicos seqüenciamentos completos são os "do verme" e "da mosca". Os genes poderiam ter estado presentes nos ancestrais comuns a toda a vida, e terem sido perdidos no ramo que levou aos vermes e moscas. Só precisamos sugerir um evento de perda para

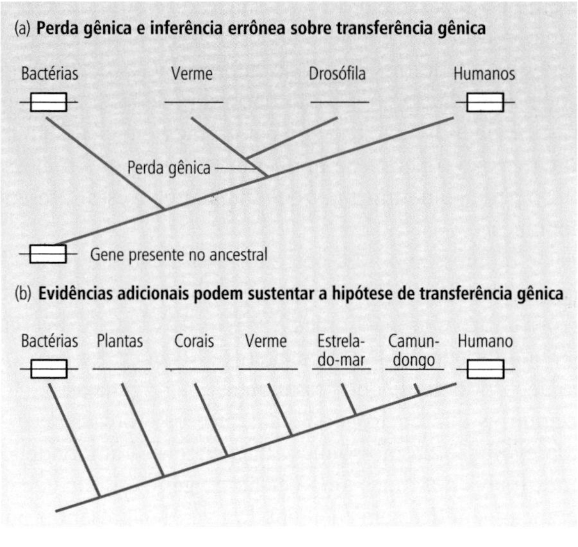

Figura 19.3

Para testar a hipótese de transferência gênica é preciso ampla evidência sobre a distribuição filogenética de um gene. (a) Conhecem-se alguns genes "bacterianos" no genoma humano, e tem sido levantada a hipótese de que eles teriam se originado por transferência recente, de bactérias para humanos. Entrementes, só foi seqüenciado o DNA de umas poucas espécies. As observações também podem ser explicadas por perda gênica na linhagem que levou ao verme e à drosófila. (b) Se soubéssemos se o gene está ausente em muitos dos ramos entre as bactérias e os humanos, a perda gênica seria menos plausível e a hipótese da transferência gênica teria melhor sustentação. Atualmente não temos essa informação (b), e a origem dos genes "bacterianos" no genoma humano continua incerta.

explicar os fatos. O que necessitamos é de evidências de mais espécies e que não pertençam ao ramo dos vermes e moscas (Figura 19.3b). Se os genes estiverem presentes em bactérias e humanos e ausentes em corais, moscas, estrelas-do-mar e camundongos, podemos concluir com mais segurança que eles se dirigiram horizontalmente das bactérias para nós recentemente. Enquanto essa informação não estiver disponível, é difícil demonstrar que um gene humano se originou por transferência horizontal. A perda gênica é uma explicação, no mínimo, igualmente plausível. Mas a transferência horizontal de genes de bactérias para animais e plantas provavelmente ocorre. À medida que se vão acumulando evidências sobre seqüências, estaremos aptos a identificar exemplos específicos.

19.6 Os cromossomos sexuais X/Y proporcionam um exemplo de pesquisa em genômica evolutiva em nível cromossômico

Os biólogos estão começando a usar seqüências genômicas para estudar a evolução dos cromossomos. A evolução do número e tamanho dos cromossomos é objeto permanente de pesquisas. As seqüências genômicas permitem aos biólogos inferir como os genes se deslocaram entre cromossomos durante a evolução e como a estrutura dos cromossomos mudou com o tempo. Um exemplo ilustrativo provém da evolução dos cromossomos sexuais.

Todos os mamíferos têm a determinação sexual cromossômica X/Y. Os ancestrais reptilianos dos mamíferos provavelmente não a tinham. O sistema dos mamíferos originou-se, provavelmente, há cerca de 300 milhões de anos ou mais, em um réptil tipo mamífero em que, em um cromossomo, surgiu um "gene determinante de macho". Esse cromossomo evoluiu para o cromossomo Y atual.

Os cromossomos X e Y evoluíram separadamente...

Os cromossomos X e Y são peculiares quanto a não se recombinarem, exceto em pequenas regiões das extremidades. Não há troca de genes entre os cromossomos X e Y. Os genes dos cromossomos X e Y evoluíram separadamente ao longo do tempo, diferentemente dos genes nos autossomos. Se uma versão superior de um gene surge em qualquer cromossomo não-sexual, ela tem uma boa chance de disseminar-se na população por meio de todas as cópias do cromossomo em que se encontra. A seleção natural pode fazer sua freqüência aumentar para 100%. Nesse caso, cada indivíduo terá um par cromossômico com o mesmo gene em cada cromossomo. Se uma versão superior de um gene surge em um cromossomo X (ou em um Y), a seleção natural só pode aumentar sua freqüência até ele estar presente em cada cromossomo X (ou Y) da população.

De início, quando o par de cromossomos que posteriormente evoluiu para o X e o Y era um par cromossômico normal, seus genes, em média, não diferiam em um indivíduo. Depois, quando cessou a troca de genes entre os cromossomos X e Y, os genes no X divergiram evolutivamente dos genes no Y. A quantidade de divergência entre os genes dos cromossomos X e Y depende, agora, do tempo decorrido desde que cessaram as trocas gênicas.

... e os genes de um e outro apresentam quatro graus de diferenças...

Lahn e Page (1999) usaram as diferenças genéticas entre os cromossomos X e Y para reconstruir a cronometria da evolução cromossômica. Eles encontraram evidências nas seqüências de 19 pares de genes (pares nos quais uma versão do gene está no X e a outra está no Y) e examinaram as diferenças genéticas em cada par. Em vez de apresentar uma variação contínua de diferenças, os 19 pares de genes distribuíram-se em quatro categorias distintas (Figura 19.4). Além disso, essas quatro categorias de genes enquadravam-se em quatro bandas ao longo do cromossomo X.

A interpretação de Lahn e Page foi de que a troca de genes se extinguiu em quatro etapas distintas. O par de genes mais diferentes pertence à região cromossômica em que a troca de genes se extinguiu primeiro. Uma inferência a partir do relógio molecular sugere que essa troca de genes cessou há 300-350 milhões de anos – por volta da época em que o sistema de

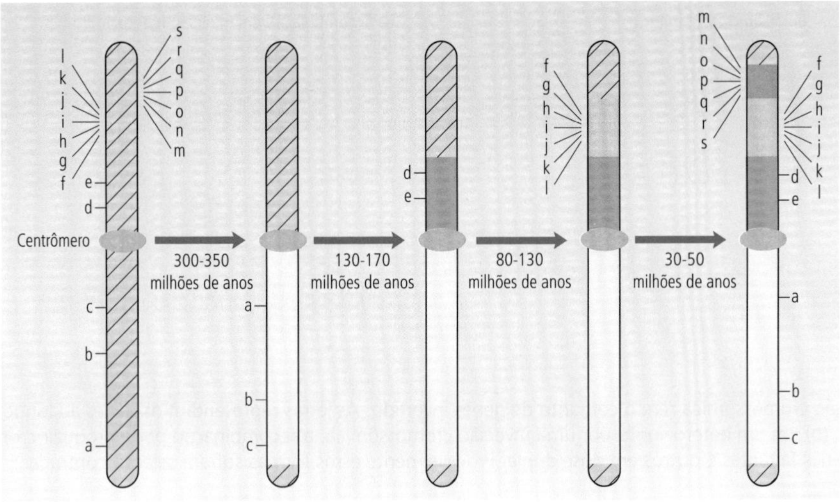

Figura 19.4

Evolução do cromossomo X humano, segundo Lahn e Page (1999). No cromossomo X atual, apresentado à direita, 19 genes (marcados a-s) distribuem-se em quatro faixas de antigüidade, conforme a quantidade de divergência entre genes equivalentes nos cromossomos X e Y. A recombinação entre os cromossomos sexuais pode ter se extinguido em quatro etapas, por meio de quatro eventos de inversão. Uma inferência feita por meio do relógio molecular resultou nas datas que são apresentadas, para as quatro inversões. As regiões hachuradas mostram onde ocorriam, em cada etapa, as recombinações entre os cromossomos X e Y. Ainda ocorrem recombinações entre as extremidades dos dois cromossomos. Nas fêmeas, ocorre livre recombinação entre os dois cromossomos X. O cromossomo Y não está ilustrado.

cromossomos sexuais dos mamíferos pode ter-se originado. Depois, ela foi sendo extinta sucessivamente nos três segmentos seguintes do cromossomo. A mais recente das quatro bandas tem genes que estão divergindo há 30-50 milhões de anos (Figura 19.4).

Que eventos causaram a cessação das trocas gênicas? Lahn e Page sugerem que foram quatro inversões cromossômicas. As inversões cromossômicas impedem a recombinação nas regiões invertidas (Figura 19.5). Por isso, podemos supor que o cromossomo Y deveria ter as mesmas quatro bandas que o X, com os genes em ordem inversa em cada uma delas. Entretanto, os genes do cromossomo Y não estão arranjados nas mesmas quatro bandas. Isso pode ser ou porque os genes se deslocaram depois dos eventos de inversão ou por ação de algum outro mecanismo diferente das inversões propostas por Lahn e Page. Atualmente os seres humanos são a única espécie para a qual existe informação suficiente sobre seqüências, para permitir esse tipo de análise. Mas a hipótese de Lahn e Page, da extinção das trocas gênicas entre os cromossomos X e Y em quatro fases, é rica em previsões sobre os cromossomos sexuais de outros mamíferos. À medida que se acumularem seqüências genômicas, um teste mais robusto tornar-se-á possível.

... levando a uma teoria rica em previsões, sobre a história dos cromossomos sexuais

A cessação das trocas gênicas entre os cromossomos X e Y, tenha ela ocorrido em quatro etapas ou não, pode explicar um outro fato sobre a evolução do genoma: a redução evolutiva do cromossomo Y. O provável motivo pelo qual o cromossomo Y tornou-se menor com o tempo é que a recombinação é vantajosa (Seções 12.1-12.3, p. 342-354). Atualmente, faltam, quase por completo, ao cromossomo Y, as vantagens do sexo e a sua informação genética decaiu. O cromossomo Y não diminuiu da mesma maneira porque a recombinação gênica entre cromossomos X prossegue normalmente (nas fêmeas).

Em resumo, Lahn e Page (1999) usaram a informação sobre seqüências genômicas nos cromossomos sexuais para inferir a história evolutiva das trocas de genes. Isso os levou a pro-

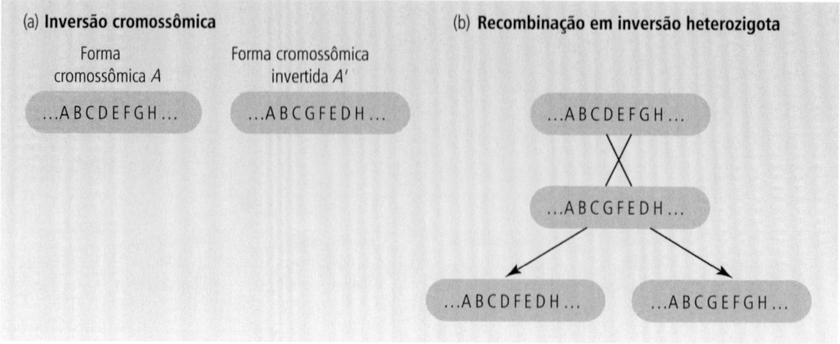

Figura 19.5

(a) Uma inversão cromossômica tem o conjunto de genes invertido. As letras representam os genes ao longo dos cromossomos. (b) Em um heterozigoto por uma inversão cromossômica, a recombinação pode produzir cromossomos com alguns genes faltantes e outros em dose dupla. Provavelmente essas formas sofrem seleção contrária.

por quatro fases de rearranjos de genes, por meio de inversões cromossômicas. Eles também conseguiram datar os quatro eventos. Sua hipótese pode ou não sustentar-se frente a novas pesquisas, mas é um bom exemplo do tipo de inferências que os dados sobre genomas estão possibilitando para a evolução cromossômica.

19.7 As seqüências genômicas podem ser usadas para estudar a história do DNA não-codificador

A parte "codificadora" do DNA humano – a que codifica os genes que regulam, constroem e defendem nossos corpos – compreende menos de 5% do nosso genoma. O resto é DNA "não-codificador". Este DNA pode ser um "refugo" inútil, sem função no corpo, ou pode ter alguma função estrutural ou reguladora. Agora podemos examinar como a seqüência do genoma humano está sendo usada para inferir a história evolutiva de uma grande classe de DNA não-codificador, que derivou dos elementos transponíveis (Seção 2.1, p. 46).

Grande parte de nosso DNA originou-se de elementos transponíveis

Cerca de 45% do genoma humano provêm dos elementos transponíveis. Estes são segmentos de DNA de quatro tipos principais: os elementos intercalares curtos (SINE*), os elementos intercalares longos (LINE*), as repetições terminais longas (LTR*) ou retrotransposons, e os transposons de DNA. Os três primeiros tipos são "genes saltadores", que são copiados por um RNA intermediador. Em nosso DNA, o SINE mais importante é uma seqüência chamada *Alu*. A unidade dessa seqüência tem pouco menos de 300 nucleotídeos de extensão e nosso DNA contém mais de 1 milhão delas: pouco mais de 10% do DNA humano consistem na seqüência *Alu*. Um LINE chamado LINE1 compreende uma porção ainda maior do nosso DNA – cerca de 17%.

Podemos tomar quaisquer dois exemplares de uma seqüência de nosso DNA, como a *Alu*, contar o número de diferenças entre eles e usar um relógio molecular para estimar há quanto tempo ocorreu o evento duplicativo "saltatório" que os originou. O Consórcio Internacional de Seqüenciamento do Genoma Humano (2001) fez uma análise desse

* N. de T. Do inglês, *short interspersed elements*.
** N. de T. Do inglês, *long interspersed elements*.
***N. de T. Do inglês, *long terminal repeats*.

tipo para todo o DNA do genoma humano identificável como derivado de transposons. Percebem-se três padrões. Um é que os diferentes tipos de elementos transponíveis estiveram mais ativos ou menos ativos em diferentes épocas da história da humanidade. A Tabela 19.1 mostra porcentagens do genoma humano que correspondem a cada um dos três tipos de transposons, datando suas respectivas épocas de origem. Podemos ver que o elemento *Alu*, por exemplo, teve uma proliferação explosiva entre 75 e 25 milhões de anos atrás. Cerca de 10% de nosso DNA consiste em seqüências *Alu*, e 80% destas originaram-se naquele intervalo de 50 milhões de anos.

Os elementos transponíveis podem ter ficado quiescentes na história humana recente

Um segundo padrão é que todos os elementos transponíveis parecem ter-se aquietado nos últimos 25 milhões de anos. Antes disso, DNA novo oriundo de transposons era adicionado ao nosso DNA em uma taxa relativamente constante (embora, relativamente, os diferentes tipos de transposons contribuíssem mais ou menos em diferentes épocas). Mas no passado evolutivo recente, pouco DNA novo foi adicionado.

Esses dois padrões são provisórios, porque o Consórcio Internacional de Seqüenciamento usou um método preliminar de análise. Disse que poderíamos inferir a data do ancestral comum a quaisquer dois exemplares de *Alu* (por exemplo) por contagem das diferenças e aplicação do relógio molecular. O Consórcio Internacional de Seqüenciamento comparou cada seqüência com uma seqüência consenso – contando as diferenças entre cada *Alu* e a *Alu* consenso. No fim, os biólogos pretendem reconstruir a árvore gênica das seqüências *Alu* em nosso DNA e estimar o número de mudanças nas seqüências nos ramos da árvore. Uma análise desse tipo formará uma história mais confiável do nosso DNA não-codificador do que os dados da Tabela 19.1.

Tabela 19.1

Época de origem do DNA repetitivo em (a) humanos e (b) camundongos. Os dados das tabelas mostram as porcentagens dos genomas que correspondem às respectivas classes de DNA repetitivo e que se originaram nas épocas especificadas. Nem todas as datas e classes de DNA repetitivo são apresentadas, de modo que as porcentagens não totalizam o DNA repetitivo do genoma. (a) Note a explosão na origem da *Alu* há 25 a 75 milhões de anos e a relativa quietude de surgimento de DNA repetitivo nos últimos 25 milhões de anos, nos humanos. (b) Em camundongos, nada de especial é observado.

(a) Humano

	Classe de DNA repetitivo		
Tempo (milhões de anos)	**SINE (*Alu*)**	**LINE (LINE1)**	**LTR**
0-25	0,5	0,5	0
25-50	4,5	2	0,25
50-75	3,5	1,5	1,5
75-100	1	2,5	2

(b) Camundongo

	Classe de DNA repetitivo		
Tempo (milhões de anos)	**SINE (*Alu*)**	**LINE (LINE1)**	**LTR**
0-25	2	2,5	2
25-50	2	3	2
50-75	3	2,5	2
75-100	2	2,5	2

Camundongos não apresentam o mesmo padrão

O terceiro padrão de resultados, porém, sugere que os dois primeiros não são meros artefatos do método. A mesma análise foi realizada nas seqüências disponíveis de camundongo. Este não apresentou nem o padrão nem a explosão de atividade de *Alu* há 27-75 milhões de anos, tampouco a diminuição de toda a atividade de elementos transponíveis nos últimos 25 milhões de anos. Portanto, não foram somente os métodos que geraram esses padrões automaticamente; mas é muito cedo para dizer que os padrões são reais. Se eles forem confirmados em análises mais rigorosas, terão de ser explicados. Por que, por exemplo, a atividade dos elementos transponíveis diminuiu nos últimos 25 milhões de anos da evolução humana?

A questão principal aqui é que identificando-se determinados tipos de repetições de seqüências, contando-se as diferenças entre elas e aplicando-se o relógio molecular, podemos inferir a história do DNA não-codificador. Os padrões específicos encontrados em uma análise preliminar são interessantes, mas eles podem não subsistir em futuras pesquisas. De qualquer modo, com o tempo, alguns padrões surgirão dos dados de seqüências. Quando isso acontecer, os biólogos irão atrás de uma explicação para eles.

19.8 Conclusão

Até certo ponto, a genômica evolutiva nem é tão recente. Já há um século e meio, os biólogos vêm estudando a história de 3.500 milhões de anos de nossos corpos, e tem de haver uma história equivalente também para o nosso DNA. Os biólogos perceberam que podiam ser feitas perguntas sobre genômica evolutiva. Na verdade, algumas pesquisas modernas desenvolveram-se a partir de idéias antigas, tais como a hipótese "2R" de Ohno. O que mudou foi nossa capacidade de responder às perguntas. Temos mais evidências e muitas técnicas novas, inventadas para testar hipóteses contra essas evidências.

Os exemplos de pesquisas que examinamos neste capítulo ilustram uma nova ciência em que pouco ou nada podia ser pesquisado antes do ano 2000. Faltaria a evidência. A história do conjunto gênico humano só pode ser inferida quando conhecemos a maior parte das seqüências de DNA de várias espécies. Investigações sobre a cronometria das duplicações, deleções e transferências gênicas exigem dados de seqüências. A história dos cromossomos sexuais humanos não poderia ser reconstruída enquanto não tivéssemos as seqüências das regiões codificadoras dos cromossomos X e Y. Os resultados que vimos neste capítulo são mais provisórios do que a maior parte dos resultados do resto deste livro. Entretanto, a genômica evolutiva está tão empolgada com suas promessas quanto com o que já conquistou – os resultados iniciais são idéias interessantes. É provável que, nos anos vindouros, a genômica evolutiva se torne uma das áreas de crescimento mais rápido da biologia evolutiva.

Resumo

1 O seqüenciamento genômico e a genética do desenvolvimento são duas áreas da genética molecular que estão trazendo acréscimos ao nosso conhecimento sobre evolução, especialmente à macroevolução.

2 Os genes codificadores de proteínas do genoma humano podem ser comparados com os genes dos procariotos, dos eucariotos unicelulares, dos animais invertebrados e dos vertebrados. Cerca de 20% de nossos genes são compartilhados com toda a vida; 32% tiveram origem nos eucariotos unicelulares; 24% evoluíram antes da origem dos animais, e 22% por volta da origem dos vertebrados. O genoma humano pode ser usado para estudar a história do DNA humano.

3 Uma seqüência genômica contém regiões duplicadas e (com uso do relógio molecular) a história das duplicações pode ser inferida na planta florífera *Arabidopsis*. A taxa evolutiva das duplicações e perdas gênicas em *Arabidopsis* é quase tão alta quanto a taxa de substituições de nucleotídeos.

4 A história das duplicações pode ser estudada na forma da árvore gênica de genes parálogos, em um genoma atual. A evidência não sustenta a hipótese de que o genoma foi duplicado duas vezes pouco antes da origem dos vertebrados.

5 Os genomas dos parasitas e simbiontes intracelulares tendem a diminuir ao longo do período evolutivo, por perdas gênicas.

6 O genoma dos eucariotos contém um conjunto de genes compostos, oriundos do evento de incorporação simbiótica, que levou à evolução da célula eucariótica.

7 Os cromossomos sexuais dos mamíferos parecem ter evoluído em quatro etapas (datáveis), talvez correspondentes a quatro inversões que impediam trocas gênicas.

8 A história do DNA não-codificador pode ser inferida pelo uso do relógio molecular em regiões do genoma que se originaram por transposição. Os elementos transponíveis podem ter ficado excepcionalmente imóveis nos últimos 25 milhões de anos da evolução humana.

Leitura adicional

Textos sobre evolução molecular, como os de Page e Holmes (1998) e de Grawr e Li (2000), contêm muito material sobre genômica evolutiva em geral, da mesma forma que o de Hughes (1999). As edições especiais de *Nature* e de *Science* sobre os genomas de determinadas espécies são informativas. Bennetzen (2002) discute um outro tópico, o genoma do arroz.

King e Wilson (1975) proporcionam uma visão clássica sobre genes reguladores – discutidos na seção sobre "evo-devo" deste capítulo.

A hipótese "2R" de Ohno (1970) é assunto de uma notícia na *Science* de 21 de dezembro de 2001, p. 2458-60. Lynch e Conery (2000) estimam a taxa de duplicações e verificam que ela é aproximadamente igual à taxa de substituição de bases. Um tópico adicional é saber se um gene de um par recém-duplicado experimenta relaxamento de seleção e evolui rapidamente para uma nova função. Isso é mais um exemplo da teoria evolutiva da "transposição de vales". Hughes (1999) apresenta evidências contrárias, mas veja também Lynch e Conery (2000).

Ochman e Moran (2001) revisam a perda de genes em parasitas e outros. A *Nature* de 23 de maio de 2002, p. 374-6 contém uma notícia sobre tamanhos de genoma. Quanto a perdas e transferências gênicas decorrentes de incorporações simbióticas, ver Blanchard e Lynch (2000) e, quanto a cloroplastos, Martin *et al.* (1998). Discuto as transferências e incorporações de genes em Ridley (2001).

Sobre cromossomos como tópico geral e particularmente sobre cromossomos sexuais, ver O'Brien e Stanyon (1999). Quanto às três fases da evolução cromossômica na história humana, ver Burt *et al.* (1999). Além do trabalho de Lahn e Page (1999), que examinamos no texto, foram propostas várias outras hipóteses especificamente sobre a genômica dos cromossomos sexuais. Ohno (1970) lançou sua hipótese da conservação evolutiva do cromossomo X (nos mamíferos): de que os genes se moverão menos do X e para o X do que nos autossomos, por causa das dificuldades peculiares da regulação gênica. Lahn e Page (1999) poderiam conduzir a uma complicação quádrupla da hipótese de Ohno. Outro material clássico é estudado em White (1973).

Na evolução do DNA repetitivo, um tópico adicional é a "em concerto". Elder e Turner (1995) fazem uma revisão.

Questões para estudo e revisão

1 (a) Como podemos estimar a data em que um gene se duplicou? (b) Quais os eventos evolutivos que se supõe estarem associados com as grandes "rodadas" de duplicações gênicas?

2 Alguns genes estão presentes nos genomas de bactérias e de humanos, mas não nos genomas de vermes e drosófilas. Quais são as duas principais hipóteses para explicar essa observação e como se poderia testá-las comparativamente?

3 No genoma humano, os pares de genes dos cromossomos X e Y distribuem-se em quatro regiões ao longo do cromossomo, conforme a similaridade das seqüências dos genes no par. Nos pares de genes dos pares de cromossomos autossômicos não ocorre o mesmo. Por que essa diferença entre os cromossomos sexuais e os autossomos?

20 Biologia Evolutiva do Desenvolvimento

A biologia evolutiva do desenvolvimento, agora freqüentemente conhecida como "evo-devo", é o estudo da relação entre a evolução e o desenvolvimento. Há muitos anos essa relação vem sendo objeto de pesquisas, e o capítulo começa examinando algumas idéias clássicas. Entretanto, nos últimos anos, o assunto transformou-se à medida que começaram a ser identificados os genes que controlam o desenvolvimento. Este capítulo examina como mudanças nesses genes de desenvolvimento, tais como as mudanças de sua expressão espacial ou temporal no embrião estão associadas com mudanças na morfologia do adulto. O surgimento de um conjunto de genes que controlam o desenvolvimento pode ter aberto caminhos novos e mais flexíveis por meio dos quais a evolução pôde ocorrer: a vida pode ter-se tornado mais "evolucionável".

20.1 As modificações no desenvolvimento e os genes controladores do desenvolvimento dão sustentação à evolução morfológica

Estruturas morfológicas, tais como cabeças, pernas e caudas, são produzidas por desenvolvimento, em cada indivíduo. O organismo começa a vida como célula única. Ele cresce por divisão celular e os vários tipos celulares (células ósseas, células cutâneas e assim por diante) são produzidos por diferenciação entre linhagens de células que se dividem. Quando uma espécie evolui em outra, com mudanças na morfologia, o processo de desenvolvimento também deve ter mudado. Se a espécie descendente tem pernas mais longas é porque o processo de desenvolvimento que produz pernas foi acelerado ou foi prolongado por mais tempo. As mudanças evolutivas no desenvolvimento e a genética do desenvolvimento são os mecanismos de todas (ou quase todas) as mudanças morfológicas evolutivas. Para entender a evolução morfológica, precisamos entender a evolução do desenvolvimento. Mas isso não é necessário para entender a evolução molecular ou a cromossômica: não precisamos estudar o desenvolvimento para estudar a evolução molecular e a cromossômica. Outros tipos de evolução, como a comportamental, também podem ter base no desenvolvimento. Mas este capítulo concentra-se no desenvolvimento como base da evolução morfológica.

A evolução morfológica é dirigida pela evolução do desenvolvimento

Desde o século XIX que os biólogos reconhecem que o desenvolvimento é a chave para o entendimento da evolução morfológica. Nos últimos 10 a 15 anos desenvolveu-se um novo campo de pesquisas. Muitos genes que controlam o desenvolvimento foram agora identificados e as técnicas moleculares podem ser usadas para estudar como esses genes foram modificados nas diferentes espécies. Este novo campo freqüentemente é referido por meio do termo informal "evo-devo". Neste capítulo, examinaremos rapidamente algumas teorias mais antigas sobre mudanças no desenvolvimento e evolução morfológica. Então, examinaremos com mais detalhes alguns exemplos de pesquisas atuais sobre o "evo-devo". As pesquisas antigas e as modernas estão integradas imperfeitamente porque a genética moderna ainda não identificou os genes subjacentes às estruturas e órgãos que foram estudados nos trabalhos antigos. Entretanto, podemos ver como as idéias modernas podem ser usadas de modo abstrato para explicar observações antigas. O objetivo de todas as pesquisas, desde o século XIX até hoje em dia, é usar o conhecimento sobre desenvolvimento para explicar como progride a evolução morfológica.

20.2 A teoria da recapitulação é uma idéia clássica (bastante desacreditada) sobre a relação entre desenvolvimento e evolução

A recapitulação é uma idéia audaciosa e influente, associada especialmente a Ernst Haeckel (Seção 1.3.3, p. 34), embora muitos outros biólogos também a apoiassem no século XIX e em princípios do século XX.

Segundo a teoria da recapitulação, as fases de desenvolvimento de um organismo correspondem à história filogenética de sua espécie: em uma frase, "a ontogenia recapitula a filogenia". Cada etapa do desenvolvimento corresponde a (isto é, "recapitula") uma etapa ancestral da história evolutiva da espécie. A aparência transitória de estruturas semelhantes a fendas branquiais no desenvolvimento de humanos e outros mamíferos é um exemplo notável. Os mamíferos evoluíram de um estágio ancestral de peixe e suas fendas branquiais embrionárias recapitulam sua ancestralidade píscea.

Outro exemplo freqüentemente destacado no século XIX é observado no formato das caudas dos peixes (Figura 20.1). Durante o desenvolvimento individual, em espécies de peixe evolutivamente avançadas como o linguado *Pleuronectes*, a cauda tem uma fase larval dificerca. Daí ela se desenvolve, durante uma fase heterocerca, até a forma homocerca do adulto. Na verdade, em peixes adultos podem ser encontrados todos os três tipos de caudas, conforme as espécies. O peixe pulmonado, o esturjão e o salmão da Figura 20.1 são exemplos. Supõe-se que o peixe pulmonado é o que mais se assemelha a um peixe primitivo, o esturjão seria de uma fase mais tardia e o salmão seria a forma evoluída mais recentemente. Portanto, a evolução teve seguimento por meio da adição sucessiva de novas etapas no final do desenvolvimento. Podemos representar as caudas dificerca, heterocerca e homocerca por A, B e C, respectivamente. O desenvolvimento do peixe mais primitivo atingiu o estágio A e parou. Depois, na evolução, foi acrescentado um novo estágio ao final: o desenvolvimento do peixe de segundo estágio era A → B. O tipo final de desenvolvimento era A → B → C. Gould (1977a) chamou esse modo de evolução de *adição terminal* (Figura 20.2a).

A recapitulação resulta de evolução por adição terminal

Quando a evolução progride por adição terminal o resultado é a recapitulação. Um indivíduo no estágio evolutivo final na Figura 20.2a desenvolve-se por meio dos estágios A, B e C, recapitulando a história evolutiva das formas adultas ancestrais. Entretanto, nem sempre a evolução progride por adições terminais. Podemos distinguir dois tipos de exceções. Uma é que características novas ou modificadas podem ser introduzidas em estágios mais iniciais de desenvolvimento (Figura 20.2b). Muitas formas larvais especializadas não são estágios ancestrais recapitulados (por exemplo, a zoé dos caranguejos, a larva de Muller dos equinodermos e a lagarta dos lepidópteros). Provavelmente, elas evoluíram por modificações das larvas e não por adição de um novo estágio no adulto.

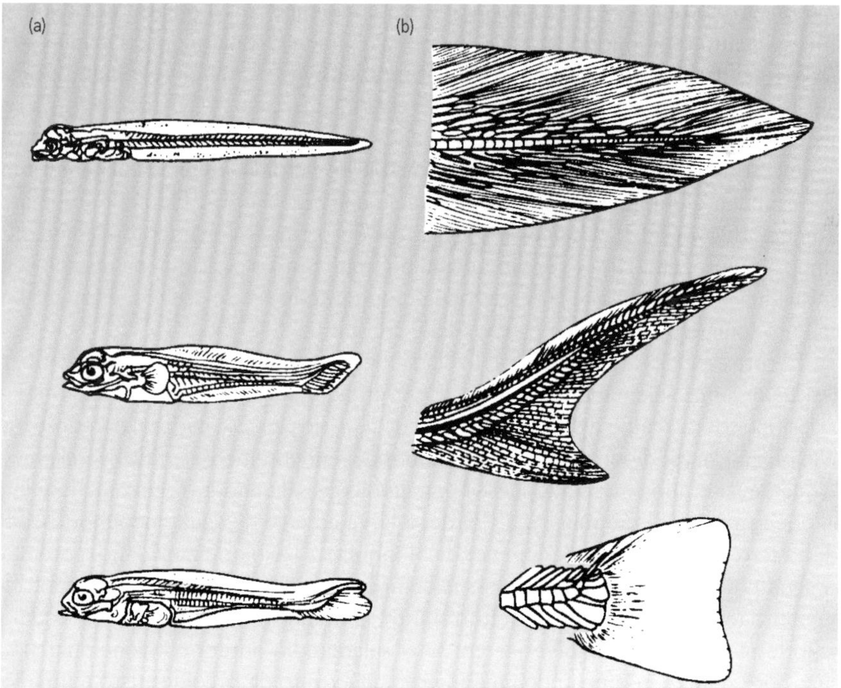

Figura 20.1

A recapitulação, ilustrada por meio de caudas de peixes. (a) O desenvolvimento de um teleósteo atual, o linguado *Pleuronectes* (a começar do topo) passa de uma fase dificerca para outra em que o lobo superior da cauda é maior (heterocerca), até o adulto, que tem a cauda com lobos de tamanhos iguais (homocerca). (b) Formas adultas, na ordem da evolução do formato da cauda, de cima para baixo: peixe pulmonado (dificerca); esturjão (heterocerca) e salmão (homocerca). Reproduzido de Gould (1977a), com permissão do editor.

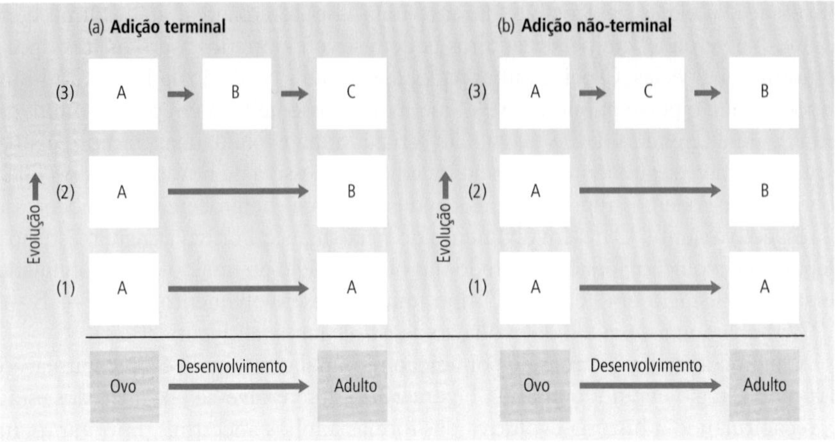

Figura 20.2

(a) Evolução por adição terminal. As etapas do desenvolvimento de um indivíduo estão representadas pelas letras. Página acima, o (1), o (2) e o (3) representam três estágios evolutivos sucessivos. Nas adições terminais, novos estágios só são acrescentados ao final do ciclo vital. (b) Evolução por adição não-terminal. Um novo estágio evolutivo foi acrescentado no início do desenvolvimento, e não no final do ciclo vital do adulto.

A época da maturidade pode transferir-se para uma fase precoce do desenvolvimento...

O segundo tipo de exceção surge quando os membros de uma espécie evoluem para a reprodução em uma fase mais precoce do desenvolvimento. É preciso distinguir taxa de desenvolvimento reprodutivo de taxa de desenvolvimento somático. (As células somáticas são todas as células do corpo, exceto as células reprodutivas.) O desenvolvimento somático avança do ovo ao adulto ao longo de uma série de estágios. Se o organismo se torna reprodutivamente maduro em um estágio precoce, seu desenvolvimento não recapitulará completamente sua ancestralidade. Sua forma adulta ancestral foi perdida. A reprodução em uma fase que ancestralmente era uma forma juvenil é chamada *pedomorfose*. Ela pode originar-se de duas maneiras (Figura 20.3). Uma é a *neotenia*, em que o desenvolvimento somático diminui em tempo absoluto, enquanto o desenvolvimento reprodutivo continua na mesma velocidade. A outra é a *progênese*, em que o desenvolvimento reprodutivo se acelera, enquanto o desenvolvimento somático continua em velocidade constante.

... e os axolotles são exemplos

Dentre espécies atuais, o exemplo clássico de neotenia é o axolotle mexicano, *Ambystoma mexicanum*, uma salamandra aquática. (Na verdade, deveríamos dizer "axolotles" porque há vários tipos e o trabalho de Shaffer [1984], de genética em escala-fina, demonstrou que o tipo de evolução larval descrito adiante evoluiu independentemente, várias vezes, mesmo dentro do que deve ser uma mesma espécie.) A maioria das salamandras têm uma fase larval aquática, que respira por brânquias; mais tarde, a larva emerge da água, metamorfoseada na forma adulta terrestre, com pulmões em vez de brânquias. O axolotle mexicano, porém, permanece na água por toda a vida e preserva suas brânquias externas para a respiração. Ele reproduz enquanto tem morfologia juvenil. Entretanto, com um tratamento simples, pode-se fazer um axolotle mexicano desenvolver-se em uma salamandra adulta convencional (isso pode ser feito, por exemplo, por meio de uma injeção de extrato de tireóide). Isto é uma forte indicação de que, durante a evolução do axolotle, a época do desenvolvimento da reprodução foi antecipada. De outro modo, não haveria motivo para ele possuir, mas sem ter expressão, toda a informação adaptativa de adulto terrestre.

A pedomorfose pode surgir de dois modos

Portanto, o axolotle mexicano é pedomórfico – mas ele é neotênico ou é progenético? Sua idade de cruzamento (e seu tamanho corporal ao cruzar) não é anormalmente precoce (ou pequeno) para uma salamandra. Portanto, seu tempo de reprodução provavelmente per-

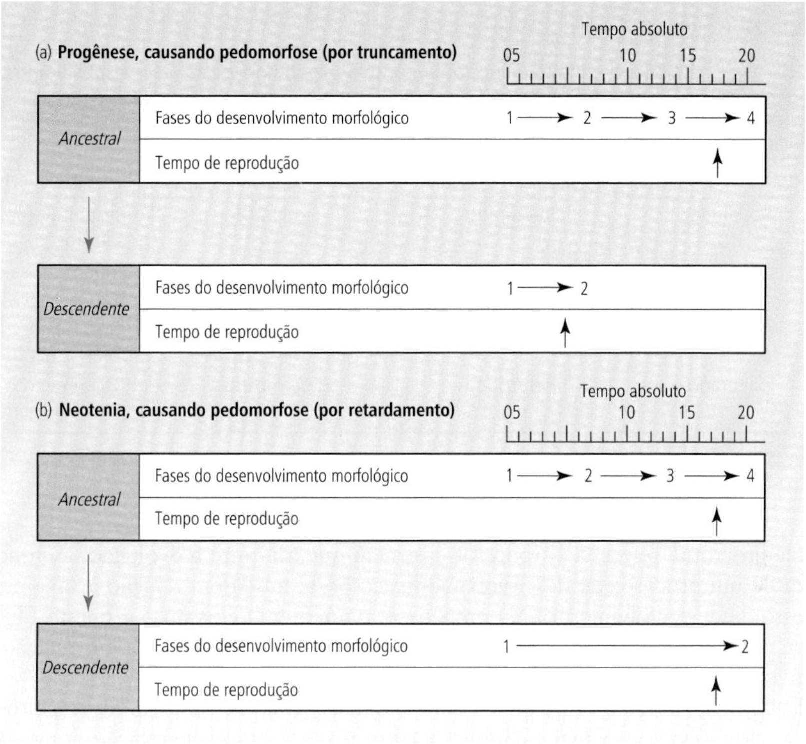

Figura 20.3

Pedomorfose é quando uma espécie descendente reproduz em uma fase morfológica que era juvenil em seus ancestrais, e pode ser causada por (a) progênese, em que a reprodução ocorre mais cedo em tempo absoluto ou (b) neotenia, em que a reprodução ocorre na mesma idade, mas o desenvolvimento somático fica retardado.

maneceu razoavelmente constante, enquanto seu desenvolvimento somático foi atrasado. O axolotle é um exemplo de neotenia. Foi proposto que os humanos também teriam neotenia. Quando adultos, somos morfologicamente semelhantes às formas juvenis dos grandes macacos. Se isso é uma pedomorfose verdadeira (mas há um forte argumento para que não seja) seria uma neotenia e não uma progênese porque nossa idade reprodutiva não diminuiu em relação à dos demais macacos. Na verdade, nossa idade no primeiro acasalamento é maior do que a dos outros macacos. Nosso desenvolvimento somático não sofreu simplesmente um atraso enquanto nosso desenvolvimento reprodutivo continuava na mesma. O que deve ter acontecido é que o nosso desenvolvimento somático foi desacelerado ainda além do retardamento de nosso desenvolvimento reprodutivo.

Em resumo, inicialmente, Haeckel e outros sugeriram que a evolução quase sempre transcorre de um mesmo modo. As mudanças ocorrem no adulto e as novas fases são adicionadas ao terminal da seqüência de desenvolvimento já existente. A partir da década de 1920, os biólogos passaram a aceitar uma perspectiva mais ampla. Freqüentemente a evolução progride por adição terminal, resultando em recapitulação. Mas outras fases de desenvolvimento também podem ser modificadas e as cronometrias do desenvolvimento reprodutivo e somático podem ser alteradas de qualquer modo – algumas destas alterações resultam em recapitulação e outras em pedomorfose (Tabela 20.1).

As mudanças nas taxas relativas de desenvolvimento somático e reprodutivo, que estivemos considerando, são um exemplo de um conceito geral importante: o de *heterocronia*.

Tabela 20.1

Categorias de heterocronia. Em trabalhos atuais o termo pedomorfose às vezes é substituído por recapitulação. De Gould (1977a). © 1977 de President and Fellows of Harvard College.

Cronometria do desenvolvimento			
Características somáticas	**Órgãos reprodutivos**	**Nome do resultado evolutivo**	**Processo morfológico**
Acelerado	Inalterado	Aceleração	Recapitulação (por aceleração)
Inalterado	Acelerado	Progênese	Pedomorfose (por truncamento)
Retardado	Inalterado	Neotenia	Pedomorfose (por retardamento)
Inalterado	Retardado	Hipermorfose	Recapitulação (por prolongamento)

As mudanças no desenvolvimento podem ser por heterocronia

Heterocronia refere-se a todos os casos em que, durante a evolução, a cronometria ou a taxa de um processo de desenvolvimento corporal muda em relação à taxa de um outro processo de desenvolvimento. Na progênese, na neotenia e assim por diante (Tabela 20.1), a taxa de desenvolvimento reprodutivo é acelerada ou desacelerada em relação à taxa de desenvolvimento somático.

Entretanto, a heterocronia é um conceito mais geral. Ele também diz respeito às mudanças no desenvolvimento de uma linhagem de células somáticas em relação a outra. Considere,

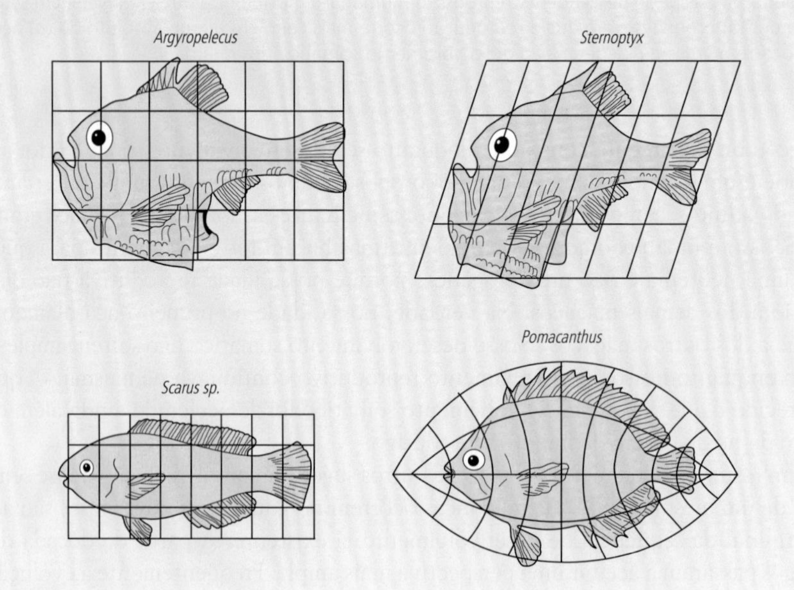

Figura 20.4

Um diagrama transformacional de D'Arcy Thompson. As formas de duas espécies de peixes foram plotadas em um sistema cartesiano. *Argyropelecus olfersi* poderia ter evoluído de *Sternoptyx diaphana* por mudanças nos padrões de crescimento correspondentes às distorções dos eixos, ou a evolução poderia ter tomado outra direção, ou, ainda, eles poderiam ter evoluído de uma espécie ancestral comum. O mesmo se dá entre *Scarus* e *Pomacanthus*. Reproduzida de Thompson (1942), com permissão da editora.

por exemplo, a *transformação de D´Arcy Thompson* (Figura 20.4). D´Arcy Thompson (1942) verificou que espécies relacionadas, superficialmente aparentando grandes diferenças, podiam, em certos casos, ser representadas como simples transformações cartesianas, uma da outra. Em um capítulo anterior, tomamos conhecimento do exemplo atual mais meticulosamente trabalhado (a análise de Raup sobre tamanho de conchas de caracóis: Figura 10.9, p. 307). Com algumas simplificações, os eixos das brânquias dos peixes, na Figura 20.4, ou os caracóis, da Figura 10.10, podem ser imaginados como gradientes de crescimento. Nesse caso, a mudança evolutiva entre espécies teria sido produzida por uma mudança genética nas taxas de crescimento das diferentes partes do corpo do peixe.

Mudanças aparentemente complexas podem ter uma base simples

Um item geral é que as mudanças evolutivas entre espécies podem ser mais simples do que inicialmente se imaginava. Por exemplo, se examinássemos o *Scarus* e o *Pomacanthus* da Figura 20.4 sem as grades do sistema cartesiano, poderíamos pensar que uma mudança evolutiva de um em outro seria de uma complexidade pelo menos moderada. Por isso, o interessante dos diagramas de D´Arcy Thompson é a demonstração de que as mudanças de forma poderiam ter sido produzidas por simples mudanças de regulação nos gradientes de crescimento. O ponto mais específico aqui é que as mudanças nos gradientes de crescimento das diferentes partes do corpo são exemplos adicionais de heterocronia. Freqüentemente as mudanças evolutivas na morfologia são produzidas por mudanças nas taxas relativas dos diferentes processos de desenvolvimento: isto é, por heterocronia. Esta também explica as mudanças evolutivas na alometria, que examinamos na Seção 10.7.3 (p. 303).

20.3 Os humanos podem ter evoluído de seus ancestrais macacos por mudanças nos genes reguladores

Os biólogos distinguem entre genes reguladores e genes estruturais. Os genes estruturais codificam as enzimas, as proteínas dos blocos de construção e as proteínas de transporte e de defesa. Os genes reguladores codificam moléculas que regulam a expressão de outros genes (sejam estes reguladores ou estruturais). A distinção é imperfeita, mas pode ser usada para constituir um item sobre evolução.

Os humanos e os chimpanzés assemelham-se mais geneticamente...

... do que se esperaria por sua morfologia

Britton e Davidson escreveram alguns influentes artigos, já antigos, nos quais sugeriam que a reorganização das rotas dos genes reguladores de um genoma poderia causar importantes mudanças evolutivas (por exemplo, Britton e Davidson, 1971). King e Wilson (1975) aplicaram essa perspectiva geral a um exemplo marcante: a evolução humana. Eles utilizaram várias técnicas para inferir que os DNAs dos humanos e o dos chimpanzés são quase idênticos. Trabalhos posteriores confirmaram sua conclusão de que apenas cerca de 1,5% dos sítios de nucleotídeos diferem entre o DNA humano e o de chimpanzé.[1] Entretanto, aos nossos olhos, os humanos e os chimpanzés são fenotipicamente muito diferentes. Os corpos humanos foram reprogramados para o andar ereto, as mandíbulas humanas tornaram-se mais curtas e fracas e os cérebros humanos expandiram-se e adquirimos o uso da linguagem. Na evolução humana, uma grande mudança fenotípica parece ter sido produzida por uma pequena mudança genética. King e Wilson formularam a hipótese de que a maioria das mudanças genéticas da evolução humana foi em genes reguladores. Uma pequena mudança na regulação gênica pode alcançar um grande efeito fenotípico. Só saberemos quais as mudanças genéticas que ocorreram na evolução humana quando tivermos (e entendermos) as seqüências genômicas

[1] Ver Figura 15.12 (p. 466). Como no Capítulo 15 também foi observado um valor próximo, recentemente Britton (2002) revisou a porcentagem de similaridade entre os DNAs humano e de chimpanzé para 95%, considerando as inserções e deleções. Cerca de 1,5% dos sítios de nucleotídeos apresenta substituições e outros 3,5% deles diferem devido a inserções e deleções. Entretanto, o argumento de King e Wilson continua essencialmente inalterado.

dos chimpanzés e de alguns outros macacos, assim como as dos seres humanos. Mas a hipótese de King e Wilson permanece como uma idéia popular sobre a evolução humana.

20.4 Muitos genes que regulam o desenvolvimento foram identificados recentemente

Agora já se conhece uma longa lista de genes que atuam durante o desenvolvimento, e ela está crescendo rapidamente. Os genes enquadram-se em duas categorias principais: genes que codificam fatores de transcrição e genes que codificam proteínas de sinalização (Figura 20.5). Os fatores de transcrição são moléculas que se ligam aos *reforçadores*. Um reforçador é um segmento de DNA capaz de ativar um gene específico. As proteínas de sinalização atuam nas vias de controle da célula para ativar e desativar genes específicos. Por exemplo, uma proteína receptora, na membrana celular, pode mudar de forma quando se liga a um hormônio. A mudança de forma pode desencadear mudanças moleculares subseqüentes na célula, levando, no final, à liberação de um fator de transcrição, que ativa um gene específico. A proteína da membrana celular, ou qualquer outra proteína da cadeia de reações, seria um exemplo de proteína sinalizadora. Quase todos os genes discutidos neste capítulo são genes de fatores de transcrição. Por exemplo, os genes *Hox*, e genes como o *distal-less*, o *eyeless* e o *engrailed*, da drosófila, todos codificam fatores de transcrição. Entretanto, outros genes de

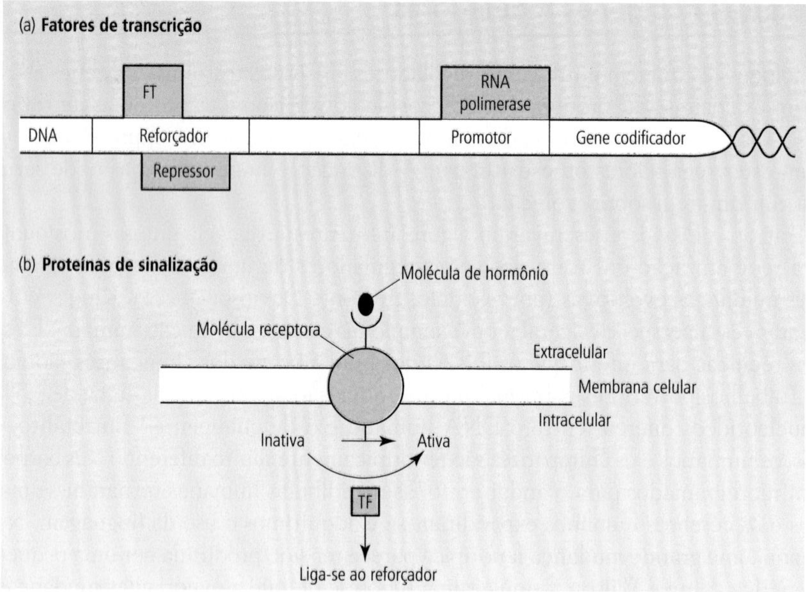

Figura 20.5

Há duas classes principais de genes que influenciam o desenvolvimento. (a) Os dos fatores de transcrição (FT), que se ligam aos reforçadores, os quais podem ativar ou desativar genes. O estado do reforçador é que determina se a RNA-polimerase irá ligar-se ao promotor. A ligação da RNA-polimerase ao promotor é o primeiro passo da transcrição de um gene. Pode existir um segmento de DNA entre o reforçador e o promotor. (b) Os de proteínas de sinalização. Uma via de sinalização celular pode conduzir um sinal de uma molécula receptora na membrana celular até um fator de transcrição, que pode estar ativo ou inativo. Quando o fator de transcrição está ativado, ele pode ativar um gene pelo processo mostrado em (a). Muitas proteínas são capazes de interagir com uma proteína receptora, no controle do metabolismo celular: todas essas moléculas são (desde que sejam protéicas) exemplos de proteínas sinalizadoras. Além disso, as proteínas receptoras podem receber outras moléculas, convencionalmente classificadas como hormônios. De Carroll *et al.*, 2001.

desenvolvimento, como os que, na drosófila, são chamados de *hedgehog*, *notch* e *wingless*, são de proteínas de sinalização, e a maioria das questões de princípio que examinamos para os fatores de transcrição também se aplicaria às proteínas sinalizadoras.

Há duas espécies em que os genes que regulam o desenvolvimento estão mais bem-compreendidos, camundongo e drosófila. Entretanto, os geneticistas estão procurando esses mesmos genes em outras espécies, e seus achados levaram a uma generalização importante. Essencialmente, todos os animais parecem usar o mesmo conjunto de genes para controlar o desenvolvimento. Os genes *Hox*, por exemplo, primeiro foram estudados em drosófila. Depois que foram clonados, foi possível procurá-los também em outras espécies, e eles foram reiteradamente encontrados em todos os outros táxons animais. Os genes *Hox* têm funções similares em todos os animais. Eles atuam como genes seletores de regiões específicas. As coordenadas do mapa básico do embrião inicial são estabelecidas por um outro conjunto de genes. Daí, durante o desenvolvimento, conjuntos específicos de genes são ativados para fazer com que a estrutura correta se desenvolva em cada região do corpo. Por exemplo, os genes para construir uma cabeça têm de ser ativados na extremidade do corpo. Os diferentes genes *Hox* são expressos em diferentes regiões do corpo e agem para ativar outros genes, que codificam as estruturas apropriadas. Os genes *Hox* fazem a intermediação entre a informação sobre o mapa básico do corpo e os genes que codificam as estruturas de cada região dele.

Os genes *Hox* funcionam no desenvolvimento de todos os animais

A constatação de que todos os animais utilizam essencialmente o mesmo conjunto de genes de desenvolvimento não seria previsível. Os principais grupos animais – Protostoma e Deuterostoma (Figura 18.5, p. 534) – foram definidos inicialmente pelas diferenças básicas no modo de desenvolvimento dos animais. Nos Protostoma, a clivagem do ovo é em espiral; nos Deuterostoma, ela é radial. Nos Protostoma, a estrutura embrionária chamada blastóporo origina a boca; nos Deuterostoma, ela origina o ânus. E assim por diante. Poder-se-ia esperar que essas profundas diferenças de desenvolvimento refletissem diferenças nos genes que regulam o desenvolvimento. Mas, na verdade, o mesmo conjunto de genes atua em ambos os táxons. Presumivelmente, os genes que regulam o desenvolvimento evoluíram só uma vez, quando do surgimento dos primeiros animais que têm desenvolvimento, e foram conservados desde então.[2]

20.5 As descobertas da moderna genética do desenvolvimento desafiaram e esclareceram o significado da homologia

Até princípios da década de 1990, os olhos dos insetos e os dos vertebrados eram considerados um exemplo-padrão de estruturas "análogas". Eles desempenham a mesma função, mas têm estruturas internas completamente diferentes, sugerindo que evoluíram independentemente de um ancestral comum, que não tinha olhos. Então o laboratório de Walter Gehring, na Suíça, começou a pesquisar genes que são cruciais para o desenvolvimento do olho, na drosófila e no camundongo. Sabia-se que um gene, o *ey*, era necessário na drosófila; outro gene, o *Pax6*, era necessário no camundongo. Resultou que as seqüências dos genes eram semelhantes, sugerindo que, na verdade, eles são o mesmo gene (isto é, homólogos). Podia-se demonstrar que o gene *ey* produzia o desenvolvimento do olho em drosófilas porque, sendo ativado em locais impróprios do corpo, como em uma perna, ele induz o desenvolvimento de um olho "ectópico"[3]. Daí foram usados truques genéticos para introduzir o gene *ey* da drosófi-

Um gene semelhante atua no desenvolvimento do olho, dos camundongos e das moscas

[2] As observações aqui sobre "todos os animais" aplicam-se mais claramente aos triploblásticos de simetria bilateral: isto é, a todos os animais exceto esponjas, cnidários (corais, medusas e anêmonas marinhas) e ctenóforos (Figura 18.5, p. 558). A genética do desenvolvimento das esponjas, cnidários e ctenofóros é mais incerta.

[3] Estrutura ectópica é aquela que está em lugar errado. Uma gravidez ectópica, por exemplo, significa que a gestação está ocorrendo em local diferente do útero – o tipo mais freqüente de gestações ectópicas ocorre nas tubas uterinas.

la no camundongo. Esses camundongos cresceram com olhos compostos, tipo mosca. Parece que o mesmo gene para desenvolvimento de olho é usado no camundongo e na drosófila. Se os olhos dos insetos e dos vertebrados tivessem se desenvolvido de forma independente, dificilmente esperaríamos que ambos tivessem usado o mesmo gene para agir como gene principal no desenvolvimento do olho.

Duas interpretações são possíveis. Uma, é que o ancestral comum a camundongos e drosófilas já tinha olhos. A estrutura dos olhos dos insetos e dos vertebrados é tão diferente que eles, provavelmente, se desenvolveram de forma independente, mas talvez a partir de um ancestral comum que possuía olhos, em vez de não tê-los. O olho desse ancestral comum pode ter sido uma estrutura muito mais simples (Seção 10.3, p. 287), mas haveria um elemento de homologia entre os olhos dos vertebrados e dos insetos. A evolução dos olhos nos dois táxons teria sido mais fácil se eles já possuíssem o maquinário genético de desenvolvimento para especificar alguma coisa a respeito do desenvolvimento de olhos.

A homologia pode ser mais, ou menos, específica

Alternativamente, a homologia pode ser mais abstrata: o *ey*/*Pax6*, ou o gene ancestral do qual eles evoluíram, poderia especificar alguma atividade em algum local específico do corpo (a parte frontal superior da cabeça). Nesse caso, o uso do mesmo gene em camundongos e drosófilas seria reflexo apenas do fato de que os dois animais desenvolvem olhos em uma mesma região do corpo. O ancestral comum ao camundongo e à drosófila tinha cabeça e teria genes funcionando nas regiões da cabeça. Seria menos surpreendente camundongos e drosófilas terem genes homólogos para controlar o desenvolvimento de determinada região da cabeça do que terem genes homólogos para desenvolver olhos. Algum nível de homologia entre os olhos de camundongos e drosófilas tem de existir; a questão é se a homologia está no nível dos olhos ou das regiões da cabeça.

Geralmente as estruturas que não são homólogas em um nível, serão em outro nível, mais abstrato. Afinal, isso reflete o fato de que toda a vida na Terra remonta a um ancestral comum, próximo da origem da vida. Considere as asas das aves e dos morcegos. Como asas, elas não são homólogas. Elas evoluíram independentemente de um ancestral comum que não tinha asas. Mas, como membros anteriores, elas são homólogas. As asas das aves e as dos morcegos são membros anteriores modificados, descendentes de um ancestral comum que possuía membros anteriores.

Desde o trabalho sobre olhos do laboratório de Gehring, verificou-se que várias outras estruturas de insetos e vertebrados, que se pensava serem análogas em vez de homólogas, tinham um controle genético comum. Algumas dessas estruturas podem ser homólogas em um sentido específico; outras somente em sentido abstrato. Só saberemos quais quando as ações dos genes relacionados forem mais bem conhecidas. Enquanto isso, as técnicas moleculares modernas adicionaram uma nova camada genética ao nosso entendimento sobre homologia, para ser acrescentada ao critério clássico que vimos no Capítulo 15.

20.6 O complexo de genes *Hox* expandiu-se em duas fases da evolução dos animais

O número de genes *Hox* aumentou...

As mudanças nos genes de desenvolvimento estão associadas com mudanças evolutivas importantes para a história da vida? Atualmente os *Hox* são o conjunto de genes que traz mais expectativas para que se responda a essa pergunta. Sabe-se mais sobre quais genes *Hox* que estão presentes em quais táxons animais do que sobre quaisquer outros genes associados ao desenvolvimento. Sabemos principalmente sobre o número de genes *Hox* em diferentes táxons e, assim, podemos examinar quando, na evolução animal, os números de genes *Hox* mudaram. (O trabalho é semelhante ao que examinamos na Seção 19.3, p. 581, sobre como testar se eventos evolutivos importantes estão associados a duplicações de genes.)

... um pouco antes da origem dos Bilateria

A Figura 20.6 apresenta os genes *Hox* de 12 grupos animais. Ela mostra claramente que o complexo gênico *Hox* se expandiu em dois pontos da filogenia. Um foi próximo do surgimento dos triploblásticos bilaterais (ver Figura 18.5, p. 558, quanto a este táxon). Os cnidários têm simetria radial e apenas duas camadas celulares. Eles são mais simples do que os outros grupos animais da figura, que têm três camadas celulares e simetria bilateral. Nos cnidários, só foram encontrados dois genes *Hox* em vez do conjunto de pelo menos sete genes *Hox*, comum nos Bilateria. Provavelmente, o número de genes *Hox* aumentou em cerca de cinco em alguma época próxima da origem dos Bilateria.

... e da origem dos vertebrados

Uma segunda expansão importante ocorreu próximo do surgimento dos vertebrados. Os invertebrados têm um único conjunto de até 13 genes *Hox*. Um único conjunto desses também é encontrado no parente mais próximo dos vertebrados, o lanceolado *Amphioxus* ("cefalocordados" na Figura 20.6). Os vertebrados, inclusive humanos, têm quatro exemplares

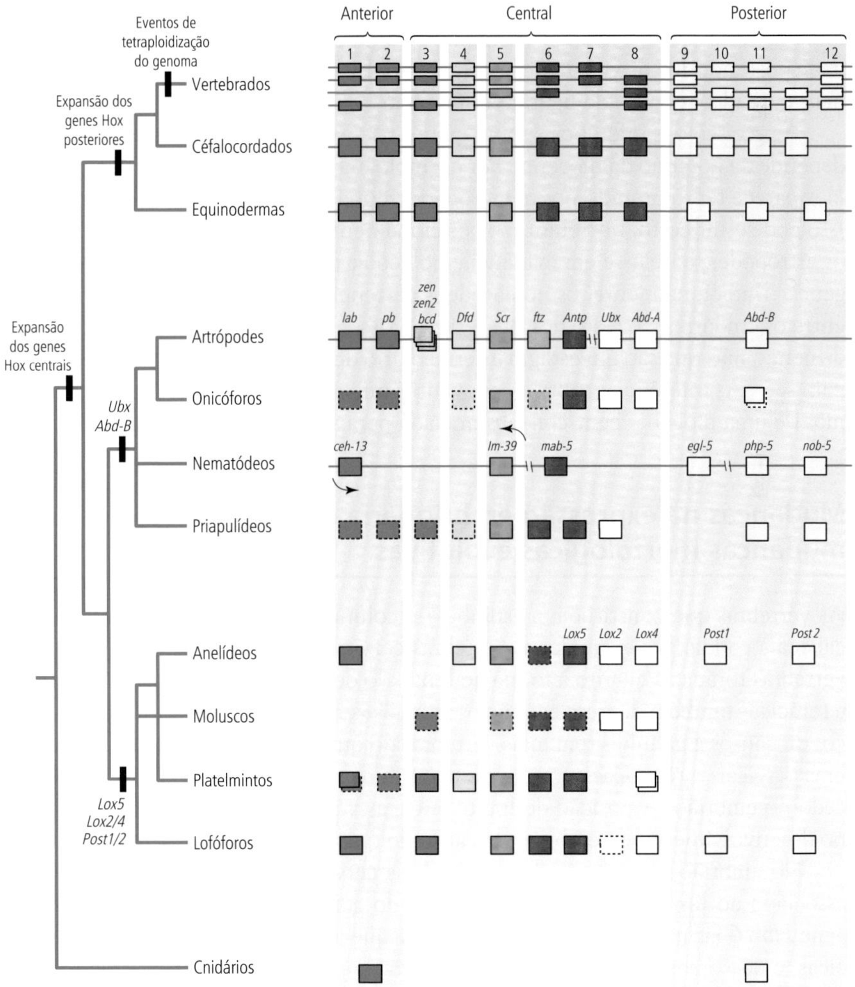

Figura 20.6

História dos genes *Hox*. Os táxons atuais contêm muitos genes *Hox* homólogos e sua distribuição pode ser usada para inferir a época em que os novos genes se originaram, e a época de uma possível tetraploidização quando do surgimento dos vertebrados (comparar com a Figura 19.2, p. 582). De Carroll *et al.*, (2001).

do conjunto de 13 genes. O conjunto gênico *Hox* foi quadruplicado, talvez por uma série de duplicações, durante o surgimento dos vertebrados. Alguns biólogos explicaram a quadruplicação dos genes *Hox* por meio da hipótese de Ohno, de que o genoma, como um todo, foi duplicado duas vezes na época do surgimento dos vertebrados. A hipótese de Ohno não tem boa sustentação (Seção 19.3, p. 581), mas, mesmo que o genoma inteiro não tenha sido tetraploidizado, o conjunto gênico *Hox* o foi. Também o foram outros conjuntos gênicos que operam no desenvolvimento. Esse aumento no número de genes pode ter contribuído para a evolução dos vertebrados.

Os vertebrados são, justificadamente, formas de vida mais complexas do que os animais invertebrados, pela razão de terem mais tipos celulares. Muitos biólogos também entendem que a complexidade anatômica dos vertebrados é maior do que a dos invertebrados. É difícil medir objetivamente a complexidade, mas se os vertebrados são mais complexos do que os invertebrados, o aumento do número de genes *Hox* pode ser parte da explicação. Se as formas de vida evoluíram com a adição de genes *Hox*, estes devem ter-se tornado capazes de, no futuro, desenvolver mais complexidade. A Figura 20.6 também sugere alguns outros períodos de mudanças nos genes *Hox*. Por exemplo, o número de genes *Hox* relacionados com a extremidade posterior do corpo parece ter-se expandido na origem dos Deuterostoma (equinodermos mais cordados, no alto da figura; ver também Figura 18.5, p. 558).

A precisão das inferências sobre quando ocorreram mudanças nos números de genes *Hox* depende da precisão da filogenia. Por exemplo, na filogenia da Figura 20.6, o número de genes *Hox* parece ter diminuído nos nematódeos (representados pelo verme *Caenorhabditis elegans*). Isso pode estar certo. Entretanto, o posicionamento dos nematódeos em um grupo, junto com os artrópodes, baseia-se em evidência molecular recente, a partir de um pequeno número de genes. Tradicionalmente, os nematódeos pertenciam a um ramo próximo da base da árvore, entre os cnidários e o resto dos Bilateria. Por isso, não devemos inferir que eles tenham perdido genes, mas que são um estágio intermediário do aumento mais antigo de genes *Hox*, de dois para sete. As inferências sobre esses eventos iniciais são incertas e, em qualquer caso, precisamos de uma filogenia bem-consubstanciada para podermos tirar conclusões confiáveis.

20.7 Mudanças na expressão embrionária dos genes estão associadas a mudanças morfológicas evolutivas

Mudanças na morfologia da espinha...

As vértebras que constituem a espinha, ou coluna vertebral, de um camundongo diferem da cabeça à cauda. Por exemplo, as vértebras cervicais do pescoço do camundongo diferem das vértebras torácicas quanto à forma ao longo do dorso do camundongo. As vértebras cervicais e torácicas também diferem em outros animais vertebrados como galinhas e gansos. Os pescoços de gansos e galinhas têm mais vértebras do que o do camundongo e a divisão entre vértebras cervicais e torácicas ocorre mais adiante na espinha. A diferença entre espécies aparece cedo no embrião. A posição do limite entre as vértebras cervicais e torácicas é mais adiante no desenvolvimento do embrião de ganso do que no do embrião de camundongo.

... estão associadas a mudanças no desenvolvimento espacial de um gene *Hox*

No embrião, o limite entre as vértebras cervicais e torácicas em desenvolvimento está associado ao limite anterior, da expressão do gene *Hoxc6* (Figura 20.7). Provavelmente, o gene *Hoxc6* faz parte do sistema de controle que ativa o desenvolvimento das vértebras torácicas, e não o das cervicais. Portanto, provavelmente uma mudança evolutiva na morfologia da espinha foi parcialmente produzida, em nível genético, por uma mudança na expressão espacial do gene *Hoxc6* no embrião. Os vertebrados desenvolvem-se na direção ântero-posterior, sendo a cabeça especificada primeiro. Um atraso na ativação do *Hoxc6* faria a fronteira cervical-torácica deslocar-se em direção à parte posterior da espinha.

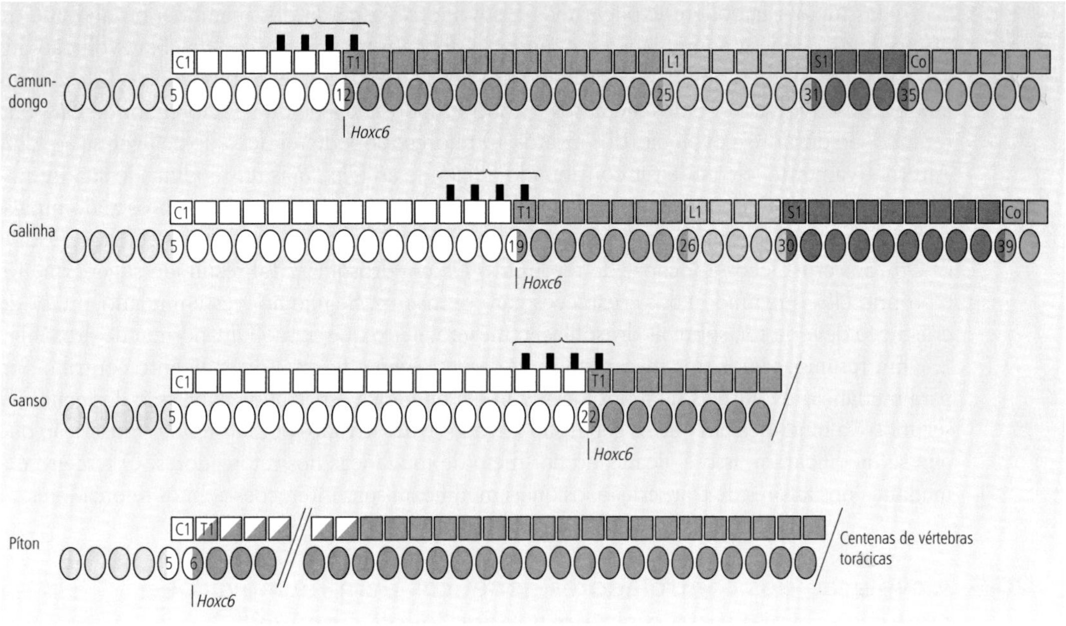

Figura 20.7

Mudança na expressão gênica associada à evolução morfológica. A forma das vértebras varia ao longo da espinha, com vértebras cervicais (C) no pescoço e vértebras torácicas (T) dorso abaixo. As vértebras mudam de cervicais para torácicas em diferentes posições ao longo da espinha, no camundongo, na galinha, no ganso e no píton. O limite de expressão do *Hoxc6* corresponde à posição em que a forma das vértebras muda de cervical para torácica. Uma mudança na expressão espacial do *Hoxc6* poderia ter contribuído para a mudança evolutiva da forma da coluna vertebral. Co = cóccix; L = lombar; S = sacral. Modificada de Carroll *et al.*, 2001.

Mudanças na cronometria da expressão do gene *Hox* também podem contribuir para a evolução morfológica. Por exemplo, o membro pentadáctilo dos tetrápodes evoluiu de uma nadadeira de peixe. Durante o desenvolvimento das nadadeiras dos peixes, os genes *Hox* expressam-se em duas fases. Essas fases podem, por exemplo, ajudar a causar um crescimento dos ossos para fora, para formar a nadadeira. Nos tetrápodes, durante o desenvolvimento dos membros, os genes *Hox* também se expressam em uma terceira fase, mais tardia. Essa fase está associada com o prosseguimento do crescimento dos ossos dos membros para fora, para formar os membros e as mãos. Portanto, parte do mecanismo pelo qual as nadadeiras evoluíram em membros pode ter sido a ativação de determinados genes *Hox* uma terceira vez, no membro em desenvolvimento. Anteriormente, neste capítulo, encontramos o conceito de heterocronia (Seção 20.2), que se baseava na pesquisa morfológica clássica. Aqui podemos ver um exemplo genético, em que a mudança na cronometria de um processo genético leva a mudanças evolutivas na morfologia.

Mudanças nos membros dos artrópodes estão associadas a...

A evolução morfológica pode ser causada por uma mudança nos genes com os quais um gene *Hox* interage. Por exemplo, os insetos diferem de alguns outros artrópodes por não terem pernas no abdome. Um inseto tem pernas no tórax, mas não no abdome, mas os miriápodes e a maioria dos crustáceos têm pernas abdominais. Durante a evolução, o desenvolvimento de pernas no abdome do inseto embrionário foi desativado. O mecanismo genético simplificado é que os genes *Hox ultrabithorax* (*Ubx*) e *Abd-A* se expressam no abdome de insetos, crustáceos e miriápodos. Eles são controladores regionais do desenvolvimento. Nos insetos, *Ubx e Abd-A* reprimem o gene *distal-less* (*Dll*); o *Dll* é o gene que dirige o desenvolvimento das patas. Nos miriápodes e nos crustáceos, o *Ubx* e o *Abd-A* não reprimem o *Dll*.

... mudanças nas interações dos genes *Hox*

Duas hipóteses podem explicar eventos como o da perda dos membros no abdome do inseto. Uma é a de uma mudança em um fator de transcrição como o *Ubx*. Na evolução dos insetos, o *Ubx* pode ter mudado, tornando-se capaz de reprimir genes tais como o *Dll*, controlando o desenvolvimento dos membros. A outra hipótese é a de que o reforçador do *Dll* pode ter mudado durante a evolução dos insetos. O reforçador pode ter deixado de ligar-se ao *Ubx*. Alternativamente, ele pode ter continuado a ligar-se ao *Ubx*, mas ter modificado sua interação com ele, de modo que agora o *Ubx* desativa o desenvolvimento de membros abdominais, em vez de ativá-lo. A primeira hipótese é sustentada por algumas evidências (Levine, 2002). O *Ubx* dos crustáceos é incapaz de reprimir o *Dll* em drosófilas. Tal resultado sugere que foi o próprio *Ubx* que mudou dos crustáceos para os insetos. Se não houvesse mudado, o *Ubx* de crustáceo deveria ter, sobre as drosófilas, o mesmo efeito que tem o *Ubx* normal de drosófila.

Em resumo, vimos três mecanismos de desenvolvimento que supostamente contribuíram para mudanças evolutivas na morfologia. Um é a mudança espacial na expressão dos genes. O segundo é a mudança em que os genes são ativados e desativados por fatores de transcrição que não se modificaram; isso é alcançado por meio de mudanças nos reforçadores. O terceiro é a mudança nos fatores de transcrição, os quais modificam suas interações com os reforçadores.

20.8 A evolução dos controladores genéticos permite inovações evolutivas, tornando o sistema mais "evolucionável"

Os exemplos da seção anterior ilustram como mudanças evolutivas em redes de genes reguladores podem estar subjacentes à evolução morfológica. No exemplo do *Hoxc6*, em que o número de vértebras cervicais mudava do camundongo para o ganso, a modificação estava nas relações de regulação entre o gene *Hoxc6* e algum gene controlador, de nível mais elevado.

Provavelmente as coordenadas ântero-posteriores do animal são dadas por um gradiente químico ao longo de seu corpo. Essas substâncias químicas podem ligar-se ao reforçador do *Hoxc6*, desativando-o em certas concentrações da substância e ativando-o em outras. Com isso, o gene *Hoxc6* é ativado em uma certa região do corpo. As mudanças morfológicas podem ser produzidas se o reforçador do *Hoxc6* mudar, de modo tal que o *Hoxc6* seja ligado ou desligado em concentrações um pouco diferentes das substâncias químicas que especificam o eixo ântero-posterior. No exemplo das patas abdominais em insetos, a mudança foi nos genes que eram regulados por *Ubx* e por *Abd-A*.

Não importa se as mudanças nesses exemplos se realizaram exatamente pelos mecanismos genéticos aqui sugeridos. Vários tipos de mudanças em um reforçador, ou nas moléculas que interagem positiva ou negativamente com ele, poderiam produzir o mesmo efeito geral. O que importa, e é de amplo interesse, é que a morfologia pode ser alterada por controladores aditivos ou subtrativos dos genes existentes. Se um gene pode causar, ou ajudar a causar, o desenvolvimento de uma perna, novas pernas podem ser adicionadas (ou antigas subtraídas) em um corpo por ativação ou desativação desse gene. O gene pode ganhar ou perder um reforçador que se liga a um fator de transcrição produzido por algum dos genes embrionários, especificadores-de-região.

Um gene pode mudar sua função por evolução de sua seqüência...

É instrutivo comparar as mudanças evolutivas produzidas pelo ganho ou pela perda de elementos reguladores resultantes de modificações ocorridas na seqüência do próprio gene. Neste livro, vimos muitos exemplos de mudanças na seqüência de um gene. Por exemplo, a seqüência de um gene de globina pode mudar de modo tal que os atributos de ligação com o oxigênio da molécula de hemoglobina fiquem alterados. Esse é um modo óbvio de uma molécula mudar de função e, provavelmente, muitas mudanças funcionais foram produzidas por mudanças de seqüências.

A importância dos controladores genéticos pode ser maior na adição evolutiva de novas funções. Brakefield *et al.* (1996) e Keys *et al.* (1999) descrevem como um circuito regulador

... mas ele acumula novas funções por meio da evolução de suas relações de regulação

de cinco genes passou a controlar o desenvolvimento dos "desenhos em forma de olho" nas asas de borboletas. O circuito gênico é capaz de produzir limites, ou divisas, e é usado por todos os insetos para produzir uma certa fronteira na estrutura da asa. A maioria das asas de insetos não tem o desenho em forma de olho, mas as asas de certas borboletas têm. Este desenho tem uma forma circular distinta, com uma divisa na margem. A forma de olho evoluiu, provavelmente, quando esse circuito gênico "produtor-de-limites" passou a expressar-se em uma nova rede de genes. Em um desenho em forma de olho de uma borboleta, os genes produtores-de-limites na asa são controlados por certos genes especificadores-de-espaço e controlam, por sua vez, certos genes produtores-de-pigmentos. Desse modo, um conjunto preexistente de genes passou a expressar-se em uma nova circunstância, provavelmente por mudanças nos reforçadores dos genes envolvidos. O gene produtor-de-limites ganhou uma nova função.

Quando um gene ganha um reforçador, que o ativa em nova circunstância, ele pode ganhar uma nova função sem comprometer sua função existente. Se uma molécula ou um órgão morfológico muda para ganhar uma nova função, geralmente ele passará a desempenhar menos bem a sua função existente. Se a boca for usada tanto para comer quanto para respirar, é provável que o fará cada uma dessas funções menos bem do que se só desempenhasse uma delas (ver Seção 10.7.5, p. 312, sobre intercâmbios). Uma molécula pode adquirir uma nova função por mudanças em sua seqüência interna, embora esse processo evolutivo seja inerentemente difícil. Entretanto, quando ganha uma nova função, ela também está sujeita a desempenhar menos bem sua antiga função. Essa dificuldade é evitada se a nova função é ganha por uma mudança na regulação gênica. O gene existente, sem modificação, passará a ser ativado em novas circunstâncias e a função antiga não será comprometida por isso.

Os sistemas de controladores podem ter tornado a vida mais evolucionável

Os reforçadores e as relações de regulação gênica associadas a eles nem sempre existiram na história da vida. Eles evoluíram para melhorar a precisão com que os genes eram ativados e desativados. Provavelmente, esses melhoramentos tornaram-se mais importantes à medida que os genomas evoluíam para tamanhos maiores e que as formas de vida (isto é, animais e plantas) passaram a surgir por meio do desenvolvimento de um ovo em um adulto diferenciado. Mas quando os controladores genéticos surgiram, eles justificadamente tiveram o efeito de tornar mais fáceis certas mudanças evolutivas. Ganhar novas funções tornou-se mais fácil para os genes. Por isso, uma maior variedade de animais e plantas pode ter se habilitado a evoluir. Os controladores genéticos não evoluíram para promover a biodiversidade; mas podem tê-lo feito como conseqüência.

O termo "evolucionalidade" foi usado para referir-se a quão provável, ou "fácil", é que uma espécie, ou forma de vida em geral, evolua em algo novo. Algumas espécies podem ser, inerentemente, mais "evolucionáveis" – ter mais probabilidade de desenvolver inovações e de evoluir em uma espécie nova, diferente. Muitas sugestões foram dadas sobre os fatores que promovem a evolucionalidade. Os controladores genéticos constituem um exemplo. Depois que eles surgiram, talvez a vida tenha se tornado mais evolucionável do que antes.

20.9 Conclusão

A genética está sendo cada vez mais usada para estudar macroevolução

Podemos encerrar com algumas reflexões gerais que se aplicam a este capítulo e ao anterior. Os dois capítulos não comportavam uma revisão completa da genômica evolutiva e do "evo-devo". Em vez disso, eles examinaram uma amostra de exemplos que são especialmente ilustrativos quanto às possibilidades – e ao interesse – desses dois campos. Entretanto, eles também ilustram outro ponto comum. Em biologia evolutiva, a genética tradicionalmente proporcionava os principais métodos e materiais para o estudo da microevolução. A genômica evolutiva e o evo-devo são dois modos pelos quais a genética está sendo usada agora para responder a questões macroevolutivas.

Como vimos no Capítulo 19, a genômica evolutiva examina questões às quais os evolucionistas prestavam pouca atenção anteriormente. Os dados que a tornaram possível mal existiam antes do ano 2000. No caso do evo-devo, os biólogos sempre souberam que a evolução morfológica deve ser dirigida por mudanças no desenvolvimento. Para racionalizar a evolução com base no desenvolvimento, eles possuíam conceitos como o da heterocronia. O trabalho atual em genética do desenvolvimento proporciona um modo novo de pensar sobre esses antigos problemas. O trabalho atual é mais concreto do que o anterior porque se baseia no conhecimento sobre genes individuais e nos processos de desenvolvimento que eles influenciam.

Maynard Smith e Szathmáry (1995, 1999) identificaram um número pequeno – 10 ou menos – ao qual chamam de "transições principais" na evolução. São eventos como o surgimento da vida, o dos cromossomos, o das células, o das células eucarióticas, o da vida pluricelular, o do desenvolvimento da reprodução sexuada e o da herança mendeliana. Eles são os grandes avanços que tornaram possível o prosseguimento da evolução. Todas as grandes transições são mudanças no modo como se dá a herança e na relação entre genótipo e fenótipo. A compreensão das principais transições é uma forma mais ampla de compreender a genômica evolutiva e o evo-devo. O progresso desses dois assuntos permitirá algum discernimento sobre as questões mais importantes da macroevolução.

Resumo

1 As mudanças morfológicas evolutivas geralmente acontecem por mudanças nos processos de desenvolvimento. A identificação de genes que influem no desenvolvimento é uma área importante da biologia moderna e seus métodos podem ser aplicados para estudar as relações entre o desenvolvimento e a evolução, um campo chamado "evo-devo".

2 A heterocronia refere-se a mudanças evolutivas nas cronometrias (*timing*) e nas taxas relativas dos diferentes processos de desenvolvimento. Por exemplo, a época de reprodução pode mudar em relação ao desenvolvimento somático. Igualmente, mudanças de forma podem resultar de mudanças em gradientes de crescimento e os diagramas transformacionais de D'Arcy Thompson podem ser interpretados em termos de heterocronia.

3 Os genes reguladores influem na expressão de outros genes e mudanças evolutivas podem decorrer de modificações nas relações de regulação entre genes, bem como de mudanças nas seqüências dos genes.

4 Verificou-se que o desenvolvimento de estruturas que se supunha não serem homólogas, como o olho dos insetos e o dos vertebrados, era controlado pelo mesmo gene. Os olhos dos insetos e vertebrados podem compartilhar um elemento de homologia, mas o nível dessa homologia é incerto.

5 O número de genes *Hox* aumentou de uns dois para sete por volta do surgimento dos triploblásticos bilaterais e quadruplicou de 13 para 52, por volta do surgimento dos vertebrados. Os genes *Hox* controlam a diferenciação espacial do corpo durante o desenvolvimento; o aumento do seu número pode estar associado aos aumentos na complexidade do desenvolvimento.

6 As mudanças na expressão dos genes de desenvolvimento são adquiridas, provavelmente, por ganhos, perdas e modificações nos elementos reguladores (sobretudo os reforçadores) desses genes.

7 Algumas formas de vida podem ser mais evolucionáveis do que outras: isto é, têm mais probabilidade de sofrer mudanças evolutivas inovadoras. O surgimento dos controladores genéticos pode ter tornado a vida mais evolucionável.

Leitura adicional

Textos gerais de biologia do desenvolvimento, como os de Gilbert (2000) e Wolpert (2002), têm capítulos sobre evolução, além de estarem baseados na biologia do desenvolvimento. Wilkins (2001), Carroll *et al.* (2001) e Hall (1998) são textos que tratam mais especificamente do evo-devo. Os *Proceedings of the National Academy of Sciences* (2000), vol. 97(9), p. 4424-540, contêm os anais de uma conferência sobre evo-devo. Gerhart e Kirschner (1997) é um livro estimulante, mais sobre a evolução das células, mas contendo muito material relevante para este capítulo. Meyerowitz (2002) faz uma comparação do evo-devo em plantas e animais.

O livro de Gould (1979a) discute a história das idéias de recapitulação e o trabalho atual sobre heterocronia. Gould (2002b) contém material adicional. Raff (1996) é um livro geral mais recente e o livro de Levinton (2001) é ainda mais amplo e cobre o mesmo tópico. Tanto Gould quanto Raff são bons em heterocronia, mas veja também o artigo de revisão de Klingenberg (1998), a página de Horder sobre heterocronia (e sobre as transformações de D´Arcy Thompson) na web, em <www.els.org> e o memento de Smith (2001).

Britton e Davidson (1971) é um trabalho antigo que discute a regulação gênica e a evolução. Veja também o artigo introdutório de A. C. Wilson (1985), o recente livro de Davidson (2001), bem como as referências gerais e algumas referências adicionais a seguir.

Gehring e Ikeo (1999) é um trabalho recente sobre o gene *Pax6* e a homologia dos olhos, que refere os artigos originais no início da década de 1990. Muitos autores discutiram o que isso e outros achados genéticos semelhantes revelam sobre homologia. Ver Dickinson (1995), Abouheif *et al.* (1997), McGhee (2000) e Mindell e Meyer (2001).

Sobre a origem dos genes *Hox*, ver também o material sobre duplicações, na seção sobre genômica do presente capítulo. Slack *et al.* (1993) discutem mais um tópico – a "fase filotípica". Eles sugerem que: (i) os animais são mais semelhantes em uma determinada etapa do desenvolvimento do que em etapas anteriores ou posteriores a essa; (ii) a etapa de semelhança máxima é aquela em que os genes *Hox* se expressam; e (iii) os animais podem ser definidos taxonomicamente por possuírem uma fase filotípica.

Carroll *et al.* (2001) dá referências sobre exemplos em que a expressão de genes no desenvolvimento está associada à evolução morfológica. Sobre desenhos em borboletas ver também a revisão geral de McMillan *et al.* (2002) e as contribuições particulares de Beldade *et al.* (2002a, 2002b), o segundo artigo, especialmente, vincula-se a outro tema clássico, o das restrições ao desenvolvimento na evolução – discutido no Capítulo 10 deste livro.

A questão geral sobre controladores e evolucionalidade é discutida, implicitamente, em Carroll *et al.* (2001) e mais explicitamente em Ptashne e Gann (1998). O conceito geral de evolucionalidade foi introduzido por Dawkins (1989b). Ele também é discutido em Gerhart e Kirschner (1997) e em Kirschner e Gerhart (1998). Outro achado relacionado refere-se à proteína do choque térmico que "canaliza" (Seção 10.7.3, p. 303) o desenvolvimento em animais e plantas. O rompimento da canalização pelo *hsp90* aumenta a amplitude da variação genética em uma população; por isso, normalmente o *hsp90* reduziria a evolucionalidade, por diminuição da variação, mas poderia aumentá-la em épocas de estresse. Pigliucci (2002) introduz o assunto e refere as fontes originais. O Capítulo 9 deste livro tem mais material sobre canalização.

Questões para estudo e revisão

1 Se a forma reprodutiva (adulta) de uma espécie descendente se assemelha morfologicamente a uma fase juvenil ancestral, (a) qual é o termo descritivo para esse padrão morfológico e (b) quais são os dois processos heterocrônicos que poderiam produzi-lo?

2 Os olhos dos vertebrados e os olhos compostos dos insetos têm estruturas completamente diferentes e, quase com certeza, desenvolveram-se independentemente. No entanto, um gene relacionado parece controlar o desenvolvimento dos olhos de camundongos e drosófilas. Como conciliamos essas duas observações?

3 (a) O que se quer dizer com "evolucionalidade"? (b) Como pode a evolução de circuitos de genes reguladores influenciar a evolucionalidade de uma forma de vida?

21 Taxas de Evolução

As taxas evolutivas de uma característica de uma linhagem podem ser medidas quantitativamente – começamos o Capítulo 21 observando como isso é feito de modo convencional. Depois examinamos uma grande compilação, de mais de quinhentas dessas medidas, e perguntamos se as taxas de evolução, nos fósseis, são compatíveis com a teoria da genética de populações. O equilíbrio pontuado é uma idéia moderna e influente a respeito das taxas evolutivas em fósseis, e discutimos a teoria, como testá-la e as evidências favoráveis e contrárias. Terminamos com duas outras medidas de taxas evolutivas: as taxas de mudanças nas condições de expressão de caráter arbitrariamente codificadas – que ilustramos com um estudo clássico de um fóssil vivo (um peixe pulmonado) – e as taxas taxonômicas, que são obtidas a partir das curvas de sobrevivência dos táxons fósseis.

21.1 As taxas de evolução podem ser expressas em "darwins", como é ilustrado por um estudo sobre a evolução do cavalo

Os dentes dos cavalos constituem um exemplo de como medir as taxas de evolução...

As 6 a 8 espécies atuais da família do cavalo (Equidae) são os modernos descendentes de uma linhagem evolutiva muito bem-conhecida no documentário fóssil. O documentário, passando por formas como o *Merychippus* e o *Mesohippus*, remonta até o *Hyracotherium*, que viveu há 55 milhões de anos e também foi chamado de *Eohippus*. Os cavalos têm dentes característicos, adaptados a triturar matéria vegetal, e os dentes fossilizados são a principal evidência utilizada para traçar sua história. Em média, os membros mais antigos da linhagem eram menores do que as formas mais recentes, como a Figura 21.1a ilustra. Os ancestrais eocênicos dos cavalos atuais tinham o tamanho de um cão e o menor, o tamanho de um gato. Também seus dentes eram menores e tinham formas diferentes das dos cavalos atuais. As relações entre ancestrais e descendentes são razoavelmente bem-conhecidas nas espécies eqüinas. Com isso, a taxa de

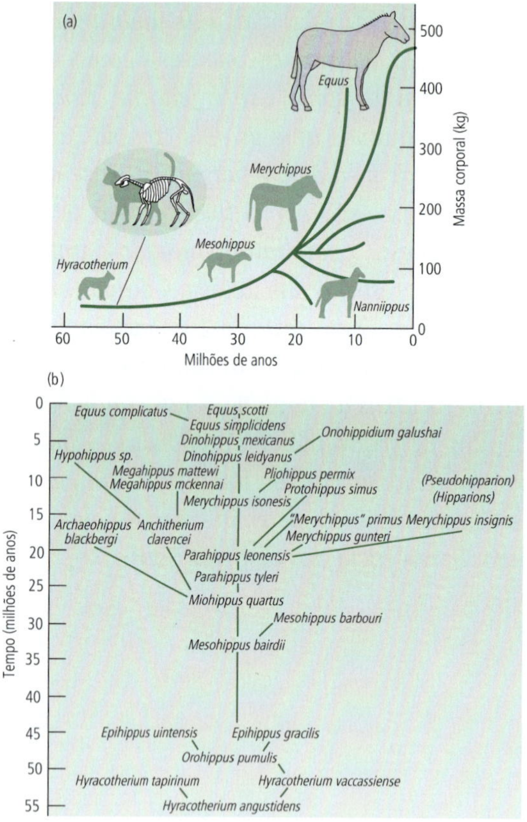

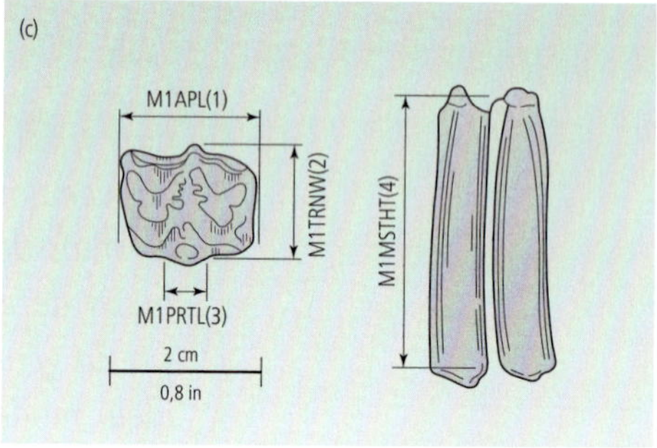

(d)

Species pair	Δt (Myr)	M1APL(1) (d)	M1TRNW(2) (d)	M1PRTL(3) (d)	M1MSTHT(4) (d)
Equus simplicidens-Equus complicatus	2.00	.000	–0.014	0.115	0.054
Parahippus leonensis-Merychippus primus	3.0	–0.009	–0.026	–0.012	0.154
Parahippus leonensis-Protohippus simus	6.00	.051	0.034	0.073	0.247
Miohippus quartis-Anchitherium clarencei	7.00	.065	0.057	0.049	0.046
Mesohippus bairdii-Mesohippus barbouri	1.00	.157	0.146	0.136	0.050
Equus simplicidens-Equus scotti	2.00	.040	0.005	0.162	0.097
Dinohippus mexicanus-Equus simplicidens	2.00	.064	0.081	0.088	0.142
Dinohippus leidyanus-Dinohippus mexicanus	2.0	–0.004	–0.026	0.074	–0.054
Dinohippus leidyanus-Onohippidium galushai	2.00	.033	0.027	0.030	–0.074
Merychippus isonesis-Pliohippus permix	2.50	.072	0.101	0.185	0.180
Megahippus mckennai-Megahippus matthewi	2.00	.036	0.022	0.064	0.219
Anchitherium clarencei-Megahippus mckennai	4.00	.083	0.096	0.094	0.109
Anchitherium clarencei-Hypohippusl .arge sp	8.00	.062	0.072	0.077	0.077
Parahippus leonensis-Merychippus insignis	3.00	.053	0.011	0.038	0.228
Parahippus leonensis-Merychippus isonesis	3.00	.030	0.014	0.028	0.339
Parahippus leonensis-Merychippus gunteri	2.0	–0.023	–0.107	–0.116	0.172
Parahippus tyleri-Parahippus leonensis	2.0	–0.062	–0.039	–0.179	0.088
Miohippus quartus-Archaeohippus blackbergi	7.0	–0.017	–0.018	–0.029	–0.021
Miohippus quartus-Parahippus tyleri	5.00	.067	0.052	0.066	0.091
Mesohippus bairdii-Miohippus quartus	6.00	.022	0.018	0.012	0.022
Epihippus gracilis-Mesohippus bairdii	14.00	.023	0.037	0.032	0.036
Orohippus pumulis-Epihippus uitensis	4.50	.047	0.052	0.042	–0.007
Orohippus pumulis-Epihippus gracilis	4.50	.026	–0.010	0.006	0.020
Hyracotherium vaccassiense-Oronippus pumulis	2.50	.011	0.029	0.012	0.068
Hyrocotherium angustidens-Hyracotherium vaccassiense	3.00	.010	0.026	–0.020	0.000
Hyracotherium angustidens-Hyracotherium tapirinium	3.00	.101	0.106	0.091	0.096
Taxa evolutiva do par médio de espécies*		0.045	0.047	0.0690	0.104

Equus simplicidens-Equus complicatus

Figura 21.1

(a) Os cavalos atuais descendem de um grupo que continha vária linhagens, cujo tamanho corporal médio aumentou nos últimos 50 milhões de anos. A inserção mostra a menor espécie conhecida de *Hyracotherium*, o *H. sandrae* (do Eoceno inferior em Wyoming), ladeado por um gato, para comparação de tamanhos. (100 lb ≈ 45 kg.) (b) Relações filogenéticas entre fósseis e espécies atuais de cavalos. (c) Vistas da coroa e lateral de um dente primeiro molar, mostrando as quatro medidas tomadas. (d) Taxas evolutivas expressas em darwins, (d) de quatro medidas em 26 pares inferidos das espécies ancestral e descendente. Não é importante estudar detalhadamente os números! Eles são referidos apenas para ilustrar os resultados de um estudo das taxas evolutivas. Redesenhada de MacFadden (1992), com permissão da editora.

mudanças evolutivas nos dentes pode ser estimada, por meio de medidas diretas nos fósseis de diferentes épocas, de uma linhagem.

Os dentes de cavalos são um assunto clássico no estudo de taxas evolutivas, e o trabalho mais atual e abrangente sobre eles é o de MacFadden (1992). Ele mediu quatro propriedades, em 408 espécimes de dentes, de 26 pares inferidos de ancestral-descendente (Figura 21.1b-d). A medida de taxa usada por MacFadden, e por muitos outros paleontólogos, foi a sugerida por Haldane (1949b). Suponha que um caráter tenha sido medido em duas ocasiões, t_1 e t_2; o t_1 e o t_2 são expressos como tempos passados, em milhões de anos. O t_1 poderia ser 15,2 milhões de anos e o t_2 14,2 milhões de anos (t_2 é a amostra mais recente, a que tem menos tempo até o presente). O intervalo de tempo entre as duas amostras pode ser escrito $\Delta t = t_1 - t_2$, que é 1 milhão de anos, se $t_1 = 15{,}2$ e $t_2 = 14{,}2$. O valor médio da característica é definido como x_1 na amostra mais antiga e como x_2 na mais recente; usamos os logaritmos naturais de x_1 e x_2 (o logaritmo natural é o logaritmo de base e, em que $e \approx 2{,}718$, e que é simbolizado como log ou como ln). Então a taxa de evolução (r) é:

$$r = \frac{\ln x_2 - \ln x_1}{\Delta t}$$

... em "darwins"

Se o caráter está aumentando evolutivamente, a taxa é positiva e se ele está diminuindo, ela é negativa, mas, para muitos propósitos, o que importa é a taxa absoluta de mudança, independentemente do sinal. Haldane definiu o "darwin" como a unidade de medida das taxas evolutivas; um darwin é uma mudança no caráter por um fator de e ($e \approx 2{,}718$) em um milhão de anos. A fórmula para r, dá a taxa em darwins, desde que o intervalo de tempo usado seja o milhão de anos. Se, por exemplo, $x_1 = 1$, $x_2 = 2{,}718$ e $\Delta t = 10$ milhões de anos, então $r = 0{,}1$ darwin.

O motivo da transformação logarítmica das medidas é a remoção de efeitos escalares espúrios. Se não fossem usados logaritmos, a taxa de evolução de um caráter seria acelerada quando ele aumentasse de tamanho, mesmo que sua taxa proporcional de mudanças continuasse constante. Com as medidas transformadas logaritmicamente, as taxas de mudanças podem ser comparadas entre espécies de tamanhos diferentes, como camundongos e elefantes.

Entretanto, o uso de logaritmos naturais pode ser complicado para pessoas que, intuitivamente, pensam nas mudanças em termos percentuais, e não em logaritmos. Para elas, uma mudança de 10% é significativa, mas essa é uma mudança de 0,1 unidade, ou menos, em logaritmos naturais. Felizmente, para pequenos períodos de tempo, os logaritmos naturais comportam-se de forma muito parecida com as mudanças percentuais. Suponha, por exemplo, uma linhagem que está evoluindo a 1 darwin. Para períodos de até cerca de 1.000 anos, a mudança percentual será aproximadamente constante a cada ano, o tempo todo. Isto é, a linhagem terá mudado em torno de 0,1% depois de 1.000 anos e cerca de um milésimo dessa quantidade (isto é, 0,0001%) por ano. Para períodos de tempo mais longos, as coisas não são tão simples. Se a linhagem continuasse a mudar no mesmo incremento anual (0,0001%), em 1 milhão de anos ela cresceria 100%. Mas uma linhagem que evolui a 1 darwin crescerá, na verdade, 272% em 1 milhão de anos. Portanto, as conhecidas unidades de "porcentagem de mudança" dão resultados razoáveis, mesmo para unidades logarítmicas como os darwins, mas só para períodos curtos de tempo. (O melhor modo de familiarizar-se com o significado dos darwins é calcular alguns: ver as questões para estudo e discussão no final do capítulo.)

Os 26 pares de espécies ancestral-descendente e as quatro características dentárias medidas por MacFadden produziram 4 x 26 = 104 estimativas de taxas evolutivas (Figura 21.1d). As diferentes características dentárias apresentaram diferentes padrões; a altura (M1MSTHT, na figura), por exemplo, evoluiu rapidamente entre *Parahippus e Merychippus*, enquanto os outros caracteres iam evoluindo em taxas normais. Mas o padrão detalhado dos números não é o importante aqui [1], embora seja interessante guardar os valores absolutos aproximados das taxas.

Os dentes dos cavalos apresentam uma variedade representativa de valores

A maior parte dos valores da Figura 21.1 está entre 0,05 e 0,1 darwins, ou 15 a 30% de mudanças por milhão de anos. A maior parte é positiva, indicando que, em média, a linhagem estava aumentando de tamanho. Entretanto, há valores negativos porque os cavalos das linhagens evolutivas diminuíam, assim como também aumentavam. Os valores da Figura 21.1 são as médias da linhagem que une o par formado por uma espécie ancestral e sua descendente, não implicando o fato de a evolução ter uma taxa constante ao longo do tempo. Uma média não é uma constante e as taxas para períodos curtos podem ter sido bem-diferentes das médias de longo prazo. Entretanto, como valores médios, os dados da Figura 21.1 são bem-característicos do documentário fóssil, não sendo excepcionalmente rápidos ou lentos. Logo veremos (Tabela 21.1, adiante) que o valor médio das taxas evolutivas de um grande conjunto de vertebrados é de cerca de 0,08 e que, quando em rápida evolução, os vertebrados apresentam taxas mais na ordem dos 1 a 10 darwins, durante períodos curtos. Simpson (1953), que mais do que qualquer outro, estimulou o estudo das taxas evolutivas dos fósseis, verificou que elas variam entre táxons, entre caracteres e no tempo e inventou os termos braditélico, horotélico e taquitélico para designar a evolução lenta, a típica e a rápida; a evolução do cavalo, no caso, é horotélica.

21.1.1 Como se comparam as taxas evolutivas da genética de populações e dos fósseis?

As taxas de evolução foram medidas para muitas características do documentário fóssil, em muitas espécies e em muitas épocas geológicas diferentes. Uma compilação feita por Gingerich (1983, 2001) incluiu 521 diferentes estimativas, das quais 409 eram do documentário fóssil. As estimativas em linhagens fósseis, variam entre 0 e 39 darwins. O principal problema das taxas evolutivas é entender por que elas diferem ao longo do tempo e entre táxons, como se observa.

Antes de abordarmos esse problema, podemos fazer uma pergunta mais geral. As taxas de mudanças que se observam no documentário fóssil são compatíveis com os mecanismos das modificações evolutivas estudados pelos geneticistas de populações? A genética de populações identifica dois grandes mecanismos de evolução, a seleção natural e a deriva genética, embora essa seja compreensivelmente pouco importante em evolução morfológica (Seção 7.3, p. 194). Não podemos confirmar diretamente que a seleção foi causa de mudanças como as do tamanho dos dentes na história dos cavalos. Isso exigiria a demonstração de que o caráter era herdado (isto é, os cavalos com dentes maiores produziriam prole com dentes maiores do que a média). Também teríamos de demonstrar que os cavalos maiores produziam mais prole do que a média. Geralmente esse tipo de estudo é impossível em fósseis.

Geralmente as taxas de evolução dos fósseis são mais lentas do que as dos experimentos de seleção artificial

Entretanto, ao menos podemos descobrir se os resultados de pesquisas nas duas áreas são compatíveis. Primeiro podemos perguntar se há alguma contradição entre as taxas de evolução observadas em trabalhos de genética de populações, tais como experimentos de seleção artificial, e as observadas em fósseis. Por exemplo, se as taxas de evolução nos fósseis são significativamente mais rápidas, isso sugere que a seleção sozinha não pode ser a única causa da evolução. Seria necessário algum outro fator, mais rápido. Na verdade, resulta que, nos experimentos de seleção artificial, as taxas de evolução são muito mais altas do que as medidas nos fósseis. Sob seleção artificial, a evolução progrediu cerca de cinco vezes mais

---

[1] Os padrões fazem sentido principalmente em termos das função trituradora dos dentes e da dieta de cada espécie dos cavalos. As dietas, por sua vez, eram influenciadas por mudanças na vegetação, sobretudo a expansão das gramíneas, e no clima. Ver Seção 18.5 (p. 559).

depressa do que no documentário fóssil (Tabela 21.1). Podemos concluir que os mecanismos conhecidos pela genética de populações podem acomodar confortavelmente o observado nos fósseis.

A rigor, isso não confirma que as mudanças nos fósseis foram dirigidas por seleção e (talvez) deriva. Entretanto, demonstra que as observações são compatíveis. Por isso, e por não serem conhecidos outros mecanismos de evolução, há poucas dúvidas de que os processos microevolutivos dos Capítulos 4 a 9, 14 e 15 – ainda que atuando indiretamente (o tamanho dos dentes poderia aumentar devido à seleção para aumento do tamanho corporal, por exemplo) – são a causa última subjacente às taxas de evolução observadas ao longo do tempo geológico. Não temos motivos para supor que estejam operando mecanismos evolutivos adicionais, porém desconhecidos.

Tabela 21.1

Resumo de taxas evolutivas de Gingerich. O resumo é grande, mas incompleto, e baseia-se em 521 medidas diferentes. Gingerich dividiu as medidas em quatro classes. A importância da coluna dos intervalos de tempo ficará evidente na Seção 21.2.

		Taxa de evolução (darwins)		Intervalo de tempo	
Domínio	Tamanho da amostra	Amplitude	Média geométrica	Amplitude	Média geométrica
I Experimentos de seleção	8	12.000–200.000	58.700	1,5–10 anos	3,7 anos
II Colonização	104	0–79.700	370	70–300 anos	170 anos
III Mamíferos pós-pleistocênicos	46	0,11–32,0	3,7	1.000–10.000 anos	8.200 anos
IV Fósseis de invertebrados e vertebrados	363	0–26,2	0,08	8.000 anos–350 milhões de anos	3,8 milhões de anos
Fósseis só de invertebrados	135	0–3,7	0,07	0,3–350 milhões de anos	7,9 milhões de anos
Fósseis só de vertebrados	228	0–26,2	0,08	8.000 anos– 98 milhões de anos	1,6 milhões de anos
I a IV combinados	521	0–200.000	0,73	1,5 anos–350 milhões de anos	0,2 milhões de anos

21.1.2 Nos tentilhões de Darwin, as taxas de evolução observadas em curtos períodos de tempo podem explicar a especiação em períodos longos

Os Grants observaram as taxas de modificações nos tentilhões...

A mesma questão – de que as taxas de evolução por diferentes períodos de tempo são compatíveis – pode ser abordada com outro argumento. Vimos (Seção 9.1, p. 251) como a seleção natural atuava nos bicos dos tentilhões de Darwin. A evidência era de seleção natural intra-específica. Esta demonstrou favorecimento dos indivíduos com bicos maiores quando as sementes e frutos que eles comem são grandes, enquanto os bicos menores são favorecidos quando o tamanho da comida é menor. Em 1976-77 (e subseqüentemente) os Grants mediram a força da seleção sobre os bicos dos tentilhões e seus resultados evolutivos (Figura 9.9, p. 269). Hoje, 14 espécies diferentes de tentilhões ocupam as Galápagos (Figura 21.2). Elas diferem principalmente nas proporções de seus bicos e tamanhos corporais. O que podemos fazer é calcular se o tipo de seleção observado nesse prazo curto seria suficiente para, no tempo disponível, originar todos os tentilhões das Galápagos.

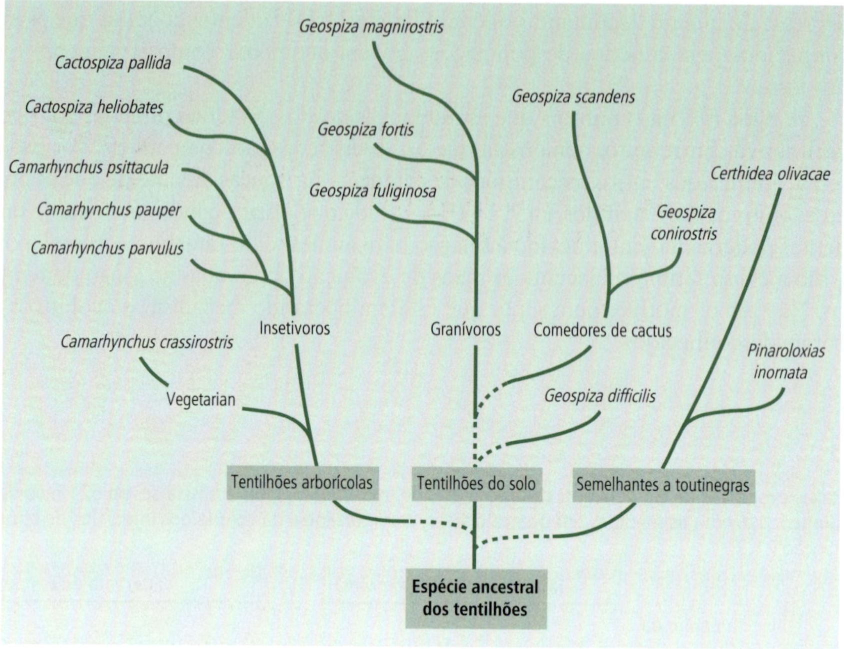

Figura 21.2

A possível filogenia dos tentilhões de Darwin, segundo Lack. Os tracejados indicam incerteza. Foram sugeridas outras filogenias. Houve tempo suficiente para a evolução de 14 espécies por seleção intrapopulacional, visto que as Galápagos foram colonizadas pelo ancestral há, talvez, 570 mil anos? Redesenhada de Lack (1947), com permissão da editora.

Quanto tempo levaria o processo estudado pelos Grants em 1976-77 para converter uma espécie de tentilhão em outra? Durante a estiagem de 1977, o tamanho do bico de *Geospiza fortis* na ilha de Daphne Major aumentou 4%. G. *magnirostris* é um parente próximo de G. *fortis*; as duas espécies diferem principalmente nas proporções do corpo e do bico e coexistem em várias das ilhas de Galápagos. A partir das diferenças médias do tamanho do bico entre G. *fortis* e G. *magnirostris* da Daphne Major, Grant (1986) estimou que 23 turnos de evolução como o de 1977 seriam suficientes para transformar G. *fortis* em G. *magnirostris*. Em outras ilhas, G. *fortis* tem maior tamanho do que na Daphne Major e, usando uma das maiores populações de G. *fortis* como ponto de partida, apenas 12 a 15 de tais eventos seriam necessários.

... e elas são mais do que adequadas para explicar a irradiação nas Galápagos

E qual é o tempo disponível? O arquipélago de Galápagos é formado por ilhas vulcânicas. As ilhas atuais provavelmente emergiram do oceano há 4 milhões de anos e todas as ilhas estavam aparentes há 1 a 0,5 milhão de anos (ver Sequeira *et al.*, 2000 sobre uma datação diferente). Estima-se que o ancestral comum dos pintassilgos de Darwin tenha vindo da América do Sul há cerca de 570 mil anos, de modo que a irradiação das 14 espécies de tentilhões aconteceu em cerca de 0,5 milhão de anos. Usando-se tanto a estimativa mais baixa, de 12 a 15 eventos (onde um "evento" é um turno de evolução como o ocorrido na Daphne Major em 1977) como a mais alta, de 25 eventos, podemos ver que, mesmo que houvesse ocorrido apenas um evento desses por século, a divergência evolutiva entre as duas espécies poderia enquadrar-se bem no espaço de tempo disponível. De fato, a verdadeira transição evolutiva provavelmente não aconteceu desse modo. O fenômeno El Niño de 1982-1983 reverteu a evolução de 1977, e provavelmente o que houve não foi uma transição contínua de uma população em outra, mas freqüentes reversões do acúmulo de pequenas mudanças. De qualquer modo, é improvável que G. *fortis* simplesmente tenha se transformado em G. *magnirostris* (ou vice-versa); provavelmente as duas divergiram a partir de um ancestral comum.

O cálculo bruto não pretende representar a exata história dessas aves. Em vez disso, ilustra como podemos extrapolar a taxa de evolução observada para explicar a diversificação dos tentilhões em 14 espécies a partir de uma única ancestral comum, há cerca de 570 mil anos. Se a extrapolação está correta, a causa da especiação dos tentilhões foi o mesmo processo observado hoje em dia – seleção natural de mudanças na forma do bico devidas, por sua vez, a mudanças no tipo de alimentos ao longo do tempo e entre ilhas. Embora a especiação dos tentilhões tenha sido rápida, não é necessário qualquer mecanismo incomum de evolução para explicá-la. Questões desse tipo geral são comuns na teoria evolutiva. Vimos uma justificativa semelhante na Seção 18.6.2 (p. 563), em que a seleção natural por um período longo foi usada para explicar as principais transições evolutivas dos répteis para os mamíferos.

21.2 Por que as taxas evolutivas variam?

Os paleobiólogos estudaram várias generalizações sobre as taxas evolutivas. Por exemplo, foi sugerido que as espécies, em geral, mudam mais rapidamente durante os eventos de especiação do que entre eventos; que formas estruturalmente mais complexas evoluem mais rapidamente do que as formas mais simples; e que alguns grupos taxonômicos evoluem mais rapidamente do que outros, por exemplo, que os mamíferos evoluem mais rapidamente do que os moluscos (essa é uma idéia antiga – era uma das generalizações favoritas de Lyell). Mais adiante examinaremos com mais detalhes o primeiro desses assuntos. Antes, porém, retornemos à compilação de taxas evolutivas de Gingerich (1983) e consideremos um aspecto geral de seu estudo.

As taxas observadas dependem do intervalo da medida...

Em sua compilação de taxas evolutivas, Gingerich observou uma relação inversa entre a taxa e o período de tempo em que ela fora medida. Os casos de evolução rápida tendiam a ser os observados por espaços de tempo mais curtos do que os de evolução mais lenta (Figura 21.3). É improvável que essa relação seja devida a alguma força do próprio processo evolutivo. Nessas velocidades, nada, na teoria evolutiva, limita a evolução rápida a ocorrer por períodos curtos e a evolução mais lenta a períodos mais longos. No nível molecular, por meio de comparações, as taxas de evolução parecem ser bem-constantes o tempo todo (por exemplo, Figura 7.3, p. 193).

Agora a observação básica de Gingerich pode ser complementada. Hendry e Kinnison (1999) revisaram 20 estudos sobre mudanças microevolutivas intra-específicas (isto é, estudos semelhantes ao dos Grants em tentilhões das Galápagos – Seção 9.1, p. 251). A cronologia e as taxas de evolução medidas enquadram-se e talvez ultrapassem, em parte, as categorias I e II da Figura 21.3. Os resultados também apresentam uma relação negativa entre os intervalos de medida (dos 2 aos 125 anos) e as taxas de evolução observadas.

Hendry e Kinnison destacam vários fatores que podem produzir uma relação negativa como a da Figura 21.3 e a de seus próprios dados. O fator mais importante pode ser explicado em termos do exemplo dos tentilhões de Darwin. Entretanto, precisamos concentrar-nos em uma característica um pouco diferente. Na seção anterior, consideramos a taxa de evolução durante uma única explosão de mudanças evolutivas. Agora precisamos nos voltar para a pressão seletiva que flutua durante vários anos consecutivos (Seção 9.1, p. 251).

... que pode ser devido a flutuações na direção da evolução

Os bicos dos tentilhões evoluíram para ficarem maiores nos tempos de escassez de alimentos e menores em tempos de abundância e o suprimento de comida flutuou ao longo do tempo, de acordo com o clima, especialmente com o distúrbio periódico do El Niño. Imagine as medições das taxas de evolução durante um desses ciclos e durante o ciclo todo (Figura 21.4a). Se a direção da evolução flutua, a taxa de evolução medida durante um intervalo curto será inevitavelmente maior do que a que é medida durante um intervalo mais longo, em que as mudanças de curta duração são ignoradas. O padrão da Figura 21.4a é simplificado,

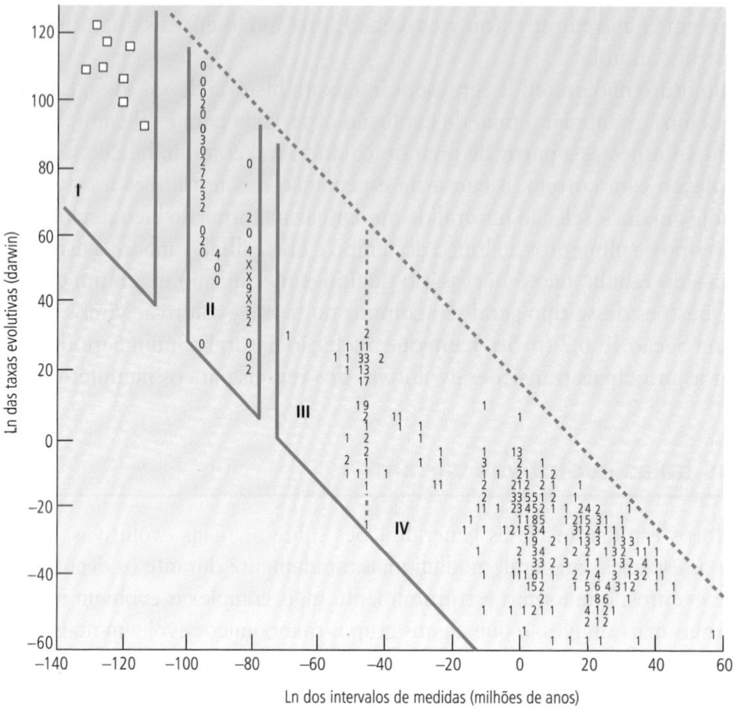

Figura 21.3

Relação entre as estimativas das taxas de evolução transformadas logaritmicamente e os intervalos de tempo usados nos 521 estudos resumidos na Tabela 21.1. A relação é negativa. Ver a Tabela 21.1 sobre o significado das amostras I, II, III e IV. Dígitos maiores do que 1 no gráfico correspondem ao número de casos naquele ponto (indicado como x quando o número é maior do que 9). De Gingerich (1983). © 1983 American Association for the Advancement of Science.

resultando em zero de mudanças líquidas durante um ciclo, mas, se houver flutuações na direção da evolução (Figura 21.4b), a taxa medida durante um período curto de tempo será realmente mais elevada. É provável que quase todas as linhagens evolutivas apresentem algumas reversões na direção das mudanças e que o padrão ilustrado pelos tentilhões de Darwin seja bastante comum. Isso explicaria a relação geral da Figura 21.3.

Outros fatores também podem contribuir

Outros fatores podem estar contribuindo. Por exemplo, os casos de evolução rápida durante períodos curtos de tempo referem-se a experimentos de seleção artificial (conjunto de dados I) e à colonização ecológica natural (conjunto de dados II); pode ser que esses sejam eventos extraordinários e que tenham intensidades de seleção acima da média. (Alternativamente, porém, poderia ser que as taxas fossem altas só porque o intervalo da medida é curto o sufciente para pegar a evolução em sua fase unidirecional, e não porque a intensidade da seleção seja peculiar. Há divergência de opiniões sobre quão representativas as intensidades de seleção dos conjuntos de dados I e II são das intensidades de seleção das linhagens que constituem os conjuntos de dados III e IV.)

Sendo correta, essa interpretação é importante para algumas das generalizações sobre taxas evolutivas, mas não para outras. Ela não invalida as próprias medidas. Nos 14 milhões de anos entre o *Epihippus gracilis* e o *Mesohippus bairdii*, os dentes dos cavalos evoluíram a uma taxa de 0,023 a 0,037 darwins (Figura 21.1), e pronto. Tudo o que se relaciona às medidas individuais e às comparações entre elas permanece válido. É quanto aos padrões mais gerais que os resultados de

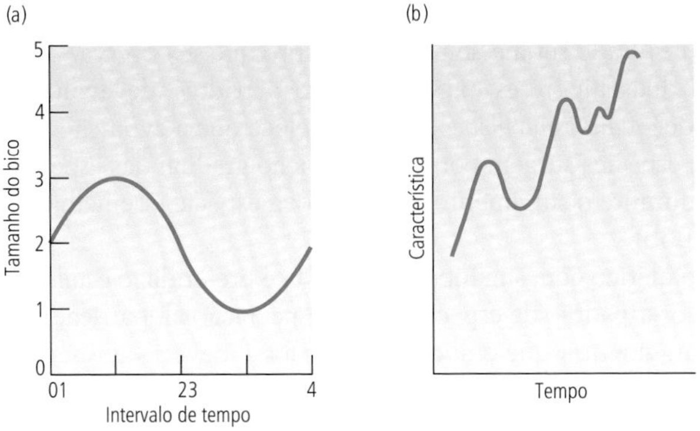

Intervalos de medida		Taxa de evolução
1 unidade	Dentro de 1 ou 2 ou 3 ou 4	1
2 unidades	1+2 2+3 3+4	0 1 } média 1/3 0
3 unidades	1+2+3 2+3+4	1/3 1/3
4 unidades	1+2+3+4	

Figura 21.4

Se a direção da evolução flutua ao longo do tempo, obtém-se uma relação inversa entre as medidas de taxa evolutiva e os intervalos de tempo (Figura 21.3). (a) Um ciclo simplificado de mudanças evolutivas. A taxa de mudanças medida em poucas unidades de tempo é maior do que a medida no ciclo inteiro, não há mudança líquida no ciclo e a taxa de evolução é zero. Na tabela, os números abaixo de "intervalos de medida" referem-se aos intervalos de tempo no eixo x do gráfico (as unidades arbitrárias de tamanho de bico podem ser imaginadas como logarítmicas para tornar as taxas apropriadamente comparáveis com a fórmula para cálculo das taxas, na Seção 21.1). (b) Com um padrão de evolução mais realista, até certo ponto continua a ser encontrada a relação inversa entre taxas e intervalos de medida, se houver flutuações na direção das mudanças.

Algumas tendências...

... desaparecem depois da correção dos intervalos das medidas

Gingerich nos deixam desconfiados. Por exemplo, nos dados de Gingerich está refletida a generalização de que os mamíferos evoluem mais rapidamente do que os moluscos. Ele verificou que os vertebrados, como um todo, tendem a evoluir mais rápido do que os invertebrados (compare as taxas médias de evolução dos dois grupos na Tabela 21.1). Embora seja verdade que, nas amostras medidas, os vertebrados evoluíram 1,14 vez mais rápido do que os invertebrados, isso poderia ser devido principalmente aos intervalos de tempo mais curtos das medidas dos vertebrados do que dos invertebrados (compare os intervalos médios de tempos de vertebrados e invertebrados, na Tabela 21.1). Quando Gingerich corrigiu a diferença de intervalos (por extrapolação da Figura 21.3), deduziu que, na verdade, os invertebrados evoluíam mais rápido dos que dos vertebrados. Essa correção, particularmente, pode ou não ser apropriada, mas é aconselhável levar em conta os intervalos de tempo ao comparar taxas evolutivas de linhagens diferentes.

Apesar do problema dos intervalos de tempo, as taxas de evolução de diferentes táxons ou diferentes tipos de táxons continuam sendo comparáveis. Entretanto, o problema não precisa ser considerado. Concentremo-nos em uma questão que não seja muito influenciada pelas dificuldades implicadas com os resultados de Gingerich. Ela também dá destaque à mais viva controvérsia atual sobre taxas de evolução: a teoria do equilíbrio pontuado.

21.3 A teoria do equilíbrio pontuado utiliza a teoria da especiação alopátrica para prever o padrão de mudanças no documentário fóssil

Em um famoso ensaio, Eldredge e Gould (1972) sugeriram que os paleontólogos haviam interpretado mal o neodarwinismo. O documentário fóssil havia criado um aparente problema para Darwin, por não mostrar transições evolutivas suaves. É um padrão comum que uma espécie apareça subitamente, persista por um período e depois se extinga. Daí pode surgir uma espécie relacionada, mas com poucos indícios de formas de transição entre o presumível ancestral e o descendente. A partir de Darwin, muitos paleontólogos têm explicado esse padrão por meio da incompletude do documentário fóssil. Se a evolução foi realmente gradual, mas a maior parte do registro fóssil foi perdida, o resultado seria esse padrão abrupto que se observa.

O gradualismo filético...

Eldredge e Gould distinguiram duas hipóteses extremas sobre o padrão de evolução (Figura 21.5). Uma eles designaram de *gradualismo filético*, que estabelece que a evolução tem uma taxa bem-constante, que novas espécies surgem por transformação gradual das espécies ancestrais e que a taxa de evolução durante o surgimento de uma nova espécie é semelhante à de qualquer outra época (Figura 21.5b).

... e o equilíbrio pontuado são teorias contrastantes

Eles confrontaram o gradualismo filético com sua hipótese própria e preferida, o *equilíbrio pontuado* (Figura 21.5a). Usaram a teoria-padrão de especiação – a especiação alopátrica, que examinamos no Capítulo 14 – para argumentar que o documentário fóssil deveria apresentar um padrão diferente do gradualismo filético. Se as novas espécies surgem alopatricamente e em pequenas populações isoladas, então o documentário fóssil pode não revelar o evento da especiação. Se um sítio preserva o registro da espécie ancestral, a espécie descendente estará evoluindo noutro local. A nova espécie não será preservada no mesmo sítio que sua ancestral. A nova espécie só deixará fósseis no mesmo sítio que sua ancestral se ela reocupar a mesma área. A reocupação poderia acontecer se a descendente estivesse competindo com sua ancestral, ou se fosse tão diferente dela que as duas pudessem coexistir ecologicamente. De qualquer modo, as novas espécies estariam completamente formadas na época em que se fossilizassem na mesma área que sua ancestral. As formas de transição não ficariam documentadas, não por incompletude do registro fóssil naquele sítio, mas porque a evolução que interessava aconteceu em outro local. O motivo de as formas de transição estarem ausentes é, de novo, a incompletude do documentário fóssil – mas não do modo sugerido pela teoria do gradualismo filético.

As espécies podem ter uma taxa reduzida de mudanças evolutivas entre os eventos de especiação – uma condição que Eldredge e Gould chamam de *estase*. Em teoria, a ausência de mudanças evolutivas em uma espécie pode ser explicada por seleção estabilizadora (Seção 4.4, p. 106) ou por restrições (Seção 10.7, p. 300). Restrição significa que a espécie não muda porque lhe falta variabilidade genética, ou variação genética expressa.[2] Como vimos na Seção 10.7.3 (p. 303), não há evidências de que as espécies permaneçam constantes por falta de variação

Figura 21.5

A diferença crucial entre equilíbrio pontuado e gradualismo filético refere-se às taxas observadas de mudança evolutiva em e entre eventos de separação. (a) Equilíbrio pontuado. (b) Gradualismo filético. (c) A teoria do equilíbrio pontuado também prevê que a evolução só ocorrerá em épocas de especiação. Mudanças rápidas, sem separação, contradizem a teoria.

[2] A variação genética pode estar presente, mas não expressa, se ficar oculta por canalização do desenvolvimento (Seções 9.9, p. 270 e 10.7.3, p. 303). Uma versão do equilíbrio pontuado sugere que a canalização cria uma restrição ao desenvolvimento. A evolução só é possível em circunstâncias revolucionárias, como em uma subpopulação sob estresse, na margem da distribuição principal de uma espécie. Sobre um motivo pelo qual a variação genética geralmente oculta pode expressar-se nessas condições, ver a seção de leitura adicional do Capítulo 20.

genética. Em contrapartida, a seleção estabilizadora é um fato bem-documentado e é altamente plausível em teoria. Por isso, ela é a explicação mais provável (se não a universalmente aceita) para a estase no documentário fóssil. A teoria do equilíbrio pontuado sustenta que a estase é a condição normal em uma espécie. A estase só é rompida quando a especiação ocorre. A mudança evolutiva está concentrada nos eventos de especiação. A constatação de mudanças sem ocorrência de especiação (Figura 21.5c) impugnaria a teoria do equilíbrio pontuado.

Existem versões mais e menos ortodoxas do equilíbrio pontuado

A teoria do equilíbrio pontuado aqui considerada é relativamente "ortodoxa". Eldredge e Gould adotaram a (ou uma) teoria de especiação padrão e destacaram que ela implica o fato de que os fósseis geralmente apresentam mudanças abruptas em vez de suaves. Entretanto, a teoria do equilíbrio pontuado estimulou muitas controvérsias, como foi documentado por Gould (2002b). Há dois motivos principais. Um é que às vezes se dizia que o equilíbrio pontuado afronta o "gradualismo" da teoria de evolução de Darwin. O Quadro 21.1 distingue

Quadro 21.1
Dois Significados para Gradualismo

Na teoria da evolução, as palavras "gradual" e "gradualismo" foram usadas com dois sentidos diferentes. Um refere-se à taxa de evolução e significa que esta é bem-constante. Esse é o seu significado no termo "gradualismo filético". Se a evolução progride à maneira de gradualismo filético, ela tem uma taxa constante; se ela prossegue por meio de equilíbrio pontuado, ela é intra-especificamente lenta, mas acelera-se ao desenvolver uma nova espécie.

Um segundo significado refere-se à evolução das adaptações, especialmente das adaptações complexas, como o olho dos vertebrados. Na Seção 10.3 (p. 287), vimos que as adaptações complexas evoluem por meio de várias etapas intermediárias. Elas não surgem abruptamente, já completamente formadas. É uma exigência rigorosa da teoria darwiniana que as adaptações evoluam gradualmente, em várias etapas. Entretanto, na teoria darwiniana não há qualquer exigência de que a evolução deva ter uma taxa constante.

Em *A Origem das Espécies* (1859) e em outras obras, Darwin salientava repetidamente que a evolução é lenta e gradual. Em vista disso, Gould concluiu que Darwin era um gradualista filético e que a teoria do equilíbrio pontuado contradiz tanto as próprias idéias de Darwin quanto as do neodarwinismo. Em contrapartida, Dawkins argumentou que Darwin entendia como evolução gradual algo crucialmente diferente. Darwin não fizera suas observações sobre o gradualismo especificamente no contexto das taxas evolutivas nos, e entre os, eventos de especiação. Quando discutia tal assunto, ele dizia coisas que soam como equilíbrio pontuado, tais como:

> Muitas espécies, uma vez formadas, não se modificam mais... e os períodos em que as espécies sofreram modificações, embora longos se medidos em anos, provavelmente foram curtos se comparados com os períodos durante os quais elas mantiveram a mesma forma. (Darwin, 1859.)

A teoria de Darwin e todas as versões subseqüentes do darwinismo são fortemente gradualistas quanto à evolução das adaptações. Mas não são gradualistas quanto à taxa de evolução. A única exigência rigorosa que a teoria darwiniana faz quanto às taxas de evolução é de que os fósseis não deveriam evoluir mais rapidamente do que as taxas mais rápidas observadas em experimentos de seleção que usam a variação genética normal. Se a evolução dos fósseis tivesse sido mais rápida do que isso, haveria sugestão de que macromutações ou algum fator desse tipo estivessem contribuindo para a evolução dos fósseis. Isso, realmente, desafiaria o neodarwinismo. Entretanto, mesmo as taxas de evolução mais rápidas nos fósseis são mais lentas do que as taxas observadas em experimentos genéticos (Seção 21.1). O que, em uma cronologia geológica, parece rápido, é lento – quase lento demais para estudar geneticamente – na cronometria genética.

Na Seção 21.1 vimos que Simpson, a principal autoridade neodarwinista em taxas de evolução, sugeriu que a evolução apresenta uma variedade de taxas, de lentas a rápidas. Nem Darwin nem Simpson postularam que a evolução tenha uma taxa constante. Por isso, é interessante testar a teoria do equilíbrio pontuado, mas se ela se mostrar correta e o gradualismo filético errado, não haverá qualquer dano a qualquer princípio darwiniano fundamental de gradualismo. As adaptações continuarão tendo de evoluir ao longo de muitas pequenas etapas.

Leitura adicional: Dawkins (1986), Gould (2002b).

dois significados para a palavra "gradual". Quando os dois são diferenciados, a linha de controvérsias fica difusa.

A segunda fonte de controvérsia é que a teoria do equilíbrio pontuado foi esboçada em conjunto com idéias menos aceitas sobre especiação e associada a elas. Essa teoria vem sendo desenvolvida ativamente por cerca de 30 anos e existe em várias versões diferentes. As teorias de especiação por "transposição de vales" (nos termos da Seção 14.4.4, p. 419), especialmente, têm sido bastante usadas para prever o equilíbrio pontuado. A especiação exige a transposição de vale se duas espécies têm adaptações diferentes e as formas intermediárias entre elas têm valores adaptativos menores. As duas espécies ocupam picos diferentes em uma topografia adaptativa (Seção 8.12, p. 242). Então, a seleção natural simples não pode dirigir a evolução de uma espécie em outra. Circunstâncias ou processos evolutivos especiais serão necessários e a evolução poderá avançar por meio de uma rápida "mudança de pico".

Quando Eldredge e Gould divulgaram sua teoria, na década de 1970, as teorias de especiação por transposição de vales eram mais populares do que são hoje. Como vimos (Seção 14.4.4, p. 419), as evidências e as tendências teóricas dispuseram-se contra as teorias de especiação por transposição de vales. Com isso, o equilíbrio pontuado tornou-se controverso porque estava associado a um conjunto controverso de teorias sobre especiação. O equilíbrio pontuado foi associado até à idéia muito heterodoxa de que a evolução avança por macromutações (Seção 10.5, p. 294). Ele, entretanto, não depende de qualquer dessas teorias de transposição de vales. Como vimos, ele pode ser derivado da bem-substanciada teoria da especiação alopátrica. Raramente os fósseis podem ser usados para testar as duas teorias sobre o mecanismo de especiação. Os métodos discutidos no Capítulo 14 foram usados para tal tipo de pesquisa. Em vez disso, aqui podemos concentrar-nos na questão empírica de qual o padrão de evolução que é observado durante a especiação. O documentário fóssil mostra espécies novas surgindo súbita ou gradualmente com muitas etapas intermediárias?

Mas ele não requer idéias heterodoxas

21.4 Quais são as evidências para o equilíbrio pontuado e o gradualismo filético?

21.4.1 Um teste satisfatório exige o registro estratigráfico completo e evidências biométricas

No documentário fóssil, muitas vezes se observa uma espécie ser abruptamente substituída por outra. Poucas vezes se observam espécies que se diferenciam suavemente de suas ancestrais. Essas observações, porém, não favorecem mais a teoria do equilíbrio pontuado. O documentário fóssil é incompleto e, por isso, na maioria das amostras de fósseis aparecerá o padrão pontuado, quer o padrão evolutivo subjacente seja o gradual ou o pontuado. Qualquer teste dessas idéias precisa observar duas condições cruciais. Uma é que a seqüência estratigráfica deve ser relativamente completa (isto é, os sedimentos devem ter se depositado com boa continuidade). A outra é que a evidência deve ser biométrica, e não taxonômica.

O pontuado aparente pode ser devido a...

Isoladamente, a evidência taxonômica é inconclusiva porque as categorias taxonômicas, como a de espécie, são entidades separadas. Necessariamente, as formas de uma linhagem passarão da condição de membros da espécie A, em um determinado ponto, a membros da espécie B, em outro ponto, quer a evolução da linhagem seja súbita ou gradual. Os taxonomistas, com bastante acerto, incluem uma variedade de formas em uma mesma espécie e a observação de que uma espécie persiste por determinado espaço de tempo não nos diz se sua morfologia está mudando gradualmente ou tem forma constante. Assim, precisamos das medidas das formas da população ao longo do tempo, para ver se a média mudou súbita ou gradualmente.

... artefatos taxonômicos...

... ou a mudanças ecofenotípicas

Também é útil saber se as mudanças em uma população são genéticas. Em algumas espécies os indivíduos podem desenvolver-se em formas distintas conforme as condições ambientais em que se desenvolvem. Essas mudanças no desenvolvimento chamam-se "mudanças ecofenotípicas". O fenótipo muda para uma forma ou outra dependendo do ambiente; essas mudanças não são eventos genéticos, evolutivos. A teoria do equilíbrio pontuado é uma teoria evolutiva e precisa ser testada com dados evolutivos. Em fósseis, não podemos ter certeza de que alguma mudança observada em uma população não seja ecofenotípica. Podemos, entretanto, pelo menos evitar as evidências de que a mudança morfológica se assemelha às do tipo que, nas espécies atuais, pode ser induzido por meio das condições ambientais. Fryer *et al.* (1985) discutem as mudanças ecofenotípicas em caracóis e como elas podem ter contaminado algumas pesquisas sobre equilíbrio pontuado.

A questão não é apenas "se" é o equilíbrio pontuado "ou" o gradualismo filético que é correto. As duas teorias representam pontos extremos de duas dimensões contínuas: o próprio padrão de evolução em qualquer linhagem e a freqüência relativa dos padrões em diferentes linhagens, podem ocupar qualquer ponto entre esses extremos. Assim, de acordo com a teoria do equilíbrio pontuado, a maioria (talvez mais de 90%) das linhagens evolutivas deveria apresentar um padrão pontuado, enquanto um gradualista filético exigiria o contrário. A própria natureza poderia estar localizada em qualquer ponto entre os dois. Concordando com isso, há vários padrões entre os tipos de mudanças pontuado e gradual (Figura 21.6), e a natureza poderia apresentar qualquer um deles. O equilíbrio pontuado e o gradualismo filético não são as únicas alternativas a serem distinguidas por testes. A pesquisa visa a descobrir quais são as freqüências dos diferentes padrões.

Além disso, as duas posições extremas não são escolas de pensamento que estão sendo advogadas por dois campos opostos de biólogos evolucionistas. Elas são teorias desincorporadas, e não posições com as quais um grande número de pessoas esteja comprometido. Alguns paleobiólogos acham que a maioria dos casos se enquadra no padrão pontuado; o mesmo não pode ser dito sobre o gradualismo filético. É bem possível que nem existam gradualistas filéticos (pela explicação do Quadro 21.1).

A evidência suporta uma visão pluralista...

Entretanto, a questão sobre quais são as freqüências relativas da evolução abrupta e da gradual durante a especiação merece uma resposta própria. Eldredge e Gould (1972) fizeram essa pergunta, estimulando um importante programa de pesquisa nos últimos 25 anos. Também inspiraram os paleontólogos a coletar dados para novos padrões. O número de estudos biométricos usando seqüências estratigráficas relativamente completas está aumentando, mas não é grande. Uma revisão por Erwin e Anstey (1995) localizou alguns exemplos de

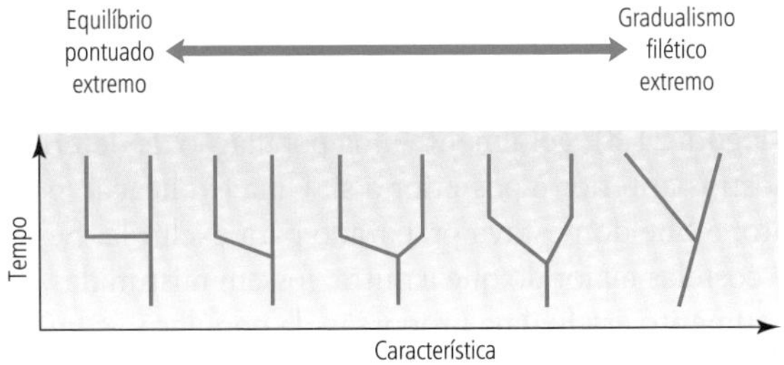

Figura 21.6

O equilíbrio pontuado e o gradualismo filético são os extremos de um contínuo. Mesmo aqui, as teorias estão simplificadas. O gradualismo filético, por exemplo, pode não avançar em linha reta, mas conter reversões, como na Figura 21.4 (ver Sheldon, 1996).

evolução gradual, alguns de equilíbrio pontuado e alguns com uma mistura dos dois. Jackson e Cheetham (1999) verificaram que a maioria (29 de 31 estudos) da evidência levantada enquadrava-se no equilíbrio pontuado. Aqui examinaremos apenas dois exemplos, para ilustrar dois dos padrões, e os tipos de evidências disponíveis.

21.4.2 Briozoários caribenhos do Mioceno superior e do Plioceno inferior apresentam um padrão evolutivo de equilíbrio pontuado

Cheetham (1986) estudou detalhadamente a evolução de um grupo de invertebrados aquáticos sésseis chamados briozoários (Bryozoa, também chamados Polyzoa). Seu estudo incluía espécies do gênero *Metrarabdotus*. Alguns membros do gênero ainda vivem nos mares atualmente e também existe um amplo documentário fóssil. O autor trabalhou com fósseis escavados na República Dominicana, que são os remanescentes dos animais que viviam nos mares do Caribe. As principais amostras de fósseis do estudo datam do Mioceno superior e do Plioceno inferior (8 a 3,5 milhões de anos), mas algumas espécies ultrapassam esses limites de idade.

... como é ilustrado por um meticuloso estudo de briozoários...

O estudo de Cheetham foi meticuloso. Ele mediu até 46 características morfológicas por espécime, em um total de cerca de 1.000 espécimes de cerca de 100 populações. Os resultados mostram que esses briozoários evoluíram principalmente através do equilíbrio pontuado (Figura 21.7). A maioria das espécies não mudou de forma em longos períodos, de vários milhões de anos, e a maioria das novas espécies apareceu subitamente, sem populações intermediárias de transição. Se houve formas intermediárias, elas duraram (em média) menos de 160 mil anos. Além disso, em vários casos, a espécie ancestral coexistiu com a espécie descendente. Ocasionalmente, algumas espécies parecem ter curtos períodos de mudança gradual em sua linhagem, mas isso é raro demais para que se possa interpretá-las como causadas por amostragem de uma população constante. Cheetham também testou se as formas classificadas como espécies diferentes seriam apenas variantes ecofenotípicas de uma espécie. Ele criou membros de uma espécie atual em uma variedade de ambientes. Todos se desenvolveram de modo parecido e eram reconhecíveis como membros de uma mesma espécie. Portanto, é provável que as descontinuidades sejam verdadeiros eventos evolutivos, e não mudanças ecofenotípicas.

21.4.3 Trilobites do Ordoviciano apresentam mudança evolutiva gradual

... e um meticuloso estudo de trilobites

Grupo extinto de artrópodes, os trilobites são classificados pelas características morfológicas externas, como o número de costelas pigidiais (o pigídio é a região caudal do corpo do trilobite). Sheldon (1987) fez um rigoroso estudo biométrico da evolução deles, em uma região do País de Gales. Mediu o número de costelas pigidiais de 3.458 espécimes de oito linhagens genéricas, retiradas de sete seções estratigráficas. O período total de tempo abrangido pelas seções é de cerca de 3 milhões de anos.

Nos oito gêneros, o número médio de costelas pigidiais aumentou com o tempo e, em todos, a evolução foi gradual (Figura 21.8); geralmente uma população de determinada época era intermediária entre as amostras anterior e posterior a si. Uma explicação possível para o resultado seria a de um artefato, e Sheldon estava preparado para excluí-la. Se duas populações, uma com um número de costelas maior do que a outra, fossem misturadas, as sucessivas amostras seguintes teriam um aumento gradual na proporção da população com maior número de costelas pigidiais. Sheldon justificou que não se tratava desse caso porque, com raras exceções, suas amostras não apresentavam distribuição bimodal de freqüências, como ocorreria se elas contivessem uma mistura de duas populações distintas. Esses trilobites pareciam uma boa ilustração de evolução gradual.

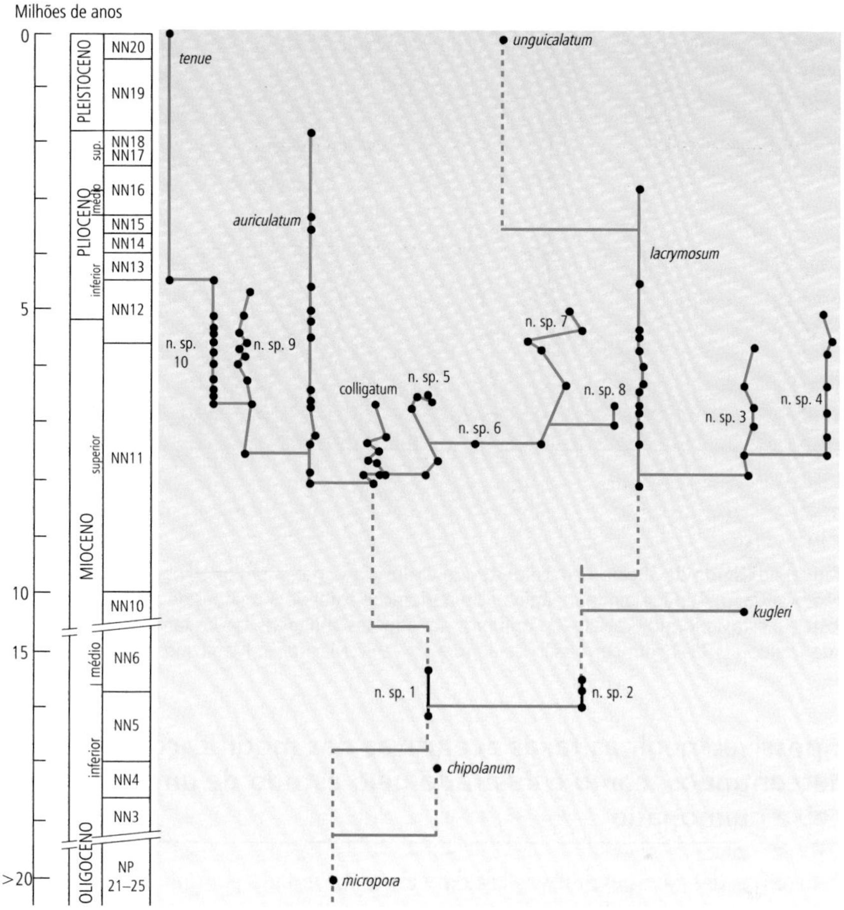

Figura 21.7

O padrão de equilíbrio pontuado da evolução das espécies caribenhas dos briozoários *Metrarabdotus*. Cada ponto é a média de uma grande amostra de indivíduos. Note que a maioria das linhagens não muda com o tempo; novas espécies aparecem subitamente, sem intermediários; a espécie ancestral freqüentemente coexiste com a sua descendente. O tempo cresce página acima e o eixo de *x* indica a distância fenética. Redesenhada de Cheetham (1986), com permissão da editora.

21.4.4 Conclusão

A partir das evidências existentes, podemos concluir que tanto o equilíbrio pontuado quanto o gradualismo filético são fatos reais acerca da evolução fóssil. Alguns exemplos, como o dos briozoários de Cheetham, ilustram o padrão evolutivo do equilíbrio pontuado; outros, como os trilobites de Sheldon, apresentam o padrão do gradualismo filético. Em exemplos reais de especiação de fósseis, a evolução apresenta uma variação de taxas, do abrupto ao suave. Entretanto, o equilíbrio pontuado pode ser mais comum do que o gradualismo filético (Erwin e Anstey 1995; Jackson e Cheetham, 1999). Um futuro problema de pesquisa será perguntar que condições levam à evolução mais gradual e quais levam à evolução pontuada, mas, no presente, os paleontólogos ainda estão respondendo à pergunta anterior sobre quais são as taxas empíricas de evolução durante e entre eventos de especiação.

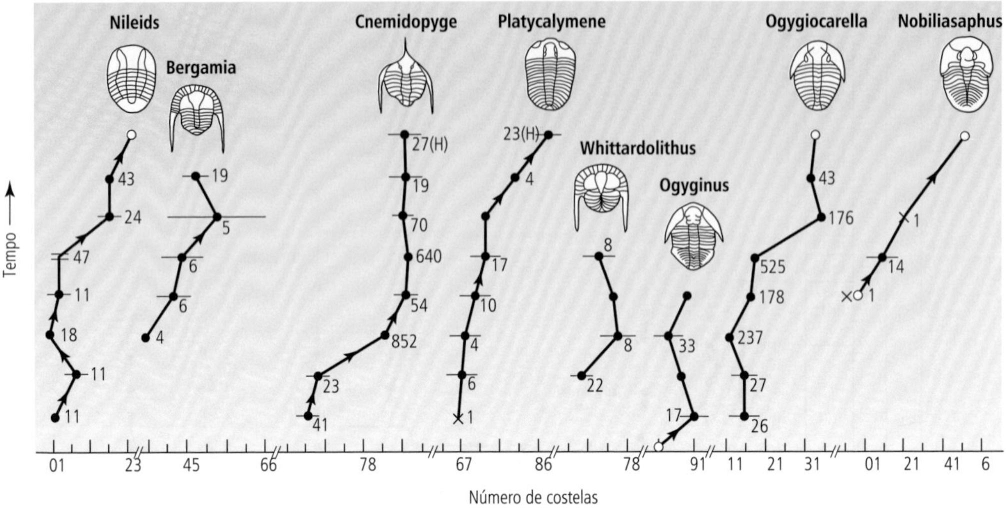

Figura 21.8

A evolução gradual no estudo de Sheldon em trilobites do Ordoviciano galês. Em oito linhagens, o padrão de mudanças é gradual, e não pontuado. A idade diminui página acima (duração total de 3 milhões de anos) e a variável biométrica (número de costelas) está ao longo da base. Os números ao lado das linhagens são os tamanhos das amostras. Redesenhada de Sheldon (1987) com permissão da editora. © 1987 Macmillan Magazines Ltd.

21.5 É possível medir as taxas evolutivas das modificações em caracteres descontínuos, como é ilustrado pelo estudo de um "fóssil vivo", o peixe pulmonado

A medição das taxas evolutivas em darwins é apropriada para mudanças métricas, como as de um caráter que evolui alongando-se ou encurtando-se; mas para mudanças mais amplas como as de uma pata ou asa, esse método deixa de ser útil (Seção 21.1). Entretanto, sempre é possível medir taxas de evolução de modificações mais amplas. As duas últimas seções deste capítulo descrevem dois métodos. O primeiro é um famoso estudo antigo sobre taxas evolutivas: o trabalho de Westoll (1949) em peixes pulmonados.

Estados discretos de caracteres...

Os peixes pulmonados (dipnóicos) são uma das quatro principais divisões dos peixes. Eles são um grupo antigo, datando de uns 300 milhões de anos, mas só existem seis espécies atuais. As formas modernas são exemplos de *fósseis vivos*, espécies que pouco mudaram em relação a seus ancestrais fósseis do passado distante. Por isso, deveriam apresentar, pelo menos ultimamente, taxas de evolução lentas. Westoll investigou essa questão quantitativamente. Ele distinguiu 21 diferentes características esqueléticas dos fósseis dipnóicos. Para cada uma delas, ele distinguiu um certo número de estados do caráter (como os estados de caracteres para a classificação e a inferência filogenética discutidas anteriormente). Os 21 caracteres apresentavam entre três e oito estados diferentes. O caráter número 11, por exemplo, era o "grau de fusão dos ossos ao longo do canal supraorbital". Westoll distinguiu cinco estados diferentes:

4. Fusões irregulares, mais ou menos aleatórias.
3. Tendência de as fusões serem duplas, especialmente em certas partes do canal.
2. Tendência ainda mais forte para fusões, raramente triplas ou quádruplas em seções específicas.
1. Três ou quatro elementos (*K-M*) geralmente se fundem, mas há várias irregularidades.
0. Três ou quatro elementos (K-L_2 ou *K-M*) sempre se fundem.

... podem ser usadas para medir taxas evolutivas

(Letras como *K* e L_2 referem-se a ossos específicos, identificáveis.) O estado mais alto (4) é o mais primitivo do caráter e 3, 2, 1, e 0 são estados sucessivamente mais modernos, mais derivados. Westoll fez uma lista equivalente de estados para todos os 21 caracteres. Esses estados não são como as mudanças métricas que permitam medir as taxas de evolução em darwins (Seção 21.1). A fusão de dois ossos em um é uma mudança evolutiva descontínua e não contínua.

Os peixes pulmonados nem sempre evoluíram lentamente

Westoll calculou um escore total para cada fóssil, constituído pelo total de todos os 21 caracteres. Então o peixe pulmonado mais avançado possível, com todos os 21 caracteres em seu estado mais aperfeiçoado, teria o escore total 0; o escore do peixe mais primitivo possível, que tinha os escores mais altos em todos os 21 caracteres seria 100. A taxa de mudanças de escore mede a taxa de evolução do grupo. Os números atribuídos aos estados do caráter são arbitrários, mas mesmo assim podem ser usados para retratar as taxas evolutivas. (A propósito, os peixes pulmonados do estudo de Westoll não são apenas uma seqüência de ancestrais e descendentes, como provavelmente eram os cavalos do trabalho de MacFadden. As taxas de Westoll são de evolução dos dipnóicos como um todo, e não taxas de mudanças ao longo de uma única linhagem evolutiva; o grupo inteiro dos dipnóicos conteria várias linhagens.) Os resultado de Westoll estão na Figura 21.9. Eles revelam que os dipnóicos nem sempre foram "fósseis vivos". Por volta de 300 milhões de anos atrás eles estavam evoluindo rapidamente, mas, entre 250 e 200 milhões de anos, sua evolução despencou. A descrição das formas atuais como fósseis vivos é correta.

A pergunta biológica óbvia é: por que a mudança evolutiva dos peixes pulmonados quase parou há 200 milhões de anos? Os peixes pulmonados não são os únicos exemplos de fósseis vivos; outros exemplos incluem os braquiópodes *Lingula* e o caranguejo ferradura *Limulus* (Figura 21.10). Os exemplos máximos de fósseis vivos são as cianobactérias (às vezes chamadas algas azul-verdes) – os fósseis de 3 bilhões de anos são praticamente iguais às formas

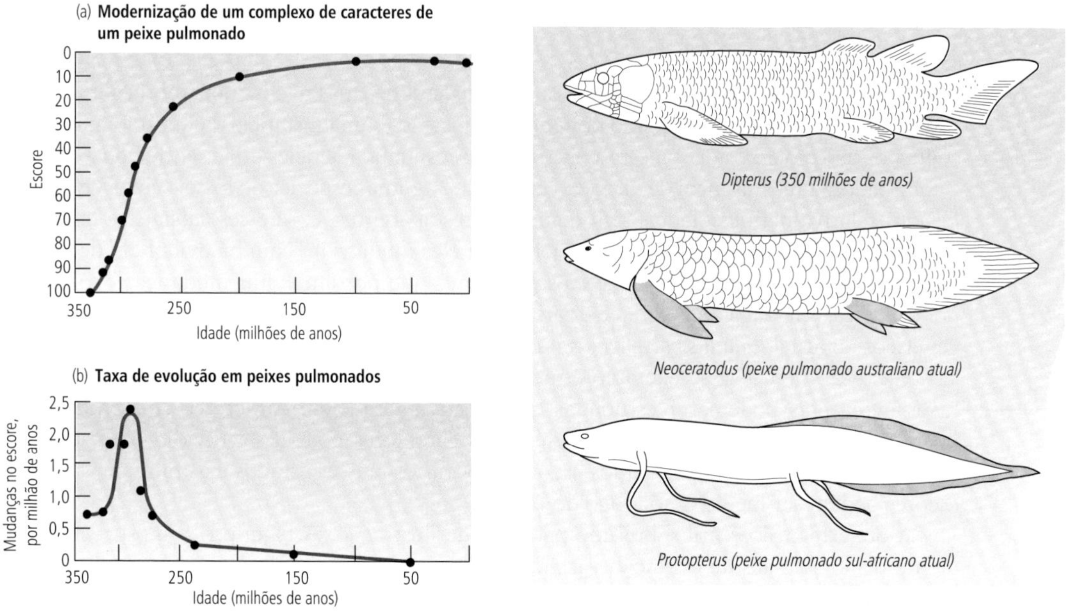

Figura 21.9

(a) Evolução em peixes pulmonados, apresentada como um escore total para cada fóssil (o texto explica a contagem). O escore 100 é o da forma mais primitiva e o escore 0 é o da mais avançada. A taxa de evolução é a curva do gráfico: quando o gráfico forma uma reta, a evolução não está ocorrendo. (b) Taxa de evolução. O gráfico foi derivado de (a) e mostra a taxa de mudança do escore ao longo do tempo. Os peixes pulmonados têm sido fósseis vivos desde cerca de 250 a 200 milhões de anos. Modificada de Westoll (1949).

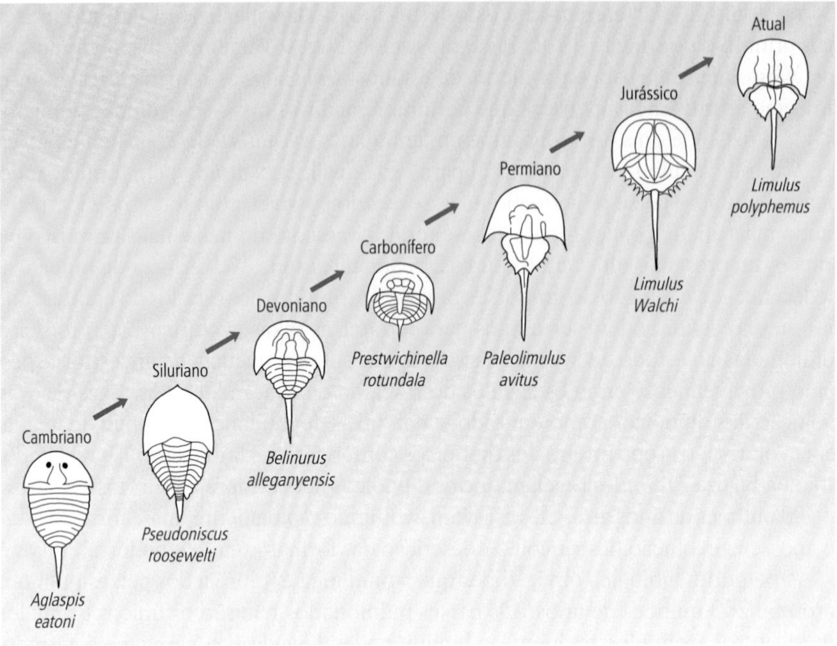

Figura 21.10

O "caranguejo" ferradura atual (de fato é um quelicerado, não um crustáceo) *Limulus polyphemus*, que vive ao longo da costa leste dos Estados Unidos, é um fóssil vivo. Morfologicamente, ele é muito semelhante a formas que viveram há 200 milhões de anos e nem um pouco diferente das espécies do Cambriano. Redesenhada de Newell (1959), com permissão da editora.

atuais (Schopf, 1994). Há muitas conjecturas particulares, mas não há uma teoria geral, sobre por que esses grupos mudaram tão pouco. Essa questão é uma instância da questão mais geral sobre por que deveria existir a estase evolutiva. A estabilidade deles pode ser devida à seleção estabilizadora ou à ausência de variação genética. Algumas espécies de fósseis vivos vivem em *habitats* relativamente isolados, sem competidores aparentes, e, se esses *habitats* se mantiveram estáveis, não teria havido pressão para que eles mudassem. Não há evidência de que os fósseis vivos tenham sistemas genéticos peculiares que possam evitar mudanças evolutivas, por exemplo, por redução do grau de variação genética nova. A quantidade de polimorfismos genéticos no atual *Limulus polyphemus* não é notavelmente baixa.

Mas o destaque desse exemplo é metodológico, não biológico. Ele demonstra como as taxas evolutivas podem ser estudadas quantitativamente, em caracteres cujas mudanças evolutivas não são simplesmente métricas. Os caracteres podem ser divididos em estados descontínuos; podem ser atribuídos escores arbitrários a esses estados e as mudanças nesses escores podem ser medidas ao longo do tempo.

Os escores de características são arbitrários

A quantificação é útil sobretudo para fins de ilustração. A Figura 21.9 mostra concisamente como as taxas de evolução variaram ao longo do tempo, de um jeito que uma tabela com os dados brutos dos caracteres não conseguiria fazer. As cinco condições para a fusão óssea do canal supra-orbital poderiam ter sido registradas também como 40, 16, 15, 14, 0 ou como 2, 8, 17, 39, 40, em vez de 4, 3, 2, 1, 0. Por isso, não teria sentido comparar taxas numéricas exatas de mudanças entre caracteres ou entre táxons. Os escores são incomensuráveis. A forma aproximada de um gráfico como a da Figura 21.10 poderia ser comparada com outro gráfico semelhante, referente a um outro grupo; mas não haveria sentido em perguntar por que um grupo mudara a, digamos, 2,1 unidades por milhão de anos e outro a 1,3 unidade por milhão de anos. Os escores não são adequados para esse tipo de análise. Mas a análise de Westoll é clássica para ilustrar como as taxas de mudança de peixes pulmonados aumentaram, diminuíram e declinaram para a imobilidade.

21.6 Os dados taxonômicos podem ser usados para descrever a taxa de evolução dos grupos taxonômicos mais elevados

Para uma pergunta como "Os mamíferos evoluem mais rapidamente do que os moluscos bivalves?" pode ser usado um outro tipo de medição de taxa evolutiva. A questão poderia ser abordada por qualquer um dos métodos discutidos até aqui. Poderíamos calcular individualmente as taxas evolutivas dos caracteres, aferidos metricamente ou como estados descontínuos, em mamíferos e em bivalves, e daí compará-las, embora correndo o risco de as comparações não fazerem sentido. Quaisquer diferenças nas taxas evolutivas podem refletir apenas o modo de medir (por exemplo) os dentes dos mamíferos e a forma da concha nos bivalves, e nada que seja real. Entretanto, pode haver alguns propósitos – talvez comparações com as taxas de substituição de nucleotídeos – para os quais as medidas tenham utilidade.

O número de espécies por unidade de tempo é uma medida bruta da taxa de evolução

Um outro método é usar a evidência taxonômica. Quando os taxonomistas dividem um conjunto de organismos em certo número de espécies, eles fazem seu julgamento de acordo com o grau de diferenças fenéticas entre as formas. Geralmente, seu julgamento não será baseado em um único caráter, mas em vários, integrados em uma única dimensão de similaridade taxonômica, na mente do taxonomista. Assim, se houvesse duas linhagens evolutivas separadas, mas comparáveis, e, no mesmo intervalo de tempo, um taxonomista dividisse uma linhagem em duas espécies e a outra em três, isso sugeriria que a última linhagem havia evoluído em uma taxa mais elevada (Figura 21.11). Essa comparação usa uma *taxa taxonômica* de evolução.

A taxa taxonômica de evolução oferece uma medida abstrata de quão rapidamente a mudança está acontecendo em um grupo de espécies. O significado exato dela é mais difícil de especificar do que o significado de uma taxa evolutiva de um caráter simples, e é relativamente impreciso. Em sua defesa, pode-se dizer que ela resume a evidência obtida por meio de mais de um caráter, e é mais geral. A confiabilidade de uma taxa taxonômica depende da confiabilidade do julgamento do taxonomista que fez a divisão da linhagem em espécies e gêneros.

As taxas taxonômicas de evolução são expressas de dois modos principais. Um é o número de espécies ou gêneros (ou táxons) por milhão de anos. A Tabela 21.2 dá alguns exemplos dos dois táxons que discutimos neste capítulo: cavalos e peixes pulmonados. Mais uma vez, as taxas dos peixes pulmonados ilustram como inicialmente aquele grupo tinha uma taxa evolutiva alta, que depois diminuiu tanto que eles se tornaram fósseis vivos.

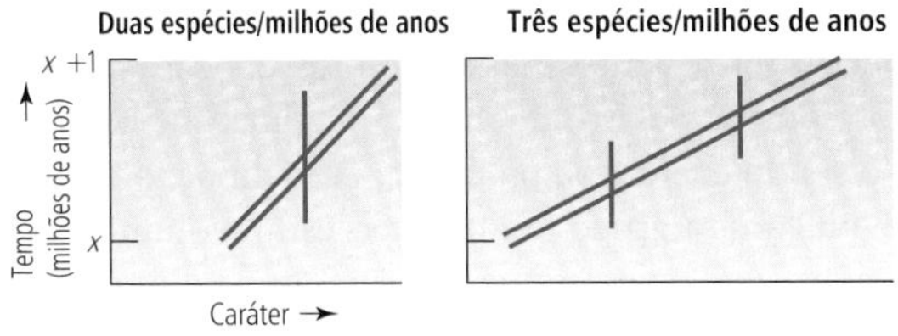

Figura 21.11

A medição taxonômica da taxa evolutiva. Se um taxonomista dividiu um grupo em duas espécies e outro grupo em três espécies, no mesmo período de tempo, este último grupo apresenta uma taxa taxonômica de mudança evolutiva 50% maior. O diagrama só ilustra a lógica do argumento. Em dados reais, haveria hiatos nas linhagens e o padrão de evolução poderia ser suave ou abrupto, com qualquer número de ramos além das linhagens apresentadas aqui.

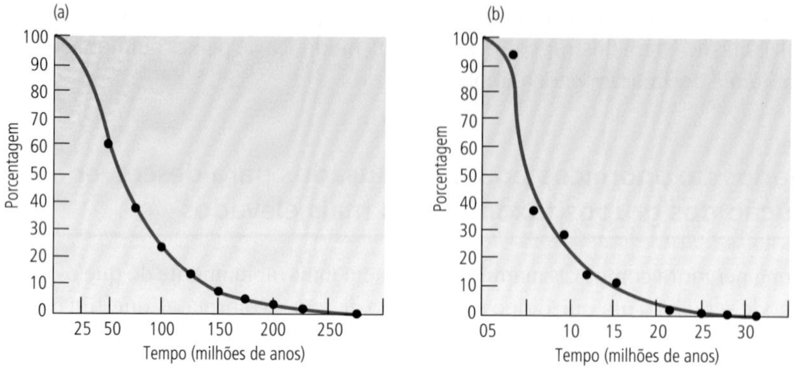

Figura 21.12

Curvas de sobrevivência de (a) moluscos bivalves e (b) carnívoros (Mammalia). As curvas expressam o número de gêneros viventes em diferentes períodos de tempo. Note que os gêneros de bivalves tendem a durar mais do que os de carnívoros, como fica claro pelas escalas de do eixo de *x*, que são diferentes nas duas figuras. A duração média de um gênero de bivalve é de 78 milhões de anos e a de um gênero de carnívoro, de 8,1 milhões de anos. Redesenhada de Simpson (1953), com permissão da editora. © 1953 Columbia University Press.

Tabela 21.2

Taxas taxonômicas de evolução em mamíferos e em peixes pulmonados. No início de sua evolução, os peixes pulmonados evoluíram quase tão rapidamente quanto os mamíferos, mas subseqüentemente refrearam-se. *Hyracotherium-Equus* é a linhagem dos cavalos, discutida na Seção 21.1. De Simpson (1953).

Grupo ou linha	Duração média do gênero (milhões de anos)
Hyracotherium-Equus	7,7
Peixes pulmonados	
Devoniano	7
Permocarbonífero	34
Mesozóico	115

As curvas de sobrevivência taxonômica expressam taxas de evolução

Os mesmos dados, agora em um grupo constituído por um grande número de linhagens, podem ser expressos como uma *curva de sobrevivência* (Figura 21.12). Essas curvas são construídas tomando-se uma amostra de um certo número (como 100) de gêneros de mamíferos e medindo quanto tempo cada um durou no documentário fóssil. (Qualquer nível taxonômico dos mamíferos pode ser usado; o gênero é apenas um exemplo.) A curva de sobrevivência plota o número de gêneros sobreviventes nas diferentes épocas. Decorrido pouco tempo, a maior parte dos gêneros continua existindo, mas, à medida que o tempo passa, os membros da amostra original vão sendo excluídos, um a um. A inclinação de uma curva de sobrevivência mede a taxa de evolução do grupo. Se o grupo está evoluindo rapidamente, a curva cai rapidamente, mas é mais suave para um grupo que muda lentamente. (As curvas de sobrevivência são mais utilizadas para populações de indivíduos [Seção 4.1, p. 102]. Uma curva atuarial de sobrevivência plota a sobrevivência de uma amostra de indivíduos ao longo do tempo, mas o mesmo tipo de gráfico pode ser plotado para espécies e outros grupos taxonômicos.)

O problema que existe em comparar taxas evolutivas taxonômicas entre grupos é parecido com o de comparar caracteres simples. Um taxonomista de bivalves pode ser um bom juiz para um gênero de bivalves e um taxonomista de mamíferos é bom para um gênero de mamíferos, mas continua sendo difícil saber como interpretar quaisquer diferenças nas taxas de mudanças dos dois tipos de gêneros. As diferenças nas taxas podem refletir apenas algumas diferenças no modo de trabalhar dos dois taxonomistas. As curvas de sobrevivência intragrupal podem ter aspectos reveladores (Seção 22.7, p. 656). Por enquanto, porém, só precisamos saber que a evidência taxonômica pode proporcionar um outro tipo de medidas de taxas evolutivas, ademais das medidas dos caracteres simples.

21.7 Conclusão

Este capítulo apresentou três métodos para medir taxas de evolução. Para caracteres simples com variação contínua, podemos medir a taxa métrica das modificações e expressá-la em darwins. Para caracteres descontínuos, podemos atribuir um escore arbitrário a cada estado do caráter e medir a taxa de modificação do escore. Uma medida mais grosseira é a proporcionada pela duração de uma espécie no documentário fóssil, porque os taxonomistas reconhecerão mais mudanças de espécies nos grupos que estão em rápida evolução. Os três métodos têm seus usos e aplicações particulares. Neste capítulo, vimos como os paleobiólogos os utilizaram para estudar questões evolutivas gerais.

Resumo

1 As taxas evolutivas de características dos fósseis podem ser medidas como simples taxas de modificações ao longo do tempo; freqüentemente, usam-se os logaritmos das medidas do caráter e a taxa é medida em "darwins". A evolução dos dentes de cavalos é um exemplo clássico.

2 As taxas de evolução medidas no documentário fóssil são mais lentas do que as produzidas em laboratório, por seleção artificial.

3 As taxas evolutivas variam em tempos geológicos diferentes, em táxons diferentes e com os tipos de táxons. A ciência das taxas evolutivas dedica-se principalmente a explicar o padrão das taxas evolutivas.

4 Nas medidas de taxas evolutivas já publicadas, há uma relação inversa entre a taxa e o intervalo de tempo em que ela foi medida: a evolução mais rápida é observada em intervalos curtos. A possível causa é que a direção da evolução flutua ao longo do tempo.

5 Eldredge e Gould estimularam uma controvérsia sobre as taxas evolutivas, com sua sugestão de que as taxas têm um padrão restrito (chamado equilíbrio pontuado), no qual a evolução é rápida nas épocas de separação (especiação) e é refreada entre as separações. Ao padrão oposto, em que a evolução tem um ritmo constante, eles denominaram gradualismo filético.

6 É difícil descobrir o padrão das taxas evolutivas nos, e entre, eventos de especiação porque o documentário fóssil é incompleto.

7 Existem algumas evidências de equilíbrio pontuado, como o estudo de Cheetham sobre briozoários caribenhos do Mioceno e Plioceno, e algumas de gradualismo filético, como o estudo de Sheldon sobre trilobites galeses do Ordoviciano. Nenhuma conclusão empírica geral é possível ainda, embora o equilíbrio pontuado seja um fenômeno bem-confirmado.

8 Os processos e taxas evolutivos podem ser examinados em todos os níveis taxonômicos,

(continuação)

desde a evolução intrapopulacional, por meio de especiação, até a origem de grupos mais elevados. A evolução pode ter mecanismos e taxas característicos nos diferentes níveis ou o mesmo conjunto de taxas e processos pode operar igualmente em todos os níveis.

9 Para modificações amplas, como a mudança de um membro em uma asa, as taxas evolutivas não podem ser medidas como uma variável contínua. Em vez disso, o caráter pode ser dividido em condições. Daí a taxa evolutiva pode ser estudada nas taxas de mudança de condição. Westoll estudou a evolução dos peixes pulmonados por meio desse método.

10 O número de espécies de uma linhagem, por milhão de anos, é uma medida complexa da taxa evolutiva, chamada taxa taxonômica de evolução. As taxas taxonômicas podem ser expressas como curvas de sobrevivência.

Leitura adicional

Simpson (1953) continua sendo uma boa introdução ao estudo das taxas evolutivas; Fenster e Sorhannus (1991) é uma revisão mais recente. MacFadden (1992) é um excelente livro sobre a evolução dos cavalos fósseis. Gingerich (2001) atualiza seu trabalho, discutido nas Seções 21.1.2 e 21.2. Hendry e Kinnison (1999) discutem algumas medidas de taxas evolutivas mais sofisticadas do que o darwin; sua compilação de medidas traz resultados semelhantes aos de Gingerich, discutidos no texto, mas são necessários vários ajustes para que os números se tornem estritamente comparáveis. Ver alguns artigos também em Hendry e Kinnison (2001). Sobre tentilhões, ver Grant (1986, 1991).

Agora, a literatura sobre equilíbrio pontuado é vasta, mas, felizmente, Gould (2002b) proporciona uma bateria completa de teoria, evidência, controvérsia e implicações amplas, bem como referências. Benton e Pearson (2001) é uma introdução breve e Levinton (2001) é uma crítica. Dennett (1995, Capítulo 10) discute a controvertida relação com o "saltacionismo". Erwin e Anstey (1995) contém artigos sobre especiação fóssil. Vários capítulos de Jackson *et al.* (2001) também tratam do assunto. Jackson e Cheetham (1994) é um trabalho popular sobre briozoários caribenhos e Jackson e Cheetham (1999) examinam mais amplamente a evidência dos fósseis bênticos do Neogeno.

Questões para estudo e revisão

1 Um caráter (como o tamanho de um dente) foi medido em duas populações, em duas épocas (t_1 e t_2) (em milhões de anos). Os tamanhos médios do caráter (em unidades de tamanho) nas duas épocas, são x_1 e x_2. Calcule a taxa de evolução em darwins. Você poderá precisar de uma calculadora que calcule os logaritmos naturais.

x_1	t_1	x_2	t_2	Taxa
2	11	4	1	
2	11	20	1	
20	11	40	1	
20	6	40	1	

2 Gingerich (1983) plotou as taxas evolutivas contra os intervalos de tempo usados para medir as taxas de mais de 500 linhagens evolutivas. (a) O que ele encontrou? (b) Como você interpretaria isso?

3 Revise as principais previsões dos modelos do equilíbrio pontuado e do gradualismo filético, de especiação de fósseis.

4 Descreva um mecanismo evolutivo que poderia gerar equilíbrio pontuado. Ele implica o fato de o equilíbrio pontuado contradizer o darwinismo ortodoxo?

5 Como pode ser demonstrado quantitativamente se um grupo taxonômico é um fóssil vivo?

22 Coevolução

A coevolução ocorre quando duas ou mais espécies influenciam as evoluções umas das outras. Ela é invocada freqüentemente para explicar a coadaptação entre espécies, e começaremos com considerações sobre se a coadaptação constitui uma evidência da coevolução. A rigor, a coevolução exige influências recíprocas entre espécies, mas há um fenômeno relacionado, chamado evolução seqüencial, em que as mudanças em uma espécie influenciam a outra, mas a recíproca não é verdadeira. Depois, o capítulo examina a coevolução, respectivamente, entre plantas com flores e insetos, entre parasitas e hospedeiros, na coevolução antagonista em geral, e o fenômeno da escalada evolutiva. Finalmente, examinamos o modo de coevolução "Rainha Vermelha". Na coevolução entre planta-inseto e entre parasita-hospedeiro, examinamos as co-filogenias – em que as árvores filogenéticas dos dois táxons interatuantes formam imagens especulares. Consideramos a evolução da virulência em doenças parasitárias, inclusive as humanas. A hipótese da Rainha Vermelha sugere que as espécies evoluem continuamente para manter um nível de adaptação contra espécies competidoras. Van Valen desenvolveu a hipótese para explicar um resultado geral que descobrira no documentário fóssil: a chance de extinção das espécies de um grupo taxonômico independe da idade delas. A situação da hipótese da Rainha Vermelha é incerta, até porque ela é difícil de testar.

22.1 A coevolução pode originar coadaptações entre espécies

A Figura 22.1 mostra uma formiga (*Formica fusca*) alimentando-se em uma larva da borboleta licenídea *Glaucopsyche lygdamus*. A formiga não está comendo a lagarta; está bebendo um líquido adocicado de um órgão especial (o órgão de Newcomer), cujo único propósito parece ser produzir comida para as formigas. O motivo de as lagartas alimentarem as formigas foi objeto de várias hipóteses. Pierce e Mead (1981) realizaram um experimento que sugere que as lagartas, pelo menos as de *G. lygdamus*, alimentam as formigas em troca de proteção contra parasitas.

A co-adaptação interespecífica pode ser testada experimentalmente

As lagartas são parasitadas por vespas braconídeas e moscas taquinídeas. Sozinhas, elas são quase indefesas contra esses parasitas letais; mas as formigas guardiãs lutarão com os parasitas de suas lagartas (Figura 22.1b). Experimentalmente, Pierce e Mead impediram as formigas de tomarem conta das lagartas e então mediram as taxas de parasitismo nas lagartas experimentalmente desprotegidas e nas lagartas-controle protegidas normalmente. Seus resultados demonstram que as formigas reduzem a taxa de parasitismo em *G. lygdamus* (Tabela 22.1). Portanto, formigas e lagartas estão estreitamente adaptadas uma à outra; as formigas ganham comida e as lagartas ganham proteção. Elas formam uma espécie de coadaptação interespecífica. (Aqui, o termo coadaptação refere-se à adaptação mútua de duas espécies; ele também foi usado para descrever a adaptação mútua dos genótipos [Seção 8.2, p. 225] e das partes de um organismo [Seção 10.3, p. 287].) Relações como essa entre formigas e licenídeos são chamadas mutualismo, do qual se conhecem muitos exemplos, que proporcionam alguns dos detalhes mais charmosos da história natural.

As relações interespecíficas podem sofrer coevolução

Como pôde a coadaptação entre formigas e licenídeos evoluir? Parece que a estrutura morfológica e os padrões de comportamento da formiga e da lagarta evoluíram com correspondência entre si. Depois que os ancestrais das duas espécies se associaram, provavelmente a seleção natural favoreceu, em cada espécie, as mudanças que eram adaptadas a ambas as espécies. Mudanças em uma espécie, como aumentar a secreção adocicada, favoreceriam mudanças na outra (aumentar a proteção) à medida que as lagartas se tornassem mais benéficas às formigas. *Coevolução* significa esse tipo de influência recíproca: cada espécie exerce uma pressão seletiva sobre a outra espécie e evolui em resposta à outra espécie. As duas linhagens evoluem juntas (Figura 22.2). Em todos os exemplos de evolução, uma espécie evolui relativa-

Figura 22.1

Coadapatação complementar entre uma formiga e uma lagarta. (a) A formiga (*Formica fusca*) está tomando conta de uma lagarta da espécie de borboleta licenídea *Glaucopsyche lygdamus*. A formiga está bebendo um líquido adocicado, secretado em um órgão especial da lagarta. (b) A *Formica fusca* defendendo uma lagarta de *G. lygdamus* contra uma vespa braconídea parasita. A formiga apreendeu a vespa em suas mandíbulas. As barras correspondem a 1 mm. (Fotos, cortesia de Naomi Pierce).

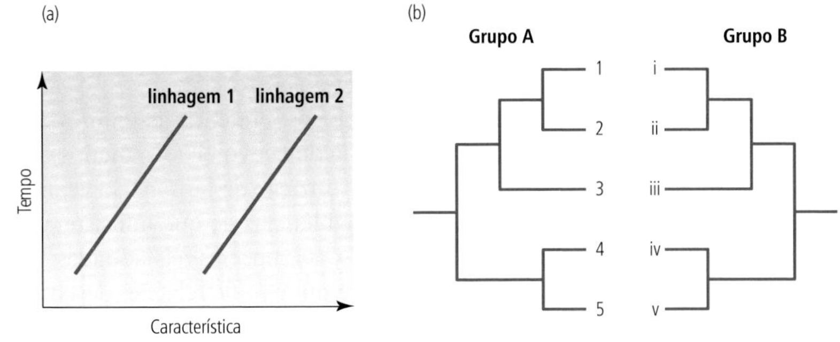

Figura 22.2

Coevolução significa que duas linhagens independentes influenciam mutuamente suas evoluções. As duas linhagens tendem a (a) mudar conjuntamente e (b) especiar-se conjuntamente; 1 e 2 poderiam ser, por exemplo, uma linhagem de formigas e uma linhagem de borboletas licenídeas.

mente a mudanças em seu ambiente. A coevolução refere-se a um caso especial de evolução em que o próprio ambiente da espécie está em evolução.

Neste capítulo, examinamos vários exemplos de coevolução. Em alguns, como o das formigas e lagartas, a coevolução promove o benefício mútuo das linhagens que estão coevoluindo. Em outros, como na coevolução parasita-hospedeiro, o processo é antagônico. Um melhoramento em uma parte (como a melhora da defesa) deteriora o ambiente da outra parte (os parasitas).

Tabela 22.1

Há maior probabilidade de parasitismo das lagartas da borboleta licenídea *Glaucopsyche lygdamus* se elas não forem protegidas por formigas. Algumas lagartas foram afastadas experimentalmente das formigas e a taxa de parasitismo foi medida nelas e em uma amostra de lagartas-controle, não-tratadas. Os dois locais ficam no condado de Gunnis, no Colorado. Os parasitas eram vespas e moscas e *n* é o tamanho da amostra. Reproduzida de Pierce e Mead (1981), com permissão. © 1981 American Association for the Advancement of Science.

	Lagartas sem formigas		Lagartas com formigas	
Local	**% parasitadas**	***n***	**% parasitadas**	***n***
Gold Basin	42	38	18	57
Naked Hills	48	27	23	39

22.2 Coadaptação sugere coevolução, mas não é evidência definitiva disto

É difícil obter evidência completa de coevolução

As coadaptações, como entre uma formiga e uma lagarta surgem, provavelmente, por coevolução entre as linhagens que levaram às espécies atuais. Entretanto, só a constatação de coadaptação entre duas espécies não é suficiente para confirmar que elas coevoluíram. Janzen (1980) destacou que as duas linhagens poderiam estar evoluindo de modo independente e, em determinada etapa, simplesmente ocorrer que as duas formas ficassem mutuamente adaptadas. Os ancestrais de *Glaucopsyche lygdamus* poderiam ter modificado seus órgãos de Newcomer por algum outro motivo que não o de alimentar a *Formica* e as formigas poderiam ter desenvolvido padrões de comportamento antivespas por motivo diferente do de defender lagartas; quando eles se encontraram, já estavam coadaptados. Demonstrar a coevolução exige que se mostre que as duas formas estão coadaptadas agora, mas também que seus ancestrais evoluíram juntos, exercendo forças seletivas um sobre o outro.

Essa é uma ordem complexa. Na prática, os biólogos tendem a assumir que as coadaptações interespecíficas são devidas a uma longa história de coevolução, a menos que uma hipótese alternativa convincente possa ser priorizada. A restrição de Janzen é logicamente correta, mas difícil de se realizar na biologia prática. Mais evidências de que um sistema coadaptado surgiu por coevolução podem advir de comparações com espécies relacionadas. A relação entre G. *lygdamus* e *Formica* não é única. Há um grande número de relações desenvolvidas entre diferentes espécies de licenídeos e de formigas e isto sugere que os dois grupos têm evoluído juntos já há algum tempo.

22.3 Coevolução inseto-planta

22.3.1 A coevolução entre insetos e plantas pode ter direcionado a diversificação de ambos os táxons

Em um artigo que talvez seja a mais influente discussão moderna sobre coevolução, Ehrlich e Raven (1964) listaram as plantas que servem de alimento para os principais táxons de borboletas. Cada família de borboletas alimenta-se de uma variedade restrita de plantas, mas, em muitos casos, essas plantas não têm uma relação filogenética próxima. Ehrlich e Raven explicaram os padrões de dieta principalmente em termos da bioquímica da planta. As plantas produzem inseticidas naturais – produtos químicos como alcalóides, que podem envenenar insetos herbívoros (fitófagos). Os insetos, que desenvolvem resistência a pesticidas artificiais do mesmo modo que as pragas (Seção 5.8, p. 145), podem desenvolver resistência a esses produtos químicos, por exemplo, por meio de mecanismos de desintoxicação. Ao surgir, um novo mecanismo de desintoxicação abre uma nova coleção de suprimentos de comida, constituído por todas as plantas que produzem o agora inofensivo produto químico. Os insetos podem alimentar-se delas e diversificar-se para explorar esse recurso. O resultado será que cada grupo de insetos pode alimentar-se de uma variedade de plantas alimentícias, variedade esta que é determinada pela capacidade do mecanismo de desintoxicação do inseto. A variedade de plantas alimentícias formará um grupo bioquímico, mas não precisa formar um grupo filogenético porque plantas não-relacionadas podem usar os mesmos produtos químicos defensivos. O resultado poderia ser o padrão de relações entre borboleta-planta de Ehrlich e Raven.

As relações inseto-planta alimentícia podem resultar de evolução bioquímica

A ação da seleção natural sobre as plantas, por sua vez, favorece a evolução de inseticidas melhorados. Por isso, a coevolução deveria constituir-se de ciclos, na medida em que os grupos de plantas são incluídos nas dietas dos grupos de insetos, ou delas retirados, e os insetos se "movem" evolutivamente entre os tipos de plantas, de acordo com suas capacidades bioquímicas. A corrida armamentista bioquímica entre plantas e insetos deveria favorecer persistentemente novos mecanismos, de ambos os lados, e assim promoveria a diversificação dos insetos e das angiospermas (Seção 14.10.2, p. 436, e Figura 18.8, p. 571). Nas palavras de Ehrlich e Raven (1964), "a fantástica diversificação dos insetos atuais desenvolveu-se, em grande parte, como resultado de um padrão de etapas coevolutivas passo a passo, superpostas ao padrão em modificação, da variação das angiospermas."

A coevolução entre os venenos das plantas e a desintoxicação dos insetos é somente um dos modos pelos quais os insetos e as plantas floríferas podem ter influído em sua mútua evolução. A polinização é outro exemplo. Poucas gimnospermas são polinizadas por insetos, mas a polinização por insetos realmente se expandiu com a evolução das flores nas angiospermas. As plantas sem flores são polinizadas principalmente por mecanismos abióticos, tais como o vento.

As relações com os polinizadores levaram à evolução de adaptações especializadas...

Quando surgiu a polinização por insetos, a seleção natural pôde favorecer cada vez mais as relações com polinizadores especializados. Em qualquer espécie de flor, a seleção natural favorece aquelas flores cujo pólen só é transportado para outras flores da mesma espécie. Se o inseto voa para outra espécie de flor, o mais provável é que aquele pólen seja desperdiçado. Uma flor pode guardar seu néctar de recompensa em um local que só pode ser alcançado por insetos que tenham um órgão especializado, como uma língua longa. Portanto, só os insetos com línguas longas podem obter a recompensa – e eles serão bem-recompensados porque sofrem pouca concorrência de outros insetos. Os insetos com a adaptação especializada provavelmente voarão para outra flor do mesmo tipo, porque ali também serão recompensados. O processo pode continuar enquanto a planta guarda seu néctar cada vez mais profundamente e os insetos desenvolvem línguas cada vez mais longas. O resultado final pode ser algo como o que ocorre com a orquídea *Angraecum sesquipedale*, que junta seu néctar em longos esporões, com até 45 cm de comprimento. Darwin conheceu essa espécie e previu a descoberta de um polinizador especializado, com uma longa língua. Recentemente, Wasserthal (1997) confirmou que várias espécies de mariposas esfingídeas, com línguas excepcionalmente longas, são capazes de obter o néctar dessa orquídea, e de polinizá-la (ver a ilustração da capa deste livro).[1]

... que podem ter promovido a diversidade de insetos-angiospermas

À medida que a seleção natural favorece relações especializadas com os polinizadores, haverá uma tendência ao aumento da diversidade das plantas e dos insetos. As plantas que são polinizadas por uma única espécie de inseto têm vantagem porque menos pólen delas é desperdiçado. Os insetos que se especializam em uma espécie de planta farão uso mais eficiente de suas adaptações nutricionais especializadas. Outros fatores também podem atuar na coevolução de plantas e insetos, mas os dois que vimos aqui, dieta e polinização, ilustram o tema geral. As idéias teóricas foram testadas de muitos modos, mas um método particularmente ativo atualmente é o de usar filogenias.

22.3.2 Dois táxons podem apresentar filogenias em imagem especular, mas a coevolução é apenas uma das várias explicações para esse padrão

A Figura 22.3 mostra, à esquerda, a filogenia de 15 dos 25 besouros do gênero *Tetraopes* que vivem na América do Norte, além de dois parentes. À direita, está a filogenia das plantas de que eles se alimentam, as trepadeiras leitosas asclepiadáceas (*Asclepias*). As asclepiadáceas contêm venenos (cardenolídeos), mas os *Tetraopes* não são afetados por eles. Os besouros armazenam as toxinas em seu próprio corpo, tornando-se desagradáveis a aves e mamíferos. Os *Tetraopes* são brilhantemente coloridos, em laranja e preto. O aspecto surpreendente das duas filogenias da Figura 22.3 é que elas são praticamente imagens especulares. Com duas ou três exceções, a filogenia dos besouros casa com a das plantas que eles comem. Em linguagem técnica, as filogenias dos dois táxons são *co-filogenias*. As filogenias de dois táxons são co-filogenias se elas têm o mesmo (ou quase o mesmo) padrão de ramificações. Existem testes estatísticos para determinar se duas filogenias têm mais semelhanças do que se esperaria por acaso.

As co-filogenias podem surgir devido à...

... coevolução...

As co-filogenias podem surgir por, pelo menos, três razões. Uma é a coevolução, no sentido integral da palavra. Os dois táxons exerceram mútua influência evolutiva e a evolução que leva

[1] A história evolutiva pode ser mais complexa. Wasserthal (1997) verificou que os polinizadores com línguas longas são menos vulneráveis à predação. Eles podem alimentar-se de uma flor sem pousar e, com isso, evitam a predação por aranhas, que sentam em uma flor e capturam os insetos que pousam nela. As mariposas esfingídeas poderiam ter desenvolvido línguas longas como uma adaptação antipredador, talvez enquanto se alimentava em plantas não-relacionadas. As orquídeas podem ter desenvolvido seus longos esporões para poder usar as mariposas, que já haviam desenvolvido as línguas longas polinizando outras espécies. O argumento de Wasserthal ilustra como é difícil distinguir uma coadaptação devida à coevolução, de uma coadaptação resultante de histórias independentes em duas linhagens.

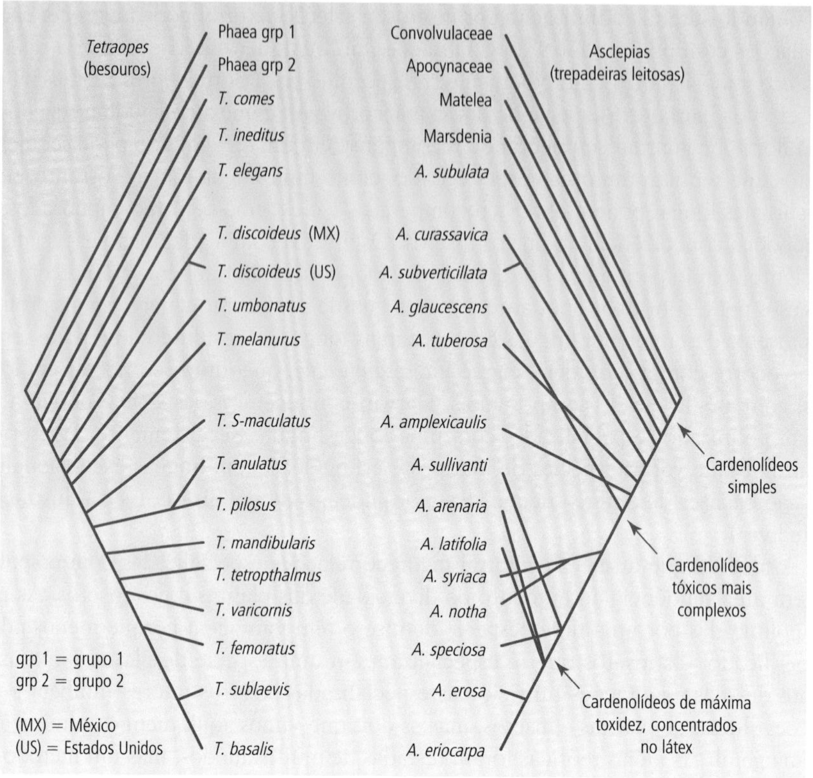

Figura 22.3

Filogenias de *Tetraopes* (besouros) norte-americanos e de suas plantas alimentícias, as asclepiadáceas (gênero *Asclepias* trepadeiras leitosas como a oficial-de-sala). Basicamente, essas filogenias são imagens especulares ou co-filogenias. As duas ou três exceções podem ser devidas a erros de inferência filogenética ou a mudanças de hospedeiros (como é discutido na Seção 22.3.3). Esses besouros exploram as plantas que os alimentam como larvas (que perfuram as raízes) ou como adultos (que comem flores e folhas). Redesenhada de Farrell e Mitter (1994), com permissão da editora.

à especiação em um táxon tende a causar especiação no outro táxon também. Por exemplo, duas subpopulações de uma espécie ancestral de asclepiadácea ficaram geograficamente separadas entre si. Cada subpopulação de asclepiadácea pode ter sua própria subpopulação de *Tetraopes*.

... com co-especiação...

As duas populações de asclepiadáceas podem ter divergido à medida que coevoluíam com seus insetos locais. Uma população de asclepiadáceas poderia desenvolver um conjunto de cardenolídeos, enquanto a outra população desenvolvia um conjunto diferente desses venenos. Cada população local de besouros desenvolveria mecanismos de desintoxicação apropriados para a asclepiadácea local. O isolamento reprodutivo se desenvolveria provavelmente como um subproduto, por meio do processo clássico de especiação alopátrica (Seção 14.3, p. 409). Depois de um período, as duas formas da planta podem reencontrar-se, mas estão reprodutivamente isoladas por causa das diferenças genéticas que foram erguidas entre elas.

ou por evolução seqüencial...

Alternativamente, as co-filogenias podem surgir por *evolução seqüencial.* Nesta, as mudanças em um táxon levam a mudanças no outro, mas o contrário não ocorre. Por exemplo, alguns biólogos propuseram que as plantas influem na evolução dos insetos, mas os insetos têm menos efeito na evolução das plantas (Figura 22.4). Isso poderia ter várias causas. Uma é que muitos insetos só comem um tipo de planta, enquanto as plantas são comidas por muitos insetos. Quando uma planta muda, seus insetos são obrigados a mudar para se manter; mas quando uma espécie de inseto muda, ela sozinha exercerá uma pressão seletiva apenas

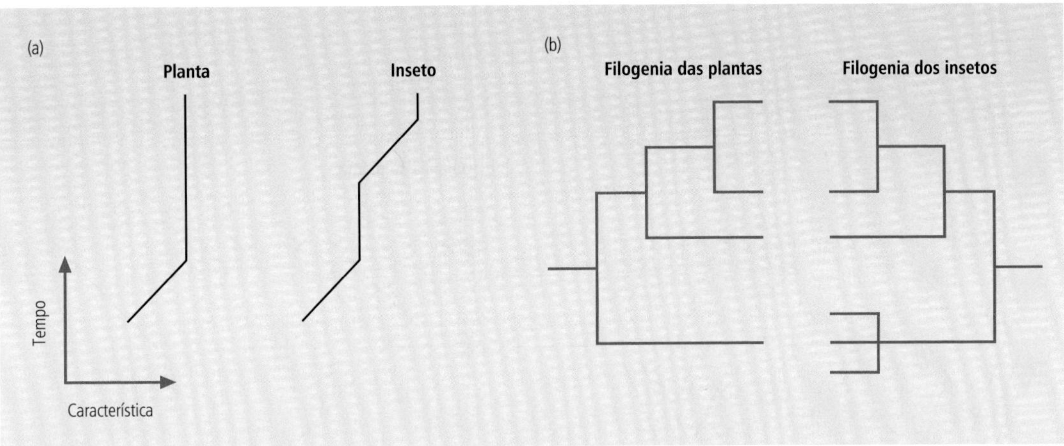

Figura 22.4

Evolução seqüencial significa que a mudança em uma linhagem seleciona a favor de uma mudança na outra linhagem, mas não o oposto. A seleção seqüencial seria aplicável a plantas e insetos se a evolução das plantas influenciasse a dos insetos, mas a evolução dos insetos tivesse pouca influência na das plantas. O padrão de modificações em (a) linhagens e (b) filogenias difere da coevolução estrita (compare com a Figura 22.2). (a) Mudanças nas plantas coevoluem com mudanças nos insetos, mas mudanças (de outros tipos que não as mudanças em plantas) nos insetos não causam mudanças nas plantas. (b) Quando há especiação das plantas, também há nos insetos, mas, quando há especiação nos insetos, ela não tem efeito sobre as plantas.

leve sobre sua planta alimentícia. A evolução seqüencial pode resultar em correspondências imperfeitas nas filogenias dos dois táxons (Figura 22.4b). Em princípio, a forma das filogenias pode ser usada para distinguir a evolução seqüencial da coevolução. Entretanto, as co-filogenias poucas vezes se correspondem perfeitamente, e muitos fatores podem influir no grau de correspondência entre as filogenias dos dois táxons. É difícil distinguir estatisticamente a verdadeira coevolução, da evolução seqüencial. Saber até que ponto a evolução inseto-planta é seqüencial ou inteiramente coevolutiva é um tópico de pesquisa ativa, que não alcançou uma conclusão com aceitação geral.

... ou co-especiação sem coevolução

Por fim, as co-filogenias podem surgir se dois táxons não têm mútua influência evolutiva, mas algum fator independente leva à especiação de ambos. Por exemplo, a especiação alopátrica poderia ocorrer em vários táxons que não interagem, se eles ocupam distribuições semelhantes e alguma coisa separa todas as suas distribuições. Um rio, por exemplo, poderia cortar e dividir as distribuições de várias espécies de uma área. Todos os táxons poderiam especiar-se ao mesmo tempo, mas não por causa de coevolução.

Na Seção 22.5.2, examinaremos mais um pouco as co-filogenias quanto às relações entre parasita-hospedeiro e conheceremos um quarto processo que pode levar às co-filogenias.

22.3.3 Não há co-filogenias quando insetos fitófagos mudam de hospedeiro para explorar plantas filogeneticamente não-relacionadas, mas quimicamente semelhantes

Um grupo de besouros não forma co-filogenia com o grupo de suas plantas alimentícias

Insetos e plantas podem coevoluir sem produzir filogenias com imagem especular. Becerra (1997), por exemplo, estudou a coevolução entre plantas do gênero *Bursera* e besouros crisomelídeos especializados, do gênero *Blepharida*, que se alimentam delas. *Bursera* é um gênero do Novo Mundo, da família das Bursaraceae, uma família de árvores e arbustos tropicais famosa por suas resinas aromáticas, usadas em perfumaria e incensos. O olíbano e a mirra são dois parentes de *Bursera* no Velho Mundo. A Figura 22.5a apresenta as filogenias associadas, de al-

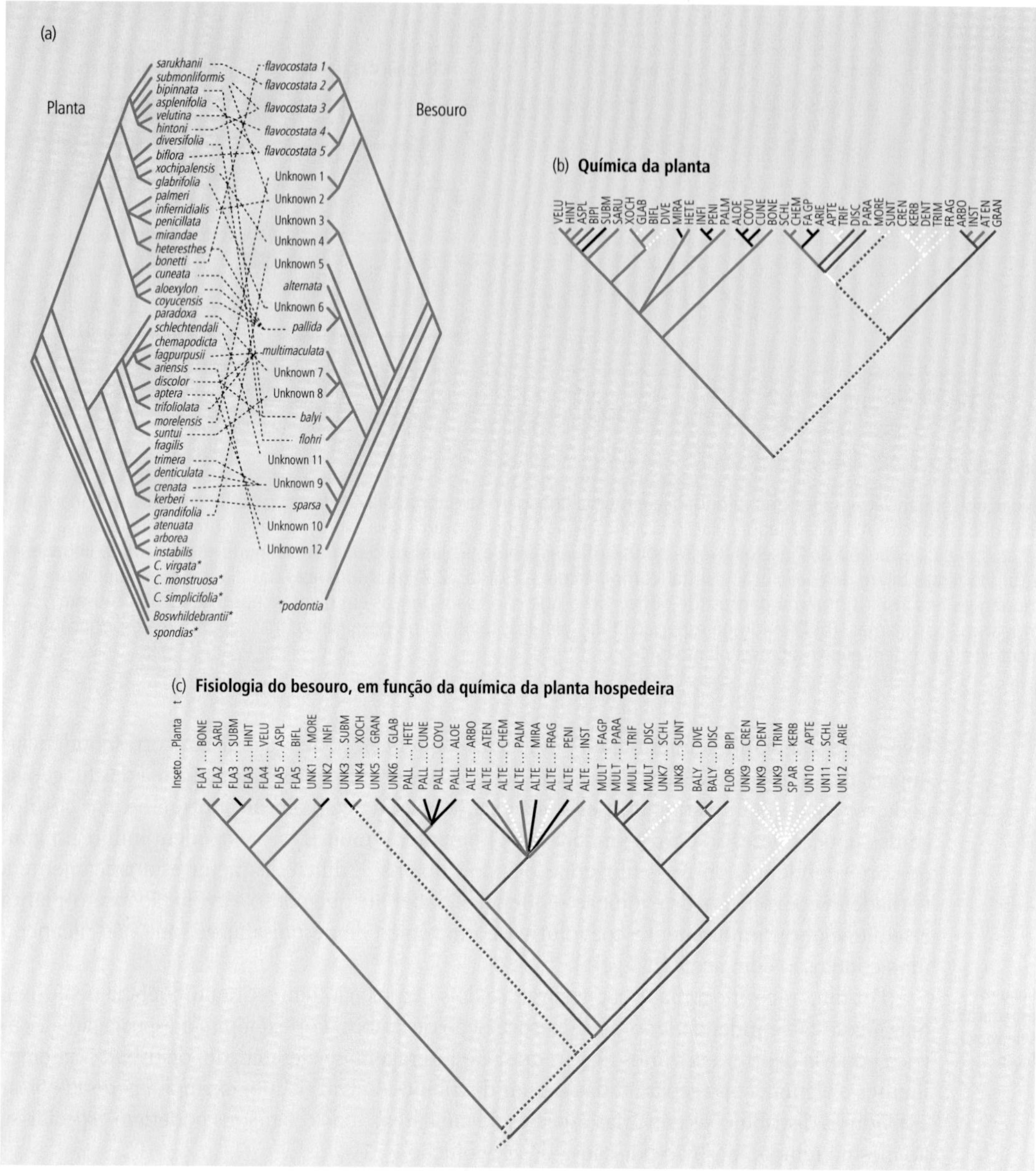

Figura 22.5

(a) Filogenias de *Bursera*, um gênero de plantas (à esquerda), e de *Blepharida*, um gênero de besouros que se alimentam delas (à direita). A maior parte das espécies de besouros é monófaga, e o nome de cada uma está escrito ao lado do nome da espécie de planta da qual se alimenta. As duas filogenias não são imagens especulares. (b) A filogenia das plantas (*Bursera*) mostrando a distribuição dos quatro sistemas de defesa química. Os quatro estão filogeneticamente difusos em vez de se agruparem nos quatro ramos da filogenia das plantas. (c) Filogenia dos besouros (*Blepharida*), com as defesas químicas das respectivas plantas hospedeiras registradas na filogenia. A química das plantas hospedeiras forma grupos filogenéticos nítidos na filogenia dos besouros. (Os ramos múltiplos são os de espécies polífagas de besouros – as que se alimentam de mais de uma espécie de plantas.) As três filogenias podem ser lidas em conjunto, como segue. Tome um grupo de besouros de (c), como o FLA, de 1 a 5, à esquerda. Suas plantas hospedeiras são quimicamente semelhantes. Em (a) essas cinco espécies de besouros estão bem no topo e podemos ver que FLA1 e FLA2, por exemplo, alimentam-se de espécies de plantas filogeneticamente não-relacionadas. Talvez FLA2 tenha evoluído após um mudança de hospedeiro recente. A troca de hospedeiro foi possível porque as duas plantas hospedeiras, *B. bonetti* e *B. sarukhanii* são quimicamente semelhantes, (como pode ser visto em [b]). Modificada de Becerra (1997), com permissão. © 1997 American Association for the Advancement of Science.

gumas espécies de *Bursera* e de *Blepharida*. Elas não são co-filogenias. Becerra também analisou as defesas químicas das *Bursera* e verificou que elas caem em quatro grupos principais; mas as espécies de cada um dos quatro sistemas estão dispersas na filogenia (Figura 22.5b).

As relações entre as plantas e seus insetos ficam claras quando examinamos as defesas químicas das plantas em relação à filogenia dos besouros (Figura 22.5c). Esta tem um padrão claro, com quatro regiões distintas em correspondência com as quatro defesas químicas das plantas. A legenda explica melhor como a informação da Figura 22.5c pode ser usada para dar sentido aos inicialmente confusos padrões da Figura 22.5a.

O que provavelmente ocorreu foi que, durante a evolução, uma espécie de besouro desenvolve uma defesa contra um certo conjunto de substâncias químicas das plantas. Esses besouros podem, então, colonizar outras plantas que têm defesas químicas semelhantes. Essas colonizações, em que um besouro muda de uma planta hospedeira para outra, são chamadas *mudanças (trocas) de hospedeiros*. Se plantas quimicamente semelhantes não têm uma relação filogenética estreita, resulta que os besouros vão percorrendo, evolutivamente, a filogenia das plantas. Apesar de estarem coevoluindo, *Bursera* e *Blepharida* não têm co-filogenias. O padrão da Figura 22.5 ilustra as idéias de Ehrlich e Raven (1964), discutidas na Seção 22.3.1.

Os insetos colonizam as plantas de acordo com a similaridade bioquímica

Em resumo, as filogenias de dois táxons que interagem, como as de plantas floríferas e insetos, podem ser usadas para estudar coevolução. Uma co-filogenia apenas não é uma evidência forte de coevolução porque esta pode, ou não, produzir co-filogenias, e a coevolução não é o único fator capaz de causar co-filogenias. Entretanto, as co-filogenias e seus desvios podem ser usados (junto com outros tipos de evidências) para desmembrar as forças evolutivas das histórias dos dois táxons.

22.3.4 A coevolução entre plantas e insetos pode explicar o grande padrão de diversificação dos dois táxons

Nos dias atuais, os insetos e as plantas floríferas são os animais e as plantas predominantes na vida terrestre em nosso planeta. A hipótese de que os dois táxons promoveram sua mútua diversificação por meio de mecanismos coevolutivos, tais como as relações entre polinizadores especializados, é plausível. Aqui podemos examinar dois testes dessa hipótese.

Se os dois táxons promoveram sua mútua diversidade, é previsível que eles tenham se diversificado mais ou menos na mesma época do documentário fóssil. As plantas floríferas diversificaram-se no Cretáceo (Figura 18.8, p. 571 – embora o relógio molecular sugira uma origem anterior para as angiospermas [Seção 18.5, p. 559]). Os insetos também estavam se diversificando, mas a questão é se sua diversificação se acelerou no Cretáceo, enquanto as angiospermas estavam evoluindo.

Um estudo sugere que as angiospermas não promoveram a diversificação dos insetos

Labandeira e Sepkoski (1993) contaram o número de famílias de insetos ao longo do tempo geológico, de há 250 milhões de anos até o passado recente. O número de famílias aumentou continuamente, em escala logarítmica, de cerca de 100 no Triássico para 300 no Cretáceo inferior, para umas 400 no Terciário inferior e para 700 ao fim do Terciário. O número de famílias cresce em linha (logarítmica) reta, sem aceleração no Cretáceo, quando proliferaram as angiospermas.

Ao menos superficialmente, o resultado de Labandeira e Sepkoski contradiz a hipótese de que os insetos e as plantas floríferas promoveram a mútua diversidade. Entretanto, Grimaldi (1999) argumentou que a diversidade poderia ter ocorrido dentro de cada família de insetos. As formas de polinização desenvolveram-se independentemente em numerosos grupos de insetos e, no documentário fóssil, os insetos polinizadores parecem ter se diversificado ao mesmo tempo que as angiospermas. Portanto, o número total de grandes grupos de insetos, tais como as famílias, pode ter apresentado pouco ou nenhum aumento, mas, mesmo assim, a diversidade dos insetos poderia ter aumentado. Por isso, o teste de Labandeira e Sepkoski pode ser inadequado. Mas o argumento de Grimaldi ainda não foi testado quantitativamente, e até agora ninguém demonstrou que a diversidade dos insetos foi promovida pelo aumento das plantas floríferas.

O segundo tipo de teste examina o número de espécies nos táxons atuais de angiospermas. Algumas delas são polinizadas bioticamente (em geral por insetos) e outras por meios abióticos, como o vento ou a água. Se a polinização por insetos promoveu a diversidade das angiospermas, poderíamos esperar que os grupos de angiospermas polinizados por insetos fossem mais variados do que os grupos polinizados abioticamente. O modo exato de testar é comparando ramos relacionados da filogenia das angiospermas, em que a polinização é biótica em um deles e abiótica no outro (Figura 22.6). Dodd *et al.* (1999) identificaram 11 dessas comparações, e a evidência geral sustentava muito bem a hipótese de que a polinização biótica, em angiospermas, está associada a uma maior diversidade de espécies. Outros testes do mesmo tipo também sugerem que a diversidade dos insetos, particularmente a dos besouros, está aumentada nos grupos que estão associados às angiospermas, e não às gimnospermas (Farrell, 1998). Portanto, esse segundo tipo de teste, usando comparações filogenéticas em plantas e insetos atuais, sugere que os dois táxons promoveram sua mútua diversidade.

Outro estudo sugere que a polinização biótica promove a diversidade das angiospermas

Os insetos e as plantas floríferas provavelmente influíram na evolução uns dos outros, de vários modos detalhados e as pesquisas sobre as relações particulares entre inseto e planta buscam entender essas influências. Nesta seção, examinamos algumas grandes comparações. Elas raramente são conclusivas porque muitos fatores podem entrar em jogo. A hipótese foi testada usando evidências fósseis e das formas das filogenias atuais. O teste dos fósseis continua inconclusivo, mas o teste com as filogenias atuais é sustentador. A evidência geral sugere que, em parte, a coevolução conduziu os insetos e as plantas a cobrirem o globo atual.

Aqui nos concentramos nas relações inseto-planta e nos testes que utilizam métodos filogenéticos. Entretanto, outros métodos estão sendo usados e outros táxons, além dos insetos, têm relações evolutivas com as plantas. O Quadro 22.1 examina um exemplo.

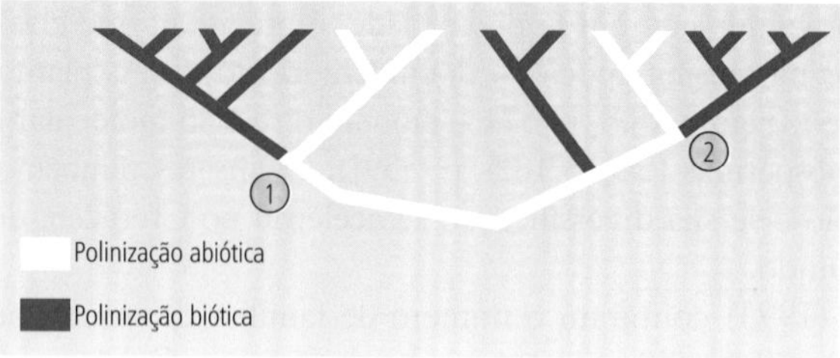

Figura 22.6

Teste dos efeitos da polinização biótica em oposição aos da polinização abiótica sobre a diversidade de espécies por meio de ensaios filogeneticamente independentes. O teste começa com uma filogenia de angiospermas, distinguindo cada espécie pelo modo de polinização biótico ou abiótico. Depois identificamos os nós da árvore, nos quais dois ramos irmãos têm modos de polinização contrastantes e contamos as espécies nos dois ramos. Cada um desses nós constitui um ensaio para o teste final. (Os nós são estatisticamente independentes. Se simplesmente contarmos o total de espécies com polinização biótica e abiótica na árvore como um todo, haverá problemas estatísticos.) Neste diagrama, dois nós fornecem contrastes independentes. Em ambos, a evidência suporta a hipótese de que a diversidade de espécies é maior no ramo com polinização biótica. As espécies no meio do ramo são ignoradas no teste. Dodd *et al.* (1999) testaram esta forma geral em dados reais e encontraram maior diversidade de espécies nos ramos com polinização biótica.

Quadro 22.1
A Genômica Evolutiva das Frutas

Muitas plantas produzem frutos grandes e nutritivos. Provavelmente, eles evoluíram para atrair aves e mamíferos que dispersam as sementes, quando comem os frutos. As relações de dispersão de sementes especializadas com os vertebrados são outro mecanismo coevolutivo por meio do qual a diversidade das angiospermas pode ter aumentado. Entretanto, depois que os frutos evoluíram, vários outros táxons evoluíram para explorá-los, embora nem sempre de modo a beneficiar as plantas. Os fungos digerem frutos, apodrecendo-os. Alguns insetos, como as drosófilas, depositam os ovos neles e suas larvas os comem internamente.

Há evidências fósseis de frutos desde o Terciário inferior, há cerca de 60 milhões de anos. A evolução da produção de frutos pelas plantas e a da exploração dos frutos pelos vertebrados, insetos e fungos exigiu genes especiais, que codificassem circuitos apropriados de desenvolvimento e de metabolismo. A levedura, por exemplo, tem um circuito metabólico especial para a digestão de frutos – o circuito que produz o álcool como co-produto e que é a base da cerveja, do vinho e de outras bebidas. Os genes que codificam para o circuito foram identificados no genoma da levedura. Eles se originaram por duplicações e a época em que isso aconteceu pode ser datada pelo relógio molecular (Seção 19.3, p. 581) em cerca de 80 milhões de anos. Essa data é um pouco mais antiga do que a dos primeiros frutos fósseis. Ou a datação fóssil está muito atrasada ou o relógio molecular não é confiável.

E quanto aos insetos frugívoros? Os drosofilídeos são uma família de exploradores de frutos. Eles se originaram há 65 milhões de anos e provavelmente desenvolveram o metabolismo frugívoro por aquela época. Seria interessante datar as duplicações que originaram, na drosófila, a álcool desidrogenase (Seções 4.5, p. 111, e 7.8.1, p. 209) e outras enzimas relacionadas com frutos. Talvez elas também datassem desta época. (Casualmente, a álcool desidrogenase de drosófila não tem relação com a enzima de mesmo nome em humanos.) Os genomas das angiospermas podem fornecer ainda mais evidências. Se pudéssemos identificar os genes usados para produzir os frutos, poderíamos datá-los e ver se eles também se originaram por aquela época.

De modo alternativo, poderíamos fazer uma "caçada gênica" inspirada evolutivamente. No genoma da *Arabidopsis* foram datadas muitas duplicações, mas as funções de muitos dos genes duplicados continuam desconhecidas. Vision *et al.* (2000) publicaram um panorama da cronologia dos eventos de duplicação na história da *Arabidopsis*. Ele tem um pequeno pico por volta dos 75 a 80 milhões de anos. Talvez alguns dos genes desse pico estejam relacionados com a produção de frutos. (A *Arabidopsis* não produz frutos, mas seu genoma poderia conter os "fantasmas" ou os parentes dos genes de frutos.)

Em conclusão, a origem dos frutos levou a mudanças evolutivas em vários táxons – fungos, insetos e vertebrados. Essas mudanças ocorreram independentemente em cada táxon. A evidência genômica pode ser usada para datar eventos no passado, desde que sejam identificados os respectivos genes. Podemos prever que as mudanças evolutivas em todos os táxons devem ter ocorrido mais ou menos ao mesmo tempo ou, pelo menos, que as mudanças nos fungos e nos animais devem ter sido subseqüentes às mudanças nas plantas. Até agora, a evidência está incompleta, mas é instigante. Ela também ilustra como a genômica está sendo integrada com os métodos paleontológicos e ecológicos existentes, para estudo da evolução.

Leitura adicional: Ashburner (1998), Dilcher (2000), Benner *et al.* (2002).

22.4 As relações coevolutivas freqüentemente são difusas

Os exemplos mais claros de coevolução provêm de duplas de espécies ecologicamente formadas. Na prática, cada espécie sofrerá pressões seletivas de muitas outras espécies e também as exercerá. A evolução de uma espécie será uma resposta agregada a todos os seus mutualistas e competidores e qualquer mudança evolutiva pode ser difícil de explicar em termos de cada competidor. O processo é chamado de *coevolução difusa*. Sem dúvida, ela atua na natureza; na verdade, ela pode ser a principal força moldadora da evolução de comunidades de espécies. Porém, ela é difícil de estudar e, conseqüentemente, sua importância é controvertida.

22.5 Coevolução parasita-hospedeiro

A ocorrência de coevolução passo a passo é especialmente provável entre os parasitas e seus hospedeiros. Eles podem ter relações específicas e estreitas, sendo fácil imaginar como uma mudança em um parasita, que melhore sua capacidade de penetrar no hospedeiro, irá provocar, reciprocamente, a seleção para uma mudança no hospedeiro. Se a diversidade de variantes genética no parasita e no hospedeiro é limitada, a coevolução pode ser cíclica (Seção 12.2.3, p. 351); mas, se novos mutantes surgem constantemente, o parasita e o hospedeiro podem sofrer intermináveis mudanças conjuntas, que podem ser direcionais ou não, conforme o tipo de mutações que surgem. Ao contrário da coevolução mutualista de formigas e lagartas ou de plantas floríferas e polinizadores, a coevolução de parasitas e hospedeiros é antagônica.

A coevolução parasita-hospedeiro é antagônica

Muitas propriedades biológicas dos parasitas e dos hospedeiros foram atribuídas à coevolução. Aqui nos concentraremos em duas. A primeira é a virulência parasítica. Formalmente, a *virulência* é expressa como a redução do valor adaptativo de um hospedeiro parasitado em relação a um hospedeiro não-parasitado. Um parasita de alta virulência é o que mata o hospedeiro rapidamente, reduzindo seu valor adaptativo a zero. Normalmente imaginamos a virulência de um parasita como um efeito colateral do modo como o parasita abate seu hospedeiro. Se, por exemplo, um parasita consome uma grande proporção das células de seu hospedeiro é mais provável que o mate e, por isso, será mais virulento do que um parasita que consuma menos células do hospedeiro. O segundo tópico que examinaremos é até que ponto as filogenias dos parasitas e de seus hospedeiros têm a mesma forma.

22.5.1 Evolução da virulência parasítica

Na Austrália, a virulência parasítica do mixomavírus e a resistência dos coelhos hospedeiros apresentam mudanças evolutivas

O mixomavírus (que causa a mixomatose) dos coelhos australianos proporciona uma ilustração clássica de que a virulência de um parasita pode mudar evolutivamente. Os coelhos em questão pertencem a uma espécie (*Oryctolagus cuniculus*) que é nativa da Europa, mas foi introduzida na Austrália, onde prosperou e tornou-se uma praga. O hospedeiro natural do mixomavírus é um outro tipo de coelho, o *Sylvilagus brasiliensis*, da América do Sul, no qual o mixomavírus, provavelmente, tem baixa virulência. Em 1950, o vírus foi introduzido deliberadamente na Austrália, em uma tentativa de controlar a praga de coelhos. Inicialmente foi um sucesso mortal. O vírus passava (pelo menos na Austrália) de coelho para coelho por meio de mosquitos, e a grande população desses insetos fez com que o mixomavírus varresse a população de coelhos desde o sudeste australiano, ao longo da costa sul, chegando até Perth, no oeste, em 1953. Inicialmente a mixomatose quase aniquilou a população de coelhos: em certas áreas de alta infestação, ela diminuiu em 99%. O vírus foi introduzido na França em 1952, começando a disseminar-se pela Europa e, sub-repticiamente, foi introduzido no Reino Unido em 1953.

A mixomatose reduziu as populações de coelhos

Quando de seu primeiro ataque à população de coelhos da Austrália (e da Europa), o mixomavírus era altamente virulento; ele matou 100% dos hospedeiros infectados. Logo, porém, a taxa de mortalidade declinou. Esse declínio podia resultar de qualquer combinação de aumento da resistência do hospedeiro e diminuição da virulência viral e, normalmente, não saberíamos qual estava atuando. Nesse caso, porém, um conjunto de experimentos cuidadosamente controlados permitiu que os dois fatores fossem desmembrados.

O mixomavírus diminuiu sua virulência

O declínio da virulência do mixomavírus foi demonstrado por meio da infecção, em laboratório, de coelhos de linhagens-padrão com vírus obtidos na natureza em anos sucessivos. Sendo a linhagem de coelhos controlada e constante, qualquer diminuição na taxa de mortalidade deve ser causada pela diminuição da virulência do vírus. A Tabela 22.2 apresenta os resultados na Austrália e na Europa. Em ambos os locais, os vírus começaram com virulência máxima (ma-

Tabela 22.2

Depois de sua introdução na Austrália, França e Grã-Bretanha, o mixomavírus desenvolveu menor virulência ao longo do tempo. As linhagens do vírus são classificadas em cinco graus de virulência: I é a mais virulenta e V a menos. A tabela apresenta as porcentagens de ocorrência das diferentes linhagens em coelhos selvagens, ao longo do tempo. Modificada de Ross (1982), que compilou os resultados de diversas fontes.

	Grau de virulência					
País	I	II	IIIA	IIIB	IV	V
Austrália						
1950-51	100	0	0	0	0	0
1958-59	0	25	29	27	14	5
1963-64	0	0,3	26	34	31,3	8,3
França						
1953	100	0	0	0	0	0
1962	11	10,3	34,6	20,8	13,5	0,8
1968	2	4,1	14,4	20,7	58,8	4,3
Grã-Bretanha						
1953	100	0	0	0	0	0
1962-67	3	15,1	48,4	21,7	10,3	0,7
1968-70	0	0	78	22	0	0
1971-73	0	3,3	36,7	56,7	3,3	0
1974-76	1,3	23,3	55	11,8	8,6	0
1977-80	0	30,4	56,5	8,7	4,3	0

tando 100% dos coelhos infectados), mas logo houve um rápido aumento nas linhagens menos virulentas da população viral – as linhagens menos virulentas matam uma proporção menor de coelhos infectados e, quando o fazem, levam mais tempo para matar. Enquanto isso, os coelhos também desenvolviam resistência. Isso podia ser demonstrado por confrontação de coelhos selvagens com linhagens-padrão do vírus em uma série temporal; agora o vírus era mantido constante e qualquer declínio na taxa de mortalidade tinha de ser causada por mudanças nos coelhos. A Tabela 22.3 apresenta os resultados de uma série desses experimentos durante as décadas de 1960 e 1970, nos quais, sem dúvida, a resistência manifestamente aumentou.

Os coelhos desenvolveram resistência

Assim, tanto a virulência parasítica quanto a resistência do hospedeiro podem evoluir. Claramente, a seleção natural sempre favorecerá o aumento da resistência dos hospedeiros, mas como ele lidará com a virulência dos parasitas?

A seleção natural pode favorecer uma virulência mais alta ou mais baixa, conforme o modo de transmissão do parasita e outros fatores

Uma das idéias sobre como a atuação da seleção natural atuará sobre a virulência é de que geralmente ela agirá para reduzi-la. Os parasitas dependem de seus hospedeiros e, se eles os matam, logo morrerão também. Por isso (justificadamente), os parasitas podem evoluir para manter seus hospedeiros vivos. A objeção a esse argumento e o motivo pelo qual ele é quase universalmente rejeitado pelos biólogos evolucionistas é que ele é pró-seleção grupal (Seção 11.2.5, p. 329). Embora a longo prazo uma espécie de parasita tenha interesse em não destruir o recurso do qual ela vive, a seleção natural em parasitas individuais favorecerá aqueles que se reproduzem em

A virulência depende...

Tabela 22.3

Depois da introdução do mixomavírus, os coelhos desenvolveram resistência, ao longo do tempo. Esses resultados são de coelhos selvagens (*Oryctolagus cuniculus*), capturados em diferentes épocas em duas regiões (Mallee e Gippsland) de Vitória, na Austrália; os coelhos foram confrontados, então, com uma linhagem-padrão de laboratório (SLS) de mixomavírus, altamente virulenta. A linhagem causou 100% de mortalidade em coelhos não-selecionados. De Fenner e Myers (1978), baseados nos dados de Douglas *et al.*

	Mallee		Gippsland	
	Número testado	**Mortalidade (%)**	**Número testado**	**Mortalidade (%)**
Coelhos não-selecionados		100		100
Coelhos selecionados				
1961-66	241	68	169	94
1967-71	119	66	55	90
1972-75	73	67	482	85

maior número, em detrimento dos que se restringem por interesse em proteger seus hospedeiros. A vantagem individual da maior reprodução em curto prazo geralmente suplantará qualquer vantagem de grupo ou de espécie em restringir a reprodução em longo prazo.

... das relações entre os parasitas de um hospedeiro...

A teoria moderna da virulência examina outros fatores. Um é o número de parasitas que infectam um hospedeiro. Se o hospedeiro está infectado por um só parasita, todos os indivíduos parasitados serão descendentes do colonizador original e serão irmãos e irmãs geneticamente relacionados. Então, a seleção de parentesco (Seção 11.2.4, p. 324) atuará para reduzir qualquer proliferação egoísta no hospedeiro. Por outro lado, se o hospedeiro sofreu várias infecções, os parasitas não serão relacionados. A seleção natural favorecerá os parasitas individuais que conseguem extrair o máximo do hospedeiro, o mais rápido possível, antes que outros parasitas se aproveitem do recurso. A virulência aumentará. Se um indivíduo se auto-restringe para preservar o hospedeiro, outros parasitas o ultrapassarão, apossando-se dele.

Em infecções múltiplas, se o tempo de geração dos parasitas é mais curto do que o dos hospedeiros, pode ocorrer evolução em direção a parasitas mais virulentos, inclusive em um mesmo hospedeiro. Existem evidências abundantes de que as linhas mais virulentas podem evoluir por competição entre parasitas de um mesmo hospedeiro (Ebert, 1998). Em geral, podemos prever que a doença que surge de infecções únicas terá menor virulência do que a que surge de múltiplas infecções.

... e de a transmissão ser vertical ou horizontal

Um segundo fator é se a *transmissão* dos parasitas entre os hospedeiros é *vertical* ou *horizontal*. Em um ectoparasita, transmissão pode significar o movimento do parasita adulto que estava explorando um indivíduo hospedeiro para outro hospedeiro. Em endoparasitas, significa, tipicamente, o movimento da prole dos parasitas que vivem no interior do hospedeiro, para outro hospedeiro. Na transmissão vertical, um parasita transfere-se do seu hospedeiro para a prole dele; isso pode ser feito por vários mecanismos – pelo leite materno ou simplesmente pulando do hospedeiro-pai para o hospedeiro-filho quando os dois estão juntos, ou no interior de um gameta. Na transmissão horizontal, o parasita transfere-se entre hospedeiros não-relacionados, e não especificamente de genitor para prole, podendo isso ser feito por meio da respiração ou de um vetor, como um inseto picador, ou na cópula entre dois hospedeiros. Alguns parasitas são transmitidos vertical, outros horizontalmente: que conseqüência tem isso para a evolução da virulência? Um parasita transmitido verticalmente, para prover recursos para si mesmo ou sua prole imediata, requer que seu hospedeiro se reproduza, enquanto os parasitas transmitidos horizontalmente não têm essa exigência.

Consideremos o sucesso de uma linhagem mais virulenta e outra menos virulenta de parasita, nesses dois casos. O parasita de transmissão vertical realiza uma negociação entre produzir mais prole e o sucesso dessa prole. Um parasita que reproduz mais será mais virulento e absorverá mais do hospedeiro; mas reduzirá a reprodução deste. A reprodução do hospedeiro produz os recursos (ou seja, a prole do hospedeiro) que a prole do parasita explora. Essa negociação determinará o limite máximo de virulência. Um parasita transmitido horizontalmente não precisa de tal negociação; o sucesso de sua prole é independente da reprodução de seu hospedeiro. Por isso, a virulência é muito menos restringida.[2]

Infecções únicas e transmissão vertical freqüentemente ocorrem juntas na natureza e os dois fatores podem cooperar para reduzir a virulência parasítica. Um estudo comparativo, por Herre (1993), de 11 espécies de vermes nematódeos que parasitam as vespas de figos no Panamá, ilustra a idéia. O ciclo vital das vespas de figos é o seguinte. A vespa adulta, trazendo pólen do figo do qual ela emergiu, ingressa em uma das estruturas de um figo que eventualmente se rompeu. Ali ela poliniza o figo, põe seus ovos e morre. Os ovos desenvolvem-se e as vespas emergem no interior do figo; depois de emergirem, elas cruzam e as fêmeas apanham pólen e saem do figo, em busca de outro para depositarem os ovos. Um fato importante da história é que há uma variação específica quanto ao número de vespas que ingressa em cada figo. Em algumas espécies, só uma o faz enquanto em outras várias vespas podem ingressar e pôr ovos no mesmo figo.

Os nematódeos parasitas das vespas de figos ilustram a teoria

Vermes nematódeos exploram as vespas de figo e, no Panamá, cada espécie de nematódeo explora uma determinada espécie de vespa. Os nematódeos imaturos rastejam sobre a vespa assim que ela emerge de um figo. "Em algum momento [em palavras de Herre], os nematódeos entram na cavidade corporal da vespa e começam a consumi-la". Os nematódeos emergem da vespa morta, cruzam e põem seus ovos no mesmo figo que a vespa utilizara; então o ciclo pode repetir-se. Os nematódeos que exploram vespas do tipo em que só entra uma em cada figo tendem a ser transmitidos verticalmente e os nematódeos de todos os hospedeiros tendem a ser geneticamente relacionados. Por outro lado, os nematódeos que exploram vespas do tipo em que várias fêmeas podem entrar no mesmo figo tendem a ser transmitidos horizontalmente – nematódeos filhos de vários pais diferentes podem rastejar sobre a mesma vespa e não serão geneticamente relacionados. Podemos inferir que os nematódeos parasitas de vespas em que, tipicamente, só entra uma fêmea por figo terão desenvolvido menor virulência do que os parasitas das vespas em que, tipicamente, mais de uma fêmea entra em cada figo. Os resultados de Herre são apresentados na Figura 22.7 e mostram a relação prevista. A virulência do parasita parece ter sido sintonizada com os hábitos do hospedeiro.

Esse exemplo ilustra uma das vias pelas quais a seleção natural atua sobre a virulência. Em outros casos, a virulência pode ser independente da rapidez com que o parasita se desenvolve no hospedeiro ou o exaure. Para outros tipos de virulência podem ser necessárias outras teorias. A seleção de parentesco e a transmissão vertical, em oposição à horizontal, são dois dos fatores evolutivos hipoteticamente propostos como influenciadores da virulência, mesmo quando esta depende da taxa de crescimento do parasita. A maioria dos demais fatores, porém, não foi tão bem-estudada. Freqüentemente, se não sempre, podemos esperar uma virulência menor quando os parasitas de um hospedeiro são geneticamente relacionados e verticalmente transmitidos do que quando eles não são relacionados e mais transmitidos horizontalmente.

---

[2] Mesmo na transmissão horizontal, a virulência tem um limite. Por exemplo, um parasita que é disseminado por insetos picadores exige que seu hospedeiro seja atraente a esses insetos. Quanto mais tempo o hospedeiro permanecer vivo, mais ele estará disponível para ser picado. Na verdade, a redução da virulência do mixomavírus que examinamos anteriormente bem poderia ter ocorrido quando a seleção natural maximizou a chance de transmissão, pelos mosquitos, de um coelho para o próximo.

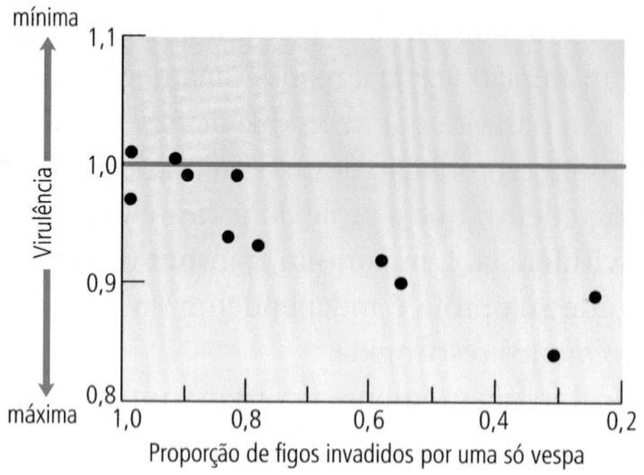

Figura 22.7

Em nematódeos que parasitam vespas de figos, a virulência é maior naquelas espécies que parasitam as espécies de vespas em que vários indivíduos põem seus ovos em um mesmo figo. Os resultados referem-se a 11 espécies de vespas de figos e às 11 espécies de nematódeos que as parasitam (há uma espécie de nematódeo para cada espécie de vespa). A virulência é medida em cada espécie de vespa, por meio da relação entre o número médio de descendentes produzidos pelas vespas parasitadas e o produzido pelas não-parasitadas; a virulência aumenta de cima para baixo no eixo de *y*. Uma virulência igual a um significa que as vespas parasitadas e as não-parasitadas têm o mesmo número de descendentes: esses parasitas com transmissão vertical são tão brandos que praticamente são comensais. A prole deixa um registro no interior do figo e pode ser contada com precisão. A proporção de figos invadidos por uma ou mais vespas também pode ser determinada. Redesenhada de Herre (1993), com permissão. © 1993 American Association for the Advancement of Science.

A teoria da evolução da virulência é rica em implicações para o entendimento das doenças humanas. O Quadro 22.2 examina um exemplo.

Quadro 22.2
Vacinas e a Virulência das Doenças Humanas

As vacinas são desenvolvidas contra muitas doenças parasitárias humanas e de espécies não-humanas de valor econômico. Os parasitas, por sua vez, podem desenvolver resistência contra a vacina (por exemplo, o HIV – Seção 3.2, p. 68). Entretanto, a vacinação também pode ter outros efeitos sobre a evolução do parasita. Gandon *et al.* (2001) delinearam o efeito das "vacinas imperfeitas" sobre a evolução da virulência. Vacinas imperfeitas são as parcialmente efetivas, que agem contra os parasitas em alguns dos membros infectados da população de hospedeiros, mas não em todos. Nesse sentido, na prática quase todas as vacinas são imperfeitas. Gandon *et al.* distinguiram dois casos.

1. *Vacinas que reduzem o crescimento do parasita no hospedeiro*. Algumas vacinas atuam contra os parasitas que tiveram sucesso em infectar um hospedeiro, reduzindo-lhes as taxas de crescimento e de reprodução. As linhagens de um parasita que se reproduzem e crescem mais rapidamente no hospedeiro são as mais virulentas. Os parasitas virulentos "exaurem" o hospedeiro mais rapidamente do que os menos virulentos. Podemos admitir que, na ausência de vacinação, um parasita tem um nível ótimo de virulência, de modo a exaurir seu hospedeiro na melhor taxa possível – dependendo do número de infecções, do modo de transmissão a novos hospedeiros e de outros fatores. Então se aplica uma vacina inibidora de crescimento. Seu efeito será o de criar uma força de seleção natural a favor das linhagens mais virulentas do parasita. Suponha que o melhor período de tempo para um parasita exaurir um hospedeiro seja de 10 dias. As linhagens mais virulentas e as menos virulentas do parasita exaurem os hospedeiros em cerca de 8 e, em 12 dias, sofrem seleção contrária. Suponha que a vacina

(continua)

(continuação)

reduza a taxa de crescimento do parasita à metade. Uma linhagem altamente virulenta do parasita, que anteriormente teria exaurido seu hospedeiro em apenas 5 dias, será favorecida e exaurirá um hospedeiro vacinado em 10 dias. Mas, em um hospedeiro não-vacinado, ela exercerá toda a sua virulência e o exaurirá em 5 dias. As vacinas inibidoras de crescimento tendem a selecionar para aumento de virulência.

2. *Vacinas que reduzem a chance de infecção por um parasita.* Outras vacinas podem tornar menos provável que o parasita ingresse no hospedeiro vacinado. Elas tendem a selecionar os parasitas menos virulentos. Como vimos no texto principal deste capítulo, os parasitas cujo hospedeiro só é infectado uma vez são menos virulentos do que parasitas equivalentes em que um hospedeiro é infectado por vários indivíduos. Uma vacina que reduz a chance de infecção reduzirá o número médio de parasitas que infectam cada indivíduo hospedeiro, tornando mais provável que cada indivíduo parasita tenha seu próprio indivíduo hospedeiro. Então os parasitas evoluem para se tornarem menos virulentos.

A virulência do parasita pode ser influenciada por outros fatores além dos do modelo de Gandon *et al.* Este, entretanto, ilustra dois modos pelos quais a evolução do parasita pode ser influenciada, de modo humanamente importante, por programas de vacinação. Em geral, quando interferimos na natureza, desencadeamos novas pressões seletivas e é provável que, em conseqüência, ocorram mudanças evolutivas. A teoria da evolução pode ser usada para descobrir quais podem ser essas conseqüências.

22.5.2 Os parasitas e seus hospedeiros podem ter co-filogenias

Nas Seções 22.3.1 e 22.3.2, vimos que, às vezes, as filogenias de táxons de plantas floríferas e de insetos especialistas que se alimentam delas ou as polinizam formam imagens especulares ou co-filogenias. Os táxons dos hospedeiros e de seus parasitas especializados podem apresentar o mesmo padrão. Na verdade, as filogenias com imagem especular foram descobertas por meio das relações parasita-hospedeiro. As co-filogenias entre parasitas e hospedeiros às vezes são referidas como a regra de Fahrenholz.

A co-filogenia dos geômis e dos piolhos...

A pesquisa de Hafner *et al.* (1994) sobre a família de roedores Geomyidae (os geômis) e seus ectoparasitas, os piolhos (Mallophaga), é um bom exemplo. Hafner *et al.* seqüenciaram um gene mitocondrial em 14 espécies de geômis e nos piolhos que as parasitavam, e usaram os dados para construir as filogenias dos dois grupos (Figura 22.8a). Embora haja alguns desvios, as filogenias são imagens quase especulares. Os desvios são devidos, provavelmente, a mudanças de hospedeiros. Por exemplo, na base da figura, o parasitismo de *Thomomys bottae* por *Geomydoecus actuosi* parece uma mudança de hospedeiro.

... provavelmente é devida à co-especiação...

O padrão geral de imagem especular entre as filogenias de geômis e de seus piolhos provavelmente é devido à *co-especiação*. Isto é, uma espécie de hospedeiro e a de seu parasita tendem a ramificar-se ao mesmo tempo. Por exemplo, se examinamos o topo da figura de ambos os lados, há uma divisão que produziu os ramos E e F. O ramo F do hospedeiro provavelmente representa um geômis ancestral, que era parasitado pelo piolho ancestral das quatro espécies do ramo E dos parasitas. Então, as espécies ancestrais de geômis e de piolho ramificaram-se duas vezes. Os eventos descendentes de E → C → ramos A + B (na figura, eles ascendem) assemelham-se muito com co-especiação.

Por que hospedeiro e parasita haveriam de se especiar sincronicamente? Provavelmente porque as mesmas circunstâncias favorecem a especiação em ambos os grupos. Por exemplo, as distribuições geográficas dos dois poderiam ser fragmentadas por algum fator biogeográfico, e o processo normal de especiação alopátrica ocorrer nos dois. (Se algum fator divide a distribuição dos geômis, também dividirá o dos piolhos porque estes têm a autonomia de dispersão limitada.) As mesmas condições dirigem a especiação dos parasitas e dos hospedeiros, e o resultado é a co-especiação.

... como pode ser testado pelos relógios moleculares

A Figura 22.8 proporciona um teste de especiação melhor. Hafner *et al.* usaram o número estimado de mudanças em cada ramo como um relógio molecular, para estimar a época em que o ramo se originou. O relógio anda mais rápido nos piolhos, provavelmente porque seu tempo de geração é mais curto, do que o dos hospedeiros (Seção 7.4, p. 197). Se houve verdadeira co-especiação, os eventos de especiação em hospedeiros e parasitas devem ter ocorrido simultaneamente. Hafner *et al.* usaram dois relógios moleculares, um para todas as substituições de nucleotídeos e outro só para as trocas sinônimas de nucleotídeos. Sabemos, do Capítulo 7, que as trocas sinônimas têm maior probabilidade de serem neutras e, por isso, provavelmente constituem um relógio mais preciso. Em ambos os casos (Figura 22.8), os pontos dos comprimentos dos ramos distribuem-se ao longo da linha de simultaneidade, mas o ajustamento no relógio de trocas sinônimas é melhor. A Figura 22.8 é uma boa evidência de que as espécies de hospedeiro e parasita tendiam a se especiar na mesma época.

A importância do teste do relógio molecular é demonstrada no próximo exemplo (Figura 22.9). As filogenias dos primatas e dos lentivírus dos primatas são imagens quase especulares. (Os lentivírus dos primatas são o grupo que inclui o HIV. Por razões técnicas, este e os humanos foram excluídos da Figura 22.9, mas o HIV-1 veio do SIVcpz dos chimpanzés e o HIV-2 do SIVsm dos macacos *mangabeys* fuliginosos: ver Seção 15.10.2, p. 475.) Das 11 divisões da

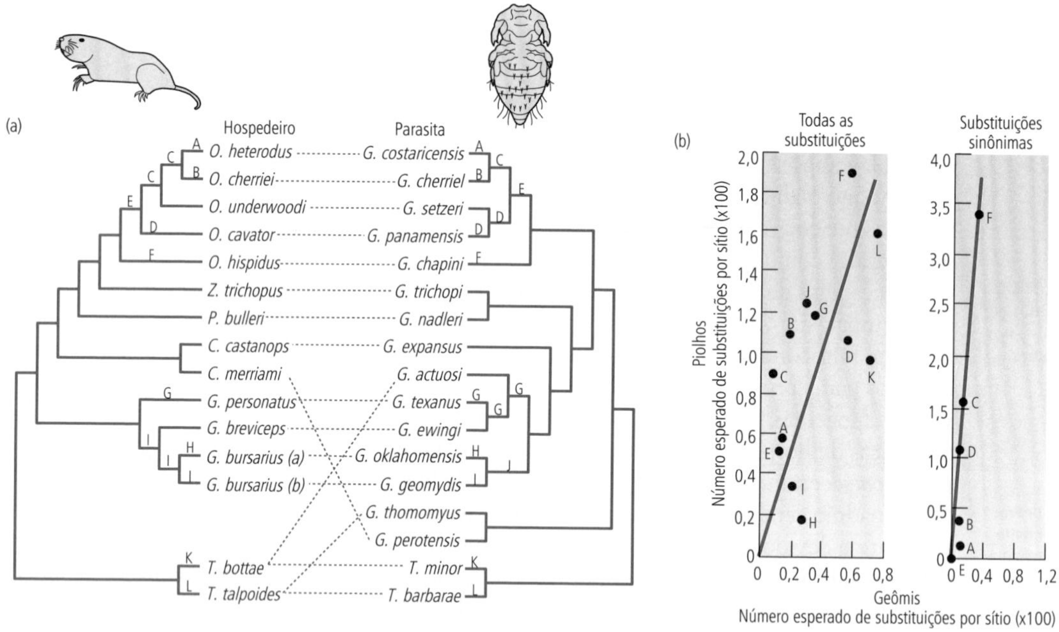

Figura 22.8

Filogenias de parasitas e hospedeiros, em imagem especular. (a) Filogenias de 14 espécies de geômis (Geomyidae) e de 17 espécies de seus parasitas malófagos. As filogenias foram reconstruídas a partir da seqüência de um gene mitocondrial (subunidade 1 da citocromo oxidase), usando o princípio da parcimônia. De modo geral, as filogenias formam imagens especulares, mas há alguns casos de prováveis trocas de hospedeiros. Um geômis (*Geomys bursarius*) e um piolho (*Geomydoecus geomydis*) também são ilustrados. (b) O teste de simultaneidade de especiação em parasitas e hospedeiros. O número esperado de substituições em vários ramos da filogenia do hospedeiro é plotado contra os números correspondentes nos ramos da imagem especular da filogenia do parasita. As letras do gráfico referem-se às letras dos ramos em (a). Provavelmente os relógios dos dois táxons andem em velocidades diferentes, por diferenças na duração das gerações. Se os eventos de especiação fossem realmente simultâneos, os pontos cairiam sobre a linha. O ajustamento é melhor quando só as mudanças sinônimas são computadas. Redesenhada de Hafner *et al.* (1994), com permissão. © 1994 American Association for the Advancement of Science.

Os relógios moleculares refutam à co-especiação entre primatas e lentivírus

Figura 22.9, oito são imagens especulares nas duas filogenias, sugerindo apenas três mudanças nos hospedeiros. Poderíamos deduzir, singelamente, que os lentivírus dos primatas se co-especiaram com seus hospedeiros. Entretanto, um exame da escala de tempo na base da Figura 22.9 sugere que essa dedução é falsa. Os vírus evoluem muito mais rapidamente do que seus hospedeiros e, para eles, as épocas das separações são de apenas alguns milhares de anos, contra alguns milhões de anos nos macacos hospedeiros. A menos que o relógio molecular esteja completamente alterado, por três ordens de magnitude, essas co-filogenias não são evidências de co-especiação.

Por que os lentivírus dos primatas têm uma filogenia semelhante à de seus hospedeiros? A resposta é incerta. Uma possibilidade é que os vírus tendem a trocar de hospedeiros, entre os que são bastante relacionados filogeneticamente (Charleston e Robertson, 2002). Provavelmente o sistema imune dos humanos é mais parecido com o dos chimpanzés do que com o dos babuínos. Um vírus adaptado a viver em chimpanzés provavelmente tem mais facilidade de mudar, para explorar humanos, do que um vírus adaptado a explorar babuínos. Assim, todas as mudanças na filogenia dos lentivírus representam trocas de hospedeiros. A concordância entre as filogenias não seria devida a co-especiação, mas a mudanças de hospedeiros filogeneticamente constrangidos. A influência da fisiologia dos hospedeiros e particularmente de seus sistemas imunes poderia ser análoga à influência da química das plantas sobre a evolução dos insetos (Seção 22.3.3).

Entretanto, a razão que produz as co-filogenias da Figura 22.9 é um problema de pesquisa não-resolvido. O ponto principal deste exemplo é demonstrar que, por si, as co-filogenias não são uma evidência completa de co-especiação. Também são necessárias evidências sobre o tempo das separações, por exemplo, por meio de um relógio molecular. Nos geômis e piolhos, tanto a evidência filogenética quanto a do relógio molecular suportam a co-especiação. Nos primatas e lentivírus a evidência filogenética é compatível com co-especiação, mas a do relógio molecular é fortemente contrária.

Algumas filogenias de parasitas não casam com as de seus hospedeiros

Finalmente, alguns táxons de parasitas e de seus hospedeiros não apresentam co-filogenias. Por exemplo, examinamos as filogenias dos geômis e de um grupo de piolhos parasitas. Eles apresentam co-filogenias porque o poder de dispersão dos piolhos, independente

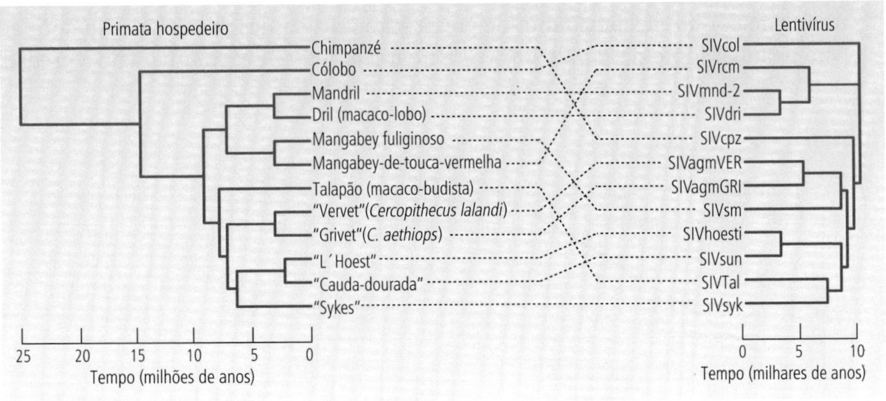

Figura 22.9

Filogenias de primatas hospedeiros e de lentivírus de primatas (o grupo de vírus que inclui o HIV, embora este e os humanos não sejam apresentados aqui). Elas formam imagens especulares aproximadas, mas imperfeitas. As escalas de tempo apresentadas baseiam-se em inferências do relógio molecular. Note o tempo diferente nos dois táxons: as relações co-filogenéticas não são (se o relógio molecular é confiável) devidas a co-especiação. (A figura é cortesia do Dr. D.L. Robertson.)

de seus hospedeiros, é limitado. Outros táxons de piolhos, que podem mover-se com independência, não apresentam filogenias com imagens especulares das de seus hospedeiros (Timm, 1983).

Em resumo, examinamos três possíveis relações entre as filogenias dos parasitas e as de seus hospedeiros. Uma é elas serem co-filogenias por causa de co-especiação. Uma segunda é elas serem co-filogenias, mas por outra razão que não a da co-especiação. Uma terceira é elas não serem co-filogenias. Os três diferentes padrões podem ser encontrados em diferentes exemplos.

22.6 A coevolução pode derivar para uma "corrida armamentista"

Os quocientes de encefalização...

... são usados para medir a inteligência

Em várias espécies de vertebrados, um gráfico de tamanho do cérebro *versus* tamanho do corpo revela que os vertebrados maiores têm cérebros maiores (Figura 22.10). O tamanho do cérebro de uma espécie pode ser expresso em relação a essa tendência geral como um *quociente de encefalização.* O quociente de encefalização de uma espécie é a razão entre seu tamanho cerebral real e o tamanho esperado em função do tamanho de seu corpo, conforme a tendência geral na Figura 22.10. Se o seu tamanho cerebral real está abaixo da linha, o quociente de encefalização é inferior a um; se estiver acima da linha, o quociente de encefalização é maior do que um. Às vezes se pensa nos quocientes de encefalização como medida grosseira da "inteligência" de uma espécie. Em sentido amplo, os animais mais inteligentes são os que mais se desviam acima da linha; eles têm maior encefalização relativa.

Provisoriamente, aceitemos que o quociente de encefalização é um indicador de inteligência. Consideremos então, a partir do trabalho clássico de Jerison (1973), um possível exemplo de coevolução entre presa e predador. (Vimos uma parte relacionada do estudo geral de Jerison quando discutimos o Grande Intercâmbio Americano, na Seção 17.8, p. 535.)

Os carnívoros e os ungulados podem ter evoluído por meio de uma corrida "armamentista"

Nos mamíferos do Cenozóico, tipicamente, os predadores tinham cérebros maiores do que suas presas. Essa relação pode ser vista na Figura 22.11; mas a mesma figura também mostra outro fato, mais interessante. O tamanho relativo dos cérebros tanto de predadores quanto de presas, aumentou com o tempo. Para estimar a encefalização de um fóssil é preciso estimar o tamanho corporal, e o método usado por Jerison foi criticado. Por isso, o resultado é incerto, mas a explicação de Jerison é interessante. Ele sugere que a seleção natural favoreceu a maior inteligência tanto da presa, para escapar dos predadores, quanto do predador, para apanhar a presa. Houve uma *corrida armamentista* coevolutiva entre predador e presa,

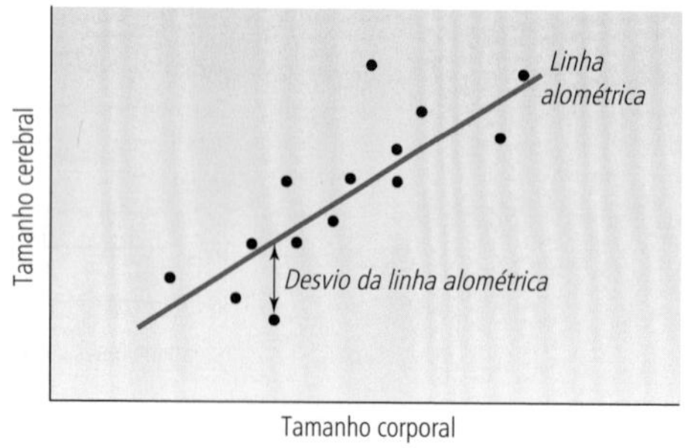

Figura 22.10

O tamanho relativo do cérebro pode ser medido como encefalização relativa, por meio do desvio do tamanho do cérebro de uma espécie em relação a uma linha alométrica para várias espécies. A encefalização relativa avalia se a espécie tem um cérebro maior ou menor do que o esperado para um animal com o seu tamanho corporal. A espécie indicada na figura tem um cérebro relativamente pequeno e um quociente de encefalização menor do que um.

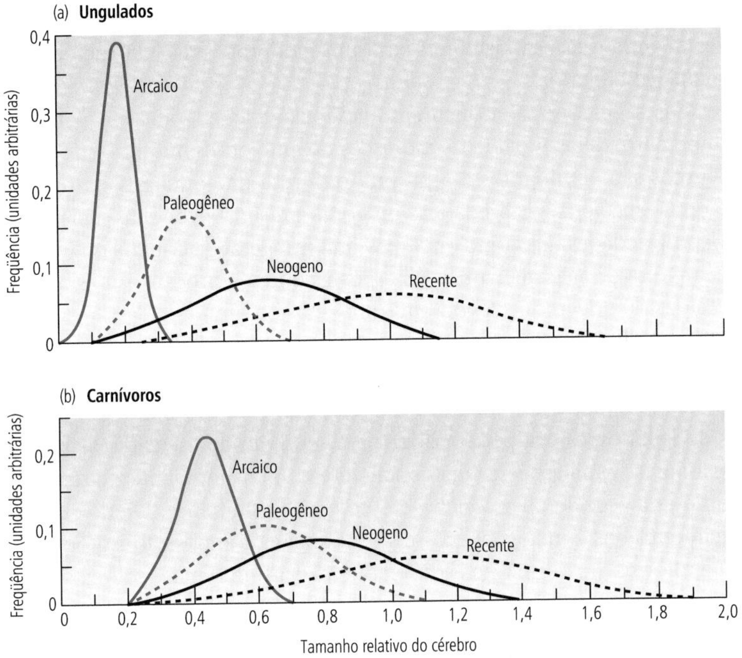

Figura 22.11

Distribuições dos tamanhos relativos dos cérebros de (a) ungulados (presas) e (b) carnívoros (predadores), durante o Cenozóico. O tamanho do cérebro aumentou ao longo do tempo e os carnívoros tiveram cérebros maiores do que os ungulados o tempo todo. Redesenhada de Jerison (1973), com permissão da editora.

levando a cérebros cada vez maiores em ambos. As forças seletivas podiam ser verdadeiramente coevolutivas, com cada parte exercendo uma pressão seletiva recíproca sobre a outra: à medida que os predadores se tornavam mais espertos em apanhar as presas, estas eram selecionadas para evitá-los de modos mais inteligentes, e vice-versa. A evidência, nesse caso, continua inconclusiva. Entretanto, é difícil demonstrar relações coevolutivas em fósseis, e o trabalho de Jerison merece consideração como um raro exemplo em que a coevolução é uma explicação plausível.

22.6.1 Corridas armamentistas coevolutivas podem resultar em escalada evolutiva

A evolução pode ser uma escalada...

Vermeij (1987, 1999) utilizou o mesmo argumento usado por Jerison, mas de modo muito mais geral. Vermeij sugere que, tipicamente, os predadores e as presas apresentam um padrão evolutivo que ele chama de *escalada*. Com escalada ele quer dizer que a vida se tornou mais perigosa ao longo do tempo evolutivo: os predadores desenvolveram armas mais poderosas e as presas desenvolveram defesas mais poderosas contra elas. Vermeij distingue entre a escalada e o progresso evolutivo. Se a evolução é progressiva, os organismos irão tornar-se mais bem-adaptados às suas circunvizinhanças ao longo do tempo evolutivo; se ela é em escalada a melhoria nas adaptações predatórias pode ser neutralizada pelas melhorias nas defesas das presas, e não resultará qualquer avanço. Os dois conceitos são fáceis de distinguir por meio de um experimento imaginado. Se a evolução dos predadores (por exemplo) é progressiva, os predadores atuais seriam melhores em capturar suas presas do que os predadores mais antigos. Se, porém, a evolução é em escalada, os predadores mais modernos não serão melhores do que seus ancestrais eram em capturar os tipos de presas contemporâneas deles. Mas, se transportados em uma máquina do tempo e soltos junto às presas que eram caçadas por seus ancestrais, eles deveriam arrasá-las como faria um moderno avião de caça em um combate aéreo com um antigo biplano.

... o que pode ser testado...

Vermeij e seus seguidores identificaram evidências biogeográficas e paleontológicas de escalada. Grande parte delas provêm de moluscos de ambientes marinhos de águas rasas – os fósseis de moluscos são abundantes e a própria natureza da concha pode revelar o grau de adaptação de uma espécie como predadora ou como presa. As conchas mais bem-protegidas são as que têm propriedades tais como um espessamento geral da concha ou um espessamento concentrado em volta de suas aberturas. As espécies que se entocam, ou as que se incrustam são mais protegidas do que as que repousam soltas sobre o fundo.

com maior ou menor resolução...

Alguns indicadores simples de escalada podem gerar confusão, mas é preciso pesquisa avançada para revelar os problemas. A espessura da concha, por exemplo, geralmente é um bom indicador de adaptação defensiva. Mas Dietl *et al.* (2002) salientam que duas espécies com conchas de igual espessura podem diferir em seu grau de escalada, se uma cresce mais rápido do que a outra. Uma espécie cuja concha cresce mais rapidamente teria uma escalada mais rápida do que a espécie cuja concha cresce mais lentamente. Dietl *et al.* estimaram as taxas de crescimento das conchas em fósseis usando sua composição isotópica. Entretanto, raramente uma informação desse tipo está disponível e as inferências sobre os padrões amplos de escaladas baseiam-se em evidências limitadas. Como veremos, aqueles padrões amplos têm grande dispersão nos dados. É importante ter em mente os itens de Dietl *et al.* porque é provável que uma das causas da dispersão pode ser problemas nos dados.

... nas relações entre predador e presa fósseis...

Examinemos algumas das evidências de Vermeij. A freqüência de reparos nas conchas é um indicador de interação entre predador e presa fósseis. Quando um molusco sofre um ataque não-letal, ele repara o dano à sua concha e o padrão do reparo pode ser observado nela. As proporções de conchas apresentando vestígios de reparo foram medidas em várias faunas fósseis e parece haver uma tendência para o aumento do número de reparos com o tempo (Figura 22.12). Vermeij interpreta isso como significando que as presas vinham sofrendo ataques predatórios cada vez mais freqüentes ao longo do tempo

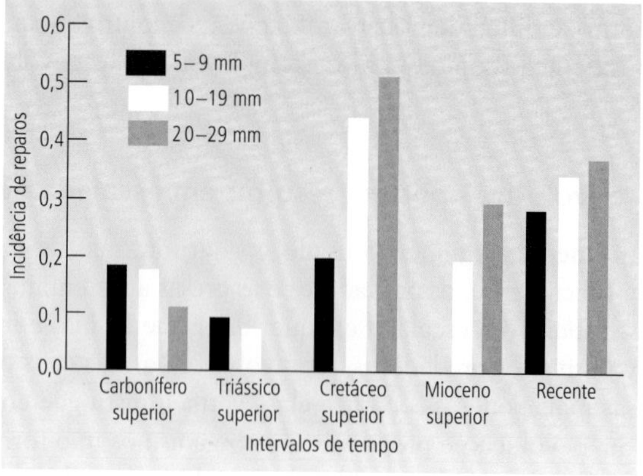

Figura 22.12

Incidência de reparos de conchas divididas em três classes de tamanho, em cinco períodos sucessivos de tempo. Note que: (i) a incidência de reparos é maior em tempos mais recentes e (ii) em tempos mais recentes, a incidência de conchas maiores em comparação com as conchas menores é relativamente mais alta em relação aos tempos mais antigos. As conchas maiores tendem a ser mais resistentes às quebras do que as conchas menores. Uma interpretação da segunda tendência é de que os predadores mais recentes se tornaram mais fortes e, por isso, mais capazes de danificar os animais com conchas grandes (10 mm). Redesenhada de Vermeij (1987), com permissão da editora.

evolutivo. (Logicamente, também poderia significar – embora talvez seja improvável – que os predadores se "desescalaram" das formas que destruíam suas presas para formas que, às vezes, apenas as feriam!)

Também há sugestões de escalada das defesas dos moluscos como presas, devido a uma tendência na proporção dos diferentes tipos de conchas de gastrópodes ao longo do tempo. A proporção de formas mal-agrupadas e relativamente malprotegidas decresceu ao longo do tempo, relativamente aos tipos com melhores defesas, como as formas que se entocam e as que se incrustam (Figura 22.13). Vermeij também encontrou evidências limitadas de que a freqüência dos gêneros a que pertencem os animais entocados, melhor protegidos, aumentou de 5 a 10% do Carbonífero superior até o Triássico superior para cerca de 37% no Cretáceo superior até 62 a 75% nas formações modernas. O espessamento interno ou o estreitamento da abertura são outra forma de escalada das defesas, e também esses tipos aumentaram proporcionalmente com o tempo (Figura 22.14). Em geral, os moluscos mais recentes parecem ser mais fortemente protegidos do que eram seus ancestrais mais remotos.

... e as relações entre planta-inseto fósseis

Algumas tendências que se parecem com escalada podem ser devidas a outros fatores. Por exemplo, Wilf e Labandeira (1999) contaram as freqüências de danos supostamente causados por insetos em folhas fósseis. As folhas do Paleoceno têm um menor nível de danos por insetos do que as folhas do Eoceno. Nas amostras, 29% das folhas do Paleoceno tinham danos por insetos, o que aumentou para 36% nas folhas do Eoceno. As relações entre plantas-herbívoros parecem mais "escaladas" no Eoceno. Entretanto, Wilf e Labandeira atribuem a tendência ao aquecimento das temperaturas. O Eoceno era mais quente do que o Paleoceno e as plantas sofrem mais com os herbívoros quando faz mais calor. (Atualmente, o dano às folhas é maior nos trópicos do que nos pólos.) Embora as relações herbívoros-plantas tenham se tornado mais perigosas no Eoceno, a razão pode ter sido a mudança climática externa em vez da escalada coevolutiva entre plantas e insetos.

As evidências de Vermeij não seriam suficientemente persuasivas para convencer os céticos. Elas não são abundantes; elas têm "ruído"; os padrões não são todos compatíveis; às vezes são possíveis outras interpretações; e o documentário fóssil pode ser falho. Entretanto, em ausência de qualquer argumento específico de que as tendências sejam devidas a erros de amostragem, podemos conceder o benefício da dúvida à evidência. E ela sugere que ocorreu uma escalada nas relações entre predador-presa, durante a evolução.

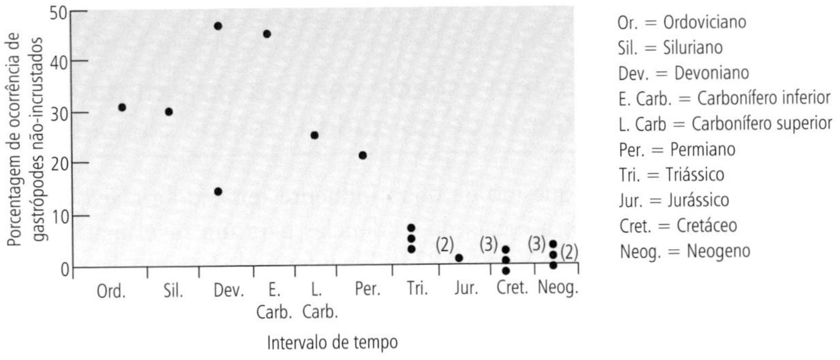

Figura 22.13

Incidência de gastrópodes sésseis ou sedentários não-cimentados ao longo do tempo. Note que a proporção decresce. Cada ponto corresponde a uma coletânea de fósseis, exceto onde está marcado. Vermeij dividiu os gastrópodes de cada coleção em diferentes tipos (entocados, sésseis, formas incrustadas, etc.), perfazendo 100%. Este gráfico dá as proporções dos gastrópodes que repousam livres sobre o fundo. O Neogeno (Neog.) inclui o Mioceno e o Plioceno (Figura 18.1, p. 548). Redesenhada de Vermeij (1987), com permissão da editora.

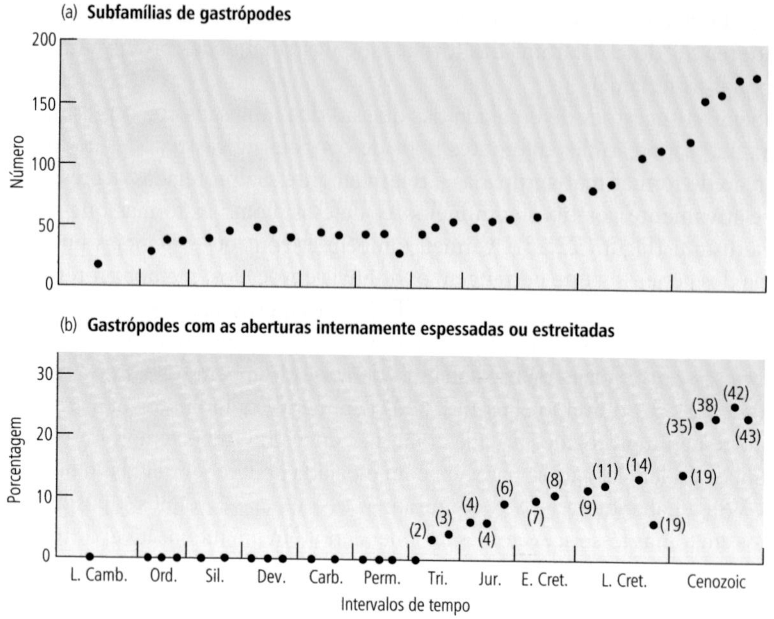

Figura 22.14

(a) Número total de subfamílias de gastrópodes ao longo do tempo. (b) Proporção de subfamílias com membros que desenvolveram aberturas espessadas internamente ou estreitadas, um caráter que provavelmente evoluiu como defesa contra predadores. Uma vez que aumentou o número total de subfamílias, para mostrar uma tendência, é necessário, como aqui, plotar a *proporção,* e não o *número* total de subfamílias. Os números junto aos pontos representam os números de subfamílias. Redesenhada de Vermeij (1987), com permissão da editora.

A escalada é uma idéia de grande influência sobre a macroevolução. Ela aparece novamente na seção seguinte deste capítulo. Ela também está subjacente a muitas hipóteses sobre a explosão do Cambriano (Seção 18.4, p. 557). A diversificação de animais com esqueletos, durante o Cambriano, foi atribuída ao surgimento dos predadores ou a predadores mais perigosamente armados. Esse é um exemplo de uma hipótese que invoca a escalada. No próximo capítulo, veremos como a escalada pode nos ajudar a entender as substituições taxonômicas (Seção 23.7.2, p. 694) e as tendências na diversificação de espécies (Seção 23.8, p. 693).

22.7 A probabilidade de que uma espécie venha a ser extinta é relativamente independente de há quanto tempo ela existe

Agora continuaremos com a questão de quão influente tem sido a coevolução para a história da vida, mas mudaremos a escala de evidências para um nível mais abstrato e geral. Examinaremos o trabalho de Van Valen (1973). Ele inferiu, do formato das curvas de sobrevivência taxonômica, que a macroevolução é moldada não apenas pela coevolução, mas por um determinado modo de coevolução chamado de modo "Rainha Vermelha". O tipo de escalada coevolutiva que examinamos na seção anterior é (ou pode ser) um exemplo da coevolução Rainha Vermelha. Mas, antes de chegarmos à interpretação coevolutiva, precisamos examinar a evidência a partir das curvas de sobrevivência taxonômica.

As curvas de sobrevivência taxonômica são aproximadamente log-lineares...

Encontramos as curvas de sobrevivência taxonômica no Capítulo 21, como um meio de estudar as taxas evolutivas (Seção 21.6, p. 629). Aqui as usaremos para estudar as taxas de extinção. Para plotar uma curva de sobrevivência taxonômica, tome o grupo taxonômico mais elevado, como uma família ou ordem, meça a duração do documentário fóssil das espécies que são membros dele, e plote o número (ou porcentagem) de espécies que sobrevivem em cada duração (Figura 21.12, p. 630). Em 1973, Van Valen publicou um estudo amplo, baseado em medidas da duração de 24 mil táxons, mas com uma diferença fundamental quanto aos estudos anteriores – ele plotou os gráficos após obter os logaritmos dos números de sobreviventes. Verificou que, em escala logarítmica, a sobrevivência tende a ser aproximadamente linear; isto é, a sobrevivência é log-linear (Figura 22.15).

O resultado de Van Valen trouxe um novo interesse para as curvas de sobrevivência na teoria evolutiva. Com curvas de sobrevivência em escala aritmética, como as da Figura 21.12, era possível ver que diferentes táxons evoluíram (taxonomicamente) em taxas diferentes e era possível argumentar sobre o porquê disso. Mas, quando se percebeu que as curvas eram log-lineares em escala logarítmica, perguntas mais interessantes puderam ser feitas. Foi questionado quão lineares seus resultados realmente são e que muitos deles não são de espécies, mas de gêneros ou mesmo famílias, de um táxon mais elevado. Além disso, é quase certo que algumas das extinções terão sido, de fato, pseudo-extinções devidas a divisões taxonômicas de uma linhagem contínua, e não verdadeiras extinções de linhagem (Quadro 23.1, p. 667). Entretanto, os resultados de Van Valen proporcionam uma evidência altamente sugestiva da linearidade logarítmica das curvas de sobrevivência taxonômica. Mas qual é o significado dessa linearidade logarítmica?

A linearidade logarítmica das curvas de sobrevivência taxonômica significa que as espécies não evoluem para melhorar (ou piorar) ao evitar a extinção, e que a chance de uma espécie extinguir-se é independente da idade dela. Das espécies que sobreviveram até um tempo de t milhões de anos depois que se originaram, uma certa proporção é extinta em um tempo $t + 1$ milhão de anos; então, dos que sobreviveram ao tempo $t + 1$, a mesma proporção se extingue no tempo $t + 2$, e assim por diante. As espécies decaem em taxa exponencial, com uma proporção constante de sobreviventes extinguindo-se na época seguinte. Poderia ter sido de outro modo. Por exemplo, se a evolução fosse em escalada, a probabilidade de extinção poderia diminuir com o tempo, à medida que o nível de adaptação melhorasse, de modo que as espécies mais recentes durariam mais. Por esse motivo, o resultado de Van Valen é uma evidência importante de que, em geral, a evolução não é progressiva.

... o que implica em que a evolução não seja progressiva

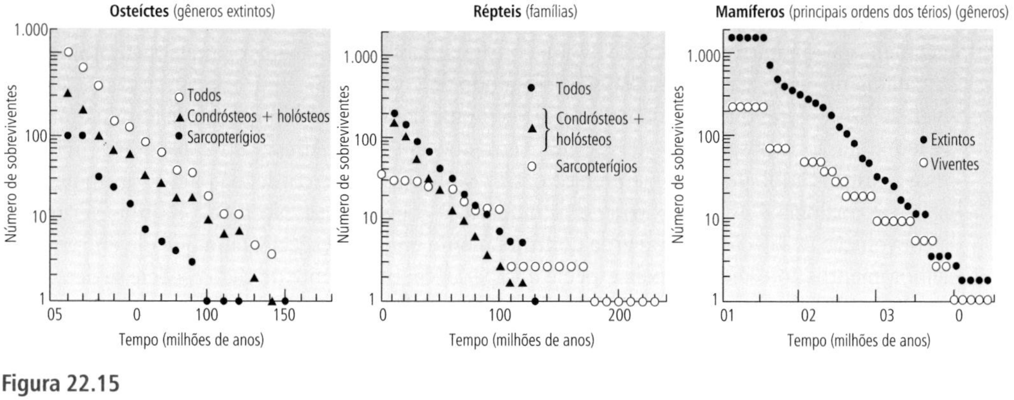

Figura 22.15

Três curvas de sobrevivência taxonômica com plotagens dos números de gêneros (de mamíferos e de osteíctes) ou famílias (de répteis) que tiveram durações variadas no documentário fóssil. Note que, com os logaritmos no eixo y, as linhas são aproximadamente retas. Os osteíctes são peixes ósseos, e os dois grupos desenhados no respectivo gráfico são subgrupos de peixes ósseos. Redesenhada de Van Valen (1973), com permissão da editora.

Outra possibilidade teórica é de que as taxas de extinção aumentem com o tempo. Por exemplo, se a evolução é em escalada, o nível de adaptação individual em uma espécie, em relação às competidoras, pode não mudar para qualquer direção determinada. Entretanto, todas as espécies estariam evoluindo para investir mais pesadamente em armamentos e em defesas. Esses armamentos e defesas provavelmente se desenvolveriam por meio de intercâmbios com outras adaptações (Seção 10.7.5, p. 312). As espécies descendentes, equipadas com armamentos pesados, poderiam ser mais vulneráveis a pressões do ambiente do que seus ancestrais com armas mais leves. As taxas de extinção poderiam aumentar com o tempo. Na verdade, parece não ter acontecido isso. O resultado de Van Valen sugere a inexistência de qualquer processo geral que leve a aumento ou diminuição da chance de extinção.

22.8 A coevolução antagônica pode ter várias formas, inclusive o modo Rainha Vermelha

A coevolução antagônica pode levar à...

O Capítulo 23 examinará em detalhe os fatores causadores das extinções. Aqui nos concentraremos em um só fator: a coevolução antagônica. Quando competidores ecológicos, ou parasitas e hospedeiros, evoluem um em relação ao outro, se um dos competidores não consegue desenvolver um melhoramento adaptativo para agüentar seu antagonista, ele será extinto. Se uma espécie hospedeira desenvolve um novo tipo de imunidade e o parasita não desenvolve logo um meio de penetrar na defesa, ele será extinto. Nesse processo, a que se assemelham os padrões de taxas de extinção? Aqui vai uma análise da questão, simplificada a partir de Stenseth e Maynard Smith (1984).

... extinção de uma ou outra das partes...

Duas espécies (A e B) que irão coevoluir terão, momento a momento, uma determinada condição relativa de adaptação. Uma possibilidade é que uma das espécies, como a A, tenha adaptações superiores. Nesse caso, a espécie B encaminha-se para a extinção, a menos que consiga alcançar logo um nível melhor de adaptação. Relações desse tipo são instáveis. Não podem existir por muito tempo porque a espécie adaptativamente inferior se extingue.

... ou a um equilíbrio estático...

Alternativamente, as espécies A e B podem estar em algum tipo de equilíbrio. Podemos distinguir dois tipos. Um deles é o estático. As espécies competidoras evoluíram para um conjunto de condições ótimas e então simplesmente ali permanecem. Esse pode ser um tipo freqüente de coevolução. Se um organismo puder ter uma forma ótima para competir com os membros da outra espécie, sua espécie evoluirá para tal forma e daí sua evolução cessará.

... ou a um equilíbrio dinâmico conhecido como Rainha Vermelha

O outro tipo de equilíbrio é o dinâmico. Esse é o equilíbrio *Rainha Vermelha*. Em vez de evoluir para uma condição ótima e ali ficar, esse resultado surge quando sempre é possível uma melhora adaptativa e a espécie evolui continuamente para alcançar aquele melhoramento. Originalmente, Van Valen sugerira que esse modo de coevolução explicaria as curvas de sobrevivência log-lineares que ele documentara. Seu nome para isso – a hipótese da Rainha Vermelha – é uma alusão à observação da Rainha Vermelha em *Alice Através do Espelho*, no livro de Lewis Carroll: "aqui, veja você, é preciso correr tanto quanto se consegue para ficar no mesmo lugar". A analogia é entre a corrida e as mudanças coevolutivas. No modo Rainha Vermelha de coevolução, a seleção natural atua continuamente em cada espécie, para que ela enfrente os melhoramentos apresentados pela espécie competidora; o ambiente de cada espécie se deteriora à medida que seus competidores desenvolvem novas adaptações. No modelo, essa deterioração é a causa da extinção. Um grupo de espécies que competem tem, em média, níveis balanceados de adaptação, e todas elas estão atrás de sua melhor condição possível. Em qualquer ocasião, uma espécie pode sofrer um ataque aleatório de má sorte reprodutiva e ser extinta. Se a taxa de deterioração ambiental for suficientemente constante ao longo do tempo, a coevolução resultará em uma curva de sobrevivência log-linear. Se os ambientes competitivos de uma espécie deterioram a adaptabilidade e os inícios, a curva de sobrevivência não será linear.

A Rainha Vermelha pode explicar as curvas log-lineares de sobrevivência

Por que a taxa de deterioração ambiental deveria ser aproximadamente constante? Van Valen raciocinou que isso seria conseqüência da soma zero da natureza das interações ecológicas competitivas. O total de recursos disponíveis, pensou ele, permanece aproximadamente constante. Se uma espécie melhora adaptativamente, ela estará, pelo menos durante algum tempo, mais capacitada a usufruir mais dos recursos, e sua população se expandirá. Esse aumento será sentido pelos seus competidores como um decréscimo equivalente nos recursos disponíveis para eles. A pressão da seleção para que eles melhorem aumentará em quantidade proporcional à da perda de recursos causada pela melhoria de seu competidor. Então, eles tenderão a melhorar sua capacidade competitiva e a reconquistar o terreno perdido para o competidor. A justificativa pode ser correta, mas é discutível. Por exemplo, os níveis de recursos provavelmente mudaram ao longo do tempo evolutivo e os competidores podem não estar competindo sempre pela mesma fatia do bolo. O argumento de Van Valen poderia prever que, se os níveis de recursos aumentam, as taxas de extinção diminuiriam e a mudança no nível de recursos causaria uma mudança na taxa de extinção.

Mas as incertezas continuam

Em resumo, o modo Rainha Vermelha não é a única forma possível de evolução entre espécies que coevoluem antagonicamente. Na verdade, muitas espécies podem evoluir conforme o modo Rainha Vermelha, mas isso não é uma conseqüência teórica automática da coevolução antagônica. Um problema adicional é que as curvas de sobrevivência log-lineares como as da Figura 22.15 podem surgir por outros processos que não a coevolução Rainha Vermelha. Elas podem surgir mesmo que as taxas de extinção variem no tempo absoluto (McCune, 1982).

Van Valen identificou uma importante generalização factual na log-linearidade das curvas de sobrevivência taxonômica. Ele também expôs uma explicação plausível para isso, em sua hipótese da Rainha Vermelha. Entretanto, os biólogos continuam incertos tanto sobre quão freqüentemente as taxas de extinção são constantes como sobre o quanto a coevolução Rainha Vermelha é uma boa explicação para a constância das taxas de extinção. A hipótese da Rainha Vermelha continua a estimular pesquisas e, provavelmente, contribui com alguma parcela para a macroevolução. Qual o tamanho dessa parcela, ainda não sabemos.

22.9 Tanto as hipóteses biológicas quanto as físicas precisam ser testadas em observações macroevolutivas

A coevolução ocorre...

A coevolução é um dos vários processos gerais que podem contribuir para a evolução em larga escala – isto é, a macroevolução –, bem como em pequena escala. Ninguém duvida de sua importância na microevolução, por exemplo, na evolução dos mutualistas ou dos parasitas e de seus hospedeiros. Entretanto, ainda há algumas questões microevolutivas não-respondidas, tais como: quem é mais freqüente em plantas e insetos, a evolução seqüencial ou a coevolução completamente recíproca?

... mas sua contribuição relativa para a macroevolução é desconhecida

A contribuição da coevolução para a macroevolução é mais controvertida. A coevolução não é a única força macroevolutiva. Muitos eventos macroevolutivos são causados, provavelmente, por mudanças no ambiente físico – mudança climática ou mudança tectônica ou impacto de asteróides, como veremos no Capítulo 23. Os biólogos evolucionistas estão interessados na contribuição relativa dos fatores físicos e biológicos e de suas interações, para o direcionamento da macroevolução.

Um modo de dramatizar o assunto é fazer a grande (e não-respondida) pergunta: você acha que a evolução logo pararia, se parassem as modificações no ambiente físico? Se os fatores físicos dominam a evolução, certamente pararia, talvez depois de um curto período durante o qual as espécies se ajustariam às condições físicas finais e permanentes. Na visão Rainha Vermelha da evolução, as relações coevolutivas e biológicas entre espécies poderiam ter vida própria e a evolução se realizaria como anteriormente, depois da cessação das mudanças físicas no ambiente. De modo geral, essa questão é muito difícil de responder atualmente, mas ela coloca em cena muitas das idéias que precisamos examinar para entender a macroevolução.

Resumo

1 A coevolução ocorre quando duas ou mais linhagens influenciam reciprocamente suas evoluções. A coadaptação entre espécies, como em qualquer exemplo de mutualismo, é o resultado provável, mas não obrigatório, da coevolução.

2 Os insetos e as plantas floríferas influenciaram mutuamente suas evoluções. Adaptações relacionadas com fitofagia (animais alimentando-se de plantas) e polinização servem de exemplos. As relações evolutivas das plantas floríferas com insetos às vezes são completamente coevolutivas. Em outros casos, a evolução pode ser seqüencial, quando a evolução da planta influi na do inseto, mas não vice-versa.

3 Os táxons de insetos e de plantas floríferas que interagem podem apresentar co-filogenias. Os desvios das co-filogenias podem ser causados por trocas de hospedeiros. Por exemplo, uma espécie de inseto pode colonizar uma nova espécie de planta que seja química, mas não filogeneticamente, semelhante à espécie de planta em que ele vive atualmente.

4 Os insetos e as plantas floríferas podem ter promovido a mútua diversificação, do Cretáceo até o presente. A polinização biótica, particularmente, está associada à intensificação da diversidade nos táxons de plantas floríferas.

5 O nível de virulência dos parasitas pode aumentar ou diminuir evolutivamente. Ele pode ser entendido em termos da relação parasita-hospedeiro: dois fatores que o influenciam são a seleção de parentesco e o modo de transmissão do parasita entre os hospedeiros.

6 Alguns parasitas especiam-se simultaneamente com seus hospedeiros, em um processo chamado de co-especiação. Esta é especialmente provável se os parasitas têm pouco poder de se dispersar independentemente de seu hospedeiro. A co-especiação é testada por meio de: (i) co-filogenias e (ii) relógio molecular.

7 Em longo prazo, as "corridas armamentistas" coevolutivas entre predadores e presas produzem uma tendência evolutiva de escalada; elas podem ser vistas na evolução do tamanho do cérebro dos mamíferos, na couraça e nas armas dos moluscos e seus predadores.

8 As taxas de extinção de espécies independem de quanto tempo a espécie tenha existido porque: a probabilidade de extinção de uma espécie não aumenta com o correr do tempo. As curvas de sobrevivência taxonômica são logaritmicamente lineares.

9 Van Valen explicou a log-linearidade das curvas de sobrevivência por meio da hipótese da Rainha Vermelha. Ela sugere que: (i) o ambiente de uma espécie se deteriora quando uma espécie competidora desenvolve adaptações novas, superiores; (ii) as espécies em competição melhoram, uma em relação à outra, em uma taxa constante; (iii) a deterioração constante do ambiente faz com que a chance de extinção de cada uma delas seja probabilisticamente constante.

Leitura adicional

Thompson (1994) é um livro geral sobre evolução. Este capítulo começou distinguindo a coevolução mutualista da antagônica. Outro ponto a notar é que os dois processos podem ser misturados em uma só interação, em diferentes partes de uma distribuição geográfica. Thompson e Cunningham (2002) descrevem um exemplo recente. Bronstein (1994) revisa o mutualismo. Page (2002) é um livro de vários autores sobre co-filogenias.

A respeito da coevolução de planta-animal, especialmente de planta-inseto, veja o livro de Schoonhoven *et al.* (1998) e a edição especial de *Bioscience* (1992), vol. 42, p. 12-57. Rausher (2001) revisa a resistência das plantas aos herbívoros. Sobre a evolução planta-polinizador veja Waser (1998), Johnson e Steiner (2000) e a notícia na *Science* de 4 de outubro de 2002, p. 45-6. Man *et al.* (2002) é mais um estudo do tópico das co-filogenias. Eles analisam a relação entre as orquídeas e as vespas como polinizadoras especializadas, observando uma nítida congruência, mas algumas esquisitices quanto ao comprimento dos ramos. As forças evolutivas atuantes são incertas. Machado *et al.* (2001) descrevem outro estudo de caso em co-filogenias, entre figueiras e vespas de figos.

Sobre o grande padrão das relações entre plantas e insetos, veja também Dilcher (2000), que aborda esse tópico no grande panorama da evolução das angiospermas. Labandeira (1998) propõe que a evolução dos polinizadores antecedeu a evolução das angiospermas, o que, no mínimo, complicaria (e poderia refutar) a história da coevolução.

Com respeito a parasitas e hospedeiros, Clayton e Moore (1997) é um livro de vários autores que se concentra nos exemplos em aves. Ebert (1998) revisa os trabalhos experimentais. Quanto à evolução da virulência, veja Ebert (1999) e suas referências e Ewald (1993). Veja também Chao *et al.* (2000) sobre a influência do número de infecções. Além disso, veja Green *et al.* (2000) sobre um estudo experimental a respeito do aumento de taxas de parasitismo selecionando o aumento da resistência do hospedeiro. Fenner e Ratcliffe (1965) descrevem a mixomatose. A evolução da doença é um tópico relacionado. Veja as edições especiais de *Science* de 11 de maio de 2001, p. 1089-122, sobre doenças humanas e *Science* de 22 de junho de 2001, p. 2269-89, sobre doenças de plantas. Para um embasamento sobre o exemplo dos lentivírus entre primatas, veja também Hahn *et al.* (2000) e Holmes (2000a). Proctor e Owens descrevem a evolução pássaro-piolho, inclusive pesquisas do tipo da dos geômis e piolhos, neste capítulo. As co-filogenias também são encontradas em simbiontes como as bactérias em afídeos (Clark *et al.*, 2000).

A revisão de Abrams (2001) sobre a evolução predador-presa inclui material sobre "corridas armamentistas". Brodie e Brodie (1999) também discutem o tópico, em um nível mais introdutório. Gould (1977b, Capítulo 23) popularizaram o trabalho de Jerison. Bakker (1983) estudou a coevolução dos mesmos ungulados e carnívoros que Jerison, mas ateve-se às suas adaptações morfológicas para correr. Sereno (1999) menciona estudos semelhantes em dinossauros.

Vermeij (1987, 1999) discute a escalada evolutiva e também escreveu um capítulo de Rose e Lauder (1996). Veja também vários outros artigos na edição especial de *Paleobiologia* (1993) vol. 19, p. 287-397. Dietl *et al.* (2000) proporcionam evidências de escalada em ostras do Cretáceo e do Terciário inferior. A relação entre a escalada e a taxa de extinção é controversa: veja Vermeij (1987, 1999) e Dietl *et al.* (2000) e suas referências. Levinton (2001) também discute (e dá as referências sobre) o tópico, bem como a lei da constância da extinção, de Van Valen, e a hipótese da Rainha Vermelha. Vrba (1993) integra a hipótese da Rainha Vermelha com as mudanças climáticas.

Questões para estudo e revisão

1 Quais os fatores que fazem com que dois táxons que interagem apresentem: (a) co-filogenias ou (b) desvios das co-filogenias?

2 Como os biólogos tentaram testar se os insetos e as plantas floríferas promoveram sua mútua diversificação ao longo do tempo evolutivo?

3 Quais os dois componentes da evidência que são necessários para demonstrar que dois táxons que coevoluem apresentam co-especiação?

4 Foi proposto que o modo de transmissão dos parasitas influi na evolução da virulência. A partir dessa idéia geral, que classificação quanto à ordem de virulência você preveria para parasitas que são transmitidos pelos meios a seguir e que são similares sob os demais aspectos: (i) pela respiração do hospedeiro, (ii) pelo suprimento de água (iii) por insetos vetores ou (iv) durante a cópula do hospedeiro?

5 (a) Resuma a hipótese da escalada evolutiva. (b) Que tipo de evidência fóssil pode ser usada para estudá-la?

6 Qual o processo evolutivo ou ecológico que poderia gerar o modo Rainha Vermelha de coevolução?

23 Extinção e Irradiação

Este capítulo examina os dois fatores que governam a diversidade no documentário fóssil: a extinção e a irradiação. Estas aumentam e aquelas diminuem a diversidade da vida. As interações entre os dois processos explicam muito da história da diversidade biológica. Começamos este capítulo examinando as circunstâncias em que ocorrem irradiações adaptativas. Depois examinamos as taxas de extinção desde o Cambriano e vemos que elas se elevaram durante certos períodos de extinções em massa. As causas das extinções em massa foram muito estudadas e examinamos as evidências do impacto de um asteróide no final do Cretáceo. Examinamos a evidência estatística de que as causas das extinções em massa não são diferentes das de outras extinções – que as taxas de extinção de todos os tempos enquadram-se em uma mesma lei de potência. Também examinamos a possibilidade de que a maioria das mudanças observadas nas taxas de extinção seja um artefato devido a mudanças na qualidade do documentário sedimentar. Voltamo-nos, então, para três tópicos que combinam irradiação e extinção: o primeiro é a seleção de espécies; o segundo, a substituição evolutiva; o terceiro é a história da diversidade biológica em escala global, ao longo do tempo geológico.

23.1 O número de espécies de um táxon aumenta durante a fase de irradiação adaptativa

A diversidade da vida ao longo do tempo reflete as taxas de perdas e ganhos de novas formas de vida. A perda de espécies ocorre por extinção e o ganho de espécies por especiação. Quando a taxa de especiação suplanta a de extinção, em um táxon, a diversidade aumenta nele. Quando a taxa de extinção supera a de especiação, a diversidade nele diminui. Podemos começar examinando os períodos em que o número de espécies de um táxon aumentou, durante as *irradiações adaptativas*. Irradiação adaptativa (freqüentemente chamada apenas de "irradiação") significa que um pequeno número de espécies ancestrais de um táxon se diversifica em um número maior de espécies descendentes, ocupando uma variedade mais ampla de nichos ecológicos. As irradiações adaptativas podem ocorrer em todos os níveis taxonômicos e em todas as escalas geográficas. Em certo sentido, a proliferação da vida na Terra desde sua origem até o presente é uma irradiação adaptativa em escala máxima. Entretanto, as irradiações adaptativas são claras sobretudo quando ocorrem em um grupo taxonômico relativamente pequeno, em uma área geográfica confinada.

As irradiações adaptativas...

... ocorrem em todos os níveis...

... e muitos exemplos são conhecidos

Vimos anteriormente, vários exemplos de irradiações adaptativas locais. Em pequena escala, vimos na Seção 17.5 (p. 525) como os lagartos irradiaram-se pelas ilhas caribenhas, com um conjunto semelhante de formas ecológicas evoluindo independentemente, várias vezes, nas diferentes ilhas colonizadas. Os tentilhões de Darwin, nas Galápagos, são outro exemplo em que uma única espécie ancestral evoluiu em 13 a 14 espécies com uma variedade de adaptações ecológicas (Figura 21.2, p. 617). Em escala mais ampla, as drosófilas irradiaram-se em centenas de espécies nas ilhas havaianas (Figura 15.27, p. 489). Nos lagos do leste da África, os peixes ciclídeos também evoluíram em centenas de espécies (Seção 13.3.3 p. 385). Há muitos outros exemplos. No lago Baikal, na Rússia, os invertebrados aquáticos, especialmente os crustáceos, irradiaram-se em centenas de espécies desconhecidas. Em Madagascar houve uma irradiação de lêmures – um táxon de primatas que difere de todos os outros primatas da Terra.

As irradiações adaptativas também podem ser vistas em áreas geográficas mais amplas. A Figura 23.1 apresenta um aumento no número de espécies de mamíferos na América do Norte durante os últimos 80 milhões de anos. O número aumentou rapidamente a partir dos 65 milhões de anos. Essa é a irradiação dos mamíferos no terciário inferior, que ocorreu após a extinção dos dinossauros. Os mamíferos da Figura 23.1 são eutérios, mas os mamíferos marsupiais também tiveram a sua irradiação, através das massas de terra da Terra de Gonduana. Os mamíferos marsupiais do sul e os mamíferos eutérios do norte irradiaram-se em conjuntos semelhantes de formas ecológicas.

Elas ocorrem em várias circunstâncias

As irradiações ocorrem em várias circunstâncias.

1. *A colonização de uma nova área, em que não há competidores.* As irradiações de drosófilas, lagartos e tentilhões em arquipélagos e dos peixes ciclídeos em lagos africanos ocorreram depois que uma espécie ancestral colonizou as respectivas áreas. Provavelmente não havia competidores presentes porque as ilhas só emergiram há pouco tempo do mar, ou os lagos só se encheram recentemente. Todas as áreas continham recursos inexplorados e a espécie ancestral irradiou-se em uma variedade de formas capazes de explorar esses recursos.
2. *Extinção dos competidores.* A irradiação dos mamíferos sucedeu a extinção dos dinossauros. A extinção deles abriu um espaço ecológico que, então, foi ocupado pelos mamíferos. Voltaremos a esse tópico mais tarde, na Seção 23.7.3.
3. *Substituição de competidores.* Um táxon pode irradiar-se se for adaptativamente superior aos seus competidores. O táxon superior irá apropriar-se do inferior, que se enca-

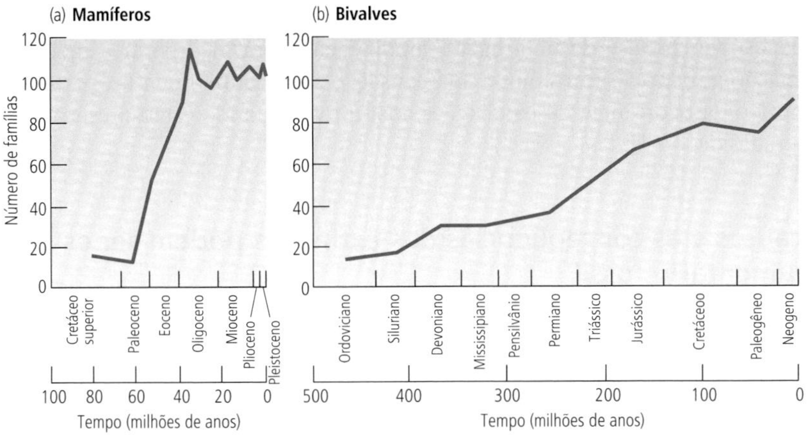

Figura 23.1

(a) O número de famílias de mamíferos na América do Norte aumentou bruscamente no Paleoceno e no Eoceno e depois permaneceu constante. (Alroy, 1999, mostra um padrão semelhante para um conjunto de dados mais atualizado e taxonomicamente mais aperfeiçoado.) (b) O número de famílias de bivalves aumentou continuamente ao longo do tempo. Redesenhada de Stanley (1979), com permissão da editora. © 1979 WH Freeman & Company.

minhará para a extinção. Um táxon torna-se superior devido à mudança ambiental ou porque desenvolveu uma adaptação nova, superior. Examinaremos as substituições na Seção 23.7.

4. *Barreiras adaptativas*. Um táxon pode desenvolver uma adaptação nova, que permite que ele sobrepuje outro táxon (ver o ponto anterior) ou que explore um recurso anteriormente inexplorado. Por exemplo, nas Seções 18.5 e 18.6 (p. 559-561) vimos como as plantas e animais colonizaram a Terra quando desenvolveram um conjunto de adaptações apropriadas.

A colonização terrestre foi algo análogo à colonização de um novo arquipélago (o ponto 1). Entretanto, podemos distinguir entre a colonização de uma área existente, possibilitada pela evolução de uma nova adaptação, e a colonização de uma área nova, que requer uma adaptação nova. A colonização de uma terra nova exige novas adaptações para a manutenção, a respiração e a retenção de água. Em contraste, o primeiro tentilhão que colonizou as Galápagos provavelmente não teve de desenvolver uma nova adaptação para poder colonizar sua ilha. Depois da colonização da terra, plantas e animais tiveram irradiações adaptativas. Essas adaptações foram possibilitadas por uma barreira adaptativa.

A explosão do Cambriano pode ter-se sucedido a uma ruptura adaptativa

A proliferação de animais de esqueleto rijo na "explosão do Cambriano" (Seção 18.4, p. 557) é uma das irradiações adaptativas mais importantes da história da vida. Mas a razão pela qual ele ocorreu permanece incerta. Uma hipótese propõe que, por essa época, os predadores desenvolveram uma escalada de habilidades, tornando vantajosos os esqueletos rijos. Se assim foi, a irradiação pode ser um exemplo de uma substituição conseqüente à modificação das condições (fator 3 da lista). A irradiação de animais com partes duras pode ter ocorrido enquanto eles substituíam seus antecessores de corpo mole.

As irradiações adaptativas podem ser compreendidas em termos do princípio darwiniano da divergência (Seção 16.8, p. 511). Darwin estava interessado em saber por que a evolução geralmente apresenta um padrão divergente, em forma de árvore. Ele explicou o padrão por meio da competição. As formas mais semelhantes competirão mais intensamente do que as mais diferentes, que tendem a "distanciar" as espécies durante a evolução.

As espécies divergem para fugir da competição. Provavelmente o princípio de divergência de Darwin precise de uma ligeira modificação para incorporar a moderna teoria da especiação alopátrica. Entretanto, sua causação subjacente ainda faz parte da explicação do motivo da ocorrência de irradiações adaptativas quando estão presentes as condições numeradas de 1 a 4.

23.2 As causas e as conseqüências das extinções podem ser estudadas no documentário fóssil

A extinção é uma descoberta relativamente recente

A descoberta de que as espécies se extinguem é relativamente recente na história humana: data do final do século XVIII e início do XIX. Os fósseis já eram conhecidos bem antes dessa época, mas quando se encontrava um fóssil que diferia de todas as espécies conhecidas, ele ainda assim poderia ter vivido em alguma região inexplorada do globo. À medida que a flora e a fauna globais se tornaram cada vez mais bem-conhecidas durante o século XVIII, tornou-se cada vez mais provável que algumas formas fósseis já não mais existissem. Ao final do século, vários naturalistas já aceitavam que alguns grupos de invertebrados marinhos, como os amonites, estavam extintos.

Entretanto, os táxons mais bem-conhecidos – os vertebrados, particularmente os mamíferos – constituíam um problema especial. Os ossos fósseis são preservados como fragmentos isolados, desarticulados, sendo ainda mais difícil demonstrar que um único osso não pertence a uma espécie moderna do que demonstrar isso a partir de um espécime completo (tal como uma concha). Geralmente, credita-se a Cuvier um trabalho decisivo. Ele reconstituiu esqueletos inteiros a partir de fragmentos ósseos, com novos padrões de rigor. É mais fácil verificar se um esqueleto inteiro de vertebrado, e não apenas ossos desarticulados, pertence a alguma espécie vivente. Os casos de extinção mais convincentes foram os das formas gigantescas, como os mastodontes – era pouco plausível que os exploradores os tivessem ignorado. Entretanto, ainda é possível cometer erros no reconhecimento de extinções, e o Quadro 23.1 descreve as "pseudo-extinções".

Às vezes, as causas podem ser observadas...

As extinções têm dois tipos de interesses para a biologia evolutiva. Um é a questão da causa. Por que as espécies se extinguem? Algumas extinções atuais foram testemunhadas tão de perto que sua causa foi reconhecida com certeza. O gigantesco peixe-boi marinho de Steller foi descoberta em 1742 por um naturalista alemão vítima de um naufrágio, chamado Georg Steller, mas ele foi o único naturalista a ver uma delas com vida. Os animais eram completamente mansos – Steller registra como ele podia afagá-los – e, por volta de 1769, haviam sido caçados até a extinção. A extinção de espécies atuais por meios humanos semelhantes também é fácil de constatar nos dias de hoje, mas não temos evidências tão diretas como a dos marinheiros atirando nas vacas-marinhas quanto às espécies fósseis. A qualidade das evidências depende da recentidade dos fósseis e, em fósseis muito recentes, podemos ter evidências bem-convincentes sobre a causa das extinções. Por exemplo, a glaciação mais recente, que teve seu auge há cerca de 18 mil anos, quase certamente causou muitas extinções locais. Se uma espécie desaparece antes do avanço da capa de gelo e não retorna, há poucas dúvidas sobre a causa de sua extinção naquela época. A árvores de tulipas e a cicuta são apenas duas das espécies da flora européia extintas naquela época, embora ambas tenham sobrevivido na América do Norte.

À medida que recuamos mais no tempo, as causas das extinções de cada espécie se tornam mais difíceis de inferir. No bem-estudado caso do Grande Intercâmbio Americano vimos como é incerta a evidência sobre as causas das muitas extinções, mesmo que o Intercâmbio tenha acontecido há apenas 2 milhões de anos e deixado um bom documentário fóssil (Seção 17.8, p. 535). Entretanto, as causas das extinções sempre podem ser

Quadro 23.1
Pseudo-extinção

As espécies (ou táxons mais elevados) podem extinguir-se por duas razões. Uma é a extinção "real", no sentido de que a linhagem feneceu sem deixar descendentes. Para as espécies atuais, o significado da extinção real não é ambíguo, mas para fósseis ela precisa ser distinguida da *pseudo-extinção*. Esta significa que o táxon parece extinto, mas só por causa de um erro ou artefato na evidência e não porque a linhagem subjacente realmente deixou de existir. Podemos distinguir três tipos de pseudo-extinção, sendo os dois primeiros devidos a artefatos taxonômicos (Figura Q23.1).

1. *Uma linhagem em evolução constante pode mudar seu nome taxonômico.* À medida que a linhagem evolui, as formas mais recentes podem parecer suficientemente diferentes das anteriores para que um taxonomista as classifique como uma espécie diferente, mesmo que se trate de uma linhagem com cruzamento contínuo (Figura Q23.1a). Isso pode acontecer porque as espécies são classificadas feneticamente (Seção 13.2.3, p. 382) ou porque o taxonomista tem poucos espécimes, alguns da linhagem antiga e outros da moderna, de modo que a continuidade da linhagem não é detectável. De qualquer modo, esse tipo de extinção taxonômica é conceitualmente diferente da morte literal de uma linhagem reprodutiva. As curvas de sobrevivência taxonômica que examinamos nas Seções 21.6, p. 629, e 22.7, p. 656, contêm algumas mistura (geralmente não-sabida) de extinção verdadeira e de pseudo-extinção.
2. *Um táxon mais elevado pode deixar de ter representantes se for definido feneticamente e só persistirem algumas linhagens divergentes.* Um táxon mais elevado, como uma família, pode sofrer pseudo-extinção se for definido feneticamente (Figura Q23.1b). Por exemplo, um grupo parafilético poderia extinguir-se mesmo que alguns descendentes dele continuem a existir. Nesse sentido, a extinção dos dinossauros foi uma pseudo-extinção. As aves são descendentes lineares de um grupo de dinossauros e continuam a existir.
3. *Táxons de Lázaro.* Uma linhagem pode desaparecer temporariamente do documentário fóssil, talvez porque os sedimentos apropriados não se depositaram por um tempo. Mais tarde ela reaparece. O primeiro desaparecimento é uma pseudo-extinção, podendo ser confundido com uma extinção real se, por alguma razão, o reaparecimento não for percebido. (O termo táxons de "Lázaro" alude a um homem na Bíblia cristã. Está dito que Jesus Cristo ressuscitou-o milagrosamente da morte.)

O tópico da pseudo-extinção deve ser lembrado quando se consideram teorias para explicar os padrões de extinção e de diversidade. A maioria das teorias que examinaremos neste capítulo só faz sentido para extinções reais, de linhagens de espécies. Por exemplo, a teoria de que as extinções em massa são causadas por impacto de asteróides faz sentido se elas são extinções em massa reais, mas não se a evidência é composta, em grande parte, por pseudo-extinções no sentido da Figura Q23.1a e c. Entretanto, se a evidência da extinção em massa consiste principalmente em pseudo-extinções de grandes táxons, no sentido da Figura Q23.1b, ela poderia ser compatível com um impacto de asteróide.

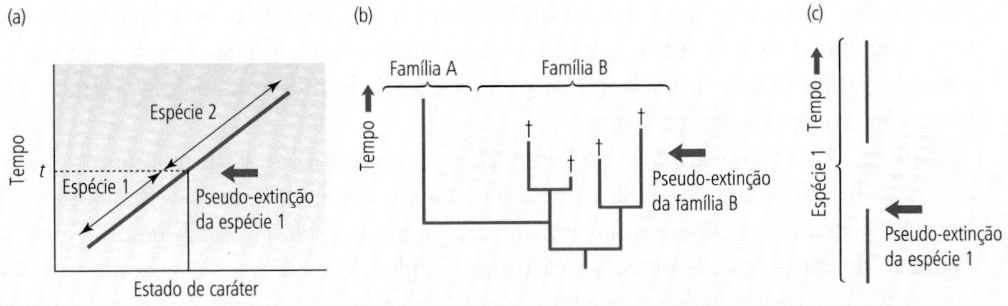

Figura Q23.1

(a) Pseudo-extinção em uma linhagem. Se uma linhagem filogeneticamente contínua é subdividida taxonomicamente, as espécies mais antigas serão "extintas" na linha divisória, mesmo que a linhagem persista como antes. A "extinção" da espécie 1 no tempo *t* é chamada de pseudo-extinção. (b) Pseudo-extinção de um táxon mais elevado. As famílias A e B foram definidas feneticamente, e a família B é um grupo parafilético (Seção 16.6.2, p. 504). No tempo *t*, a família B é extinta, mesmo que alguns descendentes lineares do ancestral comum à família B continuem a existir. (c) Táxons de Lázaro, com um documentário fóssil fragmentário.

... mas em geral são inferidas estatisticamente

estudadas por meio da evidência fóssil. Em vez de examinar as espécies individualmente, examinamos os padrões de um grande número de espécies ou táxons mais elevados. A hipótese da Rainha Vermelha (Seção 22.8, p. 658) provê um exemplo dessa abordagem geral. A hipótese é uma teoria sobre a causa das extinções. Ela sugere que as espécies se extinguem quando são sobrepujadas na competição com outras espécies, que fizeram progressos evolutivos. A validade da hipótese é incerta, mas o que importa no caso é que ela foi deduzida de um padrão geral na extinção dos fósseis – a log-linearidade das curvas de sobrevivência taxonômica. A Rainha Vermelha postula uma causa biológica para as extinções. Neste capítulo, ocuparemo-nos mais com causas não-biológicas, tais como impactos de asteróides e mudanças no ambiente físico.

O segundo interesse evolutivo das extinções está em suas conseqüências. Quando uma espécie se extingue, libera espaço ecológico que pode ser explorado por outra espécie. A súbita extinção de um grande grupo taxonômico inteiro pode liberar um espaço maior e permite uma nova irradiação adaptativa de um grupo competidor (Figura 23.1). As irradiações e as extinções podem ser eventos relacionados e, mais adiante, neste capítulo, procuraremos a relação entre elas.

23.3 Extinções em massa

23.3.1 O documentário fóssil das taxas de extinção mostra momentos recorrentes de extinções em massa

Um levantamento geral sobre taxas de extinção...

Em uma série de artigos a partir de 1981, Sepkoski compilou, da literatura paleontológica, as distribuições de tempo de todas as famílias e gêneros de organismos marinhos no documentário fóssil. Sua compilação não foi a primeira desse tipo, mas foi a mais abrangente e a mais amplamente usada. A Figura 23.2 mostra como as taxas de extinção mudam com o tempo no documentário fóssil.

... mostra uma taxa média decrescente...

Na Figura 23.2 podemos perceber dois aspectos. Um é que a taxa média de extinção parece decrescer do Cambriano até o presente. Não há concordância sobre a explicação para o decréscimo. Ele pode ser um artefato de algum tipo – causado por mudanças na qualidade do registro sedimentar ou no grau em que os táxons foram "separados" pelos taxonomistas, durante o tempo geológico. Ou ele pode ser verdadeiro. Por exemplo, a vida pode ter colonizado primeiro os nichos relativamente "centrais", que se tornaram objetos de intensa competição. Esses nichos podem ter uma alta rotatividade de espécies ocupantes. Depois, com o tempo, a vida também ocupou os nichos mais marginais, onde a competição é menos intensa. Os ocupantes de um nicho marginal podem permanecer nele indefinidamente. Atualmente, essas idéias são bastante vagas e incertas.

... e até cinco extinções em massa

O segundo aspecto notável da Figura 23.2 é a série de picos dos momentos em que as extinções parecem ser excepcionalmente altas. Eles são chamados *extinções em massa*. A definição exata de uma extinção em massa é arbitrária, e diferentes paleontólogos reconhecem diferentes números de extinções em massa na história da vida. As evidências do Cambriano são pobres demais para que se possa dizer com certeza se as taxas de extinção foram excepcionalmente altas em alguma época daquele período. Do Ordoviciano em diante, os cinco maiores eventos de extinção foram no Ordoviciano superior, no Devoniano superior, no fim do Permiano, no Triássico superior e no fim do Cretáceo. Eles são chamados, às vezes, de "os cinco grandes".

Duas das cinco grandes são especialmente notáveis...

Três dos "cinco grandes" deixam margem a dúvidas. As três extinções em massa mais incertas são as do Ordoviciano superior, do Devoniano superior e do Triássico superior. Portanto, as cinco grandes poderiam ser reduzidas a quatro grandes, três grandes ou mesmo a duas grandes, sendo as duas extinções em massa mais importantes a do fim do Permiano e

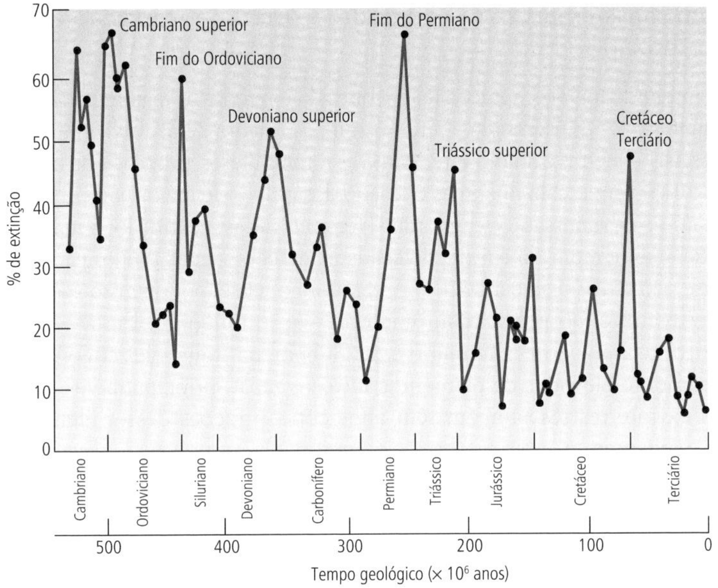

Figura 23.2

Taxa de extinção observada em animais marinhos durante a história da vida, do Cambriano até o presente, expressa como porcentagens dos gêneros que se extinguiram por unidade de tempo (com base em quase 29 mil gêneros). Note o declínio geral e a série de picos (de extinções em massa). A vida terrestre apresenta um padrão semelhante, embora haja menos evidências. Redesenhada de Sepkoski (1996), com permissão da editora.

a do fim do Cretáceo. A extinção em massa do Permiano final é a maior da história, com 80 a 96% das espécies sendo extintas (dependendo de como se faz a estimativa). Na extinção em massa do Cretáceo-Terciário, pelo menos metade e talvez até 60 a 75% das espécies se extinguiram.

As observações atualmente explicadas pelas extinções em massa já eram conhecidas há longo tempo. Os geólogos do século XIX descobriram as várias eras da história da Terra por meio do exame das faunas fósseis típicas, que permaneciam nos sedimentos por um espaço de tempo (ou melhor, em uma profundidade) peculiar. Diferentes faunas peculiares eram reconhecidas nas diferentes épocas. Eles reconheceram três tipos de faunas de grandes proporções e denominaram-nas Paleozóica, Mesozóica e Cenozóica, as quais eram entremeadas por faunas típicas com duração mais breve. Duas importantes faunas de transição dividem as três eras: a fronteira Permo-Triássica entre a Paleozóica e a Mesozóica e a fronteira Cretáceo-Terciária entre a Mesozóica e a Cenozóica. Essas duas principais transições de faunas correspondem às duas principais extinções em massa. Transições menores ocorreram entre fases das eras principais, e muitas delas correspondem a picos menores, mas ainda assim elevados, no gráfico de Sepkoski (1996) (Figura 23.2).

... e definem as três principais fases da história geológica

Quanto ao número de espécies extintas por milhão de anos, a taxa de extinção varia continuamente ao longo da história da vida. Às vezes ela é alta, outras vezes é baixa e outras, intermediária. Não há evidências de que exista um tipo de evento diferente, que cause as extinções em massa. As extinções em massa observadas são apenas momentos extremos de um contínuo de taxas de extinção (Seção 23.4). Entretanto, muitas vezes os paleobiólogos estudam as extinções em massa separadamente dos períodos entre elas e, para propósitos de pesquisa, convém distinguir entre "extinções em massa" e "extinções de fundo". As extinções de fundo são as que estão ocorrendo o tempo todo, mesmo quando a taxa de extinção não é excepcionalmente alta.

23.3.2 A extinção em massa mais bem-estudada ocorreu na transição entre o Cretáceo e o Terciário

A extinção em massa do fim do Cretáceo foi encontrada em todas as regiões do globo e afetou, de algum modo, quase todos os grupos de plantas e animais (Figura 22.3). O documentário dos grupos de microfósseis, pequenos e abundantes como os foraminíferos, proporciona melhor evidência do padrão de extinção em escala fina, mas o legado dos grupos de maior porte retrata seu drama. Alguns grupos, como os dinossauros e amonites, foram levados à extinção; a maioria dos grande grupos foi drasticamente reduzida em sua diversidade, embora alguns grupos peculiares, como os crocodilos, quase não tenham sido afetados. A pergunta obvia é: por que isso aconteceu?

Em 1980, Alvarez *et al.* publicaram uma observação influente. Em amostras de rochas da transição entre o Cretáceo e o Terciário*, de Gubbio, na Itália, eles encontraram concentrações extremamente elevadas de elementos terrosos raros, principalmente o irídio (Figura 23.4). Objetos extraterrestres também têm altas concentrações desses elementos. Alvarez e seus colegas explicaram a extinção biológica em massa, e a *anomalia geoquímica do irídio*, por meio da colisão de um grande asteróide com a Terra. Desde então, anomalias de irídio similares foram encontradas na transição Cretáceo-Terciário em vários outros locais. Alguns geólogos argumentaram que a anomalia de irídio poderia ter uma causa terrena, por erupções vulcânicas; mas a explicação dos asteróides é a mais amplamente aceita.

Há uma anomalia de irídio associada com a transição entre K e T

A teoria da extinção em massa no Cretáceo-Terciário por impacto de asteróide...

Os meios exatos pelos quais tal impacto poderia ter desencadeado a extinção em massa foram considerados em detalhe por Alvarez e por outros autores. Originalmente, Alvarez *et al.* sugeriram que o impacto teria levantado uma nuvem global de poeira, que teria bloqueado a luz solar durante vários anos antes de depositar-se novamente. Na erupção do Krakatoa, em 1883, ele lançou na atmosfera uma quantidade de matéria estimada em 18 km^3 e ela demorou 2,5 anos para depositar-se novamente. Estima-se que o asteróide que atingiu a Terra no fim do Cretáceo tinha de 12 a 15 km de diâmetro. Um tal asteróide, cuja energia cinética é descrita como "aproximadamente equivalente à de 180 megatons de TNT", teria produzido uma explosão cerca de 1.000 vezes maior do que a da erupção do Krakatoa. A perda da luz solar, por si, seria suficiente para causar as extinções, mas o impacto poderia ter tido outros efeitos destrutivos. Aquecimento global, chuva ácida, vulcanismos extremos e, talvez, um incêndio global associado, são algumas das possibilidades. Um impacto nos moldes sugeridos por Alvarez *et al.* teria sido capaz de causar a extinção em massa do final do Cretáceo.

... é sustentada por quatro linhas de evidência...

Desde a publicação original de Alvarez *et al.*, os geólogos vêm encontrando cada vez mais evidências para sustentar essa idéia. Elas são de quatro tipos principais. A evidência geoquímica, cujo primeiro exemplo foi a anomalia de irídio, ampliou-se em espaço, já que foram encontradas anomalias similares em rochas da transição Cretáceo-Terciário de outros locais, e em tipos, já que foram detectados outros vestígios químicos do impacto de asteróides. Em segundo lugar, agora temos a evidência da própria cratera do impacto. A área de impacto foi uma estrutura geológica (chamada cratera Chicxulub) soterrada por sedimentos, ao largo da costa de Iucatã, no México. A estrutura é suficientemente grande, com um diâmetro provável de uns 180 km, e data da transição Cretáceo-Terciário. O terceiro tipo de evidências é de estruturas físicas que teriam sido geradas pelo impacto. Em vários sítios da transição Cretáceo-Terciária, inclusive em Chicxulub, foram encontradas rochas como tectitos e quartzos, com impactos sugestivos de uma colisão em alta velocidade. Quando a evidência se encaixou em um local, muitos geólogos passaram a aceitar que a extinção em massa foi causada por um asteróide. (Mas nem todos os geólogos, como veremos na Seção 23.5.)

Um quarto tipo de evidências provém do padrão das extinções no documentário fóssil. Se a teoria de Alvarez está certa, as extinções na transição Cretáceo-Terciário deveriam ter

* N. de R. T. Freqüentemente referido como "transcrição KT".

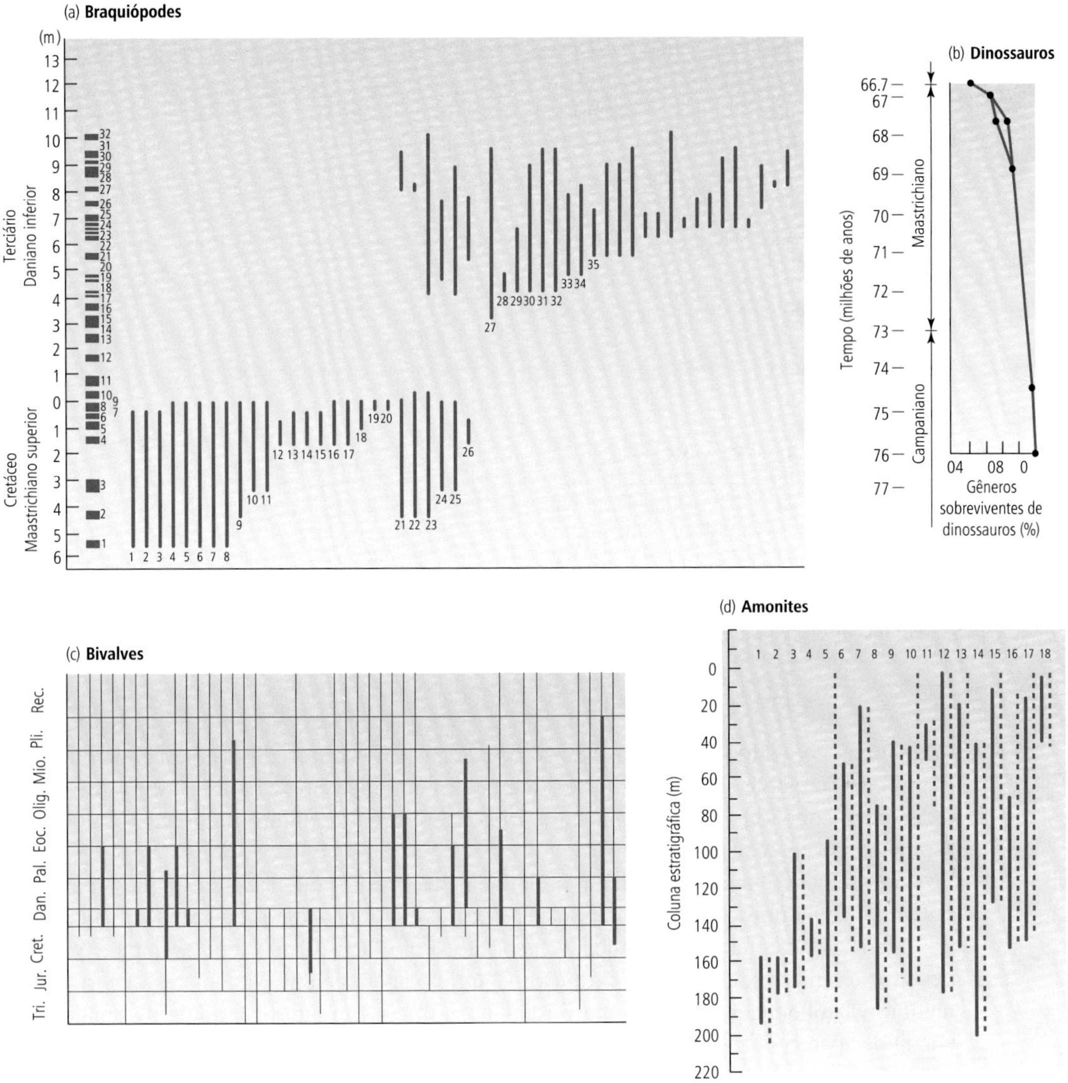

Figura 23.3

A extinção em massa do fim do Cretáceo afetou todos os principais táxons, mas a evidência de extinção súbita de todos eles ao mesmo tempo é controversa. Aqui estão quatro exemplos. (a) Braquiópodes de Nye Kløv, Dinamarca. Essas extinções parecem sincrônicas. Foi argumentado que ali havia uma lacuna sedimentar; outros discordam, mas note o vazio na base do Terciário. (b) Dinossauros de Hells Creek, Montana, Estados Unidos. Elas parecem graduais. Foi argumentado que as extinções graduais e a persistência dos dinossauros no Terciário foram devidas a uma reacomodação secundária dos fósseis e que o verdadeiro padrão de extinção é súbito, e sincrônico com o final do Cretáceo (ver Smith e van der Kaars 1984; Sheehan *et al.*, 1991). (c) Bivalves de Stevens Klint, Dinamarca. Eles parecem sincrônicos. Foi argumentado que as extinções súbitas são apenas aparentes, devidas a uma lacuna no registro sedimentar, mas a maioria dos estudiosos do local aceita que o registro sedimentar é contínuo e que as extinções são reais. (d) Amonites da seção de Zumaya, norte da Espanha. São apresentados os resultados de coletas de duas estações. Note a melhora nas evidências de extinções sincrônicas na transição entre o Cretáceo e o Terciário, no conjunto maior de dados (linhas tracejadas). O padrão não-sincrônico nos primeiros dados (linhas cheias) poderia ser devido a evidências incompletas e o padrão verdadeiro é sincrônico. (100 ft ≈ 39,5 m.) Redesenhada, com permissão das editoras, de: (a) Surlyk e Johansen, 1984, (b) Sloan *et al.*, 1986, (c) Alvarez *et al.*, 1984, (d) Ward 1990. (a-c) © 1984, 1986 American Association for the Advancement of Science.

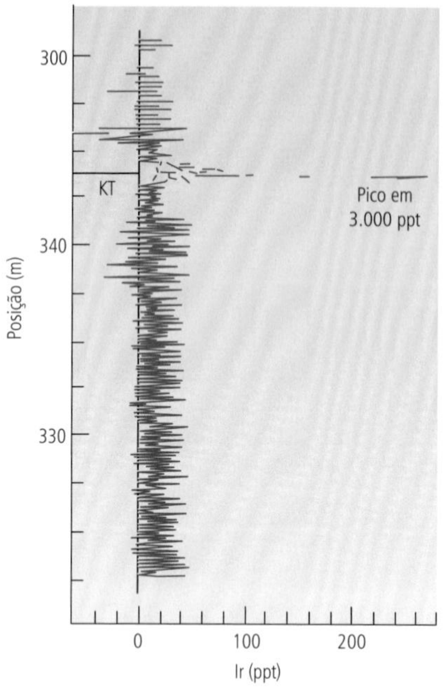

Figura 23.4

A concentração de irídio (Ir) aumenta subitamente em duas a três ordens de grandeza, na transição entre o Cretáceo e o Terciário (KT), em rochas de Gubbio, Itália. (100 ft ≈ 39,5 m.) Redesenhada de Alvarez *et al.* 1990, com permissão da editora. © 1990 American Association for the Advancement of Science.

... incluindo extinções sincrônicas

sido súbitas, concentradas em curto espaço de tempo, e não antecedidas por qualquer declínio durante o Cretáceo; elas deveriam ser sincrônicas em diferentes táxons e locais geográficos e deveriam coincidir com a anomalia de irídio. Esse é um conjunto de previsões altamente estimulante e passível de ser testado.

A evidência tem alguns problemas. Seria possível pensar que bastaria simplesmente examinar o documentário fóssil e observar se as extinções foram súbitas ou graduais, sincrônicas ou defasadas no tempo. Na realidade, isso não é tão fácil. Como, por exemplo, podemos observar o tempo exato de uma extinção? O último aparecimento de uma espécie no documentário fóssil em geral precede sua verdadeira extinção, seu fim (e certamente uma espécie não pode aparecer *depois* de sua extinção verdadeira). A população da espécie pode diminuir antes que ela finalmente desapareça, o que reduziria sua chance de deixar fósseis. Além disso, mesmo que sua população fique constante, sua chance de fossilização ainda será muito menor do que 100%. Por isso, no documentário fóssil, as espécies parecem estar extintas antes de o estarem realmente. Esse "retrocesso" é maior nas formas que têm menor probabilidade de deixar fósseis.

Também pode ser difícil correlacionar eventos em diferentes locais geográficos porque as datas absolutas em geral não estão disponíveis. A incompletude do documentário fóssil também introduz incertezas: uma espécie pode parecer extinta subitamente quando, na verdade, trata-se de uma lacuna no documentário sedimentar (examine a Figura 23.3a e c quanto ao que, controversamente, podem ser exemplos). Por todos esses motivos, a evidência do documentário fóssil é controversa quando usada para demonstrar padrões de extinção súbitos ou graduais, sincrônicos ou assincrônicos.

A evidência fóssil pode ser testada

Mesmo com esses problemas, a evidência pode ser usada (Figura 22.3). Uma quantidade crescente de evidências sugere que a extinção em massa foi súbita e sincrônica. Examinemos um estudo, o de Ward (1990). Ele coletou amonites da época da transição Cretáceo-Terciário em um sítio da Espanha, pela primeira vez em 1986; depois fez outras coletas possibilitando um estudo amplo em 1989. Se as verdadeiras extinções fossem sincrônicas, a evidência de 1989 deveria mostrar mais extinções sincrônicas do que a de 1986; se o padrão verdadeiro fosse assincrônico, ocorreria o oposto. O observado foi a primeira alternativa (Figura 23.3d). Os resultados de Ward tendem a sustentar a idéia de uma extinção exatamente sincrônica na transição Cretáceo-Terciário: mas isso é insuficiente para convencer um cético. Trata-se de um único táxon de uma única região, e as extinções poderiam ter sido sincrônicas ali, sem que isso fosse verdadeiro para o resto do mundo. Desse modo, os apoiadores da teoria de Alvarez aceitam evidências como as das Figuras 23.3a e c como indicativas do sincronismo e atribuem as evidências como as da Figura 23.3b a imperfeições no documentário fóssil; os críticos argumentam o oposto.

Em resumo, existem boas evidências da subitaneidade e do sincronismo das extinções no fim do cretáceo, que parecem melhorar com amostragens mais completas de fósseis. Entretanto, elas não são suficientemente completas para convencer a todos.

23.3.3 Vários fatores podem contribuir para as extinções em massa

Os impactos de asteróides são um de vários fatores associados com extinções em massa

A extinção em massa do Cretáceo-Terciário é apenas uma das várias extinções em massa e o impacto de asteróides é só um do vários fatores que, hipoteticamente, causam extinções em massa. A Figura 23.5 resume as evidências dos vários fatores hipoteticamente causadores de extinções em massa. Quanto ao impacto de asteróides, a figura só apresenta evidências das crateras de impacto. Vemos que a extinção em massa do Cretáceo-Terciário é a única que está associada a uma grande cratera de impacto. Existem grandes crateras no Jurássico que não estão associadas a extinções em massa. Portanto, o impacto de asteróides não parece ser necessário ou suficiente para explicar extinções em massa. As evidências de anomalias de irídio contam a mesma história. Foram tomadas medidas em outras extinções em massa; algumas delas têm pequenos aumentos, mas a maioria não. Aumentos pequenos, de cerca de uma ordem de grandeza, podem ser mais bem-explicados por meio de processos terrestres de concentração de irídio do que por meio de uma colisão de asteróide. O pico de irídio em Gubbio é muito maior, de 3 a 4 ordens de grandeza (Figura 23.4). Das cinco grandes extinções em massa, a única que em geral se aceita como tendo sido causada por um impacto de asteróide é a do Cretáceo-Terciário.

A Figura 23.5 também resume as evidências de outros fatores hipoteticamente causadores de extinções em massa. Eles compreendem: mudanças no nível do mar (e no clima), níveis de erupções vulcânicas e mudanças na forma dos continentes por causa dos movimentos tectônicos das placas. Vários períodos com taxas elevadas de extinção estão associados com mudanças no nível do mar. Diminuições do nível reduzem o *habitat* disponível para a vida marinha, levando à extinção de espécies. As mudanças no nível do mar também estarão correlacionadas com mudanças no clima. Muitos pensam que a influência combinada do clima e o nível do mar contribuiu para algumas extinções em massa. Entretanto, também ocorrem mudanças no nível do mar em épocas em que não há extinções em massa (Figura 23.5) e é improvável que esse fator seja uma causa geral de todas as extinções em massa. Erupções vulcânicas em grande escala também podem causar extinções em massa. Três extinções, inclusive as duas maiores, estão associadas a grandes áreas de rochas depositadas após erupções vulcânicas.

Vários fatores podem interagir

Os vários fatores não são mutuamente exclusivos. O impacto de um grande asteróide poderia desencadear a atividade vulcânica ou uma mudança climática – que, por sua vez, poderia afetar o nível do mar. O padrão da tectônica de placas também influencia o nível do mar e o clima e a atividade tectônica influencia o vulcanismo.

Em resumo, a pesquisa sobre as causas das extinções em massa está considerando vários fatores incluindo impacto de asteróides, vulcanismo, mudanças no nível do mar, clima e tec-

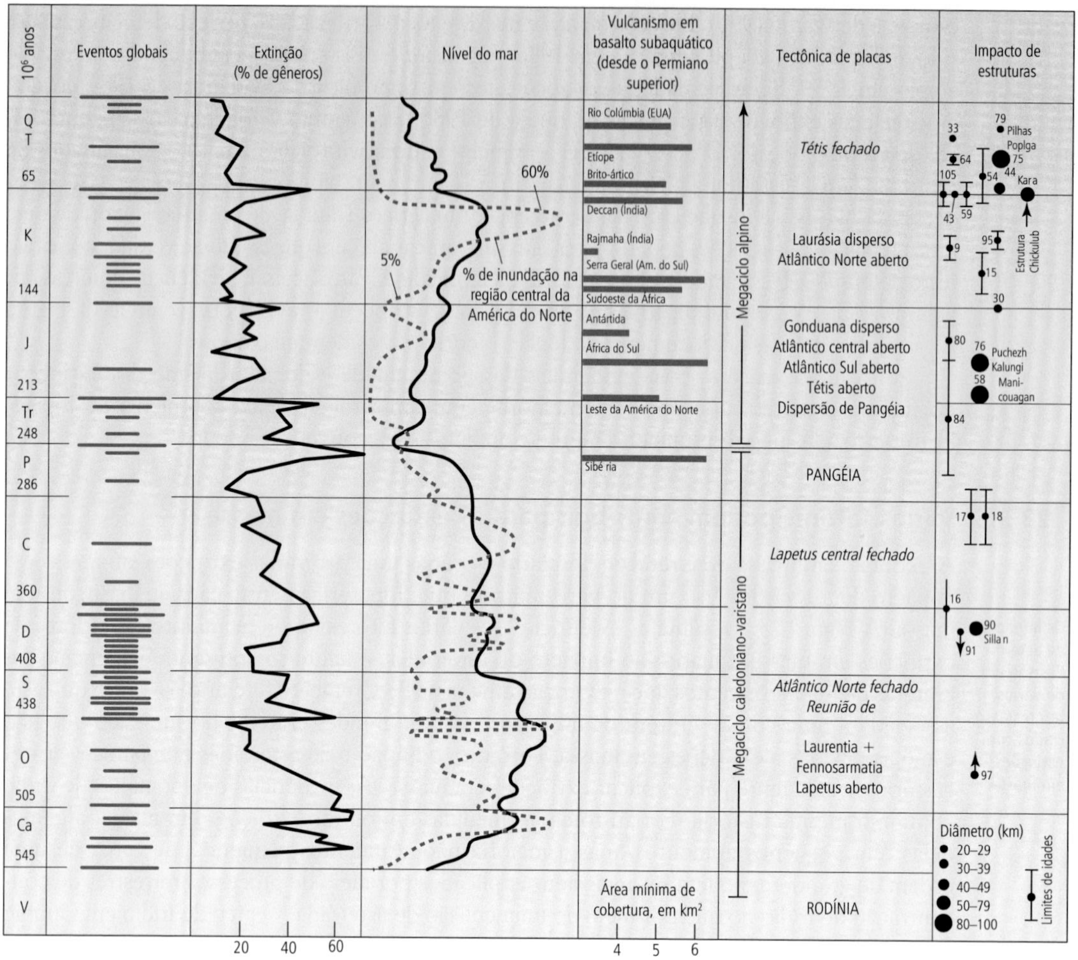

Figura 23.5

Resumo dos eventos de extinção e incidência das possíveis causas desses eventos. São apresentadas evidências de taxas de extinção (tanto como "eventos globais" em que a amplitude das barras representa a magnitude dos eventos de extinção, quanto como taxas em porcentagens, semelhantes às da Figura 23.2), níveis marinhos, atividade vulcânica, tectônica de placas e impacto de asteróides. A data das rochas vulcânicas do fim do Triássico foi atualizada a partir da fonte. (100 milhas = 16 km.) Modificado de Morrow *et al.* 1996, com permissão da editora.

tônica de placas. Atualmente parece improvável que cada um dos fatores atue como causa geral de extinções em massa. O padrão complexo da Figura 23.5 sugere que vários fatores podem agir, em várias combinações, para causar o padrão de extinções observado. Essa impressão será reforçada nas duas próximas seções.

23.4 As distribuições das taxas de extinção podem enquadrar-se em uma lei de potência

As extinções em massa são um tipo de evento específico? Podemos distinguir duas possibilidades conceituais. Uma é de que a probabilidade de extinção tenha sido aproximadamente constante durante a história da vida, embora variando ao acaso. Algumas vezes, muitos táxons se extinguiam por acaso, em um dado intervalo de tempo, em outras épocas, poucos táxons se extinguiam por acaso. A distribuição total das taxas de extinção por unidade de tempo será contínua durante toda a história, variando para mais e para menos. Ela poderia parecer-se, por exemplo, com a da Figura 23.6a: uma distribuição de Poisson. Essa distribuição surge quando há uma pequena probabilidade de alguma espécie ser extinta a qualquer tempo, que é (a) p por unidade de tempo. Então, em muitos intervalos de tempo há um número pequeno de espécies sendo extintas, e em alguns há um grande de número de espécies extinguindo-se. (Porque, se a chance de que uma se extinga é p, a chance de extinção de duas é p^2, a de três é p^3 e assim por diante.) As taxas de extinção diferentes observadas em épocas diferentes são apenas efeitos do acaso.

As taxas de extinção poderiam mostrar uma distribuição contínua ou uma com dois picos

Alternativamente, as extinções em massa poderiam ser um tipo específico de evento, com um tipo específico de causas de extinção, distinto das extinções de outras épocas. Nesse caso, as taxas de extinção nas épocas de extinções em massa seriam imprevisíveis e diferentes das taxas de extinção de outras épocas. Por exemplo, suponha que as extinções em massa sejam causadas por impactos de grandes asteróides. Então, as extinções ocorreriam em uma certa taxa entre impactos dos grande asteróides e em uma taxa diferente, mais elevada, durante e logo após um impacto. Diferente do modelo aleatório, a distribuição de freqüências não será contínua. As extinções em massa terão (ou teriam) um pico distinto (Figura 23.6b). Quando a explicação de Alvarez para a extinção em massa do Cretáceo-Triássico se tornou mais amplamente aceita, na segunda metade da década de 1980, alguns paleobiólogos sugeriram a existência de dois *regimes macroevolutivos*. A evolução pode alternar-se entre períodos "normais", com uma taxa de extinção "de fundo", e as extinções em massa. As extinções teriam causas diferentes nos dois momentos: (talvez) asteróides nas extinções em massa e (talvez) competição nos intermédios.

Na verdade, elas parecem bem-contínuas...

A distribuição das taxas de extinção pode ser usada para testes entre essas duas idéias. A Figura 23.6c apresenta um antigo estudo de Raup (1986). As taxas de extinção são compatíveis com uma distribuição aleatória de Poisson. Ainda assim, a taxa de extinção em massa durante o Cretáceo-Terciário pode ser uma exceção, situando-se acima da curva. O bom ajustamento geral à distribuição de Poisson sustenta o ponto de vista de que as variações na taxa de extinção são principalmente aleatórias e que a história da vida não tem dois regimes macroevolutivos distintos.

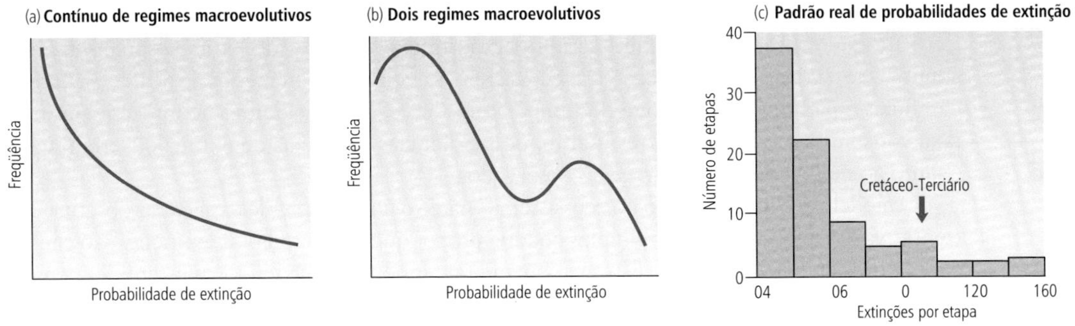

Figura 23.6

(a) Se há um contínuo de regimes macroevolutivos, as probabilidades de extinção do documentário fóssil terão uma distribuição contínua de freqüências, do tipo Poisson. (b) Porém, se há dois regimes macroevolutivos, as probabilidades de extinção do documentário fóssil deveriam ter uma distribuição bimodal de freqüências. (c) A distribuição verdadeira de 2.316 famílias de animais marinhos pelas 79 divisões geralmente reconhecidas do tempo geológico, a partir do cambriano, é contínua. A intensidade da extinção na transição Cretáceo-Terciária está indicada para comparação. Redesenhada de Raup (1986), com permissão da editora. © American Association for the Advancement of Science.

Mais recentemente, a distribuição de freqüências de taxas de extinção foi reanalisada, para ver se ela se enquadra em uma "lei de potência". Lei de potência, aqui, refere-se a uma família de equações matemáticas que descrevem distribuições como as da Figura 23.6. Os paleobiólogos estão especialmente interessados em saber se a distribuição das taxas de extinção é "fractal", mostrando "auto-semelhança". "Auto-semelhança" e "fractal" são dois modos de dizer o mesmo. Uma distribuição tem auto-semelhança quando seu padrão amplo é uma versão aumentada do padrão em pequena escala, isto é, o padrão é o mesmo em todas as escalas. Por exemplo, a distribuição de freqüências de taxas de extinção de 1 a 10 espécies por milhão de anos terá o mesmo padrão. Se o padrão para taxas de extinção de 10 a 100 espécies por milhão de anos for o mesmo, só que multiplicado por um certo valor, então a distribuição toda tem auto-semelhança.

... e enquadram-se em uma lei de potência

Solé *et al.* (1997) realizaram uma análise desse tipo. Em uma ampla compilação de dados de fósseis, eles verificaram que as taxas de extinção pareciam ser fractais – apresentavam auto-semelhança. Entretanto, as taxas de extinção são "ruidosas" por causa das muitas fontes de erros de dados. Esse tipo de teste não é nada robusto.

Se a distribuição das taxas de extinção apresenta auto-semelhança, é tentador avançar mais um passo. Se as taxas de extinção são fractais, suas diferenças, em tempos diferentes, são aleatórias e imprevisíveis. Então seria errado perguntar pela "causa", ou mesmo pelas "causas" das extinções em massa. Elas podem nem ter uma causa diferente das causas nos períodos em que as taxas de extinção são mais baixas.

As extinções em massa podem não ter causas específicas

Considere, por exemplo, um modelo simples de extinção, que origine taxas fractais de extinção. As espécies de um ecossistema têm um certo grau de interdependência. Os predadores dependem das presas; os herbívoros dependem das plantas alimentícias. Se uma planta alimentícia se extingue, os herbívoros que dela dependem também se extinguem, e depois os predadores que dependem do herbívoro. Portanto, se uma espécie de uma rede de espécies ecologicamente relacionadas se extinguir levará junto consigo um certo número de outras espécies. O número extinto depende do número de espécies interdependentes.

Vários modelos poderiam explicar por que as taxas de extinção se enquadram em uma lei de potência...

O grau de inter-relação em um ecossistema pode mudar com o tempo. Às vezes, muitas espécies são interdependentes. Outras vezes as relações ecológicas são mais difusas e poucas espécies são interdependentes com intensidade. Se uma espécie se extingue acidentalmente em um período de inter-relação intensa e extensa muitas espécies a seguirão para a extinção. Se uma espécie se extingue acidentalmente em um período de pouca inter-relação, poucas espécies a seguirão. A mesma causa inicial (a perda acidental de uma espécie) pode desencadear uma variedade de taxas de extinção, dependendo da condição do ecossistema.

Para que esse modelo produzisse um padrão fractal de taxas de extinção precisaríamos admitir que o grau de inter-relação nos ecossistemas evolui mais ou menos ao acaso, oscilando para mais e para menos ao longo do tempo. Nesse caso, se os acidentes acontecem em uma taxa constante, a distribuição resultante, de freqüências das taxas de extinção, seria fractal quanto ao modo como ela aparece ao observador.

O modelo de "inter-relação no ecossistema" não é o único capaz de explicar as observações (tentativas). Um outro modelo simples poderia propor que quase todas as extinções são causadas por impactos de asteróides. Estes variam em tamanho, e os impactos dos asteróides pequenos provavelmente causam menos extinções do que os impactos de asteróides maiores. Então, se a distribuição de tamanho dos asteróides se enquadra em uma lei de potência, a distribuição de freqüências das extinções resultantes também se enquadrará em uma lei de potência[1].

---

[1] Na próxima seção examinamos a possibilidade de que flutuações no registro sedimentar possam explicar as mudanças na taxa de extinção observada. Se os processos determinantes das taxas de sedimentação são fractais, esse fator também poderia produzir taxas de extinção que se enquadrem em uma lei de potência.

Mais realisticamente, várias causas de extinção, como asteróides e erupções vulcânicas, podem interagir com as condições do ecossistema para determinar a taxa de extinção. Poderia ser produzido um modelo mais complexo. Entretanto, o importante desses modelos é demonstrar que vários fatores poderiam explicar as observações. O que esses processos têm em comum é não proporem, para as extinções em massa, um conjunto de causas diferente das causas de extinções em outras épocas. Se as taxas de extinção se enquadram em uma lei de potência, somos levados a pensar em causas de taxas de extinção que atuam de modo semelhante o tempo todo. Entretanto, nem todos os paleobiólogos concordam que as taxas de extinção se enquadram em uma lei de potência. Então poderia haver alento para procurar um conjunto diferente de causas para as extinções em massa. Essa área de pesquisa, como várias outras deste capítulo, deverá progredir paralelamente à qualidade das bases de dados sobre fósseis.

.. mas os fatos continuam incertos

23.5 As mudanças na qualidade do registro sedimentar ao longo do tempo estão associadas a mudanças na taxa de extinção observada

Até agora tratamos as mudanças nas taxas de extinção, especialmente as elevadas taxas de extinção nos tempos de extinções em massa, como sendo reais. Fatores tais como impacto de asteróides e vulcanismo foram invocados para explicar padrões reais de extinção. Entretanto, pelo menos desde Lyell, em meados do século XIX, alguns paleontólogos têm sido céticos em relação às mudanças observadas nas taxas de extinção. As taxas de extinção aparentemente elevadas ao final das principais eras geológicas eram conhecidas por volta da época de Lyell. Mas elas podiam ser artefatos devidos a hiatos no documentário fóssil, em vez de eventos reais. Darwin, por exemplo, escreveu, na seção sobre extinções de *Sobre a Origem das Espécies* (1859), "a velha noção de todos os habitantes sendo varridos por catástrofes, em períodos sucessivos, em geral é abandonada, mesmo por geólogos como Elie de Beaumont, Murchison, Barrande e outros, cujos pontos de vista gerais os levariam naturalmente para essa conclusão. Pelo contrário, a partir do estudo de formações terciárias, temos toda a razão para crer que as espécies e os grupos de espécies desaparecem gradualmente, um após o outro".

Darwin suspeitava que as extinções em massa eram artefatos da sedimentação

Quando Darwin escreveu, não existia a datação absoluta das rochas. Ela só foi obtida quando o método de radioisótopos foi desenvolvido, no século XX. Sem essa datação, uma transição súbita como a da fauna do Cretáceo para a do Terciário poderia simplesmente refletir um hiato prolongado no documentário fóssil. O fim do Cretáceo poderia ter acontecido 50 milhões de anos antes do começo do Terciário. As datações por radioisótopos excluíram essa possibilidade. Na verdade, o começo do Terciário segue-se diretamente ao fim do Cretáceo, há cerca de 65 milhões de anos (Figura 18.1, p. 548). Portanto, as extinções em massa parecem ser reais (Figura 23.2). A maioria dos paleontólogos passou a aceitar que a história da vida contém um certo número de extinções em massa catastróficas. Essa é uma questão importante em que a visão moderna da história da vida difere da de Darwin.

Entretanto, algumas das mudanças de taxas de extinção, observadas no documentário fóssil, poderiam, ainda assim, ser causadas por modificações no registro sedimentar. O Quadro 23.2 examina um estudo abrangente de Peters e Foote (2002). Suas implicações permanecem indecisas. Uma conclusão conservadora seria a de que as extinções em massa são eventos reais, como em geral se crê. Mas seu trabalho também permite uma conclusão radical – que todas as mudanças observadas nas taxas de extinção, inclusive as elevadas taxas de extinção nas extinções "em massa", são artefatos de sedimentação. Uma conclusão tão radical, porém, exigiria mais trabalho para ser estabelecida. Por enquanto, os paleobiólogos provavelmente continuarão a estudar as mudanças nas taxas de extinção, talvez com os olhos mais abertos quanto a artefatos nos dados.

Quadro 23.2
Mudanças nas Taxas de Extinção e Mudanças no Registro Sedimentar

As extinções em massa não correspondem a hiatos prolongados no registro fóssil – a datação absoluta das rochas antes e depois dos eventos de extinção excluem essa possibilidade. Entretanto, a qualidade do registro fóssil poderia influir de outras maneiras nas taxas de extinção observadas. A quantidade de rochas sedimentares por intervalo de tempo geológico muda com o tempo, devido a mudanças na quantidade de rochas sedimentares originalmente depositadas e ao quanto delas ficou preservado até agora. A Figura Q23.2 ilustra como essas mudanças podem influir na taxa de extinção observada.

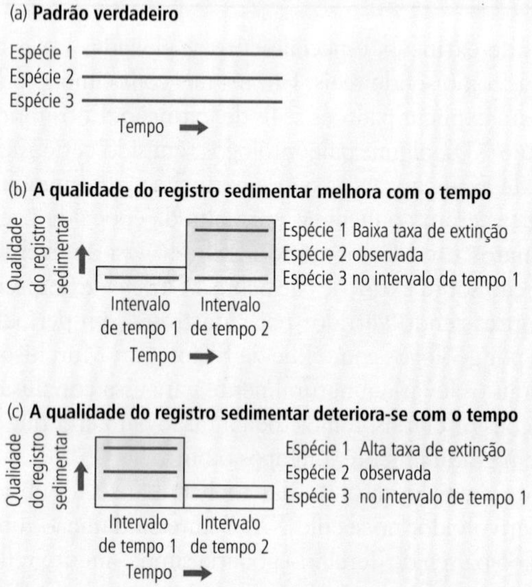

Figura Q23.2

Mudanças na qualidade do registro sedimentar ao longo do tempo podem influir na taxa de extinção observada. (a) Para simplificar, presuma que algumas espécies estiveram continuamente presentes durante dois intervalos sucessivos de tempo geológico. (b) Se a primeira fase tem um registro sedimentar pobre e a segunda fase tem um bom registro sedimentar, poucas espécies terão sua última representação na fase 1 e esta terá uma taxa de extinção artificialmente longa. (c) Se a primeira fase tem um bom registro sedimentar e o registro da segunda fase é pobre, muitas espécies terão sua última representação na fase 1 e esta terá uma taxa de extinção artificialmente alta.

Quando um intervalo de tempo geológico que tem um bom registro sedimentar sucede um intervalo com registro sedimentar pobre, é provável que poucas espécies tenham sua última representação no primeiro intervalo porque muitos fósseis são preservados no segundo intervalo. Por isso, o primeiro intervalo tem uma taxa de extinção observada artificialmente baixa. Resultado oposto é observado quando um intervalo com registro pobre sucede a outro com um registro bom. Nesse caso, o primeiro intervalo tem uma taxa observada de extinção artificialmente alta.

Peters e Foote (2002) usaram dados publicados sobre a quantidade de rochas sedimentares marinhas dos EUA, expostas durante as 77 unidades de tempo convencionais, desde o Cambriano até o atual (assim, cada unidade tinha em média 7 milhões de anos – o Cambriano começou há cerca de 540 milhões de anos, Figura 18.1, p. 548). Eles também usaram a base de dados de Sepkoski para a distribuição dos gêneros de fósseis marinhos no tempo. Construíram um modelo do efeito ilustrado na Figura Q23.2 e usaram-no para prever as taxas de extinção observadas em vista das mudanças nas quantidades de rochas sedimentares ao longo do tempo. O modelo tem duas versões, uma em que a verdadeira taxa de extinção subjacente ficou constante e outra em que a taxa de extinção verdadeira decresceu continuamente, do Cambriano até o presente.

A Figura Q23.3 ilustra os resultados dos dois modelos. Podemos notar duas coisas. Uma é a notável concordância entre o modelo e as observações – notável, tendo em vista o "ruído" nos dados taxonômicos e outras fontes de erro (por exemplo, os dados sobre rochas sedimentares são dos EUA, mas a base de dados de Sepkoski é global). Grande parte da variação nas taxas de extinção é devida à variação na quantidade de rochas sedimentares. Em segundo lugar, alguns picos na taxa observada de extinção são explicados por uma das versões do modelo, mas não pela outra. Por exemplo, as extinções do Permiano, do Triássico e do Cretáceo, há 240, 200 e 65 milhões de anos, respectivamente, não são explicadas pelo modelo com taxas decrescentes de extinção (Figura Q23.3a), mas são explicadas, ou são mais bem-explicadas, pelo modelo com taxas de extinção constantes (Figura Q23.3b). O motivo é incerto e exige mais investigação. Enquanto isso, ficando "em cima do muro", podemos concluir que algumas extinções em massa podem situar-se fora das taxas de extinção que seriam previstas com base apenas nas quantidades de rochas – ou não.

(continua)

(*continuação*)

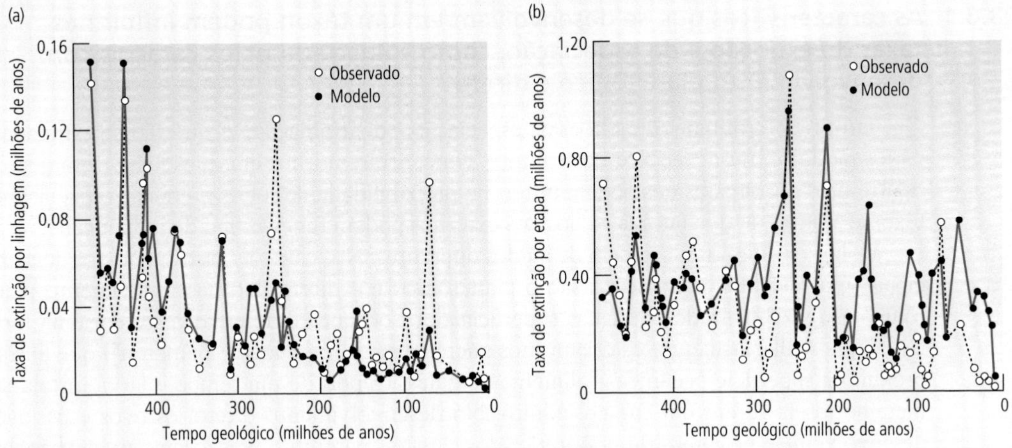

Figura Q23.3

Mudanças na qualidade do registro sedimentar podem, sozinhas, contribuir com a maior parte das mudanças observadas na taxa de extinção. O modelo usou a idéia básica da Figura Q23.2 para prever as taxas observadas de extinção a partir de mudanças reais no registro sedimentar em sucessivas épocas geológicas. (a) Taxas de extinção observada e prevista ("modelo"), usando tempos geológicos absolutos, em milhões de anos, e presumindo que as taxas de extinção decrescem continuamente ao longo do tempo. (b) Taxas de extinção observada e prevista ("modelo"), presumindo que todas as épocas geológicas têm a mesma duração e que a taxa de extinção é constante. O gráfico do "observado" em (a) é muito semelhante à Figura 23.2, embora ela use uma versão um pouco mais atualizada da base de dados de Sepkoski. As taxas observadas em (a) e (b) diferem por causa do tratamento diferente dado às etapas do tempo geológico. De Peters e Foote (2002).

Peters e Foote sugerem duas interpretações para seus achados. Uma é mais radical. Quase todas as mudanças nas taxas de extinção, inclusive as extinções em massa clássicas, podem ser artefatos – refletindo mudanças no registro sedimentar e não mudanças na taxa de extinção biológica. A procura de causas de extinções em massa em fatores, tais como impactos de asteróides, poderia ser um erro. As leis de força da Seção 23.4 também precisam ser reinterpretadas. O trabalho de Peters e Foote não influi no fato de as taxas de extinção se enquadrarem ou não em uma lei de força. Entretanto, ele sugere que qualquer lei de força pode surgir não por causa de fatores que influem na extinção biológica, mas por fatores que influem na quantidade de rocha sedimentar depositada, preservada e trazida à superfície em períodos sucessivos do tempo geológico. Essa interpretação radical recua ao ceticismo de Lyell e de Darwin, agora com um modelo novo e preciso sobre como a qualidade do registro fóssil influi nas taxas de extinção observadas.

A segunda interpretação deles é de que algum fator comum pode causar mudanças no registro sedimentar e na taxa de extinção. Por exemplo, mudanças na taxa de extinção podem ser explicadas por mudanças no nível do mar. As taxas de extinção tendem a aumentar quando o nível do mar baixa (ver Figura 23.5) porque (como foi apontado antes) o *habitat* disponível para muitos animais marinhos se reduz. Mas, quando o nível do mar sobe, a quantidade de rochas sedimentares também diminui. Portanto, o mesmo fator poderia causar tanto um aumento real de extinções biológicas quanto uma mudança na qualidade do registro sedimentar. Além disso, outros fatores de extinção como o clima, a tectônica de placas e, talvez, até mesmo o vulcanismo e os impactos de asteróides podem estar associados a mudanças no nível do mar. Desse modo, os resultados de Peters e Foote não excluem uma participação das causas tradicionais das extinções em massa. Porém, sua pesquisa levanta as evidências básicas necessária para demonstrar um aumento real nas taxas de extinção. Uma demonstração convincente da extinção em massa precisa levar em conta os artefatos causados pelas flutuações no registro sedimentar.

23.6 Seleção de espécies

23.6.1 As características que se desenvolvem em um táxon podem influir nas taxas de extinção e de especiação, como é ilustrado pelos caracóis com desenvolvimento planctônico e direto

Que fatores determinam os padrões de especiação e de irradiação? A questão foi estudada de vários modos e, nesta seção e na seguinte, concentraremo-nos em duas idéias: uma de que os atributos dos organismos podem influir na probabilidade de sobrevivência e especiação do táxon e a outra de que fatores ecológicos externos podem ter esse tipo de influência.

Moluscos diferentes crescem de modos diferentes. Nos caracóis gastrópodes, os dois principais tipos de desenvolvimento são o planctônico e o direto. No desenvolvimento planctônico, o ovo é liberado em águas superficiais dos oceanos e desenvolve-se em uma forma larval que se dispersa entre os organismos microscópicos (chamados "plâncton") que flutuam próximo à superfície oceânica e alimenta-se deles. Depois de um tempo a larva instala-se e metamorfoseia-se em um caracol adulto. No desenvolvimento direto, os ovos e os jovens desenvolvem-se próximos ou no interior dos caracóis parentais. Nas formas atuais, há várias tendências ecológicas, tais como a de que o desenvolvimento planctônico é mais comum em espécies de águas rasas do que nas de águas profundas e mais comum nas espécies tropicais do que nas polares. Esses resultados sugerem que o modo de desenvolvimento de uma espécie é uma adaptação às condições ecológicas locais.

Os tipos larvais de moluscos podem ser inferidos dos fósseis

A relação entre o tipo larval e as taxas de especiação e de extinção pode ser estudada em gastrópodes fósseis. Em fósseis, os tipos larvais são inferidos por analogia com as espécies atuais. Esses tipos de inferências foram inaugurados no trabalho de Thorson e agora obedecem a vários critérios. A Figura 23.7 apresenta um deles, que usa o tamanho das regiões na concha larval. Em geral, as espécies atuais de desenvolvimento planctônico têm ovos pequenos, pobres em vitelo; uma região da concha larval chamada "prodissoconcha I" tende a ser menor e outra região, chamada "prodissoconcha II", é maior (Figura 23.7a). As espécie com desenvolvimento direto têm a condição inversa (Figura 23.7b). Essas regiões morfológicas podem ser distinguidas em conchas de fósseis larvais por microscópio eletrônico. Podemos presumir, razoavelmente, que a forma da concha está correlacionada com o tipo de desenvolvimento, como ocorre nas formas atuais.

O desenvolvimento planctônico está associado a baixas taxas de extinção,...

Qual é a relação entre o tipo larval e a taxa de extinção? Vários estudos verificaram que as espécies com larvas planctônicas têm taxas de extinção mais baixas (Figura 23.8). Como a figura indica, elas também têm distribuições geográficas mais amplas. Essas podem ser as razões de suas taxas de extinção mais baixas, porque uma espécie de âmbito maior é menos vulnerável a circunstâncias locais. Ou pode ser, simplesmente, que as formas planctônicas têm mais chance de serem preservadas como fósseis do que as formas com desenvolvimento direto porque sua distribuição mais ampla aumenta sua chance de encontrar um sítio com condições favoráveis à fossilização; nesse caso, a única diferença seria um viés no documentário fóssil.

... decréscimo da diversidade relativa...

Hansen (1978, 1983) examinou a relação entre o tipo larval e a taxa de especiação. Ele previu que os caracóis com desenvolvimento direto se especiam mais rapidamente do que as espécies com larvas planctônicas porque as espécies com desenvolvimento não-planctônico têm mais probabilidade de ficar geograficamente localizadas e isoladas, o que facilita a especiação alopátrica. O desenvolvimento planctônico aumenta o fluxo gênico e torna a especiação alopátrica menos provável. Ele utilizou essa idéia para explicar uma tendência que observou nos caracóis do Terciário inferior (Figura 23.9). A proporção de espécies com desenvolvimento planctônico declinou no Paleoceno e no Eoceno. Essa tendência não estava sendo produzida por diferenças nas taxas de extinção. Como sempre, as espécies de desenvolvimento planctônico tinham taxas de extinção mais baixas (Figura 23.9b), o que tenderia a produzir efeito oposto ao observado.

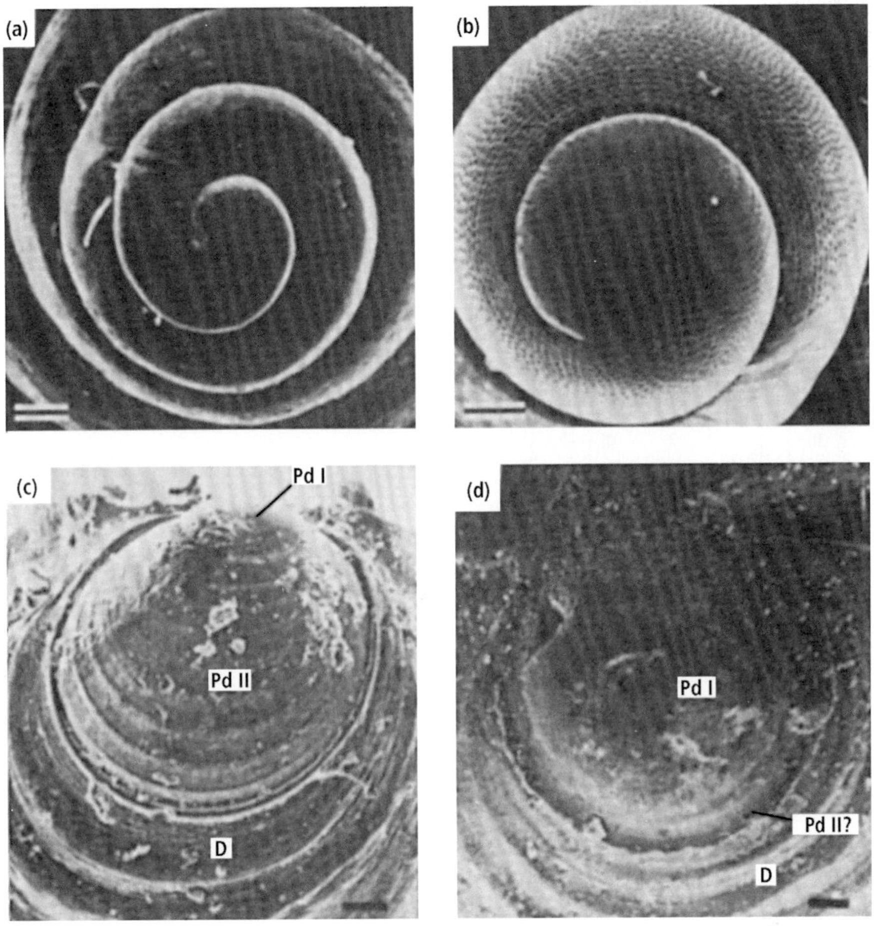

Figura 23.7

Em moluscos, a forma da concha larval está correlacionada com o tipo de desenvolvimento. As espécies em (a) e (b) são gastrópodes atuais e (c) e (d) são fósseis bivalves do Cretáceo superior. Note os tamanhos relativos das regiões assinaladas PdI e PdII (prodissoconchas I e II). (a) *Rissoa guerini*, conhecida por ter uma larva planctônica (barra = 50 μm); (b) *Barleeia rubra*, conhecida por desenvolver-se diretamente, sem fase planctônica (barra = 50 μm); (c) *Uddenia texana*, que tinha a região PdI pequena e a PdII grande, como (a), e infere-se que tinha desenvolvimento planctônico (barra = 20 μm); (d) *Vetericardiella crenalirata*, que tinha a região PdI grande e a PdII pequena como (b) e infere-se que tinha desenvolvimento direto (barra = 20 μm). D = dissoconcha. Copiada de Jablonski e Lutz (1983), com permissão da editora.

... e (possivelmente) baixas taxas de especiação

O trabalho de Hansen foi criticado desde o início

Restam duas alternativas. A seleção natural poderia estar favorecendo o desenvolvimento direto na maioria das linhagens. Hansen "sugeriu" que isso não era verdadeiro (embora não fornecesse evidência). O período era um tempo de resfriamento global que poderia favorecer o desenvolvimento direto, tendo em vista o efeito de latitude mencionado anteriormente. Hansen disse que o declínio nas formas de desenvolvimento planctônico precedeu o resfriamento global; entretanto, para persuadir os céticos, seria necessária uma evidência concreta, em vez de uma afirmação vaga. A segunda alternativa é de que o aumento é devido a uma maior taxa de especiação nas formas com desenvolvimento direto, simplesmente porque as formas com menores taxas de dispersão têm mais probabilidade de especiação.

Desde que o trabalho de Hansen foi publicado, Duda e Palumbi (1999) levantaram dúvidas sobre um de seus pressupostos. Em um grupo de caracóis atuais, eles demonstraram que

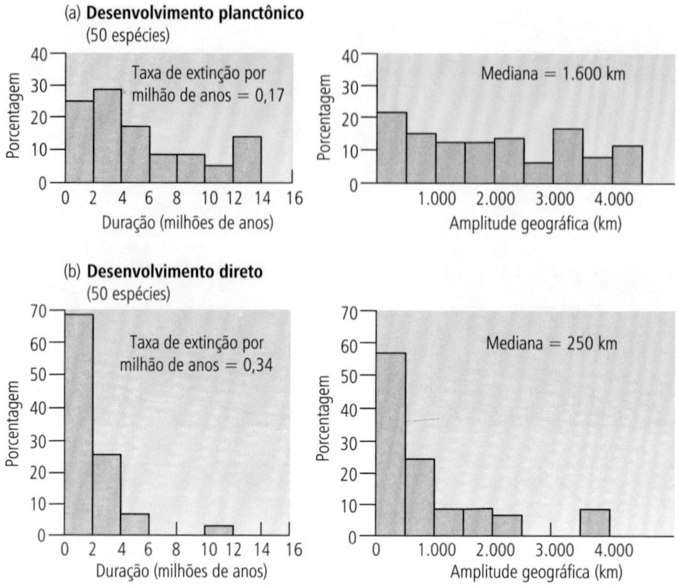

Figura 23.8

Duração no documentário fóssil e amplitudes geográficas de gastrópodes do Cretáceo superior, na América do Norte. As espécies com desenvolvimento planctônico (a) duram mais no documentário fóssil (isto é, têm taxas de extinção mais baixas) e têm distribuição geográfica mais ampla do que as espécies com desenvolvimento direto (b). A taxa de extinção é calculada como a chance, por milhão de anos, de que a linhagem de uma espécie seja extinta. Para resultados relacionados, ver Tabela 23.1. (500 milhas ≈ 800 km)Redesenhada de Jablonski e Lutz (1983), com permissão da editora.

espécies com desenvolvimento planctônico têm evoluído, repetidamente, de espécies ancestrais com desenvolvimento direto. Para que a tendência da Figura 23.9 seja condicionada por diferenças nas taxas de especiação é importante que a linha ancestral-descendente da espécie tenda a reter o mesmo modo de desenvolvimento. (Em linguagem técnica, é necessário herdabilidade no nível de espécie.) O resultado de Duda e Palumbi em espécies atuais sugere que um grupo em expansão, de espécies com desenvolvimento direto, pode não ter sido um clado com um modo constante de desenvolvimento. Espécies com desenvolvimento direto podem ter surgido de ancestrais com desenvolvimento planctônico. Hoje é incerto se, como Hansen argumentou originalmente, o declínio das formas de desenvolvimento planctônico no terciário inferior ocorreu porque elas tinham uma baixa taxa de especiação.

23.6.2 Diferenças na persistência dos nichos ecológicos influirão nos padrões microevolutivos

Os peixes gasterósteos que ocupam nichos de longa duração em estuários têm baixas taxas de extinção

Na seção anterior, consideramos a possibilidade de que uma característica (o padrão larval) poderia influir nas taxas de especiação e de extinção. Se verdadeira, a influência é uma conseqüência direta do próprio caráter: as espécies em que o desenvolvimento é direto são mais propensas ao desmembramento, no processo de especiação alopátrica, do que as espécies em que o desenvolvimento é planctônico. Um segundo fator que pode influir nas taxas de especiação e de extinção é a natureza do nicho ecológico ocupado pela espécie. Espécies que ocupam nichos de longa duração terão taxas de extinção mais baixas do que espécies que ocupam nichos de curta duração. Williams (1992) introduziu essa idéia por meio de um exemplo concreto – o peixe acantopterígeo gasterósteo de três ferrões (*Gasterosteus aculeatus*), também denominado "esgana-gatas".

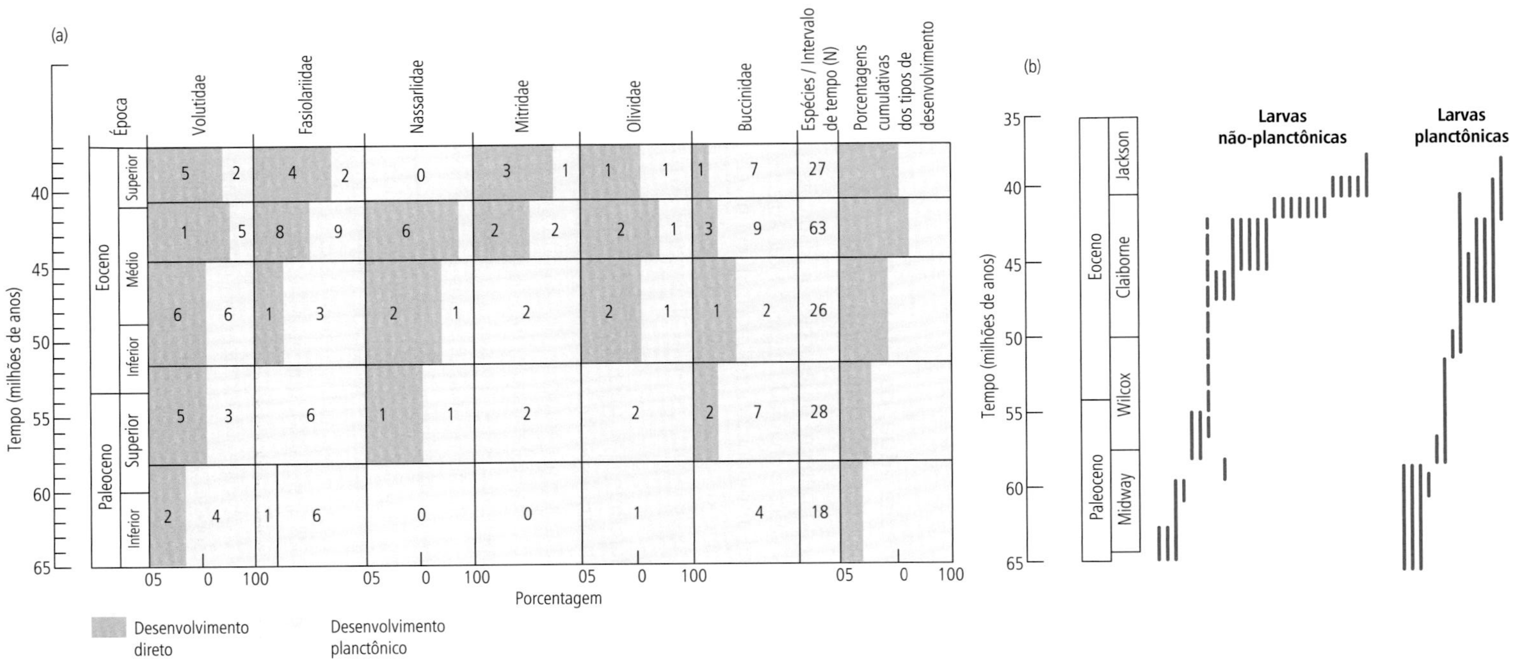

Figura 23.9

(a) A proporção de espécies de gastrópodes com desenvolvimento direto, em vez de planctônico, aumentou durante o Paleoceno e o Eoceno. O efeito existe em várias das seis famílias e na média das seis famílias. (b) Observações detalhadas nos Volutidae da Gulf Coast, nos Estados Unidos. (A Volutidae é mais à esquerda das seis famílias em [a].) Note a proliferação de espécies de desenvolvimento direto. Parece que a taxa de extinção de espécies com desenvolvimento planctônico é menor – o que contraria a tendência para mais espécies com desenvolvimento direto. Pequenas discrepâncias entre os números em (a) e o número de linhagens em (b) podem ser devidas aos dados adicionais na última publicação – usada para compilar (a). Redesenhada de Hansen (1978, 1983), com permissão da editora. © 1983 American Association for the Advancement of Science.

O esgana-gatas é um peixe com ampla distribuição nas águas costeiras do hemisfério norte, em ambos os lados do Atlântico Norte e do Oceano Pacífico. Ao que parece, a partir dessas águas costeiras muitas populações colonizaram, separadamente, os rios locais e seus afluentes. Algumas dessas populações de água doce foram estudadas e apresentam adaptações variadas aos rios que ocuparam, formando um conjunto local complexo de raças ou subespécies.

Entretanto, provavelmente as populações que colonizam os rios são de curta existência. As mudanças ecológicas e geográficas, por exemplo, podem ser mais freqüentes nesses *habitats*. Um rio pode secar, ou mudar de curso ou de natureza, de tal modo que os peixes sejam levados à extinção. Os nichos costeiros principais duram muito mais. Portanto, quando um novo tributário se abre, geralmente ele é colonizado a partir de uma população costeira, e não de uma população de água doce. As populações dos nichos costeiros têm baixa taxa de extinção e, provavelmente, uma taxa de especiação mais alta. As populações dos tributários de água doce têm altas taxas de extinção e, provavelmente, baixas taxas de especiação. A diferença nas taxas de extinção não é uma conseqüência direta das características dos organismos. As populações costeiras e as de água doce desenvolveram adaptações diferentes. Essas adaptações estão associadas às diferenças na taxas de extinção, embora não sejam sua causa direta. (Contrariamente, as espécies com reprodução assexuada, por exemplo, extinguem-se em taxas mais elevadas do que as espécies com reprodução sexuada [Seção 12.1.4, p. 346]. A diferença na taxa de extinção é, em parte, conseqüência das reproduções sexuada e assexuada.)

23.6.3 Quando a seleção de espécies atua, os fatores que controlam a macroevolução são diferentes dos que controlam a microevolução

A tendência para o aumento do número de espécies de caracóis com desenvolvimento direto é um exemplo do que às vezes é chamado de *seleção de espécies*. A seleção de espécies é um análogo da seleção natural intrapopulacional normal, em nível mais elevado. Seleção de espécies significa que, em igualdade de condições, os tipos de espécies que têm as taxas de extinção mais baixas e as taxas de especiação mais altas tenderão a aumentar em freqüência ao longo do tempo evolutivo.

A questão-chave para determinar se uma tendência é causada por seleção de espécies é avaliar se a seleção natural intra-específica está dirigindo a espécie na direção dessa tendência. Considere uma tendência para aumento de tamanho corporal (Figura 23.10). Se a seleção natural em cada espécie está estabilizada, mas as espécies que têm tamanho corporal maior têm taxas de extinção menores, então a tendência ao maior tamanho corporal é guiada pela seleção de espécies. Se a seleção natural em cada espécie favorece o maior tamanho corporal, então, provavelmente, a tendência é dirigida por seleção natural convencional. É uma questão difícil de estudar. Entretanto, Alroy (1998) a estudou quanto a uma tendência a aumento do corpo de mamíferos terrestres fósseis da América do Norte. Observou que, em média, a tendência podia ser responsável pelos aumentos em cada linhagem, sugerindo que, nesse caso, a seleção de espécies é, se tanto, um fator menor.

Os táxons com determinados atributos tendem a proliferar ao longo do tempo evolutivo

A seleção de espécies não deve ser confundida com seleção de grupo. (Seção 11.2.3, p. 324). A seleção de grupo tem o objetivo de explicar por que os indivíduos se auto-sacrificam para o bem do grupo (ou da espécie) a que pertencem, e vimos que é difícil o surgimento de adaptações desse tipo. Na seleção de espécies não existe a questão de indivíduos usarem um modo de desenvolvimento desvantajoso para ajudar a taxa de especiação de seus grupos taxonômicos. O desenvolvimento direto e o planctônico são favorecidos pela seleção natural em grupos taxonômicos diferentes por bons motivos ecológicos de cada espécie: mas, em longo prazo, eles podem ter conseqüências diferentes para a irradiação e a extinção. Não temos razão para supor que aquilo que é favorecido em curto prazo pelo processo de seleção natural

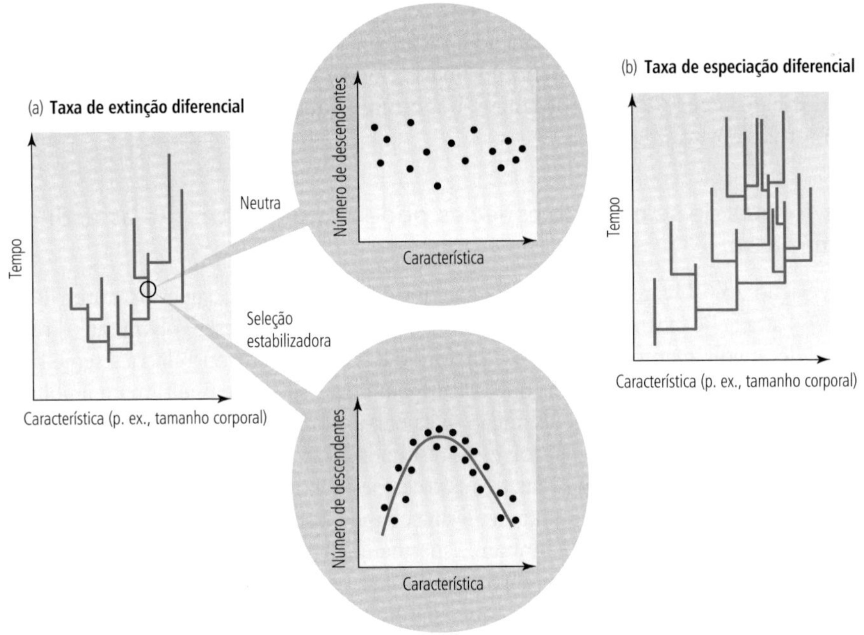

Figura 23.10

Seleção de espécies por diferenças entre linhagens quanto a: (a) taxas de extinção e (b) taxas de especiação. Há uma tendência, ao longo do tempo, de aumento do número de espécies com tamanhos corporais maiores. (a) As espécies com corpos grandes têm taxas de extinção menores (duram mais) do que as espécies com corpos menores. A especiação tem a mesma probabilidade de produzir uma nova espécie com corpo maior ou menor do que o de suas ancestrais; a taxa de especiação também é constante no tempo. (b) Espécies com tamanhos corporais maiores têm taxas de especiação mais elevadas do que as espécies com tamanhos corporais menores. A especiação tem a mesma probabilidade de produzir uma nova espécie com corpo maior ou menor do que o de suas ancestrais. Cada espécie tem a mesma longevidade (taxa de extinção). Em ambos os casos, a seleção natural na linhagem não favorece os indivíduos com tamanho corporal maior. Isso é constatado pelas inserções "detonadas" no centro da figura: a seleção intra-específica pode ser estabilizadora ou inoperante. As inserções estão ligadas a (a) mas, implicitamente, aplicam-se a (b) também. (As figuras têm um padrão de evolução pontuado, mas, na teoria da seleção de espécies, é irrelevante se a evolução é mesmo pontuada ou se é gradual).

seja a mesma coisa que permite que uma espécie dure mais tempo ou se desmembre com maior rapidez. A seleção natural pode favorecer adaptações que, em longo prazo, resultem em uma redução da sobrevivência de algumas espécies e no aumento da sobrevivência em outras.

A seleção de espécies é outro exemplo do motivo pelo qual a macroevolução não pode ser simplesmente extrapolada da microevolução (Seção 18.8, p. 561). Intra-especificamente, a seleção natural favorece um caráter em uma espécie e outro caráter em uma espécie diferente, mas a seleção de espécies por longos períodos pode fazer com que a espécie que tem um dos caracteres prolifere, pela conseqüência dele nas taxas de especiação ou de extinção. Isso não significa que o processo de longo prazo contradiz ou é incompatível como o processo de curto prazo, mas que não podemos entender o padrão evolutivo de longo prazo apenas estudando a seleção natural no curto prazo e extrapolando-a.

Conclusão semelhante pode ser obtida do argumento sobre os nichos. Mais uma vez, a macroevolução não pode ser simplesmente prevista a partir da microevolução. O estudo microevolutivo revelará como a seleção natural estava favorecendo vários caracteres nas populações de peixes gasteróstenos, de acordo com os ambientes aquáticos que eles vinham ocupando. A chave para a macroevolução é a persistência dos nichos ao longo do tempo e isso é irrelevante para os processos de seleção natural no curto prazo e suas investigações. (A seleção natural não favorece uma adaptação em detrimento de outra porque ela permite que os organismos ocupem um nicho por mais tempo.) Por isso, outros fatores, além dos já estudados para o curto prazo, tornam-se importantes quando tentamos entender os fenômenos evolutivos em grande escala.

23.6.4 As formas de seleção de espécies podem mudar durante as extinções em massa

A relação entre a taxa de extinção e o modo de desenvolvimento...

Na Seção 23.6.1 vimos que, em épocas normais do Cretáceo superior, antes da extinção em massa, a taxa de extinção era mais elevada em espécies com desenvolvimento direto do que nas com desenvolvimento planctônico. Jablonski (1986) encontrou relações semelhantes para as outras duas variáveis: os táxons que continham mais espécies e que tinham âmbitos geográficos mais amplos tinham taxas de extinção mais baixas dos que os táxons com âmbitos menores ou com menos espécies. Ele comparou esses resultados com os das extinções em massa do Cretáceo-Terciário e verificou que duas das três correlações não apareciam naquela época (Tabela 23.1). Os táxons ricos de espécies tinham a mesma chance de extinção que os táxons com poucas espécies e as espécies planctônicas tinham a mesma chance de extinção que as de desenvolvimento direto. Só o âmbito geográfico amplo continuava associado a uma menor taxa de extinção. A extinção parece ter sido tão intensa que apanhou os grupos quase que por acaso.

Tabela 23.1

Sobrevivência de diferentes tipos de táxons de caracóis durante a extinção em massa do Cretáceo-Terciário, e outras épocas (que apresentam o padrão de extinção "de fundo"). As taxas de extinção de fundo variam conforme o tipo de caracol, ao passo que a sobrevivência durante a extinção em massa pode ter sido uma questão de "sorte". (a) Relação entre a chance de extinção genérica e o modo de desenvolvimento. A taxa de extinção de fundo é mais baixa para caracóis com desenvolvimento planctônico do que para os com desenvolvimento direto (essa evidência é a mesma que a da Figura 23.8), mas nas extinções em massa os gêneros dos dois tipos de caracóis tiveram igual chance de sobrevivência. (b) Relação entre a chance de extinção genérica e o número de espécies no gênero. A taxa de extinção de fundo é menor nos gêneros que são ricos em espécies (contêm três ou mais espécies) do que nos que são pobres em espécies (contêm uma ou duas espécies). Mas, nas extinções em massa, um gênero rico em espécies tinha aproximadamente a mesma chance de se extinguir que um gênero pobre em espécies; em ambos os casos, cerca de 40% dos gêneros foram extintos e cerca de 60% sobreviveram. O número de gêneros é *n*, embora os gêneros estudados nos dois momentos não sejam exatamente os mesmos. De Jablonski (1986).

(a) Taxa de extinção e modo de desenvolvimento

	Extinções de fundo		Extinções em massa		
Modo de desenvolvimento	**n**	**Longevidade geológica mediana (milhões de anos)**	**n**	**Gêneros sobreviventes (%)**	**Gêneros extintos (%)**
Desenvolvimento planctônico	50	6	28	60	40
Desenvolvimento direto	50	2	21	60	40

(b) Taxa de extinção e riqueza do gênero em espécies

	Extinções de fundo		Extinções em massa	
Riqueza em espécies	**n**	**Longevidade geológica mediana (milhões de anos)**	**Gêneros sobreviventes (*n*)**	**Gêneros extintos (%)**
Espécies pobres	145	32	31	38
Espécies ricas	114	49	22	25

... mudou durante a extinção em massa

Em qualquer nível, as relações entre os caracteres de um táxon e sua probabilidade de extinção estavam significativamente alteradas. Em épocas normais os táxons com desenvolvimento planctônico e com muitas espécies têm probabilidades de extinção mais baixas do que os táxons com desenvolvimento direto e pobres em espécies. Em contraste, na extinção em massa do Cretáceo-Terciário a diferença desapareceu. Alteraram-se as condições e também a forma de seleção das espécies.

Na pesquisa de Jablonski, o padrão de extinção durante uma extinção em massa tornou-se menos seletivo – talvez porque a extinção foi tão ampla que quase todas as espécies de caracóis sucumbiram, independentemente de suas adaptações. Mas em outros períodos ou em outros táxons, os padrões de extinção continuaram seletivos durante as extinções em massa. A forma de seletividade pode até prover indícios sobre a natureza do evento de extinção. Por exemplo, ocorreu uma extinção importante (talvez em massa) na transição Oligoceno-Eoceno (Figuras 23.2 e 23.5). Muitos pensam que a extinção foi causada por um resfriamento global. A evidência sugere que as espécies com adaptações para temperaturas quentes tiveram maior probabilidade de extinção naquela época do que as espécies adaptadas a temperaturas mais frias. O padrão seletivo das extinções adapta-se bem à explicação climática.

A evidência das folhas fósseis sugere que os insetos especializados têm taxas de extinção mais elevadas

Na extinção em massa do Cretáceo-Terciário, Labandeira *et al.* (2002) verificaram que as espécies ecologicamente especializadas eram mais vulneráveis do que as ecologicamente generalistas. Os insetos especialistas alimentavam-se de uma única espécie de planta, enquanto os generalistas alimentavam-se de várias espécies. Labandeira *et al.* usaram a evidência dos danos às folhas fósseis. O estudo micro-anatômico do dano à folha pode sugerir se ele foi causado por insetos. Os danos produzidos por diferentes tipos de insetos podem ser divididos em três categorias – os causados por insetos generalistas (que danificam, por exemplo, as margens das folhas e fazem buracos nela), os causados por insetos especialistas (que produzem, por exemplo, as galhas, ou que agem como "mineiros de folhas") e os casos intermediários. A Tabela 23.2 resume os resultados deles. Nenhuma das espécies generalistas se extinguiu, mas a maioria das especializadas sim. Os fitófagos especializados eram os insetos mais vulneráveis. O motivo provável é que os recursos de plantas estavam reduzidos. Suponha que 70% das espécies de plantas desaparecessem. Qualquer inseto especializado nesses 70% de plantas também se extinguiria. Entretanto, os generalistas poderiam sobreviver alimentando-se dos 30% de espécies de plantas que sobreviveram.

O ponto principal desses exemplos é que a seleção de espécies pode ser estudada em extinções em massa e que o modo de seleção de espécies pode mudar durante as extinções em massa, em relação ao de outras épocas. Entretanto, também podemos perceber que os re-

Tabela 23.2

Insetos especializados tinham maior probabilidade de serem extintos nas extinções em massa do Cretáceo-Terciário (KT). Os insetos foram divididos em três categorias, conforme suas relações dietéticas com as plantas fossem especializadas, generalistas ou intermediárias. Os especializados provavelmente se alimentavam de uma única espécie de planta e os generalistas, de várias espécies. A evidência provém do tipo de dano encontrado em folhas fósseis. De Labandeira *et al.* (2002).

Tipo de dieta	Número antes da extinção KT	Número depois da extinção KT	Porcentagem de extintos
Generalista	12	12	0
Intermediária	16	10	37,5
Especializada	20	6	70

sultados proporcionam uma fonte independente de evidências de que as extinções em massa foram eventos reais, e não artefatos. Inicialmente, vimos que as extinções em massa foram inferidas como picos em um gráfico de extinções ao longo do tempo (ver Figura 23.2). Depois vimos que essa evidência era inconclusiva porque mudanças no registro sedimentar podiam influir nas observações (ver Quadro 23.2). Aqui, vimos que a forma das extinções era não-aleatória e que tinha um padrão compatível com uma verdadeira extinção em massa. A amostragem sedimentar (Figura Q23.2) sozinha não excluiria desproporcionalmente os insetos especializados. Entretanto, pode-se esperar que uma verdadeira extinção em massa eliminasse desproporcionalmente os especialistas. O argumento não é conclusivo por si, mas precisa ser ponderado. A evidência das extinções em massa não provém só da taxa de extinção total.

23.7 Um táxon mais elevado pode substituir outro por acaso, por mudança ambiental ou por substituição competitiva

23.7.1 Ao longo do tempo, os padrões taxonômicos podem prover evidências sobre a causa das substituições

Depois da extinção dos dinossauros, no fim do Cretáceo, os mamíferos irradiaram-se com rapidez e preencheram os nichos ecológicos dos grandes vertebrados terrestres, anteriormente ocupados por eles (ver Figura 23.1). No início do Cretáceo, as angiospermas haviam se irradiado, ao que tudo indica às expensas das gimnospermas, que declinaram ao mesmo tempo (Figura 18.8, p. 561). Esses são dois exemplos de *substituições* evolutivas, em que um grupo taxonômico passa a ocupar o espaço ecológico antes ocupado por um outro grupo taxonômico.

As substituições taxonômicas podem ser competitivas ou independentes

Por que um táxon elevado substituiria outro táxon elevado, composto por espécies ecologicamente semelhantes? Duas teorias podem ser testadas. Uma (a da substituição competitiva) diz que o segundo grupo venceu o primeiro em competição e levou-o à extinção. A outra (a da substituição independente) diz que o primeiro grupo declinou e extinguiu-se por motivo não-relacionado com a presença do segundo grupo, e este só se irradiou depois que o primeiro desapareceu. O padrão de mudanças na diversidade dos dois grupos provê a melhor evidência para testar as duas teorias (Figura 23.11). Se o primeiro grupo declina antes de o segundo expandir-se, isso sugere que a competição não teve influência. Se o primeiro grupo declina na proporção do aumento no segundo grupo, isso sugere competição; esse padrão (Figura 23.11b) às vezes é chamado de padrão em *cunha dupla*.

No caso da substituição independente, podemos distinguir duas possibilidades (Figura 23.11a). Uma é que o ambiente tenha mudado e que o primeiro grupo extinguiu-se por má adaptação às novas condições ambientais. A segunda é que tenha ocorrido uma extinção em massa catastrófica, por exemplo, depois de um impacto de asteróide, e um grupo taxonômico dominante extinguiu-se enquanto em outro grupo restaram alguns sobreviventes. O motivo principal da extinção completa de um grupo enquanto o outro sobreviveu pode ser a sorte.

O teste entre a substituição competitiva e a independente, na Figura 23.11, não é garantido. O padrão em cunha dupla, característico da substituição competitiva, também poderia surgir sem competição. Por exemplo, a mudança ambiental sozinha poderia produzir simultaneamente o declínio de um dos grupos e a irradiação do outro. Entretanto, o teste ainda tem algum interesse. Se o primeiro grupo claramente se extingue antes do surgimento do segundo, fica difícil explicar a substituição por competição. Mas, se uma substituição é correlacionada no tempo e os dois grupos são ecologicamente análogos, isso, no mínimo, sugere competição. Pode haver ainda outros tipos de evidências de competição, como veremos.

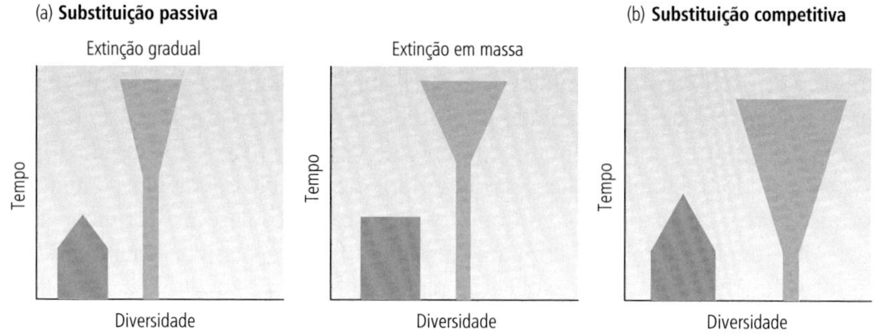

Figura 23.11

O padrão exato da substituição de um grupo por outro sugere se estava ou não havendo competição. (a) Se o grupo inicialmente predominante declina antes de o segundo grupo expandir-se, isso sugere que a troca não foi causada por substituição competitiva. O grupo dominante pode diminuir gradual ou catastroficamente. (b) Se o grupo dominante declina enquanto o outro grupo ganha às suas expensas, é mais provável que a competição e a adaptação relativa tenham influído na substituição.

23.7.2 Dois grupos de briozoários são um possível exemplo de substituição competitiva

Um grupo de briozoários substituiu outro

Um dos exemplos mais plausíveis de substituição competitiva relaciona-se com dois grupos de briozoários. (Talvez devêssemos dizer "menos implausíveis" – qualquer conclusão sobre a influência da competição no passado será incerta. Demonstrar a atuação da competição em um ecossistema atual é trabalhoso e a evidência para fósseis é muito mais limitada.) Os briozoários são animais invertebrados aquáticos sésseis, que vivem fixados em rochas ou outras superfícies. Os dois principais táxons de briozoários são chamados cyclostomata e cheilostomata. Entre cerca de 150 e 50 milhões de anos atrás, os cheilostomata foram substituindo os cyclostomata com regularidade (Figura 23.12). O próprio padrão da figura sugere substituição competitiva: um táxon (cheilostomata) desponta enquanto o outro (cyclostomata) decai.

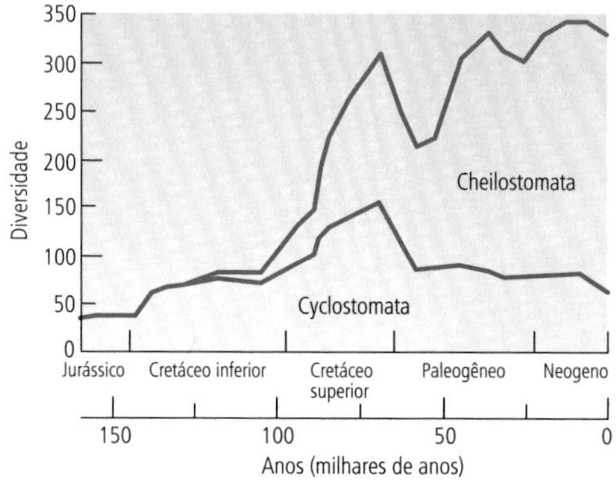

Figura 23.12

Diversidade (medida por meio do número de gêneros) de dois táxons de briozoários ao longo do tempo. Os cheilostomata substituíram os cyclostomata como grupo principal. De Sepkoski *et al.* (2000).

Temos evidência direta de competição

Nesse caso, temos mais outra evidência de competição e de uma vantagem competitiva dos cheilostomata. Os briozoários competem entre si por meio do "supercrescimento": um briozoário cresce no topo do outro. O animal que cresce em cima aumenta de tamanho e tem uma área maior para alimentar-se. O suplantado é impedido de alimentar-se e morre. O hipercrescimento é observado na natureza hoje em dia e também é visto em fósseis (Figura 23.13). Na maioria dos casos, quando os membros dos dois táxons principais estão envolvidos, o quilostomado está crescendo sobre o ciclostomado. Portanto, os quilostomados parecem ter uma vantagem competitiva sobre os ciclostomados e têm um crescimento mais agressivo. A superioridade competitiva provavelmente faz parte da explicação para a substituição taxonômica ao longo do tempo.

A substituição dos cyclostomata pelos cheilostomata parece um exemplo de escalada evolutiva (Seção 22.6.1, p. 653). Entretanto, McKinney (1995) argumentou que a escalada era um evento esporádico, e não um processo contínuo. Em algum ponto, os cheilostomata obtiveram sua vantagem evolutiva, talvez por seu maior poder de crescimento. Daí mantiveram-na. Não foi um caso em que os dois táxons desenvolveram uma escalada incremental de adaptações, um contra o outro, durante 100 milhões de anos. O que houve foi que os cheilostomata se fortaleceram há 150 milhões de anos e, gradualmente, sobrepujaram os cyclostomata, sem qualquer escalada evolutiva adicional.

Figura 23.13

Hiperdesenvolvimento competitivo em briozoários fósseis. O briozoário quilostomado *Microporella ciliata* forma aproximadamente um triângulo na parte inferior esquerda da figura. O briozoário ciclostomado *Diplosolen obelium* forma aproximadamente um crescente na direção da parte superior direita. O cheilostomata está suplantando o ciclostomado no centro da foto, crescendo em direção à parte superior e à direita. O cyclostomata também está revidando ao seu agressor, em pequena escala, avançando sobre o cheilostomata na parte superior esquerda. O sinal de que a "vítima" está reagindo proporciona evidências de que o hiperdesenvolvimento principal não é apenas de uma colônia viva crescendo sobre uma colônia morta. Os fósseis provêm do mar Adriático, perto de Rovinj, na Croácia, e datam do Recente. (Foto, cortesia de F.M. McKinney).

23.7.3 Mamíferos e dinossauros são um exemplo clássico de substituição independente, mas as recentes evidências moleculares complicaram a interpretação

Os mamíferos proliferaram no Terciário inferior

A substituição dos dinossauros pelos mamíferos é o exemplo clássico de uma substituição independente. Os dinossauros eram os principais vertebrados terrestres do Jurássico e do Cretáceo, enquanto os mamíferos despontaram no Terciário. Entretanto, esse exemplo ficou mais complicado recentemente porque os resultados moleculares conflitaram com a evidência fóssil. O documentário fóssil mostra um rápido surgimento de mamíferos no Terciário inferior, após a extinção em massa do final do Cretáceo (ver Figura 23.1). Em todos os grupos principais (ordens, para ser taxonomicamente exato) dos mamíferos atuais, os fósseis mais antigos provêm do Terciário inferior; é quando encontramos os fósseis mais antigos de carnívoros, ungulados (perissodáctilos e "cetartiodáctilos"), comedores de formigas, elefantes e primatas. Os dinossauros foram extintos na extinção em massa que precedeu a irradiação dos mamíferos. A evidência fóssil enquadra-se exatamente no padrão da Figura 23.11, implicando substituição independente em vez de competitiva.

A origem dos mamíferos atuais no Terciário também é sustentada pelo documentário fóssil dos mamíferos ancestrais mais antigos. Conhecem-se fósseis de mamíferos eutérios do Cretáceo. Até recentemente (ver adiante) os fósseis mais antigos de mamíferos, certamente eutérios, eram de cerca de 80 milhões de anos. Eles não se enquadram em qualquer das ordens atuais de mamíferos. São classificados como parentes das ordens atuais, ligados à árvore dos mamíferos por longos ramos. Teria levado um bom tempo para que as ordens atuais dos mamíferos evoluíssem de ancestrais eutérios. Se os eutérios surgiram há cerca de 80 milhões de anos, faz sentido que os grupos atuais tenham evoluído há cerca de 55 milhões de anos. Isso deixa 20 milhões de anos para a mudança evolutiva das formas eutérias ancestrais até as atuais. Dificilmente as ordens atuais teriam existido *antes* de 80 milhões de anos atrás, se essa era a época em que vivia o ancestral eutério mais antigo.

A evidência molecular sugere uma origem mais antiga

Entretanto, quando se medem as diferenças moleculares entre as ordens de mamíferos atuais e a taxa do relógio molecular é calibrada, o tempo inferido até o ancestral comum a esses grupos é muito mais antigo do que o Terciário inferior. A data molecular para o ancestral comum é de cerca de 90 a 100 milhões de anos. A evidência molecular implica o fato de que as ordens atuais dos mamíferos – carnívoros, primatas, proboscídeos e assim por diante – já existiam no Cretáceo médio. Na verdade, elas já existiam antes do fóssil de mamífero eutério mais antigo que se conhece.

Se a datação molecular está correta, os grupos de mamíferos que hoje ocupam os nichos dos dinossauros coexistiram com eles durante os últimos 30 milhões de anos do Cretáceo. Isso não prova que os mamíferos competiam com os dinossauros ou que algo dessa competição serviu para desbancá-los. Os mamíferos do Cretáceo podem ter sido de pequeno porte e ecologicamente diferentes de seus descendentes atuais, de modo que não competiam com os dinossauros. Ou eles podem ter sido numericamente muito raros para afetar os dinossauros. Tudo isso é incerto. Por enquanto, a questão principal é que a evidência molecular comprometeu a clareza do padrão da Figura 23.11a para dinossauros e mamíferos e enfraqueceu o arrazoado para uma substituição independente.

O conflito fóssil-molecular inspirou várias linhas de pesquisa

O conflito entre as datas moleculares e fósseis quanto às ordens atuais de mamíferos é mais um exemplo de um tipo comum de conflito na biologia evolutiva moderna (ver Seção 15.13, p. 484, sobre homíníneos e Seção 18.4, p.559, sobre a explosão do Cambriano). Os grupos atuais de aves – tais como gaivotas, patos e pássaros – são outro exemplo. A evidência fóssil sugere que eles se irradiaram depois da extinção do Cretáceo, no Terciário inferior, mas o relógio molecular sugere que eles surgiram muito antes. Assim como nos exemplos dos homíníneos e da explosão do Cambriano, o conflito poderia ser resolvido de três modos. A evidência molecular pode estar errada, a evidência fóssil pode estar errada, ou as duas podem ser conciliadas.

Quanto às ordens de mamíferos, a evidência molecular foi analisada e reanalisada, mas não seriamente encarada. A pesquisa de fósseis tem sido mais reveladora. Uma estratégia tem sido a de estimar estatisticamente a probabilidade de que as principais ordens de mamíferos tenham existido no Cretáceo, mas sem deixar fósseis. As estimativas são feitas usando-se evidências independentes sobre a completude do documentário fóssil. Em uma linhagem, podemos examinar a época de aparecimento do seu primeiro e do seu último fóssil. Nesse intervalo, freqüentemente haverá lacunas, correspondentes às épocas em que a linhagem não está representada. Podemos usar a duração dessas lacunas para estimar quanto tempo antes de seu primeiro aparecimento no documentário fóssil uma linhagem realmente surgiu (Figura 23.14a e b). Foote *et al.* (1999) usaram esse método e concluíram que era improvável que as ordens de mamíferos tivessem surgido muito tempo antes dos 55 milhões de anos atrás.

As datas dos fósseis estão sendo "corretivamente" recuadas no tempo

O método de Foote *et al.* (1999) só usava a incompletude entre linhagens observadas. O documentário fóssil também está incompleto, por ausência de linhagens inteiras (Figura 23.14c). Usando ambos os tipos de incompletudes – a incompletude nas linhagens e a ausência de linhagens inteiras, Tavaré *et al.* (2002) recalcularam a chance de que os primatas tenham surgido no Cretáceo médio. Com o ajustamento, sua estimativa para a origem dos primatas, com base nos fósseis, foi de 81 milhões de anos atrás. Isso é bem anterior à data observada, de cerca de 55 milhões de anos atrás, não longe dos dados moleculares (de cerca de 90 milhões de anos atrás). A data ajustada de Tavaré *et al.* (2002) implica o fato de que os primatas existiram durante um extenso período ancestral que não está representado no documentário fóssil.

A datação mais antiga para origem das ordens dos mamíferos atuais é sustentada pelas descobertas dos primeiros fósseis de mamíferos. Ji *et al.* (2002) descreveram um fóssil de eutério da formação de Yixian, na China, com 125 milhões de anos. Ele faz o documentário de eutérios recuar em mais uns 50 milhões de anos. Quando o eutério mais antigo datava de uns 80 milhões de anos era difícil visualizar como as ordens dos mamíferos atuais podiam ter surgido muito antes do Terciário. Agora, sendo o eutério mais antigo de 125 milhões de anos atrás, existe tempo de sobra para tais ordens terem se originado há 80 a 90 milhões de anos.

A evidência molecular levou os biólogos a aceitar uma época mais antiga para o surgimento das ordens atuais de mamíferos. Entretanto, muitos biólogos suspeitam que os mamíferos ficaram

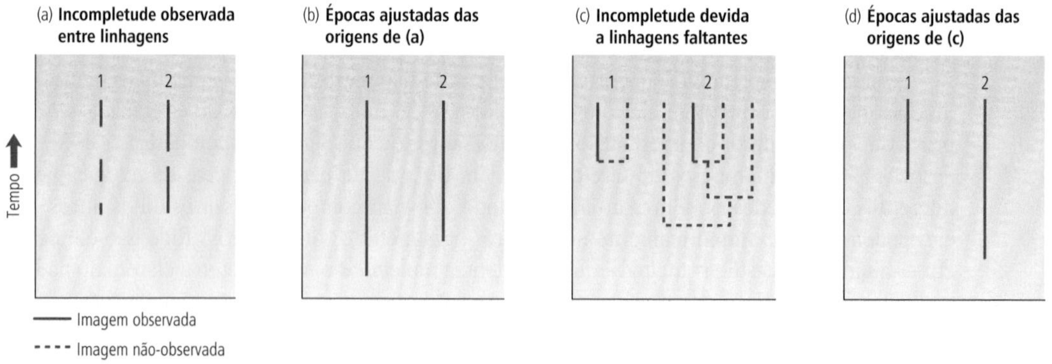

Figura 23.14

O uso da incompletude observada no documentário fóssil para ajustar as estimativas dos tempos de origem de um táxon. (a) Registros fósseis observados em duas linhagens, que parecem ter surgido ao mesmo tempo. (O eixo *x* não tem importância.) (b) O táxon 1 tem o registro mais incompleto, sugerindo que ele é mais antigo do que o táxon 2. (c) Observa-se que os táxons 1 e 2 surgiram ao mesmo tempo no documentário fóssil, embora o táxon 1 tenha menos linhagens faltantes do que o 2 (as linhas tracejadas indicam as linhagens não representadas no documentário fóssil). (d) O táxon 2 provavelmente teve uma origem mais antiga do que o táxon 1. Os ajustamentos ilustrados para as épocas de origem em (b) e (d) não são quantitativamente exatos.

"na moita" por 40 milhões de anos, até depois da extinção dos dinossauros. Só então eles se irradiaram para os nichos que antes eram dos dinossauros. Portanto, em essência, a evidência fóssil está correta. Ela mostra quando as principais ordens de mamíferos proliferaram, e não quando elas surgiram. Essa conciliação entre as evidências fóssil e molecular é semelhante ao caso da explosão do Cambriano (Seção 18.4, p. 557). A conciliação é plausível e simpática, mas não confirmada – afinal, nada sabemos sobre os representantes das atuais ordens de mamíferos no Cretáceo, exceto que eles provavelmente existiram.

Em resumo, ao longo da história da vida há muitos exemplos de substituição de um táxon por outro. Uma pergunta que se pode fazer sobre as substituições é se elas foram competitivas ou independentes. A principal classe de evidências provém da duração do tempo para surgimento de um táxon e desaparecimento de outro (ver Figura 23.11). Outra evidência provém da competição direta, como o hiperdesenvolvimento dos briozoários. Um possível exemplo de substituição independente, a dos dinossauros pelos mamíferos, foi reanalisada recentemente e, embora o quadro revisto não demonstre que a substituição foi competitiva, a questão, que antes parecia tranqüila, tornou-se mais insegura. Hoje o papel da extinção em massa do Cretáceo no surgimento dos mamíferos é mais incerto do que parecia ser há 10 anos, na primeira metade da década de 1990.

23.8 A diversidade de espécies pode ter aumentado logística ou exponencialmente, desde o Cambriano, ou pode ter aumentado pouco, de modo geral

Mudanças na diversidade total da vida podem enquadrar-se...

O número de espécies viventes na Terra atualmente é incerto, e as estimativas variam de 10 a 100 milhões de espécies. Cerca de 2 milhões delas foram descritas. Em algum ponto do passado devem ter existido menos espécies do que agora (se recuarmos o suficiente, isso tem de ser praticamente verdadeiro – mesmo que seja na origem da vida). Mas como é que o número de espécies mudou ao longo do tempo? As primeiras tentativas de responder a essa questão foram feitas por Simpson, Valentine e outros, mas as idéias atuais sobre ela começaram a partir da base de dados de Sepkoski – a base de dados sobre animais fósseis marinhos que conhecemos antes neste capítulo.

A Figura 23.15a ilustra o resultado clássico de Sepkoski. O eixo *y* corresponde ao número de famílias, mas podemos assumir que o número de espécies teria o mesmo padrão. Sepkoski distinguiu três faunas: a Cambriana, a Paleozóica e a Recente. Elas diferem quanto aos tipos de animais que viviam naquelas épocas. Os dados do Cambriano são escassos e as características importantes do gráfico são: (i) o rápido aumento de diversidade após o Cambriano, começando há cerca de 500 milhões de anos; (ii) o aparente "platô Paleozóico" de diversidade constante; (iii) a redução de diversidade nas extinções em massa do Permiano, seguida pelo (iv) constante aumento de diversidade daí em diante (a extinção em massa do fim do Cretáceo é apenas um pique no aumento contínuo).

... em um modelo logístico...

O aumento da diversidade, seguido de um platô no Paleozóico, pode ser explicado por meio de um modelo *logístico*. Aumento logístico é o observado pelos ecologistas quando novos recursos são colonizados. No princípio os número aumentam exponencialmente devido à ausência de competição. Daí os competidores preenchem o espaço do recurso e nenhuma espécie nova pode ser adicionada, exceto por extinção de uma espécie existente.

A diferença entre as zonas do Paleozóico e do Recente, no gráfico de Sepkoski, sugere que a extinção em massa do Permiano teve importante influência criadora para a vida atual na Terra. Sem essa extinção em massa, talvez a fauna Paleozóica continuasse a dominar a vida na Terra e a diversidade ainda estivesse encalhada no platô Paleozóico. A fauna "moderna" parece ter sido capaz de diversificar-se mais do que a fauna do Paleozóico.

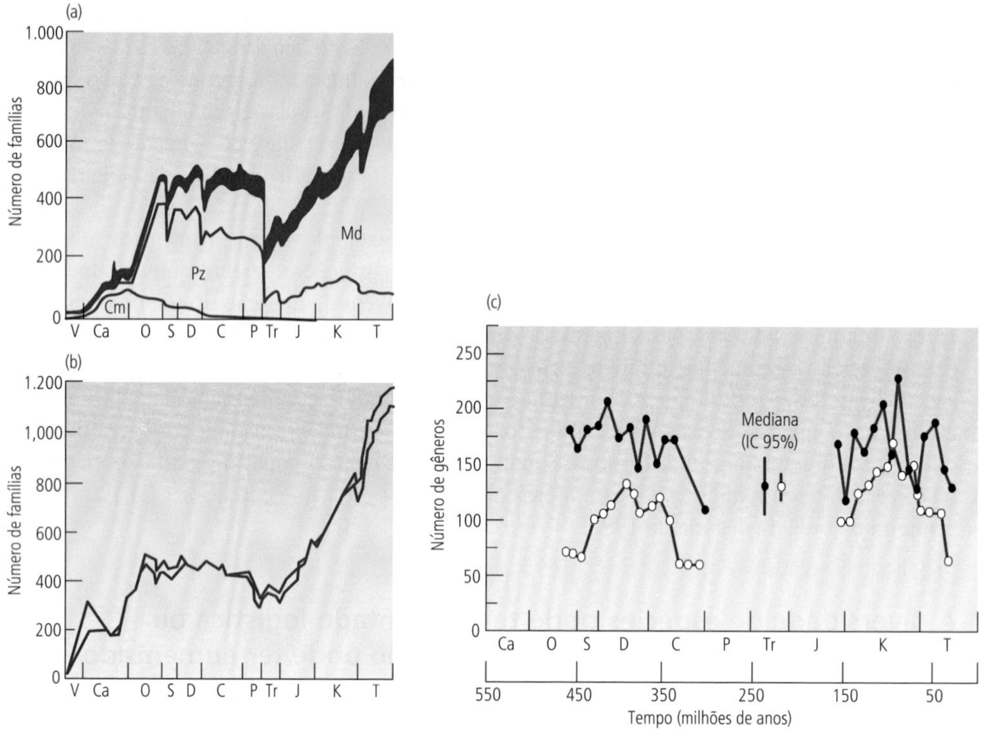

Figura 23.15

A história da diversidade biológica global. (a) Originalmente Sepkoski encontrou um aumento logístico, com um platô no Paleozóico, seguido de um aumento contínuo desde a extinção em massa do Permiano. Ele também reconheceu três faunas distintas: a Cambriana (Cm), a Paleozóica (Pz) e a Recente ou Moderna (Md). (b) Benton compilou os dados de modo um pouco diferente e encontrou um padrão indistinguível de aumento exponencial contínuo. (c) Uma nova compilação tem como objetivo corrigir a incompletude estratigráfica e os dados preliminares sugerem que não houve aumento de diversidade entre o Ordoviciano e o Terciário. Redesenhada de Miller (1998) e de Alroy *et al.* (2002), com permissão da editora. © 1998 American Association for the Advancement of Science.

... ou em um modelo exponencial ...

Um segundo modelo para a história da diversidade – o modelo *exponencial* – foi proposto por Benton (1997). Ele usou uma compilação de dados diferente, incluindo organismos terrestres. Ele suspeitava que o resultado de Sepkoski, inclusive o platô Paleozóico, era peculiar à vida marinha. Se olharmos a vida em seu conjunto (Figura 23.15b), bem que a história completa da diversidade poderia ser explicada por um aumento exponencial contínuo (embora ruidoso). O modelo de Benton tem as duas implicações seguintes. Primeira: as espécies têm dividido e subdividido persistentemente os nichos ecológicos, em unidades cada vez mais refinadas – se a diversidade total tem um limite, como o modelo logístico assume, então ele até agora ainda não foi alcançado[2]. Segunda: as extinções em massa não foram muito importantes para a história da diversidade. Esta seria mais ou menos a mesma hoje se as extinções em massa não tivessem ocorrido. Outros métodos foram propostos, além dos de Sepkoski e de Benton (ver Miller, 1998).

... ou em algum outro modelo

---

[2] Em última análise, a diversidade de espécies entre criaturas de reprodução sexuada será limitada pelo tempo gasto em encontrar um parceiro. À medida que as espécies se subdividem sucessivamente, o número de indivíduos por espécie diminuirá (porque a biomassa total na Terra é limitada pela energia captada do sol). À medida que os membros das espécies se tornam mais raros e esparsos, o custo energético para achar um parceiro acabará tornando-se proibitivo. Apesar de seus custos genéticos, a hibridação (Seção 14.4, p. 415) eventualmente será favorecida.

Qual é o modelo correto? Essa pergunta tem sido difícil de responder por causa das limitações nos dados. A própria compilação de Sepkoski tem lacunas e desvios. Jackson e Johnson (2001), por exemplo, investigaram os dados de Sepkoski sobre briozoários tropicais. Eles encontraram uma enorme subestimativa da diversidade regional desse táxon no Plioceno. O motivo era simplesmente que, no Plioceno, a Europa e a América do Norte não eram mais tropicais. A maioria dos paleontólogos é européia ou norte-americana, e a maior parte deles trabalha localmente. Por isso, a grande diversidade da fauna de briozoários tropicais pertencente a épocas mais antigas, quando a Europa e a América do Norte eram tropicais, foi muito mais bem-estudada do que a pertencente ao Plioceno, quando essas regiões eram temperadas. Jackson e Johnson sugerem que, se ajustados quanto a esse desvio, os dados de Sepkoski adaptam-se melhor ao modelo exponencial. Entretanto, o ponto principal é que precisamos de uma base de dados que tenha sido sistematicamente corrigida para desvios. Os dois principais tipos de desvios provêm da quantidade de rochas preservadas nos diferentes intervalos de tempo e da quantidade de rochas preservadas que foram estudadas pelos paleontólogos. Os desvios geográficos e taxonômicos (porque os paleontólogos estudam mais algumas regiões e alguns táxons do que outros) interagem com esses dois tipos principais de desvios.

Atualmente os dados para testar os modelos são ambíguos...

Uma nova base de dados está sendo compilada por uma equipe de paleobiólogos, e tem sua sede na Universidade da Califórnia em Santa Bárbara. Essa nova base de dados procura corrigir os desvios com correções estatísticas apropriadas, dos dados brutos. Os resultados preliminares são notáveis (Figura 23.15c). A estimativa da diversidade global de espécies parece apresentar poucas mudanças do Paleozóico ao Oligoceno. Se esse resultado se mantiver à medida que a base de dados for se desenvolvendo, sugerirá que a diversidade tem um limite mais estreito do que o previamente suposto. A especiação e a extinção podem ter estado em equilíbrio durante grande parte dos últimos 500 milhões de anos, e as extinções em massa podem ter tido pouco efeito sobre a diversidade global das espécies. O fato de se poder produzir agora um quadro tão radicalmente diferente destaca a importância das correções estatísticas dos dados. A principal diferença entre as Figuras 23.15a e 23.15c é devida à correção estatística dos desvios.

... e objeto de análises estatísticas ativas

Em resumo, vimos como há um ativo programa de pesquisa que procura descrever a história global da diversidade de espécies. O principal problema reside na compilação dos dados e na correção de desvios e lacunas. Podemos encontrar paleobiólogos que apóiam pelo menos três modelos históricos: um aumento logístico até um platô paleozóico, seguido por um aumento contínuo; um crescimento exponencial contínuo, e um platô prolongado. A influência das extinções em massa sobre a diversidade é incerta. Também é incerto se a vida atual divide mais os nichos ecológicos do que a vida mais antiga fazia. Essas incertezas não existem porque esses problemas tenham sido esquecidos, mas por causa de uma abordagem moderna, multifacetada, por parte dos paleobiólogos pesquisadores.

23.9 Conclusão: os biólogos e paleontólogos mantiveram uma variedade de pontos de vista sobre a importância das extinções em massa para a história da vida

A diversidade biológica – a variedade das formas de vida na Terra – é claramente influenciada pelas irradiações e pelas extinções. A questão mais controvertida desse assunto relaciona-se com a importância das extinções em massa. Em nosso entendimento sobre extinções em massa, podemos distinguir quatro fases históricas. Elas correspondem a pontos de vistas diferentes sobre a realidade, a visibilidade e o significado evolutivo das extinções em massa.

As primeiras pesquisas estabeleceram as principais transições da fauna

As transições de fauna, que agora reconhecemos como extinções em massa, foram descobertas no início do século XIX, quando também foram estabelecidos os estágios principais e as subfases do documentário fóssil. Essa pesquisa constitui a Fase 1. Na época, as transições de fauna entre os estágios principais do documentário fóssil eram freqüentemente explicadas por meio de sucessivas extinções catastróficas. A Fase 2 começa com Lyell, na década de 1830. Ele duvidou do fato de que as transições de fauna observadas fossem realmente catástrofes. Explicou-as como mudanças nas condições ambientais e sedimentares. Darwin prosseguiu nessa linha de raciocínio. Mais tarde, entretanto, a datação geológica absoluta demonstrou que as transições de fauna não correspondiam aos hiatos no documentário fóssil. Elas pareciam ser verdadeiras extinções em massa.

A teoria dos asteróides inspirou um novo conjunto de idéias...

A Fase 3 pode ser convenientemente datada em torno de 1980. Foi então que surgiu uma forte evidência sugerindo que a extinção em massa do Cretáceo-Triássico fora causada pelo impacto de um asteróide. Esse era um dos vários componentes do ponto de vista "da década de 1980", de que as extinções em massa eram eventos reais, distintos, e que tinham importante influência na história da vida. Neste capítulo, vimos como se supunha que elas abriam espaços e permitiam a irradiação de novos táxons, como as ordens dos mamíferos atuais e as das aves no terciário. Também as extinções em massa, no Permiano, parecem ter desencadeado uma transição de fauna, levando ao conjunto atual de formas de vida, que se diversificou mais do que a antiga fauna Paleozóica. Os raros impactos de asteróides não são o tipo de eventos contra os quais a vida desenvolva adaptações para sobreviver. Que táxons sobrevivem e quais os que se extinguem nas circunstâncias excepcionais de extinções em massa parece ser, antes de tudo, uma questão de sorte, e ter muito pouco a ver com o processo microevolutivo de adaptação e seleção natural. Portanto, durante e entre extinções em massa poderiam existir "regimes macroevolutivos" característicos. Nesse corpo de idéias, as extinções em massa são a chave para o entendimento de grande parte da história evolutiva.

... algumas das quais têm melhor sustentação do que outras

É provável que algumas das idéias da Fase 3 persistam. Entretanto, a pesquisa mais recente deslocou-se para uma Fase 4. Os paleobiólogos e os filogeneticistas moleculares fizeram pelo menos alguns furos no trabalho anterior e, em alguns casos, abalaram-no seriamente. As taxas de extinção parecem ser "fractais". Quer as taxas de extinção sejam baixas, altas ou intermediárias, o mesmo conjunto de causas está atuando. Fatores aleatórios determinam se o conjunto de causas resulta em taxas de extinção altas ou baixas. A procura pela "causa" (ou "causas") das extinções em massa pode ser um erro; o mesmo conjunto de causas está atuando o tempo todo. É possível até que as extinções em massa sejam artefatos, embora poucos especialistas considerem isso como mais do que uma possibilidade hipotética.

Os dados moleculares sobre a origem das ordens atuais de mamíferos poderiam modificar nosso entendimento sobre a natureza das extinções em massa e sobre a influência destas nas substituições evolutivas. Quase todas as ordens atuais de mamíferos (e de aves) podem ter existido no Cretáceo e sobrevivido à extinção ao final deste. A evidência fóssil superestima a abrangência da extinção em massa por não haver fósseis desses táxons no Cretáceo. Ainda assim é possível que tenha sido a extinção em massa do Cretáceo que permitiu o surgimento dos mamíferos, mas o quadro é menos nítido do que antes.

Por fim, a influência das extinções em massa sobre a diversidade global está sendo contestada. Na década de 1980, pensava-se que a extinção em massa do Permiano havia sido um evento-chave já que, depois dela, a diversidade aumentou continuamente enquanto, antes dela, a diversidade encontrava-se em um platô. A evidência mais recente e mais bem-ajustada estatisticamente sugere que a diversidade teria sido constante. É possível que a diversidade da vida atual fosse basicamente a mesma se as extinções em massa nunca tivessem ocorrido.

Muita coisa permanece incerta. O futuro está na dependência de melhorias na coleta de dados, da taxonomia e do ajustamento estatístico dos desvios desses dados ao longo do tempo. À medida que os resultados se revelarem veremos se são as idéias da Fase 3 ou as da Fase 4 que se mantêm melhor – e o que a Fase 5 nos trará.

Resumo

1 Ocorre irradiação adaptativa quando um pequeno número de espécies ancestrais dá origem, ao longo do tempo, a um grande número de espécies descendentes, ocupando uma variedade de nichos ecológicos. A irradiação adaptativa sucede-se à colonização de uma nova área em que não há competidores, à extinção de competidores ou à quebra de barreiras adaptativas.

2 A taxa observada de extinções varia durante o tempo geológico. Em certos momentos ela aumentou para um pico; esses momentos são chamados extinções em massa. No passado, foram observadas de 2 a 5 extinções em massa importantes. As duas mais importantes são a do final do Permiano e a do final do Cretáceo. As outras três foram nos finais do Ordoviciano, do Devoniano e do Triássico.

3 A descoberta de concentrações anormalmente elevadas de irídio, elemento químico terroso raro, em rochas da época da transição Cretáceo-Terciário de Gubbio, na Itália, por Alvarez *et al.*, sugeriu que a extinção em massa pode ter sido causada pela colisão de um asteróide de cerca de 12 km de diâmetro com a Terra. Atualmente há muitas evidências que sustentam essa idéia.

4 A teoria da extinção em massa por impacto prevê que as extinções em diferentes táxons devem ser súbitas, sincrônicas e globais; essencialmente, a evidência de extinção no Cretáceo-Terciário enquadra-se nessa previsão, embora sejam possíveis outras interpretações para esse padrão.

5 Potencialmente, as cinco teorias gerais para as extinções em massa são as colisões de asteróides, as erupções vulcânicas, o resfriamento climático, mudanças do nível dos mares e mudanças na área dos *habitats* causadas por movimentos tectônicos das placas. A evidência não sugere que as extinções em massa geralmente sejam causadas por colisões de asteróides; os efeitos das mudanças climáticas sobre os níveis dos mares precisam ser testados de modo sistemático e o efeito da tectônica de placas é difícil de testar atualmente.

6 A distribuição das taxas de extinção pode enquadrar-se em uma lei de potência. Isso sugeriria que o mesmo padrão causal básico está sempre atuante e que fatores aleatórios é que determinam se as taxas de extinção serão altas, baixas ou intermediárias. As extinções "em massa" podem não ter causas diferentes das extinções que ocorrem em outros momentos (às vezes denominadas extinções "de fundo").

7 Quase todas as mudanças nas taxas de extinção podem ser explicadas por meio de mudanças na quantidade de rochas sedimentares por intervalo de tempo geológico. Isso sugeriria ou que muitas mudanças nas taxas de extinção são artefatos, ou que há um fator comum que determina mudanças tanto na taxa de extinção verdadeira quanto na quantidade de rochas sedimentares.

8 Se a seleção natural favorece uma forma de um caráter em uma espécie e outra forma em outra espécie e se as diferentes formas do caráter causam taxas de especiação ou de extinção diferentes, então pode haver uma tendência a favor da espécie com a maior taxa de especiação ou menor taxa de extinção. Esse processo é chamado seleção de espécies.

9 Se os nichos de algumas espécies duram mais do que os de outras, aquelas terão taxas de extinção menores. Se alguns nichos estão posicionados de modo tal que novas espécies podem evoluir deles facilmente, então as espécies que os ocupam terão uma probabilidade acima da média de originar novos táxons.

10 Diferentes tipos de espécies podem sofrer extinções em massa de modo diferenciado. A relação entre as características dos táxons e suas taxas de extinção mudou, do Cretáceo superior para a extinção em massa do Cretáceo-Terciário.

11 A substituição evolutiva em grande escala, de um táxon para outro, ocorre por subs-

(*continua*)

(continuação)

tituição competitiva ou independente. As freqüências dos táxons ao longo do tempo proporcionam um teste parcial entre as duas explicações.

12 O número global de espécies desde o Cambriano pode mostrar um aumento logístico até o Permiano, seguido por um aumento contínuo; ou um aumento exponencial persistente; ou pode ter permanecido constante. Os diferentes resultados dependem, principalmente, das diferentes correções estatísticas do número de espécies fósseis observadas ao longo do tempo.

13 Há vários pontos de vista possíveis sobre a importância das extinções em massa na história da vida. Em um extremo, as extinções em massa podem ser um tipo de evento especial e uma força histórica criativa, responsável por moldar muitas das mudanças observadas no documentário fóssil. No outro extremo, as extinções em massa podem diferir pouco das extinções de outros períodos, ou até ser artefatos, e ter feito pouca diferença no curso da história evolutiva.

Leitura adicional

Wilson (1992) é um livro sobre diversidade biológica, para o grande público. Ele abrange a maior parte dos temas não-contidos neste capítulo, como o número de extinções que os humanos atuais estão causando. A coluna de *História Natural* de Gould (1977b, 1980, 1983, 1985, 1991, 1996, 1998, 2000, 2002a) incluiu vários ensaios sobre extinção, particularmente sobre extinções em massa. Jablonski (1986, 2000) examina o significado evolutivo das extinções em massa. Ver também (Gould, 2002b). Magurran e May (1999) contém artigos de nível de pesquisa. Givnish e Sytsma (1997) é um livro de vários autores, em nível de pesquisas com moléculas, para estudar a irradiação adaptativa.

Sereno (1999) compara a irradiação dos dinossauros, no fim do Triássico, com a irradiação dos mamíferos, no Terciário (ver a sua figura 1). A irradiação dos dinossauros foi muito mais lenta, talvez refletindo a extinção menos catastrófica do final do Triássico do que a do final do Terciário – mas a análise comparativa das taxas de irradiação, em grande parte, é um problema de pesquisa futura. Ver também o Capítulo 13 sobre a substituição de características e o Capítulo 16 sobre a divergência.

Um fator adicional que causa extinção, talvez especialmente em plantas, é que quando as espécies se tornam raras, elas hibridizam cada vez mais com outras espécies. Então seus genes vão diluindo-se até o esvaecimento. Ver Levin (2000) e suas referências.

Sepkoski (1992) e suas referências são uma fonte-padrão sobre o trabalho deste autor e citam artigos anteriores. Mas essa base de dados continuou sendo atualizada até sua morte em 1999 e Peters e Foote (2002), por exemplo, usam uma atualização não-publicada de "Sepkoski". A base de dados de Sepkoski tem sofrido criticas freqüentes, por causa de erros taxonômicos. Adrain e Westrop (2000) estudaram o problema. Eles fizeram uma análise especializada de parte da base de dados sobre trilobites. Verificaram que 70% dos acessos da base de dados eram imprecisos, mas que os erros eram aleatórios e não introduziam desvios. Ver Pease (1992), quanto à tendência de declínio das taxas de extinção ao longo do tempo.

Sobre extinções em massa, ver Hallam e Wignall (1997), especialmente seu capítulo de revisão. Quanto às extinções em massa do Cretáceo-Terciário ver dois artigos na *Scientific American* de outubro de 1990, o de Alvarez e Asaro e o de Courtillot, a respeito das interpretações relacionadas com asteróides e com vulcões. Courtillot (1999) é um livro sobre o assunto. Ver Grieve (1990) sobre as crateras de impacto. As outras extinções em massa, inclusive as do Permiano, podem ser acompanhadas por meio de Hallam e Wignall (1997) e das outras referências gerais sobre extinções. Benton (2003) é um livro de divulgação, que trata principalmente da extinção em massa no Permiano-Triássico.

Sobre a estatística das extinções fractais, Kirchner e Weil (1998) e Hewzulla *et al.* (1999) acompanharam o tópico, respectivamente divergindo de Solé *et al.* (1997) e concordando com ele. Sobre a natureza geral dos fractais, ver Bak (1996). Em tema correlato, Hubbell (2001) examina a forma esperada do clado em modelos aleatórios de especiação e extinção.

Quanto às substituições, Cooper e Fortey (1999) e Tavaré *et al.* (2002) fornecem referências para o trabalho molecular. McKinney *et al.* (1998) fazem uma análise correlata, sobre o exemplo dos briozoários. Quanto a dinossauros e mamíferos, ver Gould (1983, Capítulo 30) e Van Valen e Sloan (1977). Gould defende a substituição independente, Van Valen e Sloan (muito antes dos dados moleculares!), a substituição competitiva. Novacek (1992) revisa os mamíferos fósseis e a filogenia. Um outro clássico estudo de caso é a substituição dos répteis tipo-mamíferos pelos dinossauros depois da extinção em massa do Triássico: ela parece ser não-competitiva (Sereno, 1999). Levinton (2001) e Gould (1989) discutem o número de grupos mais elevados durante o tempo geológico.

Quanto à seleção de espécies, Gould (2002b) é hoje uma fonte-padrão para um dos lados da questão. Discussões adicionadas podem ser encontradas, dentre outros, em: Williams (1966, 1992 – que prefere o termo "seleção de clado"), Levinton (2001) e no intercâmbio entre Alroy e McShea em *Paleobiology* (2000) vol. 26, p. 319-33. Quanto às evidências, no texto deste capítulo me concentrei nos fósseis. Este é um de dois métodos. O outro é comparar o número de espécies atuais entre diferentes ramos de uma filogenia que apresenta diferentes condições de uma característica. Na Seção 22.3.4 examinamos um exemplo do caso da polinização pelo vento *versus* a polinização biótica. Outro exemplo que se adapta ao tema recorrente desta edição está em Arnqvist *et al.* (2000). Os clados de insetos poliândricos têm taxas de especiação quatro vezes mais altas do que as de clados irmãos que sejam monândricos. O conflito sexual do tipo que encontramos na Seção 12.4.7 é o primeiro suspeito e está de acordo com as idéias de especiação da Seção 14.12.

Outro tópico sobre a diversidade global das espécies é como a diversidade é recuperada depois de uma extinção em massa. Miller (1998) inclui um discussão e referências. Kirchner (2002) demonstra que a taxa de especiação pode ter um limite máximo que atrasa a recuperação que se segue às extinções em massa. A tendência a aumentar a diversidade é uma de várias macrotendências possíveis na história da vida, um tópico revisado por McShea (1998).

Questões para estudo e revisão

1 Como é possível que só recentemente se tenha percebido, na história humana, que uma espécie havia se extinguido?

2 (a) Qual é a diferença entre uma extinção real e uma pseudo-extinção? (b) Em que essa distinção é importante para as teorias da seleção de espécies e das extinções em massa?

3 (a) Qual é a melhor evidência de que a extinção em massa na transição Cretáceo-Terciário foi causada pelo impacto de um asteróide? (b) Que previsões sobre o padrão de extinções do documentário fóssil podem ser feitas se elas realmente foram causadas por um impacto de asteróide? Quais as dificuldades para testá-las?

4 Quando, na história da vida, ocorreram as duas, as três e as cinco extinções em massa mais bem-documentadas?

5 Em que condições se espera que a taxa de extinção mude: (a) um intervalo de tempo geológico com um bom registro sedimentar é seguido de um intervalo de tempo geológico com um registro sedimentar pobre; e (b) o oposto, onde um intervalo de tempo geológico com um registro sedimentar pobre é seguido de um intervalo de tempo com um bom registro sedimentar?

6 Qual é a relação entre o modo de desenvolvimento de um táxon de caracóis e a chance de extinção em épocas de extinção em massa e em épocas de taxas de extinção normais (ou "de fundo")? Como você explica essas tendências?

7 Por que o padrão macroevolutivo das taxas de extinção de diferentes táxons não pode ser previsto simplesmente a partir da microevolução no táxon?

8 No Capítulo 11, vimos que a seleção natural geralmente não favorece adaptações no nível de grupo porque os bons atributos não são herdáveis. Assim sendo, como é possível a seleção de espécies? As espécies apresentam herdabilidade, mas os outros grupos não? Ou a herdabilidade é irrelevante para a seleção de espécies?

9 Como podemos usar os padrões de irradiação e de extinção em dois táxons, ao longo do tempo, para testar se um deles substituiu o outro por eliminação em competição?

10 Como é possível que as mesmas observações básicas sobre o número de espécies fósseis ao longo do tempo tenham sido explicadas por meio de modelos tão diferentes quanto o incremento logístico e o exponencial, ou até por meio de números constantes ao longo do tempo?

Glossário

As palavras em itálico são referências para acessos específicos no glossário.

acasalamentos aleatórios Ver *cruzamentos aleatórios*.

adaptabilidade Ver *aptidão*.

adaptação Uma particularidade de um indivíduo que permite que ele sobreviva e reproduza melhor em seu ambiente natural do que se não a possuísse.

ADN Ver *DNA*.

alelo Uma variante de um *gene*, transmitido por um loco gênico particular; é uma seqüência peculiar de *nucleotídeos*, que codifica um *RNA mensageiro*.

alometria A relação entre o tamanho de um organismo e o de alguma de suas partes: por exemplo, há uma relação alométrica entre o tamanho do cérebro e o tamanho do corpo, de tal modo que (nesse caso) os animais com corpos maiores tenham os cérebros maiores. As relações alométricas podem ser estudadas durante o crescimento de um indivíduo, entre diferentes indivíduos de uma *espécie* ou entre organismos de espécies diferentes.

alopatria Viver em locais separados. Comparar com *simpatria*.

aminoácido A unidade molecular constitutiva das *proteínas*. Uma proteína é uma cadeia de aminoácidos em determinada seqüência. Há 20 aminoácidos principais nas proteínas dos seres vivos, e as propriedades de uma proteína são determinadas por sua seqüência peculiar de aminoácidos.

amniotas O grupo constituído por répteis, aves e mamíferos. Todos se desenvolvem por meio de um embrião encerrado em uma membrana chamada âmnio. O âmnio faz com que o embrião fique rodeado de uma substância aquosa e é, provavelmente, uma *adaptação* para a reprodução terrestre.

analogia Um termo evitado nesta edição do texto, com significado semelhante a *homoplasia*. Isto é, um *caráter* compartilhado por um conjunto de *espécies*, mas ausente no ancestral comum a elas – um caráter que evoluiu convergentemente. Alguns biólogos diferenciam homoplasias e analogias. No Capítulo 3, o termo é usado para contrastar com a *homologia* pré-evolutiva. Assim, uma estrutura como a asa de uma ave e a de um inseto é uma analogia. Funcionalmente ela é semelhante, mas estruturalmente não. Comparar com *homologia*.

anatomia (i) A própria estrutura de um organismo ou de alguma parte dele. (ii) A ciência que estuda essas estruturas.

aptidão (ou valor adaptativo ou aptidão darwiniana)* O número médio de filhos produzidos por um indivíduo com determinado *genótipo*, relativamente ao número produzido por indivíduos com outros genótipos. Quando os genótipos diferem em aptidão por causa de seus efeitos sobre a sobrevivência, a aptidão pode ser medida como a razão entre a freqüência daquele genótipo entre os adultos, pela sua freqüência entre os indivíduos ao nascimento.

aptidão darwiniana Ver aptidão

atomística (referente à teoria da hereditariedade) É a herança em que as entidades que controlam a hereditariedade são relativamente diferentes, permanentes e capazes de ação independente. A *herança mendeliana* é uma teoria atomística porque, nela, a herança é controlada por *genes* distintos.

autossomo Qualquer *cromossomo* que não seja um *cromossomo sexual*.

base O *DNA* é uma cadeia de unidades chamadas *nucleotídeos*, e cada unidade consiste em um arcabouço formado por um açúcar e um grupo fosfato, que tem uma base nitrogenada ligada. A base única de uma unidade pode ser a adenina (A), a guanina (G), a citosina (G) ou a timina (T). No *RNA*, a uracila (U) está no lugar da timina. A e G pertencem à classe química das purinas; C, T e U são pirimidinas.

biologia comparada O estudo dos padrões em mais de uma *espécie*.

biometria O estudo quantitativo dos *caracteres* dos organismos.

característica quantitativa Ver *caráter quantitativo*.

característica Ver *caráter*.

caráter (ou característica, ou traço) Qualquer aspecto, peculiaridade ou propriedade reconhecível de um indivíduo.

caráter quantitativo (ou característica quantitativa, ou traço quantitativo) Um *caráter* que apresenta variação contínua em uma *população*.

carga genética Uma redução na *aptidão* média dos membros de uma *população*, por causa dos *genes* deletérios ou das combinações deletérias de *genes* que ela contém. Ela tem muitas

* N. de R. T. Aqui pode ser mantido também o termo em inglês *fitness*.

formas específicas tais como a "carga mutacional", a "carga segregacional" ou a "carga recombinacional".

célula eucariótica Uma célula com um *núcleo* individualizado.

célula procariótica Uma célula sem *núcleo* individualizado.

citoplasma É a região de uma *célula eucariótica* externa ao *núcleo*.

cladismo Ver *cladística*.

cladística (ou cladismo) *Classificação* filogenética. Em uma classificação cladística, os membros de um grupo são todos os que têm um ancestral comum que é mais recente do que o que eles compartilham com os membros de quaisquer outros grupos. Em determinado nível da hierarquia classificatória, como uma "família", por exemplo, o grupo é formado pela combinação de um determinado subgrupo (no nível imediatamente inferior que, no caso, seria um gênero) com outro subgrupo que compartilhe com ele o ancestral comum mais recente. Comparar com *classificação evolutiva, classificação fenética*.

cladograma de área Um diagrama ramificado (ou *filogenia*) de um conjunto de *espécies* (ou outros *táxons*), mostrando as áreas geográficas que elas ocupam. De acordo com a teoria da biogeografia de vicariância, o diagrama ramificado representa a história dos desmembramentos (provavelmente dirigidos por processos geológicos tais como a deriva continental), nos primórdios das espécies.

clado Um conjunto de espécies que descende de uma espécie ancestral comum. É um sinônimo de *grupo monofilético*.

classificação evolutiva O método de *classificação* que utiliza princípios classificatórios *cladísticos* e *fenéticos*. Para ser exato, ele aceita *grupos parafiléticos* (que são permitidos na classificação fenética, mas não na cladística) e *grupos monofiléticos* (que são permitidos tanto na classificação cladística quanto na fenética), mas exclui *grupos polifiléticos* (que estão banidos da classificação cladística, mas são permitidos na classificação fenética).

classificação fenética Um método de *classificação* em que as *espécies* são agrupadas com outras espécies com as quais mais se assemelhem fenotipicamente.

classificação lineana Método hierárquico de nomear grupos classificatórios, inventado pelo naturalista sueco do século XVIII, Carl von Linné, ou Linnaeus. Cada indivíduo é alocado em uma *espécie*, gênero, família, ordem, classe, filo e reino e alguns níveis classificatórios intermediários. As espécies são referidas pelo binômio lineano de seu gênero e espécie, por exemplo, *Magnólia grandiflora*. É usada universalmente pelas pessoas instruídas.

classificação O enquadramento do organismo em grupos hierárquicos. As classificações biológicas atuais são lineanas e classificam os organismos em *espécie*, gênero, família, ordem, classe, filo e reino e em certos níveis categóricos intermediários. *Cladística, classificação evolutiva* e *classificação fenética* são três métodos de classificação.

clina escalonada Uma clina em que ocorre uma mudança brusca na freqüência de um *gene* (ou de uma *característica*).

clina Gradação geográfica na freqüência de um *gene* ou no valor médio de um *caráter*.

clone Um conjunto de indivíduos geneticamente idênticos, reproduzidos assexuadamente a partir de um organismo ancestral.

cloroplasto Uma estrutura (ou *organela*) encontrada em algumas células de plantas, que está envolvida na fotossíntese.

coadaptação A interação benéfica de: (i) *genes* de locos diferentes de um organismo; (ii) diferentes partes de um organismo; ou (iii) organismos pertencentes a diferentes *espécies*.

código genético É o código que relaciona as trincas de *nucleotídeos* do *RNA mensageiro* (ou do *DNA*) com os *aminoácidos* das *proteínas*. Ele foi decodificado (ver Tabela 2.1, p. 26).

códon Uma trinca de *bases* (ou *nucleotídeos*) de *DNA* que codifica um *aminoácido*. A relação entre códons e aminoácidos é dada pelo *código genético*. A trinca de bases que é complementar ao códon é chamada anticódon; convencionalmente, a trinca no *RNA mensageiro* é chamada códon e a trinca no *RNA de transferência* é chamada anticódon.

coevolução *Evolução* em duas ou mais *espécies*, em que as mudanças evolutivas de cada espécie influenciam a evolução da outra espécie.

conceito biológico de espécie Um conceito de *espécie* segundo o qual ela é um conjunto de organismos que podem intercruzar. Comparar com *conceito ecológico de espécie, conceito fenético de espécie, conceito de espécie por reconhecimento*.

conceito de espécie por reconhecimento Um conceito de *espécie* segundo o qual uma espécie é um conjunto de organismos que se reconhecem como potenciais parceiros para cruzamento; eles têm um sistema compartilhado de reconhecimento para cruzamentos. Comparar com *conceito biológico de espécie, conceito ecológico de espécie, conceito fenético de espécie*.

conceito ecológico de espécie Um conceito de *espécie* segundo o qual uma espécie é um conjunto de organismos adaptados a um determinado conjunto diferenciado de recursos (ou o "*nicho*") no ambiente. Comparar com: *conceito biológico de espécie, conceito fenético de espécie, conceito de espécie por reconhecimento*.

conceito fenético de espécie Um conceito de *espécie* segundo o qual uma espécie é um conjunto de organismos que são feneticamente semelhantes entre si. Comparar com *conceito biológico de espécie, conceito ecológico de espécie, conceito de espécie por reconhecimento*.

conjunto gênico É a totalidade dos *genes* de uma *população*, em um determinado momento.

convergência O processo por meio do qual um *caráter* semelhante evolui independentemente em duas *espécies*. É um sinônimo de *homoplasia*, isto é, um caráter que evoluiu convergentemente é um caráter que é semelhante em duas espécies, mas que não estava presente no ancestral comum a elas.

co-opção Uma mudança evolutiva (ou um acréscimo) de função, em uma molécula ou parte de um organismo. Por exemplo, depois de uma *duplicação*, uma molécula com determinada função pode ganhar uma segunda função. Comparar com *pré-adaptação*.

criação separada A teoria segundo a qual as *espécies* têm origens separadas e não mudam mais depois que se originaram. A maioria das versões da teoria da criação separada tem inspiração religiosa e sugere que a origem das espécies é a ação sobrenatural.

criacionismo Ver *criações separadas*.

cromossomo sexual Um *cromossomo* que influencia a determinação do sexo. Em mamíferos, inclusive os humanos, os cromossomos sexuais são o X e o Y (as fêmeas são XX e os machos são XY). Comparar com *autossomo*.

cromossomo Uma estrutura no *núcleo* celular, que contém o *DNA*. Em certas fases do ciclo celular, eles são visíveis como estruturas em forma de filamentos. O cromossomo consiste em DNA com várias *proteínas* ligadas a ele, especialmente as histonas.

***crossing-over* desigual** O *crossing-over* em que os dois *cromossomos* não trocam segmentos iguais de *DNA*; um recebe mais do que o outro.

crossing-over O processo, durante a *meiose*, em que os *cromossomos* de um par *diplóide* trocam material genético. É visível ao microscópio óptico. Em nível genético, produz a *recombinação*.

cruzamento preferencial Tendência ao cruzamento entre semelhantes. A preferência pode ser por um certo *genótipo* (por exemplo, indivíduos com genótipo AA tendem a cruzar com outros indivíduos com genótipo AA) ou *fenótipo* (por exemplo, indivíduos altos cruzam com outros indivíduos altos).

cruzamentos aleatórios (ou acasalamentos aleatórios) Um padrão de cruzamentos em que a probabilidade de cruzamento com um indivíduo que tem determinado *genótipo* (*ou fenótipo*) é igual à freqüência daquele genótipo (ou fenótipo) na *população*.

darwinismo Teoria de Darwin de que as *espécies* se originam de outras espécies por *evolução* e de que a evolução é dirigida principalmente pela *seleção natural*. Difere do *neodarwinismo*, principalmente pelo fato de que Darwin não conhecia a *herança mendeliana*.

deriva aleatória Sinônimo de *deriva genética*.

deriva genética São mudanças aleatórias nas freqüências *gênicas* de uma *população*.

deriva neutra Sinônimo aproximado de *deriva genética*.

deriva Sinônimo de *deriva genética*.

desequilíbrio de ligação A condição em que as freqüências de *haplótipos*, em uma *população*, desviam-se dos valores que deveriam ter se os *genes* de cada loco fossem combinados ao acaso. (Quando não há desvio, diz-se que a população está em equilíbrio de ligação.)

deslocamento de característica reprodutiva O maior *isolamento reprodutivo* entre duas *espécies* estreitamente relacionadas que se verifica onde elas habitam uma mesma região geográfica (*simpatria*), comparativamente ao verificado onde elas habitam regiões geográficas separadas. Envolve um tipo de *deslocamento de característica* em que a característica pertinente influencia o isolamento reprodutivo, e não a competição ecológica.

deslocamento de caráter A diferença aumentada entre duas *espécies* intimamente relacionadas nos locais em que elas convivem em uma região geográfica (*simpatria*), em comparação com os locais onde elas vivem em regiões geográficas separadas (*alopatria*). É explicada pela influência relativa da competição intra e interespecífica na simpatria e na alopatria.

diplóide Que tem dois conjuntos de *genes* e dois conjuntos de *cromossomos* (um da mãe e um do pai). Muitas *espécies* comuns, inclusive a humana, são diplóides. Comparar com *haplóide*, *poliplóide*.

distância genética Ver *distância*.

distância Em *taxonomia*, refere-se às diferenças medidas quantitativamente, entre a aparência fenética de dois grupos de indivíduos, tais como *populações* ou *espécies* (distância fenética), ou à diferença de suas freqüências de *genes* (distância genética).

distribuição de Poisson A distribuição de freqüências do número de eventos por unidade de tempo, quando este número é determinado aleatoriamente e a probabilidade de cada evento é baixa.

DNA (ou ADN) Ácido desoxirribonucléico, a molécula que controla a hereditariedade.

dominância (genética) Um *alelo* (A) é dominante se o *fenótipo* do *heterozigoto* (*Aa*) é o mesmo que o do *homozigoto* (*AA*). O alelo *a* não tem influência no fenótipo do heterozigoto e é chamado *recessivo*. Um alelo pode ser parcialmente, em vez de completamente, dominante. Nesse caso, o fenótipo do heterozigoto assemelha-se mais com o fenótipo do homozigoto dominante, mas não é idêntico a ele.

duplicação gênica Ver *duplicação*.

duplicação É a ocorrência de uma segunda cópia de determinada seqüência de *DNA*. A seqüência duplicada pode aparecer logo após a original, ou ser copiada em qualquer local do *genoma*. Quando a seqüência duplicada é um *gene*, o evento é chamado duplicação gênica. Existe uma diferença entre a *mutação* que originou a duplicação e o processo evolutivo que substitui a forma duplicada de um gene. Às vezes, a palavra é usada para referir-se à mutação e outras vezes à combinação da mutação com sua *substituição*.

efeito do fundador A perda de variação genética quando uma nova colônia é formada por um número muito pequeno de indivíduos de uma *população* maior.

eletroforese Um método para distinguir entidades de acordo com sua mobilidade em um campo elétrico. Em biologia evolutiva, tem sido usada principalmente para distinguir diferentes formas das *proteínas*. A mobilidade eletroforética de uma molécula é influenciada por seu tamanho e carga elétrica.

epistasia Uma interação de *genes* de dois ou mais locos, de tal modo que os *fenótipos* diferem dos que seriam esperados se esses locos se expressassem independentemente.

especiação alopátrica A especiação de *populações* geograficamente separadas.

especiação em isolado periférico Uma forma de *especiação alopátrica* na qual uma nova *espécie* é formada a partir de uma *população* pequena, isolada em uma borda do âmbito geográfico da população ancestral. Também é chamada de especiação peripátrica.

especiação geográfica Ver *especiação alopátrica*.

especiação parapátrica A especiação em que a nova *espécie* se forma a partir de uma *população* contígua ao âmbito geográfico da espécie ancestral.

especiação simpátrica A especiação de *populações* cujos âmbitos geográficos têm sobreposições.

espécie em anel Uma situação em que duas *populações* isoladas reprodutivamente (ver *isolamento reprodutivo*), vivendo na mesma região, estão conectadas por um anel geográfico de populações que podem intercruzar.

espécie Uma categoria classificatória importante, que pode ser definida de várias maneiras por meio dos *conceitos de espécie*: *biológico*, *ecológico*, *fenético* e *por reconhecimento*. O conceito biológico de espécie, segundo o qual uma espécie é um conjunto de indivíduos que intercruzam, é a definição mais empregada, ao menos pelos biólogos que estudam vertebrados. Uma determinada espécie é referida segundo a binomial *lineana*, como é a *Homo sapiens*, no caso dos seres humanos.

eucarionte Ver *eucarioto.*

eucariote Ver *eucarioto.*

eucarioto (ou eucariote ou eucarionte) Constituído por *células eucarióticas*. Quase todos os organismos pluricelulares são eucariotos. Comparar com *procarioto* (ou procariote ou procarionte).

eutério (Eutheria) Uma das duas ou três maiores subdivisões dos mamíferos. As outras duas são os Prototheria (equidnas) e os Metatheria (marsupiais). A maior parte dos mamíferos conhecidos (pelo menos fora da Austrália) são eutérios: gatos, elefantes, golfinhos, macacos e roedores são todos eutérios.

evo-devo O termo é usado na pesquisa das relações entre o desenvolvimento individual (do ovo ao adulto) e a *evolução.*

evolução Darwin definiu-a como "a descendência com modificações". É a mudança, entre as gerações, nas *linhagens* das *populações*.

éxon A seqüência de *nucleotídeos* de alguns *genes* consiste em partes que codificam *aminoácidos* e partes intercalares, que não codificam aminoácidos. As partes codificadoras, que são traduzidas, são chamadas éxons; as partes intercaladas, não-codificadoras, são chamadas *íntrons*.

família de genes Um conjunto de *genes* relacionados, que ocupam vários locos no *DNA*, quase certamente formados por *duplicação* de um gene ancestral e que têm seqüências semelhantes reconhecíveis. Um exemplo é o dos genes da família das globinas.

fenótipo Os *caracteres (ou características, ou traços)* de um organismo, sejam eles devidos ao *genótipo* ou ao ambiente.

filogenia A "árvore da vida": um diagrama ramificado mostrando as relações ancestrais entre as *espécies* ou outros *táxons*. A filogenia de determinada espécie mostra com que outras espécies ela compartilha os ancestrais comuns mais recentes.

fixação Um *gene* atingiu a fixação quando sua freqüência atinge 100% na *população.*

fixado (i) em *genética de populações*, um *gene* está "fixado" quando tem 100% de freqüência. (ii) Na teoria da *criação separada*, as *espécies* são descritas como "fixas" no sentido de acreditar-se que elas não mudaram de forma ou aparência ao longo do tempo.

fluxo gênico A movimentação de *genes* para uma *população*, através de intercruzamento ou por migração e intercruzamento.

freqüência gênica A freqüência de um determinado *gene* em uma *população*, relativamente a outros genes do mesmo loco. É expressa como uma proporção (de 0 a 1) ou como porcentagem (de 0% a 100%).

gameta As células reprodutivas *haplóides* que se combinam na fertilização para formar o *zigoto*: espermatozóides (ou pólen) nos machos e óvulos nas fêmeas.

gene Seqüência de *nucleotídeos* que codificam uma *proteína* (ou, em alguns casos, parte de uma proteína).

genes *Hox* Um grupo de *genes* importantes no desenvolvimento. Eles atuam como especificadores de regiões, ajudando a determinar em que tipos de células que se diferenciarão, nas várias regiões de um corpo.

genética de populações O estudo dos processos que influenciam as *freqüências gênicas*.

genética ecológica O estudo da *evolução* em ação na natureza, que combina o trabalho de campo e a genética em laboratório.

genético Ver loco

gênico (ou loco genético) Ver loco

genoma O conjunto completo de *DNA* de uma célula ou organismo.

genômica O estudo dos *genomas* usando, especialmente, dados sobre seqüências de *DNA*.

genótipo É a dupla de *genes* que um indivíduo possui em um dado loco.

grupo monofilético É um conjunto de *espécies* constituído pela ancestral comum e todas as suas descendentes.

grupo parafilético Um conjunto de *espécies* constituído pela espécie ancestral e algumas, mas não todas, as espécies dela descendentes. As espécies integrantes do grupo são aquelas que continuaram semelhantes à ancestral; as espécies excluídas são as que evoluíram com relativa rapidez e não mais se parecem com a ancestral.

grupo polifilético Um conjunto de *espécies* descendentes de mais de um ancestral comum. O ancestral comum mais antigo a todas elas não é membro do grupo polifilético.

haplóide A condição de ter um só conjunto de *genes* e de *cromossomos*. Em organismos que são normalmente *diplóides*, como os humanos, somente os *gametas* são haplóides.

haplótipo A coleção de *genes*, em dois ou mais *locos*, que um indivíduo herda de um de seus pais. É um equivalente "multiloco" do *alelo*.

herança de caracteres adquiridos Teoria historicamente influente, mas factualmente errônea, de que um indivíduo pode herdar *características* que seus genitores adquiriram durante suas existências.

herança lamarckiana Um sinônimo historicamente errôneo para a *herança de caracteres adquiridos*.

herança por mistura A teoria historicamente influente, mas factualmente errônea, de que os organismos contêm uma mistura dos fatores hereditários de seus pais e passam essa mistura à sua prole. Comparar com *herança mendeliana*. (Ver Seção 2.9, p. 37.)

herança mendeliana O modo de herança de todas as *espécies diplóides* e, portanto, de quase todos os organismos pluricelulares. A herança é controlada pelos *genes*, que são transmitidos para a prole do mesmo modo como foram herdados da geração anterior. Um indivíduo tem dois genes em cada loco, um herdado de seu pai e o outro de sua mãe. Os dois genes estão representados em proporções iguais em seus *gametas*.

herdabilidde Em sentido amplo – é a proporção da variação (mais estritamente, da *variância*) de uma *característica* fenotípica de uma *população*, que é devida às diferenças entre os *genótipos* individuais. Em sentido estrito, é a proporção da variação (mais estritamente, a variância) de uma característica fenotípica de uma população, que é devida às diferenças entre os genótipos individuais que serão transmitidas à prole.

heterogamético O sexo que tem dois *cromossomos sexuais* diferentes (nos mamíferos, os machos, porque são XY). Comparar com *homogamético*.

heterozigose Uma medida da quantidade de diversidade genética em uma *população*. Para uma população no *equilíbrio de Hardy-Weinberg*, ela é igual à proporção de indivíduos da população que são *heterozigotos*.

heterozigoto O indivíduo que tem dois *alelos* diferentes em determinado loco gênico. Comparar com *homozigoto*.

híbrido A prole de um cruzamento entre duas *espécies*.

homeostasia (do desenvolvimento) Um processo de desenvolvimento auto-regulado de modo tal que o organismo desenvolve basicamente a mesma forma, independentemente das influências externas que experimenta durante o desenvolvimento.

homogamético O sexo que tem os dois *cromossomos sexuais* do mesmo tipo (nos mamíferos, as fêmeas, porque são XX). Comparar com *heterogamético*.

homologia ancestral A *homologia* que evoluiu antes do ancestral comum a um conjunto de espécies e que está presente em outras *espécies* além das pertencentes àquele conjunto. Comparar com *homologia derivada*.

homologia derivada A *homologia* que surgiu no ancestral comum a um conjunto de *espécies* e é exclusiva delas. Comparar com *homologia ancestral*.

homologia Uma *característica* compartilhada por um grupo de *espécies* e presente no ancestral comum a elas. Comparar com *homoplasia*. (Alguns biólogos moleculares, ao comparar duas seqüências, chamam sítios correspondentes de "homólogos" – quando têm o mesmo *nucleotídeo* – independentemente de a similaridade ser compartilhada evolutivamente a partir de um ancestral comum, ou por convergência; no mesmo sentido, eles falam em porcentagem de *homologia* entre duas seqüências. Nesse caso, homologia significa, simplesmente, similaridade. Esse uso é reprovado por muitos biólogos evolucionistas, mas está estabelecido em grande parte da literatura molecular.)

homoplasia Uma *característica* comum a duas *espécies*, mas ausente no ancestral comum a elas. As homoplasias podem surgir por *convergência* (determinada por *seleção natural*), por reversão (atavismo) ou por *deriva genética* nas seqüências de *DNA*. Comparar com *homologia*.

homozigoto O indivíduo que tem duas cópias do mesmo *alelo* em determinado loco gênico. Às vezes é aplicado a entidades genéticas maiores, como um *cromossomo* inteiro: nesse caso, o homozigoto é o indivíduo que tem duas cópias do mesmo cromossomo. Comparar com *heterozigoto*.

idealismo Uma teoria filosófica segundo a qual existem "idéias", "planos" ou "formas" fundamentais e imateriais subjacentes aos fenômenos que observamos na natureza. Teve influência histórica na *classificação*.

íntron A seqüência de *nucleotídeos* de alguns *genes* consiste em partes que codificam *aminoácidos* e de outras partes, intercaladas entre elas, que não codificam aminoácidos. As partes intercalares não-codificadoras, que não são traduzidas, são chamadas íntrons; as partes codificadoras são chamadas *éxons*.

inversão cromossômica Ver *inversão*.

inversão Um evento (ou o produto do evento) em que uma seqüência de *nucleotídeos* de *DNA* fica revertida ou invertida. Às vezes, as inversões são visíveis na estrutura dos *cromossomos*.

isolamento geográfico Ver *isolamento reprodutivo*.

isolamento pós-zigótico O *isolamento reprodutivo* em que um *zigoto* é formado com sucesso, mas, ou não consegue desenvolver-se, ou desenvolve-se em um adulto estéril. Os jumentos e os cavalos apresentam isolamento pós-zigótico entre si: um jumento e uma égua podem cruzar e produzir uma mula, mas esta é estéril.

isolamento pré-zigótico *Isolamento reprodutivo* em que as duas *espécies* nunca atingem a fase de um cruzamento bem-sucedido e, assim, não se forma um *zigoto*. Os exemplos seriam espécies com épocas de acasalamento ou hábitos de cortejo diferentes e que, por isso, nunca se reconhecem como parceiros potenciais.

isolamento reprodutivo Duas *populações*, ou indivíduos de sexos diferentes, estão reprodutivamente isolados entre si se, juntos, não conseguem produzir prole fértil.

isolamento Sinônimo de *isolamento reprodutivo*.

larva (e estágio larval) Estágio pré-reprodutivo de muitos animais; o termo é usado especialmente quando o estágio imaturo tem uma forma diferente da forma adulta.

lei biogenética O nome dado por Haeckel à *recapitulação*.

ligados Refere-se a *genes* presentes no mesmo *cromossomo*.

linhagem germinal Ver *plasma germinal*.

linhagem Uma seqüência de ancestrais-descendentes de: (i) *populações*; (ii) células; ou (iii) *genes*.

loco genético Ver loco.

loco gênico (ou loco genético) Ver loco.

loco O local, no *DNA*, ocupado por um determinado *gene*.

macroevolução A *evolução* em grande escala; o termo refere-se a eventos em nível superior ao de *espécie*. O surgimento de um novo grupo superior, como o dos vertebrados, seria um exemplo de evento macroevolutivo.

macromutação A *mutação* com um efeito fenotípico amplo; é a que produz um *fenótipo* bem fora do âmbito de variação que existia anteriormente naquela *população*.

mecanismo de isolamento Qualquer mecanismo, como uma diferença entre espécies quanto ao comportamento de cortejo ou a estação de acasalamento, que resulte em *isolamento reprodutivo* entre as espécies.

média A divisão, em partes iguais, de um conjunto de números. Por exemplo, a média de 6, 4 e 8 é $(6+4+8)/3 = 6$.

meiose Um tipo especial de divisão celular que ocorre durante a reprodução dos organismos *diplóides*, para produzir os *gametas*. Durante a meiose, o conjunto duplo de *genes* e *cromossomos* das células diplóides normais é reduzido para um único conjunto *haplóide*. O *sobrecruzamento* (*crossing-over*) e a conseqüente *recombinação* ocorrem durante uma fase da meiose.

método comparativo O estudo de *adaptações* pela comparação de várias *espécies*.

microevolução As mudanças evolutivas em pequena escala, como as mudanças de freqüências *gênicas* em uma *população*.

mimetismo batesiano Um tipo de *mimetismo* em que uma *espécie* não-venenosa (o mímico batesiano) mimetiza uma espécie venenosa.

mimetismo mülleriano Um tipo de *mimetismo* em que duas *espécies* venenosas evoluem para se assemelharem.

mimetismo Caso em que uma *espécie* se assemelha com outra espécie. Ver *mimetismo batesiano*, *mimetismo mülleriano*.

mitocôndria Um tipo de *organela* das *células eucarióticas*; as mitocôndrias queimam os produtos da digestão dos alimentos para produzir energia. Elas contêm um *DNA* que codifica algumas das *proteínas* mitocondriais.

mitose Divisão celular. Toda divisão celular em organismos pluricelulares se faz por mitose, exceto uma divisão celular especial chamada *meiose*, que origina os *gametas*.

morfologia É o estudo da forma, dimensões e estrutura dos organismos.

mutação homeótica Uma *mutação* que faz com que se desenvolva, em uma determinada parte de um organismo, uma estrutura que normalmente seria própria de outra parte dele. Por exemplo, na mutação denominada "antennapedia" em drosófila, forma-se uma pata no local de inserção da antena.

mutação neutra Uma *mutação* com *aptidão* igual à do outro *alelo* (ou alelos) daquele loco.

mutação Quando o *DNA* parental é copiado para formar nova molécula de DNA, normalmente ele é copiado com exatidão. Mutação é qualquer mudança na nova molécula de DNA em relação à molécula parental. As mutações podem alterar uma única *base*, ou *nucleotídeos*, ou curtos segmentos de bases, ou partes do *cromossomo* ou cromossomos inteiros. As mutações podem ser detectadas tanto no nível do DNA quanto no nível fenotípico.

neodarwinismo (i) É a teoria da *seleção natural* de Darwin mais a *herança mendeliana*. (ii) É a doutrina do pensamento evolutivo que foi inspirada pela unificação da seleção natural com o mendelismo. Um sinônimo para *síntese moderna*.

nicho O papel ecológico de uma *espécie*: o conjunto de recursos que ela consome e os *habitats* que ela ocupa.

núcleo A região das *células eucarióticas* que contém o *DNA*.

nucleotídeo A unidade de construção do *DNA* e do *RNA*. Um nucleotídeo consiste em um arcabouço de açúcar e fosfato, com uma *base* anexada.

organela É qualquer uma das várias pequenas estruturas encontradas no *citoplasma* (portanto, fora do *núcleo*) das *células eucarióticas*, por exemplo, as *mitocôndrias* e os *cloroplastos*.

ortogênese A idéia, errônea, de que as *espécies* tendem a evoluir em uma direção *fixada* por alguma força inerente, que as obriga a fazê-lo.

oscilação É a capacidade que a terceira *base* de alguns anticódons do *RNA transportador* tem de se ligar a mais de um tipo de base na posição complementar do *códon do RNA mensageiro*.

paleobiologia O estudo biológico dos fósseis.

paleontologia O estudo científico dos fósseis.

pan-mixia A generalização dos *cruzamentos aleatórios* em uma *população*.

parcimônia O princípio de reconstituição filogenética em que a *filogenia* de um grupo de *espécies* é inferida como sendo aquele padrão de ramificações que exigiu o menor número de mudanças evolutivas.

partenogênese A reprodução por nascimento a partir de uma virgem, uma forma de *reprodução assexuada*.

particulada (como propriedade da teoria da hereditariedade). Sinônimo de *atomística*.

pirimidina Um tipo de *base*; as pirimidinas do *DNA* são citosina (C) e timina (T) e as do *RNA* são citosina (C) e uracil (U).

plâncton Os animais e plantas microscópicos que flutuam na água, próximo à superfície. Em águas mais superficiais, tanto marinhas quanto continentais, pequenas plantas podem fazer fotossíntese e há abundante vida microscópica. Muitos organismos que são sésseis quando adultos dispersam-se por meio de um *estágio larval* planctônico.

plano da natureza Uma teoria filosófica segundo a qual a natureza é organizada de acordo com um plano. Ela teve influência na *classificação* e é um tipo de *idealismo*.

plasma germinal As células reprodutivas de um organismo, que produzem os *gametas*. O conjunto de células de um organismo pode ser dividido em *soma* (as células que morrem efetivamente) e células germinais (aquelas que se perpetuam pela reprodução). A linhagem celular do corpo, que irá formar os gametas, é chamada linhagem germinal.

plasmídeo Um elemento genético que existe (ou pode existir) na célula, independentemente do *DNA* principal. Em bactérias, os plasmídeos podem existir como pequenas alças de DNA e ser transferidos independentemente, entre células.

polimorfismo A condição em que uma *população* possui mais do que um *alelo* para determinado loco. Às vezes ele é definido como a condição de possuir mais de um alelo com freqüência superior a 5% na população.

poliplóide Um indivíduo que contém mais do que dois conjuntos de *genes* e *cromossomos*.

politípica Uma *espécie* que tem várias formas distintas (isto é, ela não apresenta uma simples variação contínua ou normal).

população Um grupo de organismos, geralmente de indivíduos sexuados que intercruzam e compartilham um *conjunto gênico*.

procarionte Ver *procarioto*.

procariote Ver *procarioto*.

procarioto (ou procariote ou procarionte) Constituído por *células procarióticas*. As bactérias e alguns outros organismos simples são procarióticos. Em termos classificatórios, o grupo constituído por todos os procariotos é *parafilético*. Comparar com *eucariotos*.

proteína Uma molécula constituída por uma seqüência de *aminoácidos*. Muitas das moléculas importantes dos seres vivos são proteínas; todas as enzimas, por exemplo, são proteínas.

pseudogene Uma seqüência de *nucleotídeos* de *DNA* que se assemelha a um *gene*, mas que, por algum motivo, não é funcional.

purina Um tipo de *base*; as purinas do *DNA* são adenina (A) e guanina (G).

razão de Hardy-Weinberg É a razão das freqüências *genotípicas* que se originam quando os cruzamentos são ao acaso e nem *seleção*, nem *deriva* estão atuando. Para dois *alelos* (*A* e *a*), com freqüências p e q, há três genótipos AA, *Aa e aa*; e a razão de Hardy-Weinberg para os três é $p^2 AA : 2pq\, Aa : q^2 aa$. É o ponto de partida para grande parte da teoria da *genética de populações*.

recapitulação Uma teoria, parcial ou completamente errônea, segundo a qual um indivíduo, durante seu desenvolvimento, passa por uma série de etapas, correspondentes à sucessão de seus ancestrais evolutivos. Desse modo, o indivíduo desenvolve-se "escalando sua árvore genealógica".

recessivo Um *alelo* (A) é recessivo se o *fenótipo* do *heterozigoto Aa* é o mesmo que o do *homozigoto* com o alelo alternativo *a* (*aa*) e é diferente do homozigoto com o recessivo (*AA*). O alelo *a* controla o fenótipo do heterozigoto e é chamado *dominante*. Um alelo pode ser parcialmente, ou incompletamente, recessivo: nesse caso, o fenótipo do heterozigoto é mais assemelhado ao fenótipo do homozigoto com o alelo dominante, mas não é idêntico a ele.

recombinação Um evento que ocorre durante a *meiose*, por meio do sobrecruzamento de cromossomos, no qual o *DNA* é intercambiado entre os membros de um par de cromossomos. Desse modo, dois *genes* que anteriormente estavam em cromossomos separados podem ficar *ligados* pela recombinação e vice-versa. Genes ligados podem vir a ser separados.

reforço O aumento do *isolamento reprodutivo* entre *espécies* incipientes, por *seleção natural*. A seleção natural só pode favorecer diretamente o aumento do *isolamento pré-zigótico*; portanto, o reforço corresponde a uma seleção a favor de *cruzamentos preferenciais* entre formas da espécie incipiente.

refúgio O âmbito biogeográfico de uma *espécie* quando restringido durante glaciações ou outras épocas adversas.

região espaçadora Uma seqüência de *nucleotídeos*, situada no *DNA*, entre *genes* codificadores.

regra de Cope Um aumento evolutivo no tamanho do corpo em uma *linhagem* de *populações*, ao longo do tempo geológico.

relógio molecular A teoria de que as moléculas evoluem em uma taxa aproximadamente constante. Então, a diferença entre as formas de uma determinada molécula em duas *espécies* é proporcional ao tempo transcorrido desde que estas divergiram da ancestral comum e as moléculas tornaram-se de grande valor para a inferência da *filogenia*.

relógio Ver *relógio molecular*.

reprodução assexuada A produção de prole por fêmeas virgens ou por reprodução vegetativa; isto é, reprodução sem fertilização sexual de óvulos.

ribossomo O local da síntese de *proteínas* (ou da *tradução*) na célula, consistindo principalmente em *RNA ribossômico*.

RNA (ou ARN) O ácido ribonucléico. Seus três tipos principais são o *RNA mensageiro*, o *RNA ribossômico* e o *RNA de transferência* (ou transportador). Eles atuam como intermediários por meio dos quais o código hereditário do *DNA* é convertido em *proteínas*. Em alguns *vírus*, o próprio RNA é a molécula hereditária.

RNA de transferência (tRNA) (ou RNA transpor-tador) O tipo de *RNA* que traz os *aminoácidos* para os *ribossomos*, para fazer as *proteínas*. Há 20 tipos de moléculas de tRNA, uma para cada um dos 20 aminoácidos principais. Uma molécula de tRNA tem um aminoácido ligado a ela e tem o anticódon correspondente àquele aminoácido em outra parte de sua estrutura. Na síntese protéica, cada *códon* no *RNA mensageiro* combina-se com o anticódon apropriado de tRNA e assim os aminoácidos são arranjados para constituir a proteína.

RNA ribossômico (rRNA) O tipo de *RNA* que constitui os *ribossomos* e que compõe o sítio para a *tradução*.

RNA transportador Ver *RNA de transferência*.

RNA mensageiro (mRNA) O tipo de RNA produzido por *transcrição* do *DNA* e que atua como mensagem a ser decodificada para que se formem as *proteínas*.

secundário(a) Expressões como "contato secundário" ou "*reforço* secundário" significam que duas *espécies*, ou quase-espécies, foram separadas geograficamente no passado e se reencontraram. O termo geralmente alude à teoria da *especiação alopátrica* e implica que a *especiação simpátrica* não esteja atuando.

seleção artificial Cruzamentos seletivos, realizados por humanos, para alterar uma *população*. As formas da maioria das espécies domesticadas e agrícolas foram produzidas por seleção artificial; também é uma técnica experimental importante para o estudo da *evolução*.

seleção de grupo É a *seleção* que atua sobre grupos de indivíduos, em vez de sobre indivíduos. Ela produziria atributos benéficos para um grupo, na competição com outros grupos, em vez de atributos benéficos para cada indivíduo.

seleção dependente de freqüência A *seleção* em que a *aptidão* de um genótipo (ou *fenótipo*) depende de sua freqüência na *população*.

seleção direcional A *seleção* que causa uma mudança direcional constante na forma de uma *população* ao longo do tempo, por exemplo, seleção para maior tamanho corporal.

seleção disruptiva A *seleção* que favorece formas que se desviam da média da *população*, em direções opostas. A seleção favorece as formas que são maiores ou menores do que a média, mas trabalha contra as formas intermediárias.

seleção estabilizadora A *seleção* que tende a manter constante a forma de uma *população*: os indivíduos com o valor *médio* quanto a um caráter têm alto *valor adaptativo*, os que têm valores extremos têm baixo valor adaptativo.

seleção natural É o processo pelo qual aquelas formas de organismos de uma *população* que estão mais bem-adaptadas ao ambiente aumentam em freqüência relativamente às formas menos bem-adaptadas, ao longo de uma série de gerações.

seleção sexual A seleção pelo comportamento de acasalamento, seja por meio da competição entre os membros do mesmo sexo (geralmente os machos) para ter acesso aos membros do outro sexo, seja por meio da escolha, pelos membros de um sexo (geralmente as fêmeas), de determinados membros do outro sexo. Na seleção sexual, os indivíduos são favorecidos por sua *aptidão* em relação aos membros do mesmo sexo, enquanto a *seleção natural* atua na *aptidão* de um *genótipo* relativamente à população geral.

seleção Uma forma abreviada, sinônima de *seleção natural*.

selecionismo A teoria segundo a qual algumas classes de eventos evolutivos, tais como as modificações moleculares e fenotípicas, teriam sido causadas, principalmente, por *seleção natural*.

simpatria Existência na mesma região geográfica. Comparar com *alopatria*.

síntese moderna A síntese da *seleção natural* com a *herança mendeliana*. Também é chamada *neodarwinismo*.

sistemática Um sinônimo aproximado de *taxonomia*.

soma (e células somáticas) Todas as células do corpo, exceto as células reprodutivas (ou *plasma germinal*): isto é, pele, ossos, sangue, células nervosas e assim por diante.

substituição A troca evolutiva de um *alelo* por outro, em uma *população*.

taxonomia numérica Amplamente é qualquer método de *taxonomia* que usa medidas numéricas; especificamente, refere-se com freqüência à *classificação fenética*, que usa um grande número de *características* quantificadas.

taxonomia A teoria e a prática da *classificação* biológica.

táxon Qualquer grupo taxonômico nomeado como, por exemplo: família Felidae, gênero *Homo* ou espécie *Homo sapiens*. Um grupo formalmente reconhecido como diferente de qualquer outro grupo (como o grupo dos herbívoros ou o das aves trepadoras).

teoria neutralista (e neutralismo) A teoria de que a maior parte da *evolução* em nível molecular ocorre por *deriva neutra*.

tetrápode Um membro do grupo constituído pelos anfíbios, répteis, aves e mamíferos.

tipo selvagem É aquele *genótipo* ou *fenótipo*, integrante do conjunto de genótipos ou fenótipos de uma *espécie*, que é o encontrado na natureza. A expressão é mais usada em genética de laboratório para distinguir os indivíduos normais das formas mutantes raras da espécie, no estoque do laboratório.

tipologia (i) É a definição de grupos classificatórios por semelhança fenética com um espécime "tipo". Por exemplo, uma *espécie* poderia ser definida como todos os indivíduos que têm pelo menos *x* unidades fenéticas do tipo da espécie. (ii) A teoria segundo a qual os "tipos" diferentes existem na natureza porque, talvez, eles façam parte de algum *plano da natureza* (ver também *idealismo*). O tipo da espécie é, então, a forma mais importante dela e as variantes em torno daquele tipo são "ruídos" ou "erros". O neodarwinismo opõe-se à tipologia porque, em um *conjunto gênico*, nenhuma variante é mais importante do que outra.

topografia adaptativa Um gráfico da *aptidão* média de uma *população* relativamente às freqüências dos *genótipos* nela. Em uma paisagem, os picos correspondem às freqüências genotípicas com alta aptidão média, os vales correspondem às freqüências genotípicas com baixa aptidão média. Também é chamado de paisagem adaptativa ou superfície adaptativa.

traço quantitativo Ver *caráter quantitativo*.

traço Ver *caráter*.

tradução O processo pelo qual uma *proteína* é produzida em um *ribossomo*, usando o código do *RNA mensageiro* e o *RNA transportador* para prover os *aminoácidos*.

transcrição O processo por meio do qual o *RNA mensageiro* é copiado e destacado do *DNA*, formando um *gene*.

transformismo A teoria evolutiva de Lamarck, segundo a qual as modificações ocorriam em *linhagens* das *populações*, linhagens estas que não se desdobravam e nem se extinguiam.

transição É uma *mutação* que substitui uma *purina* por outra purina ou uma *pirimidina* por outra pirimidina (isto é, mudanças de A para G e vice-versa, ou de C para T e vice-versa).

transversão É uma *mutação* que substitui uma *purina* por uma *pirimidina* e vice-versa (isto é, mudanças de A ou G para C ou T, ou mudanças de C ou T para A ou G).

valor adaptativo Ver *aptidão*.

vantagem do heterozigoto A condição em que o valor adaptativo de um *heterozigoto* é maior do que a dos *homozigotos*.

variância Uma medida da quantidade de variação que um conjunto de números apresenta. Tecnicamente, é a soma dos quadrados dos desvios em relação à *média*, dividida por $n - 1$ (sendo n o número de dados da amostra). Assim, para encontrar a variância do conjunto de números 4, 6 e 8, primeiro calculamos a média, que é 6; depois somamos os quadrados dos desvios em relação à média $(4\text{-}6)^2 + (6\text{-}6)^2 + (8\text{-}6)^2$ que vem a ser 8; e dividimos por $n - 1$ (que, no caso, é 2). A variância dos três números é $8/2 = 4$. Quanto mais variável é um conjunto de números, maior será sua variância. A variância de um conjunto de números iguais (como 6, 6 e 6) é zero.

varredura seletiva Um aumento da homozigose (isto é, da uniformidade genética), nos *nucleotídeos* de sítios adjacentes, quando a *seleção natural* fixa uma variante nucleotídica favorecida. O aumento da homozigose é devido ao fenômeno de "pegar-carona", por existir pouca *recombinação* entre sítios adjacentes de nucleotídeos. Ela pode ser usada para testar a ação recente da seleção sobre seqüências genômicas.

vírus Um tipo de parasita intracelular que só pode replicar-se no interior de uma célula viva. Em sua fase de dispersão entre células hospedeiras, um vírus consiste apenas em ácido nucléico, que codifica uns poucos genes, rodeado por uma camada de *proteína*. (Menos formalmente, pela definição de Medawar, um vírus é "um pedaço de más notícias embrulhado em proteína".)

vitamina Um membro da classe quimicamente heterogênea dos compostos orgânicos essenciais à vida, em pequenas quantidades.

zigoto A célula formada pela fertilização dos *gametas* masculino e feminino.

Respostas às Questões para Estudo e Revisão

A seguir, são dadas as respostas dos cálculos e problemas e as respostas curtas. Para as respostas e definições mais longas ou a explicação de termos técnicos, é dada a referência da(s) seção(ões) do capítulo pertinente. Sobre tópicos não-discutidos explicitamente no texto, é dada a referência para leitura adicional.

Capítulo 1

1. Ver Seção 1.1.
2. Adaptação.
3. O conceito popular tinha a evolução como progressiva, com as espécies ascendendo em uma linha unidimensional, de formas mais inferiores às mais superiores. Na teoria de Darwin, a evolução tem forma de árvore e de ramificações, e nenhuma espécie é "superior" a qualquer outra – as formas estão adaptadas aos ambientes em que vivem.
4. A teoria da seleção natural, de Darwin, e a teoria da hereditariedade, de Mendel.

Capítulo 2

1. Os termos são explicados no capítulo.
2. (i) 100% AA; (ii) 1 AA : 1 *Aa*; (iii) 1 AA : 2 *Aa* : 1 *aa*; (iv) 100% *AB*/*AB* e (v) 100% *AB*/*AB*.
3. Em frações: (i) 1/4 AB, 1/4 *ab*, e (ii) (1-*r*)/2 *AB*, (1-*r*)/2 *ab*, *r*/2 *Ab*, *r*/2 aB.
   Em razões: (i) 1 *AB* : 1 *Ab* : 1 *aB* :1 *ab*, e (ii) (1 – *r*) *AB* : (1 – *r*) *ab* : *r Ab* : *aB*.

Capítulo 3

1. Aproximadamente no nível de espécie; o exemplo do pombo poderia estendê-lo para o gênero, mas categorias mais elevadas não evoluem em tempos de vida humana.
2. (i) Em qualquer tempo e lugar, os seres vivos geralmente se enquadram em diferentes grupos reconhecíveis, que poderiam ser chamados "tipos". (ii) Se examinarmos um intervalo de espaço (se os "tipos" em questão são espécies) os tipos se desfazem; se examinarmos um intervalo de tempo (se os tipos são espécies, ou categorias mais altas), os tipos também desaparecem. As diferenças entre as categorias mais altas também podem ser desfeitas ao estudarmos a variação completa da diversidade na Terra: após estudar a variação dos organismos unicelulares, você poderia pensar nos animais e plantas como categorias menos distintas.
3. (a), (b) e (d) são homologias; (c) é uma analogia.
4. É um acidente no sentido de que outros códigos, com as mesmas quatro letras, poderiam funcionar igualmente bem. É congelado no sentido de que há seleção contrária a mudanças nele. Ver Seção 3.8.
5. Isso é mais bem-entendido como um tópico de discussão: ver a idéia na Seção 3.9.
6. Porque se pode defender, com forte argumentação, que teria existido, em tempo anterior ao da série de fósseis (de vertebrados, peixes a mamíferos), uma forma que poderia ter sido a ancestral deles.

Capítulo 4

1.

Intervalo de idade (em dias)	Número de sobrevivente até o dia *x* (em densidade/m^2)	Proporção da coorte original que sobreviveu até o dia *x*	Proporção da coorte original que morreu no intervalo
0-250	100	100	0,9989
251-500	0,11	0,11	0–273
501-750	0,08	0,08	0,75
751-1.000	0,06	0,06	–

2. (a) Ver Seção 4.2. (b) Em termos técnicos, a deriva (ver a respeito no Capítulo 6). As freqüências gênicas mudariam com as gerações porque há herdabilidade (condição 2) e alguns indivíduos produzem mais prole do que outros (condição 3). Mas, se as diferenças reprodutivas não estão sistematicamente associadas a algum caráter, as mudanças de freqüências gênicas nas gerações serão aleatórias ou não-direcionais. (c) Não há evolução. Se o caráter que confere um valor adaptativo acima da média não é herdado pela prole dos indivíduos, a seleção natural não pode aumentar a freqüência dele na população.
3. Também é preciso conhecer os requisitos da hereditariedade e da associação entre o alto sucesso reprodutivo e alguma característica.
4. O mecanismo precisa: (i) detectar a mudança de ambiente; (ii) decidir que adaptações são apropriadas ao novo ambiente; (iii) alterar os genes na linhagem germinal, de modo que codifiquem conforme a nova adaptação. (i) é

possível; (ii) poderia variar do possível em um caso como o de camuflagem simples, até o impossível, em um caso que exige uma nova adaptação complexa, como a adaptação dos primeiros tetrápodes terrestres para viver em terra; e (iii) contradiria o que se conhece sobre a genética e a sua dificuldade de enxergar como poderia ser feito. O mecanismo precisaria funcionar retroativamente, a partir do novo fenótipo (algo como o longo pescoço da girafa), para daí deduzir as mudanças genéticas necessárias, mesmo que o fenótipo tivesse sido produzido pela interação de múltiplos efeitos genéticos e ambientais.

5. (a) Seleção direcional (para cérebros menores); (b) seleção estabilizadora; e (c) ausência de seleção.
6. (a) Aqui estão dois argumentos. (i) Se cada par produzisse dois descendentes, a seleção natural favoreceria variantes genéticas novas que produzissem três ou mais descendentes. Depois que a forma mais fecunda se disseminasse na população, a média dessa continuaria a ser dois, mas a maior competição entre os indivíduos para sobreviver levaria a variações no sucesso das progênies dos diferentes genitores. (ii) Acidentes randômicos isolados farão com que alguns indivíduos não reproduzam; então, para a média ser dois, como deve ser para qualquer população razoavelmente estável, em longo prazo, todos os indivíduos que reproduzem com sucesso produzirão mais do que dois descendentes. (b) Os ecologistas discutem isso em termos de seleção r e K, ou a teoria da historia de vida: em alguns ambientes em que há pouca competição, a seleção favorece ao produzir grande número de progênies pequenas; em outros ambientes, em que há competição maciça, a seleção favorece ao produzir pequeno número de proles e investir em um grande número em cada uma. Muitos outros fatores também podem agir.

Capítulo 5

1. As populações 1 e 5 estão em equilíbrio de Hardy-Weinberg; as populações 2 a 4 não estão. Quanto ao motivo de não estarem, parece que, na população 4, *AA* é letal, na 2 pode haver uma vantagem do heterozigoto e na 3 uma desvantagem do heterozigoto. A população 2 também poderia ser produzida por cruzamentos preferenciais negativos e a 3 por cruzamentos preferenciais positivos. Na população 3 também poderia haver um efeito de Wahlund. Os desvios são todos tão grandes que seria improvável que a explicação geral fossem os efeitos de amostragem.
2. (a) $p^2/(1 - sq^2)$; (b) $p/(1 - sq^2)$; e (c) $1 - sq^2$.
3. $(1/3)(3 - s) = 1 - (s/3)$.
4. Se você fizer de cabeça, $s \approx 0,1$. Para ser exato, $s = 0,095181429619$.
5. Que as diferenças adaptativas são de sobrevivência (não de fertilidade), particularmente de sobrevivência durante a etapa de vida investigada, nos experimentos de marcação e recaptura. (A propósito, os experimentos de marcação e recaptura também são usados pelos ecologistas para estimar as taxas absolutas de sobrevivência: elas pressupõem, ainda, que os animais não fiquem "inibidos" ou "excitados" na captura e que a marcação e libertação não reduzam a sobrevivência. Esses pressupostos não são necessários quando se estima a sobrevivência relativa. Entretanto, precisamos de uma pressuposição de segunda ordem, qual seja, a de que esses fatores são iguais para todos os genótipos.)
6. *AA* 1/2; *aa* 1/2. As freqüências gênicas são 0,5 e a razão de Hardy-Weinberg é 1/4 : 1/2 : 1/4. As razões entre observado e esperado são 2/3 : 4/3 : 2/3, que, equiparadas a um valor máximo de 1, dão valores adaptativos de 1/2 : 1 : 1/2.
7. (a) 0,5; e (b) 0,5625. Você precisa da Equação 5.13; $t = 1$. O (a) fica assim: $0,625 = 0,5 + (0,75 - 0,5)(1 - m)$. E o (b) fica assim: $x = 0,5 + (0,625 - 0,5)(1\text{-}0,5)$.
8. (a) É provável que o genótipo *aa* seja fixado. Se os *aa* só cruzam entre si e *AA* e *Aa* só cruzam com *AA* e *Aa*, sempre que houver um cruzamento *Aa* × *Aa* será produzida alguma progênie *aa* que, posteriormente, só cruzará com outros indivíduos *aa*. (b) Agora *AA* só cruza com *AA*, *Aa* só com *Aa* e *aa* só com *aa*. Os cruzamentos entre homozigotos preservam seus genótipos, mas quando os *Aa* cruzam, produzem progênie com 1/4 de *aa* e 1/4 de *AA*. No caso extremo, a população diverge em duas espécies, uma *AA* e a outra *aa*, e os heterozigotos são perdidos. (c) (i) O alelo dominante será fixado; e (ii) o alelo recessivo será fixado.
9. $$p' = \frac{p(1-s)}{1-p^2s-2pqs}$$
   O denominador pode ser rearranjado de vários modos.
10. $$p^* \approx \sqrt{\frac{m}{s}}$$
   A dedução começa com a condição de equilíbrio $p^2s = qm$. Então anotamos que $q \approx 1$ e $p^2s \approx m$; dividimos ambos os lados por s e extraímos as raízes quadradas.

Capítulo 6

1. Ou 100% de *A*, ou 100% de *a* (a chance é igual para ambos).
2. Ver (a) Seção 6.1 e (b) Seção 6.3.
3. (1) 0,5; (2) 0,5; (3) 0,375; e (4) 0. Ver Seção 6.5.
4. (a) e (b) 10^{-8}. Para a taxa de evolução neutra, o tamanho da população é excluído da fórmula.
5. (a) $1/(2N)$; e (b) $(1 - (1/(2N))$.
6. Ambas as manipulações exigem a substituição de $1 - H$ por f e, então, fazer as anulações e multiplicar por –1 para tornar o sinal positivo.

Capítulo 7

1. Ver Figura 7.1a e b.
2. A principais observações que sugerem a evolução molecular também não são vistas na morfologia. Isso foi discutido, quanto à constância das taxas de evolução, na Seção 7.3. As demais observações originais (sobre taxas absolutas, heterozigoses, e relação entre taxa e restrição) ou não foram verificadas, ou, pelo modo como se apresentam, não indicam que os problemas encontrados para dar explicações seletivas sobre evolução molecular também se apliquem à morfologia.
3. (i) Uma alta taxa de evolução; (ii) altos níveis de polimorfismo; (iii) uma taxa de evolução constante; e (iv) mudanças funcionalmente mais restritas têm taxas evolutivas mais baixas.
4. (i) O relógio molecular não é suficientemente constante; (ii) os efeitos do tempo de geração parecem ser diferentes nas substituições sinônimas e nas não-sinônimas; (iii) a va-

riação genética em espécies com tamanhos populacionais diferentes é muito parecida e a heterozigose é muito baixa em espécies com um *N* grande; e (iv) [não-discutido no texto, mas para completar] as taxas de evolução não têm uma relação previsível com os níveis de variação genética.

5. (a) Na explicação neutralista, a variável-chave é a chance de que uma mutação seja neutra: ela é justificadamente mais elevada nas regiões que têm menos restrições funcionais (Seção 7.6.2). (b) Na explicação selecionista, a variável chave é a chance de que uma mutação tenha um pequeno efeito, em vez de um grande efeito, causando, assim, uma melhora na sintonia fina (Seção 7.6.2).
6. Não; a principal evidência está nas diferenças quanto à utilização de códons (Seção 7.8.5).
7. (a) Essa é uma situação bem-típica. As substituições não-sinônimas são mais raras por serem, em sua maioria, mais deletérias do que as substituições sinônimas. Seria possível que quase toda a evolução de ambos os tipos de modificações ocorresse por deriva neutra. (b) Ou a seleção foi favorável às mudanças de aminoácidos, elevando a taxa de evolução não-sinônima, ou a seleção foi relaxada, e as substituições não-sinônimas, que normalmente são desvantajosas, aqui são neutras. (c) Parece que a seleção está dirigindo as mudanças de aminoácidos na proteína codificada por este gene.

Capítulo 8

1.

População	Freqüência de A_1B_1	A_1	B_1	Valor de D
1	7/16	1/2	1/2	+3/16
2	1/4	1/2	1/2	0
3	1/9	1/3	1/3	0
4	11/162	1/3	1/3	−7/162

Note que a freqüência do haplótipo é obtida pela soma dos homozigotos mais 1/2 dos heterozigotos (como para uma freqüência gênica, Seção 5.1). Se você obteve valores tais como 11/16 ou 14/16 na coluna das freqüências de A_1B_1 da população 1, talvez você não tenha dividido por 2 a freqüência de A_1B_1 / A_1B_2.

2. As populações 1 e 4 podem apresentar epistasia adaptativa, em que A_1 tem maior valor adaptativo na população 1 quando combinado com B_1 do que com B_2, e vice-versa na população 2. Os valores adaptativos são independentes (podendo ser aditivas ou multiplicativas), nas populações 2 e 3.
3. As populações 1 e 2 deveriam equilibrar-se nas freqüências de 1/4, 1/4, 1/4 e 1/4 para os quatro haplótipos; as populações 3 e 4 deveriam equilibrar-se em 1/9, 2/9, 2/9 e 4/9. As populações 2 e 3 já estão em equilíbrio e não devem mudar com o tempo; as populações 1 e 4 evoluirão para as freqüências de equilíbrio em uma taxa que será determinada pela taxa de recombinação entre os dois locos.
4. Justificadamente, na teoria neutralista a heterozigose observada é ligeiramente mais baixa (Seção 7.6); o efeito médio de secionar um loco é de reduzir a heterozigose em locos ligados a ele, produzindo uma redução líquida na heterozigose média do genoma.
5. Ver Figura 8.8b. O equilíbrio está no ponto mais alto.

Capítulo 9

1. Ver Seção 9.2, particularmente as Figuras 9.3 e 9.4. Na teoria estatística, a justificativa é formalizada como o teorema do limite central.
2. + 1. Sem o sinal, a resposta está incompleta.
3. (a) $V_p = 300/8 = 37{,}5$; $V_A = 48/8 = 6$; e $h^2 = 6/37{,}5 = 6{,}16$. (b) + 3 : somam-se os efeitos aditivos herdados de cada genitor.
4. 106.
5. Isto não foi explicitamente discutido no capítulo, mas ver Seção 9.10 (p. 273). Você poderia prever que ele evoluirá para uma relação tipo canalizadora, como a da Figura 9.11b, porque é aí que um indivíduo tem a maior probabilidade de possuir o fenótipo ótimo.
6. Ela passará por uma fase intermediária, com muitos genótipos recombinantes produzidos por sobrecruzamentos entre os três cromossomos iniciais; ela deveria terminar com um tipo cromossômico único que, em homozigose, produz o caráter ótimo: todos + + + − − − − −.

Capítulo 10

1. Elas não conseguem explicar a adaptação. Não há um motivo, senão o acaso, pelo qual uma variante genética nova deveria estar na direção de uma adaptação melhorada; e uma mudança aleatória não produzirá adaptação. Se (como na teoria lamarckiana) as novas variantes genéticas estão na direção da adaptação, isso implica o fato de que haja algum mecanismo adaptativo por detrás da produção das novas variantes. A seleção natural é a única teoria conhecida que poderia explicar um tal mecanismo.
2. Ver Figuras 10.2 e 10.3.
3. Superficialmente, sim, mas a informação adaptativa – todos os processos metabólicos das cianobactérias que resultaram na fotossíntese – provavelmente evoluiu em pequenos passos e, por isso, nada de mais profundo é violado nos argumentos de Fisher ou de Darwin.
4. (a) Muitos passos pequenos, e (b) alguns passos iniciais maiores, seguidos por mais passos pequenos – a distribuição completa pode ser uma exponencial negativa (Orr 1998).
5. Não, ela simplesmente se tornou assim. Às vezes, um órgão que executa bem uma função, após um ajustamento relativamente pequeno, por acaso, passa a exercer bem uma outra função.
6. (a) (i) A seleção natural, na forma de seleção negativa. As regiões ausentes representam formas mal-adaptadas que, se surgem por mutações, são eliminadas por seleção. (ii) Restrições ao desenvolvimento. Alguma coisa no modo de desenvolvimento embrionário torna impossível, ou pelo menos difícil, o surgimento dessas formas. (b) Na Seção 10.7.3 foram mencionadas quatro tipos de evidências. O tipo mais comentado foi o uso de seleção artificial: se um caráter pode ser alterado, é improvável que sua forma se deva a restrições.

Capítulo 11

1. Muitas respostas são possíveis, mas os principais exemplos, neste capítulo, foram: (a) adaptações para encontrar

alimento; (b) alimentar-se tanto quanto possível, para maximizar a taxa de reprodução, ou canibalismo, ou a luta destrutiva, ou produzir uma proporção sexual de 50 : 50 em uma espécie poligínica; (c) restringir a reprodução para preservar o estoque local de alimentos; e (d) distorção de segregação onde a fertilidade total do organismo é reduzida.

2. Você poderia explicar as taxas relativas de extinção dos grupos altruístas e egoístas e a taxa de migração em termos de dois fatores. Você também poderia reduzi-los a uma variável *m*, que é o número médio de emigrantes bem-sucedidos produzidos por um grupo egoísta durante o tempo de existência do grupo (antes de ser extinto). Nesse caso, o destino do modelo é determinado por *m* ser maior ou menor do que 1 (Seção 11.2.5).
3. *b* pode ser estimado como o número excedente de proles produzidas nos ninhos que têm auxiliares: $2{,}2 - 1{,}24 \approx 1$. Mas isso é produzido por 1,7 auxiliar, onde $1{,}0/1{,}7 \approx 0{,}6$. O *c* pode ser estimado como zero (se o auxiliar não tem outra opção) ou como o número de proles produzidas por um casal desassistido (se ele pode reproduzir sem auxílio), caso em que $c = 1{,}24$. Se $r = 1/2$, ela deveria ajudar quando o casal não consegue reproduzir sem auxílio, mas, se o casal consegue reproduzir sem auxílio, o auxiliar, se pudesse, deveria reproduzir ele mesmo. Entretanto, esse modo de estimar *b* e *c* tem problemas.
4. A seleção de parentesco aplica-se a um grupo familiar ou, mais amplamente, a um grupo consangüíneo (não sendo teoricamente necessário que eles vivam no grupo, embora devam ser capazes de influir na aptidão, uns dos outros); a seleção de grupo, ao menos em sentido puro, aplica-se a grupos de indivíduos não-aparentados. A seleção de parentesco é um processo plausível porque as condições para que um indivíduo produza mais cópias de um gene podem ser mais favorecidas por meio do auxilio aos consangüíneos do que se ele reproduzir-se mais. A seleção de grupo exige condições mais complexas (ver Questão 2!).
5. Como a Figura Q11.1 ilustra, é provável que o indivíduo médio seja pior. A competição entre os indivíduos reduz a eficiência do grupo. Um organismo teria o mesmo problema se não houvesse mecanismos para suprimir a competição entre os genes ou as células do corpo.
6. (a) O genoma inteiro, e (b) o cromossomo.

Capítulo 12

1. (a) 33%; e (b) 67%.
2. (a) Grosso modo, ela precisa ser alta; mais exatamente, é preciso que a taxa total de mutações deletérias seja maior do que uma por indivíduo, por geração. Para mais realismo, ver o final da Seção 12.2.2: a evidência é não-conclusiva, não-inclusiva e não-exclusiva. (b) Relação 1 na Figura 12.6. O eixo dos *y* é logarítmico. A relação 2 corresponde a efeitos de viabilidade independentes, para os quais o sexo é indiferente (antes de seu custo de 50%). A relação 3 é do tipo epistático, com redução dos retornos, em que o sexo é positivamente incoerente, mesmo sem o seu custo de 50%. Mais uma vez, você pode justificar a realidade de ambos os modos: ver o final da Seção 12.2.2.
3. O material no texto (Seção 12.2.3) sugeriria examinar a relação entre a freqüência do sexo e o parasitismo naqueles táxons que se reproduzem dos dois modos; ou examinar a genética da relação entre hospedeiro e parasita e avaliar a freqüência de genes de resistência nos hospedeiros ou a dos genes de penetração nos parasitas. Outras respostas também seriam possíveis, mas excedem a matéria do texto.
4. Ver Seção 12.4.4: se os caracteres não tivessem um custo para serem produzidos, machos de todas as qualidades genéticas evoluiriam para produzi-los.
5. Ver Seção 12.4.3: uma fêmea que não escolhesse machos extremos, em média cruzaria com machos menos extremos do que as outras fêmeas da população; então ela produziria filhos (machos) menos extremos do que a média; estes cresceriam em uma população em que a maioria das fêmeas prefere os machos extremos. Os filhos dela teriam baixo sucesso reprodutivo e a falta de preferência dessa mãe sofreria seleção contrária.
6. Ver Seção 12.5.1: se a maioria dos membros da população produzisse mais filhas do que filhos, o valor adaptativo do macho seria maior do que o da fêmea. O indivíduo que produzisse mais filhos do que filhas seria favorecido pela seleção. A proporção sexual igual a um é um ponto estável, em que não há vantagem em produzir mais proles de um dos sexos.
7. (a) Seleção dependente de freqüência, positiva e (b) negativa.
8. (a) Sim e (b) não. Quando diferentes níveis de seleção conflitam, a adaptação não pode ser perfeita em todos os níveis. Você pode encontrar outro exemplo de restrição à perfeição no experimento de monogamia imposta, de Holland e Rice (1999).

Capítulo 13

1. Examinar a Seção 13.2
2. (i) 1, (ii) 2 e (iii) 1.
3. Ver Seção 13.3, especialmente a Tabela 13.1.
4. O G_{ST} é 0 para a espécie 1, é 0,5 para a espécie 2 e é 0 para a espécie 3. Os fatores biológicos que influenciam o G_{ST} compreendem: a recentidade da origem da espécie, a velocidade da evolução, a uniformidade espacial do ambiente e o volume do fluxo gênico entre as populações.
5. Isso pode ser respondido de ambos os modos; ver a segunda parte da Seção 13.7.2. Se as espécies assexuadas são tão diferentes quanto as sexuadas parecem ser, isso sugere que a força que mantém as espécies como agrupamentos distintos é uma força ecológica, e não o intercruzamento.
6. (i) Tipológico; (ii) populacional (eu, pelo menos, defenderia este); (iii) populacional; (iv) cada uma das duas escolas de pensamento defende, implicitamente, um modo (você acha que temos um número exato de diferentes emoções verdadeiras?); (v) tipológico; e (vi) suponho que a maioria diria que é tipológico, mas Hull (1988) usa o raciocínio oposto, de que as teorias científicas são como espécies biológicas.
7. Ver o trabalho de Grant e Grant, descrito na Seção 13.7.3. O Capítulo 14 contém mais material sobre a teoria genética do isolamento pós-zigótico.
8. (i) (a), (b) e (c) (provavelmente) sim; (ii) (a) sim, (b) e (c) não; e (iii) (a), (b) e (c) podem ser sim.

Capítulo 14

1. Pleiotropia e "efeito carona" (Seção 14.3.2), talvez parcialmente devidas a seleção sexual (Seção 14.11). A Figura 14.3 apresenta um exemplo em tentilhões de Darwin.

2. (a) O isolamento pós-zigótico pode ser expresso pela redução do valor adaptativo da prole híbrida comparada com a da prole de cruzamentos intrapopulacionais (ou a de uma espécie vizinha). (b) O índice que vimos (Figura 14.2) foi (número de cruzamentos entre um mesmo tipo – número de cruzamentos entre tipos diferentes) / (número total de cruzamentos), o que dá: (i) $I = 1$; (ii) $I = 0{,}5$; e (iii) $I = 0$.
3. Ela demonstra que as espécies vizinhas são mais estreitamente relacionadas: as populações do nordeste são mais relacionadas com as do sudeste do que com quaisquer outras populações (como as do sudoeste ou noroeste). Poderia ter ocorrido que as populações tivessem evoluído a partir de distribuições anteriormente fragmentárias, expandindo-se para a distribuição atual, mas a filogenia sugere uma evolução gradual das canções atuais, nos atuais locais. A filogenia também mostra que o vazio na distribuição do lado leste deve-se, provavelmente, apenas a haver um deserto ali; há uma continuidade subjacente. Os pássaros ainda evoluem em um anel, tendo as aves do nordeste derivado das do sudeste.
4. Os estágios intermediários (heterozigotos) sofreriam seleção contrária.
5. (a) "Quando, na geração F_1 de duas raças animais diferentes, um dos sexos está ausente, é raro ou é estéril, esse sexo é o heterozigoto" (Seção 14.4.6). (b) Os machos. (c) Postulando que alguns genes da teoria de Dobzhansky-Muller são recessivos e localizados no cromossomo X (Quadro 14.1).
6. Transposição de vales significa que a evolução passa por uma fase em que a aptidão diminui. (a) Não, (b) não e (c) sim.
7. Substituição de uma característica reprodutiva ou substituição de uma característica do isolamento pré-zigótico. Há duas explicações principais. (i) Reforço. As fêmeas em alopatria não foram selecionadas para discriminar machos heteroespecíficos porque as fêmeas ancestrais das fêmeas atuais nunca encontraram aqueles machos em sua história evolutiva; as fêmeas em simpatria descendem de fêmeas que tiveram contato com ambos os tipos de machos. As fêmeas que cruzaram com machos heteroespecíficos produziram prole híbrida de baixo valor adaptativo, de modo que a seleção favorecia a discriminação. (ii) Sem reforço. Há várias versões da explicação alternativa; a mais detalhada no texto (Seção 16.8) é a seguinte. No passado, em ambas as espécies, diferentes indivíduos apresentavam diferentes graus de isolamento em relação à outra espécie. Se havia pouco isolamento reprodutivo nas áreas em que elas hoje coexistem, as duas espécies se juntariam e hoje, provavelmente, seriam mais assemelhadas com uma dessas espécies (e nela seriam classificadas); se houvesse muito isolamento reprodutivo, as duas espécies coexistiriam e permaneceriam diferentes. Portanto, hoje só se vêem as duas espécies em simpatria onde o isolamento era grande. Nas áreas em que as espécies atuais são alopátricas, elas continuam existindo, qualquer que seja o isolamento reprodutivo. Desse modo, o isolamento médio será menor do que o isolamento em simpatria.
8. Razões teóricas: as condições necessárias para o reforço podem ter muito pouca duração. Razões empíricas: a evidência obtida a partir de seleção artificial é pobre e a evidência a partir da substituição de características reprodutivas permite interpretações alternativas.
9. (a) "Secundária": no passado ocorreu evolução divergente em populações separadas, seguida por uma expansão das distribuições, e as duas populações entraram em contato no que hoje é uma zona híbrida. (b) "Primária": uma clina escalonada evoluiu na população e tornou-se suficientemente grande para que as formas separadas pelo escalonamento fossem reconhecidas como formas taxonômicas distintas.
10. Ver Figura 14.14. Na especiação simpátrica, os parentes mais próximos de uma espécie devem viver em uma mesma área; na especiação alopátrica, os parentes mais próximos devem estar em áreas diferentes.

Capítulo 15

1.

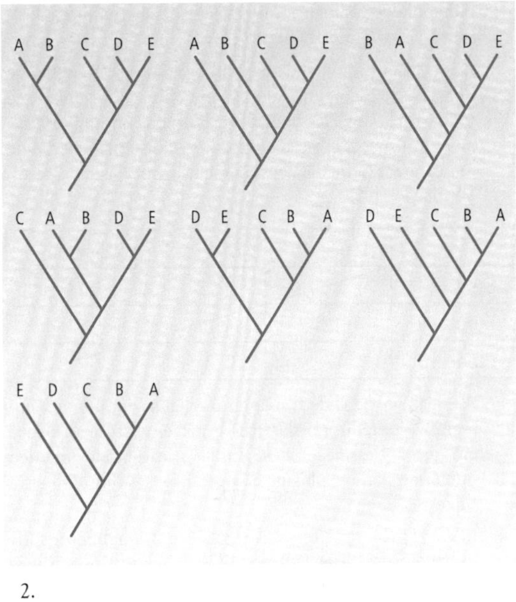

2.

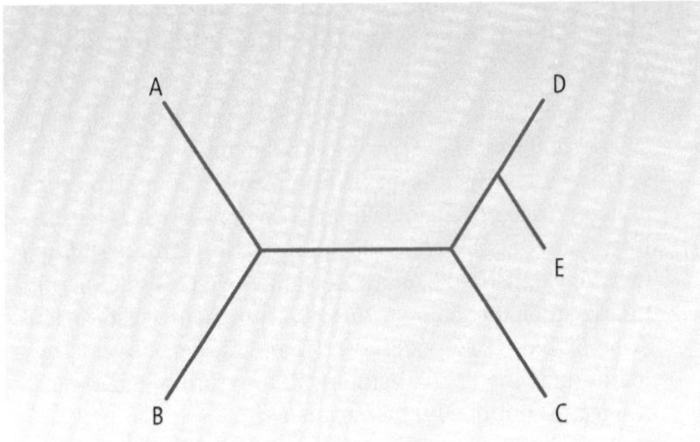

3. As taxas evolutivas são aproximadamente iguais em todas as linhagens.
4. Ver Seção 15.4.
5. Em todas as três, A é a ancestral e A´ é a derivada, mas a inferência é mais segura em (a) e menos segura em (c). (Se A é a ancestral do grupo de espécies 1 + 2, o menor número de eventos em (a), (b) e (c) será, respectivamente, 2, 3 e 3; enquanto que, se A´ fosse a ancestral, o menor número seria 3, 4 e 4.)
6. Ver Seção 15.8.

7. Quando há mais do que uma mudança evolutiva por trás de uma diferença (ou de uma igualdade) observada entre duas seqüências.
8. (a) $(1\text{-}3p)^3p^2$; (b) 16.
9. 2 × 3 × 1.

Capítulo 16

1. Ver Tabela 16.1.

   Evolutivo: parafilético, monofilético.
   Cladístico: monofilético.
   Fenético: polifilético, parafilético, monofilético.
2. (i) Vaca (peixes pulmonados, salmão); (ii) vaca (peixes pulmonados, salmão); (iii) (vaca, peixes pulmonados), salmão. Ver o final da Seção 16.3.
3. (i) As distâncias euclidianas são obtidas pelo teorema de Pitágoras, e escolhi os valores para obter um triângulo 3, 4, 5: as três espécies podem ser lançadas em um gráfico, com um caráter em cada eixo. (ii) A distância média de um caráter é a média das distâncias para dois caracteres. Ver Seção 16.5.

	Espécie 1	Espécie 2	Espécie 3
Espécie 1		3	4
Espécie 2	1,5		5
Espécie 3	2	3,5	

   As duas medidas de distância implicam em um agrupamento contraditório das três espécies. Este é um caso em que a classificação escolhida pelo método fenético numérico seria ambígua e, portanto, justificadamente subjetiva.
4. (a) 2,31; (b) 2,5; (c) as espécies 1 e 2 igualmente; (d) por meio da estatística do mais próximo dos agrupamentos vizinhos a distribuição é (1,2)(3[4,5]); pela estatística do agrupamento vizinho médio mais próximo ela é ([1,2]3)(4,5); e (e) quanto à interpretação, ver Seção 16.5.
5. Um crítico responderia que o mesmo problema retornaria sob outra forma. Talvez, no caso da Figura 14.5, fosse possível fazer as estatísticas do vizinho médio e do mais próximo concordarem por meio da adição de mais cinco caracteres. Entretanto, aqueles dois são apenas dois de muitos agrupamentos estatísticos e, quase certamente, o resultado continuaria ambíguo quanto a outros agrupamentos estatísticos. A ambigüidade só poderia ser removida se houvesse uma hierarquia fenética não-ambígua na natureza, e não há razão para supor que tal hierarquia exista.
6. (a) A diferença reflete a peculiaridade científica de a teoria evolutiva ser uma teoria histórica. Em uma classificação filogenética, a hierarquia é histórica e usada pelos motivos discutidos no capítulo. A tabela periódica não é histórica, nem hierárquica. Sua estrutura representa duas das propriedades fundamentais que determinam a natureza de um elemento, e a posição do elemento na Tabela pode ser usada para prever suas características. A posição de um organismo em uma classificação filogenética não pode ser usada para fazer muitas previsões sobre as características desse organismo. Muito mais poderia ser dito acerca da natureza das diferentes teorias em ciência e sobre o modo como as diferentes teorias implicam em diferentes tipos de classificações. (b) Ver Seção 16.8!

Capítulo 17

1. Ver Seção 17.1 e Figura 17.2.
2. De cima para baixo: 1/2, 1/2, 1/2 e 1.
3. Minhas três primeiras contagens deram 26, 27 e 26 eventos de dispersão, das ilhas mais antigas para as mais novas, e 13, 12 e 12 dispersões das mais novas para as mais antigas, respectivamente! A resposta correta é algo próximo a esses números, mas você pode ter uma idéia se seus valores estiverem nessa faixa. Compare a Figura 17.6. Não haveria motivo para existirem tantos eventos a mais, de dispersão das ilhas mais antigas para as mais novas, se a especiação tivesse sido criada por subdivisão de uma distribuição ampla, mas isso faria sentido se fosse resultado de uma dispersão, porque então as ilhas mais antigas teriam sido ocupadas primeiro.
4.

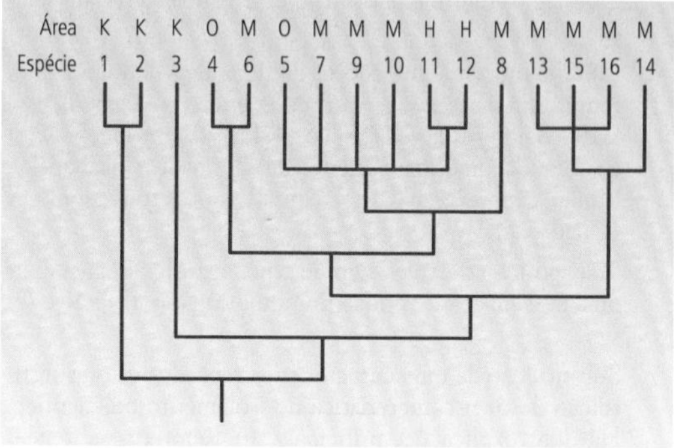

   Algumas variantes menores também seriam possíveis, dependendo de como as espécies ancestrais, como a 8 e a 14, estão representadas.
5. (a)-(b), (a)-(c), e (e)-(f) são congruentes. (a)-(d), (a)-(f), (c)-(d), (c)-(f), (e)-(b) e (e)-(d) são incongruentes.
6. Há duas hipóteses principais. (i) A superioridade competitiva dos mamíferos norte-americanos, talvez por causa de uma história de competição mais intensa, refletida em sua encefalização relativa. (ii) Uma mudança ambiental, de modo que, depois do intercâmbio, os mamíferos norte-americanos eram competitivamente superiores nos ambientes sul-americanos.

Capítulo 18

1. Ver Seção 18.1 e Figura 18.1.
2. Usando o valor arredondado 1,2 x 10^{-4} na constante de decaimento:

	$^{14}C : {}^{14}N$	Idade
(a)	1 : 1	5.776
(b)	2 : 1	3.379
(c)	1 : 2	9.155

3. O RNA pode ser de fita simples, permitindo metabolismo e reprodução em uma só molécula. O RNA também pode

ter várias formas, permitindo muitas reações, inclusive de catálise.

4. Há várias possibilidades. (i) Que a evidência molecular esteja errada, por causa de um erro de calibração, ou de taxas de evolução inconstantes, por exemplo. (ii) Que a datação do fóssil esteja errada, porque o documentário é incompleto, ou o fóssil foi maldatado, por exemplo. (iii) As estimativas referem-se a eventos diferentes – o relógio molecular marca o tempo do ancestral comum e a evidência fóssil marca o tempo da proliferação.
5. Ver Seção 18.5.
6. Os mamíferos evoluíram em muitas etapas e as mudanças eram em caracteres adaptativos.
7. (i) O tamanho do cérebro, (ii) o bipedalismo, e (iii) a redução da mandíbula e as mudanças associadas, nos dentes. Você também pode mencionar as mudanças na conduta cultural, social e lingüística e até mudanças nos polegares das mãos e dos pés.

Capítulo 19

1. (a) Pelo relógio molecular. (b) Várias respostas são possíveis, mas o capítulo registrou, por exemplo, a hipótese 2R sobre a origem dos vertebrados e a possível associação das duplicações gênicas com a origem das dicotiledôneas.
2. (i) Transferência de genes entre bactérias e humanos, ou (ii) perdas gênicas em uma linhagem que levou aos vermes e às drosófilas. Elas podem ser testadas assim que tenhamos aumentado nosso conhecimento sobre a distribuição filogenética dos genes (ver Figura 19.3).
3. Os genes do cromossomo X não recombinam com os do Y, e vêm divergindo desde que a recombinação parou de existir. As quatro regiões de similaridade gênica sugerem que a recombinação foi se extinguindo em quatro etapas, talvez por inversões. Os genes autossômicos recombinam, e isso evita sua divergência.

Capítulo 20

1. (a) Pedomorfose; e (b) neotenia e progênese (ver Tabela 20.1).
2. Os olhos dos insetos e dos vertebrados são homólogos em um determinado nível, mas não necessariamente como olhos. O gene poderia ser, por exemplo, um simples seletor regional de determinada parte da cabeça, a qual, nesses dois táxons, coincidentemente contém os olhos. Alternativamente, o ancestral comum pode ter tido olhos de um tipo cujo desenvolvimento era controlado pelo gene, mas as estruturas que atualmente constituem os olhos, nos insetos e nos vertebrados, ainda continuam sendo uma construção evolutivamente independente.
3. (a) Capacidade evolutiva ("evolucionalidade") é a chance de que uma espécie venha a sofrer uma mudança evolutiva. Nessa definição, "mudança evolutiva" poderia significar: (i) qualquer mudança genética, (ii) uma mudança na forma de especiação ou (iii) uma mudança inovadora, macroevolutiva. (b) Ver Seção 20.8: os controladores genéticos permitem que os genes sejam utilizados para agir em situações novas. Os genes podem adquirir novas funções, sem comprometer sua função anterior.

Capítulo 21

1.

X_1	t_1	X_2	t_2	Taxa
2	11	4	1	0,0693
2	11	20	1	0,2303
20	11	40	1	0,0693
20	6	40	1	0,1386

Se suas respostas foram 0,2, 1,8, 2 e 4, você esqueceu de usar os logaritmos. Se você obteve números negativos, você usou x_1 e x_2 ou t_1 e t_2 de modo inverso.

2. (a) Uma relação inversa (ver Figura 21.3). (b) Uma possibilidade é que períodos longos, de mudanças rápidas, e períodos curtos, de mudanças lentas, tenham sido excluídos do estudo; os primeiros talvez porque viessem a transformar o caráter para além de sua comensurabilidade e os últimos porque seriam praticamente imperceptíveis.
3. Ver Seção 21.5.
4. Há três respostas possíveis. (i) Especiação alopátrica, caso em que o equilíbrio pontuado é ortodoxo. (ii) Especiação por transposição de vale, caso em que a teoria está fortalecendo uma teoria heterodoxa – alguns diriam desacreditada – de especiação. (iii) Macromutações saltadoras, caso em que a teoria é heterodoxa a ponto de ser provavelmente errônea.
5. O texto contém dois tipos de evidências: (i) as taxas de mudança em caracteres arbitrariamente codificados (ver Figura 21.9) e (ii) as taxas taxonômicas, em que a longevidade dos gêneros de fósseis vivos é maior do que a média (ver Tabela 21.2).

Capítulo 22

1. (a) A co-especiação e as mudanças de hospedeiro são mais prováveis quando os hospedeiros são filogeneticamente próximos. (b) As mudanças de hospedeiro que são independentes da filogenia, por exemplo, as entre hospedeiros que são quimicamente similares, mas filogeneticamente distantes.
2. Os biólogos observaram até que ponto a diversidade de cada táxon aumenta simultaneamente no documentário fóssil. Também fizeram comparações filogeneticamente controladas entre as plantas que interagem e as que não interagem com insetos, para ver se as primeiras têm maior diversidade. (E comparações filogeneticamente controladas entre os insetos que interagem e os que não interagem com plantas floríferas, para ver se os primeiros têm maior diversidade.)
3. A co-filogenia, e alguma evidência sobre a cronologia/cronometria dos ramos a partir, por exemplo, dos relógios moleculares.
4. Em ordem de aumento de virulência: (iv) $<$ (i) $<$ (ii) $<$ (iii). O (ii) e o (iii) poderiam ser o mesmo, mas isso não foi discutido especificamente no texto. Ver Ewald (1993).
5. (a) Ver Seção 22.6.1. Interações biológicas antagônicas, como as entre predador e presa, evoluíram para

tornar-se mais perigosas com o tempo: os predadores tornando-se mais perigosamente armados e as presas defendendo-se mais poderosamente. (b) O nível de adaptação defensiva da presa pode ser medido por meio de características como a espessura da concha dos moluscos e os *habitats* que eles ocupam. As adaptações dos predadores foram estudadas primeiramente em função do número de predadores especialistas, em comparação com o de predadores generalistas: a presença de especialistas sugere uma condição mais perigosa. É importante testar a escalada por meio da proporção de tipos de espécies ao longo do tempo porque, no documentário fóssil mais recente, existe maior quantidade de cada tipo. Ver Figuras 22.12 a 22.14.

6. A coevolução antagônica em geral, e a coevolução antagônica com equilíbrio dinâmico em particular. Van Valen sugeriu que o total de recursos ecológicos pode ser constante ao longo do tempo e que a pressão seletiva sobre uma espécie é proporcional à perda de recursos que ela sofre por causa do seu distanciamento à retaguarda das espécies em competição.

Capítulo 23

1. Por haver falta de conhecimento sobre a distribuição global das espécies e (para animais de grande porte, cuja distribuição geográfica era mais bem-conhecida) dificuldades em alocar fragmentos desarticulados de ossos fósseis às respectivas espécies (Seção 23.1).
2. (a) Em uma extinção real, todos os membros de uma linhagem morrem sem deixar descendentes; em uma pseudo-extinção, a linhagem continua a reproduzir-se, mas o nome taxonômico da "linhagem média" muda, ou a linhagem persiste, mas ausenta-se temporariamente do documentário fóssil (táxons de Lázaro). Ver Quadro 23.1. (b) A pseudo-extinção do tipo (a) da Figura Q23.1 complica os testes de ambos. Se, na Figura 23.9 ou nos testes de sincronia na Figura 23.3, as extinções de espécies com diferentes modos de desenvolvimento fossem pseudo-extinções, a explicação para a tendência, ou padrão sincrônico, não teria a ver com a natureza, mas com os hábitos dos taxonomistas. A pseudo-extinção tipo Lázaro também sugere que os resultados são artefatos. A pseudo-extinção do tipo (b), na Figura Q23.1 pode ser menos danosa. (Também o teste da hipótese da Rainha Vermelha, por curvas de sobrevivência, no Capítulo 22, pode ser pouco afetado por qualquer uma das causas taxonômicas de pseudo-extinção. A hipótese poderia ser reformulada em termos de taxa de mudança, em vez de taxa de extinção.)
3. (a) A anomalia do irídio (Figura 23.4), talvez combinada com a antiga cratera Chicxulub. (b) As extinções deveriam ser súbitas e sincrônicas em todos os táxons, em vez de graduais, e geralmente não deveriam ser precedidas por reduções no tamanho da população. Sobre as dificuldades de testar essas previsões, ver Seção 23.3.2.
4. No fim do Cretáceo e do Permiano (para as duas primeiras extinções); mais para o fim do Ordoviciano ou (para as três primeiras); mais o Devoniano (para as cinco primeiras).
5. Ver Figura Q23.2. A taxa observada de extinção no intervalo inicial será (a) alta e (b) baixa.
6. Nas extinções em massa, não há relação. Em extinções conjuntas, os táxons com desenvolvimento planctônico têm uma taxa de extinção que é a metade da dos táxons com desenvolvimento direto. A diferença na extinção conjunta pode ser explicada por desvios no documentário fóssil (se as espécies com desenvolvimento planctônico têm maior probabilidade de serem preservadas) ou por sua maior probabilidade de sobreviverem às dificuldades locais devido à sua dispersão no estágio larval.
7. As duas possibilidades que examinamos são as diferenças nas taxas de especiação ou de extinção, causadas por diferenças nas adaptações das diferentes espécies, ou por persistência diferencial de nichos (ver Seção 23.6.2).
8. Aqui o critério da herdabilidade é relevante, como sempre. Nos problemas da seleção clássica de grupos, um caráter (como o altruísmo) é desvantajoso para os indivíduos, mas vantajoso para grupos. Os indivíduos egoístas podem invadir grupos. Estando infectado pelo egoísmo, um grupo perde o altruísmo. O caráter (altruísmo) não é herdado pelos grupos por muito tempo. Nos casos clássicos de seleção de espécies não existe essa questão de uma espécie ser invadida por alguma adaptação alternativa. A seleção favorece adaptações diferentes em espécies diferentes – por exemplo, o desenvolvimento direto em algumas e o desenvolvimento planctônico em outras. Esses atributos são passados da espécie ancestral para a espécie descendente. A seleção de espécies é possível porque não há conflito entre a seleção individual e a de espécie; por isso que a herdabilidade é possível. A seleção de espécies não é uma teoria de evolução da adaptação – somente uma conseqüência das adaptações.
9. Ver Figura 23.11. Um padrão em cunha dupla sugere uma substituição competitiva. A extinção de um táxon antes da irradiação de outro sugere uma substituição não-competitiva.
10. Parcialmente por diferenças na compilação de dados (com diferentes tratamentos taxonômicos), mas, principalmente, por diferentes correções estatísticas para erros em: (i) a quantidade preservada de rochas das diferentes épocas, e (ii) a quantidade de rochas estudadas.

Referências

Abouheif, E., Akam, M., Dickinson, W.J. *et al.* (1997). Homology and developmental genes. *Trends in Genetics* **13**, 432-435.

Abrams, P.A. (2001). The evolution of predator-prey interactions: theory and evidence. *Annual Review of Ecology and Systematics* **31**, 79-105.

Adams, D.C. & Rohlf, F.J. (2000). Ecological character displacement in *Plethodon:* biomechanical differences found from a geometric morphological study. *Proceedings of the National Academy of Sciences USA* **97**, 4106-4111.

Adams, M.B. (ed.) (1994). *The Evolution of Theodosius Dobzhansky.* Princeton University Press, Princeton, NJ.

Adrain, J.M. & Westrop, S.R. (2000). An empirical assessment of taxic paleobiology. *Science* **289**, 100-112.

Ahlberg, P. (ed.) (2001). *Major Events in Early Vertebrate Evolution.* Taylor & Francis, London.

Allen, C., Bekoff, M. & Lauder, G. (eds) (1998). *Nature's Purposes.* MIT Press, Cambridge, MA.

Allison, A.C. (1954). Protection afforded by sickle-cell trait against subtertian malarial infection. *British Medical Journal* **1**, 290-294. (Reprinted in Ridley 1997.)

Alroy, J. (1998). Cope's rule and the dynamics of body mass evolution in North American fossil mammals. *Science* **280**, 731-734.

Alroy, J. (1999). The fossil record of North American mammals: evidence for a Palcocene evolutionary radiation. *Systematic Biology* **48**, 107-118.

Alroy, J., Marshall, C.R., Bambach, R.K. *et al.* (2002). Effects of sampling standardization on estimates of Phanerozoic marine diversification. *Proceedings of the National Academy of Sciences USA* **98**, 6261- 6266.

Alvarez, L.W., Alvarez, W., Asaro, F. & Michel, H.V. (1980). Extraterrestrial cause for the Cretaceous-Tertiary extinction. *Science* **208**, 1095-1108.

Alvarez, W, Asaro. F. & Montanari, A. (1990). Iridium profile for 10 million years across the Cretaceous-Tertiary boundary at Gubbio (Italy). *Science* **250**, 1700-1702.

Alvarez, W., Kauff:rnan, E.G., Surlyk, F., Alvarez, L.W., Asaro, F. & Michel, H.V. (1984). Impact theory of mass extinctions and the invertebrate fossil record. *Science* **223**, 1135-1141.

Anbar, A.D. & Knoll, A.H. (2002). Proterozoic ocean chemistry and evolution: a bioinorganic bridge. *Science* **297**, 1137-1142.

Andersson, D.l., Slechta, E.S. & Roth, J.R. (1998). Evidence that gene amplification underlies adaptive mutability of the bacterial *lac* operon. *Science* **282**,1133-1135.

Andersson, M. (1994). *Sexual Selection.* Princeton University Press. Princeton, NJ.

Antolin, M.F. & Herbers, J.M. (2001). Evolution's struggle for existence in America's public schools. *Evolution* **55**, 2379-2388.

Antonovics, J. & van Tienderen, P.H. (1991). Ontoecogenoph yloconstraints? The chaos of constraint terminology. *Trends in Ecology and Evolution* **6**, 166-168.

Arnold, M.L. (1997). *Natural Hybridization and Evolution.* Oxford University Press, New York.

Arnold, M.L. & Bennett, B.D. (1993). Natural hybridization in Louisiana irises: genetic variation and ecological determinants. In Harrison, R.G. (ed.) *Hybrid Zones and the Evolutionary Process, pp.* 115-139. Oxford University Press, New York.

Arnqvist, G., Edvardsson, M., Friberg, U. & Nilsson, T. (2000). Sexual conflict promotes speciation in insects. *Proceedings of the National Academy of Sciences USA* **97**, 10460-10464.

Asfaw, B., Gilbert, W.H., Beyene, Y. *et al.* (2002). Remains of *Homo erectus* from Bouri, Middle Awash, Ethiopia. *Nature* **416**, 317-320.

Asfaw, B., White, T., Lovejoy, O. *et al.* (1999). *Australopithecus garhi:* a new species of early hominid from Ethiopia. *Science* **284**, 629-635.

Ashburner, M. (1998). Speculations on the subject of alcohol dehydrogenase and its properties in *Drosophila* and other fruitflies. *Bioessays* **20**, 949-954.

Averof, M., Rokas, A., Wolfe, K.H. & Sharp, P.M. (2001). Evidence for a high frequency of simultaneous double-nucleotide substitutions. *Science* **287**, 1283-1286.

Avise, J.C. (1999). *Phylogeography.* Harvard University Press, Cambridge, MA.

Bak, P. (1996). *How Nature Works.* Springer, New York. (Paperback: Oxford University Press, Oxford.)

Bakker, R.T. (1983). The deer flees, the wolf pursues: incongruencies in predator-prey coevolution. In Futuyrna, D.J. & Slatkin, M. (eds) *Coevolution, pp.* 350-382. Sinauer, Sunderland, MA.

Barbujani, G., Magagni, A., Minch, E. & Cavalli-Sforza, L.L. (1997). An apportionment of human DNA diversity. *Proceedings of the National Academy of Sciences USA* **94**, 4516-4519.

Barlow, C. (2000). *The Ghosts of Evolution.* Basic Books, New York.

Barraclough, T.G. & Nee, S. (2001). Phylogenetics and speciation. *Trends in Ecology and Evolution* **16**, 381-390.

Barraclough, T.G. & Vogler, A.P. (2001). Detecting the geographical pattern of speciation from species-level phylogenies. *American Naturalist* **155**, 419-434.

Barthélemy-Madaule, M. (1982). *Lamarck the Mythical Precursor.* MIT Press, Cambridge, MA.

Barton, N.H. & Charlesworth, B. (1998). Why sex and recombination? *Science* **281**, 1986-1990.

Barton, N.H. & Hewitt, G.M. (1985). Analysis of hybrid zones. *Annual Review ofEcology and Systematics* **16**,113-148.

Barton, N.H. & Partridge, L. (2000). Limits to natural selection. *Bioessays* 22, 1075-1084.

Beatty, J. (1992). Drift. In Keller, E.F. & Lloyd, E. (eds) *Keywords in Evolutionary Biology.* Harvard University Press, Cambridge, MA.

Beatty, J. (1994). Theoretical pluralism in biology, including systematics. In Grande, L. & Rieppel, O. (eds) *Interpreting the Hierarchy of Nature: from systematic patterns to evolutionary process theories, pp.* 33-60. Academic Press, NewYork.

Becerra, J.X. (1997) Insects on plants: macroevolutionary chemical trends in host use. *Science* **276**, 253-256.

Beldade, P., Brakefield, P.M. & Long, A.D. (2002a). Contribution of *Distal-less* to quantitative variation in butterfly eyespots. *Nature* **415**, 315-318.

Beldade, P., Koops, K. & Brakefield, P.M. (2002b). Developmental constraints and flexibility in morphological evolution. *Nature* **416**, 844-847.

Bell, G. (1997a). *The Basics of Selection.* Chapman & Hall, New York.

Bell, G. (1997b). *Selection: the mechanism of evolution.* Chapman & Hall, New York.

Benner, S.A., Caraco, M.D., Thomson, J.M. & Gaucher, E.A. (2002). Planetary biology — paleontological, geological, and molecular histories of life. *Science* **296**, 864-868.

Bennetzen, J. (2002). Opening the door to comparative plant biology. *Science* **296**, 60-63.

Benton, M.J. (1997). Models for the diversification of life. *Trends in Ecology and Evolution* **12**,490-495.

Benton, M.J. (2000a). *Vertebrate Paleontology,* 2nd edn. Blackwell Science, Boston, MA.

Benton, M.J. (2000b). Stems, nodes, crown clades, and rank-free lists: is Linnaeus dead? *Biological Reviews* **75**, 633-648.

Benton, M.J. (2001). Finding the tree of life: matching phylogenetic trees to the fossil record through the 20th century. *Proceedings of the Royal Society of London B* **268**, 2123 - 2130.

Benton, M.J. (2003). *When Life Nearly Died.* Thames & Hudson, London.

Benton, M.J. & Pearson, P.N. (2001). Speciation in the fossil record. *Trends in Ecology and Evolution* **16**, 405-411.

Berlin, B. (1992). *Ethnobiological Classification: principles of categorization of plants and animals in traditional societies.* Princeton University Press, Princeton, NJ.

Berry, A. (ed.) (2002). *Infinite Tropics: an Alfred Russel Wallace anthology.* Verso, New York.

Bertram, B. (1978). *Pride of Lions.* Scribner, New York.

Blanchard, J.L. & Lynch, M. (2000). Organellar genes: why do they end up in the nucleus? *Trends in Genetics* **16**, 315-320.

Blondel, J., Dias, P.C., Perret, P., Maistre, M. & Lambrecht, M.M. (1999). Selection-based biodiversity at a small spatial scale in a low-dispersing insular bird. *Science* **285**, 1399-1402.

Bock, G.R. & Cardew, G. (eds) (1999). *Homology.* Novartis Foundation Symposium No. 222. John Wiley, New York.

Bodmer, W.F. & Cavalli-Sforza, L. (1976). *Genetics, Evolution, and Man.* W. H. Freeman, San Francisco.

Bolnick, D.I. (2001). Intraspecific competition favours niche width expansion in *Drosophila melanogaster. Nature* **410**, 463-466.

Bowler, P.J. (1989). *Evolution: the history of an idea,* revised edn. University of California Press, Berkeley, CA.

Bowler, P.J. (1996). *Life's Splendid Drama.* University of Chicago Press, Chicago, IL.

Box, J.F. (1978). *R. A. Fisher. The Life of a Scientist.* John Wiley, NewYork.

Bradshaw, A.D. (1971). Plant evolution in extreme environments. In Creed, E.R. (ed.) *Ecological Genetics and Evolution,* pp. 20-50. Appleton-Century-Croft, New York.

Brakefield, P.M. (1987). Industrial melanism: do we have the answers? *Trends in Ecology and Evolution* **2**, 117-122.

Brakefield, P.M., Gates, J., Keys, D. *et al.* (1996). The development, plasticity, and evolution of butterfly eyespot patterns. *Nature* **384**,236-242.

Bramble, D.M. & Jenkins, F.A. (1989). Structural and functional integration across the reptile-mammal boundary: the locomotor system. In Wake, D.B. & Roth, G. (eds) *Complex Organismal Functions, pp.* 133-146. Wiley, Chichester.

Brasier, M.D., Green, O.R., Jephcoat, A.P. *et al.* (2002). Questioning the evidence for Earth's oldest fossils. *Nature* **416**, 76-8 1.

Breeuwer, J.A.J. & Werren, J.H. (1990). Microorganisms associated with chromosome destruction and reproductive isolation between two insect taxa. *Nature* **346**, 558-560. (Reprinted in Ridley 1997.)

Briggs, D.E.G. & Crowther, P.R. (eds) (2001). *Paleobiology II.* Blackwell Science, Oxford.

Britton, R.J. (2002). Divergence between samples of chimpanzee and human DNA sequences is 5%, counting indels. *Proceedings of the National Academy of Sciences* USA **99**, 13633-13635.

Britton, R.J. & Davidson, E.H. (1971). Repetitive and non-repetitive DNA sequences and a speculation on the origins of evolutionary novelty. *Quarterly Review of Biology* **46**, 111-138.

Britton-Davidian, J., Catalan, J., Ramalhinho, J. da G. *et al.* (2000). Rapid chromosomal evolution in island mice. *Nature* **403**, 158.

Brocks, J. J., Logan, G.A., Buick, R. & Summons, R.E. (1999). Archean molecular fossils and the early rise of eukaryotes. *Science* **285**, 1033-1036.

Brodie, E.D. & Brodie, E.D. (1999). Predator-prey arms races. *Bioscience* **49**, 557-568.

Bronstein, J.L. (1994). Our current understanding of mutualism. *Quarterly Review of* Biology **69**,31-5 1.

Brookfield, J.F.Y. (2001). The signature of selection. *Current Biology* **11**, R388-390.

Brown, J.H. (1971). The desert pupfish. *Scientific American* **225** (November), 104-110.

Brown, J.H. & Lomolino, M.V. (1998). *Biogeography,* 2nd edn. Sinauer, Sunderland, MA.

Brown, J.J., Stevens, G.C. & Kaufman, D.M. (1996). The geographic range: size, shape, boundaries, and internal structure. *Annual Review of Ecology and Systematics* **27**, 597-623.

Brown, W.L. & Wilson, E.O. (1958). Character displacement. *Systematic Zoology* **5**, 49-64.

Browne, J. (1995-2002). *Charles Darwin,* 2 vols. Knopf, New York and Jonathan Cape, London.

Brundin, L. (1988). Phylogenetic biogeography. In Myers, A.A. & Giller, P.S. (eds) *Analytical Biogeography*, pp. 343-369. Chapman & Hall, New York.

Bryant, H.N. & Cantino, P.D. (2002). A review of criticisms of phylogenetic nomenclature: is taxonomic freedom the fundamental issue? *Biological Reviews* **77**, 39-56.

Budd, G.E. & Jensen, S. (2000). A critical appraisal of the fossil record of the bilaterian phyla. *Biological Reviews* **75**, 253-295.

Bull, J.J. & Wichman, H.A. (2001). Applied evolution. *Annual Review of Ecology and Systematics* **32**, 183-217.

Burch, C.L. & Chao, L. (1999). Evolution by small steps and rugged landscapes in the RNA virus F6. *Genetics* **15**, 921-927.

Burkhardt, F. & Smith, S. (eds) (1985-). *The Correspondence of Charles Darwin, vol. 1–*. Cambridge University Press, Cambridge, UK.

Burkhardt, R.W. (1977). *The Spirit of System: Lamarck and evolutionary biology*. Harvard University Press, Cambridge, MA.

Burt, A. (2000). Sex, recombination, and the efficacy of selection - was Weismann right? *Evolution* **54**, 337-351.

Burt, D.W., Bruley, C., Dunn, I.C. *et al.* (1999). The dynamics of chromosome evolution in birds and mammals. *Nature* **402**, 411-413.

Buss, L.W. (1987). *The Evolution of Individuality*. Princeton University Press, Prinecton, NJ.

Bustamente, C.D., Nielsen, R., Sawyer, S.A., Olsen, K.M., Purugganan, M.D. & Hard, D.L. (2002). The cost of inbreeding in *Arabidopsis*. *Nature* **416**, 531-533.

Butlin, R. (2002). The costs and benfits of sex: new insights from old asexual lineages. *Nature Reviews Genetics* 3, 311-317.

Butterfield, N.J. (2000). *Bangiomorpha pubescens* n. gen., n. sp.: implications for the evolution of sex, multicellularity, and the Mesoproterozoic/Neoproterozoic radiation of eukaryotes. *Paleobiology* 26, 386-404.

Byers, J.A. *(1997). American Pronghorn: social adaptations and the ghost of predators past.* University of Chicago Press, Chicago, IL.

Cain, A.J. *(1954). Animal Species and their Evolution.* Hutchinson, London. (Reprinted *1993* by Princeton University Press, Princton, NJ.)

Cain, A.J. *(1964)*. The perfection of animals. In: Carthy, J.D). & Duddington, C.L. (eds) *Viewpoints in Biology*, vol. 3, pp. 36-63. Butterworth, London. (Reprinted in *Biological Journal of the Linnean Society* **36** (1989), 3-29, and in Ridley, 1997.)

Cairns, J., Overbaugh, J. & Miller, S. (1988). The origin of mutants. *Nature* **335**, 142-145.

Calvo, R.N. (1990). Inflorescence size and fruit distribution among individuals in three orchid species. *American Journal of Botany* **77**, 1378-1381.

Carr, G.D., Robichaux, R.H., Witter, M.S. & Kyhos, D.W. (1989). Adaptive radiation of the Hawaiian silversword alliance (Compositae - Madinae): a comparison with Hawaiian picture-winged Drosophila. In Giddings, L.V., Kaneshiro, K.Y. & Anderson, W.W. (eds) *Genetics, Speciation, and the Founder Principle*, pp. 79-95. Oxford University Press, New York.

Carrington, M., Nelson, G.W., Martin, M.P., Kissner, T. *et al.* (1999). HLA and HIV-1: heterozygote advantage and *B*35-Cw*04* disadvantage. *Science* **283**, *1748-1752*.

Carroll, R.L. (1988). *Vertebrate Paleontology and Evolution*. W. H. Freeman, NewYork.

Carroll, R.L. (1997). *Pattern and Process of Vertebrate Evolution*. Cambridge University Press, New York.

Carroll, S.B., Grenier, J.K. & Weatherbee, S.D. (2001). *From DNA to Diversity: molecular genetics and the evolution of animal design*. Blackwell Science, Malden, MA.

Carson, H.L. (1983). Chromosomal sequences and inter-island colonizations in Hawaiian *Drosophila*. *Genetics* **103**, 465-482.

Carson, H.L. (1990). Evolutionary process as studied in population genetics: clues from phylogeny. *Oxford Surveys in Evolutionary Biology* **7**,129-156.

Cavalli-Sforza, L.L. (2000). *Genes, Peoples, and Languages*. North Point Press, New York.

Celera (2001). The sequence of the human genome. Science **291**, 1304-1351.

Chao, L. & Carr, D.E. (1993). The molecular clock and the relationship between population size and generation time. *Evolution* **47**, 688-690.

Chao, L., Hanley, K.A., Burch, C.L., Dahlberg, C. & Turner, P.E. (2000). Kin selection and parasite evolution: higher and lower virulence with hard and soft selection. *Quarterly Review of Biology* **75**, 261-275.

Charleston, M. & Robertson, D.L. (2002). Preferential host switching by primate lentiviruses can account for phylogenetic similarity with the primate phylogeney. *Systematic Biology* **51**, *5-12*.

Cheetham, A. (1986). Tempo of evolution in a Neogene bryozoan: rates of morphologic change within and across species boundaries. *Paleobiology* **12**, 199-202.

Civetta, A. & Clark, A.G. (2000). Correlated effects of sperm competition and postmating female mortality. *Proceedings of the National Academy of Sciences USA* **97**, 13162-13165 (with commentary by W. R. Rice, pp. 12953-12955).

Clack, J. (2002). *Gaining Ground*. Indiana University Press, Bloomington, IN.

Clark, M.A., Moran, N.A., Baumann, P. & Wernegreen, J. J. (2000). Cospeciation between bacteria endosymbionts *(Buchnera)* and a recent radiation of aphids *(Uroleucon)* and the pitfalls of testing for phylogenetic congruence. *Evolution* **54**, 417-525.

Clark, R.W. (1969). *JBS: the life and work of J. B. S. Haldane*. Coward-McCann, New York.

Clarke, C.A. & Sheppard, P.M. (1969). Further studies on the genetics of the mimetic butterfly *Papilio menmon*. *Philosophical Transactions of the Royal Society of London B* **263**, 35-70.

Clarke, C.A., Sheppard, P.M. & Thornton, I.W.B. (1968). The genetics of the mimetic butterfly *Papilio memnon*. *Philosophical Transactions of the Royal Society of London* B **254**,37-89.

Clarkson, E.N.K. (1998). *Invertebrate Palaeontology and Evolution*, 4th edn. Chapman & Hall, New York.

Clayton, D.H. & Moore, J. (eds) (1997). *Host-Parasite Evolution: general principles and avian models*. Oxford University Press, New York.

Clayton, D.H. & Walther, B.A. (2001). Influence of host ecology and morphology on the diversity of Neotropical bird lice. *Oikos* **94**,455-467.

Clutton-Brock, T.H. (ed.) (1988). *Reproductive Success*. University of Chicago Press, Chicago, IL.

Clutton-Brock, T.H. (2002). Breeding together: kin selection and mutualism in cooperative vertebrates. *Science* **296**, 69 -72.

Cohen, F.M. (2001). Bacterial species and speciation. *Systematic Biology* **50**, 513-524.

Conover, D.O. & Munch, S.R. (2002). Sustaining fishery yields over evolutionary time scales. *Science* **297**, 94-96.

Conway Morris, S. (1998). *The Crucible of Creation*. Oxford University Press, New York.

Cook, A. (1975). Changes in the carrion/hooded crow hybrid zone and the possible importance of climate. *Bird Study* **22**, 165-168.

Cook, L.M. (2000). Changing views on melanic moths. *Biological Journal of the Linnean Society* **69**, 431-441.

Cook, L.M., Dennis, R.L.H. & Mani, G.S. (1999). Melanic morph frequency in the peppered moth in the Manchester area. *Proceedings of the Royal Society of London B* **266**, 293-297.

Cooper, A. & Fortey, R. (1998). Evolutionary explosions and the phylogenetic fuse. *Trends in Ecology and Evolution* **13**, 151-156.

Courtillot, V.E. (1999). *Evolutionary Catastrophes*. Cambridge University Press, New York.

Cox, C.B. & Moore, P.D. (2000). *Biogeography*, 6th edn. Blackwell Science, Boston, MA.

Coyne, J.A. (1985). The genetic basis of Haldane's rule. *Nature* **314**, 736-738.

Coyne, J.A. (1994). Ernst Mayr and the origin of species. *Evolution* **48**, 19-30.

Coyne, J.A. & Orr, H.A. (1989). Patterns of speciation in *Drosophila*. Evolution 43, 362-381.

Coyne, J.A. & Orr, H.A. (1997). Patterns of speciation in *Drosophila* revisited. *Evolution* **51**, 295-303.

Coyne, J.A. & Orr, H.A. (1998). The evolutionary genetics of speciation. *Philosophical Transactions of the Royal Society of London B* **353**, 287-305. (Reprinted in Singh & Krimbas 2000.)

Coyne, J.A. & Orr, H.A. (2003). *Speciation*. Sinauer, Sunderland, MA.

Coyne, J.A., Barton, N.H. & Turelli, M. (1997). A critique of Sewall Wright's shifting balance theory of evolution. *Evolution* **51**, 643-671.

Coyne, J.A., Orr, H.A. & Futuyma, D.J. (1989). Do we need a new species concept? *Systematic Zoology* **37**, 190 -200.

Creed, E.R., Lees, D.R. & Bulmer, M.G. (1980). Pre-adult viability differences of melanic *Biston betularia* (L.) (Lepidoptera). *Biological Journal of the Linnean Society* **13**, 25-62.

Crick, F.H.C. (1968). The origin of the genetic code. *Journal of Molecular Biology* **38**, 367-379. (Reprinted in Ridley 1997)

Croizat, L., Nelson, G. & Rosen, D.E. (1974). Centers of origin and related concepts. *Systematic Zoology* **23**,265-287.

Cronin, H. (1991). *The Ant and the Peacock*. Cambridge University Press, Cambridge, UK.

Cronin, T.M. & Schneider, C.E. (1990). Climatic influences on species: evidence from the fossil record. *Trends in Ecology and Evolution* **5**, 275-279.

Crow, J.F. (1986). *Basic Concepts in Population, Quantitative, and Evolutionary Genetics*. W. H. Freeman, New York.

Crow, J.F. & Kimura, M. (1970). *An Introduction to Population Genetics Theory*. Harper & Row, New York.

Curtis, C.F., Cook, L.M. & Wood, R. J. (1978). Selection for and against insecticide resistance and possible methods of inhibiting the evolution of resistance in mosquitoes. *Ecological Entomology* **3**, 273-287.

Cushing, D.H. (1975). *Marine Ecology and Fisheries*. Cambridge University Press, Cambridge, UK.

Cutler, D. (2000). Understanding the overdispersed molecular clock. *Genetics* **154**, 1403-1417.

Da Silva, M.N.F. & Patton, J.L. (1998). Molecular phylogeography and the evolution and conservation of Amazonian mammals. *Molecular Ecology* **7**,473-486.

Darwin, C.R. (1859). *On the Origin of Species*. John Murray, London. (There are many modern editions.)

Darwin, C.R. (1871). *The Descent of Man, and Selection in Relation to Sex*. John Murray, London. (Modern edition by Princeton University Press, Princeton, NJ.)

Darwin, C.R. (1872). *The Expression of the Emotions in Man and Animals*. John Murray, London. (Modern edition edited by P. Ekman, 1998, Harpercollins, London and Oxford University Press, New York.)

Davidson, E. (2001). *Genomic Regulatory Systems: development and evolution*. Academic Press, San Diego, CA.

Davies, M.B. & Shaw, R.G. (2001). Range shifts and adaptive responses to Quaternary climate change. *Science* **292**, 673-679.

Davis, G.W. & Richardson, D.M. (eds) (1995). *Mediterranean-type Ecosystems*. Springer-Verlag, New York.

Dawkins, R. (1982). *The Extended Phenotype*. W. H. Freeman, Oxford, UK. (Paperback edition by Oxford University Press, Oxford, UK.)

Dawkins, R. (1986). *The Blind Watchmaker*. W. W. Norton, New York and Longman, London.

Dawkins, R. (1989a). *The Selfish Gene*, 2nd edn. Oxford University Press, Oxford, UK.

Dawkins, R. (1989b). The evolution of evolvability. In C. Langton (ed.) *Artificial Life*. Addison Wesley, Sante Fe, NM.

Dawkins, R. (1996). *Climbing Mount Improbable*. W. W. Norton, New York and Viking Penguin, London.

de Beer, G.R. (1971). *Homology: an unsolved problem*. Oxford Biology Readers. Oxford University Press, Oxford. (Reprinted in Ridley 1997.)

Dean, G. (1972). *The Porphyrias*. Pitman, London.

Dennett, D. (1995). *Darwin's Dangerous Idea*. Simon & Schuster, NewYork.

Diamond, J. (1990). Alone in a crowded universe. *Natural History* **1990** (June), 30-34.

Diamond, J. (1991). *The Third Chimpanzee*. Harpercollins, New York and Hutchinson Radius, London.

Dickinson, W.J. (1995). Molecules and morphology: where's the homology? *Trends in Genetics* **11**, 119-121. (Reprinted in Ridley 1997.)

Dieckmann, U. & Doebeli, M. (1999). On the origin of species by sympatric speciation. *Nature* **400**, 354-357.

Dietl, G.P., Alexander, R.R. & Bien, W.F. (2000). Escalation in Late Cretaceous-early Paleocene oysters (Gryphaeidae) from the Atlantic Coastal Plain. *Paleobiology* **26**, 215-237.

Died, G.P., Kelley, P.H., Barrick, R. & Showers, W. (2002). Escalation and extinction selectivity: morphology versus isotopic reconstruction of bivalve metabolism. *Evolution* **56**, 284-291.

Dilcher, D. (2000). Toward a new synthesis: major evolutionary trends in the angiosperm fossil record. *Proceedings of the National Academy of Sciences USA* **97**, 7030-7036.

Dobzhansky, T. (1970). *Genetics of the Evolutionary Process*. Columbia University Press, New York.

Dobzhansky, T. (1973). Nothing in biology makes sense except in the light of evolution. *American Biology Teacher* **35**, 125-129. (Reprinted in Ridley 1997.)

Dobzhansky, T. & Pavlovsky, O. (1957). An experimental study of interaction between genetic drift and natural selection. *Evolution* **11**, 311-319.

Dodd, D.M.B. (1989). Reproductive isolation as a consequence of adaptive divergence in *Drosophila pseudoobscura*. *Evolution* **43**, 1308-1311.

Dodd, M.E., Silvertown, J. & Chase, M.W. (1999). Phylogenetic analyses of trait evolution and species diversity among angiosperm families. *Evolution* **53**, 732-744.

Donovan, S.K. & Paul, C.R.C. (eds) (1998). *The Adequacy of the Fossil Record*. John Wiley, New York.

Doolittle, W.F. (2000). Uprooting the tree of life. *Scientific American* **282** (February), 90-95.

Dowling, T.E. & Secor, C.L. (1997). The role of hybridization and introgression in the diversification of animals. *Annual Review of Ecology and Systematics* **28**, 593-619.

Duda, T.F. & Palumbi, S.R. (1999). Developmental shifts and species selection in gastropods. *Proceedings of the National Academy of Sciences USA* **96**, 10272-10277.

Dudley, J.W. & Lambert, R.J. (1992). Ninety generations of selection for oil and protein in maize. *Maydica* **37**, 96-119.

Duret, L. & Mouchiroud, D. (1999). Expresssion patterns and, surprisingly, gene length shape codon usage in

Caenorhabditis, Drosophila, and *Arabidopsis. Proceedings of the NationalAcademy of Sciences USA* **96**, 4482-4487.
Dybdahl, M.F. & Lively, C.M. (1998). Host-parasite coevolution: evidence for rare advantage and time-lagged selection in a natural population. *Evolution* **52**, 1057-1066.
Eanes, W.F. (1999). Analysis of selection on enzyme polymorphisms. *Annual Review of Ecology and Systematics* **30**, 301-326.
Ebert, D. (1998). Experimental evolution of parasites. *Science* **282**, 1432-1435.
Ebert, D. (1999). The evolution and expression of parasite virulence. In Stearns, S.C. (ed.) *Evolution in Health and Disease,* pp. 161-172. Oxford University Press, Oxford, UK.
Edwards, A.W.F. (1996). The origin and early development of the method of minimum evolution for the recognition of phylogenetic trees. *Systematic Biology* **46**, 79-91.
Ehrlich, P.R. (2000). *Human Natures.* Island Press, Washington, DC.
Ehrlich, P.R. & Raven, P.H. (1964). Butterflies and plants: a study in coevolution. *Evolution* **18**, 586-608.
Elder, J.F. & Turner, B.J. (1995). Concerted evolution of repetitive DNA sequences in Eukaryotes. *Quarterly Review of Biology* **70**, 297-320.
Eldredge, N. (1998). *The Pattern of Evolution.* W. H. Freeman, New York.
Eldredge, N. (2000). *The Triumph of Evolution: and the failure of creationism.* W. H. Freeman, New York.
Eldredge,N. & Gould, S.J. (1972). Punctuated equilibria: an alternative to phyleticgradualism. In Schopf, T.J.M. (ed.) *Models in Paleobiology,* pp. 82-115. Freeman, Cooper & Co., San Francisco.
Endler, J.A. (1977). *Geographic Variation, Speciation, and Clines.* Princeton University Press, Princeton, NJ.
Endler, J.A. (1986). *Natural Selection in the Wild.* Princeton University Press, Princeton, NJ.
Ereshefsky, M. (ed.) (1992). *The Units of Evolution: essays on the nature of species.* MIT Press, Cambridge, MA.
Ereshefsky, M. (2001). *The Poverty of the Linnaean Hierarchy.* Cambridge University Press, New York.
Erwin, D.H. & Anstey, R.L. (eds) (1995). *New Approaches to Speciation in the Fossil Record.* Columbia University Press, New York.
Ewald, P.W. (1993). The evolution of virulence. *Scientific American* **268** (April), 56-62.
Eyre-Walker, A. & Keightley, P. (1999). High genomic deleterious mutation rates in hominoids. *Nature* **397**, 344-347.
Falconer, D.S. & Mackay, T. (1996). *Introduction to Quantitative Genetics,* 4th edn. Longman, London.
Farrell, B.D. (1998). "Inordinate fondness" explained: why are there so many *beetles? Science* **281**, 555-559.
Farrell, B.D. & Mitter, C. (1994). Adaptive radiation in insects and plants: time and opportunity. *American Zoologist* **34**, 57-69.
Fay, J.C., Wyckoff, G.J. & Wu, C.-I. (2002). Testing the neutral theory of molecular evolution with genomic data from *Drosophila. Nature* **415**, 1024-1026.
Felsenstein, J. (1993). *PHYLIP (Phylogeny inference package). Version* 3.5. (Computer software package: see evolution. genctics.washington.edu/phylip/software.html.)
Felsenstein, J. (2001). The troubled growth of statistical phylogenies. *Systematic Biology* **50**, 465-467.
Felsenstein, J. (2003). *Inferring Phylogeny.* Sinauer, Sunderland, MA.
Fenchel, T. (2002). *Origin and Early Evolution of Life.* Oxford University Press, Oxford, UK.
Fenner, F. & Myers, K. (1978). Myxoma virus and myxomatosis in retrospect: the first quarter century of a new disease. In Kurstak, E. & Maramorosch, K. (eds) *Viruses and Environment,* pp. 539-570. Academic Press, New York.
Fenner, F. & Ratcliffe, R.N. (1965). *Myxomatosis.* Cambridge University Press, London.
Fenster, E.J. & Sorhannus, U. (1991). On the measurement of morphological rates of evolution: *a review. Evolutionary Biology* **25**, 375-410.
Fisher, R.A. (1918). The correlation between relatives under the supposition of Mendelian inheritance. *Transactions of the Royal Society of Edinburgh* **52**, 399-433.
Fisher, R.A. (1930). *The Genetical Theory of Natural Selection.* Oxford University Press, Oxford, UK. (2nd edn, 1958, published by Dover Books, New York. Variorum edition, 2000, by Oxford University Press, Oxford,UK.)
Fishman, L. & Willis, J.H. (2001) Evidence for Dobzhansky-Muller incompatibilities contributing to the sterility of hybrids between *Mimulus guttatus* and *M. masutus. Evolution* **55**, 1932-1942.
Fitch, W.M. (2000). Homology: a personal view of the problems. *Trends in Genetics* **16**, 227-231.
Flessa, K.W., Barnett, S.G., Cornue, D.B. *et al.* (1979). Geologic implications of the relationship between mammalian faunal similarity and geographic distance. *Geology* **7**,15-18.
Flynn, J. J. & Wyss, A.R. (2002). Madagascar's Mesozoic secrets. *Scientific American* **286** (February), 54-63.
Foote, M., Hunter, J.P., Janis, C.M. & Sepkoski, J. J. (1999). Evolutionary and preservational constraints on origins of biologic groups: divergence times of eutherian mammals. *Science* **283**, 1310-1314.
Ford, E.B. (1975). *Ecological Genetics,* 3rd edn. Chapman & Hall, London.
Fortey, R. (2002). *Fossils: the key to the past,* 3rd edn. Natural History Museum, London.
Foster, P.L. (2000). Adaptive mutation: implications for evolution. *Bioessays* **22**, 1067-1074.
Fox, D.L., Fisher, D.C. & Leighton, L.R. (1999). Reconstructing phylogeny with and without temporal data. *Science.* **284**, 1816-1819.
Fryer, G. (2001). On the age and origin of the species flock of haplochromine cichlid fishes of Lake Victoria. *Proceedings of the Royal Society of London B* **268**, 1147-1152.
Fryer, G., Greenwood, P.H. & Peake, J.F. (1985). The demonstration of speciation in fossil molluscs and living fishes. *Biological Journal of theLinnean Society of London* **26**, 325-336.
Fu, Y-X. & Li, W-H. (1999). Coalescing into the 21st century: an overview and prospects of coalescent theory. *Theoretical Population Biology* **56**, 1-20.
Futuyma, D.J. (1997). *Science on Trial.* Sinauer, Sunderland, MA.
Galis, F., van Alphen, J. J.M. & Metz, J.A.J. (2001). Why five fingers? Evolutionary constraints on digit numbers. *Trends in Ecology and Evolution* **16**, 637-646.
Gandon, S., Mackinnon, M. J., Nee, S. & Read, A.F. (2001). Imperfect vaccines and the evolution of pathogen virulence. *Nature* **414**, 751-756.
Gavrilets, S. & Boake, C.R.B. (1998). On the evolution of premating isolation after a founder event. *American Naturalist* **152**, 706-716.
Gehring, W.J. & Ikeo, K. (1999). *Pax6:* mastering eye morphogenesis and eye evolution. *Trends in Genetics* **15**, 371-377.
Gerhart, J. & Kirschner, M. (1997). *Cells, Embryos, and Evolution.* Blackwell Science, Boston, MA.
Ghiselin, M.T. (1997). *Metaphysics and the Origin of Species.* State University of New York Press, Albany, NY.
Gibbs, H.L. & Grant, P.R. (1987). Oscillating selection in Darwin's finches. *Nature* **327**, 511-513.

Gibson, G. & Wagner, G. (2000). Canalization in evolutionary genetics: a stabilizing theory? *Bioessays* **22**, 372-380.
Gigord, L.D.B., Macnair, M.R. & Smithson, A. (2001). Negative frequency-dependent selection maintains a dramatic flower color polymorphism in the rewardless orchid *Dactyh-hiza sambucina* (L.) Soò. *Proceedings of the National Academy of Sciences USA* **98**, 6253-6255.
Gilbert, S.F. (2000). *Developmental Biology*, 6th edn. Sinauer, Sunderland, MA.
Gill, D.E. (1989). Fruiting failure, pollinator inefficiency, and speciation in orchids. In Otte, D. & Endler, J. (eds) *Speciation and its Consequences*, pp. 458-481. Sinauer, Sunderland, MA.
Gillespie, J.H. (1991). *The Causes of Molecular Evolution*. Oxford University Press, New York.
Gillespie, J.H. (1998). *Population Genetics: a concise guide*. Johns Hopkins University Press, Baltimore, MD.
Gillespie, J.H. (2001). Is the population size of a species relevant to its evolution? *Evolution* **56**, 284-291.
Gingerich, P.D. (1983). Rates of evolution: effects of time and temporal scaling. *Science* **222**, 159-161.
Gingerich, P.D. (2001). Rates of evolution on the timescale of evolutionary processes. *Genetica* **112-113**, 127-144. (Also in Hendry & Kinnison 2001)
Gingerich, P.D., Smith, B.H. & Simons, E.L. (1990). Hind limbs of Eocene *Basilosaurus*: evidence of feet in whales. *Science* **249**, 154-157.
Givnish, T.J. & Sytsma, K.J. (eds) (1997). *Molecular Evolution and Adaptive Radiation*. Cambridge University Press, New York.
Glaessner, M.F. & Wade, M. J. (1996). *Palaeontology* **9**.
Goldblatt, P. (ed.) (1993). *Biological Relationships between Africa and South America*. Yale University Press, New Haven, CT.
Golding, G.B. & Dean, A.M. (1998). The structural basis of molecular adaptation. *Molecular Biology and Evolution* **15**, 355-369.
Goldschmidt, R.B. (1940). *The Material Basis of Evolution*. Yale University Press, New Haven, CT.
Goodman, M. (1963). Man's place in the phylogeny of the primates as reflected in serum proteins. In Washburn, S.L. (ed.) *Classification and Human Evolution*, pp. 204-234. Aldine, Chicago, IL.
Gould, S.J. (1977a). *Ontogeny and Phylogeny*. Harvard University Press, Cambridge, MA.
Gould, S.J. (1977b). *Ever Since Darwin*. W. W. Norton, NewYork.
Gould, S.J. (1980). *The Panda's Thumb*. W. W. Norton, New York.
Gould, S.J. (1983). *Hen's Teeth and Horse's Toes*. W. W. Norton, NewYork.
Gould, S.J. (1985). *The Flamingo's Smile*. W. W. Norton, NewYork.
Gould, S.J. (1989). *Wonderful Life*. W. W. Norton, NewYork.
Gould, S.J. (1991). *Bully for Brontosaurus*. W. W. Norton, NewYork.
Gould, S.J. (1993). *Eight Little Piggies*. W. W. Norton, NewYork.
Gould, S.J. (1996). *Dinosaurs in a Haystack*. W. W. Norton, New York.
Gould, S.J. (1998). *Leonardo's Mountain of Clams and the Diet of Worms*. W. W. Norton, New York.
Gould, S.J. (2000). *The Lying Stones of Marrakech*. W. W. Norton, New York.
Gould, S.J. (2002a). *I have Landed*. W. W. Norton, New York.
Gould, S.J. (2002b). *The Structure of Evolutionary Theory*. Harvard University Press, Cambridge, MA.
Gould, S.J. & Johnston, R.F. (1972). Geographic variation. *Annual Review of Ecology and Systematics* **3**, 457-498.
Gould, S.J. & Lewontin, R.C. (1979). The spandrels of San Marco and the panglossian paradigm: a critique of the adaptationist program. *Proceedings of the Royal Society of London B* **205**, 581-598. (Reprinted in Ridley 1997.)
Grant, B. (1999). Fine-tuning the peppered moth paradigm. *Evolution* **53**, 980-984.
Grant, B.S. & Wiseman, L.L. (2002). Recent history of melanism in North American moths. *Journal of Heredity* **93**, 86-90.
Grant, P.R. (1986). *Ecology and Evolution of Darwin's Finches*. Princeton University Press, Princeton, NJ. (Reprinted 1999 with new afterword.)
Grant, P.R. (1991). Natural selection and Darwin's finches. *Scientific American* **265** (October), 83-87.
Grant, P.R. & Grant, B.R. (1995). Predicting microevolutionary responses to directional selection on heritable variation. *Evolution* **49**, 241-251.
Grant, P.R. & Grant, B.R. (2000). Quantitiative genetic variation in populations of Darwin's finches. In Mousseau, T.A., Sinervo, B. & Endler, J. (eds) *Adaptive Genetic Variation in the Wild*, pp. 3 -40. Oxford University Press, New York.
Grant, P.R. & Grant, B.R. (2002). Unpredictable evolution in a 30-year study of Darwin's finches. *Science* **296**, 707-711.
Grant, V. (1981). *Plant Speciation*, 2nd edn. Columbia University Press, New York.
Graur, D. & Li, W-H. (2000). *Fundamentals of Molecular Evolution*, 2nd edn. Sinauer, Sunderland, MA.
Graveley, B.R. (2001). Alternative splicing: increasing diversity in the proteomic world. *Trends in Genetics* **17**, 100-107.
Gray, M.W., Burger, G. & Lang, B.F. (1999). Mitochondrial evolution. *Science* **283**, 1476-1482.
Green, D.M., Kraaijeveld, A.R. & Godfray, H.C.J. (2000). Evolutionary interaction between *Drosophila melanogaster* and its parasitoid *Asobara tabida*. *Heredity* **85**, 450-458.
Greene, E., Lyon, B.E., Muehter, V.R., Ratcliffe, L., Oliver, S.J. & Boag, P.T. (2000). Disruptive sexual selection in a passerine bird. *Nature* **407**, 1000-1003. (Also see news and views piece on p. 955 of the same issue.)
Grieve, R.A.F. (1990). Impact cratering on the Earth. *Scientific American* **262** (April), 66-73.
Griffiths, A.J.F., Miller, J.F., Suzuki, D.T., Lewontin, R.C. & Gelbart, W.M. (2000). *An Introduction to Genetic Analysis*, 7th edn. W. H. Freeman, New York.
Grimaldi, D. (1999). The co-radiations of pollinating insects and angiosperms in the Cretaceous. *Annals of the Missouri Botanic Garden* **86**, 373-406.
Haffer, J. (1969). Speciation in Amazonian forest birds. *Science* **165**, 131-137.
Haffer, J. (1974). Avian speciation in tropical South America. *Publications of the Nuttall Ornithological Club* **14**, 1-390.
Hafner, M.S., Sudman, P.D., Villablanca, F.X., Spradling, T.A., Demastes, J.W. & Nadler, S.A. (1994). Disparate rates of molecular evolution in cospeciating hosts and parasites. *Science* **265**, 1087-1090.
Hahn, B.H., Shaw, G.M., De Cock, K.M. & Sharp, P.M. (2000). AIDS as a zoonosis: scientific and public health implications. *Science* **287**, 607-614.
Haldane, J.B.S. (1922). Sex ratio and unisexual sterility in animals. *Journal of Genetics* **12**, 101-109.
Haldane, J.B.S. (1924). A mathematical theory of natural and artificial selection. Part I. *Transactions of the Cambridge Philosophical Society* **23**, 19-41.
Haldane, J.B.S. (1932). *The Causes of Evolution*. Longman, London. (Reprinted 1966 by Cornell University Press, New York, and 1990 by Princeton University Press, Princeton, NJ.)
Haldane, J.B.S. (1949a). Disease and evolution. *La Ricercha Scientifica* **19** (suppl.), 69-76. (Reprinted in Ridley 1997.)

Haldane, J.B.S. (1949b). Suggestions as to quantitative measurement of rates of evolution. *Evolution* **3**, 51-56.

Haldane, J.B.S. (1957). The cost of natural selection. *Journal of Genetics* **55**, 511-524.

Hall, B.K. (1998). *Evolutionary Developmental Biology*, 2nd edn. Chapman & Hall, New York.

Hall, B.K. (2001). *Phylogenetic Trees made Easy: a how-to manual for molecular biologists*. Sinauer, Sunderland, MA.

Hallam, A. & Wignall, P.B. (eds) (1997). *Mass Extinctions and their Aftermath*. Oxford University Press, Oxford, UK.

Hamilton, W.D. (1996). *The Narrow Roads of Geneland, vol.* 1. Oxford University Press, Oxford, UK.

Hamilton, W.D. (2001). *The Narrow Roads of Geneland, vol.* 2. Oxford University Press, Oxford, UK.

Han, T.M. & Runnegar, B. (1992). Megascopic eukaryotic algae from the 2.1-billion-year-old Negaunee iron-formation, Michigan. *Science* **257**, 232-235.

Hansen, T.A. (1978). Larval dispersal and species longevity in Lower Tertiary neogastropods. *Science* **199**, 885-887.

Hansen, T.A. (1983). Modes of larval development and rates of speciation in early Tertiary neogastropods. *Science* **220**, 501-502.

Hardison, R. (1999). The evolution of hemoglobin. *American Scientist* **87**, 126-137.

Hardy, I.C.W. (ed.) (2002). *Sex Ratios: concepts and research methods*. Cambridge University Press, Cambridge, UK.

Hare, M.P. (2001). Prospects for nuclear gene phylogeography. *Trends in Ecology and Evolution* **16**, 700-706.

Harrison, R.G. (ed.) (1993). *Hybrid Zones and the Evolutionary Process*. Oxford University Press, New York.

Harrison, R.G. (2001). Book review. *Nature* **411**, 635-636.

Hartl, D.L. (2000). *A Primer of Population Genetics*, 3rd edn. Sinauer, Sunderland, MA.

Hartl, D.L. & Clark, A.G. (1997). *Principles of Population Genetics*, 3rd edn. Sinauer, Sunderland, MA.

Harvey, P.H. & Pagel, M.D. (1991). *The Comparative Method in Evolutionary Biology*. Oxford University Press, Oxford, UK.

Harvey, P.H., Leigh Brown, A.J., Maynard Smith, J. & Nee, S. (eds) (1996). *New Uses for New Phylogenies*. Oxford University Press, New York.

Hayden, M. (1981). *Huntington's Chorea*. Springer-Verlag, Berlin.

Heckman, D.S., Geiser, D.M., Eidell, B.R. *et al.* (2001). Molecular evidence for the early colonization of land by fungi and plants. *Science* **293**, 1129-1133.

Hedrick, P.W. (2000). *Genetics of Populations*, 2nd edn. Jones & Bartlett, Boston, MA.

Hedrick, P.W., Klitz, W., Robinson, W.P., Kuhner, M.K. & Thomson, G. (1991). Evolutionary genetics of HLA. In Selander, R.K., Clark, A.G. & Whittam, T.S. (eds) *Evolution at the Molecular Level*, pp. 248-27 1. Sinauer, Sunderland, MA.

Hendry, A.P. & Kinnison, M.T. (1999). The pace of modern life: measuring rates of contemporary microevolution. *Evolution* **53**, 1637-1653.

Hendry, A.P. & Kinnison, M.T. (eds) (2001). *Microevolution: rates, pattern, process*. Kluwer Academic, Dordecht, Netherlands.

Hennig, W. (1966). *Phylogenetic Systematics*. University of Illinois Press, Urbana, IL.

Hennig, W. (1981). *Insect Phylogeny*. John Wiley, Chichester, UK.

Herre, E.A. (1993). Population structure and the evolution of virulence in nematode parasites of fig wasps. *Science* **259**, 1442-1446.

Hewison, A.J.M. & Gaillard, J-M. (1999). Successful sons or advantaged daughters? *Trends in Ecology and Evolution* **14**, 229-234.

Hewitt, G. (1999). Post-glacial re-colonization of European biota. *Biological Journal of the Linnean Society* **68**, 87-112.

Hewitt, G. (2000). The genetic legacy of the Quaternary ice ages. *Nature* **405**, 907-913.

Hewzulla, D., Boulter, M.C., Benton, M.J. & Halley, J.M. (1999). Evolutionary patterns from mass originations and mass extinctions. *Philosophical Transactions of the Royal Society of London B* **354**, 463-469.

Hey, J. (2001). *Genes, Categories, and Species*. Oxford University Press, New York.

Higashi, M., Takimoto, G. & Yamamura, N. (1999). Sympatric speciation by sexual selection. *Nature* **402**, 523 -526.

Higgie, M., Chenoweth, S. & Blows, M.W. (2000). Natural selection and the reinforcement of mate recognition. *Science* **290**, 519-521.

Hillis, D.M. (1996). Inferring complex phylogenies. *Nature* **383**, 130-131.

Hillis, D.M., Moritz, C. & Mable, B.K. (eds) (1996). *Molecular Systematics*, 2nd edn. Sinauer, Sunderland. MA.

Hoekstra, H.E., Hoekstra, J.M., Berrigan, D. *et al.* (2001). Strength and tempo of directional selection in the wild. *Proceedings of the National Academy of Sciences USA* **98**, 9157-9160.

Hoffmann, A.A. (2000). Laboratory and field heritabilities: some lessons from *Drosophila*. In Mousseau, T.A., Sinervo, B. & Endler, J.A. (eds) *Adaptive Genetic Variation in the Wild*, pp. 200-218. Oxford University Press, New York.

Hoffman, P.F. & Schrag, D.P. (2000). Snowball Earth. *Scientific American* **282** (January), 68-75.

Holland, B. & Rice, W.R. (1999). Experimental removal of sexual selection reverses intersexual antagonistic coevolution and removes a reproductive load. *Proceedings of the National Academy of Sciences USA* **96**, 5083-5088.

Holman, E.W. (1987). Recognizability of sexual and asexual species of rotifers. *Systematic Zoology* **36**, 381-386.

Holmes, E.C. (2000a). On the origin and evolution of the human immunodeficiency virus (HIV). *Biological Reviews* **76**, 239-254.

Holmes. E.C., Gould, E.A. & Zanotto, P.M. de A. (1996). An RNA virus tree of life? In Roberts, D.McL., Sharp, P., Alderson, G. & Collins, M. (eds) *Evolution of Microbial Life*, pp. 127-144. Cambridge University Press, Cambridge, UK.

Holmes, R. (2000b). Fatal flaw. *New Scientist* October **28**, 34-37.

Hori, M. (1993). Frequency- dependent natural selection in the handedness of scale-eating cichlid fish. *Science* **260**, 216-219.

Hosken, D.J., Garner, T.W.J. & Ward, P.I. (2001). Sexual conflict selects for male and female repoductive characters. *Current Biology* **11**, 489-493.

Hostert, E. (1997). Reinforcement: a new perspective on an old controversy. *Evolution* **51**, 697-702.

Hotton, N.H., MacLean, P.D., Roth, J. J. & Roth, E.C. (eds) (1986). *Ecology and Biology of Mammal-like Reptiles*. Smithsonian Institution, Washington, DC.

Howard, D.J. (1993). Reinforcement: origins, dynamics, and fate of an evolutionary hypothesis. In Harrison, R.G. (ed.) *Hybrid Zones and the Evolutionary Process*, pp. 46-69. Oxford University Press, New York.

Howard, D.J. (1999). Conspecific sperm and pollen precedence and speciation. *Annual Review of Ecology and Systematics* **30**, 109-132.

Howard, D. & Berlocher, S. (eds) (1998). *Endless Forms: species and speciation*. Oxford University Press, New York.

Hubbell, S.P. (2001). *The Neutral Theory of Biodiversity and Biogeogaphy*. Princeton University Press, Princeton. NJ.

Hudson, R.R., Kreitman, M. & Aguadè M. (1987) A test of neutral molecular evolution based on nucleotide data. *Genetics* **116**, 153-159.

Huelsenbeck, J.P. & Crandall, K.A. (1997). Phylogeny estimation and hypothesis testing using maximum likelihood. *Annual Review of Ecology and Systematics* **28**, 437-466.

Huelsenbeck, J.P., Ronquist, F., Nielsen, R. & Bollback, S. (2001). Bayesian inference of phylogeny and its impact on evolutionary biology. *Science* **294**, 2310-2314.

Huey, R.B., Gilchrist, G.W., Carlson, M.L., Berrigan, D. & Serra, L. (2000). Rapid evolution of a geographic cline in size in an introduced species. *Science* **287**, 308-309.

Hughes, A.L. (1999). *Adaptive Evolution of Genes and Genomes.* Oxford University Press, New York.

Hull, D.L. (1967). Certainty and circularity in evolutionary taxonomy. *Evolution* **21**, 174-189.

Hull, D.L. (1988). *Science as a Process.* University of Chicago Press, Chicago, IL.

Humphries, C.J. & Parenti, L.R. (1999). *Cladistic Biogeography.* Oxford University Press, Oxford, UK.

Hunt, H.R., Hoppert, C.A. & Rosen, S. (1955). Genetic factors in experimental rat caries. In Sognnaes, R.F. (ed.) *Advances in Experimental Caries Research,* pp. 66-81. American Association for the Advancement of Science, Washington, DC.

Huxley, J.S. (1932). *Problems of Relative Growth.* Methuen, London.

Huxley, J.S. (ed.) (1940). *The New Systematics.* Oxford University Press, Oxford, UK.

Huxley, J.S. (1942). *Evolution: the modern synthesis.* Allen & Unwin, London.

Huxley, J.S. (1970-73). *Memories,* 2 vols. Allen & Unwin, London.

International Human Genome Sequencing Consortium (2001). Initial sequencing and analysis of the human genome. *Nature* **409**, 860-921.

Irwin, D.E., Bensch, S. & Price, T.D. (2001a). Speciation in a ring. *Nature* **409**, 333-337.

Irwin, D.E., Irwin, J.H. & Price, T.D. (2001b). Ring species as bridges between macroevolution and microevolution. *Genetica* **112-113**, 223-243. (Also in Hendry & Kinnison 2001.)

Jablonski, D. (1986). Background and mass extinctions: the alternation of macroevolutionary regimes. *Science* **231**, 129-133.

Jablonski, D. (2000). Micro- and macroevolution: scale and hierarchy in evolutionary biology and paleobiology, *Paleobiology* **26** (suppl.), 15-52.

Jablonski, D. & Bottjer, D.J. (1990). The origin and diversification of major groups: environmental patterns and macroevolutionary lags. In Taylor, P.D. & Larwood, G.P. (eds) *Major Evolutionary Radiations,* pp. 17-57. Oxford University Press, Oxford, UK.

Jablonski, D. & Lutz, R.A. (1983). Larval ecology of marine benthic invertebrates: paleobiological implications. *Biological Reviews* **58**, 21-89.

Jackman, T.R. & Wake, D.B. (1994). Evolutionary and historical analysis of protein variation in the blotched forms of salamanders of the *Ensatina* complex (Amphibia: Plethodontidae). *Evolution* **48**, 876-897.

Jackson, J. & Cheetham, A. (1994). On the importance of doing nothing. *Natural History* June, 56-59.

Jackson, J.B.C. & Cheetham, A.H. (1999). Tempo and mode of speciation in the sea. *Trends in Ecology and Evolution* **14**, 72-77.

Jackson, J.B.C. & Johnson, K.G. (2001). Measuring past diversity. *Science* **293**, 2401-2404.

Jackson, J.B.C., Budd, A.F. & Coates, A.G. (eds) (1996). *Evolution and Environment in Tropical America.* University of Chicago Press, Chicago, IL.

Jackson, J.B.C., Lidgard, S. & McKinney, F.K. (eds) (2001). *Evolutionary Patterns: growth, form, and tempo in the fossil record.* University of Chicago Press, Chicago, IL.

Janzen, D.H. (1980). When is it coevolution? *Evolution* **34**, 611-612.

Janzen, D.H. & Martin, P.S. (1982). Neotropical anachronisms: the fruits the gomphotheres ate. *Science* **215**, 19-27.

Jeffreys, A. J., Royle, N.J., Wilson, V. & Wong, Z. (1988). Spontaneous mutation rate to new length alleles at tandem-repetitive hypervariable loci in human DNA. *Nature* **332**, 278-281.

Jensen, S., Gehling, J.G. & Droser, M.L. (1998). Ediacara-type fossils in Cambrian sediments. *Nature* **393**, 567-569.

Jepsen, G.L., Mayr, E. & Simpson, G.G. (eds) (1949). *Genetics, Paleontology, and Evolution.* Princeton University Press, Princeton, NJ.

Jerison, H.J. (1973). *Evolution of the Brain and Intelligence.* Academic Press, New York.

Ji, Q., Luo, Z-X., Yuan, C-X., Wible, J.R., Zhang, J-P. & Georgi, J.A. (2002). The earliest known eutherian mammal. *Nature* **416**, 816-822.

Johnson, N.A. (2002). Sixty years after "Isolating mechanisms, evolution, and temperature": Muller's legacy. *Genetics* **161**, 939-944.

Johnson, S.D. & Steiner, K.E. (2000). Generalization and specialization in plant-pollination systems. *Trends in Ecology and Evolution* **15**, 140-143.

Johnston, R.F. & Selander, R.K. (1971). Evolution in the house sparrow. II. Adaptive differentiation in North American populations. *Evolution* **25**, 1-28.

Jones, S. (1999). *Almost Like a Whale.* Transworld Publishers, London.

Joyce, G.F. (2002). The antiquity of RNA-based evolution. *Nature* **418**, 214-221.

Kaneshiro, K. (1988). Speciation in Hawaiian *Drosophila.* *Bioscience* **38**, 258-263.

Karn, M.N. & Penrose, L.S. (195 1). Birth weight and gestation time in relation to maternal age, parity, and infant survival. *Annals of Eugenics* **16**, 147-164. (Extracted in Ridley 1997.)

Keightley, P.D. & Eyre-Walker, A. (1999). Terumi Mukai and the riddle of deleterious mutation rates. *Genetics* **153**, 515-523.

Keller, E.F. & Lloyd, E.A. (eds) (1992). *Keywords in Evolutionary Biology.* Harvard University Press, Cambridge, MA.

Keller, L. (ed.) (1999). *Levels of Selection in Evolution.* Princeton University Press, Princeton, NJ.

Keller, MJ. & Gerhardt, H.C. (2001). Polyploidy alters advertisement call structure in treefrogs. *Proceedings of the Royal Society of London B* **268**, 341-345.

Kellogg, E.A. (2000). The grasses: a case study in macroevolution. *Annual Review of Ecology and Systematics* **31**, 217-238.

Kemp, T.S. (1999). *Fossils and Evolution.* Oxford University Press, Oxford, UK.

Kenrick, P. (2001). Turning over a new leaf. *Nature* **410**, 309-310.

Kenrick, P. & Crane, P.R. (1997). The origin and early evolution of plants on land. *Nature* **389**, 33-39.

Kessler, S. (1966). Selection for and against ethological isolation between *Drosophila pseudo obscura* and *Drosophila persimilis*. *Evolution* **20**, 634-645.

Kettlewell, H.B.D. (1973). *The Evolution of Melanism.* Oxford University Press, Oxford, UK.

Keys, D.N., Lewis, D.L., Selegue, J.E. *et al.* (1999). Recruitment of a *hedgehog* regulatory circuit in butterfly eyespot evolution. *Science* **283**, 532-534.
Kimura, M. (1968). Evolutionary rate at the molecular level. *Nature* **217**, 624-626.
Kimura, M. (1983). *The Neutral Theory of Molecular Evolution*. Cambridge University Press, Cambridge, UK.
Kimura, M. (199 1). Recent developments of the neutral theory viewed from the Wrightian tradition of theoretical population genetics. *Proceedings of the National Academy of Sciences USA* **88**, 5969-5973. (Reprinted in Ridley 1997.)
King, L. & Jukes, T. (1969). Non-darwinian evolution. *Science* **164**, 788-789.
King, M-C. & Wilson, A.C. (1975). Evolution at two levels: molecular similarities and bio- logical differences between humans and chimpanzees. *Science* **188**,107-116.
Kingman, J.F.C. (2000). Origins of the coalescent. *Genetics* **156**, 1461-1463.
Kingsolver, J.G., Hockstra, H.E., Hoekstra, J.M. *et al.* (2001). The strength of phenotypic selection in natural populations. *American Naturalist* **157**, 245-261.
Kirchner, J.W. (2002). Evolutionary speed limits inferred from the fossil data. *Nature* **415**, 65-68,
Kirchner, J.W. & Weil, A. (1998). No fractals in fossil extinction statistics, *Nature* **395**, 337-338.
Kirschner, M. & Gerhart, J. (1998). Evolvability. *Proceedings of the National Academy of Sciences USA* **95**, 8420-8427.
Kitching, I.J., Forey, P.L., Humphries, C.J. & Williams, D.M. (1998). *Cladistics: the theory andpractice of parsimony analysis*, 2nd edn. Oxford University Press, Oxford, UK.
Klein, R.G. (1999). *The Human Career*, 2nd edn. University of Chicago Press, Chicago, IL.
Klicka, J. & Zink, R.M. (1999). Pleistocene effects on North American songbird evolution. *Proceedings of the Royal Society of London B* **266**, 695-700.
Klingenberg, C.P. (1998). Heterochrony and allometry: the analysis of evolutionary change in ontogeny. *Biological Reviews* **73**, 79 -123.
Knoll, A.H. & Baghoorn, E.S. (1977). Archaean microfossils and showing cell division from the Swaziland system of South Africa. *Science* **198**, 396-398.
Knoll, A.H. & Carroll, S.B. (1999). Early animal evolution: emerging views from comparative biology and geology. *Science* **284**, 2129-2137.
Koepfer, H.R. (1987). Selection for isolation between geographic forms of *Drosophila mojavensis*. I. Interactions between the selected forms. *Evolution* **41**, 37-48.
Kohn, M.H., Pelz, H-J. & Wayne, R.K. (2000). Natural selection mapping of the warfarin-resistance gene. *Proceedings of the NationalAcademy of Sciences USA* **97**, 7911-7915.
Komdeur, J. (1996). Facultative sex ratio bias in the offspring of Seychelles warblers. *Proceedings of the Royal Society of London B* **263**, 661-666.
Kondrashov, A.S. (1988). Deleterious mutations and the evolution of sexual reproduction. *Nature* **336**, 435-440.
Kondrashov, A.S. & Kondrashov, F.A. (1999). Interactions among quantitative traits in the course of sympatric speciation. *Nature* **400**, 351-354.
Kondrashov, A.S. & Turelli, M. (1992). Deleterious mutations, apparent stabilizing selection, and the maintenance of quantitative variation. *Genetics* **132**, 603-618.
Korber, B., Muldoon, M., Theiler, J. *et al.* (2000). Timing the ancestor of the HIV-1 pandemic strains. *Science* **288**, 1789-1796.
Korol, A., Rashkovetsky, E., Iliadi, K. *et al.* (2000). Nonrandom mating in *Drosophila melanogaster* laboratory populations derived from closely adjacent ecologically contrasting slopes at "Evolution canyon". *Proceedings of the National Academy of Sciences USA* **97**, 12637-12642.
Kreitman, M. (1983). Nucleotide polymorphism at the alcohol dehydrogenase locus of *Drosophila melanogaster. Nature* **304**, 412-417.
Kreitman, M. & Antezana, M. (2000). The population and evolutionary genetics of codon bias. In Singh, R.S. & Krimbas, C. (eds) *Evolutionary Genetics*, pp. 82-101. Cambridge University Press, New York.
Kruckeberg, A.R. (1957). Variation in fertility of hybrids between isolated populations of the serpentine species *Streptanthus glandulosus* Hook. *Evolution* **11**, 185-211.
Kruuk, L.E.B., Merilä, J. & Sheldon, B.C. (2001). Phenotypic selection on a heritable size trait revisited. *American Naturalist* **158**, 557-571.
Kubo, N., Harada, K., Hirai, A. & Kadowaki, K-I. (1999). A single nuclear transcript encoding mitochondrial RSP14 and SDHB of rice is processed by alternative splicing. *Proceedings of the National Academy of Sciences USA* **96**, 9207-9211.
Kumar, S. & Subramanian, S. (2002). Mutation rates in mammalian genomes. *Proceedings of the National Academy of Sciences USA* **99**, 803-808.
Labandeira, C.C. (1998). How old is the flower and the fly? *Science* **280**, 57-59.
Labandeira, C.C. & Sepkoski, J.J. (1993). Insect diversity in the fossil record. *Science* 261, 310-315.
Labandeira, C.C., Johnson, K.R. & Wilf, P. (2002). Impact of the terminal Cretaceous event on plant-insect associations. *Proceedings of the National Academy of Sciences USA* **99**, 2061-2066.
Lack, D. (1947). *Darwin's Finches*. Cambridge University Press, Cambridge, UK.
Lahn, B.T. & Page, D.C. (1999). Four evolutionary strata on the human X chromosome. *Science* **286**, 964-967.
Lake, J.A. (1990). Origin of the Metazoa. *Proceedings of the National Academy of Sciences USA* **87**, 763-766.
Lamarck, J-B. (1809). *Philosophie Zoologique*. Paris.
Lambert, D.M. & Spencer, H.E. (eds) (1994). *Speciation and the Recognition Concept: theory and application*. Johns Hopkins University Press, Baltimore, MD.
Lan, R. & Reeves, P.R. (2001). When does a clone deserve a name? *Trends in Microbiology* **9**, 419-424.
Lanciotti, P.S., Rochrig, J.T., Deubel, V. *et al.* (1999) Origin of the west Nile virus responsible for an outbreak of encephalitis in the northeastern United States. *Science* **286**, 2333-2337.
Land, M.F. & Nilsson, D-E. (2002). *Animal Eyes*. Oxford University Press, Oxford, UK.
Lande, R. (1976). The maintenance of genetic variability by mutation in a polygenic character with linked loci. *Genetical Research* **26**, 221-235.
Langley, C.H. (1977). Nonrandom associations between allozymes in natural populations of *Drosophila melanogater.* In Christiansen, F.B. & Fenchel, T.M. (eds) *Measuring Selection in Natural Populations*, pp. 265-273. Springer-Verlag, Berlin.
Laporte, L.F. (2000). *George Gaylord Simpson: paleontologist and evolutionist*. Columbia University Press, New York.
Larson, E.J. (2003). *Trial and Error: the American controversy over creation and evolution*, 3rd edn. Oxford University Press, New York.
Law, R. (1991). Fishing in evolutionary waters. *New Scientist* March 2, 35-37.
Lederburg, J. (1999). J.B.S. Haldane (1949) on infectious disease and evolution. *Genetics* **153**, 1-3.
Lees, D.R. (1971). Industrial melanism: genetic adaptation of animals to air pollution. In Bishop, J.A. & Cook, L.M. (eds)

Genetic Consequencies of Man-made Change, pp. 129-176. Academic Press, London.
Leigh, E.G. (1987). Ronald Fisher and the development of evolutionary theory. II. *Oxford Surveys in Evolutionary* Biology **4**, 214-223.
Leitch, I. & Bennett, M. (1997). Polyploidy in angiosperms. *Trends in Plant Sciences* **2**, 470-476.
Lenormand, T., Bourguet, D., Guillemaud, T. & Raymond, M. (1999). Tracking the evolution of insecticide resistance in the mosquito *Culex pipiens*. *Nature* **400**, 861-864.
Lens, L., van Dongen, S., Kark, S. & Matthysen, E. (2002). Fluctuating asymmetry as an indicator of fitness: can we bridge the gap between studies? *Biological Reviews* **77**, 27-38.
Levene, H. (1953). Genetic equilibrium when more than one niche is available. *American Naturalist* **87**, 331-333.
Leverich, W.J. & Levin, D.A. (1979). Age-specific survivorship and reproduction in *Phlox drummondii*. *American Naturalist* **113**, 881-903.
Levin, B.R., Perrot, V. & Walker, N. (2000). Compensatory mutations, antibiotic resistance, and the population genetics of adaptive evolution in bacteria. *Genetics* **154**, 985-997.
Levin, D.A. (2000). *The Origin, Expansion, and Demise of Plant Species*. Oxford University Press, New York.
Levine, M. (2002). How insects lose their limbs. *Nature* **415**, 848-849.
Levinton, J. (2001). *Genetics, Paleontology, and Macroevolution*, 2nd edn. Cambridge University Press, Cambridge, UK.
Lewin, B. (2000). *Genes VII*. Oxford University Press, New York.
Lewin, R. (2003). *Principles of Human Evolution*. Blackwell Science, Malden, MA.
Lewontin, R.C. (1974). *The Genetic Basis of Evolutionary Change*. Columbia University Press, New York.
Lewontin, R.C. (1986). How important is population genetics for an understanding of evolution? *American Zoologist* **26**, 811-820.
Lewontin, R.C. (2000). *The Triple Helix*. Harvard University Press, Cambridge, MA.
Lewontin, R.C., Moore, J.A., Provine, W.B. & Wallace, B. (eds) (1981). *Dobzhansky's Genetics of Natural Populations I-XLIII*. Columbia University Press, New York.
Li, W-H. (1997). *Molecular Evolution*. Sinauer, Sunderland, MA.
Li, W-H., Tanimura, M. & Sharp, P.M. (1987). An evaluation of the molecular clock hypothesis using mammalian DNA sequences. *Journal of Molecular Evolution* **25**, 330-342.
Lively, C.M. (1996). Host-parasites coevolution and sex. *Bioscience* **46**, 107-114.
Lively, C.M. & Dybdahl, M.F. (2000). Parasite adaptation to locally common host genotypes. *Nature* **405**, 679-681.
Losos, J.B. (2000). Ecological character displacement and the study of adaptation. *Proceedings of the National Academy of Sciences USA* **97**,5693-5695.
Losos, J.B. (2001). Evolution: a lizard's tale. *Scientific American* **284** (March), 56-61.
Losos, J.B. & Schluter, D. (2000). Analysis of an evolutionary species-area relationship. *Nature* **408**, 847-850.
Losos, J.B., Jackman, T.R., Larson, A., de Queiroz, K. & Rodriguez-Schettino, L. (1998). Contingency and determinism in replicated adaptive radiations of island lizards. *Science* **279**,2115-2118.
Luria, S.E. & Delbruck, M. (1943). Mutations of bacteria from virus sensitivity to virus resistance. *Genetics* **28**, 491-511.
Lyell, C. (1830-33). *Principles of Geology*, 3 vols. John Murray, London.
Lynch, M. & Conery, J.S. (2000). The evolutionary fate and consequences of duplicate genes. *Science* **290**, 1151-1155.
Lynch, M. & Walsh, B. (1998). *Genetics and Analysis of Quantitative Traits*. Sinauer, Sunderland, MA.
Lynch, M., Blanchard, J., Houle, D. *et al.* (1999). Perspective: spontaneous deleterious mutation. *Evolution* **53**, 645-663.
MacArthur, R.H. (1958). Population ecology of some warblers of northeastern coniferous forests. *Ecology* **39**, 599-619.
MacFadden, B.J. (1992). *Fossil Horses. Systematics, paleobiology, and evolution of the family Equidae*. Cambridge University Press, New York.
Macgregor, H.C. (1991). Chromosomal heteromorphism in newts *(Triturus)* and its significance in relation to evolution and development. In Green, D.M. & Sessions, S.K. (eds) *Amphibian Cytogenetics and Evolution*, pp. 175-196. Academic Press, San Diego, CA.
Macgregor, H.C. & Horner, H.A. (1980). Heteromorphism for chromosome 1, a requirement for normal development in crested newts. *Chromosoma* **76**,111-122.
Machado, C.A., Jousselin, E., Kjellberg, F., Compton, S.G. & Herre, E.A. (2001). Phylogenetic relationships, historical biogeography, and character evolution of figpollinating wasps. *Proceedings of the Royal Society of London B* **268**, 685-694.
Maddison, W.P. & Maddison, D.R. (2000). *MacClade, Version* 4. Sinauer Associates, Sunderland, MA.
Magurran, A.E. & May, R.M. (eds) (1999). *Evolution of Biological Diversity*. Oxford University Press, Oxford, UK.
Majerus, M.E.N. (1998). *Melanism: evolution in action*. Oxford Univesity Press, Oxford, UK.
Majerus, M.E.N. (2002). *Moths*. New Naturalist series. HarperCollins, London.
Mant, J.G., Schiestl, F.P., Peakall, R. & Weston, P.H. (2002). A phylogenetic study of pollinator conservatism among sexually deceptive orchids. *Evolution* **56**, 888-898.
Mark Welch, D. & Meselsohn, M. (2000). Evidence for the evolution of bdelloid rotifers without sexual reproduction or genetic exchange. *Science* **288**, 1211-1215.
Marshall, L.G., Webb, S.D., Sepkoski, J.J. & Raup, D.M. (1982). Mammalian evolution and the Great American Interchange. *Science* **215**, 1351-1357.
Martin, A.P. (1999). Increasing genome complexity by gene duplication and the origin of the vertebrates. *American Naturalist* **154**, 111-128.
Martin, L. (1985). Significance of enamel thickness in hominoid evolution. *Nature* **314**, 260-263.
Martin, R.E. (2000). *Taphonomy*. Cambridge University Press, New York.
Martin, W., Stoebe, B., Goremykin, V., Hansmann, S., Hasegawa, M. & Kowallik, K.V. (1998). Gene transfer to the nucleus and the evolution of chloroplasts. *Nature* **393**, 162-165.
Mather, K. (1943). Polygenic inheritance and natural selection. *Biological Reviews* **18**, 32-64.
Mathews, S. & Donoghue, M.J. (1999). The root of angiosperm phylogeny inferred from duplicate phytochrome genes. *Science* **286**, 947-950.
May, A.W. (1967). Fecundity of Atlantic cod. *Journal of the Fisheries Research Board of Canada* **24**, 1531-1551.
Maynard Smith, J. (1976). Group selection. *Quarterly Review of Biology* **51**, 277-283.
Maynard Smith, J. (1978). Optimization theory in evolution. *Annual Review of Ecology and Systematics* **9**, 31-56.
Maynard Smith, J. (1986). *The Problems of Biology*. Oxford University Press, Oxford, UK.
Maynard Smith, J. (1987). How to model evolution. In: Dupré, J. (ed.) *The Latest on the Best*, pp. 119-31. MIT Press, Cambridge, MA.

Maynard Smith, J. (1998). *Evolutionary Genetics*, 2nd edn. Oxford University Press, Oxford, UK.
Maynard Smith, J. & Szathmáry, E. (1995). *The Major Transitions in Evolution*. W. H. Freeman/Spektrum, Oxford, UK and New York.
Maynard Smith, J. & Szathmáry, E. (1999). *Origins of Life*. Oxford University Press, Oxford, UK.
Maynard Smith, J., Burian, R., Kauffman, S. *et al.* (1985). Developmental constraints and evolution. *Quarterly Review of Biology* **60**, 265-287.
Maynard Smith, J., Smith, N.H., 0' Rourke, M. & Spratt, B.G. (1993). How clonal are bacteria? *Proceedings of the National Academy of Sciences USA* **90**, 4384-4388.
Mayr, E. (1942). *Systematics and the Origin of Species*. Columbia University Press, New York. (Paperback reprint with new introduction, 1999, by Harvard University Press, Cambridge, MA.)
Mayr, E. (1963). *Animal Species and Evolution*. Harvard University Press, Cambridge, MA.
Mayr, E.(1976). *Evolution and the Diversity of Life*. Harvard University Press, Cambridge, MA.
Mayr, E. (1981). Biological classification: toward a synthesis of opposing methodologies. *Science* **214**, 510-516.
Mayr, E. (2001). *What Evolution Is*. Basic Books, New York and Weidenfeld & Nicolson, London.
Mayr, E. & Ashlock, P.D. (1991). *Principles of Systematic Zoology*, 2nd edn. McGraw-Hill, New York.
Mayr, E. & Diamond, J. (2001). *The Birds of Northern Melanesia*. Oxford University Press, New York.
Mayr, E. & Provine, W.B. (eds) (1980). *The Evolutionary Synthesis*. Harvard University Press, Cambridge, MA.
McCune, A.R. (1982). On the fallacy of constant extinction rates. *Evolution* **36**, 610-614.
McDonald, J.H. & Kreitman, M. (1991). Adaptive evolution at the *Adh* locus in *Drosophila*. *Nature* **351**, 652-654.
McGhee, J.D. (2000). Homologous tails? Or tales of homology? *Bioessays* **22**, 781-785.
McKenzie, J.A. (1996). *Ecological and Evolutionary Aspects of Insecticide Resistance*. Academic Press, San Diego, CA.
McKenzie, J.A. & Batterham, P. (1994). The genetic, molecular, and phenotypic consequences of selection for insecticide resistance. *Trends in Ecology and Evolution* **9**, 166-169.
McKenzie, J.A. & O'Farrell, K. (1993). Modification of developmental instability and fitness: malathion-resistance in the Australian sheep blowfly. *Genetica* **89**, 67-76.
McKinney, F.K. (1995). One hundred million years of competitive interactions between bryozoan clades: asymmetrical but not escalating. *Biological Journal of the Linnean Society* **56**, 465-481.
McKinney, F.K., Lidgard, S., Sepkoski, J.J. & Taylor, P.D. (1998). Decoupled temporal patterns of evolution and ecology in two post-Paleozoic clades. *Science* **281**, 807-809.
McMillan, W.O., Monteiro, A. & Kapan, D.D. (2002). Development and evolution on the wing. *Trends in Ecology and Evolution* **17**, 125-133.
McPhee, J. (1998). *Annals of the Former World*. Farrar, Straus & Giroux, New York.
McShea, D.W. (1998). Possible large-scale evolutionary trends in organismal evolution: eight "live hypotheses". *Annual Review of Ecology and Systematics* **29**, 293-318.
Meffert, L.M. (1999). How speciation experiments relate to conservation biology. *Bioscience* **49**, 701-711.
Meier, R. (1997). A test and review of the empirical performance of the ontogenetic criterion. *Systematic* Biology **46**, 699-721.
Messier, W. & Stewart, C-B. (1997). Episodic adaptive evolution of primate lysozymes. *Nature* **385**, 151-154.
Meyerowitz, E.M. (2002). Plants compared to animals: the broadest comparative study of development. *Science* **295**, 1482-1485.
Milinkovitch, M.C., Ortí, G. & Meyer, A. (1993). Revised phylogeny of whales suggested by mitochondrial ribosomal DNA sequences. *Nature* **361**, 346-348.
Miller, A.I. (1998). Biotic transitions in global marine diversity. *Science* **281**, 1157-1160.
Mindell, D.P. & Honeycutt, R.L. (1990). Ribosomal RNA in vertebrates and phylogenetic applications. *Annual Review of Ecology and Systematics* **21**, 541-566.
Mindell, D.P. & Meyer, A. (2001). Homology evolving. *Trends in Ecology and Evolution* **16**, 434-440.
Mitton, J. (1998). *Selection in Natural Populations*. Oxford University Press, New York.
Mivart, G.J. (187 1). *The Genesis of Species*. Macmillan, London.
Møller, A.P. (1994). *Sexual Selection and the Barn Swallow*. Oxford University Press, Oxford, UK.
Mooers, A.Ø. & Holmes, E.C. (2000). The evolution of base composition and phylogenetic inference. *Trends in Ecology and Evolution* **15**, 365-369.
Moore, J. & Willmer, P. (1997). Convergent evolution in invertebrates. *Biological Reviews* **72**, 1-60.
Moore, J.A. (2002). *From Genesis to Genetics: the case of evolution and creationism*. University of California Press, San Francisco, CA.
Moritz, C., Patton, J.L., Schneider, C.J. & Smith, T.B. (2000). Diversification of rainforest faunas: an integrated molecular approach. *Annual Review of Ecology and Systematics* **31**, 533-563.
Morrow, J.R., Schindler, E. & Walliser, O.H. (1996). Phanerozoic development of selected global environmental features. In Walliser, O.H. (ed.) *Global Events and Event Stratigraphy in the Phanerozoic*, pp. 53-61. Springer-Verlag, Berlin.
Muir, G., Fleming, C.C. & Schlötterer, C. (2000). Species status of hybridizing oaks. *Nature* **405**, 1016.
Muir, W.M. (1995). Group selection for adaptation to multiple-hen cages: selection program and direct responses. *Poultry Science* **75**, 447-458.
Mukai, T., Chigusa, S.I., Mettler, L.E. & Crow, J.F. (1972). Mutation rate and dominance of genes affecting viability in *Drosophila melanogaster*. *Genetics* **72**, 335-355.
Muller, H.J. (1959). One hundred years without Darwinism are enough. *School Science and Mathematics* **49**, 314-318.
Mumme, R.L. (1992). Do helpers increase reproductive success: an experimental analysis in the Florida scrub jay. *Behavioral Ecology and Sociobiology* **31**, 319-328.
Murray, J. & Clarke, B. (1980). The genus *Partula* on Moorea: speciation in progress. *Proceedings of the Royal Society of London B* **211**, 83-117.
Nachman, M.W. & Crowell, S.L. (2000) Estimate of the mutation rate per nucleotide in humans. *Genetics* **156**, 297-304.
Nachman, M.W. & Searle, J.B. (1995). Why is the house mouse karyotype so variable? *Trends in Ecology and Evolution* **10**, 397-402.
Nei, M. & Kumar, S. (2000). *Molecular Evolution and Phylogenetics*. Oxford University Press, New York.
Nesse, R.M. & Williams, G.C. (1995). *Why We get Sick: the new science of Darwinian medicine*. Times Books, New York. (Also published as *Evolution and Healing*, 1995, by Weidenfeld & Nicolson, London.)
Nevo, E. (1988). Genetic diversity in nature. *Evolutionary Biology* **23**, 217-246.

Newell, N.D. (1959). The nature of the fossil record. *Proceedings of the American Philosophical Society* **103**, 264-285.
Nielsen, C. (2001). *Animal Evolution: interrelationships of the living phyla,* 2nd edn. Oxford University Press, Oxford, UK.
Nielsen, R. (2001). Statistical tests of selective neutrality in the age of genomics. *Heredity* **86**, 641-647.
Niklas, K.J. (1986). Large-scale changes in animal and plant terrestrial communities. In Raup, D.M. & Jablonski, D. (eds) *Patterns and Processes in the History of Life,* pp. 383-405. Dahlem Workshop. John Wiley, Chichester, UK.
Niklas, K.J. (1997). *The Evolutionary Biology of Plants.* University of Chicago Press, Chicago, IL.
Nilsson, D-E. & Pelger, S. (1994). A pessimistic estimate of the time required for an eye to evolve. *Proceedings of the Royal Society of London B* **256**, 53-58.
Nisbet, E. (2000). The realms of Archaean life. *Nature* **405**, 625-626.
Nitecki, M.H. (ed.) (1990). *Evolutionary Innovations.* University of Chicago Press, Chicago, IL.
Nixon, K.C. & Wheeler, Q.D. (1990). An amplification of the phylogenetic species concept. *Cladistics* **6**, 211-223.
Noor, M. (1999). Reinforcement and other consequences of sympatry. *Heredity* **83**, 503-508.
Noor, M., Grams, K.L., Bertucci, L.A. & Reiland, J. (2001). Chromosomal inversions and the reproductive isolation of species. *Proceedings of the National Academy of Sciences USA* **98**, 12084-12088.
Nordenskiöld, E. (1929). *The History of Biology.* Knopf, New York.
Nosil, P., Crespi, B.J. & Sandoval, C.P. (2002). Host-plant adaptation drives the parallel evolution of reproductive isolation. *Nature* **417**, 440-443.
Novacek, M.J. (1992). Mammalian phylogeny: shaking the tree. *Nature* **356**, 121-125.
Novacek, M.J. (2001). Mammalian phylogeny: genes and supertrees. *Current Biology* **11** R573-575.
Novak, S.J., Soltis, D.E. & Soltis, P.S. (1991). Ownbey's tragopogons: 40 years later. *American Journal of Botany,* **78**,1586-1600.
Numbers, R.L. (1992). *The Creationists: the evolution of scientific creationism.* Knopf, New York. (Paperback edition, 1993, by University of California Press, Berkeley, CA.)
Numbers, R.L. (1998). *Darwinism Comes to America.* Harvard University Press, Cambridge, MA.
Nurminsky, D.M., De Aguiar, D., Bustamante, C.D. & Hartl, D. (2001). Chromosomal effects of rapid gene evolution in *Drosophila melanogaster. Science* **291**, 128-130.
O'Brien, S.J. & Stanyon, R. (1999). Ancestral primate viewed. *Nature* **402**, 365-366.
O'Brien, S.J., Menotti-Raymond, M., Murphy, W.J. *et al.* (1998). The promise of comparative genomics in mammals. *Science* **286**, 358-463.
Ochman, H. & Moran, N.A. (2001). Genes lost and genes found: evolution of bacteria, pathogenesis and symbiosis. *Science* **292**, 1096-1098.
Ochman, H., Elwyn, S. & Moran, N. (1999). Calibrating bacterial evolution. *Proceedings of the National Academy of Sciences USA* **96**,12638 -12643.
Ochman, H., Jones, J.S. & Selander, R.K. (1983). Molecular area effects in *Cepaea. Proceedings of the National Academy of Sciences USA* **80**, 4189-4193.
Ohno, S. (1970). *Evolution by Gene Duplication.* Springer, New York.
Ohta, T. (1992). The nearly neutral theory of molecular evolution. *Annual Review of Ecology and Systematics* **23**, 263-286.
Ohta, T. (2000). Near-neutrality in evolution of genes and gene regulation. *PNAS* **99**, 16134-16137.
Ohta, T. & Gillespie, J.H. (1996). Development of neutral and nearly neutral theories. *Theoretical Population Biology* **49**, 128-142.
Orr, H.A. (1998). The population genetics of adaptation: the distribution of factors fixed during adaptive evolution. *Evolution* **52**, 935-949.
Orr, H.A. (2001). The genetics of species differences. *Trends in Ecology and Evolution* **16**, 343-350.
Orr, H.A. & Coyne, J.A. (1992). The genetics of adaptation: a reassessment. *American Naturalist* **140**, 725-742.
Orr, H.A. & Presgraves, D.C. (2000). Speciation by postzygotic isolation: forces, genes and molecules. *Bioessays* **22**, 1085-1094.
Orzack, S.H. & Sober, E. (1994). Optimality models and the test of adaptationism. *American Naturalist* **143**, 361-380.
Osawa, S. (1995). *Evolution of the Genetic Code.* Oxford University Press, New York.
Otte, D. & Endler, J.A. (eds) (1989). *Speciation and its Consequences.* Sinauer, Sunderland, MA.
Otto, S.P. & Lenormand, T. (2002). Resolving the paradox of sex and recombination. *Nature Reviews Genetics* **3**, 252-261.
Ownbey, M. (1950). Natural hybridization and amphiploidy in the genus *Tragopogon. American Journal of Botany* **27**, 487-499.
Page, R. (ed.) (2002). *Tangled Trees.* University of Chicago Press, Chicago, IL.
Page, R. & Holmes, E.C. (1998). *Molecular Evolution.* Blackwell Science, Oxford, UK.
Pagel, M. (1999). Inferring the historical patterns of biological evolution. *Nature* **401**, 877-884.
Pagel, M. (ed.) (2002). *Encyclopedia of Evolution.* Oxford University Press. New York.
Palumbi, S.R. (2001a). Humans as the world's greatest evolutionary force. *Science* **293**, 1786-1790.
Palumbi, S.R. (2001b). *The Evolution Explosion: how humans cause rapid evolutionary change.* W. W. Norton, New York.
Panhuis, T.M., Butlin, R., Zuk, M. & Tregenza, T. (2001) Sexual selection and speciation. *Trends in Ecology and Evolution* **16**, 364-372.
Parker, G.A. & Maynard Smith, J. (1990). Optimality theory in evolutionary biology. *Nature* **348**, 27-33.
Paterson, H.E.H. (1993). *Evolution and the Recognition Concept of Species: collected writings.* Johns Hopkins University Press, Baltimore, MD.
Patterson, C. (1981). Methods of paleobiogeography. In Nelson, G. & Rosen, D.E. (eds) *Vicariance Biogeography.. a critique,* pp. 446-489. Columbia University Press, New York.
Pease, C. (1992). On the declining extinction and origination rates of fossil taxa. *Paleobiology* **18**, 89-92.
Pellmyr, O., Leebens-Mack, J. & Thompson, J.N. (1998). Herbivores and molecular clocks as tools in plant biogeography. *Biological Journal of the Linnean Society* **63**, 367-378.
Pennock, R.T. (2000). *Tower of Babel: the evidence against the new creationism.* MIT Press, Cambridge, MA.
Pennock, R.T. (ed.) (2001). *Intelligent Design Creationism and its Critics.* MIT Press, Cambridge, MA.
Penny, D., Foulds, L.R. & Hendy, M.D. (1982). Testing the theory of evolution by comparing the phylogenetic trees constructed from five different protein sequences. *Nature* **297**, 197-200.
Peters, S.E. & Foote, M. (2002). Determinants of extinction in the fossil record. *Nature* **416**, 420-424.

Petrov, D.A., Sangster, T.A., Johnston, J.S, Hartl, D.L. & Shaw, K.L. (2000). Evidence for DNA loss as a determinant of genome size. *Science* **287**, 1060-1062.

Philippe, H. & Forterre, P. (1999). The rooting of the universal tree of life is not reliable. *Journal of Molecular Evolution* **49**, 509-523.

Pielou, E.C. (1991). *After the Ice Age: the return of life to glaciated North America.* University of Chicago Press, Chicago, IL.

Pierce, N.E. & Mead, P.S. (1981). Parasitoids as selective agents in the symbiosis between lycaenid butterfly larvae and ants. *Science* **211**, 1185-1187.

Pigliucci, M. (2002). Buffer zone. *Nature* **417**, 598-599.

Pigliucci, M. & Kaplan, J. (2000). The rise and fall of Dr Pangloss: adaptationism and the spandrels paper 20 years later. *Trends in Ecology and Evolution* **15**, 66-70.

Podos, J. (2001). Correlated evolution of morphology and vocal signal structure in Darwin's finches. *Nature* **409**, 185-187.

Powell, J.R. (1997). *Progress and Prospects in Evolutionary Biology: the Drosophila model.* Oxford University Press, New York.

Primack, R.B. & Kang, H. (1989). Measuring fitness and natural selection in wild plant populations. *Annual Review of Ecology and Systematics* **20**, 367-396.

Proctor, H. & Owens, I. (2000). Mites and birds: diversity, parasites, and coevolution. *Trends in Ecology and Evolution* **15**, 358-364.

Provine, W.B. (1971). *The Origins of Theoretical Population Genetics.* University of Chicago Press, Chicago, IL. (Reprinted 2001 with afterword.)

Provine, W.B. (1986). *Sewall Wright and Evolutionary Biology.* University of Chicago Press, Chicago, IL.

Prum, R.D. & Brush, A.H. (2002). The evolutionary origin and diversification of feathers. *Quarterly Review of Biology* **77**, 261-295.

Przeworski, M., Hudson, R.R. & Di Rienzo, A. (2000). Adjusting the focus on human variation. *Trends in Genetics* **16**, 296-302.

Ptashne, M. & Gann, A. (1998). Imposing specificity by localization: mechanism and evolvability. *Current Biology* **8**, R812-822.

Pupo, G.M., Lan, R. & Reeves, P.R. (2000). Multiple independent origins of *Shigella* clones of *Escherichia coli* and convergent evolution of many of their characteristics. *Proceedings of the NationalAcademy of Sciences USA* **97**,10567-10572.

Raff, R.A. (1996). *The Shape of Life.* University of Chicago Press, Chicago, IL.

Ramsey, J. & Schemske, D.W. (1998). Pathways, mechanisms, and rates of polyploid formation in flowering plants. *Annual Review of Ecology and Systematics* **29**, 467-501.

Rand, D. (2000). Mitochondrial genomics flies high. *Trends in Ecology and Evolution* **16**, 2-4.

Rand, D.M. (2001). The units of selection on mitochondrial DNA. *Annual Review of Ecology and Systematics* **32**, 415-448.

Raup, D.M. (1966). Geometric analysis of shell coiling. *Journal of Paleontology* **40**, 1178-1190.

Raup, D.M. (1986). Biological extinction in earth history. *Science* **231**, 1528-1533.

Rausher, M.D. (2001). Co-evolution and plant resistance to natural enemies. *Nature* **411**, 857-864.

Reeve, H.K. & Sherman, P.W. (1993). Adaptation and the goals of evolutionary research. *Quarterly Review of Biology* **68**, 1-32.

Reich, D.E., Cargill, M., Bolk, S. *et al.* (2001). Linkage disequilibrium in the human genome. *Nature* **411**, 199-204.

Remington, C.L. (1968). Suture-zones of hybrid interaction between recently joined biotas. *Evolutionary Biology* **2**, 321-428.

Reznick, D.N., Shaw, F.H., Rodd, F.H. & Shaw, R.G. (1997). Evaluation of the rate of evolution in natural populations of guppies (*Poecilia reticulata*). *Science* **275**, 1934-1936.

Rice, W.R. (2002). Experimental tests of the adaptive significance of sexual reproduction. *Nature Reviews Genetics* **3**, 241-251.

Rice, W.R. & Chippindale, A.K. (2001). Sexual recombination and the power of natural selection. *Science* **294**, 555-559.

Rice, W.R. & Hostert, E.E. (1993). Laboratory experiments on speciation: what have we learned in 40 years? *Evolution* **47**,1637-1653. (Reprinted in Ridley 1997.)

Richardson, J.E., Weitz, F.M., Fay, M.F. *et al.* (2001). Rapid and recent origin of species richness in the Cape flora of South Africa. *Nature* **412**, 181-183.

Ricker, W.E. (1981). Changes in the average size and average age of Pacific salmon. *Canadian Journal of Fisheries and Aquatic Sciences* **38**, 1636-1656.

Ricklefs, R.E. & Miller, G.L. (2000). *Ecology,* 4th edn. W. H. Freeman, New York.

Ridley, M. (1986). *Evolution and Classification: the reformation of cladism.* Longman, London.

Ridley, M. (ed.) (1997). *Evolution.* Oxford Readers. Oxford University Press, New York.

Ridley, M. (2001). *The Cooperative Gene.* Free Press, New York. (Also published as *Mendel's Demon,* 2000, by Weidenfeld & Nicolson, London.)

Rieseberg, L.H. (1997). Hybrid origins of plant species. *Annual Review of Ecology and Systematics* **28**, 359-389.

Rieseberg, L.H. (2001). Chromosomal rearrangements and speciation. *Trends in Ecology and Evolution* **16**, 351-357.

Rieseberg, L.H. & Wendel, J.F. (1993). Introgression and its consequences in plants. In Harrison, R.G. (ed.) *Hybrid Zones and the Evolutionary Process, pp.* 70-109. Oxford University Press, New York.

Rieseberg, L.H., Sinervo, B., Linder, C.R., Ungerer, M.C. & Arias, D.M. (1996). Role of gene interactions in hybrid speciation: evidence from ancient and experimental hybrids. *Science* **272**, 741-745. (Reprinted in Ridley 1997.)

Ritchie, M.G. & Phillips, S.D.F. (1998). The genetics of sexual isolation. In Howard, D. & Berlocher, S. (eds) *Endlesss Forms: species and speciation,* pp. 291-308. Oxford University Press, New York.

Ritvo, H. (1997). *The Platypus and the Mermaid and Other Figments of the Classifying Imagination.* Harvard University Press, Cambridge, MA.

Robson, G.C. & Richards, O.W. (1936). *The Variations of Animals in Nature.* Longman, London.

Roff, D.A. (1997). *Evolutionary Quantitative Genetics.* Chapman & Hall, New York.

Rose, M.R. & Lauder, G.V. (eds) (1996). *Adaptation.* Academic Press, San Diego, CA.

Rosen, D.E., Forey, P.L., Gardiner, B.C. & Patterson, C. (1981). Lungfishes, tetrapods, paleontology, and plesiomorphy. *Bulletin of the American Museum of Natural History* **167**,159-276.

Rosenberg, M.S. & Kumar, S. (2001). Incomplete taxon sampling is not a problem for phylogenetic inference. *Proceedings of the National Academy of Sciences USA* **98**, 10751-10756.

Ross, J. (1982). Myxomatosis: the natural evolution of the disease. In Edwards, M.A. & McDonnell, U. (eds) *Animal Disease in Relation to Animal Conservation,* pp. 77-95. Symposia of the Zoological Society of London No. 50. Academic Press, London.

Rudwick, M.J.S. (1964). The inference of function from structure in fossils. *British Journal for the Philosophy of Science* **15**, 27-40.
Rudwick, M.J.W (1997). *Georges Cuvier, Fossil Bones, and Geological Catastrophes: new translations and interpretations of the primary texts.* University of Chicago Press, Chicago, IL.
Runnegar, B. (2000). Loophole for snowball Earth. *Nature* **405**, 403-404.
Saetre, G-P., Moum, T., Bures, S., Král, M., Adamjan, M. & Moreno, J. (1997). A sexually selected character displacement in flycatchers reinforces premating isolation. *Nature* **387**, 589-592.
Sarich, V. & Wilson, A.C. (1967). Immunological time scale for hominid evolution. *Science* **158**, 1200-1203.
Scharloo, W. (1987). Constraints in selective response. In Loeschcke, V. (ed.) *Genetic Constraints on Adaptive Evolution*, pp. 125-149. Springer-Verlag, Berlin.
Scharloo, W. (1991). Canalization: genetic and developmental aspects. *Annual Review of Ecology and Systematics* **22**, 65-94.
Schemske, D.W. & Bierzychudek, P. (2001). Evolution of flower color in the desert annual *Linanthus parryae:* Wright revisited. *Evolution* **55**, 1269-1282.
Schemske, D.W. & Bradshaw, H.D. (1999). Pollinator preferences and the evolution of floral traits in monkey flowers *(Mimulus)*. *Proceedings of the National Academy of Sciences USA* **96**, 11910-11915. (Pop summary by Charlesworth, B. (2000) in *Current Biology* **10**, R68-70.)
Schiltuizen, M. (2001). *Frogs, Flies, and Dandelions: the making of a species.* Oxford University Press, Oxford, UK.
Schliekelman, P., Garner, C. & Slatkin, M. (2001). Natural selection and resistance to HIV. *Nature* **411**, 545.
Schliewen, U.K., Tautz, D. & Pääbo, S. (1994). Sympatric speciation suggested by monophyly of crater lake cichlids. *Nature* **368**, 629-632.
Schluter, D. (2000). *The Ecology of Adaptive Radiation.* Oxford University Press, Oxford, UK.
Schoonhoven, L.M., Jermy, T. & van Loon, J.J.A. (1998). *Insect-Plant Biology.* Chapman & Hall, London.
Schopf, J.W. (1993). Microfossils of the Early Archean Apex Chert: new evidence of the antiquity of life. *Science* **260**, 640-645.
Schopf, J.W. (1994). Disparate rates, differing fates: tempo and mode of evolution changed from the Precambrian to the Phanerozoic. *Proceedings of the National Academy of Sciences USA* **91**, 6735-6742. (Reprinted in Ridley 1997.)
Schopf, J.W. (1999). *Cradle of Life.* Princeton University Press, Princeton, NJ.
Schuh, R.T. (2000). *Biological Systematics: principles and application.* Comstock Publishing, Ithaca, NY.
Schuurman, R., Nijhuis, M., van Leeuwen, R. *et al.* (1995). Rapid changes in human immunodeficiency virus type I RNA load and appearance of drug-resistant virus populations in persons treated with lamivudine (3TC). *Journal of Infectious Diseases* **175**, 1411-1419.
Seehausen, O. & van Alphen, J.J.M. (1998). The effect of male coloration on female mate choice in closely related Lake Victoria cichlids *(Haplochromis nyererei* complex). *Behavioral Ecology and Sociobiology* **42**, 1-8.
Seehausen, O., van Alphen, J.M. & Witte, F. (1997). Cichlid fish diversity threatened by eutrophication that curbs sexual selection. *Science* **277**, 1808-1811.
Sepkoski, J.J. (1992). Ten years in the library: new data confirm paleontological patterns. *Paleobiology* **19**, 43-51.
Sepkoski, J.J. (1996). Patterns of Phanerozoic extinction: a perspective from global databases. In Walliser, O.H. (ed.) *Global Events and Event Stratigraphy in the Phanerozoic*, pp. 35-51. Springer-Verlag, Berlin.
Sekoski, J.J, McKinney, F.M. & Lidgard, S. (2000). Competitive displacement among post-Palkozoic cyclostome and cheilostome bryozoans. *Paeobiology* **26**, 7-18.
Sequeira, A.S., Lanteri, A.A., Scataglini, M.A., Confalmieri, V.A. & Farrell, B.D. (2000). Are flightless *Galapaganus* weevils older than the Galápagos Islands they inhabit? *Heredity* **85**, 20-29.
Sereno, P.C. (1999). The evolution of dinosaurs. *Science* **284**, 2137-2147.
Servedio, M.R. (2001). Beyond reinforcement: the evolution of premating isolation by direct selection on preferences and postmating, prezygotic incompatibilities. *Evolution* **55**, 1909-1920.
Shabalina, S.A., Ogurtsov, A.Y., Kondrashov, V.A. & Kondrashov, A.S. (2001). Selective constraint in intergenic regions of human and mouse genomes. *Trends in Genetics* **17**, 373-376.
Shaffer, H.B. (1984). Evolution in a paedomorphic lineage. I. An electrophoretic analysis of the Mexican ambystomatid salamanders. *Evolution* **38**, 1194-1216.
Sharp, P.M., Averof, M., Lloyd, A.T., Matassi, G. & Peden, F.J. (1995). DNA sequence evolution: the sounds of silence. *Philosophical Transactions of the Royal Society of London B* **349**, 241-247.
Shear, W.A. (1991). The early development of terrestrial ecosystems. *Nature* **351**, 283-289.
Sheehan, P.M, Fastovsky, D.E., Hoffmann, R.G., Berghaus, C.B. & Gabriel, D.L. (1991). Sudden extinction of the dinosaurs: latest Cretaceous, Upper Great Plains, USA. *Science* **254**, 835-839.
Sheldon, P.R. (1987). Parallel gradualistic evolution of Ordovician trilobites. *Nature* **330**, 561-563.
Sheldon, P.R. (1996). Plus ça change — a model for stasis and evolution in different environments. *Palaeogeography, Palaeoclimatology, Palaeoecology* **127**, 209-227.
Sibley, C.G. & Ahlquist, J.E. (1987). DNA hybridization evidence of hominoid phylogeny: results from an expanded data set. *Journal of Molecular Evolution* **26**, 99-121.
Sidor, C.A. & Hopson, J.A. (1998). Ghost lineages and "mammalness": assessing the temporal pattern of character acquisition in the Synapsida. *Paleobiology* **24**, 254-273.
Silberglied, R.E., Ainello, A. & Windsor, D.M. (1980). Disruptive coloration in butterflies: lack of support in *Anartia fatima. Science* **209**, 617-619.
Silva, J.C. & Kondrashov, A.S. (2002). Patterns in spontaneous mutation revealed by human-baboon sequence comparison. *Trends in Genetics* **18**, 544-546.
Simmons, E.L. (1996). The evolutionary genetics of plant-pathogen systems. *Bioscience* **46**, 136-145.
Simpson, G.G. (1944). *Tempo and Mode in Evolution.* Columbia University Press, New York.
Simpson, G.G. (1949). *The Meaning of Evolution.* Yale University Press, New Haven, CT.
Simpson, G.G. (1953). *The Major Features of Evolution.* Columbia University Press, New York.
Simpson. G.G. (1961a). One hundred years without Darwin are enough. *Teachers College Record* **60**, 617-626. (Reprinted in Simpson, G.G. (1964). *This View of Life.* Harcourt, Brace & World, New York.)
Simpson, G.G. (1961b). *Principles of Animal Taxonomy.* Columbia University Press, New York.
Simpson, G.G. (1978). *Concession to the Improbable.* Yale University Press, New Haven, CT.
Simpson, G.G. (1980). *Splendid Isolation.* Yale University Press. New Haven, CT.

Simpson, G.G. (1983). *Fossils and the History of Life.* Scientific American Library, New York.

Singer, R. (ed.) (1999). *Encycopedia of Paleontology*, 2 vols. Fitroy Dearborn, Chicago, IL.

Singh, R.S. & Krimbas, C. (eds) (2000). *Evolutionary Genetics.* Cambridge University Press, New York.

Slack, J., Holland, P.H.H. & Graham, C.F. (1993). The zootype and the phylotypic stage. *Nature* **361**, 490-493. (Reprinted in Ridley 1997.)

Sloan, R.E., Rigby, J.K., Van Valen, L.M. & Gabriel, D. (1986). Gradual dinosaur extinction and simultaneous ungulate radiation in the Hell Creek Formation. *Science* **232**, 629-633.

Smit, J. & van der Kaars, S. (1984). Terminal Cretaceous extinctions in the Hell Creek area, Montana: compatible with catastrophic extinction. *Science* **223**, 1177-1179.

Smith, K.K. (2001). Heterochrony revisited: the evolution of developmental sequences. *Biological Journal of the Linnean Society* **73**, 169-186.

Smith, N.G.C. & Eyre-Walker, A. (2002). Adaptive protein evolution in *Drosophila. Nature* **415**,1022-1024.

Smith, T.B. & Girman, D.J. (2000). Reaching new adaptive peaks: evolution of alternative forms in an African finch. In Mousseau, T.A., Sinervo, B. & Endler, J. (eds) *Adaptive Genetic Variation in the Wild*, pp. 139-156. Oxford University Press, New York.

Smith, T.B., Wayne, R.K., Girman, D.J. & Bruford, M.W. (1997). A role for ecotones in generating rainforest biodiversity. *Science* **276**, 1855-1857.

Sneath, P.H.A. & Sokal, R.R. (1973). *Numerical Taxonomy*, 2nd edn. W. H. Freeman, New York.

Sniegowski, P.J., Gerrish, P.J., Johnson, T. & Shaver, A. (2000). The evolution of mutation rates: separating causes from effects. *Bioessays* **22**, 1067-1074.

Sober, E. (1989). *Reconstructing the Past.* MIT Press, Cambridge, MA.

Sober, E. (ed.) (1994). *Conceptual Issues in Evolutionary Biology*, 2nd edn. MIT Press, Cambridge, MA.

Sober, E. & Wilson, D.S. (1998). *Unto Others.* Harvard University Press, Cambridge, MA.

Sokal, R.R. (1966). Numerical taxonomy. *Scientific American* **215** (December), 106-116.

Solé, R.V., Manrubia, S.C., Benton, M. & Bak, P. (1997). Self-similarity of extinction statistics in the fossil record. *Nature* **388**, 764-767.

Soltis, D.E. & Soltis, P.S. (1999). Polyploidy: recurrent formation and genome evolution. *Trends in Ecology and Evolution* **14**, 348-352.

Sommer, S.S. (1995). Recent human germ-line mutation: inferences from patients with hemophilia B. *Trends in Genetics* **11**, 141-147.

Stanley, S.M. (1979). *Macroevolution.* W. H. Freeman, San Francisco.

Stebbins, G.L. (1950). *Plant Variation and Evolution.* Columbia University Press, NewYork.

Stebbins, R. (1994). Biology's four horsemen of the apocalypse [interview]. In *Life on the Edge*, pp. 228-239. Heyday Books, San Francisco.

Steel, M. & Penny, D. (2000). Parsimony, likelihood, and the role of models in molecular phylogenetics. *Molecular Biology and Evolution* **17**, 839-850.

Stehli, F.G. & Webb, S.D. (eds) (1985). *The Great American Biotic Interchange.* Plenum Press, New York.

Stenseth, N.C. & Maynard Smith, J. (1984). Coevolution in ecosystems: Red Queen evolution or stasis? *Evolution* **38**, 870-880.

Stiassny, M.L. & Meyer, A. (1999). Cichlids of the rift lakes. *Scientific American* **280** (February), 44-49.

Strickberger, M. (1990). *Evolution.* Jones & Bartlett, Boston, MA.

Sun, G., Ji, Q., Dilcher, D.L. *et al.* (2002). Archaefructaceae, a new basal angiosperm family. *Science* **296**, 899-904.

Surlyk, F. & Johansen, M.B. (1984). End-Cretaceous brachiopod extinctions in the chalk of Denmark. *Science* **223**, 1174-1177.

Swanson, W.J. & Vacquier, V.D. (1998). Concerted evolution in an egg receptor for a rapidly evolving abalone sperm protein. *Science* **281**, 710-712.

Swanson, W.J. & Vacquier, V.D. (2002). The rapid evolution of reproductive proteins. *Nature Reviews Genetics* **3**, 137-144.

Swofford, D.L. (2002). *PAUP: phylogenetic analysis using parsimony.* Sinauer, Sunderland, MA.

Swofford, D.L., Olsen, G.J. & Waddell, P. (1996). Phylogeny reconstruction. In Hillis, D.M., Moritz, C. & Mable, B.K. (eds) *Molecular Systematics*, 2nd edn, pp. 407-514. Sinauer, Sunderland, MA.

Tao, Y., Hartl, D.L. & Laurie, C.C. (2001). Sex ratio distortion associated with reproductive isolation in *Drosophila. Proceedings of the National Academy of Sciences USA* **98**, 13183-13188.

Taper, M.L. & Case, T.J. (1992). Coevolution among competitors. *Oxford Surveys in Evolutionary Biology* **8**, 63-109.

Tavaré, S., Marshall, C.R., Will, O., Soligo, C. & Martin, R.D. (2002). Using the fossil record to estimate the age of the last common ancestor of extant primates. *Nature* **416**, 726-729.

Taylor, C.E. (1986). Genetics and evolution of resistance to insecticides. *Biological Journal of the Linnean Society* **27**, 103 -112.

Templeton, A.R. (1993). The "Eve" hypothesis: a genetic critique and reanalysis. *American Anthropologist* **95**, 51-72.

Templeton, A.R. (1996). Experimental evidence for the genetic-transilience model of speciation. *Evolution* **50**, 909-915.

Templeton, A.R. (1998). Species and speciation: geography, population structure, ecology, and gene trees. In Howard, D. & Berlocher, S. (eds) *Endless Forms: species and speciation*, pp. 32-43. Oxford University Press, New York.

Thompson, D'A.W. (1942). *On Growth and Form*, 2nd edn. Cambridge University Press, Cambridge, UK.

Thompson, J.N. (1994). *The Coevolutionary Process.* University of Chicago Press, Chicago, IL.

Thompson, J.N. & Cunningham, B.M. (2002). Geographic structure and dynamics of coevolutionary selection. *Nature* **417**, 735-738.

Thornton, I. (1996). *Krakatau: the destruction and reassembly of an island ecosystem.* Harvard University Press, Cambridge, MA.

Timm, R.M. (1983). Fahrenholz's rule and resource tracking: a study of host-parasite coevolution. In Nitecki, R.M. (ed.) *Coevolution*, pp. 225-265. University of Chicago Press, Chicago, 1L.

Ting, C-T., Tsaur, S-C. & Wu, C-I. (2000). The phylogeny of closely related species as revealed by the speciation gene, *Odysseus. Proceedings of the National Academy of Sciences USA* **97**, 5313-5316.

Ting, C-T., Tsaur, S-C., Wu, M-L. & Wu, C-I. (1998). A rapidly evolving homeobox at the site of a hybrid sterility gene. *Science* **282**, 1501-1504.

Travis, J. (1989). The role of optimizing selection in natural populations. *Annual Review of Ecology and Systematics* **20**, 279-296.

Travisano, M. (2001). Towards a genetical theory of adaptation. *Current Biology* **11**, R440-442.

Trivers, R.L.&Willard,D.E. (1973). Natural selection of parental ability to vary the sex ratio of offspring. *Science* **179**, 90-92.

True, J.R., Weir, B.S. & Laurie, C.C. (1996). A genome-wide survey of hybrid incompatibility factors. *Genetics* **142**, 819-837.

Tudge, C. (1992). Last stand for Society snails. *New Scientist* **135**, July 11, 25-29.

Turelli, M., Barton, N.H. & Coyne, J.A. (2001a). Theory and speciation. *Trends in Ecology and Evolution* **16**, 330-342.

Turelli, M., Schemske, D.W. & Bierzychudek, P. (2001b). Stable two-allele polymorphisms maintained by fluctuating fitnesses and seed banks: protecting the blues. *Evolution* **55**, 1283-1298.

Turner, J.R.G. (1976). Muellerian mimicry: classical "beanbag" evolution, and the role of ecological islands in race formation. In Karlin, S. & Nevo, E. (eds) *Population Genetics and Ecology*, pp. 185 -218. Academic Press, New York.

Turner, J.R.G. (1977). Butterfly mimicry: the genetical evolution of an adaptation. *Evolutionary Biology* **11**, 163-206.

Turner, J.R.G. (1984). Mimicry: the palatability spectrum and its consequences. In Vane-Wright, R.I. & Ackery, P.R. (eds) *The Biology of Butterflies*, pp. 141-161. Academic Press, London.

Turner, J.R.G. & Mallett, J. (1996). Did forest islands drive the diversity of warningly coloured butterflies? Biotic drift and the shifting balance. *Philosophical Transactions of the Royal Society of London B* **351**, 835-845.

Ulizzi, L. & Manzotti, C. (1988). Birth weight and natural selection: an example of selection relaxation in man. *Human Heredity* **38**, 129-135.

Ulizzi, L., Astolfi, P. & Zonta, L.A. (1998). Natural selection in industrialized countries: a study of three generations of Italian newborns. *Annals of Human Genetics* **62**, 47-53.

Ungerer, M.C., Baird, S.J.E., Pan, J. & Rieseberg, L.H. (1998). Rapid hybrid speciation in wild sunflowers. *Proceedings of the National Academy of Sciences USA* **95**,11757-11762.

Van Oosterzee, P. (1997). *Where Worlds Collide: the Wallace Line*. Cornell University Press, Ithaca, NY.

Van Valen, L.M. (1973). A new evolutionary law. *Evolutionary Theory* **1**, 1-30.

Van Valen, L.M. (1976). Ecological species, multispecies, and oaks. *Taxon* **25**, 233-239.

Van Valen, L.M. & Sloan, R.E. (1977). Ecology and the extinction of the dinosaurs. *Evolutionary Theory* **2**, 37-64.

van Zuilen, M.A., Lepland, A. & Arrhenius, G. (2002). Reassessing the evidence for the earliest traces of life. *Nature* **418**, 627-630.

Veen, T., Borge, T., Griffiths, S.C. *et al.* (2001). Hybridization and adaptive mate choice in flycatchers. *Nature* **411**, 45-50.

Vermeij, G.J. (1987). *Evolution and Escalation*. Princeton University Press, Princeton, NJ.

Vermeij, G.J. (1991). When biotas meet: understanding biotic interchange. *Science* **253**, 1099-1104.

Vermeij, G.J. (1999). Inequality and the directionality of history. *American Naturalist* **153**, 243-253.

Via, S. (2001). Sympatric speciation in animals. *Trends in Ecology and Evolution* **16**, 381-390.

Vickery, R.K. (1978). Case studies in the evolution of species complexes in *Mimulus*. *Evolutionary Biology* **11**, 405-507.

Vigilant, L., Stoneking, M., Harpending, FL, Hawkes, K. & Wilson, A.C. (1991). African populations and the evolution of human mitochondrial DNA. *Science* **25**, 1503 -1507.

Vision, T.J., Brown, D.G. & Tanksley, S.D. (2000). The origins of genomic duplications in *Arabidopsis*. *Science* **290**, 2114-2116.

Vrba, E.S. (1993). Turnover-pulses, the Red Queen, and related topics. *American Journal of Science* **293A**, 418-452.

Wade, M.J. (1972). *Palaeontology* **15**.

Wade, M.J. (1976). Group selection among laboratory populations of *Tribolium*. *Proceedings of the National Academy of Sciences USA* **73**, 4604-4607.

Wade, M.J., Patterson, H., Chang, N. & Johnson, N.A. (1993). Postcopulatory, prezygotic isolation in flour beetles. *Heredity* **71**, 163-167.

Wade, M.J., Wintherm R.G., Agrawal, A.F. & Goodnight, C.J. (2001). Alternative definitions of epistasis: dependence and interaction. *Trends in Ecology and Evolution* **16**, 498-504.

Wagner, G.P. (ed.) (2000). *The Character Concept in Evolutionary Biology*. Academic Press, San Diego, CA.

Wagner, W.L. & Funk, V.A. (eds) (1995). *Patterns of Speciation and Biogeography of Hawaiian Biota*. Smithsonian Press, Washington.

Wake, D.B., Yanev, K.P. & Brown, C.W. (1986). Intraspecific sympatry in allozymes in a "ring species," the plethodontid salamander *Ensatina eschscholtzii*, in southern California. *Evolution* **40**, 866-868.

Wang, R-L., Stec, A., Hey, J., Lukens, L. & Doebly, J. (1999). The limits of selection during maize domestication. *Nature* **398**, 236-239.

Wang, W., Thornton, K., Berry, A. & Long, M. (2002). Nucleotide variation along *Drosophila melanogaster* fourth chromosome. *Science* **295**, 134-137.

Ward, P.D. (1990). The Cretaceous/Tertiary extinctions in the marine realm; a 1990 perspective. *Geological Society of America Special Papers* **247**, 425-432.

Waser, N.M. (1998). Pollination, angiosperm speciation, and the nature of species boundaries. *Oikos* **82**, 198-201.

Wasserman, M. & Koepfer, H.R. (1977). Character displacement for sexual isolation between *Drosophila mojavensis* and *Drosophila arizonensis*. *Evolution* **31**, 812-823.

Wasserthal, L.T. (1997). The pollinators of the Malagasy star orchids *Angraecum sesquipedale, A. sororium*, and *A. compactum* and the evolution of extremely long spurs by pollinator shifts. *Botanica Acta* **110**, 343-359.

Weaver, R.F. & Hedrick, P.W. (1997). *Genetics*, 3rd edn. Wm. C. Brown, Dubuque, IA.

Weiner, J. (1994). *The Beak of the Finch*. Knopf, New York and Cape, London.

Welch, A.M., Semlitsch, R.D. & Gerhardt, H.C. (1998). Call duration as an indicator of genetic quality in male gray tree frogs. *Science* **280**, 1928 -1930.

Wellnhofer, P. (1990). *Archaeopteryx*. *Scientific American* **262** (May), 70-77.

Werren, J.H. (1997). Biology of *Wolbachia*. *Annual Review of Entomology* **42**,587-609.

West, S.A., Herre, E.A. & Sheldon, B.C. (2000). The benefits of allocating sex. *Science* **290**, 288-290.

Westoll, T.S. (1949). On the evolution of the Dipnoi. In Jepsen, G.L., Mayr, E. & Simpson, G.G. (eds) *Genetics, Paleontology, and Evolution*, pp. 121-184. Princeton University Press, Princeton, NJ.

Whelan, S., Liò, P. & Goldman, N. (2001). Molecular phylogenetics: state of the art methods for looking into the past. *Trends in Genetics* **17**, 262-272.

White, M.J.D. (1973). *Animal Cytology and Evolution*, 3rd edn. Cambridge University Press, Cambridge, UK.

Whitham, T.G. & Slobodchikoff, C.N. (1981). Evolution by individuals, plant-herbivore interactions, and mosaics of genetic variability: the adaptive significance of somatic mutations in plants. *Oecologia* **49**, 287-292.

Wiley, E.O. (1988).Vicariance biogeography. *Annual Review of Ecology and Systematics* **19**, 513-542.

Wiley, E.O., Siegel-Causey, D., Brooks, D.R. & Funk, V.A. (1991). *The Compleat Cladist*. Museum of Natural History, University of Kansas, Lawrence, KS.

Wilf, P. & Labandeira, C.C. (1999). Response of plant-insect associations to Paleocene-Eocene warming. *Science* **284**, 2153-2156.

Wilkins, A.S. (2001). *The Evolution of Developmental Pathways*. Sinauer, Sunderland, MA.

Wilkinson, G.S. (1993). Artificial sexual selection alters allometry in the stalk-eyed fly *Cyrtodiopsis dalmanni* (Diptera: Diopsidae). *Genetical Research* **62**, *213 -222*.

Wilkinson, G.S., Presgraves, D.C. & Crymes, L. (1998). Male eye span in stalk-eyed flies indicates genetic quality by meiotic drive suppression. *Nature* **391**, 276-279.

Williams, G.C. (1966). *Adaptation and Natural Selection*. Princeton University Press, Princeton, NJ.

Williams, G.C. (1975). *Sex and Evolution*. Princeton University Press, Princeton, NJ.

Williams, G.C. (1992). *Natural Selection: domains, levels, and challenges*. Oxford University Press, New York.

Willis, K.J. & McElwain, J.C. (2002). *The Evolution of Plants*. Oxford University Press, Oxford, UK.

Willis, K.J. & Whittaker, R.J. (2000). The refugial debate. *Science* **287**, 1406-1407.

Wills, C. & Bada, J. (2000). *The Spark of Life*. Perseus Books, Cambridge, MA and Oxford University Press, Oxford, UK.

Wilson, A.C. (1985). The molecular basis of evolution. *Scientific American* **253** (October), 164-173.

Wilson, A.C., Carlson, S.S. & White, T.J. (1977). Biochemical evolution. *Annual Review of Biochemistry* **46**, 573 - 639.

Wilson, E.O. (1992). *The Diversity of Life*. Harvard University Press, Cambridge, MA.

Winsor, M.P. (2003). Non-essentialist methods in pre-Darwinian taxonomy. *Biology and Philosophy* **18**, 1-14

Wolf, J., Brodie, B. & Wade, M.J. (eds) (2000). *Epistasis and the Evolutionary Process*. Oxford University Press, New York.

Wolpert, L. (2002). *Principles of Development*, 2nd edn. Oxford University Press, Oxford, UK.

Woolfenden, G.E. & Fitzpatrick, J.W. (1990). Florida scrub jays: a synopsis after 18 years of study. In Stacey, P.B. & Koenig, W.D. (eds) *Cooperative Breeding in Birds*, pp. 240-266. Cambridge University Press, New York.

Wootton, J.C., Fang, X., Ferdig, M.T. *et al.* (2002). Genetic diversity and chloroquine selective sweeps in *Plasmodium falciparum*. *Nature* **418**. 320-323.

Wray, G.A., Levinton, J.S. & Shapiro, L.H. (1996). Molecular evidence for deep Precambrian divergences among Metazoan taxa. *Science* **274**, 568-573. (Also included in editorially simplified form in Ridley 1997.)

Wright, S. (1931). Evolution in Mendelian populations. *Genetics* **16**, 97-159.

Wright, S. (1932). The roles of mutation, inbreeding, crossbreeding, and selection in evolution. In *Proceedings of the VI International Congress of Genetics*, vol. 1, pp. 356-366. (Reprinted in Ridley 1997.)

Wright, S. (1968). *Evolution and Genetics of Populations*, vol. 1. University of Chicago Press, Chicago, IL.

Wright, S. (1969). *Evolution and Genetics of Populations*, vol. 2. University of Chicago Press, Chicago, IL.

Wright, S. (1977). *Evolution and Genetics of Populations*, vol. 3. University of Chicago Press, Chicago, IL.

Wright, S. (1978). *Evolution and Genetics of Populations*, vol. 4. University of Chicago Press, Chicago, IL.

Wright, S. (1986). *Evolution: selected papers*. (Provine, W.B., ed.). University of Chicago Press, Chicago, IL.

Wyckoff, G.J., Wang, W. & Wu, C-I. (2000). Rapid evolution of male reproductive genes in the descent of man. *Nature* **403**, 304-309.

Wynne-Edwards, V.C. (1962). *Animal Dispersion in Relation to Social Behaviour*. Oliver & Boyd, Edinburgh, UK.

Xiao, S., Zhang, Y. & Knoll, A.H. (1998). Three-dimensional preservation of algae and animal embryos in a Neoproterozoic phosphorite. *Nature* **391**, 553-558.

Zahavi, A. (1975). Mate selection – a selection for a handicap. *Journal of Theoretical Biology* **53**, 205-214.

Zanis, M.J., Soltis, D.E., Soltis, P.S., Mathews, S. & Donoghue, M.J. (2002). The root of the angiosperms revisited. *Proceedings of the National Academy of Sciences USA* **99**, 6848-6853.

Zimmer, C. (1998). *At the Water's Edge*. Free Press, New York.

Zimmer, C. (2001). *Evolution: the triumph of an idea*. Harpercollins, New York.

Índice

Nota: os números de páginas em *itálico* referem-se a figuras, os em **negrito** referem-se a tabelas e quadros. As notas de rodapé estão indicadas por um "n" acrescentado ao número da página.